丁启圣，1939 年生于开封，1963 年毕业于北京钢铁学院，享受政府特殊津贴。中国有色工程设计研究总院教授级高级工程师，中国机械工程学会高级会员。曾任全国分离机械标准化委员会委员，全国分离机械学会委员会委员。从事冶金设备和分离机械设计、研究工作 40 余年。研制的三足式下卸料液压自动离心机获全国科学大会奖和冶金部科技成果奖，固定室带式真空过滤机和高压压榨全自动压滤机均获中国有色金属工业总公司科技成果二等奖，膏体充填新技术的研究与工业化获 2000 年度国家科学技术进步二等奖。发表论文数十篇，编著有《机械设计图集》（厢式压滤机部分）《粉体技术手册》（浓缩与过滤部分）《过滤介质及其选用》《新型实用过滤技术》（第 1~3 版），负责起草两项部颁分离机械标准。

U0314885

王维一，1937 年生于沈阳，1962 年毕业于大连工学院。沈阳化工大学教授，国家工业用布产品质量监督检验中心顾问。从事分离机械研发工作，设计产品有 FD 型离心过滤机。获辽宁省科技成果奖。主要著作有《过滤机》《过滤介质及其选用》《新型实用过滤技术》（第 1~3 版）。

作者丁启圣、王维一与金鼎五教授合影（1998）

作者丁启圣、王维一在中国（北京）国际过滤技术高峰论坛上与曾担任英国过滤学会主席理查德·韦克曼教授合影（2014）

作者王维一在 2009 中国过滤用纺织品创新发展论坛上

作者丁启圣在高压压榨自动压滤机生产现场
（1994）

作者丁启圣在 DU 型带式真空过滤机生产现场
（1993）

作者丁启圣在 SXY-1000 型液压自动离
心机生产现场（1980）

作者丁启圣在第二届中日合作过滤与分离国际学术讨论会上与日方组委会名誉主席、名古屋大学名誉教授白户纹平合影（1994）

作者丁启圣在第三届中日合作过滤与分离国际学术讨论会上与两次担任世界过滤大会主席英国艾伯特·拉什顿教授合影（1997）

新型实用过滤技术

（第 4 版）

丁启圣　王维一　等编著

北　京

冶金工业出版社

2017

内 容 提 要

　　本书分为液固分离和气固分离两个部分。液固分离部分介绍了过滤理论及其新进展，重点介绍了常用及新型过滤机及其应用。气固分离部分从空气净化和烟气治理两方面介绍了大气污染治理技术，重点介绍了空气净化器和袋式除尘器及其应用。

　　本书可供从事过滤技术的研究、设计、制造、使用、营销的工程技术人员和管理人员使用。也可作为大专院校化工、机械、环境等专业广大师生的教学参考书。

图书在版编目（CIP）数据

　　新型实用过滤技术/丁启圣等编著．—4 版．—北京：冶金工业出版社，2017. 12
　　ISBN 978-7-5024-7588-8

　　Ⅰ. ①新…　Ⅱ. ①丁…　Ⅲ. ①化工过程—过滤　Ⅳ. ①TQ028. 5

　　中国版本图书馆 CIP 数据核字（2017）第 287224 号

出 版 人　谭学余
地　　　址　北京市东城区嵩祝院北巷 39 号　邮编　100009　电话　(010)64027926
网　　　址　www.cnmip.com.cn　电子信箱　yjcbs@cnmip.com.cn
责任编辑　刘小峰　曾　媛　美术编辑　彭子赫　版式设计　孙跃红
责任校对　王永欣　责任印制　牛晓波
ISBN 978-7-5024-7588-8
冶金工业出版社出版发行；各地新华书店经销；三河市双峰印刷装订有限公司印刷
2000 年 1 月第 1 版，2005 年 1 月第 2 版，2011 年 6 月第 3 版
2017 年 12 月第 4 版，2017 年 12 月第 1 次印刷
787mm×1092mm　1/16；62.25 印张；10 彩页；1541 千字；958 页
270.00 元

冶金工业出版社　投稿电话　(010)64027932　投稿信箱　tougao@cnmip.com.cn
冶金工业出版社营销中心　电话　(010)64044283　传真　(010)64027893
冶金书店　地址　北京市东四西大街 46 号(100010)　电话　(010)65289081(兼传真)
冶金工业出版社天猫旗舰店　yjgycbs.tmall.com
（本书如有印装质量问题，本社营销中心负责退换）

前言（第4版）

《新型实用过滤技术》一书至今已经出版发行了三版，这三版都是关于液固分离技术的专著，承蒙读者的厚爱，每版都得以顺畅发行，这使我们深深地感念，同时也鞭策我们再推出第4版。我们认为，过滤的内容不应囿于液固分离，还应包括气固分离。这样的安排是基于以下原因：

首先，随着经济的高速发展和环境意识的提高，人们深切感到"气固分离"与"液固分离"具有同样的重要性和迫切性。例如，英国"伦敦雾"曾造成一周内死亡4千人的事件，那是由于烟雾粉尘中的三氧化铁使空气中的二氧化硫成了硫酸液滴，此液滴附着在尘粒和雾珠上进入呼吸道所致。无独有偶，洛杉矶"光化学烟雾"事件也造成了类似的危害。经查明，那是由于碳氧化合物和氮氧化合物（汽车尾气受光照作用而产生的有害烟雾）造成的。我国经济的高速发展同样也产生了严峻的环境问题，以致于造成了防尘口罩的旺销，PM2.5也随之成为提及频率最高的新名词，上述所及均足以表明气固分离的重要性和迫切性。

其次，气固分离与液固分离虽有不同，但两者相通之处甚多，都是使用分离机械实现分离。近年国内外过滤会议多包含气固分离与液固分离两方面内容。由此可见，将这两方面内容纳入同一本书中是合适的，符合生产、生活与环保的全面需要。

此外，我们深感当前我国普通民众对大气污染治理与预防方面的知识比较欠缺，甚至存在一些误区。为此，我们与气固分离专家一起，希望能利用本书普及大气污染防治的知识，并为普通民众的身体健康以及改善生活质量提供一些专业建议。

以上所述就是推出第4版的初衷。

本书是第4版，由于篇幅所限，第4版在保持液固分离技术结构完整的基础上，大大精简了第3版的内容。其中，第3版的19章内容，保留4章，部分

序一（第3版）

过滤是分离工程中的一项十分重要的分支技术，它虽与吸附、离子交换、液液萃取、反应精馏、气体分离、磁性分离及复杂物系的提纯等同属分离技术范畴，但采取的技术路线则截然不同。

本书讲的过滤是指固液分离技术，是一种广泛应用于工业领域的分离技术，其原理是利用压差使滤浆通过透水而不透固体的多孔介质层实现固液分离，从而产生滤饼和滤液。目前，许多工业生产领域的原料、半成品和成品的生产都离不了过滤工艺。改革开放以来，我国的过滤装备业从小到大，从低效率、高能耗到高产能、低能耗，已有众多品种，遍布各行各业，成为各行业机械装备不可缺少的要素。近几年来新兴产业如新材料、新能源、生物技术、低碳经济、环境保护、节能减排等的发展都为过滤行业的发展插上了腾飞的翅膀。进入 21 世纪后，过滤技术呈现出日新月异的发展态势，十字流动态过滤，膜过滤，生物过滤，借助电场、磁场、声场的过滤等新技术的应用，标志着过滤技术有了新的飞跃。

《新型实用过滤技术》第 3 版涵盖了 21 世纪初叶国内外最新过滤技术的发展现状和应用成果，是一部集编著者多年从事过滤设备研制的经验，系统总结过滤理论和设备发展，与时代同步的过滤技术力作。本书论述了过滤物料和过滤介质的特性及其相互作用；介绍了过滤理论的最新发展及现代过程模拟计算在过滤理论研究中的应用。从书中可以了解最新的过滤技术（包括新型动态过滤，精密膜过滤，耦合力场强化过滤等）；新型过滤设备的设计、计算和选型；新的典型过滤工艺介绍以及过滤技术和装备在各领域中的应用，内容比较新颖。本书修订第 3 版的出版恰逢我国国民经济和社会发展第十二个五年规划开始实施，创新已成为时代的主旋律，本书所介绍的过滤技术发展的新成果，通过从事过滤技术工作人员的查阅和参考，可望得以更快地在我国传播，使新型过滤技术为祖国工业化建设发挥更大的作用。

中国工程院院士

2011 年 3 月 28 日

序二（第3版）

过滤技术是一项传统的工业技术。近百年的科学技术发展历程，实现了过滤技术的机械化、自动化和大型化。进入 21 世纪后，过滤行业异军突起，新的过滤技术和过滤装备不断涌现，特别是在新材料、新能源、低碳环保、生物制药技术等领域中得到了广泛应用，当今过滤技术的发展已经深刻地影响到了各个工业部门和人们的日常生活。近年来，世界范围的资源衰竭与环境恶化使资源的高效利用迫在眉睫。我国在迎接这一新挑战的过程中也制定了相关的政策，促进了过滤技术在节能减排、环境修复等领域应用的迅速扩大，推动了经济社会的可持续发展。因此，迫切需要这方面的专著进行介绍和推广。

一般说来，过滤专著都涉及一些新技术、新的发展动态，对国内外过滤行业的未来走向具有指南作用。这部《新型实用过滤技术》已经出版了两版（2000 年和 2005 年）。六年时间过去了，过滤技术和过滤装备又有了新的发展，第 3 版在前两版的基础上进一步深化了工业应用介绍，相对突显了过滤领域的新技术、新发展、新动态。例如，在理论部分增加了计算流体力学（CFD 模拟技术）在过滤过程的网格划分方法、模型试验计算、过滤器设计中的理论研究进展；在过滤介质方面，增加了纳米材料介质、加有催化剂的非织造布、高节能性的陶瓷介质、烧结的金属纤维毡、双层织造布、表面涂层织造布等新材料介质和纤维织造布的性能、特点的介绍；书中联合有关企业推介性地介绍了具有高导热性的金属板与 PP 板结合而成的新型滤板，介绍了陶瓷滤管中插入螺旋形导丝的方法，提高了管内浓缩物的剪切力，降低了过滤阻力，提高了过滤速度，取得了明显优于传统十字流动态过滤的无饼浓缩效果。基于长年设计、研究和推广应用经验，介绍了国内外最新过滤装备在电厂脱硫、中水回用、旱区喷灌滴灌等新兴应用领域的推广；

介绍了彗星纤维滤料在海水净化、井下水净化等深层过滤技术中的应用和推广；体现了新装备在新结构设计、新材料选用方面的创新，实现了新型过滤机的高可靠性、高生产效率和高使用寿命。同时，结合近年来历次世界过滤大会的交流论文，增加了液体过滤技术的革新和固液分离技术研究进展等内容，介绍了滤饼过滤、澄清过滤、过滤介质、滤饼结构、膜过滤、新型过滤实验装置设备和方法等最新研究进展和研究前沿热点。本书附录中更新了我国分离机械行业的最新标准目录，在广泛收集国内固液分离企业信息的基础上，更新了过滤机与过滤介质生产厂商名录。本书从理论出发，更注重实用，突显了新型和实用的特点，为科研、设计、制造、使用过滤技术的部门提供了一本方便、实用的参考书。

该书的作者从事过滤装备设计、调试、使用四十余年，具有丰富的理论知识和实践经验。因此写出的内容深入浅出，理论结合实际，有很好的参考价值。同国内外同类书相比，本书显示出全面、实用、新颖的特点，并紧跟国内外过滤技术的发展脉络。相信本书第3版定会像前两版那样，受到过滤机和介质的设计、生产、使用、销售采购、科研院校、环保管理人员等相关读者的青睐。

目前，世界各国都面临资源、环境、食品、饮用水、交通等共性问题，在解决这些问题时，过滤技术是不可或缺的。聚焦于高压缩性、高黏性、颗粒的超细性及高分散性悬浮液的过滤与分离技术的创新成为日益突显的重要课题，相信第3版的付梓，会对解决此类问题有所裨益。

金鼎五

2011 年 3 月 20 日于天津

前言（第3版）

2008 年由美国的次贷危机引发的全球性的金融危机目前正在复苏，新能源、新技术、新材料、低碳经济、绿色环保等技术正在引领世界，进行一场新的技术革命。例如，2010 年上海世界博览会向 7000 万参观者提供了免费直饮水，这就是过滤技术的实际应用。

21 世纪初的 10 年中，世界过滤技术得到了快速的发展，"世界过滤大会"是当今世界上过滤与分离机械行业学术地位最高的学术会议。自 2000 年以来，已经先后召开过三次会议：2000 年英国布赖顿市"第 8 届世界过滤大会"，交流论文有 274 篇；2004 年美国新奥尔良市"第 9 届世界过滤大会"，提交论文有 297 篇；2008 年德国莱比锡市"第 10 届世界过滤大会"论文集收录论文 339 篇。从大会的交流论文和参展国家与企业来看，其增长速度十分明显，这印证了过滤技术的发展步伐又比 20 世纪加快了许多。

我国近几年推行的环境保护和节能减排政策，更加严格的食品、药品监督管理，尤其是生物技术和新能源的快速发展，促进了过滤技术的发展和应用进入一个十分迅猛的创新时代。即将实施的国家"十二五"发展规划中提出的转变和优化经济结构，加快新兴产业的发展，更是将与过滤技术相关的低碳经济、环境保护、节能减排、新能源、生物技术、智能技术、高端机械装备等列为发展重点，为过滤行业的发展注入了新的活力，提升了发展空间，增强了发展动力。我国空间技术的发展对过滤技术提出了更新、更高的战略发展要求，引起了国内过滤行业的高度重视。站到历史发展的新起点，国内过滤行业方向、目标有了，将迎来更好、更快的跨越式的发展前景。

过滤技术是工业生产中一项通用的实用技术。目前许多工业过程的前处理、分离、浓缩、提纯与精制都离不了过滤工艺。随着科学技术的深入发展，出现了膜过滤、纳米技术、超微过滤等尖端过滤技术，并正在实现新的突破；更高性能、高速度、高效率、自动化、智能化、大型化、节能化的实用过滤设备创新速度越来越快，过滤技术呈现出突飞猛进的加速发展态势。及时总结并能看到最新的过滤技术和科研成果，是所有从事过滤工作者的迫切愿望，出一本与时代同步的过滤技术专著也成了编者的一项夙愿。

《新型实用过滤技术》2000 年出了第 1 版，受到了业界的广泛关注，很快销售一空。2005 年出了第 2 版，受到了一些行业老前辈的好评，鼓励作者打造成精品书，在适当时机再出第 3 版。如今时间又过去了 6 年，过滤技术又有了长足的发展，特别是新的过滤理论、新的过滤材料、新型实用过滤机、过滤技术在工业生产中的最新应用等使过滤技术面貌一新，也使编者萌生了出第 3 版的念头。第 3 版与第 2 版相比，内容有较大的改动和补充。第 3 版新增加的内容有：第 7 章，计算流体力学在过滤技术中的应用进展；第 15 章，液体过滤技术的革新；第 18 章，固液分离技术研究进展。将过滤技术的应用由原来的 4 章合并为 1 章，并重新改写为第 19 章，即过滤技术在工业生产及其他领域中的应用。进行删修和补充的章节有：第 4 章，过滤介质；第 8 章，十字流动态过滤技术；第 9 章，膜过滤；第 10 章，生物过滤；第 11 章，借助电场、磁场、声场的过滤；第 12 章，常用及新型过滤机；第 13 章，辅助设备和系统调试；第 14 章，过滤式离心机；第 17 章，过滤实验与选型。

本书编写人员及分工为：王维一（第 2 章，第 4 章，第 6 章，第 1.3 节，第 1.4 节，第 3.1 节，第 3.4~3.7 节，第 8.1~8.4 节，第 8.6~8.9 节，第 15.1 节，第 17.1~17.6 节，第 17.7.1~17.7.4 节，第 17.8~17.10 节），丁启圣（第 5 章，第 13 章，第 14 章，第 16 章，第 12.1~12.6 节，第 12.9~12.13 节，第 19.1.1~19.1.3 节，第 19.2.1 节，第 19.3.2 节，第 19.4.2 节，附录，与宋显洪合写第 19.3.1 节），李艳萍、胡金榜（第 7 章），朱宏吉（第 9 章），庞挺（第 10 章），王可成（第 11 章），王晓静（第 18 章），杭州化工机械有限公司（第 12.7 节，第 12.8 节），马世宏、庞志民（第 19.1.4 节），姚公弼（与顾临、丁启圣合写第 19.2.2 节），李振瑜（第 19.4.1 节），于志华、王社桥、王继光（第 19.4.3 节），李思阳（第 1.1 节，第 1.2 节，第 15.4 节），吴克俭（第 3.2 节，第 3.3 节），王可宏（第 8.5 节，第 15.5 节），王颖（第 15.2 节，第 15.3 节），杨鹏、郑宏涛、郭健全（第 12.5.4.2 节），刘建峰、王国磊、成栋（第 17.7.5 节）。提供章节有关资料的有姚公弼、郭嘉、樊丽琴、刘绍辉、张军明、柳宝昌、姜立新、贺仲宪、吕厚连、赵杨、龚景仁、陈瑞、朱胜昔等。全书由丁启圣统稿。

本书的编写得到了许多同仁的帮助支持，尤其是在固液分离学术领域享有很高声誉，造诣极深，颇受业界尊敬的天津大学金鼎五教授，不仅对编写大纲提出了许多有价值的建议，而且不顾高龄伏案认真审稿。此外，还要感谢关太平、杨攀、李建军、薛晓彤、苏许贵、宋志骥、虞晶晶、徐地华、梁志立、王明强、李嘉、陈方健、姜桂廷、徐孝雅、杨汴军、张正坤、王建宇、龚圣春、孙盛敏、吴咏梅、曾建涛、关天池、丁凉、唐红、吴荫曾等诸位友人的帮助。

给予本书第 3 版鼎力支持的国内外厂商是：北京沃特瑞环境保护技术有限公司、景津集团压滤机有限公司、上海化工机械厂有限公司、重庆江北机械有限公司、西安航天华威化工生物工程有限公司、湘潭离心机有限公司、江苏隆达化工机械设备公司、上海达德滤机电设备有限公司、开封铁塔橡胶集团有限公司、泸州冶金矿山设备有限公司、鞍山顶鑫自动净化设备有限公司、海门依科过滤设备有限公司、清华大学环境科学与工程系、北京中农康元粮油技术发展有限公司、江苏德克环保设备有限公司、石家庄工业泵有限公司、安徽天源科技股份有限公司、大连华隆滤布有限公司、浙江金鸟压滤机有限公司、湖州天源机械有限公司、荷兰天马有限公司北京代表处、大庆华林化工特种设备有限公司、瑞登梅尔（上海）纤维贸易有限公司、核工业烟台同兴实业有限公司、辽宁博联过滤有限公司、辽阳友信制药机械制造有限公司、杭州兴源过滤科技股份有限公司、武穴市精华机械制造有限公司、唐山市丰南区连成过滤设备厂、杭州化工机械有限公司、湖州核华机械有限公司、广东正业科技股份有限公司、新乡市日欣净化设备有限公司、莱芜环宇滤材科技有限公司、伊顿过滤（上海）有限公司、贝卡尔特（上海）管理有限公司、北京中水长固液分离技术有限公司、飞潮（无锡）过滤技术有限公司、靖江道可道过滤系统有限公司、淮北一环矿业机械有限公司、合肥世杰膜工程有限公司、珠海市利骐发展有限公司、上海力田胶带制品有限公司、厦门厦迪亚斯环保过滤技术有限公司、西安伟建制药石化设备厂、温州市东瓯微孔过滤有限公司、四川高精净化设备有限公司、保定市新市区古城过滤机厂、北京利飞尔特过滤技术有限公司、沈阳菲特滤料机械科技有限公司、沈阳浆体输送设备制造厂、奥图泰（上海）冶金设备有限公司、北京华昌丰机电技术研究开发中心、吉林市众诚分离机械制造有限公司。

感谢中国工程院于润沧院士和天津大学金鼎五教授为本书作序。

在本书编著过程中，丁启圣夫人王淑英女士、王维一夫人董少琳女士给予了最真诚的鼓励和支持，成书之际顺表衷心的感谢。

本书也会有不足、缺憾，希望同仁和读者不吝赐教。

丁启圣

2011 年 2 月

前言（第 2 版）

过滤涉及的领域非常广阔，并已扩展到许多工艺学科。过滤与分离技术在选矿及湿法冶金过程，石油和化工生产过程，医药、食品生产过程，环保领域，生物技术领域，电子工业和高科技产业以及医疗领域，都扮演着十分重要的角色。基于这种情况，编著了《新型实用过滤技术》一书，并于 2000 年 1 月出版发行。

本书第 1 版受到读者的厚爱，使作者备受鼓舞。进入 21 世纪后，过滤技术又有了长足的发展，有必要对第 1 版进行增补和修改。

第 2 版与第 1 版相比，本版内容有较大的改动和补充，并对第 1 版中发现的对资料理解的差异和排版中的遗漏、失误等进行了更正。

本版新增章节有：7 章澄清过滤，9 章膜过滤中的超滤、纳滤、反渗透，10 章生物过滤，11 章借助电场、磁场、声场的过滤中的 11.2~11.5，12 章常用及新型过滤机中的 12.7（翻斗真空过滤机）、12.8（转台真空过滤机）、12.10（加压叶滤机）、12.11（加压筒式过滤机）、12.12（自清洗过滤机）、12.13（油过滤器及油水分离器），14 章过滤式离心机，15 章过滤机的比例放大中的 15.7（膜过滤机的比例放大）；重新改写或合并的章节有：3 章过滤和压榨理论，4 章过滤介质，6 章预处理技术，13 章辅助设备和系统调试，17 章过滤实验和选型；少量删修和补充的章节有：1 章概论，5 章滤饼洗涤和滤饼脱水，8 章十字流动态过滤技术，16 章过滤机的设计计算。

此外，根据同行前辈及读者的建议，在应用章节中大量增加了应用实例，并将应用部分的内容由 3 章增加至 4 章，即 18 章过滤技术在选矿、冶金及煤炭工业中的应用，19 章过滤技术在石油及化学工业中的应用，20 章过滤技术在医药及食品工业中的应用，21 章过滤技术在环境保护及其他领域中的应用。

本书编写人员：王维一（1、2、3、4、6、7、8、17 章），丁启圣（5、13、14、16 章，12.2、12.3、12.5、12.6、12.9~12.13、18.1~18.3、19.1、20.2、

21.1～21.8、21.10.1节，附录，与宋显洪合写第20.1节），朱宏吉（9章），庞挺（10章），王可成（11、15章），梁为民（12.1节），马意臣与丁启圣（12.4节），王漪（12.7节），陈爱民、马红（12.8节）、姚公弼（与顾临、丁启圣合写19.2节），马世宏、庞志民、蒋军（18.4节），李振瑜与浙江德安新技术发展公司（21.9节），王社桥（12.10.2节）。提供章节及有关资料的还有姜廷伟（21.5、21.6节）、郑绫（21.4节）、姚辉煌、李建军、柳宝昌、沙恩典、龚景仁、关太平、吴伯平、丛国权等，全书由丁启圣统稿。

本书的编写得到了许多同仁的帮助、支持，尤其是在固液分离学术领域享有较高声誉的天津大学金鼎五教授，不仅对编写大纲提出了不少中肯意见，而且不顾高龄伏案认真审稿。此外，还要感谢牛葆琇、苏许贵、张剑鸣、吴荫曾等诸位友人的帮助。

给予本书鼎力支持的国内外许多厂商是：石家庄新生机械厂、杭州防腐设备有限公司、北京中水长固液分离技术有限公司、沈阳浆体输送设备制造厂、核工业华东烟台机械厂、温州东瓯微孔过滤公司、四川自贡高精过滤机制造有限公司、唐山化工机械有限公司、杭州兴源过滤机公司、浙江轻机实业有限公司、上海化工机械厂、厦门怡洋过滤材料工业有限公司、北京沃特瑞环境保护公司、湖南水口山有色金属有限责任公司压滤机制造厂、石家庄工业泵厂、杭州化工机械厂、湘潭离心机有限公司、河北景津压滤机厂、江苏省宜兴非金属化工机械厂、中国农业机械化科学研究院油脂装备设计研究所、重庆江北机械有限责任公司、开封市铁塔特种胶带有限责任公司、北京杰盟机电设备有限公司、安泰科技股份有限公司粉末与环境事业部、浙江德安新技术发展有限公司、大连汇海织物有限公司、武穴市精华轻纺机械有限责任公司、海门市东风过滤设备厂、江苏新宏大石化机械有限公司、沈阳微特应用技术开发公司、上海建设路桥机械设备制造有限公司、北京市华昌丰机电技术研究开发中心、沈阳博联滤布厂、抚顺市塑料六厂、山东潍坊扬帆群瑞机械制造有限公司、河北衡水海江压滤机有限公司、湖州核华机械有限公司、芬兰奥托昆普（Outokumpu）公司北京代表处、德国连思舍（Lenser）过滤有限公司上海代表处、奥地利安德里兹（Andritz）公司北京代表处、康明克斯（Omex）（北京）机电设备有限公司、荷兰天马（TEMA）有限公司北京代表处。比利时纤维技术公司中国市场总代理李秀英。

　　展望 21 世纪，科学技术正在飞速发展，固液分离技术已经飞向太空，过滤技术的创新还会层出不穷，新型、实用过滤技术也将与时俱进为人类做出更大的贡献。

　　新版书也还会有不足、缺憾，希望同仁和读者不吝赐教。

　　在本书初版和本版编著过程中，丁启圣夫人王淑英女士给予了最真诚的鼓励和支持，成书之际顺表衷心的感谢。

丁启圣

2003 年 12 月

前言（第1版）

20世纪是一个科学技术飞速发展的时代，过滤技术也不例外。近百年的科学技术发展历程，使过滤技术在原来简单的手工操作基础上，实现了大型化、机械化和自动化生产。过滤技术的发展已经影响到了各个工业部门和人们的日常生活。近些年来，由于世界范围内资源趋于衰竭，环境日益恶化，因此人类的生存正面临新的挑战。有效地利用现有资源，节省能源，保护环境，保持生态平衡，实现可持续发展，已为世界各国所共识。在人类迎接这一新的挑战过程中，过滤技术的应用领域迅速扩大，广大读者迫切需要这方面的专业知识。

20世纪80年代，我国出版了两本有关固液分离技术的书，一本是《过滤机》（唐立夫、王维一、张怀清编，金鼎五、丁启圣审，机械工业出版社，1984年出版）；另一本是《离心机原理、结构与设计计算》（孙启才、金鼎五主编，机械工业出版社，1987年出版），这两本专著受到了广大读者的厚爱。十余年过去了，固液分离技术又有了许多新的发展，无论在过滤理论，还是过滤机械方面都取得了显著进步。我们本着求实、求新的原则，编写了这本《新型实用过滤技术》，其中汇集了"近代过滤理论"、"压榨理论"、"非牛顿型流体过滤理论"以及"多相过滤理论"等理论研究新成果；介绍了新型助滤技术，动态过滤、微孔过滤、快速过滤、高梯度磁、电分离技术等最新过滤技术的研究与进展情况。编著者还根据多年从事过滤技术的设计、研究和推广应用的心得与经验，介绍了常用及新型过滤机，过滤机的辅助设备，过滤机的安装、系统调试与故障排除，过滤实验技术装置、过滤机的比例放大，过滤机的设计计算，过滤机的选型等。书中最后三章能使读者了解过滤技术在选矿、冶金、煤炭、石油、化工、医药、轻工、食品和环保等领域里的应用。根据环保问题普遍存在于各个产业，我们决定将废水处理问题分别写在各相应的章节中。全书突出了新型和实用的特点，为科研、设计、制造、使用过滤技术的部门提供了一本方便、实用的参考书。

本书的编写人员有王维一（第 1.1、1.3、1.4 节，第 2、3、4、6、7、8、17 章）、丁启圣（第 5、13、14、16、18、20 章，第 12.2、12.3、12.5、12.6、12.8、12.9、19.1 节，附录）、王学松（第 9 章，中国科学院大连化学物理研究所）、杨德武（第 10 章）、董十力（第 11 章）、王可成（第 15 章）、梁为民（第 12.1 节）、马意臣（第 12.4 节）、周福才（第 12.7 节）、姚公弼（第 19.2 节）、宋显洪（与丁启圣合写第 19.3 节）、李思阳（第 1.2 节）。全书最后由丁启圣统稿。

本书的编写得到了许多同仁的鼓励和帮助，在我国固液分离技术领域从事多年研究的天津大学金鼎五教授对本书编写大纲提出了中肯意见并为此进行了悉心审稿。此外，还要感谢史婉姝、方正德、黄卫龙、苏许贵、柯典京、高森、薛晓彤、李旭仪、吴荫曾等诸位友人的帮助。

本书出版还得到了许多国内外厂商的鼎力支持，他们是：石家庄新生机械厂；丹东市轻工研究所；沈阳市博联滤布厂；杭州恒达化工机械厂、杭州兴源过滤机有限公司；中石化长岭炼油化工总厂机械厂；北京市水泵厂，厦门怡洋过滤材料工业有限公司；天津市政工程公司机械厂；保定市古城铆焊机械厂；芬兰 LAROX 公司；美国 MOTT 公司；温州市减速机厂。在此向他们表示衷心的感谢。

展望 21 世纪，过滤技术行业将发展成为一个新学科，成为各个工业领域内最令人关注的关键工艺操作，新的过滤技术必将为人类做出更多的贡献。

由于作者水平所限，书中难免存在缺点和错误，敬请广大读者不吝批评，及时赐教。

丁启圣

1999 年 3 月

目　　录

液固分离部分

气固分离部分

附　录

液固分离部分

1 液体过滤引言

1.1 固液分离、过滤与脱水

1.1.1 固液分离

近些年来，人们进一步认识了固液分离的重要性，认识到它与资源、能源的有效利用及环境问题密切相关，因而在理论上和技术上都做了大量研究工作，并取得了可喜的成果。

固液分离是指将离散的难溶固体颗粒从液体中分离出来的机械方法，其中包括过滤、重力沉降、浮选以及在离心机和旋流器中借助离心力进行分离等方法。这些方法明显有别于蒸馏、结晶、吸附以及扩散等单元操作。那些单元操作的物料均为溶液，而不是固液两相混合物。

固液分离技术的应用领域极其广泛，从环境控制到化工和食品产品的生产，从水净化到保护飞行器的敏感液压回路，液体中固体颗粒的质量分数从大于 50% 到低于百万分之几，均能用到分离技术。

随着工业的迅猛发展和多样化，有大量的固液分离问题需要解决，这就促进了固液分离机械及其附属设备的发展。这种良性的互相促进作用，对固液分离的理论和实践的进步均有益处。

1.1.2 过滤

过滤是固液分离的组成部分，它利用过滤介质或多孔膜截留液体中的难溶颗粒。有时也将用离子交换床软化水、用白土床给矿物油除酸、脱色归入过滤。在上、下水处理和工业排水处理中，已经普遍利用了微生物的方法进行过滤，尽管存在杂质的溶解问题，但还是将其归入生物过滤法为好。

反渗透原本是溶液扩散的过程，但因其与膜分离技术中的超过滤、微孔过滤密切相关，所以也作为特殊情况在此给以介绍。

最早的过滤技术用于酒的澄清。至今过滤技术仍广泛应用在与饮料有关的行业，目的在于排除饮料中的微小而又难排除的固体颗粒，同时还要避免将有香味的蛋白质滤掉。

净水处理不仅是要从大量的水中除掉各种固体物，包括细菌，而且成本必须很低。它依靠重力的砂过滤来满足这一需要，但近来已日益被加压砂过滤所取代，还有部分被预敷层过滤所取代。游泳池水的净化是水净化的现代分支，可逆过滤机为其典型过滤装置。

污水处理厂的兴建极大地促进了压滤机和真空转鼓过滤机的发展，并使带式压榨过滤机上升到突出地位。但是，出现了被卧式螺旋离心机取代的趋势。

制糖工业除了使用过滤机外，更集中地使用了过滤式离心机，因而大大刺激了该类离心机的发展。造纸工业的大量排水需用真空圆盘过滤机等装置予以处理，这样也促进了过滤机的发展。

现代化学工业及与其相关领域的发展，例如石油、煤气、选矿和塑料等行业的发展，促进了新型过滤机和附属设备的开发。

1.1.3　脱水

脱水是指机械地将存留在湿润粒子层或湿润滤饼内的液体部分排除的操作，可分为重力脱水、离心脱水、通气脱水以及特殊脱水。这些脱水方法均与湿润粒子层中的毛细管有关。

离心脱水的目的是将毛细管中的上升液分离出来，此上升液不能在重力场下排除。

通气脱水并不是干燥，而是在常温下以加压空气为主来排除毛细管中的上升液。

特殊的脱水方法有利用吸湿性纤维做成毡层吸收水分的方法；通过压缩湿润粒子层，使之变形而将内藏的液体排除的压榨脱水法；通过另外施加振动来提高脱水效果的方法等。

1.1.4　过滤和脱水的并用

过滤所得滤饼，通常需经过热干燥后才适于储存或使用。可见，滤饼在进入干燥室之前含湿率应尽可能的低，以便减少热能消耗。许多具有脱水功能的过滤机就是为此目的而开发的，如配备有辊-带式压榨脱水装置的转鼓真空过滤机、带有压榨隔膜的厢式压滤机、带有压榨隔膜的筒式过滤机以及带式压榨过滤机等。

1.2　过滤的分类

过滤是利用过滤介质将固体和液体分离的单元操作，可分为澄清过滤（clarification filter）和滤饼过滤（cake filter）两大类，如图 1-1 所示。

澄清过滤又分为以下 4 类：（1）颗粒过滤（particle filter，即 PF）；（2）微孔过滤（micro filter，即 MF）；（3）超过滤（ultra filter，即 UF）；（4）反渗透（reverse osmosis，即 RO）。其中，颗粒过滤又称为内部过滤（inner filter）或深层过滤（deep or depth filter），或粒状层过滤（granular bed filter）。

滤饼过滤又称为表面过滤（surface filter）。过滤时，先由滤布等的表面截留悬浮颗粒，而后由逐渐增厚的滤饼继续截留颗粒。其操作目的主要是对悬浮液（含量在 1% 以上，颗粒直径在 $1\mu m$ 以上）进行浓缩及回收固体。

滤饼过滤和深层过滤的模型如图 1-2 所示。

不同颗粒尺寸所对应的过滤分离方式如图 1-3 所示。

1.2.1　澄清过滤

由于粒状层过滤和膜过滤后面有专门章节详述，因此这里只介绍其他澄清过滤内容。

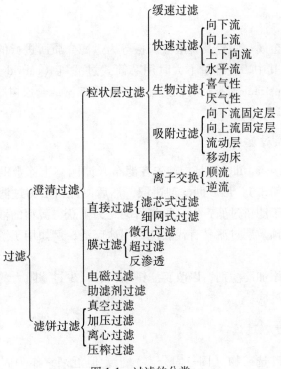

图 1-1 过滤的分类

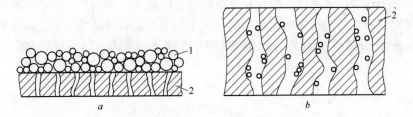

图 1-2 两种不同的过滤方式示意图

a—滤饼过滤；b—深层过滤

1—滤饼；2—过滤介质

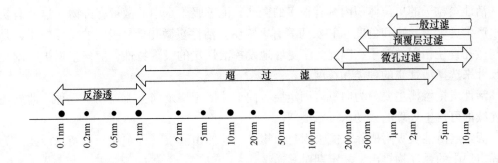

图 1-3 颗粒的尺寸和对应的过滤分离方式

1.2.1.1 直接过滤

以网、布、烧结金属、陶瓷及叠层金属板等为过滤介质所进行的固液分离，称为直接过滤（direct filter）。其中，处理量不大时用芯筒式过滤机（cartridge filter）；处理量大时用细网过滤机（micro strainer）。后者的过滤介质为金属网或合成树脂网，用于工厂用水的处理和上水道的预处理。

1.2.1.2 预敷层过滤

预敷层过滤（pre-coat filter）是指预先在滤布（滤网）上涂敷助滤剂（硅藻土、活性炭或离子交换树脂等粉末），形成助滤剂饼层，然后以此饼层为过滤介质对悬浮液进行过滤。其过滤机理虽属于滤饼过滤，但其操作目的是为了获得澄清的液体，所以归类为澄清过滤。其中，硅藻土预敷层过滤具有代表性，用途广泛，例如用于游泳池水的循环处理和军队用水的净化等。

此外，向滤浆中添加助滤剂，以改善滤饼结构、减少过滤阻力的掺浆（body feed）过滤，也可归于预敷层过滤。

1.2.1.3 高梯度磁过滤

磁分离早已用在磁选矿物（固—固分离）上，但近来它作为固液分离技术而备受瞩目。当将强磁性不锈钢细丝填入电磁铁形成的磁场空间时，磁场便会变形，并在细丝周围产生较大的磁场梯度。过滤时，磁性粒子沿场强方向移动，由磁化后的不锈钢细丝吸引并截留，即这种被磁化的不锈钢细丝对弱磁性粒子也具有很高的截留能力，甚至对无磁性粒子，只要预先添加磁性引晶剂，也能将这样的粒子吸附除掉。引晶剂可以是磁铁矿 Fe_3O_4 等。

1.2.1.4 粒状层过滤

以砂或活性炭等粒状物为过滤介质层，由这些粒状物的空隙截留住悬浮粒子（其粒径远小于空隙直径），此种过滤操作称为粒状层过滤（granular bed filter）。由于粒状层过滤对所处理的原水水质及水量的变动有很好的适应性，而且所得到的净化水的水质可靠，所以迄今仍在使用，只不过快速过滤比缓速过滤应用更广泛而已。

活性炭粒子的单位体积内具有很多的微孔，能够吸附水中的微量有机物（这些有机物使水产生臭气、异味和色度）和农药等有害物质。活性炭微孔最易吸附的悬浮粒子，是直径与微孔直径相同的粒子，因此为了更好地发挥活性炭的吸附特性，应该根据被吸附粒子的尺寸来选择活性炭的种类和粒度分布。

活性炭接触槽主要分为向下流固定层、向上流固定层及向上流流动层 3 种，此外还有半连续的可再生处理的移动床接触槽。

固定层活性炭吸附槽除了能吸附悬浮物外，还能由滤层（固定层）截留悬浮物。为了将固定层中的悬浮物排出，需定期对其逆洗。

流动层用于只要活性炭与被处理液接触就能实现吸附的场合，在这一点上，不同于以除去悬浮物为目的的过滤。在流动层接触槽中，无需设置流动层的洗涤机构。

活性炭在使用一定时间后，其微孔的吸附能力将会丧失，需予以再生处理。再生方法有热再生法、生物再生法、电解再生法及药物再生法，其中最常用的方法是使用立式多段炉或回转窑的热再生法。

生物活性炭过滤（bio-activated carbon filtration）是将臭氧处理和活性炭处理组合起来的过滤形式。臭氧的作用是切断被处理液中不饱和有机化合物的二重结合或三重结合，使生物容易分解。

臭氧发生机只能生产浓度为百分之几的臭氧，其余90%以上是空气和氧气。因此，往被处理液中注入臭氧的同时，也注入了大量氧气。这些氧气使活性炭微孔内的好气性生物增殖，这些生物对吸附在活性炭微孔内的污物进行摄取和分解，使活性炭获得再生。活性炭的生物再生是生物活性炭过滤的最大特点。

生物过滤（biological filter）的粒状滤层中生息着微生物，可作为生物反应槽来使用。如果是好气性生物反应槽，则从滤层的下部向槽内通入空气或氧气进行曝气过滤，以促进生物反应。结果，有机物发生了分解，导致氨因氧化（硝化），铁和锰因氧化而被除去，同时也除掉了臭气物质。

厌气和无氧生物反应槽中的粒状滤层，可用于有机物的硝化（沼气发酵）或除掉硝酸（脱氮）。

生物反应对环境条件很敏感，例如当水温高时，反应速度将加快。生物反应槽与活性炭接触槽一样，也分为向上流固定层、向下流固定层以及流动层等形式。

1.2.1.5 离子交换器

离子交换器（ion exchanger）也是使用粒状滤层的反应器，分为阳离子交换器和阴离子交换器。

如果令液体通过填有 H 类阳离子交换树脂的槽，则液体中的阳离子便依据式（1-1）与阳离子交换树脂的氢离子相交换。于是，液体中的阳离子（钠离子）被除掉，而氢离子却增加。

$$R\text{-}SO_3H + NaCl \Longrightarrow R\text{-}SO_3Na + HCl \tag{1-1}$$

如果令液体通过 OH 类阴离子交换树脂，则将发生式（1-2）所示的反应，将液体中的阴离子（氯离子）除掉。

$$R\text{-}OH + HCl \Longrightarrow R\text{-}Cl + H_2O \tag{1-2}$$

为了将阴、阳离子同时除掉，需将阴离子交换器与阳离子交换器串联使用。例如在制备纯水时就要用到此装置。

离子交换树脂在工作一定时间后会失去离子交换能力，为了使其再生，应在逆洗离子交换层时通入再生液。再生液为 $NaCl$、HCl、H_2SO_4、$NaOH$ 及 NH_4OH 等，使用时按离子交换层的材料来选定。按照再生液的流动方向，离子交换树脂的再生可分为顺流式和逆流式。

1.2.1.6 膜过滤

从表 1-1 所列数据可大致看出膜过滤与一般过滤所能分离粒子粒径（或相对分子质量）的差别。

表 1-1　一般过滤与膜过滤的分离粒径（或相对分子质量）

名　称	过滤介质、膜	分离粒径或相对分子质量	操作压力/MPa
一般过滤	滤布、滤纸等	$1\mu m$ 以上	真空至 0.2 或更高
预敷层过滤	硅藻土等	$0.5\mu m$ 以上	真空或加压 0.3~0.8
微孔过滤	微孔过滤膜	$0.01~1\mu m$	真空至 0.2
超过滤	超滤膜	相对分子质量为 $1\times10^3~3\times10^5$（胶质、高分子溶液）	真空至 1
反渗透膜法	反渗透膜	无机盐等，相对分子质量为 350	1~10

　　微孔过滤可用于反渗透膜工序的预处理、锅炉冷凝水的处理、水道的净水处理、家庭净水器以及人工肺。微孔过滤膜的材料为聚乙烯或陶瓷等。

　　超过滤膜可用于啤酒生产的排水循环处理、从电涂漆排水中回收涂料、超纯水处理装置以及人工肾等。

　　制备超纯水的离子交换装置中会有离子交换树脂碎屑和菌类随水流出。这些微小的悬浮物对半导体的生产很有害，因而需用超滤膜将其除去。

　　超滤膜的材质为纤维素类、合成树脂类及陶瓷或玻璃等无机类材料。

　　反渗透膜是用来除掉无机盐类物质的膜，用于海水淡化、纯水制备等。

1.2.2　过滤类型的确定

1.2.2.1　滤饼过滤的确定

　　滤饼过滤是指借助过滤介质表面所形成的滤饼层来截留悬浮粒子，悬浮液的质量分数应在 1%以上，因而滤饼过滤主要用于悬浮粒子含量较高的悬浮液过滤。为降低滤饼的含湿率，不少滤饼过滤机上配备了压榨脱水装置。滤饼过滤能截留大于 $1\mu m$ 的悬浮粒子，操作压力一般为真空至 0.2MPa 或更高。

　　总之，当悬浮液的质量分数在 1%以上，需截留住大于 $1\mu m$ 的粒子时，应采用滤饼过滤，而不是澄清过滤。只有预敷层过滤比较特殊，其过滤机理属滤饼过滤，但过滤目的却是为了获得澄清液；当悬浮液质量分数低于 5%时，其滤饼形成速度不超过 1.27mm/min；当悬浮液质量分数低于 0.1%时，不能形成滤饼。

1.2.2.2　澄清过滤的确定

　　粒状层过滤由砂子、活性炭等粒状物的间隙（$100~200\mu m$）来截留直径远小于间隙的悬浮粒子（数十微米）。适用于质量分数在几个百万分之一至 0.01%的悬浮液的过滤，目的在于获得澄清液，过滤精度为数十微米。

　　对于质量分数在 0.01%~1%的悬浮液，应分两种情况来确定过滤类型：如果质量分数接近 1%，则将悬浮液先行浓缩，然后进行滤饼过滤；如果质量分数接近 0.01%，则应先行沉淀澄清，然后进行澄清过滤（如粒状层过滤）。

　　直接过滤方式中，以滤芯过滤机（cartridge filter）最为常用，其过滤元件分为成形式、滤纸式、线轴式及陶瓷式，可用多种方法制造。例如，将纤维素、粘胶丝等浸含密胺、苯酚后即可送去成形。再如，将棉花线、聚丙烯线或聚酯线卷成空心圆筒，便可得到元件。究竟选用哪一种元件，应视悬浮液的性质和要求的过滤精度而定。滤芯过滤机的过滤精度达 $0.5\sim100\mu m$，悬浮液的质量分数在 0.1% 以下。

1.3 过滤介质

1.3.1 过滤介质的过滤特性

过滤过程中，由其表面或内部持留固体颗粒的有渗透性的任何材料称为过滤介质。过滤介质决定着过滤的成败，其性能与这三个特性有关：机械特性（如强度、密封和密封垫功能等）、应用特性（如化学稳定性、润湿性等）和过滤特性（能留持住的最小颗粒尺寸、流阻、孔隙的堵塞倾向、滤饼剥离性等）。

1.3.2 过滤介质主要类别

常用过滤介质的种类有：织造布、非织造布、烧结介质、滤芯、松散粉末介质、膜等。

织造布：根据所用纱线，可分为单丝布和复丝布；根据织造结构，可分为单层布和三维的双层布。布的材料可用天然纤维、合成纤维、金属纤维等。需要时，可在布面上涂覆带微孔的膜。

非织造布：非织造布是借助针刺或水刺，使纤维相互随机缠绕而成的，如毡片等。为了提高其强度，可在中间加上一层织造布。此外，还有树脂结合或热结合的非织造布。

膜：膜的主要材料为聚合物、陶瓷、金属等。膜元件主要有空心纤维膜、片状膜等。许多膜的结构是非对称性的，其薄的表面起过滤作用，而紧邻的厚层为支撑层。膜的厚度不等，常用厚度为 $1\sim100\mu m$，其值取决于所用膜材。大多数膜的过滤机理为表面过滤。

1.4 颗粒和液体的性质

在过滤技术中，表征颗粒性质的三要素为形状、尺寸及密度。三者共同决定着颗粒能否被某种过滤介质所持留，还决定着颗粒的沉降速度（它与确定适用的分离方法及滤液的清洁度有关）。

1.4.1 颗粒的形状

由于滤浆中颗粒的形状不规则，所以常将实际颗粒的形状与真正球体相比较。包括球形在内的任何形状，都可用各自的三个形状系数来表征，即：K_a（面积系数）、K_V（体积系数）和 K_S（比表面积系数，$K_S=K_a/K_V$）。颗粒为真正球体时，其三个形状系数分别为：$K_a=\pi$、$K_V=\pi/6$、$K_S=6$。而形状不规则的实际颗粒，因材质的不同会有各自的三个形状系数值。只要材质确定下来，这些值也随之确定。例如颗粒为煤质时，三个形状系数分别为：$K_a = 2.59$、$K_V = 0.227$、$K_S = 11.4$。显然，形状系数越接近球体值的颗粒，其形状便越近似于球形。

1.4.2 颗粒的尺寸

由于滤浆中颗粒的形状不规则，所以采用等价球的直径表示其尺寸。实际颗粒的等价直径，可以是与之有等价体积的球径、有等价表面积的球径、有等价沉降速度的球径。采用等价球径表示实际颗粒有两个优点：（1）各等价径均为线性关系，容易数学处理；（2）斯托克斯公式原本只能计算球形颗粒的沉降速度，但引入等价径后，也适用于非球形实际颗粒了。为算出实际颗粒的等价球直径，首先要测出实际颗粒在液中的沉降速度，然后将此速度值代入该公式算出等价球径。

此外，动态光散射法是测定粒径的新方法。它采用了大、小粒子的"布朗运动"速度不同的原理。

1.4.3 颗粒的密度

在重力或离心力的作用下，颗粒的沉降速度正比于颗粒与液体的密度差。可见，密度也是表征颗粒性质的参数之一。

应指出，由于颗粒表面吸附有液体和空气等气体，因此测出的颗粒密度值小于实际值。可以推断，在液面附近和在液中深处的颗粒密度值是不同的。

1.4.4 液体的性质

液体的性质包括：密度、黏度、表面张力、挥发性。

密度：重力过滤和离心沉降等固液分离操作，都利用了固液两相的密度差。影响液体密度的因素为温度、固体溶解度。

黏度：液体的黏度高时，固液分离较难，反之亦然。升温能降低黏度，提高过滤速度，降低滤饼含水率。对于高黏度液体（如高分子量有机化合物）的过滤，升温很有利。升温对水类悬浮液的过滤同样有利，例如将 20℃ 的水升至 50℃ 时，其黏度降低 45%。此外，向高黏度液体中掺入可与之混合的低黏度液体，也是降低滤浆黏度的方法（如石油脱蜡）。

表面张力：液体润湿固体（颗粒或滤布等过滤介质）表面的难易，取决于其表面张力。显然，难润湿的过滤介质不利于过滤。例如，疏水性的聚四氟乙烯介质不利于过滤，需施加很高的过滤压。反之，乙醇极易润湿聚四氟乙烯，因此用该介质过滤乙醇时，只需较低的过滤压。

挥发性：过滤易挥发性液体时，不宜采用真空过滤机。因为挥发出的蒸气会进入真空泵，并在那里被压缩而重新液化。这既影响真空度，又造成溶剂的损失。液体的沸点是液体挥发性的判据。在过滤易挥发性滤浆时，应采用密闭加压过滤机。

最后，将上述内容归纳在图 1-4 中，以便对固液分离的操作阶段和方法有一清晰概念。

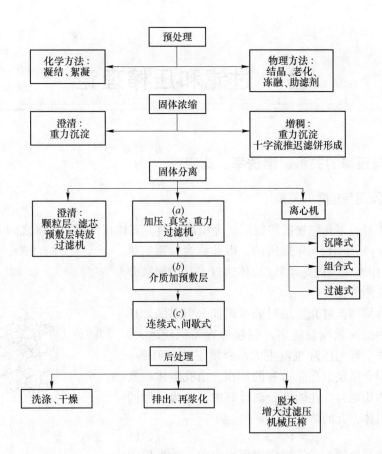

图 1-4 固液分离的阶段和方法

参 考 文 献

[1] Svarovsky L. Solid-Liquid Separation[M]. Fourth edition, 2000.

[2] 藤田賢二ほか. 急速濾過・生物濾過・膜濾過[M]. 技報堂, 1994.

[3] 唐立夫, 王维一. 过滤机[M]. 北京：机械工业出版社, 1984.

[4] Соколов В И. Ценгрифугирование[M]. Москва, Издательство Химия, 1976.

[5] 金鼎五. 化学工程, 1992, 20(2)：37.

[6] Dahl O, et al. Filtration & Separation. October 1998：827.

[7] 日本粉体工业技術協会. 凝集工学[M]. 東京：日刊工业新聞社, 1982.

[8] Purchas D B. Solid/Liquid Separation Equipment Scale-Up[M]. England：Uplands Press Ltd., 1977.

[9] Purchas D B. Solid/Liquid Separation Technology[M]. England：Uplands Press Ltd., 1981.

[10] 王维一, 丁启圣. 过滤介质及其选用 [M]. 北京：中国纺织出版社, 2008.

2 过滤和压榨理论

2.1 流速与压降的关系、渗透率、比阻

2.1.1 体积流速与压降的关系

　　清洁液体通过多孔隙松散颗粒层（介质层）时，其体积流速与压降之间的关系是法国人达西（Darcy）于 1856 年提出的，因此称为达西定律（支配砂滤层中水流动的定律）。液体通过多孔隙松散介质层的过滤简图如图 2-1 所示。

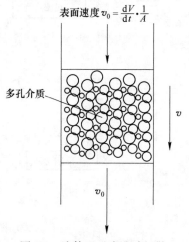

图 2-1 液体通过多孔隙松散介质层的过滤简图

　　压降是由液体流过介质层时的摩擦损失引起的。显然，介质层中的松散颗粒越多，颗粒的表面积便越大，因而摩擦损失引起的压降也就更大。介质层的孔隙率 ε 是指单位体积介质层中孔隙占有的体积，由孔隙体积除以介质层总体积而得。在固液分离计算中，更为常用的是介质层中固体占有的体积分数 φ：

$$\varphi = 1 - \varepsilon \tag{2-1}$$

　　达西定律是模拟电学欧姆定律而提出的。改进后的达西方程为：

$$\frac{\Delta p}{L} = \frac{\mu}{K} \cdot \frac{dV}{dt} \cdot \frac{1}{A} \tag{2-2}$$

式中　Δp ——压降，Pa；

　　　L ——介质层厚度，cm；

　　　μ ——液体黏度，Pa·s；

　　dV ——在时间 dt 期间流过介质层的液体体积，cm^3；

　　　A ——介质层的横截面积，cm^2；

　　　K ——介质层的渗透率，cm^2，假定为常数。

　　达西定律与欧姆定律的对应参数见表 2-1。

表 2-1　达西定律与欧姆定律的对应参数

对应参数	欧姆定律 $V = IR$	达西定律 $\dfrac{\Delta p}{L} = \dfrac{\mu}{K} \cdot \dfrac{dV}{dt} \cdot \dfrac{1}{A}$
驱动力	V	$\dfrac{\Delta p}{L}$
流　速	I	$\dfrac{dV}{dt} \cdot \dfrac{1}{A}$
常　数	R	$\dfrac{\mu}{K}$

达西定律另外的表达形式为：

$$Q = \frac{\mathrm{d}V}{\mathrm{d}t} = K \cdot \frac{A\Delta p}{\mu L} \tag{2-3}$$

$$Q = \frac{\mathrm{d}V}{\mathrm{d}t} = \frac{A\Delta p}{\mu R_{\mathrm{m}}} \tag{2-4}$$

$$R_{\mathrm{m}} = L/K$$

式中　R_{m}——介质的阻力，假定为常数，cm^{-1}；

　　　　Q——液体通过介质层的体积流速，cm^3/s。

达西用以上方程式给出了清洁液体通过不变的多孔介质层时体积流速与压降的关系，如图 2-2 所示。

2.1.2　渗透率和柯杰尼-卡曼方程式

式（2-2）所示的达西方程式是关于层流的方程式，而且假定渗透率 K 为常数。该式指出：介质层内液体的体积流速与压力的一次方成比例。达西方程式可用于通过多孔隙体的各种流动的研究，例如地下水向水井中的流动、土壤中灌溉水的流动以及堤坝基础的透水性等方面的研究。此外，石油在地下构造中的流动也遵从达西定律。

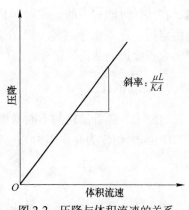

图 2-2　压降与体积流速的关系

石油业很早便采用实用单位 darcy 作为渗透率的单位。可以这样描述该单位：当渗透层的截面积 A 为 $1\mathrm{cm}^2$，层厚 L 为 $1\mathrm{cm}$，液体黏度 μ 为 $0.001\mathrm{Pa} \cdot \mathrm{s}$，压差为 $100\mathrm{kPa}$，液体的体积流速 Q 为 $1\mathrm{cm}^3/\mathrm{s}$ 时，其渗透率 K 就是 $1\mathrm{darcy}$。

实用单位 darcy 与工程单位 m^2 之间有以下换算关系：

$$1\mathrm{darcy} = 9.87 \times 10^{-13}\mathrm{m}^2$$

总之，渗透率是表示液体通过颗粒层（介质层）难易的参数。

达西假定渗透率为常数。但是，柯杰尼（Kozeny）却于 1927 年指出，达西方程式中的渗透率 K 不是常数，而是用下式表示的复合变数：

$$K = \frac{\varepsilon^3}{K_{\mathrm{c}}(1-\varepsilon)^2 S_0^2} \tag{2-5}$$

式中　K——渗透率，m^2；

　　　　ε——局部孔隙率，%；

　　　　S_0——颗粒的比表面积，$\mathrm{m}^2/\mathrm{m}^3$；

　　　　K_{c}——柯杰尼常数，无量纲。

式（2-5）中的 ε 可测出，卡曼（Carman）假定 $K_{\mathrm{c}} = 5.0$（在固定的或缓慢运动的低孔隙率的介质层条件下适用），借助渗透试验可得到 K，因此可求出 S_0。将式（2-5）代入式（2-2），并取 $K_{\mathrm{c}} = 5.0$，便得到了 Kozeny-Carman 方程式：

$$\frac{\Delta p}{L} = \mu \left[\frac{5(1-\varepsilon)^2 S_0^2}{\varepsilon^3} \right] \frac{\mathrm{d}V}{\mathrm{d}t} \cdot \frac{1}{A} \tag{2-6}$$

现在来讨论达西方程式（2-3）和式（2-4）。如果让清洁液体通过介质层，那么这两式中的所有参数均为常数，从而得到了恒压下的恒流速过滤，其累积滤液体积将随着时间呈线性增加，如图 2-3 所示。但是，让悬浮液通过介质层时，过滤也在滤饼层中发生，即所谓滤饼过滤。由于滤饼本身也引起压降，所以导致流速 Q 随着时间而降低，如图 2-3 所示。从图中可以看出，在滤饼过滤初期的一段时间内，滤液的流速 Q_0 也是恒定值。这是由于过滤介质在过滤初期起决定性作用，它直接影响滤饼的结构。

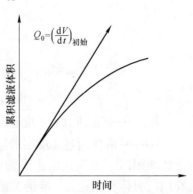

图 2-3 恒压过滤期间滤液流速的降低

2.1.3 滤饼的比阻

过滤中，随着滤饼的不断增厚，滤饼的阻力 R_c 将随着时间而增大。因而式（2-4）成为以下形式（R_m 为介质阻力）：

$$Q = \frac{A\Delta p}{\mu(R_m + R_c)} \tag{2-7}$$

由于微小颗粒会贯入和闭塞过滤介质，所以假定 R_m 为常数有时是不确切的。对于非压缩性滤饼，可假设 R_c 与沉积的滤饼量成比例：

$$R_c = \alpha w \tag{2-8}$$

式中 w——沉积在单位面积上的干滤饼固体的质量，$\mathrm{kg/m}^2$；

α——滤饼的比阻，$\mathrm{m/kg}$。

将式（2-8）代入式（2-7）后得到：

$$Q = \frac{\Delta p A}{\alpha \mu w + \mu R_m} \tag{2-9}$$

式（2-9）给出了滤饼过滤的滤液的体积流速 Q 与压降 Δp 的关系。在某些情况下，可假设 w 和其他一些参数为常数。下面对这一问题做如下简短讨论：

（1）关于压降。Δp 究竟是常数还是随着时间而变的变量，要取决于泵的特性或所用的驱动力。如果是变量，压降就为 $\Delta p = f(t)$。

（2）关于过滤介质的表面积。A 通常为常数，但在管形和转鼓形过滤面上有明显滤饼层的情况除外，因为滤饼越厚，其起过滤作用的表面积也越大。

（3）关于滤液的黏度。只有在温度为恒值和牛顿型流体的情况下，μ 才是常数。

（4）关于滤饼的比阻。虽然非压缩性滤饼的 α 可视为常数，但是由于滤饼的逐渐固结，α 将随着时间而变化。此外，在变速过滤的情况下，α 也将随着速度的变化而变化。

大多数滤饼都或多或少地表现出压缩性，因此比阻将随着滤饼两侧的压降 Δp_c 的变化而变化。此时，应该用滤饼的平均比阻 α_{av} 代替式（2-9）中的 α，而 α_{av} 可用下式确定（推导过程从略）：

$$\frac{1}{\alpha_{av}} = \frac{1}{\Delta p_c} \int_0^{\Delta p_c} \frac{d(\Delta p_c)}{\alpha} \tag{2-10}$$

为了求解式（2-10），需要借助试验装置得到函数 $\alpha = f(\Delta p_c)$。试验包括小型试验、弹式过滤试验，或者压缩渗透试验。

出于实用目的，可用下面的实验式表示比阻 α 的变化：

$$\alpha = \alpha_0 (\Delta p_c)^n \tag{2-11}$$

式中　α_0——单位压降（$\Delta p_c = 1$）下的比阻，是用实验得到的常数（见第 2.7.2 节）；

　　　n——压缩性指数，是用实验得到的常数，非压缩性滤饼的 n 为零，$n = 0.5 \sim 0.7$ 为高压缩性，$0.3 \sim 0.5$ 者为中等压缩性，而 0.3 以下者为小压缩性（n 的实验求法见第 2.7.2 节）；

　　　Δp_c——滤饼两侧的压降。

将式（2-11）代入式（2-10）中，积分整理后便得到了求解 α_{av} 的方程式：

$$\alpha_{av} = (1 - n) \alpha_0 (\Delta p_c)^n \tag{2-12}$$

（5）关于沉淀在单位面积上的干滤饼质量 w。在分批次过滤的过程中，w 是时间的函数，它与时间 t 内流出的滤液体积有以下关系：

$$w = \frac{\rho V}{A}, \quad wA = \rho V \tag{2-13}$$

式中　ρ——悬浮液中固体的质量浓度（单位体积滤液对应的固体质量），kg/m^3。

（6）关于过滤介质的阻力 R_m。通常可认为 R_m 为常数，但是在有微小颗粒堵塞孔隙，或者过滤压有变化时（升高的压力使介质纤维受压缩），R_m 也随之变化。

介质两侧的压降不仅是由介质引起的，而且还应包括管路和出入口的压力损失。这些额外的阻力损失应包含在 R_m 中。

2.2　非压缩性滤饼过滤的基本方程式

2.2.1　通用过滤方程式的简化处理

将式（2-13）代入通用过滤方程式（2-9）后，得到：

$$Q = \frac{dV}{dt} = \frac{\Delta p A}{\alpha \mu \rho (V/A) + \mu R_m} \tag{2-14}$$

为便于进一步分析，将式（2-14）改成倒数形式：

$$\frac{dt}{dV} = \alpha \mu \rho \frac{V}{A^2 \Delta p} + \frac{\mu R_m}{A \Delta p} \tag{2-15}$$

规定两个常数 a_1 和 b_1，以便于最后的数学运算：

$$a_1 = \alpha \mu \rho \tag{2-16}$$

$$b_1 = \mu R_m \tag{2-17}$$

显然，a_1 是与悬浮液和固体有关的常数；b_1 则是与"滤布—滤液"有关的常数。将 a_1 和 b_1 代入式（2-15），得到：

$$\frac{\mathrm{d}t}{\mathrm{d}V} = a_1 \frac{V}{A^2 \Delta p} + b_1 \frac{1}{A \Delta p} \tag{2-18}$$

2.2.2　恒压过滤

当 Δp 为常数时，对式（2-18）积分后得到：

$$\int_0^t \mathrm{d}t = \frac{a_1}{A^2 \Delta p} \int_0^V V \mathrm{d}V + \frac{b_1}{A \Delta p} \int_0^V \mathrm{d}V \tag{2-19}$$

$$t = a_1 \frac{V^2}{2A^2 \Delta p} + b_1 \frac{V}{A \Delta p} \tag{2-20}$$

如果已知其他常数值，就能利用式（2-20）算出 t 或者 V。

为便于借助实验确定 α 和 R_m 的值，而将式（2-20）改成以下直线方程式：

$$\frac{t}{V} = aV + b \tag{2-21}$$

$$\left.\begin{array}{l} a = \dfrac{a_1}{2A^2 \Delta p} \\[3mm] b = \dfrac{b_1}{A \Delta p} \end{array}\right\} \tag{2-22}$$

在非压缩性滤饼的恒压过滤条件下，t/V 与 V 之间的关系曲线如图 2-4 所示。当然，式（2-21）和图 2-4 只适用于从过滤初始就加上给定压力的情况。

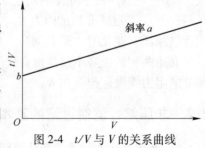

图 2-4　t/V 与 V 的关系曲线

为防止微小颗粒穿透新的过滤介质以及确保滤饼均匀，必须避免液体以高的初始流速通过新介质。为此，必须在恒压过滤期之前有一个压力逐渐升高的期间。在此期间，流速几乎是恒速。

如果式（2-19）是从真正的恒压开始点 t_s 和 V_s 进行积分，便得到了可根据实验数据计算的最终方程式：

$$\frac{t - t_\mathrm{s}}{V - V_\mathrm{s}} = \frac{\alpha \mu \rho}{2A^2 \Delta p}(V + V_\mathrm{s}) + \frac{\mu R_\mathrm{m}}{A \Delta p} \tag{2-23}$$

可将此式写成式（2-21）那样的形式：

$$\frac{t - t_\mathrm{s}}{V - V_\mathrm{s}} = a(V + V_\mathrm{s}) + b = \underset{\substack{\vdots \\ 斜率}}{aV} + \underset{\substack{\vdots \\ 截距}}{(aV_\mathrm{s} + b)} \tag{2-24}$$

下面举例说明式（2-23）的计算步骤。

[**例 2-1**]　根据小型板框过滤器实验所得数据，算出比阻 α 和介质阻力 R_m 值。已知参数如下：

固体密度　　　　　　　$\rho_\mathrm{s} = 2710 \mathrm{kg/m^3}$

液体黏度　　　　　　　　$\mu = 10^{-3}\,\mathrm{Pa \cdot s}$（20℃水的黏度）

悬浮液的质量浓度　　　$\rho_L = 10\,\mathrm{kg/m^3}$

恒压降　　　　　　　　$\Delta p = 150\,\mathrm{kPa}$

框的尺寸　　　　　　　430mm×430mm×30mm（因滤板上有凹槽，实际饼厚为35mm）

框的过滤面积　　　　　$A = 0.43 \times 0.43 \times 2 = 0.37\,\mathrm{m^2}$

滤饼厚度　　　　　　　30mm（因滤板上有凹槽，实际饼厚为35mm）

过滤实验所得数据见表2-2。

表2-2　过滤实验所得数据

$\Delta p/\mathrm{kPa}$	t/s	$V/\mathrm{m^3}$	$\dfrac{t-t_s}{V-V_s}/\mathrm{s \cdot m^{-3}}$	$\Delta p/\mathrm{kPa}$	t/s	$V/\mathrm{m^3}$	$\dfrac{t-t_s}{V-V_s}/\mathrm{s \cdot m^{-3}}$
40	447	0.04	12458	150	4398	0.34	17800
50	851	0.07	12326	150	4793	0.36	18450
70	1262	0.10	12120	150	5190	0.38	18800
80	1516	0.13	12765	150	5652	0.40	19660
110	1886	0.16	12857	150	6117	0.42	20258
130	2167	0.19	13809	150	6610	0.44	20886
130	2552	0.22	14175	150	7100	0.46	21337
130	2909	0.25	15540	150	7608	0.48	21789
150	3381	0.28	15250	150	8136	0.50	22250
150	3686	0.30	—	150	8680	0.52	22700
150	4043	0.32	17850	150	9256	0.54	23208

解：当一个滤框的内腔完全被滤饼充满时，收集到的滤液体积为 $V = 0.56\,\mathrm{m^3}$。在达到规定的恒压降值之前的过滤期间，收集到的滤液体积为 $V_s = 0.30\,\mathrm{m^3}$，用时为 $t_s = 3686\,\mathrm{s}$。

图2-5是利用表2-2中的数据绘成的 $(t-t_s)/(V-V_s)$ 与 V 的关系曲线。该直线的斜率为 a，截距为 $(b+aV_s)$。从图中可以看到，此曲线的直线部分是从 $V_s = 0.3\,\mathrm{m^3}$ 开始的。就是说，从此之后为恒压过滤。

从图2-5得到了直线的斜率和截距：

斜率　$a = 26219\,\mathrm{s/m^6}$

截距　$b + aV_s \approx 9030\,\mathrm{s/m^3}$

　　　　$b \approx 9030 - aV_s \approx 9030 - 26219 \times 0.3$

　　　　$\approx 1164.3\,\mathrm{s/m^3}$

将式（2-16）和式（2-17）代入式（2-22）后得到：

$$a = \frac{\alpha\mu\rho}{2A^2\Delta p}, \quad b = \frac{\mu R_m}{A\Delta p}$$

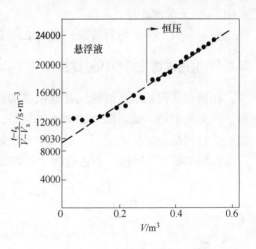

图2-5　$(t-t_s)/(V-V_s)$ 与 V 的关系曲线

由此即可算出 α 和 R_{m}：

$$\alpha = \frac{2A^2\Delta pa}{\mu\rho} = \frac{2 \times 0.13675 \times 1.5 \times 10^5 \times 2.6219 \times 10^4}{0.001 \times 10.037}$$

$$= 1.069 \times 10^{11}\,\mathrm{m/kg}$$

$$R_{\mathrm{m}} = \frac{A\Delta pb}{\mu} = \frac{0.37 \times 1.5 \times 10^5 \times 1164.3}{0.001}$$

$$= 6.4619 \times 10^{10}\,\mathrm{m}^{-1}$$

2.2.3　恒速过滤

如果流速 Q 保持恒值，而 Δp 是变化的，那么式（2-14）就成了以下形式：

$$Q = \frac{\Delta p(t)A}{\alpha\mu\rho[V(t)/A] + \mu R_{\mathrm{m}}} \tag{2-25}$$

$$V = Qt \tag{2-26}$$

将式（2-25）和式（2-26）联立，整理后得到：

$$\Delta p = \alpha\mu\frac{Q^2}{A^2}t + \mu R_{\mathrm{m}}\frac{Q}{A} \tag{2-27}$$

将式（2-16）和式（2-17）及 $Q/A = v$ 代入式（2-27）中，得到：

$$\Delta p = a_1 v^2 t + b_1 v \tag{2-28}$$

$$v = \frac{Q}{A}$$

式中　v——过滤速度，$\mathrm{m/s}$。

由于 $a_1 v^2$ 和 $b_1 v$ 均为常数，所以 Δp 与 t 之间为直线关系，如图 2-6 所示。

2.2.4　恒速过滤之后恒压过滤接续

用离心泵向板框压滤机或叶滤机里加悬浮液时，其过滤的初期阶段为恒速过滤。随着滤饼的逐渐增厚，流动阻力也加大。但是，泵压的升高达到限度时即止。因此，恒速过滤之后，过滤是在恒压下进行。适用于非压缩性滤饼的恒速—恒压过滤相结合的 Δp 与 t 的关系曲线如图 2-7 所示。表达这两个参数之间关系的方程式近似于式（2-28）：

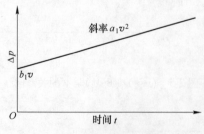

图 2-6　非压缩性滤饼恒速
过滤的 $\Delta p = f(t)$ 曲线

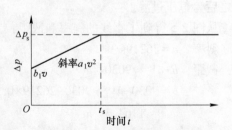

图 2-7　恒速过滤之后恒压过滤
接续的 $\Delta p = f(t)$ 曲线

$$\Delta p = a_1 v^2 t + b_1 v \qquad \text{恒速过滤，适用于 } t < t_s \text{ 期间}$$
$$\Delta p = \Delta p_s = 常数 \qquad \text{恒压过滤，适用于 } t \geq t_s \text{ 期间}$$

$$(2\text{-}29)$$

恒速过滤之后恒压过滤接续的 $t/V = f(V)$ 曲线如图 2-8 所示。

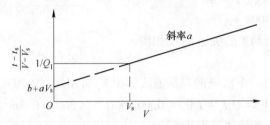

图 2-8 恒速过滤之后恒压过滤接续的 $t/V = f(V)$ 曲线

参见式（2-26）和式（2-24）后，得到：

$$V = Q_1 t \qquad\qquad \text{适用于恒速过滤 } V \leq V_s$$
$$\frac{t - t_s}{V - V_s} = a(V + V_s) + b \qquad \text{适用于恒压过滤 } V > V_s$$
$$V_s = Q_1 t_s \qquad\qquad Q_1 \text{ 为恒速过滤期间的流速，} \text{m}^3/\text{s}$$

$$(2\text{-}30)$$

下面举例说明恒速—恒压过滤的计算步骤。

[**例2-2**]　用面积为 0.02m^2 的单块滤布进行恒速过滤实验，滤液的流速 $Q_1 = 4 \times 10^{-5}\text{m}^3/\text{s}$；实验期间的读数是：100s 后压降为 400kPa，500s 后压降为 1.2MPa。

接着，用同样材质的滤布在板框压滤机上对同样的料浆进行实验。每个滤框的尺寸为 $0.5\text{m} \times 0.5\text{m} \times 0.04\text{m}$。在板框压滤机的恒速过滤期间，单位滤布面积的滤液流速也是 $4 \times 10^{-5}\text{m}^3/\text{s}$。当压降升至 80kPa（$8 \times 10^4\text{N}/\text{m}^2$）时，就由恒速过滤期转到了恒压过滤期。如果单位滤液体积下所形成的滤饼体积是 $v_k = 0.02\text{m}^3/\text{m}^3$，试算出滤饼充满滤框所需的时间 t_f。

下面对恒速和恒压过滤期间分别进行计算。

解：（1）恒速过滤期。

恒速过滤期间，单位过滤面积的滤液流速为：

$$v = \frac{Q_1}{A} = \frac{4 \times 10^{-5}}{0.02} = 2 \times 10^{-3}\text{m}/\text{s}$$

此值既是实验过滤器的，也是板框压滤机的。Δp 和 t 是已知数。将 Δp 和 v 代入式（2-29）中第一式，即代入 $\Delta p = a_1 v^2 t + b_1 v$ 中，可得到常数 a_1 以及 b_1：

100s 后 $\qquad \Delta p_1 = 4 \times 10^4 = a_1 \times 4 \times 10^{-6} \times 100 + b_1 \times 2 \times 10^{-3}$

500s 后 $\qquad \Delta p_2 = 12 \times 10^4 = a_1 \times 4 \times 10^{-6} \times 500 + b_1 \times 2 \times 10^{-3}$

将此二式联立后得到：

$$a_1 = 5 \times 10^7, \quad b_1 = 10^7$$

由于题目已给出 $\Delta p_s = 8 \times 10^4 \mathrm{N/m^2}$，而且 a_1、b_1 及 v 均已算出，所以将这些值均代入式（2-29）中第一式，即 $\Delta p = a_1 v^2 t + b_1 v$ 中，便可求出 t_s 的值：

$$8 \times 10^4 = 200 t_s + 2 \times 10^4$$

$$t_s = 300\mathrm{s}$$

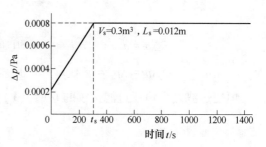

图 2-9　$\Delta p = f(t)$ 与 t 的关系曲线

此例中的 $\Delta p = f(t)$ 与 t 的关系曲线如图 2-9 所示。

在 300s 内恒速通过一个滤框的累积滤液体积 V_s 可用式（2-30）中第一式算出：

$$V_s = Q_1 t_s = vAt_s = 0.002 \times 0.5 \times 300 = 0.3\mathrm{m^3}$$

恒速过滤期终了时的滤饼厚度为：

$$L_s = v \frac{V_s}{A} = 0.02 \times \frac{0.3}{0.5} = 0.012\mathrm{m}$$

（2）恒压过滤期。

在恒速—恒压过滤全过程的末尾，每个滤框所收集到的滤液总体积 V_f 可根据滤饼的最终厚度 L_f（即滤框厚度 0.04m）算出：

$$V_f = \frac{L_f A}{v} = \frac{0.04 \times 0.5}{0.02} = 1\mathrm{m^3}$$

滤饼充满滤框所需的时间（即过滤的总时间）t_f 可利用式（2-23）算出（式中的 t 即是 t_f）：

$$\begin{aligned}
t_f &= t_s + \left[\frac{a_1}{2A^2 \Delta p_s}(V_f^2 - V_s^2) + \frac{b_1}{A \Delta p_s}(V_f - V_s) \right] = t_s + \left[\frac{\alpha \mu \rho}{2A^2 \Delta p_s}(V_f^2 - V_s^2) + \frac{\mu R_m}{A \Delta p_s}(V_f - V_s) \right] \\
&= 300 + \left[\frac{5 \times 10^7}{2 \times 0.25 \times 8 \times 10^4} \times (1^2 - 0.3^2) + \frac{10^7}{0.50 \times 8 \times 10^4} \times (1 - 0.3) \right] \\
&= 300 + (1137.5 + 175) \\
&= 1612.5\mathrm{s}
\end{aligned}$$

此式中的 t_s 是恒速过滤的时间，而中括号项为恒压过滤时间。应当指出，该计算结果与过滤面积无关。

如果这 $1\mathrm{m^3}$ 滤液全部用恒速过滤来得到，那么需要的时间 t 为：

$$t = \frac{V}{Q} = \frac{V}{vA} = \frac{1}{2 \times 10^{-3} \times 0.5} = 1000\mathrm{s}$$

这表明由恒速过滤得到 $1\mathrm{m^3}$ 滤液所需的时间（1000s）少于恒速—恒压过滤得到同样多的滤液所需的时间（1612.5s）。本例的 $(t - t_s)/(V - V_s)$ 与 V 的关系曲线如图 2-10 所示。

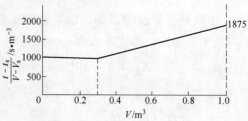

图 2-10　$(t - t_s)/(V - V_s)$ 与 V 的关系曲线

2.2.5 变压—变速过滤

如果过滤时用离心泵加料，那么应当了解体积流速 Q 与压降 p 的关系，如图 2-11 所示。

式（2-14）可写成如下形式：

$$V = \frac{A}{\alpha\mu\rho}\left(\frac{\Delta pA}{Q} - \mu R_{m}\right) \qquad (2-31)$$

式中的 Δp 和 Q 由泵的特性关联起来了。

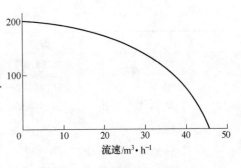

图 2-11　离心泵的特性曲线

滤出体积 V 的滤液所需的时间 t 是能算出的：

$$\mathrm{d}t = \frac{\mathrm{d}V}{Q}$$

$$t = \int_{0}^{V} \frac{\mathrm{d}V}{Q} \qquad (2-32)$$

下面举例说明该计算方法的运算过程。

［例 2-3］ 采用的板框压滤机有 25 个滤框，每个框的尺寸为 1m×1m×0.035m，总过滤面积 $A = 50\mathrm{m}^2$，滤饼厚度可达 0.035m。所用滤布和料浆均和［例 2-1］的一样。滤饼比阻和介质阻力已在［例 2-1］中得到。现将已经知道的数据值列在下面：

滤饼的比阻	$\alpha = 1.069\times10^{11}\mathrm{m/kg}$
介质阻力	$R_{m} = 6.462\times10^{10}\mathrm{m}^{-1}$
黏度	$\mu = 0.001\mathrm{Pa\cdot s}$
浓度	$\rho = 10.037\mathrm{kg/m}^3$
过滤面积	$A = 1\times1\times2\times25 = 50\mathrm{m}^2$
每周期的料浆	$V = 50\mathrm{m}^3$（低浓度时料浆与滤液同体积）

根据以上条件求出过滤时间，并检查所用压滤机的容饼能力是否足够。

解：从式（2-31）可以看出，收集到的滤液体积 V 是 Q 的函数，即 $V = f(Q)$：

$$V = \frac{A}{\alpha\mu\rho}\left(\frac{\Delta pA}{Q} - \mu R_{m}\right)$$

$$= \frac{50}{1.069\times10^{11}\times10^{-3}\times10.037}\left(\frac{\Delta p}{Q}\times50 - 10^{-3}\times6.462\times10^{10}\right)$$

$$= 2.32\times10^{-6}\left(\frac{\Delta p}{Q} - 1.2924\times10^{6}\right)$$

既然 V 是 Q 的函数，就可利用图 2-11 所给的 Q 与压降值的对应值算出 V。计算结果见表 2-3。

表 2-3　过滤试验得到的数据

$Q/\text{m}^3 \cdot \text{h}^{-1}$	$\Delta p/\text{Pa}$	V/m^3	$1/Q/\text{s} \cdot \text{m}^{-3}$
45	0.2×10^{-5}	0.7	80
40	0.75×10^{-5}	12.71	90
35	1.15×10^{-5}	24.44	103
30	1.4×10^{-5}	35.98	120
25	1.6×10^{-5}	50.46	144
20	1.75×10^{-5}	69.48	180
15	1.8×10^{-5}	97.23	240

为了得到总的过滤时间 t，需将式（2-32）积分到 $V=50\text{m}^3$（题中给定的）。通过对 $1/Q$ 与 V 的关系曲线（见图 2-12）进行图解积分，得到 $t=1.463\text{h}(1\text{h} 27\text{min} 47\text{s})$。就是说，图 2-12 中影线范围的面积值就是 t 值。

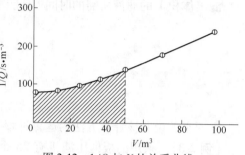

图 2-12　$1/Q$ 与 V 的关系曲线

下面来检查有 25 个滤框的压滤机的容饼能力。

首先根据［例 2-1］的过滤实验算出单位滤液体积所形成的滤饼的体积。其值等于一个滤框的容饼体积/滤框充满滤饼时收集到的滤液体积。由于浓度较低，所以可视滤液体积为悬浮液的体积。这样，单位悬浮液体积所形成的滤饼体积为：

$$\frac{0.43 \times 0.43 \times 0.035}{0.56} = 0.01156\text{m}^3/\text{m}^3$$

对于尺寸为 $1\text{m} \times 1\text{m} \times 0.035\text{m}$ 的一个滤框来说，其容饼体积为：

$$1 \times 1 \times 0.035 = 0.035\text{m}^3$$

由此可得到，一个操作周期内 25 个滤框里能过滤的最大悬浮物体积为：

$$V_{\max} = \frac{0.035 \times 25}{0.01156} = 75.69\text{m}^3$$

此值大于题目要求的 50m^3，所以该压滤机有足够的容饼能力。

2.3　压缩性滤饼过滤的基本方程式

2.3.1　基本方程式

随着压降的升高，过滤阻力也增大的滤饼就是压缩性滤饼。滤饼的压缩性能用各种实验方法得知。在压缩渗透筒中对 $\alpha = f(\Delta p_\text{c})$ 关系进行的实验方法，就是其中的一种。另外一种实验方法，是用小试装置在几个不同压降下进行恒压过滤，然后用实验得到的数据绘出 t/V 与 V 的关系曲线（实际为直线关系），再由直线的斜率值算出比阻 α。

据介绍，有一求解压缩性滤饼问题的方法，利用了式（2-10）所定义的平均比阻 α_av 的概念。求解过程需要进行一系列迭加计算。但是，如果应用式（2-11）的解析关系，那么就能按照以下步骤直接得出函数关系 $\alpha = f(\Delta p)$。

设介质两侧的压降为 Δp_m，滤饼两侧的压降为 Δp_c。

$$\Delta p = \Delta p_c + \Delta p_m \tag{2-33}$$

$$\Delta p_m = \frac{\mu R_m Q}{A} \tag{2-34}$$

$$\Delta p_c = \frac{\alpha_{av} \mu \rho VQ}{A^2} \tag{2-35}$$

将式（2-12）代入式（2-35）中，得到：

$$A^2 - 0.0248A - 0.954 = 0$$

$$\Delta p_c = (1-n)\alpha_0 \Delta p_c^{\,n} \frac{\mu \rho VQ}{A^2}$$

上式整理后为：

$$\frac{\mu \rho VQ}{A^2} = \frac{(\Delta p_c)^{1-n}}{(1-n)\alpha_0} \tag{2-36}$$

此式就是压缩性滤饼的基本方程式。借助此式，可推导出特殊情况（如恒压、恒速……）的过滤方程式。

2.3.2 恒压过滤、恒速过滤

2.3.2.1 恒压过滤

压缩性滤饼的特点是：随着过滤压的升高，滤饼的阻力增大。既然是恒压过滤，当然不受压缩性的影响。因此，各参数之间的支配关系与非压缩性滤饼恒压过滤时一样。而且从式（2-11）可以看出，α 与 Δp 相对应，Δp 为恒值时，α 也为恒值。

2.3.2.2 恒速过滤

将式（2-26），即 $V = Qt$ 代入式（2-36）后经过整理得到：

$$(\Delta p_c)^{1-n} = \alpha_0 (1-n) \mu \rho \frac{Q^2}{A^2} t \tag{2-37}$$

由此可见，$\lg(\Delta p_c)$ 与 $\lg t$ 的关系曲线为直线。介质两侧的压降 Δp_m 为常数，由式（2-34）给出。

2.3.3 变压—变速过滤

这种过滤情况很复杂，因为在过滤过程中，Δp_c、Δp_m、V、Q 及 t 等参数全部是变化的。为了解析这种过滤操作，首先将 $\Delta p_c = \Delta p - \Delta p_m$ 代入式（2-36），整理后得到：

$$V = \left[\frac{A^2}{(1-n)\alpha_0 \mu \rho} \right] \left[\frac{(\Delta p - \Delta p_m)^{1-n}}{Q} \right] \tag{2-38}$$

式中，Δp 和 Q 由泵的特性曲线决定，而 Δp_m 则由式（2-34）给出。然后用类似于式

(2-31) 的方法来处理式 (2-38)。过滤时间由式 (2-32) 算出。

[例 2-4] 已知所用的压滤机和泵均与 [例 2-3] 相同，其他已知参数为：

介质阻力 $R_m = 6.462 \times 10^{10} \, \mathrm{m}^{-1}$

黏度 $\mu = 1 \times 10^{-3} \, \mathrm{Pa \cdot s}$

质量浓度 $\rho = 10.037 \, \mathrm{kg/m}^3$

过滤面积 $A = 50 \, \mathrm{m}^2$

压缩性指数 $n = 0.24$

单位压降比阻 $\alpha_0 = 6.1094 \times 10^9 \, \mathrm{m/kg}$

每周期获滤液 $V = 50 \, \mathrm{m}^3$（因质量浓度低，可视为料浆体积）

试根据上述已知条件求出获 $50 \mathrm{m}^3$ 滤液所需时间 t。

解： 式 (2-38) 表明 V 是 Q 的函数，将已知数代入此式，得到：

$$V = \left(\frac{2500}{0.76 \times 6.1094 \times 10^9 \times 10^{-3} \times 10.037} \right) \left[\frac{(\Delta p - \Delta p_m)^{0.76}}{Q} \right]$$

V、Q 及 Δp 的值见表 2-4。

表 2-4 V、Q 及 Δp 之间的关系

$Q/\mathrm{m}^3 \cdot \mathrm{h}^{-1}$	$\Delta p/\mathrm{Pa}$	$\Delta p_m/\mathrm{Pa}$	V/m^3	$1/Q/\mathrm{s} \cdot \mathrm{m}^{-3}$
45	0.2×10^{-5}	0.1616×10^{-5}	2.3	80
40	0.75×10^{-5}	0.1436×10^{-5}	20.8	90
35	1.15×10^{-5}	0.1257×10^{-5}	35.4	103
30	1.4×10^{-5}	0.1077×10^{-5}	49.2	120
25	1.6×10^{-5}	0.0898×10^{-5}	66.5	144

表 2-4 中所列的 Δp_m 值是用式 (2-34) 算出的，即：

$$\Delta p_m = \frac{\mu R_m Q}{A} = \frac{10^{-3} \times 6.462 \times 10^{10}}{50} Q$$

由此式可以看出，Δp_m 是 Q 的函数，只要将泵特性曲线上的几个 Q 值代入此式，就能算出同样个数的 Δp_m 值。利用表 2-4 中的数据，绘出 $1/Q$ 与 V 的关系曲线（见图 2-13）。该曲线下面由影线围成的面积，就是滤出 $50 \mathrm{m}^3$ 滤液所需的时间 t。也就是说，将式 (2-32) 的积分区间划定在 $0 \sim 50 \mathrm{m}^3$，便得出了 t 值：

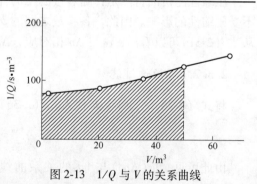

图 2-13 $1/Q$ 与 V 的关系曲线

$$t = \int_0^V \frac{\mathrm{d}V}{Q} = 4750 \mathrm{s} = 1.3194 \mathrm{h}$$

2.4   比阻 α、孔隙率 ε、比表面积 S_0 之间的关系

研究清洁液体通过填密床的柯杰尼，假定粉粒状填密床的孔隙空间与一束平行毛细管等效。柯杰尼和后来的卡曼，利用关于流体通过毛细管的泊肃叶（Poiseuille）定律，将渗

透率 K 与孔隙率 ε、比表面积 S_0、粉粒的密度 ρ_s 关联了起来。

利用 Kozeny-Carman 方程式，能给出比阻 α（推导从略）为：

$$\alpha = \left(\frac{K_c S_0^2}{\rho_s}\right)\frac{1-\varepsilon}{\varepsilon^3} \tag{2-39}$$

式中　K_c——Kozeny 常数，其值取决于颗粒的尺寸、形状及孔隙率，但在低孔隙范围内，其值接近于 5；

　　　S_0——介质床层颗粒的比表面积，其值等于固体的表面积除以固体的体积。

2.5　滤饼水分的修正——质量平衡

在过滤高浓度悬浮液情况下，根据收集到的滤液体积计算干饼质量时，必须进行滤饼水分的修正，即必须算出饼中的水分。在过滤高浓度悬浮液的情况下，为得到用来代替式（2-13）的参数关系，可根据原始悬浮液中的固体的质量浓度 ρ 和滤饼中的水分含量，再经过质量平衡来给出。

为此，首先提出滤饼的湿干质量比 m 的概念：

$$m = \frac{\text{湿滤饼的质量}}{\text{干滤饼的质量}}\quad(\text{kg/kg})$$

再经过质量平衡：

$$\text{干饼质量} = \text{收集的滤液体积} \times \frac{\text{固体的质量}}{\text{滤液的体积}} + \text{饼中滤液的体积} \times \frac{\text{固体的质量}}{\text{滤液的体积}}$$

因此：

$$AW = V\left(\frac{\rho\rho_s}{\rho_s-\rho}\right) + \left(\frac{m-1}{\rho_L}\right)wA\left(\frac{\rho\rho_s}{\rho_s-\rho}\right) \tag{2-40}$$

$$W = \frac{V}{A}\left(\frac{1}{\rho} - \frac{1}{\rho_s} - \frac{m-1}{\rho_L}\right)^{-1} \tag{2-41}$$

将式（2-13）与式（2-41）加以比较，可得到"修正浓度" ρ_{corre} 为：

$$\rho_{corre} = \left(\frac{1}{\rho} - \frac{1}{\rho_s} - \frac{m-1}{\rho_L}\right)^{-1} \tag{2-42}$$

ρ_{corre} 将存在于滤饼中的水分考虑了进来。显然，当 $\rho_s \gg \rho$ 和 $\rho_L \gg \rho$ 时，也就是 ρ 值很低时，有以下关系：

$$\rho_{corre} = \rho$$

[例 2-5]　已知悬浮液的浓度 ρ 为 $300\mathrm{kg/m^3}$，滤饼是不可压缩的，在恒压下过滤。下面参数也已给出：

压降　　　　　　　　　　　　$\Delta p = 10^5 \mathrm{Pa}$

滤饼的湿干质量比　　　　　　$m = 1.2$

比阻	$\alpha = 10^{11}\,\mathrm{m/kg}$
介质阻力	$R_m = 6.5 \times 10^{10}\,\mathrm{m^{-1}}$
液体密度	$\rho_L = 1000\,\mathrm{kg/m^3}$
固体密度	$\rho_s = 2600\,\mathrm{kg/m^3}$
液体黏度	$\mu = 0.001\,\mathrm{Pa \cdot s}$

试根据上述已知条件估算出产生 50kg/h 干固体所需的过滤面积。

解： 利用式（2-42）算出 ρ_{corre} 为：

$$\rho_{\mathrm{corre}} = \left(\frac{1}{300} - \frac{1}{2600} - \frac{0.2}{1000} \right)^{-1} = 363.8\,\mathrm{kg/m^3}$$

50kg 干固体对应的滤液体积为：

$$V = \frac{WA}{\rho_{\mathrm{corre}}} = \frac{50}{363.8} = 0.1374\,\mathrm{m^3}$$

将 $\Delta p = 10^5\,\mathrm{Pa}$、$V = 0.1374\,\mathrm{m^3}$、$t = 1\mathrm{h} = 3600\mathrm{s}$ 都代入式（2-20）中，得到：

$$A^2 - 0.02484A - 0.954 = 0$$

解此一元二次方程即可算出 A 为：

$$A = 0.99\,\mathrm{m^2}$$

2.6 非牛顿型流体的过滤

2.6.1 非牛顿型流体的流动特性

以上所讨论的过滤理论只适用于牛顿型流体。但是近来在有机高分子、食品（如塑料和合成纤维制造、聚合物的加工、油的回收、生物化学和生物技术、石油化学）等工业中，常要过滤非牛顿型料浆。也就是说，非牛顿型流体的过滤已成为亟待研究的重要问题。

了解牛顿型和非牛顿型流体的流动特性，对于许多固液分离操作来说是至关重要的。这些操作包括：加压过滤机的给料、增稠器底流的泵送、旋液分离器的加料和出口流的处理、十字流过滤等。

料浆（或称悬浮液）的流动特性是由其剪切应力 τ 作为剪切速率 γ 的函数来表征的。料浆的流动特性有几种类型，如图 2-14（流变学：无时间从属性）和图 2-15（流变学：

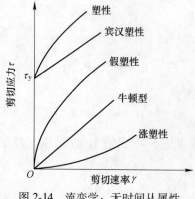

图 2-14 流变学：无时间从属性

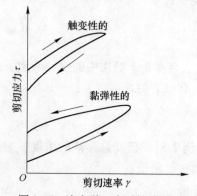

图 2-15 流变学：有时间从属性

有时间从属性）所示。

图 2-14 中，假塑性流体包括聚合物溶液或熔融物、油脂、淀粉溶液以及油漆等；涨塑性流体包括湿砂、含细粉浓度很高的水浆等；宾汉塑性流体包括纸浆、牙膏、肥皂、污泥浆等。触变性流体静止时似乎无流动性，但是一经搅拌，就有流动性（如某些油漆、污泥等）。

牛顿型流体（如水）的流变学最简单，它遵循由式（2-43）表达的牛顿黏性定律：

$$\tau = \mu\gamma \tag{2-43}$$

式中　τ——剪切应力，Pa；

　　　γ——剪切速率，s^{-1}；

　　　μ——流体的动力黏度，Pa·s。

也就是说，遵循式（2-43）的流体为牛顿型流体，而不遵循此式的所有流体统称为非牛顿型流体。适用于非牛顿型流体的方程式之一是幂定律。

$$\tau = \eta\gamma^n \tag{2-44}$$

式中　η——黏稠度系数；

　　　n——流动特性指数。

n 值越小，流体的非牛顿性便越显著。当 $n<1$ 时，式（2-44）描绘了假塑性物质的流动特性；当 $n>1$ 时，该式描述的是涨塑性物质的流动特性；当 $n=1$ 时，式（2-44）就简化成了式（2-43），物质是牛顿型流体。塑性和宾汉塑性流体可仿照附加屈服应力 τ_y 的方法来处理。

设牛顿型流体的表观黏度为 μ_a，并在 τ 和 γ 相同的条件下，将式（2-43）和式（2-44）结合起来得到：

$$\mu_a = \eta\gamma^{n-1} \tag{2-45}$$

如果 μ_a 取决于剪切速率 γ，或者取决于时间，那么其流变学就取决于时间（有时间从属性），如图 2-15 所示。表观黏度呈现减小的料浆为触变性物质；而表观黏度呈现增大的料浆则是黏弹性物质。

2.6.2　非牛顿型流体的过滤

虽然非牛顿型流体在化工等领域占有重要地位，但是对此种流体的研究却较少、较晚。直到 1968 年，才由 Koziki 等人提出第一个可用的方程式。到了 1988 年，Machač 和 Crha 两人在论文中指出了用幂定律进行过滤实验计算时，应当修正幂定律数学模型中的两个常数 n 和 K。原因是这两个常数出现在基本过滤方程中。例如在恒压过滤中可忽略介质阻力时，也就是 τ 和 γ 的关系为 $\tau = K\gamma^n$ 时，基本方程式为：

$$\left(\frac{V}{A}\right)^{\frac{n+1}{n}} = \frac{n+1}{n}\left(\frac{\Delta p}{K\gamma'\rho}\right)^{\frac{1}{n}}t \tag{2-46}$$

式中　γ'——广义滤饼阻力的平均值，由实验确定，m^{-1}。

Machač 和 Crha 提出了像牛顿型流体过滤那样的曲线图。该曲线为直线，从其斜率和截距得到了滤饼的阻力和介质的阻力。问题是，在恒压过滤中，过滤速度可能非常宽，这就需要参数 K 和 n 也用在相应剪切速率的宽大区间。经由以下方程将剪切速率与过滤速度关联起来：

$$\gamma \approx \frac{3n+1}{4n} \cdot \frac{18u(1-\varepsilon)}{x_{av}\varepsilon^2} \tag{2-47}$$

$$u = Q/A$$

式中　ε——孔隙率，%；

　　　x_{av}——颗粒的平均尺寸（等效直径），mm；

　　　u——过滤速度，m/s。

然后用式（2-47）去确定这样的限度：在此限度内，流变学常数 n 和 K 必须应用，但又很少超过这样宽的范围。如果不是这样，那么上述线性关系将不存在。若是通过改变 n 的值也不能形成线性关系，那么就可以断定，所导出的方程不能使用，而必须用更复杂的过滤理论。

[例 2-6]　用一个有 5mm 深凹槽的厢式压滤机，滤饼充满滤室历时 13min。滤饼的体积相当于滤液体积的 2.5%。其他已知值为 $\rho = 10\mathrm{kg/m^3}$，$\mu = 0.001\mathrm{Pa \cdot s}$，$\alpha = 92 \times 10^{10}\mathrm{m/kg}$。

本例中，泵的特性曲线如图 2-16 所示。

该泵的特性可用下式表示：

$$\Delta p = 255 \times 10^3 - 1.44 \times 10^7 Q$$

适用于 $0 \leqslant Q \leqslant 0.01771$

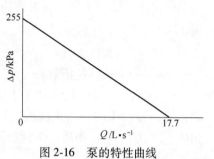

图 2-16　泵的特性曲线

式中　Δp——压降，Pa；

　　　Q——过滤速度，$\mathrm{m^3/s}$。

试在忽略管路和介质阻力的情况下，估算出需要的过滤面积、初始和最终的过滤速度、总的干滤饼的生产能力（kg/min）。厢式压滤机有效工作时间和停歇时间各为 13min。

解：忽略介质阻力 Δp_m 时，由式（2-35）得到：

$$\Delta p = \Delta p_c = 92 \times 10^{10} \times 0.001 \times 10 \times QV/A^2 = 0.92 \times 10^{10} QV/A^2$$

Δp 由泵的特性曲线给出，即 $\Delta p = 255 \times 10^3 - 1.44 \times 10^7 Q$。联立此二式后可看出 $Q = f(A, V)$。另外还有：

$$Q = \frac{\mathrm{d}V}{\mathrm{d}t}, \quad t = \int \frac{\mathrm{d}V}{Q}$$

式中

$$\frac{1}{Q} = \frac{0.92 \times 10^{10}}{255 \times 10^3} \cdot \frac{V}{A^2} + \frac{1.44 \times 10^7}{255 \times 10^3} = \frac{36078V}{A^2} + 56.47$$

即

$$t_{max} = 13 \times 60 = 780 = \int_0^{V_{max}} \left(\frac{36078V}{A^2} + 56.47 \right) \mathrm{d}V$$

注满 5mm 凹槽产生的滤液体积 V_{max} 为：

$$V_{max} = (1/0.025) \times 0.005A = 0.2A$$

从 t_{max} 式得到：

$$780 = \left| \frac{36078V^2}{2A^2} + 56.47V \right|_0^{0.2A}$$

$$780 = \frac{36078 \times 0.04A^2}{2A^2} + 56.47 \times 0.2A$$

$$780 = 721.56 + 11.29A$$

$$A = 5.17\text{m}^2$$

由于滤液体积是滤饼体积的 40 倍（1/0.025），所以 $V_{\max}$ 视为一个循环的悬浮液体积：

$$V_{\max} = 0.2A = 0.2 \times 5.17 = 1.034\text{m}^3$$

每个循环得到的干滤饼质量（$V_{\max}\rho$）为：

$$1.034 \times 10 = 10.34\text{kg}$$

上面已经给出了泵的特性方程式，即：

$$\Delta p = 255 \times 10^3 - 1.44 \times 10^7 Q$$

由此可得到初始过滤速度（$\Delta p = 0$ 时的过滤速度）：

$$Q_{初始} = (255 \times 10^3)/(1.44 \times 10^7) = 0.0177\text{m}^3/\text{s（或 17.7L/s）}$$

由下式可给出最终过滤速度：

$$1/Q_{最终} = \frac{36078V}{A^2} + 56.47$$

式中，$V = V_{\max} = 0.2A$，$A = 5.17\text{m}^2$。

$$1/Q_{最终} = \left[(36078 \times 0.2)/5.17 \right] + 56.47 = 1452$$

$$Q_{最终} = 0.000689\text{m}^3/\text{s（或 0.7L/s）}$$

干滤饼的生产速度为：

$$每个循环得到的干滤饼质量/循环时间 = 10.34/(13+13) \approx 0.4\text{kg/min}$$

2.7 压榨理论简述

2.7.1 压榨操作的必要性

残留在滤饼中的液体和可溶物会影响滤饼的品质。残留液将影响滤饼的干燥度、后续的干燥操作成本、处置（运输、掩埋、焚烧、造粒等）成本；而存留在滤饼中的可溶物会影响产品的纯度。

为了减少非压缩性或低压缩性滤饼中的残留液体，可利用真空抽气法、离心法以及提高过滤压等方法。但是，对于高压缩性滤饼来说，真空法的脱液力较小，很难克服滤饼中的毛细力，而提高离心力或过滤压力将增大滤饼的比阻。

现在常用机械压榨法来降低滤饼的含液率。滤饼的可压缩性越高，压榨脱液的效果就越好。总之，机械压榨法适用于其颗粒可压缩、可变形的滤饼。

压榨操作的定义是"利用机械压缩，将包容在榨布中的泥浆或者浓稠固液混合物分离成固体和液体的操作"。压榨操作的过程（见图 2-17）由过滤期间和压密（或称压实）期间组成。

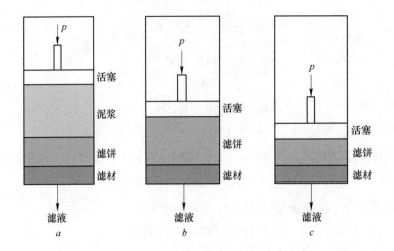

图 2-17 压榨操作示意图

a—过滤阶段；b—过滤与压榨的分界点；c—压榨阶段

2.7.2 过滤期间

鲁思（Ruth）的过滤方程式也适用于压榨操作的过滤期间。如果通过滤饼的液流被视为层流，则过滤速度 q 就可用鲁思的过滤方程式来表达：

$$q = \frac{\mathrm{d}v}{\mathrm{d}t} = \frac{p}{\mu(R_c + R_m)} \tag{2-48}$$

式中　v ——单位面积的滤液量，$\mathrm{m}^3/\mathrm{m}^2$；

　　　t ——过滤时间，s；

　　　μ ——牛顿型流体的黏度，$\mathrm{Pa \cdot s}$；

　　　p ——过滤压，Pa；

　　　R_c ——滤饼阻力，m^{-1}；

　　　R_m ——介质阻力，m^{-1}；

　　　q ——任意时间 t 下的过滤速度，$\mathrm{m/s}$。

滤饼的阻力 R_c 与单位面积上的滤饼固体质量 W 成比例：

$$R_c = \alpha_{av} W = \alpha_{av} \rho_L v / (1 - mw) \tag{2-49}$$

式中　α_{av} ——平均过滤比阻，$\mathrm{m/kg}$；

　　　W ——单位面积的滤饼固体质量，$\mathrm{kg/m}^2$；

　　　ρ_L ——滤液的密度，$\mathrm{kg/m}^3$；

　　　m ——滤饼的湿干质量比；

　　　w ——泥浆中固体的质量分数，%。

鲁思提出了假想滤饼概念：假想滤饼的阻力等于过滤介质的阻力。

$$R_m = \alpha_{av} w_m = \alpha_{av} \rho_L w v_m / (1 - mw) \tag{2-50}$$

式中 w_m——与介质阻力等效的单位面积的滤饼固体质量，kg/m^2；

v_m——假想滤液量，m^3/m^2；

R_m——与介质阻力等效的假想滤饼的阻力，1/m。

将式（2-49）和式（2-50）代入式（2-48），便得到了过滤速度方程式：

$$\frac{\mathrm{d}v}{\mathrm{d}t} = \frac{p(1-mw)}{\mu\alpha_{av}\rho_L w(V+V_m)} \quad (2\text{-}51)$$

若设 α_{av} 和 m 为常数，则将式（2-51）积分后便得到了恒压过滤方程式：

$$(V+V_m)^2 = K_R(t+t_m) \quad (2\text{-}52)$$

式中 t_m——为得到假想滤液量所需的假想过滤时间，s；

K_R——鲁思的恒压过滤系数，m^2/s。

由式（2-53）给出 K_R：

$$K_R = \frac{2p(1-mw)}{\mu\rho_L w\alpha_{av}} \quad (2\text{-}53)$$

将式（2-51）和式（2-52）分别改写成下面形式：

$$\frac{\mathrm{d}t}{\mathrm{d}V} = \frac{2(V+V_m)}{K_R} \quad (2\text{-}54)$$

$$\frac{t}{V} = \underset{\text{斜率}}{\frac{1}{K_R}}V + \underset{\text{截距}}{\frac{2V_m}{K_R}} \quad (2\text{-}55)$$

进行恒压过滤实验，测定滤液量随时间的变化；根据实验结果绘出 t/V 与 V 的关系曲线，该关系曲线为直线（见图 2-18）。从该直线的斜率值可求出 K_R，而根据截距值可求出 V_m。根据 K_R 的实测值和式（2-53）可求出平均比阻 α_{av}。而 α_{av} 与过滤压力 p 之间的关系可用下式表示：

$$\alpha_{av} = \alpha_0 p^n \quad (2\text{-}56)$$

改变过滤压力，反复进行恒压过滤实验，求出各个过滤压力值所对应的平均比阻，并绘出对数曲线，便可求出 α_0 和压缩性指数 n。

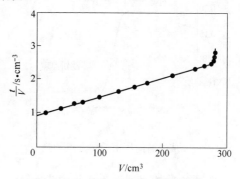

图 2-18 t/V 与 V 的实验关系曲线

当过滤压力或者泥浆浓度有变化时，可根据鲁思的过滤理论推定出过滤速度随时间变化等过滤特性。

压榨的目的是实现比过滤更高的固液分离。当浆状物料加进压榨装置受到加压时，首先受到过滤，并在滤室内形成滤饼。一段时间后滤饼充满了滤室，至此过滤期间结束。

虽然鲁思的过滤方程式（2-52）适用于压榨操作的过滤期间，但是，多数实用过滤机都是两面排水，所以参照式（2-52）得到：

$$V+V_{m}=i\left[K_{R}\left(t+t_{m}\right)\right]^{1/2} \tag{2-57}$$

式中，i 为排水面数，单面排水时 $i=1$，而两面排水时 $i=2$。料浆加入压榨装置时，一般先经历过滤期间，然后进入压密期间。但是，当料浆的浓度超过某值时，就不存在过滤期间，而是直接进入压密期间。

2.7.3 压密期间

当图 2-17 中的活塞达到滤饼表面时，即为过滤的终点，亦即压榨的起点。此时活塞直接压缩滤饼，压密期间开始。白户等人提出了恒压压榨时过滤与压密分界点的求法，如图 2-19 所示。该法极为简单与准确。到了 1985 年，Yeh 提出：在压榨操作之前，事先在压榨筒中预留一些空气，在过滤阶段结束、压密阶段开始的瞬间，预留的空气会通过滤饼迅速排出，由此引发大量滤液流出。此瞬间便是过滤阶段与压密阶段的分界点。

进入压密期后，液体从滤饼内被徐徐榨出，直至饼内各处的含水率完全一致。也就是说，随着榨出液的流出，饼内的液压 p_{L} 逐渐减少，最后，压缩压力全由饼内固体颗粒的结构所承受。

为了说明压密的机理，可借助图 2-20 所示的 Terzaghi-Voigt 合并模型。该模型用弹簧表示颗粒层的流变学特性。也就是说，颗粒层受到的压缩压力 p_{s} 一增大，颗粒层的构造（即弹簧）便瞬间发生相应变化。榨出液量随时间的变化情况取决于饼层的渗透性、颗粒构造的压缩性（弹簧强度）以及液体的黏度。

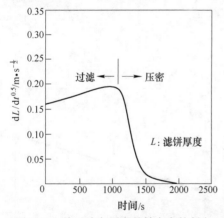

图 2-19 从过滤向压密的转变点的判定

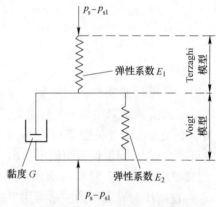

图 2-20 Terzaghi-Voigt 合并模型

弹簧活塞类比理论起初是由 Terzaghi 根据土壤力学原理提出的。Taylor 认为，Terzaghi 模式只适用于一次压榨（此压榨仅导致孔隙中的水分被移除和滤饼总体结构的破坏），而无法说明二次压榨效应（粒子间的蠕动效应）。白户等人同时考虑了一次压榨效应和二次压榨效应后，于 1974 年引入了 Terzaghi-Voigt 合并模型，用来求恒压压榨方程式的解析解。

在压密期间，饼内任意位置的榨液的表观流速 $u(\mathrm{m/s})$ 与液压 p_{L} 的关系可用 Darcy 的渗透法则来表示：

$$u=\frac{1}{\mu\varepsilon\rho_{s}}\cdot\frac{\partial p_{L}}{\partial\omega}=-\frac{1}{\mu\varepsilon\rho_{s}}\cdot\frac{\partial p_{s}}{\partial\omega} \tag{2-58}$$

式中 p_s——滤饼内部某处的压缩压力，Pa；

　　　μ——液体黏度，Pa·s；

　　　ρ_s——固体的密度，kg/m³；

　　　ε——孔隙率，%；

　　　p_L——液压，Pa；

　　　ω——单位面积的固体体积，m³/m²。

在固液混合物内的任意位置处，液体的质量平衡为：

$$\frac{\partial e}{\partial t_c}=\frac{\partial u}{\partial \omega} \tag{2-59}$$

式中 e——孔隙比，单位固体体积中孔隙的比率；

　　　t_c——压密时间，s。

若将式（2-58）代入式（2-59），便得到了支配压密期间的压密方程式：

$$\frac{\partial e}{\partial t_c}=\frac{\partial}{\partial \omega}\left(C_e\frac{\partial e}{\partial \omega}\right) \tag{2-60}$$

式中 C_e——压密系数（常数），m²/s。

C_e 由下式来定义：

$$C_e=\frac{1}{\mu\alpha\rho_s(-\mathrm{d}e/\mathrm{d}\rho_s)} \tag{2-61}$$

当压缩渗透数据 α、ε、p_s 之间的关系已知时，就可用式（2-61）算出 C_e 的值。

过滤期间终了后，接着进行滤饼恒压压榨，认为滤饼内部的液压 p_L 为近似正弦曲线，C_e 又是常数，于是可用式（2-62）表示榨液量：

$$U_c=\frac{v_c}{v_{cmax}}=1-\exp\left(-\frac{\pi^2}{4}\cdot\frac{i^2C_e}{\omega_0^2}t_c\right) \tag{2-62}$$

式中 U_c——平均压密比，压密开始时为 0，终了时为 1；

　　　v_c——任意压密时间下单位面积的榨出液量，m³/m²；

　　v_{cmax}——压密期间的总榨出液量，m³/m²；

　　　ω_0——压榨饼中的总固体体积，m³/m²。

对压榨饼施加的压缩压力 p_s 一增大，饼内孔隙体积的减少由两部分组成，其一是顺应压力增大而减少的孔隙体积，其二是滞后减少的孔隙体积（二次压密或蠕变变形）。后者的蠕变特性用 Voigt 模型表示。将 Terzaghi 模型和 Voigt 模型合并起来，就成了图 2-20 所示的模型。此时，压密比 U_c 可用式（2-63）表示：

$$U_c=(1-B)\left[1-\exp\left(-\frac{\pi^2}{4}\cdot\frac{i^2C_e}{\omega_0^2}t_c\right)\right]+B[1-\exp(-\eta t_c)] \tag{2-63}$$

式中 B——因蠕变得到的榨液量与总榨液量的比，称为蠕变常数；

　　　η——支配蠕变引起的压榨速度的实验常数。

压密一充分进行，就可将 $\exp(-\pi^2/4\cdot i^2C_e/\omega_0^2\cdot t_c)$ 省略，此时如果绘出 $\ln(1-U_c)$ 对 t_c 的关系曲线，那么经过长时间该曲线就成了直线。根据该直线的截距可确定出 B，而根据直线的斜率可确定出 η。

参 考 文 献

[1] Rushton, A., et al. Solid-Liquid Filtration and Separation Technology[M]. V C H Publishers, Inc., New York, 1996.

[2] Ladislav Svarovsky, Solid-Liquid Separation[M]. Butterworth-Heinemann, Oxford, 2000.

[3] 朱敬平，等. 台湾：化工，44 卷 3 期，1997.

[4] 渥美邦夫. 2002 年第四届中日合作过滤与分离国际学术讨论会论文集（内部资料）.

[5] Yeh, S. H. Cake Deliquoring and Radial Filtration, Doctoral Dissertation[D]. University of Houston, Texas', 1985.

[6] 化学工学協会. 沪過技术[M]. 東京：槙書店，1984.

3 过滤介质

3.1 过滤介质的分类和特性

3.1.1 分类

过滤过程中，由其表面或内部留住固体粒子的任何有渗透性的材料，称为过滤介质。过滤介质对过滤的成败往往起着决定性的作用，因此说它是过滤机的心脏，也绝非过言。

根据刚性，可将过滤介质分成表 3-1 所示的类型。

表 3-1 过滤介质的简要分类

主 要 类 别	小　类	能留住的最小粒子尺寸/μm
坚固组合介质	(1) 扁平的楔形金属丝网 (2) 金属丝编织管 (3) 叠环	100 10 5
金属片状介质	(1) 有加工孔的金属片状介质 (2) 金属丝编织片状介质	20 5
刚性多孔介质	(1) 陶瓷和粗陶介质 (2) 碳 (3) 塑料 (4) 烧结金属	1 1 10 5
滤　芯	(1) 纱线形成的滤芯 (2) 黏结滤床 (3) 片形品	 5 3
塑料片	(1) 编织单纤维 (2) 多孔片 (3) 膜	10 10 <0.1
膜	(1) 陶瓷膜 (2) 金属膜 (3) 聚合物膜	0.2 0.2 <0.1
编织布	(1) (棉、化纤等) 纤维纱 (2) 单纤维或多纤维	5 10
非编织介质	(1) 滤片 (2) 毡或针刺毡 (3) 滤纸 　　纤维素纸 　　玻璃纸 (4) 非编织的聚合物 (鼓风软化、旋转结合等)	0.5 10 5 2 10
松散介质	(1) 纤维 (2) 粉末	1 1

3.1.2 介质的过滤特性

过滤介质的特性见表3-2。本节只着重介绍过滤特性。

表 3-2 过滤介质的特性

机 械 特 性	应 用 特 性	过 滤 特 性
刚　度	化学稳定性	能留住的最小粒子尺寸
强　度	热稳定性	粒子留住效率
蠕变抗力和张紧抗力	生物学稳定性	流动阻力
边缘稳定性	吸附性	纳污能力
耐磨性	吸收性	堵塞倾向
振动稳定性	润湿性	滤饼剥离性
可供应的介质的尺寸	卫生和安全性	
可制造性	电特性	
密封和密封垫功能	处置性	
	再利用性	
	成　本	

3.1.2.1 能留住的最小粒子尺寸

各种介质能留住的最小粒子尺寸见表3-1。

3.1.2.2 粒子留住效率

粒子留住效率是粒子尺寸的函数，如图3-1所示。图中各介质的粒子留住效率虽然不同，但却有共同的截止点，例如图3-1a，毡和金属丝网的共同截止点为35μm；也就是说，

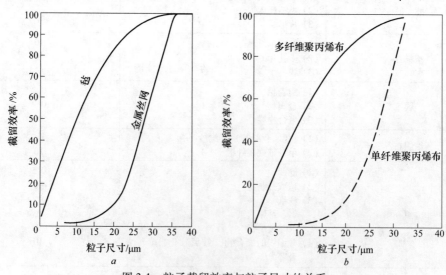

图 3-1　粒子截留效率与粒子尺寸的关系

a—毡与金属丝网；b—多纤维聚丙烯布与单纤维聚丙烯布

这两种介质能百分之百地留住 35μm 的粒子。同理，图 3-1b 中的多纤维聚丙烯布和单纤维聚丙烯布也有共同的截止点。

3.1.2.3 流动阻力

过滤介质对液流的阻力既取决于介质微孔的尺寸，也取决于单位面积上微孔的数量。也就是说，介质对液流的阻力与介质的孔隙率和渗透性有关。

A 介质的孔隙率

孔隙率 ε = 过滤介质中的孔隙体积/过滤介质的总体积

典型过滤介质的孔隙率见表 3-3。

表 3-3 典型过滤介质的孔隙率

介质种类	孔隙率/%	介质种类	孔隙率/%
楔形金属丝筛	5~40	天然的硅藻土	50~60
编织金属丝网		膜	80
斜纹织	15~20	纸	60~95
正方形	25~50	烧结金属纤维	70~85
开孔金属片	30~40	精制助滤剂（硅藻土、珍珠岩）	80~90
多孔塑料（粉末模制）	45	塑料泡沫、陶瓷泡沫	93
烧结金属粉末	25~55		

B 渗透性

介质的渗透性是利用试验装置，并根据流体在规定压差下的流量速率来确定的。通常用渗透性系数 K_p 表达渗透性。而 K_p 可用达西定律来确定：

$$\frac{p}{L} = \frac{Q\mu}{AK_p} \tag{3-1}$$

式中 A——过滤面积，m^2；

Q——体积流速，m^3/s；

p——压差，Pa；

L——介质层厚度或深度，m；

μ——液体黏度，Pa·s；

K_p——渗透性系数，m^2。

3.1.2.4 纳污能力

纳污能力是过滤介质的重要特性参数之一。如果纳污能力高，就表明滤布的工作时间长，不用频繁洗涤或者更换滤布。不同种类的介质，纳污能力差别较大，如图 3-2 所示。这是由介质的结构和过滤机理所决定的。图 3-2 表明：压力升高的速度决定着介质的工作寿命。

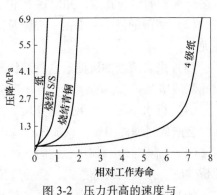

图 3-2 压力升高的速度与介质工作寿命的关系

介质的纳污能力可通过试验来测定。试验条件是严格的，不仅涉及滤浆中固体的性质和浓度，而且涉及液体的性质（黏度、pH 值、极性）。此外，还应注意单位面积上的流速。

3.1.2.5 堵塞倾向

介质的堵塞是指：粘在介质上或嵌入介质内部的固体粒子，不能用清洗法除掉，从而引起流动阻力升高到不允许的程度。当然，过滤已无法继续下去，需要更换滤布。

3.1.2.6 滤饼的剥离性

为了保证过滤的正常持续进行，在一个过滤循环结束时，滤饼必须能从滤布上剥离下来。滤饼剥离的难易程度不仅与其黏性等因素有关，而且与滤饼的厚度有关。一般来说，滤饼薄有助于提高过滤速度，但是，过于薄的滤饼却不易从滤布上剥离，反而降低了过滤机的能力。滤饼的剥离性对连续式真空过滤机来说尤其重要。连续式真空过滤机所能卸除的最小滤饼厚度见表3-4。小于此厚度的滤饼不能从滤布上剥离下来。

表 3-4　连续式真空过滤机所能卸除的最小滤饼厚度

机　型	可剥离的 最小饼厚/mm	机　型	可剥离的 最小饼厚/mm
有格式转鼓真空过滤机		无格式转鼓真空过滤机	1
刮刀卸料式	6~10	垂直回转圆盘式真空过滤机	10~13
绳索卸料式	1.6~5	水平带式真空过滤机	2~3
折带卸料式	2~3		
辊卸料式	0.5~2		

3.2　编织布

3.2.1　滤布过滤作业方面的问题

滤布过滤作业方面的问题主要有：

（1）纱线的固体粒子负荷。如果固体粒子的尺寸与滤布孔隙尺寸相当，那么粒子就进入多纤维布的纱线孔隙，并留在那里。这些固体粒子很难用反冲洗法除掉。

（2）细菌的滋生。霉菌、细菌及藻类都会引起介质的堵塞。在流速低的地方，这种滋生尤甚。

（3）来自溶液的沉淀。这种沉淀现象的效果类似于有机物在介质上的滋生，会引起介质孔隙的堵塞。

（4）排水不足。如果过滤介质支撑得不好，或者滤板上采用了不正确的排水流道，那么将会造成过滤的困难。从加压过滤机中往外排水的管径过小，也会造成过滤困难。

（5）临界浓度。加压过滤时，由于刚开始加入的粒子浓度较稀，介质上不会出现粒子架桥效应。介质上架桥不成，会导致粒子沉淀在滤布孔隙里面，即造成了堵塞。

（6）临界压力。每个过滤系统都有各自的临界压力。超过该压力值后，介质上的粒子架桥就会崩坏，粒子将直接沉淀在滤布里面。在实验室中，通过逐渐增大压力进行过滤，便可得到临界压力。

（7）粒子的分级。在过滤时，总会涉及粒子尺寸分布范围很宽的悬浮液。在朝向介质的重力和流体曳力作用下，粒子在滤布上沉淀之前总是分成细组分和粗组分。在中央给料的厢式滤板中，细粒子被冲到滤板的边缘，造成滤布上粒子分布不好。

（8）气泡的影响。悬浮液中含有空气或气泡时，会导致粒子分级，胶质倾向于集中在气泡表面上。对于离心分离机里高度暴露在空气中的悬浮液或者悬浮液中流体压力突降，引起空穴现象能导致介质堵塞（气泡崩坏时就有胶质沉淀在滤布上或滤布里面）。

在真空过滤期间除气，或者对给料脱气，均能使过滤速度倍增。

（9）流失的影响。在转鼓式、圆盘式及水平带式真空过滤机的脱水期间，滤饼会产生裂纹。真空抽吸的空气高速通过裂纹时，将导致液相连同沉淀在滤布中的溶质流失。

（10）滤布结构的影响。在流体流过多纤维布的过程中，通过纱线的流量和绕过纱线的流量，将取决于纱线的搓捻程度和纱线之间小孔的尺寸，而小孔的尺寸又取决于布的编织图形（平纹、斜纹等）。

3.2.2 滤布的选择指南

3.2.2.1 滤布的收缩

在板框和大型厢式滤板中，滤布的收缩能产生严重的问题。据资料介绍，采用顶部给料的厢式滤板时，滤布收缩所造成的麻烦要少于中央给料的厢式滤板。滤布的重复使用、洗涤、干燥，会加剧收缩作用，聚酰胺布尤甚。如果可能，建议湿储滤布。为了保证滤布在工作中的尺寸稳定性，应当对滤布进行预先收缩。预收缩的方法有两种：

（1）滤布在松弛状态下，用沸水预收缩；

（2）在纬纱张紧状态下，将滤布放在恒温器中加热（保持孔隙率、渗透性）。

3.2.2.2 滤布的伸长

吸收液体后，纤维和纱线会伸长。纤维的直径和长度的增大，会引起滤布尺寸的变化，从而给准确装配的滤板带来严重后果。各种材质的滤布，其吸水率是不同的，有的布吸水率为其自身质量的 4%（如尼龙），而有的只吸收 0.4% 的水（如涤纶）。

过滤机的全自动化发展对滤布的特性有了更高的要求。优先选用厢式滤板而不是板框，旨在容易实现机械化（厢式滤板容易卸掉滤饼）。随着滤板尺寸已稳步增至 2m×2m，以及各种排水装置的出现，对滤布机械强度的要求更高了。从板框改为厢式滤板，滤布的变形增大了，这要求滤布在工作时对伸长有更大抗力。例如，原来用在人工操作压滤机上的聚酯布，其断裂负荷为 900N/cm（经线）和 350N/cm（纬线）。而如今，用在同尺寸厢式滤板上的聚酯布，其断裂负荷已增至 1800N/cm（经线）和 1600N/cm（纬线）。采用这种滤布的厢式压滤机用在污泥脱水时，要比离心机和带式压榨脱水机经济。

3.2.2.3 滤饼的剥离

固体粒子对过滤介质的附着力与卸饼力的平衡，关系着滤饼的剥离性。分散在液体中的粒子附着力，主要是由于静电力和范德华力相互影响的结果；化学结合也起着重要作用。

化学结合由原子和分子的相互作用来表征。因此涉及的表面力是短距离的（与其他吸引力相比）。

高的温度可能在接触点上引起泉华架桥（"泉华"是指矿泉四周由盐类沉积而形成的壳）。

湿饼干燥时，就在固体表面之间形成液体架桥；溶解的物质倾向于集中在剩下的液体中，并在浓度达到一定程度时，在液体桥中结晶沉淀，如图 3-3 所示。此液体桥中的结晶，能够产生明显的粒子间附着力；只有将架桥再溶解，该附着力才可去掉。由此得出：在沉淀系统中，干燥过程必须控制水分超过某一值，因为水分在此值之下时会有晶核形成。

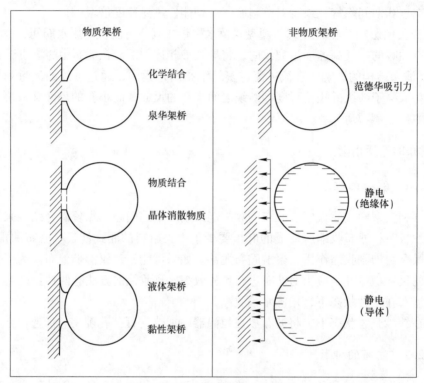

图 3-3　固体表面之间架桥的形成

3.2.2.4　滤布结构

每种滤布都有其专有的性质。单纤维布和多纤维布特别适用于在液体环境下分离黏胶物质。在污水处理设备上捕捉小粒子，取决于能否迅速地在聚酰胺单纤维布上形成粒子层。在此项应用中，从自旋纤维变为编织布后，可使滤布工作寿命从 3 个月提高到 2.5 年。

3.2.2.5　滤布的清洗

压滤机的滤布洗涤水压约为 5MPa。洗涤时，必须考虑粒子的尺寸分布。因为含细粒子质量分数高的悬浮液较难过滤，用高压水洗涤滤布时，可能驱使沉淀滤布表面上的细粒子进入滤布里面，从而造成滤布堵塞。对于这种情况，采用反洗法会更有效。

3.2.3　滤布的组织

滤布是由经线和纬线按一定规律上下交错而织成的，上下交错的规律称为滤布的组织。组织分为以下两类：

（1）单层组织（包括平纹、斜纹、缎纹等基本组织，演变组织，特殊组织）；

（2）双层组织（包括纵向双层组织、横向双层组织、纵横双向组织、特殊组织）。

最常用的滤布组织是平纹、斜纹及其演变形式。双层组织用于特殊用途。组织图用来表示滤布的组织，如图 3-4 所示。其中，平纹组织最致密，可用来获得清洁的滤液；但其孔隙容易堵塞，滤饼也稍难剥离。斜纹组织的强度高，微孔不易堵塞，流量大，因此应用最广泛。缎纹组织因其纵丝集中配置，所以滤饼剥离性好；但粒子捕捉能力差，所以用得较少。

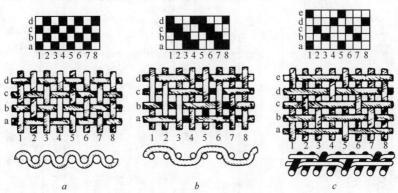

图 3-4 组织图（3 种基本织法）

a—平纹；b—斜纹；c—缎纹

随着我国经济的快速发展，国产滤布在品种和质量方面都有了长足的进步。例如，沈阳市菲特滤料机械科技有限公司的 FT-PET 系列滤布，已成为芬兰坦姆菲尔特真空带式过滤机的配套滤布。该滤布耐腐蚀性好，机械强度高，耐磨，不变形。该公司的 FT7 系列的丙纶滤布已广泛用于钛白粉、精细化工及染料等行业。这些产品的技术参数见表 3-5。

表 3-5 FT 系列滤布的技术参数

滤布型号	FT-PET-50	FT-PET-80	FT-PET-100	FT-PET-120	FT-PET-160	FT-71083
滤布材质	PET（聚酯）	PET（聚酯）	PET（聚酯）	PET（聚酯）	PET（聚酯）	PP（聚丙烯）
质量/$g \cdot m^{-2}$	1290	1280	1270	1260	1250	580
厚度/mm	1.8	1.8	1.7	1.7	1.7	1.7
透气量（200Pa）/$L \cdot (m^2 \cdot s)^{-1}$	250±30	600±50	900±50	1600±50	2200±50	1217±50
10cm×10cm 纵向断裂强度/N	26000	26000	26000	20000	20000	11440
10cm×10cm 横向断裂强度/N	3800	3800	3800	3500	3500	21760
耐酸性	优	优	优	优	优	优
耐碱性	良	良	良	良	良	优
工作温度/℃	≤170	≤170	≤170	≤170	≤170	≤95
参照过滤精度/μm	50±5	80±5	100±5	120±5	160±5	2~4
主要用途	带式真空过滤机、真空转鼓过滤机、立式压滤机					
应用行业	电厂脱硫、化工、肥料、矿山冶炼、医药、食品等					

厦迪亚斯环保过滤技术有限公司生产的滤布品种很齐全，分别配套于带式真空过滤机、带式压榨过滤机、板框压滤机。各滤布的技术参数见表 3-6。

表3-6 厦迪亚斯滤布型号及技术参数

型号I 带式真空	材质	透气率（127Pa）		透气率（200Pa）		透水率 /L·(m²·s)⁻¹	厚度/mm	经向强度 /N·cm⁻¹	经向伸长率/%	定力(500kg/m) 伸长率/%	质量 /g·m⁻²	过滤精度 /μm	目数	适用范围
		L/(m²·s)	ft³/min	L/(m²·s)	ft³/min									
012	PET	90~110	17~22	140~170	27~34	12~14	1.30	2555	14.5	0.50	1090			
15P-12	PP	35~40	6.9~7.9	50~55	9.8~10.8	1.1~1.3	0.90	935	16.7	1.50	624			
15P-20	PP													
15P-30	PP	140~160	27~32	190~210	37~42	23~25	0.98	1256	26.7	1.30	560			
15P-50	PP													
15T-20	PET													
15T-30	PET													
15T-50	PET													
016	PET	50~60	9~12	70~80	13~16		1.76				1400			
024	PET	1450~1600	285~315	1900~2100	374~414	190~210	1.30	1685	40.0	0.50	800			
024B-I	PET	168~188	33~37	230~270	45~54	19~21	1.30	1256	25.7	0.49	875			
024B-II	PET	105~125	20~25	145~175	28~35	10~12	1.32	1330	40.0	0.55	940			
026	PET	330~380	65~75	480~580	94~114	60~62	0.75	1255	25.0	0.60	594			
027	PET	700~800	138~158	900~1100	177~217	90~92	1.40	1500	20.0	0.50	1110			
032-44	PET	2900~3100	570~610	3700~4000	728~788	390~410	0.78	660	33.0	1.60	558	400	37	
032-65	PET	2400~2500	472~492	3150~3350	620~660	280~300	1.33	1500	32.0	0.95	928	600	28	
032-66	PET	3150~3350	620~660	4000~4200	787~827	330~350	1.35	1340	33.3	1.00	883	600	28	
032-67	PET	3250~3450	640~680	4150~4400	817~867	340~360	1.30	1283	26.7	1.00	817	700	24	
032-69	PET	4050~4200	797~827	5100~5300	1004~1044	490~510	1.33	804	32.0	0.85	714	900	17	
032-77	PET	3500~3750	689~739	4250~4650	836~916	420~440	1.24	1280	26.0	0.67	787	700	24	
032-78	PET	3750~3900	738~768	4900~5100	964~1004	490~510	1.23	1112	35.5	1.00	782	800	21	

续表 3-6

型号I 带式真空	材质	透气率 (127Pa) L/(m²·s)	ft³/min	透气率 (200Pa) L/(m²·s)	ft³/min	透水率 /L·(m²·s)⁻¹	厚度/mm	经向强度 /N·cm⁻¹	经向伸长率/%	定力(500kg/m)伸长率/%	质量 /g·m⁻²	过滤精度 /μm	目数	适用范围
032-86	PET	3600~3800	708~748	4600~4800	905~945	430~450	1.45	980	35.0	1.00	848	800	21	
032-88	PET	4200~4350	826~856	5400~5550	1063~1093	530~550	1.42	800	36.0	1.00	794	800	21	
032-1010	PET	4100~4350	807~857	5300~5600	1043~1103	490~510	1.56	1425	30.0	0.64	970	1000	16	
032-128	PET	4950~5100	974~1004	6100~6400	1200~1260	520~540	1.60	694	14.0	0.50	683	1200	14	
032-2020	PET	6350~6500	1250~1280	8000~8400	1575~1654	710~730	1.95	920	33.3	0.70	748	2000	9	
040	PA	1700~1850	334~364	2250~2450	443~483	280~300	2.74	2160	20.0	0.33	1365			
041	PA	3100~3250	610~640	3800~4100	748~808	420~440	1.83	1265	25.7	1.80	970			
WT800ym	F			40~60	7.8~11.8		1.0	200					0.5~2	
WP801 II y	PP			≤20	≤4.0		1.8	360					1~2	
WP802 II y	PP			40~80	7.8~15.8		1.8	360					2~20	
WP801y	PP			10~30	2.0~6.0		2.0	420					1~2	
WP802y	PP			40~80	7.8~15.8		2.0	420					2~20	
WP803y	PP			120~180	23~36		2.0	420					5~120	
WP804y	PP			250~350	49~69		2.0	420					10~150	
WP803t	PP			800~1000	157~197		2.5	420					50~180	
WT803t	PET			800~1000	157~197		2.5	460					50~180	
WT804t	PET			1400~1800	275~355		2.5	460					80~200	

续表 3-6

型号Ⅱ 带式压榨	材质	透气率 (127Pa) L/(m²·s)	透气率 (127Pa) ft³/min	透气率 (200Pa) L/(m²·s)	透气率 (200Pa) ft³/min	透水率 /L·(m²·s)⁻¹	最大鼓泡孔径/μm	沸腾孔径/μm	孔径比	厚度/mm	经向强度 /N·cm⁻¹	经向伸长率/%	定力(500kg/m)伸长率/%	质量 /g·m⁻²	适用范围
001	PET	3400~3550	670~700	4350~4550	855~895	400~420	2330	1967	0.84	2.30	2700	34.0	0.33	1330	
001D	PA/PET	2900~3200	570~630	3750~4000	738~787	340~360	2072	1766	0.85	2.75	2600	30.5	0.45	1440	
002	PET	3100~3250	610~640	4000~4200	787~827	350~370	1614	1456	0.90	1.78	2000	42.0	0.30	1112	
002A	PET	1950~2150	384~424	2500~2750	492~542	260~280	1145	1037	0.91	1.99	2600	40.0	0.35	1337	
003	PET	2850~3000	560~590	3650~3900	718~768	380~400	1704	1608	0.94	2.43	2419	28.5	0.36	1624	
004	PET	2450~2600	482~512	3200~3400	630~669	280~300	1230	1138	0.93	1.58	2090	37.5	0.30	1037	
005	PET	2750~2900	540~570	3650~3850	718~758	320~340	2200	1760	0.80	2.34	2450	35.0	0.36	1653	
006	PET	2400~2600	472~512	3150~3400	620~670	330~350	1400	1292	0.92	1.94	1980	34.3	0.40	1370	
006-8	PET	1650~1800	325~355	2100~2350	413~463	210~230	1100	926	0.84	2.15	2450	38.5	0.42	1442	
008	PET	1900~2100	374~414	2600~2800	512~552	250~270	900	800	0.89	1.53	2100	35.0	0.50	1058	
008A	PET	2850~3050	561~601	3650~3950	718~778	380~400	1050	933	0.89	1.56	1900	40.0	0.50	945	
009	PET	3100~3300	610~650	3800~4000	748~788	350~370	1614	1456	0.90	1.78	2284	34.3	1.10	1148	
010	PET	2950~3150	580~620	3600~3800	708~748					1.55				1120	
011	PET	3400~3700	669~729	4250~4650	836~916	470~490	7303	5845	0.80	1.79	1750	40.0	0.60	1097	
013	PA/PET	2700~2900	531~571	3600~3800	709~749	390~410	4360	2907	0.67	2.12	1470	30.4	1.00	1117	
030	PET	2950~3100	580~610	3800~4100	748~808	400~420	11000	8800	0.80	2.15	2100	25.0	0.50	1194	
035	PET	2050~2200	403~433	2700~2950	531~581	290~310	1600	1467	0.92	1.45	1445	34.0	0.50	925	
048	PET	4300~4400	846~866	5500~5750	1083~1133	460~480	7323	5860	0.80	2.05	650		0.70	1070	
049(二芯)	PET	3800~3950	748~778	4870~5150	959~1014	390~410	6350	5650	0.89	2.05	650		0.70	1302	
050(空芯)	PET	4550~4700	896~926	5750~6100	1131~1201	430~450	8800	7145	0.81	2.40	890		0.54	1301	
051(二芯)	PET	3450~3650	679~719	4450~4700	875~925	308~400	4889	3813	0.78	2.40	890		0.54	1521	
051(三芯)	PET	2900~3100	570~610	3800~4000	748~788	350~370	6045	4563	0.75	2.40	890		0.54	1632	

续表 3-6

型号II 带式压榨	材质	透气率 (127Pa) L/(m²·s)	ft³/min	透气率 (200Pa) L/(m²·s)	ft³/min	透水率 /L·(m²·s)⁻¹	最大致泡 孔径/μm	沸腾孔径 /μm	孔径比	厚度/mm	经向强度 /N·cm⁻¹	经向伸长 率/%	定力 (500kg/m) 伸长率/%	质量 /g·m⁻²	适用 范围
051 (四芯)	PET	1800~1950	354~384	2350~2500	462~492	270~290	2933	2200	0.75	2.40	890		0.54	1743	
051 (扁芯1.6)	PET	3500~3650	688~718	4500~4700	885~925	370~390	7145	5637	0.79	2.40	890		0.54	1610	
051 (扁芯2.0)	PET	2780~2950	547~581	3500~3700	688~728	320~340	4400	3433	0.78	2.40	890		0.54	1660	
051 (扁芯2.2)	PET	2650~2800	521~551	3450~3650	679~719	260~280	1893	1704	0.90	2.40	890		0.54	1698	
054 (空芯)	PET	4650~4850	915~955	5950~6250	1171~1231	480~500	10593	8000	0.76	3.12	1300		0.36	1627	
054 (空芯)	PPS	5050~5250	994~1034	6450~6650	1270~1310					3.34				1480	
055 (三芯)	PET	3270~3450	643~680	4050~4300	797~847	350~370	4400	3520	0.80	3.12	1300		0.36	2017	
055 (四芯)	PET	1900~2050	374~404	2480~2650	488~522	250~270	2200	1956	0.89	3.12	1300		0.36	2147	
055 (五芯)	PET	1450~1600	285~315	1950~2150	383~423	190~210	1467	1257	0.86	3.12	1300		0.36	2277	
055 (扁芯2.0)	PET	3600~3750	708~738	4450~4700	875~925	390~410	7145	5148	0.72	3.12	1300		0.36	1905	
055 (扁芯2.3)	PET	3150~3300	620~650	3950~4200	777~827	350~370	6168	4400	0.71	3.12	1300		0.36	1933	
056 (空芯)	PET	4850~5150	954~1014	6200~6500	1220~1280	490~510	12048	8800	0.73	3.50	1100		0.90	1698	
057 (三芯)	PET	3900~4100	767~807	4950~5200	974~1024	400~420	6844	4889	0.71	3.50	1100		0.90	2058	
057 (四芯)	PET	3600~3750	708~738	4500~4750	885~935	360~380	5378	4107	0.76	3.50	1100		0.90	2178	
057 (五芯)	PET	2900~3100	570~610	3750~3900	738~768	310~330	3812	2654	0.70	3.50	1100		0.90	2298	
058 (空芯)	PET	4300~4450	846~876	5450~5600	1072~1102	460~480	7323	5860	0.80	2.12	950		0.50	1134	
型号III 板框压滤 BK1001	PP	25~30	4.9~5.9	35~55	6.8~10.8					0.48				309	

注: 1ft=0.3048m。

3.3 非编织介质

3.3.1 滤毡

自从采用尼龙、碳氢化合物等纤维制毡以来，滤毡已用在许多过滤中。制毡时，纤维被随机组合在一起，有时用树脂结合剂，有时用化学结合法或加热结合法。加入的衬垫用来控制滤毡的厚度、孔隙率及密度。滤毡砑光后较光滑。

滤毡被广泛用在化学、电学、生物学、热力学、低温物理学及食品等方面的液体或气体的过滤中。用毡子可模制元件和借助打褶的金属制成毡子滤芯。滤毡还被用作转鼓过滤机的滤带或转鼓的覆盖物。还可作为滤袋。合成滤带具有良好的粒子捕捉能力、抗堵塞性、抗真菌性及耐腐蚀性。滤毡还可制成衬垫，用来防止压滤机元件之间的边缘泄漏；反洗也容易。

3.3.2 滤纸

滤纸是用途广泛的介质。纤维素纤维滤纸对粒子的捕捉能力较差。但因其成本低、力学性能好，而广泛用于工业液体过滤。玻璃滤纸主要用在实验室试验中。滤纸属表面过滤机理类的介质。

玻璃滤纸和纤维素滤纸都可通过结合剂（密胺、树脂及氯丁橡胶）浸渍来提高强度和改善过滤特性。滤纸用于板框压滤机和加压叶滤机时，需要借助支撑物来弥补其强度的不足。

玻璃纤维滤纸可在 500℃ 下工作。高温下，玻璃纤维滤纸优于纤维素滤纸、膜及多孔塑料介质，可与石棉、金属介质相竞争。此外，玻璃纤维介质具有良好的粒子捕捉能力和较高的流量流速。

3.3.3 正 ζ 电位深层过滤片

滤片是深层过滤介质；通过与石棉和纤维素的混合来增大强度；石棉还可与硅藻土混合，借以提高滤片的渗透性。可用来制造滤片的其他材料还有炭、石灰及合成粉末等。滤片的一个面比另一个面硬，硬面为滤液出口面，为了避免纤维进到滤液中。

用石棉制造滤片是打算利用石棉的两个特性：一是其纤维极细，可使滤片的孔隙率非常大、过滤阻力小、捕捉粒子能力强；二是其纤维带有正电荷，能吸附小至 $1\mu m$ 的带负电荷的固体粒子。然而，近来发现石棉有碍人体健康，现已禁用。不含石棉的正 ζ 电位深层滤片，就是在这一形势下开发的。开发无石棉滤片经历了曲折过程。最初尝试用密织纤维与硅藻土混合制滤片，但这种滤片不仅边缘渗漏率高，而且极易堵塞孔隙。后来又尝试用带电荷物质取代具有高 ζ 电位的石棉，结果，在滤液流速不稳定时滤片容易破裂，还吸留了过多的色素和胶体，造成了孔隙的迅速堵塞。终于开发成功的无石棉正 ζ 电位深层滤片，是由极细纤维、硅藻土及带正电荷的树脂精确混制成的。其为三维筛状结构，孔隙率高达 70%~85%，能吸留微小粒子。

关于此滤片的机理可作这样说明：当滤片浸在水溶液中或滤液流过滤片时，滤片便自然形成稳定的正 ζ 电位，从而吸住溶液中带负电的粒子。在厚度为 2.3~4.6mm 的滤片上，沿厚度方向存在密度梯度。也就是说，一次过滤层的结构较疏松，而二次过滤层的结构较致密。由此可知，该滤片具有物理筛过滤和 ζ 电位吸附的作用，其机理属深层过滤。它继承了石棉/纤维素滤板的高流量和过滤精度高的优点，又无石棉的危害。

正 ζ 电位无石棉深层滤板可制成圆形或方形，也可用来制成像轴向可折叠的圆灯笼那样的滤芯。该滤芯是压制成形的，旨在增大过滤面积，其直径为 $200 \sim 300\mathrm{mm}$，滤芯的过滤面积可达 $1 \sim 1.7\mathrm{m}^2$。

3.4　流体通过介质的数学模型

3.4.1　清洁介质的渗透性

通过介质的流量取决于编织几何图形（平纹、斜纹、缎纹等）。滤布中，纱线既可是单纤维的，也可是多纤维的。

通过清洁滤布的流量可用压差 Δp、流量速率（$\mathrm{d}V/\mathrm{d}t$）及过滤面积 A 来描述：

$$\frac{1}{A} \cdot \frac{\mathrm{d}V}{\mathrm{d}t} = v = \frac{\Delta p}{\mu R_\mathrm{m}} \tag{3-2}$$

式中　v——过滤速度，$\mathrm{m/s}$；

V——滤液体积，m^3；

t——时间，s；

A——过滤面积，m^2；

Δp——压差，Pa；

μ——液体黏度，$\mathrm{Pa \cdot s}$；

R_m——介质阻力，m^{-1}。

介质的渗透性 B 可用下式定义：

$$v = B \frac{\Delta p}{\mu L} \tag{3-3}$$

式中　B——介质的渗透性，m^2；

L——介质的厚度或深度，m。

式（3-3）是由 Darcy 在其早期著作（关于液体流过厚砂层的研究）中提出的。在确定流体通过介质的初始流量速率时，清洁介质的渗透性是很重要的参数。初始流量速率对沉淀在介质上的滤饼结构有重要影响。

在成功的滤饼过滤中，介质阻力小于平均滤饼阻力的 10%。因此，在计算时往往忽略掉介质阻力。

3.4.2　截留粒子的能力

介质截留粒子的能力对确定合适的过滤方法来说是至关重要的。介质微孔的大小和形状决定着完成过滤的可能性。

利用鼓泡试验法，可确定介质孔隙的最大等效孔径与平均等效孔径（详见第 3.8.2 节）。利用渗透性试验和式（3-4），也可得出介质孔隙的半径 $r(\mathrm{m})$：

$$r = \left(\frac{KB}{4\varepsilon}\right)^{1/2} \tag{3-4}$$

式中　K——Kozeny 常数；

ε——介质的孔隙率，%。

对于单纤维编织布来说，3 种孔隙半径之间有如下关系：

$$\left.\begin{array}{c} r_c = 1.2r \\ r_{bp} = 1.58r \end{array}\right\} \tag{3-5}$$

式中　r——由渗透性试验得到的孔隙半径，mm；

r_{bp}——由鼓泡试验得到的孔隙半径，mm；

r_c——由显微镜观察到的孔隙半径，mm。

多纤维布不存在上述关系。

3.4.3　编织介质渗透性的数学模型

3.4.3.1　多纤维布的渗透性

在多纤维布中，液流可以通过纱线或者绕过纱线流动。液流分为这两种流动的程度，可用此滤布的染色特性来表示。如果是单纤维纱线，B_0 是纱线的渗透性，B_1 是滤布的渗透性，那么可给出以下关系：

$$\Omega = \frac{B}{B_1} = 1 + 1.34\left(\frac{B}{B_0}\right) \qquad \left(\frac{B_0}{d_y^2} < 0.0017\right) \tag{3-6}$$

式中　B——所有滤布的渗透性，m^2；

B_1——单纤维纱线滤布的渗透性，m^2；

B_0——带孔隙的纱线的渗透性，m^2；

d_y——纱线的直径，m。

单纤维布有统一的系数，因为

$$\Omega = \frac{布的渗透性}{由单纤维纱构成的布的渗透性} \tag{3-7}$$

Ω 的值大时，表示通过纱线的流量高。

3.4.3.2　单纤维布的渗透性

在单纤维范围内，渗透性与布的结构很相关。

流出系数 C_D 由下式决定：

$$C_D = \left(\frac{v^2}{2\Delta p} \cdot \frac{1-a^2}{a^2}\right)^{0.5} \tag{3-8}$$

式中　a——孔敞开面积的有效分数。

$$a = A_0 e_c P_c \tag{3-9}$$

式中　e_c——1cm 上的经纱数，根/cm；

P_c——1cm 上的纬纱数，根/cm；

A_0——孔的有效面积，m^2。

流出系数 C_D 是雷诺数 Re 的函数：

$$C_D = 0.17Re^{0.41} \tag{3-10}$$

3.4.4 滤布孔隙上的架桥和崩坏

3.4.4.1 滤布孔隙上的架桥

早在 1926 年就有人根据对毛细管和高浓度悬浮液的研究，提出了跟架桥有关的以下关系式：

$$d_p = K_2 d^{0.25} \quad （固体质量分数大于 20\%） \tag{3-11}$$

式中 d_p——毛细管孔直径，μm；

d——粒子直径，μm；

K_2——架桥特性数，其值大时，架桥特性好。

Rushton 等人于 1980 年将浓度影响扩大到了稀度（extreme dilution）极值：

$$d_p/d = K_3 S^i \tag{3-12}$$

式中 S——悬浮固体的质量分数，%；

i——指数。

硅藻土等粒子的架桥特性数见表 3-7。

表 3-7 硅藻土等粒子的架桥特性数

粒子种类 \ 特性数	K_2	K_3	i
硅藻土	500	21	0.26
碳酸钙	438	10	1.04
碳酸镁	249	13	0.35
砂 子	175		

3.4.4.2 架桥的崩坏和孔隙的堵塞

当介质表面孔隙上不能形成粒子架桥时，粒子便沉淀在滤布里面（单纤维布尤甚），造成了介质孔隙的堵塞。在多纤维布或非编织介质中的沉淀物，应当用反冲洗等可行方法予以清除。

3.4.5 介质对液流的阻力

Grace 于 1958 年给出了恒压过滤和恒速过滤条件下的滤液流量与时间的关系：

$$\left. \begin{array}{l} \dfrac{t}{V} = \dfrac{Ct}{\pi N h r_0^2 A(1-\varepsilon_p)} - \dfrac{8h\mu}{\pi N r_0^4 A \Delta p} \quad （恒压过滤） \\[4mm] \left(\dfrac{\Delta p}{\Delta p_0}\right)^{0.5} = 1 - \dfrac{CV}{\pi N h r_0^2 A(1-\varepsilon_p)} \quad （恒速过滤） \end{array} \right\} \tag{3-13}$$

式中 ε_p——沉淀粒子的孔隙率，%；

h——孔长度，mm；

r_0——清洁孔的半径，mm；

C——悬浮液中固体的体积浓度；

πNhr_0^2——堵塞值，与介质上孔隙的尺寸分布有关。

Kehat 于 1967 年指出介质对液流的总阻力 R_T 为：

$$R_T = K_a R_0 - R_b - R_c \qquad （完全堵塞）$$
$$R_T = IR_0 \qquad （标准规律）$$

(3-14)

式中 R_0——循环开始时的有效阻力，m^{-1}；

R_b——由堵塞引起的阻力，m^{-1}；

R_c——由架桥引起的阻力，m^{-1}；

I, K_a——常数，取决于粒子和过滤的条件。

3.5 网和筛

3.5.1 金属网

3.5.1.1 金属丝网的材质及其波褶的形状

金属丝的材质为：碳钢、不锈钢、特殊钢、铜和铜合金、镍和蒙乃尔合金、铝和铝合金。

金属丝网的波褶形状见表 3-8。

表 3-8 金属丝网的波褶形状

波褶形状	短　评	
双　波	网的两面粗糙 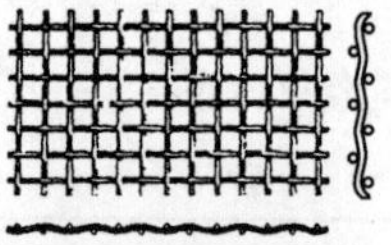	
单居间波褶	在相交的金属丝之间，经线和纬线有居间波褶 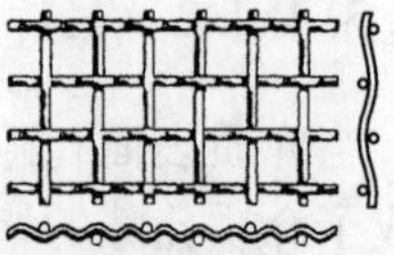	
双居间波褶	经线和纬线有居间波褶，用于细金属丝网，或长方形孔、缝形孔 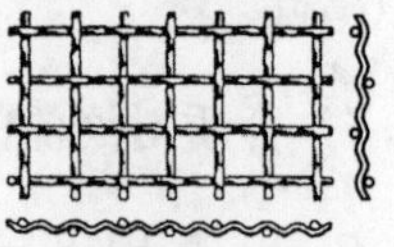	
固定波褶	经线和纬线两边预先形成波褶，借以将金属丝牢牢固定 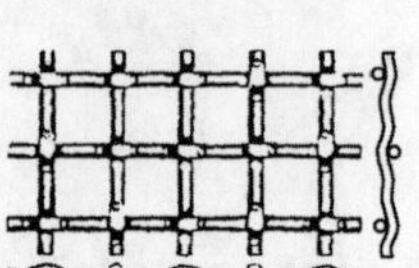	

波褶形状	短 评	
平顶网	只在金属丝一边预先打波褶，剩下的一侧是平的	
压力焊网	用压力焊法将锰钢丝彼此固定在一起	

3.5.1.2 烧结金属网

图 3-5 所示为多层烧结金属网的断面。用来编织此类金属网的不锈钢丝的直径为 $20 \sim 100 \mu m$，过滤精度在 $15 \mu m$ 以上，孔隙率为 $25\% \sim 40\%$。网的形状为板形或管形。用管形网组装的过滤机，可在 $295℃$ 和 $15MPa$ 的条件下过滤高黏度（如 $300Pa \cdot s$）聚合物（如聚酯）。该过滤元件可借助溶剂、盐浴、燃烧及高压水喷洗来获得再生。

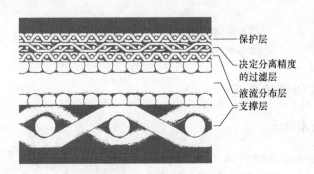

保护层
决定分离精度的过滤层
液流分布层
支撑层

图 3-5 多层烧结金属网的断面

金属网的材质以不锈钢 SUS304 和 SUS316 为主。烧结金属网的主要用途为熔融聚合物的过滤、回收触媒过滤、化学和医药及食品领域的过滤、高温气体过滤、低温液化气过滤、作为反渗透和超过滤的预过滤等。

3.5.2 金属筛

金属丝的断面形状对金属筛的性能颇有影响。4 种金属丝断面形状对筛性能的影响见表 3-9。从表 3-9 中可以看到，楔形断面的金属筛的性能最好，而圆形断面金属丝筛的孔隙最容易被粒子堵塞。楔形金属筛的材质为：不锈钢、蒙乃尔合金、铝合金及镍、钛等特殊合金。

表 3-9　4 种金属丝断面形状对筛性能的影响

筛的性能	圆形断面	三角形断面	长方形断面	楔形断面
清洗性	差	好	尚可	好
强　度	好	好	不好	好
负荷能力	不好	尚可	好	好
孔隙率	差	不好	好	好
使用寿命	尚可	不好	好	好
筛效率	差	差	尚可	好

楔形断面金属丝筛的结构示意图如图 3-6 所示。

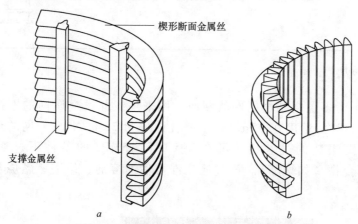

图 3-6　楔形断面金属丝筛的结构示意图

a—滤液从外向内流结构；*b*—滤液从内向外流结构

3.6　多孔隙片状和管状介质

3.6.1　烧结金属粉末介质

用来烧结的是经过仔细分级的球形粉末，其大小为 0.5～100μm。用模塑法和离心法可制成圆柱形和管形等形状的烧结金属粉末介质。用来过滤聚合物的圆盘形烧结金属粉末元件如图 3-7 所示。其过滤机理属深层过滤。主要材质有：不锈钢、青铜粉末等。

模塑烧结不锈钢粉末介质的性能参数见表 3-10。

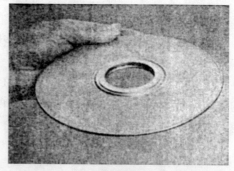

图 3-7　用于过滤聚合物的圆盘形烧结金属粉末元件

3.6.2　烧结金属纤维介质

用微米级直径不锈钢纤维烧结成的过滤介质，可分为长纤维烧结元件和短纤维烧结元件两类。长纤维的直径为 1～50μm，长度为

30~100μm，主要材质为 SUS316L、哈司特镍（hastelloy）耐盐酸（耐蚀、耐热）镍基合金等。将这些长纤维经梳棉机梳成棉状层。棉状层由两层组成，一层是由直径较大的纤维构成的粗滤纤维层，另一层是由直径较小的纤维构成的精滤纤维层。这两个滤层的两面由支撑金属网和保护网夹持着，烧结后成为一体的片状介质。纤维层的厚度为 0.3~0.65mm。片状介质可被焊成管形、筒形。当然，用短纤维烧结成的介质过滤精度更高，可达 0.1μm。

表 3-10　模塑烧结不锈钢粉末介质的性能参数

介质型号	介质孔的尺寸分布/μm			渗透性 /darcy[①]	密度 /g·cm^{-3}	最小厚度 /mm	孔隙率 /%	截留微粒的额定值 /μm
	最小	平均	最大					
S10	1.5	6	20	1.0×10^{-8}	3.5~5.5	1.5	55	6
S20	2	10	30	2.0×10^{-8}	3.5~5.5	2.0	55	10
S30	3	15	70	7.5×10^{-8}	3.5~5.5	2.5	55	15
S40	5	30	160	25×10^{-8}	3.5~5.5	3.5~5.5	55	30
S50	10	60	250	70×10^{-8}	3.5~5.5	4.0	55	60

①darcy = $0.99\times10^{-12}\text{m}^2$。

不锈钢烧结纤维过滤介质有以下特点：

（1）过滤精度高，压力损失小。对 0.1~100μm 的粒子具有 95% 的截留率；而烧结粉末元件只能截留 3~40μm 的粒子；烧结金属网仅能截留 20μm 以上的粒子。不锈钢烧结过滤介质不易堵塞，因此压力损失小。

（2）纳污能力大。因为三维结构的孔隙率可高达 70%~90%，大粒子由粗滤层截留，小粒子由精滤层截留。

（3）强度（耐压性）高。纤维滤层的两面有支撑金属网和保护网，并一同烧结。

（4）能在高温下过滤高黏度（数百~数千 Pa·s）的聚合物。

（5）洗涤再生性好。可用酸、碱及有机溶剂洗涤，还可用超声波洗涤。

位于珠海市的比利时贝卡特（BEKAERT）纤维技术公司中国市场代理处，有多种系列的烧结金属纤维介质（简称纤维烧结毡）供选购。例如，CL4 系列产品在过滤聚酯时，能截留住凝胶那样小的粒子。料液的流向是从细纤维面至粗纤维面，在流入面上形成滤饼。这有利于借助液体反冲洗或气体脉冲反洗，使毡获得再生。该系列产品的标准材质为 316L 不锈钢，标准规格尺寸为 1180mm×1500mm，可用来焊成管形、筒形或褶形元件。316L 是纯正的奥氏体不锈钢，具有良好的耐腐蚀性，即使在卤盐液中数百小时，也不腐蚀。

CL4 系列纤维烧结毡的技术参数见表 3-11。

表 3-11　CL4 系列纤维烧结毡的技术参数

型号	绝对过滤度 /μm	冒泡压力[①] /Pa	平均透气度[②] /L·(dm^2·min)$^{-1}$	透气度系数 k /m^2	H/K /L·m^{-1}	厚度 /mm	质量 /g·m^{-2}	孔隙率 /%	纳污量[③] /mg·cm^{-2}
5CL4	5	7400	27	1.65E-12	2.43E+08	0.40	900	72	6.80
7CL4	7	5286	45	2.74E-12	1.46E+08	0.40	900	72	9.50

型号	绝对过滤度 /μm	冒泡压力① /Pa	平均透气度② /L·(dm²·min)⁻¹	透气度系数 k /m²	H/K /L·m⁻¹	厚度 /mm	质量 /g·m⁻²	孔隙率 /%	纳污量③ /mg·cm⁻²
10CL4	10	3700	71	4.33E-12	9.24E+07	0.40	900	72	9.50
15CL4	16	2400	150	9.15E-12	4.37E+07	0.40	900	72	11.90
20CL4	20	1850	200	1.22E-11	3.28E+07	0.40	900	72	12.00
25CL4	25	1500	284	2.08E-11	2.31E+07	0.48	1050	72	12.25

注：根据客户的要求，可加工特殊材料的滤毡。

① 冒泡压力试验符合 ISO 4003 标准；

② 平均透气度试验符合 ISO 4022 标准，空气压力为 200Pa；

③ 纳污量试验符合 ISO 4572 标准，滤毡最终的压降为初始压降的 8 倍。

金属纤维烧结毡与烧结金属粉末介质的比较见表 3-12。表 3-12 中名词的解释为：

Bikipor®——贝卡特公司金属纤维烧结滤材的注册商标；

绝对过滤度——按 ISO 4572 标准，过滤效率高于 98% 的粒子直径，μm；

纳污量——按 ISO 4572 标准，当滤材两边压差达到初始压差 8 倍时，单位面积滤材上收集到的粒子质量，mg/cm²；

透气度——按 ISO 4022 标准，在滤材上施加 200Pa 压力时，单位面积上的气体流量，L/(dm²·min)。

表 3-12　金属纤维烧结毡与烧结金属粉末介质的比较

滤材型号	厚度/mm	孔隙率/%	绝对过滤度/μm	纳污量 /mg·cm⁻²	透气度 /L·(dm²·min)⁻¹
烧结粉末 6μm	2	28.0	6	—	0.012
Bikipor® ST 7AL3	0.27	72.3	7	6.47	57
烧结粉末 10μm	2	33	10	—	0.97
Bikipor® ST 10AL3	0.32	76.7	10	7.56	100
烧结粉末 15μm	2	31	15	1.16	1.6
15μm	3	44	15	5.2	4.1
18μm	2	29	18	5.5	5.5
17.5μm	3	37	17.5	3.6	2.27
Bikipor® ST 15AL3	0.37	80	15	7.92	175
烧结粉末 26μm	2	33	26	3.4	10.87
Bikipor® ST 25AL3	0.61	79	25	19.38	320
烧结粉末 40μm	3	37	45	4.46	15.1
Bikipor® ST 40AL3	0.66	77.4	40	25.96	580
烧结粉末 53μm	3	43	53	9.4	14.5
60μm	3	36	60	10.7	24.4
65μm	3	35	65	11.1	34
Bikipor® ST 60AL3	0.7	86.7	60	33.97	1000

从表3-12可以看出，Bikipor®的纳污能力大，流量大，阻力小，孔隙率高，透气度高，使用寿命长。

3.7 松散粉末、粒状及纤维介质

3.7.1 预敷层过滤用的粉末介质

3.7.1.1 硅藻土和膨胀珍珠岩

硅藻土矿源于名为硅藻的单细胞植物。硅藻土粒子中有非常多极细的孔隙，因而渗透性极好。高倍放大的硅藻土粒子如图3-8所示。

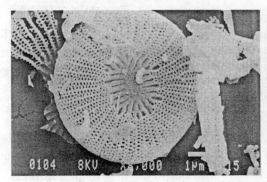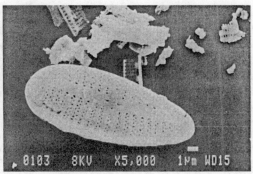

图3-8 高倍放大的硅藻土粒子

a—圆形硅藻土，×3000；*b*—船形硅藻土，×5000

用原矿土制备硅藻土助滤剂的方法有3种，其各自产品性质的比较见表3-13。

表3-13 三类硅藻土性质的比较

项 目 \ 类 别	干 燥 品	烧 成 品	融剂烧成品
化学分析/%			
SiO_2	86.8	91.0	87.9
Al_2O_3	4.1	4.6	5.9
Fe_2O_3	1.6	1.9	1.1
CaO	1.7	1.4	1.1
MgO	0.4	0.4	0.3
其他	0.8	0.4	3.6
焙烧减量	4.6	0.3	0.1
过滤速率比（相对干燥品）	1	1~3	3~20
滤饼的假密度/$g \cdot cm^{-3}$	0.24~0.35	0.24~0.36	0.25~0.34
沉降粒度分布/%			
<40μm	2~4	5~12	5~24
20~40μm	8~12	5~12	7~34
10~20μm	12~16	10~15	20~30
6~10μm	12~18	15~20	8~33
2~6μm	35~40	15~45	4~30
<2μm	10~20	8~12	1~3

项　目 ＼ 类　别	干　燥　品	烧　成　品	融剂烧成品
水分最高含量/%	6.0	0.5	0.5
密度/g·cm^{-3}	2.00	2.25	2.33
pH 值	6.0~8.0	6.0~8.0	8.0~10.0
屈折率	1.46	1.46	1.46
0.043mm(325 目)筛后残留/%	0~12	0~12	12~35
氮气吸附比表面积/m²·g^{-1}	12~40	2~5	1~3

此外，硅藻土还有 3 种特殊加工方法：第一，酸洗加工法，将微溶在酸性液体中的氧化铁等物质除掉；第二，硅酸盐加工，通过水热反应在硅藻土粒子表面上生成硅酸盐，借以除掉水中的动植物脂、脱臭、脱色、吸附胶质不纯物；第三，用活性物质包覆硅藻土粒子的表面。

可作为预敷层的另一种助滤剂是膨胀珍珠岩。其最大优点是密度低，可节省费用。膨胀珍珠岩与硅藻土相比，其质量可减少 20% ~ 30%，但抗酸、抗碱性略低于硅藻土（因为含有较多的氧化铝、氧化钾及氧化钠）。高倍放大的膨胀珍珠岩助滤剂粒子如图 3-9 所示。

图 3-9　高倍放大的膨胀珍珠岩助滤剂粒子

3.7.1.2　纤维素纤维

多年以前，助滤剂市场几乎完全被传统的矿物质助滤剂所占据。但随着对环境保护的重视以及适应不断更新的过滤新要求，现在以纤维素作为有机环保的新型助滤剂已经越来越得到重视和使用。

A　纤维素助滤剂的优点

与传统的矿物质助滤剂相比，JRS 公司的纤维素助滤剂具有以下优点：

（1）消耗量比传统的矿物质助滤剂少，可至少节约 30%，在有些应用中节约高达 70%（见图 3-10）。

（2）更少的过滤废渣和更少的过滤液损耗，这是由于有较低的助滤剂的消耗。

（3）预涂快：纤维素能很快在滤网和滤布的网孔上架桥形成预涂层。

（4）更长的过滤循环周期：纤维保护滤网和防止其过早堵塞。

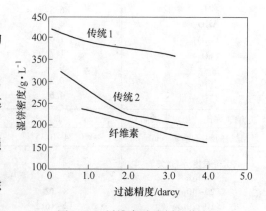

图 3-10　纤维素助滤剂的优点

（5）稳固的滤饼构成：纤维预涂层有效抵御压力的波动，防止助滤剂和颗粒穿漏，弥合滤网的破损。

（6）纤维素是柔软、非磨损性的，对于过滤设备、加工件和工具的磨损更小。

（7）无毒：纤维素不包含任何结晶二氧化硅，对人体无害。

（8）滤饼废渣可被焚烧、填埋以及综合利用，如作为动物饲料以减少处理量和金属微粒的回收利用。

B　纤维素助滤剂的应用

纤维素助滤剂可用作预涂过滤及本体加料过滤。

纤维素在预涂过滤中应用：液体过滤的原理是过滤介质能迅速吸附固体颗粒。使用预涂层过滤，可以很好地达到过滤效果。一般我们想要得到的产品是过滤后的液体。当然也可以是分离后的固体，或两者都是。

实际生产时，一种合适的助滤剂首先被放置于水或滤液中，然后液体被泵入到过滤器中。通过这种方法，就可以形成一个很薄的保护层（预涂层），同时保证过滤液通过预涂层时，固体能被截留下来，如图 3-11 所示。

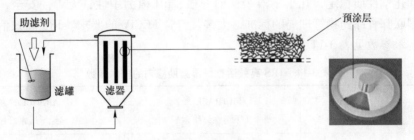

图 3-11　预涂

用预涂的方法，就可以防止过滤介质被意外的堵塞，而且可以在长时间内保持高的流速，并且滤饼的去除更方便。

纤维素在本体加料过滤中应用：预涂层建立后，即可进行正式过滤。对于固体含量高或含有黏性成分的悬浮液体，在正式过滤时，在过滤液中需要添加更多的助滤剂（本体加料），如图 3-12 所示。

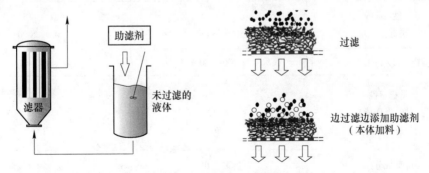

图 3-12　过滤和本体加料

以这种方式，缓慢增厚的滤饼仍是疏松的和多孔的，过滤循环周期也大大延长。

C　JRS 纤维素助滤剂的规格型号

通过专门的活化处理，纤维素变成独特的具有极好吸附性能吸附型助滤剂。它们既是助滤剂，又是吸附剂。既具有白土吸附性能，又具有普通助滤剂的过滤性能，从而能替代白土的使用，提高过滤效能。所以是"合二为一"的吸附型助滤剂。

德国瑞登梅尔公司（JRS）自 1877 年成立，一百四十多年来不断致力于开发有机木质纤维素的应用，瑞登梅尔家族以创新精神、远见卓识使瑞登梅尔公司发展成为现代实力雄厚、高效运作的跨国企业。

目前，德国 JRS 公司在全球纤维素制造行业中处于领先地位，在德国、美国等国家有 26 家制造工厂，生产八大系列 1500 多种产品，年产 50 万吨纤维素，用于医药、食品、皮革、过滤等领域，有约 150 种产品可用于过滤领域。

JSR 公司的高效活性纤维素助滤剂主要有两大类：FILTRACEL® ACTIVE 和 ARBOCEL® ACTIVE。FILTRACEL® 为去除可溶性成分后，经过处理的天然纤维。这种具有创新的纤维能适应很高的工艺要求，而且价格具有吸引力。符合美国联邦食品管理局的标准。ARBOCEL® 为从高质量 α 纤维素中得到的高纯的、味觉中型的天然纤维。这种纤维机械性能和化学性质稳定，几乎不溶于任何介质，pH 值为中性，无毒，安全，所有种类都符合美国联邦食品药物管理局的标准，大多数符合 FCCIV 的要求。JRS 高效活性纤维素助滤剂的技术参数见表 3-14。

表 3-14　JRS 高效活性纤维素助滤剂的技术参数

参数	FILTRACEL® （不溶性纤维素）	ARBOCEL® （高纯纤维素纤维）
成分	65.80%纤维素 20.35%木质素	99.5%纤维素
颗粒长度/μm 颗粒直径/μm 容重/g·L⁻¹	30~3000 20~3000 125~180	20~2000 20~2000 10~270
纤维长度/μm	30~3000	20~2000
渗透性/Darcy 渗透性	0.8~30 100~3500	0.8~15 100~2000
湿饼密度/g·L⁻¹	100~180	40~240
化学稳定性 稳定性（pH 值） 稳定性（温度）/℃	中~高 2~13 180	很高 1~14 200
可溶成分	最多 1.0%	最多 1.0%
FDA	符合	符合

3.7.1.3 木粉

木粉用作预敷层材料已获广泛应用。这样的木粉是经过研磨和两次过筛而制成的。木粉的标准等级常用筛网尺寸来表征，即 $600\mu m$（25 目）、$250\mu m$（60 目）、$180\mu m$（90 目）、$125\mu m$（120 目）、$90\mu m$（180 目）、$53\mu m$（300 目）。

压缩载荷对木粉渗透性的影响见表 3-15。

表 3-15　压缩载荷对木粉渗透性的影响

压缩载荷/kg · m^{-2}	木粉渗透性/m^2		
	$125\mu m$（120 目）	$90\mu m$（180 目）	$53\mu m$（300 目）
0	4.61×10^{-12}	—	—
11.1	1.72×10^{-12}	8.60×10^{-13}	1.20×10^{-13}
16.0	1.61×10^{-12}	7.70×10^{-13}	7.26×10^{-13}
20.8	1.18×10^{-12}	6.49×10^{-13}	6.32×10^{-13}
25.7	1.06×10^{-12}	5.20×10^{-13}	6.00×10^{-13}
35.5	8.50×10^{-13}	4.69×10^{-13}	8.06×10^{-13}
46.0	9.44×10^{-13}	3.68×10^{-13}	4.21×10^{-13}
55.0	8.30×10^{-13}	3.65×10^{-13}	3.89×10^{-13}
64.9	6.30×10^{-13}	3.54×10^{-13}	3.21×10^{-13}

注：$1kg/m^2 = 9.80665N/m^2 = 9.80665Pa$。

压缩载荷对木粉比滤阻的影响见表 3-16。

表 3-16　压缩载荷对木粉比滤阻的影响

压缩载荷/kg · m^{-2}	木粉比滤阻/kg · m^{-1}		
	$125\mu m$（120 目）	$90\mu m$（180 目）	$53\mu m$（300 目）
10	2.64×10^9	4.62×10^9	4.64×10^9
20	3.45×10^9	6.11×10^9	5.96×10^9
30	4.06×10^9	7.59×10^9	7.29×10^9
40	4.40×10^9	8.54×10^9	8.10×10^9
50	4.87×10^9	9.01×10^9	8.54×10^9
60	5.20×10^9	9.26×10^9	8.70×10^9

注：$1kg/m^2 = 9.80665Pa$。

木粉的溶解性见表 3-17。

表 3-17　木粉的溶解性

液　体	pH 值	溶液颜色的变化（化学反应引起的）
稀硫酸	1	是
稀盐酸	1	否
苯	4	是
200g/L 氢氧化钠	11	是
水	7	否

在国内，位于唐山市丰南区的连成过滤设备厂以 UHMW-PE 为材料，经冷模压再烧结，制成了圆盘形烧结塑料粉末介质，获得了专利。该介质的外表面为过滤面，中间的空腔走滤液。空腔内有 42 条筋，明显提高了耐压能力。空腔用不锈钢芯模成形，避免了石膏芯模能掉下残留物的缺点。近年来，该厂又开发出了打褶的筒形烧结塑料粉末介质，有效地提高了介质的过滤面积。目前，上述产品已得到众多著名酒业集团的认可，并在稳步向其他领域推进。

3.7.2　深层过滤用的粒状介质

3.7.2.1　粒状介质的标准

粒状介质的标准包括：尺寸、形状、密度、耐用性、可溶性、清洁性、沉淀速度、水头损失、滤层损耗以及孔隙率。

3.7.2.2　硅砂

用于快速过滤的硅砂有 5 个等级，其颗粒直径分别为：1.18~2.80mm、1.00~2.00mm、0.85~1.70mm、0.60~1.18mm、0.50~1.00mm；而用于缓速过滤的硅砂有一个等级，即 0.25~0.71mm。

3.7.2.3　以无烟煤和煤为基本材料的介质

在 5 种过滤速度(10~50m/h)下，通过 1m 厚无烟煤和煤介质层时的压力损失见表 3-18。

表 3-18　通过 1m 厚煤介质层时的压力损失

过滤速度/m·h^{-1}	介质层的压力损失/Pa		过滤速度/m·h^{-1}	介质层的压力损失/Pa	
	0.8~1.6mm	1.4~2.5mm		0.8~1.6mm	1.4~2.5mm
10	1500	700	40	7800	4100
20	3150	1600	50	10000	5500
30	5150	2700			

3.7.2.4　深层过滤用的其他惰性介质

深层过滤用的其他惰性介质包括：火山石、石榴石及钛铁矿。三者的密度分别为 2440kg/m^3、4100kg/m^3 及 4200~4800kg/m^3。其中，钛铁矿既可制成砂子状态，也可制成砾石状态。根据美国标准，砂子状态有 6 种尺寸规格，砾石状态有 7 种尺寸规格。

通过厚度为 1m 的各种颗粒尺寸火山石滤层时的压力损失见表 3-19。

表 3-19　通过厚度为 1m 的各种颗粒尺寸火山石滤层时的压力损失

过滤速度/m·h^{-1}	介质层的压力损失/Pa		
	0.8~1.5mm	1.5~2.5mm	2.5~3.5mm
10	1900	1200	1800
20	3900	2500	1800
30	5850	4000	2800
40	8000	5600	3900
50	10300	7200	5100

3.7.3 深层过滤用的纤维介质

新颖的 HW（Howden-Wakeman）深层过滤机所用的介质不是传统的粒状介质，而是纤维介质。该机的工作原理如图 3-13 所示。

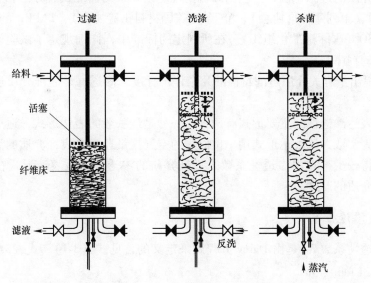

图 3-13 HW 过滤机的工作原理

在过滤期间，纤维滤层受到带孔活塞的压缩；而反洗时，活塞上升，纤维滤层膨大。活塞短时间的往复运动对滤层起着搅拌作用，有助于洗涤。活塞上下往复运动的过程中，由下面通入蒸汽进行灭菌。

该机比传统的深层过滤机有更高的过滤能力。这里有一个例子：在未经反洗的情况下，该机在连续工作 2h 后，$3.5\mu m$ 粒子的去除率为 99.992%；其最大能力是可除掉 $0.2\mu m$ 的粒子。

可用作滤层的纤维：羊毛状的纤维和碳-绞线（Carbon Skein）。碳纤维特别有吸引力。原因是其允许反复进行蒸汽灭菌，而不会受到像蠕动那样的边界效应的影响，而其他聚合物却会常常受到不希望的边界效应的影响。此外，这样的纤维直径只有 $1\sim10\mu m$，纤维滤层的孔隙率高达 80%~83%，而传统的粒状介质的直径却高达 $400\sim3000\mu m$，传统粒状层的孔隙率只有 35%~47%。可见，纤维滤层的纳污能力大。

HW 过滤机中流速与压力梯度的关系如图 3-14 所示，它表明流速取决于受压缩的滤层的体积密度。

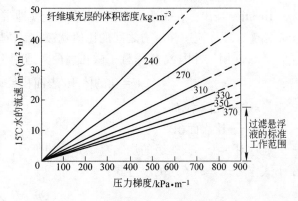

图 3-14 HW 过滤机中流速与压力梯度的关系

3.8 过滤介质的试验

3.8.1 渗透性试验

为了表征介质的过滤特性,一些国际机构规定了一系列标准试验方法和所用装置。这些机构有:BSI(不列颠标准协会)、ASTM(美国材料试验协会)、TAPPI(美国纸浆和纸产业协会)、ISO(国际标准化组织)。在所制定的标准中,详细规定了试验设备、操作方法、处理数据的程序。

表 3-2 中提出了有关介质过滤特性的几个评价标度。渗透性是表征介质过滤特性的重要参数。

现在用来表达渗透性的主要形式有两种:一种是最一般的表达形式,适用于薄片状介质,将厚度作为常数,该表达形式用单位面积的空气流量速率来表征介质的渗透性;另一种表达形式用得较少,它用渗透性系数来表征介质的渗透性,该表达形式在理论上更严密,它考虑了介质的厚度。

3.8.1.1 渗透性系数

介质的渗透性系数 K_p 是由 Darcy 方程式来定义的,见式(3-1)。式(3-1)中各参数的单位用的是 SI 单位,m^2。

式(3-1)是在假定多孔介质层中的流动状态是层流的前提下建立的,这样的假定对大多数过滤来说是正确的。但是,也存在其他流动状态。正如 Heertjes 对编织布说明的那样,还有 Morgan 对烧结材料说明的那样,两者都接受用雷诺数作为流动状态的标准。

Heertjes 以介质微孔直径为基础给出了雷诺数 Re 的定义:

$$Re = \rho u_p d_p / \mu \tag{3-15}$$

式中 d_p——微孔直径,μm;

   u_p——通过微孔的流速,$m^3/(m^2 \cdot s)$;

   ρ——流体的密度,g/m^3;

   μ——流体黏度,$Pa \cdot s$。

Heertjes 指出,在 $3 < Re < 7$ 范围内有一变换地带,将层流区和湍流区分开。一旦流动完全是湍流,那么流速和压力之间的比值就被 $p^{0.55}$ 所取代了。

Morgan 用尺寸因数 M 代替了微孔直径(适用于球形颗粒介质层):

$$M = 孔的体积/表面积 = \varepsilon / [S_v(1-\varepsilon)] \tag{3-16}$$

式中 ε——孔隙率,%;

   S_v——比表面积。

通过对 5 个不同等级的烧结金属介质的研究,指出从层流到湍流的转换很明显。提出了下式作为式(3-16)的改进式:

$$\frac{p}{L} = \frac{Q\mu}{AK_p} + \frac{Q^3\rho}{A^2 K_2} \tag{3-17}$$

式中　Q——体积流速，m^3/s；

　　　K_2——惯性渗透性，m。

在某些情况下，式（3-17）等号右边的第二项很小，可忽略不计，结果与式（3-1）相同。式（3-17）特别适用于液体，原因是液体的黏度较空气高。

3.8.1.2　空气渗透性的测量

大多数表达渗透性的形式都忽略了介质的阻力，因此渗透性都是由流速（在规定压差下单位面积的流速）来实验量化。国际上广泛用于造纸工业和纺织工业的 Frazier 标度（Frazier Scale）就是以空气流量为基础的标度。

Frazier 精密仪器有限公司制造了两种形式的差压空气渗透性测量机。第一种形式是低压空气渗透性测量机，其空气流是由压差达 5kPa 产生的。该机是由美国国家标准技术大学开发的，用来测量纺织品的空气渗透性；它是美国政府和美国纺织品工业承认的标准，实际上可广泛用来测量任何材料的渗透性。第二种形式是高压空气渗透性测量机。该机采用了 7kPa 的加压空气流，而不是依靠活塞自重引起的空气流，因此扩大了用途。Frazier 公司的空气渗透性测量机的工作原理如图 3-15 所示。

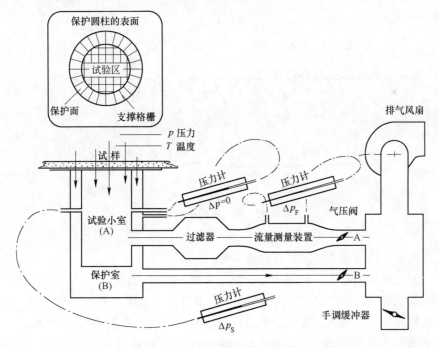

图 3-15　Frazier 公司的空气渗透性测量机的工作原理

Shirley 学院的空气渗透性测量机利用真空泵，抽动空气通过圆形孔（该孔在可互换的试验头上）。选用的试验头要符合表 3-20 的要求。测量时用快速夹紧装置将大小为120cm×60cm 的片状试样夹住，启动真空泵，以预选的试验压力 98~2500Pa 去产生和保持空气流动。经过几秒钟后，空气的渗透性在仪表上数显出来。该测量方法是以测出通过可变径小孔的空气流量为基础而研发的。

表 3-20　关于空气渗透性的国际试验标准

试验标准	国家及协会	试验面积/cm²	试验压力/Pa	计量单位
DIN53, 887	德　国	20	200	L/(m²·s)
AFNORG07-111	法　国	20 或 50	196	L/(m²·s)
BS5, 636	英　国	5	98	cm³/(cm²·s)
ASTMD737	美　国	38	125	cfm[①]
JISL1096-A	日　本	38	125	cfm[①]
EDANA104.1	非编织介质协会	20 或 50	196	L/(m²·s)
TAPPIT251	美国纸浆和纸业协会	20 或 38	125	cm³/(cm²·s)

① 1cfm=0.508cm³/(cm²·s)。

3.8.2　介质等效孔径的测量试验

多孔介质上各种孔的类型如图 3-16 所示，其中的通孔与过滤有关。

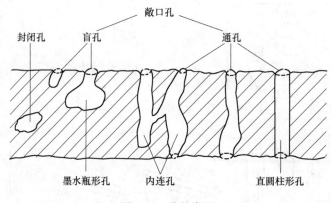

图 3-16　孔的类型

多孔材料孔径的测量方法主要有以下 4 种：

（1）气泡点试验测量法。此法适用于测量 0.05~50μm 的孔。

（2）挑战试验测量法（challenge tests）。此法用来测量敞开孔的有效尺寸。办法是用尺寸已知的悬浮粒子去挑战这些孔。测量孔的典型尺寸范围是 0.005~100μm。

（3）水银侵入孔径测量法（mercury porosimetry）。水银可在高压（最高达 400MPa）下侵入孔隙。侵入的水银体积能够非常精确地测出。根据量出的体积与压力及孔径的关系，即可算出孔径。用该法可测出任何物质的孔的尺寸。适用的孔尺寸范围是 0.003~400μm，尤其适用于 0.1~100μm 的孔。

（4）气体吸附法。此法在英国标准 BS7591：Part2：1992 中有说明。通过测量氮的吸附量来测量孔的尺寸。适用于孔径范围为 0.0004~0.04μm（0.4~40nm）的孔的测量。

上述 4 种测量孔径的方法中，前面两种方法最适用于过滤介质的孔径测量。尤其是气泡点试验测量法最为简单，因此下面要重点介绍。

3.8.2.1 简单的气泡点测孔装置

最简单的气泡点测孔装置如图 3-17 所示。试验时，滤布试样需保持完全润湿状态，即孔隙全部为液体所充满。有时需要将试样放在容器中抽真空，以便将藏在介质凹处的空气抽出。

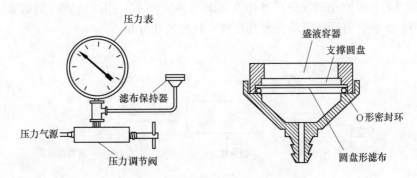

图 3-17 简单的气泡点试验装置

选择试验液体时，选出的液体应是能完全润湿介质的材料。推荐用的液体包括：适用于编织布类介质的白酒精（英国标准 BS3321：1986），适用于纸、聚合膜及布的用氟处理过的碳氢化合物（BS7591：Part4：1993）。适用于金属介质气泡点试验的液体（BSEN 240003：1993）见表 3-21。

表 3-21 适用于金属介质气泡点试验的液体

试验用液体	密度/g·cm^{-3}	表面张力(20℃)/N·m^{-1}
甲 醇	0.79	0.0225
乙 醇	0.805	0.023
异丙醇	0.79	0.0215
四氯化碳	1.59	0.027

由气泡点试验得到的压差 Δp 代入式（3-18）后，便可算出滤布等效孔径：

$$d = \frac{4\sigma\cos\theta}{\Delta p} \times 10^6 \qquad (3\text{-}18)$$

式中　d——等效直径，mm；

σ——液体的表面张力，N/m；

θ——液体与孔壁之间的接触角，(°)；

Δp——滤布两侧的压力差，Pa。

当滤布完全由所选用的液体润湿时，$\theta=0°$。因此得到了简化公式：

$$d = \frac{4\sigma}{\Delta p} \times 10^6 \qquad (3\text{-}19)$$

为了计算最大等效孔径，应当缓慢增大压差值。当发现滤布上方的液面出现第一个气泡时，要记录下此时的压差值，并代入式（3-19）中，算出的 d 值就是滤布的最大等效孔

径 d_{max}。

为了算出平均等效孔径，应当进一步缓慢增大压差。当发现滤布上方的液体中出现一串串小气泡时，要记录下此时的压差值，并代入式（3-19）中，这样便算出了平均等效孔径 d_{av}。

3.8.2.2 典型的气泡点测孔装置

更为精巧的人工操作的气泡点测孔装置如图 3-18 所示。用该装置可测量出以下参数：最大孔直径；最小孔直径；平均流量孔直径；孔的尺寸分布。

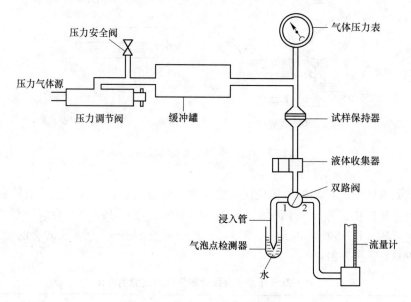

图 3-18　典型的气泡点测孔装置

该试验包括湿试验和干试验。进行每个试验时，都要按一定时间间隔记录下流速与压力的关系。首先，对湿透的试样进行湿试验。试验中要连续增加压力，直至滤布孔隙中的液体都被排干；此后曲线进入了直线，如图 3-19 所示。

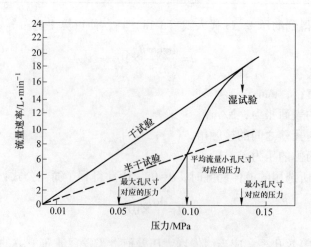

图 3-19　湿、干试验时流速与压力的关系

图 3-19 所示为在单个试样上完成的湿、干试验的流速与压力的关系曲线。湿试验曲线在进入孔隙中液体全排出后，就成了直线。这时要将空气压力降至零，并对仍在保持器中的已经干了的试样进行干试验。根据记录下来的流量速率值和压力值，便绘制出了干试验曲线。该曲线为一直线；当压力达到某一值之后，干试验曲线（直线）有一段便与湿试验曲线的直线部分相重合；然后，试验继续下去，直至压力达到最大允许值为止。

湿试验曲线开始离开图 3-19 横坐标的那个点所对应的压力，近似于气泡点压力，根据此压力，便可算出最大等效孔直径。同样，湿、干试验曲线的汇聚点的压力，与计算最小等效孔的直径所用压力相对应。

在图 3-19 中有一条用虚线表示的"半干试验"曲线。该虚线是这样得到的：简单平分每一个干试验流量速率的值即能给出。虚线与湿试验曲线的交点处的压力值，就是用来计算平均流量孔径时的压力。

根据图 3-19 中的曲线，可以算出孔的尺寸分布。为了更清晰起见，现将图中的相关部分绘在图 3-20 上，在此图所示例子中，应根据小的压力间隔依次反复计算。这里所说的小压力间隔是指较低压力 p_l 和较高压力 p_h 之间的间隔。在此例中，若设 $p_l = 0.060\text{MPa}$，$p_h = 0.065\text{MPa}$，试验液体的表面张力 $\sigma = 0.016$ N/m，那么，用这两个压力算出的孔的直径分别是 1.070mm 和 0.98mm。尺寸处于这两个直径之间的孔的百分数，可由下式给出：

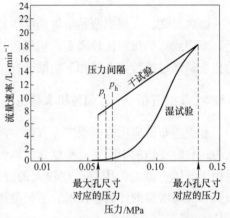

图 3-20 在小压力间隔上反复计算例图

$Q =$（p_h 处的湿流量速率/p_h 处的干流量速率$-p_l$ 处的湿流量速率/p_l 处的干流量速率）$\times 100\%$

$= (0.4/9 - 0.2/8) \times 100\%$

$= 2\%$ 　　　　　　　　　　　　　　　　　　　　　　　　　　　　　　(3-20)

按照流量产生的孔尺寸分布可借助 Q 的累积值算出。Q 的累积值是从最大孔尺寸到最小孔尺寸的累积值。孔的尺寸分布结果数据可用图 3-21 或图 3-22 的形式给出。在图 3-21 上，可直接读出中径值（累积流量为 50% 时的孔直径）；而最大孔径则对应着 100% 的累积流量。在图 3-22 中，若从高斯曲线的最高点向下引垂线，则此垂线与横坐标的交点便是平均孔径。

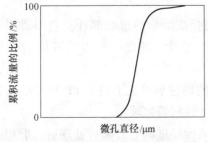

图 3-21 按照累积流量得出的孔尺寸分布

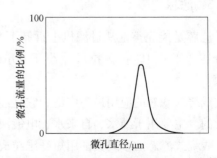

图 3-22 按照微孔流量得出的孔尺寸分布

　　以上介绍了人工操作的孔径测量装置的工作原理。更先进的孔隙测量仪器也已问世，它能自动进行测量数据的计算、分析。该仪器是由微信息处理器控制的菜单驱动的仪器；可在高达 1.3MPa 的压力条件下工作；适合于从宏观尺寸到 0.05mm 大小的孔径测量，在 10min 之内便可完成分析工作。用于试验的介质试样呈圆形，将其完全润湿后安装在试样保持器中。最后，得到的分析数据既可数显出来，也可打印下来。此外，用该仪器还能测出介质的渗透性。

3.9　过滤介质技术进步的举例

3.9.1　双层织造

　　顾名思义，双层织造是指将两层织造织布结合起来而形成的结构，常用在重型过滤机上。双层滤布的顶层比较密实，担任过滤任务，而下层比较稀疏，起着支撑作用。在专用织机上，通过纬纱将上层和下层结合在一起，便得到了双层滤布。

3.9.2　非织造布——针刺毡和水刺毡

　　非织造布的应用范围很广，有很多产品用作过滤介质。传统的非织造布是用针刺毡制成的；有时在毡的中间夹有平纹布，以便提高强度。起初，针刺毡只用于气体过滤。未考虑用于液体过滤的原因是，在较大的过滤压下、毡的尺寸不稳定，会伸长。但是，近年来，平纹布增强的针刺毡技术有了长足进步。例如，为了提高毡的尺寸稳定性，采用了以下技术：

　　（1）在毡的表面置以微旦（旦尼尔）纤维；

　　（2）给毡的表面施以光滑精加工；

　　（3）采用更好和更强的平纹增强布。

　　采用这些新技术后，针刺毡的应用范围更加扩大，既可用在高性能的除尘过滤机上，又可用在真空式液体过滤机中（如圆盘式、转鼓式及水平带式等真空过滤机）。此外，微细级的针刺毡已经开始用在容器型加压过滤机上，用于过滤食品和药品。

　　水刺毡技术是在针刺毡之后开发成功的。它以水为缠结纤维的工具，即用高能量的细水流垂直喷射纤维棉胎和增强用的平纹布，以便纤维和平纹布从上至下彼此纠缠在一起成为毡。此项技术还可用来制造复合纤维介质和多层介质。

3.9.3　滤芯

　　滤芯是能完整地从过滤机上拆卸下来，以便更换或维修的过滤部件。它很适用于质量分数低于 0.1% 和颗粒尺寸小于 40μm 的悬浮液过滤。因此，常用于液体的澄清和除菌。

　　线绕式滤芯的应用最为广泛，它是经过在多孔的圆柱形滑架上缠绕 PP 材质的纱线而构成的。主要用于纯水、自来水、电镀液、化学液、饮料等领域。

　　线绕式滤芯的纱线大都用短纤维纺成。纱线的表面经过刷毛或起绒处理后，能提高过滤效果。如果用单丝缠绕滤芯，应先将单丝处理成波浪形。通常，线绕式滤芯的过滤精度

为 $1 \sim 150 \mu m$。滤芯的纳污能力取决于其过滤条件等因素。

PP 超细的熔喷纤维线绕式滤芯，是一项较新的技术。其制造过程是，熔融状态的聚合物一面被挤成超细纤丝，一面缠绕在多孔圆柱形骨架上。由此得到的滤芯，具有内部结构均匀、孔隙较小、孔隙率较大等优点。

碳纤维滤芯是利用活性炭纤维为加载体而制成的，具有良好的吸附性，可吸附有机物、重金属离子等。

活性炭滤芯是以活性炭颗粒为加载体而制成的，具有良好的吸附性，可吸附有机物、重金属离子等。

图 3-23 线绕滤芯的外观

以上各种类型的滤芯，广东正业科技股份有限公司都有相应的产品，其产品技术参数见表 3-22。产品外观如图 3-23 所示。

表 3-22 部分滤芯的技术参数和用途

品　名	长度/in	过滤精度/μm	应用领域
线绕滤芯	10、20、30、40	$0.5 \sim 100$	自来水、纯水、电镀液、化学液、饮料等
PP 熔喷滤芯	10、20、30、40	5、10、50	化学液、电镀液、多种酸碱溶液等
碳纤维滤芯	10、20	5、10	纯水、电镀液、石油化工、制药、食品、饮料等
活性炭滤芯	10、20、30	5、10	饮用水、RO 的前处理、电子、电镀液的过滤脱色、空气净化等

注：1in＝25.4mm。

现在，全世界都在倡导建立资源节约型和环境友好型社会。而滤芯用后即弃，与这一倡导相悖。于是，可微生物降解的滤芯便应运而生。通过对聚合物施以高的应力和高的温度，便可制成可微生物降解的滤芯。经过若干个月之后，滤芯便降解成水和二氧化碳，从而消除了废芯对环境的污染。

3.9.4　表面改变技术——微孔涂层

织造和非织造过滤介质曾经用过的表面改变技术包括砑光和烧毛。其目的旨在控制介质的孔隙尺寸、渗透性及卸饼能力。此项技术现在仍然被采用，但精度已经提高。

微孔涂层是表面改变技术之一，由 P&S 公司（Madison Filter）于 1980 年首先推出。它将聚合物乳胶液涂覆在针刺毡上，制成了具有微孔涂层的过滤介质。该介质明显改善了颗粒截留能力和降低了压降。其原因就在于：细颗粒由微孔涂层截留，更细的颗粒虽然穿过了表面，但在毡的内部被抑留。此项技术通称为微孔精加工（microporous finish）。

3.9.5　表面改变技术——等离子处理

等离子处理是干法处理纺织品的重要技术，能用来生产新产品或者取代湿法处理技术。

等离子被称为物质的第四态，是产生离子气的带电气体。该气体是由原子、分子、离子及电子共同组成的，具有使材料活化或刻蚀的潜能。这里说的材料包括：天然材料、合成材料及陶瓷材料。

等离子处理技术适用于许多类型的过滤介质，它旨在改变这些介质的表面性质。例如，改变合成纤维的亲水性、疏水性、接触角及结构。还可用来提高介质的静电性质。用此项技术处理熔喷材料时，可提高微纤维的表面积和改善介质的表面清洁度。

3.9.6 多功能过滤介质

这是使过滤介质具有一种以上功能的技术。例如：用于热气过滤的陶瓷元件 Cerafil Topkat。采用催化剂作为活性材料，借以氧化二氧苣和还原 NO_x，同时又保持高温下过滤颗粒的能力。

催化剂是由几种氧化物组成的混合物，均匀地分布在过滤元件的主体中。借助介质材料的优良特性，催化剂的作用更加显著。纳米技术的应用消除了普通催化剂的扩散、限制及缔结等现象，使介质的除粒效果更佳。

参 考 文 献

[1] Derek B. Purchas. Handbook of Filter Media[M]. Elsevier Advanced Technology (UK), 1997.

[2] Rushton A, et al. Solid-Liquid Filtration and Separation Technology[M]. WILEY-VCH Verlag GmbH (Germany), 2000.

[3] 唐立夫，王维一. 过滤机[M]. 北京：机械工业出版社，1984.

[4] 王维一，丁启圣. 过滤介质及其选用[M]. 北京：中国纺织出版社，2008.

4 滤饼洗涤和滤饼脱水

4.1 滤饼洗涤

4.1.1 概述

过滤产生的滤饼由于呈多孔结构，因此在内部总会滞留有一部分母液。母液在滤饼中的含量习惯称为滤饼的含湿量，最低的也有百分之几，高的可达 80%以上。基于这个原因，把用第二种液体（洗涤液）从滤饼中置换出母液的操作称为滤饼洗涤，在固液分离中一般简称为洗涤。洗涤的目的主要有 3 个：

（1）从滤饼中回收有价值的滤液，提高滤液回收率。

（2）洗涤滤饼中的液体杂质，提高滤渣中固体组分的纯净度。

（3）用洗涤液溶去滤饼中有价值的成分或有害杂质。

通常洗涤是为了达到以上一个目的或多个目的。洗涤是固液分离过程中的一个重要组成部分。由于洗涤具有十分明显的经济意义，在某些工业领域中洗涤工作量有时可占到分离总过程的 80%以上，因此对洗涤方法和洗涤效率的研究意义就特别重大。

对滤饼洗涤的方式通常有 3 种：

（1）置换洗涤。用洗涤液洗涤滤饼表面，然后洗涤液穿过滤饼进行置换与传质。

（2）再化浆洗涤。当用置换洗涤法无效时，用新鲜洗涤液将滤饼再化成料浆，重新进行过滤，这种过程可多次重复进行，称为再化浆洗涤。

（3）逐级稀释洗涤。滤饼成浆状时，如在浓缩过滤机中，将第一次脱去母液的料浆再用洗液稀释，然后再浓缩过滤，如此稀释—浓缩—再稀释—再浓缩，直到达到洗涤要求的方法称为逐级稀释洗涤法。

置换洗涤是最简单、最常用的洗涤方式，它又分为并流洗涤和逆流洗涤两种形式。并流洗涤是指洗液方向和滤液生成方向相同，而逆流洗涤则是指将回收的洗涤液再用于洗涤。逆流洗涤常采用连续多级逆流方式，其分级方法与洗涤顺序相反，由后向前分级，前一级的洗涤排液用作后一级的洗涤液。并流洗涤可实施分段多次洗涤，适用于对滤饼洗涤效果要求较高的场合。逆流洗涤适用于需要有效地利用有价值的洗涤液，提高母液回收率，或滤饼作为纯净产品时，也适用于洗涤液需要定量的场合。

对于一个过滤工艺来说，如何选择洗涤方式，应根据所用过滤机的结构特征、需要的产品是滤饼还是滤液、产品的回收率及质量等因素进行综合考虑。如带式真空过滤机宜选用并流置换洗涤，洗涤点固定，可以多点布置，多次对滤饼进行洗涤，若滤液作为产品时，用这种洗涤方式较为有利。当滤饼作为产品时，逆流洗涤方式更为有效。带式过滤机和转鼓过滤机均可采用逆流洗涤。转鼓、圆盘、带式真空过滤机还可采用再化浆洗涤，是否需要采用多级洗涤，应根据洗涤目的和要求通过试验来决定。

为了达到洗涤目的，对洗涤液有如下几点要求：（1）不含杂质或接近于不含杂质；（2）能与滤饼中残存母液良好地亲和，进行置换；（3）能够溶解需要消除的可溶性杂质，而不能溶解滤渣；（4）洗涤后，洗液与滤饼或洗液与溶质容易分离；（5）黏度低；（6）使用经济，使用时符合安全生产要求，需要时有利于重复使用。

影响滤饼洗涤的因素很多，在研究和工业生产中，人们关心的主要有洗涤方法和洗涤液的选择、洗涤时间、洗涤液用量、洗涤效率及洗涤效果（洗涤液中溶质的回收率及洗涤后滤饼中残留溶质的容许限度）等重要因素。

4.1.2　置换洗涤

置换洗涤是最简单的洗涤方法，即用洗液直接洗涤滤饼表面，随后洗液渗入滤饼孔隙内进行置换与传质，洗涤的结果是将滤饼中残存溶质逐渐带出。用压榨或置换方法脱水的滤饼，易就地采用置换法洗涤。

4.1.3　再化浆洗涤

有时根本无法用简单的置换洗涤方式进行洗涤，有时用置换洗涤方式进行洗涤结果也并不理想，在这种情况下可将滤饼用新鲜的洗涤液再化成料浆，重新进行过滤，这种方式称为再化浆洗涤。用这种方式可以重复进行多次，直到达到洗涤要求。其缺点是，再化浆需耗用大量液体，而且还要增加再过滤工序。再化浆洗涤主要是在特殊情况下使用，再化浆洗涤主要是在有如下情况之一时使用：

（1）滤饼发生破裂，造成洗涤短路，无法直接洗涤。

（2）滤饼成软泥状，渗透性差，洗涤阻力太大，洗液难以通过。

（3）利用置换洗涤法达不到规定的洗涤要求。

（4）利用置换洗涤虽能满足工艺要求，但实际上所需洗涤时间太长，耗用洗涤液太多，并不经济。

是否选用再化浆洗涤法，还取决于固体的性质。该法在再化浆不影响过滤速度的场合方可使用。对于那些滤饼受到机械作用便会降低过滤速度的固体应慎用。如易形成糊状的固体颗粒，除特殊情况外，一般不易使用再化浆洗涤法，因为再化浆后进行过滤时，过滤机需要有更大的过滤面积。再化浆洗涤又分为多级并流洗涤和多级逆流洗涤两种类型。为了保证较高的生产能力和较低的洗涤液耗量，逆流洗涤一般以选择3~5级为宜。

4.1.4　带式真空过滤机的洗涤

采用带式真空过滤机时，由于滤饼呈水平状态，洗涤时便于对滤饼进行观察，这样发现滤饼开裂就可以随时采取措施，因此，它尤其适合采用置换洗涤方式。一般采用单台并流洗涤、逆流洗涤，也可采用多级逆流再化浆洗涤。

图4-1所示为带式真空过滤机并流洗涤流程示意图。在滤饼生成区段可以分成几段进行洗涤，洗涤液全部采用新鲜洗涤液，洗涤液通入一个成锯齿状的溢流堰，可以均匀地将洗涤液喷洒在滤饼上。当滤饼必须进行充分洗涤时，如条件具备，可增加洗涤段数和适当

增加洗水量，这样将能获得更好的洗涤效果。当洗涤液不要时一般采用这种方式进行洗涤，需用不同的洗涤液进行洗涤时，有时也可采用这种方式。

图4-2所示为带式真空过滤机逆流洗涤流程示意图。第三段采用新鲜洗涤液，排出液用作第二段的洗涤液，再排出后用作第一段的洗涤液，再排出后即为母液。采用这种洗涤方式可以获得较高的洗涤效率，取得较满意的洗涤效果。需要回收贵重母液时一般采用这种方式，另外，清洗滤布用水也可以回收后用作洗涤液。

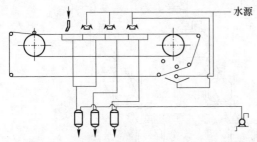

图4-1　带式真空过滤机并流洗涤流程示意图

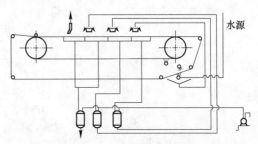

图4-2　带式真空过滤机逆流洗涤流程示意图

图4-3所示为带式真空过滤机逆流再化浆洗涤示意图。该系统由2台带式过滤机组成，下面1台的洗涤排出液用作上面1台的洗涤液，而上面1台的滤饼用滤布清洗水再化浆送入下1台过滤机再洗涤，下面1台的滤布再生水连同排出的洗涤液又作为滤料溶浆用水，这样就实现了洗涤闭路循环，降低了能耗。

特别应当指出的是，洗涤液排出路径有时还能决定对带式真空过滤机的选型，如固定室型洗涤排液和母液可以严格分开，而移动室型洗涤排液和母液则难以严格分开，这一点对于严格洗涤要求的工艺是十分重要的，往往易被人们忽视。

4.1.5　厢式压滤机的洗涤

厢式压滤机的洗涤方式分板—板洗涤方式和单入口洗涤方式两种。图4-4所示为板—板洗涤方式示意图，洗涤液从厢式滤板的一个下角Ⅱ进入，穿过一侧滤布和滤室从另一侧

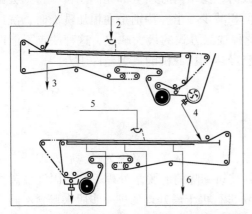

图4-3　带式真空过滤机逆流再化浆洗涤示意图
1—料浆；2—逆洗液；3—浓滤液；4—再化浆；5—热水；6—淡滤液

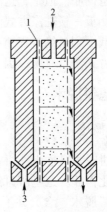

图4-4　板—板洗涤方式
1—滤布；2—料浆；3—洗涤液

排出，由另一下角Ⅱ′流出。洗涤液也可倒过来从下角Ⅱ′进入，从下角Ⅱ流出。这种洗涤进出口可以互换的方式，又称为双向洗涤或交叉洗涤（见图4-5）。

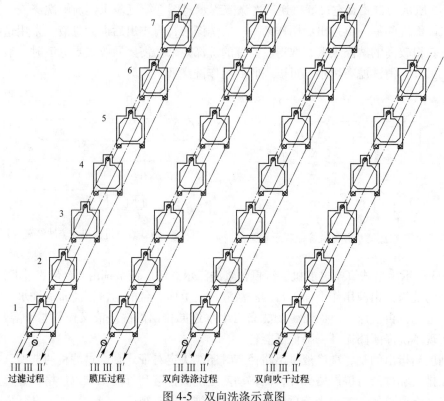

图4-5　双向洗涤示意图

1，3，5，7—滤板；2，4，6—隔膜挤压滤板

Ⅰ—悬浮液入口；Ⅱ—滤液出口，空气入（出）口；Ⅲ—压缩介质入口，滤液出口；Ⅱ′—空气出（入）口

双向洗涤过程：Ⅱ—洗涤液入（出）口；Ⅱ′—洗涤液出（入）口

　　用这种洗涤方式比用其他洗涤方式大约可节约洗涤用水60%，节能效果十分明显，而且洗涤也彻底。但是，运用板—板洗涤方式时，滤室内必须全部充满滤饼，否则会出现洗涤短路。板—板洗涤方式洗涤面积比过滤面积减少一半。特别是在恒压洗涤时，洗后洗液速率将减少到最终过程速率的1/4，这是此种洗涤方式的最大缺点，这种缺点不能以增大压力的方式予以克服，因为最终过滤压力已经达到压滤机的最大允许压力。

4.2　滤饼脱水

4.2.1　概述

　　滤饼脱水又称为滤饼脱液、脱干或干燥，与滤饼洗涤（又称为过滤后处理）实际上均属于净化作业。这里所讨论的滤饼脱水是指滤饼卸除前的脱水处理，这与固液分离技术中常用的"脱水"含义并不相同，也与将滤饼进行再干燥处理的进一步脱水概念不同。这里所说的滤饼脱水是指对滤饼施加去饱和力，使滤饼孔隙内捕捉的滤液被置换的过程。这些去饱和力可能是机械力，如对滤饼实施挤压，也可能是流体动力，如采用真空抽吸或吹气方式使空气穿过滤饼，有效地置换滤饼中的液体。

滤饼脱水的目的主要有 2 个：一个是当滤饼作为产品需要进一步干燥时，可降低滤饼水分，减少进一步脱水费用，同时还能减少滤饼的毛体积，节省运输费用和少占储存场地；另一个是当有价成分存在于滤液中时，可降低滤饼水分，这就等同于提高了滤液回收率，减少了有价成分的损失。

目前工业上常用的滤饼脱水方式有：

（1）机械压榨法，即对滤饼施加机械压力，使之压缩变形，挤出残存在孔隙中的滤液。

（2）气体置换法，即利用气体穿过滤饼层，将孔隙内残留的液体带走，或采用真空抽吸脱液。

（3）离心法，即利用惯性原理脱液。

（4）液力脱水法。如在压滤机中改变滤液通过滤饼层的流动方式，滤饼层中将产生新的压力分布，从而导致局部孔隙率明显下降，这就是对滤饼的液力脱水。

（5）其他的物理和化学脱液法。如利用毛细力-真空吸引抽液、脉冲振动脱液、红外线和微波辐射、电渗脱水和利用表面活性剂强化脱水等。

机械压榨脱水和气体置换脱水是最常用的两种脱水方式，在某些场合，如压滤机中，两种方式有时同时并用，这样能够取得更好的脱水效果。但是无论采用何种脱液方式，无论压力梯度有多大，滤饼层中总会有一时刻毛细力与排液力达到平衡，这时脱水就会停止。因此，采用常规的滤饼脱液方式不可能将滤饼中残存的液体全部排出。残存液体使滤饼具有一个"剩余饱和度"。滤饼的最终含湿量取决于脱水过程、液体性质和滤饼结构等诸因素。

脱水方法的选择主要取决于过滤方法和物料的性质，其中物料的粒度又起着决定作用。很显然，较粗颗粒形成的滤饼其孔隙率高（可达 50%~80%），适合于采用气体置换和离心法脱水；而较细颗粒物料形成的滤饼透气性差，采用压榨脱水更适宜。

4.2.2　机械压榨脱水

机械压榨脱水是一种常用的能耗低而又有效的滤饼脱水方法，其历史之悠久可以追溯到我国古代的压制豆腐工艺。过滤机上常用的机械压榨形式有隔膜压榨、筒式（管式）压榨、带式压榨、辊式压榨和螺旋压榨等。前 2 种形式适合于间歇式过滤机，后 3 种适合于连续式过滤机。

滤饼的压榨脱水过程一般分为 2 个阶段：第一阶段为压榨脱水阶段，第二阶段为靠滤饼的蠕变脱水阶段。一般工业用压榨脱水多采用第一阶段作为操作条件，这种压榨脱水方法仅适用于可压缩性滤饼。

4.2.2.1　隔膜压榨脱水

隔膜压榨技术出现于 20 世纪 50 年代末期，主要用于解决板框压滤机的滤饼进一步脱水的问题。经压榨后的滤饼含湿量可再降低 5%~20%。因此，这种应用技术发展很快，被许多种压滤机所采用，而且隔膜结构又出现了许多不同的变形。将隔膜压榨过滤曲线（见图 4-6）与典型的过滤曲线（见图 4-7）做对比可以看出，过滤阶段两者曲线完全一致，压榨阶段前者呈现一段陡转曲线，这说明经过压榨，脱水时间明显缩短，而滤饼含水率却进一步降低。

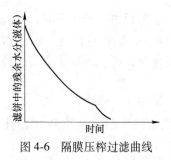

图 4-6　隔膜压榨过滤曲线

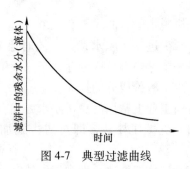

图 4-7　典型过滤曲线

　　隔膜压榨脱水是用有挠性的隔膜使滤室容积变小，对滤饼施加机械压榨力。但是推动隔膜变形的力不是机械力，而是流体压力，即用压力或压缩空气来推动隔膜变形实施挤压。隔膜压榨压力一般为 0.6~2.0MPa，压榨力太低则不能充分发挥压榨作用，压榨力过高势必要增加机械强度、质量乃至造价等，还会使滤布和压榨隔膜的寿命降低。不少试验表明，压榨力在 1.5~2.0MPa 范围内脱水效果最好。

　　压榨介质一般为水和压缩空气。当压榨力在 0.8MPa 以下时，常采用压缩空气；压榨压力在 0.8MPa 以上时多用水。一般来说，压榨介质用水比用空气要好，原因是无噪声，但需要增设循环管路。而使用压缩空气最为方便，用后可以直接放入大气中，无需返回管路系统。

　　压榨隔膜所用的材料应具备良好的伸缩变形能力，并能保持原来的形状和尺寸，有时还要求其具有耐温性或耐腐蚀性，一般常用天然或合成橡胶制成。

　　采用隔膜压榨脱水的优点是：

　　（1）压榨压力高，脱水效果好，可得到含水率较低的滤渣，一般比直接吹干滤渣含水量可少 10% 左右，而且压榨后还可以进一步用压缩空气吹干，这时吹干，因滤饼得到压实，不会产生龟裂，因此可以减少压缩空气用量。

　　（2）能耗少，时间短，效率高。从滤渣中榨出 $1m^3$ 的滤液，只需要向隔膜内供给同体积的水或压缩空气，作业简便，成本低廉，还能提高压滤机的生产能力。

　　（3）对于某些生产工艺来说，采用隔膜压榨脱水可以省掉下一步单独的压榨工序和设备，省掉或减少进一步干燥的工序和设备，这样不仅可以减少投资，节省能耗，还可大幅度降低生产成本。

　　（4）可以为滤饼洗涤创造有利条件。滤饼经压榨可以预先消除滤室中的残存悬浮液，滤饼经压实可避免产生洗涤短路，节省了洗涤液用量和洗涤时间。

　　（5）有利于卸渣。滤饼含湿量低，从滤布上易于剥离卸除，滤渣呈松散块状，容易装卸，并且体积减小，质量减轻，有利于运输。

4.2.2.2　带式压榨脱水

　　带式压榨脱水的机理是由两条可以回转的张紧滤带夹着滤饼通过一组设计好的辊轮，使滤饼受到剪切和挤压作用而脱水。带式压榨脱水可分为两种形式，即低压脱水和高压脱水。图 4-8 所示为 S 形低压脱水区示意图。

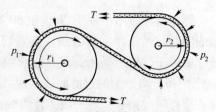

图 4-8　S 形低压脱水区示意图

4.2.3 气体置换脱水

气体置换脱水是指使滤饼保持原有形状，以气体来驱替置换出滤饼中的液体。它包括真空抽吸和压气吹除两种方式。真空抽吸适用于处理开式结构的滤饼，压气吹除更适用于闭式结构的滤饼。

4.2.4 液力脱水

液力脱水又称为液力压榨，其脱水机理是，当传统压滤机滤室内充满滤饼后，滤液流动方式便发生变化，这种变化必然引起作用在滤饼层上的液压和压缩压力分布的变化，以致滤饼层含湿量降低，这种现象称为过滤—压密现象（参见第 2.7.3 节），它与传统的压滤机理是一致的，通常也称为液力压榨或液力脱水。带有不可渗透膜的水平板式过滤机就是利用液力脱水原理设计的。

本书第 3 版详细介绍了滤饼洗涤和滤饼脱水，读者如需要请查本书第 3 版第 5 章。

参 考 文 献

［1］ Wakeman R J. Filtration POST-Treatment Processes. ［s. l］：［s. n］，1975.

［2］ 斯瓦罗夫斯基 L. 固液分离（Ⅱ）［M］. 北京：化学工业出版社，1990.

［3］ 姚公弼，张志勇. 滤饼洗涤效率曲线的测定和多级逆流洗涤计算方法讨论［C］//第二届全国非均相分离学术交流会论文集，1990：147.

［4］ 唐余龙. 应用固定盘水平真空过滤机过滤洗涤独居石碱溶浆［C］//第二届全国非均相分离学术交流会论文集，1990：162.

［5］ 张剑鸣译. 滤室结构和操作条件对压滤机洗涤效率的影响. 机械工业委员会分离机械科技情报网简讯，1989，（2）.

［6］ 崔玺民. 滤饼机械脱水的原理和实践介绍 XAZG 型隔膜压榨厢式压滤机［C］//第一届中日合作过滤与分离国际学术讨论会论文集，1991.

［7］ 陈树章. 非均相物系分离［M］. 北京：化学工业出版社，1995.

［8］ Svarovsky L. Solid-Liquid separation，third Edition. Butterworth & Co dpublshers，1990.

［9］ Hermia J，G. Designing a new wort filter，underlying theoretical principles. Filtration & Separation，November/December. 1990：421.

［10］ 丁启圣. 冶金工业用压滤机及技术探讨［C］//全国第一届分离机械学术讨论会论文集，1981.

［11］ 肖富焕，等. 带式压榨过滤机设计及应用［C］//第三届中日合作过滤与分离国际学术讨论会论文集，1997.

［12］ 唐立夫，王维一，张怀清. 过滤机［M］. 北京：机械工业出版社，1984.

［13］ Aragaki T. Measurements of Internal Structure of Cake，Proceeding of the First China-Japan Joint International Conference on Filtrotion & Separation，1991.

5　预处理技术

5.1　改善过滤的途径

对于很难分离成固液两相的悬浮液，必须对其进行预处理，才能使得过滤变得容易。

5.1.1　改变液体的特性

5.1.1.1　降低液体的黏度

对于高黏性液体或非牛顿型流体而言，即使提高一点温度都能使其黏度产生较大的变化。也就是说，用低温废热给悬浮液升温后，过滤速度会有明显的提高。此外，用黏度较低的液体去稀释需要过滤的高黏性液体，也能取得同样的效果。例如石油脱蜡，就是用此法提高过滤速度的。

5.1.1.2　降低液体的密度

液体密度小的悬浮液，其固体粒子容易沉降。升温法对液体的密度影响很小。降低液体密度更有效的方法是：向悬浮液中加入可溶合的低密度液体，例如向水中加入易溶合的密度更小的酒精。

5.1.1.3　降低液体的表面张力

液体的表面张力会受温度的影响，但更容易受所添加的表面活性剂的影响。例如在煤泥的脱水过程中，通常要添加表面活性剂来显著降低泥饼的含水率。

5.1.2　淘析和分级

典型的淘析（Elutration）分级器如图 5-1 所示，用来将混在一起的粗粒子和细粒子彼此分开，以免细粒子堵塞过滤介质的孔隙。操作时，淘析液从底部向上流动，而悬浮液则从切向流入。悬浮液中的粗粒子逆着淘析液流向下沉降，并从分级器的侧面排出；而细粒子则顺着淘析液流向上，并溢流出去。

水力旋流器作为最基本的分级器，应用较广。它利用粒子之间的密度差或尺寸差，给分散在液体中的粗、细粒子分级。然后，将粒子适于过滤的料浆送入过滤机，以便提高过滤效率。有时特意向含有难过滤的微细粒子的悬浮液中添加粗粒子。过滤开始时形成的粗粒子层，像预敷层一样捕捉住细粒子。

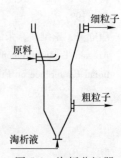

图 5-1　淘析分级器

5.1.3 结晶

出于对经济性和环保的考虑，应设法将分级出来的微细粒子变成较大粒子。例如：将微小晶粒溶解后送入结晶器的原料槽中，待结晶；也可不经溶解，而是直接送回结晶器，以获得有均匀中等粒径的晶体。

迄今，由分离工序处理的粒子多数是晶体。结晶过程包括晶核生成阶段和晶粒长大阶段。只有在溶液的浓度超过溶解度一定值后，才能产生晶核。也就是说，溶液的过饱和度是产生晶核的推动力；而使晶粒长大的推动力，仍然是过饱和度。显然，如果加入过滤机的料浆处于饱和状态，就会有溶质晶体析出。析出的晶体将堵塞配管，微小晶粒会堵塞过滤介质的孔隙。可见，晶粒的大小对过滤影响很大。所以，应当在过滤之前，使料浆中的晶体具有均匀的中等粒径。

5.1.4 絮凝和反絮凝

固体粒子的密度可借助老化（ageing）或化学变化来改变。最简单的老化法，是让料浆在过滤之前停置一段时间，以便晶粒有时间长大和表面吸附液体，从而达到改变粒子尺寸和密度的目的。

凝结和絮凝是通过向料浆中添加药剂，来形成由众多细粒子形成的疏松絮团。这样便能改变粒子的有效密度，改善过滤条件。

作为除掉料浆中胶体、降低色度和化学耗氧量的技术，絮凝沉降法无疑是最可靠的。但是，用普通絮凝法得到的絮团，其沉降速度充其量能达到 10mm/min。因此需要较大的沉淀槽，而且滤饼的含水率高。但是，此后推出的絮凝和造粒组合法，却能将原本疏松的含水多的絮团滚动成致密的球状物，从而获得了高出普通絮团 20~100 倍的沉降速度。经过造粒的料浆，再进行过滤压榨脱水后，其泥饼的含水率就小多了。

另一方面，当需要得到好的泥饼洗涤效果时，又必须设法将絮团破坏。为此而添加的药剂，应具有跟絮凝作用相反的分散作用，即反絮凝作用。通过改变被处理物的 pH 值，可促进反絮凝。

5.1.5 使用助滤剂

含有亲水性极细粒子的悬浮液非常难过滤。如果形成的是可压缩性滤饼，那么饼内的原本细小的流路，会在过滤压作用下迅速变得更小。

对于这类料浆，即使添加絮凝剂，其滤饼的渗透性也非常差；甚至滤饼较薄时，过滤也不能继续下去。针对这样的料浆，应当利用硅藻土、膨胀珍珠岩等助滤剂。助滤剂的主要用法有两个，即预敷层法（precoat）和掺和法（body feed）。

5.1.6 稀释和浓缩

对浓度不同的料浆进行真空过滤时，所得滤饼的结构差异也较大。容易过滤的料浆，其滤饼会因组织不致密而发生龟裂。这不仅影响过滤，也影响后续的洗涤。针对这样的料浆，可用滤液对其进行适当稀释，以便形成致密的滤饼。与此相反，对于很稀薄的料浆，过滤之前需要预增稠，以便提高过滤速度，减小过滤机尺寸，减少设备造价。

5.1.7 浮选

微小粒子的沉降速度本来就很慢，再加上料浆的浓度低，势必需要大面积的过滤设备。为了减少设备费用，可将不同于矿物浮选的松密度浮选（bulk flotation）技术用到这样的料浆上。此种浮选分离装置如图5-2所示。

浮选时，首先要将水电解，借以制备出适于小固体粒子附着的气泡。众多的微小粒子附着在气泡上，并升至液面处。气泡在上浮过程中，应保持稳定，只是到达液面时才破裂。

虽然微小粒子具有易与气泡接触附着的特性，但是仍需另加捕集剂（collection agent）。此外，还需添加表面活性剂，以确保气泡稳定。

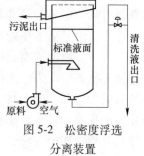

图 5-2 松密度浮选
分离装置

浮选技术的应用范围正日益广泛；除了用于矿物选别的固固分离之外，还有用于废水处理的固液分离或液液分离的浮选。此外，溶质分离浮选技术已被用于溶液中的离子、分子等的分离或浓缩。

5.1.8 冻结和融化处理

由上水和下水处理过程产生的污泥及某些放射性污泥，是很难处理的污泥。原因是其固体粒子具有特殊的构成。为了改善这些污泥的过滤特性和沉淀特性，可采用先缓慢冻结，然后融化的处理方法。

冻结产生的冰晶体，增大了未冻结液体的固相浓度，并挤压冰晶周围的固体粒子，使之容易彼此聚集。冰晶融化后，那些已聚集在一起的粒子，容易实现重力沉降分离。此外，冻结还能将污泥中微生物的细胞壁胀破，使胞内的水分容易排出，从而降低了泥饼的含水率。

5.1.9 超声波辐射和电离辐射

5.1.9.1 超声波辐射（Ultrasonic Radiation）

超声波辐射的效果取决于悬浮液的特性、声波强度、声波频率以及辐射时间等参数。参数配伍不同，效果也不同，甚至得到相反的效果。例如，一些参数配伍旨在给粒子施加能量，使粒子之间能战胜絮凝障碍，容易形成絮团；反之，另一些参数配伍旨在将粒子聚集体破碎，以便实现微粒化。微粒化有利于提高产品的纯度、吸附性、分散性以及反应性。

利用超声波实现微粒化的原理是：当超声波以某一频率和振幅辐射时，悬浮液便受到具有极大振动加速度的压力波的作用。压力波的峰值在真空至数千大气压之间变化。在如此大的压力变化过程中，原来溶解在悬浮液中的空气以及存在于粒子聚集体间隙中的气体，都变成了气泡。在压力波作用下，这些气泡经历了压缩、膨胀、破裂3个阶段。气泡破裂时，放出了较强的爆炸能。这种现象称为空穴作用（或称为气蚀）。爆炸使得固体粒子或粒子聚集体破碎，从而实现了微粒化。

5.1.9.2 电离辐射 (Ionised Radiation)

早在 1960～1964 年，就有论文报告了关于放射性材料发出的 X 射线和电离辐射对污水特性影响的研究成果。此项研究是由美国原子能委员会完成的。起初用混合污水及其分离组分进行了试验。后来又用其他污水进行了试验。试验结果表明，得到的沉淀速度都提高了。同时，经济上也是可行的。

以上简要介绍了预处理的各种方法，以下各节将择其主要方法加以详述。

5.2 预浓缩和稀释

5.2.1 预先浓缩和稀释的目的

悬浮液的含固体粒子浓度，对任何滤饼过滤机的性能均有较大影响。它直接影响着过滤机的能力、滤饼的阻力、粒子向滤布内部的贯入（贯入影响滤液的澄清度和介质的阻力）。较浓稠的滤浆会通过降低滤饼阻力来改善过滤机的性能，提高其生产能力。因此，在滤浆浓度较稀的情况下，对其进行预增稠往往是有利的。

下面的公式可以证明滤浆的固体质量浓度对过滤的影响：

$$y = \left(\frac{2\Delta p f \rho}{\alpha \mu t_c} \right)^{\frac{1}{2}} \tag{5-1}$$

式中　y——干滤饼的干质量，kg；

　　Δp——压降，Pa；

　　ρ——滤浆的固体质量浓度，kg/m³；

　　α——比阻，m/kg；

　　μ——液体黏度，Pa·s；

　　f——过滤时间与循环时间之比；

　　t_c——循环时间，s。

从式（5-1）可以看出，在其他参数不变的条件下，如果质量浓度 ρ 增至 4 倍，则过滤机的生产能力便增大 1 倍。换言之，在生产能力相同的条件下，只要 ρ 增至 4 倍，过滤机的过滤面积便可减半，当然设备费也就随之减少了。

对于真空转鼓过滤机来说，当操作条件和转鼓浸没率给定时，干饼的生产率将随着转鼓的转速增大（即 t_c 减小）而提高。限制该机生产率提高的因素，通常是能卸除的最小饼厚。式（5-2）给出了 y 与饼厚 L 的关系：

$$y = \frac{2\Delta p f \rho}{\alpha \mu L (1-\varepsilon) \rho_s} \tag{5-2}$$

式中　L——饼厚，m；

　　ρ_s——固体密度，g/m³；

　　ε——滤饼孔隙率，%。

从式（5-2）可以看出，在饼厚 L 为恒定值的条件下，如果将料浆的质量浓度 ρ 加倍，那么得到的干饼质量 y 也将倍增。这是高效率真空转鼓过滤机成功的秘诀。该机采用独特的滤饼卸除装置，能卸除很薄的滤饼。因而能在 25r/min 的高转速下运转。

预增稠的另一个优点是降低了滤饼阻力。其原因在于稀料浆的滤饼较致密，比阻较高；而在过滤浓料浆时，粗细粒子混在一起同时到达滤布上，并在滤布微孔上形成架桥。这减少了细粒子贯入滤布内部和滤饼内部的可能性，所形成的滤饼的渗透性较好。

Svarovsky 等人用小型水平带式真空过滤机研究了料浆浓度对比阻的影响。试验结果表明，料浆的质量浓度对比阻的影响远大于其他因素的影响。图 5-3 给出了这一影响关系的对数曲线。从图中可以看出，质量浓度与比阻之间有很好的相关性。在用氢氧化铝做试验时，得到了 α 与 ρ 的函数关系：

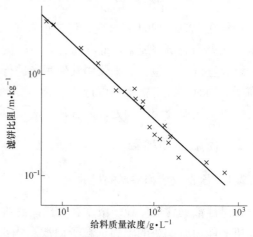

图 5-3 比阻与浓度之间的函数关系

$$\alpha = 13.47 \times 10^{10} \rho^{-0.8031} \tag{5-3}$$

式中 α——比阻，m/kg；

ρ——料浆的固体质量浓度，g/L（kg/m³）。

5.2.2 高效浓缩装置

5.2.2.1 迷宫式固液分离装置

传统的重力沉淀装置的分离对象是密度小、强度弱、形状不定的絮团状粒子群。由于这类粒子群的性状不稳定，加上沉淀槽内的流况很复杂，所以很难实现高效分离。但是下面介绍的迷宫式固液分离装置，其原理明显有别于传统的重力沉淀，因此极大地提高了分离的效率和精度。

传统的重力沉淀法，只以重力为分离的推动力，所以是在层流状态下进行分离的静态固液分离法。而迷宫式固液分离法，却是以重力、流体阻力、惯性力等外力为分离的推动力，所以是合理的动态固液分离法。

迷宫式流路如图 5-4 所示。在倾斜平板之间的流路上，安装着具有一定高度、一定间距的翅板。液流在倾斜板和翅板之间流动，便实现了高效率、高精度的固液分离。

迷宫式流路的流动图形由 3 部分组成，如图 5-5 所示。第一部分是主流路中的层流平

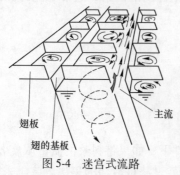

图 5-4 迷宫式流路

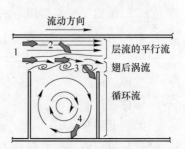

图 5-5 迷宫式流路的流动图形

行流；第二部分是翅板后面的涡流，它产生于主流路与翅板凹处交界的地方；第三部分是处于翅板凹处的，以极低速度旋转的层流循环流。

进入迷宫流路的固体粒子，经过以下过程实现分离：

（1）固体粒子中有一部分进入层流的平行流中，另一部分进入翅板后的涡流中；

（2）处于层流的平行流中的粒子，在重力作用下，有一部分被输送到翅板后的涡流中；

（3）在上面的过程中，输送到翅板后涡流的絮团，随着翅板后涡流运动，而有一部分絮团被输送到翅板凹处内循环流的最外周；

（4）送到翅板凹处最外周的絮团，随着循环流的回转运动而被输送到翅板凹处的底壁面的近旁。在絮团之间的相互接触、絮团与壁面的接触以及重力等的作用下，絮团迅速地沉淀在底壁面上，从而实现了分离。

5.2.2.2　旋流式粗滤装置

旋流式粗滤装置的工作原理如图 5-6 所示。

该装置的工作循环过程由以下部分组成：

（1）旋流分离和过滤。从筒体上切向喷嘴加入的悬浮液，在筒内旋转，从而实现了像水力旋流器那样的固液分离。也就是说，密度较大的旋液贴在筒内壁上旋转并排出，密度较轻的旋液（含细粒子）由中央筛网进行过滤，滤液经下方的出口排出。

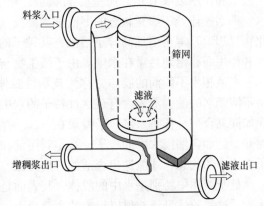

图 5-6　旋流式粗滤装置

（2）筛网的洗涤。由中央筛网截留住的粒子，受到了旋流的强力扫流。一方面防止了泥渣累积在筛网上，能始终保持较高的过滤速度；另一方面使从筒底流出的旋液变得浓稠。

（3）筒壁的清洗。从上方喷嘴切向加入筒内的悬浮液，一边旋转，一边向下方的出口流动。这种流动的整体作用，变成了从上至下的流动压，借此扫流下来的泥渣混在旋转流中蓄积在筒的底部。经过一定时间的增稠后，出口阀门被打开，使泥渣稠浆在筒内压力作用下瞬间排出筒外。然后出口阀又立即关闭。

该装置虽然结构简单，但是效果极佳。它利用强力的旋流，一边连续地完成过滤和浓缩，一边洗净了筛网；而含有泥渣的浓浆，则间歇地排出筒外。又因该装置无旋转部件，所以维护工作很简单。

5.3　电双层

5.3.1　悬浮粒子和胶体上的静电荷

凝结（coagulation）和絮凝（flocculation）法，是以水中的悬浮粒子、胶体以及部分水溶性物质为对象，通过添加凝结剂、絮凝剂使其容易过滤的化学处理法。

根据国际纯化与应用化学联盟的定义，线性尺寸在 $1 \sim 10^3 \, nm$ 的粒子称为胶体。由胶体组成的悬浮液有其特殊性。例如，由于其单位体积或单位质量的表面积（即比表面积）很大，所以表面性质十分重要。

胶体有各种形状，例如，α-Fe_2O_3 为椭球形，碳酸镉为立方体。此外，微生物和动植物细胞的线性尺寸与胶体相近，一般将其归类为生物胶体。由于胶体悬浮液不能通过长时间静置实现沉淀，所以不能用普通的物理处理法将其分离出来。

现在，不论在日常生活、自然现象中或是在工业过程中，都会涉及胶体科学问题。例如，在分析化学、底片和电脑磁带的表面涂覆、污染防治及乳化悬浮技术等方面，都会用到胶体技术。

由于胶体非常小，所以在悬浮液中，热运动能克服重力势能，使胶体悬浮在水中而不沉淀。胶体分为亲水性和疏水性两种。亲水性胶体粒子（如蛋白质）与液相有亲和力。粒子因水和作用吸取液相，而呈膨润状态，粒子表面形成了极稳定的亲水层。如果液相是水，那么胶体处于膨润状态的溶液称为凝胶（gel）。羧基甲基纤维素（CMC）和聚乙烯氧化物（PEO）等可溶性高分子溶液，其粒子的膨润深度为分子大小。亲水性粒子就这样因水和作用而稳定地悬浮在水中。由于微生物与水的亲和力更强，所以活性污泥很难脱水。

在液相中不膨润的胶体，称为疏水性胶体（如黏土），其溶液称为溶胶（sol）。如果将不溶于水的油类混入含有疏水性粒子的水中，那么油就在粒子表面上形成包覆薄膜，此膜如同黏合剂一样将众多粒子凝聚在一起。浮上分离法就是利用这一现象将粒子与液相分离开。例如含油废水中的粒子，就是利用油和气泡分离掉的。由此可见，只有先搞清楚粒子在水中的状态，才能选出合适的分离方法。

处于液体中特别是水中的胶体，其表面是带电的，因此，两个胶体粒子之间产生了相斥力，这是胶体悬浮液得以稳定的主要原因。粒子带电的机制会因粒子的化学性质，特别是界面性质而异，但可归纳为以下几种：

（1）离子结晶性粒子。例如 AgI、$BaSO_4$ 粒子，其离子有不同的溶解度。由于 AgI 中的碘离子 I^- 较银离子 Ag^+ 易溶于水，所以当碘化银粒子在水中时，其表面便带有正电荷。也就是说，Ag^+ 是决定粒子电位的离子。

（2）氧化物粒子（SiO_2、TiO_2、Fe_2O_3、Al_2O_3、ZnO）。含有氧化物粒子的液体，水中的 H^+ 或 OH^- 是决定电位的离子。也就是说，当液体的 pH 值较低时，粒子带正电荷；而当 pH 值较高时，粒子带负电荷。由此可想到，当处于某 pH 值时，粒子的界面电荷为零。此 pH 值称为氧化物的等电离子点（isoelectric point）。

（3）有电离基的粒子（炭黑、离子交换树脂等）。处于粒子表面的电离基发生电离，使粒子带电。炭黑粒子的表面有苯酚性 OH 基或羧基，在液体中粒子带负电。

（4）有结构缺陷的粒子（高岭土等黏土）。在硅酸盐粒子上，Al^{3+} 代替了 Si^{4+}，因此粒子带负电。

因以上机制而带电的粒子，如果进一步吸住了水中的离子，那么其带电状态往往会发生变化。

总之，悬浮在水中的粒子通常带有表面电荷，并以带负电荷的情况居多。粒子的表面电荷（也称为界面电荷）是通过解离、离子吸附及离子交换等形式带上的。

5.3.2 电双层和 ζ 电位

两个带同性电荷的粒子之间，既存在着静电斥力，又有作为吸引力的范德华力（Londo—van der Waals forces），如图 5-7 所示。如果斥力和吸力相平衡，那么粒子在水中就处于稳定状态而不沉淀。

水中悬浮粒子在重力场下的沉降速度常用斯托克（Stokes）定律来描述：

$$v=(\rho_p-\rho_L)d^2g/(18\mu) \tag{5-4}$$

式中　v——粒子沉降速度，m/s；

　　　ρ_p——粒子密度，kg/m^3；

　　　ρ_L——液体密度，kg/m^3；

　　　μ——液体黏度，Pa·s；

　　　g——重力加速度，m/s^2；

　　　d——粒子直径，m。

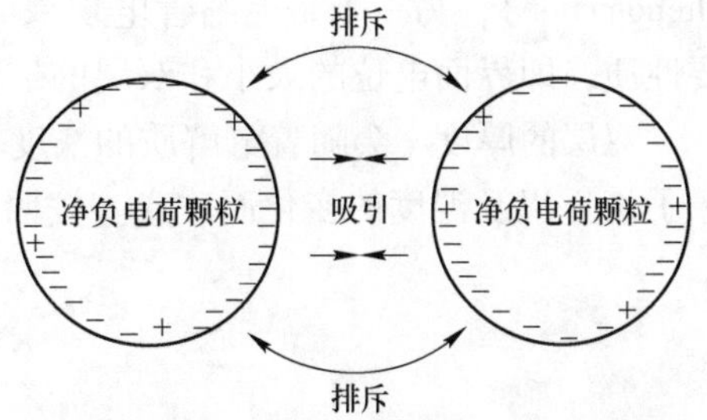

式（5-4）的适用范围是：层流，d 很小，雷诺数 Re 在 0.3 以内。显然，提高粒子沉降速度的最有效措施是设法增大粒径。而利用凝结和絮凝法，便能达到此目的。

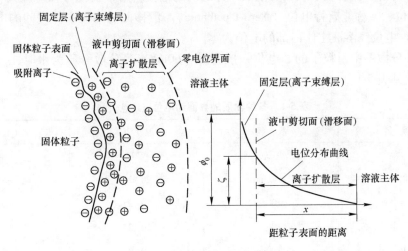

图 5-7　极近的两个带同性电荷粒子的状态

为了说明凝结和絮凝的机理，应当先说明关于电双层和 ζ 电位的概念。带负电荷的球形胶体的电双层模型如图 5-8 所示。当固液两相间发生相对运动时，相距粒子表面 1 个至数个分子那样大的距离的液体部分并不运动；液体的运动只发生在这部分液体的外侧。紧贴着粒子表面的液层与运动液层之间的分界面，称为剪切面或滑移面（slipping plane）。滑移面与溶液主体间的电位差，定义为界面动电位或 ζ 电位。与此相对应，粒子表面与溶液主体间的电位差，称为界面静电位或 ε 电位，常用 V_0 或 ϕ_0 表示。溶液主体的电位为零（电中性）。

图 5-8　胶体粒子的电双层模型

前面已经说过，胶体粒子的表面上都带有电荷。若设粒子表面的电荷密度（单位面积上的电量）为 $+\sigma_0$，那么根据电中性原理可知，在粒子表面附近一定存在电荷密度为 $-\sigma_0$ 的反离子。也就是说，在固液两相界面的一侧连续分布着正电荷，而在界面的另一侧则连续分布着负电荷。正、负电荷在相距离子大小或分子大小的地方对峙着。将这样的两相电荷密度相等的双层称为电双层（electrical double layer）。如果界面吸着的是离子，那么这样的电双层则称为离子双层（ionic double layer）。而界面吸着的是偶极子时，就称为偶极子双层（dipole double layer）。若考虑到离子或偶极子的热运动，那么在电双层的溶液一侧，荷电粒子（例如离子）并不是固定的，而是呈扩散状分布。于是，将包含扩散层在内的双层称为扩散双层（diffused double layer）。

电双层是说明以下两个现象的极重要的概念：一个是界面动电现象（electrokinetic phenomenon）；另一个是毛细管电现象（capillary electrical phenomenon）。电双层有两个重要性质，即界面电位的大小和双层的扩展（即双层的厚度 x，通常用 $1/\kappa$ 表示，$x = 1/\kappa$）。

双层的厚度 x 会随着电解质的浓度、其离子的原子价（非对称电解质时，为反离子的原子价）以及温度的变化而改变。按照下式可算出 κ，而 $1/\kappa$ 就是 x：

$$\kappa = \left(\frac{8\pi e^2 n_0 z^2}{\varepsilon k T} \right)^{\frac{1}{2}} \tag{5-5}$$

式中　n_0——溶液主体内部（$\phi = 0$ 处）单位体积的正负离子数（两者相等）；

　　　z——电解质的离子价；

　　　e——电子的电荷，$e = 1.60206 \times 10^{-19} C$；

　　　k——玻耳兹曼常数，$k = (1.380658 \pm 0.000012) \times 10^{-23} J/K$；

　　　T——热力学温度，K；

　　　ε——分散介质的介电常数，分散介质为水时，$\varepsilon = 80$。

现在按照图 5-8 来说明滑移面、ζ 电位及 ϕ_0 的概念。前面已说过，粒子表面上有一极薄层液体，这层液体与粒子之间无相对运动。有相对运动的溶液主体与这一极薄层液体的分界面，称为滑移面。粒子表面与溶液主体之间的电位差用 ϕ_0 表示，称为粒子表面电位，或称 psi 电位，或称能斯特电位（Nernst potential）。滑移面与溶液主体之间的电位差，称为 ζ（zeta）电位。溶液主体内部的电位为零。

在各种分散系中，粒子的 ζ 电位一般为 10~60mV。当分散介质为水时，一些物质粒子的 ζ 电位见表 5-1。

表 5-1　各种物质的界面动电位（ζ 电位）

物 质 名	粒 径	温度/℃	ζ 电位/mV
石 英	1μm	20	-44
硫化砷	<50nm	20~25	-32
金	<100nm	20~25	-61
白 金	<100nm	20~25	-44
银	<100nm	20~25	-34
油 滴	约 2μm	20~25	-46
天然橡胶	约 2μm	20~25	-60
气 泡	约 0.1mm	15~25	-58
柏林蓝	<0.1μm	20~25	-24
液压油	—	20~25	-52
液状石蜡	—	—	-13

物 质 名	粒 径	温度/℃	ζ 电位/mV
苯 胺	约 2μm	20~25	−60
黏 土	—	20~25	−49±5
铅	<100nm	—	+18
铜	<0.1μm	—	+48
铁	<0.1μm	—	+16
氧化铁	<100nm	—	+44
氢氧化铁	<100nm	—	+44
硫酸锶	—	20	+14
硫酸铅	—	20	+16

ζ 的值有正、负之分，如图 5-9 所示。

鉴于带同性电荷的胶体因彼此静电相斥，而在溶液中具有稳定性，所以应设法通过电中和来减小粒子的表面电位差 ϕ_0。实际上，ϕ_0 是不能测量的。但是，作为表征电双层特性的参数，ζ 电位却可以测定。向溶液中添加电解质后，ζ 便减小，引起粒子间的静电斥力减小，因此有利于粒子的凝结和絮凝。

ζ 电位的值可用下式算出：

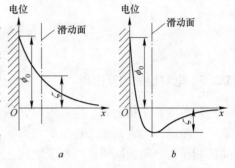

图 5-9 ζ 电位的正、负值情况
a—ζ 电位为正值；b—ζ 电位为负值

$$\zeta = \frac{4\pi\eta}{\varepsilon E} V_E \qquad (5\text{-}6)$$

式中 ζ——Zeta 电位值，mV；

η——分散介质的黏度，Pa·s；

E——电场强度，V；

ε——分散介质的介电常数，F/m，水的介电常数为 $\varepsilon = 80$F/m；

V_E——粒子的电泳移动度，μm/(s·V·cm)。

为了便于 ζ 电位的实际测定，将式（5-6）改写成以下形式：

$$\zeta = \frac{113000}{\varepsilon} V_E \qquad (5\text{-}7)$$

由此可见，只要用 ζ 电位测量仪测定出胶体粒子的电泳移动度，就能算出 ζ 的值。而 ζ 值可用来近似地表示 ϕ_0 值。

电泳是指：在外加直流电场下，带电粒子相对于静止的分散介质做定向移动的动电现象。也就是说，当悬浮液置于正、负电极之间时，便能观察到有一定 ζ 电位的悬浮粒子向反电极方向泳动。例如：贵重金属、黏土、硅胶等带负电的粒子向阳极泳动；而金属氢氧化物等带正电的粒子则向阴极泳动。

用来测定电泳结果的仪器的工作原理简图如图 5-10 所示。将由该仪器测出的 V_E 值代入式（5-7），就可算出 ζ 值。

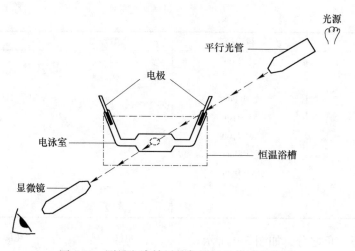

图 5-10   测量电泳结果的仪器的工作原理简图

5.3.3   电双层的相互作用

当两个粒子接近到一定程度时，两者的扩散层便重叠。重叠处的反离子浓度增大，结果引起渗透压增大；而渗透压的增大，又与自由能的增大有关。增大的自由能成为两粒子间的相斥力。与此同时，两粒子之间还存在着引力，即范德华力。

根据 DLVO 理论，两个球形粒子之间的斥力势能 E_R 可用下式计算：

$$E_R = \frac{\varepsilon a \phi_0^2}{2} \ln\left[1+\exp(-\kappa h)\right], \quad a \gg 1/\kappa \tag{5-8}$$

式中 ε——介电常数；

a——粒子半径，mm；

ϕ_0^2——粒子表面电位（用 ζ 值近似），V；

κ——扩散层的厚度 x 的倒数（$1/\kappa = x$），mm^{-1}；

h——两粒子之间的最短距离，mm。

$$E_R = \frac{\varepsilon a^2 \phi_0^2}{2a+h}\exp(-\kappa h), \quad a \ll 1/\kappa \tag{5-9}$$

在两个半径为 a 的同质球形粒子之间，由范德华力引起的引力势能 E_A 可用下式计算：

$$E_A = -\frac{Aa}{12h}, \quad h < a \tag{5-10}$$

式中 A——哈梅克（Hamaker）常数。

哈梅克常数是物质的特征常数，与组成粒子的分子间的相互作用有关。

图 5-11 所示为两粒子的斥力和引力的势能曲线。具有电双层的两粒子相互作用

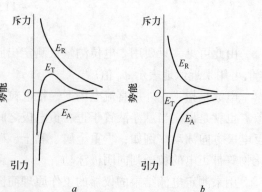

图 5-11   粒子表面的斥力和引力的势能曲线

的合成势能 E_T 为：

$$E_T = E_R + E_A \tag{5-11}$$

为了促使粒子彼此聚集在一起形成絮团，就必须设法降低 E_R，借以降低 E_T 的能峰。

为了降低 E_T 的能峰，可向溶液中加电解质，借以使扩散层的厚度 $x(=1/\kappa)$ 收缩。

$$x = \frac{1}{\kappa} = \frac{3 \times 10^{-8}}{z\rho^{1/2}} \tag{5-12}$$

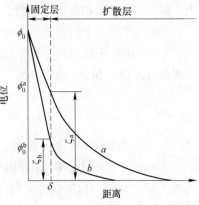

式中　z——电解质离子的原子价；

　　　ρ——离子的质量浓度，mg/L。

由式（5-12）可见，离子的质量浓度 ρ 一增大，扩散层的厚度 $1/\kappa$ 就减小（κ 增大）。κ 的增大，引起了 E_R 的迅速降低，见式（5-9）。当然，扩散层收缩后，ζ 电位随之降低了；z 越高，扩散层的收缩效果越好，如图 5-12 所示。引起粒子凝结成团的电解质的最小质量浓度 ρ_{min} 称为凝结价。

图 5-12　表示电双层收缩的斯特恩模型

5.4　凝结

5.4.1　凝结的机理

溶液中粒子是带电荷的。粒子能否彼此附聚成团，取决于范德华引力与电双层斥力的平衡状况。向溶液中添加多价电解质后，增大了溶液的离子浓度 ρ，收缩了扩散层的厚度 $x(=1/\kappa)$，迅速降低了斥力势能 E_R 和 ζ 电位，结果导致粒子彼此凝结成团。此外，向溶液中添加反离子电解质后，反离子便吸附在粒子上起中和电荷作用，从而降低了粒子的表面电位 ϕ_0，结果也导致粒子凝结成团。

例如：工业废水中的大部分胶体都带有负电荷，因此可添加多价阳离子电解质来降低 ζ 电位，引起凝结。阳离子的凝结力会随着其原子价的增加而呈几何级数增加。显然，ζ 电位降至零是凝结的最佳条件。实际上，凝结通常是在 $\zeta = \pm 0.5\mathrm{mV}$ 范围内发生的。

凝结又分为异向凝结和同向凝结。

5.4.1.1　异向凝结

异向凝结（perikinetic coagulation）又称为动电凝结，是由布朗运动引起的。当溶液中粒子受到水分子的随机冲动时，布朗运动增强了，使粒子得以彼此紧密靠近，并在范德华引力作用下凝结成团。为了使引力克服斥力，必须向溶液中添加反离子或带有异性电荷的胶体，以便降低粒子的表面电位。这种借助布朗运动而发生的凝结，称为异向凝结。

异向凝结的基本理论首先由斯莫索夫斯基（Smoluchowski）于 1916 年提出；后来卡姆普（Capm）等人于 1943 年对该理论做了改进，他们假定：如果 V_R 和 V_A 在粒子碰撞时是合适的，碰撞速度受到布朗运动速度的影响，那么粒子彼此就会凝结在一起。该理论认为，如果粒子间的每一次接触都导致了一个粒子附着在另一个粒子上，那么就会迅速凝结。

适用于单一尺寸球形粒子的、以粒子数目为浓度的异向凝结速度方程式为：

$$-\frac{\mathrm{d}N}{\mathrm{d}t} = 4\pi DxN^2 \tag{5-13}$$

式中　D——粒子的布朗扩散系数，m^2/s；

　　　x——球形粒子的直径，nm；

　　　N——用粒子数目表示的浓度（单位体积内的粒子个数）。

将式（5-13）积分，便得到了 N：

$$N = \frac{N_0}{1 + 4\pi DxN_0 t} \tag{5-14}$$

式中　N_0——初始存在的粒子个数；

　　　N——时间 t 时，单位体积中的粒子个数（随 t 的增大而减少）。

当 $N = N_0/2$ 时，相应的时间为：

$$t_{0.5} = \frac{1}{4\pi DxN_0} \tag{5-15}$$

根据斯托克-爱因斯坦（Stokes-Einstein）公式，得到了粒子的布朗扩散系数 D：

$$D = \frac{kT}{3\pi x\mu} \tag{5-16}$$

式中　T——热力学温度，K；

　　　μ——液体的黏度，$Pa \cdot s$；

　　　k——玻耳兹曼常数，$(1.380658 \pm 0.000012) \times 10^{-23} J/K$。

将式（5-16）代入式（5-15），粒子的尺寸项 x 便被消去：

$$t_{0.5} = \frac{3\mu}{4kTN_0} \tag{5-17}$$

异向凝结的过程是非常缓慢的。例如，对 $N_0 = 1 \times 10^5$ 个/m^3 的 15℃ 水性料浆进行计算后，得到 $t_{0.5} = 2.15 \times 10^{12} s$。这表明浓度 N 达到 $N_0/2$ 时，所经过的凝结过程竟然需要 $2.15 \times 10^{12} s$，也就是说，只靠布朗运动来实现凝结，实在太慢了。

5.4.1.2　同向凝结

当液体回流建立了剪切梯度时，凝结速度便得到极大的提高。液体的回流是由于沉淀或液体中的对流和缓的搅拌所造成的。显然，这种凝结不是由布朗运动引起的，而是由分散介质的层流和紊流引起的。像这种由于介质的层流和紊流运动而引起粒子间的碰撞、凝结的过程，称为同向凝结（orthokinetic coagulation）。这种凝结是通过胶束（胶态分子团）集合在一起，并吸引住胶体粒子而形成絮团的。

为了实现粒子彼此的集合、结合，粒子之间必须互相碰撞。而搅拌能明显提高彼此碰撞的几率。搅拌虽然使粒子互相靠近了，但是单凭范德华引力很难实现粒子间的集合、结合。其原因就在于有以下两个妨碍粒子结合的因子：其一是粒子有表面电荷亲水层，其二是粒子本身的电离。

为了降低粒子的表面电位，破坏亲水层，需要添加反电荷。通常添加的凝结剂有硫酸铝、PAC、氯化铁等无机盐；但是添加缩合聚胺类有机聚合物也很有效。因为这些有机聚合物不格外增加水中的离子量，所以有望实现处理水的再利用。图 5-13 所示模型，说明了多价阳离子凝结剂能降低带负电的粒子的表面电位，从而实现凝结的道理。也就是说，阳离子的电中和作用减小了胶体上的负电荷，压缩了电双层，促进了可目视絮团的形成。

| 带负电颗粒的分散状态 | 添加阳离子 | 表面电位降低后凝结成团 |

图 5-13 降低表面电位的凝结作用模型

此外，有机高分子胶体或胶束胶体，是本身能电离的胶体（例如染料、造纸废水中的木素等）。因此，可添加聚合阳离子凝结剂，利用胶体的静电吸着作用来实现凝结，如图 5-14 所示。

| 阴离子胶质 | 阳离子胶质 | 凝结 |

图 5-14 胶体静电吸附的凝结作用

5.4.2 凝结剂

5.4.2.1 无机凝结剂

添加无机凝结剂后，使原本稳定的胶体（$10^{-6} \sim 10^{-3}$ mm）变得不稳定，并在布朗运动中实现凝结；还使原本稳定的较粗粒子（$1 \sim 100 \mu m$）变得不稳定，并在机械搅拌下增加粒子间的互相碰撞几率，从而实现凝结。还有，为了使粒子凝结团进一步长大，应将凝结剂与絮凝剂合并使用。

具体来说，水溶性金属盐凝结剂对疏水性胶体的凝结理论有如下 3 个要点：

（1）在电双层收缩方面。凝结剂的离子价越高，电双层的收缩作用便越大，因而凝结效果好。

（2）在多核络合物生成方面。多核络合物吸着在带负电荷的粒子表面上，并在粒子间形成架桥，从而使粒子彼此凝结成团。

（3）在合适的 pH 值时，金属络合离子一聚合，便会有不溶性的金属氢氧化物析出，析出物包覆在粒子上，使粒子不稳定化，从而实现了凝聚。

以上简单说明了疏水性胶体的凝结问题。对于亲水性胶体来说，实现凝结的前提是设法破坏粒子表面上的极其稳定的亲水层与水和作用。办法是添加多价金属盐凝结剂，使之跟亲水层上的吸着基或固有的官能基（氢氧基、硫酸基、磷酸基、羧基等）进行化学结合，生成不溶性金属盐，从而使亲水层因凝胶化而破坏掉，这样便实现了水和作用。

由于原子价高的无机电解质的凝结效果好，所以通常采用三价铝盐或三价铁盐作为凝结剂。可是，实际用的不是 Al^{3+} 或 Fe^{3+}，而是这些金属的多核络合物。例如：铝盐用的是在弱酸性至中性的环境中形成的 $Al_6(OH)_{15}^{3+}$、$Al_8(OH)_{20}^{4+}$ 等阳离子性聚氢氧化铝；在碱性环境中，用的金属多核络合物是 $Al^{3+}(H_2O)_6$ 受到碱中和而生成的聚合物。铝的氢氧化物的溶解度跟 pH 值有关。在酸性区，其溶解度会随着 pH 值的增大而减小；而在中性区或碱性区，其溶解度却随着 pH 值的增大而增大。铁盐的情况也是如此。

金属多核络合物有很好的凝结能力。它们不仅改变了带负电荷的粒子的表面静电状态，而且与悬浮粒子或高相对分子质量的阴离子性物质相结合，构成聚团的一部分。

上面说过，金属多核络合物是在某个 pH 值的范围内生成的，因此超范围使用时，其凝结能力很小，所以不宜采用。

影响凝结效果的最重要因素是 pH 值。铝盐凝结剂的最佳 pH 值是 5.5~8.0。铁盐凝结剂中，氯化铁的最佳 pH 值是 3.5 以上，常用在上下水及粪便处理等各种污泥的脱水。硫酸亚铁广泛用于废水处理或水的软化处理，经过 $FeSO_4 \rightarrow Fe(OH)_2 \rightarrow Fe(OH)_3$ 而促成凝结。应当指出，为了生成不溶性的 $Fe(OH)_3$，必须提供碱性环境，通常是 pH 值为 9.0~12.0（最好在 pH 值为 11 以上）。在碱性环境下生成的凝结团沉降性好，而且费用少。

无机凝结剂与相关药剂的种类见表 5-2。

表 5-2　无机凝结剂与相关药剂的种类

类　别	细　别	名　称	分子式	适用 pH 值	主要用途
凝结剂（多价金属盐）	低分子	氯化铁（FC）	$FeCl_3$	4~11	凝沉、脱水
		硫酸铁（FS）	$Fe_2(SO_4)_3$	4~11	凝沉、脱水
		硫酸铝（AS）	$Al_2(SO_4)_3$	6~8.5	凝沉
		含铁硫酸铝（MIC）	$Al_2(SO_4)_3 + Fe_2(SO_4)_3$	6~8.5	凝沉
	高分子	聚硫酸铁（PFS）	$[Fe_2(OH)_n(SO_4)_{3-n/2}]_m$	4~11	凝沉、脱水
		聚氯化铝（PAC）	$[Al_2(OH)_nCl_{6-n}]_m$	6~8.5	凝沉
pH 值或碱度调整剂	酸	硫　酸	H_2SO_4	—	调整 pH 值
		盐　酸	HCl		
		二氧化碳	CO_2		
	碱	苛性钠	$NaOH$	—	调整 pH 值
		消石灰	$Ca(OH)_2$		
辅助剂	絮团重质剂	膨润土	$Al_2O_3 \cdot nSiO_2$	—	絮团增密增重
		炭　黑	C		
		陶　土	$Al_2Si_2O_5(OH)_4$		
		酸性白土	$Al_2O_3 \cdot nSiO_2$		
		水泥尘	$CaO \cdot Al_2O_3 \cdot SiO_2$		
	絮团形成辅助剂	活性硅酸（藻朊酸钠）	SiO_2 $(C_5H_7O_4 \cdot CONa)_n$	—	促进絮团长大

5.4.2.2 有机凝结剂和辅助剂

各种胺的甲醛络合物和低相对分子质量的聚胺等有机凝结剂，有时也在用。其反应机理类似于高分子絮凝剂，而功能则类似于无机凝结剂。有机凝结剂的优点是：不增加水中的离子量，这有利于水的再利用；能除掉像水溶性阴离子物质那样的 COD 性物质，也能除掉非离子性高分子化合物那样的 COD 性物质。无机凝结剂却无上述优点。但是，有机凝结剂的使用费用高。

为了促进粒子凝结团的长大，增加致密性，借以提高其沉降速度，改善脱水性，还应外加辅助剂。辅助剂之一的活性硅酸是短链聚合体，其作用是将泥浆中的微小氢氧化铝粒子彼此联结起来，以促进凝结团的长大。辅助剂的常用质量浓度为 $5 \sim 10 \text{mg/L}$，超过此值时，反而会因其负电性而抑制凝结团的形成。其他辅助剂，如陶土、水泥尘、酸性白土等，均作为凝结团的重质剂，以便给凝结团增重、增密。

5.4.3 凝结的操作技术

5.4.3.1 凝结器的设计

低浓度料浆受到所经过的一系列搅拌槽的剪切作用，就能发生同向凝结。剪切速度是影响凝结的重要参数，其适宜值由合理设计的凝结器来保证。

平均剪切速度 G' 是设计凝结器的基础。对于牛顿型流体或幂定律流体来说，按以下步骤很容易导出表示 G' 的方程式。

尺寸为 δ_L、δ_y、δ_r 的受剪切力 τ 作用的液体微元如图 5-15 所示。当该微元被扭转 δ_θ 角时，便在回转半径 r 处产生位移 δ_L。三者的关系为 $\delta_\theta = \delta_L/r$。回转角速度为：

$$\frac{\mathrm{d}\theta}{\mathrm{d}t} = \frac{\mathrm{d}L}{r\mathrm{d}t} = \frac{v}{r}$$

这就是速度梯度或剪切速度（角速度），而 v 是线速度。

在回转系统中，剪切这个液体微元立方体所做的扭转功率 $P=$ 扭矩×速度梯度，即：

$$P = \tau\,\delta_L\delta_y\delta_r \cdot \frac{\mathrm{d}v}{\mathrm{d}r} = \tau\,V \cdot \frac{\mathrm{d}v}{\mathrm{d}r} = \tau\,v \cdot G'$$

$$\frac{P}{V} = \tau\,\frac{\mathrm{d}v}{\mathrm{d}r}$$

式中　G'——平均剪切速度，s^{-1}；

　　　P——搅拌流体需要的功率，J/s；

　　　V——凝结器的容积，m^3。

由于牛顿型流体的剪切应力 τ 与剪切速度间存在以下线性关系：

$$\tau = \mu\,\frac{\mathrm{d}v}{\mathrm{d}r}$$

式中　μ——液体的黏度，$\text{Pa} \cdot \text{s}$。

因此：

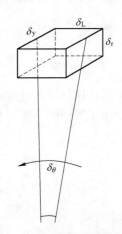

图 5-15　回转剪切中的液体微元

$$\frac{P}{V} = \mu \left(\frac{\mathrm{d}v}{\mathrm{d}r}\right)^2$$

若令 $G' = \mathrm{d}v/\mathrm{d}r$，则平均剪切速度 G' 为：

$$G' = \left(\frac{P}{\mu V}\right)^{1/2} \tag{5-18}$$

G' 与料浆在凝结器中的平均停留时间 $\bar{t}$ 的乘积 $G'\bar{t}$，可用于凝结器的比例放大设计以及不同类型凝结器之间的比较。

选用的 G' 值通常在 $10\sim100$ 范围内，而 $G'\bar{t}$ 在 $10000\sim100000$ 之间。最好选用较低的剪切速度和较长的停留时间，以免凝结团在过高的剪切速度下发生不可弥补的破碎。

有各种类型的混合器可供选用。其搅拌流体所需的功率为：

$$P = C_{\mathrm{D}} A_{\mathrm{p}} \rho \frac{v_{\mathrm{p}}^3}{2} \tag{5-19}$$

式中　P——搅拌功率，J/s；

　　　C_{D}——搅拌桨叶的阻力系数，平叶片时 $C_{\mathrm{D}} = 1.8$；

　　　v_{p}——叶片末端与液体的相对速度，m/s；

　　　A_{p}——凝结器中搅拌叶片的投影面积，m^2；

　　　ρ——液体密度，$\mathrm{kg/m}^3$。

5.4.3.2　分级凝结法

凝结粒子团的状态取决于平均停留时间 $\bar{t}$ 和平均剪切速度 G'。例如，在低 G' 和长 $\bar{t}$ 条件下凝结，大都能形成尺寸大、质量轻、强度弱的蓬松凝结粒子团；反之，能生成尺寸小、质地密实、强度高的凝结粒子团，这样的凝结团能承受住沉降式离心机和气浮分离设备中较大剪切力的作用。

为了取得良好的凝结效果，可采用经过几个混合器的分级凝结法。在初始凝结阶段，选用高 G' 和短 $\bar{t}$，以便形成小而致密的凝结团；在后续的凝结阶段，则用前面凝结数据的半倍，即 $0.5G'$ 和 $0.5\bar{t}$，以便使前面形成的致密凝结团长大，提高沉降速度。

5.5　絮凝

5.5.1　絮凝的机理

絮凝作用是指通过所添加的高分子絮凝剂的吸附、架桥，将不稳定状态的颗粒群或已经凝结的小絮团结合成较大絮团。絮团的模型如图 5-16 所示。

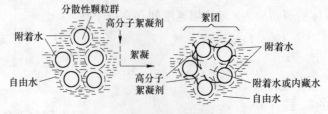

图 5-16　絮团的模型

应当指出，离子性高分子絮凝剂除了起吸附、架桥作用之外，还因由所带的电荷去中和颗粒表面上的异性电荷而兼起凝结剂的作用。

高分子絮凝剂分为合成品和天然品（如非离子性的淀粉和阴离子性的藻朊酸钠）。合成品是聚合物，称为有机合成高分子絮凝剂（以下简称絮凝剂或聚合物）。

大多数阴离子絮凝剂是以聚丙烯酰胺及其衍生物为基础合成的，可随着与其他单体共聚而发生变化，如：聚丙烯酰胺的部分加水分解盐。阳离子型，如：聚乙烯亚胺和聚乙烯吡啶。现在又开发出了既含有阳离子基又含有阴离子基的两性高分子絮凝剂，用来进一步提高絮团的强度。在污泥中，这种两性聚合物的阳离子部分与阴离子部分互相吸附，增大了聚合物的表观扩展（相对分子质量），从而提高了对颗粒的架桥能力和絮团化能力。所形成絮团的强度足以承受住分离因数为数千的离心力的作用。两性聚合物主要用于下水和粪便处理。使用时，首先用无机凝结剂（金属盐）进行电荷中和，然后添加两性聚合物。常用的两性高分子絮凝剂有 CP513、CP511 及 CP563（商品名）。

5.5.1.1 絮凝剂的吸附和架桥作用

絮凝剂是相对分子质量从数万至数千万的线状水溶性聚合物。其分子上有许多亲水性极性基，起着吸附颗粒和在颗粒间架桥的作用，借以形成絮团。根据极性基是否离解，絮凝剂分为非离子性和离子性（阴离子性和阳离子性）两大类。作为絮凝剂的聚合物的溶解性，取决于极性基的种类、密度、分布及在水中的离解度。水溶性聚合物的溶解特性是黏度极高。

一般而言，聚合物的相对分子质量越大，絮凝效果越好，絮团沉降速度也越快。但在转鼓真空过滤时，使用相对分子质量小的絮凝剂会更有效，原因是用相对分子质量大的絮凝剂所形成的絮团较大，絮团内含水多，最终将导致滤饼含湿率增高。反之，采用相对分子质量小的絮凝剂，絮团小且有较高的剪切阻抗，所得滤饼具有均匀的多孔结构，容易快速脱水。可以说，相对分子质量小的聚合物更适用于过滤。

絮凝剂在添加之前，应先被稀释成 0.1%~0.3% 的水溶液。即使在如此稀薄的溶液中，絮凝剂的线状分子也不会零散分布，而是互相纠缠在一起，看上去仿佛极薄丝棉那样的云彩分散在水中。

由于聚合物具有吸附能（源于氢结合、静电中和、静电吸引），因此在絮凝过程中其线状分子首先吸附在颗粒上。吸附的形态有尾辫状（tail）、环状（loop）及长列状（train）。这 3 种形态将随着时间的推移而从左向右演变，如图 5-17 所示。

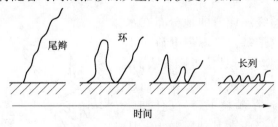

图 5-17 聚合物的吸附形态

聚合物线状分子的一部分吸附在颗粒上之后，另外的部分则在溶液中伸展，并吸附在其他颗粒上，这样就完成了架桥，如图 5-18 所示。

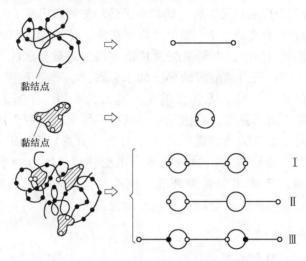

图 5-18　絮凝剂的吸附架桥模型

线状分子上的黏结点也称为锚点（anchor point）。颗粒上的黏结点又称为活性点或吸附点（adsorption site）。将线状分子简化成两端各有一个黏结点的直棒，并将颗粒简化成有两个活性点的圆球。可以看到，图 5-18 中的 I 和 II 所示的圆球上还剩有活性点可供直棒吸附，而 III 则表示球上的活性点已饱和，再无处可吸附。这说明一味多添加絮凝剂不仅无用，而且也会恶化水质（水中离子过多，不宜再利用）。

理论上讲，带负电的颗粒可以吸附在任何阳离子聚合物上；反之，带正电荷的颗粒可以吸附在任何阴离子聚合物上。随着颗粒上聚合物的大量吸附，颗粒将带有与聚合物电性相同的电荷，至此，絮凝剂的吸附停止。

由于颗粒的表面电荷不均匀，表面各区域的局部 zeta 电位将比颗粒的整体 zeta 电位或高或低，甚至相反。例如，原来带负电的颗粒，吸附一定量阳离子聚合物后，其大部分表面将带正电荷，但也可能有带负电的小区域。于是，阳离子性聚合物就会吸附在该小区域上。吸附了带电聚合物分子后的颗粒，其表面 zeta 电位降低，颗粒便在范德华引力作用下彼此靠拢，线状的聚合物分子在颗粒间吸附架桥，形成絮团。

絮凝剂有离子型和非离子型之分，各自的絮凝机理不尽相同。

5.5.1.2　非离子型聚合物的絮凝机理

聚合物的分子像丝线那样弯曲地分布在水中，因其有高密度的离子基，又不带电荷（不与颗粒相斥），所以在搅拌时易接近颗粒表面。线状分子上高密度存在的酰胺基与颗粒表面进行氢结合，呈环状吸附在颗粒上。与此同时，线状分子的另外部分又吸附在其他颗粒上，从而完成架桥，如图 5-19 所示。

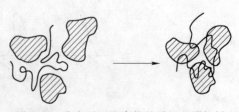

图 5-19　非离子型聚合物的随机吸附架桥

由于非离子聚合物的黏度比阴离子型的低，在水中扩散较快，因此形成的絮团既均匀又整齐。又因为不是尾辫状吸附架桥，所以线状分子吸附到的颗粒彼此靠得较近，絮团致密，强度也好。

虽然聚合物不受 pH 值和盐类的影响，但 pH 值对颗粒却有影响，即当 pH 值增高时，颗粒上的电荷将增多，斥力增大，所以难以吸附架桥。这就是非离子型聚合物应在中性条件下使用的理由。

5.5.1.3　阴离子型聚合物的絮凝机理

尽管阴离子型聚合物与带负电的颗粒间有静电排斥作用，但其线状分子在水中的伸展性好于非离子型的，所以易呈尾辫状吸附。在 3 种吸附形态中，尾辫状的吸附概率最高。但其缺点是，线状分子上吸附的颗粒之间距离较大，絮团体积大，不致密，强度差。

阴离子型聚合物的吸附形态将因 pH 值的不同而发生变化，如图 5-20 所示。在 pH 值为 4.35（酸性）条件下，黏土颗粒的表面电荷少，聚合物的离解也受到了抑制，所以易呈吸附点多的长列状吸附。在 pH 值为 7 的条件下，黏土颗粒的表面负电荷增多，聚合物的离解也增强，两者间的静电斥力也随之增强，所以易呈尾辫状吸附。在 pH 值为 9（碱性）的条件下，聚合物与黏土颗粒之间的静电斥力更为增强，聚合物的线状分子更易伸展，以尾辫状吸附相距较远的颗粒，形成的絮团体积大，不致密，含水多，强度差。

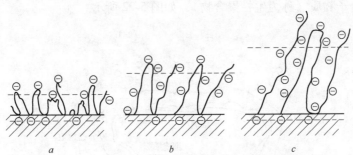

图 5-20　黏土表面上阴离子型聚合物的吸附形态
a—pH 值为 4.35；b—pH 值为 7；c—pH 值为 9

随着相对分子质量的增加，絮凝剂的最佳剂量和絮团的沉降速度都将增大。在洗煤废水处理中，趋向用相对分子质量很大的阴离子型絮凝剂，因为在这种过程中形成大絮团以获得较快沉降速度更重要，但其絮团含水多。另外，相对分子质量小的聚合物的每一个分子都有吸附到单个颗粒上的倾向，因而过多加入的聚合物会降低絮凝程度。但是可由此得到小而致密且剪切抗力大的絮团，最终的滤饼呈均匀的多孔结构，易于快速脱水。

当阴离子絮凝剂与无机凝结剂一起使用时，由于颗粒上的负电荷被凝结剂中和，因此易于架桥。另外，吸附在颗粒上的凝结剂的金属离子又同聚合物进行化学结合，这样就更强化了架桥作用。

5.5.1.4 相对分子质量大的阳离子型聚合物的絮凝机理

综上可知，非离子型和阴离子型聚合物均是通过其线状分子上的酰胺基对颗粒的吸附和架桥实现絮凝的。阳离子型聚合物也是通过吸附架桥实现絮凝的，如图 5-21 所示。吸附的主要原因在于聚合物的阳离子与颗粒上负电荷的静电中和降低了 zeta 电位。次要原因是聚合物的酰胺基与颗粒表面的氢结合，以及与颗粒官能团（如有机污泥的 COOH）的化学结合。在如此强的相互作用下，吸附形态迅速从尾辫状经环状向长列状转变，而且阳离子的密度越高，这种转变的倾向就越强。

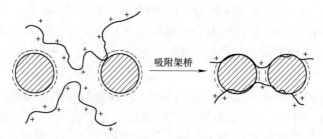

图 5-21　相对分子质量大的阳离子型聚合物的吸附架桥

相对分子质量大的阳离子型聚合物是适用于污泥处理的唯一絮凝剂。活性污泥基质的成分为有机和无机固体物以及纤维。其颗粒上有许多胶质状微生物，微生物的表面有自己分泌的黏稠高分子物质（称为生物聚合物），如图 5-22 所示。

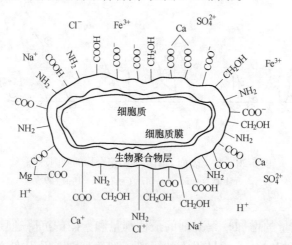

图 5-22　微生物胶质的构造

在生物聚合物的分子上，有许多亲水性官能团，如—COOH、—OH 等，这些官能团与水进行化学结合（氢结合），形成了牢固的亲水层。在中性条件下，—COOH 的离解使亲水层带上了负电荷，因此污泥颗粒便以大粒径稳定地分散着。在亲水层的阻碍下，非离子型和阴离子型聚合物不能接触到污泥基质的表面，因而发挥不了吸附架桥作用。阳离子型聚合物却能通过静电吸引作用到达亲水层，并与其上的羧基（—COOH）进行化学结合（不溶化）。在亲水层凝胶化之际，亲水层变薄、破裂，这样阳离子分子就容易侵入亲水层内部，并到达基质的表面，实现吸附架桥絮凝。

5.5.1.5 相对分子质量小的阳离子型聚合物的絮凝机理

聚乙烯亚胺和络合系聚合物的相对分子质量虽然只有数千至数万，但其阳离子的密度和强度却比丙烯酸酯系聚合物的高。这些相对分子质量小的阳离子型聚合物分子中的一部分吸附在颗粒上，而另一部分则以极短的自由链向外伸展，并在相邻颗粒间吸附架桥。由于此种架桥的概率很低，因此聚合物分子与颗粒间的静电吸引作用是主要的。聚合物分子从最初的吸附点经大颗粒（称为镶嵌块）的表面向中心吸附，其吸附形态迅速转变成长列状。阳离子聚合物吸附后，即便镶嵌块呈现为带静负电荷，也仍然能絮凝，如图 5-23 所示。其原因在于，吸附上去的阳离子聚合物分子使镶嵌块上的电荷分布不均匀。结果，镶嵌块上吸附有阳离子聚合物的一侧与另外镶嵌块上负电荷较多的一侧因静电吸引而实现絮凝。两镶嵌块之间的结合力称为镶嵌力（mosaic force）。

图 5-23　相对分子质量小的阳离子型
聚合物的絮凝模型

图 5-23 所示的絮凝模型又称为静电斑块模型（electrostatic patch model），这一点与压缩双电层引起的凝结相类似。

5.5.2 有机合成高分子絮凝剂

有机合成高分子絮凝剂的种类见表 5-3。

表 5-3　有机合成高分子絮凝剂的种类

离子性	絮凝剂系统	相对分子质量	主要机理	主要用途	处理方法	制品形态
阳离子	各种胺基甲醇络合物系	数千	离子反应	染色废水	加压上浮	液
	聚胺/聚酰胺系	数万	离子反应	白水回收 脱色 有机污泥脱水	加压上浮 絮凝沉淀 真空脱水	液
	聚丙烯酰胺系	数十万至数百万	离子反应	白水回收 有机污泥脱水 油漆废水	加压上浮 压榨、离心脱水 絮凝沉淀	粉（液）
非离子	聚丙烯酰胺系	100 万至千万以上	氢结合络合物形成	白水回收 无机污泥脱水 工业用水、各种废水	絮凝沉淀 压榨脱水 加压上浮	粉（液）
阴离子	聚丙烯酰胺系	100 万至千万以上	氢结合	海水工业 微粉煤回收 各种废水	絮凝沉淀 加压上浮 真空脱水	粉（液）
	聚丙烯酸系	100 万至千万以上	氢结合络合物形成	炼铝业 盐水精制 鱼肉蛋白质回收	絮凝沉淀 加压上浮	粉（液）

由于泥浆的种类太多,因此选择絮凝剂时没有单纯的法则可遵循,必须借助试验。表 5-4 和表 5-5 的内容可供选择时参考。

表 5-4　絮凝剂引起的泥渣性状变化

泥渣性状	无机凝结剂	高分子絮凝剂	无机、高分子絮凝剂并用
絮团大小	小	大	大
絮团强度	强	适度至强	强
泥渣和水的分离速度	慢	快	快
滤液的 pH 值变化	大	小	取决于凝结剂添加量
滤液的澄清	大	小至大	大
泥饼的压缩性	小	大	适度
泥饼的初期比阻	适当改善	大大改善	大大改善
泥饼的含水率	低	适度	低
泥饼的增量	大	小	取决于凝结剂添加量
泥饼的剥离性	好	适度	适度

表 5-5　各种过滤脱水机用的有效絮凝剂

机　种	形　式	有效絮凝剂	判定要素	试验方法
真空转鼓脱水机	刮刀卸料式 折带式 预敷层式	无机凝结剂（氯化铁等） 消石灰 低聚合阳离子聚合物	滤水性 剥离性 过滤速度 泥饼水分、厚度	CST 法 滤叶试验 布氏吸滤漏斗试验
压榨脱水机	间歇式 压榨机 带压榨的厢式压滤机	无机凝结剂（氯化铁等） 消石灰 中、高聚合的聚合物 （无机污泥时） 低聚合阳离子聚合物	过滤时间 加压脱水性 过滤速度 泥饼硬度、厚度	CST 法 加压脱水试验 布氏吸滤漏斗试验
	连续式 带式压榨脱水机 螺旋压榨脱水机 辊压榨脱水机	中、高聚合的聚合物 （离子型和非离子型）	滤水性 过滤速度 剥离性 泥饼的蔓延 泥饼的水分	容器试验法 CST 法 重力过滤法 压榨脱水试验
离心脱水机	水平轴型（卧螺） 垂直轴型	中、高聚合的聚合物 （离子型和非离子型）	滤水性 絮团大小 絮团强度	CST 法 间歇式离心分离试验
重力过滤脱水机	水平筛 回转筛	中、高聚合的聚合物 （阴、阳离子型） 无机凝结剂与聚合物并用	滤水性 过滤速度 剥离性	容器试验法 重力过滤试验

5.5.3 絮凝剂的应用技术

絮凝剂的用法应得当，否则不仅浪费了药剂，也恶化了水质。影响絮凝剂效能的因素有稀释用水、稀释浓度、溶解方法、加药方法、搅拌以及 pH 值等。

5.5.3.1 絮凝剂的稀释用水和稀释浓度

用来稀释高分子絮凝剂的水应当纯净。当稀释用水中含有多价阳离子（钙、镁、铁等的离子）电解质时，它们会明显降低阴离子型高分子絮凝剂的性能。其原因是，絮凝剂分子内的阴性离解基将与上述金属离子相结合，使原来伸展着的絮凝剂分子变成了球状，从而降低稀释液的黏度，劣化絮凝性能。

阳离子型高分子絮凝剂也在较小程度上受稀释水中微量溶存盐的影响。由此引起稀释液黏度的降低，会降低絮团的强度。

稀释用水的温度也影响絮凝效果。较高的水温能缩短絮凝剂的溶解时间，所以在冬季或希望快速溶解时，应当用温水。但是，絮凝剂的劣化速度将随着水温的提高而加快，所以稀释水温以 15~30℃ 为宜。

鉴于稀释用水中的溶存物对絮凝不利，应将絮凝剂溶解成高浓度待用。但其溶解度是有限的，如阴离子型和非离子型聚合物的最高溶解浓度为 0.5%，阳离子型的为 0.5%~1%。

向悬浮液中添加絮凝剂时的浓度分别是，阴离子型和非离子型的为 0.05%~0.2%，阳离子型聚合物的为 0.1%~0.3%。若超出这一范围，则絮凝反应速度将变慢，分散性也不好。

理想的用法是，先将高分子絮凝剂稀释成高浓度待用，临到现场添加药剂时，再进一步将之稀释成所要求的浓度。

5.5.3.2 絮凝剂的溶解方法

高分子絮凝剂商品有 3 种形态，即粉末状、黏稠状及乳状，它们各自的溶解方法也不相同。

溶解粉末状商品时，切忌形成疙瘩球，否则不仅会延长溶解时间，而且有可能使泵和管线堵塞。

絮凝剂溶解槽内螺旋桨的搅拌速度约为 300r/min。划船桨式搅拌叶的转速为 30~60r/min，其原因是高速搅拌能切断聚合物分子，使溶液黏度降低，使絮凝性劣化。使用螺旋桨式搅拌叶时，应进行间歇搅拌，以便缩短搅拌时间，抑制性能劣化。采用泵循环法搅拌时，也会因切断絮凝剂的分子而劣化絮凝性。此外，絮凝剂的相对分子质量越大，所需的溶解时间便越长。

阴离子型和非离子型聚合物的稀释液由于通常显中性或弱碱性，因此腐蚀问题不大。但阴离子型聚合物的溶解槽要喷涂树脂，以免因铁离子混入而劣化絮凝性能。阳离子型聚合物的溶液大都显酸性，所以溶解槽要用树脂制造，并采用以氯乙烯树脂为材质的配管。

5.5.3.3 絮凝剂的添加方法

加药泵大都采用波纹管式或隔膜式泵。离心泵很少用，因为它对聚合物分子的剪断严重。

絮凝剂的添加位置应是絮凝槽内搅拌作用最强处，即局部湍流处。对于浓度大或黏度大的悬浮液，添加点应多些。这样做不仅药剂分散性好，絮凝性好，而且节省药量。无机凝结剂和高分子絮凝剂同时使用时，应先添加前者，而且加药点应彼此离远些。

加药方式对絮凝效果也有较大影响。将总药量一次添加到絮凝反应槽中，不如每隔一定时间添加一些好。如此反复添加和搅拌的加药方式，称为隔时分注。间歇絮凝操作的隔时分注效果明显优于总药量一次注入的方式。图 5-24 反映的是每隔 1min 将总量 1/10 的非离子性聚丙烯酰胺（相对分子质量为 500 万）添加到陶土悬浮液中所获得的分注效果。

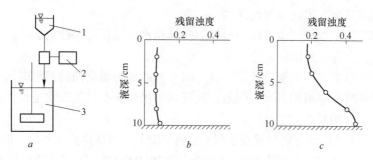

图 5-24　间歇絮凝操作中分注的效果

a—间歇式絮凝操作；b—分注效果；c—总量一次注入效果

1—絮凝剂槽；2—时间继电器；3—絮凝搅拌槽

将流量为 $\Delta q/\Delta t$ 的絮凝剂添加到受搅拌的陶土悬浮液中的操作称为连续絮凝操作。流通型连续分注的絮凝效果如图 5-25 所示。如果将絮凝剂总量分成两等份，并分别向第一槽和第二槽各注入一份，则絮凝效果如图 5-25b 所示。但将总量全部注入第一槽时，絮凝效果较差，如图 5-25c 所示。由此可以推断，将总量分成三等份，向前 3 个絮凝反应槽各加入一份时，絮凝效果将会更好。

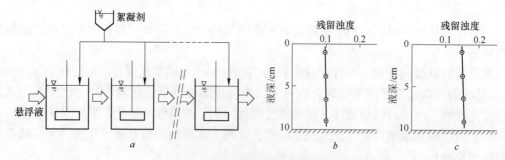

图 5-25　流通型连续分注的絮凝效果

a—流通型连续絮凝操作；b—分注效果；c—总量一次注入效果

5.5.3.4　搅拌和 pH 值调整

添药初期应施以强搅拌，以便药剂迅速均匀分散；当絮团开始形成时，再缓慢搅拌，这样有利于絮团长大和不被破坏。

向配管内加药时，应考虑管路转弯和变细对絮团的破坏。

在絮凝反应期间，搅拌时不可产生气泡，以免絮团内混入气体使表观密度减小，从而劣化沉降性。必要时需加消泡剂。

鉴于絮团破裂后不能再絮凝，絮凝反应后应尽量不用泵输送，也不可有大落差。

pH 值对无机凝结剂和高分子絮凝剂发挥效能颇有影响，所以加药前应对悬浮液进行 pH 值调整。合适的 pH 值还可使加药量减少。调整都采用自动控制方式，即用传感器将酸、碱泵与 pH 值测量器联系起来。

当中和槽、反应槽过大，且搅拌不充分时，pH 值的测出值可能与槽内的实际值不一致。对此，可采取提高药剂分散性的对策，如提高搅拌效率、降低酸或碱的浓度及增加添药点。尤其是在用石灰作中和剂时，必须确保有充足的反应时间，以达到调整 pH 值的目的。此外，pH 值测量器的电极应及时洗净，以免感应时间变慢。

5.5.3.5 泥浆（悬浮液）的浓度和溶存物

通常，悬浮液的浓度越高，高分子絮凝剂的添加量也应越多。两者的大致比例是，悬浮液质量分数为 0.01% 时，添加 0.0001% 的絮凝剂。如果悬浮液质量分数较低（如为 0.050%~0.200%），则因颗粒间的碰撞概率低，絮团形成很慢，甚至不能形成。对策是向反应槽内添加絮凝核，如金属氢氧化物（添加硫酸铝或硫酸亚铁时形成的）、膨润土、活性白土及从悬浮液中浓缩出来的泥渣。

提高悬浮液浓度，可降低污泥饼的含湿率，加药量也会相对减少，但浓度过高时不利于絮凝剂的分散。解决这一矛盾的对策是降低絮凝剂溶液的浓度（而不是降低污泥浓度）。

悬浮液中溶存物对絮凝有阻碍作用，这些溶存物包括溶存盐类、碳酸离子、磷酸离子、硅酸离子、阴离子型界面活性剂、高分子有机酸（腐殖酸、木质酸）及氧化剂等。溶存的金属离子对砂砾洗涤废水絮凝性的劣化情况见表 5-6。

表 5-6 溶存的金属离子对砂砾洗涤废水絮凝性的劣化情况

稀释水	黏度/Pa·s	絮凝剂添加量/%	沉降速度/cm·min^{-1}
纯水溶解	720	0.0005	16
		0.0010	67
Na$^+$ 10mg/L	66	0.0005	13
		0.0010	59
Ca^{2+} 10mg/L	460	0.0005	9
		0.0010	29
Fe^{2+} 10mg/L	280	0.0005	2.3
		0.0010	6

此外，稀释水中盐浓度的增高也会降低黏度，劣化絮凝性。符合饮用标准的自来水可用作稀释用水，但欲采用地下水或河水，则应进行水质分析，检验其中所含多价阳性电解质和溶解盐的浓度。用来稀释絮凝剂的溶解槽应是树脂衬里槽、不锈钢槽，绝不可用铁槽（因有铁离子溶出）。

阳离子型高分子絮凝剂也在较小程度上受稀释水中微量溶存盐降低黏度的影响（稀释

水黏度降低，絮团强度下降）。

溶存物若是带有负电荷的物质，则会将悬浮液的 pH 值向酸性方向调整一些。溶存物既带有负电荷，浓度又高时，还应添加具有阳离子离解基的高分子凝结剂（聚氨树脂等）或无机凝结剂，并用石灰为中和剂。

5.5.4　絮凝剂的选择、联合使用及造粒

5.5.4.1　絮凝剂的选择

絮凝之前，泥渣颗粒层的水分分布状态为在颗粒间自由存在的自由水、存在于颗粒间隙内的毛细管水、颗粒表面的附着水及颗粒内部的结合水。添加聚合物絮凝剂形成絮团后，大量的自由水便向絮团外分离出来，可以实现极迅速的自然过滤。

高分子絮凝剂在泥渣处理中的作用是，通过形成絮团，改善泥饼的结构，大幅度提高滤水性。而无机凝结剂的作用是，改善泥渣的压缩性，使操作压力更有效，以获得含湿率低的泥饼。添加絮凝剂后，泥渣性状的变化见表5-4。

各种过滤脱水机对絮团的共同要求是，絮团致密强度好，滤水性和脱水性好。例如，用带式压榨脱水机（belt press）处理活性污泥时，一般向2%的泥浆中添加量为0.5%干泥饼的阳离子性聚合物。结果，在重力脱水段，以100kg/（m·h）干泥饼量的过滤速度除掉了占污泥总量70%的自由水。另外，絮团的形成改善了颗粒层的结构强度，从而压榨脱水的效果（泥饼含湿率为75%）得以提高。另一种连续式压榨脱水机是螺旋压榨脱水机（screw press）。由于其工作后期的压力很高，所以要同时使用无机凝结剂、消石灰（pH 值调整剂）及聚合物。

无机凝结剂和消石灰对泥浆的作用是形成小而致密的絮团，并像助滤剂那样在颗粒间隙处形成水的通道。后一个作用是高分子絮凝剂所不具备的，因此，在使用真空过滤机（限于使用相对分子质量大的聚合物）和板框压滤机（操作压高）时，应以采用无机凝结剂为主来改善泥饼的压缩性。对于离心脱水机，应选用能形成高强度絮团的聚合物。

总之，在选用凝结剂和高分子絮凝剂时，应考虑它们对各种过滤脱水机的适用性，其对应关系见表5-5。

5.5.4.2　絮凝剂的联合使用

对下水、粪便及工业废水进行生物学处理后所得的污泥，一般称为有机污泥，其中含有大量带负电荷的胶质状物质。因此在进行凝结和絮凝时，所用的无机或有机药剂均具有阳离子性。

下水污泥中的固体成分包含有机物（黏性物质和纤维）和灰分。加入的阳离子性高分子絮凝剂或氯化铁凝结剂，同黏性物质所带的负电荷进行反应（电荷中和），使黏性物包容的水分排出，使污泥呈容易脱水状态。阳离子聚合物还起架桥作用，形成有一定强度的粗大絮团，从而促进机械脱水时的固液分离。现在，广泛普及的做法是只添加一种阳离子聚合物，而不添加氯化铁和消石灰（消石灰使泥饼增量太大，处理也繁杂）。这样的阳离子聚合物包括聚合系（聚丙烯酸酯等）、阳离子变性物系（聚丙烯酰胺的变性物）和天然物系。

但是，由一种阳离子聚合物同时发挥电荷中和、絮团长大这两个作用，效果并不理

想。因为包容在絮团里的黏性物质的电荷中和不完全，絮团强度低，脱水性差。为了促进电荷的中和，可选用相对分子质量小但离子密度高的阳离子聚合物，并施加强搅拌。这样做虽能多中和一些负电荷，但絮团小，对脱水不利。由此可见，在使用一种絮凝剂时，电荷的中和作用和絮团长大作用是相矛盾的。此外，不同性状的污泥和不同形式的过滤脱水机，对絮凝剂的电荷中和能力与絮团长大能力的要求也不尽相同。因此，必须选择出满足具体工况要求、具有合适离子密度和相对分子质量的阳离子聚合物。

现在开发出了阳离子-阴离子联合絮凝法。其特点是，添加阳离子聚合物起电荷中和作用，另外添加阴离子性聚合物起絮团长大作用。该法作为CSA法已投入使用，其脱水模型如图5-26所示。这种方法的要点是，先添入阳离子性助滤剂（press aid），并加以强搅拌，实现电荷的充分中和，形成微小絮团。接着添入作为阴离子聚合用的助滤剂，起絮团长大作用。同过去只添加一种阳离子聚合物的絮凝方法相比，CSA法可降低泥饼含湿率3%~8%。不论使用何种过滤脱水机，此法对泥饼的剥离性都有明显改善。

5.5.4.3 采用两性聚合物的造粒絮凝

由于用阳离子聚合物形成的絮团容易破碎，因此必须在数十秒至1min这样短的时间内进行搅拌、反应。但是使用两性聚合物时，因为受到如图5-27所示的旋转流作用，需进行5~10min的造粒搅拌，所以形成了球形絮团。球形絮团的大小、强度及密度均有显著改善。此种造粒絮凝法与高压的带式压榨脱水机组合起来，就成为令人瞩目的高效污泥处理法。

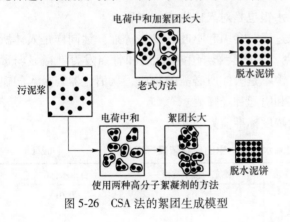

图 5-26 CSA法的絮团生成模型

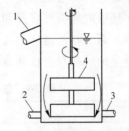

图 5-27 造粒絮凝槽内的液流模型

1—流出管；2—聚合物注入管；3—污泥注入管；4—搅拌桨

操作时，首先添加具有消臭效果的金属盐进行电荷中和，接着添加两性聚合物。在造粒槽内，絮团受到沿圆槽内壁的旋转搅拌。在此过程中，新加入的污泥连续向已经形成的絮团上附着，使絮团像滚雪球似的长大，最大的球形絮团的直径超过了10mm。

5.5.5 凝结剂和絮凝剂使用的安全性

5.5.5.1 无机凝结剂自身的安全性

具有代表性的无机凝结剂为硫酸铁、氯化铁、硫酸铝、聚氯化铁、聚氯化铝等铁或铝的化合物。此外，也部分使用锌的化合物或镁的化合物，如硫酸锌和氯化锌及碳酸镁。使用这些无机絮凝剂时，还必须同时添加碱性药剂进行 pH 值调整或碱度调整。常用的碱性药剂有消石灰、碳酸钠、苛性钠、硅酸钠、铝酸钠等。此外，还要添加黏土、粉末等絮凝辅助剂，以便促进絮团的长大、致密及提高脱水性。

铁和铝本身的毒性很弱，几乎对人体无害。其中，铁更为人体所需，日摄取量少于 8mg 时，可能患贫血症。但水中含铁过多时，会影响浊度（悬浮物）和色度。因而有的国家不向自来水中添加铁盐凝结剂。

锌也是人体所需的元素，日摄取量少于 10~15mg 时，将妨碍发育。但摄入的锌过多时，会有呕吐、腹痛、下泻及乏力等症出现，因而要限制自来水及排水中的锌含量。

5.5.5.2 无机凝结剂中重金属的安全性

除了无机絮凝剂本身的安全性外，还应考虑它们所含的重金属元素的安全性。

镉在自然界分布很广，仅土壤中就含 0.00002%~0.0002%。人体摄入后，可能引起肝病、肾病、骨软化症及夜盲症等。

铅在土壤中的质量分数为 0.0010%~0.0015%，人体摄入后积聚在骨头中，能引起肾病、神经障碍。

铬以六价、三价、二价等形式广泛分布。其中三价铬的毒性较小，是人体所需的微量元素；而六价铬却有较强毒性，易致癌。

砷是剧毒物质，在自然界分布很广。水银也是对人体有害的物质。

铜也是人体所需的微量元素，但摄取过多时会引起呕吐、发烧等症。锰同样是人体所需的微量元素，日摄取量不应低于数毫克，否则会影响生殖机能和骨骼发育。锰显弱毒性，过多地摄取能引起肝病和神经障碍。镍不是人体所必需的物质，从消化器官摄入的镍毒性较弱，而从呼吸器官摄入的镍能致癌和引起神经障碍。

各种重金属在自来水和排水中的质量浓度标准值见表 5-7。

表 5-7　各种重金属在自来水和排水中的质量浓度标准值　　　　　　（mg/L）

重金属	排水标准	补充的排水标准	自来水标准
镉	0.1	0.05	0.01
铅	1	0.1	0.1
六价铬	0.5	0.05	0.05
砷	0.5	不排出	0.05
水银	0.05	不排出	测不出
铜	3	1	1.0
锌	5	1	1.0
溶解性铁	10	0.3	0.3
溶解性锰	10	0.3	0.3
镍	—	0.3	—

为了保证无机凝结剂的使用安全，一些国家制定了质量标准，表 5-8 为其中一例（日本）。

表 5-8　用于自来水的硫酸铝质量标准（JIS K 1450—1977）

项　目	固体 1 号	固体 2 号	液　体
外　观			白色、黄色、淡褐色透明液体
Al_2O_3 的质量分数/%	15.0 以上	14.0 以上	8.0~8.2
pH 值	3.0 以上	2.5 以上	3.0 以上
不溶部分的质量分数/%	0.1 以下	0.3 以下	—
N 的质量分数/%	0.03 以下	0.03 以下	0.01 以下
As 的质量分数/%	0.0020 以下	0.0020 以下	0.0010 以下
Fe 的质量分数/%	0.06 以下	1.5 以下	0.02 以下
Mn 的质量分数/%	0.0050 以下	0.0150 以下	0.0025 以下
Cd 的质量分数/%	0.0004 以下	0.0004 以下	0.0002 以下
Pb 的质量分数/%	0.0020 以下	0.0020 以下	0.0010 以下
Hg 的质量分数/%	0.00004 以下	0.00004 以下	0.00002 以下
Cr 的质量分数/%	0.0020 以下	0.0020 以下	0.0010 以下

5.5.5.3　有机高分子絮凝剂的安全性

天然的高分子絮凝剂如糊精、藻朊酸钠及动物胶等，添加到食品中几乎无害，但制造它们的原料药中可能混入重金属，因此规定了限制值，例如规定用于自来水的藻朊酸钠中铅的质量分数不得超过 0.010%，As_2O_3 的质量分数不得超过 0.0050%。

合成高分子絮凝剂中，最常用的是聚丙烯酰胺及其水解物与变性物。用来制造这些絮凝剂的原料（丙烯酰胺单体）有毒性，换言之，未反应原料的毒性远大于絮凝剂本身的毒性。

关于高分子絮凝剂的使用安全性，世界有关机构提出了一些意见。

1965 年，美国的 Dow Chemical 公司发表了关于由丙烯酰胺和丙烯酸合成的聚合物的毒性报告，指出当饲料中含聚合物的质量分数在 5%~10% 以下时，对老鼠无影响。用鱼做试验时，也未发现有明显的副作用。1960 年，美国的 American Cyanamid 公司发表了关于用相对分子质量小的聚合物喂养狗和老鼠的研究报告，指出这两种动物无任何病理变化。美国食品医药管理局（FDA）根据上述两公司的报告，确认了有关絮凝剂的安全性，并制定了相应聚合物的质量标准和使用量限制，见表 5-9。该表中还同时列有其他国家的有关数据。除聚丙烯酰胺之外，对其他有机高分子絮凝剂并未做限制，这说明有必要对其安全性做进一步研究。

表 5-9　各国对高分子絮凝剂的品质和用量的限制

国　别	主要机构	适用范围	化学组成	品质限制值	用量限制值
日　本	厚生省	自来水处理	—	—	禁止使用
	厚生省、通商产业省	净水场的泥浆处理	聚丙烯酰胺、聚丙烯酸或丙烯酰胺和丙烯酸的共聚物	丙烯酰胺的质量分数在 0.05% 以下；镉的质量分数在 0.0002% 以下；铅的质量分数在 0.0020% 以下	限于泥浆处理（以排水中的丙烯酰胺的质量浓度在 0.01mg/L 以下作为浓度暂定标准）

国　别	主要机构	适用范围	化学组成	品质限制值	用量限制值
美　国	美国环保局（EPA）	自来水处理	聚丙烯酰胺、聚丙烯酸或丙烯酰胺和丙烯酸的共聚物	丙烯酰胺的质量分数在 0.05% 以下；镉的质量分数在 0.0002% 以下；铅的质量分数在 0.0020% 以下	饮料水处理最大添加量为 1mg/L
	食品、医药管理局（FDA）	蔬菜、水果洗涤用	聚丙烯酰胺	聚丙烯酰胺的质量分数在 0.2% 以下	蔬菜、水果洗涤用的质量浓度在 10mg/L 以下
		汁液类处理	聚丙烯酰胺的部分加水分解树脂、丙烯酰胺和丙烯酸的共聚树脂	丙烯酰胺的质量分数在 0.05% 以下	葡萄糖汁液或蔗糖汁液中的质量浓度在 5mg/L以下
英　国	环境厅	自来水处理	聚丙烯酰胺、聚丙烯酸或丙烯酰胺和丙烯酸的共聚物	丙烯酰胺的质量分数在 0.05% 以下	饮料水处理，平均用量不超过 0.5mg/L，最大用量不超过 1mg/L
法　国		自来水处理	聚丙烯酰胺、聚丙烯酸或丙烯酰胺和丙烯酸的共聚物	丙烯酰胺的质量分数在 0.05% 以下	饮料水处理质量浓度在 1mg/L 以下
前苏联		自来水处理	聚丙烯酰胺的部分加水分解物	丙烯酰胺的质量分数在 0.22% 以下	净化过的水中残留的聚合物质量浓度在 2mg/L以下
前民主德国		自来水处理	聚丙烯酰胺的部分加水分解物	丙烯酰胺的质量分数在 0.22% 以下	净化过的水中残留的聚合物的质量浓度在 2mg/L 以下
前捷克斯洛伐克		自来水处理	聚丙烯酰胺	—	最大注入量 0.5mg/L

　　世界保健机构（WHO）的观点是，高分子絮凝剂中，以非离子型和阴离子型的聚丙烯酰胺居多；在毒性方面，阳离子型要大于非离子型和阴离子型。然而，高分子絮凝剂的毒性数据多数属于秘密。尽管已经知道聚丙烯酰胺的毒性较弱，但在其制成品中，通常都含有百分之几的未反应的丙烯酰胺单体，这些单体的毒性就成为问题。人体对其摄取量在 $0.5\mu g/(kg \cdot d)$ 以下时，不会引起任何症状，因此，WHO 认为饮料水中的丙烯酰胺质量浓度应在 $0.25\mu g/L$ 以下。

　　美国环保局（EPA）对高分子絮凝剂的使用提出了指导方针，即《关于新药品的安全性评价与水道用絮凝辅助剂使用许可的指导方针》，其中规定，只有经过高浓度条件下的短期暴露毒性试验、低浓度条件下的长期暴露毒性试验，证明对人体非常安全之后，高分子絮凝剂新药才允许用于自来水净化。

日本的厚生省于 1973 年发布了《关于水道用絮凝剂、药品等的处理》的通告，指出，有机高分子絮凝剂可用于泥浆处理，不能用于净水处理。通告的详细内容为：

（1）聚丙烯酰胺类有机高分子絮凝剂制品的品质标准为：丙烯酰胺（单体）的质量分数在 0.05% 以下；重金属中，镉的质量分数在 0.0002% 以下，铅的质量分数在 0.0020% 以下，水银的质量分数在 0.0001% 以下。

（2）聚丙烯酰胺类有机高分子絮凝剂的使用浓度，应确保排水中丙烯酰胺（单体）的质量分数在 10^{-7}% 以下。

（3）来自脱水工序的含有丙烯酰胺（单体）的排水（上澄水、滤液），应先返回浓缩槽，以便提高浓缩性，然后再将槽内上澄水排放到河流中。

（4）聚丙烯酰胺类有机高分子絮凝剂用于净水场的泥浆处理时，应先检验其品质，并遵守用量标准。

（5）在排水处理场，高分子絮凝剂可添加到浓缩槽中，也可在脱水前添加，但对于泥浆浓度有变化的场合，就很难决定注药量，所以最好在浓度变动少的过程中添加。

5.5.6　絮凝剂的发展趋势

合成的聚合物絮凝剂经过数十年的发展，满足了废水处理、矿物加工以及造纸等领域的需要。近十余年来，开发相对分子质量超大的絮凝剂和交联絮凝剂已成为研究重点。

5.5.6.1　相对分子质量超大的絮凝剂

平均相对分子质量高于 10^6g/mol 的水溶性聚合物，视为相对分子质量大的絮凝剂。现在制造的絮凝剂，有不断增大相对分子质量的趋势。作为新一代絮凝剂的相对分子质量超大的絮凝剂，就是在这一情况下开发的。

同相对分子质量小的絮凝剂相比，用相对分子质量大的絮凝剂能得到强度高的絮团，而且其分散在水中的线链较长，因而在粒子间形成架桥的几率较大。也就是说，相对分子质量大的絮凝剂的高效性，使化学预处理的费用最少。

下面举例说明相对分子质量超大的絮凝剂的应用。

（1）下水污泥的预处理。必须给下水污泥脱水，以减少运输费和焚烧费。脱水之前，先要添加相对分子质量超大的阳离子絮凝剂。这样的絮凝剂对浓缩剩余活性污泥和离心分离特别有效。图 5-28 给出了相对分子质量大的和相对分子质量超大的絮凝剂对下水污泥脱水的影响，后者的效果更佳。

（2）红泥的絮凝。采用拜耳法精炼矾土时，需要将粉碎的矾土放在浓氢氧化钠中煮解，以

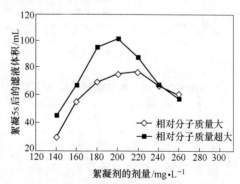

图 5-28　增大相对分子质量对下水污泥脱水的影响

便提取铝。与此同时，产生了不溶性残渣——红泥。红泥的主要成分有氧化铁、石英、硅酸铝钠、碳化钙、铝酸钙及二氧化钛。为了提取铝，必须经由一系列洗涤沉淀槽除掉红泥。洗涤沉淀物的目的是回收富含铝的溶液。这种条件下添加相对分子质量超大的阴离子絮凝剂的优点是：提高了沉淀速度，药剂量经济，絮团致密，铝的收率高。

（3）作为造纸的排水助剂和保持助剂。过去的 10 余年，纸机的生产率提高很快，但排水面积（或者纸机长度）却减少了。其中的奥妙在于采用了相对分子质量超大的絮凝剂作为排水助剂和填加物（如滑石）的保持助剂。

在添加相对分子质量超大的絮凝剂后，可得到强度高的稳定絮团。这样的絮团还能捕捉和保持住滑石等填加物，从而保证了纸的强度和外观质量；当然，纸机的长度也因此减小了。

滑石填加物的保持率与絮凝剂药剂量的关系如图 5-29 所示。

微粒子和相对分子质量超大的絮凝剂作为造纸的排水助剂和填加物保持助剂是这样使用的：先添加阳离子絮凝剂，然后添加阴离子微粒。

5.5.6.2 交联絮凝剂

虽然公认的絮凝理论要求水溶性聚合物在溶液中呈线状分布，但是通过控制聚合物的交联程度，却意外地促进了固液分离。目前，有关交联絮凝剂的作用机理尚待研究，不过，开发高交联度工业用絮凝剂已是一种趋势。

高交联度的阳离子絮凝剂已普遍用于污泥脱水前的预处理。在实验室中得到的最大滤液量（排水 5s 之后）是随着絮凝剂交联度的增大而增加的，如图 5-30 所示。可以断言，该絮凝剂用在工业生产规模的固液分离设备上，一定会提高过滤速度、泥饼的含固率以及分离液的清洁度。

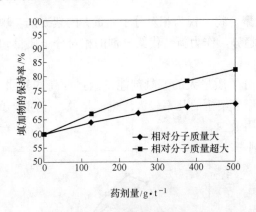

图 5-29　滑石填加物的保持率与
絮凝剂药剂量的关系

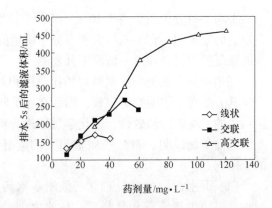

图 5-30　增稠活性污泥时交联度的影响

此外，胶囊包覆的絮凝剂（抗衡离子系统）也在使用，以便在液体中缓慢释放。

应当指出，与增大絮凝剂相对分子质量的趋势相反，相对分子质量小的絮凝剂在某些场合的应用却在增多。例如，用生物技术生产的产品，其发酵介质中细胞的絮凝预处理倾向于使用相对分子质量小的絮凝剂，由此得到的饼很密实。

参 考 文 献

［1］ 日本粉体工业技术協会. 沪過·压榨技术マニュアル［M］. 東京：日刊工業新闻社，1983.

［2］ 日本粉体工业技术協会. 凝集工学［M］. 東京：日刊工業新闻社，1982.

［3］ 高分子学会. 高分子水处理剂［M］.（日）地人書店，1975.

［4］ Svarovsky L. Solid-Liquid Separation［M］. Fourth edition 2000.

［5］ A. Rushton，et al. Solid-Liquid Filtration and Separation Technology［M］. 2000，Second edition.

［6］ Filtration & separation［J］. October 2000：24~27.

［7］ 8th world Filtration Congress［C］. 1223~1226.

［8］ 三好康彦. 污水·排水处理［M］. 東京：オーム（株），2002.

$\pmb{6}$ 计算流体力学在过滤技术中的应用进展

随着计算机硬件技术的快速发展，计算方法的不断改进及数值分析理论的揭示，计算流体力学（CFD）方法已广泛地应用于过滤过程中。使用 CFD 程序，可以更细致地分析研究过滤器内流体的流动状态；可以很容易变换实验条件和实验参数，以获得大量在实验中很难获得的信息资料；可以减少研究和设计时间，降低研究费用，而且，CFD 模拟工具的可视化功能可以使研究人员深入了解实际中不可能得到的过滤器内部的全部信息。依据分析结果可以实现全方位的控制过程和进行优化设计，因此，CFD 方法在过滤行业的应用领域不断扩大。目前，主要研究领域集中在研究计算方法及应用计算流体力学解决实际问题。

在"第十届世界过滤大会"会议期间，学者们进行了过滤技术的广泛交流，公布了他们的研究论文，并展开了深入讨论，这促进了计算流体力学在过滤过程中应用技术的进步。

6.1 流体力学计算方法

使用 CFD 软件进行过滤计算时，基本过程为：首先，将三维模型分解为不同的网格单元，并将单元划分成"固体"（过滤室）、"流体"（流动区域）和"孔隙"（过滤介质）；其次，确定边界条件（即流速、黏度、密度、孔隙率等）；最后用迭代方法计算，得到所需参数（如压降等）的结果，并将结果（压降或流动矢量）进行可视化处理。由于许多实际的过滤器的元器体、过滤介质或滤芯，要么几何尺寸太小，要么形状很复杂，当采用 CFD 模拟计算时，通常做法是使用复杂的网格。实践中得知，这不但耗费大量的计算机内存，且要花费大量的计算时间。

Fraunhofer ITWN 提出了用 CFD 模拟过滤过程的算法和软件 SuFiS, Michael Dedering et al 采用亚格子离散方法对具有简单几何形状和复杂几何形状的过滤介质进行了模拟，并分别与细网格和粗网格情况下进行了对比，得出采用亚格子方法既能说明过滤介质的几何尺寸细节，又有合理的计算时间，并能得到正确的结果。此外，采用并行计算可以大大降低 CFD 模拟的计算时间，节省计算机内存，因此，可以有效模拟具有复杂几何边界的过滤过程。

6.1.1 通过滤层的流动模型

设油过滤器作为计算模型，假设层流是不可压缩流动。通过过滤器的流动性能用 Navier Stokes-Brinkman 方程描述：

$$\frac{\partial \pmb{u}}{\partial t} - \nabla \cdot (\mu \nabla \pmb{u}) + (\rho \pmb{u}, \nabla) \pmb{u} + \mu K^{-1} \pmb{u} + \nabla p = \pmb{f} \quad \text{（动量平衡方程）} \tag{6-1}$$

$$\nabla \cdot \pmb{u} = 0 \quad \text{（连续性方程）} \tag{6-2}$$

$$\frac{\partial C}{\partial t} + (\boldsymbol{u}, \nabla C) = D\Delta C - \alpha C \quad \text{（输运方程）} \tag{6-3}$$

式中　$\boldsymbol{u}$，p，C——分别为灰尘颗粒的速度、压力和浓度；

　　　μ，K，ρ——分别为黏度、多孔（过滤）介质数和流体密度；

　　　D，α——分别为扩散系数和过滤介质的吸收速率。

方程采用同位网格有限体积法在直角坐标系下求解未知。

6.1.2　亚格子方法

对许多实际的过滤器，过滤介质或滤芯几何尺寸或者太小，或者很复杂。采用复杂的网格，要花费大量的内存和计算时间。若采用亚格子方法，能够比粗网格描述更详细的细部。其方法是在选定的单元内用改变和更新的 Navier-Stokes-Brinkman 系统的系数来实现。确切地说，如果过滤介质的一些细节或过滤器几何尺寸太小以至于不能用当前计算网格求解，那么可以在适当的网格单元内，用较细的网格求解，并更改 Navier-Stokes-Brinkman 方程的系数。与局部细化方法不同，这里不采用在粗网格和细网格之间迭代求解。如果在几何尺寸固定、流速变化、黏度变化等情况下进行计算，此种方法特别有效。在这种情况下，Navier-Stokes-Brinkman 方程系数只更新一次，并且在选定的粗网格下，能快速进行连续性的计算。

第一个实例计算模型（见图6-1）是具有简单几何形状的一层薄薄的扁平的过滤介质，可用不同的方法进行求解。如果用足够细小的网格对过滤介质求解，在过滤介质内将有许多单元，那么能得到准确的结果。另一方面，如果使用粗网格这种简化方式，将得到错误的结果。采用能够描述几何尺寸细节，又具有合理的计算时间的亚格子方法，这种方法意味着含有过滤介质的所有粗网格单元上的渗滤性是能变化的，细小网格在计算中的细部（只对固定几何尺寸）上以解决，其流速变化、黏度变化等基本模拟可以在粗网格上实现，使用亚格子方法可得到正确解。

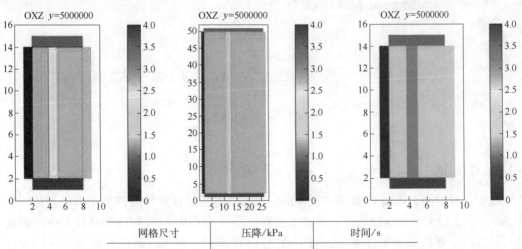

网格尺寸	压降/kPa	时间/s
2mm	57.8	200
0.5mm	28.9	8500
亚网格	28.9	1500

图6-1　计算实例1模型网格划分

第二个实例是考虑了复杂几何形状的情况。在图 6-2 中计算实例 2 模型网格划分右图使用了细网格，可以将其划分得到薄的过滤介质情况，但这种网格计算耗费了大量的时间。左图中，网格没能较详细地描述到过滤介质的细节，因此结果是无用的。同时，在粗网格情况下，使用亚格子方法，计算有 5% 的精度，但计算时间减小到原来的 1/10。

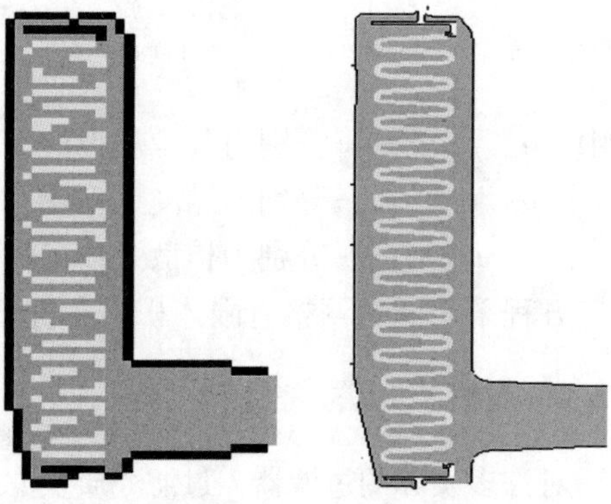

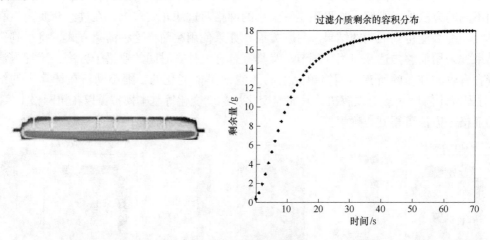

图 6-2　计算实例 2 模型网格划分

6.1.3　模拟实验

求解颗粒浓度方程，结合测试得到的吸收速率，可以模拟效率试验。图 6-3 所示为某时刻的颗粒浓度（左图）和剩余的容积分布（右图）。在这些模拟中，流动没有受到所捕获的颗粒影响，而在过滤工艺的初期，颗粒是明显存在的，但在过滤的后期，流动更接近实际情况。由于在整个过滤操作过程中使用了测试得到的吸收速率，因此可得到正确的结果。目前正在努力改进模型，考虑颗粒对流动的影响，并且将吸收速率作为时间的函数加以考虑。

图 6-3　计算结果曲线

6.1.4　并行计算

减少计算时间，提高 CFD 模拟规模的一个重要方法是在并行处理器上进行模拟运算。在 SuFiS 中，对大多数问题而言，线性求解程序需要的 CPU 时间和内存高达 90%。因此，并行计算的主要目标是实现双倍速度并优化 CFD 模拟。首先，是代数离散部分的分配；其次，是线性求解程序的并行化。此外，根据处理的数量加大调整尺寸比例，实现负载平衡，对优化模拟的完成具有重要意义。

区域离散算法中，将正交三维结构网格作为计算网格。因此，使用了标准的 3D 离散处理，即 p1×p2×p3。这意味着执行数据交换算法。因为很容易确定每个处理器的邻近网格并进行迭代，METIS 证实在优化负荷平衡方面是一个好的软件。网格是实际工业过滤器生成的。

线性求解器的并行化，即 BiCGSTAB 算法，需要在内部处理器之间交互。当局部矢量的边界节点更新时，执行矩阵矢量乘法需要其他的信息。

在处理器特定的拓扑空间中，通过与相邻处理器的数据交换得到信息。此外，内部计算需要所有处理器的全局交互。利用 MPI 路径，如 MPI_ALLREDUCE，对所有处理器进行计算和分配。用 IBM 处理器和特殊网络对 SP5 群集的并行计算结果的有效性测试结果见表6-1。

表 6-1 并行结果的有效性

处理器数量	时间/s	速度提高	效 率	处理器数量	时间/s	速度提高	效 率
1	554.9	1.00	1.00	12	43.9	12.64	1.05
2	263.7	2.10	1.05	16	33.3	16.66	1.04
4	128.0	4.33	1.08	24	22.7	24.44	1.02
8	64.6	8.59	1.07	32	17.6	31.52	0.98

有效模拟过滤过程的新趋势。用亚格子方法，很明显压降的准确率强烈依赖于过滤介质局部渗滤速率更新的正确性。结果表明，使用更新的 Darcy 定律能得到相对正确的结果。并行计算结果表明，使用 METIS 优化负荷平衡及使用 MPI 路径实现处理器间的交互，并行算法在计算时间和内存上具有较好的规模。显然，用复杂几何边界可以有效模拟过滤过程。

6.2　CFD 模拟计算在设计过滤器中的应用

6.2.1　过滤器内流体动力学计算

用 CFD 方法可以研究过滤器内流体流动行为，能够正确确定压降和流速，得到流体之间、液体与固体之间及流体与固体壁面之间的作用力，同时，CFD 中的可视化子程序能使研究者更好地了解过滤器内复杂的流动状态。Taamnen 等人用 CFD 方法研究了两个不同几何尺寸的旋转过滤盘之间的流体流动行为，并对壁面剪切力进行了估算，结果表明：两旋转的膜盘之间的轴向间隙对过滤盘上的剪应力有重要作用，重叠的两个旋转的圆盘与不相重叠的两个旋转圆盘相比，前者的剪切应力大，因而可以有效减少滤饼的形成。

6.2.1.1　IBS 过滤器

IBS 过滤是汽车工业自动传输过滤领域中一个很专业的领域。为适应传输过程的性能、舒适和环境容量方面不断上升的要求，传输制造商正在开发新材料，革新设计或更复杂的控制单元，尤其是全新的开创性的传输类型。

随着传输需求的细化，过滤专家必须确定不断变化的条件来支撑过滤概念。传输需求与过滤概念之间的依赖性见表6-2。

表 6-2 传输需求与过滤概念之间的依赖性

项 目	性 能	舒 适 性	环 境
传 输	(1) 扭矩高； (2) 牵引损失降低； (3) 传输比例增大； (4) 单位质量性能好	(1) 无突然运动； (2) 噪声降低； (3) 操作控制	(1) 有效性； (2) 质量轻； (3) 紧凑
传输类型	传统的自动加强，半自动连续变化，双离合器等		
液 压	新设计，新材料，新概念，较高的压力，较小的部件，更灵敏的构件，更高的清洁水平		
过 滤	吸力和过滤压强： (1) 较小的压降（进口为冷油）； (2) 较高的过滤效率（清洁水平，临界粒径）； (3) 较高的纳污量（缩短使用间隔和过滤器寿命）		

相互作用与过滤介质的属性相关（见图 6-4）。例如，效率越高，压降越高，或者压降越低，纳污量越低。为了优化三个因素，有必要开发新的过滤介质类型。

过滤器的压降和过滤介质与过滤器的几何尺寸相关。过滤器几何尺寸的压降优化和其他因素相关性不大。过滤器几何尺寸的子项优化，可以当成 CFD 模拟中的一个典型的应用领域。由于过滤器内存在着过滤介质，CFD 软件不仅要在有固体或液态单元下工作，还要处理和过滤介质相关的多孔单元。

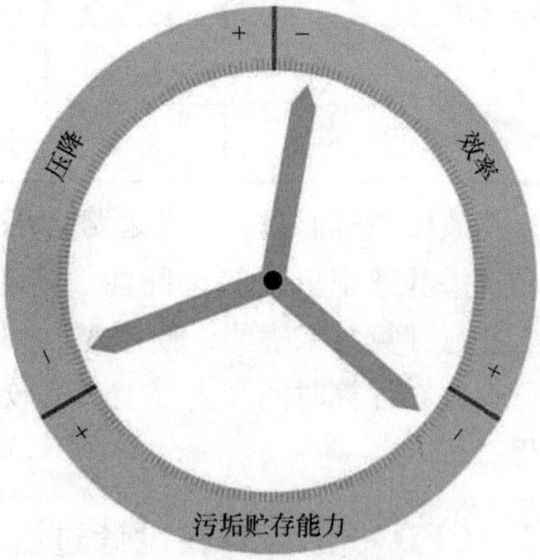

图 6-4 三种过滤关键因素之间的相互作用图

6.2.1.2 CFD 模拟程序的优点

自 2001 年起，IBS FILTRAN 一直使用发展的 CFD 程序 SuFiS，这是由德国弗劳恩霍夫研究所化工技术与数学有限公司改进的。在自动传输运行中过滤应用时调整了算法。和标准的 CFD 软件相比，对于相对高黏度的介质 ATF（自动输运液体），受流动速度影响的压降计算得到了更精确的解。

使用 CFD 软件进行过滤计算的方法可简单描述如下：

(1) 将三维 CAD 模型分解为不同的单元；

(2) 将单元划分成"固体"（过滤室）、"流体"（流动区域）和"孔隙"（过滤介质）；

(3) 确定边界条件（流速、黏度、密度、孔隙率等）；

(4) 用迭代方法计算；

(5) 得到所需参数（压降）的测试结果；

(6) 将测试结果（压降或流动矢量）可视化。

通常，验证计算结果和实验结果的有效性对于成功使用 CFD 程序是非常重要的。例如，过滤计算的正确性依赖于过滤介质的孔隙率值。过滤介质的孔隙数可由特定的实验室测试得到，这考虑了实际的边界条件。另外一种确定孔隙数的方法是以模拟为基础的微观结构分析。然而，有效性要通过实验验证。

CFD 软件在过滤方面的运行将需要相对大量的实验工作。

6.2.1.3　CFD 模拟过程优点

尽管使用 CFD 模拟过程带来额外的实验研究所需的费用，但当需要正确确定所有参数时，从时间上看优点还是很大的。

过滤器优化设计的传统方法和新的 CFD 分析方法比较如图 6-5 所示。

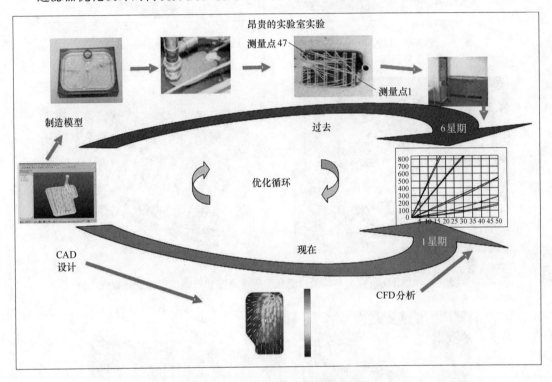

图 6-5　使用 CFD 模拟过程节省时间

在汽车行业全球市场竞争日益加剧的今天，降低产品的生产周期和成本是非常重要的。作为发展合作伙伴的过滤工业，要求优化操作效率，提高设计和生产的能力。

但是，使用 CFD 程序不仅仅在减少时间和费用方面是重要的，例如，CFD 模拟过程的可视化可以"观察过滤器的每一个部位"，这在实际中是很难的或几乎是不可能的，而且可以选择边界条件，而实验测试是不能得到的（例如过滤介质不同的孔隙），这些扩大了过滤行业的发展领域。

6.2.1.4　CFD 模拟软件使用实例

图 6-6~图 6-8 所示为过滤器设计实际应用的几个实例。

图 6-8 显示了气泡的形成。尽管模拟没有考虑流动中的气体，但 CFD 模拟和实验中能直接检测到充气问题。

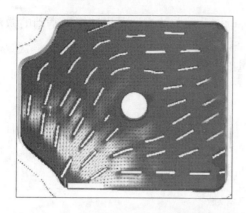
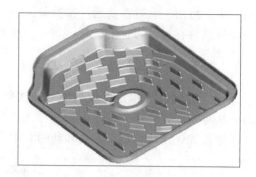

图 6-6　以 CFD 模拟生成的流动矢量为基础设计的流动加强筋

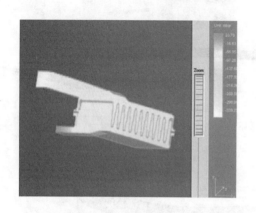
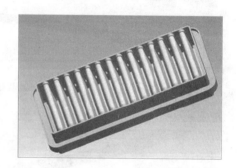

图 6-7　以 CFD 研究为基础的过滤介质折叠高度和折叠角度的优化设计

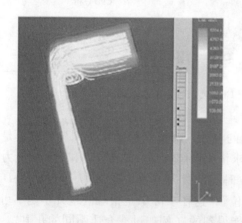

图 6-8　1/4 管处的旋转流动

6.2.1.5　过滤行业 CFD 模拟软件的未来发展

由于计算机硬件巨大的改进已带来的优势，CFD 软件更加适用。过去需要"超容量计算机"，现今普通的计算机已具有足够的计算能力来完成模拟计算。将来，这种发展将在模拟时间和准确性方面有更多优点。计算机硬件方面的投资和 CFD 软件执行方面的相关性将变得几乎无关。

CFD 软件在过滤应用中，能够正确确定压降和流速。附加的可视化功能使过滤器设计人员能更好理解复杂的流动状态。

IBS FlLTRAN 将在未来集中发展 CFD 程序 SuFiS 的子程序，这将能模拟其他过滤中的关键因素，如过滤效率和纳污量。长远目标是创造一种模拟软件来全面描述过滤中所有的相关参数。

与宏观观点不同，其他的微观分析（特别是对过滤介质供应商）如多孔介质中的"流动模拟"或"颗粒分离"正在发展。可以假定，这些将能够和宏观结构结合起来。

另外一种方法是 CFD 和 FEM 分析相结合，这在过滤器设计中也是一个有用的软件。

最后，需要提及的是，如果 CFD 模拟软件占据过滤行业市场，那么，问题是需要编写什么样的子软件以便得到最有效的结果。

6.2.2 旋转盘过滤器

应用计算流体力学来计算两个旋转的膜片之间的流体流动行为和估算壁面剪切力研究过程，其步骤为：假设流体是牛顿型流体且是不可压缩和等温条件；采用 $k\text{-}\varepsilon$ 模型来描述加压室特别是旋转膜周围的湍流流动；当和不重叠的过滤器相比时，重叠的两盘之间产生较高的剪切力，可以更有效地减少滤饼的形成。两旋转的膜盘之间的轴向间隙对过滤盘上的剪切力有重要影响。

由于滤饼在膜过程的应用中具有阻力，因此经常用增加膜表面上的剪切力来减少颗粒沉积以减少滤饼形成。在典型的十字流过滤中，膜表面的剪切力由于切向流动而增加。由于切向流动方向上的压降，因此剪切力和进料速度有关。较高的剪切力意味着较高的流速和压降。对于旋转膜盘，剪切力和流速无关，因为剪切力只是旋转速度的函数。旋转膜过滤器可以通过旋转两个膜之中的一个或旋转膜附近的挡板得以实现。对无孔旋转盘的基本流动机制有大量详细的研究。Daily 和 Nece 在 1960 年最早报道了带压过滤器旋转盘的动力学特征。他们指出半径为 r、壳内轴向间隙为 s 的旋转盘的动力学有两个影响参数，即以间隙宽度为特征长度的间隙雷诺数（$Re_\mathrm{s}=\omega s/\nu$），或以盘的半径为特征尺度的径向雷诺数（$Re_\mathrm{r}=\omega r^2/\nu$），第二个参数是间隙宽度和盘半径之比（$s/r$）。因为在这种情况中，旋转盘之间的轴向间隙较大（至少 5mm），除了低速和中心部分流动外，流动是在边界层中且是湍流。采用计算流体力学来估计两个不同几何尺寸的旋转过滤盘上的剪切力并进行分析比较，同时计算两旋转过滤盘之间的轴向距离对壁面剪切力的影响。

实验装置如图 6-9 所示，第一种结构包括两个重叠的旋转盘，过滤盘安装在两个空心的旋转轴上，两个盘是无孔的。假设流体为牛顿型流体，不可压缩性质，操作温度为恒温条件。在整个区域内划分网格，用三维模型求解。由于几何形状中会出现循环流动，因此采用 $k\text{-}\varepsilon$ 模型进行计算。前期的研究表明，$k\text{-}\varepsilon$ 模型用在此系统中可以对实验结果有较正确的描述。第二种结构是安装在一个空心轴上的两个旋转过滤盘（见图 6-9b）。用二维模型求解。CFD 适合多孔介质中的流动。对于牛顿型等温不可压缩流动，可以用 Forchheimer-Brinkman 模型描述多孔介质中的流动：

$$\frac{\rho}{\varphi} \cdot \frac{\partial v}{\partial t} + \left(\frac{\mu}{L_p} + \frac{\rho c}{\sqrt{L_p}} |v| \right) v = - \nabla p + \mu \nabla^2 v + \rho f \qquad (6-4)$$

式中　φ——介质孔隙率；

　　　c——取决于多孔介质的常数；

　　　L_p——多孔介质渗透率；

　　　$|v|$——速度大小。

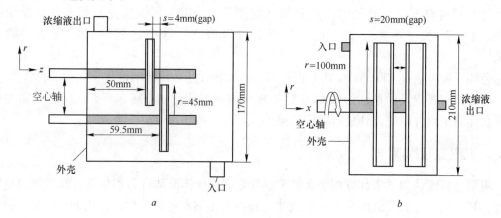

图 6-9　两种结构单元的标准尺寸

a—双轴；b—单轴

　　显然，式（6-4）中，Forchheimer 项（括号内第二项）和黏性流动项（等号右边第二项）可以忽略，当流动是稳定流动且没有体积力时，方程式（6-4）变成了 Darcy 定理的表达式。由于滤饼的形成，本研究中没有考虑长时间内整个膜渗透率的变化。假设膜渗透率不变下按稳态条件计算。在所有的固体壁面边界为无滑移条件。

　　当 $N = 1000 r/min$ 时，重叠盘（剪切间隙）表面剪切力的变化和壁面附近（自由间隙）表面剪切力的变化如图 6-10 所示。可以看出，剪切间隙内的壁面剪应力比自由间隙表面的要大，因为每个盘上的速度是相反的方向（相对速度高）。

　　增加两个旋转盘过滤器（单轴）之间的轴向间隙，可以增加内表面附近的静压，盘端的涡也随之变大。盘旋转速度对流形的影响可以从流线变化图（图 6-11）上明显看出。过滤盘旋转速度导致流动循环。对宽间隙，盘端部的流动循环变大。

　　图 6-12 所示为不同轴向间隙的旋转过滤盘之间壁面剪应力的变化情况。对宽间隙，在过滤器表面的中心附近剪应力相对高。因此，增加两旋转过滤器之间的轴向间隙可以避免滤饼的形成。

　　旋转盘过滤器的 CFD 结果和 Schiele 与 Bouzerar 给出的剪应力近似理论解进行比较（见图 6-6），可以找到 CFD 和理论解之间的差别。Schiele 研究中考虑的是没有径向流动的固体旋转盘（无孔）。Bouzerar 从 Blasius 摩擦系数对平板（在膜附近有旋转的固体盘，膜是静止的）估算了剪切力。

　　旋转盘过滤器，在 Fluent 计算中使用了多孔模型。考虑了滤液并且部分流体通过了过滤表面，渗滤通量随半径变化。使用 CFD 得到的旋转过滤盘上的剪切力和旋转固体盘及

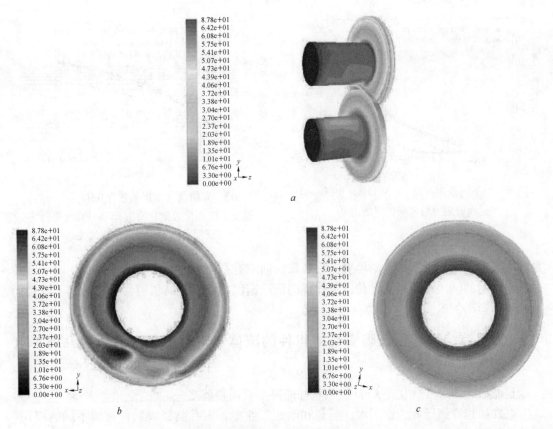

图6-10　壁面剪应力分布($N=1000r/min$)

a—两个重叠的旋转盘；b—剪切间隙表面；c—壁面附近表面（自由间隙）

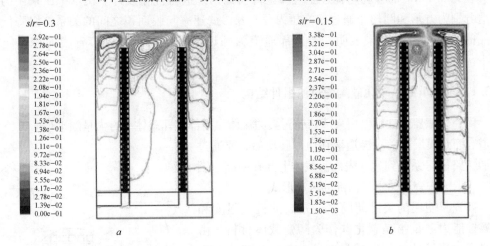

图6-11　相同条件下，不同几何比例的流线变化图

$a—s/r=0.3$；$b—s/r=0.15$

静止膜相比有所增加（见图6-13）。主要原因是旋转盘过滤器上的边界层变薄且盘端部有漩涡形成。

　　两个重叠的旋转盘与安装在同一轴上的旋转盘相比有高的剪切力。显然，重叠的旋转

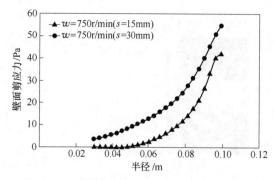

图 6-12　不同轴向间隙（s 为 15mm 和 30mm）
壁面剪应力与径向位置的关系

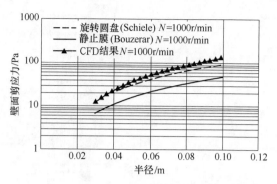

图 6-13　光滑盘（摩擦系数为 0.45）与高过滤
速度下壁面侧过滤介质用 CFD 计算所得到的
壁面剪应力与径向位置的关系

盘的安装间隙减小了滤饼盘的厚度。后者轴向间隙有利于提高对壁面的剪切力。两个旋转过滤盘之间的轴向距离增大，待滤流体横向流动速度加快，提高了剪切力，形成了盘端面上的强烈运动的涡。

6.3　多孔重结晶碳化硅陶瓷过滤组件的流体流动计算与通道边界几何形状的优化

过滤器几何尺寸优化是 CFD 模拟软件的典型应用领域之一。

在食品和啤酒行业、饮用水、医药和制药工业中，多孔陶瓷膜组件有着不同的应用。用较小的膜面积实现高渗透流动，膜组件合适的几何设计是至关重要的。Alexopoulos 等人对直径为 0.144m 的多孔陶瓷过滤组件进行模拟，并进行优化设计。文章中所采用的过滤通道分别为方形和圆形，通过研究压力分布及渗滤速率与膜面积之间的关系，以降低组件产品的费用。研究结果表明，当内部通道为圆形横截面时，可以节省膜面积，使费用减少。

6.3.1　多孔重结晶碳化硅陶瓷过滤组件结构

陶瓷过滤器组件可以用来清洁受污染的流体。内部多孔载体上有大量的平行通道，所有通道表面有膜层覆盖。渗透液在通过膜层后，要通过矩形"路径"系统到达外表面。载体上开孔率高。图 6-14 所示为陶瓷过滤组件内部的流动形式。

陶瓷膜使用的关键问题之一是高的机械强度和耐腐蚀能力。重结晶碳化硅作为陶瓷载体材料，由于具有耐腐蚀能力，机械强度好，好的渗滤性，产品能商品化，因而是个很好的选择。陶瓷膜推广的另一个关键因素是成本。其途径是通过增大膜组件的物理尺寸来降低陶瓷膜价格，多采用大组件直径，如 0.144m 或 0.180m，且需要正确选择物理尺寸和几何形状。

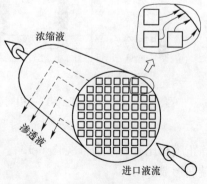

图 6-14　陶瓷过滤组件内部的流动形式

6.3.2 多孔介质中的流动

静态下多孔介质中对流动的理论描述和固体内的热传导有相同的数学形式，用许多分析过程和数值过程能解决此领域内的问题。

在多孔结构中，流量 q，即单位面积上每秒时间流体的体积（$m^3/(m^2 \cdot s)$）和压降成正比：

$$q = -k \cdot \text{grad } p \tag{6-5}$$

比例系数 k 取决于多孔结构参数 B 和流体黏度 η，和孔径分布有关。计算 B 有一些理论模型：

$$k = \frac{B}{\eta} \tag{6-6}$$

假设流体不可压缩且静止，压力场的计算是经典的 Laplace 方程：

$$\text{div}\left(-\frac{B}{\eta} \cdot \text{grad } p\right) = 0 \tag{6-7}$$

需要注意的是，控制方程的结构和固体中热传导方程是一样的，因此，可以使用相应的计算机程序进行数值分析。

6.3.3 特征变量和过滤模型优化

陶瓷组件由以下参数表征：
（1）半径 R 和长度 L；
（2）内部通道宽度和壁厚；
（3）重结晶碳化硅载体的相关材料性质；
（4）膜性质和结构。

一个重要目标是优化组件。根据所使用的膜面积和组件的渗滤量进行优化，目的是通过减小膜面积和较好的渗滤性能来降低组件产品的费用。

许多参数如通道尺寸可以变化。在下面的章节里，只考虑了通道的不同横截面形式。

6.3.4 针对给定的过滤组件膜特征分析不同通道的边界形状

分析 0.144m 直径的方法是基于有关组件内多孔介质中流体流动的有限元模型。有限元方法模拟可以给出正确的结果。

分析中考虑了通道不同的几何形状，如每个通道的边的形状。在有效范围内，组件所有其他的特征量都为常量。一方面这包括了膜层的分布和性质，膜包括四层。另一方面也包括了重结晶碳化硅载体的性质。

最后，几何特征和过程特性，如组件长度和压力都没有变化。压降等于 0.1MPa，组件长度为 1m。通道宽度为 2.5×10^{-3}m，壁厚为 1.0×10^{-3}m。

直径为 0.144m 的重结晶碳化硅多孔陶瓷过滤组件边的几何形状进行了优化。通道边的形状从方形变成了圆形，目的是减少所使用的膜面积。将参考的方形作为所有其他通道横截面的包络线，实现"方—圆"的转变。

图 6-15 所示为方形横截面过滤组件内的压力分布，图 6-16 所示为圆形横截面膜组件内的压力分布。因此，对圆形选择了四种不同角半径进行分析。

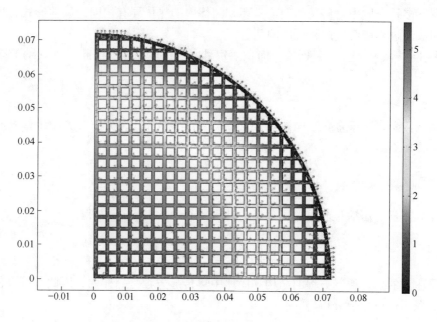

图 6-15　方形横截面过滤组件内的压力分布

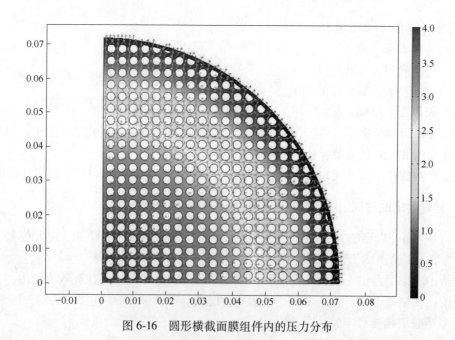

图 6-16　圆形横截面膜组件内的压力分布

表 6-3 表明了不同横截面形式渗滤量的模拟结果。考虑到方形横截面和圆形横截面，发现渗滤量减少大约 10%，相应的膜面积减少高达 20%以上。单位膜面积的渗滤流动增加 10%以上。

表 6-3 不同横截面形式的过滤速率

形 式	渗透率/%	膜面积/%	渗透流(=流通量/膜面积)/%
二次横截面(参考)	100.0	100.0	100.0
圆形截面区域(圆弧半径 $r=0.0001m$)	99.0	97.7	101.3
圆形截面区域(圆弧半径 $r=0.0002m$)	98.2	96.1	102.1
圆形截面区域(圆弧半径 $r=0.0005m$)	95.5	91.5	104.3
圆形截面区域(圆弧半径 $r=0.0010m$)	91.1	82.9	109.8
圆形截面积	89.1	78.3	113.7

很明显，膜面积的节省和渗滤量的微小减少相关联。因此，从方形横截面形式变化为圆形横截面是有效减少所使用的膜面积的有效方法。膜面积的减少降低了陶瓷组件的费用。

膜组件优化将扩大到不同几何形状的多孔载体，除 0.144m 组件外，将计算 0.180m 组件。将完成不同膜类型和膜层的边形的优化。

陶瓷过滤组件的工业应用非常广泛。完整的组件几何优化可以用数值方法完成。应用有限元程序研究通道边形的细小变化。模拟分析结果表明，由于载体内部通道变成圆形横截面，节省了膜面积，费用减少。

6.4 平板膜组件的污垢分布

膜过滤中，为了保持膜的渗滤能力，需要对膜污垢定期清洗，因此，膜污垢在操作成本中占有重要作用。此外，不可逆垢决定着膜的使用寿命。污垢的形成主要受物料特性、进料温度和流体动力学状态的影响。Balannec 等人用平板膜分别过滤木炭悬浮物和脱脂牛奶，得到了污垢分布图。在此基础上，对平板膜组件内的流动进行了 CFD 计算，研究了速度分布对污垢分布的影响，计算结果与实验结果吻合良好。计算结果表明，膜表面的剪切速率分布极大影响着污垢分布，膜表面处的速度越低（剪切速率越低），污垢沉积量越大。

为了得到牛奶浓度或对血清进行分离纯化，乳制品行业使用超滤技术。为了保持渗滤能力，需要对膜污垢定期清洗，因此膜污垢是操作成本的重要部分。此外，清洗操作的不可逆决定着服务寿命。

结垢受进料特点和温度影响，也受流体动力学状况影响。因此，沿着膜的压力梯度和速度梯度方向产生了膜表面污垢浓度分布。脱脂牛奶过滤中，产生污垢的主要因素是蛋白质。

通常用小面积膜组件（典型的是平板），在实验室内，用十字流动来研究压力和进料流动对膜污垢的影响。选择流速是为了得到和工业上螺旋组件同一数量级的速度范围。通常，在污垢实验中，假设沿膜速度分布均一，污垢平均分布，研究渗滤量的变化。CFD 研究证明，这取决于组件几何形状和流态，几乎可实现单向流动。然而，在大多数情况下，组件内的均匀流动假设和实际相差太远，但还是得到了污垢分布结果。

考虑到污垢类型，可以用一些分析技术得到污垢的实验图。例如，用红外光谱-ATR技术对 PES 膜和 PSU 膜分析可以考察蛋白质污垢，用图像分析可以得到木炭沉积。

在平板结构中，用 CFD 模拟可以计算出污垢分布和流速分布的关系。然后可以推导出有用的信息来解释污垢现象，提高组件的设计。

6.4.1 污垢实验

用平板膜 Rayflow×100（Orelis-Novasep，见图 6-17）进行污垢实验，膜是由聚砜（PES）做成的 $127cm^2$ 的超滤膜，进料通道无间隔。第一次实验中，过滤的是木炭悬浮物（过滤条件：25℃，0.2MPa，十字流速度为0.56m/s），目的是确定污垢分布图像。第二次实验中，过滤的是脱脂牛奶（过滤条件：50℃，0.2MPa，十字流速度为 0.28m/s），目的是研究蛋白质沉积物的特定行为。然后组件迅速引流并在膜分析前仔细清洗。

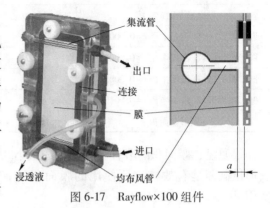

图 6-17　Rayflow×100 组件

6.4.2 污垢分布图

木炭悬浮物的特殊性可以通过透明组件直接观察木炭沉积物得到。

为绘制蛋白质沉积物，使用有硒化锌晶体（入射角 45°和 12 个反射光）的 FTIR-ATR 光谱仪。在记录前，未使用的膜和污染的膜在真空下干燥。通过对蛋白质酰胺Ⅱ的峰值高度比值（因为 CN+NH 振荡，在 $1520\sim1550cm^{-1}$ 范围内）和 PES 膜带宽的比较确定蛋白质沉积物。

6.4.3 平板膜的 CFD 模拟

为模拟速度分布和压力分布，使用 COMSOL Multiphysics 3.3 软件模拟平板组件。平板组件的三维描述包括进料通道、进出口管部分和管子分布。特别的是，假定流动是稳态不可压缩的。使用了 COMSOL 化学工程组件的层流 Navier-Stokes 模式和湍流模式。对进料侧无间隔的平板组件进行了模拟。没有包括渗滤效应，但这不影响速度分布，因为和十字流速度相比，渗滤速度可以忽略。进料通道的厚度与其长度和宽度相比很小，为降低内存使用，需要研究不同的网格划分方法。对于湍流模型，自由网格划分需要 25000 个单元（见图 6-18）。耦合的层流——湍流模型需要更细小的网格（53000 个单元），以便收敛。为了收敛，使用参数分解，或者使速度递增（从低速开始），或者降低黏度。在进料通道厚度上不可能有大量的节点：这将需要太多的单元。然而，可以假设为抛物线形，膜表面的剪

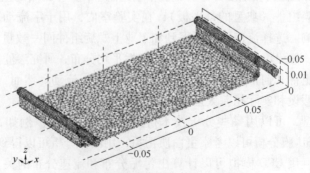

图 6-18　湍流模型中使用的网格

切速度可以用进口通道厚度中点处的最大速度计算：

$$\gamma = \frac{4}{a} v_{\max} \tag{6-8}$$

考虑雷诺数，进口和出口处为湍流，分布管和收集管及通道内为层流。然而，在分布和收集管内，速度方向发生很大变化，必须用湍流模型描述且需要更细的网格。因此，提出了耦合的层流—湍流模型：很难且需要长时间收敛，而且需要在层流部分加上人为的扩散。耦合的层流—湍流模型的速度分布是连续的，然而有许多平均速度急剧下降点。此外，在通道大面积内，局部雷诺数超过 2000，而且高雷诺数时，层流的 Navier-Stockes 模型不再适用。

在整个 3D 区域内使用 k-ε 湍流模型。这种情况下很容易收敛，计算花费大约 3h。

结果比较表明，两种模型给出了通道中间高度上相似的空间速度分布（见图 6-19）。压降计算（3kPa，即 30mbar）确认了实验测量小于 10kPa（100mbar）。

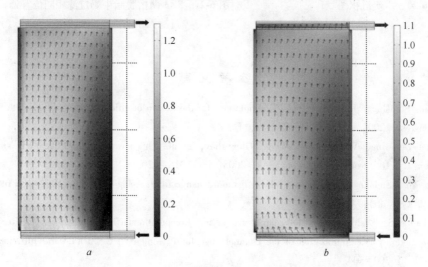

图 6-19　耦合的层流—湍流模型和湍流模型中通道中间高度上的速度分布
a—层流—湍流模型；b—湍流模型

由于操作压力相对变化很小，它们对污垢分布的影响可以忽略。速度分布呈弧形轨迹，其余部分是重要的准滞流区域。比较图 6-19 和图 6-20，注意到最低速度区（因此，有最小的剪切速率）对应着图中较黑的颜色，所显示的是最高的木炭沉积。这些结果表明十字流组件中的流动和单方向速度分布的平行流相差很大（在选定的实验条件下）。因此，膜表面的剪切速率分布极大影响着污垢分布。

对于脱脂牛奶超滤实验，由 FTIR-ATR 测量得到，剩余的蛋白质量不可逆地沉积在膜表面上，将膜划分成 3×3 网格 9 个样本，获得 FTIR-ATR 分析所需的尺寸。用同样的 3×3 网格进行 CFD 模拟计算得到平均剪切速率。为得到蛋白质污垢和剪切速率的关系，绘制了剩余的蛋白质量与平均剪切速率关系图（见图 6-21）。可以看出，当剪切速率下降时，蛋白质污垢增加。可以预期，随着网格的细化，线性关系会更好。

对两种实验（蛋白质污垢和木炭沉积），污垢结果和 CFD 计算结果吻合良好，膜处的速度越低（剪切速率越低），沉积量越大。

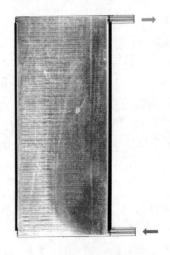

图 6-20 木炭沉积图

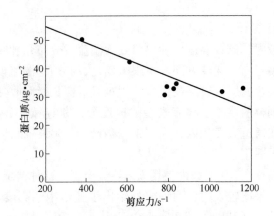

图 6-21 3×3 网格脱脂牛奶过滤相同位置处,
过滤因子与剪应力的关系

参 考 文 献

[1] Wolfgang Stausberg. Importance of CFD simulations for the design of efficient filters [C]. 10th world filtration congress, 2008 (Ⅰ): 321~325.

[2] Michael Dedering, Wolfgang Stausberg, Oleg Iliev, et al. On new challenges for CFD simulation in filtration[C]. 10th world filtration congress, 2008(Ⅰ): 316~320.

[3] Taamnen Y, Steinke L, Ripperger S. Investigation dynamic filters using CFD[C]. 10th world filtration congress, 2008 (Ⅱ): 472~476.

[4] Alexopoulos S, Breitbach G, Hoffschmidt B, et al. Computational fluid flow of porous ReSiC ceramic filtering modules and optimization of the channel edge form geometry [C]. 10th world filtration congress, 2008 (Ⅱ): 300~304.

[5] Balannec B, Gozalvez-Zafrilla J M, Delaunay D, et al. CFD simulation of a flat membrane module as a tool to explain fouling distribution [C]. 10th world filtration congress, 2008(Ⅱ): 467~471.

7 膜 过 滤

7.1 概述

近几十年来，膜分离作为一种新兴的高效的分离、浓缩、提纯及净化技术，发展极为迅速，已得到广泛应用，形成了独特的新兴高科技产业。经过不断的发展，膜技术已成为高效节能的单元操作，对相关产业的发展起到了很大的推动作用。

膜分离技术采用的是具有特定性质的半透膜，它能选择性地透过一种物质，而阻碍另一种物质。早在 19 世纪中叶，用人工方法制备的半透膜业已问世，但由于其透过速度低、选择性差、易于阻塞等原因，未能应用于工业生产。1960 年 Loeb 和 Sourirajan 制备了一种透过速度较大的膜。这种膜具有不对称结构，称为非对称膜（asymmetric membrane）。而早期的膜，其结构与方向无关，称为对称膜，如图 7-1 所示。

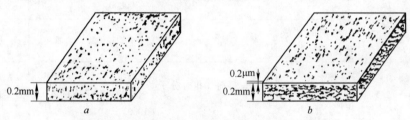

图 7-1　对称膜（a）和非对称膜（b）的示意图

非对称膜表面为活性层，孔隙直径在 10^{-9}m 左右，厚为 $2 \times 10^{-7} \sim 5 \times 10^{-7}$m，起过滤作用；下面是支持层，厚为 $0.5 \times 10^{-4} \sim 1.0 \times 10^{-4}$m，孔隙直径为 $0.1 \times 10^{-6} \sim 1.0 \times 10^{-6}$m，起支持活性层作用。活性层很薄，流体阻力小，孔道不易被阻塞，颗粒被截留在膜的表面，如图 7-2 所示。不对称膜的出现是膜制造上的一种突破，它为膜分离技术走向工业化奠定了基础。

膜分离技术与传统的分离过程相比，具有无相变、设备简单、操作容易、能耗低和对所处理物料无污染等优点。许多已经成熟的和不断研发出来的技术，如反渗透、超滤、微

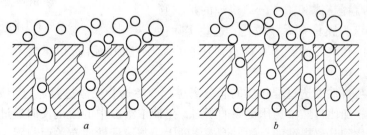

图 7-2　对称膜（a）和非对称膜（b）的过滤性能

滤、纳滤、电渗析、渗析、气体分离、渗透汽化、无机膜、膜反应及控制释放等，在化工、电子、医药、食品加工、气体分离和生物工程等各行业的广泛应用，产生了很大的经济效益和社会效益。

其中的反渗透（reverse osmosis，简称RO）、纳滤（nano filtration，简称NF）、超滤（ultra filtration，简称UF）与微孔过滤（micro filtration，简称MF，微滤）等过程的应用最为广泛，它们之间没有明确的分界线，均属压力驱动型液相膜分离过程，溶质或多或少被截留，截留物质的粒径在某些范围内相互重叠。它们是典型的膜过滤，几种膜过滤过程特性比较见表7-1。

表 7-1　几种膜过滤过程特性比较

脱分离过程	驱动力（压力差）/MPa	传递机理	透过膜的物质	被膜截留的物质	膜的类型
微滤（MF）	0.01~0.2	颗粒大小形状	水、溶剂和溶解物	悬浮物、细菌类、微粒子（0.01~10μm）	多孔膜
超滤（UF）	0.1~0.5	分子特性、大小形状	溶剂、离子和小分子（相对分子质量<1000）	生物制品、胶体和大分子（相对分子质量1000~300000）	非对称膜
反渗透（RO）	1.0~10	溶剂的扩散传递	水、溶剂	全部颗粒物、溶质和盐	非对称膜、复合膜
纳滤（NF）	0.5~2.5	离子大小及电荷	水、溶剂（相对分子质量<200）	溶质、二价盐、糖和染料（相对分子质量200~1000）	复合膜

膜分离器工作原理示意图如图7-3所示，它是以压力为推动力，依靠膜的选择性将液体中的组分进行分离的方法。其实质是物质经过膜的传递速度不同而得到分离。

膜分离理论的研究，是为了科学地阐述复杂的膜过滤现象，解释溶质的分离规律，并且对膜的分离特性进行定量地预测。同时，掌握膜分离理论又有助于膜材料的选择与膜的制备。

广泛用来解释超滤和微滤分离机理的是"筛分"原理，即认为膜具有无数微孔，这些实际存

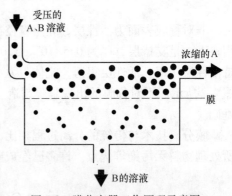

图 7-3　膜分离器工作原理示意图

在的不同孔径的孔眼，像筛子一样截留住直径大于孔径的溶质和颗粒，从而达到分离的目的。

反渗透是与自然渗透过程相反的膜分离过程。渗透和反渗透是通过半透膜来完成的。在浓溶液一侧施加比自然渗透压更高的压力，迫使浓溶液中的溶剂反向透过膜，流向稀溶液一侧，从而达到分离提纯的目的。渗透压的大小与溶液性质有关而与膜无关。物质迁移过程常用氢键理论、优先吸附—毛细管流动理论、溶解扩散理论来解释。

纳滤又称为低压反渗透，是膜分离技术的一个新兴领域，其分离性能介于反渗透与超滤之间，允许一些无机盐和某些溶剂透过膜，从而达到分离的目的。纳滤膜特有的功能是反渗透膜和超滤膜无法取代的，它兼有反渗透和超滤的工作原理。

上述四种膜分离过程及主要应用示意图如图 7-4 所示。

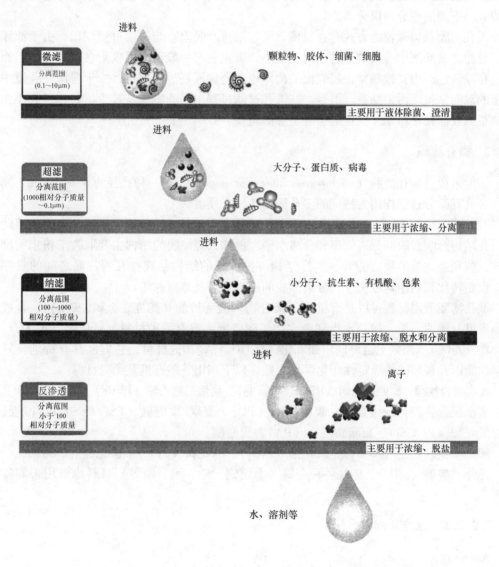

图 7-4　四种膜分离过程及主要应用示意图

7.2　微孔过滤

微孔过滤多用于滤除细菌和细小的悬浮颗粒，截留微粒范围大约为 $0.05 \sim 10 \mu m$。从粒子的大小看，基于微孔膜发展起来的微滤技术是常规过滤操作的延伸，是一种精密过滤技术。

7.2.1　微孔过滤原理

微孔过滤是以静压差为推动力,利用膜的"筛分"作用进行分离的膜过程。微孔过滤的介质为均质多孔结构的滤膜,在静压差的作用下,小于膜孔的粒子通过滤膜,比膜孔大的粒子则被截留在滤膜的表面,且不会因压力差升高而导致大于孔径的微粒穿过滤膜,从而使大小不同的组分得以分离。

微孔滤膜截留微粒的方式有:机械截留、架桥及吸附。与深层过滤相比,由于滤膜极薄,对滤液及滤液中有效成分的吸附量极小,贵重物料一般不会因吸附在过滤介质上而损失。在除菌过程中,被截留在膜表面的菌体也不会像深层过滤那样,由于滞留在孔道中的细菌的双向繁殖而污染滤液。但是,在微孔过滤过程中,滤膜极易被少量与孔径大小相当的微粒或胶体粒子堵塞,这也应引起足够的重视。

7.2.2　微孔滤膜

一般来说,微孔滤膜(microporous filter membrane)是指一种孔径为 $0.1 \sim 10 \mu m$、厚度均匀、具有筛分过滤作用为特征的多孔固体连续介质。

微孔滤膜可用不同方法制备。由于微孔滤膜主要是通过筛分原理进行分离的,因此膜的微孔结构影响着膜的分离效率和分离水平。例如,烧结膜的结构主要取决于粉末的堆积机构,核径迹刻蚀的膜为圆管状贯穿结构,拉伸膜的结构是被拉开的片晶之间的贯穿空隙,而相转化膜的结构取决于相分离形成的网络形态及非对称性。

微孔滤膜所用材料可以是有机的(聚合物)或无机的(陶瓷、金属、玻璃)。合成聚合物膜可分成两大类,即疏水类和亲水类。陶瓷膜主要有两种材料,氧化铝(Al_2O_3)和氧化锆(ZrO_2)。原则上也可使用如氧化钛(TiO_2)等其他材料,它们都具有特别良好的力学性能以及很高的热稳定性和化学稳定性。以下列出一些有机及无机材料:

疏水聚合物膜:聚四氟乙烯(PTFE、特富龙)、聚偏二氟乙烯(PVDF)、聚丙烯(PP)。

亲水聚合物膜:纤维素酯、聚碳酸酯(PC)、聚砜/聚醚砜(PSF/PES)、聚酰亚胺/聚醚酰亚胺(PI/PEI)、聚脂肪酰胺(PA)、聚醚酮。

陶瓷膜:氧化铝(Al_2O_3)、氧化锆(ZrO_2)、氧化钛(TiO_2)、碳化硅(SiC)。

另外,玻璃(SiO_2)、碳及各种金属(不锈钢、钯、钨、银等)材料也被用来制备微滤膜。

7.2.2.1　性能及测定

A　厚度

由特种纤维素酯或高分子聚合物制成的微孔滤膜的厚度一般为 $90 \sim 170 \mu m$,可用各类精密的测厚仪来测定。比较严格的方法是用薄膜测厚仪测定。其优点是可使样品统一承受一固定的压强,从而得到更精确的结果。

B　过滤速率

过滤速率主要采用恒压过滤装置测定液体在一定温度和压力下的透过速度。其计算式为:

$$J_w = \frac{V}{S_m t} \tag{7-1}$$

式中　J_w——过滤速率，$m^3/(m^2 \cdot s)$；

　　　　V——液体透过总量，m^3；

　　　　S_m——膜的有效面积，m^2；

　　　　t——过滤时间，s。

测定过滤速率的常用装置如图7-5所示。

C　孔隙率

孔隙率即滤膜中的微孔总体积与微孔滤膜体积的百分比，可由下述两种方法求得：

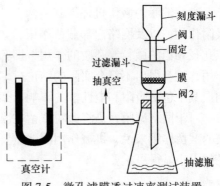

图7-5　微孔滤膜透过速率测试装置

（1）干、湿膜质量差法，分别测定湿、干膜的质量 W_1 和 W_2，按下式计算孔隙率：

$$\varepsilon = \frac{(W_1 - W_2)/\rho_{H_2O}}{V} \times 100\% \qquad (7\text{-}2)$$

式中　ρ_{H_2O}——水的密度；

　　　　V——膜的表观体积。

（2）按膜表观密度 ρ_0 和膜材料的真密度 ρ_t 求孔隙率：

$$\varepsilon = \left(1 - \frac{\rho_0}{\rho_t}\right) \times 100\% \qquad (7\text{-}3)$$

7.2.2.2　形态结构与截留机理

不同的膜，由于所用的材料、制备工艺和后处理等方面的不同而各有差异，主要有均相和异相、对称和不对称、致密和多孔之别。膜本身包括表层、过渡层和下层，以及它们的结构、厚度、孔径及其分布、孔的形状和孔隙率等。不同结构的膜的性能也不相同。

常见的几种微孔滤膜的扫描电镜图像表明它们属于多孔体结构，其形态可分为以下3种类型（见图7-6）：

（1）通孔型。例如核孔（nuclepore）膜，以聚碳酸酯为基材，利用核裂变时产生的高能射线将聚碳酸酯链击断，而后再以适当的溶剂浸蚀而成。所得膜孔呈圆筒状垂直贯通于膜面，孔径非常均匀。

（2）网络型。这种膜的微观结构与开孔型的泡沫海绵类似，膜体结构基本上是对称的。

（3）非对称型。可分为海绵型与指孔型两种，可以认为是（1）与（2）两种结构的复合结构形态。

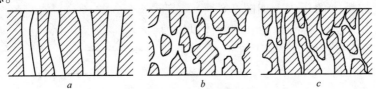

图7-6　有代表性的膜断面结构

a—通孔型；b—网络型；c—非对称型

　　微孔滤膜的截留机理因其结构上的差异而不尽相同，主要有机械拦截、架桥、物理或吸附作用，以及网络内部截留作用，如图7-7所示。机械拦截是指膜具有截留比其孔径大或孔径相当的微粒等杂质的作用，即筛分作用。然而，对于微孔滤膜，如果过分强调筛分作用，就会得出不符合实际的结论，即除了要考虑孔径因素之外，还要考虑其他因素的影响。其中包括吸附和电性能的影响。架桥作用是指在孔的入口处，微粒因为架桥作用被截留。对于网络型膜，是将微粒截留在膜的内部，而不是在膜的表面。因此，对某些微孔滤膜的截留作用来说，机械作用固然重要，但微粒等杂质与孔壁之间的相互作用有时较其孔径的大小显得更重要。

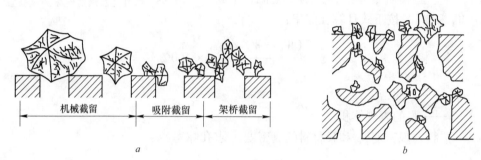

图 7-7　微孔膜的各种截留作用示意图

a—在膜的表面层截留；b—在膜内部的网络中截留

7.2.2.3　孔径及其分布

　　微孔滤膜孔径的大小及分布决定着膜的筛分功能。有许多方法可以测定膜的孔径，如泡点法、滤速法、气体渗透法、压汞法、吸附法以及利用含已知粒径微粒溶液法和扫描电镜法等。其中，扫描电镜法是根据几何投影原理，把非圆形的孔，取其长轴作为孔的几何直径，属微孔膜的几何孔径；而其他方法是利用微孔膜的某一物理效应，由测定的相应的物理量根据相应的公式换算出孔径，是间接测定方法，属物理孔径。不同的物理方法，由于其依据的物理效应不同，所以所测的孔径数据不完全相同，但各种测定方法所得的孔径数据之间存在着相互一致的联系。下面介绍几种主要的滤膜孔径测定技术。

　　A　压汞法

　　该法是由沃什伯恩（Washburn）于1921年首创的。其原理是：水银的表面张力非常大，对多数材料都极不亲和，欲将它压入多孔材料的细孔内，则必须施加极大的压力。如图7-8所示，当把一种表面张力为 σ_0、接触角为 θ 的液体以压力 p 压入一个半径为 r 的笔直圆筒内时，有如下关系式：

$$\pi r^2 p + 2\pi r\sigma_0\cos\theta = 0 \qquad (7-4)$$

$$r = -2\sigma_0\cos\theta/p \qquad (7-5)$$

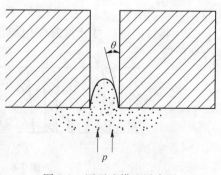

图 7-8　压汞法模型示意图

水银的表面张力 $\sigma_0 = 4.80 \times 10^{-3}$ N/cm，假设接触角 $\theta = 140°$；外压力 p（MPa）；细孔半径 r（μm）。根据式（7-5）可得：

$$r = 7.65/p \tag{7-6}$$

如果将试样放入试样瓶并不断地对水银加压，则最后根据试样中浸入的水银量即可算出孔的容积。图 7-9 所示即为其测定的孔径分布。

压汞法的缺点为：

（1）根据假定，细孔的形态为笔直的圆筒形，因而这种方法对其他一些形态的细孔就难以适用。

（2）计算中假设水银的接触角为 140°，但实际上，水银同试样的接触角将随试样的品种而异。另外，在实际测定中，施加的压力往往高达 150~420MPa，在如此高压情况下，接触角是否与常压时的相同尚存在疑问。

（3）试样本身在高压下也存在压缩变形问题。

（4）测试过程中，水银难免被污染，此时表面张力和接触角会发生变化，并将带来误差。

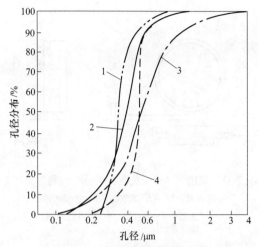

图 7-9 用压汞仪所测得的微孔滤膜孔径分布曲线
1—聚碳酸酯膜（0.45μm）；2—MF-40（0.4μm）；
3—聚氯乙烯-聚丙烯腈膜（0.45μm）；
4—纤维素膜（0.45μm）

B 泡压法

泡压（bubble point）法是求取多孔性材料的最大孔径的一种方法，图 7-10 所示为微孔滤膜的气泡点测定器示意图。基本做法是向被水润湿的微孔滤膜的一侧缓慢施加空气压力，以求得该膜的最大孔径。计算公式可采用式（7-5），只是其中的 σ_0 为水的表面张力即 7.28×10^{-4} N/cm（20℃），则 r(cm) 为：

$$r = 2\sigma_0/p = \frac{1484.2}{p} \tag{7-7}$$

泡压法是一种利用毛细管现象进行测量的方法。需要指出的是，测试用水表面张力的不同，将给所测的泡点压力带来差异。例如，当膜中所含的吸水剂是甘油时，所测得的泡点压力将与吸水剂是表面活性剂时的大不相同。

C 气体流量法

气体流量法是测定微孔滤膜孔径分布的一种方法。它主要是通过改变空气压力，测量空气透过干膜和湿膜的流量比，从而求得膜的孔径分布。图 7-11 所示为此法的测定装置简图，图 7-12 所示为采用气体流量法测得的不同微孔滤膜的孔径分布曲线。

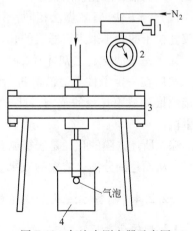

图 7-10 气泡点测定器示意图
1—压力调节器；2—压力表；
3—滤膜夹具；4—装入水的烧杯

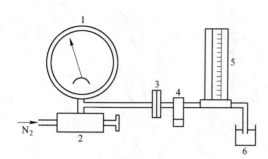

图 7-11　采用气体流量法测孔径分布的装置简图
1—压力表；2—压力调节器；3—滤膜夹具；
4—捕油器；5—流量计；6—泡点检出器

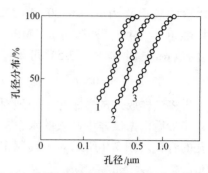

图 7-12　采用气体流量法所测得的孔径分布曲线
1—0.22μm；2—0.45μm；3—0.80μm

气体流量法的原理与泡压法的相同。美国试验与材料学会制定的《空间液体用滤膜孔径特性标准测试方法》规定，测定时，使压差逐渐递升，测定气体透过一干一湿两张相同膜试样时的参比流量，将它与在各压差下以坎福（canfor）公式计算所得的孔径值标一起，绘成孔径分布曲线。在该孔径分布曲线上，湿膜流量达到总流量的 50% 处的孔径，被定为平均流孔直径（mean flow pore size）。因采用该法所测得的是透过膜时的参数，所以较有代表性。

D　已知颗粒通过法

这种方法主要是根据对一些已知颗粒直径的物质进行过滤，检查它们是否通过膜孔来估算孔径大小。已知物质一般有固体微粒和微生物等，其中有代表性的是美国 Dow Chemical 公司出售的聚苯乙烯胶乳（polystyrene latex），它的平均直径有 0.481μm 和 0.81μm 两种，是极为均匀的粒子。

用聚苯乙烯胶乳检测有两种方法：

（1）将这种胶乳的分散液用膜过滤，然后用电镜对膜表面上的粒子和膜孔径进行观察对比，从而估算出孔径的大小。

（2）与方法（1）做法相同，只不过以光散射法检验滤液中是否有胶乳透过，根据不同胶乳粒子的大小来判定滤膜的孔径。

其次是过滤含有已知体径的微生物（如灵杆菌为 0.5μm，绿脓杆菌为 0.3μm）液体，然后在一定条件下对滤液进行培养，并观察滤液是否混浊（标志细菌繁殖），以此间接地推测滤膜孔径的范围。此方法对于制药行业中的无菌检验来说是一种高效而灵敏的手段。

综上所述，膜的孔径是表征微孔膜分离特性的重要参数之一，可根据用途选择适当的孔径，从而达到分离、浓缩的效果。

7.2.2.4　制备方法及主要品种

A　相转化法

相转化制膜法也称为溶液沉淀法或聚合物沉淀法，是最重要的非对称膜制造法。如图 7-13 所示，首先将配置好的制膜液浇注并刮到光滑的平板玻璃上（见图 7-13a）。在一定温度和气流速度下，随着聚合物溶液内溶剂的蒸发，制膜液将产生相的转化，即高分子制膜液开始由单相逐渐分离成两种极为均匀的分散相（见图7-13b）。无数极细的液滴则散布到另一液相中，大部分高分子不断地聚集到小液滴的周围，而母液相中残留的高分子则寥寥无几（见图7-13c）。随着溶剂的继续蒸发，液滴将互相接触（见图7-13d），溶胶将逐步变为凝胶，最后形成一种分布均匀的理想多面体，即微孔滤膜（见图7-13e）。

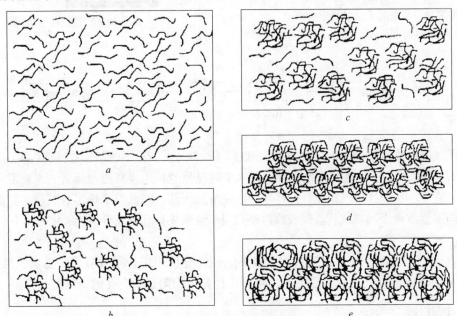

图7-13　相转化法多孔膜的形成过程示意图

B　烧结法

烧结法是将一定大小的粉末进行压缩，然后在高温下烧结。在烧结过程中，粒子的表面由软变熔，颗粒间的界面逐渐消失，最后互相黏结形成多孔体。

很多材料均可采用这种方法制膜，如各种聚合物粉末（PE、PTEF、PP）、金属（不锈钢、钨）、陶瓷（氧化铝、氧化锆）、石墨和玻璃等。烧结法只能用于制备微滤膜，所制得的膜的孔径大约为 $0.1 \sim 10 \mu m$，膜的孔隙率一般较低，多在 $10\% \sim 20\%$。

C　核径迹法

核径迹法包括两个主要步骤：首先是使膜或薄片（通常是聚碳酸酯或聚酯，厚度约为 $5 \sim 15 \mu m$）接受垂直于薄膜的高能粒子辐射，在辐射粒子的作用下，聚合物受到损害而形成径迹，如图7-14所示；然后将此薄膜浸入合适浓度的化学刻蚀剂（多为酸或碱溶液）中，在一定温度下处理一定的时间，使径迹处的聚合物材料被腐蚀掉而得到具有很窄孔径分布的均匀圆柱孔，如图7-15所示。使用该法制得的膜的孔隙率主要取决于辐射时间，而孔径由浸蚀时间决定。孔径范围为 $0.02 \sim 10 \mu m$，膜表面孔隙率最大约为 10%，但其流体的透过速率因膜薄而大体与相转化微滤膜相当。

D　拉伸法

对于结晶或半结晶的聚合物，可采用此法制膜。所制得的膜孔径最小为 $0.1 \mu m$，最大约为 $3 \mu m$，膜的孔隙率最高可达 90%。拉伸法制膜工艺流程如图7-16所示。

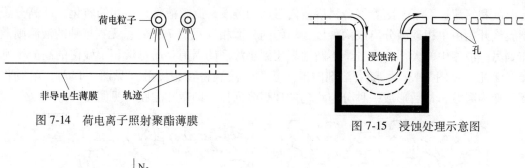

图 7-14　荷电离子照射聚酯薄膜

图 7-15　浸蚀处理示意图

图 7-16　拉伸法制膜工艺流程

E　溶胶—凝胶法

通常以金属纯盐如 Al(OC_3H_7)$_3$、Ti(i-OC_3H_7)$_4$、Zr(i-OC_3H_7)$_4$、Si(i-OC_3H_5)$_4$、Si(OCH_3)$_4$等为原料，经有机溶剂溶解后在水中通过强烈快速搅拌进行水解，水解混合物经脱醇后，在 90~100℃以适量的酸（pH<1.1）使溶胶沉淀，经低温干燥形成凝胶，控制一定的温度与湿度继续干燥制成膜。凝胶膜再经高温焙烧制成具有陶瓷特性的氧化物膜。

F　阳极氧化法

将高纯的金属薄片（如铝箔）在室温下的酸性介质中进行阳极氧化，再用强酸提取，除去未被氧化的部分，通过改变电压，制得孔径分布均匀且为直孔的金属微孔膜。

7.2.3　微孔滤膜分离系统

微滤属于压力推动的膜工艺，其操作压力一般为 0.1~0.3MPa。微滤在实际应用中遇到的最主要的问题是由浓差极化和膜污染引起的通量的下降。并且在很多情况下通量下降是非常严重的，甚至于实际通量只有纯水通量的 1%。因而应注意选择合适的操作方式，设计微孔滤膜分离系统。

操作方式通常可分为终端操作和十字流操作两种（见图 7-17 和图 7-18）。其中，终端

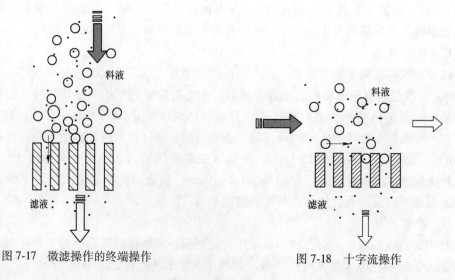

图 7-17　微滤操作的终端操作

图 7-18　十字流操作

操作类似于粗过滤，被截留的微粒都沉积在膜上，形成随时间而增厚的滤饼；而在十字流操作中，进料流体的流动方向与膜平面的方向平行。由于流体在一定的流速下会产生湍流（即所谓的二次流），在膜表面上产生剪切力，而使部分沉积在微孔上的微粒重新返回流体。显然，增大流速能够提高湍流程度，降低边界层厚度，从而使污染程度减轻。在实际操作中还应考虑膜的耐剪切力和耐压能力，并结合能耗进行操作条件的优化。

在微孔滤膜中发生的主要是对流传质，膜中的微孔形态、大小及其分布决定了膜的分离性能。在终端操作中，所有的被截留物沉积在膜上，随着时间的增长，所形成的覆盖层构成了流体阻力，并导致通量下降。为了保证膜通量不致太小，必须周期性地对膜组件进行冲洗和反冲洗。从另一方面来讲，要保证通量不变，在反冲洗前要靠连续提高进料压力来补偿通量的降低。当进料压力达到规定值时，就需进行反冲洗。显然，这种操作方式不适于处理高浓度的料液，也不适于进行原料液的浓缩。因为随着固体物料含量增高，不仅会增加膜组件发生阻塞的危险，而且也使反冲洗的间隔变短。此时，采用如图 7-18 所示的十字流操作则显示出其优越性来。

7.2.4 微滤膜的污染与防治

微滤膜的污染与过滤阻力主要是来自于被截留的溶质或颗粒在膜的表面形成的浓差极化和滤饼层的阻力，以及颗粒在膜微孔中的吸附和堵塞。因此，膜污染的防治也应从消除或减小滤饼层，以及防止膜孔堵塞等方面入手。例如，采用亲水性的膜可以减少含蛋白质的颗粒在膜表面的吸附，从而减少蛋白质对膜的污染；而待分离料液中的颗粒多带有负电荷，所以可使用带负电荷的微滤膜以减少颗粒在膜表面的沉积；此外，现有的微滤膜多为对称结构，料液中的颗粒很容易在膜孔中聚集而堵塞膜孔，制备具有不对称结构的微滤膜，则可以将颗粒截留在膜表面，避免颗粒进入膜孔内部，从而减少膜孔的堵塞。

微滤膜减少膜污染的措施主要有以下几方面。

7.2.4.1 料液的预处理

预处理的方法包括：絮凝沉淀、多孔介质机械过滤、热处理、调 pH 值、加配位剂（EDTA 等）、氯化、活性炭吸附、化学处理、精密过滤等。例如，对于蛋白质，当调节 pH 值于蛋白质的等电点时，即蛋白质为电中性时，对膜的污染程度最轻。

7.2.4.2 膜组件的运行方式

膜组件的运行方式通常有两种，即终端操作和十字流操作。在终端操作中，如图7-19a 所示，料液被强制通过膜，被截留的颗粒在膜表面聚集，滤饼层不断增厚，料液的透过阻力不断增加，膜的通量随时间而不断减小，并衰减很快。

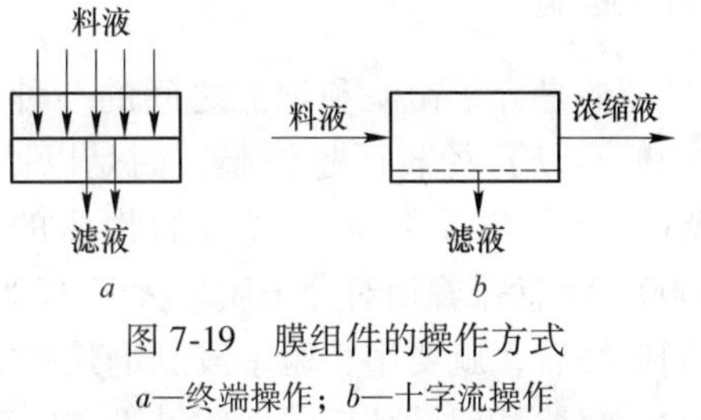

图 7-19 膜组件的操作方式
a—终端操作；b—十字流操作

在十字流操作中，如图 7-19b 所示，料液在进入组件后，一部分通过膜形成滤液，一部分并不通过膜，而是直接流出，形成含有较多被截留物的浓缩液。在十字流操作中，由于浓缩液不断将截留的颗粒带出，因而膜表面的滤饼层可以维持在一个稳定的水平上，从而使膜的通量可以稳定下来而不至于衰减太快。

7.2.4.3 膜器和系统的设计

膜污染现象会随浓度极化现象的减弱而减少，所以，通过提高传质系数（如提高流速等）和使用较低通量的膜可以减少浓差极化。另外，采用不同形式的湍流强化器也可减少污染。

7.2.4.4 电场作用

在采用十字流操作使膜通量稳定下来的同时，为了进一步增加膜的通量，还可以考虑联合使用其他行之有效的方法。由于微滤膜分离的物料中的微粒多带有电荷（通常为负电荷），因此，通过电场的作用促进膜表面聚集的带电微粒向料液主体的迁移，从而增加其传质系数，即是减少膜的污染，增加膜通量的一种方法。

7.2.4.5 膜的清洗

适当的清洗方法可以使膜发生污染后仍能恢复膜通量。膜的清洗方法主要有物理方法和化学方法两种：

（1）物理清洗。在微滤膜表面形成的滤饼层可以通过反冲的方法来消除。滤液是理想的反冲介质，也可以采用气体。如图 7-20 所示。

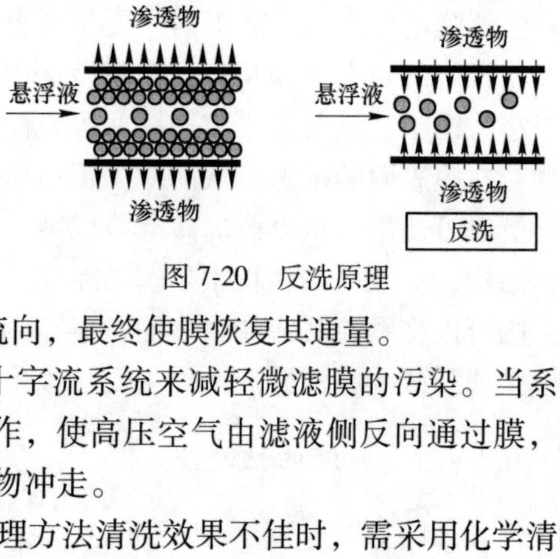

图 7-20 反洗原理

1）水或滤液力学反冲洗：水力学清洗方法主要是反冲洗（只适用于微滤膜和疏松的超滤膜），即以一定频率交替加压、减压和改变流向，最终使膜恢复其通量。

2）气体反冲洗：以空气为反冲介质的微滤十字流系统来减轻微滤膜的污染。当系统运行至膜两侧的压差达到设定值时，停止过滤操作，使高压空气由滤液侧反向通过膜，从而除去膜壁上沉积的污染物，然后由料液将污染物冲走。

（2）化学清洗。当膜污染比较严重，采用物理方法清洗效果不佳时，需采用化学清洗剂清洗。常用的清洗剂有酸液（如 H_3PO_4、乳酸等）、碱液（如 NaOH）、表面活性剂（离子或非离子型）、酶（蛋白酶、淀粉酶、葡萄糖酶）、消毒剂（H_2O_2、NaOCl）、配合剂（EDTA、聚丙烯酸酯、六偏磷酸钠）等。上述清洗剂既可以单独使用，也可以组合使用。

7.3 超滤

超滤是介于微滤和纳滤之间的一种膜过程，膜孔径在 $0.05\mu m \sim 1nm$ 之间，实际应用中一般不以孔径表征超滤膜，而是以截留分子量（MWCO，又称切割分子量）来表征。MWCO 是指 90% 能被膜截留的物质的相对分子质量。例如，某种膜的截留分子量为 10000，就意味着相对分子质量大于 10000 的所有溶质有 90% 以上能被这种膜截留。一种膜制作好后，就要用实验手段测定其截留分子量和纯水通量，以反映膜的分离能力和透水能力。超滤截留微粒范围大约是 $1\sim 20nm$，相当于相对分子质量是 $500\sim 300000$ 的各种蛋白质分子或相当粒径的胶体微粒，所以超滤膜主要用于溶液中的大分子、胶体、蛋白质、微粒等和溶剂的分离。

7.3.1 超滤过程的基本特性

超滤膜的分离原理可用筛分机理来解释，其截留率取决于溶质的尺寸和形状（相对于膜孔径而言）。事实上，超滤和微滤是基于相同的分离原理的类似的膜过程，两者主要的差别在于超滤膜具有不对称结构，其皮层要致密得多（孔径小，表面孔隙率低），因此，流体阻力比微滤膜要大得多。超滤原理可用图 7-21 所示的多孔膜模型来描述。

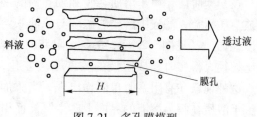

图 7-21　多孔膜模型

超滤膜对大分子溶质较易截留的原因主要是：

（1）在膜表面及微孔内的吸附（一次吸附）；

（2）在孔中的停留而被去除（阻塞）；

（3）在膜表面的机械截留（筛分）。

由于理想的分离是筛分，因此要尽量避免一次吸附和阻塞的发生。典型的超滤过程如图 7-22 和图 7-23 所示。

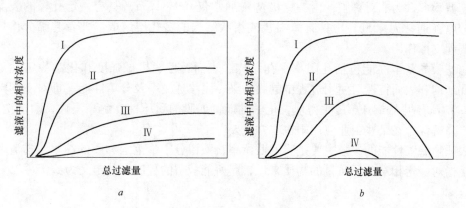

图 7-22　典型的超滤曲线

a—正常超滤；b—异常超滤

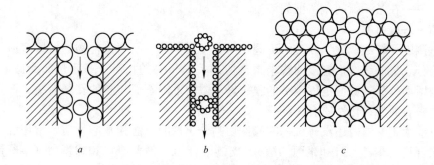

图 7-23　正常和异常超滤示意图

a—没有表面活性剂的正常超滤；b—有表面活性剂的正常超滤；c—异常超滤

一次吸附或阻塞程度主要取决于溶质的浓度、过滤量、膜与溶质间相互作用的程度等因素。当初始浓度高、过滤压力大、膜薄、有表面活性剂存在时，一次吸附量急增。如果孔径比粒径大得多，则得到Ⅰ形曲线；若孔径与粒径为同一数量级，则得到Ⅱ~Ⅳ形曲线。在初期阶段，由于溶质在膜和细孔内的一次吸附，所以滤液中溶质浓度低。当膜的内外被溶质覆盖，滤液中溶质的浓度与原液中溶质浓度或相同（曲线Ⅰ），或适当降低，或缓慢地增加（见图7-22a）。在产生阻塞的异常过滤时，浓度达到最大值，然后下降。在孔径比粒径大得多时，残留液的浓度不会变化，只有发生筛分现象时，残留液的浓度才上升。这种现象在有阻塞时也同样出现。当添加其他粒子而产生阻塞时特别明显。阻塞也可能由于溶质在膜与溶液的界面上产生沉淀而引起。

增加过滤压力，会使强烈吸附层外沿的溶质吸附层剥落，结果减少了一次吸附的范围。若添加表面活性剂，则表面活性剂在膜面被选择吸附。于是，如图7-23b所示，也减少了溶质的一次吸附。图7-23c表明，阻塞在高浓度和高过滤压力下容易发生，增加膜的厚度或添加其他粒子时，阻塞会更严重。但是与一次吸附一样，添加表面活性剂会减少阻塞，使透过速度增加。这是由于超滤的细孔壁被覆盖了，因而相对增大了流动性。

7.3.2 超滤膜的性能

超滤膜多数为非对称膜，由一层极薄（通常仅 $0.1 \sim 1\mu m$）具有一定孔径的表皮层和一层较厚（通常为 $125\mu m$）具有海绵状或指状结构的多孔层组成。前者起筛分作用，后者主要起支撑作用。

超滤膜的基本性能包括孔隙率、孔结构、表面特性、机械强度和化学稳定性等。其中，孔结构和表面特性对使用过程中的膜污染、膜渗透流率及分离性能（即对不同溶质的截留率）具有很大影响。其他物理、化学性能，如膜的耐压性、耐高温性、耐清洗剂性、耐生物降解性等在某些工业应用中也非常重要。

表征超滤膜性能的参数主要是膜的截留率、截留分子量范围和膜的纯水渗透流率。截留率是指对一定相对分子质量的物质来说，膜所能截留的程度。其定义为：

$$R = \frac{C_f - C_p}{C_f} \tag{7-8}$$

式中　　C_p——在某一瞬间透过液的浓度；

　　　　C_f——在某一瞬间截留液的浓度；

　　　　R——截留率。

通过测定具有相似化学性质的不同相对分子质量的一系列化合物的截留率所得的曲线称为截留分子量曲线，根据该曲线求得截留率大于90%的相对分子质量即为截留分子量。显然，截留率越高、截留范围越窄的膜越好。截留范围不仅与膜的孔径有关，而且与膜材料和膜材料表面的物化性质有关。

到目前为止，国内还没有统一的测试切割分子量的方法和基准物质。常用的基准物质有线形聚合物（聚乙二醇和聚丙烯酸）、支链聚合物（葡聚糖）和球蛋白（γ-球蛋白、血清白蛋白、胃蛋白酶、细胞色素C、胰岛素和杆菌酞等）。

超滤膜的纯水渗透流率一般是在 $0.1 \sim 0.3 MPa$ 压力下来测定。当然，在一定截留率下，渗透流率越大越好。

7.3.3 超滤操作分类与应用

根据处理对象和分离的要求，超滤系统可以采用间歇操作（见图 7-24）或连续操作（见图 7-25）。

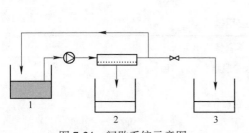

图 7-24 间歇系统示意图

1—原料液；2—透过液；3—浓缩液

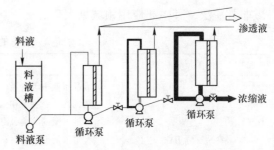

图 7-25 多级连续操作系统示意图

间歇操作平均通量较高，所需膜面积较小，装置简单，成本也较低，主要缺点是需要较大的储槽。如在药物和生物制品的生产中，由于生产规模和性质，所以多采用间歇操作。

连续操作的优点是产品在系统中停留时间短，这对热敏或剪切力敏感的产品是有利的。连续操作主要用于大规模生产，如乳制品工业中。它的主要特点是在较高的浓度下操作，所以通量较低。

操作过程可采取终端操作和十字流操作，如图 7-26 所示。最简单的设计是终端操作，此时所有原料均被强制通过膜，这表明原料中被截留组分的浓度随时间不断增加，因而渗透物量随时间减少。在微滤中经常使用这种操作方式。

在工业应用中更多的是选用十字流操作。因为此种方式发生污染的趋势比终端过滤低。在十字流操作中，原料以一定组成进入膜器并平行流过膜表面，沿膜器内不同位置，原料组成逐渐变化。原料流被分成两股：渗透物流和截留物流。

终端过滤的优点是回收率高，但膜污染严重；十字流过滤尽管能减少污染，但回收率较低。综合这两种操作方式的优点，开发出终端/十字流联合流程，又称为半终端操作系统，如图 7-27 所示。料液平行流过中空纤维膜内腔，溶剂等小分子物质垂直透过膜后被收集在中心渗透管内，被截留的物质沉积在膜面。随着被截留物质在膜面的不断积累，膜

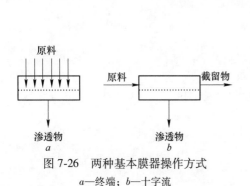

图 7-26 两种基本膜器操作方式

a—终端；b—十字流

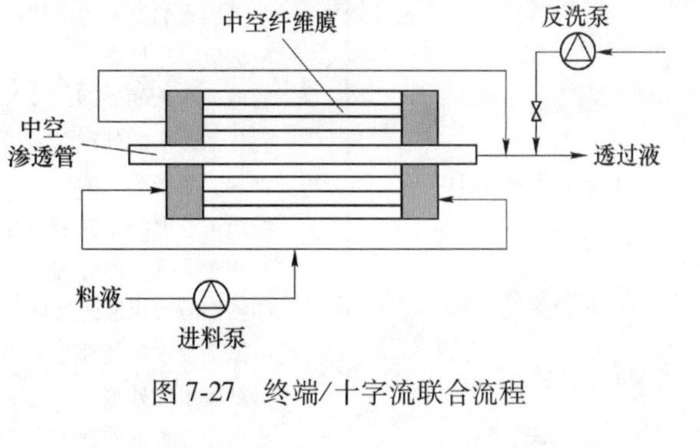

图 7-27 终端/十字流联合流程

通量降低。经过一段时间后，反洗泵通过中心渗透管对膜进行反洗。反洗结束后，关闭反洗阀，料液又经过进料泵进入膜组件，如此循环反复。采用这种操作方式可以在较高的回收率下维持较高的膜通量。

超滤主要用于将溶液中的颗粒物、胶体和大分子与溶剂等小分子物质分离，其应用领域非常广泛，其主要应用领域见表7-2。

表 7-2　超滤的主要应用领域

应用领域	具体应用实例
食品发酵工业	乳品工业中乳清蛋白的回收，脱脂牛奶的浓缩； 酒的澄清、除菌和催熟； 酱油、醋的除菌、澄清与脱色； 发酵液的提纯精制； 果汁的澄清； 明胶的浓缩； 糖汁和糖液的回收
医药工业	抗生素、干扰素的提纯精制； 针剂、针剂用水除热源； 血浆、生物高分子处理； 腹水浓缩； 蛋白、酶的分离、浓缩和纯化； 中草药的精制与提纯
金属加工工业	延长电浸渍涂漆溶液的停留时间； 油/水乳浊液的分离； 脱脂溶液的处理
汽车工业	电泳漆回收
水处理	医药工业用无菌、无热源水及大输液的生产； 饮料及化妆品用无菌水的生产； 电子工业用纯水、高纯水及反渗透组件进水的预处理； 中水回用； 饮用水的生产
废水处理与回用	与生物反应器结合处理各种废水； 淀粉废水的处理与回用； 含糖废水的处理与回用； 电镀废水的处理； 含原油污水的处理； 乳化油废水的处理与回用； 含油、脱脂废水的处理与回用； 纺织工业 PVA、染料及染色废水处理与回用； 照相工业废水的处理； 印钞擦版废液的处理与回用； 电泳漆废水的处理与回用； 造纸废水的处理； 放射性废水的处理

另外，超滤不仅可以单独使用，也可以与微滤、超滤或反渗透等膜过程结合，还可以与其他操作单元组合使用。如与生物反应器、活性炭吸附或离子交换等过程联用。

7.3.4 超滤膜的污染与浓差极化

对于压力驱动的膜过程，随着工作时间的延长，膜通量将逐渐减少，其实际通量可能远低于纯水通量。造成这种现象的主要原因是膜污染和浓差极化，这也是超滤过程中的主要问题。

根据标准的 Darcy 定律过滤模型，膜通量 J_v 可表示为：

$$J_v = \frac{\Delta p}{\mu R} = \frac{\Delta p}{\mu (R_m + R_c + R_f)} \tag{7-9}$$

式中　R——膜过滤总阻力；

　　　R_m——膜自身的机械阻力；

　　　R_c——浓差极化阻力；

　　　R_f——膜污染阻力。

式 (7-9) 表明膜通量与膜两侧的压差呈正比，与总过滤阻力呈反比。该式定性解释了膜通量随操作时间延长而降低的现象，但难以定量预测膜通量的变化。

7.3.4.1 膜污染问题

如图 7-28 所示，对所有极化现象（浓差极化和温差极化），某一时刻的通量总是低于初始值。达到定态后，通量则不再继续下降，即通量不随时间变化。极化现象是可

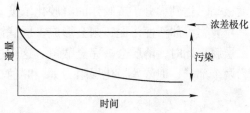

图 7-28　通量随时间的变化关系

逆过程，但实际上经常会发现通量持续下降。而造成通量持续下降的原因是膜污染。膜污染可定义为由于被截留的颗粒、胶粒、乳浊液、悬浮液、大分子和盐等在膜表面或膜内的可逆的或不可逆的沉积，这种沉积包括吸附、堵孔、沉淀、形成滤饼等。膜污染主要发生在微滤和超滤过程中。这些过程所使用的多孔膜对污染有着固有的敏感性。对于使用致密膜的全蒸发和气体分离，一般不发生污染。污染的程度取决于具体的分离过程的类型和这些过程中所用膜的类型，污染物可大致写成 3 类，即有机沉淀（大分子、生物物质等）、无机沉淀（金属氢氧化物、钙盐等）以及颗粒。正是因为溶质与膜之间的接触才导致了膜性能的改变，因此，一旦料液与膜接触，膜污染即开始。目前，常用膜阻力增大系数来表征膜污染程度。即先测定膜的初始纯水通量，再测定膜污染后仅用自来水漂洗一下的纯水通量，它们之间的比值 m 为：

$$m = \frac{J_{v0} - J_v}{J_v} \tag{7-10}$$

式中　m——膜阻力增大系数；

　　　J_{v0}——膜的初始纯水通量；

　　　J_v——膜污染后用自来水漂洗后的纯水通量。

m 越大，表明膜通量衰减越严重，也就是膜污染越严重。

7.3.4.2 浓差极化问题

超滤时，由于"筛分"作用，料液中的部分大分子溶质会被膜截留，溶剂及小分子溶质则能自由地透过膜，表现出超滤膜的选择性。被截留的溶质在膜表面处积聚，其浓度将逐渐升高。在浓度梯度的作用下，膜面附近的溶质又以相反方向向料液主体扩散，达平衡状态时，膜表面形成溶质浓度分布边界层，对溶剂等小分子物质的运动起阻碍作用，如图 7-29 所示。这种现象称为膜的浓差极化。图 7-29 中界面上比主体溶液浓度高的区域为浓差极化层。

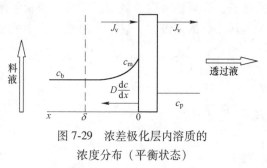

图 7-29　浓差极化层内溶质的
浓度分布（平衡状态）

图 7-29 中，J_v 为膜通量；c_m 为料液侧膜表面溶质浓度；c_b 为料液主体中溶质浓度；c_p 为透过液侧的溶质浓度；D 为溶质的扩散系数；δ 为浓差极化层厚度。

浓差极化是可逆的，但是，由于超滤膜截留的溶质大多是大分子或胶体，当膜面溶质浓度极高，达到大分子或胶体的凝胶化浓度 c_g 时，这些物质会在膜面形成凝胶层。如果溶质是颗粒物，如活性污泥，则会形成一层滤饼。膜面的凝胶层或滤饼层非常致密，相当于第二层膜。此时，溶质会被完全截留。这个过程几乎是不可逆的。此时的浓差极化阻力 R_c 分为两个部分，即浓差极化层阻力 R_{c1} 和凝胶层阻力 R_g，并且 R_g 要比 R_{c1} 大得多。

7.3.4.3 控制方法

前述的膜通量方程，可由图 7-30 所示的典型的膜通量与操作压力关系曲线表示。该图可以用于分析在不同操作压力下过滤总阻力的主要形式。由图 7-30 可以看出，操作压力对膜通量的影响可分为 3 个区域，即低压区、中压区和高压区，每个区域影响膜通量的主导阻力各不相同，相应的有不同的控制方法。

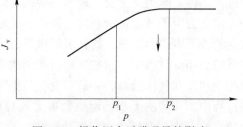

图 7-30　操作压力对膜通量的影响

A　低压区

当操作压力小于 p_1 时，膜阻力主要来自于膜自身的机械阻力和膜污染阻力，由图 7-30 可以看出，膜通量与膜两侧压差成正比例关系。此时，若工作压力不变，要保证较高的膜通量，只有尽量减小膜的机械阻力和膜污染阻力。其中，膜的机械阻力与膜材料和膜结构有关，一旦膜选定后，其大小几乎不变。因此，应主要考虑膜污染阻力。而影响膜污染阻力的主要因素有：

（1）膜材料。膜的亲疏水性和荷电性会影响膜与溶质之间的作用力大小，所以在设计膜装置之前，应根据料液性质，在不同条件下对膜材料进行筛选。一般强亲水性和强疏水性且表面电荷与溶质电荷相同的膜较耐污染。

（2）膜孔径。理论上，在保证膜的截留率的前提下，为了能够获得较高的膜通量，应尽量选择孔径大一些的膜。但实验结果显示，当选用更大孔径的膜后，因有更高的膜污染速率，膜通量反而下降得更快。一般应选择孔径比被截留粒子尺寸小一个数量级的膜。

（3）溶液 pH 值。溶液 pH 值对蛋白质在水中的溶解性、荷电性及分子构型有很大影响。通常蛋白质在等电点时溶解度最低，偏离等电点时溶解度增加，并带一定量的电荷。因此，在用膜分离、浓缩蛋白质和酶时，在不使蛋白质或酶变性失活的前提下，把 pH 值调至远离等电点，可以减少膜污染。

（4）盐。无机盐对膜污染产生重大影响的方式：一是有些无机盐复合物会在膜表面或膜孔内直接沉积，或使膜对蛋白质的吸附量增大而污染膜；二是无机盐改变了溶液的离子强度，影响到蛋白质的溶解性、构型与悬浮状态，使其形成的沉积层疏密程度发生改变，从而影响膜的过滤阻力并最终导致膜通量的改变。但无机盐对膜污染的影响与膜的化学特性、待分离蛋白质的特性及料液 pH 值有关，需进行综合考虑。

（5）温度。通常情况下，温度升高会使料液黏度降低，从而增大膜通量。但对某些蛋白质来说，温度升高会造成膜对这些蛋白质的吸附量增大，反而使膜通量降低。对基因工程产品、生物活性制品等来说，温度过高会导致产品失活。另外，膜本身也有一个适宜的工作温度范围，过高的温度会破坏膜的化学结构，从而改变膜性能。

B　中压区

当操作压力介于 p_1 和 p_2 之间时，浓差极化阻力占主导地位，通量与操作压力呈曲线关系。所以此时应尽量减少浓差极化阻力。通过促进物质传递，增大物质传质系数，可以达到减少甚至消除浓差极化现象的目的。主要措施包括：

（1）增大料液流速。增大料液流速就增大了溶质与溶剂的扩散速度，减小浓差极化层厚度，从而提高膜通量。但料液流速的升高会增加系统的能耗，所以料液流速不能无限制地升高，此时存在一个投资效益问题；另外，料液流速越高，流体剪切力越大，此时应考虑某些生物产品对剪切力的敏感性。

（2）升高料液温度。温度升高，溶质和溶剂的扩散系数要增大，浓差极化会减弱。

（3）选择合适的膜组件结构。当料液的固含量较低且产品是透过液时，组件结构的选择余地较大。如浓缩液是产品时，选择组件结构时要慎重。一般来说，应尽量选择流道较窄的膜组件形式。如选用中空纤维式和薄流道式，料液流速高，剪切力大，能减弱浓差极化和防止凝胶层形成。一般不宜采用流道中有隔网的组件，因为这样会造成固体在膜面沉积，且清洗困难。

C　高压区

当操作压力大于 p_2 时，膜面形成了凝胶层，凝胶层阻力占主导地位，此时膜通量与操作压力无关。实际应用中应尽量避免凝胶层的形成。因为凝胶层是浓差极化造成的，所以防止凝胶层形成的方法与控制浓差极化的方法一样。

在实际应用中，超滤膜的操作压力通常选择在中压区，这样既能保证有较高的膜通量，又能防止凝胶层的形成，过滤总阻力不致太高。尽管上述方法在一定程度上可以减少膜污染和浓差极化，但是并不能完全阻止，所以还必须对膜进行定期的物理清洗和化学清洗。

7.4　反渗透与纳滤简介

纳滤（NF）和反渗透（RO）用于将相对分子质量小的物质如无机盐或葡萄糖、蔗糖等小分子有机物从溶剂中分离出来。纳滤又称为低压反渗透，是膜分离技术的一个新兴领域，其分离性能介于反渗透与超滤之间，允许一些无机盐和某些溶剂透过膜，从而达到分离的目的。纳滤膜所特有的功能是反渗透膜和超滤膜无法取代的，它兼有反渗透和超滤的工作原理。

超滤与纳滤和反渗透的差别在于分离溶质的大小，反渗透需要使用对流体阻力大的更致密的膜，从而截留这些小分子，而这些小分子溶质可自由地通过超滤膜。事实上，纳滤和反渗透膜可视为介于多孔膜（微滤/超滤）与致密无孔膜（全蒸发/气体分离）之间的过程。因为膜阻力较大，所以为使同样量的溶剂通过膜，就需使用较高的压力，而且需克服渗透压（海水的渗透压力大约是 2.5MPa）。

原则上反渗透可用于很多领域，可分成溶剂纯化（即以渗透物为产物）和溶质浓缩（即以原料为产物）两大类。大部分应用是水的纯化，主要是半咸水脱盐，特别是由海水生产饮用水（海水淡化）。半咸水中盐的含量为 0.1%~0.5%，而海水中盐的含量为 3.5%。另一个重要应用为制备半导体工业用超纯水。

反渗透也用于浓缩过程，特别是食品工业（果汁、糖、咖啡的浓缩）、电镀工业（废液浓缩）和奶品工业（生产干酪前牛奶的浓缩）。

纳滤膜与反渗透膜几乎相同，只是其网络结构较疏松。这意味着纳滤对 Na^+ 和 Cl^- 等单价离子的截留率很低，但对 Ca^{2+} 和 CO_3^{2-} 等二价离子的截留率仍很高。此外，对除草剂、杀虫剂、农药等微污染物或微溶质及染料、单糖、双糖等相对分子质量小的组分的截留率也很高。这说明纳滤膜和反渗透膜的应用领域是不同的。当需要对浓度较高的 NaCl 进行高强度截留时，最好选择反渗透过滤；当需要对低浓度、二价离子和相对分子质量在 500 到几千的微溶质进行截留时，最好选择纳滤过程。由于纳滤过程中水的渗透性要大得多，所以对一定应用场合，其资金耗费较低。纳滤和反渗透中一些溶质的截留性能比较见表 7-3。

表7-3　纳滤与反渗透中一些溶质的截留性能比较

溶　质	反渗透	纳　滤
单价离子（Na^+，K^+，Cl^-，NO_3^-）等	>98%	<50%
二价离子（Ca^{2+}，Mg^{2+}，SO_4^{2-}，CO_3^{2-}）等	>99%	<90%
细菌、病毒	>99%	<99%
相对分子质量大于 100 的微溶质	>90%	<50%
相对分子质量小于 100 的微溶质	0~99%	0~50%

反渗透中所使用的压力为 2~10MPa，纳滤为 1~2MPa，比超滤要高得多。与超滤和微滤相反，纳滤和反渗透膜材料的选择将直接影响分离效率，也就是膜（材料）必须对溶剂亲和力高，而对溶质亲和力低。这意味着材料的选择十分重要，因为它决定了膜的本征特性。这与微滤和超滤有明显差异。对于微滤和超滤，膜孔尺寸决定着分离性能，而材料的选择主要是考虑其化学稳定性。

通过膜的通量和对各种溶质的选择性同样重要。当根据其本征分离性质选择了一种材料后，可以通过降低厚度来提高用此材料制备的膜的通量。通量近似反比于膜厚，所以大部分反渗透膜均具有不对称结构，即由一个薄的致密皮层（厚度<1μm）和一多孔内层

（厚度约为 $50\sim150\mu m$）组成，传递阻力主要取决于致密皮层。具有不对称结构的膜可以分成两类，即（一体化的）不对称膜和复合膜。

在一体化不对称膜中，皮层和内层由同种材料构成，这些膜是由相转化法制成的。因此用于制膜的聚合物材料必须能溶于某种溶剂或混合溶剂。由于大多数聚合物均可溶于一种或多种溶剂，所以不对称膜几乎可由任何材料制成。但这并非意味着所有这些膜均可用于反渗透过程，因为对特定应用场合所选择的材料应具有相应最优的材料常数。当用于水溶液时，如海水和半咸水脱盐，应选用溶质渗透性低的亲水膜。

很重要的一类由相转化法制备的不对称反渗透膜是纤维素酯，特别是二醋酸纤维素酯和三醋酸纤维素。这些材料对水的渗透系数高而对盐的溶解度很低，所以非常适用于脱盐过程。然而，尽管由这些材料制成的膜的性能很好，但其耐化学试剂、耐温和抗菌能力都很差，这类膜典型的操作条件为 pH 值为 $5\sim7$，温度低于 $30℃$，以避免聚合物水解。乙酰化程度越高，越不易水解。因此，二醋酸纤维素耐水解能力不如三醋酸纤维素。生物降解也是相当严重的问题。醋酸纤维素膜的另一个缺点是对葡萄糖或蔗糖等碳水化合物以外的其他小分子有机物的选择性低。

此外，常用于制备反渗透膜的材料是芳香聚酰胺类。这类材料对盐的选择性也很高，而水通量稍低。聚酰胺可用于较宽的 pH 值范围，大约为 $5\sim9$。聚酰胺（或更广义地说，含酰胺基—NH—CO 的聚合物）的主要缺点是对游离氯非常敏感，从而导致酰胺基团降解。采用熔融纺丝或干纺可以用这种材料制成不对称或对称的尺寸很小的中空纤维膜，外直径小于 $100\mu m$，膜厚约为 $20\mu m$，所以渗透速率很低。但单位体积内膜表面积可高达 $30000m^2/m^3$。因此，可以补偿渗透速率低的缺陷。

反渗透膜的制备通常采用的是第二种类型的结构，即复合膜，大部分纳滤膜实际上也是复合膜。这类膜的皮层和内层由不同聚合物材料构成，因此每层均可独立地发挥其最大作用。制备复合膜的第一步是制备多孔内层。对于内层很重要的是其表面孔隙率和孔径分布，通常采用不对称超滤膜。在内层上沉积很薄的致密层的方法包括：浸没涂敷、原位聚合、界面聚合和等离子聚合。

由于反渗透膜、纳滤膜可看成是介于多孔的超滤膜和非常致密的全蒸发/气体分离膜之间的一种过程，因此其结构并不需要像全蒸发/气体分离那样致密。大部分复合反渗透膜和纳滤膜是通过界面聚合制备的。

7.4.1　反渗透膜分离系统及其工艺流程

目前已有多种商品化的反渗透膜供不同应用目的的选择，不同材料的膜和不同类型的组件对进水水质都有不同的要求。此外，水源的种类多种多样，水质也千差万别。因此，为了使进水水质符合要求，首先需要根据水源水质的实际情况，以及膜对水质的要求，采取必要的预处理，以便去除或减少对膜过程有制约影响的因素，其中包括会导致膜损害的因素和引起膜污染的因素。常采用的预处理方法有：

（1）凝聚与絮凝。天然水体中的浊度成分主要是黏土矿物与有机物的结合体颗粒，按分散程度考虑属胶体范围。这类胶体颗粒粒径微小，带有负电荷，能长期均匀地分散在水中。将其进行混凝处理，即向水中投加某种药剂，使水中难以沉降的颗粒互相聚集增大，最终形成絮凝体，再通过沉淀或过滤分离。

（2）过滤。过滤的目的是为了进一步截留水中悬浮杂质，从而使水澄清。可使用具有一定大小、形状的颗粒材料，如石英砂等，形成滤料层进行水的过滤，可以不同程度地去除水中悬浮物、浊度、BOD、COD、重金属、细菌、病毒等。除此，还有必要使用精密过滤器，以除去水中微量的悬浮杂质等。

（3）活性炭吸附。由于活性炭中有大量的孔隙，因此有巨大的吸附表面积，所以吸附能力强，无论是有机物还是无机物均会被吸附，可有效去除水中余氯、色度和一些有机物。

（4）软化。当水源的水硬度较大时，为了防止膜结垢，需要将水软化。可采用加入软化剂如磷酸氢二钠等对水进行软化，也可采用离子交换法使水中 Ca^{2+} 和 Mg^{2+} 离子的浓度降低。

（5）水中铁的去除。反渗透进水对水中铁的含量有严格的限制。根据铁在水中存在形式及价态可分别采用不同方法加以去除。如当水中溶解氧的浓度很低和水中 pH 值较低时，水中的铁离子为二价铁，并常以 $Fe(HCO_3)_2$ 形式存在，可采用曝气法或粗砂过滤法除去水中的铁。

此外，在反渗透系统中，为了防止反渗透膜的微生物污染，对进水要进行氯化处理。在反渗透除盐过程中，由于反渗透膜对水中 CO_2 的透过率几乎为100%，而对 Ca^{2+} 的透过率几乎为零，因此，当水的回收率较高时，将会导致浓水侧的 pH 值升高和 Ca^{2+} 浓度增加，造成碳酸钙在反渗透膜上结垢。为了防止这种现象产生，可在系统中加酸调节 pH 值。另外，有些膜要求在一定的 pH 值范围内使用，当进料液的 pH 值超出允许范围时，也需要进行 pH 值的调节。

水经预处理后，经高压泵加压进入膜组件，水分子通过膜渗透到产水管流出，其余进水通过浓水管排出。

膜分离工艺是以组件形式构成的，要对膜组件进行组合连接。在实际生产中，一个系统所需组件数量及其排列方式必须根据进水成分及产水量等参数而设计。组建的配置方式有一级和多级（通常为二级）配置，参见图7-31。

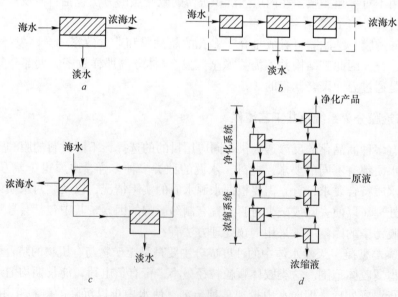

图7-31　反渗透工艺流程

a——一级；b——一级多段；c——二级；d—多级

常见的基本流程有以下几种形式：

（1）一级流程。在有效横断面保持不变的情况下，原水一次通过反渗透装置达到目的要求。此流程的操作最为简易，能耗最少。

（2）一级多段流程。当采用反渗透作为浓缩过程时，如果一次浓缩达不到要求，可以采用这种多段浓缩方式。与一段流程不同的是，每段的有效横断面递减。

（3）二级流程。当一级流程达不到浓缩和淡化的目的要求时，可采用此流程。主要工艺线路是把由一级出来的产品水再送入另一个反渗透单元，进行再次淡化。

（4）多级流程。在要求分离程度很高的情况下，例如，在废水处理中，为了有利于最终处置，经常要求把废液浓缩至体积很小而浓度很高；又如对淡化水，为达到重复使用或排放的目的，经常要求产品水的净化程度越高越好。在这种情况下，就需要采用多级流程。不过，由于必须经过多次反复操作才能达到要求，所以操作相当繁琐，能耗也很大。

有关反渗透法在工业应用中究竟采用哪种级数流程有利，需根据不同的处理对象、要求和所处的条件而定。

膜分离工艺的设计主要包括确定分离装置所需的膜面积、组件形式、个数以及它们的排列方式，计算分离所需的泵的数量及泵的功率，确定分离装置操作的工艺条件、监控系数、程控操作系统、报警系统及膜污染清洗系统等。合理的工艺系统设计，可以保证设备长期保质保量地运行，延长膜组件的使用寿命。

应用实例是长岛1000t/d反渗透海水淡化示范工程。

山东省长岛县1000t/d反渗透海水淡化工程是科技部1999年下达的"日产千吨级反渗透海水淡化系统及工程技术"项目的示范现场之一。整个系统由海水取水、海水预处理、反渗透海水淡化和产品水后处理4大部分组成，其工艺流程如图7-32所示。

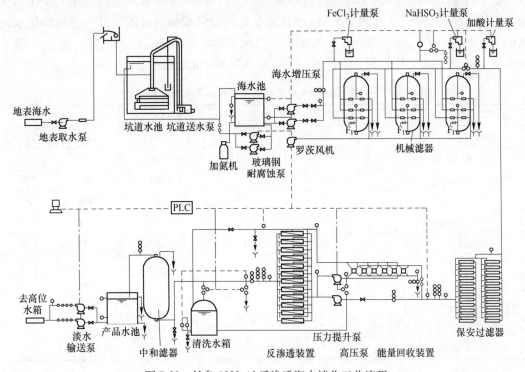

图7-32　长岛1000t/d反渗透海水淡化工艺流程

海水淡化厂坐落在一个山坳的半山腰，取水泵房位于海边，取水口设在离岸200m的海中，用管道引至取水泵房，取水泵房内装有真空泵和取水泵，海水通过真空泵抽吸，然后由取水泵送到半山坳的厂区。考虑到大风天气海水较浑浊，在海水进原水池前设置了一座无阀滤池将海水做预过滤。为防止海洋生物如藻类、贝类繁殖，在无阀滤池前投加液氯杀菌灭藻。

海水预处理采用3台多介质过滤器并联过滤海水，在多介质过滤器前投加三氯化铁，通过混凝过滤去除海水中的机械杂质、胶体及有机物，出水的污染指数值小于4.0，最后通过大容量折叠式微孔滤器过滤，以确保反渗透系统进水要求。

反渗透高压给水采用多级离心高压泵、压力提升泵和压力交换式能量回收装置。微滤器出水分两路：一路经能量回收装置，与反渗透膜堆出口的高压浓缩水交换升压后，经压力提升泵增压至反渗透高压进水要求；另一路直接通过高压泵升压，与前一路高压水汇合后进入反渗透装置。压力交换式能量回收装置可回收高压排放浓水90%以上的能量，大大降低了海水淡化系统的能耗。

反渗透海水淡化系统采用多组件并联单级式流程，由12根压力容器组成，每根压力容器内装6根陶氏化学公司生产的SW3OHR-380膜元件，总共72根。海水淡化系统水回收率为35%~40%，浓缩水经能量回收装置后排放。为防止难溶无机盐类在膜面沉淀，投加硫酸以降低反渗透进水的pH值，投加亚硫酸氢钠脱除余氯。

鉴于反渗透产水pH值偏低，设置了一台中和滤器，内装碳酸钙滤料和麦饭石，以调节产水水质，提高pH值。然后送至产水池，用供水泵输送到山顶水池，通过自来水管网自流供水。

该工程于2000年10月16日建成投产，系统运行的操作参数及运行数据和淡化水水质分析结果分别见表7-4和表7-5。该装置完全达到设计指标，性能良好，每吨淡化水耗电低于4.5kW·h（含海水取水）。根据当时当地的具体情况进行经济核算，每产1t淡水价格在5~6元，工程技术和主要技术经济指标达到国际先进水平。

表7-4 长岛1000t/d反渗透海水淡化系统运行数据

项 目		设计值	专题合同值	用户合同值	实测值	
海水取水量/$m^3 \cdot h^{-1}$		110~120			114	117
淡化水产量/$m^3 \cdot h^{-1}$		41.67±2.1	41.67	41.67±2.1	40.4	42.7
淡化水水质 TDS/$mg \cdot L^{-1}$		<500	<500	<500	298	298
水温/℃		15	25	15	14.8	16
水回收率/%		>35	35~40	>35	35.4	36.5
系统耗电量[①]/$kW \cdot h$		4	<5.5	<4	3.49	3.38
反渗透进水压力/MPa		5.6~6.2			5.9	5.9
化学剂注入量	Cl_2/$mg \cdot L^{-1}$	2			1.36	1.3
	$FeCl_3$/$mg \cdot L^{-1}$	3			1.6	1.6
	$NaHSO_3$/$mg \cdot L^{-1}$	1.5			1.3	1.3
	H_2SO_4/$mg \cdot L^{-1}$	15			15.8	15.8

①不包括海水取水。

表7-5 长岛1000t/d反渗透海水淡化系统淡化水水质分析结果

项　目	海　水	淡化水	国家饮用水标准
总溶固体 TDS/mg·L^{-1}	34277.90	250.3	1000
pH 值	7.87	6.53	6.5~8.5
总碱度（以 $CaCO_3$ 计）/mg·L^{-1}	122.73	11.86	
总硬度（以 $CaCO_3$ 计）/mg·L^{-1}	6464.77	22.37	450
钾 K^+/mg·L^{-1}	350.16	3.60	
钠 Na^+/mg·L^{-1}	10361.11	92.78	
钙 Ca^{2+}/mg·L^{-1}	381.41	7.48	
镁 Mg^{2+}/mg·L^{-1}	1337.82	5.58	
铁 Fe/mg·L^{-1}		0.01	0.3
锰 Mn/mg·L^{-1}		0.005	0.1
重碳酸盐 HCO_2^-/mg·L^{-1}	149.59	27.66	
氯化物 Cl^-/mg·L^{-1}	19214.47	134.18	250
硫酸盐 SO_4^{2-}/mg·L^{-1}	2483.18	6.76	250
硝酸盐 NO_3^-/mg·L^{-1}	0.01		20
硅酸盐 SiO_3^{2-}/mg·L^{-1}	0.15	0.33	
游离二氧化碳 CO_2/mg·L^{-1}	4.81	3.6	
耗氧量 COD/mg·L^{-1}	4.35	0.85	

7.4.2　纳滤膜分离机理

适用于描述纳滤膜的分离机理的模型可以简单地分为以下几种类型：非平衡热力学模型、电荷模型、细孔模型、静电排斥和立体阻碍模型。

7.4.2.1　非平衡热力学模型

对于液体膜分离过程，其传递现象通常用非平衡热力学模型来表征。该模型把膜当做一个"黑匣子"，膜两侧溶液存在或施加的势能差就是溶质和溶剂组分通过膜的驱动力。纳滤膜分离过程与微滤、超滤、反渗透膜分离过程一样，以压力差为驱动力，产生溶质和溶剂的透过通量，其通量可以由非平衡热力学模型建立的现象论方程式来表征。如膜的溶剂透过通量 J_v(m/s) 和溶质透过通量 J_s(mol/(m^2·s)) 可以分别用下列方程式表示：

$$J_v = L_p(\Delta p - \sigma \Delta \pi) \tag{7-11}$$

$$J_s = -(P\Delta x)\mathrm{d}c/\mathrm{d}x + (1-\sigma)J_v c \tag{7-12}$$

式中　σ——膜的特征参数，称为膜的反射系数；

　　　P——膜的特征参数，称为膜的溶质透过系数，m/s；

　　　L_p——膜的特征参数，称为纯水透过系数，m/(s·Pa)；

　　　Δp——膜两侧的操作压力差，Pa；

　　　$\Delta \pi$——膜两侧的溶质渗透压力差，Pa；

　　　Δx——膜厚，m；

　　　c——膜内溶质浓度，mol/m^3。

将上述微分方程沿膜厚方向积分可以得到膜的截留率 R：

$$R = 1 - c_p/c_m = \sigma(1 - F)/(1 - F\sigma) \qquad (7\text{-}13)$$

$$F = \exp[-J_v(1 - \sigma)/P]$$

式中　c_m，c_p——分别为料液一侧膜面和透过液的浓度，mol/L。

式（7-13）就是众所周知的 Spiegler-Kedem 方程。从式（7-13）中可以得出膜的反射系数相当于溶剂透过通量无限大时的最大截留率。膜特征参数可以通过实验数据进行关联而求得。

如果已知膜的结构及其带电特性，上述膜特征参数则可以根据某些数学模型来确定，从而无需进行实验即可表征膜的传递分离机理，这些数学模型有空间电荷模型、固定电荷模型和细孔模型等。

7.4.2.2　电荷模型

电荷模型根据其对膜结构的假设可分为空间电荷模型（the space charge model）和固定电荷模型（the fixed-charge model）。

空间电荷模型假设膜由孔径均一而且其壁面上电荷均匀分布的微孔组成，空间电荷模型最早由 Osterle 提出，是表征膜对电解质及离子的截留性能的理想模型。该模型的基本方程由表征离子浓度和电位关系的 Poisson-Boltzmann 方程、表征离子传递的 Nernst-Planck 方程和表征体积透过通量的 Navier-Stokes 方程等组成。它主要应用于描述如流动电位和膜内离子电导率等动电现象的研究。

固定电荷模型假设膜为一个凝胶相，其中电荷分布均匀、贡献相同。由于固定电荷模型最早由 Teorell、Meyer 和 Sievers 提出，因而通常又被人们称为 Teorell-Meyer-Sievers（TMS）模型。TMS 模型首先应用于离子交换膜，随后用来表征荷电型反渗透膜和超滤膜的截留特性和膜电位。

比较以上两种模型，TMS 模型假设离子浓度和电位在膜内任意方向分布均一，而空间电荷模型则认为两者在径向和轴向存在一定的分布，因此可认为 TMS 模型是空间电荷模型的简化形式。

7.4.2.3　细孔模型

细孔模型（the pore model）基于著名的 Stokes-Maxwell 摩擦模型建立了经典统计力学方程。在基于膜内扩散过程的溶质通量计算方程中引入立体阻碍因子（steric hindrance factor），认为通过膜的微孔内的溶质传递包含扩散流动和对流流动等两种类型。

运用细孔模型，只要知道膜的微孔结构和溶质大小，就可以计算出膜特征参数，从而得知膜的截留率与膜透过体积流速的关系。反之，如果已知溶质大小，并由其透过实验得到膜的截留率与膜透过体积流速的关系，可求得膜特征参数，也可以借助于细孔模型来确定膜的结构参数。

7.4.2.4　静电排斥和立体阻碍模型

将细孔模型和 TMS 模型结合起来建立的静电排斥和立体阻碍模型（the electrostatic and steric-hindrance model），简称为静电位阻模型。静电位阻模型假定膜分离层由孔径均

一、表面电荷分布均匀的微孔构成，其结构参数包括孔径、开孔率、孔道长度即膜分离层厚度和电荷特性。电荷特性表示为膜的体积电荷密度（或膜的孔壁表面电荷密度）。根据上述膜的结构参数和电荷特性参数，对于已知的分离体系，就可以运用静电位阻模型预测各种溶质（中性分子、离子）通过膜的传递分离特性，如膜的特征参数等。有关实验表明，静电位阻模型可以较好地描述纳滤膜的分离机理。

此外，还有道南-立体细孔模型（Donnan-steric pore model）。该模型建立在 Nernst-Planck 扩展方程基础上，用于表征两组分及三组分的电解质溶液的传递现象。在模型解析中认为膜是均相同质而且无孔的，但是离子在极细微的膜孔隙中的扩散和对流传递过程中会受到立体阻碍作用的影响。该模型也是了解纳滤膜分离机理的一个重要途径。

7.4.3 纳滤膜技术的发展与应用

7.4.3.1 国外纳滤膜技术进展

20 世纪 80 年代开始，美国 Filmtec 公司相继开发出 NF-40、NF-50、NF-70 等型号的纳滤膜。由于市场广阔，世界各国纷纷立项，许多公司如美国的 Osmonics 公司、Fluid Systems 公司，日本的东丽和日东等公司，都组织力量投入到开发纳滤技术的领域中。纳滤膜的品种不断增加，性能不断提高。膜材料有醋酸纤维素系列、芳香聚酰胺、磺化聚醚砜等。膜的品种已经系列化，膜的分离性能从对 NaCl 脱除率 5%~10% 一直发展到 85%。国外一些商品纳滤膜型号及其性能见表 7-6。

表 7-6 国外一些商品纳滤膜型号及其性能

膜型号	厂商	膜性能		测试条件	
		脱除率 /%	水通量 /L·(m²·h)⁻¹	操作压力 /MPa	供液浓度 /mg·L⁻¹
ESNA1	（美）海德能	70~80	363	0.525	
ESNA2	（美）海德能	70~80	1735	0.525	
DRC-1000	Celfa	10	50	1.0	3500
Desal-5	Desalination	47	46	1.0	1000
HC-50	DDS	60	80	4.0	2500
NF-40	Filmtec	45	43	2.0	2000
NF-70	Filmtec	80	43	0.6	2000
SU-60	Toray	55	28	0.35	500
SU-200HF	Toray	50	250	1.50	1500
NTR-7410	Nitto	15	500	1.0	5000
NTR-7450	Nitto	51	92	1.0	5000
NF-PES-10/PP60	Kalle	15	400	4.0	5000
NF-CA-50/PET100	Kalle	85	120	4.0	5000

7.4.3.2 国内纳滤膜技术进展

我国从 20 世纪 80 年代后期就开始了纳滤膜的研制。至 90 年代，研究单位不断增加，如中科院大连化物所、北京生态环化中心、上海原子核所、天津工业大学、北京工业大学、北京化工大学等都相继进行了研究开发，到目前为止，大多数还处于实验室阶段，真正达到工业化生产的只有二醋酸纤维素卷式纳滤膜和三醋酸纤维素中空纤维纳滤膜。国产纳滤膜及其元件与国外同类产品的性能对比见表7-7。

表7-7 国产纳滤膜及其元件与国外同类产品的性能对比

膜型号	厂商	性能		测试条件		试验溶液
		脱除率/%	水通量	操作压力/MPa	供液浓度/mg·L⁻¹	
NF-CA 膜	中国国家海洋局杭州水处理中心	10~85	20~80L/(m²·h)	0.5~2.0	2500	NaCl-H₂O
		90~99	25~85L/(m²·h)	0.5~2.0	2000~2500	MgSO₄-H₂O
NF-CA 卷式元件		37~63.6	240~360L/h	1.25~1.30	2539~2565	NaCl-H₂O
		97.7~99.3	250~300L/h	1.25~1.30	2131~2644	MgSO₄-H₂O
中空纤维元件		50 左右	>700L/h	1.0	2000	NaCl-H₂O
		>95	>700L/h	1.0	2100	MgSO₄-H₂O
CA	Fluid Systems	74	23.6L/(m²·h·MPa)	1.38MPa	0.1%	NaCl-H₂O
CA₂₀	Hoechst	30	68L/(m²·h·MPa)	0.5MPa	0.06%	NaCl-H₂O
CA₅₀	Separation	70	22L/(m²·h·MPa)	0.5MPa	0.06%	NaCl-H₂O

注：1. 卷式元件有效膜面积为 7.6m²；2. 中空纤维元件有效膜面积为 38m²。

7.4.3.3 纳滤膜的应用

纳滤膜的应用主要包括：

（1）软化水处理。对苦咸水进行软化、脱盐是纳滤膜应用的最大市场。

（2）饮用水中有害物质的脱除。随着水资源贫乏的日益严峻、环境污染的加剧和各国饮用水标准的提高，可脱除各种有机物和有害化学物质的"饮用水深度处理技术"日益受到人们的重视。目前，深度处理的方法主要有活性炭吸附、臭氧处理和膜处理。其中，膜分离中的微滤（MF）和超滤（UF）因不能脱除各种小分子物质，所以单独使用时不能称为深度处理。纳滤膜由于其本身的性能特点，可作为饮用水深度净化系统，用以脱除传统砂滤法不能脱除的溶解性微量有机污染物。实践表明，纳滤膜可用于脱除河水及地下水中含有的三卤甲烷中间体 THM（加氯消毒时的副产物，为致癌物质）、小分子有机物、农药、异味物质、硝酸盐、氟、硼、砷等有害物质。

（3）中水、废水处理。中水一般指大型建筑物（宾馆、写字楼、商场）排放的生活污水，经处理后可作厕所冲洗等非饮用水之用。纳滤膜在各种工业废水中的应用也有很多实例，如造纸漂白废水的处理等。对于生活污水，纳滤膜与生物处理法（如活性污泥法）相结合也已进入实用阶段。

（4）食品、饮料、制药行业。此领域中的纳滤膜应用十分活跃，如各种蛋白质、氨基酸、维生素、奶类、酒类、酱油、调味品等的浓缩、精制等。

（5）化工行业。化工工艺过程中水溶液的浓缩、分离，如化工、染料工业的水溶液脱盐处理。

7.5 膜过滤器

膜过滤器是一种将膜以某种形式组装在一个基本单元设备内，然后在外界驱动力作用下实现对混合物中各组分分离的器件，它又被称为膜组件或简称膜分离器。在实际生产中，除选择适用的膜外，膜器件的类型选择、设计和制作的好坏，将直接影响到过程最终的分离效果。

工业上常用的膜器件型式主要有：板框式、圆管式、螺旋卷式、中空纤维式和毛细管式等 5 种类型。

7.5.1 板框式

板框式膜器件主要是由许多板和框堆积组装在一起而得名，其外观很像普通的板框式压滤机。所不同的是后者用的过滤介质为帆布等，而前者用的是膜。

板框式膜器件主要用于液体分离过程，其结构如图 7-33 所示，它是以隔板、膜、支撑板、膜的顺序，多层交替重叠压紧组装在一起制成的。隔板表面上有许多沟槽，可用作原料液和未透过液的流动通道；支撑板上有许多孔，可用作透过液的流动通道。当原料液进入系统后，沿沟槽流动，一部分将从膜的一面渗透到膜的另一面，并经支撑板上的小孔流向其边缘上的导流管排出。

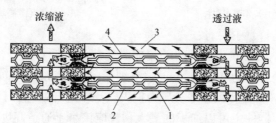

图 7-33　板框式膜器件结构
1—透过液；2—湍流促进器；3—刚性多孔支持板；4—膜

板框式膜器件的特点主要有：

（1）组装简单。与圆管式、螺旋卷式和中空纤维式等相比，板框式膜组件的最大特点是制造组装比较简单，装置的体积比较紧凑，当处理量增大时，可以简单地通过增加膜的层数来实现。

（2）操作方便。板框式膜器组件在性能方面与圆管式相似，由于原料液流道的截面积可以根据实际情况适当增大，因此其压力损失较小，原液的流速可以高达 $1\sim5\mathrm{m/s}$，同时，由于流通的截面积比较大，因此原液中即使含有一些杂质异物也不易堵塞流道，从而提高了对处理物料的适应能力。另外，还可以将原液流道隔板设计成各种形状的凹凸波纹，使流体易于产生湍流，减少污染，提高分离效率。此外，板式膜损坏后替换相对容易些。

（3）膜的机械强度要求高。板框式膜器件的缺点是对膜的机械强度要求较高。由于膜的面积可以大到 $1.5\mathrm{m}^2$，如果没有足够的机械强度将难以安装、更换和经受住湍流造成的波动。此外，需要密封的膜的边界较长，对各种零部件的加工精度要求较高，从而增加了成本。而板框式膜组件的流程比较短，加上原液流道的截面积较大，因此，单程的回收率比较低，需增加循环次数和泵的能耗。不过，由于这种膜组件的阻力损失较小，可进行多段操作来提高回收率。

板框式膜器件主要应用于超滤（UF）、微滤（MF）、反渗透（RO）、渗透汽化（PV）和电渗析（ED）。

7.5.2 圆管式

圆管式膜器件是指在圆筒状支撑体的内侧或外侧刮制上半透膜而得的圆管形分离膜，其支撑体的构造或半透膜的刮制方法随处理原料液的输入方式及透过液的导出方式而异。

图 7-34 所示为圆管式膜过滤器示意图，膜刮制在多孔支撑管的内侧，用泵输送料液进管内，原料液经半渗透膜后，通过多孔支撑管排出，浓缩液从管子的另一端排出，完成分离过程。如果用于支撑管的材料不能使滤液被渗透通过，则需在支撑管和膜之间安装一层很薄的多孔状纤维网，帮助滤液向支撑管上的孔眼横向传递，同时对膜还提供了必要的支撑作用。

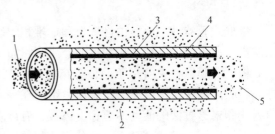

图 7-34　圆管式膜器件示意图
1—原料液；2—透过液；3—膜；
4—刚性支撑管；5—浓缩液

圆管式膜过滤器的特点主要有：

（1）流动状态好。圆管式膜器件中的流体多属湍流流动，而且流道直径一般比较大，例如，中空纤维的管径通常为 0.5~2.5mm，毛细管的管径为 3~8mm，而管式膜的管径为 10~25mm。因此，原料液流动状态好，压力损失较小，适合处理含有较大颗粒和悬浮物的原液。一般认为，在膜器件中可以加工的最大颗粒应该小于通道高度的 1/10，因此，含有粒径 1.25mm 的原料，要用管内径为 12.5mm 的装置处理。

（2）容易清洗。因为圆管式膜器件在操作时可采用较高的流速和较高的雷诺数，容易产生湍流，所以和其他膜器件相比，比较容易防止浓差极化和结垢。即使产生结垢，可采用原位清洗技术或放入冲洗球等机械方法清洗。另外，组件比较容易安装、拆卸和更换。

（3）设备和操作费用较高。圆管式膜器件的制造成本及能耗在各类组件中是较高的。由于操作需在高流速下进行，压降又较大，所以操作费用提高。

（4）膜装填密度较低。在所有膜器件中，圆管式膜器件的表面积/体积比是最低的。

管式膜器件主要应用于超滤（UF）、微滤（MF）和单级反渗透（RO）。

7.5.3 螺旋卷式

如图 7-35 所示，螺旋卷式（简称卷式）膜过滤器的结构是由中间为多孔支撑材料、两边是膜的"双层结构"装配组成的。其中，三个边沿被密封而黏结成膜袋状，另一个开放的边沿与一根多孔中心渗过液收集管连接，在膜袋外部的原料液侧再垫一层网眼型间隔材料（隔网），也就是把膜—多孔支撑体—膜—原料液侧隔网依次叠合，绕中心透过液收集管紧密地卷在一起，形成一个膜卷（或称膜元件），再装进圆柱形压力容器里，构成一个螺旋卷式膜组件。原料从一端进入组件，沿轴向流动，在驱动力作用下，易透过物沿径向渗透通过膜至中心管导出，另一端则为浓缩液。

在实际使用中，如图 7-36 所示，可将几个（多达 6 个）膜卷的中心管密封串联起来再装入压力容器内，形成串联式卷式膜组件单元；也可将若干个膜组件并联使用。

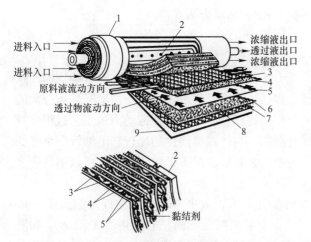

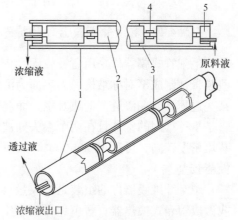

图 7-35　螺旋卷式膜器件
1—密封圈（原料液）；2—透过物收集管；3，7—进料分隔板；
4，6—膜；5—透过物分隔板；8—膜袋的黏合；9—外壳

图 7-36　螺旋卷膜器件的装配
1—压力容器；2—螺旋卷膜器件；
3—密封；4—密封接头；5—密封端盖

卷式膜组件首先是为反渗透过程开发的，目前也广泛应用于超滤和气体分离过程，其主要特点为：

（1）结构紧凑，单位体积内膜的有效膜面积较大；

（2）制作工艺相对简单；

（3）安装、操作比较方便；

（4）适合在低流速、低压下操作，高压操作难度较大；

（5）在使用过程中，膜一旦被污染，不易清洗，因而对原料液的前处理要求较高。

7.5.4　中空纤维式和毛细管式

中空纤维膜和毛细管可分别制成中空纤维式和毛细管式膜器件，从广义的概念上讲是管式膜分离器的一种，但它们的膜不需要支撑物。将大量的中空纤维膜或毛细管膜两端用黏合剂黏在一起，装入金属壳体内，做相应的密封，即制成膜器件。

7.5.4.1　中空纤维式膜器件的特点

中空纤维式膜器件的特点是膜与支撑体为一体的自承式，而且纤维的管径较细，外径为 $80\sim400\mu m$，内径为 $40\sim100\mu m$。单位组件体积中所具有的有效膜面积（即装填密度）很高，一般可达 $16000\sim30000m^2/m^3$，高于其他所有组件形式，因此，单位膜面积的制造费用相对较低。

由于中空纤维是一种自身支撑的分离膜，所以在组件的加工中，无须考虑膜的支撑问题。但是，膜的活性层涂在管内侧还是管外侧，以及进料采用外压式还是内压式要视具体情况而定。在活性层涂在纤维管外侧和进料走管内的情况下，由于透过液流出时需通过极细的纤维内腔，因而流动阻力较大，透过液侧的压力降较大。

同圆管式膜器件相比，因无法进行机械清洗，所以一旦膜被污染，膜表面的污垢排除十分困难，因此需对原料液进行严格的前处理。

中空纤维式膜器件主要应用于气体分离（GP）和反渗透（RO）。

7.5.4.2 毛细管式膜器件的特点

毛细管式膜器件是由管径较大（内径为0.5~6mm）、耐压性能较弱的膜管构成的，这些膜管被制成不对称结构，内表面为活性分离层。毛细管膜组件可用于超滤及气体分离的某些过程，如在渗透侧造成真空，而在进料侧保持环境压力来实现推动力的工艺过程。膜管是平行排列的，并且在两个端头处被黏合起来。与管式膜器件相比较，毛细管膜组件的装填密度较高，可达1000m²/m³。然而，由于在大多数情况下是层流状态，所以物质交换性能较差。

中空纤维膜器件的组装是把大量（有时是几十万根或更多）的中空纤维膜弯成U形或做成管壳式换热器直管束那样的中空纤维束而装入圆筒形耐压容器内（见图7-37和图7-38）。纤维束的开口端用环氧树脂浇铸成管板。纤维束的中心轴部安装一根原料液分布管，便原料液径向均匀流过纤维束。纤维束的外部包以网布使纤维束固定并促进原料液的湍流状态。透过物透过纤维的管壁后，沿纤维的中空内腔经管板放出；被浓缩了的渗余物则在图示的外壳排出口排掉。

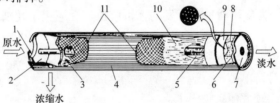

图7-37　中空纤维膜做成直管束的膜器件

1，6—O形密封环；2，7—端板；3，10—中空纤维膜；4—外壳；5—原水分布管；
8—支撑管；9—环氧树脂管板；11—流动网格

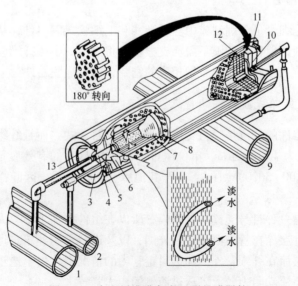

图7-38　中空纤维膜弯成U形的膜器件

1—供水管；2—浓缩水管；3，10—端板；4—中心管；5—O形密封环；6—隔板；7—多孔分散管；
8—中空纤维膜；9—透过水管；11—多孔支撑板；12—环氧树脂管板；13—箍环

7.6 膜的污染与清洗

如前所述，膜污染即是指膜在使用过程中，尽管操作条件保持不变，但其通量仍逐渐降低。膜污染的主要原因是颗粒堵塞和膜表面物理吸附。如料液中的微粒、胶体粒子或溶质分子由于与膜之间存在物理化学作用而在膜表面及膜孔中沉积，使膜孔堵塞或变小，膜阻增大，膜的渗透速率下降。料液中的组分在膜表面沉积形成的污染层即凝胶层将增加膜过程的阻力，该阻力可能远大于膜本身的阻力。

膜污染产生的渗透流率下降常与料液性质的变化或者浓度极化引起的渗透流率下降相混淆。在超滤过程中，随着料液中固含量增加，其黏度和密度增加，扩散系数下降，因而渗透流率下降。浓度极化的结果，在膜面上形成溶质浓度的局部增加，由于边界层流体阻力增加，或者由于局部渗透压的升高，减少了传质推动力，使膜渗透流率下降。但是浓度极化产生的作用是"可逆"的，即降低膜两侧压差或降低料液浓度，这种作用的影响在一定程度上可减少。而对膜污染而言，往往具有不可逆性。当膜污染严重时，将使超滤过程无法正常进行，所以必须对污染膜进行清洗，以确保超滤过程的正常运行。膜的主要污染因素及其影响分述如下。

7.6.1 膜面与料液间分子作用

膜污染现象非常复杂，很难从理论上分析。甚至对一种给定溶液，其污染也是取决于浓度、温度、pH 值、离子强度和具体的相互作用力（氢键、偶极—偶极作用力）等物理和化学参数。

膜的特性，如表面电荷、憎水性、粗糙度等对膜的有机吸附污染及阻塞有重大影响。例如，由极性的、亲水性的聚酰胺聚合材料制成的纳滤膜，其造成膜污染的有机物主要是如脂肪酸的两性有机物。它们都是阴离子表面活性剂，在聚酰胺膜面上的吸附可能由氢键作用、色散力吸附和憎水作用进行。这些表面活性剂吸附层的形成，使水分子要透过膜就必须消耗更高的能量，最终导致产水量的下降。

而非极性的、憎水性的有机物（如高碳烷烃）对膜的污染，是由于憎水性有机物与水间的相互作用使这些扩散慢的有机物富集在膜面上，即表现为憎水性的高分子低扩散性的有机物会浓缩在膜面上；而高分子有机物的浓差极化也有利于它们吸附在膜面上；此外，水中离子（主要是 Ca^{2+}）与有机物官能团相互作用，会改变这些有机物分子的憎水性和扩散性。

7.6.2 蛋白质类大溶质吸附

蛋白质是一种两性化合物，有很强的表面活性，极容易吸附在聚合物表面上。蛋白质吸附在膜表面上常是形成污染的原因。据报道，当主体溶液中蛋白质浓度为 1mg/mL 左右，在大气压下的吸附或操作过程中的加压吸附，可使膜的渗透流率下降 40% 左右；当主体溶液的蛋白质浓度为 0.001~0.01mg/mL 时，膜面即可形成足够的吸附，使渗透流率下降 37%。

调节料液的 pH 远离等电点可使吸附作用减弱。但是，如果吸附是由于静电引力，则应将料液的 pH 值调节至等电点以达到减少蛋白质污染的目的。

在膜制备时，改变膜的表面极性和电荷常可减轻污染。也可将膜先用吸附力较强的溶质吸附，则膜就不会再吸附蛋白质。如聚砜膜可用大豆卵磷脂的酒精溶液预先处理，醋酸纤维膜用阳离子表面活性剂处理，可防止污染。

7.6.3　颗粒类大溶质沉积

0.3~5μm 的悬浮颗粒和胶体最易引起膜污染。由于胶体本身的荷电性，在进料液的浓缩过程中，胶体的稳定性受到破坏而凝聚沉积在膜面上，这种沉积改变了组件内流体的流动状态，进而使沉积更加严重。由于胶体粒子很小，用通常的过滤方法无法去除，若使胶体粒子相互凝聚成较大尺寸的粒子，就可以用通常的过滤方法有效地去除。通常胶体粒子带正或负的电荷，因同种电荷具有排斥力，所以胶体粒子在溶液中能稳定存在。若加入一些与胶体粒子电荷相反的荷电粒子作为絮凝剂，胶体粒子的电荷被相反的电荷所中和而成为电中性，则胶体粒子就被凝集成大的胶团而易于去除。常用的絮凝剂有含 Al^{3+}、Fe^{3+}等高价金属离子的无机电解质，或用量少、效果好的高分子电解质。这些电解质可以在配水管途中连续加入，用通常的过滤方法或混凝沉降分离槽除去凝聚的胶团。一般先进行沉降分离，除去大部分胶粒，然后再用过滤的方法去除。

7.6.4　无机化合物污染

膜分离时，随着膜对溶质的浓缩，可溶性无机化合物在溶液中的浓度会相应升高，当这些无机物的浓度超出其溶解范围时，则这些可溶性无机化合物就很容易从进料液中沉析下来而被截留在膜面上。如碳酸钙、硫酸钙、金属氧化物和金属氢氧化物等就很容易形成沉淀。由此可见，盐类对膜也有很大影响。一般 pH 值高，盐类易沉淀；pH 值低，盐类沉积较小。加入络合剂 EDTA 等可防止钙离子沉淀。

7.6.5　蛋白质与生物污染

由于边界层效应和生物黏垢的形成，进料液在膜面上为非均匀混合，使得进料液中的有机物、无机物更容易浓缩在膜上，膜表面的这种特殊物理化学与营养环境将影响那些最终在膜表面的微生物的生长。

微生物的存在会对膜产生侵蚀作用。加氯是去除进料液中细菌、藻类等微生物的廉价而有效的办法。如采用 NaClO 时，浓度控制在 1~5mg/L，并尽可能在前面的工序中加入。除此以外，还可以在进料液中加入 H_2O_2、O_3 和 $KMnO_4$ 等。

有些膜材料如聚酰胺复合膜极易被氧化腐蚀，因此不能采用上述氧化性杀菌剂，而只能采用非氧化性杀菌剂。如异噻唑啉酮，加药浓度为 0.5mg/L 即能杀死水中的细菌、真菌、藻类，以及黏液膜下的微生物。其特点是高效、广谱、低毒和对环境安全等，是较为理想的抑菌剂。尤其是异噻唑啉酮还能穿透黏附在设备、管道、水箱表面的生物黏液膜，抑制和杀灭黏膜下的微生物。

7.6.6　物理清洗与化学清洗

超滤过程运转一段时间以后，必须对膜进行清洗，除去膜表面聚集物，以恢复其透过性，这也是膜的再生过程。对膜清洗可分为物理法和化学法或两者结合起来。

物理清洗是借助于液体流动所产生的机械力将膜面上的污染物冲刷掉。一般是每运行一个短的周期（如运转2h）以后，关闭超滤液出口，这时中空纤维膜内、外压力相等，压差的消失使得依附于膜面上的凝胶层变得松散，这时由于流液的冲刷作用，胶层脱落，达到清洗的目的。这种方法一般称为等压清洗。但超滤运转周期不能太长，尤其是截留物成分复杂、含量较高时，运行时间长了会造成膜表面胶层由于压实而"老化"，这时就不易洗脱了。另外，如加大器内的液体流速，改变流动状态对膜面的浓差极化有很大影响，当液体呈湍流时，不易形成凝胶层，也就难以形成严重的污染。同时，改变液体的流动方向，反冲洗等也有积极的意义。

物理清洗往往不能把膜面彻底洗净，这时可根据体系的情况适当加一些化学药剂进行化学清洗。如对自来水净化时，每隔一定时间用稀草酸溶液清洗，以除掉表面积累的无机和有机杂质。又如当膜表面被油脂污染以后，其亲水性能下降，透水性恶化，这时可用一定量的表面活性剂的热水溶液做等压清洗。常用的化学清洗剂有：酸、碱、酶（蛋白酶）、螯合剂、表面活性剂、过氧化氢、次氯酸盐、磷酸盐、聚磷酸盐等。膜清洗后，如暂时不用，应储存在清水中，并加少量甲醛以防止细菌生长。

7.6.7　膜的清洗与杀菌

膜分离作为一种高新的分离技术，具有独特的优越性，但是在实际应用中，无论是用于实验还是工业化分离过程，膜产生污染而导致过滤性能下降是不可避免的。膜的污染会使通量下降，膜的寿命受影响，因此膜的定期清洗与杀菌是很重要的。但是，由于膜是多孔物质，膜表面极容易受清洗药品的腐蚀和受温度的影响而被破坏，加之膜价格贵，所以清洗膜必须特别小心。吸附在膜上的污染物质光使用杀菌剂效果不好，必须采用清洗与杀菌结合的方法才能提高洗涤效果。膜被菌体污染，往往会破坏膜的材质。膜材料多种多样，包括高分子膜和无机膜，所以在设计清洗条件时，必须考虑是否水解或氧化、劣化而使膜材料产生腐蚀。

至于哪种杀菌剂适用于膜的杀菌，与膜材料的 pH 值适用范围和膜的耐药性有关。如果是不受氧化剂影响的超滤膜，则膜的两侧都可以采用次氯酸钠、双氧水或过醋酸。但是，因为膜材料具有多孔性且结构复杂，容易将这些杀菌剂分解，所以使用浓度比一般工业产品洗涤时要高。复合膜中的一部分可用季铵盐，但是几乎所有的合成高分子物质都不能用阳离子表面活性剂或两性表面活性剂清洗。

最常用的是次氯酸钠，其杀菌效果见表7-8。它对大多数超滤膜都很有效，但对反渗透膜来说，由于电离态的次氯酸盐透不过膜，因此杀不死透过侧的假单胞菌和形成黏尘状的其他菌。

在中性或酸性范围内，如果是非电离的次氯酸，则可以透过膜。在这种情况下氧化力强，杀菌效果好，但会损伤膜材料，即便是不锈钢都会腐蚀，同时还会产生带毒性的氯气，因此应该避免使用。过醋酸和双氧水以非电离化的形式就可透过膜，所以很有效。

对于容易发生氧化、劣化的膜，例如聚酰胺，过醋酸类氧化剂就不适用。福尔马林的杀菌范围很宽，常用于新膜保存杀菌，而对于用过的膜由于有蛋白质存在，会使膜树脂化而有堵塞膜孔的可能。

表 7-8　次氯酸钠的杀菌效果（20℃时悬浮试验的杀菌时间）　　　　　　（min）

活化氯浓度/%			0.06	0.15	0.30	0.06①	0.15①	0.30①	0.06②	0.15②	0.30②
试验菌	St. aureus（金黄色葡萄菌）	1.7×10^6	1	1	1	1	1	1	2.5	2.5	1
	Str. faecalis	1×10^5	2.5	1	1	2.5	1	1	2.5	1	1
	Ps. aeruginosa（假铜绿色霉菌）ATCC 10442	3.8×10^6	1	1	1	1	1	1	1	1	1
	Enterob. aerogenes（肠癣菌）	1×10^5	1	1	1	1	1	1	1	1	1
	Sacch. cerevisiae（酒曲霉菌）初始菌数/个·mL^{-1}	5×10^5	1	1	1	1	1	11	1	1	1
	Sacch. bailii（拜尔酵母菌）	4×10^5	1	1	1	1	1	1	1	1	1
	Sacch. carlsber gensis（卡尔酵母菌）	3×10^5	1	1	1	1	1	1	1	1	1
	Asp. niger（黑曲霉）	1×10^5	10	10	5	10	10	10	10	10	5
	P. expansum（扩展柄锈菌）	6×10^5	20	20	20	40	40	20	40	20	20

① 负荷 0.5%脱脂乳；

② 0.5%麦芽汁。

7.7　膜过滤的应用与进展

7.7.1　概述

虽然膜分离现象早在 250 年前就被发现，但是膜分离技术的工业应用是在 20 世纪 60 年代以后。从 60 年代的反渗透技术到 90 年代的渗透汽化技术，膜分离技术发展迅速。特别是 90 年代以后，随着复合膜的研制成功，膜分离技术的应用领域不断扩大，现已渗透到人们生产和生活的各个方面，对水加工工业、化工、医药、环境保护、食品和生物工程等诸多领域的发展起了巨大的作用。

膜分离作为一种新兴的高效的分离、浓缩、提纯及净化技术，获得了极为迅速的发展，已得到广泛应用，形成了独特的新兴高科技产业。各种膜过程具有不同分离机理，适用于不同的对象和要求。但有其共同点，如过程较简单，经济性较好，通常没有相变，分离系数较大，节能，高效，无二次污染，可在常温下连续操作，可直接放大，可专一配膜等。

微滤是所有膜过程中应用最普遍、总销售额最大的一项技术。制药行业的过滤除菌是其最大的市场，电子工业用高纯水制备次之。目前，微滤正被引入更广泛的领域：在食品工业领域，许多应用已实现工业化；饮用水生产和城市污水处理是微滤应用潜在的两大市场；用于工业废水处理方面的研究正在大量开展；随着生物技术工业的发展，微滤在这一领域的市场也将越来越大。

超滤和微滤相比，应用规模较大，它多采用十字流操作。超滤已广泛应用于食品、医药、工业废水处理、超纯水制备及生物技术工业。其中最重要的是食品工业，乳清处理是其最大市场；在工业废水处理方面，应用得最普遍的是电泳涂漆过程；在超纯水制备中，超滤是重要过程；城市污水处理及其他工业废水处理以及生物技术领域都是超滤未来的发展方向。

随着性能优良的反渗透膜及其膜组件的工业化，反渗透技术的应用范围已从最初的脱盐扩大到化工生产、食品加工和医药环保等部门，其中脱盐及超纯水制造的研究和应用最成熟，规模也最大，其他应用大多处于正在开发中。

纳滤膜由于截留分子量介于超滤与反渗透之间，同时还存在道南效应，因此对相对分子质量小的有机物和盐的分离有很好的效果，并具有不影响分离物质生物活性、节能、无公害等特点，在食品工业、发酵工业、制药工业、乳品工业等行业得到越来越广泛的运用。但纳滤膜的应用同时也存在一些问题，如膜污染等，并且食品与医药行业对卫生要求极严，膜需要经常的进行杀菌、清洗等处理，使得该技术的广泛使用受到一定的影响，许多问题尚待研究。由于纳滤膜分离技术有着其众多的优越性，是一个新兴的值得瞩目的领域，必将会有广阔的发展前景。

7.7.2 应用举例

如采用东丽公司开发的新型中空丝超滤/微滤膜或平板膜生物反应器去除污水中的微小颗粒，并利用抗污染反渗透膜进一步去除溶解性的有机物和离子，采用先进的海水淡化膜进行海水淡化可以为沿海地区提供源源不断的淡水。使用膜集成技术不仅可以有效降低系统投资及运行成本，而且可以大大提高经济效益，减小环境危害。

在制药工业中，可应用超滤膜分离工艺除去（或降低）注射用药物（药液）中热原含量；应用超滤、纳滤等膜分离技术分离、浓缩、提纯医药制品等方面正在日益广泛的应用。例如，日本、美国药典允许大输液除热原采用反渗透和超滤单元。在连续的酶催化反应制备 6-APA 过程中，采用反渗透膜分离法浓缩青霉素裂解液，随着浓缩倍数的增加，膜通量降低而对 6-APA 截留率基本能维持在 98.5% 以上。在用微滤膜去除青霉素 G 发酵液中的菌丝体中，青霉素 G 的回收率可达 98%。近年来，我国膜技术在抗生素生产中的应用已有一些研究，如选用不同性能的聚酰胺纳滤膜，对药厂提供的螺旋霉素进行了分离和浓缩，在进料流量 55L/h、操作压力 1.5MPa 条件下，所选用的膜对螺旋霉素几乎全部截留，膜的渗透通量可高达 30L/($m^2 \cdot h$)。应用超滤和纳滤的组合分离技术，纯化浓缩林可霉素发酵液，大大节省溶媒和能源，缩短并优化了传统工艺路线，提高了收率及产品质量。

近年来，超滤膜法已逐渐应用到中药制剂工艺中，并取得了良好的效果。例如，用聚砜超滤膜对黄芩（根）、黄连（根茎）、黄柏（皮）、金银花（花）、五味子（果）、大青叶（叶）等中药提取液的渗透行为的研究，结果表明各中药有效成分的回收率均高于74%。上述大部分处于实验室研究阶段的膜法分离浓缩药物制剂，将对我国传统医药工业中分离技术的改进，起到一定的促进作用。

膜技术在环境工程中有着极为重要的作用。目前，它在国外已经成为一项广泛用于工业废水治理的有效手段。在国外已有膜法处理垃圾渗沥水成功的例子。美国研究了超滤—生物活性炭技术处理垃圾渗沥水，污染物的去除是靠吸附、生物降解和膜分离来完成的。

结果表明，该技术对含有重金属和有机物的渗沥水的总有机碳（TOC）及易生物降解的渗沥水的 TOC 去除率分别为 95% ~ 97% 和 95% ~ 98%，有机物去除率分别达 99.5% 和 99%。

7.7.3 膜工艺进展

膜工艺发展多种多样，其目的都是为了提高膜的工作性能。如膜—电极法及膜生物反应器等日益受到重视，特别是膜生物反应器正成为各国研究热点，并在废水处理中发挥着重要作用。

7.7.3.1 动态膜

动态膜是指采用某种固体微粒或反应中形成某种固体微粒，通过循环使其复合在膜表面上，从而改进膜的工作性能。高岭土、石灰、硅藻土均可用于形成动态膜。

市政污水处理厂二级出流的十字流式微滤中，以纺织聚酯为原膜，$KMnO_4$ 和 HCOONa 反应形成 MnO_2 沉淀物能形成动态膜。MnO_2 动态膜能提高过滤通量，延长工作时间，增加对固态污染物的截留，提高工作性能。膜清洗也变得简单而有效，只要在原膜表面用刷子刷即可。形成 MnO_2 动态膜时，膜表面电荷改变，颗粒物和 MnO_2 动态膜之间的静电排斥作用有效地改进了膜的工作性能。MnO_2 沉淀能形成氢键，因而具有亲水特性。而大多数适用于作膜的合成材料都是疏水性的，MnO_2 沉淀在原膜上，使控制过滤过程的膜表面由疏水性变为亲水性。由于废水中多数颗粒是亲水性的，因而废水中颗粒物附着在膜表面上的可能性就大大减小。形成的亲水性膜表面减轻了污损问题从而提高了通量。工作性能的改进主要由于原膜孔径变窄和表面性质改变所致；表面性质的改变则是由于改变了表面电荷或是由于原膜亲水性/疏水性的改变所致。

二氧化锆、聚丙烯酸等也可用于形成动态膜。

7.7.3.2 两相流超滤工艺

两相流超滤工艺是在中空纤维超滤膜制饮用水中，采用连续切向空气流在膜表面产生气/液两相流，切向气流产生高剪切力和流体不稳定性，阻止颗粒物沉积在膜表面上，即使在很低气速下也明显提高了过滤通量。通量的增加取决于液流速度和膜两侧压差。极限气速下，通量可增加 155%；超过极限气速，通量不再增加。其原理是空气喷射能明显改变滤饼结构，膨松滤饼，增加孔隙度和滤饼厚度，促使通量增加。

7.7.3.3 电纳滤

电纳滤是将径向电场叠加于管状纳滤组件上形成的电纳滤工艺。由于选用的膜带负电荷，因而把阳极置于膜内，阴极置于膜外，可对 Na^+ 穿过多孔介质产生"泵效应"。结果表明，电场能强烈改变离子透过膜的动力学特性，阳离子透过膜的能力增加，阴离子则被捕集在管件内部；阳离子截留率降低而阴离子截留率增加。电场和膜两侧压差促进离子分离（在透过液中）和离子浓缩（在浓缩液中）的效果与离子化合价有关。该工艺也用于从废水中选择性去除 Cu^{2+} 的研究。

7.7.3.4 动力膜滤系统和振动膜滤系统

英国 Pall 公司开发出 Pall 动力膜滤系统，在很接近膜表面的地方用一个旋转盘作用，产生高剪切速率。该系统溶质通透率极高，可用于乳浆蛋白的浓缩；但电机转速受料液黏度和含固率限制。

Pall 公司开发的 PallSep 振动膜滤系统则不受料液黏度和含固率影响，只要能泵动即可。壁剪切速率产生的能量直接传递给膜体，能量利用率极高，"剪切波"从膜表面短距离传播直达边界层。该系统由一根拉杆产生 60Hz 共振频率使滤膜共振，振幅可达 30mm。系统启动时电机荷载最大，达到共振频率后，电机荷载减小到维持共振；把酵母浆液浓缩到 22%干重糊状物，40m^2 膜系统，维持共振只需 2.5kW 电力。该系统构造可用于微滤、超滤及纳滤操作。该系统能过滤富含蛋白质的产品，处理含腐蚀性颗粒的料液，并已在食品工业中得到广泛应用。

此外，在对中空管状膜充氧器研究中发现，采用膜的轴向振动，传质系数至少可提高 2.65 倍，并能极大减轻膜的污损。

7.7.4 展望

"21 世纪的多数工业中，膜分离技术扮演着战略角色"。更有许多的专家把膜技术的发展称为"第三次工业革命"。这说明膜技术在未来具有举足轻重的作用。

膜分离技术在水处理中应用很广泛，随着膜分离工艺的完善，膜污染问题必将得到解决，膜分离技术也将得到更加广泛的应用。膜技术现在已被广泛应用于化学工业中的许多领域，如氢气分离、从工艺过程气流中回收有机蒸汽和有机溶剂等。另外，膜技术在膜反应器中的催化转化方面也具有广阔的发展前景。不同的膜分离技术，根据其机理可应用于不同的化工领域。膜分离技术是当代气体分离和液体分离的高新技术，已成为石油化工分离的重要技术之一，被认为是新一代节能型、清洁型、环保型的技术，近年来已经得到长足的发展，从最初的水处理领域已经扩展到气体净化、石油化工、医药生产、中草药分离、生物制品、食品轻工、冶金等行业的产品分离、提纯和浓缩等的应用，近几年来在众多行业中起到了巨大的作用。

膜分离技术在石油化工的采油、天然气勘探、运输、炼制中都有应用，要想继续飞速发展，今后主要工作应该体现在以下几个方面：研制出真正耐氯气的膜材料，在耐酸、碱性能上要有所提高，用于石化工业中的气液、气气、液液等有机液体混合物的分离，更加方便地在化工厂中进行应用。

此外，研究开发出新的制膜材料，生产出高抗污染、抗氧化性能膜，解决膜的污染问题，扩大膜分离技术的应用范围。大力发展陶瓷膜的研究，开发出选择性更高的陶瓷微滤膜和陶瓷超滤膜，提高对有机物分离的选择性，更加有效地对有机混合物进行提纯和分离。研究膜集成技术新工艺，利用膜技术与其他技术进行各类形式的集成，用以解决不同工艺条件对膜分离技术的要求。总之，随着膜技术的不断发展，作为新型高效的分离技术，膜分离技术必将会在更多领域中得到更加广泛的应用，进而满足更多领域诸多场合的需求，提高行业生产效益。

参 考 文 献

［1］ Stefan Panglisch, Walter Dautzenberg, Rolf Gimbel. Two Years Experience with Germanys Largest Two Stage Ultrafiltration Plant for Drinking Water Production (7000m³/h)［C］. 10th World Filtration Congress, 2008, Ⅱ：59.

［2］ Christoph Bohner. Membrane Technology for Recycling and Recovery of Resources in industrial Water and Waste Water Applications-From Lab Testings to Production Experiences［C］. 10th World Filtration Congress, 2008, Ⅱ：111.

［3］ Peter Czermak, Mehrdad Ebrahimi, Kikavous Shams Ashaghi, et al. Feasibility of Using Ceramic Micro-, Ultra- and Nanofiltration Membranes for Efficient Treatment of Produced Water［C］. 10th World Filtration Congress, 2008, Ⅱ：140.

［4］ Alanezi Y H D, Wakeman R J, Holdich R G. Crossflow Microfiltration of Oil from Synthetic Produced Water［C］. 10th World Filtration Congress, 2008, Ⅱ：145.

［5］ Christian Munch, Franz Koppe. Rotation Filtration with Ceramic Membrane Discs：Presentation of Industrial and Municipal Applications［C］. 10th World Filtration Congress, 2008, Ⅱ：185.

［6］ 姜安玺, 赵玉鑫, 李丽等. 膜分离技术的应用与进展［J］. 黑龙江大学自然科学学报, 2002, 19(3)：98.

［7］ 丁启圣, 王维一. 新型实用过滤技术［M］. 北京：冶金工业出版社, 2000.

［8］ 罗茜. 固液分离［M］. 北京：冶金工业出版社, 1996.

［9］ 任建新. 膜分离技术及其应用［M］. 北京：化学工业出版社, 2003.

［10］ 张文广. 膜分离技术在废水处理中的关键技术［J］. 中国粉体工业, 2009(3)：1.

［11］ Rautenbach R. 膜工艺——组件和装置设计基础［M］. 王乐夫, 译. 北京：化学工业出版社, 1999.

［12］ 刘忠洲, 续曙光, 李锁定. 微滤、超滤中的膜污染与清洗［J］. 水处理技术, 1997, 23(4)：187~193.

［13］ Marcel Mulder 膜技术基本原理. 第二版［M］. 李琳, 译. 北京：清华大学出版社, 1999.

［14］ 朱长乐, 刘茉娥. 膜科学技术［M］. 杭州：浙江大学出版社, 1992.

［15］ 邱运仁, 张启修. 超滤膜过程膜污染控制技术研究进展［J］. 现代化工, 2002, 22(2)：18.

［16］ Srijaroonrat P, Julien E, Aurelle Y. Unstable secondary oil/water emulsion treatment using ultrafiltration：fouling control by backflushing［J］. J. Membr. Sci., 1999, 1：11.

［17］ Robert J. Petersen. Composite reverse osmosis and nanofiltration membranes［J］. J. Membrane Sci. 1993, 83：81.

［18］ 王晓琳. 纳滤膜分离机理及其应用研究进展［J］. 化学通报, 2001, 2：86.

［19］ 王从厚, 吴鸣. 国外膜工业发展概况［J］. 膜科学与技术, 2002, 22(1)：65~72.

［20］ 汪洪生, 陆雍森. 国外膜材料及膜工艺进展［J］. 污染防治技术. 1999, 12(2)：111~113.

［21］ Rautenbach R, Grosch L A. Separation potential of nanofiltration membranes［J］. Desalination. 1990, 77：73.

［22］ Jeantet R. Maubois J L, Boyaval P. Semicontinous production of lactic acid in a bioreactor coupled with nanofiltration membranes［J］. Enzyme microb. Tech. 1996, 19：614.

［23］ Martin-Orue C, Bouhallab S, Garem A. Nanofiltration of amino and peptide solution：Mechanisms of separation［J］. J. Membrane Sci. 1998, 142：225.

［24］ 朱淑飞, 钱钰, 鲁学仁. 我国纳滤膜技术的研究进展［J］. 水处理技术, 2002, 28(1)：12~16.

［25］ 郭有智. 中国膜工业发展概况［J］. 膜科学与技术, 2002, 30(6)：4~8.

［26］ 汪洪生, 陆雍森. 国外膜技术进展及其在水处理中的应用［J］. 膜科学与技术, 1998, 19(4)：17~21.

［27］郭有智．用微孔滤膜除去肝复舒口服液中杂质的研究和设计［J］．膜科学与技术，1994，14（3）：63．

［28］沈志松，黄健．混凝—膜分离集成技术处理吡喹酮废水［J］．污染防治技术，1996，12（2）：101～103．

［29］朱列平，田华，刘向东，等．东丽先进膜分离技术及其应用［J］．给水排水动态，2009，12：16～18．

［30］李春杰，顾国维．膜生物反应器的研究进展［J］．污染防治技术，1993，12（1）：51～53．

［31］Enrico Drioli，Enrica Fontananova．Membrane Separation［C］．10th World Filtration Congress，2008，Ⅱ：30．

［32］焦光联，吕建国，杨万荣．石油化工行业中膜技术的应用［J］．甘肃科技，2007，23（3）：88～90．

8 常用及新型过滤机

过滤机出现于19世纪欧洲工业革命时期，最早问世的工业过滤机有压滤机、叶滤机和旋转过滤机。到了现代，随着科学技术的进步、新材料的不断出现，以及过滤机应用领域的不断扩大，过滤机才得到迅猛发展。现在过滤机已经在许多工业领域获得了广泛应用。目前过滤机正在向大型化、智能化、多功能化方向发展，对其潜在功能的研究与开发，将为未来过滤机的发展提供广阔的应用空间。

过滤机种类繁多，工业分类方法也十分多。为了统一一般工业过滤机的命名及型号编制，国家有关部门颁布了 GB 7780—2005《过滤机型号编制方法》国家标准。该标准规定，过滤机型号按基本代号、特性代号、主要参数和与分离物料相接触部分材料代号四部分表示，这样从过滤机的型号即可了解到该种过滤机的类别、过滤方式、结构特征和特性、主要参数及与分离物料相接触部分的材料名称，这给过滤机命名和定型以及使用、选型都提供了方便。

过滤机型号的基本代号、特性代号和主要参数见表8-1。

表 8-1 过滤机型号的基本代号、特性代号和主要参数

基本代号						特性代号		主要参数	
类		组		型					
名称	代号	名称	代号	名称	代号	名称	代号	名称	单位
转鼓过滤机	G	外滤面		真空式	—	普通型	—	刮刀卸料	—	过滤面积/转鼓直径	m²/m
						深浸型	S	绳索卸料	U		
						无格型	W				
						预敷型	F	折带卸料	D		
						上部加料型	H				
						密闭型	M	钢丝卸料	I		
						永磁型	C				
						落差型	L				
						双转鼓型	A	辊子卸料	G		
				加压式	Y	普通型	—				
						分隔型	E				
						机械压挤型	J				
						辊压型	G				
		内滤面		真空式	N	普通型	—	皮带输料	D		
						永磁型	C	斜槽输料	X		
								螺旋输料	L		
圆盘过滤机	P	真空式	—	普通型	—	—	—	过滤面积/圆盘直径	m²/m
		加压式	Y	增浓型	Z				

基本代号						特性代号		主要参数	
类		组		型					
名称	代号	名称	代号	名称	代号	名称	代号	名称	单位
转台过滤机	Z	真空式		—		刮刀卸料 螺旋卸料	— L	过滤面积/转台直径	m²/m
翻盘过滤机	F	真空式				—	—	过滤面积/滤斗数	m²/个
带式过滤机	D	重力式	Z					过滤面积/ 滤带有效宽度	m²/mm
		真空式	—	固定室橡胶带型	U				
				固定室履带型					
				移动室型	I				
				滤带间歇运动型	J				
				箱体间歇链带型	X				
		压榨式	Y	普通型				滤带有效宽度	mm
				压滤段隔膜挤压型	G				
				压滤段高压带挤压型	D				
				真空预浓缩式	Z				
		浓缩压榨	N	带式	D				
				转筒式	T				
叶滤机	E	真空式	—	—	—	滤叶移动	Y	过滤面积	m²
		加压式	Y	垂直滤叶型	C	机壳移动	K		
						离心卸料	L		
						冲洗卸料	C		
				水平滤叶型	S	振荡卸料	Z		
						反吹卸料	F		
密闭加压过滤机	M	普通型	—					过滤面积	m²
		干燥型	C						
动态过滤机	N	加压式	Y	旋叶型	Y	滤布或滤网	—		
				旋柱型	Z				
				管型	G	滤膜	M		
				平板型	B				
筒式过滤机	T	真空式	—	陶瓷滤芯	C	绕线式	R		
				塑料滤芯	S	折叠式	Z		
				纸质滤芯	Z	滤布套筒	L		
				金属编织网滤芯	J	隔膜挤压	G		
		加压式	—	纤维填充滤芯	X	熔喷式	P		
				金属烧结滤芯	I	烧结式	S		
				陶瓷膜滤芯	T				
				有机膜滤芯	M				
				棉线	A				
				玻璃纤维	B				

基 本 代 号						特性代号		主要参数	
类		组		型					
名称	代号	名 称	代号	名 称	代号	名 称	代号	名 称	单位
板框压滤机	B	卧式明流	M	手动压紧 机械压紧 液压压紧 自动操作	S J — Z	自动拉板 自动振打 自动清洗 隔膜挤压 滤布曲张	L D Q G E	过滤面积/板内尺寸	m²/(mm×mm)
		卧式暗流	A						
		立式暗流	L						
厢式压滤机	X	卧式明流	M						
		卧式暗流	A						
		立式暗流	L						
锥盘过滤机	Z	压榨式	Y	弹簧加载 液压加载	T Y			锥盘直径	mm
浓缩机	N	带 式	D					有效带宽	mm
		转筒式	T					转筒直径	

与分离物料相接触部分的材料代号见表 8-2，用材料名称中有代表性的大写汉语拼音字母表示。

表 8-2　与分离物料相接触部分的材料代号

与分离物料相接触部分的材料代号	代 号	与分离物料相接触部分的材料代号	代 号	与分离物料相接触部分的材料代号	代 号
铸 铁	—	橡胶或衬胶	X	铜	T
碳 钢	G	塑 料	U	陶 瓷	C
耐蚀钢	N	塑料涂层	SM		
铝合金	L	木 质	M		

过滤机型号表示方法如下：

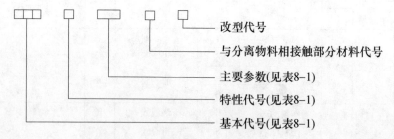

改型代号
与分离物料相接触部分材料代号
主要参数(见表8-1)
特性代号(见表8-1)
基本代号(见表8-1)

由表8-1可以看出，我国目前将一般工业过滤机分成10大类。本章简单介绍了转鼓过滤机、圆盘过滤机、带式过滤机、板框压滤机、厢式压滤机、带式压榨过滤机、翻斗过滤机、转台过滤机、加压叶滤机、筒式过滤机等常用过滤机。另外，本章还介绍了多功能过滤机、自清洗过滤机（编入本书第3版）两种新型过滤机以及浓缩机和油过滤器。

8.1　转鼓过滤机

转鼓过滤机在1860年发明，是最古老的旋转式过滤机。但是这种连续式过滤机直到今天仍在使用，是最重要和使用最多的旋转过滤技术，广泛地用于生产不同产品的各种工业中。转鼓过滤机之所以广泛普遍的使用，是因为它们具有一些特点。转鼓过滤机结构简单、紧凑，具有稳固的小基础占地，有多种卸除滤饼的方法，具有良好的滤饼洗涤。转鼓过滤机比圆盘过滤机有更好的对滤饼洗涤的可能性。这是因为洗涤水分布在转鼓的表面上，比圆盘过滤机的垂直过滤面有更好的分布和洗涤强度。与带式过滤机相比，转鼓过滤机有更灵活的卸滤饼方式和较小的基础占地。转鼓过滤机是带有压缩空气反吹、卸刀卸料、辊子卸料、折带卸料、绳索卸料、钢丝卸料，或带有卸料刀的预涂有助滤剂的过滤机。以满足极不相同过滤和滤饼特性的产品：干的和易碎的滤饼、具有糊状和黏性的细颗粒的薄滤饼、带有纤维材料的羊毛状滤饼，或从预涂有助滤剂过滤得到小于 1mm 厚度的很薄的滤饼。

诸多的卸滤饼方式使转鼓过滤机适用于许多不同的用途。

先用压缩空气将滤饼吹离滤布，再用刮刀刮掉滤饼，这是用得最普遍的卸饼方式，滤饼是干的、碎的。采用此种卸饼方式，滤饼厚度不能低于 3mm，即 $h_c > 3mm$。

由细的粒子组成的悬浮液形成薄的，糊状和黏性的，具有塑性且厚度小于 3mm 的滤饼。都可借助卸料辊将其从滤布上卸除。转鼓以较低速度旋转，卸料辊以相反方向旋转，用刮刀或带有锯齿的梳子从卸料辊上卸除滤饼。在卸料辊上粘有一层薄的滤饼。

需要连续清洗滤布的产品，滤饼用环形滤带卸除，滤布做成带状的，它在卸料点处离开转鼓，经过洗涤区，滤布连续受到喷嘴洗涤后，被引回到过滤机槽内。在转向辊处，滤饼从滤布上剥离下来，通常卸饼借助于刮刀。

预涂层转鼓过滤机用于低含固量的溶液进行净化，形成的滤饼厚度为 0.1~11mm，如酵母、糖溶液、油、铀、母液和其他产品。第一步用过滤助滤剂的方法，如硅藻土、珍珠岩、淀粉或其他材料，在转鼓上形成一层厚度为 75~100mm 的助滤剂层。第二步对产品悬浮液进行过滤，并由缓慢进给的刮刀逐步刮掉薄滤饼，以确保连续得到新的助滤滤层表面。

对于沉淀速度快的悬浮液，可用顶部给料的转鼓过滤机或内滤面转鼓过滤机。采用顶部给料的转鼓过滤机时，料浆加到顶部位置大约 11 点钟的位置。这样固体沉淀有助于滤饼的形成。内滤面转鼓过滤机有开放式转鼓，悬浮液是由转鼓内部给料，这样固体沉淀也有助于滤饼的形成。

转鼓过滤机分为真空式和加压式两大类。利用真空抽力将悬浮液中液体抽出，将固体颗粒截留于过滤介质上，从而达到脱液目的的转鼓过滤机称为转鼓真空过滤机。而利用压力进行过滤的则称为加压式转鼓过滤机，它是为适应生产的自动化、连续化而出现的机型，对难过滤的料浆适应性较强。

由于转鼓过滤机的种类较多，因此本节将着重介绍其中几种机型。

8.1.1　转鼓真空过滤机

8.1.1.1　刮刀卸料式转鼓真空过滤机

A　结构和工作原理

刮刀卸料式转鼓真空过滤机的主要部件包括水平放置的转鼓、料浆槽、搅拌器、分配头（也称为切换阀）。转鼓的表面（圆周面）镶有若干块长方形的筛板，在筛板上顺次铺有金属网和滤布。筛板下转鼓内的空间被径向筋片分隔，视转鼓大小，构成 10~30 个彼此独立的小滤室，所以该机又称为多室型过滤机。每个小滤室都以单独的孔道与主轴颈端处的分配头连通。分配头内也被径向筋片分为若干室，它们分别与真空源或压缩空气相连通。运转时，只有分配头的动盘随转鼓一起旋转，转鼓上的小滤室将相继与分配头的滤室连通。

过滤时，转鼓部分浸入在悬浮液中，由电机通过传动装置带动转鼓旋转。浸入在料浆中的小滤室与真空源相通时，滤液便透过滤布向分配头汇集，而固体颗粒则被截留在滤布表面形成滤饼，如图 8-1 所示。滤饼转出液面后，开始进入洗涤区，洒向滤饼的洗涤液透过滤饼和滤布经管线流向分配头，但不会与滤液相混。洗涤过的滤饼接着进入脱水区，在真空作用下脱水。最后滤饼转入卸料区。处于卸料区的滤室，因分配头的切换而与压缩空气源相通，压缩空气经管线从转鼓内反吹，使滤饼隆起，滤饼再由刮刀卸除。至此一个过滤循环即告完成，下一个循环开始。若干个过滤室在不同时间相继通过同一区域即构成了过滤机的连续工作。为防止悬浮液中固相物的沉降，料浆槽中设有摆动式搅拌器。转鼓的转速可以做无级调节，一般为 1/12~2r/min。

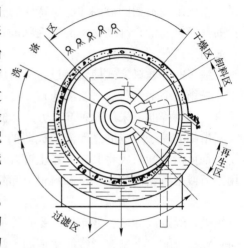

图 8-1　刮刀卸料式转鼓过滤机原理

单室型转鼓真空过滤机是刮刀式转鼓真空过滤机的改型，其转鼓内腔不分格室，设有分配头，所以又称为无格式转鼓真空过滤机。转鼓外周装有多孔筛板，其上覆有滤布，整个转鼓可在固定不动的空心轴上旋转，转速一般为 1/6~33r/min。

过滤时，转鼓下部浸入料浆中，转鼓的整个内腔被全部抽成真空，滤液在负压的作用下透过过滤介质进入转鼓内腔，汇集在转鼓的下部，然后经由滤液吸引管和空心轴排出机外。

B　特点及适用范围

刮刀卸料式转鼓真空过滤机的主要特点是：

（1）它是普通用途、形式、外滤面、下加料、刮刀卸料、在真空作用下连续进行吸滤、洗涤和干燥的过滤机械。

（2）与物料接触部分采用碳钢、不锈钢（304、316L）制造，也可采用衬橡胶。

（3）设有滤渣洗涤装置，能对滤饼进行良好的洗涤。

（4）本机结构紧凑，占地面积小，操作连续自动运转，无级调速。

该机适用范围是化工、冶金、制碱、医药、食品、石油精炼、精细化工、造纸及废水处理等工业部门。G 型系列过滤机用于流动性好、固相颗粒（0.01~1mm）5min 内即可在转鼓过滤面上形成 3mm 以上均匀厚度滤饼的料浆过滤。不适用于过滤胶质或黏性太大，需要过滤推动力大的悬浮液过滤；不适用于过滤固相密度太大，沉降速度太快的悬浮液；也不适用于滤饼透气性好的料浆及摇变性料浆的过滤。

单室型真空过滤机的转鼓不分格室，无分配头，真空系统压力损失小，单位面积的过滤能力大，但需真空源的容量大，造价相对较高，为同样尺寸有格式转鼓过滤机的 2 倍。该机在过滤时常预先在滤布上形成预涂层，或有意留一层残余滤渣以提高分离效果。

目前，多室型转鼓真空过滤机过滤面积可达 140m²；单室型转鼓真空过滤机最大过滤面积发展到 45m²。

8.1.1.2　折带卸料式转鼓真空过滤机

A　结构及工作原理

该机同刮刀式转鼓真空过滤机一样，其主要组成部分包括转鼓、分配头、料浆槽及搅拌器等。所不同的是滤布可以转动行走。如图 8-2 所示。过滤介质是一无端的封闭滤带，不与转鼓固定，靠张紧力部分包覆在转鼓的圆柱表面，另一部分脱离转鼓引到外部。滤带在转鼓的带动下一起循环转动，因而在转动过程中，有时和转鼓接触，有时则离开转鼓面。滤带由卸料辊及导向辊支承，并设有防止滤布跑偏的装置。

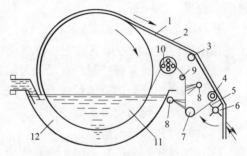

图 8-2　折带式卸料转鼓真空过滤机原理图
1—滤带；2—滤饼；3，9—支承辊；4—剥离辊；
5—刮板；6—刮辊；7—导向辊；8—洗涤喷嘴；
10—滤布跑偏修正装置；11—转鼓；12—滤浆槽

过滤时，转鼓浸在料浆中，随着转鼓的回转，搅拌器可使料浆保持悬浮状态。在真空作用下，固体颗粒被吸附在滤带上，滤液则透过滤布，经转鼓内部管线汇集到分配头，然后排出。滤带离开转鼓后，带着滤饼向卸料辊移动，利用在卸料辊处的突然转向卸除滤饼。滤饼卸除后，滤带随即进入洗涤槽，在这里得到洗涤喷嘴的两面冲洗，然后经过防偏装置又返回到转鼓面，开始新的过滤过程。转鼓的转速可通过无级变速器进行控制和调节，一般为 0.15~0.9r/min。

B　特点及适用范围

折带卸料式转鼓真空过滤机的主要特点是：

（1）在真空作用下连续过滤、洗涤、干燥。

（2）滤布自动清洗再生系统。

（3）设有滤布防偏的纠偏装置。

（4）转鼓吸滤面均匀分布若干个滤腔。

（5）主电机由交流变频器控制，主机能无级调速。

（6）与物料接触部分材质为 304、316 或 316L。

（7）可附加系统。

（8）增加搅拌系统。

（9）增加现场操作按钮箱。

（10）增加滤布再生系统的喷水管、喷嘴和气管。

（11）增加气罩及滤饼洗涤装置。

该机适用范围是化工、冶金、制碱、医药、食品、石油精炼、精细化工等工业部门。

如金属氢氧化物、高炉灰尘、石油化学制品、氧化铁浆、各种工业废水等的过滤。

GD 系列过滤机适用于过滤速度中等或较慢的料浆过滤。由于滤布可以得到充分洗涤，因此适用于过滤容易堵塞滤布的料浆。目前，国外该滤机的最大过滤面积为 $140m^2$。

8.1.1.3　预涂层转鼓真空过滤机

A　结构和工作原理

预涂层转鼓真空过滤机是近年来从国外引进的新机型。其原理是：将原转鼓真空过滤机有格改为无格，滤布外吸附助滤剂硅藻土进行过滤，当滤渣阻碍过滤、真空度增到一定数值后，刮刀自动进刀 0.2mm 左右将物料刮下，使滤面常新，连续过滤。过滤原理十分科学、先进。

B　特点及适用范围

预涂层转鼓真空过滤机的主要特点是：

（1）刮刀系统变频控制，自动进刀卸料。

（2）与物料接触部分的材质为 304 或 316L。

（3）传动系统为交流变频控制。

（4）转鼓预敷助滤剂。

（5）连续操作，运转平稳，维修方便。

（6）具有分离固相浓度较低、粒度极细、易堵滤布的悬浮液的能力。

GF 系列过滤机属预涂层真空过滤机，可广泛用于食品、医药、化工、污水处理、油脂等工业部门中的精过滤。它适用于浓度较低、粒度细、胶质、易堵塞滤布的悬浮液的分离，并可获得澄清度极高的滤液。

8.1.1.4　密闭式转鼓真空过滤机

随着现代工业的快速发展，企业生产的大型化、规模化、连续化、智能化、环保型逐渐成为主导，密闭式转鼓真空过滤机也因此正在被广泛应用。石家庄科石机械设备有限公司生产的 GM 系列密闭式转鼓真空过滤机，由于结构简单、运行可靠、实用强、效率高等特点，成为密闭真空过滤的重要产品。

A　结构及工作原理

密闭式转鼓真空过滤机与刮刀式转鼓真空过滤机相比，它的整体是全密闭结构，主要部件包括转鼓、料浆槽、搅拌器、分配头（也称为切换阀）、刮刀组件、淋洗装置、机盖、气密系统及观察视镜等组成。转鼓结构与刮刀式真空过滤机基本相同。分配头则在分区外接管路上进行了特殊设计，采用若干阀门控制，可实现有格过滤机与无格过滤机相互切换，从而实现一机多功能的效果。刮刀组件与预涂层转鼓真空过滤机刮刀部分相似，刮刀比较锋利，切削卸除滤饼时更加容易。刮刀进给和退回分为自动进刀、手动进刀：自动进刀为连续进刀切削卸除滤饼，进刀量 0.2mm/min 左右，适用于过滤表层容易堵塞的情况，连续切削可使滤面不断更新，实现连续过滤操作；手动进刀一般为间歇进刀，适用于过滤表层相对不容易堵塞的情况，可根据滤面的透气情况进行进刀。

过滤时，根据所过滤悬浮液的特性，选择好过滤方式。而后对过滤机壳内的空气进行氮气（惰性气体）置换，并保持在过滤操作过程中，过滤机壳内处于氮气（惰性气体）

的微正压状态。若采用的是有格过滤方式，则将分配头设计的阀门切换到刮刀式转鼓真空过滤机的模式，滤饼的卸除主要靠反吹进行，刮刀起到辅助卸料的作用。若采用的是无格过滤方式，则将分配头的阀门切换到预涂转鼓真空过滤机的模式，在过滤操作时，整个转鼓的过滤室和过滤面均处于负压操作状态，就相当于一个室的过滤形式，转鼓表面（即过滤面）可以预涂助滤剂，也可以根据悬浮液形成滤饼的性质，将过滤的滤饼本身作为助滤剂进行过滤操作，滤饼的卸除主要靠刮刀的连续切削来完成。

B 特点及适用范围

密闭式转鼓真空过滤机的主要特点是：

（1）具有严密的密封性能，可用于处理挥发性、有异味、易燃的物料过滤操作；

（2）多功能性，可实现有格过滤机与无格过滤机相互切换操作，适用于对不同性质物料的过滤；

（3）过滤推动力大于普通真空过滤机；

（4）得到的滤饼含湿率更低；

（5）保温性能好，过滤效率高。

密闭式转鼓真空过滤机，可广泛应用于食品、医药、精细化工、煤化工、环保等工业部门中的过滤，如煤制油、多晶硅、有机溶剂等行业。

8.1.1.5 内滤面转鼓真空过滤机

A 结构及工作原理

内滤面转鼓真空过滤机，转鼓如离心甩干的筒体，其过滤面在转鼓内侧。主要部件包括水平放置的转鼓、主轴、分配头、机座、驱动装置、转鼓拖轮等。转鼓的内表面（圆周面），根据转鼓直径大小镶有不同数量的若干块长方形的筛板，在筛板上铺有滤布，形成过滤面。筛板与转鼓外筒、安装主轴的端板以及另一端中空的拦液板（相当于大法兰）构成的空间被径向筋板分隔成10~30个彼此独立的滤室。每个滤室有单独的孔道与主轴颈端处的分配头连通。分配头与刮刀式转鼓真空过滤机相似，分别与真空源或压缩空气等相连构成真空区和反吹区。工作时，分配头的动盘随转鼓一起旋转，转鼓上的滤室依次与分配头的各区连通。内滤面转鼓真空过滤机外形如同敞口的混凝土搅拌机，卸饼区是在转鼓内侧顶部，通过设置在转鼓拦液板端卸料滑道排出。

过滤时，转鼓由电机通过传动装置带动，以0.2~1r/min速度滚动旋转。料浆通过管道加入转鼓下部，由于有拦液板而形成液面。浸入在料浆中的滤室与真空源相通，滤液便透过滤布进入滤室向分配头汇集，固体颗粒则被截留在滤布表面形成滤饼。滤饼转出液面后，开始进入洗涤区，洒向滤饼的洗涤液透过滤饼和滤布经管线流向分配头，但不会与滤液相混。洗涤过的滤饼接着进入脱水区，在真空力作用下脱水。最后滤饼转入卸料区。处于卸料区的滤室，因分配头的切换而与压缩空气源相通，压缩空气经管线从转鼓内反吹，使滤饼隆起，在重力及刮刀的辅助作用下卸除，并通过滑道排出。卸除滤饼后的滤室，随转鼓转动进入滤布再生区，在压缩空气的进一步反吹作用下或选择喷淋洗涤方式，滤布得到再生，至此一个过滤循环完成，下一个循环开始。圆周上的滤室在不同时间相继通过同一个区域即形成了过滤机的连续工作。转鼓的转速可以进行无级调节，一般为

0.2~1r/min。

　　B 特点及适用范围

内滤面转鼓真空过滤机的主要特点是:

(1) 没有储槽,料浆直接加入转鼓内,物料损失小;

(2) 对固体颗粒比重较大,沉降速度较快的悬浮液过滤操作,该机有明显的优势;

(3) 悬浮液在转鼓内部,对环境影响小;

(4) 抽滤方向与重力沉降方向一致,过滤效率更高;

(5) 无需悬浮液搅拌装置。

内滤面转鼓真空过滤机,可广泛适用于矿山、冶金、化工结晶体、环保等领域。如金属氢氧化物、氧化铁浆、元明粉、钾盐钠盐、尾矿处理及工业废水等的过滤操作。

8.1.1.6 转鼓真空过滤机技术参数

转鼓真空过滤机技术参数见表8-3~表8-8。

表8-3　G型外滤面转鼓真空过滤机技术参数

机器型号	过滤面积 /m²	转鼓直径 /mm	转鼓转速 /r·min⁻¹	搅拌次数 /min⁻¹	主电机功率 /kW	搅拌电机功率 /kW	机器质量 /kg	外形尺寸 (L×W×H) /mm×mm×mm	生产厂
G-2	2	1000	0.115~0.34	49	0.75	0.75	1800	1770×1640×1220	上海化工机械厂有限公司
G-4	4	1250	0.33~1.6	35	0.75	0.75	2200	2435×2090×1750	
G-5	5	1750	0.13~0.78	49	1.5	0.75	6000	2540×2110×2310	
G5/1.25-N	5	1250	5~15	45	1.5		1825	2720×1490×1605	
G5/1.77XA	5	1770	0.5~3	43	3	1.1	6175	2540×2100×2650	
G5/1.77-NA	5	1770	0.5~3.2	37	3	2.2	4085	2410×2400×2540	
G10/2.6-X	10	2600	0.12~0.77	24	4	1.5	10650	3700×3160×3290	
G13.5/2.25-N	13.5	2250	0.8~2.7	27	11	4	21800	4485×3740×3475	
G15/2.6	15	2600	0.95~2.85	24	5.5	2.2	16400	4835×3740×2960	
G20/2.6-X	20	2600	0.6~2.2	24	4	4	13920	5050×3740×2960	

表8-4　GD型折带卸料转鼓真空过滤机

型号	过滤面积 /m²	转鼓直径 /mm	转鼓宽度 /mm	转鼓转速 /r·min⁻¹	传动功率 /kW	外形尺寸 (L×W×H) /mm×mm×mm	机器质量 /kg	生产厂
GD-2	2	1000	700	0.15~0.9	0.75	2153×1640×1220	960	上海化工机械厂有限公司
GD5/1.85-N	5	1850	900	0.2~1.7	3	2455×2395×2330	3200	
GD10/1.85-N	10	1850	2000	0.2~1.7	3	3555×2395×2330	4242	
GD20/2.6-N	20	2600	2610	0.18~0.9	4	4860×3400×3290	5958	
GD30/2.6-N	30	2600	3880	0.1~0.7	4	5450×3819×3200	8422	
GD45/3.0-N	45	3000	4800	0.15~0.6	4	7355×4320×3320	11600	
GD50/3.0-N	50	3600	5300	0.1~0.4	4	7855×4320×3320	12610	
GD85/4.4-N	85	4400	6500	0.5~1	7.5	8635×6500×5300	34100	

表 8-5 GF 型预敷转鼓真空过滤机技术参数

型号规格	过滤面积 /m²	转鼓直径 /mm	转鼓转速 /r·min⁻¹	搅拌次数 /min⁻¹	主电机功率 /kW	搅拌电机功率 /kW	外形尺寸 (L×W×H) /mm×mm×mm	机器质量 /kg	生产厂
GF5/1.6-N	5	1600	0.2~1.1	19	1.5	0.75	3100×2415×2110	2910	上海化工机械厂有限公司
GF10/1.85-N	10	1850	0.35~0.8	19	2.2	1.5	3560×3285×2420	4900	
GF20/2.6-N	20	2600	0.15~0.7	19	3	2.2	4410×4165×3160	6865	
GF30/2.6-N	30	2600	0.1~0.7	18	4	4	5410×4080×3500	8395	
GF45/3.3-N	45	3300	0.12~1	20	5.5	4	6225×5195×4105	13020	

表 8-6 G 型外滤面转鼓真空过滤机技术参数

机器型号	过滤面积 /m²	转鼓直径 /m	浸入角 /(°)	转鼓转速 /r·min⁻¹	搅拌次数 /n·min⁻¹	主电机功率 /kW	搅拌电机功率 /kW	机器质量 /kg	外形尺寸 (L×W×H) /mm×mm×mm	生产厂
G1/0.6-N	1	0.6	130	0.2~0.8	60	0.25	0.37	550	1200×1350×910	石家庄科石机械设备有限公司
G2/1-N	2	1	130	0.13~0.7	60	0.75	1.1	1350	2000×1700×1300	
G3/1-N	3	1	130	0.13~0.7	60	0.75	1.1	1550	2200×1700×1300	
G4/1.75-N	4	1.75	130	0.3~1	60	1.1	1.5	1825	2100×2600×2000	
G5/1.75-N	5	1.75	130	0.3~1	40	1.5	1.5	2000	2500×2600×2100	
G8/1.75-N	8	1.75	130	0.3~1	40	1.5	1.5	2600	2890×2575×2100	
G10/1.75-N	10	1.75	130	0.3~1	40	1.5	2.2	3800	3400×2700×2100	
G10/2.2-N	10	2.2	140	0.5~1.5	30	2.2	3	3950	3050×3100×2470	
G15/2.6-N	15	2.6	140	0.5~1.5	30	3	4	4860	3260×3380×2860	
G20/2.6-N	20	2.6	140	0.5~1.5	30	3	4	5500	3870×3380×2860	

表 8-7 GD 型折带卸料转鼓真空过滤机

型号	过滤面积 /m²	转鼓直径 /m	浸入角 /(°)	转鼓转速 /r·min⁻¹	传动功率 /kW	外形尺寸 L×W×H /mm×mm×mm	机器质量 /kg	生产厂
GD5/1.75-N	5	1.75	130	0.1~0.9	1.5	2500×2750×2100	2800	石家庄科石机械设备有限公司
GD10/1.75-N	10	1.75	90~130	0.1~1.7	2.2	3380×3790×2170	3850	
GD20/2.6-N	20	2.6	90~130	0.1~1	3	4960×4100×3310	5260	
GD30/2.7-N	30	2.7	90~130	0.1~0.7	3	5100×5800×3850	7870	
GD400/3.0-N	40	3.0	90~130	0.1~0.7	3	6570×4500×3410	9880	
GD45/3.0-N	45	3.0	90~130	0.1~0.7	3	6630×4500×3410	10720	
GD50/3.0-N	50	3.0	90~130	0.1~0.7	4	7160×4500×3410	11850	

表 8-8　GF 型预敷转鼓真空过滤机技术参数

型号规格	过滤面积/m²	转鼓直径/m	浸入角/(°)	转鼓转速/r·min⁻¹	搅拌次数/n·min⁻¹	主电机功率/kW	搅拌电机功率/kW	外形尺寸（L×W×H）/mm×mm×mm	机器质量/kg	生产厂
GF2/1-N	2	1.0	120	0.2~1	60	0.75	1.1	2000×1900×1350	1500	石家庄科石机械设备有限公司
GF5/1.75-N	5	1.75	120	0.2~1	40	1.5	1.5	2600×2700×2200	2200	
GF10/1.75-N	10	1.75	90~140	0.3~0.8	40	1.5	1.5	3500×2800×2200	4100	
GF12/2.5-N	12	2.5	90~140	0.1~0.7	40	1.5	4	3200×3550×2950	4600	
GF20/2.6-N	20	2.6	90~140	0.1~0.7	40	3	4	3980×3650×3050	5120	
GF30/2.7-N	30	2.7	90~140	0.3~0.7	40	3	4	5070×3750×3150	7700	
GF45/3-N	45	3.0	90~140	0.3~0.7	40	3	4	6200×4050×3450	12700	

8.1.2　加压转鼓过滤机

传统转鼓过滤机经常表现出不尽如人意的过滤性能或不满意的工作状况。最重要的缺点是管路系统的压力损失大，滤液从滤室中排出不好，滤液分离不好，滤饼不均匀，过滤速度低，洗涤效果差，滤饼卸除不完全，其结果是生产能力低，气体消耗高，滤饼含湿率高，滤布寿命短和维修量大。

BOKELA 公司面临这些弱点和操作问题，设计出一种应用在原材料工业和化学工业的新型转鼓过滤机。一台先进的转鼓过滤机必须具有最佳的操作和运转特性，以及便于维修。这涉及过滤室的设计、内部管线、分配头及连接滤液槽的外部管线。先进转鼓过滤机结构的一些重要特性见表 8-9。

表 8-9　先进转鼓过滤机结构的一些重要特性

转鼓过滤机的改进与革新	优　点
过滤室的最佳设计	高生产能力； 优良的滤饼洗涤； 卸饼安全、无残留
可更换的单个过滤室，用于化工方面的过滤机，其过滤面积可达 7m²	滤室容易快速更换； 在 1h 内能简单快速地更换滤布（滤布可缝制成滤袋）； 清洗简单快捷
导入和排出滤液管线	滤液从滤室中的排出非常好； 母液和洗液的分离非常好
用于高性能的预分离控制头	有滤液和空气的预分离； 防止滤液夹带，即改善了母液和洗涤的分离； 低流动阻力
附加有关工艺区：第二滤饼成型区（增压区）或第二脱水区	对目前的要求进行简单调整，可改进可靠性
为密封滤室设计的水力格栅插件	最佳滤液排放； 容易安装

转鼓过滤机的改进与革新	优　点
改进的洗涤液分配装置	采用或低或高的洗涤比； 均匀的洗涤液分布； 高的洗涤效率
先进的滤布固定结构，用空气反吹进行卸滤饼	通过杆固定、快速更换滤布； 单独的滤布板； 无需金属丝或带绳
Frame Trak 创新、新滤布固定方法	无需工具或过大的力就容易和快速度更换滤布； 单独的过滤布板； 比嵌槽固定更好和结实； 无金属丝缠绕转鼓； 密封好和改进了滤液澄清度
可升降的搅拌器	拆搅拌器时，无需拆转鼓
先进的控制原理	自动连续作业； 稳定的高处理量性能； 稳定的产品质量

自 20 世纪 70 年代开始，德国 BHS 公司开发了加压转鼓过滤机，近年来，德国 BOKE-LA 公司开发了蒸汽加热的加压转鼓过滤机和加压圆盘过滤机，从而大幅提高设备生产强度和降低滤饼的含湿率，现简单介绍如下。

8.1.2.1　BHS 加压转鼓过滤机

图 8-3 所示为 BHS 加压转鼓过滤机的外形图和工作原理。从图 8-3 中可见，被过滤的物料由加压泵送入过滤机的第一区，实现固液分离，由于转鼓的旋转带着滤饼进入第二区，用洗涤水进行滤饼置换洗涤，当滤饼进入第三区时可以用压缩空气或氮气、蒸汽对物料进行吹干，滤饼随着转鼓的转动进入第四区时可以用压缩气体反吹，同时由于刮刀的作用，卸除滤饼，进行滤布冲洗再生后进入下一工作循环，每一工作区之间和第一、第四工作区与大气侧之间均有密封块保证密封，转鼓的两端有密封圈保证不渗漏。该机的主要参数为：过滤面积 $0.125 \sim 7.7 m^2$；转鼓直径 $500 \sim 2000mm$；工作压力约 $0.3 \sim 0.6MPa$（约 $3 \sim 6bar$）；滤饼厚度 $6 \sim 24mm$，最大 $150mm$。

工作区间：过滤、滤饼洗涤，滤饼干燥，卸饼和滤布再生。

转鼓转速：可按物料过滤性能和操作要求调整，最大设计转速为 $100r/min$。

应用范围：染料和颜料、制药、农药、食品、纤维等（如 CMC、甲基纤维素等）无机和有机化工产品（如硫化剂、苯基、胺类等）。

近年来，该机用于聚酯生产取得了很好的效果。2 台过滤面积为 $8m^2$ 的 BHS 加压转鼓过滤机，用于 $0.6Mt/a$ PTA 精制单元固液分离过程，可替代原来生产中使用的 3 台压力离心机，2 台 $18m^2$ 真空过滤机。具有一次性投资低、操作方便安全、设备维修工作量低、费用省、操作费用低等优点。据报告，$0.6Mt/a$ PTA 装置，用 BHS 加压转鼓过滤机替代原来的离心机和真空过滤机系统，年节省电费可达 650 万元。

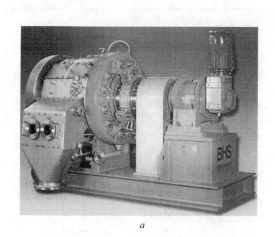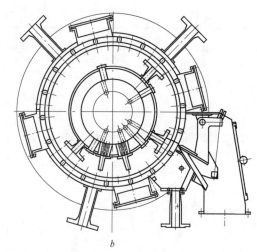

图 8-3 BHS 加压转鼓过滤机的外形图和工作原理

8.1.2.2 BOKELA 加压转鼓和圆盘过滤机

BOKELA 公司近年来开发了加压转鼓过滤机和加压圆盘过滤机，这两种机型实际上是在原有的真空转鼓过滤机和真空圆盘过滤机的基础上，增加了一个加压容器的外壳，使过滤机能在最大达到约 0.6MPa（约 6bar）的压力条件下操作。该公司的加压过滤机的压力外壳有两种形式，对过滤面积较小的设备，采用立式容器的形式，如图 8-4 所示，其加压转鼓过滤机的面积为 $0.4 \sim 8.8m^2$，加压圆盘过滤机的面积为 $6 \sim 24m^2$。对过滤面积大的设备采用卧式容器的形式，如图 8-5 所示。圆盘式过滤机圆盘直径为 2200mm 时，过滤面积为 $6 \sim 84m^2$；圆盘直径为 3200mm 时，过滤面积为 $56 \sim 168m^2$。转鼓过滤机的主要尺寸：转鼓直径为 1800mm 时，过滤面积为 $6.8 \sim 20m^2$；转鼓直径为 2400mm 时，过滤面积为 $16 \sim 40mm^2$；转鼓直径为 3200mm 时，过滤面积为 $40 \sim 81m^2$。

BOKELA 公司在加压过滤机的基础上，增加了蒸汽加热板装置，从而可以大大降低滤

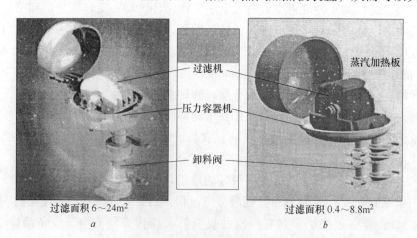

图 8-4 BOKELA 加压圆盘过滤机和转鼓过滤机

a—加压圆盘过滤机；*b*—加压转鼓过滤机

图 8-5 水平布置压力容器的加压转鼓和圆盘过滤机

a—加压转鼓过滤机；*b*—加压圆盘过滤机

饼的含湿量，其作用机理如图 8-6 所示。从图 8-6 中可见，由于蒸汽加热板的作用，在滤饼干燥阶段，整个滤饼受到均匀加热，滤饼中充填的滤液界面不断后移，而且由于滤饼温度上升，液体的黏度下降，也有利于滤饼孔隙中的残留液被排出，滤饼的孔隙中所存的滤液可以几乎排空，从而大大降低了滤饼含湿率。

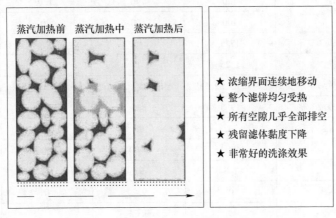

图 8-6 加压过滤机蒸汽加热作用机理

几种材料使用蒸汽压力过滤机的操作结果和经济效益见表 8-10。

具有蒸汽加热板的真空过滤和加压过滤机用于 Hematite Anorganic 浓缩效果的比较见表 8-11。

表 8-10 蒸汽压力过滤机操作结果

物 料 名 称	碳水钙	细煤粉	石 膏	非有机产品
每吨干物料蒸汽耗量/kg·t^{-1}	250	70	80	110
加压过滤滤饼含湿率/%	37	20	11	35
蒸汽加压过滤滤饼含湿率/%	24	10	3	20
与滤饼加热干燥消耗能源比效率/%	243.1	445	259.3	306.1

表 8-11　真空和加压过滤机技术参数比较（有蒸汽加热板）

技 术 参 数	真空过滤机	加压过滤机
过滤面积/m²	60	60
固体通过量/t·h⁻¹	35	150
固体通过比值/kg·(h·m²)⁻¹	585	2500
过滤压力差/MPa(bar)	约0.08 (0.8)	约0.6 (6)
滤饼含湿率(质量分数)/%	12.5	9
能耗/kW	246	97
每吨固体蒸汽耗量/kg·t⁻¹	80~100	38
滤饼进一步干燥	需 要	不需要

具有蒸汽加热板和没有蒸汽加热板的加压圆盘过滤机用于细煤粉的过滤参数见表8-12。可见，使用蒸汽加热板能使滤饼含湿率明显下降。

表 8-12　加压过滤机用于细煤粉的过滤参数

参　数	粉煤浆来源（1）		粉煤浆来源（2）	
	加压碟片	蒸汽加压碟片	加压碟片	蒸汽加压碟片
过滤面积/m²	120	146	120	85
固体通过量/t·h⁻¹	100	100	70	70
滤饼厚度/mm	17.5	15	12.5	10
过滤机转鼓/min⁻¹	1.25	1	1	1.7
过滤压差/MPa（bar）	约0.25 (2.5)	约0.25 (2.5)	约0.2 (2)	约0.25 (2.5)
滤饼含湿率(质量分数)/%	19.5	8.5	18	9.5
每吨固体含水量/kg·t⁻¹	242	93	196	105
气体通过量/m³·h⁻¹	4500	1600	3500	2100
能耗/kW	248	97	145	120
蒸汽耗量/t·h⁻¹	0	9.2	0	7
吨水单位蒸汽耗量/kg·kg⁻¹		0.62		0.67

8.1.2.3　多室型加压式转鼓过滤机

A　结构及工作原理

如图8-7所示，该机具有双层圆筒，即固定不动的外筒和连续旋转的内筒。内外筒之间形成的空间由隔板分隔为过滤、洗涤、干燥、卸料及滤布洗涤等区间。改变隔板位置可改变各区间所占比率。隔室间的密封是用压缩空气将浮动的隔板压在内筒外壁的密封条上实现的。各滤室相互独立，有各自的滤液排出口。各个小滤室上都安装有滤板、滤网和滤布，滤饼的厚度可通过调整滤板下衬垫的厚度来改变，一般饼厚范围为3~30mm。

进行过滤操作时，首先由电机带动内筒旋转，然后缓慢向隔板通压缩空气，以实现各隔室间的密封。接着通入洗涤液和脱液气体，同时由料浆入口泵入料浆，过滤开始。分离出来的滤液经滤液管及排液阀排出机外。滤饼则随转鼓的转动分别进入洗涤区和干燥区。

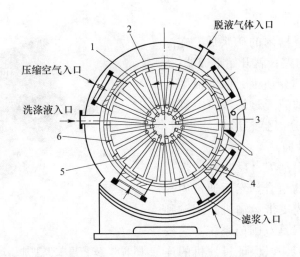

图 8-7　转鼓加压过滤机
1—内筒；2—外筒；3—滤饼刮除处；4—隔板；5—滤液管；6—滤板

根据物料所用洗涤液的不同可采用热水或其他溶剂。滤饼进入卸饼区时，受到压缩空气的反吹，从而从滤布上剥离，由刮刀刮落。卸饼后的滤布在受到喷嘴的冲洗后得到再生，至此一个过滤循环结束。转鼓的转速可通过变速机构调节，以适应不同性质的料浆，一般为 20~50r/h。

B　特点及适用范围

该机具有以下特点：

（1）具有加压状况下连续操作的功能；

（2）有良好的密封性，可用于处理挥发性、恶臭气味的物料；

（3）可得到含湿率较低的滤饼；

（4）效率高。

该机广泛应用于有机化学工业、无机化学工业及石化工业，特别适用于含溶剂料浆的过滤。

8.1.2.4　超声波转鼓过滤机

超声波转鼓过滤机的结构及工作原理、特点及适用范围详见本书第 3 版第 11.6.2 节。

8.1.2.5　安德里兹加压式转鼓过滤机

奥地利安德里兹生产的加压式转鼓过滤机由于技术和工艺设计先进，工艺技术指标优良，已成为最重要的环保产品。

A　工作原理

安德里兹加压式转鼓过滤机是由固定的加压仓外筒和连续旋转的内筒两大部件组成。加压仓内的过滤机滚筒装有一定数量的滤扇。滤扇通过滤液管同控制头相连。

滚筒上覆盖着专用的滤布。根据过滤物料的类型选用不同的滤布。控制头控制着每道工序。根据工艺技术的需要，控制头上分为几个弧形段。每个过滤阶段（成饼、脱水、反吹）均通过控制头加以控制。

当滤扇浸入矿浆槽内的矿浆后，在滤扇上施加一定的压力差，就开始形成滤饼。固体物料沉淀在过滤介质上，而滤液则从滤扇的内部流走。滤液经过滤液管流到控制头，再流到汽水分离器。形成滤饼后，滤扇从矿浆中露出液面。

滤饼的排放采用刮刀、反吹和皮带运输机，或几种方式的组合。然后通过内部的运输机（涡轮式或皮带运输机）运输到排料闸门。排料闸门是双闸门系统。它按照一定的循环来排料，以保证过滤机的连续工作。

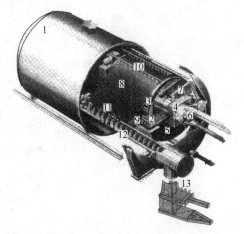

图 8-8　安德里兹 T 型加压式转鼓过滤机的结构
1—加压仓；2—滚筒；3—滤扇；4—控制头；
5—矿浆槽；6—主轴；7—搅拌器；8—滤布；
9—滤布清洗装置；10—带喷嘴的滤饼清洗管；
11—排料闸门；12—涡轮输送机；
13—双排料闸门

B　结构简介

安德里兹 T 型加压式转鼓过滤机的结构如图 8-8 所示。主要由加压仓、滚筒、滤扇、控制头、矿浆槽、主轴、搅拌器、滤布、滤布清洗装置、带喷嘴的滤饼清洗管、排料闸门、涡轮输送机、双排料闸门等组成。

C　工艺流程及其特点

安德里兹加压式转鼓过滤机的工艺流程如图 8-9 所示。

该机的主要特点是：

（1）过滤空间封闭，减少了物料的飞扬和散发。

（2）工作方式连续，处理量大，水分低，降低了运输费用。

（3）分为几个阶段时，分选效率高，分选阶段的全过程可以从集中控制室加以控制。还可进行二次机械分选。

（4）通过提高压差成饼，通过滤液管道系统脱水，成饼的经济效益好（母液不与滤液混合），成饼和分选过程产生的滤液可以单独排放。

（5）可以过滤细微颗粒密度极大的矿浆。

（6）通过与大气隔绝，可对易氧化物进行过滤，可与干燥设备很好地组合（与大气隔绝，直接从排料闸门向干燥设备供料）。

（7）工作压力最大可达到 0.6MPa。

（8）可在高温下进行过滤和滤饼的分选。

加压式转鼓过滤机主要应用于沉淀产品、无机和有机盐类、结晶产品的脱水和净化；还可用于颜料、沸石、糖和淀粉、工业矿石和填料、有毒污染物、药品的脱水和净化，以及化工厂废水的净化等。

D　主要技术参数

安德里兹 HBF-T 型加压式转鼓过滤机的主要技术参数见表 8-13。

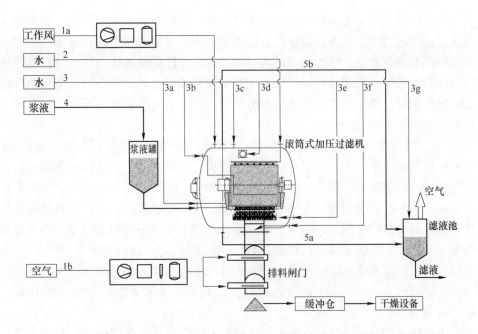

图 8-9 安德里兹加压式转鼓过滤机的工艺流程

1a—工作风；1b—控制风；2—高压清洗滤布；3—CIP 系统；3a—淀粉槽清洗；
3b—滚筒清洗；3c—加压仓清洗；3d—观察窗清洗；3e—涡轮输送机清洗；
3f—排料闸门清洗；3g—滤液池清洗；4—淀粉浆液；
5a—成饼产生的滤液；5b—脱水产生的滤液

表 8-13 HBF-T 型加压式转鼓过滤机的主要技术参数

型 号	过滤面积/m²	滤扇数目	转鼓直径/mm	加压仓长度/mm	加压仓直径/mm
HBF-T1	1.5~5.3	20	1000	2200~3400	2000
HBF-T2	5.7~17.6	24	2110	3800~5000	3700
HBF-T3	6.2~24.2	24	2530	3850~6100	4200

8.2 圆盘过滤机

8.2.1 圆盘真空过滤机

在冶金矿山，矿产资源的特点是贫、细、杂，要获得较高的精矿品位，就必须提高磨矿细度。我国铁矿选厂目前过滤现状比较落后，大量仍然沿用老式的筒式真空过滤机，滤饼水分高一直困扰着国内铁矿选厂。精矿水分过高时，造成运输困难，精矿在运输中流失现象严重，不仅污染沿途环境，还使运费增加，并使烧结等冶炼工序的能耗增加，成本加大。筒式内滤机还存在着生产率低、运行成本高等问题。因此，急需对此进行技术改造。

盘式真空过滤机由于占地面积小，处理能力大，造价低，易实现大型化，且技术成熟、工作可靠和操作方便，因而，国外发达国家的金属矿山已广泛采用。近 40 年来，盘式真空过滤机得到迅速发展和广泛应用，成为选矿工业中应用最多的过滤设备，特别是在铁矿石选厂，国外基本上都采用了盘式真空过滤机。一些著名的生产厂商，如美国的艾姆科、丹佛、德国的洪堡、瑞典莎拉国际、奥地利的安德里兹、日本的三机和前苏联一些公司已有定型的系列化产品，过滤面积最大达 300m²，有近百种规格。其发展趋势是槽体中矿浆液位的自动控制，采用强力搅拌装置使矿浆颗粒均匀悬浮，设备的大型化和增加每个圆盘上滤扇的数目，并在某些需要滤饼水分低的情况下采用增设蒸汽干燥脱水技术，以获得最佳的脱水效果。

1959 年，国内首先由洛阳矿山机器厂生产精煤过滤的盘式真空过滤机，并在 80 年代引进国外先进技术，生产了新型煤盘式真空过滤机，且规格多。目前国内选煤厂已普遍采用。其存在的问题是卸饼率低，一般仅为 40%~60%，搅拌不充分，矿浆中的粗颗粒易在槽体中沉淀，使精矿溢流的部分变细而无法回收。由于技术落后，盘式真空过滤机始终未能在冶金选厂取得推广应用。1985 年，沈阳矿山机器厂率先开始针对包钢的絮凝铁精矿设计并研制出 GPZ-60 型盘式真空过滤机，1992 年通过鉴定。该机型在永平铜矿应用了 10台，开始投产时，过滤硫精矿时滤饼水分 8%~12%，过滤效率 0.1t/(m²·h)。经过改进，过滤硫精矿滤饼水分 10%~13%，过滤效率提高到 0.25~0.3t/(m²·h)，能耗大，效率低，现已被陶瓷过滤机取代。

马鞍山市格格林矿冶环保设备有限公司生产的 GLPG 型盘式真空过滤机有四个系列。过滤面积 6~120m² 近 18 种规格的 1200 多台产品，应用于国内 200 多家不同规模的金属矿山，替代进口产品，促进了我国金属矿山的脱水技术及设备的更新换代。GLPG 型盘式真空过滤机的推广应用，彻底改进我国脱水技术的整体水平，使我国金属矿山的脱水设备上了一个新台阶，经济效益和社会效益下分显著。GLPG 型盘式真空过滤机在国内同行业处于领先地位。

8.2.1.1　ZPG 系列盘式真空过滤机

A　设备特点

（1）滤扇。结合现有滤扇使用的缺陷根据选矿行业的特殊性，重新设计了专用新型滤扇。

1）表面光滑，脱水孔分布均匀，孔率合理，滤扇和筋条的边缘均呈圆角，不但提高了脱水率，同时也延长了滤布的使用寿命。

2）滤扇头有倒角，强度高，滤扇底部有加强筋，在装配、拆卸时不易损坏、断裂。

3）筋条走向与滤扇的中心线夹角更合理流体阻力小。滤扇的有效面积大提高了过滤机的处理能力。

4）滤扇的壁厚比普通的增加了 1/3，同时滤扇的重量也增加了 1/3，是现在国内市场上结构最合理、最牢固的滤扇，平均寿命延长 1.5~2 倍。

（2）主轴与过滤管：

1）过滤管（包括轴头）采用高强度耐磨陶瓷复合钢管，管壁厚，不易磨损，提高寿命 2~3 倍以上。

2）滤液管与滤扇接口处取消法兰连接，而采用模具定位直接焊接，排除了原法兰连接处防漏胶皮垫圈老化的因素，消除了可能的漏气点。

3）每扇滤扇块压板，压板两端分别用不锈钢螺栓和螺母压紧，不易生锈，便于更换滤布，劳动强度大幅降低。

（3）搅拌。针对铁矿粉的特殊性能，针对现在市场上过滤机容易漏和搅拌系统不耐用的特点，采取以下搅拌装置，达到理想效果：

1）加永磁铁——防止矿粉进入搅拌套内；

2）采用水密封；

3）采用盘根密封；

4）加轴用骨架密封圈密封；

5）轴表面进行镀铬处理，不易生锈。

（4）槽体。搅拌轴下方槽体内采用刚玉高分子耐磨涂层，防止槽体钢板磨损。

（5）控制盘摩擦片。采用特制耐磨硼磷铸铁、刚柔相济，密封效果好，使用寿命延长2~3倍。

（6）润滑和清洗。采用干油泵集中多点自动润滑，保证设备正常运行。滤布清洗采用自动清洗装置，保持了良好的脱水效果。

（7）电控。采用变频调速，以物料的浓度及流量调节，达到理想的工作效果。

B 工艺流程（见图8-10）

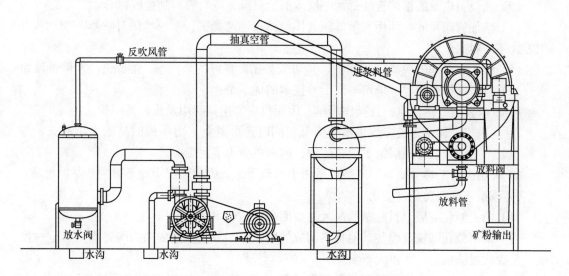

图8-10 ZPG系列盘式真空过滤机工艺流程

C 技术参数（见表8-14）

表8-14 ZPG系列盘式真空过滤机技术参数

滤盘直径/mm	φ2100											φ3100					
滤盘面积/m²	5	10	15	20	25	30	35	40	45	50	60	48	60	72	84	96	108	120
滤盘数量/个	1	2	3	4	5	6	7	8	9	10	12	4	5	6	7	8	9	10
每盘滤扇数量/个	18（20）											18（20）					
主轴电机功率/kW	2.2		3		4		5.5					5.5		7.5		11	
搅拌电机功率/kW	3			4		5.5		7.5				7.5		11		15	

卸料方式		反吹风																	
外形尺寸 /mm	长	2145	2535	2925	3315	3705	4095	4485	4875	5265	5655	6435	4235	4735	5235	5735	6235	6735	7235
	宽	2480											4280						
	高	2690											3740						
处理能力/t·(h·m²)⁻¹		0.5~1.2																	
生产厂家		江西核威环保科技有限公司																	

8.2.1.2 圆盘真空过滤机的发展

圆盘真空过滤机虽已成为定型产品,但是还在不断的改进,改进情况和发展的总趋势为:

(1) 圆盘的扇形体几乎都改用玻璃纤维增强塑料制成,且为波形表面,这样可以减轻设备质量,节省能源,增加过滤面积,可使滤布弯曲、卸料完全。用插销式装配扇形体,维护和更换滤布更为简便。

(2) 在扇形体周围加不透水的 20mm 窄条,使其周边不致形成含水分高的滤饼。

(3) 在设备内易磨损的管底部加一层耐磨聚氨酯,或对管阀加橡胶衬套。

(4) 增加管阀尺寸,利用大量低压气体使滤布迅速膨胀,采用"瞬时吹落"与刮板并用方式使卸料完全。

(5) 对于难过滤的矿浆(如赤铁矿)可安装密封良好的蒸汽罩,能够进一步降低滤饼水分,节省干燥作业费用。采用蒸汽干燥技术的优点是:

1) 仅需要增设蒸汽罩,且操作简单,因而投资、生产费用及维修费用较低。

2) 脱水速度加快,最终滤饼水分降低。同时还可避免火力干燥时易于发生起火、爆炸等现象。由于蒸汽干燥保留了细粒固体,因而也减少了污染。

3) 采用火力干燥易变质的产品更适用于蒸汽干燥,因为蒸汽干燥不影响产品的性质。

4) 该系统可实现全自动化。

(6) 向大型化发展,目前单机最大过滤面积已达近 $500m^2$。

(7) 采用微孔陶瓷盘代替其他材料制成的圆盘,如芬兰研制成功的陶瓷盘式真空过滤机,是盘式过滤机的一次重大革新。

(8) 开发加压盘式真空过滤机及带蒸汽罩的真空过滤机,以适应高海拔地区的使用,加压方式一是采用高温蒸汽(>200℃),二是采用热风(150℃)并辅以加压风机。

8.2.2 陶瓷圆盘真空过滤机

陶瓷圆盘过滤机首先由芬兰 Valmetoy 公司研制成功,20 世纪 80 年代中期芬兰 Outo Kumpu Mintec 公司将 CERAMEC 毛细效应专利技术与可靠性好且自动化程度高的圆盘式过滤机结合在一起,推出 CC 系列陶瓷真空过滤机。第一台陶瓷真空过滤机于 1985 年安装在芬兰的一家化工厂,用来过滤铜液中的碳酸铜,此后在世界各地有色金属选矿厂对铜、铅、锌、镍、铝及硫等精矿脱水过滤中获得广泛应用。目前至少有 100 多台设备在 20 多个国家使用。我国广东凡口铜锌矿于 1995 年引进一台 $45m^2$ 的陶瓷圆盘真空过滤机,使用效果很好,可使过滤系数提高 1 倍以上,滤饼水分降低 2.5 个百分点,每年节电 100 多万元，节省运费 350 万元，效益可观，同时还减轻了操作人员的劳动强度。

陶瓷圆盘过滤机用于细、黏性物料的脱水显示出极大的优越性，是一种极具发展前景的过滤设备。陶瓷圆盘真空过滤机用于精矿作业的生产指标见表 8-15。我国是陶瓷的发源地，近年来也有厂家推出陶瓷圆盘真空过滤机。

表 8-15 陶瓷圆盘真空过滤机用于精矿作业的生产指标

名称\指标	黄铁矿	磷镁矿	菱镁矿	滑石	锌精矿	铜精矿
滤饼水分/%	6.2	8	10	17	8~9	9.0
生产率/kg·(m²·h)⁻¹	500	1000	800	150	700~1000	400
平均粒径/μm	35	65	60	30	20	10

陶瓷圆盘真空过滤机与传统过滤机相比，具有许多无可比拟的优点：

（1）过滤效果好，滤饼水分低。如过滤后获得的铜精矿可以直接进行冶炼，节省大量冶金能源。精矿水分低，易于运输处理，减少路途损耗。

（2）真空损失小，真空度高。使用一台小型真空泵便可达到 0.09MPa 的高真空度，比传统真空过滤机节能 90%。

（3）滤液清澈透明，含固量仅为 0.003%~0.004%。陶瓷过滤板微孔孔径小，细微过滤颗粒回收率高，不仅减少了微细颗粒流失，而且回水又利用在系统中循环使用，水资源得到充分利用，环保效果好。

（4）自动化程度高，由可编程序控制器 PLC 组成的自动控制系统可实现连续运行，利用率高达 95%，劳动强度低，维护方便，维修工作量小。

（5）处理能力大，为一般圆盘真空过滤机的 3 倍，生产效率高，生产成本低，虽一次性投资较大，但投资回收速度快。

（6）采用无滤布过滤，无滤布损耗，减少了维修费用。设备结构紧凑，安装和操作费用低，职业环境安全性高。

由此看来，陶瓷圆盘真空过滤机是一种新型、高效、节能、环保、适用性强、极具竞争力的一种液固分离设备。

陶瓷圆盘真空过滤机独创之处在于其过滤机理是将毛细效应原理应用于脱水过滤，用亲水陶瓷烧结氧化铝制成陶瓷过滤板，取代传统的滤片和滤布。陶瓷过滤板上布满了直径为 1.5~2μm 的微孔；其孔隙率达到 80% 以上，每一个微孔即相当于一个毛细管。陶瓷过滤板与真空系统接通后，当水浇注到过滤板上时，液体将从微孔中通过，直到所有游离水通过为止。由于水与亲水陶瓷之间存在着表面张力，在负压作用下，微孔中的水分不会全部排空，从而阻止了气体逸出，形成了无空气消耗的过滤过程。当陶瓷过滤板浸入过滤矿浆后，借助毛细效应产生吸引力进行脱水过程，水不断从微孔中排出，但不排空，而气体则基本不排出，这样使陶瓷圆盘内部形成真空状态，而且可以保持极高的真空度，使过滤系数大幅度提高。过滤板堆积的固体颗粒形成滤饼，滤液则通过滤盘滤液管连续排出，直到排干为止。整个过程只需要 1 台功率很小的真空泵，就能取得处理能力大、滤饼水分低的奇特效果。

8.2.2.1 奥图泰 LAROX CERAMEC 陶瓷过滤机

A 操作特性

操作特性为：

（1）空气不透过滤盘。过滤理论认为，气流在脱水过程中是一重要因素，然而维持气流需要很多能量，而且还会污染大量空气。CERAMEC 过滤机滤盘的突出特点是空气不透过滤盘，因此能耗极少，无空气污染。过滤盘的结构特征在于有无数产生毛细效应的微孔。由于水与亲水的烧结氧化铝微孔之间的表面张力作用，孔径适当时微孔不会脱出所含水分。微孔中毛细作用力大于真空所施加的力，使微孔保持充满液体状态（见图 8-11），无论在任何情况下都不允许空气透过，所起到的唯一作用就是固液分离。由于没有气流通过滤盘，所以能耗极低，一台功率非常小的真空泵即可做真空源。图 8-11a 所示为毛细作用迫使微孔里水位升高。在 CERAMEC 过滤机里，滤盘微孔里的毛细作用迫使水流过微孔。图 8-11b 所示为微孔里的毛细作用力大于真空所施加的力，使微孔保持充满液体。

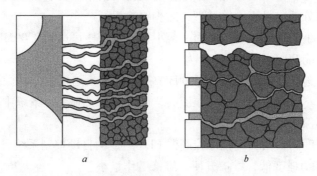

图 8-11　微孔里的毛细作用

a—毛细作用迫使水流过微孔；b—微孔保持充满液体

（2）微孔陶瓷盘式结构取代了滤布过滤，效果差异显著。毛细效应陶瓷过滤机关键部件是由获得专利的氧化铝烧结材料制作的圆盘。圆盘结构独特之处是产生均匀的微孔，这些特殊的微孔形成了毛细作用的效果，产生只允许液体流过的近乎绝对真空。当圆盘浸没到矿浆槽中时，在没有外力作用的情况下，毛细作用立即开始了脱水过程。矿浆中的固体颗粒堆积在圆盘表面上，脱水连续进行，滤液会不断排出，直至滤液排空为止。滤液流借助于一台小型真空泵由过滤机排出。

（3）格外干的滤饼和清亮的滤液。CERAMEC 毛细效应脱水产出清澈透明的滤液，而且滤饼很干，在多数条件下无需附加干燥，还减少了昂贵的压缩空气用量。此项专利工艺比常规真空或加压过滤机节能 90%，滤液不含固体，可用于反冲洗和回水利用，无需再处理即可排放。

（4）有效均匀的滤饼洗涤。洗涤液用喷嘴均匀地喷洒在滤饼固体上。由于滤液和洗涤水是在毛细效应作用下连续均匀地穿过整个滤饼脱出，形成真正的单向流洗涤。CERAMEC 过滤机高效单向洗涤解决了传统过滤系统无法解决的问题，如滤饼龟裂、沟流、固体分布不均等都会大大降低产品质量和处理能力。

（5）连续自动运行。CERAMEC 过滤机的连续固液分离过程是由可编程控制器控制，控制器可以单独工作，也可以并入多数过程控制系统。CERAMEC 过滤机的作业率高于任何其他脱水系统。维护量少的原因在于滤盘结构简单，运动部件少，几乎不依赖或完全摆脱了既昂贵又繁重的维护项目，如滤布、泵、空压机、阀门等。

（6）用途广泛且适应性强。滤盘基本上属惰性材质，所以化学稳定性好，实际上能耐所有的化学药剂和料浆温度，广泛适用于处理各种水和含溶剂料浆。可变的转速、高效的滤饼洗涤、紧凑的结构，以及封闭整个系统的可能性，使这种毛细作用脱水系统能广泛适用于化工、矿物加工、制药，以及废水处理行业。

（7）无污染操作，提供高度安全的职业环境。CERAMEC 过滤机除了处理能力和工作效率高以外，其设计结构特点提供了一种安全无污染的职业环境。

（8）环境安全。毛细作用脱水滤盘不像多数传统型真空过滤机和压滤机那样需用大量真空进行抽气或吹气，奥托昆普技术解决了空气污染问题。应用 CERAMEC 陶瓷过滤机省了滤布处置费用，减少或无需再处理外排废水。任选的罩壳和螺旋输送机辅助装置为用户提供了采用封闭回路系统的可能性。所提供的产品、职业环境均符合环境安全的要求。

（9）职业安全。工作压力低，运动部件少，刮刀卸饼，以及快卸快装式滤片更换等重要设计特点均是以人为本，使得 CERAMEC 技术独具一格。在这些方面是其他脱水系统无法比拟的。因为那些工作压力高、软管破裂后造成喷漏液体，安装和拆卸滤布麻烦，配备庞大液压系统的过滤机给大多数操作人员和工厂管理人员造成严重的操作和安全问题。

（10）毛细作用提高了生产效率、生产能力和作业率，投资回收速度快。经过世界各地最艰难的环境和最难解决的工业应用证实，奥托昆普—明太克公司毛细效应过滤技术超越了常规的脱水方法，显著地提高了整个过滤过程效率，处理每吨矿石成本绝对低于常规真空过滤机和压滤机。高效脱水和洗涤、有竞争力的价格、安装和操作费用低、职业环境安全性高，所有这些优越性是毛细效应技术成为入选全球竞争性产业的理由。在多数工业应用中证实投资回收速度快。

B 结构

CERAMEC 陶瓷过滤机（CC 型）如图 8-12 所示。该机主要由矿浆槽、主传动装置、滤盘、刮刀、搅拌装置、分配阀、超声波清洗器、真空泵、滤液筒、超声波液位计、控制盘等部件组成。并与有关阀门管路等均安装在一个坚固的底座上，组装成一个结构紧凑的完整设备。另有一台滤液泵安装在过滤机 3m 以下平面处。为防止腐蚀，所有关键件均采用不锈钢材料制造，以确保耐用性。

C 过滤过程

CERAMEC 陶瓷过滤机的自动连续工作过程如图 8-13 所示。由图 8-13a 可知，吸入液体通过滤盘进入滤液管道，固体迅速堆积在滤盘外侧。滤盘的微孔结构使固体和空气都无法透过圆盘表面。图 8-13b 所示为滤饼冲洗，在连续毛细作用下，洗液均匀、缓慢地喷淋在滤饼上。图 8-13c 所示为滤饼干燥，过滤后的滤饼格外干燥，所需能耗仅相当于普通过滤系统的几分之一。图 8-13d 所示为卸滤饼，刮刀将滤饼从圆盘上刮下，滤盘表面留下薄薄一层固体。图 8-13e 所示为反冲洗，在反冲洗阶段，滤液用于冲洗滤盘，清除残留滤饼并清洗滤盘微孔。图 8-13f 所示为定期自动清洗，并配有一个滤盘自动超声清洗装置，使滤盘保持最高的工作效率。

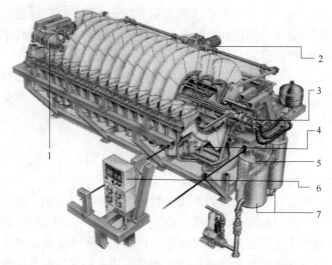

图 8-12　CC 型陶瓷圆盘真空过滤机外形示意图

1—传动装置；2—搅拌装置；3—分配阀；4—超声波清洗；
5—真空泵；6—控制盘；7—过滤容器

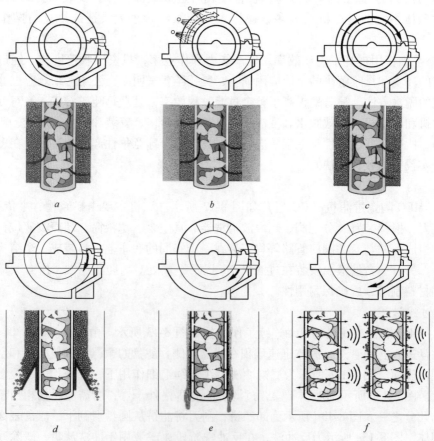

图 8-13　CC 型陶瓷过滤机自动连续工作过程

a—滤饼成形；b—滤饼冲洗（任选）；c—滤饼干燥；d—卸滤饼；e—反冲洗；f—定期自动清洗

D 脱水效果与传统过滤方法对比

CERAMEC 陶瓷过滤机毛细效应技术脱水效果与传统的真空过滤机和加压过滤机对比见表 8-16。

表 8-16 脱水效果与传统过滤方法对比

特 点		脱水和洗涤方法		
		真空	加压	毛细效应
固液分离和洗涤效率	滤饼干燥度	一般	优	优
	滤液洁净度	一般	好	优
	洗涤效率	差	好	优
	设备作业率	好	一般	优
生产成本特点	滤布消耗	中	高	无
	能量消耗	高	中	低
	备件消耗	中	高	低
	维修时间	中	高	低
	操作人员辅助时间	中	中	低
	操作和维修要求的技术熟练程度	中	高	低
设计特点	结 构	简单	复杂	简单
	操 作	自动	自动	自动
	卸滤饼	连续	间断	连续

E 适用范围和效果

化工和制药工业：滤液清澈透明；确保滤饼冲洗均匀；无污染操作，对环境无害。

采矿和冶金（铜、金、铬铁矿、钼、铁、镍、锌、铅、黄铁矿），煤炭和工业矿物：滤饼干燥，无需进一步烘干，每吨产品成本极低；结构简单，易于操作，维护方便。

废水脱水：配有整体装配、结构紧凑的装置，安装费用低，自动连续运行，利用率在 95% 以上；无污染操作，对环境无害。

F 技术规格

CC 型陶瓷过滤机的技术规格见表 8-17 和表 8-18。

表 8-17 CC 型陶瓷过滤机的技术规格（一）

型 号	CC-1	型 号		CC-1
过滤面积/m²	1	主要尺寸/m	长 度	1.29
过滤介质	P1		宽 度	1.21
			高 度	1.8
圆盘/扇形数	1/12	质量/kg		880
渗透性（在 0.1MPa 下）/m³·(m²·h)⁻¹	>1.2	槽容积/m³		0.11
气泡点压/MPa	0.11	真空泵功率/kW		0.75
圆盘直径/mm	1000	平均功耗/kW		3.5

表 8-18 CC 型陶瓷过滤机的技术规格（二）

型 号	CC-6	CC-15	CC-30	CC-45	CC-60
过滤面积/m²	6	15	30	45	60
过滤介质	M66 陶瓷板				
每盘上的圆盘数/扇形数	2/12	5/12	10/12	15/12	20/12
渗透性（在 0.1MPa 下）/m³·(m²·h)⁻¹	>1.2				
气泡点压/MPa	0.11				
圆盘直径/mm	1900				
主要尺寸/m 长 度	2.76	4.05	5.6	7.04	8.53
宽 度	3.05	3.3	3.3	3.3	3.4
高 度	2.6	2.7	2.7	2.75	2.75
质量/kg	4000	7100	9800	13800	14900
槽容积/m³	1.7	3.1	5.2	7.4	9
真空泵功率/kW	2.2	2.2	2.2	2.2	2.2
安装功率/kW	7.3	16	28	30	36
平均功耗/kW	5	9	14	17	20

型 号	CC-45	CC-60	CC-96	CC-144
过滤面积/m²	45	60	96	144
过滤介质	S1 膜		T1 膜	
每盘上的圆盘数/扇形数	15/12	20/12	8/15	12/15
渗透性（在 0.1MPa 下）/m³·(m²·h)⁻¹	>6		>6	
气泡点压/MPa	0.12		0.12	
圆盘直径/mm	1900	1900	3800	3800
主要尺寸/m 长 度	7.2	8.75	6.73	8.57
宽 度	3.42	3.42	5.9	5.9
高 度	2.86	2.86	4.78	4.78
质量/kg	14020	15100	30500	43000
槽容积/m³	7.4	9	25	35
真空泵功率/kW	2.2	2.2	5.5	5.5
安装功率/kW	39	44	90	110
平均功耗/kW	25	27	50	70

8.2.2.2 PT 型陶瓷圆盘真空过滤机

PT 型陶瓷圆盘真空过滤机的技术参数见表 8-19。

表 8-19 PT 型陶瓷圆盘真空过滤机技术参数

名称　　　　型号	过滤面积 /m²	滤盘 /圈	滤板数量 /块	槽体容积 /m³	重量 /t	装机功率 /kW	运行功率 /kW	滤盘转速 /r·min⁻¹	外形尺寸 (L×W×H) /m×m×m	生产厂家
PT1	1	1	12	0.2	1.4	3.0	<2.5	0.3~3	1.7×1.5×1.5	
PT2	2	2	24	0.31	2.1	3.5	<2.5	0.3~3	1.9×1.4×1.5	
PT3	3	3	36	0.5	2.4	3.5	<3.0	0.3~3	2.5×1.4×1.5	
PT4①	4	2	24	0.9	2.6	4.5	<3.5	0.3~3	2.5×1.4×2.2	
PT6	6	2	24	1.4	2.9	4.5	<3.5	0.3~3	2.7×3.0×2.5	
PT8①	8	4	48	1.6	3.1	6	<3.5	0.3~3	3.1×2.6×2.2	
PT9	9	3	36	1.9	4.1	7	<5.5	0.3~3	3.1×3.0×2.5	
PT10①	10	5	60	1.9	4.5	10	<6.5	0.3~3	3.3×2.6×2.2	
PT12①	12	4	48	2.4	5.8	12	<9.0	0.3~3	3.3×3.1×2.6	湖州核华环保科技有限公司
PT15	15	5	60	2.9	6.5	12.5	<9.0	0.3~3	3.9×3.1×2.6	
PT18①	18	6	72	3.4	7.1	14	<9.5	0.3~3	3.6×3.1×2.6	
PT21	21	7	84	3.9	8.5	15	<9.5	0.3~3	4.2×3.1×2.6	
PT24	24	8	96	4.4	9.2	16.5	<10	0.3~3	4.5×3.1×2.6	
PT27①	27	9	108	4.9	10.5	18	<11	0.3~3	4.8×3×2.6	
PT30	30	10	120	5.4	12.6	19	<11	0.3~3	5.1×3.1×2.6	
PT36	36	12	144	6.5	14.5	21	<12	0.3~3	6.5×3.1×2.7	
PT45	45	15	180	7.9	17.2	25	<15	0.3~3	7.5×3.1×2.7	
PT60	60	15	180	11.5	20.1	33	<20	0.3~3	8.1×3.65×3.1	
PT80	80	20	240	15.0	25.1	40	<22	0.3~3	9.5×3.65×3.1	
PT100	100	25	300	18.5	30.2	53	<30	0.3~3	11.0×3.6×3.1	
PT120	120	24	288	22.0	35.5	58	<40	0.3~3	10.5×4.0×3.5	

①非优选系列产品规格。

8.2.3 加压圆盘过滤机

加压过滤机产生的压差最大可达 0.6MPa，也可以过滤难以过滤的、阻力很大的微颗粒浆液，而且产量大，产品残留水分低，与真空过滤机或非连续生产的设备相比，所需要的过滤面积只有几分之一。有了它，在许多情况下可以避免采用费用高昂并对环境不利的加热干燥工艺。

奥地利安德里兹公司加压圆盘过滤机的介绍详见本书第 3 版。

8.3 带式真空过滤机

带式真空过滤机是以循环移动的环形滤带作为过滤介质，利用真空设备提供的负压和重力作用，使液固快速分离的一种连续式过滤机。这种机型在20世纪30年代最先出现于瑞典。当时由于多孔橡胶带制造困难，缺少高强度的滤布及真空密封技术不过关，因此在相当长的一段时间内该机型发展缓慢。直到20世纪60年代以后，由于新材料的出现和真空技术的不断完善，这种机型才得到迅速发展。目前，国外已经出现了小到0.25m² 的实验装置，也有大到185m² 的大型带式过滤机。

各种带式过滤机适用于过滤含粗颗粒的高浓度滤浆，以及滤饼需要多次洗涤的物料，因而已经广泛应用于冶金、矿山、石油、化工、煤炭、造纸、电力、制药以及环保等工业部门，例如分离铁精矿、铀浸出液、生产树脂、精煤粉、纸浆、石膏物、青霉素和污水处理等都在大量使用带式真空过滤机。

带式真空过滤机的主要优点为：

（1）过滤效率高。采用水平过滤面和上部加料，由于重力的作用，大颗粒固相会先沉在底部，形成一层助滤层，这样滤饼结构合理，减少了滤布的阻塞，过滤阻力小，过滤效率高。

（2）洗涤效果好。采用多级逆流洗涤方式能获得最佳洗涤效果，可以用最少的洗涤液获得高质量的滤饼。一般洗涤回收率可达到99.8%。

（3）滤饼厚度可调节，含湿量小，卸除方便。滤饼厚度可根据物料需要随意调节，小到3mm，大到120mm。由于颗粒在滤饼中排列合理，加上滤饼厚度均匀，因此与转鼓真空过滤机相比，滤饼含湿量大幅度降低，且滤饼卸除方便，设备生产能力得到提高。

（4）滤布可正反两面同时清洗。在滤布（又称为滤带）的两个面都设有喷水清洗装置，这样滤布再生时正反两面都能得到有效清洗，从而消除了滤布堵塞，延长了滤布使用寿命。

（5）操作灵活，维修费用低，在生产操作过程中，滤饼厚度、洗水量、真空度和循环时间等都可随意调整，以取得最佳过滤效果。由于滤布能在苛刻条件下工作，且使用寿命长，因而维修费用、生产成本大大降低。

带式真空过滤机又称为水平带式真空过滤机，是近几年发展最快的一种过滤设备，到目前已形成4种形式：移动室型、固定室型、滤带间歇运动型和连续移动盘型带式真空过滤机。

8.3.1　移动室带式真空过滤机

8.3.1.1　工作原理

移动室带式真空过滤机，真空盒随水平滤带一起移动，并且过滤、洗涤、干燥、卸料等操作同时进行。当真空盒移动到一定位置时，除去真空，迅速返回初始位置，再重新恢复真空，吸上滤带继续前进，以此循环往复动作。

移动室带式真空过滤机的工作原理如图8-14所示。其基本过滤过程分为3个行程：

（1）真空行程。过滤开始时，真空切换阀开启真空，经过集液管联通滤室，使滤室形成真空，料浆从高位槽经阀门，由加料斗均布在滤带上，在真空吸力的作用下，滤带紧贴在滤盘上，对物料进行抽滤，滤带与滤盘同步向前移动。滤带由变频器经减速机通过头轮传动机构驱动并调速，真空滤盘在真空吸力的作用下随滤布同步向前移动，由于滤带、滤盘移动均由同一传动机构驱动，滤带、滤盘的速度达到静态和动态平衡，实现同步运行。当滤盘运行到设定位置感应到感应开关时，真空切换阀动作，关闭真空，这时大气切换阀接通大气在先，主气缸换向在后，接着进行返回行程。

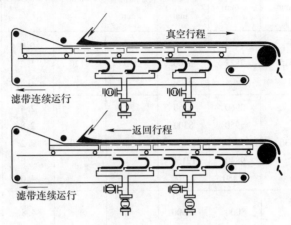

图 8-14 移动室带式真空过滤机的工作原理

（2）返回行程。滤盘返回过程中，当运动到设定的返回行程止点时，滤盘感应到另一个感应开关，这时真空切换阀动作，关闭大气接通真空，与此同时，主气缸换向，真空滤盘随滤布向前移动又开始真空行程。无论是真空行程还是返回行程，滤带是始终向前运动的，这样便实现了带滤机的连续工作。

（3）洗涤、吸干、卸渣。过滤、洗涤、吸干在真空行程中分段同时进行，各区段之间用隔离器分开，集液系统可以与此相对应分别集液。洗涤可采用液柱置换法或喷射翻动法，也可两者混合使用，由于洗涤可分区段完成，因此可以实现逆流洗涤，这样不但可以将滤饼洗净，还可以大大降低洗水耗量，从而提高母液浓度。洗涤后经吸干段吸干滤饼。滤饼的排卸在过滤机的前端，利用头轮处滤饼的曲率半径的变小和刮料钢丝及薄片刮刀，将滤饼从滤带上剥离卸除，滤布经清洗再生后，再加料连续进行过滤程序。

8.3.1.2 特点

移动室带式真空过滤机的特点是：

（1）结构紧凑，质量轻。

（2）滤盘运行与滤带运行能保证同步运动，同步误差小于 2mm。

（3）滤盘返回速度快，有效作业时间长。

（4）控制系统应用了先进的变频器，真空滤盘既可以低速运行，又可以高速运行，可以适应各种过滤工艺要求。系统运行稳定可靠且维护保养简单，使用寿命长。

8.3.1.3 技术参数

移动室带式真空过滤机技术参数见表 8-20 和表 8-21。其外形图如图 8-15 所示。应用范围见表 8-22。

表 8-20　DI 型带式真空过滤机主要规格技术参数 （一）

系列	过滤面积 /m²	过滤有效宽度 /mm	过滤有效长度 /mm	整机总长（不含出料斗）/mm	机身总宽（不含气液分离器）/mm	机身高度 /mm	质量/t	真空（0.053MPa）耗量 /m³·min⁻¹	生产厂家
315	0.45	315	1432	3600	700	1120	0.8	0.5~1	
	0.9		2852	5200			1.2	1~2	
	1.8		5704	8260			1.8	2~3	
630	2.5	630	3960	6260	1140	1320	2.4	3.5~5	
	3.75		5950	8300			2.8	4.5~6	
	5.0		7930	10000			3.2	7.5~10	
	6.2		9840	12150			3.6	8~12	
	7.8		12380	14700			4.0	12~16	
1250	10.0	1250	8000	10600	1800	1440	4.8	16~20	
	12.0		9632	12300			5.2	20~25	
	13.0		10448	13200			5.6	21~27	
	15.0		12000	14700			6.0	24~29	
1600	15.0	1600	9422	12100	2100	1440	6.6	24~29	
	16.0		10000	12650			7.0	26~32	
	18.0		11248	14000			7.5	28~35	湖州核华环保科技有限公司
	20.0		12600	15400			8.0	32~38	
2000	18.0	2000	9000	11700	2500	1560	7.8	28~35	
	20.0		10000	12700			8.2	32~38	
	22.5		11248	14000			8.6	34~40	
	25.0		12500	15200			9.0	38~45	
2500	22.5	2500	9000	11960	3000	1560	9.3	34~40	
	25.0		10000	12960			9.7	38~45	
	30.0		12000	14960			10.5	40~50	
	32.5		13000	15960			10.9	45~55	
	35.0		14000	16960			11.5	50~60	
3000	35.0	3000	11600	14400	3500	1640	12.0	50~60	
	40.0		13300	15880			12.8	55~68	
	42.0		14000	16900			13.3	60~70	
3150	35.0	3150	11100	14150	3700	1640	12.6	50~60	
	40.0		12654	15700			14.0	55~68	
	45.0		14260	17300			14.8	62~74	
	50.0		15840	18800			15.8	65~80	

表 8-21　DI 型带式真空过滤机技术参数（二）

系列	过滤面积/m²	过滤宽度/mm	过滤尺寸/mm					质量/t	真空度	生产厂家
			N	L	E	F	H			
630	2.5	630	1×2000	6700			1450	3.5	5	
	3.8		2×2000	8700			1450	3.9	8	
	5.0		3×2000	10700	1260		1450	4.3	10	
	6.3		4×2000	12700		1960	1450	4.7	13	
	7.6		5×2000	14700			1450	5.1	16	
1250	9.2	1250	5×1220	10140			1550	4.7	19	
	10.7		6×1220	11360			1550	4.9	21	
	12.2		7×1220	12580	1900	2610	1550	5.2	25	
	13.7		8×1220	13800			1550	5.7	28	
	15.2		9×1220	15020			1550	6.1	32	
1500	12.8	1500	6×1220	11410			1550	5.0	26	
	14.6		7×1220	12630			1550	5.4	30	
	16.5		8×1220	13850	2150		1550	5.8	33	
	18.3		9×1220	15070		2900	1550	5.3	37	
	20.1		10×1220	16290			1550	6.6	40	
1600	13.7	1600	6×1220	11410			1550	5.5	28	江西核威环保科技有限公司
	17.6		7×1220	12630			1550	6.0	36	
	19.5		8×1220	13850	2250		1550	6.5	39	
	21.5		9×1220	15070		3070	1550	7.0	43	
	23.4		10×1220	16290			1550	7.5	47	
2000	17.1	2000	6×1220+390	11410			1650	5.7	35	
	19.5		7×1220+390	12630			1650	6.2	40	
	21.5		8×1220+390	13850	2700	3520	1650	6.7	43	
	23.9		9×1220+390	15070			1650	7.2	48	
	26.4		10×1220+390	16290			1650	7.7	53	
2500	28.0	2500	8×1400−350	14300			1750	6.8	56	
	31.5		9×1400−350	15700			1750	8.3	63	
	35.0		10×1400−350	17100	3250		1750	8.9	70	
	38.5		11×1400−350	18500		4200	1750	9.5	77	
	42.0		12×1400−350	19900			1750	10.6	74	
3150	35.3	3150	8×1400−350	14300			1850	9.0	70	
	39.7		9×1400−350	15700			1850	9.8	80	
	44.1		10×1400−350	17100	3900		1850	10.6	88	
	48.5		11×1400−350	18500		4820	1850	11.5	97	
	53.0		12×1400−350	19900			1850	12.7	106	

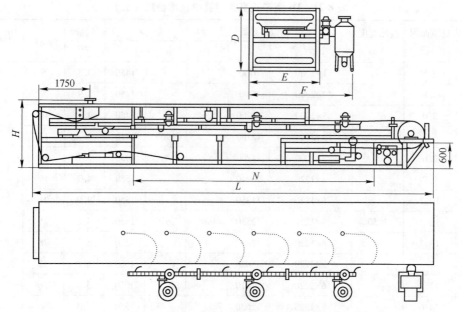

图 8-15　DI 系列移动室带式真空过滤机外形图

表 8-22　应用范围

矿物	化工	催化剂	肥料
煤泥浆	4A 沸石	择性分子筛	磷石膏
铜浓缩物	玛瑙填料	超稳分子筛	碳酸氢钙
黄金沉淀物	氧化铝	Nay 分子筛	碳酸钡
钛铁矿	氧化铝凝胶	A 型分子筛	碳酸钙
石英砂	碳酸钴	甲醇催化剂	硫酸钙
硫酸锰	氢氧化铝	甲苯歧化	硝酸钙
矿石沥滤残渣	赤泥	A 小球	硝磷法泥浆
磷酸盐	氢氧化锆		
红泥	拟薄水铝石	**工业洗涤剂**	**食品**
金红石	硅渣	染料及中间体	醋酸
银回收物	氧化锌	氧化铁	支链淀粉衍生物
钾盐	氢氧化镍	氧化铝	柠檬酸钙
钛矿分解物	碳酸锆	锌钡白	谷氨酸
二氧化钛	硫酸锆	碳酸镁	蔗糖
钒矿	草酸钴	氢氧化镁	柠檬酸
钾长石	活性炭	镍盐	乳酸
	碳酸钴	过氧化物	麦芽糖
	磷酸铝	磷酸	氨基酸
环境保护	硫酸铝	涂料	
工业废水	钡盐	增塑剂	
城市污水	硼酸盐		
除尘污泥	硼酸		
粉煤灰	溴盐		
水煤浆	锌盐		
烟尘月硫	水合肼		
炭黑水	联二脲		
FGD 浆液	ACD 发泡剂		
	盐泥		
	纤维素		

8.3.1.4 奥图泰 LAROX 公司 RT 和 RT-GT 带式真空过滤机

Pannevis 带式真空过滤机自 1967 年问世以来，遍布世界 60 余个国家，安装有 1500 余台，有 500 种用途。其产品形式有 RT 型、GT 型、RB 型和 RB-SV 型。其运行温度为−20~+150℃，pH 值范围为 1.0~14.0，材质为 AISI316 或 316LSS、904L。

Pannevis RT 型和 GT 型带式真空过滤机可以选择多种机械或热力干燥形式，能得到更加理想的工艺结果。

图 8-16 所示为带真空挤压带的带式真空过滤机；图 8-17 所示为带有振动装置的带式真空过滤机；图 8-18 所示为带加热蒸汽罩的带式真空过滤机；图 8-19 所示为气体密闭带式真空过滤机；图 8-20 所示为带有 3 个平行压辊的带式真空过滤机。

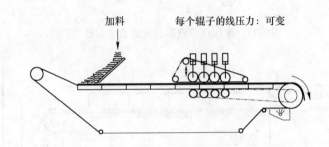

图 8-16　带真空挤压带的带式真空过滤机

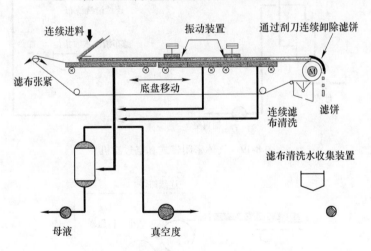

图 8-17　带有振动装置的带式真空过滤机

带真空挤压带（VPB）的带式真空过滤机按以下步骤进行运转：

（1）滤饼由真空初步脱水；

（2）在施压区的进入区进行表面挤压；

（3）用几个挤压辊对其进行压力剪切；

（4）对滤饼送入压缩空气。

带有振动装置的带式真空过滤机适用于过滤可压缩性的物料。

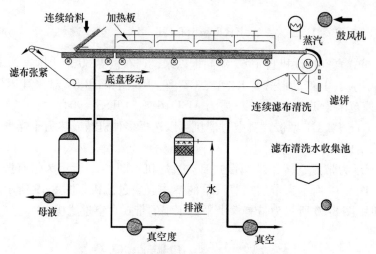

图 8-18　带加热蒸汽罩的带式真空过滤机

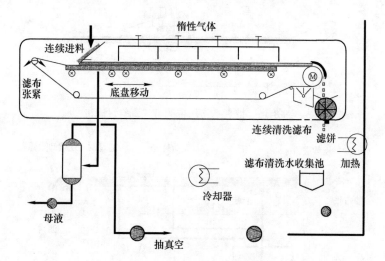

图 8-19　气体密闭带式真空过滤机

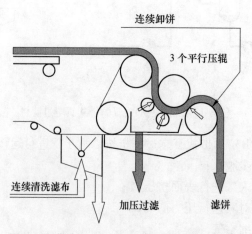

图 8-20　带有 3 个平行压辊的带式真空过滤机

　　带加热蒸汽罩的带式真空过滤机通过使用热气干燥脱水，热气可以是空气、氮气和蒸汽。

　　GT（气体密闭）带式真空过滤机是在完全惰性氛围下连续进行溶剂产品的固液分离，充满的气体可以是氮气，也可以是其他惰性气体，这些气体被连续再循环。至今已在140台带滤机中对26种以上不同溶剂进行了应用。GT型带滤机可满足GMP的全部要求。因此还适用于食品、药品及生物产品。其机壳的底部和顶部是圆形的，边壁是平的，容易清洗，全部内表面是光滑的，而周围无死角。

　　带有压辊（PB）的带式真空过滤机带有3个平行压辊，借助真空过滤之后的机械压榨产生的高剪切力和线压力使滤饼进一步脱水。

　　RT型和GT型带式真空过滤机技术参数见表8-23和表8-24。

表 8-23　RT 型带式真空过滤机技术参数

Pannevis RT 0.575	过滤面积/m²	1.6	2.4	3.2	4.0	4.8	5.6
	总宽/mm	2050					
	总长/mm	6250	7650	9050	10450	11850	13250
	总高（不包括罩体）/mm	1870（包括罩体2275）					
	质量（不包括产品）/t	1.5	1.8	2.05	2.35	2.65	2.90
	功率/kW	0.75					
Pannevis RT 1.15	过滤面积/m²	4.8	6.4	8.1	9.7	11.3	12.9
	总宽/mm	2500					
	总长/mm	7650	9050	10450	11850	13250	14650
	总高（不包括罩体）/mm	1870（包括罩体2275）					
	质量（不包括产品）/t	1.90	2.30	2.70	3.10	3.50	4.00
	功率/kW	0.75					
Pannevis RT 1.6	过滤面积/m²	6.7	9.0	11.2	13.4	15.7	17.9
	总宽/mm	2930					
	总长/mm	7650	9050	10450	11850	13250	14650
	总高（不包括罩体）/mm	1900（包括罩体2275）					
	质量（不包括产品）/t	2.60	3.00	3.40	3.90	4.30	4.70
	功率/kW	0.75			1.10		
Pannevis RT 2.1	过滤面积/m²	14.7	17.6	20.6	23.5	26.5	29.4
	总宽/mm	3300					
	总长/mm	10900	12300	13700	15100	16500	17900
	总高（不包括罩体）/mm	2040（包括罩体2450）					
	质量（不包括产品）/t	6.25	6.63	7.00	7.38	7.75	8.13
	功率/kW	0.75	1.10				2.20

Pannevis RT 3.0	过滤面积/m²	33.6	37.8	42.0	46.2	50.4	54.6
	总宽/mm	4320					
	总长/mm	15100	16500	17900	19300	20700	22100
	总高（不包括罩体）/mm	2040（包括罩体 2450）					
	质量（不包括产品）/t	9.98	10.4	10.83	11.25	11.68	12.1
	功率/kW	2.20			3.0		
Pannevis RT 4.0	过滤面积/m²	56.0	61.6	67.2	72.8	78.4	84
	总宽/mm	5300					
	总长/mm	17500	18900	20300	21700	23100	24500
	总高（不包括罩体）/mm	1900（包括罩体 2400）					
	质量（不包括产品）/t	13.25	13.60	14.00	14.30	14.70	15.10
	功率/kW	5.50		7.50			

表 8-24　GT 型带式真空过滤机技术参数

Pannevis GT 0.575	过滤面积/m²	1.6	2.4	3.2	4.0	4.8	5.6
	总宽/mm	2250					
	总长/mm	6600	8000	9400	11000	12400	13600
	总高/mm	1990					
	质量（不包括产品）/t	4.2	4.7	5.3	5.9	6.5	7.1
	功率/kW	0.75					
Pannevis GT 1.15	过滤面积/m²	4.8	6.4	8.1	9.7	11.3	12.9
	总宽/mm	2750					
	总长/mm	8000	9400	10800	12200	13600	15000
	总高/mm	2365					
	质量（不包括产品）/t	7.60	9.00	10.40	11.80	13.20	14.60
	功率/kW	0.75					
Pannevis GT 1.6	过滤面积/m²	6.7	9.0	11.2	13.4	15.7	17.9
	总宽/mm	3355					
	总长/mm	8000	9400	10800	12200	13600	15000
	总高/mm	2755					
	质量（不包括产品）/t	2.60	3.00	3.40	3.90	4.30	4.70
	功率/kW	0.75			1.10		
Pannevis GT 2.1	过滤面积/m²	14.7	17.6	20.6	23.5	26.5	29.4
	总宽/mm	3855					
	总长/mm	10800	12200	13600	15000	16400	17800
	总高/mm	2755					
	质量（不包括产品）/t	12.50	13.90	15.35	16.80	18.20	19.60
	功率/kW	1.10			1.50		
Pannevis GT 3.0	过滤面积/m²	33.6	37.8	42.0	46.2	50.4	54.6
	总宽/mm	4755					
	总长/mm	15000	16400	17800	19200	20600	22000
	总高/mm	2755					
	质量（不包括产品）/t	20.30	22.10	24.00	25.90	27.80	29.70
	功率/kW	2.20			3.00		

8.3.2 固定室带式真空过滤机

8.3.2.1 工作原理

固定室带式真空过滤机也称为水平带式或橡胶带式真空过滤机。其结构特点是真空盒与滤带间构成运动密封，滤带在真空盒上移动。与移动室带式真空过滤机相比较，固定室型克服了移动室型每动作一次都要卸掉真空，消耗能源的不足，实现了连续过滤，生产过程的过滤、洗涤、脱水、卸渣、滤布清洗随滤布运行可依次完成，从而过滤效率得到提高，节省了能源。目前，国外产品已有从 0.25m² 的试验机到 185m² 的工业过滤机。这种过滤机早在 20 世纪 80 年代中国有色工程（北京有色冶金）设计研究总院就已开始开发研制，完成了 DU 型固定室带式真空过滤机系列设计，并批量生产，还主持制订了相应的机械行业标准。并于 1988 年研制成功了 DZG15/1300 型固定室带式真空过滤机。还为国家"七五"重点科技攻关专题"膏体充填新技术的研究与工业化"项目中的关键设备，研制成功了 DU30/1800 型固定室带式真空过滤机，用于金川有色金属公司全尾砂过滤。"膏体充填新技术的研究与工业化"项目荣获 2000 年国家科学技术进步二等奖。进入 21 世纪，国内随着火电厂烟气脱硫关键技术设备国产化的要求，橡胶带式真空过滤机的生产得到了飞速发展，目前已具备生产过滤面积为 125m² 的生产能力，该机在脱硫减排，改善环境保护领域发挥极大的作用，并在冶金、化工等生产中得到广泛的应用。

固定室带式真空过滤机的工作原理如图 8-21 所示。首先料浆经进料装置均匀分布到

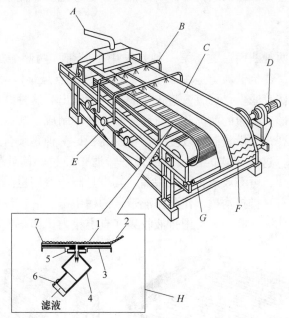

图 8-21 固定室带式真空过滤机的工作原理

A—料浆从过滤面的上部供给；B—滤饼的溶解性物质，利用滤饼洗涤水与滤液共同排出；C—滤布及滤饼随胶带一起走行；D—带速是可变的；E—滤液被集结于真空箱，自滤液管被送至真空罐；F—脱水滤饼在卸料辊处从滤布上剥离；G—与胶带分离的滤布内表面也被全部洗净；H—在胶带和真空箱间设置了耐磨的导向滑板，以保持高真空度；1—滤饼；2—滤布；3—胶带；4—真空箱；5—导向滑板；6—滤液管；7—滤液带上的料浆利用真空作用被过滤和脱水

移动的滤带上。料浆在真空的作用下进行过滤，抽滤后形成的滤饼向前行进接受洗涤。洗涤可采用多级逆流洗涤方式。洗涤后的滤饼再次经真空脱水、吸干、运行至滤布转向处，依靠自重卸除，滤带和滤布在返回时经洗涤获得再生。

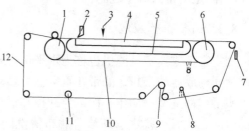

图 8-22　固定室带式真空过滤机结构示意图

1—从动辊；2—进料；3—洗涤水；4—真空箱；
5—摩擦带；6—驱动辊；7—滤饼；8—清洗
装置；9—滤布张紧；10—橡胶带；
11—滤布调偏；12—滤布

8.3.2.2　结构

固定室带式真空过滤机主机由橡胶滤带、真空箱、驱动辊、从动辊、进料槽、滤布调偏装置、滤布张紧装置、驱动装置、洗涤装置和机架等部件组成，其结构示意图如图 8-22 所示。

固定室带式真空过滤机的结构设计特点是：

（1）采用环形橡胶排液滤带；

（2）采用固定式真空箱；

（3）设有滤布自动调偏装置；

（4）电气控制系统采用自控与联锁机构。

除此之外，该机的进料装置、洗涤装置、驱动装置、卸料装置、滤布驱动辊、滤布张紧装置、滤布清洗装置等部件的结构与移动室带式真空过滤机大体相同。下面仅对其特殊结构作一介绍。

A　橡胶滤带

橡胶滤带主要有两种断面形式。第一种是采用平胶带，两侧需加挡液板防止料液外溢，优点是结构简单，造价低廉，适用于小型过滤机，缺点是难以避免料液向两侧泄漏。第二种是带有围边的橡胶滤带，可有效防止料液从两侧流出。这种结构又分为两种，一种是整体式围边结构，形成围边的两侧凸缘与环形胶带整体制成，缺点是胶带运行至辊筒时外缘伸长，凸缘易撕裂，且模具制造较复杂，费用高；另一种是组合式结构，由波形围边与平行胶带粘合而成，这种形式的围边伸缩性好，滤带经过辊筒处转向时，外缘波形伸长，避免了围边被撕裂，可有效防止料浆跑漏，其模具制造费用也降低了很多。排液滤带的上部构造为中间设有一排排沟槽，作为排液带，沟槽中部有一排液孔，各沟槽沿中心线处开一长方形的排液孔纵向联通，可把排液收集在真空箱内，如图 8-23 所示。

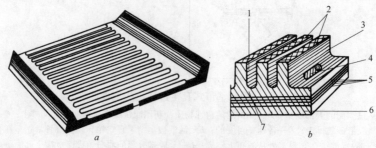

图 8-23　橡胶滤带剖面图

a—外形图；b—局部剖面图

1—沟槽；2—支承滤布的花纹；3—上部支条；4—排液孔；5—帘布层；6—下部橡胶层；7—上部橡胶层

B 真空箱

真空箱是排液滤带紧边下面滤液的汇集器，其中心线应与排液带及长方形孔的纵向中心线相重合。真空箱的断面呈锥形、烧瓶形、菱形、W形等多种。材质常用耐腐蚀合金，某些特殊情况下也有用塑料的。过滤机运行时真空箱固定不动，真空箱与运行胶带间的密封结构一般有两种形式。一种是密封条装在真空箱上，胶带在密封条上移动，密封条由耐摩擦的材料如尼龙等制成，这种结构形式的缺点是胶带与密封条相互摩擦，极易产生磨损。另一种结构是在真空箱和胶带间设计一环形摩擦带，并以水进行密封，密封水既可作为密封装置的润滑剂，又可作为冷却剂，形成一个非常有效的真空密封。环形摩擦带与水平胶带一起运动，使水平胶带不受磨损。为了便于密封带更换，环形摩擦带设计成可更换结构，真空箱则设一升降装置。过滤机工作时真空箱在高位，更换密封带时箱体降下来。国外还设计出了真空箱翻转机构，但结构较复杂。

C 滤布调偏装置

带式真空过滤机中，由于滤布为合成纤维编制而成，接触物料之后，易于收缩，造成滤布断面张力不均匀，在循环运行中，滤布往往随张力大小而向左右偏摆。当偏摆超过一定位置时，被处理的物料容易泄漏到真空系统内，造成料浆短路，滤液跑浑。因此，带式真空过滤机在工作过程中，滤布与橡胶滤带中心线沿运动方向应重合在一起。当滤布偏摆超过一定位置时就需纠偏，通常滤布调偏装置有以下4种形式：

（1）利用吸边器对滤布的两侧进行控制。

（2）利用气动传感器对滤布两侧进行控制（见图8-24）。该装置包括控制部分和执行机构。控制部分由气动传感器和放大器组成，执行机构由调偏辊和气缸组成。调偏辊一端接在机架上，另一端装有滚轮，可以在导轨上移动，当滤布发生跑偏时，气缸传感器接受滤布跑偏信号，信号经放大器传给换向阀使气缸动作，带动调偏辊偏斜一个角度，滤布则向相反方向偏转。滤布摆正后，传感器再次接受信号，信号经放大器放大传送给换向阀，气动调偏辊复位。

（3）利用光电开关对滤布两侧进行检测（见图8-25）。该装置的执行机构同（2），只

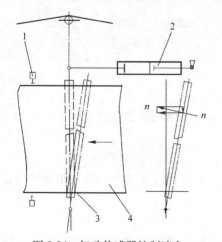

图8-24 气动传感器控制滤布
自动调偏系统示意图
1—气动传感器；2—气缸；3—调偏辊；4—滤布

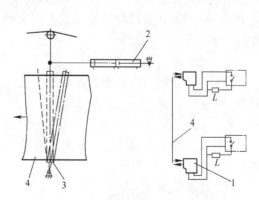

图8-25 光电开关控制滤布
自动调偏系统示意图
1—光电开关；2—气缸；3—调偏辊；4—滤布

是控制部分由光电开关进行。当滤布发生跑偏移向光电开关时，光电开关通过换向阀操作执行机构，使调偏辊移动一个角度，滤布则向相反方向偏转，待滤布摆正后，调偏辊复位。

（4）利用接近开关对滤布两侧进行检测（见图 8-26）。控制部分由限位开关执行。执行机构由纠偏气囊（或气缸）和调偏辊组成。当滤布处于中间位置时，限位开关无信号输出，此时两个气囊处于自由状态。当滤布向接近开关 I 方向跑偏，滤布移动使限位开关 I 输出信号，气动控制使气囊 II 为正压，伸长，气囊 I 收缩。此时，调偏辊受推力偏转一定角度，在图示调偏辊作用下，滤布的跑偏迅速被纠正，向接近开关 II 方向移动。当到达中间位置时，接近开关 I 信号消失，气囊 I 又返回到正常工作状态。当滤布向接近开关 II 跑偏时，纠正过程和上述正好相反。

以上 4 种均为自动调偏装置。除此之外，还有手动调偏装置。不少过滤机常常安装手动和自动两套调偏装置。

D　驱动辊和从动辊

驱动辊用来驱动橡胶滤带运动。驱动辊由碳钢圆筒焊在钢轴上，其辊筒整个表面衬耐酸橡胶，衬胶厚度 10～20mm，辊表面呈人字形。驱动辊通过两个自调整滚动轴承装于机架上。从动辊的结构与驱动辊相同，不同的是从动辊的轴承座固定在滑轨上，通过张紧从动辊轴承座的每一侧的方式对橡胶带施加张力以及使橡胶带对中。

E　进料箱装置

进料箱装置把料浆分布在橡胶滤带上，多采用鱼尾形 60° 料器，它有助于料浆的均匀分布。

F　洗涤装置

洗涤装置用于洗涤滤饼，它为一带隔板的淋洗装置，洗液通过洗涤管均匀地淋洗到滤饼上。

G　清洗装置

清洗装置用于清洗卸渣后的滤布和橡胶带。滤布通过两个喷水管之间的位置。该喷水管位于过滤机排放端部位置，在橡胶带带槽一侧装一个喷水装置。该装置用于清洗任何沉积在凹槽中的固体。

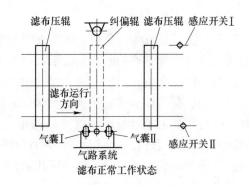

滤布正常工作状态

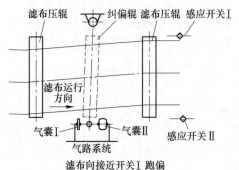

滤布向接近开关 I 跑偏

滤布向接近开关 II 跑偏

图 8-26　接近开关控制滤布
自动调偏系统示意图

H　驱动装置

驱动装置用于控制橡胶带的速度、滤饼的厚度及过滤速率。驱动装置由变频电机和减速机组成。橡胶带的速度是通过控制柜中的变频器进行控制的。

I　滤布支撑辊和胶带支撑辊

滤布支撑辊和胶带支撑辊用于滤布和胶带返回过滤机进料端提供支撑。滤布和胶带支撑辊由碳钢焊接而成，其表面衬耐酸橡胶。

J　机架

机架是过滤机的主体。所有零部件按各自的功能在机架不同位置上。机架由槽钢或方形钢管焊接及螺栓相连接而成。机架具有足够的刚性，能承受胶带的张力。

K　滤布

滤布是在脱水过滤中分离固相和液体的介质。它把滤饼从橡胶带运到尾部从动辊。滤饼经刮刀落进卸料斗后排出。

L　扩布装置

滤布运行时会沿运行方向产生纵向双斜折，利用弓形辊（见图 8-27）可使滤布向两侧扩展，可有效消除皱折。此外，人字辊和螺旋分展辊也常用做扩布装置。

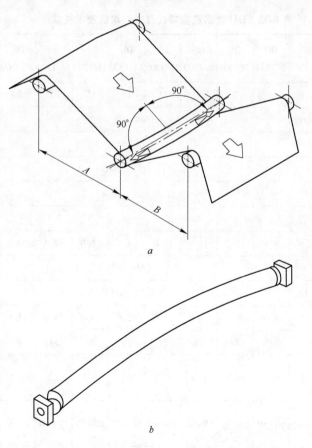

图 8-27　弓形辊

a—弓形辊扩布装置；*b*—弓形辊

M　电控和气控系统

为了保证过滤机正常运行，电控系统要能实现自控和联锁。完成程序操作的方式有采用可编程序控制器或继电器系统等多种形式。前者造价较高，对操作和维护人员要求较高，后者造价低廉。另外，通常还设计有手动操作程序，根据需要也可针对操作程序设计模拟显示。

气控系统由电控气阀、节流阀及气动三大件组成，主要为滤布张紧和调偏气缸提供气源。装于电柜中。

N　紧急停机开关

在设备运行过程中，发现设备发生故障或其他非常情况需要紧急停机时，采用紧急停机开关。"紧急停机"按钮开关分设在两处，一处设在电控柜上，另一处通过电缆在机器长度的一侧设一拉线联通开关，操作人员无论处在任何操作位置都可随时紧急停机。

8.3.2.3　技术性能

固定室带式真空过滤机技术性能见表 8-25～表 8-27。

表 8-25　DU 型固定室带式真空过滤机技术性能（一）

项　目	DU 1/400	DU 5/1300	DU 7/1300	DU 9/1300	DU 11/1300	DU 13/1300	DU 15/1300	DU 17/1300	DU 20/1300	DU 20/1800	DU 25/1800	DU 30/1800
过滤面积/m²	1	5	7	9	11	13	15	17	20	20	25	30
滤带宽度/mm	400	1300								1800		
滤带速度/m·min⁻¹	0.5～5											
真空度/MPa	0.053											
气源压力/MPa	0.4											
主电机功率/kW	0.75	4.0		5.5			7.5			11		
滤机总长 L/m	4.5	8.8	10.2	11.6	13.0	14.6	16.0	17.4	20.2	16.7	19.5	22.3
滤机宽度 B/m	1.0	3.66								4.65		
滤机高度 H/m	1.65	2.45								3.59		
滤机总质量/t	1.5	8.0	9.0	10.0	11.0	12.0	13.0	14.0	15.5	17.6	19.6	21.6
真空耗量①/m³·min⁻¹	2	10	14	18	22	26	30	34	40	40	50	60
压缩空气耗量 /m³·min⁻¹	0.2	0.3	0.3	0.3	0.3	0.3	0.3	0.3	0.3	0.6	0.6	0.6
滤机再生耗水量 /L·min⁻¹	20～40	60～80	60～80	60～80	60～80	60～80	60～80	60～80	60～80	100～120	100～120	100～120
制造厂	中国有色工程设计研究总院、沈阳浆体输送设备制造厂											

①压力为 0.053MPa。

表 8-26 DU 型固定室带式真空过滤机技术参数 （二）

系 列	过滤面积/m²	过滤有效宽度/mm	过滤有效长度/mm	整机总长（不含出料斗）/mm	机身宽度（不含气液分离器）/mm	机身高度/mm	质量（主机）/t	生产厂家
400	1.0	400	2500	4500	1000	1300	1.5	
630	5.0	630	7900	10650	1300	1300	3.6	
	6.3		10000	13400			4.2	
	7.8		12300	15700			4.8	
1000	8	1000	8000	12000	1600	1630	5.0	
	10		10000	14000			5.2	
	11.5		11500	15500			5.8	
1300	7.3	1300	5600	9800	1800	2060	5.2	
	9.1		7000	11200			5.8	
	10.9		8400	12600			6.6	
	14.6		11200	15400			7.8	
	18.2		14000	18200			9.0	
	20.0		15400	20000			11.0	
1800	20.0	1800	11200	15400	约 2430	2180	11.6	
	25.0		14500	18200			13.0	
	30.0		16800	21000			15.2	
2000	20.0	2000	10000	14200	约 2700	2180	12.0	湖州核华环保科技有限公司
	25.0		12500	16700			13.2	
	29.0		14000	19500			16.0	
	33.6		16800	22300			18.0	
	39.2		19600	25100			24.0	
2200	25	2200	11300	15900	2900	2380	14.6	
	27		12200	16800			18.0	
	31		14000	18600			20.0	
2500	25.0	2500	10000	14200	约 3200	2450	11.3	
	30.0		12000	16200			15.3	
	35.0		14000	18200			16.8	
	40.0		16000	20200			22.5	
	49.0		19600	23800			25.0	
	56.0		22400	26600			28.0	
3150	45.0	3150	14280	19300	约 3650	2450	30.6	
	53.0		16800	21600			33.0	
	60.0		19000	23800			36.0	
3300	61	3300	18400	23500	4100	2900	38.0	
	72		21800	26800			48.0	
3800	80	3800	21000	26500	4800	3200	52.0	
	85		22300	27800			56.0	
	95		25000	30500			64.0	
	118		31000	37500			75.0	
4200	72	4200	17280	22800	5050	3500	55.0	
4500	120	4500	26700	32250	5300	3800	90	

表 8-27　DU 型固定室带式真空过滤机参数（三）

系列	过滤面积 /m²	过滤有效宽度 /mm	过滤有效长度 /mm	整机总长 /mm	机身总宽 /mm	机身长度 /mm	重量（主机）/t	生产厂家
400	1.0	400	2500	4500	1000	1300	1.5	
630	5.0	630	7900	10650	1300	1300	3.6	
	6.3		10000	13400			4.2	
	7.8		12300	15700			4.8	
1000	8	1000	8000	12000	1600	1630	5.0	
	10		10000	14000			5.2	
	11.5		11500	15500			5.8	
1300	7.3	1300	5600	9800	1800	2060	5.2	
	9.1		7000	11200			5.8	
	10.9		8400	12600			6.6	
	14.6		11200	15400			7.8	
	18.2		14000	18200			9.0	
	20.0		15400	20000			11.0	
1800	20.0	1800	11200	15400	约 2430	2180	11.6	
	25.0		14500	18200			13.0	
	30.0		16800	21000			15.2	
2000	20.0	2000	10000	14200	约 2700	2180	12.0	石家庄科石机械设备有限公司
	25.0		12500	16700			13.2	
	29.0		14000	19500			16.0	
	33.6		16800	22300			18.0	
	39.2		19600	25100			24.0	
2200	25	2200	11300	15900	2900	2380	14.6	
	27		12200	16800			18.0	
	31		14000	18600			20.0	
2500	25.0	2500	10000	14200	约 3200	2450	11.3	
	30.0		12000	16200			15.3	
	35.0		14000	18200			16.8	
	40.0		16000	20200			22.5	
	49.0		19600	23800			25.0	
	56.0		22400	26600			28.0	
3150	45.0	3150	14280	19300	约 3650	2450	30.6	
	53.0		16800	21600			33.0	
	60.0		19000	23800			36.0	

续表8-27

系列	过滤面积 /m²	过滤有效宽度 /mm	过滤有效长度 /mm	整机总长 /mm	机身总宽 /mm	机身长度 /mm	重量（主机）/t	生产厂家
3300	66	3300	20000	25000	4100	2900	42.0	石家庄科石机械设备有限公司
	72		21800	26800			48.0	
3800 (4000)	80	3800 (4000)	21000	26500	4800	3200	52.0	
	85		22300	27800			56.0	
	95		25000	30500			64.0	
	118		31000	37500			75.0	
4200	72	4200	17280	22800	5050	3500	55.0	
4500	120	4500	26700	32250	5300	3800	90	

DU 系列橡胶带式真空过滤机技术参数见表8-28，其应用范围见表8-29。

表8-28 DU 型橡胶带式真空过滤机技术参数

系列	过滤面积 /m²	滤带有效宽度 /mm	真空室有效长度 /mm	整机总长 L/mm	机身宽度 F/mm	机身高度 H/mm	质量 /t	真空耗量 /m³·min⁻¹	生产厂家
500	3	500	6000	10200	1250	2070	6	7.5	江西核威环保科技有限公司
	4		8000	12200			6.5	10	
	5		10000	14200			7	12.5	
	6		12000	16200			7.6	15	
600	4.8	600	8000	12200	1350	2070	6.8	12	
	6		10000	14200			7.5	15	
	7.2		12000	16200			8.2	18	
	8.4		14000	18200			9.1	21	
1000	8	1000	8000	12200	1750	2070	8.8	20	
	10		10000	14200			9.6	25	
	12		12000	16200			10.4	30	
	14		14000	18200			11.1	35	
1300	10.4	1300	8000	12200	1900	2090	9.8	26	
	13		10000	14200			10.8	32.5	
	15.6		12000	16200			11.5	39	
	18.2		14000	18200			13.2	45.5	
	20.8		16000	20200			15.1	52	
1600	12.8	1600	8000	12200	2200	2090	10.5	32	
	16		10000	14200			12	40	
	19.2		12000	16200			13.4	48	
	22.4		14000	18200			16	56	
	25.6		16000	20200			18.8	64	

系列	过滤面积 /m²	滤带有效宽度 /mm	真空室有效长度 /mm	整机总长 L/mm	机身宽度 F/mm	机身高度 H/mm	质量 /t	真空耗量 /m³·min⁻¹	生产厂家
1800	14.4	1800	8000	12200	2500	2290	10.9	36	
	18		10000	14200			12.8	45	
	21.6		12000	16200			15.3	54	
	25.2		14000	18200			18.8	63	
	30.6		16000	20200			22.5	76.5	
	32.4		18000	22200			23.8	81	
2000	20	2000	10000	14200	2700	2290	14.2	50	
	22		11000	15200			15.4	55	
	24		12000	16200			17.8	60	
	26		13000	17200			19.0	65	
	28		14000	18200			20.2	70	
	30		15000	19200			21.4	75	
	32		16000	20200			23.6	80	
	34		17000	21200			24.8	85	
	36		18000	22200			26.0	90	江西核威环保科技有限公司
2500	20	2500	8000	12200	3200	2440	14.2	50	
	22.5		9000	13200			16.34	56.25	
	25		10000	14200			18.6	62.5	
	27.5		11000	15200			20.4	68.75	
	30		12000	16200			22.2	75	
	32.5		13000	17000			24.1	81.25	
	35		14000	18200			26	87.25	
	37.5		15000	19200			27.9	93.75	
	40		16000	20200			29.8	100	
3000	30	3000	10000	14200	3750	2440	22.8	75	
	36		12000	16200			27.5	90	
	42		14000	18200			32.5	105	
3500	35	3500	10000	14200	4250	2470	31.2	87.5	
	42		12000	16200			35.5	105	
	49		14000	18200			40.2	122.5	
	56		16000	20200			44.5	140	
4000	48	4000	12000	16200	4750	2470	39.5	120	
	56		14000	18200			46.8	140	
	64		16000	20200			52.6	160	
	72		18000	22200			58.5	180	
	80		20000	24200			66.5	200	
	88		22000	26200			73.6	220	
	96		24000	28200			81.2	240	
	104		26000	30200			89.5	260	
	112		28000	32200			98.3	280	
	120		30000	34200			106.7	300	

表 8-29 应用范围

物料名称	液固比	滤饼含水/%	生产效率（干基）/kg·(m³/h)⁻¹
柠檬酸	5/1~3/1	15	258
氧化锌	10/1	51.2	75.9
氧化锰还原酸浸矿浆	2/1	45.06	88.46
磁铁矿	2.5/1~4/1	7.6	500~1000
硫精矿	4/1~2.5/1	11.63	360~800
铜精矿	4/1~2.5/1	12	400~600
全尾矿	9/1~4/1	21.4	300~500
精铁矿	2/1~1.5/1	8~10	2000~3000
锰矿	2/1	15~17	800~1000
氢氧化铝	4/1	15~17	350
萤石粉	2/1	11	800
苛化泥	4/1	47~51	266~613
五氧化二钒	3/1	33	174
煤烟灰	10/1	20.7	4.9m³/(m³/h)
金精矿	2/1	25~27	111
仲钨酸铵	2/1	71	200
偶氮有机染料	30/1~20/1	69	100
烧碱和 cus 混合液	4/1	19.6	416
ABS 树脂 ABS	10/1	36~38	170~232
磷酸钙矿浆	3.5/1	21.5	345
溶性磷肥	2/1~5/1	7~10	1000~2000
硫酸污泥	1.5/1	37~40	665~780
铝矾土	5/1~4/1	26.4~29	1700
硫酸铝残硅	1.5/1	37	200
庆大霉素发酵液	1/1~2/1	33.1	78.5
粗氧化锌	4/1	23.5	233
含氟石灰	4/1~5/1	42~51	200~560
盐铵	4/1	18~20	1000~1500
硅氟化钠	3/1	15~20	300~500
湿法水泥	2/1	16~20	787
选煤精煤	4/1	22.4	218
选煤尾煤	6/1	25	100
硫酸锌矿浆	5/1	45~50	312
水煤浆	5/1	45~50	800~1000

8.3.2.4 RB-SV 型带式真空过滤机

RB-SV 过滤机是橡胶带式过滤机的改进型。在普通橡胶带式过滤机基础上的这些重大技术改进，大大提高了过滤机的运行效率及过滤性能，使维护更加方便，橡胶带的使用寿命更长。

传统的带式真空过滤机在运行和维护方面存在一些问题。新的 RB-SV 型（见图8-28）设计消除了这些问题，最明显的改善体现在真空箱的位置。它放在带子侧面而不是中心线下方，从而为真空箱的清洗、操作、维护提供了方便。这样的配置方式就不需要原来使过滤装置运行起来的大直径的驱动辊。转辊的尺寸可以减少，是由于不需要柔性的裙边，这正好克服了橡胶带式过滤机的一个薄弱环节。

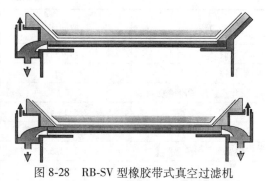

图 8-28　RB-SV 型橡胶带式真空过滤机

将真空箱置于带子侧面的优点是：

（1）侧面安装真空箱，容易靠近进行清洁、工艺改变或内部维修。

（2）真空箱内分离段容易安装。

（3）滤布由固定的支撑边支撑，去掉橡胶带上的橡胶挡边，没有挡边磨损的问题。

（4）由于过滤机的真空箱安装在侧面，减少了原先过滤机下所需要的空间，因此降低了过滤机的高度。

（5）磨损的密封带容易更换，不需要移动真空箱。

（6）胶带的支撑采用支撑辊，确保滤饼平坦均匀；滑动摩擦很小，减小了动力需求，延长了滤带的使用寿命；不需要滤带润滑水；从过滤机的侧面很容易更换支撑辊；支撑辊使用寿命很长（大于 3 年），标准材质是不锈钢。

（7）橡胶带上有横穿带身的加强筋，更薄、更轻、更扁平，这样减小了支撑辊尺寸。

（8）小的驱动辊和从动辊，结构简单。

（9）减少了气液混合点，从而减少了压力降。

（10）真空箱同时也起气液分离器的作用，因此不需要另做分离罐，其安装简单，降低成本。

（11）真空箱是固定的，维护和清理可以通过移开箱上的面板进行。

（12）去掉了所有的柔连接，只需要作为温度补偿的扩展点。

（13）滤液和真空连接的位置和数量易改变。

RB 型和 RB-SV 型带式真空过滤机技术参数见表 8-30。

表 8-30　RB 型和 RB-SV 型带式真空过滤机技术参数

	过滤宽度/m	1.175	1.60	2.10	3.0	4.0
	过滤长度(最小)/m	5.6	5.6	8.4	9.8	14.0
	增加部分/m	1.4	1.4	1.4	1.4	1.4
RB 型	过滤长度(最大)/m	14.0	19.6	23.8	33.6	42.0
	过滤面积(最小)/m²	6.6	9.0	17.6	29.4	56.0
	增加部分/m²	1.6	2.2	2.9	4.2	5.6
	过滤面积(最大)/m²	16.5	31.4	50.0	100.8	168.0

RB 型	总宽/m	2.73	3.05	3.65	4.65	6.15
	总长(最小/最大)/m	9.5/17.9	9.5/23.5	13.9/29.3	17.2/41	21.4/49.7
	总高/m	2.2	2.2	2.3	2.3	2.3
	质量(最小/最大)/kg	7800/11400	11200/20200	15800/25150	24500/37300	36900/53450
	功率(最小/最大)/kW	1.5/7.5	1.5/11	2.2/11	3/18.5	4/22
RB-SV 型	滤布宽度/m	1.60		3.0		4.25
	滤布长度(最小)/m	6.0		10		20
	增加部分/m	2		2		2
	过滤长度(最大)/m	20		40		40
	过滤面积(最小)/m²	9.6		30		85
	增加部分/m²	3.2		6		8.5
	过滤面积(最大)/m²	32		120		170
	总宽/m	3.25		4.65		5.90
	总长(最小/最大)/m	10.75/24.76		17.36/47.36		24.768/44.76
	总高(不含隔离室)/m	1.9		1.9		1.9
	质量(最小/最大)/kg	8700/14700		13800/31800		24300/39300
	装机功率(最小/最大)/kW	2.2/22		4/55		11/90

8.3.2.5 开封铁塔橡胶（集团）有限公司橡胶滤带

橡胶滤带是带滤机的主要组成部件，用于料液的真空过滤、固液分离，主要起着支撑滤布和滤饼以及输送滤饼和排泄滤液的作用。滤带上开有与运转方向垂直的沟槽，每个沟槽中央打有 $\phi 12\sim 14mm$ 圆孔，用于输送和排泄从滤布流向真空箱的滤液，以圆孔为中心，两侧 60~80mm 区域内无织物，为纯胶区域，可以有效避免滤液对带体骨架的腐蚀。

开封铁塔橡胶（集团）有限公司是国内首家研制生产橡胶滤带的企业，和国内相关研究院所进行合作，吸取和借鉴国外同类产品的先进经验，并负责起草《固定室带式真空过滤机用橡胶滤带》标准 JB/T 8947—1999。经过二十多年的不断创新、改进，目前已形成多品种、多系列产品，并可根据客户的特殊用途和需要进行定制专业橡胶滤带。其产品广泛应用于烟气脱硫、煤化工、造纸、有色金属、食品催化剂、复合肥、精细化工、矿山等各行业。在橡胶滤带的生产中，该公司根据用户的不同要求和工作环境，对结构和材料的选用均精心设计，率先在国内橡胶滤带生产中采用先进的工艺，使胶带的寿命达到或超过国外的同类产品，尤其是胶带的耐酸碱、耐磨、耐热、耐寒性能卓越。另外，在胶带运行中的平整度、直线度、整体性能优异，为客户创造了较高的经济效益，得到了用户的好评，也成为国内各行业厂家的首选。同时，该公司不断革新，积极发展，进行技术改造，添置了工作台面宽度为 4m 的国内最大的橡胶滤带硫化机生产线，使用户在橡胶滤带的选用上有了更为广阔的空间。

橡胶滤带基本参数见表 8-31。

表 8-31 开封铁塔橡胶（集团）有限公司生产的橡胶滤带基本参数

有效宽度/mm	400	650	1300	1350	1700	1800	2000	2500	3150	3650
工作面积/m²	1	2	5	6	12	20	20	35	40	
	2	3	7	8	16	25	25	40	45	
		4	9	10	18	30	30	45	50	
		5	11	12	24	35	35	50	55	
			13	16	28		40		60	
			15	18	32				70	
			18	20					80	
			20	24						
公称宽度/mm	500	750	1400	1500	1900	1900	2150	2650	3300	3800

8.3.3 间歇移动带式过滤机

间歇移动带式过滤机是由压缩空气驱动的连续运行的真空过滤机。过滤手段靠一个连续的循环运行的过滤带，在过滤带上连续地加入或批量地加入料浆，在真空吸力的作用下，由过滤带的下部抽走滤液，在过滤带上形成滤饼，然后对滤饼进行洗涤、挤压或空气干燥。这种过滤机适用于快速过滤到中等过滤之间的料浆，对于固体颗粒、滤液两者是否被回收并不重要。目前已在染料、颜料、无机盐、发酵物、湿法冶金和污水处理等领域获得应用。

德国的 BHS 公司是世界上生产间歇移动带式过滤机的著名厂商，生产的这种过滤机最大有效过滤面积达到 $60m^2$，带宽 3m。而且这种带式过滤机还可以装在一个承压壳内，作为一种带压的过滤机进行操作。

8.3.3.1 工作原理

间歇移动带滤机工作原理如图 8-29 所示。过滤工艺是借助一个没有终端的且由滤布构成的循环过滤带 A 来完成过滤的。悬浮液物料连续地加到进料部件 B 的上部，过滤后的剩余物形成滤饼 C，然后将滤饼通过一道或几道洗涤区 D，再通过干燥区 E，最后在卸料辊③外甩下滤饼。

过滤带在一排静止的真空盘上，一步一步地移动，在工作阶段，过滤带静止不动，由大的支承面来完成滤带与真空盘之间的密封。在过滤带向前移动期间，将停止吸盘中的真空作用。好的通风可以保证过滤带小心地移动，从而避免了摩擦和磨损。

滤带间歇移动的工作原理如图 8-30 所示。

滤带间歇移动分为两个冲程。

冲程 I：冲程运动卸料。卸料辊 A 由位置①向位置②运动，锁紧辊 B 锁紧过滤带使其不可返回运动。滤布发生位移的长度来源于过滤带张紧系统。张紧辊 C（补偿辊）将由位置④向位置③运动。

冲程 II：返程运动——过滤。一旦卸料辊 A 由位置②再次向位置①运动，锁紧辊 B 将要先取消锁紧作用，而且张紧辊 C（补偿辊）由位置③向位置④运动，上部可动的过滤带部分位于真空盘上，而且由真空产生向下的压紧作用，因此，这部分过滤带不能产生返回

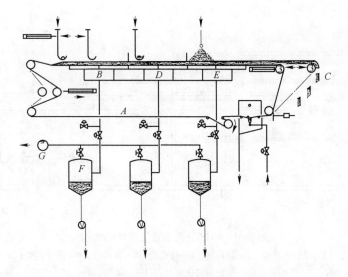

图 8-29 间歇移动带滤机工作原理

A—循环过滤带；B—进料部件；C—滤饼；D—洗涤区；

E—干燥区；F—排液罐；G—真空泵

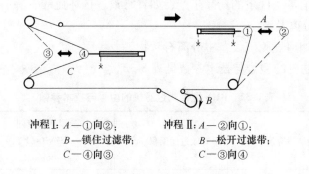

冲程 I：A—①向②；　　冲程 II：A—②向①；

B—锁住过滤带；　　　　B—松开过滤带；

C—④向③　　　　　　　C—③向④

图 8-30 滤带间歇移动的工作原理

A—卸料辊；B—锁紧辊；C—张紧辊

运动，开始进行真空过滤。

　　由中心控制柜通过压缩空气操作卸料辊和张紧机构。

8.3.3.2 结构

　　BHS 卧置带式过滤机的结构如图 8-31 所示。各部件的结构特征见本书第 3 版。

　　BHS 卧置带式过滤机适用于含固相颗粒 2%～5% 的中等过滤性较好的过滤性料浆，而且要求连续过滤和对坚固的滤饼进行洗涤的场合，特别适用于快速沉淀的料浆。由于该机可提供逆流洗涤，提供了较宽的适用性。在完全密封或压力密封的结构中，过滤机可以处理有毒的或非常易溶的料浆。

　　适用方面举例如下：

　　(1) 矿业：矿物质提取及浓缩；采用脱色工艺抽取石油。

　　(2) 化工：在磷酸产品中过滤石膏或砂子；在钾盐工业中分离盐或在化学工业中分离

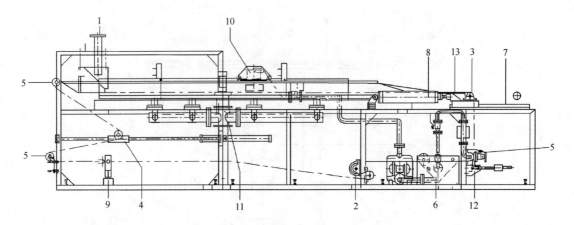

图 8-31　BHS 卧置带式过滤机的结构

1—料液分布装置；2—锁紧辊；3—卸料辊；4—补偿辊；5—偏斜辊；6—冲洗装置；7—V 形导轨；
8—压缩气缸；9—导向架；10—重新料浆化装置；11—集液管系统；12—刮刀；13—支承板

沉淀物；过氧化物的过滤及洗涤；聚合物的处理；光亮剂的生产；在香料产品中分离剩余物；除草剂、杀菌剂、杀虫剂的生产。

（3）制药：在消毒条件下的药品生产，如青霉素、抗坏血酸、酶、柠檬酸、果胶的生产和脂肪酸晶体的分离及清洗。

（4）环保：在烟道气脱硫设备中分离石膏物。

BHS 型带式过滤机的型号与技术参数见表 8-32。

表 8-32　BHS 型带式过滤机的型号与技术参数

过滤机型号	过滤带宽度/m	有效过滤面积/m²	所要求的空间 （W×H×L） /m×m×m	消耗的空气量 （60kPa） /m³·h⁻¹
LBF	0.1	0.1	0.2×0.6×1.5	1.5~2
BF2.5	0.25	0.8~1.6	1.3×1.7×(5.0~8.3)	10~15
BF5	0.5	1.5~5.25	1.8×1.9×(5.4~12.9)	15~20
BF10	1.0	3.0~12.0	2.3×1.9×(5.4~14.4)	25~40
BF15	4.5	6.0~24.0	2.8×1.9×(6.5~18.5)	35~59
BF20	2.0	8.0~32.0	3.3×1.9×(6.5~18.5)	50~70
BF25	2.5	18.0~45.0	3.8×1.9×(11.0~22.0)	100~120
BF30	3.0	30.0~60.0	4.3×1.9×(10.0~20.0)	150~250

8.3.4　压榨带装置

8.3.4.1　工作原理

带式真空过滤机由于受现有压力差的限制，滤饼的脱水程度往往不够理想。荷兰 Pannivis 公司研制的压榨带装置，可与带式真空过滤机相连接，实现真空脱水与机械压榨间的结合，这样可以产出含湿量更低的滤饼。如此可节省大量的干燥用能源，降低干燥成本。这种过滤机脱水程度优于或接近加压过滤机的效果，而带式真空过滤机的优点均被保留下来。这种压榨装置配置在现有带式真空过滤机上不会带来任何麻烦，能很容易地实现直接联结或者分离开单独使用。图 8-32 所示为压榨带装置的工艺流程。A 为过滤系统，B 代表产品的传递和分布，C 为压榨带装置。这种装置特别适合于滤饼经多级逆流或顺流洗涤后需脱水的操作。

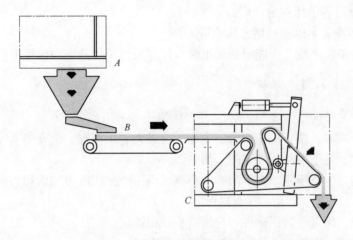

图 8-32 压榨带装置的工艺流程

压榨带装置的工作原理如图 8-33 所示。压榨带的操作功能是借助于各种不同性能压榨辊的动作来实现的，当这些压榨辊联合工作时，将产生最大的压力。

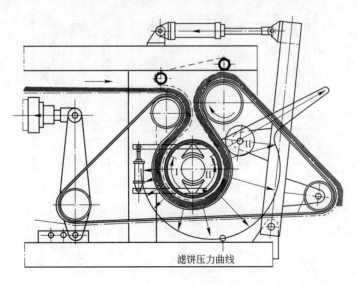

图 8-33 压榨带装置的工作原理

中心压榨辊根据压力形式分为Ⅰ区和Ⅱ区。

Ⅰ区，表面压力逐渐增大，由滤饼压力曲线可清楚地看出。

Ⅱ区，由压榨辊Ⅱ引起的大的线压力，压力明显大于最大表面压力。

通过连接一个附加装置（类似制动闸）可导入剪切力，且在整个滤饼保持期间内（Ⅰ区+Ⅱ区）产生剪切力。

独特的压力组合为该装置提供了最佳的表面压力、剪切力和线压力。

若安装连接压榨带装置则需具备以下条件：

（1）过滤机滤带速度等于压榨带的速度；

（2）过滤机滤布特性与压榨带滤布的相同；

（3）滤饼宽度等于压榨带宽度；

（4）滤饼不伸长，以避免堵塞压榨带入口。

当上述条件的一个或几个能得到满足时，最好采用单独分离的压榨带装置。

8.3.4.2　结构与技术参数

压榨带装置的结构如图 8-34 所示。主要由以下部分组成：

（1）中心压榨辊，位于压榨机构的中心，是最大的压榨辊，设有刹车装置。

（2）驱动辊，位于中心压榨辊的上部侧面。

（3）压榨辊，为位于驱动辊下的一个小辊，用于产生线压力和剪切力，与一杠杆机构相连接。

（4）张紧辊，用以张紧压榨带，与张紧装置相连接。

（5）张紧装置，由气缸或油缸、杠杆机构等组成。

（6）压榨带。

（7）机架。

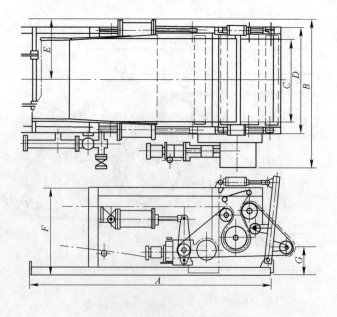

图 8-34　压榨带装置结构示意图

目前，Pannevis 公司生产的压榨带装置宽为 0.5~2.0m，有开式和密闭式两种结构。

带式真空过滤机压榨装置总长度将增加 $600 \sim 800$mm。Pannevis 压榨带主要技术参数见表 8-33。

表 8-33　Pannevis 压榨带主要技术参数

带宽/m	0.5	1	1.5	2
A/mm	±3500	±3800	±3800	±3800
B/mm	1450	2550	3000	3700
C/mm	700	1330	1800	2250
D/mm	1120	1900	2340	2940
E/mm	725	1025	1300	1670
F/mm	1600	1600	1670	1670
G/mm	450	450	525	525
质量/kg	4000	8500	11500	15000

8.4　板框压滤机

板框压滤机属于间歇式加压过滤机，它具有单位面积占地少、对物料适应性强、过滤压力较高、滤饼含湿率低、固相回收率高、结构简单、操作维修方便、故障少、寿命长等特点。广泛应用于化工、轻工、冶金、制药、食品和环保等部门。

聚丙烯压滤机是在金属结构液压式压滤机的基础上改进而成的，它采用聚丙烯材料制作滤板、滤框，具有化学稳定、耐酸、耐碱、耐腐蚀、无毒、无害、无污染且操作轻便等特点。

8.4.1　结构

板框式压滤机主要由止推板、压紧板、滤板、滤框、顶紧装置等组成。滤板、滤框按次序排列在止推板和压紧板之间，其间夹着过滤介质。当压紧装置压紧滤板、滤框就形成一个个滤室，在进料泵压力的推动下，物料从止推板上的进料孔进入各个滤室，固相颗粒被过滤介质截流在滤室内，液相则透过滤饼和过滤介质排出机外。

滤布的选型对过滤效果的好坏很重要。在压滤机使用过程中，滤布起着关键的作用，其性能的好坏、选型的正确与否直接影响着过滤效果。目前，所使用的滤布中最常见的是合成纤维经纺织而成的滤布，根据其材质的不同，可分为涤纶、维纶、丙纶、锦纶等几种。其性能特点可见表 8-34。

表 8-34　滤布性能特点

性　能	涤　纶	锦　纶	丙　纶	维　纶
耐酸性	强	较　差	良　好	不耐酸
耐碱性	耐弱碱	良　好	强	耐强碱
导电性	很　差	较　好	良　好	一　般

续表 8-34

性　能	涤　纶	锦　纶	丙　纶	维　纶
断裂伸长	30%~40%	18%~45%	大于涤纶	12%~25%
回复性	很　好	在 10%伸长时 回复率90%以上	略好于涤纶	较　差
耐磨性	很　好	很　好	好	较　好
耐热性	170℃	130℃略收缩	90℃略收缩	100℃有收缩
软化点/℃	230~240	180	140~150	200
熔化点/℃	255~265	210~215	165~170	220

注：涤纶不能耐浓硫酸和加热的间甲酸；丙纶不能耐氯磺酸、浓硝酸等强氧化性酸、浓的苛性钠、浓醋酸、丙酸
　　和氯代芳香烃。

压滤机根据顶紧方式不同可分为手动式、千斤顶式、液压式 3 种。根据出液方式有明流和暗流 2 种形式。滤液从每块滤板的出液孔直接排出机外，则称为明流。若各块滤板的滤液汇合一起由出液孔道排出机外，则称为暗流。如果过滤的物料内含有有毒的、易挥发的物质，必须采用暗流式。压滤机根据是否需要洗涤滤饼又可分可洗和不可洗 2 种形式。需要洗涤滤饼的称为可洗型；反之，称为不可洗型。

8.4.2　技术参数

板框压滤机技术参数见表 8-35 和表 8-36。

表 8-35　板框压滤机技术参数（一）

型　号	过滤面积 /m²	滤室个数 /个	总容积 /m³	滤饼厚度 /mm	过滤压力 /MPa	总长度 /mm	总质量 /kg
S0.5	0.5	5	0.006			880	120
S1	1	10	0.012			1130	170
S2	2	19	0.023	25	0.5	1580	200
B$_M^A$J0.5/310-U	0.5	5	0.006			1090	140
J1	1	10	0.012			1340	190
J2	2	19	0.023			1790	220
S4	4	20	0.061			2120	650
B$_M^A$S6/420-U	6	30	0.091	30	0.5	2720	800
J4	4	20	0.061			2400	670
J6	6	30	0.091			3000	820
11	11	20	0.165			3000	1200
16	16	30	0.247			3600	1370
B$_M^A$20/630-U	20	38	0.313	30	0.5	4080	1500
25	25	46	0.379			4560	1640
32	32	58	0.478			5280	1850

型　号	过滤面积 /m²	滤室个数 /个	总容积 /m³	滤饼厚度 /mm	过滤压力 /MPa	总长度 /mm	总质量 /kg
S5	5	10	0.081	30	0.5	1750	1200
S10	10	20	0.161			2350	1600
S15	15	30	0.241			2950	2000
B A S20 / 650-U M J5	20	40	0.321			3550	2400
	5	10	0.081			2200	1300
J10	10	20	0.161			2800	1700
J15	15	30	0.241			3400	2100
J20	20	40	0.321			4000	2500
20	20	22	0.317	30	0.5	3310	2650
30	30	32	0.462			3910	2900
B A 40/800-U M	40	42	0.606			4510	3150
50	50	52	0.705			5110	3400
60	60	62	0.895			5710	3650
20	20	19	0.308	30	0.5	3142	2930
30	30	28	0.453			3682	3220
40	40	37	0.599			4222	3510
B A 50/870-U M	50	46	0.745			4762	3800
60	60	56	0.907			5362	4120
70	70	65	1.053			5902	4410
80	80	74	1.199			6442	4700
30	30	24	0.460	30	0.5	3479	3435
40	40	32	0.614			3967	3700
50	50	39	0.748			4391	3935
B A 60/930-U M	60	47	0.902			4882	4205
70	70	55	1.056			5370	4475
80	80	63	1.209			5858	4745
90	90	70	1.344			6285	4980
100	100	78	1.497			6773	5250
50	50	32	0.868	35	0.5	4480	4350
60	60	39	1.058			4970	4670
70	70	45	1.221			5390	4950
B A 80/1000-U M	80	51	1.384			5810	5230
90	90	58	1.574			6300	5550
100	100	65	1.763			6790	5880
110	110	71	1.926			7210	6150
120	120	77	2.089			7630	6440
100	100	44	2.21	45	0.5	6610	11500
120	120	54	2.71			7160	13000
B A 140/1200-U M	140	62	3.11			8140	14500
160	160	72	3.61			8990	16000
180	180	80	4.01			9670	17500
200	200	90	4.51			10520	19000
生产厂家	浙江金鸟压滤机有限公司						

表 8-36　板框压滤机技术参数（二）

型　号	过滤面积 /m²	滤室个数 /个	滤饼厚度 /mm	滤室容积 /m³	过滤压力 /MPa	滤机长度 /mm	整机质量 /kg
B$\frac{M}{A}$630-U	15	20	30	0.226		3190	2560
	20	26		0.297		3580	2860
	30	39		0.452		4410	3460
	40	51		0.595		5180	4060
B$\frac{M}{A}$800-U	20	20	30	0.287		3610	2710
	30	30		0.453		4270	3080
	40	40		0.605		4930	3380
	50	50		0.756		5590	3700
	60	60		0.907		6250	4090
	70	70		1.059		6910	4390
	80	80		1.210		7570	4750
B$\frac{M}{A}$900-U	40	32	32	0.63	0.5~1.0	4530	3750
	50	40		0.83		5080	4110
	60	47		0.99		5550	4520
	80	63		1.33		6640	5250
B$\frac{M}{A}$1000-U	50	32	35	0.897		5510	5000
	60	38		1.09		5960	5290
	80	50		1.4		6840	5870
	100	62		1.74		7730	6450
	120	75		2.1		8690	7030
B$\frac{M}{A}$1250-U	120	46	35	2.08		6970	10960
	150	58		2.64		7880	11900
	180	69		3.15		8720	12580
	200	77		352		9330	13480
	250	95		4.35		10700	15060
生产厂家	景津环保股份有限公司						

8.5　自动厢式压滤机

世界上最早出现的过滤机是压滤机，由于压滤机具有结构简单、操作安全、滤饼较干、辅助设备少，适用于黏度大、颗粒细、渣量多等过滤难度较大的物料等优点，因而得到广泛的使用，而且机种的改进和发展相当迅速。

压滤机产品的发展经历了从人工压紧、拉板、木质、铸铁和铝制板框发展到油压压紧装置、铝制材质压滤机。特别是日本栗田机械制造所于 1958 年开发的世界领先的全自动压滤机（日、美、英、德、法专利），1958 年初在大阪生产。1963 年，作为转炉收尘脱水机，采用了 RF 型全自动压滤机，用于公害排除和资源回收领域。1971 年，在以前的压滤机的压滤室内，用于天然橡胶隔膜并设置压榨机构，成功地开发了 MF 型全自动压滤机，飞跃地提高了滤饼脱水率。1976 年，该所又试制成功了具有最大过滤面积的 JMF2000×2000×80 室（过滤面积 560m²）带滤布清洗装置和压榨装置厢式全自动压滤机。1977 年，又成功地开发了 UF 型独立行走滤布型全自动压滤机。分别应用于炼油厂重油脱蜡、润滑油精滤、净水场、下水道处理场、工业废水等污泥处理、煤矿的选煤废水处理等。作为公害防治的设备，需求量也日益增加。目前，国内外生产和使用的自动压滤机大多是以上 3

种形式，即滤布固定式自动厢式压滤机、滤布固定式压榨型自动厢式压滤机和滤布单行走式自动厢式压滤机。

于卧式全自动厢式压滤机开发的 20 世纪 50 年代，由乌克兰化工机械研究所最先研制成功 ΦЛAK 型立式自动压滤机。到 60 年代生产 ΦЛAKM 型压榨型立式自动压滤机。后来芬兰购买了该项专利技术，并在 ΦЛAKM 型基础上有所改进；生产出 LAROX PF 型压榨型立式自动压滤机，应用于选矿厂获得成功，经济效果显著。

在国外，如日本、德国、俄罗斯、芬兰、美国、西班牙等国，自动压滤机生产已系列化，产品有 0.1m² 的试验装置到 1727m² 的大型机多种规格。

国内自动压滤机的研制工作是从 20 世纪 60 年代开始的。为解决镍精矿和电解锰过滤问题，由北京有色冶金设计总院、北京钢铁设计院和北京矿冶研究院设计了国产第一台 3.3m² 立式自动压滤机（见图 8-35），经上海化工机械厂试制，于 1970 年在上海 901 厂对上述物料和稀土精矿进行了过滤试验，取得了较好的效果。70 年代以来，国内已生产出 XMZ60-1000/30 型厢式自动压滤机。1982 年，北京有色冶金设计总院研制了 XAZ40-810/30 型聚丙烯厢式自动压滤机，后又开发了聚丙烯隔膜自动厢式压滤机。80 年代后期以来，自动压滤机在我国得到迅速的发展，并试制和生产了一些新型和常用的自动压滤机，过滤面

图 8-35　国内首次开发的 3.3m²
立式自动压滤机

积从 20m² 到 1300m²。现代压滤机多以厢式的为主。目前，厢式和板框压滤机是应用最广泛的一种机型，也是生产量最多的一种机型。目前，分离机械行业中规模、产值最高的厂家是压滤机厂。

自动厢式压滤机适合黏度大、颗粒小、渣量多等过滤难度较大的物料，因此在冶金、化工、煤炭、石油、医药、染料、陶瓷等工业生产及废水处理的环保部门均获得广泛的应用。

8.5.1　滤布固定式自动厢式压滤机

滤布固定式自动厢式压滤机与板框压滤机相比具有以下明显优点：

（1）采用了厢式滤板，便于卸料；

（2）滤板压紧时可以实现自动保压；

（3）设有滤液移动装置，实现了自动拉板；

（4）设有滤布振打装置，滤饼卸除完全；

（5）设有滤饼清洗装置，可经常清洗滤布，提高了过滤效率；

（6）设有电控系统，实现了操作程序自动控制。

8.5.1.1 工作原理

厢式压滤机（见图8-36）工作时首先将滤板压紧，然后启动进料泵将料浆压入各个滤室内进行过滤，固体颗粒留在滤室内，滤液穿过滤布，经过滤板的排液沟槽流到滤板排液口，排出机外。过滤结束，启动洗涤泵将洗液通入滤室洗涤滤饼，然后通入压缩空气进行吹风干燥；吹风结束后，将滤液槽从压滤机底部移开，接着主油缸启动，将压紧板拉回，第一滤室里的滤饼从张开的滤布上落下，当压紧板到达预定位置时，位于横梁两侧的拉板装置将滤板一块接一块地依次拉开，因滤板间的滤布呈人字形张开，所以滤饼很容易因自重自然下落，对于难剥离的滤饼，可借助滤布振打装置使滤饼迅速剥离卸除。滤饼全部卸除后，主油缸启动，推动压紧板将全部滤板合在一起压紧，至此一个工作循环完成。清洗滤布可在卸料后进行，或若干个工作循环后清洗一次。通过清洗喷嘴喷射出高压水进行清洗。

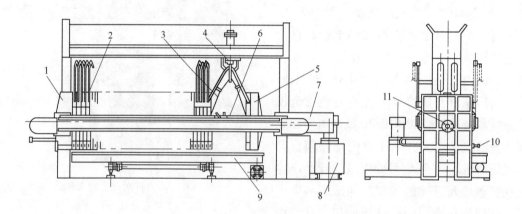

图 8-36　滤布固定式自动厢式压滤机示意图

1—止推板；2—滤板组件；3—主滤布；4—滤布振打装置；5—压紧板；6—滤板移动装置；
7—压紧装置；8—液压系统；9—滤液收集槽；10—滤液阀；11—进料口

8.5.1.2 浙江金鸟压滤机有限公司自动厢式压滤机

浙江金鸟压滤机有限公司是国内首创塑料滤板的生产厂家，有板框式、厢式、隔膜压榨式。可分为手动式、千斤顶式、液压式、自动拉板、PLC控制等形式。包括自动进料、自动拉板、曲张振打、自动喷淋、自动接液系统，还包括隔膜加压。过滤温度-5～120℃。应用范围为：

（1）石油化工、无机盐、染料、颜料，洗煤等固液分离；
（2）抗生素、化学制药、动植物提取；
（3）存储食品、淀粉及淀粉衍生物、酶制剂、有机酸固液分离；
（4）选矿、湿法冶炼（铜、锌、锰、钴、锌、黄金等）分离；
（5）生活污水、工业污水、自来水等行业污泥脱水。

自动厢式压滤机技术参数见表 8-37。

滤布曲张，滤布振打、滤布清洗自动厢式压滤机示意图如图 8-37 所示。

表 8-37 自动厢式压滤机技术参数（一）

型 号	过滤面积/m²	滤板尺寸/mm×mm	滤室容积/m³	滤室个数/个	过滤压力/MPa	总长度/mm	质量/kg	制造厂家
XZ20/800	20		0.336	22		3215	2750	
XZ30/800	30		0.448	32		3815	3000	
XZ40/800	40	800×800	0.640	42	0.5	4415	3250	
XZ50/800	50		0.792	52		5015	3500	
XZ60/800	60		0.944	62	0.7	5615	3750	
XZ60/930	60		1.08	48		6225	5630	
XZ70/930	70		1.26	56	1.0	6785	6050	
XZ80/930	80	930×930	1.44	64		7345	6450	
XZ90/930	90		1.62	72	1.6	7905	6870	
XZ100/930	100		1.80	80		8465	7280	
XZ60/1000	60		0.91	38	2.0	4710	4380	
XZ80/1000	80		1.20	50		5490	4920	
XZ100/1000	100	1000×1000	1.54	64		6400	5550	
XZ120/1000	120		1.82	76		7180	6100	
XZ140/1000	140		2.11	88		7960	6640	
X(G)Z100/1250	100		1.53	38		5325	9500	浙江金鸟压滤机有限公司
X(G)Z125/1250	125		1.935	48		5975	10600	
X(G)Z160/1250	160	1250×1250	2.42	60	0.5	6755	11900	
X(G)Z200/1250	200		3.065	76		7795	13400	
X(G)Z250/1250	250		3.795	94		8965	16200	
XZ200/1500	200		2.78	50	0.7	7420	15000	
XZ250/1500	250		3.56	64		8400	18000	
XZ340/1500	340		4.79	86		9940	26000	
XZ400/1500	400	1500×1500	5.68	102	1.0	11060	30000	
XZ500/1500	500		7.12	128		12880	36000	
XZ560/1500	560		7.90	142	1.5	13860	4000	
XZ630/2000	630		11.02	90		10370	39000	
XZ710/2000	710		12.25	100		11070	42000	
XZ800/2000	800		13.97	114		12050	45000	
XZ900/2000	900	2000×2000	15.68	128		13030	49000	
XZ1000/2000	1000		17.4	142		14010	52000	
XZ1120/2000	1120		19.6	160		15270	57000	
XZ1180/2000	1180		20.58	168		15830	60000	

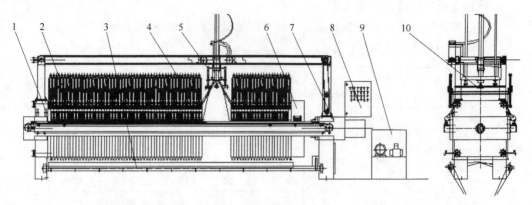

图 8-37　滤布曲张、滤布振打、滤布清洗自动厢式压滤机示意图
1—止推板；2—滤板；3—翻板接液装置；4—滤布曲张装置；5—滤布振打装置；
6—压紧装置；7—油缸座；8—电控柜；9—液压装置；10—滤布清洗装置

8.5.1.3　景津环保股份有限公司自动压滤机

景津环保股份有限公司是目前国内外压滤机最大生产厂，产品有多种形式的隔膜式、快开式、厢式和板框式自动压滤机。

"景津"系列自动压滤机是一种间歇性操作的加压过滤设备，适用于各种悬浮液的固液分离，适用范围广，分离效果好，结构简单，操作方便，安全可靠；广泛应用于洗煤、石油、化工、染料、冶金、医药、食品、酒精等领域，也适用于纺织、印染、制药、造纸、皮革、味精等工业废水及城市生活污水处理等各种需进行固液分离的领域。

A　厢式自动压滤机

厢式自动压滤机是集机、电、液于一体的先进分离机械设备，它主要由以下部分组成：机架部分、自动拉板部分、过滤部分、液压部分、滤布清洗装置和电气控制部分，其结构如图 8-38 所示。还可根据用户需求增加接液盘、翻板、储泥斗、滤布曲张机构等。

（1）机架部分：机架是整套设备的基础，它主要用于支持过滤机构和拉板机构，由止推板、压紧板、机座、油缸体和主梁等组成，设备工作运行时，油缸体上的活塞杆推动压紧板，将位于压紧板和止推板之间的滤板及过滤介质压紧，以保证带有一定压力的滤浆在滤室内进行加压过滤。

（2）自动拉板部分：拉板系统由变频电机及减速机、拉板小车、链轮、链条等组成，在 PLC 的控制下，变频电机转动，通过链条带动拉板小车完成取拉板动作，除程序控制外，还可手动控制，能随时控制拉板过程中的前进、停止、后退动作，以保证卸料的顺利进行。

（3）过滤部分：过滤部分是整齐排列在主梁上的滤板和夹在滤板之间的过滤介质所组成的，增强聚丙烯滤板主要是选用优质聚丙烯、使用本公司独特配方压制而成，力学性能良好，化学性能稳定，具有耐压、耐热、耐腐蚀、无毒、质量轻、表面平整光滑、密封好、易洗涤等特点。

（4）液压部分：液压部分是主机的动力装置，在电气控制系统的作用下，通过油缸、油泵及液压元件来完成各种工作，可实现自动压紧、自动补压、高压卸荷及自动松开等

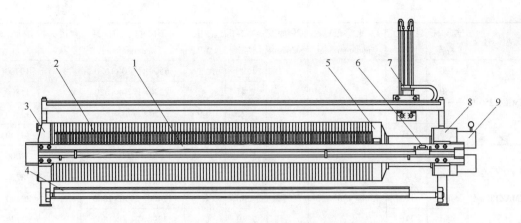

图 8-38　厢式自动压滤机结构图
1—主梁；2—滤板；3—止推板；4—接液翻板；5—压紧板；
6—拉板器；7—滤布清洗装置；8—油缸座；9—油缸

功能。

（5）滤布清洗装置：滤布清洗装置主要由移动车架、进水管、水洗管、升降装置、移动装置、限位电控系统 6 大部分组成，主要用于滤布清洗，当滤布出现堵塞状况时，该设备通过利用高压水对滤布进行自动清洗和抚平，从而增强滤布的过滤速度，延长滤布的使用寿命。

（6）电气控制部分：电气控制部分是整个系统的控制中心，它主要由变频器、PLC（可编程控制器）、热继电器、空气开关、断路器、中间继电器、接触器、按钮、信号灯等组成。

自动压滤机工作过程的转换是靠 PLC 内部计时器、计数器、中间继电器及 PLC 外部的行程开关、接近开关、电接点压力表（压力继电器）控制按钮等的转换而完成的。

自动压滤机技术参数见表 8-38。

表 8-38　自动厢式压滤机技术参数（二）

型　号	过滤面积 /m²	滤室数量 /个	滤板规格 /mm×mm×mm	滤饼厚度 /mm	滤室容积 /m³	过滤压力 /MPa	外形尺寸（长×宽×高） /mm×mm×mm	电机功率 /kW	整机质量 /kg
XMAZ800-U	20	20	800×800×60	30	0.287	0.5~1.6	3500×1350×1160	2.2	2750
	30	30			0.453		4110×1350×1160		3130
	40	40			0.605		4720×1350×1160		3420
	50	50			0.756		5330×1350×1160		3700
	60	60			0.907		5940×1350×1160		4110
	70	70			1.059		6550×1350×1160		4400
	80	80			1.210		7160×1350×1160		4740
XMAZ1000-U	60	38	1000×1000×60	30	0.90	0.5~1.6	5450×1560×1360	2.2	7080
	80	50			1.19		6180×1560×1360		7830
	100	62			1.48		6910×1560×1360		8680
	120	75			1.80		7710×1560×1360		9250

型 号	过滤面积 /m²	滤室数量 /个	滤板规格 /mm×mm×mm	滤饼厚度 /mm	滤室容积 /m³	过滤压力 /MPa	外形尺寸(长×宽×高) /mm×mm×mm	电机功率 /kW	整机质量 /kg
XMAZ1250-U	120	46	1250×1250×65	32	1.90	0.5~1.6	6500×1770×1620	4	10900
	150	58			2.41		7290×1770×1620		11800
	200	77			3.22		8550×1770×1620		13300
	250	95			3.98		9740×1770×1620		14800
XMAZ1500-U	300	77	1500×1500×75	35	5.22	0.5~1.6	10430×2400×1800	5.5	27000
	350	90			6.11		11420×2400×1800		28730
	400	103			7.00		12400×2400×1800		30450
	450	116			7.89		13390×2400×1800		32170
	500	128			8.72		14300×2400×1800		33890
XMAZ1600-U	300	69	1600×1600×75	35	5.21	0.5~1.6	9870×2250×1980	5.5	28960
	400	92			6.98		11620×2250×1980		32150
	500	115			8.74		14200×2250×1980		35400
	600	138			10.50		15110×2250×1980		38700
XMAZ2000-U	600	86	2000×2000×83	40	12.01	0.5~1.6	12110×2900×2450	11	58000
	710	101			14.13		13370×2900×2450		62000
	800	114			15.97		14460×2900×2450		65200
	900	128			17.95		15640×2900×2450		69000
	1000	142			19.92		16810×2900×2450		72300
	1120	159			22.33		18240×2900×2450		76800
	1180	168			23.61		19000×2900×2450		79000
XMAZG1000-U	50	32	隔膜板 1000×1000×72 厢式板 1000×1000×70	40	1.01	0.5~1.6	5580×1560×1360	4	7250
	60	38			1.19		6010×1560×1360		7670
	70	44			1.38		6440×1560×1360		8090
	80	50			1.56		6870×1560×1360		8510
	90	56			1.75		7300×1560×1360		8930
	100	62			1.94		7740×1560×1360		9350
	120	76			2.34		8740×1560×1360		9790
XMAZG1250-U	120	46	隔膜板 1250×1250×78 厢式板 1250×1250×72	40	2.38	0.5~1.6	6970×1930×1620	5.5	12600
	150	58			3.00		7880×1930×1620		13620
	200	78			4.05		9400×1930×1620		15320
	250	96			5.02		10770×1930×1620		17020
XMAZG1500-U	300	78	隔膜板 1500×1500×85 厢式板 1500×1500×80	40	6.04	0.5~1.6	11100×2400×1880	11	31450
	350	90			6.98		12100×2400×1880		33300
	400	104			8.07		13270×2400×1880		34900
	450	116			9.02		14270×2400×1880		36500
	500	128			9.96		15270×2400×1880		38200

型 号	过滤面积 /m²	滤室数量 /个	滤板规格 /mm×mm×mm	滤饼厚度 /mm	滤室容积 /m³	过滤压力 /MPa	外形尺寸(长×宽×高) /mm×mm×mm	电机功率 /kW	整机质量 /kg
XMAZG2000-U	560	80	隔膜板 2000×2000×95 厢式板 2000×2000×85	45	12.56	0.5~1.6	12170×2900×2450	11	57500
	600	86			13.51		12720×2900×2450		59000
	630	90			14.14		13080×2900×2450		60050
	670	96			15.10		13630×2900×2450		61600
	710	100			15.90		13990×2900×2450		63150
	750	106			16.85		14540×2900×2450		64600
	800	114			17.96		15270×2900×2450		66500
	850	120			19.07		15810×2900×2450		68300
	900	128			20.18		16540×2900×2450		70400
	950	136			21.30		17270×2900×2450		72100
	1000	142			22.41		17810×2900×2450		73900
	1060	150			23.84		18540×2900×2450		76200
	1120	160			25.11		19450×2900×2450		78600
	1180	168			26.54		20180×2900×2450		80900
生产厂	景津环保股份有限公司								

B 快开式高压隔膜自动压滤机

该系列快开式高压隔膜压滤机采用机、电、液一体化制造,可根据滤板数量的多少组成不同的过滤面积和容积;进料方式为两端中间进料,过滤速度快,结构合理,操作简单,维护方便,安全可靠;能够实现自动压紧、保压、补压、松开、一次拉板、二次拉板、三次拉板等各道工序;本机配置了本公司的专利产品聚丙烯隔膜滤板,通过向隔膜滤板充气或水后改变其腔室的容积,对滤饼进行压榨,进一步降低滤饼含水率和提高滤液的回收率。

该公司生产的系列快开式隔膜压滤机是集机、电、液于一体的先进的分离机械设备,它由 5 大部分组成:机架部分、过滤部分、液压部分、卸料机构和电气控制部分,其结构如图 8-39 所示。

(1) 机架部分:机架是整套设备的基础,它主要用于支撑过滤机构,由止推板、压紧板、机座、油缸体和主梁等连接组成,支撑过滤机构的主梁,主要是引进意大利迪美公司2003 年在欧盟申请的压滤机专利技术——新型厢式梁,它抗侧弯能力强,抗拉强度大,力学性能良好,止推板、压紧板和机座均采用优质碳素钢焊接而成,而油缸体采用优质无缝钢管加工制造,力学性能均良好。

(2) 过滤部分:过滤部分由整齐排列在主梁上的隔膜滤板、厢式滤板和夹在它们之间的滤布所组成。增强聚丙烯隔膜滤板、厢式滤板主要是选用北欧公司生产的弹性 PTE、使用本厂独特配方压制而成,由于配有隔膜滤板,可以在隔膜衬板上的进气口通入压缩空

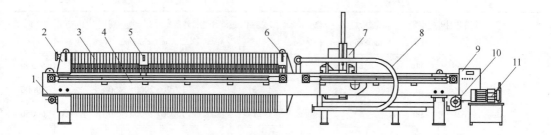

图 8-39　快开式自动隔膜压滤机结构图

1—动力隔板电机；2—止推板；3—滤板；4—主梁；5—动力隔板；6—压紧板；
7—移动油缸座；8—进料管道；9—电控柜；10—油缸座电机；11—液压站

气，压榨滤饼，进一步降低滤饼的含水率。

（3）液压部分：液压部分是主机的动力装置，在电气控制系统的作用下，通过油缸、油泵及液压元件来完成各种工作，可实现自动压紧、自动补压、高压卸荷及自动松开等功能。

（4）卸料机构：主要由两个减速电机和传动轴、链轮、链条等主要部分组成，在电气系统的作用下进行工作。当压紧板松开后，支撑座位置的电机启动，通过链轮，链条拉动油缸座和压紧板并拉开第一部分滤板，止推板位置的电机启动，驱动动力隔板拉开第二部分滤板，通过电控柜中信号传递，使之反转，带动动力隔板拉开第三部分滤板，这样一个卸料过程完毕。

（5）电气控制部分：电气控制部分是整个系统的控制中心，本机有两种工作方式，即自动和手动。在自动方式下，压滤机整个动作过程将按照设计程序依次运行，不需人工干预；在手动方式下，压滤机的各个动作由人工操作各个按钮来完成，此种方式主要用于设备的调试。

快开式高压隔膜自动压滤机技术参数见表 8-39。

C　悬梁式高压隔膜自动压滤机

目前的压滤机都是中间梁，在卸饼时滤板运动量小，滤饼不易脱落，同时还容易掉在中间梁上，由于中间梁的结构，卸饼时影响视线，不便于安全操作。

高悬梁压滤机的主要优点是：

（1）卸除滤饼快，不影响视线，滤饼容易脱落，当有滤饼未掉净时，操作人员便于清理；

（2）滤板压紧时，便于操作，便于冲洗滤布，更换滤布，检查滤布有无损伤，能够非常清楚地看到四角进出水的孔是否堵塞、有无漏料等现象发生。

该公司生产的悬梁式高压隔膜自动压滤机是集机、电、液于一体的先进的分离机械设备，它由 7 大部分组成：机架部分、过滤部分、液压部分、卸料机构、电气控制部分、滤布清洗装置和接液翻板，其结构如图 8-40 所示。

悬梁式高压隔膜自动压滤机技术参数见表 8-39。

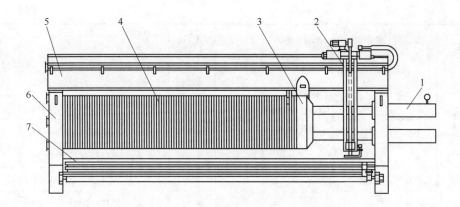

图 8-40 悬梁式高压隔膜自动压滤机结构图

1—液压缸装置；2—水洗滤布装置；3—压紧板；4—滤板；

5—上悬梁；6—止推板；7—接液翻板

表 8-39 快开式悬梁式高压隔膜自动压滤机技术参数

型 号	过滤面积 /m²	滤室数量 /个	滤板规格 /mm×mm×mm	滤饼厚度 /mm	滤室容积 /m³	过滤压力 /MPa	外形尺寸(长×宽×高) /mm×mm×mm	整机质量 /kg
KZG1500-U	100	26	隔膜板 1500×1500×90 厢式板 1500×1500×80	45	2.15	0.5~1.6	8240×3145×2865	23220
	150	38			3.17		9820×3145×2865	27150
	200	52			4.37		11610×3145×2865	31350
	250	64			5.39		13210×3145×2865	35150
KZG1600-U	150	34	隔膜板 1600×1600×85 厢式板 1600×1600×80	40	2.96	0.5~1.6	9360×3240×2965	28250
	200	46			4.00		10910×3240×2965	32850
	250	58			5.04		12460×3240×2965	37050
	300	70			6.09		14040×3240×2965	40060
KZG1500× 2000-U	200	38	隔膜板 1500×2000×95 厢式板 1500×2000×80	45	4.31	0.5~1.6	10330×3165×3200	35450
	250	48			5.48		11640×3165×3200	38650
	300	58			6.65		12940×3165×3200	41750
	350	68			7.82		14380×3165×3200	44850
KZG2000-U	300	44	隔膜板 2000×2000×95 厢式板 2000×2000×85	45	6.93	0.5~1.6	11700×3730×3245	42760
	400	58			9.14		13500×3730×3245	47960
	500	72			11.16		15530×3730×3245	62980
	600	86			13.33		17510×3730×3245	68020
	700	100			15.75		19360×3730×3245	74050
悬梁式 1500-U	300	78	隔膜板 1500×1500×85 厢式板 1500×1500×80	40	6.07	0.5~1.6	11670×2358×4088	40230
	350	90			6.98		12680×2358×4088	46430
	400	104			8.07		13840×2358×4088	52720
	450	116			9.02		14850×2358×4088	58840

型　号	过滤面积 /m²	滤室数量 /个	滤板规格 /mm×mm×mm	滤饼厚度 /mm	滤室容积 /m³	过滤压力 /MPa	外形尺寸(长×宽×高) /mm×mm×mm	整机质量 /kg
悬梁式 1500-U	300	78	隔膜板 1500×1500×90 厢式板 1500×1500×80	45	6.68	0.5~ 1.6	11870×2358×4088	41400
	350	90			7.71		12900×2358×4088	47700
	400	104			8.91		14100×2358×4088	54200
	450	116			9.94		15140×2358×4088	60500
悬梁式 1500×2000-U	400	78	隔膜板 1500×2000×85 厢式板 1500×2000×80	40	7.99	0.5~ 1.6	11670×2358×4588	47500
	450	88			8.92		12510×2358×4588	54000
	500	96			9.90		13180×2358×4588	65900
	550	106			10.99		14010×2358×4588	73500
	600	116			11.96		14850×2358×4588	82000
生产厂	景津环保股份有限公司							

8.5.2　滤布固定式压榨型自动厢式压滤机

滤布固定式压榨型自动厢式压滤机除具有无隔膜压榨型的 6 种优点外，还采用了隔膜压榨技术，可进一步降低滤饼水分，另外还可在滤室的料浆不充满情况下过滤，滤饼厚度可以随意选择。

8.5.2.1　工作原理

滤布固定式压榨型自动厢式压滤机滤板布置是采用厢式滤板与隔膜滤板交错排列，工作原理与无隔膜压榨型的大体相似，只是在过滤和洗涤结束后，通入压缩空气（或水），使橡胶隔膜鼓胀，对滤饼进行挤压，可使滤饼进一步脱水。采用压缩空气时，压榨阶段压力一般为 0.6MPa，采用高压水时，压榨强度可达 2.0MPa 以上，工作原理如图 8-41 所示。

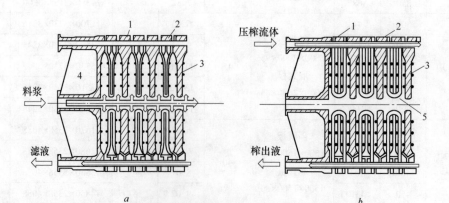

a　　　　　　　　　　　　　　*b*

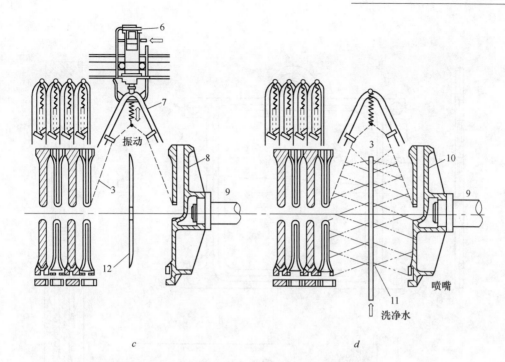

图 8-41 滤布固定式压榨型自动厢式压滤机工作原理图

a—过滤行程；*b*—压榨行程；*c*—滤饼卸出行程；*d*—滤布洗涤行程

1—压榨板；2—滤板；3—滤布；4—止推板；5—压榨膜；6—滤布振动装置；7—滤布曲张装置；

8—压紧板；9—油压装置；10—可动端板；11—喷嘴；12—滤饼

8.5.2.2 隔膜压榨装置

隔膜压榨装置又称为隔膜滤板，是压榨型自动厢式压滤机对滤饼进行强制性脱水的一种先进技术。其原理是：在过滤、洗涤结束后，在隔膜的背面通入加压流体（空气或水）使其膨胀，挤压滤饼，可进一步降低滤饼中的残留水分，降低滤饼的含液量，能大大缩短物料的过滤时间，提高生产效率。这是近代压滤技术上的一个重大突破。

隔膜压榨装置按构造方式分为平隔膜压榨装置和囊式隔膜压榨装置两种。

A 平隔膜压榨装置

平隔膜压榨装置是由两块压榨隔膜和一块光面滤板组成的，如图 8-42 所示。

平隔膜与光面滤板之间的连接方式有 3 种：

（1）螺钉连接（见图 8-42），是用螺钉将隔膜紧固在平面滤板上，隔膜端面高出光面滤板，作为打压压榨时起到密封的作用。

（2）镶嵌式连接，即隔膜和光面滤板（芯板）接口采用燕尾槽形式，底面有密封线，隔膜是紧配合嵌入芯板槽内的。隔膜端面高出芯板 2mm，作为打压压榨时起到密封的作用。中间进料孔采用镶嵌式凹进去的结构，外加一个不锈钢压紧环进行密封，从而提高隔膜与芯板受力时的强度，更换隔膜时也拆卸方便。

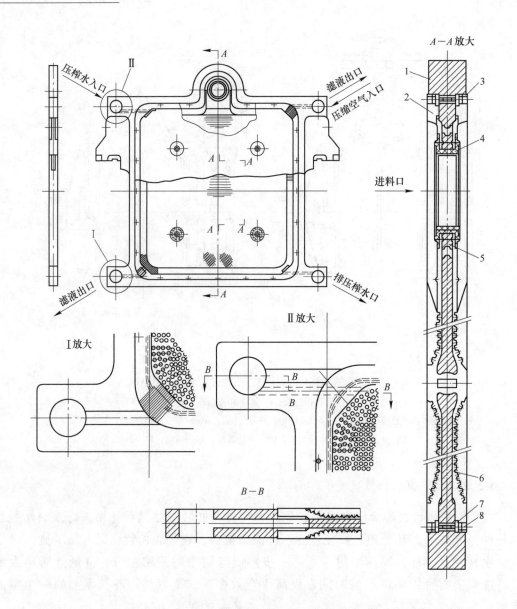

图 8-42　平隔膜压榨装置（水压榨）

1—光面滤板；2，3—压榨膜；4，5—密封圈；6—套筒；7—垫圈；8—螺钉

（3）热熔焊接式（见图 8-43）隔膜和光面滤板（芯板）采用热熔焊接为一体。中间进料口也采用热熔焊接。

　　B　囊式隔膜压榨装置

　　囊式隔膜压榨装置是由滤框和囊式隔膜组成，其结构如图 8-44 所示。囊式隔膜结构如图 8-45 所示。

　　压榨隔膜可用天然橡胶、合成橡胶或聚丙烯等材料制成。橡胶隔膜的主要物理力学性能见表 8-40。

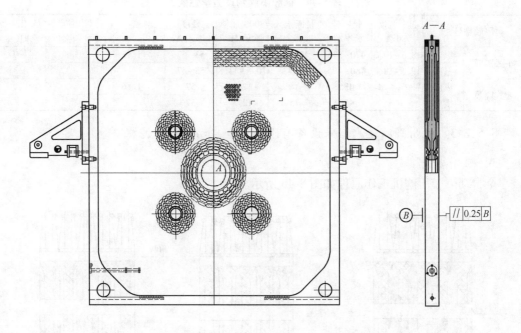

图 8-43 热熔焊接式隔膜滤板

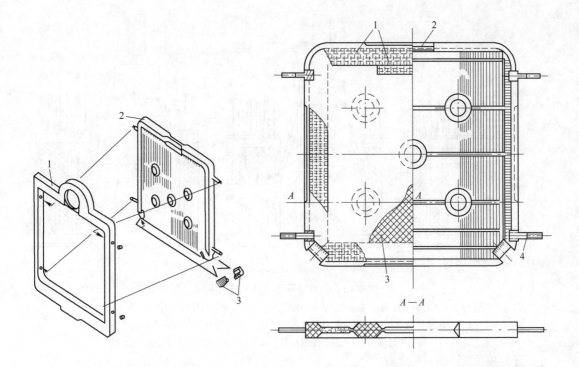

图 8-44 囊式隔膜压榨装置
1—滤框；2—隔膜；3—排液压块

图 8-45 囊式隔膜结构图
1—帘子布；2—进料口；3—膜板衬布；4—不锈钢管

表 8-40 橡胶隔膜物理力学性能

隔膜型号		扯断强度/MPa	扯断伸长率/%	扯断永久变形/%	300%屈伸强度/MPa	硬度（邵尔 A）	密度/g·cm⁻³	老化性能百分变化率/% 扯断强度	老化性能百分变化率/% 伸长率
平式隔膜	纵向	18.5~19.2	470~515	12~15	9.2~11.2	53~57	1.15	-4	-9
	横向	19.3~19.8	480~495	3~13	10.8~11.8	53~57		-3	-3
囊式隔膜	纵向	7.4	435	14	12.2	57	1.16		
	横向	20.1	450	15	12.5	57			

8.5.2.3 杭州兴源过滤环保设备有限公司全自动隔膜压滤机

A 工作原理

全自动隔膜压滤机工作原理如图 8-46 所示。

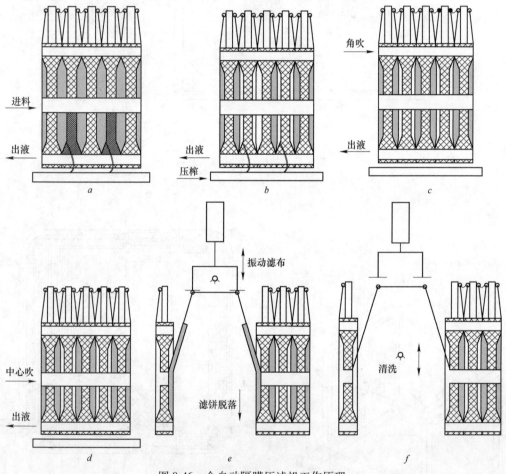

图 8-46 全自动隔膜压滤机工作原理

a—油缸压紧滤板，进行过滤；b—隔膜腔充入压榨介质对滤饼进行二次压榨；
c—压滤机吹气口进压缩空气对滤饼进行吹扫；d—压滤机进料口进压缩空气对
进料口管道进行吹扫；e—振动曲张振打机构进行辅助卸饼；f—高压清洗滤布

B 结构

全自动隔膜压滤机结构如图 8-47 所示。

全自动隔膜压滤机由止推板、主梁、滤板、隔膜板、滤布、压紧板、油缸座、翻板系

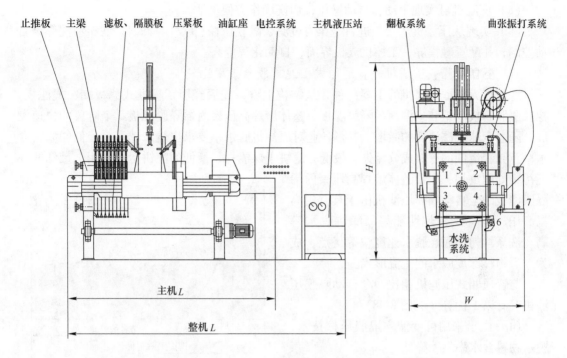

图 8-47　全自动隔膜压滤机结构

1, 2—吹气口；3, 4—出液口；5—进料口；6—压榨口；7—清洗滤布进口

统、水洗系统、曲张振打系统、电控系统、主机液压站等组成。

C　特　点

全自动隔膜压滤机的特点是：

（1）全自动隔膜压滤机采用过滤板、隔膜板和滤布组成的可变滤室过滤单元，在油缸压紧滤板和隔膜板的条件下，用进料泵压力对物料进行压力过滤；在压力过滤过程结束后，采用隔膜压榨技术对已过滤滤饼进行二次机械压榨，大幅降低滤饼的含湿率，显著提高压滤机的固液分离效率，节能减排效果明显。

（2）压滤机的隔膜板采用增强聚丙烯衬板和橡塑弹性体膜片整体熔焊结构，具有优良的耐化学性、抗疲劳性能，可承受高温、高压。

（3）压滤机隔膜板的隔膜片采用模压一次成形加工技术，其过滤流道为等距凸点，呈散射状分布，显著增加膜片强度及鼓起行程，提高过滤速度，并可有效防止滤液残留。

（4）采用自动曲张振打卸饼机构，通过振动固定在曲张振打卸饼机构上的滤布，使附着在滤布上的滤饼自动脱落，滤布更换拆装方便实用，显著提高卸饼速度和滤饼卸净率，降低滤布清洗频率。

（5）配置自动滤布清洗机构，可实现滤布全覆盖高压冲洗，冲洗彻底，滤饼过滤性能再生快；显著降低以往操作人员手动清洗滤布的劳动强度，降低滤布费用。

（6）配置自动翻板接液系统，收集滤布毛细渗漏液和清洗水，确保滤饼不受二次污染和现场环境清洁。

（7）采用光幕报警技术，防护系统更安全。

（8）压滤机可实现手动和自动操作，切换操作方便灵活。

（9）实现从压滤机压紧、进料、压力过滤、隔膜压榨、吹气、卸料、滤布清洗等全自动控制，并配置触摸屏、工控机人机界面，自动化程度高。

D　全自动隔膜压滤机与普通厢式压滤机脱水效率比较

滤板作为板框压滤机的主要部件，从结构上看，先后经历了板框式滤板、厢式滤板、橡胶隔膜滤板、组装式聚丙烯隔膜滤板、整体熔焊高压聚丙烯隔膜滤板 5 个阶段的快速发展。随着全球能源消耗的激增，各行各业对压滤机脱水率要求也越来越高。最低的滤饼含水率意味着最低的有效成分流失、最低的滤饼干燥能耗、最低的滤饼运输费用、最低的环境污染处理负担，配置整体熔焊高压聚丙烯隔膜滤板的全自动隔膜压滤机由于具有耐高温高压、防腐及密封性能好、滤饼脱水率高、洗涤均匀彻底、脱水速度快等优点，成为今后物料深度脱水的主流形式。

与普通厢式压滤机相比，全自动隔膜压滤机具有以下优势（见图 8-48）：

（1）由于采用可变滤室隔膜压榨技术，脱水物料含水率显著降低。

（2）由于采用可变滤室隔膜压榨技术，提高了过滤效率，过滤周期大幅缩短，单机处理能力显著增大。

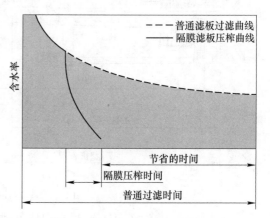

图 8-48　压滤机脱水效率比较

（3）压滤机的电能消耗中，进料泵的电能消耗一般占 70%以上，由于采用可变滤室隔膜压榨技术，大幅缩短过滤周期，全自动隔膜压滤机整机电能消耗比普通厢式压滤机可降低 60%左右，节能效果明显。

E　全自动隔膜压滤机应用范围

全自动隔膜压滤机可广泛应用于固液分离各个行业，尤其适用于自动化程度高、处理量大、节能减排要求高的行业。

（1）环保领域：工业废水污泥、城市污水污泥、自来水污泥、疏浚淤泥、工业固废等；

（2）石油化工：颜料、染料、硅酸、人造丝粘胶、甘油、浓缩汤料、白炭黑、硫酸钠、硫酸锰、硫酸镍、氢氧化铁、氢氧化镁、酶制剂等；

（3）冶金：金、铂、铀、钴、镍、锌、锰、铜、金矿尾矿等；

（4）食品：啤酒麦汁、葡萄酒、黄酒、酒精、棕榈油、食用油、海藻胶、果汁果胶、酱油、甜菜糖、蔗糖、原糖、成品糖浆、各类淀粉、糯米粉等；

（5）煤炭：精煤、尾煤；

（6）非金属矿：高岭土（陶土）、膨润土、白土、机制砂等；

（7）制药：抗菌素、医药中间体、原料药、中成药、血制品、发酵液等。

F　主要技术参数

全自动隔膜压滤机主要技术参数见表 8-41。

表 8-41　全自动隔膜压滤机主要技术参数

型　号	过滤面积/m²	滤板尺寸/mm×mm	滤板/隔膜板厚/mm	滤板/隔膜板数量/个	过滤压力/MPa	压榨压力/MPa	整机功率/kW	外形尺寸(L×W×H)/mm×mm×mm	质量/kg	生产厂家
X16$_M^A$GZDEFQ/1000-U$_K^B$	60	1000×1000	65/70	18/19	1.0	1.6	6.2	6930×2540×3010	10500	杭州兴源过滤环保设备有限公司
X16$_M^A$GZDEFQ/1000-U$_K^B$	80	1000×1000	65/70	24/25	1.0	1.6	6.2	7740×2540×3010	11600	
X16$_M^A$GZDEFQ/1000-U$_K^B$	100	1000×1000	65/70	30/31	1.0	1.6	6.2	8550×2540×3010	12300	
X16$_M^A$GZDEFQ/1250-U$_K^B$	120	1250×1250	75/80	23/24	1.0	1.6	9.2	8525×2700×3800	16400	
X16$_M^A$GZDEFQ/1250-U$_K^B$	160	1250×1250	75/80	30/31	1.0	1.6	9.2	9610×2700×3800	19600	
X16$_M^A$GZDEFQ/1250-U$_K^B$	200	1250×1250	75/80	38/39	1.0	1.6	9.2	10850×2700×3800	22300	
X16$_M^A$GZDEFQ/1250-U$_K^B$	240	1250×1250	75/80	45/46	1.0	1.6	9.2	11935×2700×3800	24500	
X16$_M^A$GZDEFQ/1500-U$_K^B$	200	1500×1500	85/80	25/26	1.0	1.6	17.75	9490×2820×4230	26500	
X16$_M^A$GZDEFQ/1500-U$_K^B$	250	1500×1500	85/80	31/32	1.0	1.6	17.75	10480×2820×4230	27900	
X16$_M^A$GZDEFQ/1500-U$_K^B$	320	1500×1500	85/80	40/41	1.0	1.6	17.75	11975×2820×4230	29500	
X16$_M^A$GZDEFQ/1500-U$_K^B$	360	1500×1500	85/80	45/46	1.0	1.6	17.75	12790×2820×4230	30900	
X16$_M^A$GZDEFQ/1500-U$_K^B$	400	1500×1500	85/80	50/51	1.0	1.6	17.75	13615×2820×4230	32500	
X16$_M^A$GZDEFQ/1600-U$_K^B$	250	1600×1600	90/85	28/29	1.0	1.6	17.75	10620×2920×4430	28600	
X16$_M^A$GZDEFQ/1600-U$_K^B$	320	1600×1600	90/85	36/37	1.0	1.6	17.75	12020×2920×4430	31500	
X16$_M^A$GZDEFQ/1600-U$_K^B$	400	1600×1600	90/85	46/47	1.0	1.6	17.75	13770×2920×4430	33900	
X16$_M^A$GZDEFQ/1600-U$_K^B$	450	1600×1600	90/85	51/52	1.0	1.6	17.75	14645×2920×4430	34500	
X16$_M^A$GZDEFQ/1600-U$_K^B$	500	1600×1600	90/85	57/58	1.0	1.6	17.75	15695×2920×4430	37800	
X16$_M^A$GZDEFQ/2000-U$_K^B$	560	2000×2000	95/85	40/41	1.0	1.6	28.75	13450×3570×4510	58400	
X16$_M^A$GZDEFQ/2000-U$_K^B$	750	2000×2000	95/85	55/56	1.0	1.6	28.75	16150×3570×4510	63500	
X16$_M^A$GZDEFQ/2000-U$_K^B$	800	2000×2000	95/85	58/59	1.0	1.6	28.75	16690×3570×4510	68500	

8.5.2.4　石家庄科石机械设备有限公司全自动隔膜压滤机

全自动隔膜压滤机主要技术参数见表 8-42。

表 8-42　全自动厢式隔膜压滤机主要技术参数

参数\型号	过滤面积/m²	隔膜板滤板数量/个	滤饼厚/mm	隔膜板滤板厚/mm	滤室容积/L	整机质量/kg	过滤压榨压力/MPa	外形尺寸/mm 长 L	宽 B	高 H	生产厂家
XM（A）ZG/1000-U	60	16/15	35	72/70	1080	8080	0.6	4890	1560	1315	石家庄科石机械设备有限公司
	70	19/18			1250	8460		5325			
	80	20/21			1420	8880		5760			
	90	25/24			1590	9500		6190			
	100	28/27			1760	10200		6620			
	120	31/30			2100	10980		6910			
XM（A）ZG/1250-U	80	15/14	40	78/74	1500	8318	0.6	5185	1750	1565	
	100	19/18			1910	8991		5800			
	120	23/22			2310	9641		6415			
	15	28/27			2810	10434		7185			
	160	30/29			3010	10751		7495			
	180	33/32			3410	11351		8650			
	200	38/37			3820	12020		8725			
	240	45/44			4520	13131		9805			
	250	47/46			4720	13418		10105			

续表 8-42

型号\参数	过滤面积/m²	隔膜板滤板数量/个	滤饼厚/mm	隔膜板滤板厚/mm	滤室容积/L	整机质量/kg	过滤压榨压力/MPa	外形尺寸/mm 长L	宽B	高H	生产厂家
XM（A）ZG/1500-U	220	29/28	40	85/80	4480	28220	0.6	7845	2360	1815	石家庄科石机械设备有限公司
	250	33/32			5100	29375		8570			
	300	39/38			6030	31275		9575			
	350	46/45			7110	33440		10740			
	400	52/51			8040	35465		11740			
	450	59/58			9120	38805		12915			
	500	65/64			10050	39275		13915			
XM（A）ZG/2000-U	500	69	40	80	10000	48150	0.6	9470	3010	2315	
	600	83			12000	51168		10615			
	700	97			14000	54156		11765			
	750	105			15150	55864		12420			
	800	111			16000	56864		12915			
	900	125			18000	60133		14060			
	1000	139			20000	63121		15210			

8.5.2.5　GXZ-100/1000 型高压压榨全自动压滤机介绍

GXZ-100/1000 型高压压榨全自动压滤机是由中国有色工程（北京有色冶金）设计研究总院设计，长岭炼油化工总厂机械厂制造的。过滤面积 100m²，进料压力 0.5MPa，压榨压力最大可达 2.0MPa。

该机是一种滤布上下移动、顶部进料、隔膜压榨、自动拉板、自动振打、自动清洗滤布、暗流式全自动压滤机，其结构简图如图 8-49 所示，其工作原理如图 8-50 所示。管路

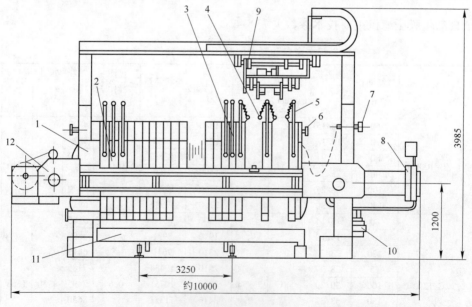

图 8-49　GXZ-100/1000 型高压压榨全自动压滤机结构简图

1—止推板组件；2—隔膜滤板组件；3—滤板组件；4—头块隔膜滤板组件；5—滤布组件；6—压紧板组件；
7—管路系统；8—压紧装置；9—清洗振打装置；10—液压系统；11—滤液收集槽；12—主梁及拉板装置

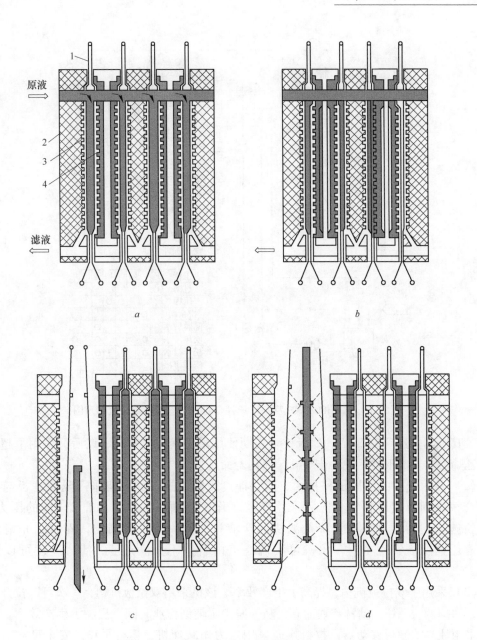

图 8-50　GXZ-100/1000 型高压压榨全自动压滤机工作原理

a—进料，依靠进料泵的压力过滤；*b*—压榨，用 2MPa 压力水通过橡胶隔膜对滤饼进行压榨脱水；

c—卸料，自动拉开滤板，依靠滤布曲张机构、振打装置卸除滤饼；

d—清洗滤布，用 2MPa 压力水通过喷嘴清洗滤布

1—滤布；2—滤板；3—滤室；4—压榨膜

系统示意图如图 8-51 所示。

　　该机的主要结构特点是：

　　（1）采用独特的塑料滤板，防腐性能好。该机塑料滤板的过滤面一改以往常用的长条结构，选用有效过滤面积大的星点式结构。滤板制造采用模压成形和机加工相结合的制作

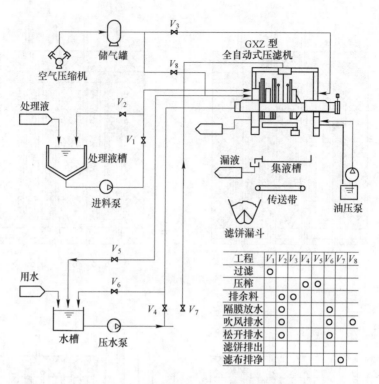

工程	V_1	V_2	V_3	V_4	V_5	V_6	V_7	V_8
过滤	O							
压榨				O	O			
排余料		O	O					
隔膜放水		O				O		
吹风排水		O				O		O
松开排水		O				O		
滤饼排出								
滤布排净							O	

图 8-51　QXZ-100/1000 型高压压榨全自动压滤机管路系统示意图

工艺，其压制力达到 12250N。滤板材料先期使用增强聚丙烯塑料，以后又采用了超高分子聚乙烯塑料，成形质量进一步提高，使用寿命延长。

（2）采用先进的高压压榨技术，滤饼厚度可随意选择。该机采用隔膜滤板与厢式滤板交替排列组成压榨室，隔膜采用橡胶制作，表面有沟槽，内充 2MPa 的压力水，对滤饼施加压力，可进一步降低滤饼的含液量。隔膜为平膜结构，固定在光滑滤板上，靠压紧滤板实现密封。该机可实现滤室内料浆不充满过滤，滤饼厚度可以随意选择。

（3）采用了双拉板机构，提高了生产效率。该机采用双拉板机构，一次可以拉开两块滤板，卸掉两块滤饼，清洗 4 块滤布，从而减少了辅助作业时间，提高了生产效率。拉板机构采用往复式滤板移动器，拉板换向采用定力矩减速机，运行平稳，安全可靠，维修方便。

（4）采用灵活的滤布振打清洗二合一装置，清洗效果好。该机设计了双摆杆清洗机构，结构新颖，清洗效果好，实现了上清洗。摆杆由长短相连的清洗管组成，动作特点是伸出长，收回短，定位准确，运行平稳，摆动速度均匀，清洗面大，一次可清洗 4 个面，清洗压力可始终保持在 2MPa。清洗和振打装置二合一，配置紧凑，振打力大，卸料完全，振打次数可调。

（5）油缸密封能够自动补偿，保压效果好。该机采用液压压紧装置，油缸直径为400mm，油压为 25MPa，行程 1400mm，滤板压紧力可达 2MN。油缸密封选用特殊密封圈，具有磨损后能够自动补偿的特点。液压元件选用高质量元件，使用一台斜轴式柱塞变量油泵，结构紧凑，保压效果好。

（6）电控系统采用可编程序控制方式和模拟显示，自动化水平高。该机电控操作系统具有全自动、局部联动和手动 3 种操作功能，并设有机旁启动和手持紧急停车开关。采用了可编程序控制器，可按生产要求改变程序，操作中清洗和振打次数可随意改变，程序设计合理、实用，且可模拟显示，设备具有自动化程度高、系统可靠、操作灵活、维护工作量小等优点。

8.5.3 滤布单行走式自动厢式压滤机

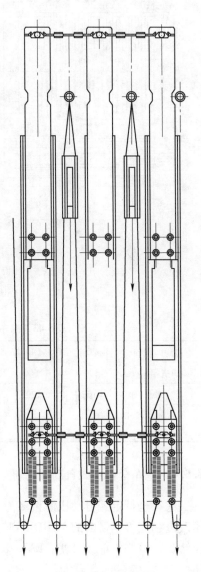

滤布单行走式自动厢式压滤机的各滤室的滤布自成体系，由驱动装置带动滤布同时上下行走，滤饼卸除时，滤布张开角度大，易自动卸除，滤布在上升过程中内外均可得到清洗。其代表机型为 Lasta 型，该压滤机有 ISF 型和 ISD 型两种型号，结构相同，不同之处仅是后者在滤室上增加了压榨膜。这一机种近来国内也有生产。

下面介绍一种国产滤布单行走全自动压滤机。

最近浙江金鸟压滤机有限公司最新研制、生产一种卧式隔膜压榨滤布单行走的全自动压滤机。此种压滤机不但具有立式压滤机的所有功能及效能，而且还具有结构简单、方便实用、避免了滤布旋转导致偏斜的故障问题，过滤面积可以增大到 200m² ，增加了产能，减少了固定资产的投资，是一种全新理念、高效节能的全自动压滤机。

8.5.3.1 工作原理

滤布单行走式自动厢式压滤机的料浆从顶部进料，经过进料、压榨、洗涤、吹风干燥后，油缸启动，将各滤室同时打开，滤布包着滤饼向下行走，滤饼很容易从滤布上卸除，同时高压水对滤布进行清洗。其工作原理如图 8-52 所示。

8.5.3.2 特点

滤布单行走式自动厢式压滤机的特点是：

（1）悬挂滤板式设计，操作方便。

（2）开放式设计，检查滤板、滤布容易。

（3）滤板一次拉开设计，缩短操作周期。

（4）独有的滤布整体移动设计，卸滤饼和洗涤滤布快。

开板、卸滤饼、清洗滤布

图 8-52 滤布单行走式自动
厢式压滤机工作原理

（5）可选配置多，如自动洗布、安全光幕、隔膜压榨等。

（6）PLC 控制，整个过程自动完成。

8.5.3.3　结构

滤布单行走式全自动厢式压滤机结构如图 8-53 所示。其技术参数见表 8-43。

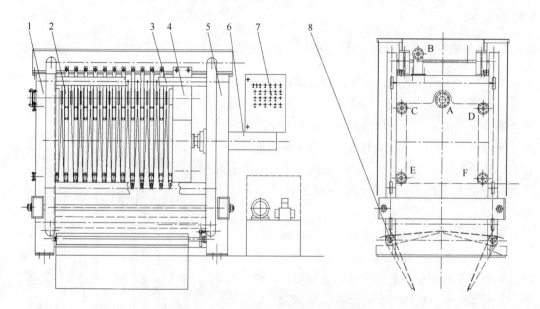

图 8-53　滤布单行走式全自动厢式压滤机结构

1—止推板；2—滤板；3—滤布行走装置；4—压紧装置；5—油缸座；
6—油缸；7—电控柜；8—翻板接液装置

表 8-43　滤布单行走式全自动厢式压滤机技术参数

过滤面积/m²	20	30	40	50	60	70	80	90	100	110	120	130	140	150
滤室容积/L	300	450	600	750	900	1050	1200	1350	1500	1650	1800	1950	2100	2250
滤室数量/个	10	15	20	25	30	35	40	45	50	55	60	65	70	75
滤板标准尺寸 /mm×mm	1000×1000													

8.5.4　滤布全行走式自动压滤机

滤布全行走式自动压滤机多为立式的，最早出现于前苏联，后芬兰 LAROX 公司给予了改进和完善。目前的 LAROX PF 型自动压滤机是一种立式、压榨型滤布全行走式全自动压滤机，该机为单面过滤。LAROX DS 型自动压滤机为双面过滤。

8.5.4.1　奥图泰 LAROX 自动压滤机

A　LAROX PF 型自动压滤机

LAROX PF 型自动压滤机具有以下优点：

（1）降低生产成本，节省能耗，后续干燥用电能、燃料、洗涤液耗量低。

（2）提高了产品的品质；均匀而良好的洗涤。

（3）提高安全性、卫生及环境特性。滤饼残余水分含量很低，降低了滤饼水分就意味着降低了干燥费和对大气的排放，改善了操作环境。

（4）提高了产量和生产率。每天可 24h 运转，滤液中的固相含量非常少，洗涤液消耗少，滤饼中含水少，这意味着干燥费少。

（5）优良的特性。能处理难过滤和缓慢过滤的物料；用 1.6MPa 的可膨胀隔膜，可以保证滤饼除掉最多水分；借助隔膜压榨作用，保证形成均匀的滤饼；由于滤饼均匀和滤板水平排列，滤饼洗涤最好；滤饼水分低，降低了下游干燥工序的成本；设备的立式结构，减少了占地面积；每个卸料周期滤布都受到清洗；滤饼的湿度非常一致，滤饼中残余的水分最少；甚至在条件变化时，LAROX 自动系统也能保证产量不变；无端滤布保证了滤饼的自动和完全的卸除。

（6）容易操作。全自动，每周 7 天，每天 24h，无人看管；保证滤饼卸除完全；每循环后，滤布连续进行洗涤；运转成本低；更换滤布快速、简单；维护期间容易接近，可保证工作安全。

（7）能处理难过滤的物料。在处理难过滤物料时，LAROX PF 型系列自动压滤机是最理想的。滤室深和板尺寸有最大的灵活性去布置成最佳的装置，可以处理几乎任何产品，小的室深和大的板尺寸能有最大过滤面积，以适于难的过滤产品。

（8）平隔膜的结构。适于所有滤板尺寸的平隔膜结构，确保了最佳的隔膜寿命。其优点是选用了高级橡胶、耐水材料，寿命长，更换容易且快速。

（9）耐腐蚀。滤板是 100%聚丙烯（PP）；标准滤布可用 PP 或聚酯；广泛选择材料种类，除了不锈钢是标准的，高级不锈钢包括：复合钢 SAF2205 和 1.4462，以便用于最恶劣的场合。

（10）卸饼：当无端滤布在卸饼时，能保证快速卸掉全部滤饼。与此同时，由高压水清洗滤布两面，这就避免了滤布堵塞，为下一循环保证了一致的过滤条件。

a 工作原理

LAROX PF 型自动压滤机由程控器进行控制，可根据需要按长程序或短程序运行。长程序包括过滤、压榨、洗涤、二次压榨、吹干和卸饼六个过程，短程序则不包括洗涤和二次压榨过程。图 8-54 所示为其工作原理图。

（1）过滤：板框组闭合后，料浆通过分配管进入各个板框的过滤腔，滤液穿过滤布进入滤液腔并经过滤液管排出，滤饼初步形成。

（2）压榨：将高压水送入各板框橡胶隔膜的后面，隔膜膨胀挤压滤饼，挤压出的滤液通过滤布排出。

（3）洗涤：洗涤液由与料浆进入板框相同的路径进入过滤腔，顶起隔膜，挤出高压水，同时洗涤滤饼。洗液经过滤布进入滤液腔，然后经滤液管排出。

（4）二次压榨：洗涤后留在过滤腔中的洗涤液用与第一次挤压相同的方式，对滤饼实施二次挤压，挤压过滤腔中的洗涤液。

（5）吹干：压缩空气经与料浆进入相同的路径被送入过滤腔，并顶起隔膜，排出高压水。空气穿过滤饼后，滤饼水分进一步降低。

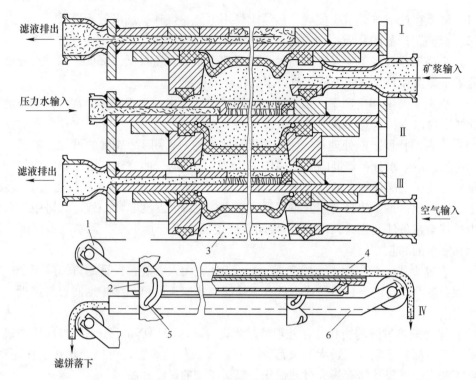

图 8-54　LAROX PF 型自动压滤机工作原理图
Ⅰ—过滤；Ⅱ—压滤；Ⅲ—吹干；Ⅳ—卸滤饼；
1—滤布托辊；2—悬挂板；3—滤饼；4—左板；5—销轴；6—右板

（6）卸饼：滤饼吹干后，板框组件打开，同时开动滤布驱动装置，滤布上的滤饼从两侧排出。

b　结构简介

LAROX PF 自动压滤机主要由底架、集水槽、顶紧机构、压板和立柱、板框组、滤布驱动装置、滤布张紧装置、管路系统、集中润滑系统、高压水站和控制柜组成，如图8-55所示。其主要组件简述如下。

（1）板框：板框由滤板、滤框、隔膜、密封圈及格子板组成，如图8-56所示。滤板上装有格子板，形成滤液腔，滤液汇集到这里并排出。隔膜与密封圈均装在滤框上。隔膜与滤框形成过滤腔，滤饼在此腔内形成。

（2）顶紧装置：顶紧装置有两种形式。一种为四杆机构，如图8-57所示，由电动机经减速机带动丝杠旋转，丝母与丝杠做相

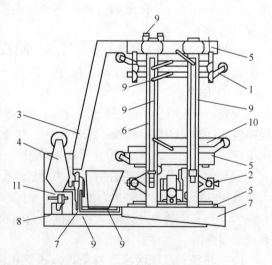

图 8-55　LAROX PF 型压滤机结构示意图
1—压滤板框；2—顶紧装置；3—滤布松紧装置；
4—滤布驱动装置；5—压板；6—立柱；
7—集水槽；8—机座；9—管路；
10—滤布；11—气动装置

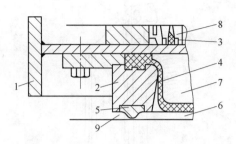

图 8-56　LAROX PF 型压滤机板框示意图
1—滤板；2—滤框；3—格子板；4—橡胶隔膜；
5—密封条；6—滤饼腔；7—压力水腔；
8—滤液腔；9—滤布

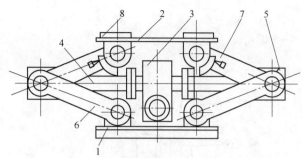

图 8-57　LAROX PF 型压滤机顶紧装置示意图
1—机座；2—上座；3—蜗轮减速机；4—丝杠及螺母；
5—十字轴；6—下支臂；7—上支臂；8—蝶形弹簧及座

对运动，四杆机构的运动可使板框组闭合压紧或打开。另一种顶紧采用液压缸，位于底架上的液压缸组成顶紧装置。通过位于立柱上的四个快速油缸闭合板框，然后再由位于底架上的密封油缸进行保压。

（3）压板和立柱：底板、顶压板与四根立柱相连组成机架，动压板在中间，其上有滚轮，可沿立柱外侧滑道上下滑行。底板上部装有滤板压紧装置，形成滤板开闭的下支承面。顶压板底面固定在压滤板框中的框架及橡胶隔膜形成的压力水腔上，顶压板前面有压力水通往压力水腔。动压板下面与压紧装置的上座相连，形成压紧装置的上支承面。上面固定压滤板框的底板。两侧装有滚轮，左侧装有滤布托辊，随着动压板的上下滑行而开、闭压滤板框。立柱除作为承重支柱和滑道外，还用于支承滤液管、压力水管和料浆管。

（4）滤布驱动装置：在压滤机每两个工作循环之间滤布都要运行，以卸掉滤饼和清洗滤布。电机带动三角皮带、减速机和带动滤布驱动辊（见图 8-58）。设有限矩离合器，以保证滤布驱动力不致过大。另外一种滤布驱动方式是采用液压电机拖动。

（5）滤布张紧装置：板框组开闭时，滤布长度的变化是通过张紧装置调整的。板框组打开，滤布张紧，然后滤布运行，卸除滤饼。张紧辊上装有液力耦合器，以保证张紧力恒定（见图 8-59）。

（6）管路系统：管路系统包括料浆管、滤液管、高压水管和冲洗水管。料浆经料浆管和分配胶管进入每个板框，高压水经高压水管和胶管进入每个板框的隔膜上方，滤液经胶管和滤液管排出机外（见图 8-60）。

（7）水泵站：水泵站包括储水桶和离心泵。泵出口的水压可达 1.6MPa，用于压榨滤饼。

（8）自动控制柜：控制柜中装有程控器，可按程序有序地指挥压滤机的工作。盘面上装有压滤机示意图，可以显示出各个工作状态。盘面上装有触摸屏，可随时方便地改变过程持续时间。有自诊功能。

（9）滤布：如图 8-61 所示，滤布从驱动机构中的驱动辊 1 起始，穿过压紧辊 2、对中调整辊 3 到松紧装置的左端托辊 5、松紧辊 4、右端托辊 5、装于压滤板框左端的托辊 6 而

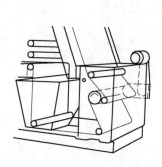

图 8-58   LAROX PF 型压滤机
滤布驱动装置示意图

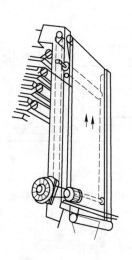

图 8-59   LAROX PF 型压滤机
滤布张紧装置示意图

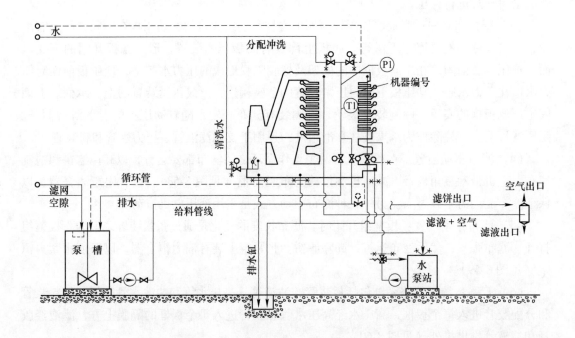

图 8-60   LAROX PF 型压滤机管路系统示意图

进入压滤板框。并以"之"字形往复穿越，然后穿过装于集水槽的长辊 7、滤布清洗喷管 8 而返回驱动辊 1。滤布的接头用特制的不锈钢扣扣合。

滤布的作用有二：一是过滤；二是卸滤饼。过滤是在滤布松弛的状态下被闭合的压滤板框压紧，如图 8-62 所示，进入压滤板框矿浆——滤饼腔的矿浆由于滤布的渗透作用，其水分进入滤液室，而留在滤布上面的矿渣形成滤饼。滤饼是在压滤板框开启，松紧辊 4

下移而拉紧滤布后，由驱动辊 1 带动滤布运行，滤布上的滤饼在运行到托辊 6 外侧时自动落下。因此，不仅要求滤布有良好的渗透性，而且要有良好的拉力强度，常用的是经线拉力强度大于纬线的多纤维布。

在每一个工作循环中，当滤布离开压滤板框组而进入集水槽时，总是带有矿浆残渣而影响其渗透性，因此，在卸滤饼开始的同时，滤布清洗管路的气动球阀自动打开而供给不小于 0.5MPa（5bar）的压力水，清洗过程如图 8-94 所示，当卸滤饼结束进入下一个循环时供水自动终止。需注意的是，如果水压低于 0.5MPa（5bar）则达不到清洗的效果，如果水压提高，可以降低水的消耗量。

c 技术参数

LAROX PF 型自动压滤机技术参数见表 8-44~表 8-49。

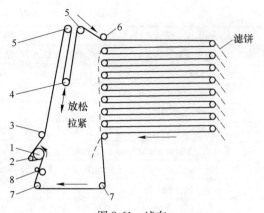

图 8-61 滤布
1—驱动辊；2—压紧辊；3—调整辊；4—松紧辊；
5，6—托辊；7—长辊；8—滤布清洗喷管

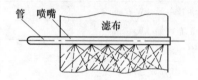

图 8-62 清洗滤布示意图

表 8-44 奥图泰 LAROX 立式压滤机（PF）1.6 系列

Outotec LAROX® PF 1.6	1.6	3.2	4.7	6.3	7.9	9.5	11	12.6
过滤面积/m²	1.6	3.2	4.7	6.3	7.9	9.5	11	12.6
过滤板/pcs	1	2	3	4	5	6	7	8
滤板尺寸/mm·m⁻²	900×1750/1.6							
过滤机长度/mm	3650							
过滤机宽度/mm	2500							
过滤机高度（60mm 滤腔）/mm	2300	2300	2400	2500	2600	2700	2900	—
过滤机重量/t	10.5	11.0	11.5	12	12.5	13	13.5	14
所需占地面积/m²	36							
最大压力/bar	16（1.6MPa）							
滤布压力/mm	1050							
滤布宽度/m	17		22		28		33	
电机（400V，50Hz）								
液压单元/kW-r/min	18.5-1500							
挤压水泵/kW-r/min	4-3000				11-3000			
挤压水站/L	500				1500			
液压站油箱/L	250							

注：1. 紧凑而易于安装的压滤机，用于较小的生产负荷。
2. 滤板腔高有 45mm 和 60mm，60mm 腔高最大到 11m²。

滤板尺寸/mm·m⁻²（表中滤板尺寸下方标注）900×1750/1.6

表 8-45 奥图泰 LAROX 立式压滤机 (PF) 12 系列

Outotec LAROX® PF 12	9.5/9.5	12.5/16	16/16	16/19	19/19	22/25	25/25	28/32	32/32
过滤面积/m²	9.45	12.6	15.75	15.75	18.9	22.05	25.2	28.35	31.5
过滤板/pcs	6	8	10	10	12	14	16	18	20
滤板尺寸/mm·m⁻²	900×1750/1.6								
过滤机长度/mm	4250								
过滤机宽度/mm	3600					3800			
过滤机高度（60mm 滤腔）/mm	2600	3100		3600		4100		4600	
过滤机重量/t	10.9	12.0	12.7	13.5	14.2	16.1	16.8	17.4	18.1
所需占地面积/m²	39.5								
最大压力/bar	16（1.6MPa）								
滤布宽度/mm	1050								
滤布长度/m	21.5	27.5	33	34	38.5	44.5	49.5	55	60.5
电机（400V，50Hz）									
液压单元/kW-r/min	18.5-1500								
滤布纠偏/kW-r/min	0.55-1500								
挤压水泵/kW-r/min	11-3000					15-3000			
挤压水站/L	1500					3000			
液压站油箱/L	150								

注：1. 易于维护的中型压滤机，可选防腐保护。

　　2. 滤板腔高有 45mm 和 60mm。

表 8-46 奥图泰 LAROX 立式压滤机 (PF) 15 系列

Outotec LAROX® PF 15	15	20	25	30	35	40	45	50
过滤面积/m²	15	20	25	30	35	40	45	50
过滤板/pcs	6	8	10	12	14	16	18	20
滤板尺寸/mm·m⁻²	1010×2470/2.5							
过滤机长度/mm	5100							
过滤机宽度/mm	3900							
过滤机高度（60mm 滤腔）/mm	4000	4000	4000/4600	4600	4600	5950	5950	5950
过滤机重量/t	28	29	30/32	33	34	38	39	40
所需占地面积/m²	60(10m×6m)							
最大压力/bar	16(1.6MPa)							
滤布宽度/mm	1180							
滤布长度/m	29	35	41/42	49	54	61	67	74
电机（400V，50Hz）								
液压单元/kW-r/min	22-1500							
挤压水泵/kW-r/min	18.5-3000				37-3000			
挤压水站/L	3000				6000			
液压站油箱/L	400							

注：1. 易于维护的中型压滤机，可选防腐保护。

　　2. 滤板腔高有 45mm 和 60mm。

表 8-47　奥图泰 LAROX 立式压滤机（PF）48 系列

Outotec LAROX® PF 48	48	60	72	84	96	108	120	132	144	156	168
过滤面积/m^2	48	60	72	84	96	108	120	132	144	156	168
过滤板/pcs	8	10	12	14	16	18	20	22	24	26	28
滤板尺寸/mm·m^{-2}	1500×4010/6.0										
过滤机长度/mm	6800										
过滤机宽度/mm	5040										
过滤机高度/mm	5170			5860		6340		6920		7610	
过滤机重量/t	59	62	65	72	74	81	84	90	93	99	102
所需占地面积/m^2	110										
最大压力/bar	16(1.6MPa)										
滤布宽度/m	1.7										
滤布长度/m	55	65	75	85.5	95.5	106	116	128	136	148	158
电机（400V，50Hz）											
液压单元/kW-r/min	90-1500					110-1500					
挤压水泵/kW-r/min	18.5-3000					37-3000					
液压站油箱/L	630										

注：1. 适用于中到大产能，易于维护的压滤机。

　　2. 滤板腔高有 33mm、45mm 和 60mm，60mm 腔高最大到 144m^2。

表 8-48　奥图泰 LAROX 立式压滤机（PF）60 系列

Outotec LAROX® PF 60	60	72	84	96	108	120	132	144
过滤面积/m^2	60	72	84	96	108	120	132	144
过滤板/pcs	10	12	14	16	18	20	22	24
滤板尺寸/mm·m^{-2}	1500×4010/6.0							
过滤机长度/mm	6800							
过滤机宽度/mm	5040							
过滤机高度/mm	5120		5820		6520		7220	
过滤机重量/t	68.5	71.5	77.0	80.0	85.5	88.5	94.4	97.0
所需占地面积/m^2	110							
最大压力/bar	16（1.6MPa）							
滤布宽度/m	1.7							
滤布长度/m	62.5	73.5	84.5	95	105.5	116.5	128	136
电机（400V，50Hz）								
液压单元/kW-r/min	90-1500				110-1500			
液压站油箱/L	630							

注：1. 适用于高产能、高负荷精矿生产的压滤机。

　　2. 滤板腔高有 45mm、60mm 和 75mm，75mm 腔高最大到 132m^2。

表 8-49 奥图泰 LAROX 立式压滤机（PF）180 系列

Outotec LAROX® PF 180	162	180	198	216	234
过滤面积/m²	162	180	198	216	234
过滤板/pcs	18	20	22	24	26
滤板尺寸/mm·m⁻²	1500×6010/9.0				
过滤机长度/mm	9400				
过滤机宽度/mm	5400				
过滤机高度/mm	7725			8450	
过滤机重量/t	131	134	138	146	150
所需占地面积/m²	160				
最大压力/bar	12（1.2MPa）				
滤布宽度/m	1.73				
滤布长度/m	148	160	172	188	200
电机（400V，50Hz）					
液压单元/kW-r/min	110(+30)-1500				
液压站油箱/L	800				

注：1. 增加 50% 过滤面积，高产能的压滤机。

   2. 滤板腔高有 45mm、60mm 和 75mm。

d 用途

由于 PF 型压滤机具有卓越的洗涤效果和很干的滤饼，所以该系列取得了许多用户的认可，他们都选用 PF 型自动压滤机。该机的用途主要包括以下方面：

（1）生物处理：生物体、生物药品、酶、发酵液。

（2）化学：丙烯腈、催化剂、磷酸二钙、杀菌剂、除草剂和农药、石膏、氢氧化镁、金属盐、金属酸盐、荧光增白剂、磷酸盐、磷酸、颜料和染料、聚合物、有机调色剂（化学生产的）、沸石。

（3）食品：甜菜糖、微晶纤维素、淀粉、山梨醇、糖。

（4）工业矿物：铝、硼酸、二氧化硅和硅酸盐、重质碳酸钙、钛白、沉淀碳酸钙、滑石。

（5）药品：抗菌素、中间产品、蛋白质、维生素。

（6）废水处理：牛皮纸浆、苛性泥、PVC 废物、苏打灰废物、硫黄、废泥浆。

（7）采矿和贵金属冶炼中的固体和液体的分离。

B LAROX DS 型自动压滤机

LAROX DS 型自动压滤机是完全密闭式的，所有的聚丙烯隔膜滤板位于滤腔两侧。此种压滤机尤其适用于食品、制药和其他特殊化学品等要求完全密闭的工艺，LAROX DS 压滤机还可设计为惰性气体环境，适用于湿润溶剂的过滤或要求无氧环境的工艺，即时清洗是它的一大特点，适合于对卫生要求非常严格的工艺。

LAROX DS 型自动压滤机有以下优点：

（1）密闭过滤。卫生设计，达到 GMP 规范、密闭设计，用于处理溶剂或其他挥发性物料，可在密闭装置中通入惰性气体。

（2）性能优良。能非常好地处理难滤物料和缓慢过滤的物料；在滤室的两面形成均匀的滤饼；非常有效的滤饼洗涤；保证了滤饼的均匀洗涤；在滤饼洗涤期间，防止了滤饼裂纹；滤布在每个循环期都受到洗涤；保证了一致的生产率和结果，甚至在条件变化时也是如此。

（3）单侧滤饼卸除。无端滤布保证了所有滤饼在同侧快速卸除。同时，洗布装置用高压力洗布，防止了布的堵塞，并且确保下一循环的一致过滤条件。

（4）黏性滤饼。LAROX DS 型自动压滤机处理黏性滤饼是非常有效的，原因是滤饼仅仅与滤布接触。在卸滤饼期间，位于滤室两侧的刮刀保证了滤饼的卸出。

（5）容易操作。

（6）能处理难过滤的物料。

（7）良好的滤饼洗涤。

（8）耐腐蚀。

（9）封闭烟密操作。标准结构提供封闭处理腐蚀性、危险性物料，达到封闭烟密的作用。保证操作人员安全，防止了产品污染。

（10）封闭气密操作。对于溶剂或有潜在爆炸的场合，LAROX DS 型自动压滤机可提供配合，使固液分离在惰性气氛下进行。

a　工作原理

图 8-63 所示为 LAROX DS 型自动压滤机工作原理。

（1）过滤：料浆由泵压入滤室。在滤饼形成期间，滤液经由隔膜上的流道排出。在每个滤室形成两块薄饼。

（2）压榨（预挤压）。每个滤室中的两块滤饼由于隔膜的膨胀而彼此受到挤压，滤室容积的减小使每个滤室的滤饼均匀，并排出更多的滤液。

（3）洗涤：隔膜挤压之后，可进行顺流洗涤或逆流洗涤。洗涤通常在保持挤压的条件下进行。这避免了滤饼的松弛和裂纹。这使得洗涤更有效地在均匀的表面上进行。

（4）料浆流道的洗涤：通过料浆流道加入洗液予以洗涤。在这种情况下，洗液代替了料液，并从滤室的中央通过滤室两面，再经滤液流道排出。在这种情况下，在洗涤阶段之前或在洗涤期间不施加压榨，并且滤饼分别在滤室的两面受到洗涤。

（5）隔膜压榨（后挤压）：洗涤步骤完成之后，对隔膜施加压力增至最大，对滤饼施压，以便除掉尽可能多的液体。

（6）吹风：在隔膜保持最大压力时，进行压缩空气的吹风通过滤饼。这保证了滤饼水分一致而又最低，原因是吹风可通过调整吹风的压力和持续时间进行控制。空气吹风通过滤饼的各处。如果需要也可反吹。

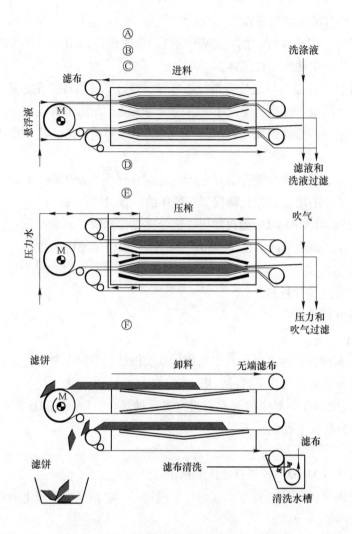

图 8-63 LAROX DS 型自动压滤机工作原理

A—进料；B—进料通道；C—洗涤通道；D—隔膜压榨；

E—吹风；F—卸除滤饼；M—电机

（7）滤饼的卸除和滤布的清洗：最后，打开滤板，借助滤布行走卸掉滤饼，滤饼的卸除总是在同一边。在每个滤室的末端有卸饼刮刀，以保证卸饼。还由于过滤总是在过滤介质同一侧进行，过滤介质被矸光表面光滑促进了滤饼的卸除。在滤饼卸除期间，滤布的两面受到高压水的连续洗涤，以减少布的堵塞以及使滤布寿命较长。

b　技术参数

全聚丙烯滤板具有安装在不锈钢框上的隔膜。框上装有滤布辊。料浆加入管位于滤板之间，然后滤板被密闭，向滤室两面的滤布上加入料浆。结果，滤饼只与过滤介质接触，滤饼夹在两层滤布之间。

LAROX DS 系列自动压滤机技术参数见表 8-50 和表 8-51。

表 8-50　LAROX DS800 自动压滤机技术参数

过滤面积/m²		1.8~3.6	1.8~7.2	6.3~10.8	9.9~14.4
机架编号		4	8	12	16
最大工作压力/MPa		1.6			
质量/t		8	9	10	11
滤室容积/m³	室深25mm	0.021~0.042	0.021~0.084	0.074~0.126	0.116~0.168
	室深40mm	0.033~0.066	0.033~0.132	0.116~0.198	0.182~0.264
	室深50mm	0.043~0.086	0.043~0.171	0.150~0.257	0.235~0.342
滤板数量/块		2~4	2~8	7~12	11~16
外形尺寸	高/mm	2830	3490	4165	5055
	长/mm	2680			
	宽/mm	2690			
滤板尺寸/mm×mm		800×600			
滤布	宽/m	0.86			
	长/m	14.5~20.7	14.5~33.4	30.6~46.6	43.3~59.3
功率/kW	液压站	0.75	2.35	3.75	4.5
	驱动装置	4.0			

表 8-51　LAROX DS1200、DS2400 自动压滤机技术参数

	型　号	1200-12	1200-16	1200-20	1200-26	1200-30	1200-34
	过滤面积/m²	21.5~25.8	21.5~34.4	30.1~43.0	38.7~55.9	43.0~64.5	47.3~73.1
	机架编号	12	16	20	26	30	34
	最大工作压力/MPa	1.6					
	质量/t	20	23	26	30	33	36
	滤室容积/m³ 室深25mm	0.225~0.270	0.225~0.360	0.315~0.450	0.405~0.585	0.450~0.675	0.495~0.765
	室深40mm	0.380~0.456	0.380~0.608	0.532~0.760	0.684~0.988	0.760~1.140	0.836~1.292
	室深50mm	0.490~0.588	0.490~0.784	0.686~0.980	0.882~1.274	0.980~1.470	1.078~1.666
LAROX DS1200	滤板数量/块	10~12	10~16	14~20	18~26	20~30	22~34
	外形尺寸 高/mm	4220	4940	5660	6740	7460	8180
	长/mm	3430					
	宽/mm	3210					
	滤板尺寸/mm×mm	1200×1200					
	滤布 宽/m	1.26					
	长/m	47.0~55.0	47.0~70.5	62.0~84.0	39.5~60.5 +54.0[①]	47.5~69.5 +61.0[①]	45.5~78.5 +68.0[①]
	功率/kW 液压站	5.25	6.75	8.25	11.25	12.75	14.25
	驱动装置	15					

续表 8-51

	型号		2400-12	2400-16	2400-20	2400-26	2400-30	2400-34
LAROX DS2400	过滤面积/m²		47.0~56.4	47.0~75.2	65.8~94.0	84.6~122.2	94.0~141.0	103.4~159.8
	机架编号		12	16	20	26	30	34
	最大工作压力/MPa		1.6					
	质量/t		25	28.5	32	36	39.5	43
	滤室容积/m³	室深 25mm	0.507~0.608	0.507~0.811	0.710~1.014	0.913~1.318	1.014~1.521	1.115~1.724
		室深 40mm	0.840~1.008	0.840~1.344	1.176~1.680	1.512~2.184	1.680~2.520	1.848~2.856
		室深 50mm	1.065~1.278	1.065~1.704	1.491~2.130	1.917~2.769	2.130~3.195	2.343~3.621
	滤板数量/块		10~12	10~16	14~20	18~26	20~30	22~34
	外形尺寸	高/mm	4150	4870	5590	6670	7390	8110
		长/mm	4630					
		宽/mm	3620					
	滤板尺寸/mm×mm		1200×2400					
	滤布	宽/m	1.26					
		长/m	70.0~83.0	70.0~107.0	94.0~130.0	55.0~97.0 +84.0①	54.0~104.0 +95.0①	52.0~118.0 +107.0①
	功率/kW	液压站	5.25	6.75	8.25	11.25	12.75	14.25
		驱动装置	37+4					

①对大型压滤机，有两条滤布，前两个数字是下部滤布的长度，最后一个数字是上部滤布的长度。

C 奥图泰 LAROX FFP 型自动压滤机

奥图泰 LAROX FFP-快开压滤机是市场上最大的隔膜卧式压滤机之一（最大过滤面积高达 991 平方米）。通过增大过滤能力，降低能耗和维护成本的，为客户工艺做了多方面优化。即使滤饼分布（得益于其顶部进料设计）也是有效的风干表现和优异工艺性能的关键因素。FFP 是当今市场上最简便的强大卧式过滤机，质量更好，成本更低，交货时间更短。

优点

（1）处理能力大；

（2）安装、操作及维护简单；

（3）操作灵活且全自动化；

（4）工艺性能稳定；

（5）可随工艺变化自动调整；

（6）拥有奥图泰成熟的控制系统；

（7）故障自动诊断系统；

（8）可远程控制，为客户提供操作优化的支持。

FFP 结合了隔膜技术和侧梁设计的现有优点，提高了机械和工艺性能。奥图泰 LAROX FFP 的通过降低操作时间短来提高产量，尤其是滤饼的高压空气风干设计来降低工艺循环时间以及降低磨损率的设计。

该卧式压滤机性能稳定，保证了精矿和尾矿处理所要求的滤饼水分。该压滤机操作稳定、均匀且全自动化。

结构

奥图泰 LAROX FFP 型自动压滤机结构如图 8-64 所示。

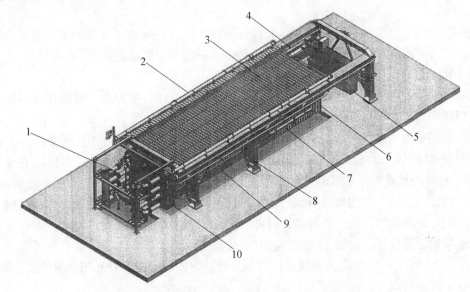

图 8-64　奥图泰 LAROX FFP 型自动压滤机结构图
1—头板管道；2—滤布冲洗系统；3—滤布挂杆；4—滤布振动系统；
5—移动板；6—尾板；7—滤板组；8—支撑架；9—侧梁；10—头板

滤板设计

滤板是所有过滤技术的核心，用于优化工艺性能，尤其是滤饼吹气的效果。

有了过滤板，就可以减少滤饼水分，降低磨损率。通过滤布洗涤保持滤饼密封区和滤布的表面干净，使安全和工艺的连贯性得到进一步提高。滤板使用聚丙烯制造，配有可替换的滤液出口和可更换的橡胶隔膜。

大直径的滤液及风干空气出口可保持较低的空气流速，以避免和降低损坏和磨损。FFP 的所有密封均采用灵活的唇密封，这就比任何其他压滤机只需更低的密封力。

机械装置

快开机械装置工作时无需液压同步系统。同步通过结构本身的机械设计得以确保，这种结构允许非常快的开关速度，缩短了循环时间。

移动装置

快速反应液压缸系统大大缩短了技术时间。所有滤板都通过香蕉连接板与过滤机的可移动压力板相连接。

快开系统

快速反应液压缸使得压力板在打开位置和关闭位置之间移动，从而滤板组得以打开。锁紧销系统的销子将可移动的压力板与关闭位置上的侧梁相连接。有了侧梁承受载荷后，通过短冲程高压缸的工作确保板部件之密闭性的所需闭合力，以提高运转时的安全性。在为快速的部件移动和密封提供单独的液压执行机构并使用可变排量液压泵之后，显著降低了功率要求和维护成本。

滤布洗涤和振动系统

洗布洗涤及振动系统位于滤板组上方。借助滤布振动卸载滤板。在滤箱打开后，定位的冲洗杆能够有效地冲洗滤布。用水清除残余的滤饼部分并清洗密封件边缘，以确保操作顺利。

此外，在结合冲洗杆的设计，滤布悬挂杆的设计可以快速和无故障的更换滤布，无需拆卸任何部件，也无需吊起整个滤板。如果必要，一次至少可以更换 10 块滤布。

自动化

带有可视化用户界面的奥图泰自动化系统增加了安全性，使操作、故障排除以及报告工作得以顺利进行。

在与加强型报告系统结合后，可选远程控制进行预防性维护保养工作的支持。

奥图泰 LAROX FFP 3512 型自动压滤机为大型尾矿脱水设备。新型 FFP 3512 在成熟的 FFP 2512 系列的基础上开发得出，可提供更大容量。为了满足不断增加的尾矿处理需求，同时考虑到设计需求，奥图泰一直致力于生产以下两种具备相同互换性的过滤机系列。据奥图泰的跟踪记录显示，该设备在设计时考虑了过滤器工厂操作的较高要求，进一步专注于一个独特的滤板设计，实现了快速、可靠的过滤操作。

奥图泰 LAROX FFP 结构的机械设计较为独特，使得滤板纽打开和闭合的速度非常快，继而缩短了周期时间。

生产能力大

（1）过滤面积最大高达 $991m^2$；

（2）部件的打开快速可靠；

（3）根据选矿条件量身定制的最新技术的滤板设计。

操作自动化

（1）可随工艺变化进行自动调整；

（2）工艺性能稳定；

（3）可远程控制。

高运转率

（1）拥有奥图泰 LAROX 成熟的控制系统；

（2）故障的诊断和排除速度快；

（3）维护能力改进，可快速、方便地接近所有组件。

滤布的快速更换及安装是奥图泰 LAROX 过滤厂设计的关键因素。FFP 过滤机滤布更换是安装的一个简单塑向工作，可以快速安全的更换滤布。

奥图泰 LAROX FFP 型自动压滤机技术参数见表 8-52。

表 8-52　奥图泰 PPF 型自动压滤机技术参数

奥图泰 LAROX FFP		1516	2512	3512
过滤面积	m^2	108~252	288~576	831~991
滤腔体积	m^2	1.9~6.4	5.4~15.4	16.74~19.98
过滤面积/滤腔	m^2	3.6	9.6	13.4

奥图泰 LAROX FFP		1516	2512	3512
可用的板框规模	滤腔数	30-40-50-60-70	30-35-40-45-50-55-60	62~74
主要尺寸				
总长度	mm	10250~18050	12250~19300	19450
总宽度	mm	3530	5950	5950
总高度	mm	4240	3870	3870
总重量	t	47~70	121~160	160~170
安装功率（液压）	kW	18.5	90	90

技术数据如有变更，恕不另行通知。

8.5.4.2 卧式滤布全行走式压滤机

久保田板框式压滤脱水机是一种卧式滤布全行走式压滤机。其优点如下：

（1）卧式滤布全行走式压滤机是通过高压脱水来降低含水量。不仅能减少脱水泥饼量，还能克服以往压滤脱水机的不足之处，大大减少维护管理费用。

（2）依靠全自动行走式滤布，泥饼的排出和清洗等时间能大幅度缩短，从而节省了运行时间（循环运行时间），并且，所需的过滤面积最小。

（3）和以往产品相比，具有机体重量轻，节省空间的特点。

（4）能大幅度地减少，脱落性差的泥饼的刮落作业和滤带更换作业时间。

（5）因为没有清洗水的飞溅，所以能卫生、有效地清洗滤布。

过滤脱水的步骤如图 8-65 所示。

过滤·脱水的步骤

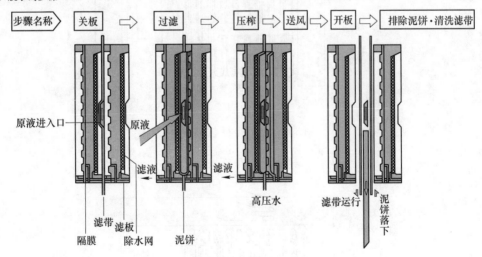

图 8-65 过滤脱水的步骤示意图

卧式滤布全行走式压滤机的特点为：

（1）各步骤都是全自动运行，基本上无人操作。

（2）能缩短运行时间，并且所需的过滤面积小，从而节省了空间。

1）过滤挤压后泥饼的排放工序是在滤布运行的同时对滤布进行清洗，使得等待处理时间（闲杂时间）缩短，实现运行时间的缩短。

2）如果运行时间相同时，可以选择过滤面积小的机型。

（3）滤室两面的滤布通过上下挤压确保泥饼的排出。

（4）封闭状态的构造，能更卫生、高效地清洗滤布。

（5）滤布的更换非常简单。

1）使用过的滤布暂时连接在新的滤布上，依靠滤布驱动装置或缠绕装置，拉入装置内部，简单地进行更换。

2）所需操作人员，一小时左右即可完成。

固定式滤布与行走式滤面循环时间比较如图 8-66 所示。

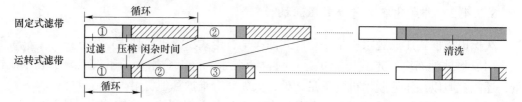

图 8-66　固定式滤布与行走式滤面循环时间比较

滤布全行走式压滤机结构如图 8-67 所示，滤布更换如图 8-68 所示。

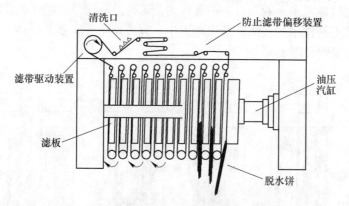

图 8-67　滤布全行走式压滤机结构

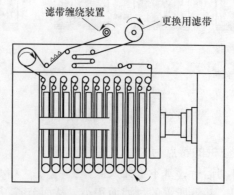

图 8-68　滤布全行走式压滤机滤布更换图

卧式滤布全行走式自动压滤机如图 8-69 所示，其技术参数见表 8-53。

图 8-69 卧式滤布全行走式自动压滤机

表 8-53 卧式滤布全行走式自动压滤机的技术参数

过滤面尺寸/mm			1.25×1.25						1.5×1.5			
过滤面积/m²		10	20	30	40	50	60	70	80	100	120	150
		4	8	12	16	20	24	20	23	28	34	42
尺寸	长/m	3.1	3.6	4.1	4.9	5.4	5.9	5.5	5.9	6.6	7.4	8.5
	宽/m	2.1						2.5				
	高/m	2.5						3.0				
主体重量/mm		7.2	8.2	9.0	10.0	10.8	11.6	17.0	19.0	21.5	24.0	30.0
过滤·压榨压力/MPa		过滤 0.4~0.7，压榨 0.7~1.5										

卧式滤布全行走式压滤机从净水、下水工程到粪便填埋、炼钢、制造等的公司广泛使用。脱水系统的流程图如图 8-70 所示，其脱水参数见表 8-54。

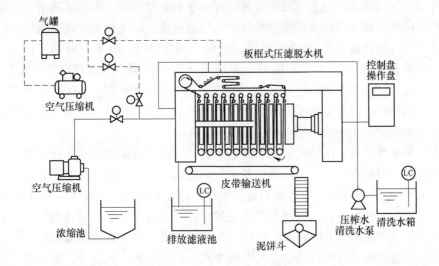

图 8-70 脱水系统的流程图

表 8-54　脱水参数（节选）

■净水泥浆…浓度5%		
过滤压力	0.4	MPa
压榨压力	1.5	MPa
过滤时间	5	min
压榨时间	7	min
泥饼含水率	46	%
过滤速度	10.7	kg/m²/h
■下水泥浆…浓度3.7%		
过滤压力	0.4	MPa
压榨压力	1.5	MPa
过滤时间	7	min
压榨时间	7	min
泥饼含水率	63	%
过滤速度	5.0	kg/m²/h
■造钢泥浆…浓度40%		
过滤压力	0.4	MPa
压榨压力	1.5	MPa
过滤时间	5	min
压榨时间	2	min
泥饼含水率	20	%
过滤速度	50	kg/m²/h

8.6　带式压榨过滤机

带式压榨过滤机是由两条无端滤带缠绕在一系列顺序排列、大小不等的辊轮上，利用滤带间的挤压和剪切作用脱除料浆中水分的一种过滤设备，又称为带式压滤机。

带式压榨过滤机最早于 1963 年出现在欧洲，到 20 世纪 70 年代开始应用于生产。目前，我国形成普通（DY）型、压滤段隔膜挤压（DYG）型、压滤段高压带压榨（DVD）型、相对压榨（DYX）型及真空预脱水（DYZ）等 5 个系列产品，主要区别在于压榨脱水阶段。带式压榨过滤机主要用于造纸、印染、制药、采矿、钢铁、煤炭、制革等行业，尤其在城市污水处理和工业污泥脱水中应用最为普遍。

带式压榨过滤机由于压榨辊采用不同的布置与组合，可形成很多不同的机型，尽管其产品结构各异，但基本工作原理与压榨方式大体相同，压榨辊的压榨方式共分两种，即相对辊式和水平辊式（见图 8-71）。相对辊式由于作用于辊间的压力脱水，具有接触面积小、压榨力大、压榨时间短的特点；水平辊式是利用滤带张力对辊子曲面施加压力，具有接触面宽、压力小、压榨时间长的特点。目前，带式压榨机上水平辊式用得最多。

带式压榨过滤机具有结构简单、脱水效率高、处理量大、能耗少、噪声低、自动化程度高、可以连续作业、易于维护等优点，其成本和运行费用比板框压滤机降低 30% 以上，

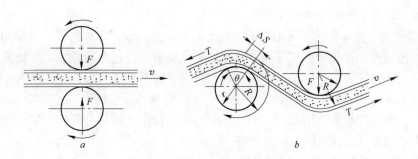

图 8-71 压榨辊的压榨方式
a—相对辊式；b—水平辊式

因此成为城市污水处理的首选设备。随着我国城镇化进程的迅速发展，城市污水处理厂将以超常规的建设速度发展，对带式压榨过滤机的需求将十分可观。

8.6.1 普通型带式压榨过滤机

普通型带式压榨过滤机在国产的 5 个系列产品中结构最为简单，造价低廉，市场上很受欢迎。图 8-72 所示为普通型带式压榨过滤机的工作原理。

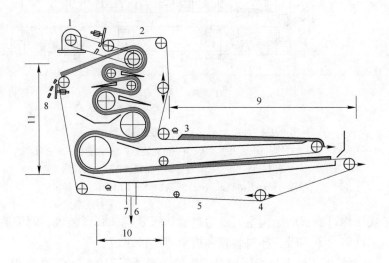

图 8-72 普通型带式压榨过滤机的工作原理
1—驱动装置；2—上滤布；3—进料；4—纠偏装置；5—下滤布；6—滤液；7—清洗液；
8—脱水滤饼；9—重力脱水区；10—楔形压榨区；11—S 形脱水区

普通型带式压榨过滤机的工作原理大体分为 4 个阶段：

（1）预处理阶段。原始料浆的含固量一般很低，必须利用重力沉降或其他方式提高料浆浓度，以降低处理成本。常用的预处理方式是：将浓缩后的污泥与高分子絮凝剂混合，在絮凝剂作用下，物料微细颗粒凝聚团状，并初步沉淀，这是污泥上机脱水的准备条件。

（2）重力脱水阶段。将絮凝预处理后的污泥加到滤带上，在重力的作用下，絮团之外的自由水便穿过滤带滤出，降低了污泥的含水量。

（3）楔形预压脱水阶段。污泥在重力脱水后开始进入楔形压榨区段，滤带间隙逐渐缩小，开始对污泥施加挤压和剪切作用，使污泥再次脱水。经过此阶段后，污泥流动性几乎完全丧失，从而保证了在正常情况下污泥在压榨脱水段不会被挤出。

（4）压榨脱水阶段。污泥经过精心设计的压榨辊系的反复挤压与剪切作用，脱去大量毛细作用水，使污泥水分逐渐减少，形成污泥滤饼，在重选滤带分开处，滤饼被卸料刮刀刮下。卸料后滤布经清洗进入下一个循环。

图 8-73 所示为普通型带式压榨过滤机的结构图。

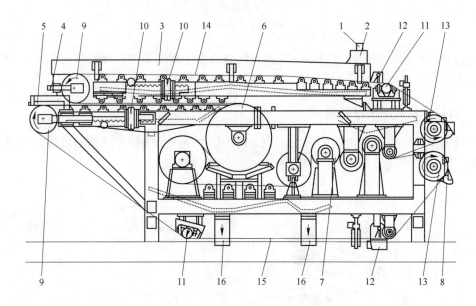

图 8-73　普通型带式压榨过滤机的结构图

1—入料口；2—给料器；3—重力脱水区；4—挡料装置；5—楔形区；6—低压区；
7—高压区；8—卸料装置；9—张紧辊；10—张紧装置；11—调偏装置；
12—清洗装置；13—驱动辊；14—上网带；15—下网带；16—排水口

普通型带式压榨过滤机的结构主要由给料器、张紧辊、张紧装置、调偏装置、清洗装置、驱动辊、上网带、下网带、卸料装置和机架等部件组成。

图 8-74 所示为采用普通型带式压榨过滤机处理悬浮污泥的一种工艺流程。

该处理系统中安装有：可向絮凝器装置供给溶剂和高压的污水泵；絮凝剂调制设备，配有稀释表板和调配泵；为在压气缸条件下，压力和示踪系统的运行而备的带式冲洗泵和空气压缩机；控制板，液压接头和电动接头；螺旋卸料传送机或带式卸料传送机和装置在厂房内的整体过滤设备。

国产普通（DY）型带式压榨过滤机技术参数见表 8-55。

8.6.2　重型带式浓缩压榨脱水机

重型带式浓缩压榨脱水机的主要特点为：结构先进，操作维护方便，全自动运行，适合较高浓度的工业污泥和生活污泥的脱水处理。

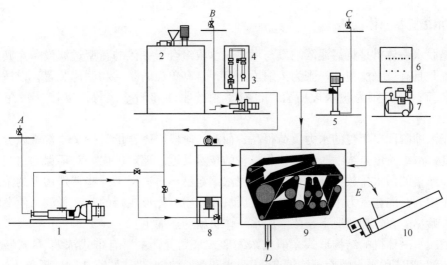

图 8-74　普通型带式压榨过滤机处理污泥工艺流程

1—污泥给入泵；2—絮凝剂箱；3—絮凝剂测量泵；4—稀释盘；5—洗涤水泵；6—配电箱；

7—空气压缩机；8—絮凝器；9—带式压滤机；10—输送用螺旋传送机；

A—污泥进入；B—可饮用水进入；C—洗净用水进入；D—过滤物排出；E—污泥排出

表 8-55　DY 型带式压榨过滤机的技术参数

参　数 ＼ 型　号	DY-500	DY-1000	DY-1500	DY-2000	DY-2500	DY-3000
过滤有效宽度/mm	500	1000	1500	2000	2500	3000
滤带速度/m·min^{-1}	0.6~6	0.6~6	0.6~6	0.6~6	0.6~6	0.6~6
主机功率/kW	1.1	1.5	2.2	2.2	3.0	3.0
质量/t	2.2	2.7	3.2	3.7	4.9	5.7
处理量/m^3·h^{-1}	2~4.5	4~8	7.5~12	10~17	15~21	18~25
清洗水耗量/L·min^{-1}	30~50	60~75	80~100	120~130	140~160	180~200

重型带式浓缩压榨脱水机（DYQ-NP1Z 型）技术参数见表 8-56。

表 8-56　DYQ-NP1Z 型重型带式浓缩压榨脱水机技术参数

技术参数		机　型				
		DYQ-N1500P1Z	DYQ-N2000P1Z	DYQ-N2500P1Z	DYQ-N3000P1Z	DYQ-N3500P1Z
功率 /kW	主机	4	4.5	5.5	7.5	11
	浓缩机	1.5	1.5	1.5	1.5	1.5
	加料	1.1	1.1	1.1	1.1	1.1
滤带宽度/mm		1500	2000	2500	3000	3500
处理量/m^3·h^{-1}		10~20	20~30	30~40	40~60	50~80
外形尺寸 /mm	长	15000	15000	15000	15000	15000
	宽	2600	3100	3600	4100	4600
	高	1900	1900	1900	1900	1900
整机质量/kg		10600	11500	14500	16500	18500
生产厂家		江西核威环保科技有限公司				

8.6.3 浓缩脱水一体机

浓缩脱水一体机是将污泥浓缩段与污泥脱水段组合于一体的新型过滤设备。其最为明显的特征是具有三张滤布,一张为浓缩段所有,且有单独的驱动和调速装置,以适应较大的水力负荷;另两张为脱水段所有,也有单独的驱动和调整装置,以接受污泥的固体负荷。

由于浓缩阶段要接受的水力负荷很高,而这一阶段固体含量又少又非常难以分离和控制,因此,浓缩阶段是浓缩脱水一体化设备的技术关键。随着国内外对环保的重视,为了满足逐步严格的污水排放标准,传统的污泥浓缩池已不再适用于一些特殊污泥的浓缩,如含有大量磷的污泥在重力浓缩池的缺氧或厌氧环境中可能形成磷的二次释放,使上游脱磷效果丧失殆尽。在这种情况下,浓缩脱水一体机就应运而生。

浓缩脱水一体机的结构形式一般按浓缩形式来划分,主要有带式浓缩/带式脱水、转鼓转筛浓缩/带式脱水、螺旋预浓缩/带式脱水和离心浓缩/带式脱水 4 种,现分述如下。

8.6.3.1 带式浓缩/带式脱水

这种浓缩一体机的浓缩段为重力带式机械浓缩机,脱水段为带式压榨过滤机。浓缩段的带式机械浓缩机主要由框架、进泥配料装置、脱水滤布、可调泥耙和泥坝组成。脱水段的压滤机则由普通带式压榨过滤机或结构经过改造的带式压榨过滤机组成。浓缩段和脱水段有各自独立的应力控制和滤布纠偏系统,但共用一套压缩空气源或液压动力源。浓缩段和脱水段均有滤布反冲装置,且共用同一反冲洗水泵。

污泥经加药处理后先送至浓缩段,经过几十秒钟的浓缩处理后,污泥浓度达到 2%~10%以上(视操作要求而定),然后经过污泥配料装置送至压滤脱水段,最后形成具有一定含固率的泥饼。

带式一体机的浓缩过程为:污泥进入浓缩段时被均匀摊铺在滤布上,好似一层薄薄的泥层,在重力作用下,泥层中污泥的表面水大量分离并通过滤布孔隙迅速排走,而污泥固体颗粒则被截留在滤布上。这一过程可以理解为沉淀池浅池理论中池深趋于零时的极限情况,此时,污泥中固体的截留率是很高的。随着滤布的行进,截留在滤布上的固体颗粒被设在滤布上方的泥耙扰动,进一步脱去一部分水分,并互相黏结形成流动性较差的浆状污泥。由于污泥流动性差,进入后续压滤机的高压剪切段后不容易被挤出来,因此,脱水效果得以保证,最终泥饼的含固率提高得很明显。

带式一体机的浓缩段通常具备很强的可调节性,其进泥量、滤布走速、泥耙夹角和高度均可进行有效的调节,以达到预期的浓缩效果。

带式浓缩脱水一体机的特征和优点为:

(1)污泥直接进行浓缩和脱水,可省掉污泥静态预浓缩池及相应的搅拌刮泥设备,节约占地面积。

(2)仅需一套絮凝剂投加系统、一个控制盘、一台进料泵,降低成本,操作便利。

(3)除磷效果好。由于减少污泥浓缩时间,避免污泥浓缩时磷的释放,从而达到很好的污水除磷效果。

（4）脱水后污泥含固率高，厌氧硝化污泥达 25%～38%（干重），好氧稳定污泥达 20%～25%（干重），供水厂污泥达到 30%～50%（干重）。

（5）机构紧固，牢固的框架、高强度的轴承和挤压辊、气动滤带张力和运行控制，可同步驱动整个带宽并防止折叠。

（6）水耗量最小，预脱水产生的清澈滤液循环用作滤带清洗喷淋水，只在絮凝剂调配、设备开机、关机后喷淋清洗时，才需要自来水或生产水。

图 8-75 所示为国产 DNY 型带式浓缩压滤机的结构简图。该机对各种场合的稀污泥具有极强的适应性，适合进料浓度甚至可以低于 0.5%，可广泛应用于市政、印染、造纸等行业的稀污泥脱水。主要规格参数见表 8-57。

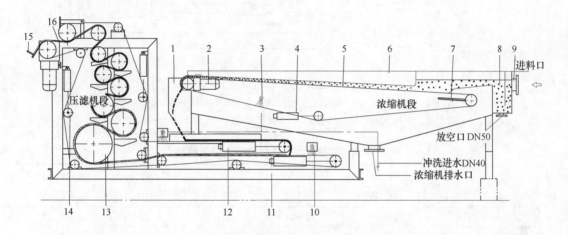

图 8-75　DNY 型带式浓缩压滤机的结构简图

1—翻转箱；2，16—驱动装置；3，10—冲洗装置；4，14—纠偏装置；5—布料装置；6—框架箱；
7，12—张紧装置；8—进料装置；9—进料口；11—机架；13—压榨辊系；15—卸料装置

表 8-57　DNY 型带式浓缩压滤机的主要规格参数

型　号	DNY1000	DNY1500	DNY2000	DNY2500	DNY3000
滤带宽度/mm	1000	1500	2000	2500	3000
压榨过滤面积/m²	5	7.5	10	12.5	15
滤带速度/m·min⁻¹	浓缩段 4.5～22；压榨段 1.0～5.0				
主机传动功率/kW	3.75	3.75	4.3	5.1	5.5
清洗水压力/MPa	≥0.7				
清洗水量/m³·h⁻¹	9～15	12～18	15～25	20～30	25～36
主机质量/kg	5500	7200	8000	9200	10500
外形尺寸（长×宽×高）/mm×mm×mm	7290×1850 ×2330	7290×2350 ×2330	7290×2850 ×2330	7290×3400 ×2330	7290×3900 ×2330
生产厂家	湖州核华机械有限公司				

图 8-76 所示为浓缩脱水一体机应用工艺流程，配套设备参数见表 8-58，浓缩一体机的应用效果参数见表 8-59。

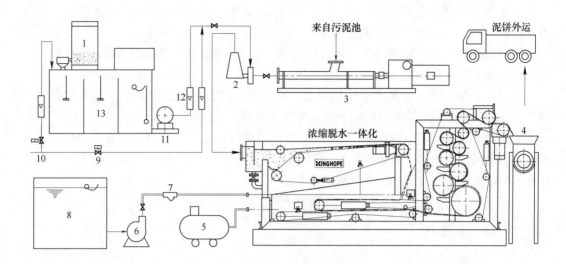

图 8-76　浓缩脱水一体机应用工艺流程

1—干投机；2—混合器；3—污泥泵；4—输送机；5—空压机；6—清洗泵；7—过滤器；
8—清水池；9—电磁阀；10—自来水；11—加药泵；12—流量计；13—自动加药装置

表 8-58　浓缩脱水一体机的配套设备参数

型号 系统参数	DNY（A）、 TDY1000	DNY（A）、 TDY1500	DNY（A）、 TDY2000	DNY（A）、 TDY2500	DNY（A）、 TDY3000
污泥泵流量/m³·h⁻¹	10~30	15~40	20~50	25~60	30~75
冲洗泵流量/m³·h⁻¹	10~15	15~20	20~30	25~35	30~45
冲洗泵扬程/m			≥50		
配套加药装置型号	PT958	PT1340	PT1340	PT1340	PT2660
加药用水量/L·h⁻¹	1500	2000	3000	3500	4500
加药泵流量/L·h⁻¹	150~750	200~1000	250~1250	300~1500	400~2000
空气流量/L·min⁻¹			95		
空气压力/MPa			≥0.6		
输送机输送量/kg·h⁻¹	1800	2500	3000	3500	4000

注：所有参数来源于市政污泥，进泥含水率约99%，物料不同时配置可能会发生变化。

表 8-59　浓缩一体机的应用效果参数

物料种类	进料浓度 /%	进料体积 /m³·(h·m)⁻¹	干固体产量 /kg·(h·m)⁻¹	泥饼含水率 /%	耗药量（干药 /干泥）/%
未浓缩好氧剩余污泥	0.7~1.5	15~30	200~400	≤82	0.2~0.5
浓缩后好氧剩余污泥	2~4	6~12	200~450	≤82	
厌氧硝化污泥	3~6	7~15	300~800	≤80	
未浓缩初沉污泥	0.8~2.0	18~35	300~500	≤80	
浓缩后初沉污泥	3~5	6~12	300~600	≤80	
造纸厂活性污泥	0.5~2.5	15~35	200~800	≤78	0.3~0.7
印染污泥	1~3	10~25	180~350	≤85	0.3~1.0

8.6.3.2 转鼓转筛浓缩/带式脱水

转鼓转筛浓缩一体机主要由浓缩转鼓与立式带式压榨过滤机组合而成。浓缩段一般采用转鼓转筛机械浓缩机或类似装置,脱水段为普通带式压榨过滤机或结构经过改造的带式压滤机。转鼓转筛浓缩机又有串联反应室型和螺旋推进型之分。无论哪一种类型,都是利用转鼓表面不锈钢筛网的筛滤作用去除污泥表面水分,达到浓缩的效果。运行过程中,转鼓转筛的转速及压滤机滤布的带速均独立可调,筛网表面与脱水段的滤布表面均需水反冲再生。

转鼓转筛浓缩一体机工作原理是:经絮凝处理后的污泥通过低速旋转的转鼓(转筛)浓缩机进行液固分离,污泥中的游离水透过滤网流出进入集水箱中,滤网截留下的污泥得到浓缩,并在转鼓内螺旋导板作用下,从出口处流入带式压榨过滤机上,经脱水段处理后形成滤饼,滤饼被刮板卸下掉入车中或输送机上。

污泥浓缩的浓度可随污泥的进料流量、转筛倾角及旋转速度的变化而变化。转鼓上部设有水力喷射的滤网清洗系统,对转鼓滤网采取间歇式清洗再生。清洗水的消耗量较小,可使用饮用水,也可以用污水处理厂终端排放水或浓缩机出液经过处理的水。

转鼓转筛浓缩一体机的主要特征和优点是:

(1) 采用大直径、缓慢旋转的预脱水转筒,机械装置性能可靠。因有效的预脱水,减少了压滤区的液压负载。

(2) 脱水度高,框架牢固,轴承和挤压辊强度高,由于压力和剪切力逐级增加,脱水效果好。

(3) 能耗低,比框式压滤机或离心脱水机电耗小得多。

(4) 滤带寿命长,气动滤带张力和运行控制,同步驱动整个带宽并防止折叠。

(5) 全自动运行,所有传动装置自动控制,关机后自动清洗滤带,如果滤带撕裂,自动关机锁定,操作维护简便。

图 8-77 所示为国产 TDY1500 型转筒浓缩带式压滤机结构简图。转筒浓缩是将物料的重力脱水由常用的直线运动方式变成螺旋转动方式,从而使物料在较小的空间内完成等效的重力脱水过程,实现浓缩。

国产转筒浓缩带式压滤机主要规格参数见表 8-60。

表 8-60 转筒浓缩带式压滤机主要规格参数

型 号	TDY1000	TDY1500	TDY2000	TDY2500
滤带宽度/mm	1000	1500	2000	2500
滤带运行速度/m·min^{-1}	1.3~6.5			
转筒直径/mm	850	1050	1150	1250
转筒个数	1(双筒可定做)			
转筒转速/r·min^{-1}	1.8~9.0			
转筒驱动功率/kW	0.55	0.55	0.55	0.55
滤带驱动功率/kW	1.1	1.5	2.2	2.2
清洗水压力/MPa	≥0.5			

型 号	TDY1000	TDY1500	TDY2000	TDY2500
清洗水总流量/m³·h⁻¹	10~12	15~18	18~22	22~25
主机噪声/dB(A)	≤75			
主机质量/kg	4500	5900	7400	8900
工作质量/kg	5000	6700	8500	10300
外形尺寸（长×宽×高）/mm×mm×mm	5100×1850×2330	5100×2350×2330	5100×2850×2330	5100×3350×2330

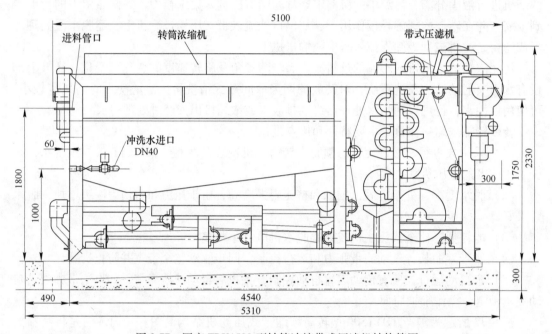

图 8-77　国产 TDY1500 型转筒浓缩带式压滤机结构简图

8.6.4　锥盘压榨过滤机

锥盘压榨过滤机是针对造纸厂纸浆脱黑液的要求而研制的一种连续式压榨过滤机，脱黑液的效果好于三足式离心机。

8.6.4.1　工作原理

YZA750-N 型锥盘压榨过滤机是利用成一定夹角的滤盘之间形成的压榨力来实现对物料的脱水分离的。图 8-78 所示为 YZA750 锥盘压榨过滤机总装图，图 8-79 所示为 YZA750 锥盘压榨过滤机主视图，图 8-80 所示为 YZA750 锥盘压榨过滤机侧视图。要脱水的物料从机器上方的进料口加

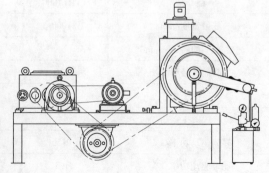

图 8-78　YZA750 锥盘压榨过滤机总装图

入，随着滤盘的缓慢转动，物料受到逐渐增大的力的挤压，在最小间隔处受到最大的挤压力的挤压，从而实现对物料的脱水和分离。挤压出来的液相通过滤盘表面的滤网和下面的滤孔经出液口排出机外。被挤压后的固相则由机中刮刀刮入到出料口中，从而完成一个脱水过程。物料连续进入到机器中，连续不断地进行脱水过程。

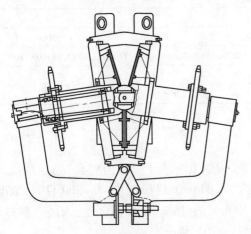
图 8-79　YZA750 锥盘压榨过滤机主视图

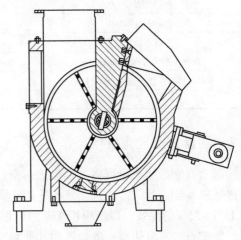
图 8-80　YZA750 锥盘压榨过滤机侧视图

8.6.4.2　结构特点

YZA750-N 型锥盘压榨过滤机主要由压榨过滤部件、传动轴部件、机架部件、液压部件 4 大部分组成。在压榨部件中，位于主机中心的中心销由球头铰上的球头固定，两根旋转轴的前端固定在中心销上，装有滤网的滤板固定在锥状的锥盘上，并实现绕轴转动。

两根轴呈微倾斜状态，圆锥状的滤网相向安装，因而由两块滤网所夹持的间隙一端为最大，而在相对的另一端最小。两根轴的外端分别安装在装有"乙"字形的力臂上，力臂的另一端与油压系统连接，滤网正是靠这种油压力压榨物料的。

对于不同的物料及不同的含湿量要求，因需要改变滤网的间隙，所以支撑滤网的外圆周以及与其相互接触的面均为球面结构。位于力臂另一端的铰接板是为了使间隙中心，也就是两滤网之间的中心面不发生偏移。压榨机由电机带动链轮旋转，通过链轮带动锥盘旋转来完成挤压脱水过程。

YZA750-N 型锥盘压榨过滤机具有以下特点：

（1）连续运行，压力稳定，产量高，能耗少；

（2）适应性强，对物料无搓揉，无剪切；

（3）结构简单，转速无级可调；

（4）加压平稳，故障少，寿命长。

目前，YZA750-N 型锥盘压榨过滤机已广泛用于造纸、化工、食品、制药、废水处理等料浆浓度高、粒度较粗或含纤维的物料的固液分离，并取得了十分明显的经济效益和社会效益。

8.6.4.3　技术参数

YZA 系列锥盘压榨过滤机的主要技术参数见表 8-61。

表 8-61 **YZA 系列锥盘压榨过滤机技术参数**

锥形滤盘直径/mm	350	750	1000
锥形滤盘转速/r·min^{-1}	3.5~21	2.5~15	1.8~9.0
压缩比	3~9	4~32	3~9
锥盘间最大压榨力/kg	1000	5000	8600
电动机功率/kW	2.2	15	18.5
整机总质量/kg	820	4650	5600
整机外形尺寸/mm×mm×mm	1610×1000×1290	3350×1910×2910	3900×2100×3100
本机的容积生产能力/m^3·h^{-1}	1	13	18
生产厂家	重庆江北机械有限责任公司		

8.7 翻盘真空过滤机

翻盘真空过滤机也可称为翻盘式真空过滤机（习惯上将"斗"称为"盘"）。翻盘真空过滤机属于连续式过滤机。该机适用于颗粒度约 0.048~0.147mm（100~300 目）、浓度约 15%~35% 的滤浆。广泛应用于萃取磷酸生产中料浆的过滤，以及钨合金、铝业、铁砂、镍、铁矿石、二氧化锰、碳酸钙和其他特殊金属行业的固液分离。

目前，世界上最著名的生产翻盘真空过滤机的公司有两家，即美国艾姆科公司的 EIMCO 过滤机，范围为 1.5~200m^2；比利时泼莱昂冶金公司的 PRAYON 过滤机，范围为 2~245m^2，以及该两家公司分布于世界各地分公司的产品，它们的原理都一样，结构上保持各自特色，其他还有英国、俄罗斯、日本等国家为本国需要而制造的该类过滤机。

我国从 20 世纪 70 年代末开始设计研制翻盘真空过滤机，经过三十几年的不断改进，放大与缩小，已形成我国特有的 F 系列产品，见产品标准 JB/T 5282 以及相应的质控检测手段。

为了满足磷酸生产工艺的需要，翻盘真空过滤机必须满足如下要求：

（1）必须获得杂质含量尽可能低和完全分离的清晰滤液，并保证滤液中的酸浓度与料浆液相中酸浓度相一致，不会因为滤饼洗涤而被冲稀；

（2）要防止残留酸随着滤饼被倒掉造成磷损失，即保证洗涤效率达 99% 以上；

（3）没有污水排放；

（4）尽量在最省的占地面积里达到最高的有效过滤面积；

（5）具备良好的滤布再生条件，拆换方便；

（6）操作要简单、安全可靠，保证较高的开车率，维护保养方便。

翻盘真空过滤机根据不同大小的过滤面积要求，在一个水平放置的直径相当大的转盘上按圆周分布着许多梯形的滤盘，转盘水平匀速回转一周，上面的每个滤盘就依次自动完成加料、过滤、一洗、二洗（三洗）、滤盘倾翻、反吹、排渣、滤布冲洗及吸干复位过程，周而复始连续地操作。它是目前磷酸工业上被采用最多的设备，广泛应用于磷复肥及各种磷酸盐类化工产品领域。

8.7.1 工作原理

翻盘真空过滤机的工作原理如图 8-81 所示。

水平的环形面积内设置了若干个偏心梯形滤盘，滤盘通过两端轴承座安装在内外转盘上，滤盘内圈方向通过旋转接头输液胶管连接至上分配头，转盘置于若干个托轮上并被圆周上若干个挡轮径向定心，转盘圆周上装有柱销齿与传动装置，星轮啮合带动转盘以及转盘上滤盘公转，同时通过上分配头上的浮动拨杆带动上分配头同步旋转，每个滤盘又通过翻盘叉组件配合周边导轨控制滤盘自转卸料，分配头连通真空系统及反吹空气接管。料浆通过加料斗从滤盘上方逆方向（相对过滤机公转）均布于滤布上，在真空吸力下，料浆滤液穿过滤布经滤盘 U 形底槽、抽液管轴、

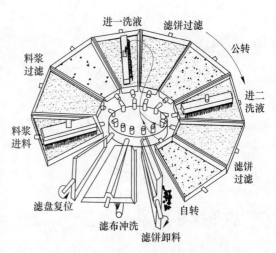

图 8-81　翻盘真空过滤机的工作原理

旋转接头、胶管到上分配头，流向下分配头过滤腔室出口排出，而在滤布上形成滤饼，滤饼在过滤区继续真空脱水。经过过滤区后滤饼受到一次洗液洗涤，此时仍处于真空吸力下，洗涤液经过滤饼带走残余过滤有效成分。脱水后的滤饼继续按工艺接受二次洗液洗涤。此逆流多级洗涤法非常节省洗涤液，因为第二级洗涤所得稀薄洗涤液可作为第一级洗液。最后，滤盘旋转至反吹卸料区，滤盘逆公转方向自转倾覆，滤饼被压缩空气吹松，靠重力并借助压缩空气卸料，此时滤盘通过上分配头同下分配头的压缩空气腔室相连。卸料后的滤布紧接着受到冲洗水冲洗再生，这时滤盘不与压缩空气或真空相连。然后接通真空吸干滤布上残余冲洗水，接着滤盘翻回水平位置，重新加料。至此，公转一周完成过滤、一洗、二洗、翻盘反吹卸料、滤布冲洗及吸干、复位加料这样一个循环过程。重新开始新的周期。其中，过滤与洗涤区大小可调，洗涤次数、干渣下料或湿渣下料可选。过滤、洗涤区间属于有效过滤区，其对应面积即为有效过滤面积。

将翻盘真空过滤机展开成平面图形，通过展开的平面原理图可以更醒目地了解其工作原理：过滤机的每个滤盘小端部都通过吸酸胶管与中心分配头的上错气盘各孔（见图 8-82）一一对应相通，并与之同步水平回转。

下错气盘上开着许多分别与过滤、洗涤、吸干等各真空系统相连的按比例分配的腰形孔（见图 8-83）相通，并固定在机座上不动。

这样就使各滤盘在绕中心分配头回转时完成加料、过滤、一洗、二洗（三洗）的过滤操作（见图 8-84），并通过大端部的翻盘滚轮沿周边的曲线轨道进行机械的翻盘动作，完成反吹、排渣、冲洗滤布、滤布吸干、滤盘复位等辅助操作过程。整个过程周而复始地连续操作。系统采用逆流洗涤法，并将各区所得不同的滤液浓度严格分开处理，得到的便是料浆液相浓度相同的成品酸。

8.7.2　结构特点

翻盘真空过滤机由滤盘组件、转盘、导轨、分配头、挡托轮、传动装置、加料斗、洗涤斗、平台等部件组成。

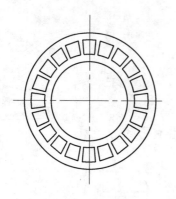

图 8-82　上错气盘开孔图

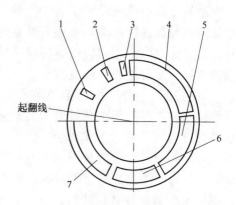

图 8-83　下错气盘开孔图

1—反吹孔；2—吸干孔；3—初滤孔；4—滤液孔；

5——洗孔；6—二洗孔；7—三洗孔

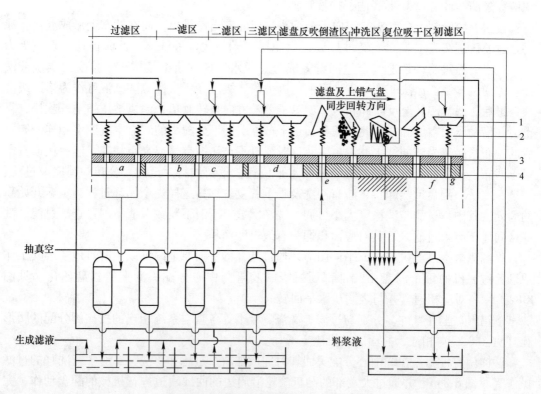

图 8-84　翻盘真空过滤机展开的原理图

a—过滤孔；b——滤孔；c—二滤孔；d—三滤孔；e—反吹孔；f—吸干孔；g—初滤孔；

1—滤盘；2—吸滤软盘；3—上错气盘；4—下错气盘

主要部件如下。

8.7.2.1　滤盘

滤盘为梯形，一侧有翻边，可遮盖与相邻滤盘间的孔隙，以形成整体完整的环形面。

盘底为 U 形槽向滤盘小端倾斜加深，下部有大 U 形梁做盘体支撑，其两端连接轴，大端轴连接 V 形翻盘叉，翻盘叉由本体及 3 个滚轮组成，控制滤盘自转，小端轴为抽液管轴，连接旋转接头，动静转换后接胶管接头，滤盘相对轴为偏心设计，使滤盘能凭借偏心自重配合翻盘叉自转。两侧底板均向 U 形管倾斜。盘底的这些结构可使滤液在短时间内迅速排出，减轻某些滤液再结晶。滤盘示意图如图 8-85 所示。

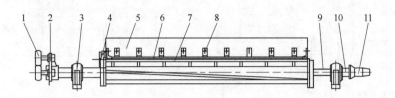

图 8-85　滤盘示意图

1—滚轮；2—翻盘叉；3—轴承座；4—通气阀；5—滤盘体；6—滤布；7—滤板；
8—滤布压紧装置；9—抽液管轴；10—密封装置；11—胶管接头

滤板采用钢板冲制而成，是圆形或长腰形的孔错层排列而成的多孔板，开孔率高，其周边折制翻边，折边有较高的直线度和刚性。滤板置于类似蒸笼架的支撑架上，滤板支撑架也是盘体刚性支撑，支撑架与盘底有支脚焊固，四周与盘体周边 L 形小平台焊接。L 形平台、滤板折边和盘体四面侧边形成 U 形密封槽，槽内装 V 形橡胶密封垫，V 形橡胶密封垫上有圆钢和压紧螺栓用以压紧。滤布周边夹持在 V 形橡胶密封垫和圆钢之间，这种结构保证了密封，又方便更换滤布，只要拧松压紧螺栓取下圆钢即可更换滤布，密封可靠、拆卸方便。

滤盘小端出液管上装有旋转密封装置。滤盘与分配头的连接胶管只承受真空负压而不承受扭转。

8.7.2.2　分配头

分配头由上分配头、传动杆、耐磨板、下分配头与支架组成。上分配头为动分配头，连同耐磨板通过传动杆跟随转盘同步旋转，其与下分配头形成的密封面应有足够的密封比压，以保证真空不泄漏、各区不窜气。下分配头为固定分配头。

上分配头有对应滤盘数量的胶管接头和相应流道。其下连接耐磨板，可视为上分配头的延伸，磨损后更换方便。

下分配头与耐磨板接触面为控制阀板，上有若干不等长腰形孔，其下对应相应腔室，各个腔室设有出口接管连接胶管到相应工艺单元。根据工艺可适当调节过滤区、一洗区、二洗区的区域大小，洗涤区的划分应根据工艺分隔为若干区域，例如：一洗区、二洗区。上分配头（固定了耐磨板）与下分配头通过轴承结构或其他定心结构装配，这样上分配头与耐磨板旋转时保持与固定的下分配头同心。

传动杆的连接方式为浮动连接方式，这样允许因磨损引起的转盘和上分配头高度变化。一般小型过滤机的上错气盘自身质量小，有弹簧力加压，以防止真空泄漏，大型过滤机就没必要加弹簧了（见图 8-86）。

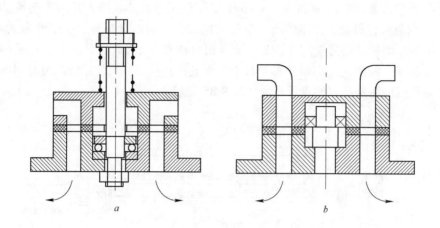

图 8-86　分配头示意图
a—小型过滤机的分配盘；b—大型过滤机的分配盘

8.7.2.3　转盘

转盘是由内外转盘及中间拉杆连接而成的大回转件，内外转盘均由若干环形段拼接而成。转盘承受滤盘和滤液，是保持总体水平及运转的关键部件，所以应有足够的刚性和平面度，转盘与挡托轮接触面焊接有耐磨钢板以承受运转磨损，挡轮接触面应有足够的圆度。

一般在外转盘设置传动机构，其外转盘带有柱销齿机构形成大型回转体。柱销齿圈相对转盘应有足够的圆度、同心度和垂直度。

8.7.2.4　导轨

导轨由支架、平导轨以及曲线导轨组成。其中，平导轨占绝大部分区域。平导轨对应滤盘在加料区、初滤区、过滤区、洗涤区的水平状态，而曲线导轨分为起翻导轨和复位导轨。起翻导轨对应着滤盘反吹、倒渣状态，滤盘翻转为后翻；复位导轨对应着滤盘复位、滤布吸干、加料状态。在起翻与复位之间，还有滤盘翻转到位维持区域也是平导轨，其上同时设置了保护导轨。这段区域对应了滤盘的滤布冲洗区。导轨设计原理上对应了凸轮结构设计。平导轨要求有足够的平面度，曲线导轨要求能控制滤盘轻快地翻转。

过滤机的过滤操作在圆周上分为有效过滤部分和辅助清理部分。在有效部分中，滤盘主要进行过滤和洗涤，滤盘面必须保持水平，以获得厚度均匀的滤饼；在辅助清理部分，滤盘不但要反吹，还要倾翻倒渣，冲洗滤布，然后复位到水平吸干，再进行下一周循环，此番机械运动完全依靠过滤机外缘的轨道装置来控制。在有效部分，滤盘滚轮在水平面上滚动，其轨迹就是平整的环形导轨；在辅助部分，滤盘完成翻转 140°~150° 的倾角，轨道呈多段曲线形，分别是各滚轮的运动轨迹，如图 8-87 所示。

滤盘的起翻位中心角度、终止位中心角度、加料位中心角度、洗涤位中心角度始终与下错气盘的开孔位中心角度是一致的，这样才能使过滤机上各相流体顺畅流通。

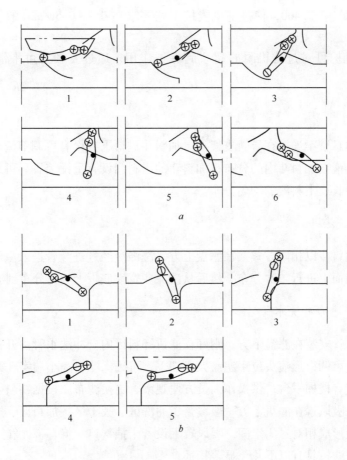

图 8-87 滚轮运动轨迹示意图

a—起翻过程；*b*—复位过程

8.7.2.5 托轮

托轮由底座、轴、托轮、滚动轴承等零件组成，若干个托轮分布在内外转盘下，同转盘的耐磨钢板接触，承受主要的垂直载荷。环形摆放的托轮应特别注意保证切线放置，以避免转盘运转跑偏。

托轮与底座采用铰接连接方式，可通过调节螺栓调整高度，以保证所有托轮至少有75%接触转盘。为便于托轮的更换，托轮的轴采用挡销固定，这样调换时只需调低托轮高度，拔掉挡销即可取下托轮。

8.7.2.6 挡轮

在转盘的圆周边上设有若干挡轮，用于转盘回转时定心，抵挡转盘不正常偏离，有径向定位作用。

8.7.2.7 传动装置

过滤机传动装置包括变频器、电磁调速电机、皮带轮、蜗轮减速机和一对星轮销齿传动，其速比 $i_{总}$ 可达到 2400，使过滤机能按工艺要求在 $0.1\sim0.5r/min$ 的速度范围内平稳运行。

皮带传动机构可对过滤机瞬时超载起保护作用，通过变频器可平滑地调节过滤机转速。

8.7.2.8　加料斗

加料斗通过悬臂梁连接在导轨支架上。加料斗进口下方设有可调节流槽结构，通过调节该机构控制料液在加料斗内的分布；加料斗的出料门设有重锤装置，可通过调整重锤位置来达到加料斗长度上料液的均匀分布。

8.7.2.9　洗涤斗

洗涤斗同加料斗以相同方式架在滤盘上方，洗涤液经过进液管进入溢流槽，均匀流到位于其下方的斜面上进行二次分布，然后从洗涤斗宽大底板上均匀分布到滤饼上。

8.7.2.10　滤布冲洗水管

滤布冲洗水管安装在滤盘下方，刚好在滤饼卸料区内。冲洗水管由开排孔钢管和可调束形喷头组成，可调束形喷头位于滤盘大小端下，可确保滤盘大小端实现完全清洗。

过滤机还设有楼梯平台，供操作人员方便观察、更换滤布。根据物料及工作环境要求可选用吸风罩，吸风罩在滤盘上方一般覆盖了冲洗区、吸干区、加料区、过滤区以及一洗区，使这些区域形成相对封闭空间，吸风罩上设若干抽气口，将有害性气体抽走。

翻盘真空过滤机具有以下几个显著特征：

（1）其明显特征是由若干个偏心梯形滤盘组成，滤盘自身倾翻卸料；

（2）可以连续完成加料、过滤、洗涤、卸料、滤布再生等工序；

（3）由于卸料采用了滤盘倾翻结合压缩空气反吹实现卸料方式，使得卸料比其他刮料的方式更干净、更彻底，滤布几乎不发生机械损伤且再生效果非常好；

（4）过滤区（角度）、洗涤区（角度）可按工艺需要调节；

（5）用的滤布压紧机构使滤布很容易拆卸更换，且不损伤滤布；

（6）可进行多级逆流洗涤，用较少的洗涤液可获得较高的洗涤效果；

（7）占地面积较大，制造成本较高。

8.7.3　技术参数

杭州化工机械有限公司专业生产各系列翻盘真空过滤机及其他各类分离过滤设备。经过多年的努力，不断地科技攻关，目前，该公司已制造使用的翻盘真空过滤机单机面积最大已达到 $120m^2$，成为我国大型磷复肥项目的关键设备，该机是国内首创，其设计、制造已达到了国际先进水平，同时，该公司也是翻盘真空过滤机行业标准的起草单位。

PF 系列翻盘真空过滤机技术参数见表 8-62。

表 8-62 **PF 系列翻盘真空过滤机技术参数**

规格型号	总过滤面积/m²	滤盘数/只	转速/r·min⁻¹	功率/kW	外形尺寸 （直径×高度）/mm×mm
PF2	2	12		0.75	ϕ2020×650
PF6	6.3	16		1.5	ϕ5200×850
PF14	14			4	ϕ7050×1120
PF18	18	18			ϕ8000×1120
PF25	25			5.5	ϕ10400×2540
PF34	34		0.1~0.5		ϕ11100×2540
PF42	42	20		7.5	ϕ12140×2600
PF48	48				ϕ12140×2600
PF55	55			11	ϕ13070×2960
PF80	80				ϕ14360×3000
PF100	100	24		18.5	ϕ18020×3410
PF120	120				ϕ18020×3410
PF140	140			22	ϕ19410×3410
PF160	160	30	0.1~0.4	30	ϕ19800×3410
PF200	200			30	ϕ22600×3410
PF220	220			35	ϕ23230×3410
生产厂家			杭州化工机械有限公司		

8.8 转台真空过滤机

转台过滤机是一种连续真空过滤设备。其典型结构特征是在一环形平面上径向设置多头螺旋卸料。由于采用切削输送方式，卸料在过滤平面上会残留一定厚度的滤饼层，可根据物料采用高压冲洗或反吹沸腾等方式使滤布再生，其滤布再生性能稳定性是设备正常运行的关键。由于采用整体焊接平台，真空泄漏少，占地面积小。采用全钢框架作为过滤支撑面，使得该机型具备较高的负荷能力。

8.8.1 基本结构及工作原理

转台真空过滤机基本结构如图 8-88 所示。

转台真空过滤机由转台部件、环形支撑转盘、螺旋卸料装置、分配头、挡托轮、传动装置、加料斗、洗涤斗、隔板、冲洗机构、中心平台等部件组成。

在一个整体水平的环形面积内设有若干个扇形滤盘，这些扇形滤盘在现场拼焊成环形平台。每个扇形滤盘又分为若干个真空室，下设底腔和接管，这些接管汇总到相应扇形滤台底下的汇总管，再通过真空胶管与位于中心的分配头相连，分配头与真空系统相连，并完成滤台在过滤过程中的真空切换。

通常平台内圈采用钢板圆筒做内围堰，而外圈采用橡胶带围合做外围堰。橡胶围堰在卸料冲洗区域由转向辊引导离开转台外圈，形成一个卸料区间。卸料采用多头螺旋器，将

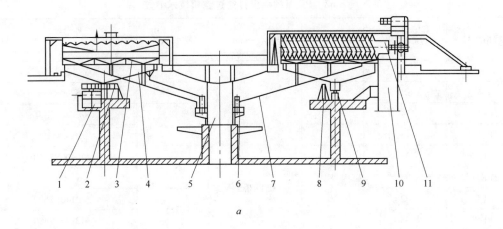

a

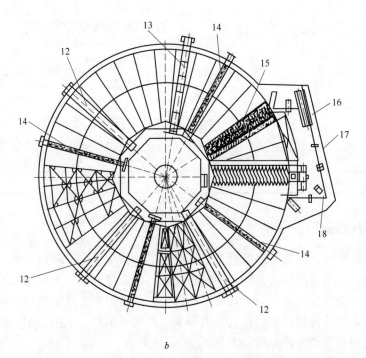

b

图 8-88　转台真空过滤机结构示意图

a—主视；*b*—俯视

1—转台部件；2—传动装置；3—环形支撑转盘；4—加料斗；5—洗涤斗；6—隔板；7—输液管；
8—中心平台；9—分配头；10—螺旋卸料装置；11—滤布清洗装置；12—挡轮；13—托轮；
14—渣斗；15—皮带系统；16—皮带张紧轮；17—橡胶带；18—皮带挡轮

渣层切削并输送至转台外圈的料斗中。

　　相邻滤台连接处浮动支撑在下方的肋板上，肋板之间桁架连接为整体环形支撑，底部设置一个大转盘兼做柱销齿，支撑转盘置于若干个托轮上并被圆周上若干个挡轮径向定心，转盘圆周上装有柱销齿与传动装置星轮啮合带动转台水平旋转，同时上分配头上的浮动拨杆通过肋板组件带动同步旋转，料浆通过加料斗从转台上方逆过滤机转动方向加入，在真空吸力下料浆滤液体穿过滤布流到相应底腔接管汇总到集液管胶管，再到上分配头，流向下分配头过滤腔室出口排出。

滤布截留固相形成滤饼，滤饼在过滤区继续真空脱水。经过过滤区后，滤饼受到一洗洗液洗涤，洗涤液经过滤饼带走过滤后残余的有效成分。滤饼可按工艺要求设置二、三次洗液洗涤。在多次洗涤工艺时，采取后级洗涤液作为前级的洗涤液，因而此逆流多级洗涤法可以在相同洗水量下达到较好的洗涤效果。最后，滤饼旋转至螺旋卸料区卸料，卸料后的滤布经过冲洗水冲洗再生，然后吸干滤布上残余的冲洗水，进入下一循环，重新加料。至此，完成过滤、一洗、二洗、卸料、滤布冲洗再生、滤布吸干这样一个循环过程。

其中，过滤、洗涤区间属于有效过滤区，其对应面积即为有效过滤面积。过滤与洗涤区大小可调，洗涤次数、干渣下料或湿渣下料可选。若考虑滤液澄清度，可在过滤区前端分隔出初滤区，以便过滤初期浑浊滤液（含穿透滤布的细微固相）单独处理。

转台真空过滤机工作流程示意图如图8-89所示。

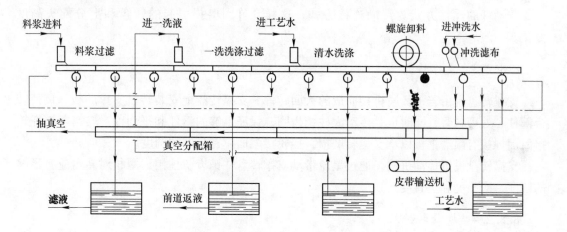

图 8-89 转台真空过滤机工作流程示意图

8.8.2 主要部件介绍

8.8.2.1 转台部件

转台部件由圆盘体、汇总管和肋板环形支撑部件组成。

圆盘体由 n 个扇形滤盘组成，每个扇形滤盘径向分成 m 个小滤斗，每个扇形滤盘下设汇总管，其 m 个小滤斗底腔的接管连接在汇总管上。而 n 根汇总管通过胶管连接至分配头上接管。根据尺寸，制造时可将两个扇形滤盘做成整体大扇形滤盘，而相邻大扇形滤盘直段连接处以及扇形内外弧边缘设有滤布卡紧槽，采用橡胶条装卡滤布。

滤布支撑采用钢板冲制而成的带孔滤板，置于类似蒸笼架的支撑架上，为保持高的平面度，滤板采用一定量的螺栓紧固在支撑架上，支撑架与盘焊接成整体。

相邻扇形滤盘直边连接处下方设有肋板 n 个或 $n/2$ 个，这些肋板通过拉杆相互连接形成环形圆盘体支撑。大扇形滤盘直边段通过滑块支撑在肋板上，形成浮动支撑，以适应圆盘体温差变形所产生的应力。

8.8.2.2　分配头

分配头由上分配头、传动杆、耐磨板、下分配头组成。上分配头为动分配头,连同耐磨板通过传动杆跟随转台部件同步旋转,其与下分配头形成的密封面应有足够的密封比压,以保证真空不泄漏。下分配头为固定分配头。

上分配头有对应扇形滤盘数量的管接头,通过胶管与滤盘胶管接头连接。

下分配头上表面为控制阀板,上有若干不同角度的扇形通道,其下对应相应腔室,各个腔室设有出口接管连接胶管到相应工艺单元。根据工艺可适当调节过滤区、一洗区、二洗区的区域大小,洗涤区的划分应根据工艺分隔为若干区域,例如:一洗区、二洗区。

上下错气盘之间设置耐磨板,磨损到一定程度可更换。

上分配头通过轴瓦或其他定心结构旋转,上分配头旋转时保持与固定的下分配头同心。

传动杆的连接方式为浮动连接方式,这样允许因磨损引起的转盘和上分配头高度变化。

8.8.2.3　支撑转盘

支撑转盘是由若干弧段拼接而成的大回转件。支撑转盘上安装转台支撑肋板,负荷转台部件和处理料浆,同时也是传动大柱销齿圈,保证足够的钢性和平面度。转盘与挡托轮接触面焊接有耐磨钢板以承受运转磨损,挡轮接触面应有足够的圆度。

支撑转盘设置传动机构,通过星轮带动支撑转盘柱销齿。柱销齿圈相对转盘应有足够的圆度、同心度和垂直度。

8.8.2.4　螺旋卸料器

螺旋卸料器由卸料螺杆、传动装置等组成。安装时必须调整平直,使其运转稳定,不损伤滤布。其特点是采用多头、大螺距机构,所以卸料能力大,卸料速度快。螺旋叶片外缘装有耐磨叶片,以便磨损后更换方便。

8.8.2.5　托轮

托轮由底座、轴、托轮、滚动轴承等零件组成。若干个托轮分布在支撑转盘下,同支撑转盘的耐磨钢板接触,承受主要的垂直载荷。

托轮与底座采用铰接连接方式,可通过调节螺栓调整高度,以保证所有托轮至少有75%接触转盘。为便于托轮的更换,托轮的轴采用挡销固定,这样调换时只需调低托轮高度,拔掉挡销即可取下托轮。

8.8.2.6　挡轮

在支撑转盘的圆周上设有若干挡轮,用于转盘回转时定心,以抵挡转盘旋转跑偏,有径向定位作用。

8.8.2.7　传动装置

传动装置由变频器、电机、皮带轮、减速机、星轮等组成。

皮带传动机构可对过滤机瞬时超载起保护作用，通过变频器平滑地调节过滤机转速，以适应不同工况。

8.8.2.8　皮带机构

皮带机构由皮带、皮带张紧辊、皮带转向辊、皮带纠偏装置以及皮带托辊等组成。皮带通过张紧辊抱合在圆盘体外圆上，其高出部分即为转台平面的外围堰，以形成装载料浆的环形围边。皮带由转台带动同步运行，通常皮带下方设置环形接漏槽，以收集由皮带与转台外圈贴合缝隙泄漏的料浆。

皮带在卸料螺旋处由皮带转向辊转出离开转台外圈，提供卸料、冲洗区域。皮带经过皮带张紧辊、皮带托辊、皮带纠偏装置、皮带转向辊在冲洗区结束处重新与圆盘体外圈贴合。

8.8.2.9　加料斗

加料斗悬架在滤盘上方。加料斗进口下方设有可调节流槽结构，通过调节该机构控制料液在加料斗内的分布；加料斗的出料门设有重锤装置，可通过调整重锤位置来达到加料斗长度上料液的均匀分布。

8.8.2.10　洗涤斗

洗涤斗通常采用溢流布料结构，洗涤液经过进液管进入溢流槽后，液面翻过堰口流到斜面出口。

8.8.2.11　隔板

隔板是由支架和橡胶板组成，用以在转台环形平面上分隔加料和洗涤的空间。

8.8.2.12　冲洗装置

冲洗装置由2根总管、排管、阀门、喷头装置组成。

转台冲洗分冲渣和滤布洗涤两个步骤。分别由均布的冲渣排管和洗涤排管完成。排管通过阀门与各自总管连接，下部设有喷头装置夹持喷头。喷头磨损后可更换。

冲渣和洗涤的喷射角度是不同的，两排喷头带压射出的水流形成的交叉水幕冲击在转台平面的滤布上。

8.8.2.13　中心平台

中心平台由立柱和倒锥形平台组成。通常立柱上支撑错气盘，而倒锥形平台是卸料螺旋、加料斗、洗涤斗、隔板的内支撑平台。

8.8.2.14 干湿渣斗

在转台外圈下方的螺旋卸料和冲洗区域设有干湿渣斗，根据工艺，干法排渣的干渣斗和湿渣斗分开排放，而湿法排渣的湿渣斗引至干渣斗一起排放。

过滤机在螺旋卸料器和冲洗装置之间设有平台，使冲洗区形成独立空间，仅在转台外圈方向敞开排放冲洗混合液。通常该平台同时供操作人员进出过滤机内圈，以方便观察、更换滤布。根据物料及工作环境要求可选用吸风罩，吸风罩在滤盘上方一般覆盖了冲洗区、吸干区、加料区、过滤区以及一洗区，使这些区域形成相对封闭的空间，吸风罩上设若干抽气口，将有害性气体抽走。

8.8.3 特点

转台真空过滤机的特点是：

（1）较翻盘过滤机占地面积小，运转机构少；

（2）全钢结构型过滤机，负荷能力高；

（3）可以连续完成加料、过滤、洗涤、卸料、滤布再生等工序；

（4）整体焊接平台，真空泄漏少；

（5）过滤区（角度）、洗涤区（角度）可按工艺需要调节；

（6）加料、洗涤空间可通过隔板调整，易于实现大进料；

（7）可进行多级逆流洗涤，用较少的洗涤液可获得较高的洗涤效果。

（8）螺旋卸料有残余滤饼层，不利于滤布再生；

（9）整体平面度要求较高，外圈皮带围堰易泄漏。

该机适用于过滤颗粒度约 0.048～0.147mm（100～300 目）、浓度约 15%～35% 的滤浆。广泛应用于萃取磷酸生产中料浆、钛白粉、氧化铝行业料浆的过滤。

8.8.4 产品主要规格型号

杭州化工机械有限公司专业生产各系列转台真空过滤机及其他各类分离过滤设备。目前，该公司制造并已投入使用的转台真空过滤机最大单机面积已达到 160m²。成为我国大型磷复肥建设项目中又一种可供选择的过滤机械，该机在实际生产应用中已获得了广大用户的肯定。同时该公司也是转台真空过滤机行业标准的起草单位。转台真空过滤机产品主要规格型号见表 8-63。

表 8-63 转台真空过滤机产品主要规格型号

型 号	过滤面积/m²	有效面积/m²	外径 D/m
ZL4	4	3.5	2.55
ZL8	8	7	3.5
ZL14	14	12	4.5
ZL18	18	15	5.2
ZL25	25	21	6.2
ZL30	30	25	6.7

型 号	过滤面积/m²	有效面积/m²	外径 D/m
ZL34	34	28	7.0
ZL45	45	38	8.2
ZL55	55	46	9.0
ZL65	65	54	9.8
ZL80	80	68	11.0
ZL100	100	85	12.4
ZL120	120	102	13.6
ZL140	140	119	14.4
ZL160	160	136	15.4
ZL180	180	153	16.4
ZL200	200	170	17.6
ZL220	220	187	18.6
ZL240	240	204	19.6
ZL300	300	255	22.0
生产厂家	杭州化工机械有限公司		

8.9 多功能过滤器

8.9.1 概述

多功能过滤器是集反应、过滤分离及干燥等单元操作为一体的一种新型多功能设备。20 世纪 80 年代初，首先由瑞士的罗森蒙公司（ROSENMUNDAG）推出了名为"Nutrex"反应—过滤—干燥多功能单元，以后德国、美国、意大利等国也生产了这种单元。该机实际上为一个筒状多功能生产装置，具备反应（沉淀、萃取、结晶等）、过滤、洗涤和干燥等多项单元操作功能，并能按照设定程序，通过精确控制各种参数依次顺序完成反应、结晶、萃取、过滤、洗涤以及干燥等单元操作，从而避免了转换工序时产品的输送损失和污染。由于筒体处于密封状态，可在加压、真空或无菌条件下进行操作，因此该设备适用于敏感、昂贵、影响环境、腐蚀性、需消毒、必须防止污染等有严格要求的工序，以及需重复进行的如再结晶—过滤—再化浆—清洗的工序。该装置非常适合医药及其中间体、精细化工和一些贵重的只能小批量生产的特殊化学品的生产，它是一种结构紧凑、合理，并且省能、省资源的设备。

8.9.2 罗森蒙多功能过滤器

8.9.2.1 应用和操作特性

瑞士罗森蒙多功能过滤器是一侧面卸料的过滤干燥机，可以实现无菌级过滤、干燥。本机可在过滤后接着进行干燥，根据用途需要，既可选择进行接触干燥（在真空下），又可选择进行对流干燥的方法。

本机在干燥过程中为了给产品提供最大的热传递，有 3 个分开的部件受热：容器（壁、底、圆顶）、滤板及搅拌系统。

（1）容器：整体装有半管型螺旋管夹套，用来使热流体或蒸汽循环；

（2）滤板：受到热流体或蒸汽的直接加热；

（3）搅拌器：由循环的热流体加热。

8.9.2.2　过滤/干燥工艺

罗森蒙侧出料过滤/干燥器可以完成以下工艺：在正压和负压下过滤；打浆和清洗；对滤饼进行平料；干燥；排料。

（1）压滤。理想的压力应在 0.15~0.25MPa 之间。滤饼在不可压缩的情况下，过滤速度随着压力的升高而升高；滤饼在可压缩的情况下，过滤速度随着压力的升高而下降。加压过滤是借助于压力气体来实现的。

（2）滤饼厚度。在大部分的情况下，滤饼的厚度在 20~35cm。滤饼厚度在 50cm 或超过 50cm 的情况很少。

（3）过滤介质。选择过滤介质的尺寸应根据大部分颗粒的尺寸，特别是产品中最小颗粒的尺寸。根据经验，在过滤开始后的一个很短的时间内，形成的滤饼本身具有过滤作用。多层复合金属烧结过滤网要比单层金属过滤网和滤布有更长的寿命。如用于干燥，则必须选用多层复合金属烧结过滤网，因为它可抵抗干燥过程中的真空。

（4）清洗。最佳的清洗工艺应取决于实验。通常使用两种不同的技术：

1）置换清洗。使用相对少的清洗液，能得到高纯度的产品。

2）再打浆清洗。使用较多的清洗液，通过若干相同的步骤，能得到高纯度的产品。

（5）干燥。对产品进行干燥的方法有：

1）鼓风干燥。过滤之后，对滤饼吹风，从容器顶部至底部，以便在干燥期间除掉水分。

2）对流干燥。滤饼被热气体吹风，完成滤饼的对流干燥。

3）真空干燥。蒸汽通过粉末状物质和冷凝器进入真空系统，换言之，真空将滤液排除。

为了满足干燥过程中的热量需求，搅拌桨必须做成空心形状，以便通入加热介质，用于干燥。根据经验，大部分用于液体蒸发的热量来自搅拌桨。在一个设备中完成过滤和干燥，可以节省安装空间及物料传递之间的损失等。

过滤/干燥器需安装功率很强的驱动装置，以增加搅拌滤饼的力矩。S 形搅拌桨可以增强搅拌效果。

（6）排料。排料通常采用通过容器侧壁排料口，用搅拌桨将物料排出的方法。侧出料阀采用金属对金属密封的方法。

图 8-90 所示为罗森蒙侧卸料过滤/干燥器工艺流程。

（7）控制。罗森蒙侧卸料过滤/干燥器具有以下几种控制方式：

1）手动控制。具有控制箱和用于单个功能的操作按钮。控制箱上的显示灯用于显示搅拌桨的升降或侧出料阀的开关等。手动控制的优点是，适用于需靠"感觉"操作的一些工艺步骤，如平料或再打浆，特别适用于需频繁更换产品的设备。

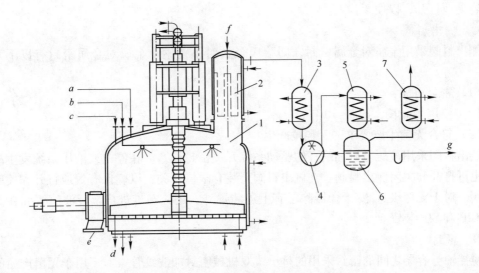

图 8-90 罗森蒙侧卸料过滤/干燥器工艺流程

a—浆料口；b—清洗液口；c—压缩气体口；d—滤液口；e—排料口；f—反吹系统；g—溢流管；
1—罗森蒙过滤/干燥器；2—粉尘捕集器；3—预冷凝器；4—液环式真空泵；
5—液环冷凝器；6—液环收集槽；7—废气冷凝器（带排放管）

2）半自动控制。这是经常被选择用于简单操作的一种方式。整个的工艺被分成若干的步骤。例如：加料、过滤、平料、再打浆、清洗、干燥、冷却、排料。每一步骤包括必要的功能，都是自动完成的，如打开阀门、搅拌桨升降、搅拌桨启动/停止和选择搅拌桨方向。

3）全自动控制。用于有规律的产品。自动完成各个独立的工艺步骤。在进行过程中可以随时切换为半自动控制或手动控制。

8.9.2.3 结构简介

A S形搅拌桨

这种独特的S形搅拌桨能使过滤/干燥器获得最佳的搅拌和干燥效果，并具有以下特点：

（1）可以达到最佳的搅拌效果。

（2）采用独特的双S形桨叶使物料充分混合，即在水平面和垂直面都是S形。

（3）为了提高干燥效果，搅拌轴和桨叶采用空心结构。可通入加热介质。加热的搅拌桨可使干燥效果提高50%，占加热面积18%的搅拌桨，其加热效果可占到整个加热面积的51%。

（4）桨叶为整体式，由一整块不锈钢制成，无焊缝，无泄漏。

（5）无菌级过滤/干燥器的搅拌轴上装有波纹管。

B 过滤底盘

过滤底盘采用的是多层复合过滤网，以确保过滤效果。为符合无菌产品的要求，采用特殊的固定方法，滤网表面设有一个螺栓。为能检查滤板下面的滤液是否清理干净，滤板可很容易地打开，以便于检查。

C　侧出料阀

侧出料阀采用金属对金属密封，即哈氏合金对不锈钢。金属对金属密封有以下几个特点：

（1）密封可靠；

（2）使用寿命长，约 5~10 年；

（3）符合无菌生产要求，无颗粒产生。

侧出料阀采用液压电机和蜗杆的驱动系统开关密封柱塞。在停电或液压系统发生故障时，也可打开和关闭侧出料阀。在侧出料阀上装有限位开关，以确保有效地打开和关闭侧出料阀。对于无菌级过滤/干燥器除了有上述装置外，还应在推进杆上装波纹管和在阀室上装 CIP 和 SIP 装置。

D　密封

搅拌轴与容器之间的密封采用的是干式双机械密封加波纹管。对于用于无菌产品的过滤/干燥器，绝对禁止使用润滑油脂，必须采用干式双机械密封。在双机械密封的底部装有一个特殊的收集环，以收集可能产生的颗粒。可向收集环中通入清洗液，清洗收集环中的颗粒。

无菌级的机械密封还装有完成 SIP 后的冷凝排出系统，最高工作温度可达 150℃。干式双机械密封用于搅拌轴的水平旋转的密封，搅拌轴垂直运动的密封则由装在搅拌轴上的波纹管完成。侧出料阀的密封采用的是可靠的金属对金属密封，即哈氏合金对不锈钢。

E　特殊的粉尘捕集器

用于干燥过程的粉尘捕集器必须采用由 5 层不锈钢烧结过滤网制成的滤芯，而不能用布袋作为滤芯。为确保捕集效果，在粉尘捕集器上必须装有反吹系统。

F　驱动装置

搅拌桨的驱动装置应装变频器，以便搅拌桨的转速无级变速。电机应使用防爆电机，防爆等级：EExd II BT4。驱动搅拌桨垂直运动的液压装置应装有防止搅拌桨以过快速度接触滤饼的装置。为符合 100 级无菌车间的要求，驱动装置上可安装不锈钢罩密封。

G　可移动的 CIP/SIP 喷嘴

为保证无菌洁净，装在容器封头上的 CIP/SIP 喷嘴，在完成清洗/灭菌后，必须移到容器外，绝对不应固定在容器内。

H　材料

所有与物料接触的部分，必须采用 316L 不锈钢并必须进行酸洗钝化处理。不与物料接触的部分应使用 304L 不锈钢。

I　抛光

容器内部必须采用电化学抛光，$0.3 < R_a < 0.5$，不能采用机械抛光。容器外部也必须抛光，$0.6 < R_a < 0.8$。

J　无菌取样阀

为了获得准确的工艺参数，必须装有取样阀，可在无菌和真空/正压条件下取样。罗森蒙公司设计有根据用户选型的专用取样阀。

8.9.2.4　优点

罗森蒙侧卸料过滤/干燥器将过滤、洗涤、再成浆及干燥在完全封闭的容器里自动进行，可以满足以下要求：

（1）降低资本和操作成本；

（2）消除产品损失和消耗；

（3）提高操作安全性；

（4）减少设备占地面积和安装成本。

8.9.2.5　应用范围

罗森蒙公司可以提供 $0.002\sim16m^2$ 的过滤/干燥器，工作压力为 $0.1\sim0.6MPa$，工作温度为 $-20\sim+200℃$，装有带轴承的搅拌器，为中心部卸料方式，下部基础面积约 $5m^2$。使用的材料有不锈钢、复合材料、哈氏合金、钛合金、衬钢橡胶、工程塑料等。

该过滤器适用于过滤腐蚀性原料、大部分溶剂、高附加值产品、敏感产品、毒性产品、无菌产品等，最适合用于生产药品、染料、农药、精细化工产品。

8.9.2.6　技术参数

罗森蒙侧卸料过滤/干燥器的外形如图 8-91 所示。

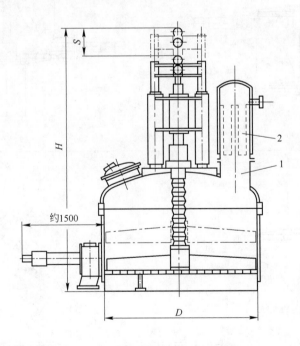

图 8-91　罗森蒙侧卸料过滤/干燥器的外形
1—过滤干燥器；2—粉尘捕集器

罗森蒙侧卸料过滤/干燥器的技术参数见表 8-64。

表 8-64 罗森蒙侧卸料过滤/干燥器的技术参数

过滤机面积 /m²	工作容积 /m³	最多滤饼体积 /m³	筒体直径 D /mm	机器极限高度 H /mm	搅拌器提升高度 S /mm
1	0.9	0.4	1200	3650	400
1.6	1.4	0.6	1500	3650	400
2.5	2.2	1	1800	3650	400
3	2.7	1.2	2000	4300	400
4	3.6	1.6	2400	4350	400
5	5.5	2.5	2600	4700	500
6	6.6	3	2800	4700	500
8	9.6	4	3300	5250	500
10	12	5	3700	5250	500
12	14	6	4000	5300	500
16	19	8	4500	5300	500

8.9.3 DNFD 型多功能过滤器

8.9.3.1 操作方式

意大利德尔泰机械设计（D.C.M）公司生产的多功能过滤器与瑞士 Nutrex 型有所不同。图 8-92 为该公司生产的多功能过滤器操作示意图。该过滤器已形成多种型号和规格，

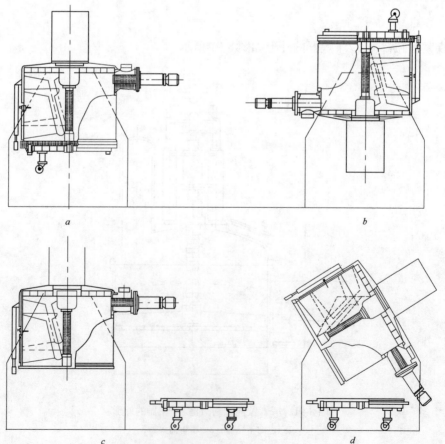

图 8-92 DNFD 型多功能过滤器操作示意图

但按操作时过滤器所处的位置可分为 3 种形式。

图 8-92a 所示为压滤机在下方，采用这种形式可进行的操作有：

（1）加压下的过滤，滤饼在筒形滤室内形成。搅拌料用的耙可以用来平整并压紧滤饼，以获得良好的固液分离。

（2）循环洗涤，按工艺需要可多次进行由加进洗液、使滤饼再化成浆状、而后再次过滤与分离 3 个步骤所组成的循环。

（3）鼓风干燥，适用的干燥热空气或其他惰性热气体从顶部吹进，经器底排出。此时搅拌耙在不断搅动。

（4）原位清洗。

（5）蒸汽灭菌。

图 8-92b 所示为机身整体转动 180°，滤板处于上方，可进行的操作有：

（1）在液相状态下进行化学反应；

（2）在控制温度下进行结晶操作；

（3）真空干燥、滤饼经过再化浆洗涤后，滤室处于真空状态下，在其底部及侧面均进行加热，用一个袋式过滤器或滤芯收集干燥后的粉末，另有冷凝装置用于收集溶剂（一般为水）；

（4）卸料操作，当产品达到所需要的干燥程度时，通过侧边排料阀自动排料。

采用图 8-92c、d 所示的形式时，可进行的操作有：

（1）内部检查；

（2）手工清理；

（3）维修。

8.9.3.2　结构简介

DNFD 型多功能过滤/干燥器为德尔泰机械设计公司生产的众多型号中最具代表性的一种，它主要由以下部件组成：

（1）器身及顶盖。圆筒形直立容器上焊接椭圆顶盖，器身上具有搅拌耙支撑板、据器身大小开设的人孔或手孔、加压用的接管、加料用的接管、洗液用的接管、带灯的窥视孔、压力表、安全阀。在器身外焊接夹套或半圆蛇管作加热用，另外，还有器身侧面上料用阀以及根据需要而添设的其他附件。

（2）搅拌用耙。是具有 3 种运动作用的特殊用耙，它能以可变转速做顺、逆时针方向旋转，又能在上升或下降时做出或快或慢的微调。搅拌耙共有 4 个，其中两个耙对滤板起平整并压紧滤饼或在洗涤循环中起再化浆作用；另两个耙则装在平顶盖一边，在真空干燥阶段起粉碎滤饼或帮助滤饼自动卸出的作用。搅拌用耙的密封，在做旋转运动时采用特殊的干态运转下的机械密封，而在上升或下降时则用不锈钢制的波纹管伸缩节。搅拌用耙的驱动装置，对于旋转运动采用液压电机，对于轴向上下运动则用两个液压活塞。

（3）滤板。这个关键部件是由烧结的 5 层不锈钢丝网组成。其中与料浆接触的第一层为起保护作用的筛网，第二层是起控制过滤速率作用的棱纹状筛网，第三层为有使滤液易于流出作用的筛网，第四、第五层为以上 3 层筛网的支撑层，并有使滤液均布的作用。

（4）底部整体构件为带有 4 个滑轮的可移动小车，其上安装滤板，有时也装有加热系统。由滤网组成的焊有套圈的滤板与料浆接触的过滤表面光滑平整，原因是考虑到多功能过滤/干燥器处理对象不仅是一般化学或医药工业用产品，还有口服药或注射用药（均需无菌），只能在滤板套圈的下表面与小车做出连接。底部整体构件与器身的连接采用钩形螺栓，这样便于拆装。

做过滤器标准设计时的常用条件为：对于只做过滤和洗涤用的 DNF 型，其滤室压力用 0.4MPa 真空，温度用 50℃，对于过滤、洗涤和干燥兼用的 DNFD 型，其滤室压力用 0.4MPa 真空，温度需用 151℃，其夹套内为 0.4MPa，温度用 151℃；对于反应、结晶、过滤、洗涤、干燥均兼用的 DRM 型，其滤室及夹套内的压力、温度与 DNFD 型的相同。

8.9.3.3 型号与规格

DNF 与 DNFD 机身整体转动 180° 时即称为 DRM 型，而 DNFD 型是在 DNF 型的基础上为考虑制药要求，需提供加热、灭菌等设施而形成的改进型号。目前，德尔泰机械设计公司能提供的产品技术规格见表 8-65。

表 8-65 德尔泰机械设计公司能提供的产品技术规格

型号[①]	公称过滤面积/m²	器身内径/mm	公称容积/L	器身高/mm
25	0.28	600	160	500
50	0.5	800	300	500
100	1.0	1200	1200	1000
150	1.5	1400	1500	1000
200	2.0	1700	3000	1200
300	3.0	2000	4300	1200
400	4.0	2300	6000	1200
500	5.0	2600	8000	1200
600	6.0	2800	9000	1200
700	7.0	3000	11000	1200
800	8.0	3300	13000	1200

① DRM 型现仅提供上述规格中 4m² 以下的。

8.10 叶滤机

叶滤机分为加压式和真空式两大类。利用压力进行过滤的称为加压叶滤机，而利用真空抽力将悬浮液中液体抽出，将固体颗粒截留于过滤介质上，从而达到脱液目的的叶滤机称为真空叶滤机。

8.10.1 加压叶滤机

将一组并联的滤叶按照一定方式（垂直或水平）装入密闭的滤筒内，当滤浆在压力作用下进入滤筒后，滤液通过滤叶从管道排出，而固相颗粒被截留在滤叶表面，这种过滤机称为加压叶滤机。

加压叶滤机按外形可分为立式和卧式两种，这两种机型按照滤叶布置形式又可分为垂直滤叶式和水平滤叶式，共可组合成 4 种机型。

由于叶滤机是采用加压过滤，过滤推动力较大，一般可用于过滤浓度较大、较黏而不易分离的悬浮液，也适用于悬浮液固相含量虽少，小于1%，但只需要液相而废弃固相的场合。由于其滤叶等过滤部件均采用不锈钢材料制造，因此常用于啤酒、果汁、饮料、植物油的净化，硫黄净化以及制药、精细化工和某些加工业等对分离设备的卫生条件要求较高的生产。又由于槽体容易实现保温或加热，可用于过滤操作要求在较高温度下的场合。该机种密封性能好，适用于易挥发液体的过滤。对于要求滤液澄清度高的过滤，一般均采用预敷层过滤。

垂直滤叶型叶滤机分为立式垂直滤叶叶滤机和卧式垂直滤叶叶滤机。

8.10.1.1　立式垂直滤叶叶滤机

YLZ系列振动排渣立式叶滤机主要用于动、植物油脱色后过滤，机榨毛油过滤、氢化油催化剂过滤、化工增塑剂过滤，也可以用于饮料、酒类、医药等部门固液分离的过滤。

该机具有以下特点：

(1) 结构紧凑，占地面积小；

(2) 过滤效果好，损耗低；

(3) 机械振动排渣，劳动强度低；

(4) 生产率高；

(5) 两台并联使用可连续生产。

A　工作原理

振动排渣立式叶滤机属于压滤设备。过滤时，泵将待滤液经进液管泵入罐内（见图8-93）并充满，在泵的推动下，固体杂质被截留在滤片的滤网上形成滤饼，待滤液透过滤网经滤嘴进入出液管并流出罐体，得到清亮的滤液。

随着过滤时间的增加，被截留的固体杂质越来越多，滤饼厚度不断增加，使过滤阻力增大，当压力达到一定值后，需要排渣。这时，停止向罐内进待滤液，并将压缩空气经溢流管吹入罐内，将罐内的待滤液压入另一台叶滤机内。然后关闭压缩空气，过滤脱色油或氢化油时，向罐内通入蒸汽；过滤毛油等其他滤液时，可向罐内吹压缩空气，用以吹干滤饼。饼吹干后，关闭蒸汽或空气，打开蝶阀，启动振动器，使滤片振动，将滤网上的滤饼卸去。

B　结构简介

振动排渣立式叶滤机由罐体、罐盖、提升机构、振动器、滤片、气动蝶阀、压力表等组成，如图8-93所示。

(1) 罐体。罐体由筒体、锥体、加强圈、连接法兰焊接而成。罐体上焊有进料管、出液管、溢流管（蒸汽、压缩空气进口管）、支座、连接耳、振动轴法兰等。罐内装有滤片，罐体通过快开螺栓与罐盖相连，通过螺栓与气动蝶阀相连，构成一个封闭的压力容器。罐体上缘开有密封槽，其内嵌有橡胶密封条，用以密封。

(2) 罐盖。罐盖由封头和加强圈焊合而成，加强圈上焊有连接耳，用于和罐体连接（见图8-91），封头上焊有压力表接管，用于安装压力表，封头中心焊有起吊轴，通过起吊联板与提升机构相连。

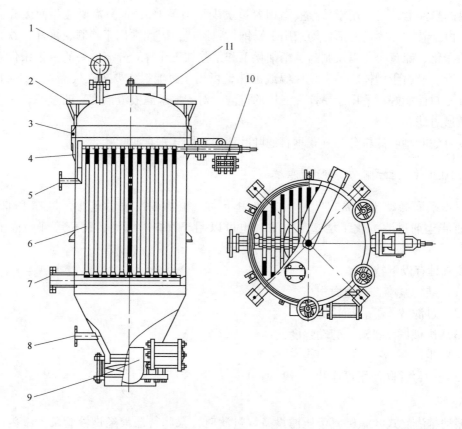

图 8-93　YLZ 型立式叶滤机结构

1—压力表；2—快开手轮；3—封头；4—罐体；5—溢流管；6—滤片；
7—出液管；8—进液管；9—气动蝶阀；10—振动器；11—提升机构

（3）提升机构。提升机构由提升管、导向套、轴承、千斤顶等组成。当需要打开罐盖时，首先打开快开螺栓，然后用千斤顶顶提升管，罐盖则被提起。

（4）滤片。滤片是叶滤机的主要部件，它由滤网和滤框等组成。滤网共有 5 层。滤框上焊有滤嘴，喷嘴上装有 O 形密封圈，如图 8-94 所示，喷嘴装在罐体内出液管的孔中，用 O 形密封圈密封，防止待滤液未经过滤直接流出。

（5）振动器。振动器由振动体、活塞、排气阀、盖板、安装板等组成。

当压缩空气通过进气孔进入振动体后，推动活塞往复运动，以产生振动。通过振动轴（里、外半轴）将振动传给滤片，以清除滤片上的滤饼。

C　技术性能

YLZ 系列振动排渣立式叶滤机技术参数见表 8-66。

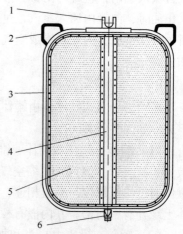

图 8-94　滤片结构

1—叉架；2—提耳；3—滤框；
4—加强筋；5—滤网；6—滤嘴

表 8-66 YLZ 系列振动排渣立式叶滤机技术参数

参数 型号	实际过滤 面积/m²	滤饼体积 /L	设计压力 /MPa	工作压力 /MPa	设计温度 /℃	滤缸容积 /m³	整机质量 /kg	制造厂家
YLZ-4.5	4.5	90	0.6	≤0.45	150	0.45	560	
YLZ-8	8	160	0.6	≤0.45	150	0.85	943	
YLZ-12	12	240	0.6	≤0.45	150	1.00	1050	
YLZ-20	20	400	0.6	≤0.45	150	1.62	1256	北京中机
YLZ-30	30	600	0.6	≤0.45	150	2.60	1821	康元粮油
YLZ-36	36	720	0.6	≤0.45	150	3.00	1960	装备（北京）
YLZ-50	50	1000	0.6	≤0.45	150	4.50	2753	有限公司
YLZ-60	60	1200	0.6	≤0.45	150	5.00	2973	
YLZ-70	70	1400	0.6	≤0.45	150	5.60	3500	
YLZ-80	80	1600	0.6	≤0.45	150	6.00	4100	

8.10.1.2 EYL 型立式高效叶片过滤机

EYL 系列高效板式密闭过滤机是一种高效、节能、密闭操作的精密澄清过滤设备，它广泛适用于化工、油脂、石油、涂料、食品、制药等行业。该产品设计结构独特，体积小，过滤效率高、滤液透明度高、细度好，无物料损耗，不消耗滤纸、滤布或滤芯等，因此过滤成本很低，设备操作、维护、清理方便。

其适用范围如下：

(1) 油脂：原油、漂土、氢化油、冬化油、硬脂、脂肪酸等。

(2) 石油化工产品：柴油、润滑油、石蜡、矿物油产品等。

(3) 饮料：啤酒、果汁、酒类、牛奶等。

(4) 有机化学品：各种有机酸、醇、苯、醛等。

(5) 油漆和清漆：树脂类、清漆、染料、真漆等。

(6) 无机化学品：溴水、氰化钾、氟石等。

(7) 食品：明胶、醋、淀粉、糖汁、甜水等。

(8) 医药：双氧水、维生素等。

(9) 矿产：煤屑、煤渣等。

(10) 其他：空气、水的净化等。

EYL 系列立式高效叶片过滤机主要规格技术参数见表 8-67。

8.10.1.3 卧式垂直滤叶叶滤机

YWZ 系列卧式叶滤机主要用于机榨毛油、脱色油及冬化后油脂脱蜡、脱脂过滤，也可用于日化、酒类、化工等行业固液分离。

A 工作原理

YWZ 系列卧式叶滤机属于压滤设备。过滤时，泵将待滤油打入过滤机，在机内形成一定压力，待滤油在压力作用下穿过滤网，颗粒较大杂质被截留并贴附在滤网表面形成滤饼（过滤层），待滤油继续通过滤网时滤饼将固体杂质截留，从而得到清亮合格的油，达到固液分离的目的。

表 8-67 EYL 系列立式高效叶片过滤机主要规格技术参数

型 号	过滤面积 /m²	滤饼体积 /L	处理能力/t·h⁻¹			工作压力/MPa		工作温度 /℃	过滤缸 容积/L	主机质量 /kg
			油脂	树脂	饮料	额定压力	最高压力			
EYL-2	2	30	0.4~0.6	1~1.5	1~3				120	300
EYL-4	4	60	0.5~1.2	2~3	2~5				250	400
EYL-7	7	105	1~1.8	3~6	4~7				420	600
EYL-10	10	150	1.6~3	5~8	6~9				800	900
EYL-12	12	240	2~4	6~9	8~11				1000	1100
EYL-15	15	300	3~5	7~12	10~13				1300	1300
EYL-20	20	400	4~6	9~15	12~17				1680	1700
EYL-25	25	500	5~7	12~19	16~21				1900	2000
EYL-30	30	600	6~8	14~23	19~25	0.1~0.4	0.5	≤150	2300	2500
EYL-36	36	720	7~9	16~27	23~31				2650	3000
EYL-40	40	800	8~11	21~34	30~38				2900	3200
EYL-45	45	900	9~13	24~39	36~44				3200	3500
EYL-52	52	1040	10~15	27~45	42~51				3800	4000
EYL-60	60	1200	11~17	30~52	48~60				4500	4500
EYL-70	70	1400	12~19	36~60	56~68				5800	5500
EYL-80	80	1600	13~21	40~68	64~78				7200	6000
EYL-90	90	1800	14~23	43~72	68~82				7700	6500
生产 厂家	湖州核华环保科技有限公司									

过滤含固体杂质较少或颗粒细的待滤油时应加一定量的助滤剂（如硅藻土），使其在滤网表面形成预涂层。

过滤可压缩性较强的固体杂质除预涂硅藻土外，在过滤过程中也应向待滤油中加入一定量的助滤剂，以改善滤饼性能。

B 结构简介

本机由罐体、滤片、锁紧圈、封头、拖板、机架、电控系统和液压系统等组成，如图 8-95 所示。

（1）过滤机主体部件有：

1）罐体。

2）滤片。滤片是过滤机的主要部件。由滤框、滤网、滤嘴等组成，如图 8-96 所示。滤网为不锈钢丝网，共有 5 层。滤嘴焊在滤框上，滤嘴上装有 O 形密封圈，将滤嘴插入集液管的孔中，用 O 形密封圈密封，防止待滤油未经过滤直接流出。

3）锁紧圈。通过锁紧圈转动靠楔形块将封头与罐体压紧，保证密封。

4）封头。封头上装有集油管及滤片限位槽钢等零部件。

5）拖板。拖板一端通过滚轮安装在机架上，另一端与封头相连。通过减速机及传动链，带动拖板及封头移动，将滤片拉出罐体，以利于排渣，排渣后再将滤片送回罐内。

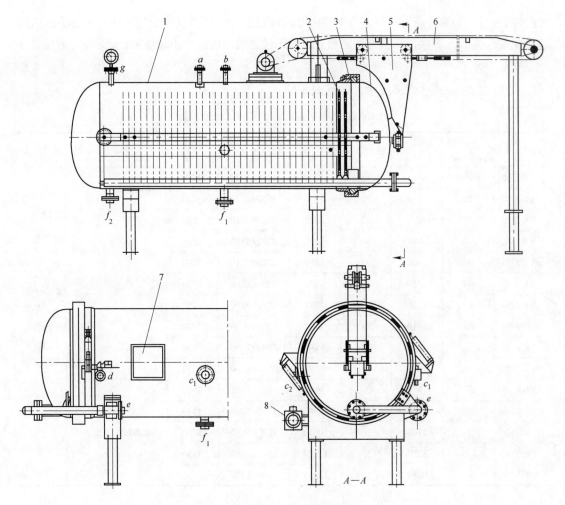

图 8-95 YWZ 系列卧式叶滤机
1—罐体；2—滤片；3—锁紧圈；4—封头；5—拖板；6—机架；7—电控系统；8—液压系统

6）机架。机架用来支撑拖板并起轨道作用。

（2）电控系统：电控系统由控制柜和行程开关等组成。电控系统主要起到控制液压系统、封头锁紧圈运转、拖板及封头的移动和联锁开关等作用。

（3）液压系统。

1）组成：由吸油滤、液压泵、电机、压力表、溢流阀、换向阀、油缸、回油滤组成。液压系统用于开启封头。

2）系统参数为：系统压力 16MPa；动力电源（交流电）380V；系统流量 2.25L/min；换向阀（交流电）220V；电机功率 1.1kW；液压油工作温度 15～55℃；精度 20μm。

（4）各接管口说明如图 8-95 所示：a 为压缩空气进口，压缩空气可以由此进入过滤机；b 为排气口，当向罐内进待滤油时，滤罐内的空气由

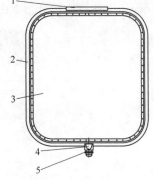

图 8-96 滤片结构图
1—加强槽；2—滤框；3—滤网；
4—滤嘴；5—O 形圈

此排出；c_1、c_2 为进液管接口，待滤油由此进入过滤机；d 为联锁放空口；e 为过滤清油出口；f_1、f_2 为放油管接口，当过滤结束后，尚未过滤的油由此排出过滤机；g 为压力表接口。

C 技术性能

YWZ 系列卧式叶滤机技术参数见表 8-68。

表 8-68　YWZ 系列卧式叶滤机技术参数

型　号	实际过滤面积/m^2	滤饼体积/L	滤片总数	滤缸容积/L	占地面积/mm^2	整体质量/kg	筒体直径/mm	高度/mm	制造厂家
YWZ-10	10	230	15	1070	1650×3730	1270	ϕ900	2135	北京中机康元粮油装备（北京）有限公司
YWZ-20	20	470	30	1790	1650×6010	1720			
YWZ-30	30	690	22	2600	2200×5590	2150	ϕ1200	2650	
YWZ-40	40	940	30	3290	2200×6790	2360			
YWZ-50	50	1160	37	3890	2200×7810	2570			
YWZ-60	60	1380	44	4490	2200×8890	2780			
YWZ-50	50	1160	23	4380	2500×6260	2450	ϕ1500	3050	
YWZ-60	60	1410	28	5050	2500×6990	2750			
YWZ-70	70	1620	32	5590	2500×7500	2950			
VWZ-80	80	1870	37	6260	2500×8360	3220			
YWZ-80	80	1840	20	7660	3100×5330	3500	ϕ2000	2750	
YWZ-100	100	2300	25	8840	3100×6080	3950			
YWZ-120	120	2760	30	10010	3100×6830	4400			
YWZ-140	140	3220	35	11190	3100×7580	4850			
YWZ-160	160	3680	40	12370	3100×8330	5300			

8.10.1.4 LAROX LSF 净化过滤机

LAROX LSF 净化过滤机利用吸附过滤的原理生产出十分洁净的滤出液。LAROX Scheibler 净化过滤机外形如图 8-97 所示。

图 8-97　LAROX LSF 净化过滤机外形

A 工作原理

LAROX LSF 净化过滤机工作原理如图 8-98 所示。

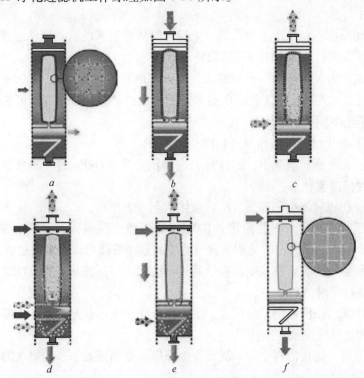

图 8-98 LAROX LSF 净化过滤机工作原理

a—过滤；b—卸渣；c—空气振打；d—反洗和空气排放；e—洗涤排放；f—清洗结束

LAROX Scheibler 净化过滤机主要用于去除或回收低固含量液体中的固体颗粒。净化后的液体在提升生产能力的同时，也提高了工厂和精炼工艺中最终产品的质量。

LAROX LSF 净化过滤机利用开发出的独有的吸附过滤技术，将溶液中细小的微米级和亚微米级颗粒吸附在过滤介质的纤维表面。尽管有些颗粒粒径比过滤通道还要小，但还是会吸附在过滤介质表面。滤液中固体悬浮物的含量几乎无法检测。在绝大多数场合中，助滤剂和预涂层不需要使用，但如果需要，净化过滤机在不需要更改的情况下也可以使用。

所有型号的过滤机都配有自动化滤渣清洗系统和卸渣系统。

过滤机的最大过滤面积可达到 $720m^2$。

过滤机材质可耐腐蚀和高温。

B 使用效益

LAROX LSF 净化过滤机的使用效益如下：

（1）高质量滤液。吸附过滤技术的应用使液体中的固体悬浮物含量降到几个 ppm（$1ppm = 10^{-4}\% = 10^{-6}$），不但提高了工厂和精炼厂的产品质量，也提高了生产能力。

（2）低操作成本。在许多应用中，不需要昂贵的助滤剂和预涂层，减少了滤渣的处理量。同时，进料泵压力很小，因此能耗低。

（3）最小的维护费用。由于没有移动部件，过滤机的操作成本仅为 1.25 美分/m³（滤液）。特殊的滤袋清洗和卸渣系统可以保证滤袋使用寿命最大化。通常，过滤机只有在需要更换滤袋时才打开。

（4）全自动操作。在每个过滤周期结束后，PLC 控制系统自动清洗滤袋和卸渣，保证设备的充分运行。同时也无需人工监管设备。

（5）高处理能力，紧凑性，可扩展性。设备占地面积最小，对于 600m³/h 的处理量，只需要一台设备，大大简化了工艺。D 和 E 系列过滤机，单台过滤面积可扩展到 360m² 和 720m²，为处理能力提供扩展余量。

LAROX LSF 净化过滤机工作原理如图 8-98 所示。

（1）过滤。正常操作情况下，通过最大进料压力为 300kPa 的离心泵进料，为了确保吸附过滤，需保持层流状态。

（2）卸渣。在滤袋清洗和卸渣阶段，液体从上往下排放。

（3）空气振打。在空气振打阶段，100kPa 的压缩空气通入过滤机底部的过滤单元，产生气泡，对滤袋上的滤渣进行冲刷。含有滤渣的悬浮液体可以再进料过滤。

（4）反洗和空气排放。在这个阶段，通过反洗水入口对滤袋进行反洗，通过上端喷淋水入口对滤袋进行喷淋处理。

（5）洗涤排放。在洗涤的最后阶段，为了保证滤饼能形成悬浮液，需要使用少量的空气，直到滤饼和悬浮液完全清空。

（6）清洗结束。滤饼清理干净，滤布再生完毕，重新开始下一个批次的过滤。

C　应用与优点

作为 LAROX C 系列压滤机的完美配套设备，Scheibler 净化过滤机成功地用于以下方面：

（1）浓密机/澄清器上清液；

（2）离子交换进料处理；

（3）压力和真空过滤机滤液；

（4）离心机滤液；

（5）结晶或沉降前处理。

净化过滤机所采用的吸附过滤技术将固体悬浮物含量降低到几个 ppm（1ppm = 10^{-4}% = 10^{-6}）单位，提高产品质量，扩大工厂生产能力。

净化过滤机的优点是：

（1）几乎不用助滤剂，降低生产成本；

（2）高效滤布清洗，延长滤布寿命；

（3）没有移动的部件，能耗低，减少了维护和生产成本；

（4）单台生产能力高，结构紧凑，减少所需设备数量和占地面积；

（5）全自动操作，减少了频繁看护；

（6）采用高防腐、耐高温材质。

D　技术参数

净化过滤机技术参数见表 8-69。

表 8-69　净化过滤机技术参数

E 系列	E12	E16	E20	E24	E28	E32	E36
有效过滤面积/m^2	240	320	400	480	560	640	720
过滤单元数量	12	16	20	24	28	32	36
长/mm	3149	3629	4104	4584	5064	5544	6024
宽/mm	2900						
质量/kg	6293	6804	7389	7901	8412	8924	9435
高/mm	3541						
进料口直径/mm	200			250		300	
最大过滤压力/kPa	300						
洗涤水用量/$m^3 \cdot cycle^{-1}$	8.5	10.7	13.2	15.4	17.6	19.7	21.8
工艺用气量(标态)/$m^3 \cdot cycle^{-1}$	250	290	330	370	410	450	490

D 系列	D8	D10	D12	D14	D16	D18
有效过滤面积/m^2	80	100	120	140	160	180
过滤单元数量	8	10	12	14	16	18
长/mm	2074	2274	2474	2674	2874	3074
宽/mm	1976					
质量/kg	2234	2373	2513	2652	2791	2931
高/mm	2541					
进料口直径/mm	100		150			
最大过滤压力/kPa	300					
洗涤水用量/$m^3 \cdot cycle^{-1}$	3.9	4.6	5.3	6.1	6.8	7.5
工艺用气量(标态)/$m^3 \cdot cycle^{-1}$	100	110	130	140	150	160

DD 系列	20	22	24	26	28	30	32	34	36
有效过滤面积/m^2	200	220	240	260	280	300	320	340	360
过滤单元数量	20	22	24	26	28	30	32	34	36
长/mm	3248	3448	3648	3848	4048	4248	4448	4648	4848
宽/mm	2029								
质量/kg	3131	3307	3446	3725	3864	4004	4143	4282	4422
高/mm	2541								
进料口直径/mm	150			200					
最大过滤压力/kPa	300								
洗涤水用量/$m^3 \cdot cycle^{-1}$	8.5	9.2	9.8	10.5	11.2	11.9	12.6	13.3	14
生产厂家	奥图泰(上海)冶金设备技术有限公司								

8.10.2 真空叶滤机

如图 8-99 所示，真空叶滤机是由一组与真空管路相连的滤叶装在机架上形成的一个滤叶组。升降器依次把整个滤叶组送至过滤槽、洗涤槽和滤饼卸除槽中。过滤槽中装满物料，当滤叶送至过滤槽时，在真空系统作用下滤液被吸入滤叶中并排走，固体颗粒在滤叶上形成滤饼。当滤叶到达滤饼卸除槽时，使滤叶放掉真空，卸除滤饼。必要时可增设洗涤槽，在过滤后先进行洗涤再卸除滤饼。它的优点是操作简单，卸除滤饼后可及时检修滤叶，滤叶更换方便，滤饼可充分洗涤。这种过滤机对滤饼生成周期长的滤浆有良好的适应性，广泛用于冶金工业和颜料制造业以及钛白粉业。

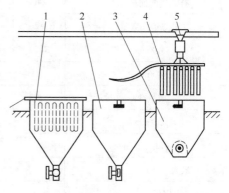

图 8-99 真空叶滤机流程
1—过滤槽；2—洗涤槽；3—滤饼卸除槽；
4—滤叶；5—吊车

8.10.2.1 真空叶滤机简介

A 概述

真空叶滤机，国际上称为 Moore 过滤机，它广泛应用在钛白和有色冶金等行业。

真空叶滤机主要由滤叶、真空管路系统（真空抽吸管道、阀门和气包等）和机架组成。过滤主体由数片（一般为 6~30 片）滤叶组成，滤叶呈矩形，滤叶数量可根据工艺流程所需要的过滤面积确定。滤叶一般由塑料滤板制成过滤承载体，在其表面铺上过滤介质（滤布）并加以固定，这就组成了过滤机的基本过滤元件。本设备名称取为"叶滤机"，本身就形象地突出了滤叶的基本功能，而"真空"体现了滤叶在滤料中抽吸过滤的功能。

真空叶滤机的生产能力和工艺技术指标，主要取决于这组过滤机的基本过滤元件。显然，真空叶滤机开发的基本目标首先就是对这组基本元件的开发，也就是首先对滤板的开发。当然，对叶滤机真空抽吸系统的开发也是该设备不断进步的重要标志。

B 真空叶滤机的发展历程

我国的真空叶滤机早在 20 世纪 50 年代就开始在钛白和冶金行业应用。长期以来，由于真空叶滤机组的设计及其主要部件滤板的制造技术落后，影响了真空叶滤机的技术现代化和大型化。

较早期的第一代真空叶滤机的叶片由较薄的塑料板（如厚度 δ 为 5~7mm 的硬 PVC 板）焊制成中空的、表面布满小孔的滤板部件，在其表面套装上合适的滤布，并在滤板上端设置滤液抽吸口，接上真空系统就可完成基本过滤过程。这就是第一代叶滤机的基本结构。

第二代真空叶滤机针对孔型滤板刚度不足、过滤效率低的缺点，改为较厚的塑料板表面开条状凹槽，用凸条支撑滤布，凹槽含液，并通过滤板内腔的连通孔从滤板上端设置滤液抽吸口抽走滤液。这种滤板刚度好，过滤效率有所提高并且较易加工，所以得到了广泛的应用。

第一、第二代真空叶滤机的特点：叶滤机的操作、运行必须配置较长的耐真空软管才能维持真空操作，这是影响叶滤机使用效率和钛白粉生产大型化和自动化的重要屏障。

第三代真空叶滤机消化吸收了国外的先进技术，在充分考虑了滤板刚度、强度的基础上重点挖掘过滤效率。滤板表面支撑滤布的是一定规格的、布满滤板的原形小凸台，小凸台均匀地支撑着滤布，保持滤叶面上的过滤（或洗涤）推动力的均衡和平稳，使过滤介质达到最佳的过滤效果。同时，为实现装置的大型化、自动化、提高生产效率、降低劳动强度、改善操作环境，第三代叶滤机设计了特殊的机载真空管路系统和固定于车间滤料（或洗涤）槽边缘的真空源接口——真空锁气阀，解决了长期以来叶滤机的全部操作（包括提升、移动和降落）过程必须连接一根长长的软管的落后状况。

叶滤机真空管路系统使得叶滤机在脱离车间真空源，在空中移动换槽过程中物料（滤饼）不脱落；真空锁气阀使得叶滤机在车间任何一个槽上坐落或提升时，真空锁气阀能自动接通或闭锁真空源，保证车间真空管网的真空度。

C　第三代叶滤机的开发和产业化进程

目前，国际上制造大型 Moor 真空叶滤机的厂商是德国连恩舍（Lenser）公司、JVK 公司、克林考（Klinkau）公司和日本等制造厂商，这些公司在 20 世纪 70~80 年代已实现产品的标准化和系列化。

连恩舍（Lenser）、JVK 等公司是国际大型热塑过滤元件生产商，其 Moore 过滤机叶片的设计品种就有 70 多种，可以说，中国各钛白企业想用的各种结构尺寸的滤板（除了较落后的第一代孔板型），它们均可生产。

1993 年，在我国第一套完全采用引进国际先进硫酸法生产钛白粉技术的渝钛白（现攀钢集团重庆钛业股份有限公司，简称攀渝钛业）的 15kt/a 钛白粉生产装置中，首次引进了由德国 JVK 公司生产的 $200m^2$/组的大型 Moore 过滤机。

为了改变国内真空叶滤机的落后状况，使我国同类产品效能和大型化，追赶世界先进技术水平，化工部第三设计院（现东华工程科技股份有限公司，简称东华科技）联合浙江金鸟压滤机有限公司和攀钢集团重庆钛业股份有限公司等单位，在 1999 年开始了上述新型 Moore 过滤机的国产化研制和开发及其产业化工作，使我国钛白行业的真空叶滤机进入了第三代，与国际水平接轨，大大改善了钛白生产的瓶颈，促进了钛白工业的发展。

第三代真空叶滤机的特点是：第一，由于滤板的改进明显提高了过滤的效率，从而明显提高了同样规格（过滤面积）叶滤机的生产能力；第二，由于采用了真空锁气阀以及特殊的真空管路系统，使叶滤机在空中运行时无需用拖管与真空源相连也能维持足够的真空而维持正常操作，摆脱了真空拖管带来的诸多不便，改善了劳动环境，提高了工作效率。

在钛白行业内，叶片表面的实际过滤效率习惯用滤板的"开孔率"来衡量，第一代叶片的开孔率为 20%~35%；第二代叶片的开孔率为 50%~55%；第三代叶片的开孔率为 70%~75%（攀渝用 JVK 生产的叶片开孔率为 70%，东华科技开发的 ETC DF 型滤板开孔率为 74%）。

2002 年 7 月，东华科技和浙江金鸟压滤机有限公司开发生产的 ETC DF-100 型叶滤机（针对原国产千吨级钛白技术的装置开发的）在云南大互通工贸有限公司富民钛白粉厂的国产 5000t/a 钛白粉生产装置中一次开车成功，并得到钛白行业的一致好评。2003 年 3 月申请了 3 项实用新型专利，2004 年 1 月得到国家批准。

2003 年 10 月，东华科技和浙江金鸟压滤机有限公司开发生产的 ETC DF-200 型叶滤机（针对生产能力≥15kt/a 钛白粉生产装置的）在攀渝钛业 30kt/a 钛白粉扩建工程中开车成功，并在 2004 年对 ETC DF-200 型叶滤机进行了进一步的优化改造工作，2005 年完全达到设计要求。

东华科技和浙江金鸟压滤机有限公司开发生产的 ETC DF 型叶滤机产品在攀钢集团重庆钛业股份有限公司、云南大互通工贸有限公司等 20 多家企业使用，经用户使用证明真空叶滤机主要工艺性能指标基本达到 JVK 等公司的国际先进水平。

东华科技和浙江金鸟压滤机有限公司开发生产的 ETC DF 型叶滤机与 JVK 公司的 Moore 过滤机的在硫酸法钛白生产装置中的技术性能参数对照见表 8-70。

表 8-70　真空叶滤机主要工艺性能指标比较

序号	指标		攀渝钛白用 JVK 生产 Moore 过滤机	攀渝钛白用 ETC DF-200 型叶滤机	富民钛白用 ETC DF-100 型叶滤机
1	叶滤机组过滤面积/m²		200	200	100
2	滤板尺寸/mm×mm		2140×1670	2140×1670	1680×1240
3	每块有效过滤面积/m²		6.431	6.792	3.861
4	操作真空度/MPa		0.04~0.06	0.04~0.06	0.06~0.07
5	操作温度/℃		50~60	50~60	50~60
6	滤饼厚度/mm		40±5	40±5	40±5
7	漂前水洗时间/min	吸片	90~100	90~120	60~90
		起吊	5	5	5
		水洗	180~200	180~200	210~240
		起吊	5	5	5
		卸料	30	30	30
		起吊复原	5	5	5
		合计	315~345	315~345	315~375
8	漂后水洗时间/min	吸片	30~50	30~50	20~30
		起吊	5	5	5
		水洗	220~260	220~260	150~210
		起吊	5	5	5
		卸料	25	25	30
		起吊复原	5	5	5
		合计	290~350 (4.83~5.83h)	290~350 (4.83~5.83h)	215~285 (3.58~4.75h)

8.10.2.2　结构形式及技术参数

真空叶滤机的结构如图 8-100 所示。

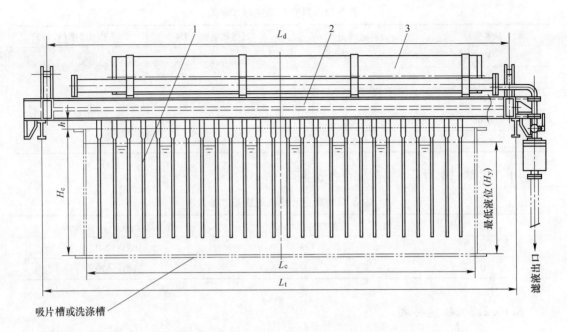

图 8-100　真空叶滤机的结构

1—叶片（滤板、滤布等）；2—机架；3—真空管路系统（包括抽吸管道、阀门和气包等）

真空叶滤机滤板的结构如图 8-101 所示。

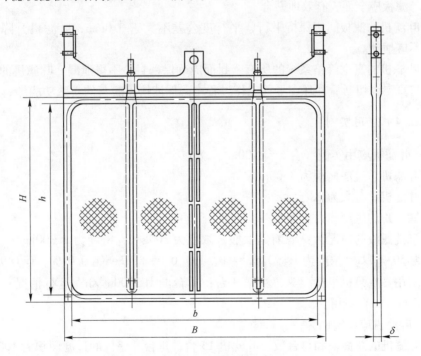

图 8-101　真空叶滤机滤板的结构

E 型叶滤机基本参数应符合表 8-71 的规定。

表 8-71 真空叶滤机基本参数

基本型号	公称过滤面积/m²	工作真空度/MPa	工作温度/℃
E40	40		
E70	70		
E100	100	0.060~0.080	≤55
E160	160		
E200	200		

DF 型叶滤机滤板基本参数应符合表 8-72 的规定。

表 8-72 真空叶滤机滤板基本参数

滤板型号	有效过滤面积/m²	外形尺寸($B{\times}H$)/mm×mm
DF-Ⅰ	3.9	1680×1240
DF-Ⅱ	6.9	2140×1670

8.10.2.3 性能要求

真空叶滤机的性能要求是：

（1）叶滤机的工作真空度应不小于 0.06MPa，工作温度不宜大于 55℃。

（2）叶滤机上滤布在滤板上的固定结构应保证联结可靠、不得泄漏，并便于滤布的更换。滤布与滤板应全面、有效地贴合。

（3）叶滤机的滤板间应保持平行，平行度公差不大于 3.0mm；叶滤机升降和平移过程中滤板不应摆动。

（4）叶滤机的真空管路系统的所有密封面应确保密封，不得泄漏。叶滤机的结构还应满足在其与真空源切断后升降、平移工作过程中确保滤饼不脱落的特殊功能。

8.10.2.4 应用实例

200m² 叶滤机应用实例（含 5 台 100m²）为：

（1）叶滤机总过滤面积为 4900m²。

（2）叶滤机总台数为 28 台。

（3）钛白粉的生产能力为 40kt/a。

（4）二洗滤液的情况为：滤前偏钛酸，浓度为 300g/L，密度为 1.300kg/m³；滤后溶液，温度为 50~60℃，浓度为 H_2SO_4 1.84%，TiO_2 0.05%，$FeSO_4$ 0.01%，H_2O 97.6%。

（5）配用真空泵机组情况为：数量 3 台；单台能力 3900m³/h；运行情况，通常情况下是两台运行、一台备用。

100m² 叶滤机应用实例为：

（1）叶滤机的总面积和总台数。叶滤机 15 台，每台叶滤机的过滤面积为 100m²。

（2）钛白总生产能力 18kt/a。

（3）二洗滤液的物性参数。二洗滤液温度为 45℃，总钛浓度为 300g/L。

（4）配用真空泵机组的台数、抽气量。配用真空泵机组 2 台；抽气量为 90m³/min；

极限压力为 0.08MPa；有一台备用。

8.11 筒式压滤机

筒式压滤机又称为筒式过滤机、管式压滤机、微孔过滤机、烛式过滤机等。它是以滤芯作为过滤介质，利用加压作用使液固分离的一种过滤机。筒式压滤机按滤芯形式又分为纤维填充滤芯型、绕线滤芯型、金属烧结滤芯型、滤布套筒型、折叠式滤芯型和微孔滤芯型等许多类型。各种不同的滤芯配置在过滤器中，加上壳体组成各种滤芯型筒式压滤机。

8.11.1 滤芯及芯式过滤器

芯式过滤器是指通过容器内滤芯来进行过滤净化的一系列过滤器。它是一种工业上应用非常广泛的过滤器材，这类过滤器的结构形式，根据生产工艺的要求千变万化，但总体来讲，都是由外壳和滤芯两大主要部分组成。过滤介质由外至内穿过滤芯，集流后从中央流出，介质中需要过滤的杂质颗粒被截留在滤芯的外表，从而达到过滤净化的目的。芯式过滤器的体积可以从零点几个立方米到上百个立方米，过滤的介质可以是气体或液体，不论是气固分离还是液固分离，芯式过滤器都能很好地满足工艺要求，这是袋式过滤器所不能比拟的。

芯式过滤器根据应用领域的不同分为工业级和卫生级。

工业级芯式过滤器主要应用在机械、水处理、化工、电子领域，满足不同过滤精度的要求，操作方便，不易损坏，使用寿命长，整体结构紧凑，结构形式如图 8-102 所示。

卫生级芯式过滤器主要应用在食品、饮料和医药领域。结构特点是：过滤器的筒体与底座用 V 形卡箍锁紧，使更换滤芯更加方便快捷；进出口为 V 形卡箍锁紧，连接方便；整个过滤器内部无死角、无螺纹，不易生菌；表面使用机械抛光或电抛光，清洗方便。其结构形式如图 8-103 所示。

8.11.2 刚性高分子精密微孔过滤机

刚性高分子精密微孔过滤机是一种滤材与过滤机结构新型的微孔过滤机。东瓯微孔过滤有限公司是国内外高分子精密过滤技术领域规模最大的过滤技术与设备研发和生产供应企业，是国家高科技企业。在国内率先研发成功了长效 0.3μm 过滤介质及 1600mm 以上的大底盖快开技术。形成了各种精密微孔过滤机系列产品，已有六千多台过滤机在各工业企业应用。公司拥有业界唯一的产品检验室与过滤物料的过滤性能测试实验室，荟萃国内微孔高分子过滤介质与微孔过滤机的研发人才，组成专门过滤技术的研发团队、售前和售后团队，已取得 19 项专利，其中发明专利 7 项。

刚性高分子精密微孔过滤机已成功应用行业如下：

（1）化工生产（包括精细化工、农药化工）：

1）二次盐水过滤，碱液脱盐过滤；

2）小苏打（碳氢酸钠）与大苏打（碳酸钠）液体过滤；

3）氯化钙溶液等原料液过滤；

4）双氰胺液体精过滤；

5）酶法制丙烯酰胺液精过滤及其他液体产品过滤；

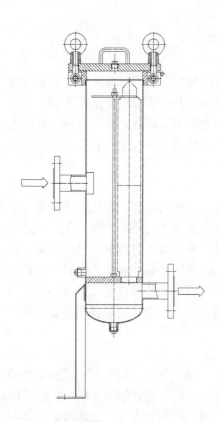

图 8-102　工业级芯式过滤器
（图片由飞潮过滤公司提供）

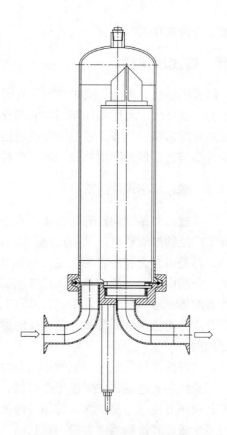

图 8-103　卫生级芯式过滤器结构形式
（图片由飞潮过滤公司提供）

6）化纤生产上超细硫黄颗粒与酸浴过滤；

7）各种液体与粉末活性炭过滤；

8）钯炭等超细催化剂过滤；

9）磷酸、乳酸、草酸、氨基酸、柠檬酸过滤；

10）各种无机盐溶液与超细粉体的精密过滤；

11）草甘膦生产上催化剂过滤。

（2）有色行业：

1）钴、钴盐、镍、镍盐的粉末过滤洗涤压干一体过滤；

2）钴镍生产中的浸出液、萃取前液、结晶前液、还原液、碱液等各类液体的精密过滤；

3）金、银、铂、钯、铑等贵金属的粉体过滤洗涤，及生产中的溶液精密过滤。

（3）化肥行业：铜氨液、脱炭液、脱硫液等净化循环过滤。

（4）食品生产：

1）油脂生产。花生油精过滤、菜子油毛油过滤、混合油（米糠油与溶剂）过滤、油脂脱蜡（玉米油、葵花籽油、大豆油、米糠油）过滤。

2）糖类与味精类生产。葡萄糖液与粉末活性炭精密过滤；味精与粉末活性炭精过滤；低聚糖、果糖、甜菊糖的精过滤；木糖醇与粉末活性炭的精过滤；山梨醇的精过滤。

3）果汁类（苹果汁、草莓、山楂等）。

4）酒类（葡萄酒、白酒等）。

（5）制药生产：

1）粉末活性炭与脱色液过滤；

2）催化剂（钯炭、铜、锰、铁、镍等）的过滤；

3）中草药药汁的过滤；

4）药酒的过滤、滋补液过滤；

5）发酵液过滤；

6）发酵滤液去蛋白质等的复滤；

7）超细结晶体过滤与洗涤。

（6）水处理：

1）生产水处理。超滤、纳滤、反渗透、电渗析、离子交换树脂前的预过滤；河水、井水、湖水等的精密过滤；冷凝水循环过滤。

2）废水过滤。重金属废水（电镀废水、线路板生产废水、热镀锌废水等）、蓄电池废水、磁性材料废水等的精密过滤，一次过滤就可使重金属离子达到排放要求；含氟废水过滤；煤矿矿井废水过滤；煤场堆废水过滤；化工生产含超细悬浮物废水过滤。

（7）气体脱硫与脱炭处理：各种烟道气、废气或工艺生产用气等的湿法脱硫、脱炭工艺中，脱硫（炭）液与超细烟尘颗粒的精密过滤与分离；烟尘与脱硫（炭）液进一步的精密过滤、洗涤与压干。

8.11.2.1 刚性高分子微孔过滤介质

A 概述

过滤材料有很多种类。"东瓯微滤"是刚性非金属的有机材料分支的一个代表。它是以超高相对分子质量的塑料为基材，加以相应的添加剂（提高耐温性、抗老化性、化学稳定性）烧结而成的微孔体。具有很高的过滤精度、高的抗拉强度、很好的化学稳定性、很长的使用寿命。经过二十多年的反复改进与研发，形成8种毛细孔径、2种耐温、多种针对不同物料的各种规格的过滤管与过滤板，或是为客户定制其他的形状。

在生产过程中，严格控制各道加工工序及成品微孔孔径、比阻、机械强度、孔隙率的检验，以确保每一批产品都符合公司的标准，以及保证客户的高效与长寿命使用。

B 性能及用途

刚性高分子微孔过滤介质的性能是：

（1）过滤效率高，$0.3\mu m$ 微粒一次过滤，几乎可100%滤除；

（2）再生效率高，寿命长，最长的连续使用寿命达10年；

（3）耐化学腐蚀的性能特别优越，耐各种酸、碱、盐，耐90℃以下绝大部分有机溶剂，无味、无毒、无异物溶出，力学性能较好，不易损坏；

（4）微孔 PE 材料耐温不大于80℃，微孔 PA 材料耐温不大于100℃；

（5）微孔过滤元件机械强度较高，尤其抗冲击强度好，不易损坏。

其用途还有：

（1）气固精密过滤。可用于气体除尘与去除油滴、水滴过滤。

（2）气体鼓泡。用于增加液体中气体溶解度的气体分散鼓泡，泡径细而均匀：

1）用于废水处理中空气鼓泡；

2）泡沫塔中的气体鼓泡；

3）吸收操作中气体鼓泡；

4）饮水消毒中的臭氧分散鼓泡；

5）化学反应中气体分散鼓泡等。

（3）在粉体操作（如粉体输送与粉体流化等）中作气体分布板。

（4）在分散固体与液体的其他操作（离子交换柱、层析柱等）中作分散固体的多孔支承板。

（5）作压缩气体向大气排气的消声器。

（6）作微孔膜、超滤膜等分离膜的多孔支承体。

C　型号对照与微孔管尺寸规格

微孔毛细孔径型号对照表见表8-73。

表8-73　微孔毛细孔径型号对照表

微孔 PE、PA 管	PE-1 型		PE-2 型		PE-3 型		PE PA -4 型	PE PA -5 型	PE PA -6 型	PE PA -7 型	PE PA -8 型
	A	B	A	B	A	B					
平均微孔 孔径/mm	111~ 140	81~ 110	64~ 80	46~ 63	39~ 45	31~ 38	26~30	21~25	16~20	11~15	5~10

现有微孔管尺寸规格见表8-74。

表8-74　现有微孔管尺寸规格

外径/mm	150	120	120	106	97	80	80	80	65	65	65	50	50	50	50	50	38	38	38	31	31	24	24	20	13
内径/mm	116	100	80	86	72	44	34	50	55	44	34	34	30	26	20	15	26	20	15	20	15	15	8	14	8
长度/mm	1000 2000	1000 2000	1000 2000	1000 2000	1000 2000	1000 2000	1000 2000	1000 2000	1000 2000	1000 2000	1000 2000	1000 2000	1000 2000	1000 2000	1000 2000	1000 2000	1000 2000	1000 2000	1000 2000	1000 2000	1000 2000	1000 1500	1000 1500	1000 1500	1000 1500
备注	还可根据用户需要另选尺寸规格																								

现有微孔板尺寸规格有：400mm × 400mm、550mm × 550mm、800mm × 800mm、ϕ800mm、ϕ1000mm、ϕ1200mm、ϕ1400mm、ϕ1600mm。

8.11.2.2　PGH 系列精密微孔过滤机

A　结构特点及适用范围

PGH 系列精密微孔过滤机的结构特点是：

（1）在立式密闭机体内悬挂东瓯微滤管为主过滤区，并且设备底部的气动排渣底盖上设有带过滤管的辅助过滤区，或在两者中间再加一组过滤面积的结构。

（2）以上结构除了单位面积大、占地面积小以外，主要解决被过滤物料通过上部主过滤区快速过滤完，中部或底部的辅助过滤区能将机内剩料一次过滤完，避免了物料的上下批号"混批"，特别适用于精细化工厂、药厂和食品厂等。

（3）密闭过滤，清洁化生产；操作简便，气动排渣口的启闭只要几个阀门的操作就行；过滤管再生方便，对过滤管的反吹再生非常简便，只要开启反吹阀门即可完成。

它已广泛应用于精细化工、制药、食品等生产中有批次要求严格，且滤饼量较大、干度要求高的精密液固过滤，如活性炭脱色液、催化剂、超细结晶体等的过滤。

B 技术参数

PGH 系列精密微孔过滤机技术参数见表 8-75。

表 8-75 PGH 系列精密微孔过滤机技术参数

型 号	PGH-1	PGH-2	PGH-3	PGH-5	PGH-10	PGH-20	PGH-30	PGH-40	PGH-60	PGH-100
过滤面积/m²	1	2	3	5	10	20	30	40	60	100
处理能力/t·h⁻¹	根据具体物料的试验数据确定									
工作压力/MPa	≤0.25									
工作温度/℃	≤100									
机体直径/mm	φ300	φ300	φ400	φ550	φ800	φ900	φ1200 φ1000	φ1400 φ1200	φ1600 φ1400	φ2000
机体高度/mm	1730	2030	2500	2530	3050	3440	3840/ 2480	4100/ 3800	4880	5330
进/出口口径/mm	DN25/ DN25	DN40/ DN40	DN40/ DN40	DN40/ DN50	DN50/ DN65	DN65/ DN65	DN50/ DN65	DN65/ DN65	DN65/ DN65	DN80/ DN80
排渣口直径/mm	φ300	φ300	φ400	φ550	φ800	φ800	φ1200 φ1000	φ1400 φ1200	φ1600 φ1400	φ1400 φ1600
机体容积/m³	≤0.1	0.079	0.17	0.321	0.86	1.25	2.38/ 1.38	2.8/2.4	5.6	13.3
生产厂家	温州市东瓯微孔过滤有限公司									

8.11.2.3 PGR 系列精密微孔过滤机

A 结构特点及适用范围

PGR 系列精密微孔过滤机的结构特点是：

（1）在立式密闭机体内悬挂东瓯微滤管为过滤介质组成的过滤机，具有单位体积内过滤面积大（如 φ2200mm 的机体，内可装 200m² 过滤面积，φ2400mm 的机体，内可装 300m² 过滤面积）；立式结构，占地面积小（如 200m² 的微滤机，单台占地面积不超过 5m²）。

（2）密闭过滤，清洁化生产；操作简便，特别是对过滤管的反吹再生非常方便快捷，只要开启反吹阀门即可完成。

它已广泛应用于基础化工、精细化工、湿法冶金、化肥、制药、食品、环保水处理等行业的含固量少、滤液量大且对滤饼干度无要求的精密固液澄清过滤。

B 技术参数

PGR 系列精密微孔过滤机技术参数见表 8-76。

表 8-76 PGR 系列精密微孔过滤机技术参数

型 号	PGR-1	PGR-2	PGR-3	PGR-5	PGR-10	PGR-20	PGR-30	PGR-40	PGR-60	PGR-100	PGR-120	PGR-150	PGR-200	PGR-300
过滤面积 /m²	1	2	3	5	10	20	30	40	60	100	120	150	200	300
处理能力 /t·h⁻¹	根据具体物料的试验数据确定													
工作压力 /MPa	≤0.25													

型　号	PGR-1	PGR-2	PGR-3	PGR-5	PGR-10	PGR-20	PGR-30	PGR-40	PGR-60	PGR-100	PGR-120	PGR-150	PGR-200	PGR-300
工作温度 /℃							≤100							
机体直径 /mm	$\phi300$	$\phi300$	$\phi400$	$\phi500$	$\phi800$	$\phi900$	$\phi1000$	$\phi1200$	$\phi1200$	$\phi1600$	$\phi1600$	$\phi2000$	$\phi2200$	$\phi2400$
机体高度 /mm	1480	1540	1550	1550	2290	2390	2880	2750	3410	4260	4260	3000	5840	4460
进/出口 口径/mm	DN40/ DN40	DN40/ DN40	DN40/ DN40	DN40/ DN40	DN50/ DN50	DN50/ DN50	DN65/ DN65	DN65/ DN65	DN65/ DN65	DN80/ DN125	DN80/ DN125	DN150/ DN150	DN150/ DN150	DN150/ DN150
排渣口 直径 /mm	$\phi50$	$\phi50$	$\phi50$	$\phi50$	$\phi80$	$\phi100$	$\phi200$ $\phi150$ $\phi100$	$\phi200$ $\phi150$ $\phi100$	$\phi200$ $\phi150$ $\phi100$	$\phi300$ $\phi200$ $\phi150$	$\phi300$ $\phi200$ $\phi150$	$\phi300$ $\phi200$ $\phi150$	$\phi300$ $\phi200$ $\phi150$	$\phi300$ $\phi200$ $\phi150$
机体容积 /m³	0.046	0.065	0.16	0.26	0.7	1.1	1.6	3.0	3.5	8.11	8.11	10.83	12.99	15.9
生产厂家							温州市东瓯微孔过滤有限公司							

8.11.2.4　PGK 系列精密微孔过滤机

A　结构特点及适用范围

PGK 系列精密微孔过滤机的结构特点是：

（1）在立式密闭机体内悬挂东瓯微滤管为过滤介质组成的过滤机，并在设备底部设有气动排渣口。具有单位体积内过滤面积大（如 $\phi2000mm$ 的机体，内可装 $200m^2$ 过滤面积）；立式结构，占地面积小（如 $200m^2$ 的微滤机，单台占地面积不超过 $5m^2$）。

（2）密闭过滤，清洁化生产；操作简便，气动排渣口的启闭只要几个阀门的操作就行；过滤管再生方便，对过滤管的反吹再生非常简便，只要开启反吹阀门即可完成。

它已广泛应用于基础化工、精细化工、湿法冶金、化肥、制药、食品、环保等处理量大、含固量较高，且对滤饼干度有一定要求的精密滤饼过滤。

B　技术参数

PGK 系列精密微孔过滤机技术参数见表 8-77。

表 8-77　PGK 系列精密微孔过滤机技术参数

型　号	PGK-1	PGK-2	PGK-3	PGK-5	PGK-10	PGK-20	PGK-30	PGK-40	PGK-60	PGK-100	PGK-120	PGK-150	PGK-200	PGK-300
过滤面积 /m²	1	2	3	5	10	20	30	40	60	100	120	150	200	300
处理能力 /t·h⁻¹							根据具体物料的试验数据确定							
工作压力 /MPa							≤0.25							

型　号	PGK-1	PGK-2	PGK-3	PGK-5	PGK-10	PGK-20	PGK-30	PGK-40	PGK-60	PGK-100	PGK-120	PGK-150	PGK-200	PGK-300
工作温度 /℃	≤100													
机体直径 /mm	φ300	φ300	φ400	φ500	φ800	φ1000 φ900	φ1000	φ1200	φ1400 φ1200	φ1800 φ1600	φ2000 φ1800	φ2200 φ2000	φ2400 φ2200	φ2400
机体高度 /mm	1530	1730	1830	2570	2880	3530	3500	4110	4600	4800	4530	4500	5290	5440
进/出口径/mm	DN40/ DN40	DN40/ DN40	DN40/ DN40	DN40/ DN40	DN50/ DN50	DN50/ DN50	DN65/ DN65	DN65/ DN65	DN65/ DN65	DN100/ DN120	DN100/ DN120	DN150/ DN150	DN150/ DN150	DN150/ DN150
排渣口 直径/mm	φ200	φ200	φ200	φ200	φ400	φ400	φ550	φ550	φ550	φ550	φ550	φ550	φ550	φ550
机体容积 /m³	0.046	0.065	0.16	0.26	0.7	1.6 1.1	1.6	3.0	4.2 3.5	8.11 6.21	10.33 8.11	12.99 10.83	15.9 12.99	15.9
生产厂家	温州市东瓯微孔过滤有限公司													

8.11.2.5　PGP 系列精密微孔过滤机

A　结构特点及适用范围

PGP 系列精密微孔过滤机的结构特点是：

（1）在立式密闭机体内悬挂东瓯微滤管为主过滤区，并且设备底部的气动排渣底盖上设有带过滤平板的辅助过滤区，或在两者中间再加一组过滤面积的结构。

（2）以上结构除了单位面积大、占地面积小以外，主要解决将机外物料通过上部主过滤区快速过滤完，中部或底部的辅助过滤区能将机剩料一次过滤完，截留的滤饼卸到底部过滤平板上进行洗涤、干压等操作。

（3）将过滤、静止洗涤、压干工序在一个机内完成，缩短工艺流程，且避免滤饼被外界污染，密闭过滤，清洁化生产；启闭气动快开底盖操作简便，排除滤饼便捷。

（4）排出较干的滤饼，减少后工序的能耗。

它已广泛应用于超细金属粉体、超细无机盐粉体、超细结晶体、催化剂等生产中的产品过滤、洗涤与压干。

B　技术参数

PGP 系列精密微孔过滤机技术参数见表 8-78。

表 8-78　PGP 系列精密微孔过滤机技术参数

型　号	PGP-0.2	PGP-0.5	PGP-1	PGP-2	PGP-3	PGP-5	PGP-10	PGP-15	PGP-20
过滤面积/m²	0.2	0.5	1	2	3	5	10	15	20
处理能力/t·h⁻¹	根据具体物料的试验数据确定								
工作压力/MPa	≤0.2								
工作温度/℃	≤100								

型　号	PGP-0. 2	PGP-0. 5	PGP-1	PGP-2	PGP-3	PGP-5	PGP-10	PGP-15	PGP-20
机体直径/mm	φ550	φ800 φ550	φ550 φ800	φ800	φ1200 φ1000	φ1200 φ1000	φ1200 φ1000	φ1600 φ1400 φ1200	φ1600 φ1400 φ1200
机体高度/mm	1240	2410	1240/ 2410	2410	2600	3100	3300	3600	3600
进/出口口径/mm	DN40/ DN40	DN40/ DN40	DN40/ DN40	DN50/ DN65	DN65/ DN65	DN50/ DN65	DN65/ DN65	DN65/ DN65	DN80/ DN80
排渣口直径/mm	φ550	φ800 φ550	φ550 φ800	φ800	φ1200 φ1000	φ1200 φ1000	φ1200 φ1000	φ1600 φ1400 φ1200	φ1600 φ1400 φ1200
机体容积/m³	0.1	0.33 0.1	0.1 0.33	0.33	1.0 0.63	1.4 1.0	1.9 1.25	3.3 2.4 1.9	3.3 2.4 1.9
生产厂家	温州市东瓯微孔过滤有限公司								

8.11.2.6　PGX 系列精密微孔过滤机

A　结构特点及适用范围

PGX 系列精密微孔过滤机的结构特点是：

（1）在立式密闭机体内悬挂东瓯微滤管为主过滤区，并且设备底部的气动排渣底盖上设有带过滤平板的辅助过滤区，在两者中间再加一搅拌装置的结构。

（2）以上结构除了单位面积大、占地面积小以外，主要解决将机外物料通过上部主过滤区快速过滤完，底部的辅助过滤区能将机内剩料一次过滤完，截留的滤饼卸到底部过滤平板上利用搅拌打浆进行洗涤，然后干压等操作。

（3）将过滤、打浆洗涤、干压工序在一个机内完成，缩短工艺流程，且避免滤饼被外界污染，密闭过滤，清洁化生产；启闭气动快开底盖操作简便，排除滤饼便捷。

（4）排出较干的滤饼，减少后工序的能耗。

它已广泛应用于超细金属粉体、无机盐粉体、结晶体及其他较黏细的固体产品过滤、洗涤、压干的精密过滤。

B　技术参数

PGX 系列精密微孔过滤机技术参数见表 8-79。

表 8-79　PGX 系列精密微孔过滤机技术参数

型　号	PGX-1	PGX-2	PGX-3	PGX-5	PGX-10	PGX-20	PGX-30	PGX-40	PGX-60	PGX-100
过滤面积/m²	1	2	3	5	10	20	30	40	60	100
处理能力/t·h⁻¹	根据具体物料的试验数据确定									
工作压力/MPa	≤0. 2									

续表 8-79

型　号	PGX-1	PGX-2	PGX-3	PGX-5	PGX-10	PGX-20	PGX-30	PGX-40	PGX-60	PGX-100
工作温度/℃					≤100					
机体直径/mm	φ550	φ550	φ800 φ550	φ800	φ1000 φ800	φ1000	φ1200 φ1000	φ1400 φ1200	φ1600 φ1400	φ1800 φ1600
机体高度/mm	1480	1540	1550	1550	2290	2390	2880	2750	3410	4260
进/出口口径/mm	DN40/ DN40	DN40/ DN40	DN40/ DN40	DN40/ DN40	DN50/ DN50	DN50/ DN50	DN65/ DN65	DN65/ DN65	DN65/ DN65	DN80/ DN125
排渣口直径/mm	φ550	φ550	φ550	φ550	φ1000 φ800	φ1000	φ1200 φ1000	φ1400 φ1200	φ1600 φ1400	φ1600 φ1400
机体容积/m³	0.126	0.136	0.609 0.27	0.609	1.18 0.73	1.38	2.04 1.38	3.31 2.37	4.42 3.31	6.22 4.8
生产厂家					温州市东瓯微孔过滤有限公司					

8.11.2.7 微孔精密过滤系统

A　概述

微孔精密过滤系统是在前期的小试或工厂的中试的基础上进行过滤机结构选型、系统内配置、控制方案的选择等。将 PGR、PGK、PGH、PGX、PGT 等单独或组合而成。在配物料系统、反吹再生系统、化学再生系统、控制元件、检测元件、管道、操作平台等组成一个精密过滤系统。整个系统利用 PLC 控制、人机界面等自动化运行，设备有超压保护与安全连锁，保证了系统运行的稳定可靠。

提供系统内的安装或整体框架式出厂，给用户带来专业快速的交钥匙工程而无后顾之忧。

它应用于有色金属生产中溶液的精密澄清与滤饼洗涤过滤、各类废水排放前的精密固液分离、选矿厂的精矿的回收过滤等。

B　应用领域

化工行业：氯碱生产上的含钙、镁等盐水精滤；无机盐生产原料液的精滤；大处理量的化工液体精滤；母液、结晶液、浸出液的精滤。

水处理（生产用水、生活用水与废水）：河水、地下水、自来水、井水微滤或回用；废水过滤（中和后的重金属废水如电镀废水、线路板废水、蓄电池废水、矿山废水、磁性材料废水及含硫废水、含氟废水）；含烟尘废水过滤、堆煤场废水过滤、煤矿矿井废水过滤；气体脱硫液、脱二氧化碳液等与超细烟尘的精密分离；分离后浓缩烟尘的精密过滤、烟尘滤饼的洗涤、滤饼压干与自动卸除。

C　排渣示意

排渣示意图如图 8-104 所示。

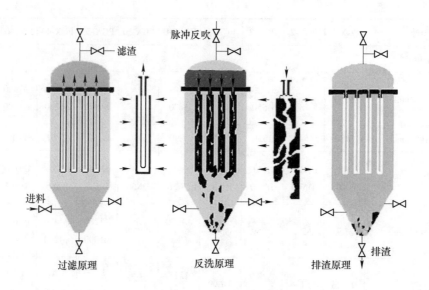

图 8-104 排渣示意图

8.11.3 绕线滤芯型筒式压滤机

绕线滤芯型筒式压滤机是采用绕线式滤芯作为过滤元件的过滤设备。

绕线式滤芯是由纺织纤维纱精密缠绕在多孔骨架上，通过控制缠绕密度及滤孔形状而制成的具有不同过滤精度的滤芯，滤芯孔径外大内小，具有优良的深层过滤效果。滤芯所用纺织纤维有聚丙烯纤维、棉纤维和聚丙烯腈纤维等，其骨架一般用聚丙烯材料。

绕线式滤芯具有以下特点：

（1）滤芯可用多种纤维材质制成，以适应各种液体过滤的需要。

（2）过滤孔径外大内小，具有优良的深层过滤效果。

（3）能有效地除去液体中的悬浮物、微粒等，可以承受较高的过滤压力。

（4）有较高的滤渣负荷能力及良好的相容性。

绕线滤芯型筒式压滤机已在食品、电子、石油及化工、制药、环保等工业部门获得了广泛的应用。适用于各种水净化、饮料及酒类、电镀液及多种化学试剂、各种酸杂性溶液及溶剂、乳化液、洗涤液、感光胶片乳液、磁浆、墨水、油类、油漆、油墨、煤气、氧、压缩空气及各种医用、药用液（气）等的过滤。

8.11.4 烧结金属滤芯型筒式压滤机

该机型主要采用烧结金属滤芯作为过滤元件。烧结金属过滤介质主要分为 3 种类型：烧结金属网介质、烧结金属粉末介质、烧结金属纤维介质，均是在真空炉中通过高温、加压烧结而成。烧结金属过滤介质的过滤精度十分高，烧结金属网介质过滤精度在 $15\mu m$ 以上，烧结金属粉末介质过滤精度为 $0.2 \sim 100\mu m$，烧结金属纤维介质过滤精度为 $0.1 \sim 100\mu m$。以上 3 种烧结金属过滤介质的耐高温、耐高压和耐化学腐蚀性能均相当高。如采用烧结金属网滤芯的筒式压滤机，可在295℃和15MPa条件下过滤高黏度（300Pa·s）的聚合物。烧结金属粉末滤芯在氧化性气氛中可耐788℃高温，在还原性或中性气氛中可耐927℃高温。

8.11.5　套筒型筒式过滤机

套筒型筒式过滤机又称为管袋式压滤机、袋式过滤器。

液体过滤用袋式过滤器简称为袋式过滤器，是指利用容器内安装的滤袋来实现过滤的一类过滤器。其具有流量大、流阻小、过滤效率高的特点。广泛适用于各种不同物料的液固分离场合，尤其适用于胶体、软性颗粒的拦截以及高黏度物料过滤，适用过滤精度从1~1000μm，过滤物质黏度最大可达50Pa·s。尽管袋式过滤系统从诞生到今天历史不长，但已经迅速地在各个领域取代滤芯式过滤系统以及其他传统过滤方式。

8.11.6　陶瓷膜元件及陶瓷膜设备

8.11.6.1　陶瓷（复合）膜元件系列

无机膜是固态膜的一种，它是由无机材料，如陶瓷、金属、金属氧化物、多孔玻璃、沸石、无机高分子材料等制成的半透膜，包括的种类非常多。无机膜可分为致密膜和多孔膜两大类，工业用无机多孔分离膜主要由3层结构构成：多孔载体、过渡层和活性分离层。

无机膜的应用主要涉及液相分离与净化、气体分离与净化和膜反应器3个方面，工业化应用主要集中在液相分离领域，其中使用最多的是陶瓷膜，占据了80%以上的市场，并呈逐年上升趋势。

陶瓷膜作为无机膜领域最主要的一个分支，它与传统的过滤设备（如板框、硅藻土、离心等）及有机聚合物膜相比，具有过滤精度高、耐腐蚀性强、耐有机溶剂、使用寿命长等传统工艺及其他聚合物膜无法比拟的优越性。

合肥世杰膜工程有限责任公司是国内专业生产陶瓷膜元件和陶瓷复合膜元件的高科技公司。十多年来，该公司一直致力于陶瓷（复合）膜元件的开发、研制、生产与工业化应用。目前，该公司陶瓷膜产品过滤精度已经达到微滤和超滤两种级别，陶瓷纳滤膜正在研制阶段。公司各类膜产品规格型号技术参数见表8-80。该公司是中国一流的陶瓷膜元件供应商。

表8-80　陶瓷（复合）膜元件技术参数

膜孔径	微滤（MF）：1.2μm、0.8μm、0.5μm、0.2μm、0.1μm；超滤（UF）：50nm、20nm、10nm、4nm						
通道数	1	8	7	19	19	19	37
膜管外径/mm	10	25	30	30	41	30	41
通道直径/mm	7.0	扇形	6.0	4.0	6.0	4.0	3.6
公称长度/mm	1016	1200	1016	1016	1016	1016	1016
有效膜面积/m²	0.02	0.20	0.13	0.24	0.36	0.24	0.42
膜材质	ZrO_2、TiO_2、Al_2O_3 等						
适用pH值	0~14						
适用温度/℃	−10~150						

8.11.6.2　陶瓷（复合）膜组件系列

无机陶瓷膜在具体应用过程中是以膜组件形式出现的，在实际工业化应用过程中，要求开发出单位体积内具有大装填容量的膜组件，因为膜面积越大，单位时间透过量越多。

合肥世杰膜工程有限责任公司从服务于客户和满足市场的角度出发，开发出具有不同装填容量的系列膜组件，其中包括大、中、小3个不同梯度装填容量的膜组件。

合肥世杰膜工程有限责任公司陶瓷（复合）膜组件系列产品的主要技术参数见表8-81。

表 8-81　陶瓷（复合）膜组件主要技术参数

膜组件形式	1 芯	3 芯	7 芯	12 芯	19 芯	37 芯	61 芯	99 芯
装填膜管数/支	1	3	7	12	19	37	61	99
公称长度/mm	1000（或选配）							
可选配膜长度/mm	240～1200							
膜组件材质	SUS304、SUS316（L）不锈钢							
密封连接材质	硅橡胶、氟橡胶、三元乙丙橡胶							

8.11.6.3　小、中试陶瓷（复合）膜设备

为满足各科研机构、企业研发中心、高等院校等处新工艺开发、新产品研制、小试以及中试的需要，合肥世杰膜工程有限责任公司特推出高性价比的陶瓷（复合）膜实验设备，该系列小、中试陶瓷（复合）膜设备设计合理、工艺成熟，模拟工业化生产，过滤级别主要涵盖微滤和超滤两种，可满足不同客户、不同物料体系及不同处理量等差异化的需求。处理能力可从几升到几千升。

合肥世杰膜工程有限责任公司的陶瓷（复合）膜实验系列设备已经成功应用于食品、饮料、天然植物及药材提取、果蔬汁、制药工业、发酵工业、天然色素提取、农产品深加工、水（海）产品深加工、医药、精细化工等领域物料的澄清、过滤、除菌、除杂、分离及浓缩过程。

小、中试陶瓷（复合）膜设备规格型号见表8-82。

表 8-82　小、中试陶瓷（复合）膜设备规格型号

规格型号	过滤级别	设备材质
SJM-FHM-01	MF、UF	SUS304、SUS316（L）
SJM-FHM-02	MF、UF	SUS304、SUS316（L）
SJM-FHM-05	MF、UF	SUS304、SUS316（L）
SJM-FHM-10	MF、UF	SUS304、SUS316（L）
SJM-FHM-17	MF、UF	SUS304、SUS316（L）
SJM-FHM-34	MF、UF	SUS304、SUS316（L）
SJM-FHM-50	MF、UF	SUS304、SUS316（L）
SJM-FHM-68	MF、UF	SUS304、SUS316（L）
SJM-FHM-90	MF、UF	SUS304、SUS316（L）
SJM-FHM-135	MF、UF	SUS304、SUS316（L）

8.11.6.4 小、中试多功能膜设备

为了更好地服务于客户和市场，不断满足客户更多更新的需求，合肥世杰膜工程有限责任公司锐意创新，在中国首创推出多功能膜设备，并相继开发出系列小、中试膜设备，以满足研发、试制、小批量生产等多种需求。

该系列多功能膜设备与陶瓷复合膜设备具有良好的匹配性，两者的组合更是一套小型膜集成工艺系统的完美统一。该系列设备广泛适用于食品饮料、天然植物提取、天然色素提取、食品添加剂、中药、保健品、农产品深加工、海洋生物资源开发、动物提取、生物医药、发酵工业、抗生素、精细化工、水处理、环保等众多领域。

该系列多功能膜设备具有如下性能优势：

（1）工艺集成化程度高，汇集超滤、纳滤及反渗透三种过滤级别于一体，每个过滤级别自成单元系统。

（2）可根据具体的应用体系和技术要求的差异化对膜元件进行多种选型和配置，灵活性强，可实现稳定的连续化实验及生产。

（3）可得到不同应用体系所对应的重要工艺参数、相应清洗方案、前两者对膜通量及膜性能的影响曲线以及污染控制手段等，试验所得数据真实、可靠。

（4）采用先进的控制技术，自动化程度高，模拟工业化生产，操作人员可自主控制设备的操作权限，并实现设备的高端管理，系统性能稳定性高。

（5）设备美观、紧凑；操作维护简便。

（6）特别适合在中科院、高等院校、科研机构、国家重点实验室、企业研发中心、新产品开发中心等部门使用。

小、中试多功能膜设备规格型号见表 8-83。

表 8-83 小、中试多功能膜设备规格型号

规格型号	过滤级别	设备材质
SJM-DGN-031	UF、NF、RO	SUS304、SUS316（L）
SJM-DGN-032	UF、NF、RO	SUS304、SUS316（L）
SJM-DGN-033	UF、NF、RO	SUS304、SUS316（L）
SJM-DGN-061	UF、NF、RO	SUS304、SUS316（L）
SJM-DGN-062	UF、NF、RO	SUS304、SUS316（L）
SJM-DGN-063	UF、NF、RO	SUS304、SUS316（L）
SJM-DGN-081	UF、NF、RO	SUS304、SUS316（L）
SJM-DGN-082	UF、NF、RO	SUS304、SUS316（L）
SJM-DGN-083	UF、NF、RO	SUS304、SUS316（L）

8.11.6.5 工业化陶瓷（复合）膜设备

合肥世杰膜工程有限责任公司生产的陶瓷（复合）膜过滤系统的膜面积为 144m²。该

系列设备规模可以根据具体技术要求进行逐级放大。

该系列设备主要应用于天然植（药）物提取、生物发酵、医药、食品饮料、农（海）产品、化工、印染等领域物料的澄清过滤、除菌除杂和部分体系的浓缩处理。该系统已在国内外众多大型企业成功应用，并稳定运行多年。

该系统中的陶瓷（复合）膜可根据过滤精度要求配置微滤膜和超滤膜两种。系统主体标配包括膜元件，膜外壳，配套的循环泵，自动化控制系统，主循环系统，CIP 在线清洗系统，在线温度、压力、流量等相关检测仪器，冷却循环装置以及设备支架等。

全套系统采用全封闭管道运行，自动化程度高，单元化操作维护简便，运行成本低，逐级放大简易，推广应用性极强。

8.11.6.6 工业化超滤膜设备

超滤是介于微滤和纳滤之间的一种膜过滤，超滤膜是利用筛分原理进行分离，它在实际应用中一般以截留分子量表征，主要用于将溶液中的大分子、胶体和微粒与溶剂等小分子物质进行分离。它对有机物截留分子量从 10000 ~ 100000 道尔顿（Dalton）可选，适用于大分子物质与小分子物质分离、浓缩和纯化过程。目前，在实际应用过程中，主要也是采用切割分子量（MWCO）来表示超滤膜的分离性能。

早期的工业超滤应用于废水和污水处理。三十多年来，随着超滤技术的发展，如今超滤技术已经涉及食品工业（乳品、酒、明胶、糖等）、生物发酵工程、饮料工业（果汁等）、医药工业（抗生素、干扰素、蛋白、酶、中药等）、生物制剂、临床医学、金属加工（脱脂溶液处理、油水分离等）、汽车工业（电泳漆回收等）、废水处理与回用（含糖废水、电镀废水等）、水处理（无热源水、大输液、中水回用等）等，并得到越来越多的推广和应用。

从膜分离装置发展过程来看，超滤装置是伴随着反渗透装置的开发而发展起来的。传统的超滤形式（如板框式、中空纤维式等）已经逐渐被市场所淘汰。为了适应客户和市场双重需要，合肥世杰膜工程有限责任公司投入大量的技术力量，潜心开发出一系列小型、中试超滤膜装置以及工艺成熟的工业化超滤膜装置，已在众多知名企业得到成功应用。世杰各类型超滤装置全部按照标准化工艺要求设计，从技术和经济两个角度出发，装置中的核心膜元件、膜壳及配套动力系统、控制系统等性能稳定，系统可实现长期、连续、稳定的工业化运转。

8.11.6.7 工业化纳滤膜设备

纳滤的截留分子量从 200 ~ 1000 道尔顿（Dalton）范围内可选，其具有纳米级孔径，所以称为"纳滤"。纳滤膜由于带有电荷性的特殊过滤性能，常温分离，不会破坏生物活性，所得产品品质稳定，且过程能耗低，效率高，所以在食品饮料工业、生物医药、氨基酸行业、有机酸、染料、抗生素、糖类、乳品工业、废水处理等行业中得到越来越广泛的应用。

传统的离心分离、真空浓缩、多效蒸发、冷冻浓缩等工艺在不同程度上制约着产品本身品质的提升，而产品成本又不能有效控制，企业都在寻求更加经济、高效的工艺技术，所以传统工艺中缺陷较多的那一类已逐步被淘汰，取而代之的将是新型纳滤膜分离技术。

8.12　浓缩机

8.12.1　圆盘式浓缩机

8.12.1.1　结构和工作原理

浓缩过滤机分为转鼓型和圆盘型。转鼓和圆盘由水平轴支撑着，并且完全浸没在滤浆槽所盛的滤浆中。滤浆槽的上面有盖，槽底为锥形，用来收集滤渣和安装搅拌器、螺旋输送器，如图 8-105 所示。

此机的运转过程也是用普通分配头来控制。在真空作用下，上方滤室介质的表面上便形成了滤饼，当滤饼转至下方时，便由来自滤液贮槽的滤液给冲击掉，并掉到过滤槽的锥形部分，由设置在此处的螺旋输送器排出机外。显然，被排出的并非是干滤饼，而是浓缩了的滤浆。因此，对于含固量非常少不宜直接送去过滤和离心分离的滤浆，可预先用此机加以浓缩。即，一方面得到了加以浓缩的滤液，另一方面也得到了加以浓缩的滤浆。关于该机的大致构造，可见图 8-106，而其流程，可见图 8-107。

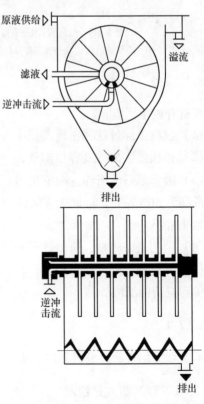

图 8-105　圆盘型浓缩过滤机　　　　图 8-106　圆盘型浓缩过滤机的构造简图

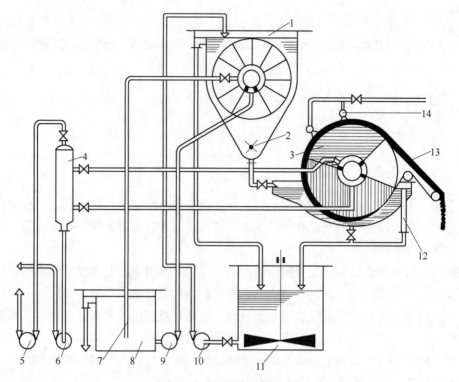

图 8-107　浓缩过滤机的流程

1—浓缩过滤机；2—卸料螺旋；3—转鼓真空过滤机；4—滤液分离器；5—真空泵；

6—滤液泵；7—气压管；8—来自浓缩过滤机的滤液的贮槽；9—滤液反向冲击泵；

10—滤浆供给泵；11—有搅拌器的滤浆槽；12—溢流导管；13—滤饼；14—洗涤装置

8.12.1.2　特征

此机有以下优点：

（1）盘型浓缩过滤机占地面积小。

（2）排出滤浆的浓度容易调节，一般是通过调节排出的滤浆来实现。

（3）通常以过滤机作为浓缩机时，其效率与过滤机的浸没率成比例。一般过滤机的浸没率最高为 50% 左右，但此机在液体中过滤，浸没率为 100%，故效率高，所需真空泵的容量也非常小。

（4）因为是密闭型，所以适于处理有臭味和易挥发的物料。

（5）此机同沉降式离心机组合时，是以来自离心机的分离液作为浆料，故经此机处理后可得到澄清的滤液。

8.12.1.3　用途

不能直接用普通过滤机和离心机处理的低浓度滤浆，如工业废水，可采用此机浓缩。

8.12.2　ENTEX 盘式过滤器

ENTEX 盘式过滤器用于污水处理的浓缩。

8.12.2.1　结构和工作原理

ENTEX 盘式过滤器的结构见图 8-108。主要部件包括水平放置的过滤盘、中心轴、料浆槽、反冲洗装置、真空头等。过滤盘表面铺有无纺布，一组过滤盘装于中心轴上，并浸入料浆槽（或混凝土水池）中。过滤盘与真空头相通。净化过滤污水通过出水堰排出。随着污泥在布上逐步汇集，以及水流流经滤布受阻，槽内水位将上升。当水位上升至预定点时，反冲洗循环将启动。反冲洗循环期间，过滤继续。附在过滤盘上的污泥卸出时，反冲洗废水泵通过反冲洗装置将污泥冲下，再通过反冲洗颗粒泵排出。每个过滤盘上有若干个滤扇。驱动装置带动过滤盘转动，其上的滤扇进行过滤。当需要清洗过滤盘时，可依次取出过滤盘中的滤扇进行清洗。清洗后，再依次装入过滤盘中。料浆槽上有溢流堰，并装有溢流阀，以保证过滤盘的浸入率。

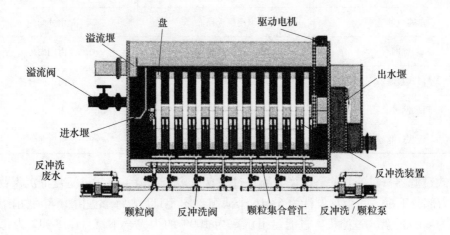

图 8-108　盘式过滤器结构图

污水过滤如图 8-109 所示。反冲洗循环如图 8-110 所示。

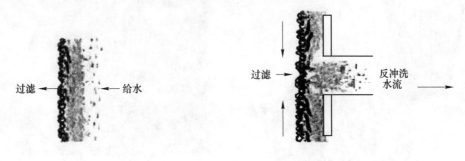

图 8-109　污水过滤示意图　　　　图 8-110　反冲洗循环示意图

8.12.2.2　分类

盘式过滤器按水流经过滤盘的内外进行分类：

（1）由外向内。由外向内是将处理污水经浸入料浆槽（池），净水由外向内收集在过滤盘内，而固体颗粒汇集在滤盘外面。过滤盘内净水通过真空头排出。

（2）由内向外。由内向外是将处理污水经中心筒流入过滤盘。水流经过滤盘，固体颗粒汇集在过滤盘内，净化水收集在槽（池）内。

由内向外的颗粒清洗是在过滤盘内进行喷淋，清洗水对污水进行清洗过滤。反冲洗水落入托盘，经返回装置头部进行回收。

由内向外并非要求去除污泥——典型的由内向外过滤器。过滤盘内布满脏的液体，污泥聚在过滤盘内。

无纺布过滤器按过滤器的过滤材料进行分类，见表 8-84。

表 8-84　无纺布过滤器按过滤材料进行分类

过滤器形式	过滤材料	水流方向
盘式过滤器	聚醚砜无纺布	由外向内
旋网	不锈钢细孔编织网	由内向外
盘式过滤器	聚酯单股长丝布	由内向外
超级网过滤器	AISI 不锈钢细网	由内向外
盘状过滤器	聚酯单股长丝布	由内向外

盘式过滤器按过滤盘的下沉率分类：过滤盘由多个滤扇组成。过滤盘下沉率为 40%~65%的为部分下沉。每个盘设计为 6~16 个滤扇。图 8-111 为每个盘由 16 个滤扇组成，盘下沉率为 65%的盘式过滤机。过滤盘下沉率为 100%的为完全下沉。图 8-112 为每个盘由两部分组成，带独立的废水口，盘下沉率为 100%的盘式过滤机。

图 8-111　盘部分下降的盘式过滤机

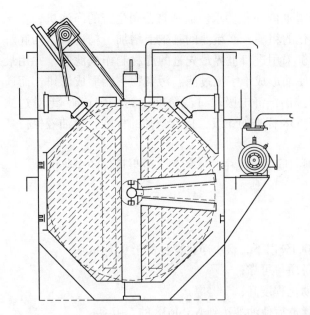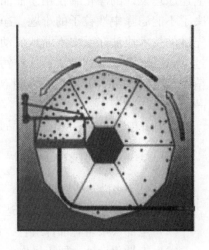

图 8-112　盘完全下沉的盘式过滤器

8.13　油过滤器

工业用油品，如液压油、变压器油、透平油、冷冻机油、润滑油、抗燃油等在使用过程中，由于种种原因会混进去一些杂质，主要杂质有机械杂质、水和空气等。这些杂质会造成腐蚀加快，增加机械磨损，降低工作效率，使油品变坏，降低设备使用寿命，严重时会产生油路堵塞，造成生产事故。为了保证设备的安全运行，需对工业用油品定期进行净化处理，油过滤器是处理污染油液的主要净化设备。

8.13.1　顶鑫润滑油净化机

肾型净油机是基于仿生学原理，类似人类的血液依靠肾脏的净化一样，将油液看做"血液"，每天以设备使用两倍的余量进行净化，使油液一直使用，无需更换。

目前，对工业油品做再生处理的滤油机，其设备工作原理有离心滤油机、真空滤油机、静电滤油机等。真空滤油机除水效果好，但去除杂质效果不理想，还存在功率大、耗能高等缺点，运行费用高，维护成本高，操作繁琐；离心滤油机，当油中含水超过 0.05% 的时候，不能有效除去杂质；顶鑫润滑油净化机采用了负压供油方式，以高压静电库仑力作为净化手段。在高梯度电场中，由于油液与水、胶质杂质、机械杂质介电常数 ε 的不同，在库仑力的作用下，各种杂质迅速涌向场强的方向，并被吸附沉淀在介电滤材上，析出的杂质粒子就像磁场中的铁屑一样，不断地去吸附别的杂质粒子。其净化原理与污染物的大小无关，而与污染物的介电常数 ε 有关。油液通过油泵的不断输送，即可完成整个油箱内油液的连续在线净化作业。油液中的水是以细小的水珠存在于油中。在高梯度电场的作用下，偶极聚结形成大水珠沉降到罐底，从排污口排出。

以上原理只适合滤除油中带有极性的颗粒，即带有正电荷或负电荷的粒子。因此，只用上述原理制造的净油设备不能滤除油中无极性的中性粒子。滤清效果仅能达到 NA-

SI638 标准的 10 级左右，不能满足润滑油的净化要求。而顶鑫公司生产的净油机，基于上述原理设计的净化罐仅用于油品净化的粗滤。在粗滤的基础上增加了精滤罐，彻底解决了不能滤除中性粒子的难题。净化机采用进口世界最先进的滤材制作成滤芯，并用最先进的技术使油在罐中不断地流动，使油形成十字流过滤。污染物不能形成滤饼，而通过重力沉降迅速沉到罐底，从排污口排出，静电吸附过滤精度达到 0.01μm，绝对过滤精度可达到 5μm，滤清度可达到 NASI638 标准的 5 级，接近新油的标准，使油液保持高品质的工作状态。

目前，顶鑫润滑油净化机产品是国内同类产品中技术领先、效果最优的净化机。

8.13.1.1　通用型净化机

通用型净化机的特性是：

（1）在线净化，净化精度可达 0.001% 以下，最小净化粒径低于 0.1μm；

（2）全部采用名牌部件组合，设备质量可靠；

（3）人性化设计，便于操作，自动化程度高；

（4）采用初滤、精滤二级过滤，滤清后使油液达到 NASI638 的 5~7 级。

通用型净化机的典型应用包括：石油、石化、电力、矿山等行业工况恶劣环境的大型关键设备液压油、润滑油在线净化；其他行业恶劣工况环境下设备润滑油、液压油等的在线净化。

通用型净化机技术参数见表 8-85。

表 8-85　通用型净化机技术参数

型　号	处理量 /m³·h⁻¹	功率 /kW	油中含水量/%	输入电压 /V	接口尺寸 /mm	质量 /kg	净化机尺寸（长×宽×高）/mm×mm×mm	生产厂家
DXJ06	0.6	1.6	≤0.01	380	DN20/20	550	1320×750×1150	鞍山顶鑫自动净化设备有限公司
DXJY06	0.6	1.6	≤0.01	380	DN20/20	570	1470×750×1350	
DXJ12	1.2	2.1	≤0.01	380	DN20/20	630	1540×920×1310	
DXJY12	1.2	2.1	≤0.01	380	DN20/20	650	1690×920×1310	
DXJ24	2.4	3.2	≤0.01	380	DN25/25	730	1660×1120×1315	
DXJY24	2.4	3.2	≤0.01	380	DN25/25	750	1810×1120×1515	
DXJ48	4.8	7.5	≤0.01	380	DN32/25	990	2100×1295×1480	
DXJ60	6.0	9.5	≤0.01	380	DN32/25	1300	2100×1295×1695	
DXJ96	9.6	12.1	≤0.01	380				

注：DXJ 为顶鑫净化机；Y 为移动式。

8.13.1.2　矿山型净化机

矿山型净化机的特性是：

（1）在线净化，净化精度可达 0.001% 以下，最小净化粒径低于 0.1μm；

（2）全部采用名牌部件组合，设备质量可靠；

（3）人性化设计，便于操作，自动化程度高；

（4）防尘加热型设计，适用于矿用高黏度污染程度高的油液的在线净化；

（5）采用初滤，精滤二级过滤，滤清后使油液达到 NASI638 标准的 5~7 级。

矿山型净化机的典型应用包括：石油、石化、电力、矿山等行业工况恶劣环境的大型关键设备液压油、润滑油在线净化；其他行业恶劣工况环境下设备润滑油、液压油等的在线净化。

矿山型净化机技术参数见表 8-86。

表 8-86　矿山型净化机技术参数

型　号	处理量 /m³·h⁻¹	功率 /kW	油中含水量/%	输入电压 /V	接口尺寸 /mm	质量/kg	净化机尺寸（长×宽×高）/mm×mm×mm	生产厂家
DXJK12	1.2	4.1	≤0.01	380	DN20/20	660	1540×1050×1405	鞍山顶鑫自动化设备有限公司
DXJKY12	1.2	4.1	≤0.01	380	DN20/20	680	1690×1050×1605	
DXJK24	2.4	4.8	≤0.01	380	DN25/20	760	1720×1180×1595	
DXJKY24	2.4	4.8	≤0.01	380	DN25/20	780	1870×1180×1595	
DXJⅡB(C)K48	4.8	7.5	≤0.01	380	DN32/25	1000	2445×1295×1480	
DXJⅡB(C)K60	6.0	9.5	≤0.01	380	DN32/25	1300	2445×1295×1695	

注：DXJ 为顶鑫净化机；ⅡB(C) 为隔爆等级 dⅡB(C)T4；Y 为移动式；K 为矿山型。

8.13.1.3　隔爆型润滑油净油机

隔爆型润滑油净油机的特性是：

（1）在线净化，净化精度可达 0.001% 以下，最小净化粒径低于 0.1μm；

（2）全部采用名牌部件组合，设备质量可靠；

（3）人性化设计，便于操作，自动化程度高；

（4）隔爆型设计，适用于易燃易爆场合油液的在线净化；

（5）采用初滤、精滤二级过滤，滤清后使油液达到 NASI638 标准的 5~7 级。

隔爆型润滑油净油机的典型应用包括：石油、石化、电力、矿山等行业工况恶劣环境的大型关键设备液压油、润滑油在线净化；其他行业恶劣工况环境下设备润滑油、液压油等的在线净化。

隔爆型润滑油净油机技术参数见表 8-87。

表 8-87　隔爆型润滑油净油机技术参数

型　号	处理量 /m³·h⁻¹	功率 /kW	油中含水量/%	输入电压 /V	接口尺寸 /mm	质量 /kg	净油机尺寸（长×宽×高）/mm×mm×mm	生产厂家
DXJⅡB(C)06	0.6	1.6	≤0.01	380	DN20/20	550	1320×750×1150	鞍山顶鑫自动化设备有限公司
DXJⅡB(C)Y06	0.6	1.6	≤0.01	380	DN20/20	570	1470×750×1350	
DXJⅡB(C)12	1.2	2.1	≤0.01	380	DN20/20	630	1540×920×1310	
DXJⅡB(C)Y12	1.2	2.1	≤0.01	380	DN20/20	650	1690×920×1310	
DXJⅡB(C)24	2.4	3.2	≤0.01	380	DN25/25	730	1660×1120×1315	
DXJⅡB(C)Y24	2.4	3.2	≤0.01	380	DN25/25	750	1810×1120×1515	
DXJⅡB(C)48	4.8	7.5	≤0.01	380	DN32/25	990	2100×1295×1480	
DXJⅡB(C)60	6.0	9.5	≤0.01	380	DN32/25	1300	2100×1295×1695	
DXJⅡB(C)96	9.6	12.1	≤0.01	380				

注：DXJ 为顶鑫净化机；ⅡB(C) 为隔爆等级 dⅡB(C)T4；Y 为移动式。

8.13.2　排屑及冷却液净化系统

排屑及冷却液净化系统即湿法机械加工系统，就是在金属切削加工过程中，用具有一定压力和足够流量的冷却润滑液连续不断地冲刷刀具和工件加工部位，并及时地将切屑冲走，含有切屑的冷却润滑液经净化（过滤）处理后，切屑和其他污物被分离出来，净化了的冷却润滑液再到机床自动线上使用。并按上述过程往复循环。

8.13.2.1　DU 系列带式真空纸带过滤机

A　适用范围

DU 系列带式真空纸带过滤机的适用范围是：

（1）适用于绝大多数的机械加工，广泛应用于汽车、机床、电机、轴承工业中以及机械加工规模较大的行业，如压缩机等。

（2）适用于钢铁厂轧制液的过滤。

B　特点

DU 系列带式真空纸带过滤机的特点是：

（1）过滤精细，并可控制、选择不同滤布，可取得需要的精度（15~80μm）。

（2）流量适用范围大（15~1500m³/h）。

（3）设备带有除油、增氧、冲底、冲链、调压、假日循环功能，使乳化液的寿命大大延长，从而减少排放量，有利于保护环境。

（4）优质、洁净的冷却液能提高工件质量，减少废品率，延长刀、磨具使用寿命。

（5）在循环和更换冷却液时，能自动清洗真空腔。

（6）换热系统使冷却输出温度恒定在设定温度上，保证精密零件的加工精度。

（7）过滤系统由 PLC 控制，分自动、半自动、手动、假日循环 4 种模式，运行安全可靠。

（8）DU 系列过滤机若配以粗过滤机，可提高过滤精度，同时降低过滤介质的消耗。

（9）液体经过过滤介质（纸过滤带或尼龙循环过滤带）达到过滤的效果。如设备使用尼龙循环过滤带，则设备在每次进行再生流程时，会通过特殊的泵或一管路供给液体，对循环过滤带进行清洗。

C　安装形式及外形示意图

DU 系列带式真空纸带过滤机的安装形式有：

（1）地下式。通过地下管路或地沟流至过滤系统。

（2）地面式。每台机床冷却液通过地下管路或地沟流至地坑，由泵提升至过滤系统；每台机床配置一只水箱、一台提升泵，再由泵提升至过滤系统。

DU 系列带式真空纸带过滤机外形示意如图 8-113 所示。

D　规格及技术参数

DU 系列带式真空纸带过滤机规格及技术参数见表 8-88。

8.13.2.2　QLGZc 系列重力式纸带过滤机

A　适用范围及外形

QLGZc 系列重力式纸带过滤机选用无纺布作为过滤介质，对冷却液中的杂质能够较好

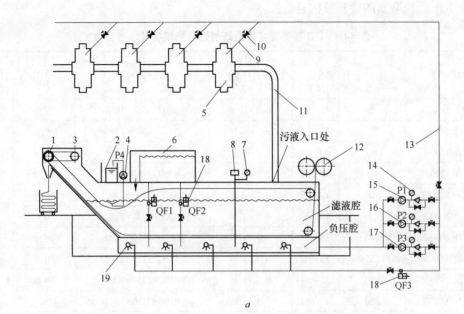

a

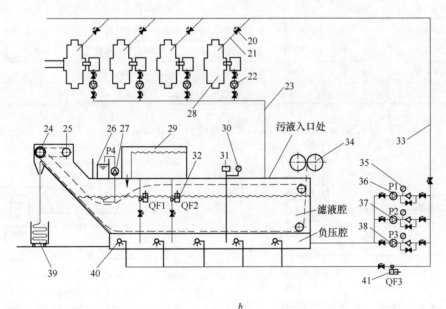

b

图 8-113 DU 系列带式真空纸带过滤机外形示意图

a—地下式过滤系统；*b*—地面式过滤系统

1，24—过滤保护装置；2，26—油水分离装置；3，25—驱动装置；4，27—油泵；5，28—机床；
6，29—净液箱；7，30—负压表；8，31—负压传感器；9，21—供液支管；10，20—供液流量
调节阀；11—地下回液沟或管；12，34—无纺布；13，33—供液总管；14，35—压力表；
15，36—备用泵；16，17，22，37，38—供液泵；18，32，41—气动蝶阀；
19，40—冲底喷嘴；23—供液管；39—污油箱

地滤除，选用不同规格的无纺布可取得需要的过滤精度。该系列过滤机适用于磨削加工及其他产生小颗粒杂质的冷却液的过滤。

表 8-88　DU 系列带式真空纸带过滤机规格及技术参数

产品型号	流量/t·h⁻¹	精度/μm	压力/MPa	外形尺寸 （长×宽×高） /mm×mm×mm	安装功率 /kW	过滤对象
DU0.9/960-N	20	10~30	0.1~0.6	2300×1550×1400	8.0	
DU1.2/960-N	30	10~30	0.1~0.6	3100×1550×1400	10.0	
DU2.0/1200-N	50	10~30	0.1~0.8	3500×1800×2000	15.0	
DU3.0/1200-N	80	10~30	0.1~0.8	4300×1800×2000	35.0	
DU4.0/1200-N	100	10~30	0.1~0.8	5100×1800×2000	40.0	
DU6.0/2000-N	150	10~30	0.1~1.0	5500×2750×3200	50.0	乳化液、 煤油、 超精油
DU8.0/2000-N	200	10~30	0.1~1.0	6500×2750×3200	65.0	
DU10/2000-N	250	10~30	0.1~1.0	7500×2750×3500	80.0	
DU12/2000-N	300	10~30	0.1~1.0	8500×2750×3500	90.0	
DU14/2000-N	350	10~30	0.1~1.0	9500×2750×3500	100.0	
DU16/2000-N	400	10~30	0.1~1.0	10500×2750×3500	120.0	
DU18/2000-N	450	10~30	0.1~1.0	11500×2750×3500	140.0	
DU20/2000-N	500	10~30	0.1~1.0	12500×2750×3500	160.0	
DU24/2000-N	600	10~30	0.1~1.0	14500×2750×3500	200.0	
生产厂	海门依科过滤设备有限公司					

QLGZc 系列重力式纸带过滤机外形示意如图 8-114 所示。

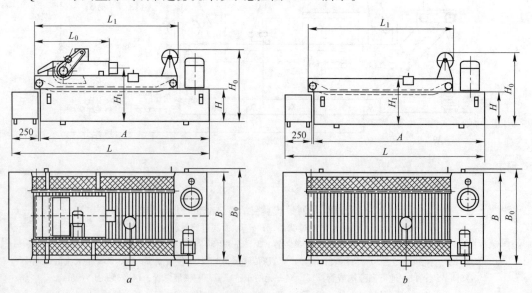

图 8-114　QLGZc 系列重力式纸带过滤机外形示意图

a—主视图；*b*—俯视图

B 特点

QLGZc 系列重力式纸带过滤机在纸带过滤机上加装磁性分离器对冷却液进行二级过滤。在减少无纺布耗量的同时，能提高过滤效果。该组合与其他过滤机比较，不需挖地坑，该机与机床单独配套，特别方便，污液入口较低，能适应某些机床污液出口较低的特点。

C 规格及技术参数

QLGZc 系列重力式纸带过滤机规格及技术参数见表 8-89。

表 8-89 QLGZc 系列重力式纸带过滤机规格及技术参数

产品型号	容量/L	流量/L·min⁻¹	A /mm	B /mm	H /mm	L_1 /mm	L_0 /mm	H_1 /mm	$L \times B_0 \times H_0$ /mm×mm×mm
QLGZc-25	110	25	1000	490	240	856	475	415	1280×575×680
QLGZc-50	190	50	1400	590	240	1256	590	423	1680×675×680
QLGZc-75	280	75	1500	590	320	1276	640	503	1780×675×680
QLGZc-100	360	100	1550	790	300	1356	680	495	1830×875×690
QLGZc-150	590	150	1700	1090	320	1500	780	515	1980×1175×690
QLGZc-200	700	200	2200	1090	300	2006	880	508	2480×1175×710
QLGZc-250	940	250	2700	1090	320	2500	950	528	2980×1175×690
QLGZc-300	1000	300	3200	1090	300	3006	1000	508	3480×1175×690
QLGZc-400	1440	400	3200	1500	300	3006	1080	490	3480×1585×690
QLGZc-500	1800	500	4000	1500	300	3806	1200	490	4280×1585×690
QLGZc-600	2000	600	4800	1500	300	4606	1300	490	5080×1585×690
QLGZc-800	3000	800	4800	2000	320	4531	1400	510	5080×2085×710
QLGZc-1000	3500	1000	5500	2000	320	5231	1500	510	5780×2085×710
生产厂	海门依科过滤设备有限公司								

8.13.2.3 FZ 系列滚筒过滤机+磁力刮屑机

该系统一般用在车、铣、钻、攻丝等机床厂，可连续不断地排出短小状切屑，过滤精度在 $50 \sim 100 \mu m$ 左右，系统可以配备除油机和制冷机组，保证机床对冷却液的要求。FZ系列滚筒过滤机+磁力刮屑机外形结构如图 8-115 所示。

FZ 系列滚筒过滤机+磁力刮屑机规格及技术参数见表 8-90。

表 8-90 FZ 系列滚筒过滤机+磁力刮屑机规格及技术参数

产品型号	流量/L·min⁻¹	容积/m³	L/mm	B/mm	滚筒个数	滚筒直径/mm
FZ-100	100	1.5	2080	1300	1	460
FZ-200	200	2.0	2680	1300	2	460
FZ-300	300	2.5	3280	1400	3	460
FZ-400	400	3.0	3880	1400	4	460
生产厂	海门依科过滤设备有限公司					

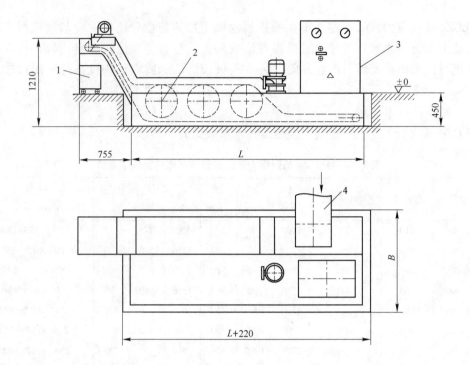

图 8-115 FZ 系列滚筒过滤机+磁力刮屑机外形结构
1—集屑箱；2—过滤筒；3—浸入式空调；4—污液入口

8.13.2.4 ZB 系列磁棒过滤机

ZB 系列磁棒过滤机适用于钢带轧制液的过滤，一般用做纸带过滤机的前道过滤。拥有超强磁力的磁棒能连续不断地从轧制液中分离出铁粉及其附着的油。

ZB 系列磁棒过滤机外形结构如图 8-116 所示。

ZB 系列磁棒过滤机结构紧凑，布局合理，效果显著，被带钢冷轧厂广泛采用。

ZB 系列磁棒过滤机规格及技术参数见表 8-91。

表 8-91 ZB 系列磁棒过滤机规格及技术参数

产品型号	流量/L·min^{-1}	容积/m^3	L/mm	B/mm	H/mm	磁棒节距/mm	磁棒排数
ZB-50	50	6	2300	1500	2500	300	6
ZB-100	100	12	2900	1500	2500	300	10
ZB-150	150	18	3500	1500	2500	300	14
ZB-200	200	24	3800	2100	3300	400	16
ZB-250	250	30	2900×2 台	2100	3300	400	20
ZB-300	300	36	3200×2 台	2100	3300	400	24
ZB-350	350	42	3500×2 台	2100	3300	400	28
ZB-400	400	48	3800×2 台	2100	3600	500	32
ZB-500	500	60	3500×3 台	2100	3600	500	42
生产厂	海门依科过滤设备有限公司						

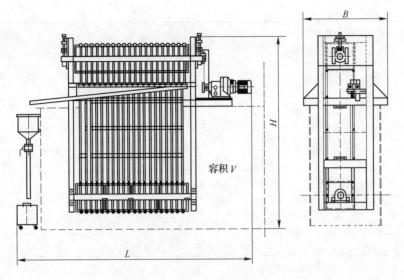

图 8-116 ZB 系列磁棒过滤机外形结构

8.13.2.5 LXL 系列滤芯式过滤机

LXL 系列滤芯式过滤机适用于机械加工要求精细的场合及第二级过滤。应用实例有:

（1）轴承工序间最终清洗（$1\mu m$、$3\mu m$、$5\mu m$）;

（2）轴承超精加工末道过滤（$5\mu m$）;

（3）添加到大流量中的局部工位，如缸体线内冷刀具用液的过滤（$10\mu m$、$20\mu m$）。

LXL 系列滤芯式过滤机技术参数见表 8-92。

表 8-92 LXL 系列滤芯式过滤机技术参数

产品型号	流量 /L·min⁻¹	精度 /μm	H/mm	H_1/mm	H_2/mm	D/mm	滤芯支数	滤芯流量 /L·min⁻¹
LXL50-1	50	1	1300	700	350	300	7	10
LXL100-3	100	3	1330	700	380	300	7	15
LXL120-5	120	5	1350	700	400	300	7	20
LXL150-1	150	1	1300	700	350	500	19	10
LXL250-3	250	3	1330	700	380	500	19	15
LXL350-5	350	5	1350	700	400	500	19	20
LXL250-1	250	1	1650	950	450	500	19	15
LXL350-3	350	3	1680	950	480	500	19	20
LXL500-5	500	5	1700	950	500	500	19	30
LXL350-1	350	1	1600	700	450	650	37	10
LXL500-3	500	3	1630	700	480	650	37	15
LXL700-5	700	5	1650	700	500	650	37	20
LXL500-1	500	1	1850	950	450	650	37	15

产品型号	流量 /L·min⁻¹	精度 /μm	H/mm	H_1/mm	H_2/mm	D/mm	滤芯支数	滤芯流量 /L·min⁻¹
LXL700-3	700	3	1880	950	480	650	37	20
LXL1000-5	1000	5	1900	950	500	650	37	30
LXL600-1	600	1	1600	700	450	800	61	10
LXL900-3	900	3	1630	700	480	800	61	15
LXL1200-5	1200	5	1650	700	500	800	61	20
LXL900-1	900	1	1950	950	550	800	61	15
LXL1200-3	1200	3	1980	950	580	800	61	20
LXL1800-5	1800	5	2000	950	600	800	61	30
生产厂	海门依科过滤设备有限公司							

注：特殊要求可另外专门设计，表中参数仅供参考。

　　LXL 系列滤芯式过滤机外形示意图如图 8-117 所示。

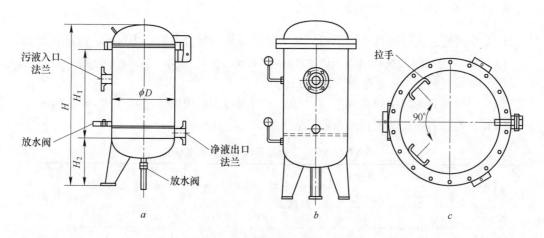

图 8-117　LXL 系列滤芯式过滤机外形示意图

a—主视图；*b*—侧视图；*c*—俯视图

8.13.2.6　HLLC 系列卧式磁分离机

HLLC 系列卧式磁分离机的适用范围是：

（1）广泛应用于钢板冷轧生产线中轧制液的半精过滤；

（2）适用于轴承、汽车、电机等工业冷却液的半精过滤；

（3）适用于烧结冷却水及锈水的净化处理系统。

HLLC 系列卧式磁分离机的功能是：

（1）利用高性能水磁体为磁源的磁棒及在磁棒周围所形成的环绕的强大磁场所组成的"磁栅"，能吸附细微的铁磁性颗粒；

（2）特殊结构的磁棒刮屑装置被磁棒吸附带出液面的杂质颗粒刮下；

（3）连续回转的搅龙将铁屑及杂质通过排渣口流入渣筒内。

HLLC 系列卧式磁分离机的设备特点是：

（1）卧式磁分离机加刮板排屑机是粗过滤的最佳设备；

（2）采用高性能的永磁体材料作为磁源，磁性强、吸力大、清除铁磁性杂质效率高；

（3）高效连续运行，是无压分离设备；

（4）结构紧凑，刮屑装置、磁棒运行及排渣搅龙均由同一台电机减速机驱动，控制简单，使用安全可靠。

HLLC 系列卧式磁分离机规格及技术参数见表 8-93。

表 8-93　HLLC 系列卧式磁分离机规格及技术参数

产品型号	流量/t·h^{-1}	磁棒节距/mm	磁棒根数
HLLC-120	120	63	50
HLLC-240	240	63	62
HLLC-360	360	63	74
HLLC-480	480	63	86
HLLCⅡ-120	120	63	50
HLLCⅡ-240	240	63	62
HLLCⅡ-360	360	63	74
HLLCⅡ-480	480	63	86
生产厂	海门依科过滤设备有限公司		

卧式磁分离机的组成及工作原理示意图如图 8-118 所示。

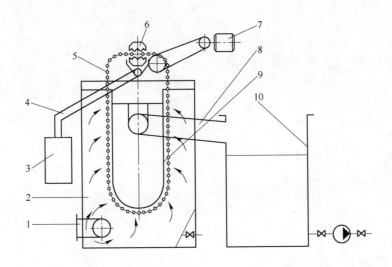

图 8-118　卧式磁分离机的组成及工作原理示意图

1—污液入口；2—分离机箱体；3—渣筒；4—排渣口；5—磁棒；6—磁棒刮屑装置；
7—电机减速器；8—半净液出口；9—均流罩；10—半净液箱

参 考 文 献

［1］ GB 7780—2005 过滤机型号编制方法．

［2］ 赵昱东．连续式过滤机的发展［J］．过滤与分离，2000(1)．

［3］ 丁启圣．DZG-1300 型水平带式真空过滤机的设计及应用［C］∥第二届中日合作过滤与分离国际学术讨论会议论文集，1994．

［4］ 丁启圣．压滤设备技术概况［C］∥中日第五次化工设备技术交流会议论文集，1990．

［5］ 丁启圣．高压压榨全自动压滤机的研制［C］∥第三届中日合作过滤与分离学术讨论会议论文集，1997．

［6］ 唐立夫，王维一．过滤机［M］．北京：机械工业出版社，1984．

⑨ 辅助设备和系统调试

过滤机的辅助设备有泵、鼓风机、空气压缩机、气水分离器、滤液收集装置及管路系统等。这些辅助设备是过滤机极其重要的组成部分，除保证过滤机正常地工作外，对过滤机的自动化程度、生产能力、液固分离效果以及结构简化都能产生重大影响。因此，合理地选择和配置辅助设备也是过滤机设计中不应忽视的重要课题。

9.1 真空过滤机的辅助设备

与真空过滤机匹配使用的辅助设备主要有真空泵、滤液收集槽、鼓风机、空气压缩机、气水分离器、滤液泵、冷凝器及水分捕集器等，现分述如下。

9.1.1 真空泵

真空泵的作用是为真空过滤机的滤室提供负压，供给过滤动力通常所需的真空度不超过 0.08MPa。真空泵的性能是影响过滤效果的重要因素，一般可根据滤饼的透气性、需要达到的真空度以及过滤面积的大小选择真空泵规格。真空过滤机每平方米过滤面积每分钟排气量大约是 0.8~1.5m³，通常为了提高过滤性能，多选用较大值。选用真空泵时不但要求泵的极限真空度高，名义抽气量大，更重要的是真空度提高以后，抽气量降低幅度要小。真空过滤机的大部分动力消耗都用在真空泵上，因此，选泵时除考虑技术性能外，还要比较其经济成本，以最大限度地降低设备运转费用。目前，供真空过滤机配套用的真空泵有水环式真空泵、柱塞式真空泵、喷射式真空泵等。

水环式真空泵是真空过滤系统中最常用的一种湿式真空泵，这种泵可以提供高可靠性、低噪声、低振动、无脉动操作，可以用来处理很湿的气体。

目前，国产水环式真空泵主要有 SZ 型和 SK 型泵系列产品。近年来又出现了 CBF 系列和 2BE1 系列水环式真空泵新一代节能产品。

9.1.1.1 CBF 系列水环式真空泵

CBF 系列水环式真空泵被列为机械工业新一代节能机电产品，通常用于抽吸不含固体颗粒、不溶或微溶于工作液的气体，一般以水作为工作液。该产品的特点是：过流部件采用优化的水力设计，在 20~101.3kPa 吸入真空范围内，节能效果显著。装有柔性阀板的排气口，能自动调节排气角，有效地防止了排气过程的过压缩，使泵能在全抽吸范围内平稳运行。泵体与侧盖采用法兰式连接，结构稳定，方便实施卧式安装，侧盖上开有观察孔，无需拆泵即可检查泵内零件。当泵体带隔板时，一台泵可以抽吸不同的真空。配有自动排水阀，控制启动液位。

9.1.1.2　2BE1系列水环式真空泵

2BE1系列水环式真空泵是一种抽吸范围最宽广的单级单作用水环真空泵，单泵最低吸入压力可达3.3kPa，若带上一级喷射器，吸入压力可低于3.3kPa。该产品的结构特点是：轴向进气，结构简单，维修方便。装有柔性阀板的排气口，能自动调节排气角，使泵在不同的吸入状态下高效运行。配有自动排水阀控制泵的液位，避免过载启动。叶轮端面采用分级设计，减少了泵对介质中的粉尘及水质结垢的敏感度。有填料和机械密封两种轴封选择。小规格的泵体连接采用拉杆式结构，大规格泵体采用法兰式结构。当加装防汽蚀阀时，可以防止较高真空运行的汽蚀损害。当加装喷淋装置时，可以使高温气体在进入泵前做充分的收缩，增加泵的抽气量。环境适用性强：当用于腐蚀的场合时，过流部件可以采用不同的合金钢制造。大规格的真空泵，过流部件可以采用SEBF喷涂。

9.1.2　鼓风机和压缩机

鼓风机和压缩机是用来进行吹风卸料的。真空过滤机吹风卸料有两种操作方法，即连续吹风卸料和瞬时吹风卸料。连续吹风卸料是指吹风连续不断地被送入过滤机分配头的卸料区。这种吹风卸料方法简单，但吹风压力低，只适合于卸落比较松散和易脱落的滤饼。瞬时吹风卸料则不连续，风压高，当需卸料的过滤室转到卸料位置时，压缩空气突然冲入过滤室，对滤饼产生一个冲击力，因而卸落能力较强，物料比较黏，不易脱落的滤饼可用此种方法卸除。采用瞬时吹风卸料时，还需要增设一套瞬时吹风控制装置。

用各种类型的真空过滤机进行吹风卸料，要求吹风的压力、单位过滤面积需要的吹风量大致相同。

连续吹风卸料，吹风压力为0.02~0.03MPa，风量为0.2~0.4m³/(m²·min)。

瞬时吹风卸料，吹风压力为0.08~0.15MPa，风量为0.15~0.2m³/(m²·min)。

据此可进行鼓风机或压缩机的选型。

连续吹风卸料要求风压低，风量大，多采用叶氏鼓风机和罗茨鼓风机。

瞬时吹风卸料要求风压较高，一般采用水环式压缩机，因为它能避免含油空气对滤布的污染。

9.1.3　滤液收集槽

滤液收集槽又称真空集液罐，它用于在真空条件下储集来自过滤机（器）的滤液。它具备两个功能：第一个功能是用来分离进来的气液两相混合物（空气和滤液），以便使进入真空泵的空气带有尽可能少的滤液；第二个功能是储存所收集到的滤液，进行间歇或连续式排放。它是由钢板焊接而成的，底部设有排液口。滤液随同空气进入槽内后，由于体积突然增大，大部分气体和溶液在此得到分离，滤液经槽底排出，空气经上部由真空泵抽至气水分离器。根据滤液排放是否连续，可分为连续式和间歇式。连续式滤液收集槽安装于一定高度上，底部排放口接上一根长管，一直伸入到下面的滤液槽内，在一定真空度下，排液管形成相应高度的液柱，集液储集的滤液经排液管流入液封槽，然后从槽的溢流口连续排出。间歇式真空集液槽的排液口用阀门密封和控制，它不需要一定高度的液柱，因而可以和真空泵安装在同一水平面上。

9.1.3.1 自动排液装置

常用的自动排液装置有 RPF 型浮子式自动排液装置、RPD 型阀控式自动排液装置、自动集液罐和真空自动排液罐等。

A 真空自动排液罐

真空自动排液罐由一个分隔为上下两腔的筒体、封头、支脚和气液进出口、内外排液阀、大气平衡阀及浮筒连杆机构等组成。

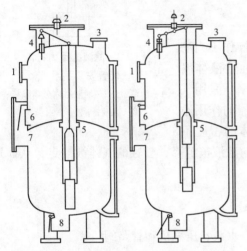

图 9-1 真空自动排液罐工作原理示意图
1—抽液口；2—进气口；3—外真空口；4—内真空口；
5，8—通孔；6—内排液口；7—外排液口

其工作原理是：如图 9-1 所示，工作初始状态时，外排液阀关闭，内排液阀打开，液体借助旋转离心力和重力的作用与气体分离，气体经顶部排气口至真空泵，液体在重力的作用下使内排液阀打开，并流至下腔。因而，下腔的液位不断升高。此时，由于大气平衡阀处于关闭状态，因此下腔也处于真空状态，外排液阀在压力差的作用下关闭。当下腔液位上升到某一高度时，浮筒受到的浮力把大气平衡阀顶开，连成一体的真空平衡阀关闭。此时下腔接通大气，内排液阀立即关闭，而上腔仍处于真空状态，气液相连续不断地流入并积存在上腔，下腔处于与大气平衡的状态，因此液体借自重使排液阀打开并被排出腔外。当下腔液位下降到某一高度时，浮筒所受的浮力减少，这时浮筒的重力作用使真空平衡阀打开，同时大气平衡阀和外排液阀关闭，从而使下腔和上腔又同时处于真空平衡状态，如此周而复始，就完成了把液体从真空系统排出的过程。

B 全自动零位差排液罐

全自动零位差排液罐的设备特点是：

（1）配有自动控制系统，真空状态下可以实现滤液零位差自动排放。

（2）真空连续抽滤，滤液间歇排放。

（3）可以实现气体与滤液分离，有效防止滤液进入真空泵，既避免了滤液中的杂质进入真空泵，减小真空泵磨损，又防止带腐蚀的滤液腐蚀真空泵，延长真空泵使用寿命至少 1 倍。

（4）由于气液在分离罐中自动分离，只有气体进入真空泵，气体流出速度更快，使滤机真空度更高，提高分离效率。

全自动零位差排液罐外形图如图 9-2 所示。

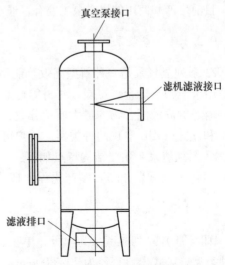

图 9-2 全自动零位差排液罐外形图

真空泵接口
滤机滤液接口
滤液排口

9.1.3.2 滤液缸重力排液装置

滤液缸重力排液装置是利用滤液管中水柱的静压力克服大气压力使滤液自流排出的。为了确保生产的正常进行，要求滤液缸分离隔板的下端与水封箱水面的高差约为10m，滤液在滤液管内的流速以2~3m/s为宜，滤液缸重力排液装置安装关系如图9-3所示。

9.1.4 气水分离器

气水分离器有两个作用，一是为了防止因操作不当滤液被抽入真空泵，二是为了防止真空泵被腐蚀性液体腐蚀，将来自集液罐的气体所夹带的沫滴沉降下来。采用气水分离器的主要目的是保护真空泵。气水分离器的作用原理是利用由吸液管吸入罐内空间的滤液和气体的密度不同，依靠重力的作用产生相对运动，密度较大的滤液被沉降，较轻的气体被抽走，从而达到气液分离和储集滤液的目的。

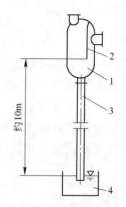

图 9-3 滤液缸重力排液
装置安装关系
1—滤液缸；2—滤液缸内分离隔板；
3—滤液管；4—水封箱

9.2 压滤机的辅助设备

与压滤机相匹配使用的辅助设备有进料泵、水泵、压缩机和管路阀门等。

9.2.1 进料泵

进料泵的作用是向压滤机滤室供给料浆。压滤机过滤速度取决于进料压力，而进料压力又与压滤机的强度和进料泵的扬程有关。所以选择进料泵时除了要考虑输送料浆的性能外，还应使进料泵与过滤压力相匹配。常用的进料泵有离心泵、螺杆泵、罗茨泵、隔膜泵和柱塞泵等。

目前生产和使用的离心泵主要有普通水泵、不锈钢泵、泥浆泵、渣浆泵和耐腐蚀塑料泵等。

9.2.1.1 渣浆泵

ZJ 系列渣浆泵是一种新型高效节能型机电产品，是一种单级、单吸离心式渣浆泵，主要适用于电力、冶金、煤炭、建材等行业，输送含有固体颗粒的磨蚀性或磨蚀性浆体，其允许输送的固液混合物的最大质量分数：灰浆和煤浆为45%，矿浆为60%。分为卧式（ZJ型）和立式（ZJL型）两种类型，用户可以根据需要做串联运行。

ZJ 系列渣浆泵主要结构特点如下：（1）效率高；（2）节电效果显著；（3）寿命长；（4）运行平稳可靠；（5）国产化程度高。

9.2.1.2 脱硫泵

DT（TL）系列脱硫泵为单级、单吸、离心式泵，也分卧式（DT型）和立式（TL型）两种类型。卧式出口直径为40~800mm，立式出口直径为40~150mm。该种脱硫泵采用耐磨抗腐蚀合金材料制造，具有效率高、节能、使用寿命长、结构合理、运行可靠等特点。

主要用于吸收塔循环泵、石灰石浆液泵、石灰浆泵、工艺泵和其他输送含有腐蚀性浆液系统，适用于电厂、热电厂、热力厂等的脱硫系统。

9.2.1.3　耐腐蚀工程塑料泵

HTB 系列耐腐蚀工程塑料泵，泵用材料主要为超高分子聚乙烯（UNMWPE）和聚偏二氟乙烯（PVDF）、氯化聚醚（CPE）等新一代工程塑料。其中，超高分子聚乙烯是目前工程塑料中耐磨损性、自润滑性、耐冲击性等综合性能最好的品种；聚偏二氟乙烯在氟塑料中强度高、耐磨损、冷硫作用小、耐腐蚀性能好，对卤素卤代烃、强氧化剂、沸酸、碱、多种有机溶剂等都有良好的耐蚀性，是理想的泵用材料。

9.2.1.4　化工砂浆泵

HSW 系列化工砂浆泵为单级单吸悬臂式离心泵，是综合国内同行泵类之优点，吸收国外先进技术，征求用户意见设计而成的一种先进成熟的系列产品。其标准符合 ISO 2858—1975（E），主要采用副叶轮动力密封装置。其性能、效率、汽蚀、运行稳定性等均优于 IH 标准化工泵，运行无泄漏，适用于湿法冶炼、磷化工等行业压滤机及化工、造纸、制糖、冶金等行业的污水、矿浆输送；适合输送含固量 60% 以下、颗粒小于 4mm、有腐蚀性的液体。适用温度为 $-20 \sim 150℃$。

9.2.2　阀门

阀门一般采用操作性能好的球阀、隔膜阀、闸板阀、渣浆阀、蝶阀等。自动压滤机中多采用气动球阀、气动隔膜阀、渣浆阀和气动蝶阀等。其中气动球阀和气动隔膜阀在本书第 1 版已有介绍，读者可以查阅。

9.2.2.1　渣浆阀

ZJ 系列渣浆阀分为渣浆闸阀和渣浆节流阀两种。产品结构新颖，采用刀闸式圆形无堵塞通道，闸板下部与阀体槽结合处为斜口，阀体不存渣、排渣性能好；阀座为隐蔽型，在进口端套外圈采用了特殊密封结构，浆体不直接冲刷磨损阀座；过流部件采用了可更换的衬套结构，材料选用了抗磨蚀、耐冲刷的高铬合金铸铁；进出口端套磨损后可旋转一角度继续使用，提高了阀门的整体使用寿命。

9.2.2.2　颗粒泥浆闸阀

颗粒泥浆闸阀的工作原理就是采用平板闸阀的原理，其结构形式为明杆平行式刚性单闸板，并且对传统的闸阀体进行了改进，使阀门不论在开启或关闭时，密封件和密封面都不会暴露在介质中，在开启时整个阀门的通道为管道直通式，通过阀门的浆体对阀体的磨损等于浆体对管道的磨损，从而大大提高了阀门的寿命。

阀门的驱动方式有：液动、手动、电动、气动等。压力有低压（0.6~2.5MPa）和中压（4~10MPa）。

9.2.2.3 管夹阀

双动压杆式夹管阀主要用在涉及磨损性大或腐蚀性泥浆、粉状物或粒状物的截留或控制操作。

双动压杆式夹管阀主要靠控制阀芯的开闭来实现阀的开闭动作。其技术原理为：双动压杆式夹管阀（以下简称夹管阀）是一段橡胶或塑料的弹性体的管道，外加可调节的金属夹具，利用驱动力推动夹具来完成对弹性体的挤压，进而实现密封。压扁胶管即可切断或调节介质流量。夹管阀全开时阻力很小，和直管段一样；柔软的夹管还具有对介质所夹带颗粒进行密封的能力。所以夹管阀适用于料液、带悬浮物的流体，由于介质不与夹管以外的阀体和其他部件接触，所以夹管阀特别适用于对食品和药物进行卫生加工的场合。根据阀体所使用的结构材料，夹管阀还可以适用于有严重腐蚀性和强腐蚀性的介质。由于阀体和动作部分与被输送的介质不接触，所以夹管阀的结构非常简单，维修工作量小，一般只需调换胶夹管。

夹管阀原理示意如图9-4所示。

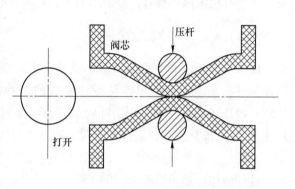

图9-4　夹管阀原理示意图

9.3　圆盘真空过滤机的安装与调试

9.3.1　安装

安装注意事项如下：

（1）过滤机应安装在适合操作要求的地方，应有足够的清扫空间，以便对设备进行常规检查、操纵、调试和维修。

如果设备需抬高安装在地板以上，则水泥或钢支架应安放在全部液槽的下面，支架安放时应能使人接近液槽的排污点。

（2）辅助设备：排液罐、鼓风机、真空泵、过滤泵等辅助设备的安装要靠近过滤机，管线要短，定位及管关节要灵活，要留有充分的空间来进行维护和常规调试。

（3）控制装置：操纵过滤机开关的控制装置如阀、开关等，都要安装在方便、易操作的地方，控制盘能全面控制过滤机。

（4）管道连接：按照图纸要求，把给料管接到过滤机上的指定位置，并把料管接到给料槽。把溢流管与过滤机上的溢流口进行连接，收集生产中可能发生的溢流，如果不使用溢流管，也可在过滤箱内安装一个水平控制器或浮筒，以切断漏入的物料流。使用挠性连接管道和过滤阀，不能强行连接。尽可能使管子短而直，避免不必要的弯头和接头；安装阀、管道、延伸导管和其他设备时，防止形成气袋。

（5）真空泵：在基础上安装真空泵，安装和连接必要的冷却线路和辅助设备。

（6）鼓风机：大部分过滤机用低风压大容量卸滤饼，鼓风机相应安装在适当的基础上，可以高于也可以低于过滤机中心线。

（7）扇体。

1）尽可能为扇体安装给出足够的活动空间。在圆盘安装期间当转动中心轴时，避免触碰扇体。

2）在中心轴过滤管中安装保护圈，这个保护圈一定是清洁的，不能有任何杂质。

3）为保护扇体位置准确、严密地连接在保护圈上保持垂直，扇上的压力应是均匀的，螺杆上螺母张力不均匀将会引起盘的摆动。

4）当夹子固定紧时，要保证盘的垂直方向偏差不大于6mm。

（8）扇形体袋：过滤机备有扇形体袋用作更换，在底部缝有一个小衬套，顶部打开，以便安装迅速且容易。按下列步骤安装扇体滤袋：

1）托袋接起超过扇叶的窄小端直到整齐地安装到扇体接口的颈上。

2）然后用尼龙绳围绕着轴套包扎好，形成一个严密的气密封，防止泄漏。

3）轻轻地拉起滤布外边紧靠扇体上部，确保除掉所有皱纹，将滤布的上端超过扇体端搭接在一起，然后用提供的钩环把布结实地安装在位置上。

9.3.2　调试

9.3.2.1　初次试车和调试

在进行常规操作之前，要读懂说明书，按说明书要求进行调试，建议做一些试车和调试，应使用水来做试车和调试。

初次试车和调试步骤如下：

（1）懂过滤机润滑。

（2）读懂真空泵、过滤机驱动电机、过滤泵、搅拌机电机和鼓风机的设备说明，并要完全熟悉这种设备试车运行、停车和技术工具。

（3）把溢流堰调试到最理想的潜水深度。

（4）打开密封水管线到搅拌机填料箱前开始启动搅拌机。

（5）关闭过滤箱排水装置，然后开始往箱里加水。

（6）打开密封水（或冷却泵）到真空泵和过滤泵。

（7）启动过滤机驱动装置，然后设定最小速度。

（8）同时启动真空泵和过滤泵，如果做不到，要先启动过滤泵，然后启动真空泵。

（9）调整好供水阀，把水保持到溢流和操作水平。

（10）检查快速吹风。

1）打开空气进入或者启动空气压缩机，当接收器在操作压力时（31~36kPa），打开鼓风机软管的阀门。

2）检查限制开关、定时器和电磁阀的正确操作，然后听气压的波动或者是观察滤袋的膨胀来检查送风的位置。

3）校正吹风定时。

（11）检查圆盘的安装位置和间隙。

（12）检查滤袋冲洗操作。

（13）检查过滤机螺栓松动、连接和泄漏。

9.3.2.2　试车和运行

试车和运行的步骤如下：

（1）按辅助设备说明书规定进行全面润滑。

（2）打开搅拌机的密封水管线，启动搅拌机，密封水必须是干净的。

（3）关闭搅拌箱排水装置，把矿浆放入箱内。

（4）把密封水送到真空泵和过滤泵，密封水必须是干净的。

（5）当矿浆靠近操作水平线时，启动过滤机驱动装置，按次序启动过滤泵和真空泵、过滤机设定在最低速度。

注意：在启动过滤机驱动装置之前，不能启动真空泵，因为圆盘上的固体会产生负载，导致损坏驱动装置。

（6）调整给料，使其保持在操作水平上或刚好在溢流堰的下面。在最初试车和调整给料期间要经常检查矿浆水平。如果给料比率超过正常的溢流，矿浆就会溢出过滤箱，进入卸料槽。另外，如果给料位太低，扇体会暴露在大气下，会引起损失真空。

（7）当滤饼吸干到可以排出时，可能是滤盘转动 1~2 转，这时要开始吹风和排出滤饼。

1）检查滤饼的排出，如有必要可调整气压和定时器。

2）检查吹风的定时，注意任何变化，以便在停车前调整好。

良好的排出压力通常为 31~36kPa，这时定时设定在 0.5s，正常情况下，随着气压来进行定时器的设定，然而，为了延缓滤袋的磨损，要用足够的气压来进行良好的排出。

（8）开始冲洗滤袋并检查水喷嘴的喷射角度。

（9）根据最佳的滤饼厚度和滤浆的浓度来调整过滤机的速度，当给料矿浆的浓度发生变化时，要改变圆盘的速度，以获得最好的效果。

在某些情况下，为了减少卸料的空气消耗，减少过滤中的细粒和滤袋的磨损、矿浆浓度高时可减慢过滤机的速度，如果滤饼比最佳状态的要厚，就要增加速度。

注意：过滤机速度慢时，通常出的滤饼比较厚，很少生产出干的滤饼，当要求湿度小时，就要调整过滤机的速度以便达到最佳效果。

（10）真空泵保持在一个稳定的水平上来保证滤饼的厚度和湿度一致，下列各项可能会引起真空的浮动：

1）扇体滤袋撕坏、滤袋堵死。

2）真空泵工作不正常，首先要检查密封水的流量是否正常。

3）过滤料位不正常或气压腿堵塞。

4）矿浆料位低，会引起空气通过暴露的扇体。

5）管道或连接器漏水，或者是过滤阀的能力不正常。

9.3.2.3　停机

暂时停车时不能更换扇体滤袋，应：

(1) 关闭矿浆给料；

(2) 停止真空泵和过滤泵，使密封水开着；

(3) 关闭快速送风和滤袋冲洗；

(4) 停止过滤机驱动装置。

注意：当矿浆正在过滤箱内运行时，停车不能超过 2min。

正常停车时，应：

(1) 关闭矿浆给料。

(2) 当矿浆跌落到滤饼很难形成的水平线时，要关掉真空泵密封水和冷却水。当过滤箱里有矿浆时，没有事先停止真空泵就不能停止过滤机驱动，同时也不能停止搅拌机。

(3) 停止过滤机（如配有），关闭密封水。

(4) 停止快速送风并关闭滤袋洗水。

(5) 停止过滤机驱动。

(6) 排干过滤箱，然后停止搅拌机，关闭填料箱密封水。

(7) 彻底清洗过滤机和圆盘，如果使用气压腿，要清洗储槽。

(8) 润滑过滤机。

9.3.3　维护

9.3.3.1　扇形体袋的维护

扇形体袋的维护主要有：

(1) 在使用过程中，当袋中有孔洞或破损现象，就要及时更换。

(2) 推荐每个圆盘有两个扇形体备件，并将扇体袋换好，这样在紧急情况下停机更换滤袋就能节约时间。

(3) 停车更换滤袋要有计划,如果可能的话,在第一时间对所有滤袋进行穿孔和磨损检查。

(4) 在运行期间，如果有一个孔在扩大，过滤机就要马上停机。

(5) 交替工作可以减少过滤袋磨损和更换次数，通过实验和检查，可以运用下列一项或几项：

1) 减慢过滤机的速度。

2) 如果不发生实质性影响卸料，要使用较低的送风压力（例如 $18 \sim 23kPa$）。

3) 如果没有发生磨损，修补滤布上的小孔。

4) 检查滤盘，保证误差小于 6mm。

5) 检查刮板的位置，观察它们和圆盘的间隙是否合适。

6) 每当过滤机停下来的时候，箱中一定彻底排净，防止底盘堵塞。

9.3.3.2　真空管路的维护

检查真空管接头是否泄漏，滤液管与过滤盘连接管路要保证密封，严防窜漏。

9.3.3.3　驱动装置的维护

检查所有润滑情况，包括减速机、链条、风阀及控制阀、干油杯泵、轴承座等。

真空泵运行时，不要启动过滤机驱动装置。

检查传动方向是否正确，定期检验电机安培数。

9.3.3.4　停机检查

分配盘与错气盘间隙要调整适当，如因不能保证密封或产生沟痕造成漏气，要及时修理。应定期检查主机各项运动条件。

9.3.4　故障处理

圆盘真空过滤机故障处理内容见表 9-1。

表 9-1　圆盘真空过滤机故障处理内容

故　障	原　因	排 除 方 法
滤液变浑浊	滤布有破洞 滤布密度不够 料浆变化、造成透滤	修补或更换 采用合适的滤布 控制工艺条件
滤饼含水量高	滤布堵塞 料浆浓度降低	清洗滤布 延长过滤时间、恢复正常浓度

9.4　带式真空过滤机的安装与调试

带式真空过滤机的安装应该按照厂方提供的设备安装手册，由有经验的安装技术工人进行。安装前应很好地熟悉设备性能及安装程序。安装过程应确保设备和人身安全。安装完成后应再查一下是否有未被装上的零部件。安装完成后即可进行系统调试，调试要分系统进行，分系统调试无问题后，方可进行空车运转或投料试运行。

9.4.1　安装

9.4.1.1　安装前的存放

安装前设备存放应注意以下几点：

（1）设备应按正常运行的方位存放，有可能的话，应放在干燥、通风好的室内。

（2）如果只能在室外存放，应盖上篷布，并保证足够的通风。

（3）胶带在存放期间应保持在过滤机上，并放松胶带张紧度。

9.4.1.2　安装后的存放

设备安装后的存放应注意以下几点：

（1）如果过滤机已安装好，但两个月内不使用，则可以保证电源连接，使之定期运行，以润滑运动面。

（2）所有受锈蚀处都应施以适当的防锈剂，应经常检查结构的锈蚀情况。

9.4.1.3 安装程序

以固定室带式真空过滤机为例。只有少数小型带式真空过滤机可进行整机安装，而大多数都是在安装现场组装部件。其安装程序如下：

（1）机架，机架与框架同时找平，将机架就位，机架之间按说明书中的规定进行连接。在校正水平，机架应固定牢固。

（2）胶带和辊筒，将支承胶带的托辊固定在机架上，找平后，把橡胶滤带铺到托辊上。将主动辊、从动辊吊到中部，即橡胶滤带中间，再分别移至两端，装支架及轴承座等。

（3）真空箱部件的组装与就位，将真空箱按顺序连接，并与小托辊、升降机构摆平，绞车框架等一并装到机架上，并用螺栓将框架等与机架固紧。

（4）安装进料装置、洗涤装置小托辊、滤布张紧装置、滤布调偏装置、刮刀装置。

（5）安装连接胶管，要求连接紧密，不得漏气。

（6）驱动装置，使驱动装置机架就位，安上减速机和联轴器，要求对正。

（7）粘裙边，将裙边粘接到橡胶滤带主体两侧。

（8）气路系统，气控柜与滤布张紧与调偏气缸用高压软管连接。

（9）管路系统，连接进料、洗涤、清洗及真空系统管路。

（10）电控系统，连接电控柜与驱动电机、气控柜、开关及管线阀门。

（11）滤布，将滤布张紧辊置于滤布最松的位置，找出滤布运动方向箭头，然后使滤布穿过进料箱、洗涤箱、驱动辊、滤布张紧和调偏辊、托辊等，将其拉平整，将滤布两头拉链对接，穿入钢丝。在装滤布前先检验一下冲洗管路，保证所有喷嘴出水能冲洗净滤布。

移动室带式真空过滤机的安装，除不粘裙边及安装滤盘外，其余与固定室的大体相同。在机架上的导轨顶部安放真空过滤盘时，应注意首盘及后托盘保持在同一平面上，将滤盘放在起始极限位置处，将往复气缸活塞杆与滤盘连接，要求气缸活塞杆与导轨平行。

9.4.1.4 安装后的检查

安装后应做以下检查：

（1）检查电机是否都已接好电线，是否在正确的方向上运行。

（2）检查过滤机的压缩风源是否处于正常状态，检查在气动系统之前，主风阀处于关闭状态。

（3）检查所有的润滑点是否已注好润滑油。

（4）检查浆液的供给管与料槽或鱼尾进料器是否均已连接好。

（5）检查刮刀是否安装好，是否很平直地接触滤布。

（6）检查过滤机、真空受液器和滤液泵之间的所有连接是否处于正常状态。

（7）给滤布张紧装置加压，假如滤布打滑，则逐渐提高压力直至其不打滑为止。

（8）接通驱动装置并调整滤带速度。

（9）检查供给真空泵的液流是否已连接好。

（10）调整真空盘的速度，直至盘与滤布同步为止。

9.4.2　调试

带式真空过滤机调试的重点是，使各部分动作连续平稳，胶带和滤布的跑偏能够得到有效控制，真空系统密封良好，无泄漏。

9.4.2.1　气路系统的调试

主要调试滤布张紧和滤布调偏的气缸动作。要求达到在手动操作时按手动按钮，相应的气缸能够动作；在自动操作时，能够按照程序要求自动控制动作。应注意过滤机在起始位置时，滤布处于松弛状态。自动操作时，对滤布自动调偏装置可用片状物挡住传感器进行试验。挡住传感器时，调偏气缸动作，推动调偏辊动端向前或向后运动，移开片状物时，调偏辊自动回位，这说明调偏系统工作正常。

采用手动操作时，合上电源开关，将选择开关扳到"手动调机位置"上，启动滤布张紧按钮，张紧气缸动作，带动张紧辊，滤布被张紧。按滤布张紧的停止按钮，气缸反方向动作，张紧辊回位，滤布松弛，则张紧工作正常。

9.4.2.2　电控系统及传动系统的调试

先试手动操作，顺序按下各阀门的启动按钮，模拟板上相应指示灯亮。各泵、阀均相应启动。按照开启的相反顺序，按下各泵、阀的停止按钮，各阀门均相应停止或关闭，模拟板上相应指示灯灭，注意：停止时，滤布处于松弛状态。

再试自动操作，按自动启动按钮，过滤机能够按照自动操作程序开启（或关闭）各阀门，应按设定的时间间隔顺序进行操作。

操作程序如下：启动真空箱密封水并张紧滤布→启动过滤机→打开洗涤布水阀→打开真空阀→打开进料阀和洗涤阀，过滤机正常运行。

过滤机的停车程序和启动时的相反。即关闭进料阀→关闭洗涤水阀→关闭真空阀→关闭洗涤布水阀→停主机→关闭密封水阀和松弛滤布。只是在进料阀关闭之后，应使过滤机连续运行 5min 左右，以保证过滤机停车之后滤布已洗涤干净。

检验紧急停机开关装置，按电控系统及现场紧急停机开关，主机停。

检验过滤机的调速，使传动系统在设计调速范围内运行。

9.4.2.3　真空系统的密封性验证

测定真空箱及真空管路连接处的密封状况时，选用下列两种方法之一：

（1）橡胶滤带上的排液孔先不打孔，对胶带上加载，使摩擦带和胶带紧密贴合，并在滑台通水密封情况下抽真空，要求能保持设计的操作真空度。

（2）在焊缝处进行煤油渗漏试验，保持 15min，不得有渗漏。

移动室带式真空过滤机的调试内容大体与固定室式的相同，只是隔离器的调整和区段的划分不同。隔离器的作用是划分过滤、洗涤、吸干等区段，它的位置视工艺需要而定。

9.4.3　维护

9.4.3.1　滤布及调整装置的维护

每天应检查几次滤布是否跑偏、皱折。确保滤布在停机时松弛，检查滤布是否损坏。定期检查滤布托辊，使托辊在轴承上能灵活转动。

9.4.3.2　胶带及调整装置的维护

检查胶带的张紧情况，校对从动辊的张紧度，以得到适当的张紧力。定期检查胶带的对正情况。

定期检查胶带的损伤情况，清理淤积在胶带与驱动辊、从动辊或真空箱之间的磨损物。

9.4.3.3　真空管路的维护

检查真空管路接头是否泄漏，可采用听声音等办法。

9.4.3.4　管路清洗

定期检查清洗管路的冲水方向及清洗状况，如果喷嘴被阻塞，则需将喷嘴拆卸下来进行清洗。

9.4.3.5　驱动装置的维护

检查所有润滑情况，包括驱动装置、胶带润滑密封水、轴承座等。
在做好润滑及调好胶带张紧度之前，不要启动过滤机。
真空泵运行时，不要启动过滤机驱动装置。
检查传动是否对正，传动方向是否对正，定期检验电机安培数。

9.4.3.6　出现真空损失情况下的措施

出现达不到工作真空情况，请参见有关真空度损失检查的内容。

9.4.3.7　停机检查

在一般情况下，应在过滤机停机期间彻底地清洁并检查一下主机的各项运动条件，并洗刷洗水管及接水槽、给料箱。应定期检查接头及管路的松动情况。

9.4.4　故障处理

固定室带式真空过滤机故障处理见表 9-2。

表 9-2 固定室带式真空过滤机故障处理

故　障	原　因	排　除　方　法
滤液变浑浊	滤布宽度不够	采用合适的滤布
	滤布有破洞	修补或更换
	滤布密度不够	采用合适的滤布
	进料太快，溢出滤布	注意操作，减少加料
	卸料不净和滤布没洗净	详见该故障排除的有关内容
	料浆变化造成透滤	控制工艺条件
滤饼洗涤不净	洗涤区段太短	增加洗涤槽
	洗涤水槽流水不均匀	调节洗涤水槽水平度
	洗涤水太少或洗涤次数不够	重新确定工艺
滤布跑偏	滤布宽度发生变化	调整传感器位置
	调偏气缸推力不足	提高气源压力
	气路接错	重新接
	电磁换向阀失灵	检修或更换
	气路管路堵塞或泄漏	检修气路管道
	布料不均引起滤饼不均	改进布料方法
滤布出现折皱	滤布跑偏	详见该故障的排除有关内容
	橡胶滤带跑偏	调整
	调偏装置工作不正常	按滤布及橡胶滤带跑偏的内容处理
	扩布装置失灵	修理和调整
滤布不净	滤饼含湿量太高	加长吸干区或吸干时间
	刮刀和滤布间隙太大	调节间隙及压紧力
	滤布选择不适当	更换
	喷水管或喷头堵塞	清理
	清洗水水源压力不足	提高水压
	水箱堵塞	清理

移动室带式真空过滤机故障处理除表 9-2 的内容外，还有一些见表 9-3。

表 9-3 移动室带式真空过滤机的故障处理

故　障	原　因	排　除　方　法
滤带不能连续移动至返回	头轮与真空箱不同步	按需要的速度调节头轮转速或返回气缸的进气速度
	张紧力不够	加大张紧气缸的工作压力
	滤布长度超过极限	裁短后按规定方法缝接
	头轮表面有异物	清除
	真空切换阀切换时间不对	调节行程装置的撞块位置
	夹布器工作压力太高	调低压力

故　障	原　因	排 除 方 法
真空箱不能 继续运行	压缩空气气源断了	检查并接通气源
	气控阀不换向	更换后检修
	行程开关失灵	更换
	返回气缸工作压力太低	调高操作压力
	返回时真空箱没有释放真空	检查真空切换阀的工作
	滚轮或真空箱被异物卡住	清除
真空室中 真空度不足	真空切换阀的真空口没有打开	提高操作压力
	气控失灵	检查行程开关和双气滑阀
	真空箱连接处泄漏	改善泄漏处的密闭状况
	滤带两侧翘起	调小多孔滤板两侧与真空箱的间隙
	真空泵吸力不足	检修真空泵
	滤饼严重开裂	加快滤速或检查真空箱的多孔滤板是否平整

9.5　自动厢式压滤机的安装与调试

9.5.1　安装

9.5.1.1　准备工作

压滤机通常为整机安装，对于大型压滤机，采用现场组装部件的方法安装。压滤机一般安装在楼上。

首先进行基础检查。检查基础表面地脚螺栓数量、尺寸及埋入混凝土中的连接件、电线、管线、操作设备所留开口位置尺寸、深度，厂房为零部件材料运输所留的门等，发现任何超过允许范围的偏差或任何不合适的地方，都必须在安装和装配前做出修改。

9.5.1.2　安装步骤

支座装于基础上，其安装要求如图9-5所示。

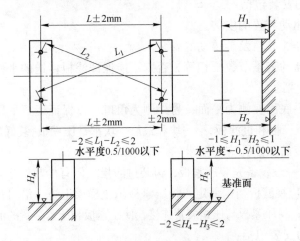

图9-5　自动厢式压滤机支座安装图

为了保证滴液盘平稳移动，滤液盘导轨必须对正和水平，其水平度在 0.5/1000 以内。滴液盘吊装在导轨上。

止推板安装于支座上。

压紧装置安装于支座上。

止推板与压紧装置的对正。横梁装上之前使两侧板在同一水平面上，保持水平（见图 9-6）；$A—B$，$C—D$ 两线的水平度要达到 0.5/1000，左右两边都一样；固定端板或压紧装置端板在经度方向的倾斜要用楔片来调整。

横梁的安装。将横梁平衡吊起，否则会引起弯曲；横梁安装时，要使固定板和压紧装置正确对位；用螺栓将横梁分别安装到压紧装置和固定板槽内。

机架结构的对正（见图 9-7）。通过将楔塞入固定板或压紧装置底下获得对正，公差范围为：（1）地脚螺钉，如图 9-7 所示，L_3 长度公差为 2mm；（2）侧梁对角线，对角线 L_1 和 L_2 偏差不超过 2mm；$L_1 - L_2 = \pm 2mm$；（3）横梁应按下平行，$L_5 - L_6 = \pm 1mm$；$L_7 - L_8 = \pm 1mm$；$L_9 - L_{10} = \pm 1mm$。每组 L_5、L_6、L_7 和 L_8、L_9、L_{10}，最长和最短之差不超过 2mm。

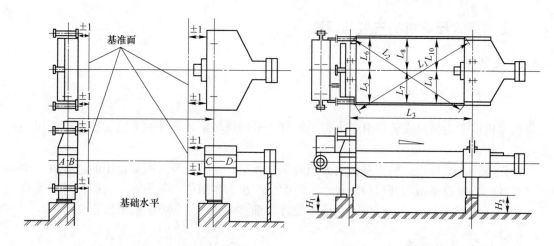

图 9-6　固定板和压紧装置的对中　　　图 9-7　机架的对正示意图

滤板移动装置的安装包括：

（1）滤板移动驱动装置的安装。

（2）滤板移动器、导轨及链传动的安装。

（3）滤板移动器的链条节数要相等，否则不能保证滤板传送的平稳。

压滤板的安装包括：

（1）压滤机把手底面一侧为平面，另一侧为角口，以保证运行平稳。

（2）交替安装压榨板和过滤板，第一块和最后一块都是压榨板，装好后，靠向止推板。

（3）安装时排液面和边孔应与要求的一致。

压紧板的安装。一般设备先装压紧板，再装过滤板，但有少数设备是先装过滤板，后装压紧板，因此安装前应视滤板结构而定。将压紧板吊至横梁上方，沿对角线将它移至侧梁里面，轮子搁在侧梁上；将压紧板与压紧装置连接，使压紧板和压紧装置的油缸活塞连成一体。

滤布曲张装置的安装包括：

（1）将成对的臂杆相应安装在滤板左右两边，将弹簧装入臂内。

（2）将两边拉平铺平在滤板上，将全部折痕拉平，并对准角孔。

滤压系统的安装，即用管路把各液压元件按图纸要求连起来，并予以固定。在安装中，除管道外，其余元件的安装与一般机械设备的安装相同，只要做好找平、找正、找标高即可。管道安装前，要经过酸洗，组装后要经过系统清洗，在安装各种附件前要仔细检查其清洁度，如不合格则处理好再装。有方向的阀门安装时切勿装反。

其他设施的安装，如限位开关，所有限位开关在安装前都必须经过检验。

工艺管线及辅助设备的安装，包括压滤机组的辅助设备及工艺管线的安装。机组各项安装工作完毕后，应按工艺流程对管线、机泵、储罐、电器、仪表、安全设施及附属设备进行全面详细的检查。内容包括：

（1）工艺管线检查。检查工艺管线是否符合设计规范、生产要求，支架是否牢固，管线应经试压无泄漏。检查管线上的仪表、阀门安装位置是否正确、齐全、规格化，是否符合设计和满足生产要求。

（2）进行机泵检查。对各机泵要严格按设计安装要求进行检查验收；检查地脚螺钉紧固、垫圈、螺母等是否齐全、无缺件；检查各仪表是否按设计规范安装，是否齐全，是否符合生产要求。

（3）进行安全性及其他项目检查。检查各机泵、电器设备等的接地是否良好；检查各安全阀定压值是否符合安全规范要求。

9.5.2 调试

自动厢式压滤机调试的重点是滤室的密封性，受压零部件强度、液面压紧装置的密封性，电控系统、压紧装置、滤板移动装置、滤布清洗装置等工作的可靠性。

9.5.2.1 调试前的准备

A 液压系统的准备

检查油箱液面是否处于规定位置；点动油泵电机，检查旋转方向是否正确；将油路上溢流阀压力调整至最低值。

B 自动压滤机的准备

准备内容包括：

（1）检查压滤机的各部位、阀门、控制箱各按键、指示灯等所有程序。

（2）将电磁阀前阀门全部打开，将自动球阀前后手动阀门全部打开。

（3）将电磁阀及振打器风管上的油雾器加好油，同时将过滤器的水及杂物清除掉。

（4）对各转动部分加好润滑油和油脂。

（5）检查滤板移动器的移动杆是否灵活。

（6）合上主动力电源，确保动力电路和操作电路无断路。

（7）保证进料阀、余料阀、进压榨水阀、顶吹风阀、泵前阀、放压榨水阀、隔膜放气阀、洗涤布阀的手动按钮为断开按钮。

（8）进行自动操作时，必须事先满足如下条件：

1）滤板移动器复位（在压紧侧限位位置），接触限位开关。

2）清洗振打车复位（在压紧侧限位置），接触限位开关。

3）清洗水管复位，接触限位开关。

9.5.2.2 液压系统的调试

液压系统的调试包括压力、速度和动作程序的调试。

A 压力调试

先空转 10~20min，再逐渐升压到溢流阀调节值，压力调定后，需将调整螺钉锁紧。

B 自动保压调试

调整压紧装置的压力开关（又称电接点压力表）的上限和下限。压紧滤板时，当压力达到压力开关的上限时，油泵电机停转。当油压降低到下限时，油泵电机应能自动启动进行补压。到上限值时，电机停转。

C 液压压紧装置的密封性调试

对液压压紧装置施加额定压力 1.25 倍的压力，停止加压后观察压紧装置上压力表在 20min 内的压力降，不得超过额定压力的 10%。外露面及连接处不得渗漏。

D 速度调试

液压电机在投入运转前，应同工作机构脱开。在空载状态先点动，再从低速逐步调速。待空载运转正常后再停机，连接电机与工作机构，再次启动液压电机，并从低速调至工作转速。

E 调试中检查

检查项目包括：

（1）油温，当油温低于 10℃时，应使泵打空循环，以提高油温，油温不得低于 15℃。一般应控制在 30~50℃。

（2）泵的噪声，用听觉判断泵的噪声，不得有异常声音出现。

（3）检查管路滤油器，根据回油管路压力表指示检查滤油器网眼堵塞情况，当压力表大于 0.3MPa 时必须进行清洗。

（4）电磁阀通电后，检查电磁阀是否有"嗡嗡"声以及换向时有无异常声响。

（5）检查整个液面系统的漏油，即检查管接头、阀等的漏油情况，接头要经常保持清洁。

（6）检查油缸工作速度，当出现爬行时，要注意排除油缸空气。

9.5.2.3 整机滤室密封性试验

整机在不加任何过滤介质的情况下，经压紧力压紧后，用塞尺检查密封面间的间隙，其值应符合表9-4的规定。

表9-4 滤板间隙

滤板外边尺寸/mm×mm	允许间隙/mm	滤板外边尺寸/mm×mm	允许间隙/mm
280×280	≤0.07	630×630	≤0.15
315×315	≤0.07	800×800	≤0.15
400×400	≤0.10	(1000×1000)~(1500×1500)	≤0.25
500×500	≤0.10	(1600×1600)~(2000×2000)	≤0.25

在滤板上装不大于 1.5mm 的过滤介质，用压紧力压紧，封闭出液口，由进料口输入相当于过滤压力 1.25 倍的水压进行试验，保压 5min。检查各密封面及出液口连接处，不允许有泄漏存在（但允许滤布毛细管引起的渗漏现象）。

9.5.2.4 传动装置的调试

A 拉板装置的调试

调整拉板传动链松紧程度，使之运动灵活。

按下拉板按钮，滤板移动器即自动将滤板依次逐块拉开。拉完最后一块滤板后，滤板移动器回到原位。连续循环操作 10 次，要求滤板移动装置的动作可靠。

B 振打装置的调试

将振打器移动到滤布中间位置，放下振打头，转动调整螺母，调整振打头与滤布吊杆之间的距离。

轻震一次，检查滤布吊杆、弹簧的受力变形情况。

将滤板依次开板，调整振打器对中情况。要求滤布振打装置定位准确，振打次数可调。

C 滤布清洗装置的调试

调试内容包括：

（1）调整清洗水管摆动位置。切断水管，手动将水管调整至水平位置，安装限位开关，接通电源，按动水管按钮检查限位开关，直至喷水管呈水平状态。点动电机，使水管由水平至垂直状态，安装下限位开关，反复调整数次，直到达到设计位置。

（2）调整小车行程开关。退回压紧板，检查滤板拉开距离，并将所有滤板拉开，计算出算术平均值。调整清洗装置定位开关，检查水管与滤布之间的距离，使水管与滤布之间的距离与计算出的数值接近。反复调整数次，达到使用条件。

（3）打开水源，要求清洗水喷洗均匀。

D 滤液收集槽的调试

启动传动装置，使集液槽运动，调整滚轮与导轨间的相对位置，使之运动平稳。确定集液槽进退的位置。固定好行程开关。作点动运行，确信无误后，做手动运行 3 次，要求滤液收集槽动作正常（在过滤等工作程序中，滤液槽位于机内，需要卸料时，开出机外，以便于卸饼）。

9.5.2.5 电控系统及操作

自动厢式压滤机的整个操作可以全自动，也可以手动、局部联动，电气控制柜接受来自压滤机上的限位开关、压力开关或附属设备的信号以及人工指令，经电脑综合来控制各电动机和阀类启动，同时模拟盘上也顺利地给出运转指示，从而完成整个程序操作。

以下介绍一种为滤布固定式压榨型自动厢式压滤机作配套的电控系统，其控制范围包括压滤机及压榨水泵、洗涤水泵、空压机等辅助设备。

该电控系统采用可编程序控制器。具有设备先进、系统简单、操作实际、工作可靠、维护工作量少等特点。

A 使用条件

使用条件如下：

（1）周围环境温度不高于 40℃，不低于 -5℃。

（2）空气相对湿度不大于 80%。

（3）空气清洁，无腐蚀性气体存在。

（4）无剧烈振动和冲击。

（5）安装倾斜不大于 5°。

（6）海拔高度不超过 2000m。

B　压滤机电控系统的功能

压滤机电控系统的功能包括：

（1）保证压滤机采用三种工作制（自动、局部联动和手动）工作。自动、局部联动为压滤机正常工作状态，手动一般在检修、调试或故障后设备复位时使用。

（2）具有三套工作程序。清洗程序为：进料→压榨→排水→卸料→清洗一次，也可按要求循环几次。卸料程序为：进料→压榨→排水→卸料。滤布清洗在完成全部卸料程序后，清洗程序只工作一周期。

（3）实现自动、局部联动中的暂停。卸料时拉板、振打卸料一次，未卸干净，可以暂停，再振打。清洗时，未清洗干净，可暂停再冲洗。

（4）实现自动、局部联动中的急停。

（5）进行模拟盘和信号灯显示及音响报警。

（6）进料：压榨一、压榨二的时间可根据要求任意调整。

（7）过滤—卸料周期可任意设定，并自动转入清洗程序。

（8）具有系统停电记忆功能，当系统的电源掉电恢复或急停后在停车步恢复运行。

（9）使系统全清零，即在初始开车前，可清除停车前的所有记忆和数据。

C　操作要点

操作程序如图 9-8 所示。

a　自动操作

自动操作内容包括：

（1）正常运行全自动。1XZK 打到自动位置，2XZK 打到正常位置，如果只需要正常运行一个周期；3XZK 打到结束位置。如果需要过滤、卸料 n 次后清洗一次，则过滤周期计数设定值为 n。按下自动启动按钮 ZQA，压滤机开始自动运行。

（2）"进料—振打卸料"全自动。1XZK 打到自动位置，2XZK 打到卸料位置，3XZK 视需要循环是否打到要求位置，按下自动启动按钮 ZQA，压滤机即按程序连续运行。直到3XZK 由循环打到结束位。

（3）"进料—清洗滤布"全自动。1XZK 在自动位，2XZK 打到清洗位置，3XZK 打到结束位置，按下 ZQA 按钮，压滤机即按程序连续运行。

b　联动操作

将按钮拨向"局部联动"，控制开关拨向"卸料"或"清洗"位置，按工序要求分别按下 1LA~12LA 即可完成卸料和清洗各工序。

c　手动操作

将"手动—自动"按钮拨向"手动"，操作面板上各按钮，即可控制各阀门、运行设备的开停。手动调整时应注意各设备间的工艺联锁要求。

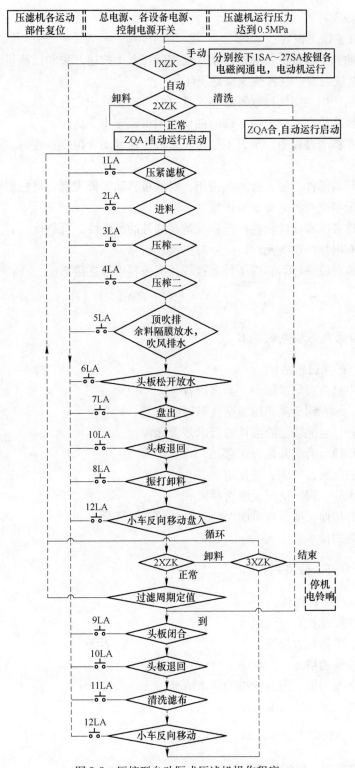

图 9-8　压榨型自动厢式压滤机操作程序

1XZK—选择开关；2XZK—控制开关；3XZK—循环开关；ZQA—自动启动；

1SA~27SA—手动按钮；1LA~12LA—局部联动按钮

D　操作注意事项

操作时应注意以下内容：

（1）在自动和手动操作过程中严禁乱动控制箱盘上按钮开关和压滤机上行程开关，否则程序打乱，造成漏液，重者造成机器损坏。

（2）管路系统中的空气过滤器必须注意打开，以排除积水和杂物。

（3）必须经常检查系统中油雾器的油位，不得低于1/2高度。

（4）滤板在移动过程中，千万不要按压紧板按钮到闭合位置，否则，易将链条或滤板把手拉坏。

（5）对各转动部件，每天要加润滑脂，对滤板移动器每班都要清扫积存尘土。

（6）经常定期检查各电器是否正常。

（7）应保持各电器设备元件的清洁及运动部件的灵活性、可靠性。

（8）对于有损坏的设备元件，应及时更换、检修。

（9）经常检查设备之间和端子排上接线，应使其可靠连接。

9.5.3　维修

9.5.3.1　每天应检查的项目

每天应检查的项目包括：

（1）运转中是否有异常动作、异常声音。

（2）料浆、水、润滑油和压缩空气是否泄漏。

（3）压力表、电流表、液面计的指示是否异常。

（4）电机和轴承的温升是否正常。

（5）滤布的偏向、皱折、破损情况。

（6）滤饼水分、剥离情况及滤饼厚度。

（7）链条的拉伸长度、皮带的松弛、脱落和破损情况。

（8）压气罐的排水。

9.5.3.2　每月应检查的项目

每月应检查的项目包括：

（1）压紧油缸是否有空气混入。

（2）螺栓、螺母是否松弛。

（3）清洗喷嘴的堵塞。

（4）机体表面污损、附着滤饼的清洁情况。

（5）各油杯及链条的给油。

9.5.3.3　每3个月应进行一次的检查项目

每3个月应进行一次的检查项目包括：

（1）密封垫、压榨膜、配管等部件的变形。

（2）滤布的孔眼、破损。

（3）空气过滤器的清理。

9.5.3.4 每半年进行一次的检查项目

每半年进行一次的检查项目包括：
（1）液压油的变化情况。
（2）减速机润滑油的更换。
（3）机体表面的锈蚀与修补情况。
（4）滤板、软管等的变形与恶化情况。

9.5.3.5 每1~2年进行一次的检查项目

每1~2年进行一次的检查项目包括：
（1）液压油的更换、液压系统的大修。
（2）泵、空压机等辅助设备的大修。

9.5.4 故障处理

故障处理见表9-5。

表 9-5 自动厢式压滤机的故障处理

故　障	原　因	排除方法
滤板间泄漏	滤布皱折	清除滤布皱折或更换滤布
	滤板密封残留有滤饼	清理表面
	过滤压力过高	压力调低
	滤布损坏	更换
	滤板压紧压力降低	检修压紧油缸和液压系统
	滤板密封边缘损坏	更换
	滤液出口阻力增加	检查滤液出口管道、阀门、清除堵塞
	滤布堵塞	更换滤布
	进料泵出现异常压力	降低压力
过滤中料浆喷出	滤板未全部压紧	提高压紧压力
	密封面粘料，堵塞滤布	清洗滤布，排除堵塞
	进料泵出现异常压力	降低压力
	滤板断裂	找出原因，更换滤板
滤液不清	滤布损坏	更换滤布
	通过新滤布缝纫线孔泄漏	把针孔密封
	滤饼黏附于滤板的过滤表面	把黏结滤饼清除干净
	滤布失效	更换滤布

故　障	原　因	排　除　方　法
成饼不均匀	物料的成分发生变化	检查处理，找出原因，对症处理
	滤室之间存在压差	清理通道
	泵有问题进料泵大小不合适	更换合适的泵
	滤室进料口堵塞	清理进料口
	料浆中的固含量波动极大	检查处理，找出原因，对症处理
	不同的滤布材质	重新调节滤布
	滤液出口局部堵塞	清除堵塞
滤板弯曲或断裂	过滤时有压差	清理通道
	温度过高	降低温度
	操作时有极大的温度差	操作温度控制正常
	滤室成饼过量	缩短进料时间
	滤板密封残留有滤饼	清理表面
	存在腐蚀损坏	使用合适材质；修理后再使用；改变料浆的性质
滤布损坏频繁	滤布材料不合适	更换滤布
	滤布强度不够	更换滤布
	化学腐蚀	更换滤布
滤饼含水量高	料浆浓度降低	延长过滤时间、恢复正常浓度
	过滤量降低（料浆性质有变化）	检查处理、找出原因、对症处理
	滤布堵塞	清洗滤布
	脱水不充分	改变压力，延长过滤时间
	压滤中隔膜损坏	修理或更换隔膜
	由于滤板压紧不够，使压紧面泄漏	使用合适的压紧压力

　　本书第 3 版详细介绍真空过滤机的辅助设备、压滤机的辅助设备和带式压榨过滤机的安装与调试，如需要可查阅本书第 3 版第 13 章。

参 考 文 献

[1] Uplands. Solid/Liquid Seperation Technology Croyclon，1981.
[2] 沈宏灏，李兴禧. 选矿产品脱水技术. 中国选矿科技情报网，1984.

10 过滤式离心机

过滤式离心机由于采用不同的过滤介质，因而适用不同物性的物料。一般来说，间歇周期操作的离心机大多采用织物类的过滤介质（如滤布）或金属性编织网、金属板网。采用滤布的过滤式离心机能分离固相颗粒直径不小于 $10\mu m$ 的悬浮液，而采用金属丝织网的过滤式离心机能分离固相颗粒直径不小于 $60\mu m$ 的悬浮液。间歇操作的离心机要求被分离的悬浮液浓度即固相质量分数的范围为 15%~50%。

连续操作的离心机一般都采用金属滤网的过滤介质，如不锈钢板的冲孔网或腐蚀网、电铸网，以及不锈钢条状滤网，包括串接式条状滤网、焊接式条状滤网、铣制板网等。根据网的最小缝隙可确定能分离的固相颗粒最小直径的悬浮液。如冲孔网的最小缝隙为0.15mm，电铸镍网的最小缝隙为 0.05~0.06mm，串接式条状滤网的缝隙一般为 0.25mm，焊接式条状滤网的最小缝隙为 0.15mm，铣制板网的最小缝隙为 0.08~0.09mm。连续操作的离心机要求被分离的悬浮液浓度即固相质量分数的范围为 40%~60%。

离心机种类繁多，工业方法分类也十分多，为了统一一般工业离心机的命名及型号编制，国家有关部门编制了 GB7779《离心机型号编制方法》国家标准。该标准规定了离心机型号的基本代号和特性代号，给离心机的命名、定型、使用和选型提供了方便。离心机分类、命名和型号见表 10-1。

表 10-1　离心机分类、命名和型号（GB/T 7779—2005）

基本代号						特性代号		主参数	
类别		型式		特征					
名称	代号	名称	代号	名称	代号	名称	代号	名称	单位
三足式离心机	S	过滤型沉降型	C	人工上卸料	S	普通 全自动 密闭 液压驱动刮刀 气压驱动刮刀 电动驱动刮刀 电机直联式 变频驱动 虹吸式	Z M Y Q D L B H	转鼓内径	mm
				抽吸上卸料	C				
				吊袋上卸料	D				
				人工下卸料	X				
				刮刀下卸料	G				
				翻转卸料	F				

基本代号						特性代号		主参数	
类 别		型 式		特 征					
名 称	代号	名 称	代号	名 称	代号	名 称	代号	名 称	单位
平板式 离心机	P	过滤型 沉降型	C	人工上卸料	S	普 通 全自动 密 闭 液压驱动刮刀 气压驱动刮刀 电动驱动刮刀 电机直联式 变频驱动 虹吸式	Z M Y Q D L B H	转鼓内径	mm
				抽吸上卸料	C				
				吊袋上卸料	D				
				人工下卸料	X				
				刮刀下卸料	G				
				翻转卸料	F				
上悬式 离心机	X	过滤型		机械卸料	J	人工操作 全自动操作	Z	转鼓内径	mm
				人工卸料	R				
				重力卸料	Z				
				离心卸料	L				
刮刀卸料 离心机	G	过滤型 沉降型 虹吸过滤型	C H	宽刮刀	K	斜槽推料 螺旋推料 隔 爆 密 闭 双转鼓型	L F M S	转鼓内径	mm
				窄刮刀	Z				
活塞推料 离心机	H	过滤型		单级	Y	圆柱形转鼓 柱锥形转鼓 加长转鼓 双侧进料	Z C S	最大级 转鼓内径	mm
				双级	R				
				三级	S				
				四级	I				
离心卸料 离心机	I	过滤型		立 式	L	普通式 反跳环式 导向螺旋式	T D	转鼓最大 内径	mm
				卧 式	W				
振动卸料 离心机	Z	过滤型		立 式	L	曲柄连杆激振 偏心块激振 电磁激振	Q P D	转鼓内径	mm
				卧 式	W				
进动卸料 离心机	J	过滤型		卧 式	W			转鼓内径	mm
翻袋卸料 离心机	F	过滤型		卧 式	W	普通型		转鼓内径	mm
						干燥型	G		

基本代号						特性代号		主参数	
类别		型式		特征					
名称	代号	名称	代号	名称	代号	名称	代号	名称	单位
螺旋卸料离心机	L	沉降型		立式	L	逆流式 并流式 三相分离式 密闭 隔爆	B S M F R	最大级转鼓内径×转鼓工作长度	mm×mm
		过滤型	L						
		沉降过滤组合型	Z	卧式	W	双锥式 向心泵输液 磁性转鼓 压榨式 干燥型	X C Y G		

注：转鼓内径指转鼓最大内径；装有固定筛网时，指筛网最大内径；对组合转鼓，取沉降段内径和过滤段筛网内径之大者。

转鼓与分离物料相接触部分的材料代号，用材料名称中有代表性的大写汉语拼音字母表示，应符合表 10-2 的规定。

表 10-2 转鼓与分离物料相接触部分的材料代号

与分离物料相接触部分的材料代号	代号	与分离物料相接触部分的材料代号	代号
碳钢	G	衬塑	S
钛合金	I	木质	M
耐蚀钢	N	铜	T
铝合金	L	搪瓷	C
橡胶或衬胶	X		

10.1 间歇式过滤离心机

间歇式过滤离心机的操作特点是间歇进料、间歇卸料。按结构形式可分为三足式离心机、平板式离心机、上悬式离心机、卧式刮刀离心机和翻袋式离心机。其卸料方式又分为人工卸料、气力卸料、吊袋卸料、刮刀卸料、重力卸料等。

10.1.1 三足式离心机

三足式离心机是一种最古老的离心机，由于其结构简单，对物料适应性强，目前仍被许多工业部门广泛使用，其重要结构特点是转鼓悬挂支撑在 3 根支柱上。国产最常见的三足式刮刀下部卸料离心机如图 10-1 所示。

过滤式三足离心机的主要优点是：

（1）对物料的适应性强。选用恰当的过滤介质，调整过滤操作要求，能够用于分离多种悬浮液，分离粒径可达微米级，同时还可以用于产品脱液和对滤饼洗涤。

（2）有多种卸料方式，产品品种规格多样化，便于用户选择。

（3）弹性悬挂支承结构，能够减轻由于负载不均匀引起的机振，机器运转较平稳。

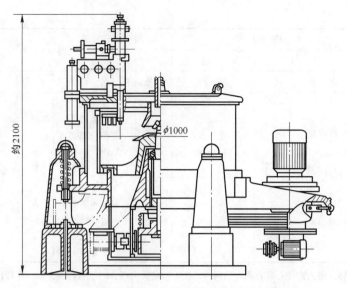

图 10-1　SXZ-1000 型三足式刮刀下部卸料离心机

（4）回转机构置于可以封闭的壳体之中，易于观察密封防爆。

三足式离心机的主要缺点是：间歇式工作，进料阶段启动、增速，卸料时需减速或停车；生产能力低；人工上部卸料机型劳动强度大，操作条件差，因而只适用于中小型的生产。

近年来，由于应用了许多新技术，三足式离心机已向连续运转、自动操作方向发展，北京有色冶金设计研究总院和石家庄新生机械厂在 20 世纪 70 年代共同研制成功的 SXY-1000 型三足式下卸料液压自动离心机就是一个代表机型。国内外对三足式离心机应用新技术和技术改进进行了许多有益的探索，详见本书第 3 版。

SXY-1000 型三足式下卸料液压自动离心机如图 10-2 所示。

国产三足式离心机的技术参数见表 10-3 ~ 表10-8。

10.1.2　平板式离心机

无基础平板离心机是在三足式离心机上发展而来的新机型。该机无基础安装，取消了传统悬挂式支腿，简化了安装过程，结构简洁、外形美观、清洗方便。无基础平板配重及隔振器，使设备因振动产生的能量全部被隔振器吸收，对基础地面及周边设备无振动干扰。设备基础平板可作工作平台，操作维护方便。

国产平板离心机的技术参数见表 10-9。

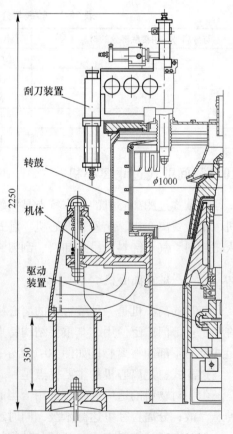

图 10-2　SXY-1000 型三足式下卸料
液压自动离心机

表 10-3　三足式离心机的技术参数

型号	名称	转鼓内径×高度/mm	转速/r·min⁻¹	装料容量/kg	工作容积/L	最大分离因数	主电机功率/kW	机器质量/kg	外形尺寸（长×宽×高）/mm×mm×mm	制造厂家
SS-200	三足式人工上部卸料离心机	200×140	3000	3.5	3	1007	0.55 / 0.75	45	800×660×540	
SS-300		300×210	2800	12	10	1315	1.5	160	1020×760×660	
SS-450		450×300	2000	30	20	1007	3	500	1140×820×696	
SS-600		600×350	1600	68	45	860	3	800	1327×1022×895	
SS-800		800×400	1200 / 1500	135	90	645 / 1007	5.5 / 7.5	1320 / 1400	1630×1250×980	
SS-1000		1000×420	1080 / 1200	200	140	652 / 805	11	2000 / 2200	1936×1060×930	
SS-1200		1200×440	950	300	250	605	15	2600	2230×1430×1010	
SX-800	三足式人工下部卸料离心机	800×400	1500	135	90	1007	7.5	1200	1630×1250×1050	
SX-1000		1000×420	1200	200	140	805	11	1570	2040×1590×1240	
SX-1250		1250×400	1000	300	250	698	11	1800	2430×1910×1440	
SD-800	三足式吊袋上部卸料离心机	800×400	1200 / 1500	135	90	645 / 1007	7.5	1600	1835×1270×930	重庆江北机械有限责任公司
SD-1000		1000×420	1080 / 1200	200	140	652 / 805	11	2300	1835×1270×930	
SD-1200		1200×480	950	300	250	605	18.5	3300	2315×1720×1085	
SD-1250		1250×500	900	400	300	566	18.5	3600	2418×1720×1085	
SD-1250(A)		1250×600	1000	520	400	700		3720	2418×1720×1525	
SD-1500		1500×710	850	800	700	606	22	6200	2750×2360×1700	
SD-1600		1600×750	800	1000	845	573	30	7100	2807×2390×1820	
SD-1800		1800×750	720	1180	910	522	37	7500	3095×2435×1920	
SB-450	三足式全封闭上部卸料离心机	450×300	2000	30	20	1007	3	650	1200×1000×640	
SB-600		600×350	1600	68	45	860	3	950	1300×1120×800	
SB-800		800×400	1200 / 1500	135	90	645 / 1007	5.5 / 7.5	1300	1500×1300×870	
SB-1000		1000×420	1080 / 1200	200	140	652 / 805	11	2000	1835×1270×950	
SB-1200		1200×440	950 / 1050	300	250	605 / 700	15 / 18.5	3000 / 3200	2320×1750×1120	
SB-1250		1250×500 / 1250×600	900 / 1000	400 / 520	300 / 400	566 / 700	18.5	3400 / 3700	2410×1750×1120	
SB-1500		1500×700	850	800	700	606	22	5500	2750×2400×1850	

表 10-4 三足式上卸料离心机参数

| 型号 | 转鼓 | | | | | 分离因数 ($\omega^2 r/g$) | 电机功率 /kW | 整机重量 /kg | 外形尺寸（长×宽×高）/mm×mm×mm | 生产厂家 |
	直径 /mm	壁厚 /mm	工作容量/L	装料限量/kg	转速 /r·min⁻¹					
SS300	300	3	5	10	1600	430	0.75	130	600×600×400	
SS450	450	3	17	21	1900	990	1.5	200	980×720×625	
SS600	600	3	40	60	1500	755	3.0	600	1350×990×750	
SS800	800	4	90	120	1200	640	5.5	980	1740×1380×1000	
SS1000	1000	5	140	150	1000	560	7.5	1300	1950×1560×1050	
SS1200	1200	6	230	240	800	430	11	1500	2370×1600×1000	
SS1250	1250	8	270	380	800	445	15	2700	1765×1700×1350	
SS1500	1500	8	360	400	600	300	15	3200	2640×1850×1100	
SB800	800	4	90	120	1200	640	5.5	1300	1380×1350×1100	
SB1000	1000	5	140	150	1000	560	7.5	1500	1600×1550×1200	
SB1200	1200	6	230	240	800	430	11	2200	1750×1700×1300	
SB1250	1250	8	270	380	800	445	15	2500	1765×1700×1350	
SB300（GMP）	300	3	5	10	1600	430	0.75	230	750×620×580	石家庄科石机械设备有限公司
SB450（GMP）	450	4	17	21	1900	990	1.5	360	1030×700×740	
SB600（GMP）	600	5	45	75	1500	860	3	980	1410×1140×800	
SB800（GMP）	800	6/8	100	135	1200/1500	645/1006	5.5/7.5	1500	1680×1300×980	
SB1000（GMP）	1000	8/10	140	200	1000/1200	560/806	7.5/11	2000	2000×1550×1200	
SB1200（GMP）	1200	10/12	280	380	800/1050	620/740	11/15	3000	2260×1765×1300	
SB1250（GMP）	1250	12	310	420	960/1050	645/770	15/18.5	3200	2260×1765×1350	
SSF800（GMP）	800	8	100	140	1500	1000	7.5	1350	1300×1253×1180	
SSF1000（GMP）	1000	10	150	200	1100	675	11	1800	1500×1500×1350	
SSF1200（GMP）	1200	12	250	300	1000	670	15	2800	1750×1750×1500	

表 10-5 三足式吊袋离心机参数

型号	转 鼓					分离因数 $(\omega^2 r/g)$	电机功率 /kW	整机重量 /kg	外形尺寸 (长×宽×高) /mm×mm×mm	生产厂家
	直径 /mm	壁厚 /mm	工作容积/L	装料限量/kg	转速 /r·min^{-1}					
SD800	800	6	90	120	1200	860	7.5	1350	1740×1380×1100	石家庄科石机械设备有限公司
SD1000	1000	6	140	150	1000	640	11	2300	1950×1560×1200	
SD1200	1200	6	230	240	800	600	18.5	3400	2370×1600×1200	
SD1500	1500	8	360	400	600	500	22	5000	2645×2221×1700	
SSD800 (GMP)	800	8	100	135	1200/1500	645/1006	5.5/7.5	1500	1680×1300×980	
SSD1000 (GMP)	1000	10	175	250	1000/1200	560/806	11/15	2000	2000×1550×1280	
SSD1200 (GMP)	1200	10/12	350	470	960/1050	620/740	15/18.5	3000	2260×1750×1300	
SSD1250 (GMP)	1250	10/12	400	530	960/1050	645/770	18.5/22	3000	2260×1765×1350	
SSD1500 (GMP)	1500	14/16	600	800	650/850	355/606	22/30	4800	2600×2135×1620	
SFD800 (GMP)	800	8	100	140	1500	1000	7.5	1350	1300×1250×1180	
SFD1000 (GMP)	1000	10	150	200	1100	675	11	1800	1500×1500×1350	
SFD1200 (GMP)	1200	12	250	300	1000	670	15	2800	1750×1750×1500	

表 10-6 三足式下卸料离心机参数

型号	转 鼓				分离因数 $(\omega^2 r/g)$	电机功率 /kW	整机重量 /kg	外形尺寸 (长×宽×高) /mm×mm×mm	生产厂家
	直径 /mm	工作容量 /L	装料限量 /kg	转速 /r·min^{-1}					
SX800	800	90	120	0~1200	640	5.5	1100	1950×1380×1100	石家庄科石机械设备有限公司
SX1000	1000	140	170	0~1000	560	7.5	1700	2150×1550×1050	
SX1200	1200	200	260	0~800	430	11	2300	2300×1700×1100	
SXC800	800	100	135	1200	645	5.5	1800	1950×1550×1250	
SXC1000	1000	140	195	1000	560	7.5	2600	2050×1750×1400	
SXC1250	1250	280	320	900	566	15	4000	2550×1980×1600	

表 10-7 三足式自动刮刀卸料离心机技术参数

型号	转鼓					分离因数$(\omega^2 r/g)$	电机功率/kW	整机重量/kg	外形尺寸(长×宽×高)/mm×mm×mm	生产厂家
	直径/mm	壁厚/mm	工作容积/L	装料限量/kg	转速/r·min⁻¹					
SGZ800（GMP）	800	6/8	115	150	1200/1500	645/1008	7.5/11	1800	2150×1650×2050	石家庄科石机械设备有限公司
SGZ1000（GMP）	1000	8/10	175	250	1000/1200	560/806	11/15	2800	2350×1850×2200	
SGZ1250（GPM）	1250	10/12	400	530	960/1050	645/770	18.5/22	3800	2520×2000×2350	
SG/SGZ800	800	6	100	140	1200	650	7.5	3000	1900×1500×1900	
SG/SGZ1000	1000	6	150	200	1080	680	11	4000	2300×1900×2300	
SG/SGZ1250	1250	8	280	380	900	600	18.5	4700	2587×1900×2300	

表 10-8 三足式全自动下卸料离心机技术参数

型号	转鼓					最大分离因素$(\omega^2 r/g)$	电机功率/kW	外形尺寸(长×宽×高,含减震器)/mm×mm×mm	机器重量/kg	制造厂家
	直径/mm	高度/mm	工作容积/L	装料限量/kg	最高转速/r·min⁻¹					
SGZ-800	800	400	100	135	1500	1007	7.5	1740×1216×1820	250	重庆江北机械有限责任公司
SGZ-1000	1000	420	140	210	1080	652	15	2174×1695×2020	3200	
	1000	580	190	260	1200	805	15	2174×1695×2080	600	
SGZ-1200	1200	500	260	320	970	631	18.5	2443×1778×2230	4000	
SGZ-1250	1250	500	310	400	970	657	18.5	2065×1900×2550	4300	
	1250	630	400	520	1000	698	18.5	2443×1778×2560	4800	
SGZ-1500	1500	700	570	740	850	605	30	2744×2015×2695	7200	
SGZ-1600	1600	800	800	1000	850	646	37	2807×2015×2100	9000	
SGZ-1600(A)	1600	1000	1000	1200	850	646	45	2807×2015×3020	9250	
SGZ-1800	1800	800	1000	1200	800	645	55	3260×2300×2932	14000	
SGZ-1800(A)	1800	1000	1250	1600	800	645	55	3260×2300×3100	14450	

表 10-9 平板式离心机技术参数

| 名称 | 型号 | 转鼓 | | | | | 分离因数 ($\omega^2 r/g$) | 电机功率 /kW | 整机重量 /kg | 外形尺寸 (长×宽×高) /mm×mm×mm | 生产厂家 |
		直径 /mm	壁厚 /mm	工作容积/L	装料限量/kg	转速 /r・min⁻¹					
平板式上卸料离心机	PS800	800	8	100	135	1200/1500	645/1006	5.5/7.5	1500	1680×1300×980	石家庄科石机械设备有限公司
	PS1000	1000	10	175	250	1000/1200	560/806	11/15	2500	2000×1550×1280	
	PS1200	1200	12	470	470	960/1050	620/740	15/18.5	3000	2260×1750×1300	
	PS1250	1250	12	530	530	960/1050	645/770	18.5/22	3800	2260×1750×1350	
	PSF800	800	8	100	140	1500	1000	7.5	1350	1200×1200×1180	
	PSF1000	1000	10	150	200	1100	675	11	1800	1500×1500×1350	
	PSF1200	1200	12	250	300	1000	670	15	2800	1750×1750×1500	
平板式吊袋卸料离心机	PD800	800	8	100	135	1200/1500	645/1006	5.5/7.5	1500	1680×1300×980	
	PD1000	1000	10	175	250	1000/1200	560/806	11/15	2500	2000×1550×1280	
	PD1200	1200	10/12	350	470	960/1050	620/740	15/18.5	3000	2260×1750×1300	
	PD1250	1250	10/12	400	530	960/1050	645/770	18.5/22	3800	2260×1750×1350	
	PD1500	1500	12/14	600	800	650/850	355/606	22/30	4800	2600×2135×1620	
	PDF800	800	8	100	140	1500	1000	7.5	1350	1200×1200×1180	
	PDF1000	1000	10	150	200	1100	675	11	1800	1500×1500×1350	
	PDF1200	1200	12/14	250	300	1000	670	15	2800	1750×1750×1500	
平板式刮刀下卸料离心机	PGZ800 (GMP)	800	8/10	115	155	1200/1500	645/1008	7.5/11	2500	1850×1450×2050	
	PGZ1000 (GMP)	1000	10/12	175	250	1000/1200	560/806	11/15	3500	2000×1550×2150	
	PGZ1250 (GMP)	1250	12/14	400	530	960/1050	645/770	18.5/22	5000	2260×1760×2350	

10.1.2.1 SD/PD 系列吊袋上部卸料离心机

A 工作原理

SD/PD 系列吊袋离心机是重庆江北机械有限公司参考国外进口样机，结合国情自行设计制造的新型离心机，其驱动电机既可采用离合器启动，也可由变频调速系统控制，启动平稳，通过三角带将动力传递给转鼓，带动转鼓使转鼓绕自身轴线高速旋转，形成离心力场，待分离的物料经上部加料管进入高速旋转的转鼓内，在离心机力场作用下，物料均布在转鼓壁上进行离心过程，液相透过固相物料及滤袋的缝隙，经转鼓孔甩至机壳空腔，从底盘出液口排出，固相物料则被截留在滤袋内。停机后，开启机盖（借助特殊设计的平衡助力装置），拔出机盖锁紧栓，用特制的吊具将滤饼吊出机外设定地点卸料，即完成一个工作循环，机盖上配有洗涤管，可以对物料进行洗涤。

B 主要特点

（1）采用快装式吊袋卸料方式，操作方便快速省力。

（2）全封闭式结构设计改善了工作环境，避免分离物料的交叉污染，符合 GMP 规范要求。离心机内腔氮气保护，充分满足密闭防爆要求。

（3）采用大机盖，卸料方便并可对外壳与转鼓夹层空间进行彻底冲洗。

（4）机盖开启配有机械平衡器，既省力又不需能源。

（5）配套变频程序控制系统，启动平衡，程序设定（加料、过滤、洗涤等全过程完全自动化）能耗（反馈）制动，无摩擦粉尘污染，无摩擦发热，操作更安全。

（6）内外表面经抛光处理，无死角，全部圆滑过渡，配在线清洗（物料清洗、机器清洗），实现最佳的洗涤效果。

（7）通用性强，适用范围广，晶粒不易破坏。

PD 系列三足式吊袋离心机技术参数见表 10-10。

表 10-10 PD 系列吊袋卸料离心机技术参数

型　号		PD-800	PD-1000	PD-1200	PD-1250	PD-1250A	PD-1500	PD-1600	PD-1800
转鼓	直径/mm	800	1000	1200	1250	1250	1500	1600	1800
	容积/L	90	140	250	300	400	700	845	910
	高度/mm	400	420	480	500	600	710	750	750
	装料限重/kg	135	200	300	400	520	800	1000	1180
最高转速/$r \cdot min^{-1}$		1200　1500	1080　1200	950	900	1000	850	800	720
最大分离因数		645　1007	652　805	605	566	700	606	573	522
电机功率/kW		7.5	11	18.5	18.5	18.5	22	30	37
机器质量/kg		1600	2300	3300	3600	3720	6200	7100	7500
		2100	3000	4200	5000	5520	6500	7200	12000
制造厂家		重庆江北机械有限责任公司							

PD 系列离心机结构如图 10-3 所示。

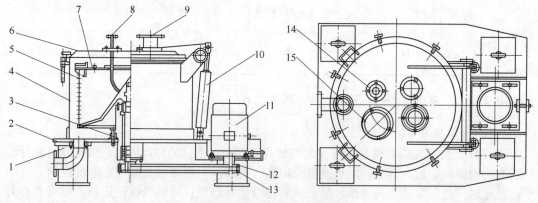

图 10-3　PD 系列离心机结构

1—减震器；2—平台；3—轴承座；4—外壳；5—转鼓；6—壳盖；7—吊盘；8—清洗管；9—加料管；
10—弹簧缸；11—电机；12—皮带轮；13—三角带；14—观察灯；15—视镜

10.1.2.2　SB/PB 系列密闭离心机

A　工作原理

SB/PB 系列离心机是依据 GMP 规范和环保要求而设计的全封闭立式上部卸料过滤离

心机，电机由变频控制（也可采用离合器）平稳启动，通过传动系统带动转鼓使转鼓绕自身轴线高速旋转，形成离心力场。加料转速、清洗转速、脱液转速都可以在一定转速（额定转速）内任意选择。在离心力场作用下，物料均布在转鼓壁上进行脱液分离，液相透过固相物料及滤网（袋）的缝隙，经转鼓壁孔甩至机壳空腔，从底盘出液口排出，固相物料则被截留在转鼓内。料液由加料管加入，洗涤水通过洗涤管加入，加料、洗涤可由专门的阀进行控制，物料脱水、洗涤完毕后停机，借助于特殊设计的平衡装置，打开机盖，将物料卸出。

B 主要特点

（1）操作维修方便。

（2）全封闭结构设计改善了工作环境，符合 GMP 和环保方面要求。离心机内腔氮气保护，满足密闭防爆要求。

（3）采用大机盖，卸料方便，并可对外壳与转鼓夹层空间进行彻底冲洗。

（4）机盖开启配有机械平衡器，既省力又不需能源。

（5）配套变频程序控制系统，启动平稳，程序设定（加料、过滤、洗涤等全过程完全自动化），能耗（反馈）制动，无摩擦粉尘污染，无摩擦发热，操作更安全。

（6）内外表面经抛光处理，无死角，全部圆滑过渡，配在线清洗（物料清洗、机器清洗）。

（7）晶粒不易破坏。

C 性能与用途

SB/PB 系列离心机对物料的适应性强，可分离卸料径为微米级的细颗粒，也可对成件物品脱液，能分离各种难分离的悬浮液，人工卸料，晶粒不易破坏。能广泛应用于如石膏、硫铵、硫酸铜、氯化钾、硼砂、染料、树脂、农药药剂等化工行业，食盐、味精、食品添加剂、淀粉、制糖、调味品等食品行业，抗生素、维生素等制药行业，铜、锌、铝等矿产品，以及环保（污泥污水处理）行业。

PB 系列离心机技术参数见表 10-11。

表 10-11 PS/PB/PBF 平板上卸料离心机技术参数

型 号		PS-300	PS-450	PS-600	PS-800	PS-1000		PS-1200					
		PB-200	PB-300	PB-450	PB-600	PB-800		PB-1000		PB-1200	PB1250		PB1500
					PBF-600		PBF-800		PBF-1000			PBF-1250	
转鼓	直径/mm	200	300	450	600	800		1000		1200	1250		1500
	容积/L	3	10	20	45	90		140		250	320	400	700
	高度/mm	140	210	300	350	400		420		440	500	600	700
	装料限重/kg	3.5	12	30	68	135		200		300	400	520	800
最高转速/r·min^{-1}		3000	2800	2000	1600	1200	1500	1080	1200	950	900	1000	850
最大分离因数		1007	1315	1007	860	645	1007	640	805	605	566	700	606
电机功率/kW		0.55 0.75	1.5	3	3	5.5	7.5	11		15	18.5		22
机器质量/kg		75	220	550	950	1400	1500	2400	2500	3200	3700	3900	4800
制造厂家		重庆江北机械有限责任公司											

10.1.2.3　平板式全自动下卸料离心机

PGZ 系列平板式离心机为间隙式周期性工作方式的离心机。它在可编程序的控制下，由电气系统自动完成工作周期。可实现多次进料、多次洗涤、多次脱水的要求。采用了变频调速电机，机器各阶段转速可根据需要进行任意调节。其工序和时间可通过调整程序而随意调整，工作程序分为 7 个工序：（1）转鼓启动；（2）进料；（3）脱水；（4）洗料；（5）二次脱水；（6）转鼓制动至低速；（7）卸料，以达到最佳工作效率。

平板式全自动下卸料离心机的结构与工作原理是：PGZ 系列平板离心机是一种全自动控制的立式刮刀卸料离心机，在电气控制下，转鼓启动达到进料速度后，控制系统打开进料阀，被处理悬浮液从进料管进入转鼓。在转鼓高速旋转产生的强大离心力作用下，进入转鼓内的悬浮液被均布于转鼓内壁的过滤介质上，成空心圆柱状。液相通过过滤介质和转鼓上的许多小孔被甩出转鼓外，由机壳内壁和底盘收集，从出液管排出，而固相粒子则被留在过滤介质上。当进料量达到设定值，由料层控制器（或进料时间）向控制系统发出信号，关闭进料阀门。同时，根据工艺需要可对物料进行洗涤，洗涤达到要求后，在脱水速度下进行二次脱水。处理物料达到分离要求，控制系统控制主电机将回转体的转速降到卸料速度，卸料机构采用窄刮刀，先由旋转缸驱动径向刮料，到位后停留一下，再轴向行程卸料，下降到位刮下转鼓壁上的物料。固体颗粒通过刮刀卸料，借助重力经转鼓底的卸料口从机座底部排出。机器完成一个工作循环，在控制系统（PLC）的控制下进入到下一个工作循环。

平板式全自动下卸料离心机如图 10-4 所示。

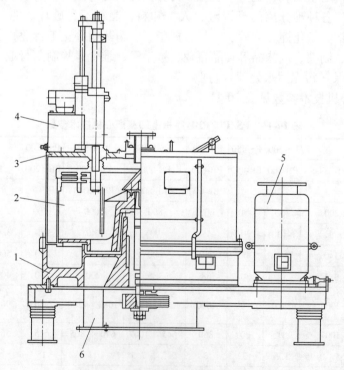

图 10-4　平板式全自动下卸料离心机

1—机座组合；2—回转体组合；3—机壳组合；4—卸料机构；5—传动机构；6—腰形出料管

平板式全自动下卸料离心机技术参数见表10-12。

表 10-12 平板式全自动下卸料离心机技术参数

型　号	主要技术指标					主电机功率/kW	机器质量/kg	外形尺寸（长×宽×高）/mm×mm×mm	制造厂家
	转鼓内径×高度/mm	转速/r·min⁻¹	装料容量/kg	工作容积/L	最大分离因数				
PGZ-800	800×400	1500	135	100	1007	7.5	2000	1700×1400×1800	重庆江北机械有限责任公司
PGZ-F-800							3100	2000×1400×1330	
PGZ-1000	1000×420	1080	180	140	652	15	3500	1968×1500×1900	
PGZ-F-1000								2480×1500×1280	
PGZ-1000	1000×580	1200	250	190	805		3800	1968×1500×2100	
PGZ-1200	1200×500	970	320	260	631	18.5	4350	2280×1800×1977	
PGZ-F-1200							5700	2558×1800×1445	
PGZ-1250	1250×500		400	310		18.5	5000	2280×1800×2354	
	1250×630						5600		
PGZ-F-1250	1250×500		1000		698		6200	2658×1800×1550	
PGZ-1250	1250×800		650	505		22	6000	2280×1800×2354/2563	
PGZ-1500	1500×700	850	820	610	605	30	10800	2600×2140×2563	
PGZ-1600/1600(A)	1600×800/1000	850	1000/1200	800/1000	646	37/45	12500/12800	3000×2400×2800/3210	
PGZ-1800/1800(A)	1800×800/1000	800	1200/1600	1000/1250	645	55	14450/16000	3260×2300/2630×3100	

10.1.2.4 DEC 型立式自动卸料离心机

DEC 型立式自动卸料离心机主要用于制药、化工和食品行业的固液分离。

DEC 型立式自动卸料离心机的主要特点是：

（1）立式。

（2）减振装置是减振基础板加减振垫。

（3）材质/涂层是不锈钢、哈氏合金、因科镍合金、钛。抗腐蚀涂层是 Halar（防腐）涂层、Ebonite（衬胶）、PFA 涂层、Tefzel 涂层。

（4）气密结构：适合配惰性气体保护，双层密封件和轴承之间采用气封。

（5）密封件为聚四氟乙烯包封、氟橡胶、三元乙丙橡胶。

（6）表面光洁度：光洁度/抛光等级可根据客户的使用要求（可选择电抛光）。

DEC 型立式自动卸料离心机的结构是：

（1）机器外壳可选择全开式设计，便于完全伸入到内部。

（2）盖板为全开式，平板状或半球形，液压启闭，可配锁定装置。有多种类型的密封装置（普通或充气式）可配。全景式视镜，配清洗喷头或清洗刷，可配照明灯。

（3）转鼓侧壁可采取加强环设计，底部衬合金或为全合金。滤布或滤网安装于膨胀环或嵌缝绳上。

（4）传动系统：电机安装于机器侧面，转速由变频控制，抗静电胶带传动。

（5）安装于离心机上的电气设备的密闭和防爆达到欧美标准。

（6）现场控制箱靠近离心机安装，配有必要的仪器和安全按钮。

（7）主电控箱为独立式，安装于工作现场之外，配有电机和电气控制系统。

（8）液压站用于控制刮刀动作、盖板启闭以及进料管的上下移动。液压站靠近离心机安装。

（9）循环控制为全自动或周期操作，允许人工干预，可配 DCS 通信系统。

（10）安全系统：配备完整的安全系统和辅助系统。配有振动保护或不平衡测控、压力监控。

DEC 型离心机如图 10-5 所示。

DEC 型立式自动卸料离心机技术参数见表 10-13。

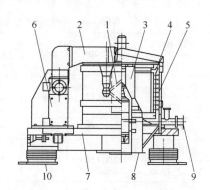

图 10-5　RCV×DEC 型离心机

1—刮刀；2—盖板；3—进料管；4—转鼓；
5—机壳；6—传动电机；7—减振底板；
8—固体物料出口；9—液体出口；
10—减振垫

表 10-13　DEC 型立式自动卸料离心机技术参数

型　　号	直径 /mm	高度 /mm	有效容积 /L	最大装料量 /kg	过滤面积 /m²	转速 /r·min⁻¹	分离因数	电机功率 /kW	制造厂家
RC85V×DEC	850	425	130	162	1.13	1300	803	11	
RC100V×DEC	1000	500	170	215	1.57	1000	559	11	上海化工机械厂有限公司
RC125V×DEC	1250	630	395	495	2.47	1200	1006	30	
		800	500	625	3.14				
RC160V×DEC	1600	1000	1000	1250	5.03	900	724	45	

10.1.2.5　PLD 系列拉袋下卸料离心机

A　工作原理

卸料过程进行时，刮刀动作，在刮刀的作用下，大部分物料通过转鼓底部的落料孔排至机外，残余料层通过转鼓内部的自动拉袋机构，产生振荡效果，将残余料层彻底清除。

B　主要特点

（1）变频调速，全自动控制。

（2）具有普通立式刮刀下卸料离心机的所有优点。

（3）拉袋下降、复位全自动操作。

（4）滤布袋在转鼓内可以上下运动，产生振荡效果，可以彻底清除残余滤饼。

（5）可以根据需要选择大翻盖型式或者外壳全翻型式。

（6）可选配残余滤饼清除装置。

结构示意图如图 10-6 所示。

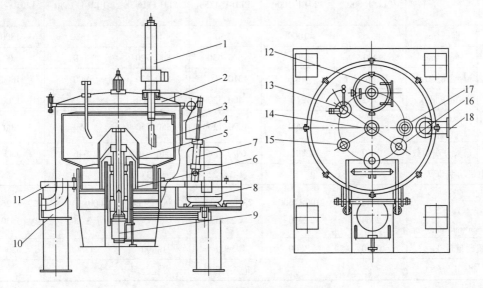

图 10-6 PLD 型拉袋下卸料离心机

1—刮刀油缸；2—机盖；3—外壳；4—转鼓；5—滤袋支撑套；6—轴承座；7—启盖油缸；8—电机；
9—拉袋气缸；10—减震器；11—底板；12—人孔；13—撇液装置；14—防爆灯；15—清洗管；
16—加料管；17—料位探测器；18—出水管

PLD 型拉袋下卸料离心机工作过程示意图如图 10-7 所示。PLD 型拉袋下卸料离心机
技术参数见表 10-14。

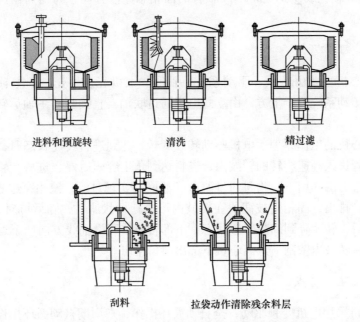

进料和预旋转　　　　清洗　　　　精过滤

刮料　　　　拉袋动作清除残余料层

图 10-7 PLD 型拉袋下卸料离心机工作过程示意图

表 10-14 PLD 系列离心机主要技术参数

型号 项目		PLD-F-800	PLD-F-1000	PLD-F-1250	PLD-F-1600	PLD-F-1680	PLD-F-1800
转鼓	直径/mm	800	1000	1250	1600	1680	1800
	高度/mm	400	500	500/630	800/720	740	800
	容积/L	80	165	310/400	800/720	900	1000
	装料限量/kg	100	210	400/520	1000/870	1125	1200
	最高转速 /r·min^{-1}	1500	1200	1000/1200	850/850	850	800
	最大分离因数	1007	805	698/1006	646/646	646	645
电机功率/kW		7.5	15	18.5/22	37/37	37	55
外形尺寸(长×宽×高, 含减震器) /mm×mm×mm		1800×1500× 2064	2100×1600× 2200	2300×1800× 2500	3000×2400× 3100	3000×2400× 3100	3230×2630× 3630
机器重量/kg		2100	3800	5600	12000	12500	6200
制造厂家		重庆江北机械有限责任公司					

10.1.3 上悬式离心机

上悬式离心机是转鼓主轴上端悬挂在支架横梁上的一种过滤离心机,其卸料方式又分为重力卸料和机械刮刀卸料两种,均为下部卸料。

上悬式离心机的特点是自动化程度高,操作方便,采用气动执行机构操作。可用于 0.1~1.0mm 中等颗粒或 0.01~0.1mm 颗粒的固相悬浮液分离,如葡萄糖、盐类以及聚氯乙烯树脂等。

10.1.3.1 工作原理

上悬式离心机主要由转鼓、驱动系统、轴座、上机壳、外壳、下主轴、刮刀组等组成。其结构是传动系统置于上方,由立式电机通过联轴器直接驱动主轴运转,转鼓固定在主轴的下端。

上悬式离心机的工作原理:电机驱动转鼓旋转,达到进料转速状态时,待分离的悬浮液物料由进料管进入高速旋转的转鼓内,进料达到预定容积后停止进料,转鼓升至高速分离转速,在离心力的作用下,物料通过滤布(滤网)实现过滤,液相穿过滤层经转鼓孔甩至空腔经出液管排出,固相则被截留在转鼓内形成圆桶状滤饼,随后可对滤饼进行洗涤,达到分离要求后,转速降到卸料转速状态,下部转鼓罩壳沿轴线方向向下运动,刮刀装置动作,将滤饼从转鼓内壁刮下经离心机下部出料口排出。

10.1.3.2 主要特点

(1)离心机采用电机变频驱动,全自动循环操作,在周期自动循环操作中,变频无级调速实现最优化的操作,满足低速加料、高速分离、低速卸料对转速的要求。

(2)离心机采用能耗或回馈制动,节能效果显著。

（3）电气控制采用可编程序控制器（PLC），可对各个工序进行时间设置，操作屏上显示各工序的实时工作状态。

（4）离心机与物料接触的零件采用奥氏体不锈钢（根据用户需要）制造，使生产过程做到了清洁卫生。

（5）离心机整体结构紧凑，运转平稳。

（6）生产能力大、自动化程度高、转速高、分离效率好、噪声低、劳动强度低。

10.1.3.3 产品主要规格及参数

上悬式离心机，根据分离不同物料的卸料方式，分为以下两大类：

（1）固体晶粒较细、质地较紧密，转鼓采用圆柱形筒体，可通过刮刀径向和轴向运动将物料从转鼓壁上刮下完成卸料过程。称为"XJZ"型。

（2）固体晶粒较粗、质地较疏松，转鼓采用圆锥形筒体，利用转鼓低速即停由惯性使物料松散，靠重力完成卸料，称为"XZ"型。

上悬式离心机产品主要规格及参数见表 10-15 和表 10-16。

表 10-15 上悬式离心机技术参数（一）

机器型号		转鼓内径/mm	最高转速/r·min^{-1}	分离因数	外形尺寸（长×宽×高）/mm×mm×mm	机器重量/kg
刮刀卸料	XJZ1300	1300	1200	1090	2686×1750×4655	6200
	XJZ1320	1320	1300/1450	1240/1550	2686×1740×4480	6600
	XJZ1600	1600	1100	1085	2234×2232×4530	9000
	XJZ1700	1700	1100	1138	2300×2360×4680	10800
	XJZ1800	1800	1000	1007	2360×2386×4980	12600
重力卸料	XZ1250	1250	960	660	2150×1746×3788	6120
	XZ1320	1320	1300	1250	2176×2480×4578	7100
制造厂家		重庆江北机械有限责任公司				

表 10-16 上悬式离心机技术参数（二）

型 号		转鼓内径/mm	最高转速/r·min^{-1}	最大装料量/kg	外形尺寸（长×宽×高）/mm×mm×mm	机器质量/kg	适用物料	制造厂家
刮刀卸料	XJZ1300-N	1350	1200	1300	2686×1750×4655	6200	葡萄糖、食糖	上海化工机械厂有限公司
	XJZ1320-ND	1320	1450	1200	2686×1740×4480	6600	葡萄糖、食糖	
	XJZ1320-NC	1320	1450	1200	2747×1850×4594	7100	葡萄糖、食糖	
	XJZ1600-N	1600	1100	2000	3120×2290×4920	9000	葡萄糖、食糖	
重力卸料	XZ1250-B/G/N	1250	960	500	2150×1764×3788	6120	钾盐、砂糖、硼砂	
	XZ1320-ND	1350	1300	1200	2176×2480×4578	7100	砂糖	

10.1.3.4 应用领域

上悬式离心机适应范围广泛，从细颗粒的淀粉到中粗颗粒的白糖，特别适用于细黏物料的分离，广泛适用于化工、轻工、制药等行业，如食用糖、葡萄糖、磷酸氢钙、味精、硼酸、硼砂、碳酸钙、淀粉、氯酸钾、石膏等物料。

上悬式刮刀卸料离心机如图 10-8 所示。

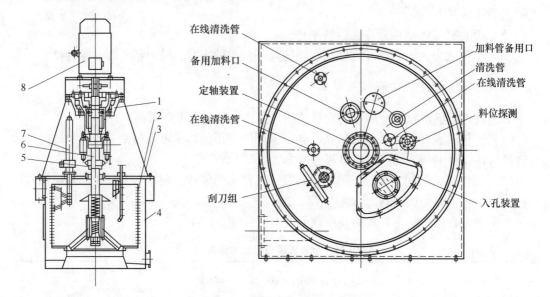

图 10-8　上悬式刮刀卸料离心机
1—轴座；2—转鼓；3—上机壳；4—外壳；5—篮罩开闭装置；6—下主轴；7—刮刀组；8—电动机

上海化工机械厂有限公司刮刀卸料及重力卸料上悬式离心机的适用范围是：

（1）上悬式离心机主要用于葡萄糖和甲糖膏的分离。目前，其他领域也有应用，如乙糖膏、甘露醇、氯化钾、碳酸钙、磷酸氢钙等。

（2）随着分离技术的不断进步，上悬式离心机也可在含有固体晶粒、黏性较小、流动性较好，一般固液比（质量比）为45%~60%的悬浮液物料中应用。

其主要特点是：

（1）离心机（除 XZ1250 系列采用无级变速）采用交流变频或直流调速，在周期自动循环操作中，无级调速可以最大限度地满足低速加料、高速分离、低速卸料对转速的要求。根据物料性能的变化可以提供相应的转速点，实现最优化的操作。

（2）离心机在降速时，采用能量回馈制动形式，将转鼓的机械能转化为电能，反馈电网，节能效果显著。

（3）电气控制（除 XZ1250 系列外）采用可编程序控制器（PLC），操作显示屏上可对各个工序进行时间设置，并能显示各工序的实时工作状态，操作灵活、简捷方便。

（4）整机由电气、气动和机械联合控制系统实现各工序的全自动循环操作。

（5）离心机与物料接触的零件采用碳钢或奥氏体不锈钢制造，满足不同用户的需要。

（6）离心机整体结构紧凑，运转平稳。

（7）容量大，转速高，分离效率高，生产能力大，自动化程度高，噪声低，劳动强度低。

上悬式离心机主要用于分离中等颗粒（0.1~1mm）和细颗粒（0.01~0.1mm）的悬

浮液,如砂糖、葡萄糖、味精、氯化钾、氯酸钾、磷酸氢钙、硼砂、轻质碳酸钙、聚氯乙烯和树脂等的分离。

10.1.4　卧式刮刀卸料离心机

卧式刮刀卸料离心机是一种全自动间歇卸料过滤式离心机,可自动或手动进行周期循环操作,其卸料方式又分机械刮刀卸料和虹吸刮刀卸料。卧式刮刀卸料离心机对浓度及进料量的变化并不敏感,过滤过程的各阶段操作时间可随意调节,同时还可获得较干的滤饼和良好的洗涤效果。主要适用于含中细颗粒的悬浮液的分离,如漂粉精、聚氯乙烯、三氯异氰尿、酸、聚丙烯腈、碳酸氢钙、石墨、蒽、头孢霉素、硫胺、碳胺、淀粉、食盐等的脱水分离。

10.1.4.1　卧式机械刮刀卸料离心机

A　GK 型卧式刮刀卸料离心机

GK 型卧式刮刀卸料离心机主要由刮刀机构、门盖组件、转鼓组件、机座组件、传动系统、液压系统及电气控制系统等部件组成。机座组件为承载部件,主要包括底板、机壳、轴承箱及背板为整体焊接件。转鼓组件为转动部件,主要有转鼓、主轴、轴承及从动皮带轮,其中转鼓通过主轴悬臂支承于机壳内。机壳前端为门盖,门盖上装有刮刀机构、进料管、洗涤管及卸料斗。液压系统单独外置。主电机上装有液力耦合器,通过三角带与从动皮带轮相连。电气控制系统为单独部件,可安装在操作适宜的位置(见图10-9)。

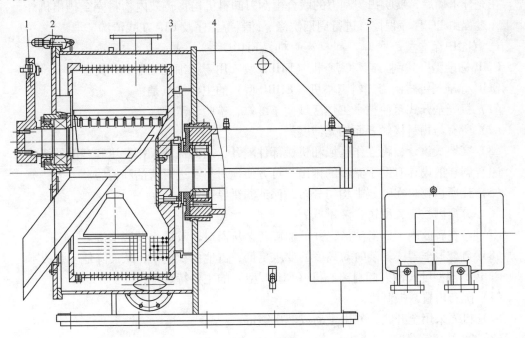

图 10-9　GK 型卧式刮刀卸料离心机

1—刮刀卸料装置;2—门盖组合;3—回转组件;4—机座部件;5—传动系统
(液压系统(外设);电气控制系统(外设))

GK 型卧式刮刀卸料离心机的工作原理：主机全速运转后，打开进料阀，被分离的悬浮液通过布料斗进入转鼓内并均匀地分布在过滤介质上。在离心力作用下，液相通过过滤介质和转鼓壁上的小孔甩出转鼓体外，而固相则截留在过滤介质上形成滤渣。当滤渣层达到一定厚度时，关闭进料阀，同时打开洗涤阀对固相物进行洗涤，再甩干。最后利用旋转刮刀将滤渣层卸下并经卸料斗送出机外。

B GK(NW) 卧式刮刀卸料离心机

GK(NW) 离心机是符合 GMP 标准要求的卧式刮刀卸料离心机，它除了具有普通卧式刮刀离心机的功能外，还具有在位清洗、在位消毒、自动密闭防爆等特点。该机工作区域全密闭，无死角，分离物料无残留，执行组件为气动操作，整体机壳可翻开，转鼓体可进行全面清洗与消毒，所分离物料无交叉感染，完全适应于高洁净工作条件的需求，广泛用于制药、轻工、食品、化工等部门中含中细粒度的固相悬浮液的分离与脱水。

GK(NW) 卧式刮刀卸料离心机主要由前机壳、回旋体、刮刀卸料装置、后机座组合、动组件、门锁装置、清洗与吹扫装置、轴承箱、转动装置、液压系统和电气控制系统组成。该机前端与物料接触。

其工作区，主要对处理物料进行脱水干燥。机器后端提供工作动力驱动及控制前端的工作，保证设备的正常运行。

GK(NW) 卧式刮刀卸料离心机工作原理是：该机启动进入工作状态后，进料阀打开将物料均布于转鼓体内壁。在高速旋转下，由于离心力作用，液体通过转鼓内壁过滤介质，滤液沿锥度壳体全部汇集到排液口自动排出，无残留。物料固体则被截留转鼓体内壁，在充分干燥后，反吹扫与刮刀的联合由刮刀卸料机构将转鼓内物料完全排出机外。整个工作过程由 PC 程序程控，进行周期洗涤、卸料等工序及 CIP 在线清洗、消毒。

C GMP 标准型卧式刮刀卸料离心机（EHBL 型）

GMP 标准型卧式刮刀卸料离心机（EHBL 型）用于精细化工业和制药业等。

GMP 标准型卧式刮刀卸料离心机（EHBL 型）的主要优点是：

（1）机壳全开式可使整个工作区域便于维修、检验和清洗。

（2）所有与物料接触表面的光洁度高。

（3）穿墙式设计，将工作区域和机械部件隔开，从而保证工作环境和产品的清洁。

（4）斜斗的设计有助于滤饼的排出，可方便地对斜斗进行清洁和检验。

（5）让所进物料在转鼓中均匀分布，保证滤饼厚度均一。

（6）分离因数高，滤饼含液量低。

（7）可在转鼓内加入清洗液，并低速旋转，从而对转鼓进行彻底清洗。

（8）自减振框架，安装时对高度的要求更低，占地面积更小，从而降低安装成本。

GMP 标准型卧式刮刀卸料离心机（EHBL 型）的主要特点是：

（1）配备内置减振基础。

（2）机壳采用全开式，并由手动或液压锁定。

（3）宽刮刀。

（4）通过斜斗或水平螺旋输送机排出滤饼。

（5）使转鼓内物料分布达到最均匀的进料管形式。

（6）配有喷嘴的清洗管。

（7）多种滤饼厚度探测器。

（8）多个残留物清除系统。

（9）适应滤布和滤网的固定装置。

（10）与物料接触表面的光洁度高（$Ra<0.8\mu m$，也可按需要达到更高的光洁度）。

（11）高气密性，适应配置惰性气封系统。

（12）可配备氮气压力或氧气监控系统。

（13）单根或双根虹吸管，用于清洗液和母液的分离。

（14）密闭或防爆电气系统。

（15）三层过振保护系统。

（16）优异的主轴密封组合件。

（17）变频系统实现速度的变换和制动。

（18）通过在线操作界面可将控制从全手动转为全自动，并可实现联网。

（19）全面的 CIP（在线清洗）系统。

（20）多种材质：不锈钢；合金；Ebonite（衬胶）和 Halar（防腐）涂料。有多种防腐性能的密封材料供选择。

D EH 型卧式刮刀卸料离心机

EH 型卧式刮刀卸料离心机适用于有机和无机化工产品、淀粉等农业和食品加工、塑料、石化行业。

EH 型卧式刮刀卸料离心机的主要优点是：

（1）处理能力大。转鼓直径大、有效容积大、最优循环时间，适合生产单项产品。很多情况下，以最高转速进行各工序。

（2）分离效率高。由于离心力很大，能使滤饼达到最干。

（3）运行稳定性强。由于本机型 EHBL 配有内置减振基础，外壳设计独特，因而稳定性优异，性能卓越。

EH 型卧式刮刀卸料离心机的主要特点是：

（1）需配混凝土基础（EHBF 型）和内置减振基础（EHBL 型）。

（2）可通过手动或液压方式完全打开门盖进入转鼓内部。

（3）通过斜斗或螺旋输送机输出滤饼。

（4）交流变频传动，转速可调。

（5）使物料在转鼓内均匀分布的进料管形式。

（6）可附加清洗管，滤饼探测器，残留物清除装置。根据不同工序和产品需求可选配的设备有：

1）液相密封或防爆电气设备，用于在惰性气体环境下操作的气密装置，氧气监控系统，多种性质的防腐涂料和密封垫材料。

2）PLC 控制系统。

E HX/GMP 系列制药级卧式刮刀离心机

HX/GMP 系列制药级卧式刮刀离心机符合 GMP 和 FDA 要求的制药级设计，能够完全满足无菌原料药的生产要求。

（1）穿墙式安装方式，保障工艺区和技术区的完全隔离，完全避免机械本身对产品造成污染。

（2）保证更换生产批次时，能够充分进行 CIP 在位清洗和 SIP 在线灭菌，无交叉污染。

（3）部件材质为不锈钢、镍合金、特殊材料及 FDA 认可的材料。

（4）与产品接触的部件均进行镜面抛光或电抛光处理。

（5）前罩可以完全打开，可观察到整个工作区域。

（6）可完全触及到转鼓内的所有部件。

（7）氮气惰性化保护和加压氮气反吹系统可从转鼓外部将残余滤饼完全清除，加工过程密闭完成。

（8）防污垢的刮刀构造，可最大程度回收排出的固体物料。

（9）安全、可靠、高性能，确保用户得到较高的过程效率。

F HX 系列化工级卧式刮刀离心机

HX 系列化工级卧式刮刀离心机主要应用于化工、医药、中间体、精细化工、生化、石化领域。

HX 系列化工级卧式刮刀离心机的特点是：

（1）适用范围广：固体颗粒平均粒径在 $10 \sim 500 \mu m$ 之间。

（2）适于恶劣工况下运转。采用氮气保护及可靠的电气装置，确保设备安全运转；根据各种不同种类的产品，可以分别选择过滤式或虹吸式两种转鼓结构形式。装有虹吸式转鼓的卧式刮刀离心机的优点是：

1）残余滤饼清除和再生。

2）提高过滤能力。

3）高效的洗涤效果。

4）布料更均匀，高负荷下平稳、安全、可靠。

10.1.4.2 卧式虹吸刮刀卸料离心机

卧式虹吸刮刀离心机是自动控制的刮刀卸料虹吸过滤离心机。除离心过滤推动力外，还有类似真空的虹吸抽力。卧式虹吸刮刀离心机和普通的刮刀卸料离心机相比，有更高的生产能力和较佳的分离效果。

A GKH 型卧式虹吸刮刀卸料离心机

GKH 型系列离心机是一种卧式、自动控制的刮刀卸料虹吸过滤离心机。它利用离心力和虹吸抽力的双重作用增加过滤推动力，从而使过滤加速，可缩短分离时间，获得较高的产量和较低的滤渣含湿量，因此广泛应用于固相粒度小、浓度比较低及难分离物料的分离，特别适用于大负荷生产和需要充分洗涤的场合。如用于淀粉、维 C 钠、磷酸钙、小苏打等多种物料的分离。

全密闭、耐腐蚀不锈钢结构、卫生型专用机型完全符合 GMP 规范，符合制药、食品等高洁净卫生要求。

本系列离心机与同规格的卧式刮刀离心机相比较，具有如下特点：

（1）过滤推动力大，缩短分离时间，其单位时间的生产能力可以提高 50% 以上，而且显著降低了滤渣的含湿量；过滤速度可任意调节，使物料能均布在过滤介质上，大大减小了振动和噪声。

（2）各执行元件采用液压系统进行自动控制，使操作更加稳定可靠。

（3）采用先进的可编程序控制器（PC）控制，动作准确可靠，具有体积小、效率高、寿命长、调整维护方便等优点。

（4）采用液力耦合器或变频器传动，免去了频繁更换摩擦片的烦恼。

本系列离心机主要由刮刀组件、门盖组件、回转体组件、虹吸管组件、机座壳体组件、传动系统及液压系统等组成（见图 10-10）。

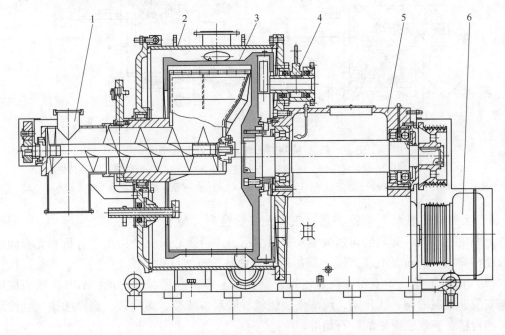

图 10-10　虹吸刮刀卸料离心机

1—螺旋卸料组件；2—机壳组件；3—转鼓组件；4—虹吸管组件；5—机座组件；6—传动装置

转鼓包括内转鼓（过滤转鼓）和外转鼓（虹吸转鼓）。内转鼓沿圆周开有许多过滤槽，沿轴向均布有许多加强筋，通过相邻两块之间的压块及螺栓与外转鼓连为一体，使内、外转鼓之间形成轴向流体通道。内转鼓内铺设衬网和滤布，滤布两头用 O 形橡胶条压紧；外转鼓壁上不开孔，外转鼓的转鼓底上对称开有斜孔，作为转鼓与虹吸室间的流体通道。整个回转体组件悬臂支承在主轴承上。主轴后端的三角皮带轮，通过三角胶带与主电机上的液力耦合器相连。当启动主电机时，就会带动主轴回转体组件运动。轴承箱除支承主轴回转体组件外，其大背板上部通过法兰连接安装有虹吸管组件和反冲管；大背板外圆端面通过螺栓与机壳相连，门盖上装有刮刀组件。

机器全速运转后，由反冲管向虹吸室内灌水（液体），流体经虹吸室与转鼓的通道压入转鼓，除排去内、外转鼓间空气外，还在过滤介质上形成一液体层，然后开始进料，同时虹吸管旋到某一位置，一定时间后再旋到指定位置，进料结束后虹吸管旋到最低位置。悬浮液进入转鼓后，由于过滤介质上液体层的作用，能使物料均匀分布在过滤介质上，液相在离心力和虹吸抽力的双重作用下快速穿过过滤介质和内转鼓上的过滤孔进入、内外转鼓之间的通道，然后经转鼓底上的斜孔进入到虹吸室，由虹吸管排除。而固相则截留在过滤介质上形成滤渣层，经一定时间分离后，旋转刮刀将其刮下，通过斜槽或螺旋卸料机构排出机外（见图10-11）。

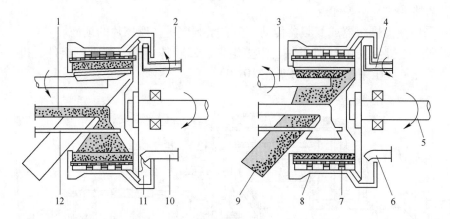

图10-11　虹吸刮刀卸料离心机工作原理图

1—悬浮液入口；2—分离液出口；3—刮刀；4—虹吸管；5—主轴；6—反冲管；7—内转鼓；
8—外转鼓；9—滤渣出口；10—反冲液入口；11—虹吸室；12—洗涤液入口

B　上海化工机械厂有限公司虹吸型及普通型刮刀卸料离心机

上海化工机械厂有限公司虹吸型及普通型刮刀卸料离心机广泛应用于有机和无机固相颗粒度在 0.05~1mm 的化工产品、淀粉产品和食品、石油行业。

（1）化学工业，如铅粉、聚氯乙烯、萘、蒽、聚苯乙烯、聚丙烯、ABS 树脂、树脂类、双酚、五氯酚钠、氯化钠、硫酸铁、烧碱、尿素、硫铵、氯化铵、高硼酸钠、变性淀粉、漂粉精、三氯乙氢尿酸、石蜡等。

（2）食品工业，如糖蜜、淀粉、食盐、山梨酸钾等。

（3）精细化工和医药工业，如碳酸氢钠、除草剂、硬脂酸盐、磺酸、富马酸、烟酸、抗菌素、水杨酸、维 C 钠、染料、杀菌剂、农药等。

虹吸型（GKH 型）刮刀卸料离心机的主要优点是：

（1）分离因数较高，虹吸推动力大，过滤能力强。

（2）反冲洗涤效果好，滤布和残余滤饼层再生能力强。

（3）处理量大，分离洗涤效果好，比同型的刮刀离心机适用范围广，生产效率高。

（4）采用了撇液管，可提高难分离物料的分离效果。

（5）采用螺旋输送机出料，使出料平稳，无冲击。

（6）能自动或手动地进行周期循环操作。

（7）与物料接触的金属部件均采用不锈耐蚀钢。

（8）需配减振底板和减振器。

（9）根据不同的物料和使用场合可另配置：

1）交流变频电动机，变频器，使主机转速可调。

2）主机隔爆，选用防爆电气配置。

3）母液与洗液分路输送。

普通型（WG 型和 GK 型）刮刀卸料离心机的主要优点是：

（1）分离因数较高，分离效果好。

（2）处理量大，生产效率高。

（3）能自动或手动地进行周期循环操作。

（4）与物料接触的金属部件均采用不锈耐蚀钢。

（5）滤饼经斜斗或螺旋输送机送出机外。

（6）需配混凝土基础底板及橡胶减振垫。

（7）可根据不同用户及物料另外配置：

1）交流变频电动机，主机转速可调。

2）主机隔爆，选用防爆电气配置。

3）母液与洗液分路输送。

卧式刮刀卸料离心机技术参数见表 10-17~表 10-20。

表 10-17 卧式刮刀卸料离心机技术参数（一）

型 号	转鼓				最高转速 /r·min⁻¹	最大分离因数	电机功率/kW	机器质量/kg	外形尺寸（长×宽×高）/mm×mm×mm	制造厂家
	直径/mm	容积/L	长度/mm	装料限重/kg						
GK800-NB	800	100	450	130	1550	1070	37	3350	2460×1670×1300	重庆江北机械有限责任公司
GKF800-N	800	100	450	130	1550	1070	30	3710	2875×1700×1310	
GK800-NZ	800	100	450	150	15~1550	1070	37	7500	2970×1955×1790	
GK1250-NB	1250	310	600	400	1200	1006	55	7420	3100×2070×1775	
GKM1250-N	1250	335	630	430	1200	1006	55	18000	3700×2500×2700	
GK1600-NA（ND）	1600	660	800	800	950	800	110	12400	3885×2726×2220	
GK1600-NF	1600	830	1000	1000	950	800	132	15470	4050×2745×2275	

表 10-18 卧式刮刀卸料离心机技术参数（二）

型 号	转鼓					离心机					制造厂家
	直径/mm	高度/mm	有效容积/L	最大装料量/kg	过滤面积/m²	最高转速/r·min⁻¹	分离因数	功率/kW	质量/t	外形尺寸（长×宽×高）/m×m×m	
EHBL503	500	250	24	30	0.4	2600	1890	7.5	1.7	1.25×1.05×1.45	上海化工机械厂有限公司
EHBL633	630	315	40	50	0.63	2300	1860	11	4.2	1.95×1.45×1.90	
EHBL813	810	350	94	120	0.9	2000	1810	15	5.3	1.90×1.55×1.85	
EHBL1053	1050	610	220	275	2	1550	1410	22	8.1	2.55×2.05×2.25	
EHBL1153	1150	610	330	410	2.2	1400	1260	37	10.3	2.50×2.10×2.30	
EHBL1323	1320	720	440	550	3	1235	1130	45	12.6	3.05×2.35×2.50	

| 型　号 | 转　鼓 | | | | | | | 离心机 | | | 制造厂家 |
	直径 /mm	高度 /mm	有效容积 /L	最大装料量 /kg	过滤面积 /m²	最高转速 /r·min⁻¹	分离因数	功率 /kW	质量 /t	外形尺寸 (长×宽×高) /m×m×m	
EH1662	1660	950	890	1110	4	1000	930	75			上海化工机械厂有限公司
EH1762	1760	980	1040	1300	5.4	950	890	110			
EH2102	2100	980	1500	1900	6.4	850	850	110			
EH21025	2100	1120	1730	2100	7.4	850	850	160			

表 10-19　卧式刮刀卸料离心机技术参数（三）

| 型　号 | 转鼓 | | | | 最高转速 /r·min⁻¹ | 最大分离因数 | 电机功率/kW | 机器质量/kg | 外形尺寸 (长×宽×高) /mm×mm×mm | 制造厂家 |
	直径 /mm	容积 /L	长度 /mm	装料限重 /kg						
GKH800-NB	800	100	450	130	1550	1070	45	3820	2480×1670×1310	重庆江北机械有限责任公司
GKH1250-NK (NP)	1200	355	600	450	1200	1006	90	10760	4050×2200×1850	
GKH1600-NA (NE)	1600	830	1000	1000	950	800	132	15470	4050×2745×2275	
GKH1800-NA	1800	1325	1250	1670	800	645	200	24900	5800×2840×2600	

表 10-20　卧式刮刀卸料离心机技术参数（四）

型　号	转鼓直径 /mm	转鼓长度 /mm	转鼓转速 /r·min⁻¹	分离因数	转鼓容量 /L	转鼓装料量 /kg	电功功率 /kW	外形尺寸 (长×宽×高) /mm×mm×mm	机器质量 /kg	制造厂家
GKH1250-N	1250	630	1200	1006	372	455	75	2260×1840×1810	6800	上海化工机械厂有限公司
GKH1600-N	1600	1000	950	808	830	1000	132	4050×2550×2300	16500	
WG-450	450	200	2500	1570	15	23	11	1136×1180×930	1000	
WG-800	800	400	1420	900	95	120	30	2240×1400×1745	3200	
GK1250-N	1250	500	1200	1000	230	280	55	2100×1800×1860	4600	
GK1250-NB	1250	630	1200	1000	372	455	75	2260×1805×1785	6700	
GK1600-N	1600	800	900	725	700	880	90	3870×2300×2322	11550	

10.1.5　翻袋式离心机

1971 年德国海因克尔（HEINKEL）离心机制造公司发明了世界上第一台翻袋式离心

机，使传统工业在使用固液分离设备进行生产时遇到的很多问题迎刃而解。比如能够全自动下料而且保证在滤袋上不留余料，确保下料时物料晶粒的完整性等。1975 年海因克尔正式向市场推出 HF 系列翻袋式离心机。

30 多年来海因克尔不断开发、研究、完善翻袋式离心机，现在的翻袋式离心机不仅可以进行离心过滤，而且可以提供加压离心过滤以及喷气离心干燥功能，使海因克尔在翻袋离心机领域始终处于世界领先地位。

10.1.5.1 工作原理

海因克尔翻袋式离心机和填料控制装置如图 10-12 和图 10-13 所示。

图 10-12 翻袋式离心机外观

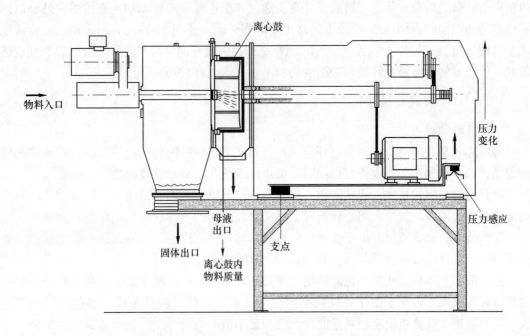

图 10-13 翻袋式离心机和填料控制装置

海因克尔翻袋式离心机的离心鼓为卧式筒状，传统的离心鼓被分成两部分，一部分是随主轴旋转的离心鼓，另一部分是轴向水平移动部分，滤袋的两端分别固定于离心鼓和轴向水平移动部分，这样水平移动部分的轴向运动可以翻转滤袋。这种独特的离心鼓设计保证了全自动的间歇式固液分离。

翻袋卸料的工作原理如图 10-14 所示。

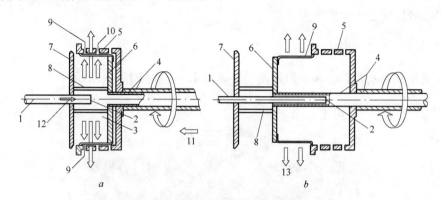

图 10-14　滤布外翻过程示意图

a—离心分离；*b*—翻袋卸料

1—固定输入管；2—输入管出口；3—离心机转鼓内腔；4—传动轴；5—转鼓壳体；6—转鼓盖内盘；
7—转鼓盖外盘；8—连杆；9—滤布；10—滤孔；11~13—表示方向

图 10-14*a* 中，固定输入管 1 用来输送悬浮液和蒸汽，从出口 2 进入离心机转鼓内腔 3，传动轴 4 由内轴和外轴组成，且与固定输入管 1 同轴。壳体 5 与传动轴外轴相连，而内轴则与转鼓盖内盘 6 相连，转鼓盖外盘 7 通过 8 根连杆 8 与传动轴 4 连接。内外轴以同样速度旋转，同时内轴可按 11 的方向移出使滤布外翻（见图 10-14*b*），所需动力可靠液压或全机械（螺旋推进）方式提供。此时滤布 9 则在内盘 6 的周边与壳体 5 的周边展开成圆筒状，传动轴转速转慢，转鼓壁表面的物料沿箭头 13 方向被离心甩出。

10.1.5.2　固液分离过程

A　填料的测定

海因克尔翻袋式离心机利用杠杆原理，可对离心机转鼓内物料的质量进行精确的测定和控制，离心机尾部的测重仪可以随时根据压力变化测出离心转鼓内物料的质量。

物料通过填料管被输入旋转的离心机，离心机可以控制离心鼓填料时的转速和填料阀门的开和关。当物料被填入离心转鼓时，随离心鼓旋转的支撑杆可以确保物料能够均匀地分布在滤袋上，形成滤饼。由于滤饼内颗粒分布均匀，可以有效地降低离心机的振动。这种填料方式同样可以保证晶粒（如针状晶形）的完整性。

由于海因克尔翻袋式离心机能够精确地控制填料量，所以能使翻袋式离心机的产量一直保持最佳状态，以至于使用直径较小的翻袋式离心机往往能够替代大直径的普通离心机。填料时通过计算机设定填料量的最大值和最小值。当离心鼓内物料达到最大值时，填料阀门关闭，但是填料步骤并没有终止，母液在离心力的作用下被排出离心鼓，当离心鼓内物料质量在设定的时间之内达到最小值时，填料阀门自动开启。这样不断反复，直至在设定的时间内物料质量没有达到最小值或者整个填料步骤超过了设定的最大填料时间，这时开始下一道步骤。

B　初步甩干

当填料步骤完成以后，离心机将转速提高至甩干转速，母液在离心力的作用下被迅速排出离心机进入集液装置，离心机的转速应该根据物料的过滤性能来决定。

C　洗涤

很多物料在母液被排出滤饼后需要进行洗涤，翻袋式离心机可以根据物料的要求对滤饼进行一次或多次洗涤。离心机将转速加速或减速至事先设定的洗涤转速，洗涤液通过洗涤阀门和填料管输入离心机，离心鼓内旋转的支撑杆将洗涤液均匀地分布在滤饼上，形成洗涤层，由于离心力的作用，洗涤液层逐渐通过滤饼被排出离心鼓，对滤饼进行洗涤，这种洗涤步骤可以避免在滤饼脱水时形成裂缝，洗涤步骤参数可以根据要求通过计算机设定，如洗涤时间、转速以及洗涤次数等。

如果物料具有可塑性，在洗涤时，由于洗涤液在很高转速下形成高压，滤饼内的固体颗粒容易变形，因此影响过滤效果。在这种情况下，可以适当降低洗涤转速，或者控制洗涤液的流速。对于一些特别容易变形的物料，也可以利用特制的喷头将洗涤液喷入离心机。

D　最终甩干

洗涤完成以后，下一道步骤为最终甩干。离心机将速度加速至设定的转速，甩干的时间也可以事先设定，但是在实际生产时往往出现这种情况，不同加工周期物料固体颗粒大小不同，这样为了达到比较均匀的脱水效果，就需要根据物料特性自动设定甩干时间。

海因克尔翻袋式离心机可以根据单位时间内离心鼓质量的变化来确定物料需要甩干的时间。当离心鼓内物料质量在单位时间内的变化小于事先设定的值时，离心机将停止甩干步骤。

E　下料

当最终甩干步骤完成以后，离心机将减速至下料转速，然后离心鼓水平移动部分被推出，这样滤袋就被完全翻转，固体物料在离心力的作用下被甩离滤袋。当离心鼓水平移动部分推至极限位置时，重新被拉回离心鼓内，开始新的周期。

这种下料方式保证了在下料后滤袋上不留任何残余物料，这样滤袋不可能被物料堵塞，确保每一周期滤袋的过滤效果一样。下料的时间也可以根据加工程序来设定。因为海因克尔翻袋式离心机在下料时不需要任何辅助工具，所以当物料很难过滤时，可以在填料时将滤饼控制得很薄，以确保过滤效果。海因克尔翻袋式离心机可以过滤几毫米的滤饼，下料时不会遇到任何问题。

由于翻袋式离心机在下料时没有和任何辅助工具和物料接触（如刮刀），所以能够保证物料晶体的完整。这样翻袋式离心机可以在完全密封的情况下下料，确保了完全密封的加工区域。

10.1.5.3　技术参数

海因克尔 HF 型翻袋式离心机主要技术参数见表 10-21。

表 10-21　HF 型翻袋式离心机主要技术参数

型　号	离心鼓直径 /mm	过滤面积 /m²	有效容积 /L	有效容量 /kg	转速 /r·min⁻¹	分离因数	功率 /kW	机器尺寸（长×宽×高）/mm×mm×mm	净重 /kg
HF300	300	0.1	6.5	8.0	3000	1500	3~4	2000×700×1000	500
HF450	450	0.30	26.0	33.0	2300	1322	10~15	3130×970×1430	2000
HF600	600	0.45	52.0	65.0	1940	1255	15~22	3130×970×1430	2500
HF800	800	0.90	120.0	150.0	1600	1138	30~45	4100×1170×1800	4900
HF1000	1000	1.35	200.0	250.0	1270	900	55~75	4700×1400×2100	6500
HF1300	1300	2.00	350.0	440.0	1000	722	55~90	5700×1750×2500	10200

国产 FW 型翻袋式离心机主要技术参数见表 10-22。

表 10-22　FW 型翻袋式离心机主要技术参数

型　号	离心鼓直径 /mm	过滤面积 /m²	有效容积 /L	有效容量 /kg	转速 /r·min⁻¹	分离因数	功率 /kW	外形尺寸（长×宽×高）/mm×mm×mm	机器质量 /kg	制造厂家
FW400-N	400	0.2	10	15	2100	987	11/0.18	3150×950×1030	1650	重庆江北机械有限责任公司
FW630-N	630	0.52	70	90	1800	1142	22/4	3310×1050×1360	3403	
FW800-N	800	1.01	120	170	1500	1007	30/7.5	3884×1320×1640	4030	
FW1000-N	1000	1.5	200	280	1200	805	55/11	4118×1520×1750	6130	

10.2　连续式过滤离心机

连续式过滤离心机是连续运转、自动操作、连续进料、连续排出滤液、滤饼连续或脉动排出机外的过滤式离心机。这种离心机生产能力大，但适应性较差，主要用于固相颗粒大于 0.1mm、固相质量分数大于 30% 的结晶颗粒或纤维状固体悬浮液的分离，广泛用于化工、食品、制药、肥料等工业部门，如生产烧碱、食盐、食糖、碳酸氢铵、氯化铵、碳铵、尿素、硫酸铜、硫酸亚铁、硝化棉、芒硝等。

连续式过滤离心机按照卸料方式又分为活塞推料、离心卸料、振动卸料、进动卸料和螺旋卸料等形式。

10.2.1　活塞推料离心机

活塞推料离心机又称活塞离心机，是一种连续加料、脉动卸料的卧式过滤式离心机。1930 年由埃塞-威斯公司首次制成，直到 1939 年才在制糖厂获得实际应用。1950 年埃塞-威斯公司又首次推出多级活塞离心机，使活塞离心机在结构上有较大的改进。目前国外已经出现八级推料、双面双级、双面四级和径向多层等形式的活塞离心机。

多级活塞离心机的优点是：产出的滤饼薄，脱水快，洗涤充分，从而大大降低了对悬浮液浓度变化的敏感性，能够分离较黏稠的悬浮液。但是活塞级数越多，细颗粒固体被母液带走的越多，因此生产上多以二级为主，只有少数黏稠状悬浮液才用二级以上。

单级活塞离心机产品主要是向大产量发展，已经出现了大直径转鼓和双转鼓活塞离心机。如克虏伯-多尔伯格已经生产出直径为 1400mm、产量为 60t/h 的活塞离心机。大直径的转鼓又会带来新的问题，如必须降低转速以保证转鼓材料在许用应力范围内工作。另外圆周速度增加，会出现加剧结晶粒的破碎现象。

10.2.1.1　双级活塞推料离心机

双级活塞推料离心机是活塞离心机中使用最多的一个机种。HR 系列卧式双级活塞推料离心机工作原理如图 10-15 所示。

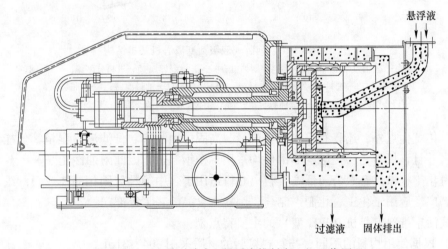

图 10-15　HR 系列卧式双级活塞推料离心机工作原理

其工作原理是：主轴全速运转后，悬浮液通过进料管进入外转鼓上的分配盘，由于离心力的作用，悬浮液均匀地分布在内转鼓的板网上，液相经板网孔和鼓壁滤孔被甩出，而固相则被板网截留形成环状滤渣层。由于内转鼓的往复运动，滤渣沿转鼓轴向被脉动推动前进，经外转鼓的集料槽卸出。

HR 系列卧式双级活塞离心机基本结构如图 10-16 所示。离心机主要由泵组合、推料机构、机座、轴承组合、转鼓、筛网、机壳及电控箱等部件组成。其中，推料机构、转鼓、筛网等零部件通过轴承组合支承在机座上。泵组合由电机座支承。回转体通过三角胶带与主机皮带轮连接。电控箱是一单独系统。

HR 系列离心机为卧式双级活塞推料、连续操作的过滤式离心机。它在全速下完成所有的操作工序，如进料、分离、洗涤、干燥和卸料等，适用于含中颗粒的结晶状或短纤维状的浓悬浮液的分离（晶状物粒子尺寸为 0.1~10mm，短纤维尺寸在 30mm 以内），广泛用于化工、化肥、制盐、制药、食品、轻工等工业部门，如氯化钠、硫酸钠、重铬酸钠、硫酸铵、硼酸、醋酸纤维、硝化纤维、尿素、PVC、氯化钾、硫酸钾、碳酸钾、磷酸盐等。

HR 系列离心机除具有自动连续操作、连续排渣、生产能力高、晶粒不易破碎、滤渣

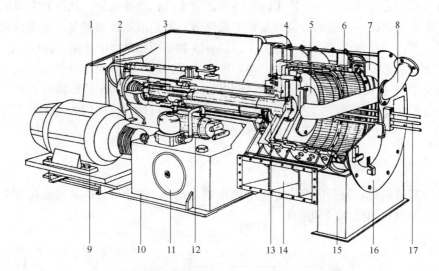

图 10-16 HR 系列卧式双级活塞离心机基本结构

1—罩壳；2—压力油进口；3—推料控制油缸；4—第一级转鼓；5—进料分配器；6—筛网；

7—收集槽；8—进料管；9—转鼓电动机；10—机座；11—油过滤器；12—油冷却器；

13—第二级转鼓；14—液体收集罩；15—固体收集罩；16—前板；17—洗涤管

可洗涤等传统优点外，还具有高滤渣生产量、高固体回收率、低滤渣含湿量、低能量消耗等特点。并且该机与物料接触的零部件均采用不锈钢制造，因此耐蚀性能好。

上海化工机械厂有限公司活塞推料离心机适用于含中等颗粒固相晶体或短纤维的悬浮液分离。广泛应用于化工、化肥、制药、制盐、食品、轻工等部门。

卧式活塞推料离心机（WH 型）的主要特点是：

（1）根据使用物料的不同，与物料接触的材质采用 304、316L。

（2）分离过滤后固相粒子破碎较少。

（3）可对滤饼进行充分过滤。

二级柱形转鼓活塞推料离心机（HR 型）的主要特点是：

（1）本系列离心机转速高，推料次数高。

（2）根据物料颗粒定制板网缝隙，表面光滑，可降低推料功耗。

（3）网隙均匀，可提高固相回收率。

（4）具有良好的过滤性能。

柱-锥复合活塞推料离心机（HRZ 型）（见图 10-17）的主要特点是：

（1）外转鼓由圆柱段和圆锥段组成。

（2）圆锥段能减小推送滤饼所需的推力，比 HR 型系列更节约能耗。

（3）对于流动差的物料，可以用中间螺旋输送器进料。

（4）本系列离心机转速高，推料次数高。

（5）根据物料颗粒定制板网缝隙，表面光滑，可降低推料功耗。

（6）铣制钢板网缝隙均匀，可提高固相回收率。

（7）具有良好的过滤性能。

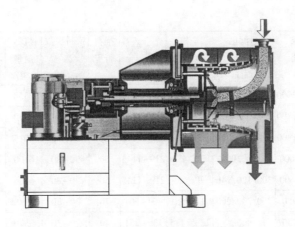

图 10-17 柱-锥复合活塞推料离心机

10.2.1.2 HY/WH 型活塞推料离心机

A 结构与工作原理

HY/WH 型活塞推料离心机，主要由机壳、进料装置、转鼓、筛网、推料装置、机座、轴承座组合、电动机、油泵、冷却器等部件组成。物料分离干燥在转鼓内进行，油泵输出的压力油使推料机构作往复运动，冷却器置于油箱内，使压力油得到很好的冷却，机壳、轴承座组合、电动机等设置在机座上，整机结构十分紧凑。

悬浮液在离心机全速运转后通过进料管连续进入布料斗，在离心力场的作用下，悬浮液沿圆周均匀地甩到转鼓内壁的筛网上，液相经筛网间隙与转鼓过滤孔，由机壳上的排液口泄出；而固相则截留在筛网上形成圆筒状滤渣层，通过推料装置的往复运动，将滤渣层沿转鼓壁向前移动而排出转鼓体，由机壳上的卸料口卸出。

B 用途与特点

本机为卧式单级、活塞推动卸料、连续操作的过滤式离心机，可在全速运行下完成进料、分离、洗涤、干燥、卸料等所有操作工序。

本机具有自动、连续工作、产量大、单位产量耗电量小、对固相晶体破坏小、运转平稳、耐腐蚀强、操作维护简便等特点。适用于分离过滤性能较好的含颗粒状结晶或短纤维状物料的悬浮液。其固相物的平均粒度为以 0.2~3mm，浓度（体积比）30%~60%，操作温度小于 100℃ 为宜。如碳铵、硫铵、氯化铵、食盐、芒硝（元明粉）、硝化棉、无机盐等数百余种物料的分离。

HY/WH 型活塞推料离心机主要技术参数见表 10-23 和表 10-24。

表 10-23 卧式活塞推料离心机主要技术参数（一）

机器型号	转鼓直径/mm	转鼓转速/r·min⁻¹	过滤区长度/mm	电机功率/kW	分离因数	推料行程/mm	推料次数/次·min⁻¹	机器质量/kg	产量/t·h⁻¹（硫铵）	外形尺寸（长×宽×高）/mm×mm×mm
HR400-NA	400	1400~2300	160/160	11/5.5	438~1183	40	30~100	1945	2~2.5	2534×1290×1155
HR400-NB	420	1400~2300	160/160	15/5.5	460~1243	40	30~100	1945	2.5~3	2534×1290×1155

机器型号	转鼓直径 /mm	转鼓转速 /r·min⁻¹	过滤区长度 /mm	电机功率 /kW	分离因数	推料行程 /mm	推料次数 /次·min⁻¹	机器质量 /kg	产量 /t·h⁻¹ (硫铵)	外形尺寸 (长×宽×高) /mm×mm×mm
HR500-NA	500	1200~2000	180/180	45/22	400~1119	50	20~70	3358	7~9	3590×1430×1542
HR630-NB	630	1000~1800	240/240	55/30	352~1142	50	30~80	3950	12~16	3115×1500×1360
HRZ630-N	630	1000~1800	240/60/240	75/30	352~1142	50	30~80	4015	14~18	4180×1500×1689
HR800-NA	800	700~1600	300/300	75/45	219~1145	50	30~80	6100	20~25	3650×1880×1610
HRZ800-NA	800	700~1600	300/120/240	90/45	219~1145	50	30~80	6100	22~26	3650×1880×1610
HRZ1000-NA	1000	850~950	260/200/260	110/55	404~504	70	30~80	11500	28~32	3840×2150×1940
WH800-N	800	550~750	400	18.5/7.5	135~251	40	20~30	3570	4~5	2270×1660×1440
WH800-NB	800	550	400	15/7.5	135	40	20~30	3570	4~5	2270×1660×1440
HY800-NA	800	750~900	400	22/15	251~362	40	25~50	3937	7~8	2400×1550×1540
制造厂家	重庆江北机械有限责任公司									

表 10-24　卧式活塞推料离心机主要技术参数（二）

型　号	转鼓直径 /mm	转鼓转速 /r·min⁻¹	分离因数	推料行程 /mm	推料次数 /次·min⁻¹	电机功率 /kW	机器质量 /kg	外形尺寸 (长×宽×高) /mm×mm×mm
WH-800B	800	700	219	40	28	18.5	3593	2270×1660×1400
WH-800C	800	700	219	40	30	18.5	3700	2230×1570×1350
WH2-800	800/880	900	395	40	35	22	5025	2655×1640×1405
WH2X-800	800/880	900	395	40	30	30	5540	3355×1650×1695
HR400	337/400	1600~2300	570~1180	40	70	11~18.5	1886	2255×1200×1050
HR500	410/500	1200~2000	400~1120	50	70	30~45	3616	3640×1480×1660
HR630	560/630	1000~1800	350~1140	50	70	37~55	4421	2970×1660×1335
HR800	720/800	800~1600	285~1145	50	70	37~75	6120	3890×1880×1590
HRZ630	560/630/750	1000~1300	420~709	50	70	37~55	4500	3225×1700×1585
HRZ800	720/800/960	800~1260	344~853	50	70	37~75	6190	3830×2355×1650
HRZ1000	930/1010/1094	900~1000	496~610	50	70	75	11800	3900×3020×2150
制造厂家	上海化工机械厂有限公司							

10.2.2　螺旋卸料过滤离心机

螺旋卸料过滤离心机的主体结构与螺旋卸料沉降离心机基本相同，不同之处是转鼓稍短一些，转鼓壁开有小孔，内衬筛网。结构形式分立式和卧式两种。

10.2.2.1　立式螺旋卸料过滤离心机

立式螺旋卸料过滤离心机如图 10-18 所示。它主要由转鼓、输料螺旋和差速器等部件组成。

其工作原理是：转鼓启动后，悬浮液从加料管进入转鼓小端，在离心力的作用下，滤液穿过滤网和转鼓壁上过滤孔被甩入外机壳内，汇集后排出机外，滤渣则被滤网截留，通过螺旋与转鼓的差速运动，逐步推向转鼓大端后排出。

10.2.2.2 卧式螺旋卸料过滤离心机

卧式螺旋卸料过滤离心机的工作原理与立式相同。其转鼓结构分为 3 种类型，如图 10-19 所示。各种类型的转鼓都有相应的适用范围。

图 10-19*a* 中转鼓半锥角为 20°，由于锥体锥角较大，固体颗粒在离心力作用下受到较大的指向大端

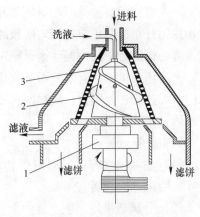

图 10-18 立式螺旋卸料过滤离心机
1—差速器；2—输料螺旋；3—转鼓

的分力作用，所以螺旋推动物料的推力相对要小，同时螺旋体与转鼓之间差速大小也在一定程度上影响物料在转鼓内的停留时间，有利于悬浮液的分离效果。

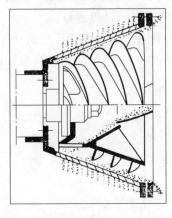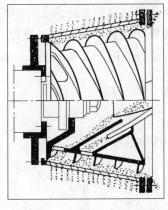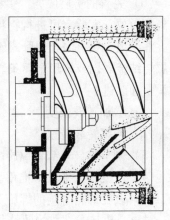

图 10-19 卧式螺旋卸料离心机转鼓结构
a—转鼓圆锥角为 20°；*b*—转鼓圆锥角为 10°；*c*—圆柱形转鼓

图 10-19*b* 中转鼓半锥角为 10°，由于转鼓锥角较小，物料在转鼓内停留时间较长，可提高滤饼的洗涤效果，更适合滤饼需要充分洗涤的场合。

图 10-19*c* 中转鼓为一圆柱形，它是卧式螺旋卸料离心机中的一种特殊形式，各个截面的螺旋推进力均相等，具有较好的洗涤效果，主要用于冰状晶体、纤维素衍生物脱水。

一般转鼓半锥角较大时（$\alpha \geqslant 20°$），适宜处理较粗颗粒物料；半锥角较小时（$\alpha < 20°$），多用于处理颗粒较细的高分散物料。

螺旋卸料过滤离心机的优点是：生产能力大，脱水效率高，体积较小，能耗较低，对悬浮液浓度波动不敏感以及可分离较黏稠的物料等。但其对差速器的精度要求较高。其缺点是：固相颗粒磨损较大，较小的固相粒子容易穿过滤网漏入滤液中，破坏滤液的澄清度，对物料不易进行充分洗涤。因此，其选用受到很多限制。

卧式螺旋卸料过滤离心机依靠卸料螺旋与转鼓的相对移动,确保筛网内壁上的固相颗粒物均匀分布,防止布料不匀所致的过度振动。即使停车时,螺旋无残留潜在的非平衡固粒。离心机运行平稳,振动小,噪声低。

上海化工机械厂有限公司卧式螺旋卸料离心机已广泛应用于化工、制药、食品等工业部门。如芒硝、元明粉、硫酸铜、硫酸钠、碳酸钠、柠檬酸、羧甲基纤维、氯化钠、氯化聚乙烯、聚苯乙烯等。

其主要特点是:

(1)耐腐蚀性好,根据使用物料的不同,与物料接触的材质采用304、316L、904、904L、哈氏B合金等。

(2)分离效果好,生产能力大。

(3)滤渣层较薄,洗涤效果好。

(4)与间歇操作离心机相比,具有能量消耗低、运转平稳、噪声低等优点。

(5)结构紧凑,质量轻,占地面积小。

(6)完善的售后服务。多种规格、多种锥角的卧式螺旋卸料过滤离心机满足各种物料分离的需要,实验室可进行物料选型试验,并提供及时的用户现场调试等服务。

湘潭离心机有限公司卧式螺旋卸料过滤离心机根据操作条件,可采用穿孔金属板网、多层烧结金属网或楔形金属条焊接长缝网。针对一些难分离的物料,还可对离心机做相应的调整和改进:

(1)增加转鼓长度。

(2)调整转鼓转速。

(3)调节转鼓与卸料螺旋的转速差。

(4)改变转鼓锥段半锥角。

(5)改变卸料螺旋的螺旋头数和螺旋升角。

对离心机技术参数的调整和相关部位的改进,均需在离心机产品制作前确定。另外,针对分离物不同的腐蚀性,要选择具有不同抗腐能力的材质与之相匹配。因此,选择离心机时,要考虑分离物料的特性参数、工况条件及分离要求等。

卧式螺旋卸料过滤离心机适用于固相物粒度大于0.075mm、浓度范围在10%～75%的无机结晶产品、有机合成产品及纤维产品加工等悬浮液的分离,如钾盐、钠盐、铵盐、硫酸铜、硫酸锌、硫酸亚铁、芒硝、硼砂、活性炭、原料药、医药中间体、离子交换树脂、棉绒纤维等。

螺旋卸料过滤离心机技术参数见表10-25和表10-26。

表10-25 立式螺旋卸料离心机技术参数

型 号	主要技术指标			主电机功率/kW	机器质量/kg	外形尺寸(长×宽×高)/mm×mm×mm	备 注	制造厂家
	最大级转鼓内径/mm	转速/r·min⁻¹	分离因数					
LL420	420	2800	1750	15	1000	1845×1380×1345	主要用于柠檬酸	重庆江北机械有限责任公司

表 10-26 卧式螺旋卸料过滤离心机技术参数

型 号	转鼓直径 /mm	转鼓长度 /mm	转鼓转速 /r·min⁻¹	电机功率 /kW	机器质量 /kg	外形尺寸（长×宽×高）/mm×mm×mm	制造厂家
LWL350×200	350	200	2500	15	1162	1300×1653×1183	
LWL450×300	450	300	2100	22	1300	1337×1850×1222	上海化工机械厂有限公司
LWL530×350	530	350	2000	30	1456	1459×1874×1341	
LWL1000×700	1000	700	1200	90	7000	2600×3000×2500	

10.2.2.3 LWL 系列螺旋/筛网离心机

A 结构与工作原理

LWL 系列卧式螺旋筛网离心机是在全速运转下，连续地对悬浮液进行进料、脱水、洗涤、卸料等各项工艺操作的机器。机器运行时，首先接通电源，主机启动并自动升速，当达到预定值时，进料阀打开，被分离物料（悬浮液）沿加料管连续进入，经螺旋轮小端壁上的若干进料孔分散到转鼓壁，在离心力的作用下，悬浮液中的液相通过滤网和转鼓壁上的孔被甩出，并经机壳的滤液出口排出机外，固相则截流在滤网上，形成薄薄的滤渣层。在离心力场中，由于滤渣有一个沿着转鼓母线指向大端的离心分力，再加螺旋叶转动时产生指向大端的推力，这两个力将滤渣不断地从转鼓小端推向大端，滤渣在推移中不断地被螺旋叶翻动，从而大大强化了分离过程。被推出转鼓大端的滤渣经机壳排渣口排出机外，实现了固液分离。

B 性能与用途

LWL 系列螺旋/筛网式离心机是卧式、连续工作、螺旋连续卸料的过滤式离心机，主要用于固相粒径为 0.05～10mm 范围内的液固两相悬浮液的分离和脱水，应用于化工、食品、化纤、矿冶、制药和轻工等行业。

C 主要特点

(1) 连续运转，螺旋卸料，生产能力大。

(2) 固相脱水率高，洗涤效果好，分离效率高。

(3) 结构紧凑，操作维修方便。

LWL 系列螺旋/筛网式离心机结构如图 10-20 所示。该机主要由转鼓、螺旋轮、差速器、机座、机壳、油泵、电动机等组成。所有的部件及驱动电机都安装在机座上，并具有与支撑结构坚固连接的橡皮支脚。

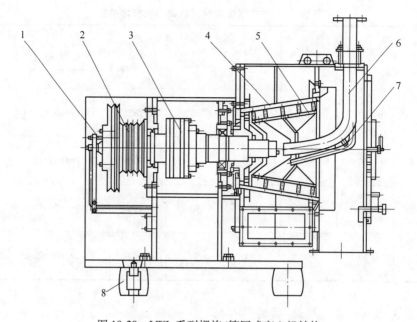

图 10-20　LWL 系列螺旋/筛网式离心机结构

1—安全装置；2—皮带轮；3—差速器；4—转鼓；5—螺旋；6—进料管；7—清洗管；8—减震垫

参 考 文 献

［1］丁启圣 . SXY-1000 三足下卸料液压自动离心机［J］. 化工与通用机械，1979(6).

［2］张威，高云 . 对三足式下部卸料离心机的再开发［J］. 过滤与分离，2000(2).

［3］全国化工设备设计技术中心站机泵技术委员会 . 工业离心机选用手册［M］. 北京：化学工业出版社，1998.

［4］孙启才，金鼎五 . 离心机原理结构与设计计算[M]. 北京：机械工业出版社，1987.

［5］陈崔龙，周进，卓培忠，等 . 离心机均匀布料洗涤装置［J］. 有色设备，2009(5).

［6］GB 7779—2005 离心机型号编制方法 .

11 液体过滤技术的革新

11.1 过滤技术进步的概况

11.1.1 过滤技术应用领域的扩大

在现代社会中，无论是产业、环境或日常生活，都有变革的需求。而过滤技术回应了这些需求，并提出了解决问题的办法。

随着全世界对节能减排、资源有效利用及环保等认识的加深，过去不受重视、处于工艺层面的过滤技术，成为今日的高新技术。

可以毫不夸张地说，过滤技术已经深入到人类活动的所有领域，例如：选矿、煤炭、冶金、石油、化工、制药、食品、酒类、饮料、海水淡化、农业灌溉、海水养殖等，不胜枚举。此外，过滤在环保方面的应用更是方兴未艾。

11.1.2 过滤技术革新的推动力和科学基础

过滤技术革新的推动力有以下几项：

(1) 对商品和特殊产品的高纯度需要；

(2) 向大气或水中排放的法规日益严格；

(3) 企业之间的激烈竞争；

(4) 招商引资导致的产品国际化，要求产品的性能更好，成本更低。

发展现代过滤技术所依托的科学知识基础为：材料科学、化学、数学模型、过程和机械工程学及制造技术、生物技术及自动控制等方面的知识。

掌握以上知识，有助于过滤机和过滤介质的设计和选型。

11.1.3 过滤介质和过滤机的发展情况

现在，世界过滤产业正在以革新和发展的策略应对以下几方面的挑战：能源、健康和安全、矿物等资源的利用、环境保护、食品和饮料、水的供应、国家安全及恐怖主义威胁。

虽然过滤技术难以提供全面解决这些挑战的办法，但有助于这些问题的技术解决。而解决过滤技术问题的核心是发展过滤介质。

织造介质和非织造介质是用得最多的传统过滤介质。经过特殊的表面处理，它们便具有了特殊的表面特性。现行的表面处理技术包括：

(1) 各种化学环境中的等离子涂覆；

（2）采用现代织造法（如双层织造法，即 DLW 法控制布的结构）；

（3）用水刺缠结法控制布的结构；

（4）用迭层法控制滤布的结构；

（5）利用组合结构法控制布的结构。

此外，两个功能的现代过滤介质被赋予了活性（例如在布的结构中加入催化剂）或者赋予吸附性（例如在过滤介质的结构中加入吸附剂）。

以前，人们一提到过滤机，必言老板框、老三足。可以说，那时的过滤只是有限的技术而已。但是时至今日，利用电脑可设计出专用的或特殊类型的过滤机以及相应的高性能过滤介质。目前，新型过滤机正在涌现，例如：带压榨功能的水平带式过滤机、有热干燥功能的厢式压滤机、利用饱和蒸汽压的高压旋转过滤机、因透水但不透气而节能的陶瓷板真空过滤机等，不胜枚举。

以上讨论了关于过滤技术的概况。这些技术能为现代过滤问题提供答案。可以说，人类活动的领域都存在过滤问题，例如：气体和液体过滤；水和废水处理；清洁能源的开发；保健；航空、航天；空气净化；化学防护；高温气体过滤。

11.1.4　过滤技术的发展趋势

11.1.4.1　滤饼过滤的发展趋势

从第 10 届世界过滤会议（10th World Filtration Congress，2008）上发表的论文，可以看出有关滤饼过滤技术的一些研究成果，例如：

（1）德国的 Christion Schnitzer 等人分析了滤饼形成的初期，过滤介质和颗粒的静电作用力对滤饼形成的影响。他们根据多丝纤维过滤介质和颗粒的 Zeta（ζ）电位，研究了两者间的相互作用力。过滤介质表面带电产生了屏蔽效应，这对滤饼的初期形成是有利的。

（2）澳大利亚的 R. G. de Kretser 等人对比了滤饼的局部特性和平均特性。用多压力分析法获得滤饼的局部阻力，并与平均阻力作了比较。结果表明，滤饼的局部阻力特性与平均阻力特性无明显不同。

（3）如何有效清除介质表面上和内部沉淀的杂质，实现过滤介质的再生，一直是过滤所面对的重要课题。为了清除陶瓷滤芯中的污物杂质，常常要用草酸。但是存在这样的问题：如果水的硬度高，草酸就会与水中的钙离子生成草酸钙沉淀在滤芯中，从而影响清洗效果。针对这个问题，芬兰的 Riina Salmimies 提出了对策，即设法使清洗的溶液中存在钙离子。于是，用草酸清洗滤饼和过滤介质时，生成的草酸钙离子就有了溶解性，不会再堵塞过滤介质眼孔。

（4）Thomas 等人介绍了多用途转鼓过滤机，并且提出现代转鼓过滤机必须根据用户不同的需求来设计。

（5）Krester 等人分析了局部形成的和全部形成的滤饼对过滤效果的影响。多数情况下，局部形成的滤饼中的固体浓度函数与全部形成的滤饼相似。这表明，只要两者所含固体浓度相当，用其中的任何一种饼都可表述滤饼阻力的影响，得到滤饼阻力曲线。

（6）Chantoiseau Etienne 等人用推理和实验相结合的方法，研究了机械脱水过程中固液之间的穿透力。他们用斑脱土、云母及纤维素作为试料。虽然用肉眼很难将云母与纤维素区分开，但是通过滤饼中局部压力的比较，可看出饼中有明显不同的压力梯度。

（7）Setsuya Kuri 等人从热力学角度解释了过滤的过程。用滤浆、滤饼及滤液之间的焓平衡，推算出了基本阻力公式，并且根据实验数据验证了过滤中的分离能量可表示滤浆、滤饼及滤液的焓平衡。

时至今日，虽然有了滤饼过滤的物理机理知识、预处理和后处理的知识，但是尚有许多未解决的问题。例如：各参数之间的复杂相互作用，尤其是在微米级颗粒和超微米级的颗粒之间，都有需进一步解决的问题。因此需要开发预测过滤过程的模型，更详细地了解各参数（如：颗粒的尺寸分布、液体的物理、化学性质）之间的相互作用。

有一些领域对改善滤饼过滤和开发新颖的滤饼过滤技术有着迫切的需要。这些领域包括：毫微级颗粒的过滤、生物过滤方面的选择性分离、节能和减少 CO_2 排放量及清洁水的获得。

有一些研究很有前途，例如：磁增强滤饼过滤机在活性物质选择性分离中的应用。此项技术虽然取得了阶段性成果，但是真正用在工业生产中尚需时日。还有，新颖的半渗透膜过滤介质，它是节能的气体压差过滤介质，过滤时，液体可通过它，而气体却不能通过。此外，在微米和超微米过滤领域，要求开发出连续式薄饼层过滤机。

11.1.4.2　深床层过滤的发展趋势

深床层过滤能有效而又经济地去除水中的悬浮物、胶体及微生物。目前虽然受到了膜技术的挑战，但是因为其具有以下能力而仍具广泛前景：

（1）去除催化剂中的杂质；

（2）微生物范畴内的硝化和去除有机物；

（3）用碳吸附过滤介质的吸附作用；

（4）用有离子吸附功能的沸石去除放射性物质。

深床层过滤技术的发展体现在以下几方面：

（1）在组成深床层的颗粒上添加功能性物质（如 MgO），可去除 99% 以上的重金属；

（2）用经过溶液浸泡的刺柏木纤维垫处理城市废水时，可去除 50% ~ 80% 的氮和磷、80% 左右的固体悬浮物以及 50% 以上的有机物。

数学模型和过滤试验都说明金属纤维毡的分离机理属深床层过滤。毡越厚，分离出的颗粒越细，滤液的澄清度越高。筛分理论的模型证实了这一结论。

11.2　滤饼过滤

在固液分离的各种方法中，滤饼过滤显示出最大的物理可变性和技术可变性以及最低的滤饼含湿率。这些特点都可由机械方法来保证。

由于颗粒尺寸、滤浆总量、浓度、化学成分、处理的边界条件以及对处理结果的要求等因素的多样性、所以解决过滤问题的方案，也显示出了多样性。但是，没有哪一种方案是完美的。可见，应当进一步对滤饼过滤进行理论、实验以及装备设计等方面的研究和开发。

11.2.1 滤饼过滤的相关技术

滤饼过滤的原理如图 11-1 所示。过滤开始时，首先以压力 p_1 将滤浆加到过滤介质的上方。由于在过滤介质的孔隙上方形成了架桥，使固体颗粒逐渐堆积成滤饼。然后滤饼截留住后续的颗粒，饼层也随之逐渐增厚。与此同时，滤液透过介质排出。当然会有单个颗粒透过介质随滤液流出而影响滤液的澄清度。针对这一现象，可采取两个应对措施。其一，使滤浆的浓度增大，尽快形成架桥；其二，将初始流出的滤液返回滤浆槽，如此循环一段时间。

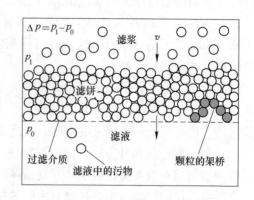

图 11-1　滤饼过滤的原理

随着滤饼的不断增厚，靠近过滤介质的滤饼部分变得致密，造成过滤阻力越来越大，滤液不再成流，而是以滴状流出。看到这一现象，应停止过滤。如有必要，可接着进行滤饼洗涤，甚至对滤饼进行加热干燥。

滤饼过滤常用的驱动力有：质量力（重力、离心力）、机械压力、液压力、气压力。有时可借助电场或磁场来促进过滤。

当然，在过滤之前对滤浆进行预处理是最常用的促进过滤的方法。例如：向滤浆中添加絮凝剂或凝结剂，使微小固体颗粒聚成絮团，可加快沉淀速度，又不易堵塞过滤介质的孔隙；还可对较稀的滤浆进行预增稠，使颗粒较快地在介质孔隙上形成架桥。目前，预处理使用的药剂已经有了很大进步。

此外，成功的滤饼过滤离不开合适的过滤介质。过滤介质是悬浮液（滤浆）与过滤机之间的决定性界面。针对滤浆组分、过滤机结构及操作条件的多样性，已经推出了许多种类的过滤介质。例如：活塞推料式离心机的活塞与过滤介质之间有很高的摩擦，只有采用结实的楔形金属条筛才行。反之，真空圆盘过滤机需要高弹性的滤布，以便依靠反吹滤布卸掉滤饼。总之，选用的过滤介质是否恰当，决定了过滤的成败。

11.2.2 滤饼过滤中的物理现象

11.2.2.1 颗粒与过滤介质的相互作用

滤饼在介质上的形成，是由于颗粒与过滤介质相互作用的结果。过滤机理如图 11-2 所示。

标准阻塞过滤如图 11-2a 所示，就是下一节要说的深床层过滤。为了更好地理解滤饼过滤，这里先行略加说明。标准阻塞过滤的特点如下：

（1）颗粒的尺寸小于介质孔的尺寸；

（2）滤浆中的固体浓度低；

（3）颗粒主要在过滤介质的内部被捕捉。

也就是说，当颗粒尺寸普遍小于介质孔的尺寸时，介质的内部就会发生颗粒沉淀。当

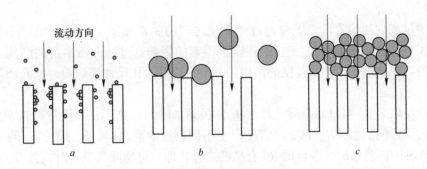

图 11-2 过滤机理
a—标准阻塞过滤；b—完全阻塞过滤；c—架桥过滤

然可能有一些非常小的颗粒穿过介质，进入到滤液中。这样的分离过程，可能是由机械作用或者化学作用引起的。砂滤机和某些种类滤芯式过滤机都利用了深床层过滤机理。其滤浆中的固体颗粒尺寸很小，浓度非常低。颗粒能沿着流体的流线轨迹不受阻碍地进入介质孔中。

现在来讨论滤饼过滤。从微观尺度上看，滤饼过滤是由两个初级过滤（完全阻塞过滤和架桥过滤）相结合而实现的。

完全阻塞过滤的机理如图 11-2b 所示。其特点如下：

（1）颗粒尺寸大于孔尺寸；

（2）滤浆的含固浓度低或者中等；

（3）由筛分或筛选捕捉颗粒；

（4）可能形成有限的架桥。

完全阻塞过滤用的介质都是用于液体澄清的，例如：纸张、类似的多孔材料、助滤剂形成的薄层。到达介质表面的每一个颗粒都参与了阻塞过程，引起了介质孔的密封。这导致了这样的假设：更多的颗粒不重叠在那些已经沉淀的颗粒上。因此，过滤到一定时间后，介质的表面便被颗粒阻塞，不再维持滤液流。

架桥过滤的机理如图 11-2c 所示。其特点如下：

（1）颗粒尺寸小于孔尺寸；

（2）滤浆的含固浓度较高；

（3）在介质的表面捕捉颗粒；

（4）形成了稳定而又可渗透的架桥。

在架桥过滤或滤饼过滤的情况下，滤浆中固体颗粒的尺寸稍小于或者大于介质的孔尺寸。因为一些颗粒是同时接近介质孔的，所以这些颗粒能在介质孔上形成拱桥。这样的拱桥相当稳定，液流的方向也基本不变，并且用来支撑随后形成的滤饼。

应当指出，还有一种称为"中间阻塞过滤"的机理（图 11-2 中未示出）。该机理以为，到达过滤介质表面的颗粒会阻塞介质的孔；但是，后来到达的颗粒可能停留在已经沉淀的颗粒上。换言之，中间过滤机理能引起两个现象，即介质孔的阻塞和滤饼的形成。

滤饼过滤的例子极多，例如：压滤机、转鼓真空过滤机、回转圆盘过滤机、水平带式过滤机及叶滤机等。

在滤饼过滤的初始阶段，颗粒与过滤介质之间的关系如图 11-2a、图 11-2b 所示。此阶段决定了过滤介质的阻力 R_m。它受到以下因素的影响：过滤介质本身的结构、已沉淀在介质上的颗粒结构、架桥颗粒层的结构。其中，架桥的孔尺寸是影响过滤介质阻力的决定性因素。

过滤介质阻力 R_m 与过滤介质孔尺寸 d_T 的关系如图 11-3 所示。从图中可看到，过滤清水和过滤含固体的滤浆，R_m 的变化情况完全不同。过滤清水时，R_m 随着 d_T 的增大而减小。过滤 3 种不同滤浆时，各自的 R_m 有高低之分，即：过滤浮选煤粉时，其 R_m 最高；过滤玻璃珠时，其 R_m 最低；过滤赤铁矿粉时，其 R_m 居于上面两者之间。这 3 种滤浆过滤时，R_m 随 d_T 的变化趋势相同。三者的 R_m 几乎与 d_T 无关。这说明在滤饼形成的阶段，已经决定了过滤介质的阻力，而介质孔的稍大或稍小却无关紧要。

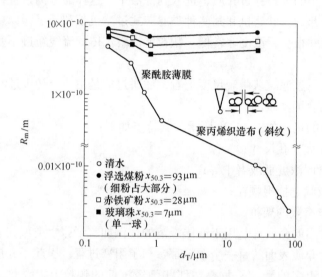

图 11-3　介质的阻力与孔尺寸的关系

11.2.2.2　不可压缩性滤饼的形成和去饱和

人们对不可压缩滤饼的了解已经很透彻，能够用很简单的方程加以说明，例如：著名的 Kozeny-Carman 方程已成为计算过滤问题的基本方程式。但是，理论用于实践的前提是，必须借助实验室试验测出一些参数，如：滤饼的渗透性、过滤介质的阻力等。

滤饼的比阻 α 与滤饼两侧的压降 Δp_c、压缩性指数 n 有这样的关系：$\alpha \propto (\Delta p_c)^n$。不可压缩性滤饼的 n 等于零，高压缩性滤饼的 n 为 $0.5 \sim 0.7$、中等压缩性滤饼的 n 为 $0.3 \sim 0.5$。

下面根据图 11-4 来说明不可压缩性滤饼的去饱和作用。

从图 11-4 中可看到：在平衡状态下，滤饼两侧的每个压差值 Δp 都对应着各自的饱和度 S。滤饼的结构越均匀，去湿的结果便越好。但是由于滤浆中的固体颗粒存在尺寸分布，所以在滤饼形成期间，饼出现了粗、细颗粒的分层现象，各层的含水率不一样。这就是单纯依靠机械方法不能将饼完全去饱和的原因，进一步去饱和还需采用热干燥法。

11.2.2.3 可压缩性滤饼的形成和压实

如果颗粒尺寸小于 $10\mu m$，那么颗粒的表面力和液体的物理、化学性质的影响就更加显著。颗粒的 Zeta 电位决定着滤浆中颗粒的聚团状态。在无静电斥力的等电位处，颗粒之间的范德华（v. d. Waals）吸引力将引起最大程度的颗粒聚团。这时，滤饼有最大的渗透性。但是，滤饼的结构有了可压缩性，在过滤压下，沿滤饼厚度出现了孔率梯度。对于可压缩性滤饼来说，过滤压力的增高会压缩滤饼的结构，滤饼变得致密，过滤阻力增高，滤液流量几乎无增加。

为了研究这些现象，必须对可压缩性滤饼的过滤进行模拟和分析。核磁共振（NMR）是非常简单、可变而又精确的技术。利用此项技术，可对过滤和沉淀过程进行现场测量和三维分析。Al_2O_3 滤浆过滤时的 NMR 测量结果如图 11-5 所示。

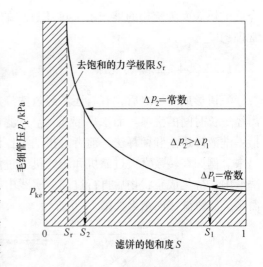

图 11-4 毛细管压的分布

p_{ke}—饼中毛细管入口的压力，kPa；Δp—滤饼两侧的压差，kPa；S—滤饼的饱和度（S 为 $0\sim1$），其值越大，滤饼含水越多；S_r—滤饼去饱和的力学极限，用机械方法去饱和最多能达到这种程度。若想再进一步去饱和，只能采用热干燥法

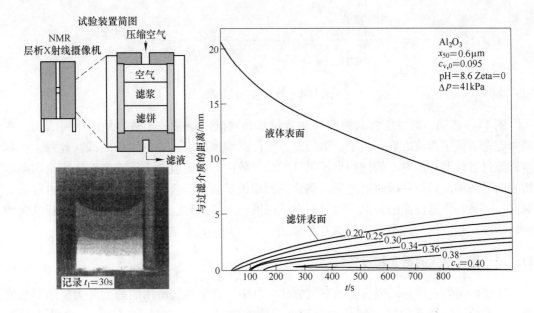

图 11-5 可压缩滤饼过滤的 NMR 测量

测量时，过滤装置直接同 NMR 层析 X 射线摄像机相连，从而能原地观察到过滤的进行情况。例如：能观察到滤室中液面的减少和滤饼的增多；而且重要的是能观察到滤饼的内部结构，滤饼内的固体浓度梯度和孔率梯度，即，靠近过滤介质的饼为压缩层，而远离

介质的饼表面为疏松的堆积层。过滤过程的数学模拟证实：采用 NMR 分析的试验结果非常理想。

11.2.2.4　滤饼的洗涤

滤饼形成完毕之后，有时还需经过洗涤加以提纯。例如，油漆厂中的某些产品，滤饼需经过长时间的洗涤。而水平带式真空过滤机，最适于多次逆流洗涤。滤饼的洗涤方法包括：洗液渗透法和稀释法。前者是指洗液在压力下渗透过滤饼，由洗涤液将饼中母液置换出来。例如在转鼓真空过滤机和压滤机等过滤机上，都采用渗透法。而稀释法是将饼放入洗液中，待化成浆状物后再行过滤。实践中，究竟采用何种洗涤方法，应视具体分离对象而定。滤饼洗涤的结果如图 11-6 所示。

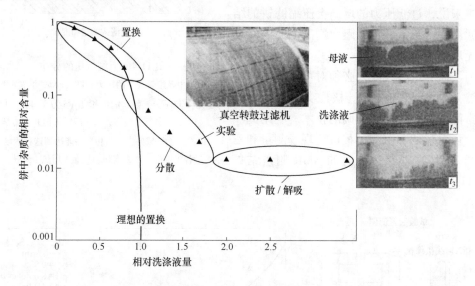

图 11-6　滤饼洗涤的结果

图 11-6 表明，滤饼所含杂质的相对含量是相对洗涤液量的函数。从图中可看出，在最初完全置换了母液之后，由于分散效应，实际曲线偏离了理想的置换曲线。此外，由真空转鼓过滤机照片所对着的图指出了另外的分散效应，该效应是由于洗涤液未完全润湿滤饼表面导致的。再过一段时间之后，剩余的杂质被扩散和解吸作用除掉了。这个过程需要时间，并且在渗透洗涤的情况下需要很多洗涤液。为了节省洗涤液，尤其是在稀释洗涤的最后阶段，建议用"间歇洗涤"来中断渗透，并采用逆流的洗涤方式。

11.2.3　滤饼过滤的增强和设备选型

滤浆的预处理法是增强过滤的有效方法。其中，化学调质所用的药剂分为凝结剂和聚凝剂。低分子凝结剂包括：氯化铁（FC）、硫酸铁（FS）、硫酸铝（AS）、含铁硫酸铝（MIC）等。高分子凝结剂包括：聚硫酸铁（PFS）、聚氯化铝等。向滤浆中添加凝结剂（多价金属盐类电解质）后，迅速降低了浆中带电颗粒的 ζ 电位和斥力势能，导致了颗粒彼此凝结成团状物，比微小的单个颗粒更易过滤。

有机合成高分子絮凝剂包括聚丙烯酰胺等。絮凝是指利用添加到滤浆中絮凝剂的吸附、架桥作用，使处于不稳定状态的颗粒群或凝结团结合成为更大的絮团。

此外，使用助滤剂（硅藻土、膨胀珍珠岩等）也能增强滤饼过滤。生产中，常常会遇到非常难过滤、含有亲水性极细颗粒的悬浮液。如果形成的是可压缩性滤饼，那么饼内原本就微小的流路，会在过滤压的作用下变得更小，增大了过滤阻力。对于此类滤浆，即使添加絮凝剂，滤饼的渗透性也非常差。甚至在滤饼很薄时，过滤就进行不下去了。对于此类滤浆，应当使用助滤剂。其主要用法分为预敷层法（precoat）、掺和法（body feed）。目前，有机助滤剂正在兴起。

其他增强滤饼过滤的方法有：改变液体性质法（降低黏度、密度、表面张力），淘析和分级法（利用水力旋流器将粗、细颗粒分开，避免非常细的颗粒堵塞过滤介质），结晶法，浓缩法，冻结和融化法等。

除了采用预处理法之外，还可采用不同装置相结合的方法增强滤饼过滤。例如：先用静态沉淀浓缩器来预浓缩滤浆，然后送到过滤机中过滤、脱水。目前，静态沉淀浓缩器已成功地应用在带式压榨过滤机、活塞推料式离心机等机种上。不仅提高了这些机种的生产效率，而且减少了滤液中的含固率。当然，也可采用相同机种并联的方式来提高产量；采用串联方式来提高分离效率。对于存在复杂分离问题的药品和生物产品，应将过滤机与反应器结合起来使用。采用多功能装置（混合、过滤、反应、洗涤、干燥一体化装置），不仅减少了卫生、健康问题，而且减少了以前工序转换所造成的产品原料损失和污染。

增强过滤的另一重要途径是：不断改进和研发新结构过滤装备。例如新结构的回转圆盘过滤机，其滤室数目增至 30 个，圆盘浸入滤浆中的深度也增大了。这样的结构不仅提高了滤饼的均匀性和最佳的去饱和条件、降低了滤饼的含湿率，而且由于圆盘转速的提高、滤液管的水力学阻力的减小，最终导致了过滤机处理能力的提高。此外，滤室中非常快的反吹压和特别设计的弹性过滤介质，保证了薄滤饼也能完全剥离和卸掉。

针对用旋转过滤机（转鼓型、圆盘型）很难分离的滤浆，现在已开发出用蒸汽加压的高压过滤机。该过滤机不仅降低了滤饼的含湿率，而且提高了处理能力。在结构上，就像将转鼓或圆盘置于压力容器中。过滤压可达到 0.8MPa。

具有混合式处理功能是加压过滤机的最新发展，即借助蒸汽加压过滤，将滤饼的机械脱水和干燥脱水结合起来。

原理上，高压饱和蒸汽置换了滤饼孔隙中的液体，并且将其加热。孔隙中冷凝液的前部，如同"活塞"那样朝着过滤介质运动。蒸汽的冷凝液除了如同活塞那样将滤饼孔隙中的液体均匀排出之外，还在颗粒的表面形成了热的冷凝层，因而有了很好的滤饼洗涤效果。在滤饼转离蒸汽罩后，便不受蒸汽压的作用，空气开始通过热的滤饼，发生了额外的热干燥。

此外，在隔膜压滤机上也看到了机械脱水与热干燥相结合的形式。

实践证明，要想正确地选定最适合对象滤浆的过滤机，确实不是轻而易举的工作。因为滤浆多种多样、性质迥异，而且对过滤精度和处理量的要求也不相同，所以在选择过滤机时，需要全面考虑技术、经济及细节等问题。例如：对于几微米尺寸的颗粒，有不同的过滤机可供考虑。其中，厢式压滤机是重要的选用目标。但是，卧式螺旋离心机、动态十字流过滤机、高压旋转过滤机、转鼓真空过滤机、圆盘真空过滤机及水平带式真空过滤机等，也能完成滤饼过滤。为了从这么多过滤机中选出最佳者，还需借助经验、实验室试验以及计算机软件等技术。现在对后者的研究进展很快。

11.3 澄清过滤

澄清过滤（clarifying filter）也称深度过滤（depth filter）。

深床层过滤、预敷层过滤、滤烛过滤及滤芯过滤等都属于澄清过滤或称深度过滤。它们都在多孔介质的内部捕捉颗粒，而不是在介质的表面捕捉颗粒。这些过滤技术都利用深厚的过滤介质，例如：纤维床层或者粒状物床层，由深厚床层内部孔隙的表面捕捉颗粒，能除掉的污物颗粒包括：几纳米的胶体，如病毒；还有微米级的颗粒，如细菌。

通常，澄清过滤都是用来从非常低浓度的悬浮液中分离出固体颗粒，例如用在饮用水、葡萄酒、油等的过滤中。这些液体多数是贵重产品，但它也用于废水处理时的水净化、游泳池水的处理、冷却水及过程水的处理。用上面各技术得到滤液的澄清度好于沉淀澄清法。这些技术的工作任务虽然类似，但是工作条件各不相同，例如：给料流量速度、给料浓度以及经济性等各不一样。澄清过滤的操作条件见表 11-1。

表 11-1　澄清过滤的操作条件

技　　术	典型的表面速度 /m³·(m²·h)⁻¹	在 0.1g/L 固体下再生之前的单位过滤面积的滤液体积/m³·m⁻²	除掉单位质量污物所需运行成本的相对值	可达到的最好滤液品质的相对值
深床层过滤	8	60	4	4
预敷层过滤	50	1000	3	2
滤烛过滤	20	100	2	3
滤芯过滤	5	0.4	1	5
筛网过滤	35	连续的	5	1

注：相对值大表示性能好，成本较低。

11.3.1 颗粒的捕捉机理

上述各技术具有类似的污物颗粒的捕捉机理，各自利用了下述机理中的一种，也可能是几个机理的组合：

（1）筛网粗滤（straining）。筛网粗滤发生在这样的情况下：滤浆中的颗粒大于过滤介质的孔尺寸时，或者颗粒收缩试图通过孔时。介质孔的尺寸与形成多孔介质的颗粒尺寸和尺寸分布有关。

（2）重力沉淀（sedimentation）。重力沉淀发生在以下情况下：滤浆朝下流动，其颗粒的密度大于液体的密度。在这样的条件下，流线绕着介质颗粒的表面弯曲着通过，因此颗粒离开流线沉淀在介质的孔表面上。

（3）拦截（interception）。液流的流线通过介质粒子的周边时，如果流线到过滤介质粒子表面的距离不大于悬浮颗粒的半径，那么悬浮颗粒便与介质粒子接触，因此被从液流中除掉。这种输送现象称为拦截。

（4）惯性碰撞和回弹（inertial impaction and bounce）。当流体通过介质床层时，流线会多次改变方向。但是因为悬浮颗粒的密度大于流体的密度，所以颗粒运动方向的改变不像流体那样急剧。也就是说，颗粒因惯性而越出流线时，就会同介质粒子产生惯性碰撞。

（5）扩散（diffusion）。液体中的全部固体颗粒都会受到其周围做热运动的液体分子的随机碰撞。小的固体颗粒因此获得了进行布朗运动的足够动量，并且连续地这样碰撞下去，直到进一步冲击使颗粒改变了运动方向。悬浮颗粒的布朗运动能够引起颗粒向介质粒子的表面靠近，并且与之碰撞。于是，离开流线而与介质粒子相碰撞的固体颗粒便被介质粒子捕捉住。

普遍认为颗粒的扩散仅适于直径小于 $1\mu m$ 的颗粒。

（6）流体动力干涉（hydrodynamic interaction）。当液体在滤床中以层流方式流动时，发生流体动力干涉捕捉颗粒。

（7）静电相互作用（electrostatic interaction）。静电相互作用是由于在悬浮颗粒的表面和介质的表面上存在电荷而引起的。根据电荷的极性，静电相互作用可能是相吸，也可能是相斥。某些类型的过滤介质，在制造过程中被赋予了高电荷，以便在过滤中除掉悬浮颗粒的带静电的沉淀物。

在悬浮颗粒被吸引到介质粒子表面的过程中，静电相互作用发挥的作用较小，其更重要的是引起颗粒附着到介质粒子上。

这里附带说明一下电泳现象。如果给固液分散系（悬浮液）或者液液分散系（乳状液）施加电场，那么分散粒子便向阴极或者阳极移动。究竟向哪一极移动，取决于粒子上带的是正电荷还是负电荷。在电场下，分散粒子的这种移动现象称为电泳（electrophoresis）。

（8）范德华-伦敦力。为了解释非理想气体的特性，范德华假设在中性的、化学饱和的分子之间存在着吸引力。此吸引力与离子吸引、电吸引无关，称为范德华力（Van der Waals forces）。范德华力还存在于胶体之间。只有两胶体粒子之间的距离极近时，范德华力才能体现出来。

这种普遍存在的吸引力，最先由伦敦（London）给予了解释。他认为这是由于粒子的起伏电荷分布在另一个粒子上引起了极化电荷的缘故。既然这样的吸引力与两人有关，所以通称为范德华-伦敦力（van der Waals and London forces）。

（9）生物作用。用缓速砂层处理净水时，会在粒状滤层的表面上生成凝胶体生物过滤膜（微生物集群）。悬浮液的颗粒附着在生物体上而被捕捉。生物体的间隙越小，捕捉效果便越好。附着捕捉到的有机物颗粒会受到生物分解的作用，并由生物体吸收；而无机颗粒，则被氧化。

这些具有广泛能力的生物群厚度，最多不超过 1cm，根据其生物化学能力，能除掉多种无机和有机成分，这是其优点；而其缺点是：只适用于处理低浓度污液。

11.3.2　捕捉力的模型化

有关粒状层过滤的数学方法，Tien 早在 1989 年便巧妙地提出来了。现在，虽然关于过滤系统中的表面化学知识和输送机理知识已经很广博了，但是仍然需要确定和使用经验的污物颗粒去除效率。

如果介质粒子的尺寸分布和孔隙率沿着整个滤层深度都相同，那么在考虑这种介质的过滤机理时，要假定：过滤介质的每一个粒子层，对悬浮颗粒的去除效果都相同。因此，可用下式确定过滤系数 λ：

$$\lambda = -\frac{\delta c}{\varphi} \cdot \frac{1}{\delta L} \tag{11-1}$$

式中　L——介质层的深度，m；

φ——介质层所含固体的体积分数；

δc——通过厚度为 δL 的介质层的颗粒浓度。

将式（11-1）重新整理后得到：

$$-\frac{\mathrm{d}c}{\mathrm{d}L} = \lambda c \tag{11-2}$$

再用悬浮颗粒的入口（$L=0$）浓度 c_0 对式（11-2）进行积分，便得到了 c：

$$c = c_0\exp(-\lambda L) \tag{11-3}$$

由于式（11-3）非常简单，而被经常使用。从该式可以看出：在过滤介质均匀的前提下，进入介质层的颗粒会随着介质层深度的增加呈对数下降趋势。因此，过滤介质的顶层保有最多的颗粒沉淀物。而较低的介质层，保有的沉淀物非常少。如果介质层粒子尺寸较大，那么 λ 值便较小。

介质层经过反洗后，层中会出现粒子尺寸梯度，即：较小的粒子处在滤层的顶部，较大的粒子处在滤层的下部。在顶部给料的情况下，甚至给料颗粒的大部分都沉淀在滤层顶部附近。为了防止出现这种现象，可采用底部给料方式。

需要的第二个基本方程是悬浮液颗粒的质量平衡。该方程指出：从悬浮液中除去的颗粒沉淀在过滤介质的孔中。过滤介质元件的厚度为 ΔL、横截面积为 A、用体积流速 Q 供给悬浮液、浓度损失为 $-\Delta c$（体积/体积）。液体流过元件需要时间 Δt。在此期间，单位介质体积上沉淀的颗粒体积（比沉淀）增加了 $\Delta\sigma_a$。因此可写成：

从悬浮液中除去的颗粒体积 $= -\Delta c Q \Delta t$

沉淀物中颗粒体积的增加量 $= \Delta\sigma_a A \Delta L$

从这两项相等，得到

$$-\Delta c Q \Delta t = \Delta\sigma_a A \Delta L \tag{11-4}$$

$$-\frac{\partial c}{\partial L} = \frac{A}{Q} \cdot \frac{\partial\sigma_a}{\partial t} \tag{11-5}$$

在研究占据介质孔隙的沉淀物体积时，采用该方程最方便。有效的比沉淀是 σ，$\sigma = \beta\sigma_a$，β 是体积系数。逼近速度 v 是由 Q/A 和式（11-5）定义的：

$$-\frac{\partial c}{\partial L} = \frac{1}{\beta v} \cdot \frac{\partial\sigma}{\partial t} \tag{11-6}$$

在澄清过滤期间和沉淀过程中，过滤介质的孔会逐渐堵塞。

11.3.3　沉淀和冲刷

过滤床层上的孔，因其上面形成了沉淀物而变窄，这引起了孔隙中流速升高。较高的孔隙流速使作用在孔中和沉淀颗粒上的剪切强度增大，这会导致一些已沉淀的颗粒又被随流带走。为了解释这些现象，Mints 于 1966 年提出了以下过滤速度表达式：

$$\frac{\mathrm{d}\sigma}{\mathrm{d}L} = \beta v\lambda c - a\sigma \tag{11-7}$$

式中　a——冲刷系数。

式（11-7）说明，过滤速度是沉淀速度与重新被液流夹带走速度共同作用的结果。重新被液流夹带走速度与比沉淀 σ 成正比。

11.3.4　深床层过滤

11.3.4.1　深床层过滤的特点

自然界中的井水和泉水都是经过地下多孔岩石的过滤才成为饮用水的，可以说，这是最原始的深床层过滤（deep-bed filter）。

现在，水处理的中心任务是除掉水中的悬浮颗粒和胶体。例如：废水处理，将不同原水（河水、井水、泉水等）处理成饮用水，游泳池水、冷却水及过程水的处理等。这些处理用到的分离技术就是深床层过滤（也称粒状层过滤）。在过滤大流量、很稀薄的悬浮液时，深床层显示出了独特的优点。

在深床层过滤中，悬浮颗粒是在床层的内部（也就是床层的深处）被除掉的。这些颗粒包括几纳米大小的胶体（如病毒），还有微米级的颗粒（如细菌）。

构成过滤床层的材料包括：砂子、砂砾、无烟煤、焦炭、浮石、膨润白土及石榴石等。这些粒子都有指定的尺寸范围。经过一段时间的过滤，沉淀物可能将床层的眼孔堵塞，引起较高的压力损失。

深床层过滤是用于水净化方面古老而有效的方法，其目的是：除掉颗粒、铁或者 DOC（溶解有机碳）；硝化作用；去硝酸化作用和离子交换作用及吸附等。

颗粒在深床层中的沉淀过程可再细分为以下 3 个步骤：

（1）悬浮液中的颗粒向过滤介质表面输送，并与介质粒子相接触。

（2）颗粒接触到介质粒子后，便附着在其上，因而形成稳定的永久沉淀。

（3）已经沉淀的单个颗粒或聚结的颗粒群可能再悬浮化。同时，颗粒可能在床层中移动。

深床层过滤显示出很高的复杂性，其原因在于：床层孔中的流动条件很复杂；相互作用的表面具有多重的几何学和化学、物理特性；随着颗粒的不断沉淀，过滤条件发生了变化。在深床层过滤过程中，除了机械网滤作用、物理化学输送及附着作用外，还有重要的微生物学过程。例如：在砂层上能自然生成生物膜；有时生物污泥也可能在床层上生长，在滤出悬浮颗粒的同时，还降低了污水的浓度。此项技术已用于羊毛工业的污水处理。

深床层过滤器如图 11-7 所示。

圆筒形深层过滤器的高度为 0.5~3m，圆筒直径为 1m，床层材料为砂子、砂砾、无烟煤等。这些材料的粒径为 0.4~5mm。粒径小时，能提供较大的床层面积，并且捕捉颗粒的概率大。但是，床层的压降和发生堵塞的可能性也随之增大。矩形槽深层过滤器通常采用重力给料方式，此方式的缺点是：限制了通过床层的流速。

普通的床层都使用混合介质，或者用不同种类的粒子，或用不同尺寸的粒子；但是，每个层段都是独立的。

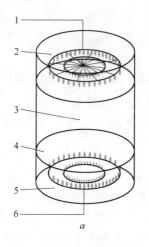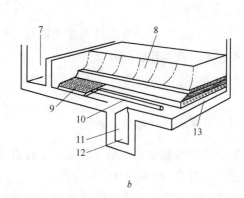

a b

图 11-7　两种典型的深床层过滤器

a—圆筒形槽；b—矩形槽

1—原水；2—给料分布器；3—过滤介质；4—床层支撑；5—底部溢出；6，12—滤出水；

7—洗涤水流道；8—过滤介质；9—过滤器喷嘴；10—空气歧管；11—落滴箱；

13—砂砾支撑层

深床层过滤又细分成：缓速砂过滤、快速过滤、接触絮凝过滤（contact flocculation）、活性炭过滤、离子交换。

11.3.4.2　深床层研究的新进展和展望

传统的快速过滤机具有单一的过滤床层，因而也称为单层过滤机（single layer filter or monolayer filter）。其床层粒子的尺寸分布很窄，逆洗后细粒子集中在上层。这就带来了这样的缺点：上层粒子较细，压降会剧烈升高，液中的颗粒多数沉淀在上层，成了表面过滤状态，失去了深床层过滤作用。

为了避免这一缺点并有效利用整个滤层的深度，现在已广泛使用双层或多层过滤器。在双层介质过滤器中，上层是低密度的粗粒子滤层，而下层则是高密度的细粒子滤层。如果这两个滤层结合适当，则反洗后这些粒子仍能保持原来的排列。其优点是：较粗的上部滤层允许较大的悬浮颗粒贯入滤床深部，因而扩大了床层存储颗粒的能力。但缺点是：保持颗粒的效率低。相比之下，较细的下部滤层情况正好相反。双滤层的压降低于单滤层。

多数情况下，用单层过滤器处理固体含量低的原水已经足够。但是处理含固量多的原水时，必须用多层过滤器。近年来，多层过滤器的发展势头很好。由于商业原因，已经有越来越多的应用，如絮团过滤（floc filtration）或直接过滤（direct filtration）等方法。也就是说，原水在加入絮凝剂后，直接加入快速过滤器中，从而免去了用沉淀分离出絮团的装置。

快速过滤器的连续运转时间，一般可达到 $10\sim100h$。滤液的质量（即滤液的相对浓度 c/c_0）和压力损失（即压降 Δp），会随着运转时间的变化而变化。

深床层过滤是一个复杂的过程，有些问题还未得到解释，而且有关深床层过滤器特性的综合基本理论至今仍未提出。今后应在已有理论的基础上，再借助实验室试验，开发出新颖的过滤介质或滤层（例如：新型绕线纤维过滤器）。现在许多试验和理论研究都指出：颗粒尺寸在 1μm 左右时，过滤器的效率最低。

为了提高快速过滤的效果，可向原水中添加凝结剂或絮凝剂。这样做能促进颗粒的输送和附着。例如：在恒河的大型水处理厂，通过添加很少量（0.1mg/L）的 Fe^{3+}，取得了很好的颗粒沉积效果。当然，添加絮凝剂也取得了类似的正面效果。

床层粒子表面构造的几何学也显著影响了过滤效率。例如：表面粗糙的床层粒子能增大与悬浮颗粒的接触，并且使颗粒的沉积更稳定。

为了取得非常高的过滤效率，现在已开发出可渗透的合成捕捉器（permeable synthetic collectors，即 PSC）来代替普通的粒状过滤介质。PSC 的大小只有几微米，形状为圆柱形或球形，是用聚合物纤维或有敞口孔的塑料泡沫制成的。由于它们有很高的孔隙率，所以悬浮颗粒能进入其内部，产生高效的颗粒沉积。PSC 能承受住非常高的负荷，直至过滤效率降到规定的极限值，或者总压降升到允许的极限值时才停止过滤。

为了除掉地表水中的铁，传统方法是采用加气处理和快速过滤法。但是现在已开发出在砂子上涂氧化铁层的除铁方法。该涂层砂对地表水中的铁（Ⅱ）有很强的吸附能力，对铁进行吸附氧化而将其除掉。被吸附的铁（Ⅱ）在过滤时又被氧化，成为氧化铁。因此涂层砂中的氧化铁不断增多，使除铁过程得以继续下去。氧化铁涂层砂滤出的滤液有很好的品质，而且过滤器的运转时间也延长了。

氧化铁涂料的研制是地表水除铁的前提。涂层的性质受到原水品质、处理条件及砂子性质的影响。在不同条件下研制的涂层可能有不同的物理和化学性质，因而有不同的吸附能力。也就是说，开发涂层材料的要点是：涂层材料在砂层上要快速发展壮大，并且对铁（Ⅱ）有较强的吸附能力。

装填氧化铁涂层砂之后，过滤器应空转循环一定时间，以便砂层完全"成熟"。空转循环有助于氧化铁涂层在新砂上发展壮大，对改善滤液的品质有好处。

鉴于目前有关氧化铁涂层除铁的资料较少，有必要通过试验找到对铁（Ⅱ）有较高吸附能力的氧化铁涂料。

试验设备包括 3 个珀斯佩有机玻璃圆筒，其直径是 150mm，高为 500mm。每个圆筒中的砂子深度为 150mm，砂粒尺寸为 0.7~1.25mm。试验用的模拟水是用 $FeSO_4 \cdot 7H_2O$（绿矾）和自来水混合制成的。其理化性质是：pH = 8.1，ρ_{O_2} = 8~10mg/L，$\rho_{HCO_3^-}$ = 129mg/L，$\rho_{Ca^{2+}}$ = 53mg/L，$\rho_{Mg^{2+}}$ = 7.9mg/L，ρ_{Fe} = 0.03mg/L，温度为 16℃。再用 HCl 将其调节到希望的 pH 值。在进入过滤器之前，应将铁（Ⅱ）溶液和 HCl 混合好，过滤速度保持在（5±0.5）m/h。进入床层的铁有 75% 以上为铁（Ⅱ）。

试验过程如下：在过滤圆筒中，第一组试验条件 pH 值为 6.0±1.0、pH 值为 6.5±1.0、pH 值为 7.0±1.0，试样水的铁浓度为（2.0±0.2）mg/L。第二组试验的条件是 pH 值为 7.1±0.1，试样水的铁浓度分别是（1.0±0.2）mg/L、（4.0±0.2）mg/L 及（6.0±0.2）mg/L。过滤砂的样本是经过用自来水定期逆洗后采取的。测量出这些过滤砂样本表面提取的铁含量（SEIC）和氧化铁涂层砂对铁（Ⅱ）的吸附能力（AC）。为了确定涂层砂的成熟状况，还应监控滤液的含铁浓度。

为了测出涂层砂表面提取的铁浓度，先用 20mL 的浓 HCl 提取 2~3g 的涂层砂样本，再测出提取液的铁浓度。采用的测量仪器为佩金埃尔默火焰原子光谱测量仪（Perkin

Elmer AAS3110)。

为了测量涂层砂对铁（Ⅱ）的吸附能力，对取自试验圆筒的砂样分批做了试验。所用的试验装置和方法与前面的类似。吸附试验是在以下条件下完成的：pH 值为 6.50±0.05，室温（19±1）℃。试验时，首先将 15mL 浓度为 400mg/L 的脱氧铁（Ⅱ）引入密闭的反应器中，此反应器中装有 50g 砂子样本和 1.5L 的脱氧水。然后，测出反应器中的平衡铁浓度，再计算出吸附在过滤砂上铁（Ⅱ）的量。

现在，深床层过滤虽然受到了日益便宜的膜技术的挑战，但是由于它能将沉淀过程与其他处理步骤结合起来，所以仍具有其他技术不可取代的优点，发展前景乐观。这些优点包括：

（1）催化剂处理，用来除铁、降低臭氧、氯气或氯胺化合物；

（2）生物-催化剂处理，用来除锰；

（3）微生物过程，用于硝化作用和反硝化作用或降低有机化合物含量；

（4）为除掉有机化合物，在碳介质上的吸附过程；

（5）为除掉放射性核素，而在沸石上进行离子交换；

（6）水的微生物稳定作用，能保护热交换器和饮用水系统，防止细菌在其上繁殖、防止形成生物膜以及发生生物腐蚀。

为了建立理论基础，深床层过滤的模型已经集中于超微粒子上，集中于带有纳米技术背景的界面现象上。

快速过滤器已越来越多地采用合成材料，例如：建造了玻璃纤维的压力容器和焊接成的塑料水槽。

以前深床层过滤用的都是天然介质，其制造过程仅限于破碎、清洗及过筛。而现在有了工业制造的过滤介质，它们的密度和表面特性都能调节，这给深床层过滤器的设计提供了新的自由度。例如前述的 Howden-Wakeman 深床层过滤机（简称 HW 过滤机），其床层是由松散纤维组成，而不是传统的颗粒，材料是聚合物纤维或碳纤维，直径为 $1 \sim 10 \mu m$。

HW 过滤机的工作分为 3 个阶段：过滤阶段、清洗阶段、杀菌阶段。在过滤阶段，带孔的活塞在液压驱动下将松散的纤维压缩，形成 $5 \sim 10 cm$ 厚的滤层，其孔隙率为 80% ~ 83%。泵入机内悬浮液的含固量为 0.001% ~ 1%（体积分数），固体颗粒的尺寸为 $1 \sim 40 \mu m$。这样的滤层能滤掉 $0.2 \mu m$ 以上的颗粒。

过滤持续一定时间后，压降已达到允许的极限值，此时应进入纤维介质的洗涤阶段。因此，先将活塞提升至上位，使原来受压缩的滤层膨松。然后从过滤机的下部通入滤液清洗介质，使之再生。在此期间，活塞进行短暂的往复运动，发挥搅拌作用，促进清洗。

最后进入消毒杀菌阶段，由从下部通入的蒸汽进行杀菌。此时，采用碳纤维最为有利，因为碳纤维能承受住反复的蒸汽消毒，还没有侧面效应（纤维漂移）。而聚合物纤维却会出现漂移现象。

HW 过滤机的介质有高达 80% ~ 83% 的孔隙率，而传统的颗粒床层的孔隙率只有 35% ~ 47%。因此 HW 过滤机纳污能力大，过滤效率高，对 $3.5 \mu m$ 颗粒的去除率高达 99.992%。

HW 过滤机的水通量（$m^3/(m^2 \cdot h)$）取决于受压缩滤层的体积密度。

11.3.5　预敷层过滤

预敷层过滤（precoat filtration）也称预涂层过滤，其主要有两种应用方式。第一种是普通预敷层过滤，即首先用真空或加压的过滤机对助滤剂浆液进行过滤，再以形成的助滤剂饼层为过滤介质，对需要过滤的滤浆进行过滤，最终得到澄清的滤液（见图 11-8a 和图 11-8b）。这种预敷层过滤形式，适合于因含固体浓度较低和颗粒微小，而不能在预敷层上形成滤饼的场合。如果形成的滤饼较厚、致密又很黏，过滤阻力很大，那么就应采用第二种形式的预敷层过滤。即，先向需要过滤的滤浆中添加适量的助滤剂，形成混合浆；然后用预敷层过滤混合浆（见图 11-8c）。向滤浆中添加助滤剂，既能使滤饼结构疏松，提高渗透率，又有助于吸附微小颗粒。国外将此种过滤方式称为"Body Feed"，而国内的译法不一，这里称其为"疏松体加入过滤"。为了防止预敷层因收缩而出现裂纹，其密度应该较大。为此，配制的预敷层浆液的浓度要稀一些，一般为 3%~5%。厚的预敷层是几个薄层叠加而成的，称为叶理构造。预敷层的厚度应适当，过厚过滤阻力太大，表层结构也不密实，一旦浸入滤浆中，会出现部分脱落现象。反之，预敷层过薄时，污物颗粒有可能透过它而进入滤液中。

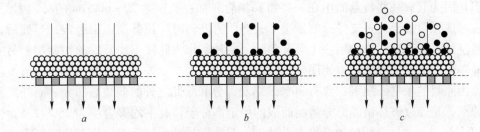

图 11-8　预敷层过滤的原理
a—预敷层的形成；b—预敷层过滤；c—疏松体加入的预敷层过滤

影响预敷层过滤效果的因素有：助滤剂的种类、助滤剂滤层的形成方法、助滤剂的剂量等。

11.3.5.1　助滤剂的种类

硅藻土是用得最普遍的助滤剂，其主要参数见表 11-2。与珍珠岩、纤维素相比，硅藻土的渗透性宽（0.05~30Darcy），孔的尺寸范围也宽（1.1~30μm），因此澄清效果好。它几乎不溶于所有的液体（热的苛性液除外），而且是良好的吸收剂（但是吸附性差）。

表 11-2　3 种助滤剂的主要技术参数

助滤剂	硅藻土	珍珠岩	纤维素
渗透性/Darcy	0.05~30	0.4~6	0.4~12
介质孔隙尺寸/μm	1.1~30	7~16	—
湿密度/kg·m^{-3}	260~320	150~270	60~320
可压缩性	低	中等	高

硅藻土预敷层过滤的用途很广，例如：动植物油脂、矿物油、有机溶剂、涂料、颜料、染料、化纤、肥料、酸碱盐、电镀液、化学品、药品、抗生物质、酒类、饮料、调料、饮用水、工业用水等。

除了上述普通硅藻土助滤剂之外，还有经过特殊处理的硅藻土助滤剂。经过酸洗的硅藻土，因为除掉了其中的氧化铁等成分，所以可用在连微量溶解也不允许的场合。经过硅酸盐化处理的硅藻土，可用来除掉动植物油脂、有机药品、可塑剂中的酸成分；还可用于动植物油脂和石油等产品的脱臭、脱色以及吸附胶体等杂质。经过表面活性敷层处理的硅藻土，可用于水的除浊和除色。

珍珠岩助滤剂的应用也比较广泛，渗透性属中等。将矿物珍珠岩膨胀、粉碎、分级，便得到了珍珠岩助滤剂产品。其颗粒外表看起来有点像鸡蛋皮，表面不透水。含有的可溶成分大致与硅藻土相同，易溶于热浓碱和氢氟酸，难溶于普通酸，在强酸中的溶解率不超过 2%。其 pH 值因产品来源不同而异，但是大致显中性。粒度为 $2\sim40\mu m$。

膨胀珍珠岩的使用方法和硅藻土相同。但是作为疏松体加入滤浆时，加入量大约等于原来滤浆中所含固体的量。在化学惰性和所得滤液澄清度方面，珍珠岩不如硅藻土。

纤维素纤维也是用于预敷层过滤的助滤剂。虽然其用途不如硅藻土和珍珠岩那样广泛，但是因为其有一些特点而用在一些特殊场合，如：长度为 $20\sim600\mu m$ 的纤维素纤维，能迅速形成预敷层，透过支撑筛的量很少；有压力波动时，预敷层也很稳定；过滤后，预敷层易洗掉。纤维素纤维的用法主要有两种，一种是作为硅藻土预敷层的初始层；另一种是与硅藻土等助滤剂混合起来使用。

作为原料的木材纤维素，含有 70% 的结晶部分和除此之外的非结晶部分。而纤维素纤维助滤剂，是通过破坏结晶部分精制而成的稳定高分子，其平均聚合度为 $250\sim555$，含纤维素 99.5% 以上。这样纯净的纤维素助滤剂，只含微量的无机元素，具有化学稳定性。在低温强碱中有很好的耐性，但在低浓度（17% 以下）碱中有膨润和溶解倾向。它对强酸和部分溶剂的耐性弱，但对稀酸和有机酸的耐性强；对水有亲和性，在油中不膨润。其 pH 值几乎呈中性（pH 值为 $6\sim7$），形状细长，直径为 $16\sim20\mu m$，长度为 $40\sim110\mu m$，相对密度为 $1.55\sim1.58$。因为在 150℃ 时会发生分解，所以它不能用于高温过滤。特别需要指出的是，它分散在水中时，会带上负电荷，除能吸引阳离子物质外，还稍有吸附性，能捕捉细小颗粒。

在国外，商品名为"Solka-Floc"的纤维素助滤剂是由美国 Brown 公司生产再由 Grefco 公司销售的产品。德国的 Rettenmaier 公司有两种纤维素纤维助滤剂：一种名为"Arbocel"的纤维素助滤剂以蔬菜纤维为原料，除掉了内含的木质素和半纤维素，属纯纤维素助滤剂。另一种纤维素助滤剂"Lignocel"，则是由处于天然状态的蔬菜纤维构成的。

纤维素助滤剂可单独使用，也可与其他助滤剂（硅藻土等）混合在一起使用。混合使用有一系列优点，例如：能促进预敷层的形成，预敷层强度好不易裂纹，能耐住流速和压力的波动，透过支撑筛网流失的颗粒最少。

纤维素助滤剂的用途也很多，例如：50% 的氢氧化钠、硅酸钠、矾土及电镀溶液的制备（硅藻土、珍珠岩在这样的碱化学领域不适用）；氯碱厂电解槽的盐过滤；除掉冷凝液中的固体颗粒和微量油；乳浊液破乳（水包油和油包水）；催化剂和稀土金属（经煅烧回收无树脂的纤维素助滤剂"Solka-Floc"）；啤酒和饮料（避免颗粒穿透预敷层进入滤液）。

11.3.5.2　预敷层的制备

预敷层过滤机分为连续工作的真空转鼓过滤机和间歇工作的加压过滤机，后者包括垂直滤叶式和烛式过滤机、水平叶滤机。真空过滤机的预敷层很厚，而加压过滤机的预敷层却较薄。下面以真空转鼓过滤机为例来说明制备预敷层的注意事项。

影响预敷层形成的因素有：助滤剂的材质和等级、助滤剂浆的浓度、施加的真空度、转鼓的浸入率和转速、支撑预敷层的筛网种类。助滤剂浆的浓度应当稀一些，一般为1%~5%，而转鼓的速度应快一些。压差先低，然后逐渐升高。这样做的好处在于：最初形成的预敷层密度不会过大，接着形成的外层密度也不会过低。为了过滤酸性和碱性滤浆，不可用中性助滤剂浆去形成预敷层，否则预敷层会因有疏松的凝聚块而出现裂纹。这种现象的出现不仅增大真空动力消耗，而且也会降低滤液的澄清度。

预敷层转鼓滤机与普通转鼓滤机的主要差别在于它们转鼓的浸入深度不同。前者的浸入深度为70%，形成的助滤剂饼的厚度为75~100mm，转鼓每转一周，切削刮刀的进给量为0.01~0.40mm，因此能连续工作240h。预敷层的性质很重要，它应当很结实，足以承受住刮刀的切削。还应能稳定地附着在支撑布或筛网上，不易裂纹，预敷层均匀，过滤阻力小，能在较小的层深处捕捉固体颗粒。因此，建议在下列条件下进行预敷：较高的转速、助滤剂浆的浓度为1%~2%（质量分数）、低真空度（13.33kPa）。在形成预敷层的过程中，应从低真空度缓慢增加到66.67kPa，这是因为，随着预敷层厚度的增加，流动阻力也在增大。预敷层的堵塞现象是由以下3个因素造成的：固体沉淀物引起的过滤阻力、预敷层本身的阻力、刮刀的进刀。预敷层发生堵塞的深度不应太浅，而是越深越好。预敷层发生堵塞的深度与刮刀进给速度的关系如图11-9所示，从图中可看出，转鼓每转一周进给0.22mm时为最佳，即发生堵塞的深度最深。

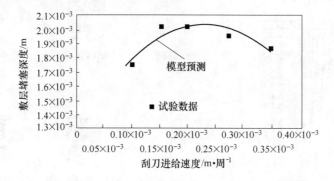

图 11-9　堵塞深度与刮刀进给速度的关系

除了真空转鼓过滤机外，还有间歇工作的加压预敷层过滤机。它们采用管状的垂直滤烛和片状滤叶。当预敷层为捕捉到的颗粒所饱和时，就要用反冲洗或水喷射除掉预敷层。垂直过滤面的缺点是形成的饼厚不均匀，底部层厚，而上部层薄。考虑到重力引起的此种现象，现在有些公司已将滤烛制成锥形，下部细而上部粗。还有的过滤机采用水平滤叶（如芬达过滤机），其优点是预敷层厚度均匀，缺点是单位筒体体积的过滤面积小。

11.3.6　滤芯过滤

11.3.6.1　滤芯的几何形状和过滤类型

能完整地从过滤机中拆卸下来，以便维修或更换的过滤部件称为滤芯。

滤芯是嵌入了过滤介质的特殊部件，能以容易拆卸和更换的方式，提供经济的过滤设备。对于浓度低于0.1%（质量分数）和颗粒尺寸小于40μm的悬浮液，滤芯很有用，因此常用于液体的澄清过滤和除菌。随着膜技术的进步，滤芯已能捕捉到直径1μm以上的全部颗粒，还能除掉低于这个尺寸的胶体。目前，滤芯已经广泛用于各个领域，市场非常大，尤其是用在制药、电子、汽车及其他需要保护机器免于颗粒危害的领域。

根据洗涤特性，可将滤芯分为4类：

（1）一次性滤芯。它属于不能洗涤，用后即弃的滤芯，多用在化工和加工工业中。

（2）就地反冲洗滤芯。每次反冲洗后还可再用，然后更换，多用在化工和加工工业中。

（3）返回出售公司清洗的滤芯。此类滤芯多用在聚合物制造厂或加工厂。

（4）要求回收的滤芯。滤芯用后必须返回其制造厂处理，多用在高压的液压系统中。

一般来说，筛滤或表面过滤的滤芯容易洗涤，而深度过滤的滤芯是在内部捕捉颗粒的，因此难以清洗。

滤芯的几何形状多数如图11-10所示。单个滤芯的过滤能力有限，例如一个254mm长的标准滤芯，当其过滤掉20g的10μm颗粒后，过滤压降便达到了允许极限。因此为了增大滤芯过滤机的纳污能力，可采用带褶的滤芯或多个平行并联的滤芯。

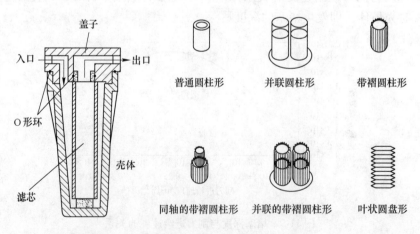

图 11-10　滤芯的几何形状

滤芯有"绝对"和"标称"之分。"绝对"意味着能从液体中将额定尺寸以上的颗粒完全滤掉。而"标称"则意味着能从液体中以高百分率（如90%以上）除掉颗粒。

用来制造滤芯的材料有：羊毛、棉花、玻璃纤维、纤维素纤维、纤维素酯、尼龙66、聚丙烯、聚四氟乙烯（PTFE）、聚偏氟乙烯（polivinyliden fluorid，即PVDF）、烧结金属粉末和烧结金属纤维（不锈钢、蒙乃尔合金、奇异金属合金）、陶瓷、各种织物和经过处理的纸等。应当指出，在用疏水的 PTFE 和聚丙烯滤芯膜过滤水时，必须用能与水混溶的、表面张力低的液体预先润湿滤芯，或者用必要的高压力迫使水通过滤芯膜上的微孔。

按照捕捉颗粒的部位，可将滤芯分成 3 类：深度过滤滤芯、表面过滤滤芯、边缘过滤滤芯。下面只介绍深度过滤滤芯。

11.3.6.2　深度过滤滤芯

几乎所有的澄清过滤机理（表面筛滤除外），都与深度过滤滤芯有关。深度滤芯过滤（depth cartridge）是在滤芯内部的孔隙中捕捉颗粒。深度过滤滤芯分为 4 种类型：均匀型滤芯、不均匀型滤芯、黏合型滤芯、纱线缠绕型滤芯。其中，后两种滤芯应用最广泛。

均匀型滤芯的材料为：烧结的金属粉末、烧结的金属纤维、烧结的织造金属网（5 层金属网）以及这些材料的任意组合。它们全都属于深度过滤，过滤的额定值是 3~500μm。

由比利时 Bekaert 公司推出的烧结金属纤维介质，其孔隙率高达 87%，因此具有流速高、压降低的优点，能捕捉 3μm 以上的颗粒。采用的材料为不锈钢 316L、因康镍合金（Inconel 601）、哈司特洛依 X、蒙乃尔合金等。

此外，玻璃纤维和 PTFE 等聚合物纤维滤芯都具有均匀的毡式内部结构。Pall 公司提供的 PTFE 滤芯膜如图 11-11 所示。从图中可看到，在 PTFE 纤维的结点之间有张紧的细纤维。

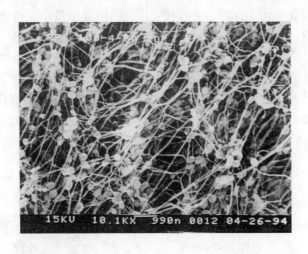

图 11-11　PTFE 滤芯膜（放大 1000 倍）

不对称膜是指：一个膜表面比另一个膜表面疏松，液体从疏松面流入，再从较细密的面流出；悬浮颗粒在到达细密膜面之前被捕捉。也就是说，这样的膜具有不对称的孔结构，如图 11-12 所示。该图是由 Domnick Hunter 公司提供的，这种膜称为 ASYPOR 膜，也是用聚合物制成的。该膜可以替代均匀型滤芯膜。总之，随着膜技术的进步，那些采用膜的滤芯能捕捉到直径在 1μm 以上的颗粒，还能除掉低于该尺寸的胶体。

Pall 公司推出的分层滤芯的断面如图 11-13 所示，材料是锦纶或聚丙烯。滤芯的外层孔径为 40μm，里层孔径为 0.5μm。孔径的变化是通过改变纤维直径实现的，孔的密度也均匀。这样的不均匀型滤芯，具有较高的孔隙体积和工作寿命。

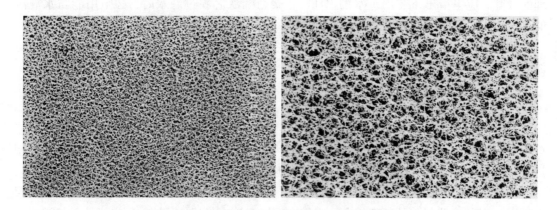

图 11-12　ASYPOR 膜的不对称孔结构

　　有些分层的不均匀型滤芯采用了金属材料，其里层和外层分别由不同尺寸的烧结金属微珠构成，外层的珠大，里层的珠小。外层起着预过滤的作用，里层起着最终过滤的作用。烧结金属珠滤层是在金属支撑网上形成的，不仅能完成精细过滤，而且机械强度高。此外，滤层材料还可用陶瓷，而支撑体的材料可为金属。

　　黏合滤芯是这样制成的：先用合成纤维或天然纤维形成滤芯的厚滤层，然后用树脂浸过，以便将纤维固定住。由于此滤芯是自我支撑的，因此质量小，价廉又多孔。滤芯中的孔隙尺寸取决于纤维滤层的形成方法。

　　纱绳缠绕滤芯（见图 11-14）是这样制成的：先用原料纤维纺成纱绳，然后将纱绳缠绕在既旋转又做往复运动的带孔芯轴上。这样的滤芯有很大的纳污能力，并且在滤层的内部捕捉颗粒。纱绳的材料为羊毛、棉花、玻璃纤维或者合成纤维。为了提高此种滤芯的颗粒捕捉能力，纱绳表面被刷子刷过，借以增加绒毛。这些绒毛随机地叠在一起，形成了孔隙微小的滤层。如果在同一芯轴上以不同的节距缠绕纱绳，就能得到某种程度的不均匀性。

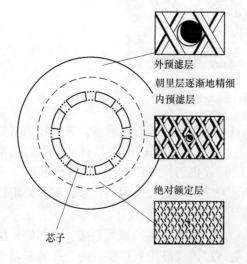

外预滤层

朝里层逐渐地精细

内预滤层

绝对额定层

芯子

图 11-13　分层滤芯的断面

图 11-14　纱绳缠绕滤芯

　　图 11-14 是由广东正业科技股份有限公司提供的纱绳缠绕滤芯。其生产的纱绳缠绕滤芯系列都要经过孔径测量仪的检测，因而售出产品的质量得以确保。

　　下面介绍近年来发展很快的熔喷滤芯，其制造原理如图 11-15 所示。

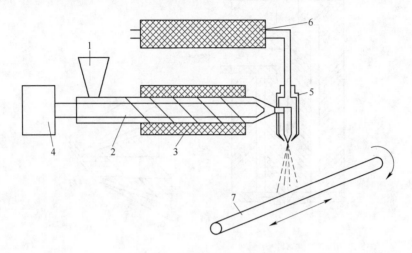

图 11-15　熔喷滤芯的制造原理

1—料斗；2—挤压螺杆；3—电加热器；4—齿轮变速箱；5—热空气喷嘴；
6—压缩空气加热器；7—装有芯子的枢轴

　　首先将粒状聚合物倒入料斗 1 中，使之到达挤压螺杆 2。电加热器 3 对挤压螺杆加热时，要精确控制温度，使聚合物边熔融边受挤压。为了精确地控制螺杆的转速，可用变频器给电机供电。螺杆将聚合物挤入压模，并受到来自加热器 6 的压缩空气的喷吹，再从一排喷嘴中挤出。压模内的挤压力为 3MPa，温度为 400℃。热空气喷嘴 5 围绕着聚合物喷嘴（喷丝嘴）向下喷气，将聚合物挤出的丝拉长，形成细纤维。细纤维被收集在装有芯子的枢轴 7 上，枢轴一边旋转一边轴向往复运动，借以形成缠绕型滤芯。

　　此项技术的优点是能制成各层不同的多层滤芯。例如：能通过改变热空气的流速来控制纤维的直径；还可通过改变喷嘴至枢轴的距离来改变滤芯的孔隙率。此项技术的要点是：熔喷压模的设计、成丝过程的控制。压模的材质要好，抽丝流道要合理和精确。

　　成丝过程中，不能有停滞区，否则会引起聚合物的碳化。压模的设计误差会影响纤维的形成，落下的滴状聚合物会使滤芯不合格。压模喷丝嘴的直径为 0.2~1mm，喷丝嘴有 10~30 个。各喷丝嘴之间的距离为几个喷丝嘴直径那么大。环绕着喷丝嘴的气隙为 0.1~3mm。用这样的压模可得到 10~100μm 的纤维。通过改变聚合物的材质，就能改变纤维的直径。用激光衍射法来在线控制纤维的直径。

　　滤芯的孔隙率取决于热空气的温度和流量、聚合物的流速、压模与芯轴之间的距离。此外，聚合物的性质和空气喷嘴的形状也会影响加工的稳定性，应当注意。熔喷压模的剖面如图 11-16 所示。

　　熔喷滤芯的材料为聚丙烯，它被选中的原因是：聚丙烯不易过热，短时间内能耐住 450℃的高温。而另外的一些聚合物过热时会放出有毒气体，严重时会损坏挤压器或压模。

　　为了增大滤芯的纳污能力并延长其使用寿命，滤芯的结构应合理，即外层为高孔隙率

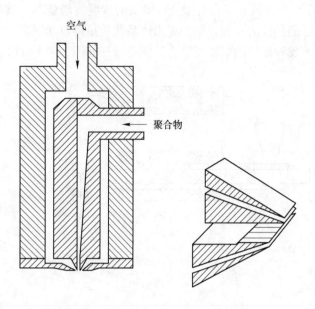

图 11-16　熔喷压模的剖面

的粗纤维，而里层的纤维直径和孔隙率稍有减小。这种滤芯的纳污质量可达到滤芯自重的 2 倍，能滤出 $10\mu m$ 的颗粒，最大压降为 0.15MPa。

现在，人工神经网络已用于纤维滤芯过滤效率和压降的模化，它是在德尔斐帕斯卡编译程式下开发的简单计算机程序。

长期以来，聚合物纤维滤芯由于具有过滤效率高、寿命长、价格低等优点，而广泛用于液体和气体过滤。直至今日，其使用和生产势头仍在快速增长。绝大多数纤维滤芯都用耐久性强的聚合物（主要是聚丙烯）作为原料，而且用后即弃。弃掉的滤芯在自然条件下很难被降解，造成了环境问题。为了解决这一问题，往往采用焚烧法进行处理，但是这样做不仅费用高，而且产生的毒性气体又对环境产生二次污染，所以是不可取的。

最好的办法是，用可生物降解的聚合物制造滤芯。这样的滤芯经弃后堆肥，被细菌消化，成为可微生物降解的塑料，最后只留下二氧化碳和水。

可微生物降解的聚合物可在细菌、霉菌的生物学作用下发生分解。分解的产物也就是菌类的新陈代谢产物。大多数可微生物降解的聚合物也能在水、空气、阳光（尤其是短波部分——紫外光）影响下降解。滤芯的可堆肥性是指聚合物在堆肥过程中发生生物学破裂的能力。

目前，可买到的能发生生物学降解的新型聚合物材料有：

（1）乳酸与脂肪族聚酯的二元共聚物（CPLA）；

（2）可微生物降解的聚酯；

（3）聚酰胺脂；

（4）可微生物降解的聚乙烯和聚丙烯。

其中，CPLA 是热塑性可生物降解的聚合物之一，化学结构如下（从中可看出，CPLA 是聚乳酸与脂肪族聚酯的共聚物）：

$$\begin{bmatrix} & CH_3 \\ OCHC & \\ & \\ O \end{bmatrix}_m \begin{bmatrix} (O{-}R){-}OC{-}R{-}C \\ O \qquad\qquad O \end{bmatrix}_n$$

　　CPLA 是这样制成的：借助催化剂，将脂肪族聚酯和丙交酯共聚成乳酸的环状共聚物。此二元共聚物是透明的，并且能在不同的共聚比下被制成柔韧性产品或刚性产品。用 CPLA 制成的滤芯能用来过滤水、油、低浓度酸、碳氢化合物及乙醇，使用温度在 120℃ 以下。借助自然环境中的微生物酶、水分及阳光的作用，CPLA 能断裂成相对分子质量小的聚合物。然后由于微生物的代谢反应，已成为相对分子质量小的聚合物生成了二氧化碳和水，因而实现了废弃滤芯的无害化。废弃的 CPLA 在 5~6 个月时开始断裂，12 个月后已看不出其原来的形态。

　　标准的聚乙烯原本不能生物降解，但是经过特殊处理后，便能在自然环境下降解成二氧化碳和水。特殊处理时，采用高温和高机械应力破坏聚乙烯的链，导致自由基的形成。聚合物链上形成自由基的部位氧化后便得到了可降解、寿命短的塑料产品。

　　为了制成可微生物降解的聚丙烯，需要对标准聚丙烯进行特殊处理，同时要添加降解催化剂。也就是说，在标准聚丙烯纤维的形成过程中，对其施加高的机械应力和高温以及催化氧化，从而破坏纤维的化学结合，并且在聚合物链上产生自由基。

　　对特殊处理过的聚丙烯纤维进行的试验表明：其质量无明显改变，力学性能变差；3 个月后，其质量减轻 8%~10%，拿在手中就坏掉了。应当指出，降解纤维力学性能的变差对深度过滤的滤芯不太重要。将其放在硫酸和氢氧化钠中，未发现明显变化。

　　可微生物降解的聚酯是聚对苯二甲酸乙二醇酯的共聚物。聚酰胺酯是己内酰胺、丁二醛、己二酸及其他组分的共聚物。这两种聚合物除了用来生产可处置刀叉餐具、帽子、袋子及其他产品外，还可作为生产纤维滤芯的原料。这些聚合物的降解时间相当短，堆肥 1~3 周后，质量损失达到 50%。但是，降解速度太快，会在过滤热水时出现问题。

　　以名为 Biomax 的可降解聚合物为原料，用熔喷技术制成的滤芯表现出很好的过滤性能，对 10μm 颗粒的过滤效率为 95%。将其堆肥 4 个月后，力学性能变差，质量损失为 15%。

11.4 过滤介质

　　1960 年以前，制造过滤介质的主要材料是棉花、羊毛及纤维素。此后，人造纤维开始应用，并且不断地取得惊人的发展。目前，过滤技术的应用已深入到人类活动的各个领域，而作为过滤机心脏的过滤介质，也相应取得了长足进步，下面对过滤介质加以介绍。

11.4.1 基本纤维和纤丝

　　用来制造织造布、非织造布、网状织物的基本纤维和纤丝的发展，主要体现在人工合成聚合物、金属、玻璃、陶瓷及碳等方面。

　　挤压热塑性聚合物通过喷丝头后，便得到了纤维或纤丝。其中，最重要的开发成果当属 PTFE 纤维（ePTFE），它是用来制造过滤介质更新、更强的纤维。

　　人工合成纤维和纤丝的直径可做到非常细，以便除掉细颗粒。纳米纤维（nanofibres）

的直径为 20~200nm。用来制造纳米纤维的材料包括：有机物（尼龙、聚酯、芳族聚酰胺、丙烯），生物聚合物（蛋白质、胶原纤维），活性炭。用这些材料还能制造孔隙率非常高、随机铺成的纤维膜。

纤维和纤丝的横截面除了是圆形，还可以是其他形状，例如：聚酯纤维和纤丝的横截面形状有圆形、星形、三角形、空心椭圆形；醋酸纤维素纤维和纤丝的横截面为鞋垫形。有些纤维和纤丝在挤压中特意形成褶子，例如商品名为"Autoloft"的聚丙烯纤维，在挤压中形成了螺旋形褶子，使之具有了三维结构。

现在聚丙烯（PP）纤维已成为市场新亮点，美国、西欧及日本等国都各自开发了高功能性和高性能的 PP 纤维。例如：美国开发了具有抗菌，阻燃、抗静电、抗污染等多功能的 PP 纤维；西欧开发了可导电、可生物降解的 PP 纤维；日本推出了环保型 PP 纤维，并且由粗旦向细旦乃至超细旦发展。随着茂金属催化剂在 PP 生产中的成功应用，现已能生产出超细旦及熔喷非织造布等功能性 PP 产品。

日本的旭化成株式会社推出了名为サラン®的纤维，其主要成分是二氯乙烯共聚物。该纤维的优点为：优良的耐腐蚀性、高的难燃性、吸水率在 0.1% 以下、防霉菌。用该纤维织成的滤布有以下主要用途：镀金时作为阳极滤袋、离子交换装置中的滤布、水平带式真空过滤机中的滤布等。其工作环境中有高浓度的酸或碱液，所以对滤布的耐腐蚀性要求特别高。

现在的过滤介质已经不用棉、毛、麻、丝、粘胶纤维等普通纤维，而是大量采用丙纶、锦纶、涤纶、腈纶、腈氯纶及芳砜纶等合成纤维，还有玻璃纤维、陶瓷纤维、金属纤维等。这些纤维经过机织、针织、非织造等加工过程，便成了过滤介质。

除了普通纤维，有时会需要使用特种纤维过滤介质。特种纤维包括：耐强腐蚀性纤维、耐高温纤维、碳纤维、活性炭纤维、离子交换纤维、超细纤维等。

日本的东丽公司开发的一种纳米纤维生产技术，可生产出直径为数十纳米的尼龙单丝。可用来制造非织造布。此外，聚对苯二甲酸乙二醇酯（PET）和聚苯硫醚（PPS）的纳米纤维也可用来制造非织造布。

用离子交换纤维制成的针刺非织造布，在电镀废水处理中显示出好于活性炭或活性炭纤维的效果。

含银的中空活性炭纤维不仅有良好的吸附性，而且有较强的杀菌功能。

11.4.2　织造过滤介质

织造过滤介质的进步体现在两个方面，一是纱和丝的材料，二是介质的组织结构。40多年前，几乎所有的织造介质都采用纤维纺成的纱。而现在大都采用单丝或复丝，并且经纱和纬纱为不同的丝。有些织造介质在使用原纤维化的纱（fibrillated tape yarns）和带静电荷的纱。织成的布有时需进行一种或多种表面处理，例如压光、拉毛、等离子处理等。有些布可进行表面涂覆（或在织造时将材料嵌入），还可通过迭层、多层织造得到多层滤布。但是，Madison Filter's 公司生产的名为"Filterlink"的织造介质，却是织造作业最少的通用介质之一，如图 11-17 所示。

织造布的原料除了聚丙烯和聚四氟乙烯之外，还有聚酯（PET）、聚酰胺（PA）、聚苯硫醚（PPS）、芳族聚酰亚胺（P84）、聚醚酮醚（PEEK）。

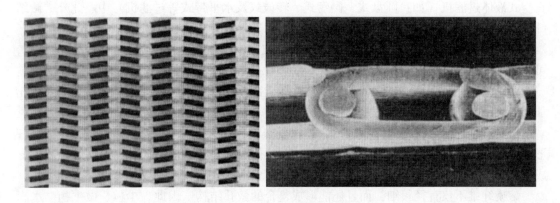

图 11-17 "Filterlink" 介质

双层织造（DLW）是新技术之一。双层织造布的顶层比较致密，担当过滤任务，而下层比较稀疏，起支撑作用。单层平纹结构与双层结构的比较如图 11-18 所示，后者是在专门织机上通过纬纱将上下层结合起来的。

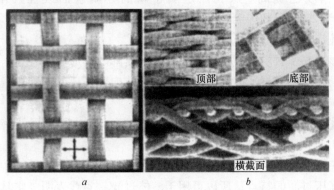

图 11-18 单层平纹结构与双层结构的比较
a—单层平纹结构；b—双层结构

有报告称，双层布已成功应用在水平带式真空过滤机上，该机用于烟道气脱硫的石膏脱水过程时，显示出非常好的性能。

11.4.3 非织造过滤介质

11.4.3.1 非织造过滤介质的革新

由于对针刺毡采用了一些新技术，解决了其强度问题和纤维脱落问题，所以其在许多种类的过滤机上得到了应用，这些新技术包括：

（1）在毡的表面置以微细纤维；

（2）对毡的表面施以光滑精加工；

（3）采用更好更强的平纹增强布。

采用以上新技术后，针刺毡的应用范围明显扩大，既可用在除尘过滤机中，又可用在真空式液体过滤机（如：圆盘式、翻盘式、转鼓式及水平带式等过滤机）中。此外，微细纤维针刺毡已应用在加压容器式过滤机上，可用来过滤食品和药品。

在针刺毡技术之后，人们又开发了水刺毡技术。此项技术以水流为缠结纤维的工具，可用来制造复合纤维介质和多层介质。

纺粘法（spunbond）非织造布是指长丝纤维铺置成网后再通过纤维自身黏合或者热轧加固而成的非织造布，它常用来制造滤芯等介质。

熔喷纤维过滤介质是这样制成的：迫使受热的热塑性聚合物通过毛细管般的喷丝孔，形成非常细的纤维，这些纤维彼此缠结在一起，便成为垫状介质。此外，熔喷纤维还可形成滤芯。

熔喷纤维不仅直径很细，而且还能形成复合的微孔结构。因此，尘粒、微生物、水滴难以通过。但是，结构很细的特点使其很脆弱。为了使其强度提高，效率更好，需要采用混成材料（SMS，即纺粘—熔喷—纺粘）。

微孔涂层是介质表面改性技术之一。织造和非织造过滤介质曾用过的表面改性技术包括轧光和烧毛。这些技术旨在控制介质孔的尺寸、渗透性和提高卸饼性。这些技术现在仍然在用，只不过精度已提高。微孔涂层属于新的介质表面改性技术，由 P&S 公司（Madison Filter）于 20 世纪 80 年代推出。该技术是指将聚合物乳胶液涂覆在针刺毡上，制成具有薄的微孔涂层的过滤介质（见图 11-19）。

涂层介质明显提高了颗粒的截留能力，降低了压降。其原因就在于，细颗粒由介质表面截留，更细的颗粒虽然穿过了表面，但是进入毡衬内部后还是未能逃逸。该项技术通称为 MFTM（microporous finish）。

继开发了上述用于气体过滤的微孔涂层介质之后，该公司又用低密度聚氨酯（PU）开发出了两种介质 Primapor 和 Azurtex。

Primapor 是在聚酯无纺布衬底上涂覆 PU 涂层而制成的，如图 11-20 所示。由于该介质具有高效、耐高压过滤的特点，所以可用于液体过滤。实践表明，它具有能截留超微颗粒、滤液澄清度好、寿命长及卸饼性能卓越等特点。

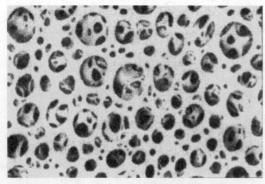

图 11-19　用泡沫状聚合物乳胶形成的
表面涂层（放大 1200 倍）

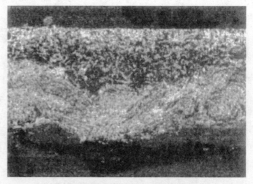

图 11-20　微孔涂层介质 Primapor 的
横截面（SEM 图）

Azurtex 也是 PU 涂层介质，不同于 Primapor 之处是：其涂层结合在非织造衬底的上面或者里面，而且 PU 网既可加到聚丙烯（PP）衬底中，也可加到聚酯（PET）衬底中。它除了能用在化学和机械领域，还有类似于 Primapor 的特性。

等离子处理是改变多种过滤介质表面性质的重要技术。此技术能产生新产品，取代湿法处理纺织品。等离子称为物质的第四态，是产生离子气的带电气体。该气体是由原子、分子、离子及电子共同组成的，具有使材料活化或刻蚀的潜能。这里说的材料包括：天然材料、合成材料及陶瓷材料。通常，等离子处理可用来改变合成纤维的亲水性、疏水性、接触角及结构，还可用来提高过滤介质的静电性。例如：空气等离子处理熔喷材料时，可提高微纤维的表面积或改善介质的表面清洁度。

多功能过滤介质具有一种以上的功能。例如用于热气过滤的陶瓷介质 cerafil Topkat，采用催化剂作为活性材料可用来氧化二氧芑和还原 NO_x，同时保持过滤颗粒在高温下的传统功能。

催化剂是由几种氧化物组成的混合物，它均匀分布在介质中。借助介质组成材料的优良特性，催化剂的作用更加显著。纳米技术的应用，消除了普通催化剂的扩散、限制、结块等现象，使介质除粒的效果更佳。催化剂附着在过滤介质纤维上的 SEM（扫描电镜）图像如图 11-21 所示，从图中可看到微米级和纳米级催化剂的附着情况。

带有催化剂的陶瓷介质 Topkat，除了固有的耐高温和高过滤效率性之外，还可

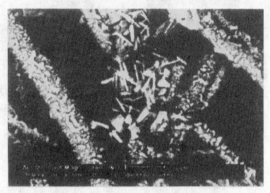

图 11-21 催化剂附着在过滤介质
纤维上的 SEM 图像

以降低二氧芑、NO_x 及 VOC 散发。用此介质可简化热气过滤的过程，降低能耗。

以下介绍两种最新的非织造布。

11.4.3.2 双组分长丝成网的非织造布

A 双组分长丝的组成材料

交通工具舱室内的空气过滤器分为两种类型：第一类是颗粒过滤器，采用单层或多层非织造布作为过滤介质。第二类是组合过滤器，其过滤介质由非织造布和活性炭组成；其中，活性炭起过滤和吸收异味的作用，而非织造布起支撑活性炭和预过滤的作用。这两类过滤器都通过介质打褶来增大过滤面积。

目前对舱室过滤器的改进要求是，提高过滤效率和降低过滤压差。这里所介绍的带有双组分长丝网的非织造布，完全能满足这些要求。该非织造布是由荷兰开发的，其所用的双组分长丝的材料有：聚酯（PET）、聚丙烯（PP）及聚酰胺（PA-6）。长丝的心部材料为 PET，强度高；长丝的表皮材料是熔点低的聚合物 PA-6 或 PP。

B 双组分长丝的制造

该非织造布的独特制造工艺分为两个步骤。第一步，将选定的聚合物经喷丝口挤压成规定直径（如 $22\mu m$、$30\mu m$、$37\mu m$）的双组分长丝。双组分长丝的截面如图 11-22a 所示。长丝的直径可根据需要来确定。丝径大时，非织造布的透气性好，过滤流量高；而丝

径小时，非织造布的过滤效果好，能捕捉到较小颗粒，但透气性较差。第二步是铺网。由于双组分长丝的表皮材料为低熔点聚合物，所以丝与丝的交叉搭接点容易热粘合，而且粘合点多，粘合结实。丝间搭接点的粘合情况如图11-22b所示。

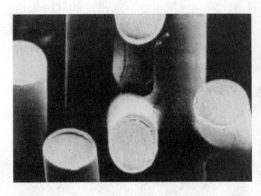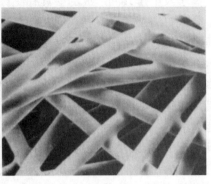

a   *b*

图11-22　双组分长丝的截面和粘合

a—长丝的截面；*b*—长丝的粘合

C　双组分长丝非织造布的特性

独特的制造工艺使双组分长丝非织造布具有了以下特性：

（1）透气性可调节。可通过调节长丝的直径来得到透气性不同的非织造布。例如，希望好的透气性时，就应挤压出较大径的长丝。依此制成的非织造布，过滤速度快，过滤压差小（节能）。缺点是，过滤较小粒径的能力逊于小径长丝。反之，采用小径长丝的非织造布很密实，适合作为活性炭的支撑层，而且本身起到的预过滤作用也好于大径长丝非织造布。

图11-23给出了透气性与单位面积非织造布质量之间的关系。试验条件：材质采用PET/PA-6，丝径采用37μm、30μm、22μm。非织造布样本上有效面积为20cm^2，通气压力为2mbar（200Pa）。从图中可看出，透气性随着质量的增加而变差；在质量相同情况下，采用大径长丝的非织造布的透气性较好。

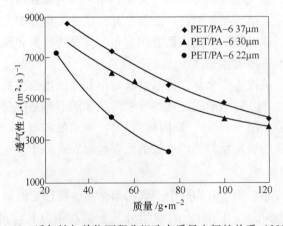

图11-23　透气性与单位面积非织造布质量之间的关系（200Pa）

（2）打褶性好。与平面相比，褶面的有效过滤面积大很多。在空气过滤器设计时，褶的挺度和形状关系到最佳空气流量。前面已经说过，双组分长丝的表皮为低熔点聚合物，长丝之间的众多接触点（也称结点）在受热研光时结合得很牢固；因此，用其成网的非织造布的挺度明显好于其他各类非织造布。挺度可由 Gurley 挺度试验测出。图 11-24 给出了双组分长丝非织造布的挺度与单位面积布质量的关系。可以看出，挺度在随着质量的增加而增大。挺度好有助于制成角度尖锐的褶，而且褶不易变形。另外，双组分长丝的直径几乎与挺度无关。

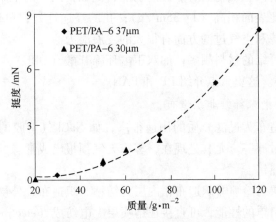

图 11-24 挺度与单位面积非织造布质量的关系

由于双组分长丝之间的结点粘合牢固，所以用其制成的非织造布有较高的断裂强度。这不但有助于布尺寸的稳定性，而且有利于制成尖锐的褶角。从图 11-25 可以看出，断裂强度与质量之间呈线性关系；而且在丝径 $22 \sim 37 \mu m$ 范围内，丝的直径不影响断裂强度。

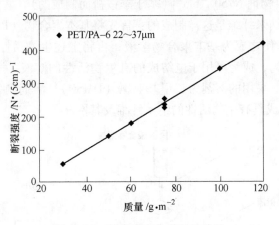

图 11-25 断裂强度与质量的关系

（3）黏着性好。双组分长丝纺丝成网后，需要与其他材料黏着叠成在一起成为非织造布。黏着方式有热研光、超声波及黏着剂等。双组分长丝黏着性的改善，可通过改变其表皮聚合物的种类来达成。例如，在长丝网的黏着对象为 PP 熔喷非织造材料时，宜采用 PET/PP 长丝网，而不是 PET/PA-6。相比之下，PA-6 对 PP 的黏着性较差。

11.4.3.3　生物活性纳米纤维非织造布

A　纳米纤维及其网的材料和特性

纳米纤维是指直径小于 $1\mu m$ 或小于 100nm 的纤维。其特点是：质轻、柔软、强度高、吸湿性好。丝的断面形状有多种，如矩形、环形等。在过滤领域，环形断面纳米纤维用得较多。

用纳米纤维制成的网状织物具有非凡的功能，例如：网中的毛细管多，改善了透气性和透湿性；网孔小，比表面积高（ $1\sim35m^2/g$ ）；孔的互通性好；单位面积质量轻。因此，纳米纤维织物在水过滤和空气过滤方面有很大的发展潜力。

可用来制造纳米纤维的材料颇多，如双丁酰环腺苷酸（DBC）、聚丙烯（PP）聚丙烯腈（PAN）、尼龙 6 等。这里重点介绍 PP 和 PAN。

B　有生物活性的纳米纤维非织造布

以纳米纤维非织造布为过滤介质的用途很广，如 NaCl 气溶胶的过滤、生物气溶胶的过滤、链烷烃油雾的过滤等。尤其是现在，雾霾天气预报已成常态，PM2.5 对人的呼吸道危害很大，致使口罩热销。

普通口罩的中间层为熔喷非织造布，内层为纺粘非织造布，外层为针刺非织造布。为了提高熔喷非织造布口罩的性能，可直接在熔喷层上电纺成（electrospinning）聚丙烯腈纳米纤维网（称为气溶胶颗粒的机械网）。

为了使普通纳米纤维具有生物活性，借以消除大肠杆菌、葡萄球菌的危害，应在制纳米纤维时添加生物活性剂。对皮肤无害的生物活性剂包括：波兰产的固体硝酸银（ $AgNO_3$ ）、韩国产的 NPS100（水溶性杀菌杀霉剂，含有 2000mg/L 的硝酸银纳米颗粒等成分）、波兰产的杀微生物剂 N750 "bio"（基于季铵盐而制成的）。

具有生物活性的纳米纤维是这样制成的：首先将基本聚合物（PAN）浸入溶剂中；然后在 40℃下搅拌 5h，使之成为基本聚合物溶液；再将上述生物活性剂之一（如 "bio"）加到此溶液中搅拌均匀，成为可用于电纺成的有生物活性的溶液。搅拌要在 20℃下进行，以防生物活性剂变质。采用的溶剂为二甲基亚砜（DMSO）。溶剂制备后，就可利用图 11-26 所示电纺成装置制成具有生物活性的纳米纤维及其网。

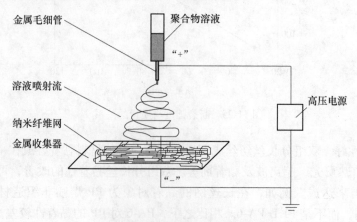

图 11-26　毛细管电纺成装置

电纺成装置组成包括：直流高压电源、聚合物溶液筒及其下端的金属毛细管、纳米纤维收集器等。操作时，先将已制备好的溶液装入溶液筒中，然后在毛细管和收集器之间施加高压直流电，借以在毛细管和收集器之间形成电场。当溶液流出毛细管时，溶剂气化，而聚合物的微细流则呈丝状落到收集器上，成为纳米纤维网。如果该网直接落在熔喷非织造支撑层上，便形成了有纳米纤维滤的非织造布。

C 生物活性纳米纤维非织造布的特性

纳米纤维网的支撑层可以是熔喷层（图 11-27），也可以是纺粘层（或称纺成层，图11-28）。

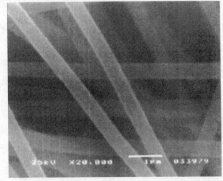

图 11-27 收集在熔喷下层上的纳米纤维

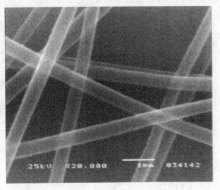

图 11-28 收集在纺粘层下层上的纳米纤维

不同纳米纤维直径下，纳米纤维/熔喷层非织造布的过滤特性见表 11-3。由表可以看出，在纳米纤维直径相同的情况下，增粗纳米纤维可减少 NaCl 和油雾的渗入，但增大了流动阻力。在层厚相同的情况下，将纳米纤维直径从 373nm 降到 253nm 时，NaCl 和油雾的渗入均有所降低。

表 11-4 给出了不同纳米纤维网厚的纳米纤维/熔喷层的过滤特性。也就是说，给出了纳米纤维网厚度对纳米纤维网/熔喷层的过滤特性有何影响。

表 11-3　不同纳米纤维直径下，纳米纤维/熔喷层非织造布的过滤特性

序号	纳米纤维直径	单位面积纳米纤维的质量 /g·m⁻²	NaCl 渗入 12.2cm/s (102mm, 60L/min) /%	油雾渗入 12.2cm/s (102mm, 60L/min) /%	阻力 9.8cm/s (102mm, 48L/min) /Pa
1	细纳米纤维：约 253nm	0.95	1.48	1.30	160.5
2		2.38	0.57	0.40	297.2
3	粗纳米纤维：约 373nm	2.46	1.45	1.03	303.5

表 11-4　带有不同纳米纤维网厚的纳米纤维网/熔喷层的过滤特性

序号	单位面积纳米纤维的质量 /g·m⁻²	NaCl 渗入 12.2cm/s (102mm, 60L/min) /%	油雾渗入 12.2cm/s (102mm, 60L/min) /%	阻力 9.8cm/s (102mm, 48L/min) /Pa
熔喷	50	2~6	4~8	60
	纳米纤维网	纳米纤维网/熔喷层		
				最大 容许值：120Pa
1	0.26	6.44	4.21	66.13
2	0.75	1.86	2.91	91.26
3	1.13	1.26	1.48	107.03
4	1.46	1.17	1.09	128.17

表 11-4 涉及的样本是，将单位质量不同的纳米纤维网直接电纺成在聚丙烯熔喷层上形成的。纳米纤维网的单重越大，NaCl 和油雾的渗入便越少。当然，阻力也越大。通常，以单重表示纳米纤维网的厚度。

生物活性剂对纳米纤维的生物学特性有决定性影响。生物活性剂的作用取决于其活度，而活度可用下式算出：

$$A = \lg B/C$$

式中　A——抗微生物活度（或称杀虫活度）；

　　　B——时间 t＝0 之后，每个纳米纤维样本上的微生物数；

　　　C——生物活性纳米纤维在曝光时间 t 之后每个样本上的微生物数。

$A<0.5$ 的为低活度，表示细菌数减少了 3 倍。而 $A \geq 3$ 的为高活度，表示细菌数减少了千倍。

生物活性纳米纤维抗菌的杀虫活度如图 11-29 所示，涉及的细菌为大肠杆菌和黄色葡萄球菌。由图可看出，生物活性剂（NPS）和浓度低于 0.05% 的 $AgNO_3$，表现出抗菌能力低；而含有 0.5% $AgNO_3$ 的纳米纤维，在大约 $A=1$ 时表现出较好的抗菌活性。但是进一步增加 $AgNO_3$（例如到 5%）时，纳米纤维的生物活度却无明显改观。从图中还可看到，含生物活性剂 N750 "bio" 的纳米纤维却表现了高的抗大肠杆菌活度，但对葡萄球菌的杀菌效果相对较差。

D　生物活性纳米纤维的用途

生物活性纳米纤维制成的非织造布可用于以下方面：人体保健品、织物、医药、卫生品、绷带、空气过滤器、化妆品等。

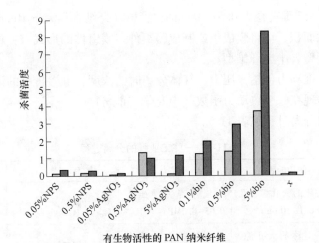

图 11-29　生物活性纳米纤维抗菌的杀虫活度

11.4.4　滤芯

滤芯是可更换的过滤元件。以前，其形状为圆柱形。现在，为了增大滤芯的过滤面积，可将其做成多褶形、或带环沟的圆柱。

滤芯的材料也已多种多样。从线绕滤芯到熔喷滤芯，从不可降解滤芯到可降解滤芯，从烧结颗粒滤芯到烧结金属纤维滤芯，从纸质滤芯到膜滤芯，不胜枚举。

11.4.5　膜

由于膜分离技术固有的性质（简单性、比例放大的模块化、能耗低等），使其在合理使用资源和环保方面很有潜力，所以其已经应用在几乎所有的工业过程中。目前最有发展潜力的是膜分离过程与传统分离过程的集成。也就是说，膜分离过程已从传统的单纯分离过程发展成为分离、化学反应与能量转换的综合过程。除了传统的膜分离技术（MF、UF、NF、RO、GS、ED 等）之外，膜生物反应器（MBR）和膜接触器（membrane contactors）是膜分离技术新的发展方向。

人造膜分为 3 类：有机膜（合成膜）、无机膜（金属膜、陶瓷膜）、复合膜（无机/有机）。这些膜可以是均相或非均相、对称或不对称、疏孔或致密、电中性或带电、各向同性或各向异性。

无机膜的优点是化学和热稳定性高，缺点是成本较贵、寿命有限、制造较难。新开发的无机膜具有选择性。例如：钯膜可用来提纯氢气，钙钛膜可用于氧气分离。

有机膜的优点是成本低，可重复性好，耐化学腐蚀性好。例如：聚偏氟乙烯（PVDF）和聚二甲基硅氧烷等。

许多情况下，无机/有机复合膜是较佳的选择。例如：将纳米级的氧化铝颗粒均匀地分散在 PVDF 制膜液中，借以制成 Al_2O_3/PVDF 复合膜。在此膜中，有机相与无机相共存，旨在对传递特性（机械稳定性、热稳定性、引入新功能）起到联合增效作用。

膜的形状主要有两种：平面形和管形。管形膜包括：空心纤维（纤维直径小于

0.5mm)、毛细管（纤维直径为 0.5～10mm）、管子（纤维直径大于 10mm）。

为了增大过滤面积，可将膜成束或制成膜组件。膜组件的形式有：板框型、螺旋缠绕型、管型、毛细管型、中空纤维型。

膜分离过程的推动力包括：压力、气体分离时的浓度、电渗析中的浓度和电位等。所有这些参数都能体现在一个热动力函数（电化学势能 η）中。

一些工业膜的分离过程见表 11-5。

表 11-5　一些工业膜的分离过程

膜分离过程	使用的膜	驱动力	分离模式	主要用途
微滤（MF）	对称的大孔隙，孔半径 $0.1\sim10\mu m$	流体静力学压力 $0.05\sim0.2MPa$	尺寸阻断，对流	水的净化、消毒
超滤（UF）	不对称的大孔隙，孔半径 $2\sim10nm$	流体静力学压力 $0.1\sim0.5MPa$	尺寸阻断，对流	分子混合物的分离
纳滤（NF）	不对称的中等孔隙，孔半径 $0.5\sim2nm$	流体静力学压力 $0.3\sim3MPa$	尺寸阻断，扩散，唐南阻断	分子混合物和离子的分离
反渗透（RO）	不对称的皮肤型，致密或微孔	流体静力学压力 $1\sim10MPa$	溶液-扩散机理	海水和咸水的脱盐
气体分离，蒸汽分离（GS，VS）	致密而均匀或多孔	流体静力学压力和蒸汽压	扩散，诺森扩散	气体、蒸汽及同位素的分离
全蒸发（PV）	致密而均匀不对称	蒸汽压	溶解和扩散	共沸混合物的分离
渗析（D）	对称孔	浓度梯度	扩散	人工肾
电渗析（ED）	对称的离子交换	电势	唐南阻断	水的脱盐

作为系统的膜接触器（MC）是膜技术的一个发展方向。膜在其中的功能是促进两个接触相（液/液、液/气）之间的质量传递，其分离过程是基于相平衡原理。凡是传统的萃取、涤气、吸收、液/液提取、乳化、结晶、相转换催化，都可由 MC 来完成。

与传统方法相比，MC 有以下优点：在接触中相不散开；能独立改变流速而不受负荷限制；不受相密度差的限制；单位体积的表面积非常大；定形设计；容易比例放大。其缺点是存在额外的质量传递阻力等。现在，MC 已成功地实现了商业化应用，例如其在果汁浓缩和水处理等领域中的应用。

膜的浓差极化现象和污染，对压力驱动的膜分离中的液相性质有负面影响。浓差极化是指：被超滤膜截留的溶质在膜面上逐渐积聚，使那里的溶质浓度升高，在浓度梯度的作用下，膜面附近的溶质又反向扩散到溶液的主体中，当溶质的积聚和反向扩散达到平衡时，膜面上形成了有溶质浓度分布的边界层，该层对溶剂等小分子物质的运动起阻碍作用，通量减小，称为膜的浓差极化层。在此层中，溶质的浓度高于主体溶液的浓度。浓差极化过程是可逆的，几秒钟之内便会发生。如果溶液中含有大分子组成或悬浮颗粒，那么这些物质有可能沉淀在膜面上，导致了致密层（凝胶）的形成，该层进一步增大了膜分离的阻力。

总之，浓差极化能产生两个结果：一是截留相对分子质量大的溶质的能力提高，而截留相对分子质量小的溶质的能力降低；二是膜通量变小。

污染对膜分离过程有不利影响。污物在膜面上的积累会造成膜通量的降低。污染也可能是由极化现象所引起的。但是污染多数是因以下物质在膜面上或膜内部的不可逆沉淀引起的：颗粒、胶质、乳化液、悬浮液、大分子、盐等。污染可能在几分钟或几小时之内发生，并且污染过程是不可逆的。污染会引起分子吸附、孔隙堵塞、沉淀成饼。

防止和控制膜污染的方法有：对给料进行预处理、改善膜表面、用化学药剂清洗等。例如在 MF 时加电场；对 UF 和 MF 进行抗污染改性；使膜具有静电吸引力；增加膜对细菌的亲和力；用高频脉冲反冲洗等。

过去的几年，人们着力于研究压力驱动的膜组件的流体动力学和新技术。其中，有不少研究是关于浓差极化问题和污染的。控制浓差极化的方法有：利用带褶膜面处产生的湍流、脉动流及涡流；将气体喷射到给料流中，借以产生气液两相十字流来提高膜表面处的剪切力。

膜分离技术发展到今天，已从单一膜分离（MF、UF、RO 及 NF）发展到使用它们的联合系统（集成膜）。例如：膜脱盐与膜结晶装置的结合系统、将 MF-NF-RO 膜系统与膜脱盐/膜结晶集成起来的装置（该装置可将水的回收率增至 92.8%，而脱盐成本却未增加）。集成膜还可用来获得高品质的果汁浓缩液。

除了用于水的脱盐之外，废水处理也是膜技术的另一重要应用领域。具体地说，膜生物反应器（MBR）已被欧盟认定是用于市政废水和工业废水处理的最好技术，是生物学处理与膜过滤相结合的好技术。MBR 分为两类：外部膜生物反应器和浸没式膜生物反应器。前者的膜组件位于生物反应器的外部，能耗较高。后者的膜组件位于生物反应器的内部，如图 11-30 所示。浸没式 MBR 可在低压推动力下工作，能耗较少，应用较多。

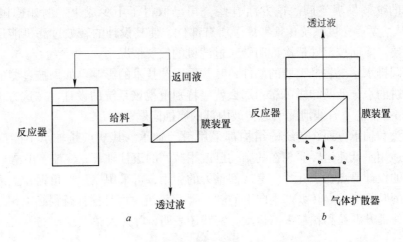

图 11-30　MBR 的流程
a—外部式 MBR；*b*—浸没式 MBR

带有催化剂的膜反应器（CMR）是特殊的集成膜反应器，它使分子分离和化学转变在一个装置中完成。利用催化剂能够有选择性地除掉反应生成物，提高了反应速度，而且催化剂能被回收再用。

除了上述膜技术之外，等离子喷涂技术也发展很快。例如：将 Al_2O_3 粉末喷涂在多孔支持物上，借以形成致密的选择性薄膜（MF）。其中，干膜的平均孔径为 0.14mm，湿膜的孔径为 0.34mm。经过 1h 的超声波振荡，也未见涂层脱落。湿膜的纯水通量是干膜的 50 倍。

此外，膜面改性的复合膜也是一项新型膜。其制备方法是：用相转换法将纳米级的氧化铝颗粒均匀分散在聚偏氟乙烯（PVDF）制膜液中，借以形成 Al_2O_3/PVDF 这样的无机/有机复合膜。该膜在处理含油废水时，可提高膜通量。

膜的检测技术也在提高。从前使用的检测法有局限性，例如：气泡点法只能测出膜的孔径，而不能提供有关孔形态的信息；用扫描式电镜（SEM）虽能观察到孔的形态，但只限于薄层孔，而不是三维形态。现在，采用纳米传输 X 射线显微镜（NTXM）后，已能很容易分析孔径、孔的形态及孔之间的连接方式，也就是说，已能分析膜的三维结构。

11.5　过滤机

转鼓过滤机、陶瓷过滤机、反洗和超声波技术相结合的过滤机、反冲洗过滤机、克服了深层过滤圆盘介质固有脆弱性的深层过滤机、水平带式真空过滤机、立式压滤机、带干燥功能的压滤机、组合式过滤机等都有不同程度的革新，以下介绍四例。

11.5.1　转鼓过滤机

转鼓过滤机虽然有很长的历史，但是由于其具有结构紧凑、操作简单、过滤效果可靠及能清洗滤饼等优点，所以直至今日还在广泛应用，而未被其他机型取代。当然，转鼓过滤机也存在一些缺点，例如：过滤效果尚不能完全令人满意、维护费用高等。这就要求转鼓过滤机有新的发展，甚至必须根据用户的不同需要来设计其结构。也就是说，转鼓过滤机仍有很大的继续发展空间。这方面有些公司已取得了不少成果，例如德国的 Krauss-Maffei 公司从力学等角度系统化地考虑了所有部件，使其设计的转鼓过滤机能适合各种不同用途的需要。下面按部件依次说明转鼓过滤机的发展情况。

转鼓连同排水系统是最重要的部件，其颇受工艺技术的影响。如果被过滤的产品价值高，要求滤饼的水分低及卸饼可靠，那么就应特别重视该系统的设计。在这方面，Krauss-Maffei 公司格外注意了管线泄漏引起转鼓内部的腐蚀问题。

在分配头和轴承方面，传统的结构都采用滑动轴承。其缺点是轴承不能产生润滑油膜，因而只适用于低速运转。现在的结构已改用减摩的滚柱轴承，保证了平滑节能运转。

搅拌器的设计要点在于叶片。考虑到重力的作用，可采用屋顶形角钢，上面有若干液流孔。这样的叶片能对着转鼓产生向上的"一"字液流，而且搅拌行程必须超过角钢之间的距离，以便提升颗粒和颗粒来回运动。实践还表明，叶片大幅度摆动的效率好于快而小的摆动。

防止滤布打褶的关键在于保证其有正确的运行路径和张紧程度。为此设计了以下四辊系统：轨迹辊（防止滤布跑偏辊，由传感器控制）；卸料辊（连同其下面的刮刀）；张紧辊（香蕉形或弓形）；偏差辊。此外，在转鼓的两侧还设置着密封窄条，以防万一出现打褶或跑偏时也不泄漏。

德国的 BOKELA 公司对转鼓过滤机也做了许多革新，包括对滤室、内部和外部管线、分配头、连接滤液接收器的外部管线进行革新。该公司的先进转鼓过滤机的结构特点见表 11-6。

表 11-6　先进转鼓过滤机的结构特点

革 新 项 目	特 点
采用水压的滤室	(1) 生产效率高； (2) 滤饼洗涤效果好； (3) 卸饼完全，无残留
滤室数目可变 用于化学工业的过滤面积达 7m²	(1) 滤室容易快速装拆； (2) 可在 1h 内换完滤布（滤布可缝制成袋状）； (3) 清洗工作简单快捷
滤液管有引导，可拖着走	(1) 滤液易从滤室中排出； (2) 母液和洗液分开
预分离控制头	(1) 滤液和空气的预分离； (2) 防止滤液雾沫夹带，改善了母液和洗液的分离； (3) 低流阻
附加可连接工作区，第二滤饼形成区（升压区）或第二脱水区	提高灵活性
为了滤室的密封，设置水压最佳化的滤室格栅镶嵌物	(1) 最佳化的滤液排出流道； (2) 容易安装
先进的洗涤液分布装置	(1) 采用高的或低的洗涤比； (2) 洗涤液分布均匀； (3) 洗涤效率高
先进的滤布固定结构用于吹风卸饼场合	(1) 借助杆件固定，更换滤布迅速； (2) 单独的滤布镶嵌件； (3) 无需金属丝或带绳物固定滤布
新的滤布固定方法	(1) 容易快速安装滤布，无需动力工具或过大地用力； (2) 单独的滤布板； (3) 固定可靠，好于填塞槽沟方式； (4) 无需金属丝缠绕转鼓； (5) 密封好，滤液澄清度好
搅拌器可升降	无需拆转鼓便能拆下搅拌器
先进的控制原理	(1) 自动连续作业； (2) 恒定的高生产性能； (3) 稳定的产品质量

　　BOKELA 公司本着革新转鼓过滤机的宗旨，开发出了高压贝壳型转鼓过滤机（hi-bar oyster drum filter，以下简称高巴机），如图 11-31 所示。该机盖的开闭，是在控制仪表板的指令下由液压装置自动完成的。由于盖子与机槽之间是铰接的，可像贝壳那样开或闭，所以称为贝壳型。高巴机的容器允许转鼓以 0.7MPa 的绝对压力（即压差 0.6MPa）在其内工作。该机的结构紧凑，容易维护和清洗及换滤布。

　　高巴机有 24~48 个室（取决于过滤机的尺寸）。从滤饼形成到滤饼洗涤和脱水，各滤

图 11-31 高压贝壳型转鼓过滤机

a—可更换的滤室；*b*—如贝壳张开的压力容器

液管都清晰分开。该机有 5 个工作区：滤饼形成区、滤饼洗涤区、向滤饼通蒸汽区（可选）、两个滤饼脱水区（可选）、滤饼卸除区。每个区的压差能分别调节。通过改变压差、增多或减少洗涤水，就能容易地调整单个工作区，而无需机械修改过滤机的设置。因此，高巴机对产品性质的改变和产品品种的改变具有很强的灵活性。由于滤布可缝制成袋状，所以在 1h 之内便能换完滤布。

11.5.2 压滤机

在标准压滤机中，聚丙烯（PP）隔膜板的最高允许工作温度在 80℃ 以内。为了使压滤机具有热接触干燥功能，德国的两家公司（Bayer Technology Services and Strassburger Filter）通过技术合作，开发了有热接触干燥功能的压滤机。该机的加热温度可达 120℃，从而减少了干燥时间。此项技术的关键在于安装了带有特殊表面的加热钢板。装有这样钢板的加热压滤机，可像标准压滤机那样完成过滤、滤饼洗涤和机械脱水，此外还具有热接触干燥功能。

该新型压滤机的结构类似于有隔膜压榨板的标准压滤机，工作步骤也类似。其干燥功能是这样实现的：压榨液经外部加热系统加热后，进入压榨隔膜背后的密闭空间，对滤饼进行压榨和干燥。在干燥期间，线路中的较低超压保证了加热面与滤饼的良好接触；与此同时，在滤板的滤液一侧抽真空，借以加速滤液排出并减少干燥时间。干燥之后，卸出滤饼。整个工作过程如图 11-32 所示（包括热干燥阶段）。

对各工作步骤的说明如下：

（1）过滤。滤板夹紧后，悬浮液被泵入两块滤布之间的空腔内进行过滤，形成滤饼。与此同时，滤液沿着隔膜上的沟道从滤布的背后流出，滤布的背面紧靠在各自的隔膜上，隔膜的材质为 PP。

（2）滤饼洗涤。洗涤方式有两种。第一种洗涤方式称为缝隙洗涤（split wash）。即，滤饼充满滤室后，停止泵入悬浮液；接着，沿加料管压入洗涤液洗涤滤饼，液体从滤布背后流出；然后，滤饼进入压榨阶段。第二种洗涤方式称为彻底洗涤（thorough wash），它

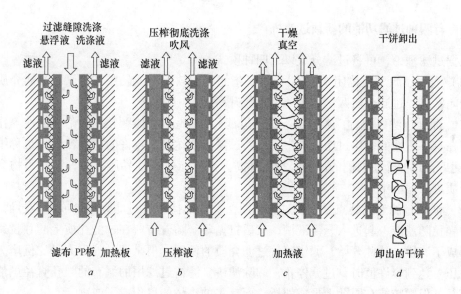

图 11-32 包括干燥在内的压滤机的工作步骤

a—过滤和缝隙洗涤；b—压榨、彻底洗涤、吹风；c—干燥；d—干饼卸出

在第一次压榨后进行，洗后再压榨脱水一次。

（3）压榨。滤饼洗涤之后，分别向两隔膜背后加入常温压力水，将存于饼孔隙中的水分挤出。

（4）干燥。经外部加热系统加热后的压力液以较低的超压在隔膜背后的密闭回路中循环，给滤饼加热干燥。超压旨在使加热面与滤饼接触良好。与此同时，在滤板的滤液流出一侧抽真空，以便加速干燥。

（5）卸饼。干燥之后，排出隔膜背后的压力水，然后开启滤板，卸掉滤饼（依靠饼的自重和滤布上方的振打）。

对这种新型压滤机来说，滤板既要完成过滤，又要受热，因此其结构和材质要有以下特点：

（1）耐腐蚀（酸、碱、盐）；

（2）可用两种洗涤方式；

（3）工作循环时间不长于标准压滤机；

（4）板的负荷在一般 PP 板范围内，可以采用标准滤板；

（5）维护工作量与普通标准压滤机相同；

（6）适用全部不锈钢；

（7）板容易制造。

作为滤板心脏的加热面板是用金属制成的，其他部分材料为 PP。此板的优点是：加热面几乎不与 PP 面接触，因而加热温度可达 120℃，而不受制于 PP 板的 80℃。由于加热板面为金属，其他面为 PP，所以板轻且薄。

该新型压滤机很适合过滤溶剂类产品。含溶剂残留物的滤饼在密闭的滤室内进行干燥，而无需像普通压滤机那样将卸出的饼再送给单独的干燥机，因而避免了溶剂爆炸的危险。

11.5.3　有四种过滤功能的新颖过滤机

根据过滤理论，可将过滤分成以下四种模式：

（1）表面过滤（也称闭塞过滤）。这是指滤出的软颗粒或硬颗粒将筛网过滤介质的眼孔完全闭塞时，过滤介质两侧的压差呈指数升高。

（2）深处过滤（也称深度过滤、深层过滤）。这是指固体颗粒因吸附、惯性等作用而被持留在有渗透性的多层过滤介质中，直到过滤介质达到了容许的持留容量（也称纳污容量）。此后，过滤介质两侧的压差呈指数升高。也可能达到临界压差时，杂质污物会突破过滤介质进入滤液中。

（3）滤饼过滤。其特点是，在过滤初期，颗粒或持留在过滤介质上或突破过滤介质，突破的颗粒随滤液一起进入悬浮液槽，然后打循环。随着持留在过滤介质上的颗粒逐渐增多，形成了滤饼。从此开始，滤饼起着过滤介质的作用。但是，过滤阻力呈比例增大，直到过滤压差达到容许值时，过滤停止，卸除滤饼。滤饼过滤用的滤布的眼孔直径虽然大于颗粒直径，但颗粒能在眼孔上形成架桥，而众多的小桥便聚积成了滤饼。

（4）预敷层过滤。此种过滤模式还可细分成两种情况：1）正式过滤悬浮液之前，先在滤布上滤出助滤剂（如硅藻土等）饼层，然后以此饼层作为过滤介质来正式过滤悬浮液，借以得到澄清的滤液。2）正式过滤之前先将助滤剂掺到悬浮液中，然后正式过滤这样的混合浆，借以减少过滤阻力。

以前，上述四种过滤模式只能分别由各自独立的过滤机来完成。而现在，奥地利的公司 Lenzing Technik GmbH 基于人造纤维高黏度纺丝液技术，开发了商品名为 Lenzing OptiFil® 的新颖过滤机，翻译成"最佳过滤机"之意。该机能分别完成上述四种过滤功能，也可将各功能组合使用。该机可连续工作，并通过定时反冲洗而获得再生。在过滤低黏度物料时，精度可达 1μm。

11.5.3.1　OptiFil® 的结构和工作原理

该机的结构和工作原理如图 11-33 所示。过滤介质可以是金属纤维织物，也可是合成纤维织物，安装在带孔转鼓的外表面上，由织物的内部或表面来截留不同尺寸的颗粒。过

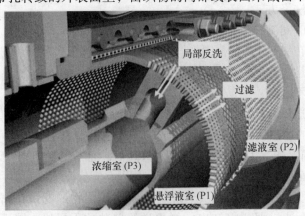

图 11-33　OptiFil® 的结构和工作原理

滤从转鼓内的悬浮液室 P1 向滤液室 P2 进行。过滤介质上的滤出物可在几秒钟之内被反冲洗到浓缩室 P3 中，接着排出机外。在反冲洗期间，过滤仍继续不停地进行。

下面说明该机的四种过滤功能：

（1）OptiFil® 的表面过滤功能。出于经济性考虑，要求滤浆的含固量在 100ppm 以下，黏度在 0.1Pa·m 以下。在这些条件下，该机的过滤精度能达到 5μm；与此同时，快速局部反冲洗的损失低于 1%。反冲洗时，过滤仍在不停地进行。图 11-34 给出了该机作为表面过滤机的工作原理。

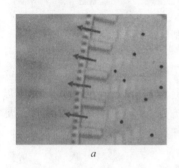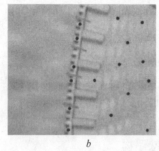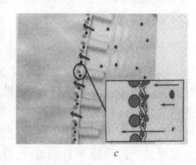

图 11-34　作为表面过滤机的工作原理

（2）OptiFil® 的深处过滤功能。其工作原理如图 11-35 所示。图 11-35 表示一个工作循环，图 11-35a~c 依次为介质的眼孔全部是净空的、部分眼孔被堵塞和眼孔完全被堵塞。眼孔完全被堵塞，过滤压差升高，直到触发反冲洗。之后，开始新的过滤循环。

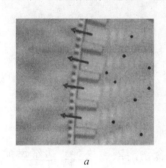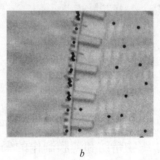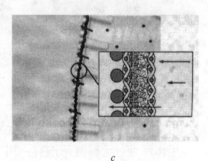

图 11-35　作为深处过滤机的工作原理

当过滤介质为金属纤维织物时，此机的深处过滤精度可达 3μm。过滤介质的寿命可达 6~24 个月。但是前提条件为：悬浮液的含固量在 500ppm 以下，颗粒为软体或凝胶体。鉴于硬的结晶颗粒能永久堵塞过滤介质眼孔，因此应采用就地清洗，使介质再生。

（3）OptiFil® 的滤饼过滤功能。实现此功能的关键在于，颗粒能在过滤介质眼孔上架桥，借以形成有渗透性的饼层。所用过滤介质眼孔的尺寸为 20~50μm，能截留最小 1μm 的颗粒。悬浮液的含固率可高达 1%。其工作原理如图 11-35 所示。

图 11-36 给出了该机滤饼过滤时的工作原理。图 11-36a 为过滤的初期情况，即有颗粒穿过介质，滤液不澄清，需要打循环一段时间。图 11-36b 表示增厚的滤饼起着过滤介质的作用，而滤布等原来的过滤介质只起着支撑滤饼的作用。

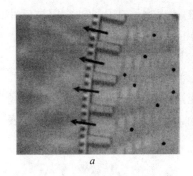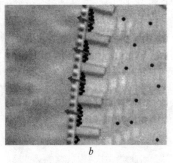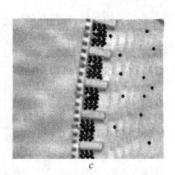

图 11-36　作为滤饼过滤机的工作原理

（4）OptiFil® 的预敷层过滤功能。其工作原理如图 11-37 所示。首先，过滤预先制备好的助滤剂浆，使之在转鼓内侧形成助滤剂饼层，即预敷层。然后以该层为介质正式过滤悬浮液，借以得到澄清的滤液。利用助滤剂的另外一种过滤方法是，将助滤剂添加到需要过滤的悬浮液中，搅拌后成为混合浆；然后过滤此混合浆，形成过滤阻力较小的混合饼。预敷层过滤能除掉 $0.1\mu m$ 以上的悬浮物。

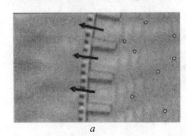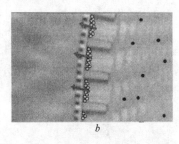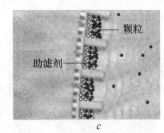

图 11-37　预敷层过滤的工作原理

11.5.3.2　OptiFil® 的用途

用作表面过滤时的用途有：井水、河水、糖的精制、冷却水等。

用作深处过滤时的用途有：用于织物精纺和薄膜制作的聚合物溶液、松香、造纸添加剂、含胶质颗粒的胶和高黏度聚合物溶液等。

用作滤饼过滤时的用途有：各机（带式、圆盘式、转鼓式等过滤机或离心机）下游产物的精加工、催化剂、锅炉供水、来自粘胶纤维浸泡工序的低浓度纤维污水、低浓度造纸业纤维污水。

用作预敷层过滤时的用途有：酶基药物的精制、淀粉精加工、研磨油和切削油、用过的冷却油等。

11.5.4　十字流精细过滤的新概念机

11.5.4.1　十字流过滤时剪切力的产生

过滤可分为终端过滤和动态的十字流过滤。终端过滤：滤出的颗粒在过滤介质上形成逐渐增厚的饼层，过滤压差呈比例升高。此时，应停止给料，卸掉滤饼，洗涤滤布，然后开始新的工作循环。十字流过滤：借助给料充的较高切向流速在过滤介质表面产生的剪切力，将持留在过滤介质上的一部分滤出物扫流掉，使之不能形成逐渐增厚的饼层，从而防止了过滤阻力的不断升高，保持了高的过滤能力。

图 11-38 给出了依靠剪切力来控制滤出物饼增厚的方法。图 11-38a~c 给出了剪切力的连续产生方法。其中，图 11-38a 表示泵入的悬浮液切身扫流过滤介质的表面，是用得较多的产生十字流的方式，特点是无需借助运动部件产生十字流；图 11-38b 表示悬浮液被泵入过滤介质与搅拌圆盘之间的间隙中，借助圆盘的旋转产生剪切力；图 11-38c 表示进入间隙的悬浮液同过滤部件的振动（由一会正转，一会反转来产生）产生剪切力。显然，图 11-38a 因无运动部件而磨损少和耗能少。图 11-38d~e 表示剪切力是间歇产生的。其中，图 11-38d 表示利用给料流的正反向转换来产生剪切力；图 11-38e 表示利用给料流和间歇反冲洗流来产生剪切力；图 11-38f 表示利用给料流和间歇供给的压缩空气流来产生剪切力。

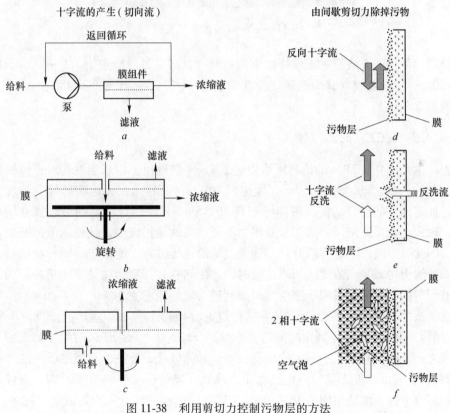

图 11-38　利用剪切力控制污物层的方法

显然，十字流过滤有优于终端过滤之处。例如，控制污物层的厚度，减少过滤阻力；减少了浓度极化和吸附。因此，能长时间保持较高的过滤能力。

11.5.4.2　新概念过滤机 Sofi2.0 的组成

Sofi2.0 是由芬兰的索菲过滤公司（Sofi Filtration Ltd.）开发的新颖动态十字流过滤机。在芬兰的大学（Aalto University）完成该机的液体动力学（CFD）模型计算，给出了十字流扫流速度为 20m/s 等有用的技术参数。

Sofi2.0 属于精细过滤机，能滤出尺寸为 $1\sim20\mu m$ 的颗粒。其组成包括：用耐酸钢制成的筒、烧结金属网等过滤元件、超声波洗涤等过滤介质再生装置、PLC 控制装置等。其中试装置的外观如图 11-39 所示。

图 11-39　Sofi2.0 的中试装置

该机可用的过滤介质有：多层烧结不锈钢网（其名义过滤额定值为 $2\sim60\mu m$，网孔尺寸为 $1\sim20\mu m$）、陶瓷膜（薄陶瓷膜结合在陶瓷芯子上，膜孔尺寸小到 $0.1\mu m$，其名义过滤额定值为 $0.3\mu m$）。

11.5.4.3　Sofi2.0 的工作过程

首先，由泵以 0.05MPa 的给料压所引起的 3m/s 的流速，将悬浮液送入不锈钢筒中的给料加速部件。在这里，流速从 3m/s 加速到 20m/s，而且是在无运动部件的情况下取得的。给料加速部件的独特结构，请详见专利 20115113 号。在这样高的沿过滤介质的切向流速下，聚积在金属烧结网上的部分滤出物不断被高速流扫流掉，致使网上滤出物不能形成厚饼，因此过滤阻力不会逐渐升高。随着过滤的连续进行，滤液也连续排出机外，但被扫流下来的滤出物却是在浓度达到规定值时，才瞬间打开排出阀将其排出机外。为了定时将网上的残留污物除掉，可用压缩空气对滤网进行短促地逆流冲洗。

除逆洗法之外，该机还设计了以下几种过滤介质再生方法：超声波清洗、蒸汽清洗（兼杀菌消毒）、化学清洗（利用酸的溶解作用）。Sofi2.0 之所以能长时间保持高的工作性能，原因之一就在于其高水平的就地清洗技术。具体地说，首先进行短促反冲洗（每小时洗几次即可）；当反冲洗不足以阻止过滤能力降低（降低标准值的 30%）时，要停止给料并启动超声波清洗，清洗周期为 $15\sim30min$（启动超声波的时点大约是恒定过滤 $8\sim24h$ 之后）。当反冲洗和超声波清洗均不足以满足要求时，还可用化学清洗（用酸将堵塞介质眼孔的污物溶解掉）；在化学清洗期间，停止向过滤机给料（给料的固体浓度小于 20mg/L）。

由于该机采用十字流过滤和高效率就地清洗技术，所以能力很高（$15\sim30m^3/(m^2\cdot h)$）滤液含固为 20mg/L 以下，给料浓度为 $200\sim400mg/L$）。

11.5.4.4　Sofi2.0 的应用举例

法规对过程工业排水的限制越来越严格，要求处理后返回到过程中循环使用，或排放到环境中。水处理时常常用到澄清器（图 11-40）。其工作原理是，首先将需要处理的水加到沉淀槽中，经过一段时间沉淀后，含固体颗粒的浓缩底流从槽下部排出，而含较小颗粒的上层水则溢流到槽外，以备循环使用。因为进入槽中的给料含有小颗粒，所以仅靠重力沉淀需时必定过长，而且含小颗粒的溢流水未必达标。面对这种情况，为了在短时内得到量大而含颗粒少的回用水，Sofi2.0 便有了用武之地。不仅规模大的工厂需要它，小工厂也需要它。

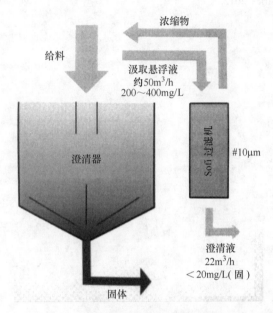

图 11-40 Sofi2.0 提高澄清器的能力

在水的回用过程中，Sofi 有两种应用方式：（1）从澄清器的给料管线上汲取悬浮液，作为自己的给料。这样既能减轻澄清器的负荷，提高工作能力，又可获得合格的溢流水备回用。但缺点是，来自澄清器的溢流水仍含不少的小颗粒。（2）由 Sofi2.0 完全取代澄清器，借以取得量大而含固少的滤液备回用。此方式同时满足了对回用水的质和量的要求。

Sofi2.0 在工作时所用的技术参数为：滤网眼孔尺寸为 $10\mu m$，给料压力为 $0.05MPa$，给料的含固浓度为 $200\sim400mg/L$，颗粒尺寸小于 $20\mu m$，取得的过滤速度为 $2.2m^3/(m^2\cdot h)$（一般情况为 $15\sim30m^3/(m^2\cdot h)$），滤液中的颗粒浓度小于 $20mg/L$。

参 考 文 献

［1］岡田知久. 沪過面洗净性の高いセラミシクフイルタ［J］. 化学装置，2003（5）：108～112.

［2］吉田昭雄. 沪過機のコンポーネント化によるシステムアシプ［J］. 化学装置，2007（8）：42～45.

［3］Dieter Mrotzek. Hot Filter Press［C］//World Filtration Congress. Leipzig，Germany，2008：429～433.

［4］Wakeman R J. Filtration in the Framework of Globalisation and Technical Innovation［C］//Proceeding of World Filtration Congress I. Leipzig，Germany，2008：29～36.

［5］王维一，丁启圣. 过滤介质及其选用［M］. 北京：中国纺织出版社，2008.

［6］Dr. Annemarieke Maltha. Enhanced performance of cabin air filter media with a bicomponent spunbond non-woven［A］. 11th World Filtration Congress［C］，Graz，Austria，2012.

[7] Izabella Krucinska. Modifications of nonwoven filtering materials by bioactive nanofibres [A]. 12th World Filtration Congress [C], Taiwan, 2016.

[8] Stefan Schöpf. Four different filtration operation modes in one filtration system [A]. 12th World Filtration Congress [C], Taiwan, 2016.

[9] Pretti Rantala M Sc. New concept in dynamic polishing filtration: SOFI2. 0 [A]. 11th World Filtration Congress [C], Graz, Austria, 2012.

12　固液分离技术研究进展

12.1　过滤介质研究进展

在过滤过程中，固相粒子沉积在其表面或内部的任何有渗透性的材料，均称为过滤介质。随着过滤介质种类的日益增多，过滤介质并非一定是可渗透型材料或者只限于截留固体颗粒的作用。根据过滤机理的不同，过滤介质分为表面截留型过滤介质和深层截留型过滤介质两种。过滤过程是否理想取决于过滤介质在未被堵塞和未破坏前能否达到预期的过滤分离要求，而且希望这种状态能够维持尽可能长的时间，这在很大程度上取决于能否正确选择和使用过滤介质。过滤介质的种类繁多，从沙层到滤布，从数十微米孔的金属板到微米孔的薄膜等，要明确划分过滤介质的种类相当困难。这里主要介绍新型滤芯、纤维等过滤介质以及助滤剂的研究进展。

12.1.1　新型离子交换过滤滤芯

众所周知，滤芯过滤和离子交换技术是水处理和清洁工艺中非常有效的单元操作。滤芯是指可以在过滤设备上整体装卸、能起到过滤介质作用的集成化构件。离子交换技术是离子交换树脂官能团上的离子与水中同电荷的离子相互交换的过程，这种离子交换都存在一定的容量，达到一定程度后因饱和而失效，失效后的树脂通过再生剂再生可恢复其离子交换能力，从而可以继续使用。这两种单元操作既可独立进行，也可在特殊的水处理过程中交叉使用。

滤芯过滤和离子交换工艺在操作性能和过滤结果的优化等方面都有其各自的优点及特殊性，对于特殊介质和尺寸规格的过滤过程，可以选择滤芯过滤或离子交换技术以满足工艺操作的最优参数条件。两种过滤手段在一些实际工业中也可同时使用，例如：去除粒子和离子的终端水处理过程，一次性的或紧急场合使用的污水处理装置等。

德国茨维考西萨克森应用技术大学（West Saxon University of Applied Sciences）的B. Gemende 等人研究开发了一种新型滤芯，这种滤芯采用天然纤维（如大麻、亚麻、黄麻、红麻等），经过磷酰化处理使纤维的机械强度显著提高，并使其具有一定且相对稳定的离子交换能力。离子交换特征和过滤性能的测试表明，这种新型滤芯可以消除水中颗粒物、溶解的重金属及高硬度离子化合物（例如镍、铜、钙、镁、铁等），使用饮用水、井水和中度污染的工业废水进行的实验证明了这种离子交换滤芯具有广泛的通用性。该研究团队将进一步改进提高该过滤器截留粒子及离子交换的能力，并且改善滤芯的设计，以提高其性能。

12.1.2　新型纤维过滤器

深层过滤器使用多孔过滤介质将颗粒截留在介质当中，或者有部分截留在过滤介质表面，大多截留在介质当中。这种过滤器一般用于处理液中含有大量的细小颗粒，这是因为与其他类型的过滤器相比，它在流道被阻塞前可以截留大量的颗粒。深层过滤器的纳污能力是由过滤介质层厚度和流体流动方向上的小孔径一同决定的，所以较粗大的颗粒先被截留下来。这可以用厚过滤介质的深层过滤器或砂滤器两种完全不同的深层过滤器实现。

砂滤器的缺点是在反冲洗过程中会浪费大量的水，尤其是在水资源稀缺的地方更为凸显，而且在反冲洗中细砂会被冲洗掉，厚过滤介质过滤器则会对反冲洗的能力有所限制。

基于以上现有过滤器的不足，奥地利的兰精集团技术研发中心研发出一种新型纤维过滤器 RFF，用以过滤流体中的悬浮物，特别是水中的悬浮物，可以处理各种污水、废水等。这种纤维过滤器由纤维束构成，将纤维束固定在两个专门的分布器并连接到不锈钢压力容器上，它可以根据实际应用选择不同的纤维材料（PP、PES、PA）和过滤精度，过滤精度和流量可以由纤维的直径、横截面、表面、单丝数量、纤维中添加剂和纤维材料来控制。

RFF 纤维过滤器应用领域广泛，例如：冷却水循环过滤，钢铁厂中的各种过滤工段，去除养鱼场藻类，脱除工业废水的固体颗粒，玻璃磨削工艺中的除尘，去除饮用水中的悬浮颗粒，防渗膜预过滤，离子交换剂预过滤，印刷电路板（PCB）生产中废水过滤，洗车线用水再循环过滤，染色厂废水回收，垃圾填埋区渗透污水过滤等。

12.1.3　有机预涂助滤剂的研究进展

过滤悬浮液时，悬浮颗粒会在较短的时间内覆盖或阻塞过滤介质（滤网、滤布等），而在过滤介质上预先涂上适当的助滤剂透水层，则会使过滤更容易进行。助滤剂是指那些能提高过滤速率或改善过滤效果的物质。化学助滤剂的主要作用：一是降低颗粒表面的电荷量或电位，促使颗粒凝聚；二是将微细颗粒架连。

这种所谓的"预涂层"已被应用到之前实际分离过程的过滤介质。它截留过滤颗粒的同时并不阻碍滤液流过过滤介质。使用这种预涂层的方法，既可以防止过滤介质过早地被阻塞，又可以方便随后滤饼的冲洗。当过滤固体含量较高或带有黏稠组分的悬浮液时，附加助滤剂（主体加料）往往是随着过滤过程而加入的，国内称为"渗浆过滤"。这样一来，由助滤剂和滤渣构成的滤饼缓慢加厚，仍旧保持松弛透水的特性，同时过滤周期明显延长。

几年以前，助滤剂市场几乎完全被硅藻土、珍珠岩等矿物助滤剂占有。但近年来，以有机自补偿原材料（纤维素、木质纤维和植物纤维）为基础的助滤剂变得越来越流行，主要是这些助滤剂具有多种优势：湿滤饼密度低，消耗率低，减少浪费和产品损失；无有害结晶成分，对健康没有危害；采用可再生原料（如动物饲料等），符合最新的研发理念；原纤化的表面结构使滤饼结构多孔、滤液清晰度高；灵活的纤维状组织可以防止滤饼裂纹，弹性对抗压力下降；具有可压缩性，压缩可使滤饼中残余液量降到最少；有机助滤剂柔软性好，没有摩擦、磨损和撕裂等破坏。

12.2　滤饼结构研究进展

过滤过程的深入研究集中在对滤饼的时空分析上，以往的研究集中在断裂材料的机械分离，当机械压力应用在这些断裂材料上，软组织颗粒和颗粒间通道被压缩，这已不能适应新的胶体滤饼或者生物组织滤饼的研究。现代精密仪器的使用为扩展滤饼研究的空间尺度开辟了新的途径，多种新型模型的对比和开发为滤饼在过滤过程中的时间空间行为做出了有益的探索。

12.2.1　对超滤滤饼的二元图像进行三维重建

采用超滤膜净水在工业过程中的应用越来越广泛，该过程可以同时代替沉积和砂滤。目前，增加该过程的效益成本将会面临巨大的经济风险，而降低成本提高效益的关键问题是超滤效率（过滤速率和滤液的质量）和生产过程中膜表面形成的膜饼之间的关系。

和其他的过滤过程一样，膜饼的微结构是一个关键单元。但是超滤过程不同于其他的过滤，因为从超滤器中直接观察滤饼物质形态是非常困难的。透射电子显微镜（TEM）图像被用于捕捉超滤饼微观结构的局部信息。TEM 图像的灰度信息对于空间重构是非常有价值的。然而，事实证明，当对纳米级的结构成像时，透射电子显微镜的图像质量信息通常达不到定量级别灰度。因此，发展重构模式是非常有价值的，这种模式仅使用二元 TEM图像。这种图像对应的扫描透射电子显微镜投影将粒子的 TEM 图像捕获到位于圆饼容器同一个平面内的任意位置。

为了从界面图重构滤饼，可以采取一些特殊的操作方法。在其中的一个解决方案中，人们发现了考克斯染色法，Jeulin 和 Moreau 通过考克斯染色法并结合骨料微观结构的重建获得布尔逻辑过程的相关参数。一般来说，统计模型可以用来提供颗粒排列的一些进程，从而从形态学上获得其空间的二维图像统计特性测量功能，这种方法具有惊人的可计算性和令人惊叹的分析能力。光谱测量可用于滤饼的重构过程模拟。例如，Oberdisse 等人（2007 年）就采用了反向蒙特卡罗模拟技术（RMC）来模拟分型聚集。但是他们没有从图像开始，因为他们用小角中子散射（SANS）所获得的信息相反，其初始态为随机形成的聚合，他们重新安排使用 RMC 的算法，直到重建总 SANS 的光谱测量。原则上，假定颗粒为圆球并应用到结构总量大于单一形态的物体结构重建上；但是随着粒子数目增加，计算任务变得更加复杂。多尺度结构模拟算法可以简便地在每个单独尺度上利用两点协方差函数进行匹配，从最上方的尺度范围开始移动到最下方的尺度范围。添加粒子可以减少体系的多孔性，因此每当体系中添加一个粒子，两点协方差函数则向上移动一次。为了实现逐个粒子加入模式，一旦体系内现有尺度的多孔性达到要求，则利用下一个尺度的两点协方差函数斜率来作为下一个组织结构。使用高度恒定的协方差函数，或者高度改变的函数，该技术不仅可以对单个滤饼的切片进行重构，也可以对整个超滤饼进行重构。而且，该技术使用的球形模型还可以很容易地应用于其他的粒子形状（如多面体）和尺寸分布的模型中。因此，该技术可以方便地实现应用，可以对多尺度两相物质的可变性进行模拟。

12.2.2　软胶体固结的多级蠕变

迄今为止，根据材料的物理性能，关于软胶体固结问题已有几个流变模型被提出并用于精确描述这种固结行为。对于主要凝固阶段，Terzaghi 类弹性模型分析可用于估算平均固结率随时间的变化，描述了固结滤饼总厚度的平均固结水平。Voigt 体（一种高聚物黏弹性模型）与 Terzaghi 类弹性模型共同描述了凝固过程中的次固结蠕变效应并作为主固结效应的补充。在很多情况下，无机粒子系统的固结行为，可以通过 Terzaghi 模型或

Terzaghi-Voigt 组合体模型进行充分的解释。

最近，一些新模型被开发用以描述无机粒子系统的固结行为。Lanoisellé 等人为多孔材料提出表达模型，该模型考虑了液体在三个不同网络里流量传输：超粒子、胞外和胞内流量。油菜子的传输行为可由该模型进行很好的描述。Chang 和 Lee 通过考虑三元固结对 Terzaghi-Voigt 组合体模型进行了修正，该三元固结可以通过黏性动力学解释活性污泥的相关固结数据，可以得知恒定速率固结期将出现该模型描述的最后阶段。他们推测，三元固结效应可能与生物粒子结合水的损耗有关。

凝固过程的流变模型可以通过描点作图表示出来，除了最初阶段的凝固，剩下可近似为 3 条斜率不同的直线连接而成。在较长的凝固时间里，直线斜率变小。这说明随着蠕变常数的不同，蠕变现象存在 3 个不同的阶段。Terzaghi 类弹性模型和多阶段 Voigt 体模型作为一种新模式被创建。该模型由一系列 Terzaghi 类弹性模型和一定数量 Voigt 体模型元素串联构成。凝固率显示：固结压力对其凝固过程几乎没有影响。每个蠕变常数相差不止一个数量级，这表明蠕变现象发生在这些阶段。固结参数对固结过程也没有太大影响。

12.2.3 生物组织的过滤/固结分析

固液压榨表达是一个多孔材料的机械压缩分离过程，包括完全饱和或部分饱和液体。这个过程包括各种生物材料的工业应用：果汁和植物油提取、啤酒生产、纤维原料（甜菜、饲料植物）脱水等。不同的物理、热力、化学和生物方法（高压、冻结、颗粒减少、酶）被用以保证细胞破裂。近期，一种脉冲电场（PEF）非热处理形式被用于高效分解植物组织。这种方法可诱导细胞膜电穿孔。

农产品材料的固液分离机制非常复杂，至今尚未完全清楚。目前，很多多孔材料的机械分离仿真采用固体和矿物滤饼的过滤/固结理论。这种理论基于 Fick 的扩散理论分析，给出了一种能够比较全面描述可压缩多孔材料内部液体流的方法。固结参数 $b(m^2/s)$ 作为表征多孔介质压力传导率的参数，与扩散系数和热扩散系数相似。这种类似成为很多农产品材料固液分离仿真研究的基础。

采用过滤/固结方法讨论压缩特性和未处理、PEF 处理、冷冻-解冻处理材料（甜菜组织）的结构特征。在一个较宽的压力范围内（100~6000kPa），从冷冻-解冻水平、PEF 诱导组织解体的条件下，完成变形动力学和固结行为的分析。结果表明：生物组织的固结系数决定于变性结构的类型和变性程度。相同细胞分解指数下，PEF 处理或冷冻-解冻处理的组织表现出了在应用的压缩压力下不同的结构组织和不同的过滤/固结行为。对于未处理组织，变形的短暂发展反映了含残余空气的细胞网络初始阶段的瞬时压缩，以及压力诱导完整细胞的缓慢破裂。在压力范围 100~2000kPa 下，未处理组织的分离机理无法与过滤/固结行为相吻合。对于 PEF 处理和冷冻-解冻处理的变性组织，基本遵从过滤/固结行为。固结参数 b 与滤扩散参数和热扩散参数类似，可以表征组织的压力电导率。

12.3 膜过滤研究进展

在固液分离中，经常需要去除或回收粒度极小的颗粒，利用传统的固液分离方法往往存在成本较高和分离精度不够的缺点，而膜过滤正好能弥补这种缺陷。膜分离技术是利用多孔薄膜将混合物分离开的一种工艺或方法。不同组分构成的均一或非均一的混合物体系，可以借助多孔薄膜的选择透过性，使某些组分透过膜，而另一些组分被截留。膜分离过程具有以下特点：一般膜分离过程不发生相变，能耗低；可在常温下进行，特别适合热敏物质（如酶、药物、食品等）的分离、分级和浓缩；膜分离过程适用范围广，可适合从肉眼可识别的大颗粒到离子或气体分子；膜分离过程装置简单，操作容易，易于自动控制。

12.3.1 膜生物反应器在水处理中的应用趋势

2005 年，膜生物反应器技术的市场价值大约 2.17 亿美元，每年平均增长率为 10.9%。它的增长速度显著高于其他先进的废水处理工艺和其他膜技术，大约 7 年翻 1 倍。2008 年底，大约 800 家膜生物反应器生产企业建立，其中约有 2/3 的企业应用于工业过程。一项研究表明，与传统水处理技术相比，要达到相同质量的水质，膜生物反应器技术的生命周期成本已经具有较强的竞争力。

膜生物反应器的多相流动特性和污垢相互作用的许多基本特性仍然尚待研究。曝气率的选择通常是通过工程经验。曝气需求是根据具体数值给定：单位膜面积气流率（SAD_m，$m^3/(m^2 \cdot h)$）或从经济重要性上产生单位渗透流的气流率（SAD_p，m^3/m^3）。在大规模的膜生物反应器中，SAD_m 取值范围为 0.18 ~ 1.28 $m^3/(m^2 \cdot h)$（标态），SAD_p 取值范围为 10~65。通常，平面膜有较高的 SAD_p 和较低的 SAD_m，因为它们通常是在更高的溶剂下运作。通过空气循环或断断续续的泡沫取得了重要积蓄。大型工厂的长期经验显示了灵活、适当的清洁概念的重要性。化学清洁必须适应季节变化，对老化设备可通过清洁使其具有更高的效率，并延长膜的寿命。

多年来，溶解性微生物产物是膜污染的主要元凶，它们自己造成的污染率在一定程度上与它们的浓度有关，这一点已被人们普遍接受。从结垢现象表明是复杂的相互作用的流体动力学过程时，人们开始质疑用它们作为衡量污染的标准，传质、生物状态、了解当时的化合物污染的进展以及紧迫的经济和生态问题都与它有关，最近出现了一些新的方法来缓解污染。这些方法利用了多样的化学、机械或水力方法，例如使用添加剂、海绵状载体或其他循环研磨颗粒、污泥颗粒、大部分生物体的预沉降、膜表面改性等。

此外，传统的方法如通过优化反向脉冲或鼓泡的几何设计特征的系统已有采用。在过去的 4 年里，大量的研究也已经开始关注用先进控制技术来提高传统效率、新型防污方法并且尽量减少能量的消耗。

12.3.2 科威特在微滤技术上的发展

在科威特，水资源限于海水淡化、地下水和处理水。目前，淡水的主要来源为海水淡化。地下水作为唯一可利用的天然资源，它的开采受到污染和过度开发的限制和威胁。处理水是一种替代资源，随着水资源的消耗处理水需求量也不断增加。科威特科学研究院是新技术引进的先驱，在改善并减少了海水淡化、废水处理和地下水品质与消耗的研究做了大量工作。过去 15 年中，科威特科学研究院对用于海水及废水过滤过程的微滤技术上进行了研究并取得了进展。

微滤系统有两种结构：一种是外压驱动膜微滤；另一种是浸入式连续膜微滤。在科威特，多种水处理方式中对两种结构都进行了测试和分析，比如海水处理、一级处理废水、二级处理废水、三级处理废水和最近的乳品工业废水。微滤允许在低压下达到高流量，但微滤也易受污染并且渗漏亚微米颗粒。

应用现代膜技术，对 $0.2\mu m$ 以下的微滤可减少单程操作中生物需氧量（BOD）、化学需氧量（COD）和细菌数。微滤单元起到屏障滤器作用，$0.2\mu m$ 以下的颗粒都可以通过生产流程。细菌的大小为 $0.3\mu m$ 以上，所以会被去除。病毒通常小于 $0.2\mu m$，但是与宿主菌有关。预计 99.9% 的病毒将被清除。额定孔径为 $0.3\mu m$ 的微滤膜可以去除 pH 值低于 8 的腐黑物中 100% 浑浊度、99% 以上的大肠杆菌、最少 85% 病毒。用于消毒的新型微滤技术表明，额定孔径为 $0.2\mu m$ 的聚丙烯中空纤维膜可以去除所有的指示菌（所有大肠杆菌和粪链球菌）以及源自活性污泥二级水的天然废水病毒。微滤可以用来除去各种污水中的微粒、细菌及病毒来应对未来新的环境要求。来自一级或者二级处理设备的废水可以经过微滤系统的处理，形成可以排入敏感环境及农业中重复利用的高质处理水。

有关微滤的性能评定实验的结果表明，微滤可以在市政规模上有效运行用以生产可重复利用的高质澄清水。通过微滤而生产的水在农业、工业以及人类生活中被认为是安全可靠的；微滤工艺与传统处理工艺相比，空间需求更小，去除固体颗粒更有效。

12.3.3　医药行业中有机溶剂的纳滤

纳滤（NF）是介于反渗透（RO）与超滤（UF）之间的一种膜技术，已在水处理、食品、制药、化学工业等诸多领域得到广泛的工业应用。目前，绝大多数纳米过滤的应用依然采用以水基方式进行。一个应用广泛的、全新的、尚未被广泛应用的领域——有机溶剂在医药生产方面的应用——将被世人所认可。自 20 世纪 90 年代以来，抗溶剂纳滤膜（SRNF）技术取得了重大的发展，同时在工业过程领域已经得到应用。

纳滤膜分离技术应用于有机相中时，被称为耐溶剂纳滤（SRNF）。SRNF 是一种新兴技术，它能够在分子尺度上通过对特定的膜上施加压力梯度来将非水混合物分离。同时，它还具有传统分离技术（如蒸馏和结晶）不可比拟的优点：无需任何添加剂，分离过程无相变，在较温和的温度条件下操作，物质不易失活和降解，在较低压力下就可回收有机溶剂，减轻了环境污染，并且可以显著降低能耗。

尽管 SRNF 技术的优点很多，但是大规模的 SRNF 过程很少。为了促进和提高该项新技术的实施，目前，比利时佛兰德技术研究所正在开发出一种工业上颇有应用前景的技术，计划建造大规模的陶瓷纳滤膜移动过滤控制装置。这种新装置可以满足制药行业严格的生产要求，并能够让厂方以租赁方式进行装置等级测试或者批量生产。

截至目前，SRNF 在医药特定成分的提取分离还仅仅处于实验阶段，但是其在溶质渐进过程中极具潜力的应用是可以预见的，比如：有机溶质中活性药物成分（API）的富集；各种温度下溶质的交换，特别是 API 从高温溶质向低温溶质的转移；产品的净化，杂质、多余的反应、聚合物成分或微量的过剩金属的去除；大分子和中等分子的分离；有机金属等催化剂的大量回收和再利用；混合物分子的反应；立体异构体的分离，即手性主分子和手性客分子的相互作用；生物转化以及失效溶质的恢复等。

制药行业中用于综合生产过程的仪器和组件必须能够满足各种高标准要求，比如所用材料不能影响其洁净度以及其材料表面粗糙度要求等，但对于像 SRNF 这样的新技术，上述要求就成为实现生产规模，甚至是控制规模的工业化应用的主要障碍。据了解，目前还没有可以检验 SRNF 膜的移动控制设备符合制药公司 GMP 生产要求的实践。为了促进 SRNF 在制药过程中的应用，比利时佛兰德技术研究所目前根据最严格的要求建立一个移动的十字流控制设备。该装置可用于所有溶剂环境，制药公司可以在自己的厂房里采用租赁的方式进行批量的过程生产与控制。

12.3.4 微滤膜在循环水养殖中的应用

随着人口的增长、工业化国家营养行为的改变，世界范围内对鱼和水产品的需求量越来越大，但与此同时，由于自然资源不断减少、海洋生态问题以及过度捕捞问题，人们对现代水产品技术越发关注，现代水产养殖技术变得越来越重要。在这些技术中，循环水养殖系统尤为重要，特别是它们的生态学优势使其成为水产养殖技术中的热点。

在德国，传统的池塘鲤鱼生产及沟渠系统中的鳟鱼养殖中，循环水养殖系统体现出诸多生态优势及经济优势。一方面，由废水释放所引起的环境污染比以往更少，而且废水中含有营养成分（特别是硝酸盐和磷酸盐）比例较高；另一方面，改变环境条件（比如提高温度）可使得产品得到改良，水产品物美量丰，一年可收获多次。但是这些系统对工艺技术提出较高的挑战，在这个封闭的循环系统中没有水的排放，因而高标准的水净化过程是确保循环水养殖系统正常运转的必要条件。

理论上 100% 的水回收率是水净化工艺的目标，水净化工艺是否成功运行是循环水养殖系统的关键问题。通过筛网或者鼓式过滤机等机械净化常用水以去除固体颗粒，然后通过生物处理（污水处理厂中的硝化作用）来去除含氮化合物，如果需要，在净化水循环至鱼池之前应引入氧气。但是此工艺也存在缺点，比如在循环水中硝化作用会导致硝酸盐堆积，并且存在亚硝酸盐产生的危险。

目前，一种新的水处理技术已发展成熟，这种新技术将微滤膜应用到循环水养殖中，在铵盐的异养同化作用基础上进行，其中铵盐通过鱼的排泄物（粪便及尿）中尿素及蛋白质分解而得，当提供额外的碳能源（比如蔗糖）时也可以通过不同菌种（如杆菌及假单胞杆菌）产生或未利用的饲料而得。起初，这个过程导致过剩生物质堆积，不得不通过死亡生物体的溶菌物将堆积物分开以防止水的再污染。德国 West Saxon University of Applied Sciences 的 A. Gerbeth 等人采用捷克一家公司生产的 HF PP-M6 微滤膜进行实验，发现膜微滤技术同其他水净化技术（比如絮凝作用或者旋流器）相比，分离所生成过剩生物的效果最佳；尽管渗透通量相对较低，但是在工艺水中含氮化合物的浓度可以维持在一个恒定值。HF PP-M6 膜组件较长的寿命以及投资较低的经济优势使得膜微滤成为替代其他膜滤系统的有力竞争者。

12.4 研究测试与模拟

研究固液分离技术离不开实验和模拟，目前在实验方面主要集中于过滤介质基本性能测试的新手段、新方法和新仪器设备的开发设计，便于科研人员和工程技术人员有的放矢地解决实际问题。而在模拟方面主要集中于微观尺度模拟、宏观过程模拟、微观和宏观尺度的耦合模拟，微观世界的仿真可以为宏观世界提供重要参数并辅助工程师设计新的过滤介质和过滤器滤芯。

12. 4. 1　测量孔径分布的新方法

气孔测量法是众所周知的测量孔径分布的传统方法。该方法利用气压排出过滤器微孔中的润湿液。由于大微孔阻力较小，所以加载一定气压后首先清空大微孔中的润湿液。孔径分布可以通过压力和流速的相对插值来计算。然而，这种传统方法有两个较大的局限：一是对于标准仪器来说数据结果不具有可追踪性，即数据可复现性问题。两个不同的测量试验过程可能得到不同的结果，甚至同一制造商所生产的不同测量仪器也会得到相去甚远的结果，除非进行严格测量作业程序，否则结果就会存在很大的不确定性；二是仪器内部的精确度较低。理论计算的前提是微孔的形状为圆柱形，但事实并非如此，因此这种方法的精度就存在局限性。

目前，一些新的测量技术存在的主要局限是：制作大量尺寸相近的乳胶标准及高分辨率的微粒校形技术，其中高分辨率微粒校形技术可以区分多模态混合物中的单个波峰。而英国的 G. R. Rideal 和 J. Storey 以及德国的 B. Schied 等人试图寻求开发一套在非重叠单一尺寸乳胶微球混合基础上的广泛孔径分布、球形标准。通过在"多标准"方法下研究单个波峰的抑制作用，抑制作用为穿过过滤器后所产生的结果，通过这种方法应该可以确定孔径分布。

如今，BS-颗粒和 CPS 圆盘离心机为以上问题提供了独特的解决方法。由 BS-颗粒产生并且由 CPS 圆盘离心机分析而得的多模态乳胶过滤器标准由 10 个 0.1~1.5μm 的不连续波峰组成。CPS 圆盘离心机是粒径分析中的沉淀仪器，该仪器的独特功能——"直接启动"技术，可以解决如何使颗粒注入旋转液体表面上并进行同时沉降。这种测量实验方法的优势在于：应用了固体的 NIST 可追踪微球颗粒并且去除了浓度的影响，所以与气孔测量法相比结果更清楚，气孔测量法只能从气体流速和压力中测定理论孔径值。

12. 4. 2　滤芯泡点测试仪

工业中滤芯应用非常广泛。整个滤芯的泡点取决于过滤滤芯自身的特性，而非决定于用在滤芯结构中过滤介质的小样本。因此，测试整个滤芯的泡点对于过滤工程及产品开发非常重要。但测试整个滤芯的泡点仍然面临诸多挑战，比如，经常要测试大容量滤芯，在众多应用中，人们想要的是整个滤芯的完整测试，为了对大容量滤芯进行有效、快速且经济的测试，就需要不同规格滤芯快速的装载和卸载；为了防止操作人员外露在测试中可能产生的有害气体中，需要进行适当的通风；同时，润湿液的储存和处置也是一个问题；当滤芯浸没在润湿液中，滤芯的底部泡点通常检测不到。美国的克力纳·古普塔博士等人设计开发了一款新型设备，测试了它的适用性，它可以克服与滤芯泡点测试有关的众多问题。

滤芯泡点测试仪的原理如下：润湿液自发地流进多孔材料孔隙中，因为含润湿液的过滤介质的表面自由能要低于含空气的过滤介质的表面自由能，并且填充过程伴随着自由能的下降，润湿液不能自发地从孔中流出，它可以通过增加试样中惰性气体压差的方法从微孔中排出。测试技术包括气流速度的测试，其中气流穿过起到压差作用的湿样本。气体代替微孔中的润湿液所需的压力与孔径有关。具体计算公式是：

$$p = 4\gamma\cos\theta/D$$

式中　p——微孔中润湿液里惰性气体压差；

　　　γ——润湿液的表面张力；

　　　θ——过滤介质微孔表面与润湿液的接触角；

　　　D——微孔直径。

　　微孔直径会沿着孔道而变化，微孔有许多直径，只有当气压差完全清空微孔以至允许气流可以穿过微孔时，才能检测到微孔。能够完全清空微孔的压差也就是将润湿液从孔喉中清去所需要的压差。因此，从已测压差区域计算而得的孔径，只是贯穿孔喉直径，所以没有能够测量其他孔径。

　　该仪器适用滤芯的范围广，滤芯的两端夹在可移动的夹头之间。O 形环密封在两端以防止在滤芯与头部之间出现裂纹。夹紧作用的其中一头可以移动。可以将其移入或移出样本室，因此滤芯有较大的尺寸范围。头部的可卸载附件使得滤芯直径有较大的调整范围。加深样品室可以容纳更大直径的滤芯。为了方便快捷地进行装载和卸载，每个样品室都有水平杠杆和旋转杠杆。这样的布置有益于大容量测试。用两个杠杆将滤芯装至样品室。在两个夹头之间，水平杠杆可以前后移动夹头来适应滤芯长度，旋转杠杆可以在加压情况下固定滤芯。这样，滤芯就能方便快捷地进行装载和卸载，从而大大缩短大容量测试的时间。滤芯装载完后，润湿液从样品室内润湿液进口自动流入样品室，此时润湿液的出口始终关闭。样品室足够深，所以室内的润湿液可以完全没过滤芯。润湿液缓慢地注入滤芯微孔，将滤芯微孔中的气体替代。滤芯通过增加滤芯内部气压来测试。当微孔内液体压差足够大时，气体会将液体从微孔中排出，并流经微孔。在滤芯顶部微孔的外压为大气压力，滤芯底部压力比较大，它的值为大气压力与润湿液压力之和，其中液柱高度为滤芯外径。因此，滤芯底部的压差较低，所以检测不到这些微孔。为了克服这一问题，可旋转滤芯调节至适合滤芯结构的大小。测试自动进行，泡点数据会自动记录。

12.4.3　过滤计算流体力学模拟方法

　　如今计算流体力学（CFD）模拟常用于研究各种过滤过程和设计过滤器。德国的弗劳恩霍夫研究所在算法和软件上的发展为 CFD 模拟过滤过程作了初步简要介绍。目前利用计算流体力学的办法模拟过滤过程主要有两种：一是次网格方法；二是效率检测模拟方法。

　　对于许多实际工业过滤器，过滤介质或滤芯尺寸不是太细致就是太复杂。一种理想的方法是用一个好的计算网格，但这要花费大量的内存和计算时间，显然是不可行的，因此引入次网格方法。

　　以一个薄而平的过滤介质的简单几何结构为例，如果过滤介质或滤芯尺寸太细小而无法用目前粗糙的计算网格解决，可以通过在适当的网格中建立一个合适的网格辅助问题来解决，即改变纳维斯托克斯-布林克曼方程式的参数。当一系列的计算必须在一个固定几何结构、不同流量和黏度等变化下完成时，次网格方法尤为有效。在这种情况下，纳维斯托克斯-布林克曼方程式中的系数只能变动一次，在选定的粗糙网格中，所有连续计算都快得多。如果使用密网格解决过滤介质模型问题，同时有几个单元浸润过滤介质，就可以得到准确的结果；如果使用粗糙的网格划分模型，单元尺寸超过了过滤介质单元的大小，那将得到错误的结果。

若是一个复杂的几何结构，需要建立较为精细的过滤材料几何模型才能得到精确的解。密网格可以解决薄过滤介质模拟问题，但是如此密的网格计算非常费时。粗网格可以把相同的过滤几何结构视为一个单一的多孔介质，三个滤层列为一个。在这种情况下，网格不能捕捉到过滤介质中诸如小孔等细节之处，这样划分的网格计算后的结果也是无价值的。然而，如果在粗网格中采用次网格的方法，计算精确度就可以在提高 3% 的同时减少15 倍的计算时间。

从 CFD 解算器的粒子浓度方程可以得出吸收率，并进行有效的实验模拟。结果显示，在过滤过程的初始阶段，流体不受俘获粒子的影响，但过滤后期的吸收率只是一个近似值。为了取得较好的准确性，德国弗劳恩霍夫研究所找到了一种新的解析法来描述滤芯中物质的浓度、过滤介质中捕获粒子的浓度以及容器中粒子的浓度。在已知沉积速率、流速等参数的前提下可以判定一个简单滤芯的性能；通过简化滤芯的可测性、已知流量、粒子浓度等就可以确定的沉积速率；在真正的过滤器滤芯中，流速可测，适当的沉积速率用于模拟过滤过程。这就是效率检测模拟方法，该方法和模型目前正在进一步健全和完善，它可用于解释流体中捕捉的颗粒所产生的影响。

12.4.4　关于过滤器过滤精度的测试简介

过滤就是利用多孔介质的可渗透性让颗粒沉积在过滤介质（过滤材料）的表面或者内部，过滤介质根据其特性可分为表面过滤和深度型过滤及磁性吸附过滤三大类，见表 12-1和图 12-1、图 12-2。

表 12-1　过滤介质特性

过滤形式	常见材料	过滤颗粒尺寸/μm
表面过滤	金属编织网	≥5
	非金属编织网、一体成型（非编织）网	≥10
	线隙	≥10
	楔形丝	≥28
	膜及腹膜材料	≤1
深度过滤	非织造过滤材料	≥1
	植物纤维（又称棉木纤维）	≥4
	玻璃纤维	≥1
	合成纤维（化学纤维）	≥1
	金属纤维毡	≥3
	金属粉末烧结	≥1
	陶瓷	≥1
	非金属粉末烧结（如聚四氟乙烯等）	≥1
	两种及以上纤维复合	≥1
	多孔微孔材料（如活性炭、硅藻土等）	≤1
	金属烧结网（多层复合）	≥5
磁性	磁钢	针对可吸附的颗粒

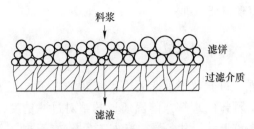

图 12-1 表面过滤示意图

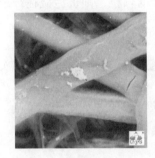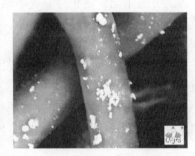

图 12-2 深层过滤电镜放大图

过滤元件的过滤性能直接决定着过滤效果的好坏，因此，过滤性能测试就是判断过滤元件好坏的重要手段。需要说明的是，测试条件与实际工况还是存在很大的差异，测试结果并不能代表实际工况下使用效果。主要原因是，实际工况各种各样，脉动、振动、流量变化、污染物的不确定性等，在试验台上很难模仿出来，特别是颗粒污染物的存在，有的是加工期间的清洁度不达标造成的，有的是机械零部件磨损造成的，有的是油液不清洁造成，还有的是由于进入空气和水造成油液酸化而生成的其他合成物质。而试验测试则是规定的统一的试验污染物，又称试验粉尘，规定的测试条件也是统一的，这样的条件可以判断在同一测试条件下，哪个产品的过滤效果更好，从而得出想要的结果。

过滤性能测试其实测试从是过滤器滤芯或者说过滤元件的过滤精度，而过滤精度在过滤的发展历史中在不断演变，主要经历了名义过滤精度、绝对过滤精度和过滤比（又称贝塔值，用 β 表示）几个阶段。

名义过滤精度，就是通常说的孔径或者网孔，在表面过滤材料如编织网来说，名义过滤精度就是网孔的尺寸，而对于深度过滤的材料来说，是有纤维的错综复杂而形成很多孔隙，空隙通过特定的测试手段得出相应的孔径，最大孔径尺寸就是名义过滤精度。

而绝对过滤精度，就是能通过网孔的最大球形颗粒物的直径尺寸，而对于深度过滤的材料来说，就是能通过孔径的球形颗粒最大尺寸。

贝塔值的概念是 20 世纪 70 年代由美国俄克拉荷马州州立大学的斐奇（E. C. Fitch）博士首先提出（也有说是美国 PALL 公司的专家 Sulpice 提出）过滤精度的新定义：当颗粒物通过过滤器时，滤前某尺寸的颗粒数与滤后同一尺寸的颗粒数之比，比值确定精度，用 β 表示，即：

$$\beta_x = N_U / N_D$$

式中　N_U——上游颗粒尺寸为 x 的颗粒数；

　　　N_D——下游颗粒尺寸为 x 的颗粒数。

β 值也可以用效率值来表征，即：

$$过滤效率 = \left(1 - \frac{1}{\beta}\right) \times 100\%$$

用 β 值的最大意义在于过滤效率永远无法达到 100%，这也是 β 的最大贡献之处所在。之所以这样，主要是针对颗粒的理解，前面所说的绝对过滤精度，是以球形颗粒为量值，而现实过滤颗粒物中，颗粒形状尺寸各异，有如古人拿竹竿进城一样，颗粒的形状和进入空隙的方向不同，则相对形成不同的结果，而针对小于空隙尺寸的颗粒，则被拦截在纤维上及空隙交接处，从过滤机理而言，仅仅是筛效应拦截的颗粒只是其中的一部分，这也是深层过滤发展已经证明的。

经过数十年的发展，测试手段也经历了冒泡法、最大颗粒通过法、单次通过法、多次通过法。

冒泡法又称孔径测试法，主要是利用毛细管计算孔径的方法，其原理如图 12-3 所示，测试设备及结果如图 12-4 所示。

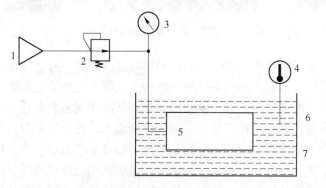

图 12-3　冒泡试验原理图

1—洁净干燥的压缩空气；2—精密减压阀；3—压力测量装置；
4—温度测量装置；5—被试滤芯；6—试验液；7—试验液容器

图 12-4　冒泡法测试设备及打印凭条

a—主要测试过滤材料，兼顾测试滤芯；*b*—以测试滤芯为主，兼顾测试过滤材料；
c—两者都能打印的测试数据

将被试滤芯放入试验液中，液面高出被试滤芯最上面 12±3mm，向滤芯内部缓慢加压，直到滤芯表面冒出第一串连续的气泡，并记录此时的压力值，根据毛细管及液体表面张力原理，此时冒泡的最大孔径可根据下式计算：

$$D = \frac{4\gamma}{\Delta P} \tag{12-1}$$

式中　D——过滤材料孔径，μm；

γ——试验液体的表面张力，N／m。

通过计算得出孔径来表征过滤精度，对深度过滤的材料或滤芯来讲，出入较大，不能代表滤材或滤芯的实际过滤能力，现在主要应用于滤芯加工的质量控制，如 ISO 2943—2004 及 GB/T 14041.1—2007。新乡天翼过滤技术检测有限公司 CFTS 检测中心的研究发现，针对同一种材料并结合单次通过和多次通过试验结果进行结合的方式，是具有粗略进行过滤精度测试能力的，在产品研发或者初步判定中能在很大程度上节约人力、物力、财力。

最大颗粒通过法也称小球通过法，是美国 MIL-F-8815D 的一种方法，就是将一定容积的油液配制成含有各种尺寸的颗粒（通常使用微小玻璃球，也称玻璃微珠）通过过滤器，然后将过滤后的油液进行取样，在显微镜下进行观察，其中最大颗粒玻璃微珠的尺寸就定义为过滤器的绝对过滤精度。

该方法仅适用与球形颗粒，非球形不规则的颗粒也会通过，就不能真实反映过滤器滤除不同尺寸颗粒的过滤能力了，也就不能真实表征过滤器的过滤精度。但该方法对于较大尺寸颗粒过滤的过滤器（通常说的过滤精度较低，孔径较大的过滤器）来说可以做大概判断。

单次通过法是将已知各种尺寸的颗粒分布的一定体积的试验液一次通过过滤器，再对滤后的油液用颗粒计数器测试相同尺寸颗粒数，从而得到各个尺寸的 β 值，主要有抽滤法和压力通过法。

真空抽滤单次通过法如图 12-5 所示。针对这种形式，由于是真空形成的压力，与一般正压使用的过滤器来说，差别非常大，对于大流量的过滤器测试需要很多油，流量还没有稳定，油就用完了，不能满足测试需要，仅仅适用于较小流量的过滤器测试，也无法对被试滤芯进行较长时间的测试，根本无法真实反映过滤器的过滤精度。

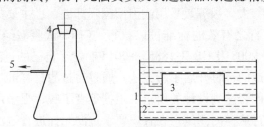

图 12-5　真空抽滤单次通过原理图

1—试验液容器；2—试验液；3—被试滤芯；4—真空瓶；5—接真空抽气装置

压力式单次通过试验法如图 12-6 所示。对于大流量的过滤器测试来说对于高精度净化过滤器的要求非常高，特别是测试过滤精度较高的过滤器，这种测试也不符合实际工况，并不能代表过滤器的过滤性能，更不能表征过滤器的全寿命过滤精度；但是这种方法可以用来测试过滤材料或者过滤器的原始过滤效率，也就是初始过滤精度，对于过滤材料或者过滤器的原始过滤效率对比还是不错的一种选择。

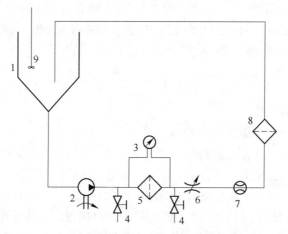

图 12-6　压力式单次通过试验原理图

1—试验油箱；2—输油泵；3—压差计量装置；4—取样阀；5—被试过滤器；

6—流量调节阀；7—流量计；8—高精度保证过滤器；9—搅拌装置

多次通过法，是模拟过滤器或者过滤元件在系统实际运行中，将污染物不间断地添加到试验系统内，被试过滤器不断地在过滤，每次都是新注入的污染颗粒物与没有被过滤的污染颗粒物重新进入被试过滤器，经过反复循环，直到过滤器的压差达到预先设定的压差值，试验终止。在这个过程中，有些颗粒污染物（前面提到颗粒污染物的形状各异，大小不一）因通过过滤介质空隙时的状态不同，可以通过空隙，好比这次是竹竿顺着城门走能过去，但下次却是横着走，就被拦截一样，就这样，直到试验结束；然后得出同一颗粒尺寸的数量，进而得出对应的过滤器的过滤性能。最早的 β 值应用在 ISO 4572 液压过滤器过滤性能测试标准中，随着科技的进步和测试仪器的发展，ISO 4572 也随着改编为现在所熟知的 ISO 16889，现在，ISO 16889 也从 1999 版更新到 2008 版，到现在也近 10 年，可能会在 2018 年前后进行再次更新或改版。

ISO 16889—2008 中多次通过试验原理如图 12-7 所示。多次通过试验台如图 12-8 所示。

根据现行国家标准，大多数等效采用或引用国际标准，也主要集中在过滤元件上，在过滤材料的测试上没有行之有效的标准可以执行，CFTS 试验室经过大量试验测试验证，根据现行的 ISO 16889—2008 及 GB/T 18853—2015 制定了自己的过滤材料测试标准，为过滤器滤芯及过滤元件制造的选材开启了新方法。通过对过滤材料的过滤性能测试，能在选材时就能了解过滤才能能否达到设计的要求。根据笔者了解，很多厂家在生产滤芯时没有注意这一关或者没有进行这样的测试，在客户要求过滤元件进行过滤性能测试时，发现过滤元件无法达到设计要求，却无法找到原因。其实在选材时，就没有注意到过滤材料本身就不能达到设计的过滤性能要求，再加上设计的合理性、加工工艺的合理性和完善情况都会影响产品的过滤性能——过滤精度。因此，过滤材料的测试应该是过滤元件设计中最重要的过滤精度测试项目之一。

多次通过试验也是目前过滤产品过滤精度测试主要检测手段，但多次通过试验方法中，也明确说明测试过程尽可能模拟工况，但不能代表实际工况，并且明确规定，不适用于颗粒尺寸大于 $25\mu m$（c）且平均过滤比（即 β 值）小于 75 的滤芯，不推荐使用多次通

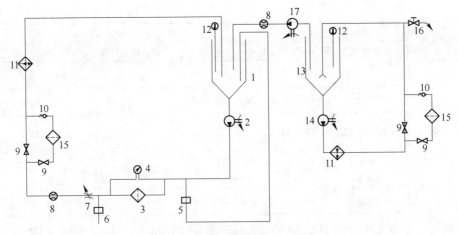

图 12-7　多次通过试验原理图

1—试验油箱；2—试验油泵；3—被试过滤器；4—压差计；5—上游颗粒计数器系统；
6—下游颗粒计数器系统；7—流量控制阀；8—流量计；9—截止阀；10—单向阀；11—热交换器；
12—温度计；13—污注油箱；14—污注油箱泵；15—净化过滤器；16—取样阀；17—污染物注入泵

图 12-8　多次通过试验台

a—50~350L/min 试验台；b—1~100L/min 试验台

过试验方法，这个主要是由于颗粒计数器及试验粉尘的粒径分布等多种原因造成的，在这里不再赘述。

目前采用颗粒计数测试过滤器过滤精度的方法还有两项类似的标准，是 ISO 19438 和 ISO 4548-12，与 ISO 16889 共三种测试液体过滤器过滤精度的方法，其报告格式见表12-2~表12-4。

表 12-2　CFTS 滤芯过滤性能粒子计数法多次通过试验报告（本试验符合 ISO 16889）

试验设备：DT-100 型多次通过试验台		颗粒计数器型号：KZD-3A		试验日期：2016-10-14	
滤芯标识：TGS05ZSJ96		制造厂（来源）：新乡天翼检测研发中心过滤部		试验粉尘：ISO MTD	
试验流量：30L/min		试验液型号：YH-15		试验温度：40±1℃	
滤芯结构完整性	试验标准：GB/T 14041.1		试验液：YH-15		稀释比 1：Null
	试验前初始冒泡点压力（Pa）：1692			试验后初始冒泡点压力（Pa）：1850	

压降记录	壳体压降（kPa）：7.5				洁净过滤器总成压降（kPa）：9.5				
	洁净滤芯压降（kPa）：2.0				滤芯极限压降（kPa）：350				

油液监测数据记录	污注系统					试验系统			
	参数	初始	最终	注入参数平均值		参数		初始	最终
	油液体积（L）	77	17.5	污注流量（L/min）	0.243	油液体积（L）		32.2	30.2
	污染浓度（mg/L）	1130	1112	污染浓度（mg/L）	1121	初始 G_b／最终 G_{80}（mg/L）		9	15.3

压降与污染物注入量的对应关系	时间间隔	10%	20%	30%	40%	50%	60%	70%	80%	90%	100%
	试验时间（min）	24.4	48.9	73.3	97.7	122.0	147.0	171.0	195.0	220.0	244.0
	滤芯压降（kPa）	2.8	4.1	7.3	15.1	36.2	74.1	128.0	192.3	264.1	350.0
	注入质量（g）	6.7	13.3	20.0	26.7	33.4	40.0	46.7	53.4	60.0	66.7

每毫升颗粒计数分析和过滤比	时间间隔		≥4μm (c)	β	≥5μm (c)	β	≥8μm (c)	β	≥10μm (c)	β	≥15μm (c)	β	≥20μm (c)	β
	上游初始		916		261		37		13		8		7	
	10%	上游	23075	6.9	13625	17.7	3700	137.0	1832	299.0	426	638.7	185	548.0
		下游	3327		772		27.0		6.1		0.7		0.3	
	20%	上游	23936	8.9	14269	24.3	3950	210.3	1983	541.5	471	2629.1	208	2772.6
		下游	2688		587		19.0		3.7		0.2		0.1	
	30%	上游	23268	13.1	14088	37.1	3946	327.8	1979	825.8	471	2804.5	207	2357.6
		下游	1776		380		12.0		2.4		0.2		0.1	
	40%	上游	22846	20.4	14011	57.6	3959	507.8	1996	1413.2	481	7701.7	217	8661.2
		下游	1119		243		7.8		1.4		0.1		0.0	
	50%	上游	22551	33.6	13967	88.7	3971	674.4	2006	1479.5	489	10196.0	226	14097.0
		下游	671		157		5.9		1.4		0.0		0.0	
	60%	上游	22434	47.8	13941	115.4	3982	714.3	2022	1644.7	498	5970.0	231	27700.0
		下游	469		121		5.6		1.2		0.1		0.0	
	70%	上游	22051	56.7	13684	123.4	3887	561.1	1980	1092.6	486	3375.1	226	4355.7
		下游	389		111		6.9		1.8		0.1		0.1	
	80%	上游	21589	63.0	13335	121.6	3737	347.0	1899	494.9	454	831.6	206	1235.8
		下游	343		110		11.0		3.8		0.5		0.2	
	90%	上游	21119	74.0	12915	134.3	3530	306.7	1775	385.2	399	449.6	171	436.4
		下游	285		96.0		12.0		4.6		0.9		0.4	
	100%	上游	20895	79.6	12770	135.0	3481	260.4	1761	308.3	390	332.3	167	336.0
		下游	1083		256		12.0		3.1		0.4		0.2	
	平均	上游	22085	20.4	13490	52.8	3768	324.7	1900	604.4	451	1154.7	202	1240.3
		下游	1083		256		12.0		3.1		0.4		0.2	

纳污容量	注入污染物总量 M_i（g）:				纳污容量 C_R（g）:			
$\beta_{x(c)}$	平均过滤比	2	10	75	100	200	1000	
	颗粒尺寸 μm（c）	—	—	5.6	6.1	7.2	13.9	
试验人员：			校核人员：			负责人：		

注：本表由新乡天翼过滤技术检测有限公司测试中心提供。

表 12-3　ISO 19438 试验报告

试验报告参照标准：ISO 19438

试验日期	2017-03-20	试验时间	10：05	试验设备	DT-100
试验地点	CFTS 测试中心	项目	多通	试验人员	

滤清器标志

滤清器标志	125±10（3#）		制造完善性	
壳体型式	滤材 2#工装		制造日期	—

操作条件

试验液	类型	YH-15	黏度	15mm²/s
	电导率	1000pS/m	温度	40℃
试验灰尘	类型	ISO MTD	产品批号	12769M
喷射系统	加灰量（g）	7.5	原始喷射重量（mg/L）	232.6
	容积（L）	30	最后喷射重量（mg/L）	229.8
	喷射流量（mL/min）	100.0	平均喷射重量（mg/L）	231.2
试验系统	流量（L/min）	5	原始清洁度［>10μm（c）/mL］	<15
	容积（L）	8.2	基准重量级（mg/L）	4.62
	最终容积（L）	8.2	最终重量级（mg/L）	47.5
稀释系统	传感器型号	KZD-3A	取样时间（s）	30
	流量（mL/min）	20	保持时间（s）	30
	计数方法	optical	取样时间（min）	1
	上游稀释比	1：Null	平均值不记录	—
	下游稀释比	1：Null	读取的总记录值	—

CFTS 试验结果

Δp	新总成 Δp_1（kPa）	5.3			新滤芯 Δp_2（kPa）		—
	壳体 Δp_3需提供空壳（kPa）	—			最终净压力值 Δp_5（kPa）		200
净压百分数 Δp（%）	5	10	15	20	40	80	100
总成 Δp（kPa）	15.3	25.3	35.3	45.3	85.3	165.3	205.3
试验时间（min）	32	36	38	40	46	53	56

过滤效率

粒子尺寸［μm（c）］	≥4	≥5	≥6	≥7	≥8	≥10	≥12	≥14
原始效率（%）	0.00	0.00	2.41	14.54	25.20	43.70	61.29	65.20
最低效率（%）	0.00	0.00	0.00	3.77	16.62	39.53	55.20	55.84
总效率（%）	9.52	15.53	20.93	28.37	34.48	47.59	58.70	60.09
粒子尺寸［μm（c）］	≥15	≥20	≥25	≥30	≥35	≥50	≥60	≥70
原始效率（%）	70.86	85.70	94.53	99.08	98.68	100.00	100.00	100.00
最低效率（%）	60.78	76.86	89.57	96.52	97.62	100.00	100.00	100.00
总效率（%）	65.04	81.49	92.62	97.85	99.64	100.00	100.00	100.00

喷射质量 m_i(g)	1.3		效率（%）	50	90	95	99
没被拦截的质量 m_{nr}(g)	0.5		过滤级［μm(c)］	10.6	21.9	25.3	29.8
杂质储存能力 C_f(g)	0.8		总过滤级［μm(c)］	10.4	23.3	26.6	32.1

试验结果的表达

试验日期：2017-03-20	试验时间：10：05
试验标志：125±10（3#，材料供应）	项目：材料过滤性能-过滤精度

原始滤清效率—经过时间：6（min）—压力差（kPa）

粒径	≥4	≥5	≥6	≥7	≥8	≥10	≥12	≥14
上游	3576	2326	1457	964	638	333	174	111
下游	4130	2476	1422	824	478	188	68	39
效率（%）	0.00	0.00	2.40	14.54	25.20	43.69	61.29	65.20
粒径	≥15	≥20	≥25	≥30	≥35	≥50	≥60	≥70
上游	90	37	17	7	3	1	0	0
下游	26	5	1	0	0	0	0	0
效率（%）	70.86	85.70	94.53	99.08	98.68	100.00	100.00	100.00

滤清效率—经过时间：5（min）—压力差（kPa）

粒径	≥4	≥5	≥6	≥7	≥8	≥10	≥12	≥14
上游	2070	1324	826	548	367	197	107	70
下游	2718	1606	914	527	306	119	44	26
效率（%）	0.00	0.00	0.00	3.77	16.61	39.53	59.02	62.89
粒径	≥15	≥20	≥25	≥30	≥35	≥50	≥60	≥70
上游	58	25	12	5	2	0	0	0
下游	18	3	1	0	0	0	0	0
效率（%）	68.86	86.65	95.04	98.00	97.62	100.00	100.00	100.00

滤清效率—经过时间：10（min）—压力差（kPa）							
粒径	≥4	≥5	≥6	≥7	≥8	≥10	≥12	≥14
上游	12369	8219	5193	3416	2221	1112	534	314
下游	12002	7357	4256	2470	1428	538	183	98
效率（%）	2.97	10.48	18.04	27.69	35.70	51.63	65.78	68.72
粒径	≥15	≥20	≥25	≥30	≥35	≥50	≥60	≥70
上游	247	90	39	16	6	1	0	0
下游	66	12	2	0	0	0	0	0
效率（%）	73.42	86.86	94.62	97.70	99.35	100.00	100.00	100.00

滤清效率—经过时间：15（min）—压力差（kPa）							
粒径	≥4	≥5	≥6	≥7	≥8	≥10	≥12	≥14
上游	22821	15274	9588	6206	3947	1914	847	469
下游	21237	13178	7655	4412	2518	930	305	158
效率（%）	6.94	13.72	20.16	28.91	36.21	51.39	64.01	66.34
粒径	≥15	≥20	≥25	≥30	≥35	≥50	≥60	≥70
上游	358	121	50	21	8	2	1	0
下游	105	18	3	0	0	0	0	0
效率（%）	70.61	85.19	94.48	98.59	100.00	100.00	100.00	100.00

滤清效率—经过时间：N（min）—压力差（kPa）							
粒径	≥4	≥5	≥6	≥7	≥8	≥10	≥12	≥14
上游	28608	19172	11981	7706	4857	2306	979	525
下游	26522	16571	9581	5521	3143	1158	373	189
效率（%）	7.29	13.57	20.04	28.35	35.29	49.77	61.87	63.96
粒径	≥15	≥20	≥25	≥30	≥35	≥50	≥60	≥70
上游	398	128	52	22	9	2	1	0
下游	124	20	3	0	0	0	0	0
效率（%）	68.91	84.68	93.84	98.49	99.32	100.00	100.00	100.00

注：本表由新乡天翼过滤技术检测有限公司测试中心提供。

表 12-4　ISO 4548-12 试验报告

试验报告参照标准：ISO 4548-12					
试验日期	2017-03-24	试验时间	14：00	试验设备	DT-100
试验地点	CFTS 测试中心	项目	多通	试验人员	
滤清器标志					
滤清器编号	16-1203#	旁通阀工作与否	是	制造完整度	—
壳体型式	旋装		否√	制造日期	—
操作条件					
试验液	类型	YH-15	黏度	15mm²/s	
	电导率	1000pS/m	温度	40℃	
试验灰尘	类型	ISO MTD	产品批号		

操作条件				
加灰系统	加灰量（g）	42	原始喷射重量（mg/L）	1213.6
	容积（L）	30	最后喷射重量（mg/L）	1172
	喷射流量（mL/min）	248.5	平均喷射重量（mg/L）	1193.0
试验系统	流量（L/min）	30	原始清洁度 [>10μm(c)/mL]	<15
	容积（L）	16.2	基准重量级（mg/L）	10
	最终容积（L）	15.9	最终重量级（mg/L）	72.9
稀释系统	传感器型号	KZD-3A	取样时间（s）	60
	流量（mL/min）	25	保持时间（s）	0
	计数方法	optical	取样时段（min）	1
	上游稀释比	1∶Null	平均值计数	—
	下游稀释比	1∶Null	读取的总记数值	—

CFTS 试验结果							
Δp	清洁总成 Δp₁（kPa）	70		清洁滤芯 Δp₂（kPa）			—
	壳体 Δp₃需提供空壳(kPa)	—		最终净压力值 Δp₅（kPa）			70
净压百分数 Δp（%）	5	10	15	20	40	80	100
滤清器总成 Δp（kPa）	73.4	77.0	80.6	84.1	98.0	126.1	140.0
试验时间（min）	16	21	23	25	28	30	31

Δp: 清洁总成 Δp_1（kPa）, 清洁滤芯 Δp_2（kPa）, 壳体 Δp_3需提供空壳(kPa), 最终净压力值 Δp_5（kPa）

过滤效率							
粒子尺寸［μm（c）］	≥4	≥5	≥6	≥7	≥8	≥10	≥12	≥14
最大效率（%）	11.20	17.69	20.26	22.93	33.46	49.67	59.91	68.08
最低效率（%）	3.38	8.12	8.91	8.56	17.02	28.13	35.62	41.63
总效率（%）	4.48	9.60	10.66	10.95	20.38	33.88	43.46	51.50
粒子尺寸［μm（c）］	≥16	≥20	≥21	≥25	≥30	≥35	≥38	≥50
最大效率（%）	78.43	88.00	89.13	95.60	97.83	99.74	99.82	100.00
最低效率（%）	54.56	71.03	71.91	87.53	94.18	99.14	98.97	100.00
总效率（%）	64.71	79.23	80.43	92.01	96.63	99.55	99.61	100.00

喷射质量 m_i（g）	9.1	效率（%）	50	75	90	98.7	99
没被拦截的质量 m_{nr}（g）	1.2	额定粒径 ［μm（c）］	13.6	18.6	24.0	32.4	33.0
杂质储存能力 C_f（g）	8.0	效率 98.7%和 99%仅为高效滤清器选用					

试验结果的表达							
滤清效率—经过时间：5（min）—压力差（kPa）							
粒径	≥4	≥5	≥6	≥7	≥8	≥10	≥12	≥14
上游	66475	40361	25623	14811	10572	3742	1818	981
下游	59028	33220	20433	11415	7035	1883	729	313
效率（%）	11.20	17.69	20.26	22.93	33.46	49.67	59.91	68.08

滤清效率—经过时间：5（min）—压力差（kPa）

粒径	≥16	≥20	≥21	≥25	≥30	≥35	≥38	≥50
上游	532	251	205	95	53	9	7	0
下游	115	30	22	4	1	0	0	0
效率（%）	78.43	88.00	89.13	95.60	97.83	99.56	99.73	100.00

滤清效率—经过时间：10（min）—压力差（kPa）

粒径	≥4	≥5	≥6	≥7	≥8	≥10	≥12	≥14
上游	96277	60681	38792	22359	15819	5218	2349	1187
下游	90019	53001	33191	18841	11680	3015	1101	452
效率（%）	6.50	12.66	14.44	15.73	26.16	42.21	53.11	61.95
粒径	≥16	≥20	≥21	≥25	≥30	≥35	≥38	≥50
上游	604	270	218	102	58	13	11	1
下游	159	40	30	5	1	0	0	0
效率（%）	73.64	85.21	86.42	94.98	97.58	99.56	99.47	100.00

滤清效率—经过时间：15（min）—压力差（kPa）

粒径	≥4	≥5	≥6	≥7	≥8	≥10	≥12	≥14
上游	114446	75039	48979	28752	20471	6672	2901	1411
下游	109577	67646	43491	25335	15971	4206	1522	617
效率（%）	4.25	9.85	11.20	11.89	21.98	36.97	47.56	56.27
粒径	≥16	≥20	≥21	≥25	≥30	≥35	≥38	≥50
上游	686	297	238	109	64	14	12	2
下游	212	52	38	7	2	0	0	0
效率（%）	69.18	82.53	83.85	93.34	97.32	99.44	99.54	100.00

滤清效率—经过时间：20（min）—压力差（kPa）

粒径	≥4	≥5	≥6	≥7	≥8	≥10	≥12	≥14
上游	121951	82125	54646	32698	23533	7818	3389	1617
下游	117707	74987	49295	29414	18900	5192	1914	781
效率（%）	3.48	8.69	9.79	10.04	19.69	33.58	43.53	51.69
粒径	≥16	≥20	≥21	≥25	≥30	≥35	≥38	≥50
上游	772	324	256	114	66	15	13	2
下游	267	65	48	9	2	0	0	0
效率（%）	65.43	80.05	81.06	92.16	96.93	99.74	99.82	100.00

滤清效率—经过时间：N（min）—压力差（kPa）

粒径	≥4	≥5	≥6	≥7	≥8	≥10	≥12	≥14
上游	124639	87107	60179	37770	28081	10315	4733	2320
下游	119381	79638	54725	34538	23302	7414	3047	1354
效率（%）	4.22	8.57	9.06	8.56	17.02	28.13	35.62	41.63
粒径	≥16	≥20	≥21	≥25	≥30	≥35	≥38	≥50
上游	1099	435	334	134	71	14	12	1
下游	500	126	94	17	4	0	0	0
效率（%）	54.52	71.03	71.90	87.52	94.18	99.14	98.97	100.00

注：本表由新乡天翼过滤技术检测有限公司测试中心提供。

参 考 文 献

[1] Rideal G R, Storey J, Schied B. A new method of measuring pore size distributions using multi-model particle size standards [C]// Fil Tech 2009 conference. 2009(Ⅰ)：226~230.

[2] Dr. Akshaya Jena, Dr. Krishna Gupta. Cartridge bubble point tester [C]//Fil Tech 2009 conference. 2009(Ⅰ)：218~225.

[3] Kraume M, Drews A. Membrane bioreactors in waste water treatment-status and trends [C]//Fil Tech 2009 conference. 2009(Ⅰ)：80~94.

[4] Frederic Courteille, Florent Bourgeois, Michael Clifton, et al. 3D reconstruction of ultrafiltration cakes from binarised images [C]//Fil Tech 2009 Conference. 2009(Ⅱ)：669~677.

[5] Vorobiev E, Grimi N, Lebovka N, et al. Filtration-consolidation analysis of solid/liquid expression from biological Tissue [C]//Fil Tech 2009 conference. 2009(Ⅰ)：276~283.

[6] Eiji Iritani, Takashi Sato, Nobuyuki Katagiri. Multi-staged creep effect in consolidation of tofu and okara as soft colloids [C]//Fil Tech 2009 conference. 2009(Ⅰ)：268~275.

[7] Michael Dedering, Oleg Iliev, Zahra Lakdawala, et al. Advanced CFD simulation of filtration processes [C]//Fil Tech 2009 conference. 2009(Ⅰ)：440~444.

[8] Dr Eberhard Gerdes. Organic precoat filter aids-update on current status and future developments [C]//Fil Tech 2009 conference. 2009(Ⅰ)：539~541.

[9] Josef Baumgartinger. RFF-backwash fibre filter innovation in depth filtration [C]//Fil Tech 2009 conference. 2009(Ⅰ)：502~505.

[10] Gemendel B, Pausch N, Mueller H, et al. Development and characteristics of a new ion exchange filter cartridge made of phosphorylized hemp fibre yarn [C]// Fil Tech 2009 conference. 2009(Ⅰ)：486~493.

[11] Alexopoulos S, Breitbach G, Hoffschmidt B. Optimization of the channel form geometry of porous ReSiC ceramic membrane modules [C]//Fil Tech 2009 conference. 2009(Ⅱ)：686~693.

[12] Alsaffar A, Bou-Hamad S, Alsairafi A, et al. Research & Development in microfiltration technology at KISR [C]//Fil Tech 2009 conference. 2009(Ⅱ)：607~614.

[13] Gerbeth A, Gemende B, Pausch N, et al. Long term experiences using microfiltration membranes for sepa-

ration of bacterial biomass in recirculating aquaculture system [C]//Fil Tech 2009 conference. 2009(Ⅱ)：600~606.

[14] Herman Beckers, Anita Buekenhoudt, Pieter Vandezande. Organic solvent nanofiltration in the pharmaceutical industry [C]//Fil Tech 2009 conference. 2009(Ⅱ)：739~744.

[15] 康勇，罗茜．液体过滤与过滤介质[M]．北京：化学工业出版社，2008：233~268，291~399．

[16] 王维一，丁启圣．过滤介质及其选用[M]．北京：化学工业出版社，2008：1~23，86~98，120~150．

13 过滤技术在工业生产及其他领域中的应用

13.1 过滤技术在选矿、冶金及煤炭工业中的应用

随着矿产资源的日益贫瘠，为了提高采矿的综合利用率，需要把矿石磨得更细，以提高选矿指标和产品质量。冶金工业在冶炼或加工前对原料的要求是高品位和低含水率。因而过滤和脱水就成为上述工业部门最基本的工艺过程。各种工业过滤机在选矿、冶金和煤炭工业中发挥越来越重要的作用。

13.1.1 过滤在选矿工业中的应用

精矿是选矿厂的最终产品，过滤是精矿脱水必不可少的作业。以往精矿过滤都用真空过滤机，如转鼓真空过滤机和圆盘真空过滤机至今仍在一些选矿厂占据主导地位。采用真空过滤机进行精矿脱水的优点是：可以连续工作，操作简单，生产能力大，这种过滤机在通常条件下是一种较适用和先进的设备。但是，用于细而黏的精矿过滤，则会出现一系列的问题，如过滤困难，滤饼水分高，产量低，运输困难，能耗高，金属流失多，污染环境等。尽管人们对真空工艺不断地加以改进，但成效并不理想。细粒精矿使传统的脱水方法效果恶化，从节省资源和保护环境的角度考虑都需要对传统脱水工艺进行改造。近来国外将全自动压滤机、陶瓷圆盘真空过滤机和大型水平带式真空过滤机等新型过滤机用于过滤细而黏的精矿取得了引人注目的进步，国内也正在积极推广应用，成效显著。

13.1.1.1 过滤在有色精矿脱水中的应用

A 过滤在镍矿选矿厂中的应用

国内某公司镍矿选矿厂精矿脱水选用 3 种过滤机型，分述如下：

（1）TWJ-40 折带外滤式圆筒真空过滤机。在给矿粒度小于 $74\mu m$ 的占 80%～85%，固相质量分数为 60% 的条件下，滤饼厚 7mm，滤饼水分为 16%，处理能力为 $105kg/(m^2 \cdot h)$。日处理能力为 85.44～144t。

（2）LAROX-PF25A$_1$ 压滤机。粒度小于 $74\mu m$ 的占 95.5%，给矿浓度为 66.8%，滤饼水分为 9.78%，滤饼厚度为 19.27mm，生产能力为 $257kg/(m^2 \cdot h)$。每台机器日处理量为 150t。

（3）陶瓷过滤机。给矿的质量分数大于 60% 时，陶瓷过滤机处理能力大于 $380kg/(m^2 \cdot h)$，水分小于 11.30%。

B 圆盘真空过滤机在铜精矿过滤中的应用

湖北某铜矿铜精矿中，粒度大于 0.074mm 的仅有 9.36%，而粒度小于 $10\mu m$ 的高达

38.5%，粒度相当细，属难滤物料。过滤机的过滤效果见表 13-1。

表 13-1 给矿浓度与过滤效果的关系

给矿的质量分数/%	台时处理量/t·h⁻¹	滤饼水分/%
30~37	8.22	11.66
41~43	6.69	12.00

C 陶瓷圆盘过滤机在有色选厂中的应用

内蒙古自治区富源铜矿原有过滤工艺生产的铜精矿水分达到 16% 以上，那里冬季气温低，造成铜精矿冻结成块，无法正常装卸和运输，企业无法正常生产，损失严重。采用陶瓷圆盘过滤机后，滤饼水分降到 11% 以下，一年四季都能正常生产，企业经济效益提高显著。

D 陶瓷圆盘过滤机在尾矿上的应用

（1）回水利用：青海西部矿业集团巴彦淖尔铜业公司选矿厂采用了陶瓷过滤机来回收尾矿水，从而解决了选厂的生产用水问题，使选厂得以正常生产。现在陶瓷过滤机的使用量已从最初的几台增加到 20 多台，运行效果良好，不仅为企业解决了生产用水，也大大降低了投资尾矿库的费用，公司效益稳步提高。

（2）尾矿干排：河北铜兴矿业公司采用陶瓷圆盘过滤机对尾矿进行了过滤，滤后尾砂一部分填充采空区，一部分用作建材原料，既解决了尾矿排放问题，又综合利用了矿产资源，改善了矿山环境，增加了企业经济效益。

（3）环保利用：中国黄金集团朝阳二道沟金矿在改造过程中选用了陶瓷圆盘过滤机来过滤氰化尾渣。过滤后的滤液水经过检测已达到环保要求，减少了对环境的污染，造福于社会，为企业解决了一个大难题。目前，陶瓷过滤机在尾矿上的应用已经非常广泛。

E 带式真空过滤机在全尾砂脱水中的应用

膏体充填是一些矿山正在使用的新技术。膏体技术因其经济和环保方面的优越性正日益占有重要地位。

膏体充填料是一种可泵送、可流动的非牛顿流体，它通常由矿山尾矿和水泥构成。膏体由稀尾矿浆制备，依靠传统的浓密或过滤方法使尾矿浆脱水，使其质量分数达到 75%~80%。20 世纪 80 年代德国的恰隆德矿（Gruno Mine）就率先使用膏体充填。此后美国、加拿大、南非、奥地利、澳大利亚等国的几十个矿山都采用了膏体充填技术。德国 Bad Ground 矿山膏体充填料制备系统所用的带式真空过滤机规格为 $35m^2$，给矿质量分数为 20%，处理能力为 $0.86~1.1t/(m^2·h)$，滤饼水分为 20%~22%。

国内于 1999 年在金川建成全尾砂填料充填系统，其工艺流程如图 13-1 所示。

尾砂连续脱水工艺及设备是膏体充填系统的关键技术之一。该系统采用 DU30/1800 型固定室带式真空过滤机作为脱水过滤设备。

该带式真空过滤机自应用以来，其过滤系统连续运转正常，带速可在 0.5~5m/min 内选择。滤布自动调偏和扩幅系统灵敏、准确。电控系统操作简便可靠，可实现自动和手动操作，其过滤效果和生产能力均达到设计要求。在过滤机进料质量浓度为 48%~60% 和有效真空度为 0.053MPa 情况下，其滤饼含湿量达 22%~25%，滤饼厚度为 20~30mm，滤饼干量为 $20t/(h·台)$，满足了膏体充填对过滤机的生产要求。

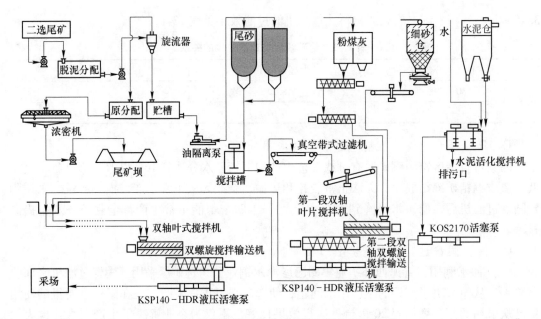

图 13-1 金川膏体泵送充填系统工艺流程示意图

膏体充填新技术的研究与工业化荣获 2000 年度国家科学技术进步二等奖。

厢式压滤机的生产技术指标如下：过滤压力为 0.8MPa；滤饼水分为 23.23%；日产干量为 38.9t。

国产 ZYLD 型自动厢式压滤机用于有色金属精矿脱水取得了较好的成效，其应用实例见表 13-2。

表 13-2 ZYLD 型自动压滤机应用实例

企业所在地	压滤机台数	过滤物料	粒 度	日处理干渣量/t	滤饼水分/%	干渣产能/kg·(m²·h)⁻¹	运转率/%	海拔/m	真空水分/%
陕西	1×10m²	铅精矿	<36μm 的占 92%	15	10	0.38~0.4	92	1300	15~17
	3×10m²	锌精矿	<74μm 的占 70%	约 1500	6~8	0.49~0.55	92	1300	12~13
河南	1×12m²	铝精矿	<74μm 的占 63.2%	40	10~11	约 228.2	92	280	16~20
甘肃	1×10m²	铜精矿	<74μm 的占 70%	50	6~8	0.5~0.55	92	3000	18~22
云南	1×15m²	氧化锌精矿	<74μm 的占 80%	约 30	9~11	0.20~0.25	92	2400	17~21
辽宁	1×15m²	金精矿浸出渣	<36μm 的占 98%	约 50	10~12	0.10~0.20	92	150	24~26
陕西	1×10m²	银铜精矿	<74μm 的占 80%	约 15	6~8	0.25~0.30	92	1100	12~15
	1×10m²	银铜精矿	<74μm 的占 80%	约 25	6~8	0.28~0.36	92	1100	12~15

13.1.1.2 过滤在铁精矿脱水中的应用

A ZPG 型圆盘真空过滤机在铁精矿脱水中的应用

a 高品位超细铁精矿

ZPG 系列盘式真空过滤机在全国几家磁性材料公司的应用结果表明：过滤系数达到

$0.8 \sim 0.9 t/(m^2 \cdot h)$，滤饼水分小于 8%，滤液浓度低于 1%。

b 低品位超细铁精矿

山西五台地区铁矿为低品位超细铁精矿，ZPG 系列盘式真空过滤机的全套配置系统已完全满足低品位超细铁精矿的过滤要求，其在五台地区的应用结果表明：过滤系数达到 $0.7 \sim 0.9 t/(m^2 \cdot h)$，滤饼水分小于 11%，滤液浓度低于 1%。

c 低品位两级分化铁精矿

梅山铁矿为典型的低品位两级分化铁精矿，梅山铁矿采用 ZPG-96 盘式真空过滤机，其作业率达到 95% 以上，过滤系数达到 $0.8 \sim 0.9 t/(m^2 \cdot h)$，比内滤式过滤机高 $0.2 \sim 0.3 t/(m^2 \cdot h)$，水分为 $8.5\% \sim 9.0\%$，比内滤式过滤机低 $1\% \sim 2\%$。

d 硫酸渣再选的铁精矿和尾矿

硫酸渣再选的铁精矿粒度较细，小于 0.074mm（200 目）的占 90% 以上，且矿粉内部含有孔隙水，盘式真空过滤机在广西等地的硫酸渣再选的铁精矿的应用表明：滤饼水分不大于 25%（滤饼呈松散的粉状，与含水 9% 的铁精矿形态相似）；过滤系数不小于 1000kg/$(m^2 \cdot h)$。

硫酸渣再选尾矿采用 ZPG 系列盘式真空过滤机，当矿浆浓度为 20% 左右，滤饼水分小于等于 31%；过滤系数大于等于 400kg/$(m^2 \cdot h)$。

e 硫精矿

硫精矿过滤系统用 ZPG 系列盘式真空过滤机是可行的，当矿浆浓度为 55% 左右时，滤饼水分不大于 13%；过滤系数不小于 300kg/$(m^2 \cdot h)$。

f 尾矿

固液分离实验室对保国铁矿、承德寿王坟铁矿、延边天池工贸公司以及 ZPG30 盘式真空过滤机在霍邱的应用实践均表明：在采用一定量溢流时，尾矿采用 ZPG 系列盘式真空过滤机是可行的，当矿浆浓度为 35% 以上、真空度在 0.06MPa 以上时，滤饼水分不大于 $15\% \sim 20\%$；过滤系数不小于 $400 \sim 600$kg/$(m^2 \cdot h)$。

B 陶瓷圆盘过滤机在铁精矿脱水中的应用

鞍山某烧结厂处理的铁矿石工业试验表明：P30/10-C 陶瓷圆盘真空过滤机用于铁精矿脱水，可以简化流程，滤饼水分下降 4.07%，溢流浓度下降 6.18%，粒度小于 $10\mu m$ 的含量下降 8.31%，利用系数提高 0.530t/$(m^2 \cdot h)$，单位处理能力提高 15.46t/h，滤液的质量分数仅为 0.0021%，可以直接排放或回收利用。

C 自动压滤机在铁矿脱水中的应用

澳大利亚铁矿处理铁精矿采用奥图泰 LAROX FFP2512 型自动压滤机，其过滤面积为 $576m^2$，处理量大于 252t/h（干）。

13.1.1.3 特种工业膜分离技术在矿业领域的应用

随着全球对环境保护越来越重视，自然资源的合理开发、选用新的冶炼方法越来越受到矿冶行业的重视。采用物理分离方法，将金属离子从溶液中分离、浓缩的新技术，即特种工业膜分离技术，已经开始在国外发达国家采用，在我国也刚刚开始发展。

矿冶领域膜技术的应用主要集中在矿山水处理和湿法冶金过程中金属离子的分离浓缩。和传统水处理行业中膜技术的应用场合不同，矿冶领域应用环境非常复杂，具备以下特点：

（1）pH 值一般不是中性，酸性碱性环境非常普遍。

（2）杂质离子浓度很高，普遍存在铁离子浓度较高的问题。

（3）钙、镁离子浓度高，在常见的硫酸体系中，$CaSO_4/MgSO_4$ 的离子浓度积接近相应的 K_{sp} 值，经过膜浓缩后容易出现结垢现象。

（4）经常需要对不同价态的离子进行选择性分离，需要对冶金和膜技术都熟悉的专家密切配合。

（5）强氧化环境，如硝酸、六价铬酸等。

（6）高温溶液，如高温凝结水中除油和除金属离子等。

以上特点使得普通膜在矿冶领域的应用受到限制。普通膜是国际知名公司进行大规模工业生产，由世界各地规模较小的公司进行工程应用。由于膜应用技术公开，进入门槛较低，因此膜应用工程公司数量庞大，这也是膜技术在水处理行业普遍使用的原因。

矿业领域膜技术应用属于膜技术应用的一个细分市场。膜制造专家、膜应用专家、矿业冶炼专家的密切配合，才能针对不同矿冶场合进行专门研究，才能进行成功的工程应用。哈里逊威斯腾公司（HW）是世界上矿冶领域膜应用的领军公司，它们从 1988 年就开始研究膜技术在矿山废水处理上的应用，经过不断研究，其特种膜工程技术已经应用于铜矿山酸性废水处理、金矿氰化贫液处理等领域，并成功地进行大规模的商业应用。HWA公司是在亚洲应同特种工业膜分离技术的公司，其特种工业膜分离技术（SIMS）已经在湖北银矿、紫金矿业进行应用。特种工业膜分离技术的特点如下：

（1）针对矿山冶炼行业的特点开发特种工业膜和膜元件。膜的表面进行特殊处理，耐污染能力强；膜的支撑层专门设计，使膜表面光滑，不容易污染；膜元件的流道针对不同场合进行专门设计，可以有效改善水流速度，防止污染；膜元件的中心管和黏接材料针对应用场合使用专门材料，能够保证膜元件的性能和使用寿命；针对特殊应用对膜孔和表面电荷强度进行改性处理，使得膜的选择性提高。能够提供以下完整系列的特种工业膜元件：

1）根据切割分子量不同，可以生产致密型反渗透膜元件（切割分子量 55）、宽松型反渗透膜元件（切割分子量 100）、标准纳滤膜元件（切割分子量 200）、宽松型纳滤膜元件（切割分子量 300）。

2）根据分离物质价态不同，可以生产不同膜元件，并通过不同膜元件的组合使用，从而分离出特种离子。离子和水分子分离（反渗透）、二价离子和一价离子分离（纳滤）、三价离子和二价离子分离（特种超滤），如 HWA 给中冶瑞木巴新镍钴项目回收三价钪（Sc）的试验，通过特种超滤将二价和三价物质从硫酸溶液中分离浓缩出来，再通过特种超滤将三价钪（Sc）进一步分离浓缩出来得到高浓度的 Sc 以便萃取。

3）针对酸、碱、氧化性、高温和石油类环境生产针对性的膜元件。耐酸膜元件可以耐受硫酸 33%，硝酸 10%，六价铬酸 5%。耐碱膜元件可以耐受 NaOH 25%。耐高温膜元件可以耐受 100℃ 的水温；耐油膜元件可以耐受石油类 2%。

（2）具有矿冶膜应用的特种技术。具有防止 Fe 对膜污染的技术和清洗技术；具有防止硫酸钙结垢的组合技术，包括清洗技术，特种膜系统可在饱和硫酸钙溶液中工作。

（3）丰富的工程技术经验。曾经应用的规模工程见表 13-3。

表 13-3 特种工业膜应用案例

年 份	地 点	应 用	规 模
1992	Phelps Dodge, TX, USA	冶炼厂含铜酸性废水处理	$60m^3/h$
1993	Western Mining, Australia	硫酸铵净化浓缩	$700m^3/h$
1996	Cananea De Mexicana, Mexico	铜矿酸性废水处理	$800m^3/h$
1997	Simplot Mining, USA	化肥酸性水处理	$80m^3/h$
1997	Kennecott Copper, USA	铜矿酸性废水处理	$120m^3/h$
2000	Sun Metals, Australia	锌冶炼厂含硼废水处理	$100m^3/h$
2001	Korea Zinc, Korea	锌冶炼厂废水处理	$80m^3/h$
2002	Phelps Dodge, USA	铜矿酸性废水处理	$125m^3/h$
2003	Yanacocha, Peru 1	金矿氰化贫液处理	$250m^3/h$
2005	Yanacocha, Peru 2	金矿氰化贫液处理	$1000m^3/h$
2008	Yanacocha, Peru 3	金矿氰化贫液处理	$500m^3/h$
2008	Waihi Gold, New Zealand	金矿氰化贫液处理	$250m^3/h$
2009	COBRE-LASCRUCES, Spain	碱性含砷矿山废水处理	$600m^3/h$
2009	湖北银矿	氰化贫液综合处理	$150m^3/天$
2009	紫金矿业	铜矿酸性废水处理零排放	$4000m^3/天$

中国矿冶领域应用有其特殊性。中国矿山开采中矿山废水处理一般采用中和沉淀法或者氧化法，处理废水进入尾矿库。在南方雨季到来的时候，难以实现水平衡，经常出现尾矿库溢出，进入河流污染环境的问题。和世界的发展趋势一样，中国冶炼行业正在由原来普遍采用的火法向湿法冶金工艺转变。湿法冶金对我国低品位矿的开采尤其重要。但是湿法冶金存在水平衡的问题，在我国南方雨季特别是台风季节问题尤为突出。湿法冶金中的氨浸工艺铵的回收问题，酸浸中废酸处理和废酸水的处理以及氧化铝行业高温含碱水处理综合回收碱和高温水的问题都值得关注。

矿冶行业的废水处理问题和环保问题实际上是资源没有得到有效地回收，回收的资源是宝贝，没有回收的资源就是污染。传统的化学方法很难进行有效回收，而且容易引入新的污染。如果能够在环境保护的同时回收资源，既保护环境又给企业创造效益，那么对于矿冶行业将是福音。HWA 的特种工业膜处理技术能够通过绿色的物理分离技术回收这些宝贵资源，实现环境保护和资源回收的双重效益，根本解决矿冶企业不愿意治理环境的问题。

13.1.2 过滤在有色冶炼中的应用

过滤是有色金属湿法冶炼流程中的一个重要操作过程，其目的有时是为了获得液体产品或固体产品，或者两者兼要，有时只是为了将所得液体或固体分别再做进一步的处理。例如：锌焙砂浸出矿浆的除杂质净化、铜电解过程中的净化除杂质、氧化铝生产中的赤泥和氢氧化铝过滤以及硫酸盐的过滤等。

13.1.2.1 过滤技术在氧化铝生产中的应用

氧化铝是铝冶炼的主要原料，用铝土矿制取氧化铝的工艺过程中有多处需要采用分离过滤技术。

A 水平带式真空过滤机在氧化铝生产中的应用

a 氢氧化铝悬浮液的脱水和洗涤

转鼓真空过滤机,由于滤饼含湿量大,因此逐渐被带式过滤机所取代。20世纪80年代我国某铝厂就采用3台27m² 带式真空过滤机,其生产率为26t/(h·台),滤饼中质量分数不大于8%,滤饼中碱（Na₂O）的质量分数不大于0.05%,洗涤水用量（相对于产品）为0.4m³/t。

b 多品种氧化铝——拟薄水铝石

水平真空带式过滤机和厢式压滤部分技术指标比较见表13-4。

表13-4 水平真空带式过滤机和厢式压滤部分技术指标比较

设 备	单位面积产能（湿）/kg·(h·m²)⁻¹	湿产品洗水耗量/m³·t⁻¹	滤饼含水率/%	母液浮游物/mg·L⁻¹	万吨产品设备投资/万元
水平真空带式过滤机	80.45	22.03	64.6	0.1218	157
厢式压滤机（生产统计数据）	8.63	63.5	40	0.37	315

由表13-4中水平真空带式过滤机和厢式压滤机部分技术指标比较表明,在多品种氧化铝——拟薄水铝石生产现场的半工业试验中,使用水平真空带式过滤机比厢式压滤机具有产量高、洗涤水耗量低、投资少、自动化程度高、操作简单、维护方便、连续生产等优点。因此,该设备在多品种氧化铝的分离洗涤工艺中,具有很好的推广应用价值。

B 加压过滤机在赤泥快速分离上的应用

赤泥是以铝土矿为原料生产氧化铝过程中产生的固体废渣。

采用加压过滤机快速分离赤泥的小型工业试验,取得了以下试验成果:

(1) 加压过滤机能够实现赤泥快速分离,赤泥在分离过程中基本不发生二次反应,赤泥中氧化铝溶出率与熟料初溶基本持平,平均比现在分离槽流程氧化铝溶出率高2.5%。粗液浮游物能够稳定在1g/L以下。

(2) 赤泥在脱水后,水分小于30%就会失去黏性,在加压过滤机排料输送过程中基本不结疤。

(3) 通过对多种滤布的试验选型,初步确定滤布的类型和使用寿命,单丝滤布优于多丝布。4号布性能最为优越,有效使用寿命为18~24h,最大产泥量为94kg/10min,粗浮游物为0.27~0.97g/L。

(4) 通过对各种工作压力的试验,初步确定了加压过滤机工作压力应大于294kPa,随着压力的提高,产能可逐步提高。

(5) 加压过滤机试验以4号滤布为例,19h内平均赤泥产量为138.2kg/(m²·h),用通过液量表示1.75m³/(m²·h)。

加压过滤机技术因其高效节能、全自动操作的特性受到用户的普遍认同,有效地解决了盘式真空过滤机长期存在的生产力低、滤饼水分高的弊病。加压过滤机能够满足赤泥快速分离的生产要求,应用前景十分看好。

C 大型圆盘真空过滤机在氧化铝生产中的应用

河南某氧化铝厂氧化铝种分槽改造和 0.7Mt 氧化铝项目需要与之配套的过滤面积为 120m² 大型圆盘真空过滤机。

（1）120m² 大型圆盘真空过滤机的主要性能参数如下：

槽体容积	6.4m³
过滤面积	120m²
过滤盘数量	6 个
过滤盘直径	ϕ3900mm
主轴转速	0.5~5r/min
电机功率	22kW

（2）120m² 圆盘真空过滤机有关设备应用工艺技术参数如下：

1）过滤机进料（氢氧化铝溶液）参数（见表 13-5）。

表 13-5 氢氧化铝溶液参数

浆液流量/m³·h⁻¹	浆液密度/kg·m⁻³	浆液固含量/g·L⁻¹	浆液温度/℃	浆液黏度/Pa·s	密度/kg·m⁻³
1290~1680	1590~1660	500~850	50~55	(6.0~8.0)×10⁻³	2424

2）氢氧化铝粒度参数（见表 13-6）。

表 13-6 氢氧化铝粒度参数

粒度/μm	最小/%	标准/%	最大/%
<150	95	99.5	100
<88	15	43	65
<44	3	13	36
<32	1	4	8

（3）经济效益分析：其主要的生产技术指标均达到了设计要求。固体产能平均达到 3.2t/(m²·h)，种子附液量达到 14.2%。

13.1.2.2 过滤在锌冶炼中的应用

2000 年起，我国锌产量跃居世界第一位。目前湿法炼锌的产量已占世界总锌量的 80% 以上。无论从传统的焙烧—常压酸浸—净化—电积—熔铸的湿法炼锌工艺或新近研发的锌精矿直接浸出技术。其流程中多处需使用过滤设备。

A 锌浸出渣的过滤

目前多采用自动厢式压滤机及隔膜自动厢式压滤机。如日本某冶炼厂用 ISD 板式全自动压榨压滤机处理锌浸出渣的数据如下：浓密机底流矿浆质量浓度为 350~450g/L，pH 值为 5.8~6.1，温度为 40~50℃，压滤机滤板尺寸为 1500mm，过滤面积为 112m²，入料压力为 0.4MPa，压榨压力为 2.0MPa，滤渣水质量分数为 22%~23.5%，滤渣外形呈板状，每台压滤机耗电量为 1043000kW·h/a，锌产量为 321t/a(作业率 74%)。国内某冶炼厂采用 ISD 板式压滤机，其滤板尺寸为 1500mm，过滤面积为 126m²，入料压力为 0.5MPa，压榨压力为 2MPa。国产 XMZ100/1000 型自动厢式压滤机，其滤板尺寸为 1000mm，过滤面积为 100m², 入料压力为 0.5MPa。

对于锌浸出渣的过滤, 国内某厂使用一段莫尔式真空叶滤机、二段圆盘过滤机, 其滤渣含水多, 滤液含锌多 (锌质量浓度达 100g/L), 生产效率低, 难以实现多次洗涤, 并且影响后续工序贵金属的回收。因此, 该厂扩建工程浸出渣的第一段过滤改为使用带式真空过滤机, 经试验机的测定和生产使用, 其渣含水及生产能力指标均较理想。滤渣水质量分数为 26%～29%, 滤液中锌的质量分数下降 1.59%, 生产能力 (相对于干渣) 达到 170～180kg/(m²·h), 过滤效果优于圆盘过滤机。若将滤渣再化浆, 并采用二级或三级逆流洗涤, 则滤液中锌的质量浓度可降至 10～15g/L。由于带式真空过滤机能够对浸出渣实现有效洗涤, 可有效降低滤渣中的锌及浆化后矿浆中锌的浓度, 因此有利于后道工序的提取。该机型为 DZG30/1800 型带式真空过滤机, 其过滤面积为 30m², 胶带有效宽度为 1800mm, 滤带速度为 0.5～5m/min, 真空度为 0.053MPa, 电机功率为 11kW。

B 铅银渣的过滤

铅银渣通常采用压滤机过滤。

C 铁钒渣的过滤

为降低滤渣的含水率, 该厂用厢式压滤机对铁钒渣的过滤进行了试验, 试验数据如下: 压滤机过滤面积为 100m², 进料密度为 1.9g/cm³, 进料压力为 0.12～0.32MPa, 滤饼厚为 3.1cm, 滤渣中水的质量分数为 34.18%, 滤渣锌的质量分数为 9.92%, 班处理能力为湿渣 22～27.5t, 合干渣 14.48～18.1t, 明显地降低了浓密机的负荷, 保证了正常生产的进行。试验证明: 压滤机的性能能够满足铁钒渣的过滤要求, 因此已用压滤机取代了圆盘过滤机。该压滤机为 XMZ100/1000-U 型自动厢式压滤机。

衡阳某冶炼厂湿法炼锌采用常规工艺, 生产过程中产出 3 种渣均需进行过滤脱水。脱水效果如下:

(1) 还原渣过滤脱水。还原渣为未反应完的 ZnS 精矿及单体硫, 过滤温度为 80～90℃, 酸度不大于 5% 的 H₂SO₄, 矿浆固液比为 (4～6)∶1, 矿浆密度为 1.6～1.8, 固相粒度为 0.147～0.074mm (200～100 目), 过滤后渣含水为 10%～12%。

(2) 高浸渣过滤脱水。高浸渣矿浆密度为 1.6～1.7, 温度为 65℃, 压渣后渣含水平均为 21%～22%。

(3) 铁渣过滤脱水。采用压滤机对铁渣进行过滤脱水, 在矿浆密度为 1.65kg/L, 温度为 75℃时, 过滤后渣含水 25.1%, 渣含总锌 20%, 渣含水溶锌 5.46%, 渣含铁 28.7%, 一个工作周期为 26min, 产湿渣 1486kg。

13.1.2.3 过滤在铜冶炼中的应用

铜是人类最早发现和使用的金属之一, 铜及铜合金的应用范围仅次于钢、铁, 在有色金属中, 铜的产量和耗量仅次于铝。铜在自然界多以各种矿物形式存在, 其中大部分为硫化矿, 少数为氧化矿, 也有极少数自然铜存在。可供开采的铜矿品位有的低于 0.5%。目前世界上的铜 85%～90% 是用硫化矿冶炼出来的, 对氧化矿多用湿法冶金提炼铜。火法冶炼中的转炉渣选矿、湿法冶炼中铜电解精炼和电解泥净化工艺流程中多处需要采用过滤设备。

A 转炉渣选矿流程中的过滤

转鼓真空过滤机是处理铜精矿普遍采用的过滤设备。还可选用圆盘式真空过滤机。过滤机单位面积处理量($t/(m^2 \cdot h)$)可参考以下数据选取:

氧化铜精矿	$0.05 \sim 0.1$
硫化铜精矿	$0.1 \sim 0.2$
含铜黄铁矿精矿	$0.25 \sim 0.3$
转炉渣尾矿	0.32
焙烧磁选精矿	$0.65 \sim 0.75$

B 铜电解液净化中的过滤

结晶硫酸铜的分离采用离心过滤机。可供选择的离心机主要有4种:(1)三足式上卸料离心机;(2)立式螺旋卸料离心机;(3)立式离心力卸料离心机;(4)卧式活塞推料离心机。大多数工厂采用的是三足式离心机和卧式活塞推料离心机。

粗硫酸镍结晶析出的分离常采用真空吸滤盘或卧式活塞推料离心机。分离出的结晶母液,加温后经压滤机脱水即产出阳极泥。

金川集团有限公司铜电解液过滤采用净化机,其型号为 LSF-E26/36-AV2,过滤面积为 $520m^2$,过滤单元数量为 26,每个滤袋过滤面积为 $20m^2$,设计压力为 300kPa,滤布型号:P104,材质为厚积聚丙烯。

云南铜业股份有限公司在 2001 年从芬兰引进了一台 LAROX 过滤机。该过滤机投入运行后,高纯阴极铜外表长粒子的现象基本消除,从根本上解决了悬浮颗粒对高纯阴极铜质量的影响。

13.1.2.4 过滤在镍冶炼中的应用

国内某镍厂用于除铁、除铜、除钴的过滤设备均为管式过滤器(又称管式压滤机),其主要技术参数如下:

(1)除铁,管式过滤器面积为 $100m^2$,过滤速度为 $0.3m^3/(m^2 \cdot h)$。

(2)除铜,管式过滤器面积为 $100m^2$,过滤速度为 $0.7m^3/(m^2 \cdot h)$。

(3)除钴,管式过滤器面积为 $100m^2$,过滤速度为 $0.5m^3/(m^2 \cdot h)$。除钴二次过滤采用管式过滤器,每台面积为 $100m^2$,过滤速度为 $2.0m^3/(m^2 \cdot h)$。

使用过滤器数量的计算公式为:过滤器台数=过滤流量÷过滤速度÷过滤面积,备用数按 $30\% \sim 50\%$ 增加。

阳极液除铁、除铜、除钴后获得的铁钒渣浆、铜渣浆、钴渣浆仍有利用价值,需脱水和洗涤,采用的过滤设备为 XM60/800 型厢式压滤机。

其他工序所需过滤设备如下:过滤碳酸镍用转鼓真空过滤机,贵金属浸出氯化过滤用翻斗过滤机;洗渣过滤用衬胶离心机;加压浸出过滤用钢衬吸滤盘;海绵铜生产中硫酸浸出渣用离心机;硫酸铜结晶过滤用卧式活塞推料离心机。

13.1.2.5 过滤在钴冶炼中的应用

湿法冶炼中,钴、铁、镍、砷等形成的硫酸盐需要过滤。

A　热浸出后的浓密底流过滤

浓密底流的液固比为 1∶0.8，它由隔膜泵送至翻斗真空过滤机进行过滤，滤渣经热水 3 次逆流洗涤，洗水液固比为 1∶5，洗后渣含水 25%~30%。该流程采用翻斗真空过滤机是由于滤饼需要进行多次洗涤，在该机上可实行多次逆流洗涤，这样就避免了再化浆的麻烦。

B　草酸铵沉钴后的过滤

用稀盐酸反萃可得氧化钴溶液，用草酸铵沉钴后，将草酸钴溶液趁热放入转盘式真空过滤器进行抽滤，滤饼用 90℃ 以上的热蒸馏水洗涤，洗水比为 0.7∶1，洗后滤饼应达到钙的质量分数不大于 0.01%。

C　副产品 $CuSO_4$ 的结晶和过滤

将用脂肪酸皂除 Cu、Fe 后的负载有机相用硫酸反萃制得硫酸铜溶液，该溶液经酸化、加热、蒸发、冷却，当温度降至 23~24℃ 时，硫酸铜开始结晶，用离心过滤机进行过滤和洗涤，得到结晶硫酸铜。滤液、洗液经调酸后，仍可作为 Cu 的反萃剂。

D　加压离心技术在钴冶炼中的应用

加压过滤被大量应用在钴的溶解、净化、洗渣等工序中，其主要目的是将钴及其他有价金属从钴精矿中分离出来。国内某大型钴冶炼厂大量采用了厢式压滤机。

离心过滤技术适用于分离含固相颗粒不小于 0.01mm 的悬浮液，如在钴盐工序中用于从钴的浓缩液中分离出氯化钴、硫酸钴等钴的结晶物，在沉钴工序中用于从溶液中分离出如草酸钴、碳酸钴等钴的粒状沉淀物。

E　精密微孔过滤机在氢氧化钴生产中的应用

目前氢氧化钴生产的过滤和洗涤已由传统的抽滤缸全部改为精密微孔过滤机，效果很好。通过工业化试验，确定了微孔过滤机的工艺操作参数：每批滤饼重约为 700kg，每吨金属洗水量为 6t，过滤时间为 7~12min，过滤压力为 0.05~0.12MPa，每次过滤洗涤为 30~40min，洗涤压力为 0.05~0.12MPa，吹干空气压力为 0.1~0.15MPa，吹干时间为 15min，滤饼含水率为 15%~20%，反吹空气压力为 0.6MPa。

精密微孔过滤机在洗涤效果、洗涤时间、滤饼含水率、母液含钴量等方面都优于抽滤缸。滤饼含水率低，降低了后续干燥的能耗，母液含钴量在 50mg/L 以下，金属回收率在 99.7% 以上，从打渣到洗涤结束耗时 240min，工作效率大大提高。

13.1.2.6　过滤在稀土冶炼中的应用

我国稀土资源十分丰富，工业储量居世界首位，国内的稀土矿以氟碳铈镧矿和独居石的混合型共生矿为主，约占 98%，其次还有少量的独居石、磷钇矿、褐钇铌矿和氟碳铈镧矿等。稀土化合物的提取视矿石类型而定。下面介绍两种提取方法及过滤机的选型。

A　氟碳铈镧-独居石共生矿提取（酸法）

（1）焙烧后酸浸液的过滤，采用隔膜自动厢式压滤机。

（2）滤饼再化浆过滤，采用隔膜自动厢式压滤机。

（3）萃取获得的混合氯化稀土溶液过滤，浓缩结晶，分组分离，采用三足式下卸料离心机。

隔膜自动厢式压滤机技术规格为 XAZG100/1000-U 型。

B 独居石提取稀土（碱法）

对独居石的碱溶浆需进行过滤。可供选择的有转台式、翻斗式和水平带式过滤机等数种。经比较认为选用水平带式真空过滤机较好。

国内某稀土冶炼厂采用带式真空过滤机过滤独居石碱溶浆的生产数据如下：生产能力 $0.8 \sim 1.2 m^3/(m^2 \cdot h)$，热碱-热水混合浆过滤速率可达 $1.2 m^3/h$，过滤纯热碱溶液的速率为 $0.8 m^3/h$。

13.1.2.7 过滤在黄金冶炼中的应用

氰化法是从矿石中湿法提取金最常用、最有效的方法。酸浸、盐浸和氰化浸出中的悬浮液均需进行固液分离，所用设备应能同时满足以下 4 个方面的要求：

(1) 分离设备必须具备处理能力大的特点，而且便于洗涤。

(2) 材料必须具备耐腐蚀性，如耐酸、耐盐。

(3) 必须具备高洗涤效率。

(4) 洗涤比必须小，以便产出浓度尽可能高的滤液和洗液。

能满足以上 4 个要求的过滤设备首推带式真空过滤机。

国内某黄金冶炼厂采用 DI25/2500 型带式真空过滤机对酸浸出液进行处理，上矿质量分数为 35%~40%，处理能力达 $200 kg/(m^2 \cdot h)$，洗涤效果达 99.5%，滤饼含固量及含水量均能满足设计要求。

13.1.2.8 过滤在酸性重金属废水处理中的应用

在重有色金属的采选和冶炼过程中，产生了大量含有金属离子的酸性废水。由于重金属离子在水体中具有不可降解性和积累性，因此废水直接排放将对环境造成严重污染，特别是铅、镉、汞等重金属还会直接威胁人们的身体健康。废水危害的深刻教训，使得世界各国针对含重金属离子的排放都制定了极其严格的标准。我国规定工业废水（2 级）Pb^{2+} 排放标准为 $1mg/L$ 以下，Zn^{2+} 为 $4.0mg/L$ 以下，Cd^{2+} 为 $0.1mg/L$ 以下，Cu^{2+} 为 $0.5mg/L$ 以下。

国内某有色冶炼厂采用石灰乳法处理重金属离子废水，不仅回收了数千吨金属锌，排放废水达到了国家标准，大大减少了对江河的污染，经济效益和社会效益都十分显著。该流程中沉淀物经浓缩后，底流用泥浆泵送入自动厢式压滤机中进行压滤。

13.1.2.9 膜分离技术在冶炼废水处理及资源回收中的应用

目前，膜分离技术在矿业废水处理及资源回收中已经有了一些成功的应用，现介绍如下。

A 国外应用示例

菲尔普斯道奇（Phelps Dodge）公司铜冶炼厂废水处理菲尔普斯道奇（Phelps Dodge）公司是世界第二大铜生产商，有矿业公司和工业公司两家分公司，在美国、南美、欧洲、非洲和亚洲都有其开发的矿山，其铜冶炼厂位于美国西南部亚利桑那州的 Mountain King，该厂在铜深度加工过程中产生酸洗废水，含铜约为 $1.23g/L$，含硫酸约为 1.5%。为回收废水中的铜和硫酸，实现"零排放"，该厂分别使用了特种 RO 膜和特种 NF 膜实现了对铜和硫酸的回收，达到了污染物的"零排放"。该铜冶炼厂废水"零排放"工艺流程如图13-2 所示。

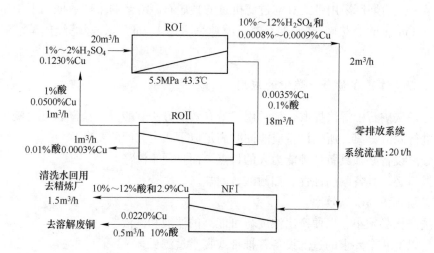

图 13-2　菲尔普斯道奇（Phelps Dodge）公司铜冶炼厂废水"零排放"工艺流程

　　墨西哥集团公司（Grupo Mexico）Cananea 铜矿资源回收。墨西哥集团公司（Grupo Mexico）Cananea 铜矿在 80 年代停止开采后探明底部有大量富铜矿石，90 年代计划重新开采，需要排掉矿坑内大量酸性废水，如采用传统石灰中和法每年需 400 万美元购买石灰造成大量污泥且无法回收金属，为此该矿使用了特种 NF 膜实现了对铜和铁的回收，减少了石灰用量。铜矿污酸水处理工艺流程如图 13-3 所示。

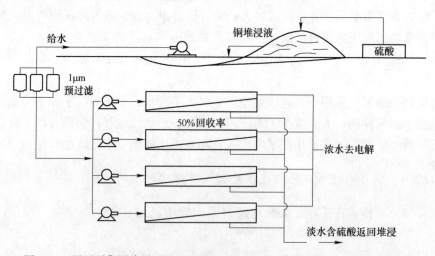

图 13-3　墨西哥集团公司（Grupo Mexico）Cananea 铜矿污酸水处理工艺流程

　　美国熔炼公司 Asarco 铜精炼厂废水处理该精炼厂至今已经运行了 100 多年，存在严重的地下水污染（碳酸钠和硫酸铁）问题，在 1985 年安装了沉淀法废水系统，但运行费用高昂。所以该厂在沉淀法系统前段安装了膜系统，大大减少了需沉淀处理量。Asarco 铜精炼厂废水处理工艺流程如图 13-4 所示。

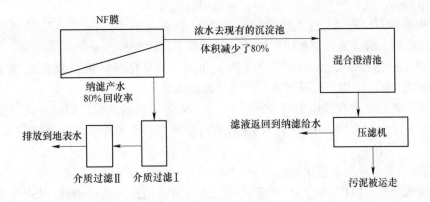

图 13-4 美国熔炼公司 Asarco 铜精炼厂废水处理工艺流程

B 国内应用示例

a 贵金属冶炼氰化贫液膜法处理

某银冶炼厂始建于 1987 年，是一家集金银选矿、冶炼、深加工及销售为一体的综合性矿山企业，公司的产品主要有金锭、银锭和贵金属新材料。

该冶炼厂采用氰浸出—锌还原工艺，其生产产生的含氰化物废水，经"酸化—吹脱—碱吸收回收氰化物"后，进入尾矿库自然净化。生产产生氰化贫液量约为 150t/d，总氰含量为 500~600mg/L，Cu 含量为 450mg/L，Zn 含量为 500mg/L，随着当地环保要求的提高，原有废水处理工艺已不能满足环保要求，废水中含有的 Cu、Zn、Au 和 Ag 等有价元素既白白流失，又造成环境污染，北京矿冶研究总院对此进行研究并工程实施。通过研究，开发出"膜分离资源回收—酸化回收—氧化除氰"集成技术，既回收废水中的重金属、氰化物和水资源，又基本实现了"达标排放"。其处理工艺流程如图 13-5 所示。

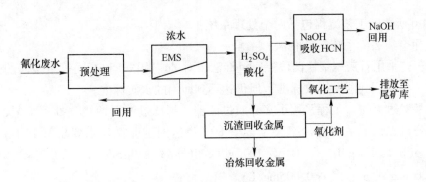

图 13-5 银冶炼厂氰化废水处理工艺流程

图 13-5 所述的工艺流程包括 3 个处理系统：

（1）EMS 膜处理系统。工程采用了纤维束过滤器—保安过滤器预处理工艺，EMS 膜由哈里逊威斯腾亚洲公司（HWA）提供，运行压力为 64.29~107.15kPa（300~500psi）。系统具有 80% 产水回收率，铜、锌截留率约为 80%。

（2）酸化回收重金属及氰化物系统。经膜分离系统后剩余的浓水，经"酸化吹脱—

碱吸收"工艺回收废水中大部分氰化物，在回收氰化物过程中，被膜分离工艺浓缩的重金属生成不溶性盐沉淀，分离该沉淀物回收废水中有价金属。

在酸化控制 pH 值<2，空气吹脱时间不低于 2h 的条件下，Cu^{2+}、CN^- 的回收率超过95%，酸化后的上清液通过中和法回收 Zn^{2+}，回收率达到 98%。

（3）氧化除氰系统。该系统使用（氯氧化剂、过氧化氢）两级氧化处理工艺，对CN^- 的去除率达到 95% 以上，基本达到国家排放标准。

采用该工艺后，可有效地实现 Cu^{2+}、Zn^{2+}、CN^- 等物质的回收，同时使残液基本达到国家的排放标准。产水回收率 80%，铜铅锌有价金属回收率 80%，吨水处理成本约为 5~8 元。

b　铅锌冶炼企业废水膜法处理

韶关冶炼厂是我国在 20 世纪 60 年代初引进英国密闭鼓风炉炼铅锌（ISP）专利技术建成的大型铅锌冶炼企业。它位于广东省韶关市南郊，西临北江，环境比较敏感，为有效解决水污染问题，持续减少废水及污染物的排放量，从 2000 年开始，工厂联合多家科研院所对水污染治理问题进行了调研，制定了工业废水"零排放"工程实施方案，北京矿冶研究总院进行了前期研究工作，中国瑞林工程有限公司进行设计和工程实施，工程于 2007年 9 月完成并投入运行。该厂冶炼废水处理工艺流程如图 13-6 所示。

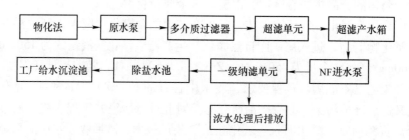

图 13-6　韶关冶炼厂冶炼废水处理工艺流程

图 13-6 所述的工艺流程包括两个处理系统：

（1）重金属去除系统（物化法）。

处理工艺采用石灰—聚铁两段混凝沉淀法，对 Zn^{2+}、Pb^{2+} 和 Cd^{2+} 等重金属的去除率达到 90% 以上，可达到国家排放标准，但仍达不到回用的水质标准。

（2）膜处理系统。工程采用了多介质过滤器—超滤过滤器两级预处理工艺，NF 膜由上海凯能公司提供。系统脱盐率大于等于 80%，达到工业循环水要求（其中 $\rho(Ca^{2+})<100mg/L$，$\rho(F^-)<10mg/L$，$\rho(SO_4^{2-})<100mg/L$，电导率<250μS/cm，$\rho(Pb^{2+})<0.05mg/L$，$\rho(Zn^{2+})<0.05mg/L$，$\rho(Cd^{2+})<0.005mg/L$）。

经该工艺处理，可有效降低重金属的含量，达到水回用的国家水质标准。超滤系统产水率大于等于 90%；纳滤系统水回收率大于等于 75%；深度处理系统水总回收率大于等于65%；吨水处理成本约为 4 元。

从上述的两个应用实例可以看出：

（1）重有色金属冶炼废水中含有大量的重金属离子和酸，必须经过严格的处理方可排放，否则将对生态环境造成严重的威胁。

（2）膜分离技术可以适应越来越严格的环保要求，这种先进的处理工艺既不产生新的污染又能回收废水中的重金属，可实现废水的"零排放"，在重有色金属冶炼废水处理中将有越来越广阔的应用前景。

（3）应用超滤、纳滤和反渗透方法处理重有色金属冶炼废水是可行的，但需根据不同的原水水质，对合适的预处理方法和膜的材质进行实验筛选。

（4）一些案例的成功应用，可以为今后膜分离技术在重有色金属冶炼废水中的应用提供借鉴作用。

13.1.3 过滤在钢铁工业中的应用

本书第 2 版已经介绍了过滤在高炉除尘处理、转炉除尘、污泥处理和轧钢酸洗废水污泥处理中的应用。读者如有需要请查阅本书第 2 版第 18 章。下面介绍过滤在钢铁污水、钢铁厂工业污水回用中的应用。

13.1.3.1 膜法处理技术在钢铁污水回用中的应用

钢铁企业是用水大户，每年用水总量达 150 多亿吨，约占全国工业用水总量的 20%。在国家环保排放标准不断提高和相关节水政策约束的推动下，越来越多的钢铁企业对自身排放的污水进行回用。在北方水资源紧缺地区，钢铁企业污水的回用不但节能减排，还因为污水回用的综合处理成本低于当地水价，能给企业创造效益。

钢铁污水回用技术日趋成熟。2001 年在太原钢铁污水回用工程中成功使用反渗透技术进行深度脱盐后，以膜法为核心的技术突破了这个瓶颈，并在近 10 年中得到长足发展，大量的钢铁企业跨入污水回用膜法脱盐技术使用的行列，在使用中总结经验，不断推动膜法技术在污水回用中的发展。

A 安阳钢铁"多介质-反渗透"的应用

安阳钢铁（西区）污水处理厂深度脱盐系统处理水量为 850m³/h，采用多介质-反渗透的核心处理工艺（见图 13-7）。通过借鉴太原钢铁实际运行经验，结合安钢膜系统中试结果，并充分考虑到前处理出水水质指标稳定的特点，从节约投资的角度出发，采用多介质作为反渗透单元前的预处理。在实际的设计选型过程中通过优化工艺参数，保证反渗透进水合格和产水达标。

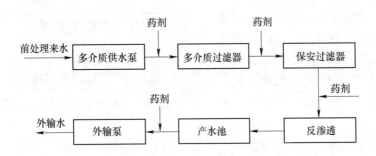

图 13-7 安阳钢铁（西区）污水处理厂脱盐系统工艺流程图

其中，多介质过滤器 7 台，过滤器直径为 5m；严格控制过滤器正常滤速和强制滤速；

通过石英砂垫层的大范围级配，保证反洗的布水均匀；进水布水器的特殊设计，保证进水布水均匀并不破坏石英砂层；调整气水反洗量和持续时间，保证反洗强度，能将污染物有效去除。运行过程中，多介质过滤器产水 SDI 值通常保持在 4 以内。

反渗透单元设置主机 3 套，每套组装 50 支膜壳，每支膜壳内放置 152.4~203.2mm（6~8 英寸）抗污染反渗透膜。反渗透进水管路上先后投加盐酸、阻垢剂、还原剂，并定时冲击新投加非氧化性杀菌剂。盐酸和阻垢剂的投加是为了降低反渗透膜的结垢趋势；因为预处理投加了次氯酸钠等氧化性物质，还原剂是为了对这部分物质进行还原；在春、夏、秋三季，污水中微生物繁殖速度快，会在膜表面大量滋生，定时投加非氧化性的杀菌剂，对防止膜的微生物污染非常有效。水经过保安过滤器后，由高压泵输送至反渗透主机内。高压泵采用变频设计，保证启动时进水压力缓慢升高，减少对膜的冲击，并能根据进水温度调节泵扬程，控制反渗透的产水量。反渗透单元采用全自动设计，通过监测 ORP、压力、流量、pH 值、电导率等仪表反馈值，自动调节加药量和主机启闭。反渗透系统设计回收率为 75%，每套产水 187m³/h。

安阳钢铁（西区）污水处理厂竣工于 2006 年 7 月，近 3 年的运行反渗透膜运行情况良好，段间压差稳定，进水压力三年来没有明显升高，每次清洗后都能基本恢复，产水电导率一致低于 30μS/cm，清洗频率在 90 天左右。污水处理厂的出水水质指标见表 13-7。

表 13-7　安阳钢铁（西区）污水处理厂出水水质

项 目	指 标	备 注	项 目	指 标	备 注
pH 值	7~8.5		总 Fe	痕量	
COD_{Cr}	痕量		总硬度/μmol·L⁻¹	≤300	以 $CaCO_3$ 计
BOD_5	痕量		电导率/μS·cm⁻¹	≤50	
总 P	痕量				

B　营口中板"双膜法"的应用

营口中板污水处理厂深度脱盐系统处理量为 1250m³/h，采用超滤和两级反渗透的核心处理工艺（如图 13-8 所示）。双膜法的选用虽然在投资上偏高，但在前处理效果欠佳的条件下，以超滤膜作为反渗透预处理，通过更小的过滤孔径（相对分子质量约 100000）截留大量的 SS、胶体类物质，能够更好地保护反渗透膜。

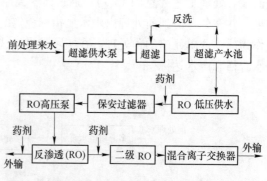

图 13-8　营口中板污水处理厂脱盐系统工艺流程图

超滤系统采用亲水性的聚醚砜中空纤维膜，按 6 套设计（一期 3 套、二期 3 套），每套超滤产水量为 235m³/h。超滤运行采用错流过滤，每过滤 30min，有一次正反水冲洗，冲洗后进水方向、浓水方向和产水方向颠倒。超滤进水前有袋式过滤器作为进水保护。超滤定期进行化学清洗，清洗采用碱液和酸液。

一级反渗透系统按 6 系列设计，每个系列中膜壳按 2：1 的一级两段杉树型排列。反渗透设计定时正冲洗和化学清洗系统，对沉积在膜表面的污染性物质进行冲洗和溶解性清洗。反渗透 1、2 段分段化学清洗，保证清洗流速和流量，特别对 2 段清洗效果明显。

根据营口中板厂对回用水质的要求，一级反渗透后，一部分水进入二级反渗透和混床进行精脱盐，脱盐后的产水水质达到以下标准（见表 13-8）。

表 13-8　营口中板污水处理厂

项　目	指　标	项　目	指　标
pH 值	8.5~9.2	总硬度/$\mu g \cdot L^{-1}$	约 0
电导率/$\mu S \cdot cm^{-1}$	5	SiO_2/$\mu g \cdot L^{-1}$	20

13.1.3.2　钢铁厂工业污水回收及利用

某公司已有工业新水处理站、污水处理站。全厂工业用新水取自公司西侧运河地表水，经过工业新水处理站处理后，供公司工业水总管网，作各工艺单元（烧结、炼铁、炼钢、轧钢、制氧等）的工业净循环水系统补充水用。全公司污水集中回流至污水处理站，经处理后供各工艺单元及消防水系统等使用，多余的处理后的污水排放至运河。

工程建设完成后，将提出新的工业新水、回用水、纯水用水以及工业污水排水的要求。原有的工业新水处理站、污水处理站已经满负荷运转，必须建设新的水处理站。同时，根据《钢铁工业水污染物排放标准》和环保部门的相关要求，应实现总排放口的零排放。

为实现总排放口零排放，本工程的实施将新建工程所产生的工业污水制成纯水和工业新水供生产使用。

工业污水处理及纯水和工业新水制取工艺介绍如下。

A　工业污水处理工艺

工业污水处理工艺流程如图 13-9 所示。

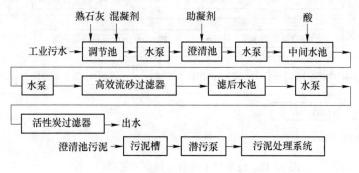

图 13-9　工业污水处理工艺流程

工业污水以压力流进入调节池，调节池分为两格，兼有工作池和事故池的功能，每格调节池内设潜水搅拌机。调节池内投加混凝剂、石灰等。

调节池出水采用潜水泵提升，将水送澄清池。澄清池内设中心传动刮泥机。工业污水在澄清池内混凝、沉淀，降低水中悬浮物、钙镁离子以及铁锰离子的含量。澄清池上清液出水至中间水池，底部污泥排至污泥槽，再以潜污泵加压送污泥处理设施集中处理。

澄清池上清液出水至中间水池，调节 pH 值后，通过潜水泵输送到高效流砂过滤器中过滤。高效流砂过滤器采用升流式流动床过滤原理和单一均质滤料，过滤与洗砂同时进行，24h 连续自动运行，无须停机反冲洗，巧妙的提砂和洗砂结构代替了传统大功率反冲洗系统，能耗极低，系统无须维护和看管，管理简便。流砂过滤器可进一步降低水中 SS、钙镁和铁锰的含量。

过滤器出水进入后续滤后水池。滤后水池不仅储存前序砂滤器出水，同时也有原厂区回用水和工业新水补入，作为纯水制取的原水使用。滤后水池内设潜水泵，滤后水池出水经压力提升后送活性炭过滤器过滤。

活性炭过滤器可有效去除水中的 COD 物质、余氯和胶体硅。活性炭过滤器定期反冲洗，反冲洗排水回水至调节池。活性炭过滤器出水以余压至后续设施进行进一步的深度脱盐处理。

由于工业污水量无法完全满足后序水处理工艺制取纯水和工业新水的要求，在滤后水池须补充厂区内已有的回用水。

B　纯水和工业新水制取工艺

纯水和工业新水的制取采用双膜法水处理工艺（即 UF-RO），纯水和工业新水制取的具体工艺流程如图 13-10a 所示。

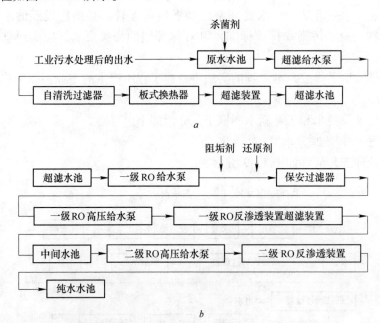

图 13-10　纯水和工业新水制取工艺流程示意图
a—超滤；b—反渗透

超滤（见图 13-10a）设反洗变频给水泵，从超滤水池中取水，超滤反洗排水回至工业污水处理设施调节池；超滤反洗时投加次氯酸钠、酸、碱等。

反渗透装置（见图 13-10b）设冲洗给水泵，从纯水水池中取水，定时对反渗透装置进行冲洗。反渗透装置另设化学清洗装置，对反渗透装置进行化学清洗，对一级 RO、二级

RO 出水进行 pH 调节。

工业污水经处理后的出水以压力流进入纯水制取设施原水水池，投加杀菌剂，由超滤给水泵加压，经板式换热器（气温下降时使用）、自清洗过滤器，再经过超滤装置进入超滤水池。超滤装置平时设反洗，定期进行酸碱化学清洗。

超滤水池出水经一级 RO 给水泵加压，再投加还原剂、阻垢剂后，经过保安过滤器后，再以一级 RO 高压给水泵加压，送一级 RO 装置；一级 RO 出水经 pH 调节（酸碱加药装置）送入中间水池；中间水池出水经二级 RO 高压给水泵加压，送二级 RO 装置，出水进入纯水水池。

超滤反冲洗排水回水至工业污水处理设施调节池，一级 RO 浓盐水、RO 的化学清洗废水送反渗透浓水池后外用，二级 RO 浓盐水利用余压送超滤水池。

13.1.4 过滤在煤炭工业中的应用

我国现有的洗煤厂，绝大部分都是采用湿法（以水或重悬浮液作为分选介质）选煤技术进行煤炭的分选。产品脱水就成为洗煤生产中的一个突出问题，对于洗煤厂来说，产品脱水也是一项保证产品质量、节约用水、节约运力、节省动力和减少环境污染至关重要的工作。

洗煤厂用于脱水作业的过滤设备很多，下面列出一些洗煤产品常用的过滤设备：

（1）末精煤（粒度小于 13mm），采用离心脱水机或压滤机；

（2）中煤和矸石，末中煤采用离心脱水机；

（3）细煤泥（粒度小于 0.5mm），浮选精煤采用过滤机和压滤机脱水；浮选尾煤和原生煤泥则采用压滤机作为脱水把关设备。

13.1.4.1 过滤在末精煤中的应用

末精煤是指块精煤洗选后产生的粒度小于 13mm 的精煤，需先经过脱水筛去除大部分重力水，然后送入离心机脱水，各种类型的过滤式离心机都可用于末精煤的脱水，其中以振动卸料和螺旋卸料离心机的应用为主。现在用隔膜压滤机进行末精煤脱水也比较多。随着压滤机在末精煤脱水方面的应用，原有的离心机将被逐渐取代。

13.1.4.2 过滤在浮选精煤中的应用

浮选精煤的粒径小于 0.5mm，需经浓缩或者浮选机浮选后才能脱水，圆盘加压式过滤机就是很理想的脱水设备。

随着国家对节能减排的日益重视，快速隔膜压滤机处理量大、效率高、水分低、自动化程度高、结构简单、可靠等优点逐步显现，用其替代能耗较高的加压圆盘过滤机和圆盘真空过滤机已成为过滤行业的趋势。圆盘真空过滤机处理精煤，产品水分为 25%~32%，滤液浓度为 30~50g/L，过滤电耗在 15kW·h/t 以上；加压圆盘过滤机产品水分为16%~20%，单位面积处理能力达 500~900kg/h，滤液浓度小于 8%，过滤电耗约为 10kW·h/t；而用快速隔膜压滤机处理精煤，产品水分一般为 20%~24%，滤液基本无固体物，过滤电耗约为 1kW·h/t。

13.1.4.3 过滤在浮选尾煤及原生煤泥中的应用

浮选尾煤的粒度一般较细,粒度小于 0.074mm 的颗粒占 70%~80%,且多属泥质颗粒,灰分高(一般为 50%,有的高达 70%),具有细、黏、高灰、易泥化的特点,这些特点对过滤极为不利。煤泥水需送入浓缩机、对于难沉降的煤泥水,还需加入絮凝剂以获得高浓度的沉淀物。一般底流质量浓度可达 700~800g/L,底流水分为 45%~50%。浓缩后煤泥的进一步脱水处理可使用多种过滤设备,下面作具体介绍。

A 采用圆盘真空过滤机处理煤泥

采用圆盘真空过滤机处理浓密机底流效果较差,滤饼水分一般为 28%~30%,滤液质量浓度在 100g/L 左右时不能出清水,仍需返回澄清设备作再处理,其设备能力仅为 20~50kg/(m^2·h),例如一过滤面积为 116m^2 的圆盘真空过滤机,每小时仅能处理 2t 左右的煤泥,生产能力远远不能满足工业需要。

B 使用折带式转鼓真空过滤机处理煤泥

使用折带式转鼓真空过滤机处理浓密机底流,结果滤饼水分比圆盘真空过滤机的低,一般为 22%~26%,滤饼脱落率高,能自动清洗滤布,单位面积处理量较高,可达0.05~0.06t/(m^2·h)。若入料中细粒级量增大,则滤饼水分升高,但仍能自动卸料。

C 使用快速隔膜压滤机处理煤泥

用快速隔膜压滤机处理洗煤厂浮选尾煤和煤泥浓密机底流最为合适,一般滤饼水分仅为 21%~24%,滤饼脱落容易,滤液澄清,而且可以处理细、黏、高灰、易泥化的任何煤质的煤泥水。

13.2 过滤技术在石油化学工业中的应用

13.2.1 过滤在石油工业中的应用

13.2.1.1 过滤在石油精炼中的应用

石油是由多种碳氢化合物组成的。原油经过脱盐、脱水后送到炼油厂进行加工。原油的加工流程大体上分成两种:一种是以生产汽、煤、柴油等燃料为主的流程;另一种是以生产燃料油为主兼以生产润滑油的流程。

上述流程中溶剂脱蜡和白土精制工序均需采用过滤设备。下面分别加以介绍。

A 溶剂脱蜡

润滑油要求凝固点低,因此生产中要把导致凝固点高的石蜡组分除去。目前常用的是溶剂脱蜡法,即使溶剂与原料油混合,然后冷冻至零下,使蜡结晶析出,再用过滤方法使蜡分离出来。常用的溶剂有苯-甲苯-丙酮混合溶剂、甲基乙基酮-甲苯混合溶剂和甲基异丁基酮等。

国内某石油化工厂将 12 台日本产 RF-10 型压滤机用于石油脱蜡,其滤液为柴油,滤饼为蜡,蜡相对密度为 0.79,日处理能力 500 多吨,日产出 30%的蜡 100 多吨。

B 白土精制

经过溶剂脱蜡和精制后的润滑油仍含有少量的胶质、环烷、酸盐、酸渣、溶剂和一些机械杂质，所有这些杂质必须除去，所以最后还要经过一道补充精制工序。补充精制常采用白土处理法。

国内某石油工业公司将 3 台日产 NR 型自动压滤机用于白土精制重质润滑油的一次过滤。设备投入运转后滤饼含油率降低了 10%，一年可增产润滑油上千吨，经济效益十分可观。

13.2.1.2 过滤在炼油催化剂生产中的应用

催化剂在炼油生产中占有十分重要的地位，催化剂的供应量与炼油的产量有着密切的关系，每炼制 1t 汽油约消耗 3kg 催化剂。我国不仅是石油生产大国，也是石油催化剂使用和生产大国。我国生产的一些石油催化剂的性能已经达到或者超过世界同类产品的先进水平。目前，我国石油化工生产中所用的催化剂 80% 是由国内供应的。

国内 20 世纪 80 年代制造的一条分子筛催化剂生产线，主要用来生产半合成裂化催化剂（KBZ）和重油裂化催化剂（CHZ）。该生产线由成胶、干燥、水洗和气流 4 个部分组成，其中水洗为分离和洗涤催化剂成品的主要工序，选用的主要设备为国内首次开发的 DZG15/1300 型带式真空过滤机。实践证明，该设备的技术性能以及工艺指标均能满足催化剂生产的要求。DZG15/1300 型带式真空过滤机作业工况见表 13-9。DZG15/1300 型带式真空过滤机流程如图 13-11 所示。

表 13-9　DZG15/1300 型带式真空过滤机作业工况

项　目	设计性能参数	实际性能参数	备　注
生产能力/t·h⁻¹	1.5~5	2.5~5	指单台能力
料液含固量/%	10~15	10~15	
进料温度/℃	<50	<50	
化学水、氨水、硫铵温度/℃	<60	55±5	
泵真空度/MPa	0.039~0.065	0.052	
真空泵抽气量/m³·min⁻¹	2400~3000	2400~3000	
过滤面积/m²	15	15	
滤布运行速度/m·min⁻¹	0~5	0~5	可无级调速
滤布透气度/L·(m²·min)⁻¹	200~230	200~230	
滤饼厚度/mm	10~30	8~15	
滤饼含水率/%	—	45~50	对该厂物料而言

该厂采用带式真空过滤机取代圆盘和转鼓式真空过滤机过滤催化剂，取得了明显的经济效果。过滤催化剂的效率比转鼓过滤机高 3 倍；洗涤能力相当于 2 台 50m² 圆盘真空过滤机，且可节水 40%~50%；洗涤效果好，催化剂滤饼合格率高；滤饼含湿量低，可比圆盘过滤机降低 10% 以上；多次水洗可以在带滤机上一次完成，这样就节省了打浆、输送设备。

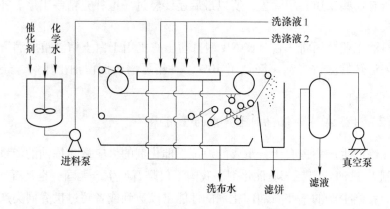

图 13-11　DZG15/1300 型带式真空过滤机流程图

　　国内某厂建成了一套生产超稳分子筛的新装置，主要用来为半合成装置生产重油催化剂提供超稳分子筛活性组分。过滤系统是该装置的主要生产过程之一。该厂采用 GXZ-100/1000 型高压压榨全自动压滤机过滤物料，单机收得率在 90% 左右，滤饼平均含水率为 44.3%，运行周期为 60min/次左右，每周期产量为 7000kg，设备技术性能及各项工艺指标均能满足催化剂生产的需要。该压滤机的过滤物料数据见表 13-10。

表 13-10　全自动压滤机过滤物料数据

物 料 名 称	超稳硅沉淀 NaY 料（一）	超稳硅沉淀 NaY 料（二）
料液含固量/g·L^{-1}	28	65.63
料液温度/℃	59	58
进料时间	24min 5s	29min 20s
进料终压/MPa	0.56	0.54
料液体积/m^3	17	18
压榨时间/min	5	5
压榨压力/MPa	1.5　2	1.5　2
油压设定/MPa	16	16
最高油压/MPa	19.5	19.5
最低油压/MPa	15	
操作特点	全自动	全自动
顶吹时间/min	5	2
自然排水时间/min		1
吹风排水时间/min		2
排残液时间/min		1
卸饼时间	7min 18s	7min 14s
洗涤时间	14min	14min 44s
滤饼厚度/mm	18~19	30~43
滤饼含水率/%	44.1	44.5
运行周期/min	55	65

13.2.1.3 过滤在油田污泥处理中的应用

油田采油污水中除含有部分原油外，还含有大量固体悬浮物，如从油层中带来的微小颗粒、硫酸盐、管道腐蚀物、死亡的细菌等，在收油罐、沉降罐底部都有大量的污泥沉积。污泥的主要成分是碳酸钙，具有颗粒细小、可压缩性的特点。

油田污泥的含水率可达98%左右。一个中型油田每天可产生数千立方米的污泥，因而油田污泥的处理和利用，已成为油田污水处理中引起人们高度重视的一个课题。而污泥排放得及时与否，直接影响注入水的质量，并且影响油田的生产及开发。

传统的油田污泥处理方法是将污泥用泥浆泵输往干化场，进行自然风干。其缺点是受气候影响较大，占地面积大，易造成环境污染。最近国内某油田采用带隔膜的自动厢式压滤机处理油田污泥。

输料泵压力为0.4~0.7MPa时，过滤压力一般采用0.4~0.7MPa，压榨压力采用不小于0.8MPa的压缩空气；滤布使用涤纶621号，这种滤布耐油、耐碱，滤后滤液清澈透明，滤饼剥离效果好。采用自动厢式压滤机处理油田污泥，产出的滤饼成块状，含水率为48.2%~52%，泥饼坚硬结实，便于堆放，宜于后处理或综合利用。处理污泥后的污水中固体悬浮物浓度大大降低，水质得到改善，进入正常的污水处理系统不影响正常处理。

13.2.1.4 石油工业中用磁过滤处理废水

石油工业中用磁过滤处理废水参见本书第3版第19章。

13.2.2 过滤在化学工业中的应用

过滤是化工生产中重要的、不断发展的单元操作过程，它几乎渗透进了各个化工生产工艺过程中。因而过滤设备的使用效果、工作效率、操作的经济性等均影响着产品的成本和质量。所以在化工生产中，正确地选择过滤设备的类型、规格以及合理的操作参数是非常重要的。下面简单介绍一下过滤设备在化工生产中的应用情况。

13.2.2.1 过滤在化肥工业的应用

化肥包括磷肥、氮肥和钾肥三大类。农业生产的发展，对化肥质量和品种不断提出更高的要求，因此目前除上述3种基本元素肥外，多元素的复合肥料或复混肥料的应用日趋普遍。为了叙述上的方便，以下仍按3种基本元素肥，介绍过滤设备在化肥工业生产中的应用。

化肥工业中，磷肥和钾肥生产中过滤设备应用较多，而且设备的运行质量对产品的质量和产量、产品的收得率影响很大。在化肥工业中，由于生产规模大，生产连续性要求高，因而对过滤设备的单机能力和生产的连续性要求也高。常用的有带式真空过滤机、翻斗真空过滤机和转鼓真空过滤机、离心过滤机等。

A 过滤在氮肥工业中的应用

氮肥是我国目前生产和使用量最大的一种化学肥料，主要品种有尿素、硫酸铵、硝酸铵、碳酸氢铵等。上述几种产品均以合成氨为基本原料，在硫酸铵和碳酸氢铵生产中，结晶产品和母液的分离必须使用过滤设备，现以它们为例作一简单介绍。

用氨和硫酸中和生成硫酸铵，其化学反应式为：

$$2NH_3 + H_2SO_4 \Longrightarrow (NH_4)_2SO_4 + 热量$$

碳酸氢铵晶体料浆的分离由卧式刮刀卸料离心机完成。选用这种机型的理由与上述硫酸铵的生产过程相同。

B 过滤在磷肥工业中的应用

磷元素是植物生长的重要养分。磷肥加工过程是把植物不宜吸收的氟磷酸钙分解成为植物能摄取的含磷肥料的过程。氟磷酸钙的分解有热法和湿法两种。其中热法生产与过滤设备关系不大，湿法生产中磷酸和磷酸盐的制取过程几乎都要使用过滤设备，现介绍如下。

a 过滤在磷酸生产中的应用

磷酸是磷肥工业中一个重要的中间产品，磷酸生产技术发展较快，有热法和湿法两种。而过滤过程在湿法磷酸生产中是一个关键的生产步骤。湿法是用硫酸分解磷矿石，分离硫酸钙后得到的液体即为磷酸。其化学反应式为：

$$Ca_5F(PO_4)_3 + 5H_2SO_4 + 5nH_2O \longrightarrow 3H_3PO_4 + 5CaSO_4 \cdot nH_2O + HF\uparrow$$

根据生成硫酸钙水合情况的不同，可将磷酸湿法生产流程分为二水物流程、半水-二水物流程和二水-半水物流程。现以二水物流程为例加以说明。来自反应槽的萃取料浆，经翻斗式过滤机过滤和洗涤，滤液为萃取磷酸，滤饼即为结晶的硫酸钙（通常称为磷石膏）。为了提高磷酸的收得率，硫酸钙必须经过二级或三级逆流洗涤，以使硫酸钙带出的磷酸尽可能少而回收的洗涤液浓度尽可能高。故在磷酸生产中，过滤机的工作性能和操作参数选择是否合理对磷酸生产的产品质量和生产成本影响很大。

目前我国在湿法磷酸生产中除了使用翻斗式过滤机外，还在使用转台式真空过滤机和带式真空过滤机。转台式真空过滤机由于对硫酸钙晶体过滤性能有严格要求，而且部分滤渣必须采用湿法排渣，因而应用较少，主要用于少量的引进项目。近年来，由于带式真空过滤机与翻斗式过滤机相比具有生产强度高，过滤、洗涤区调整方便，滤布易于清洗，生产能力稳定，易于卸饼和对物料适应性好等诸多优点，而在湿法磷酸生产中应用发展很快。通常设备的生产能力（相对于干饼）可达 $1000kg/(m^2 \cdot h)$ 以上，滤饼含水率在 20% 左右，采用二级逆流洗涤，洗涤率可达 98% 以上。

b 过滤在磷酸二钙生产中的应用

磷酸二钙可在酸性、微酸性或中性土壤中施用。饲料用磷酸二钙可作为家畜和家禽的辅助饲料。磷酸二钙可由磷酸与石灰乳（或石灰石料浆）反应生成，也可以磷矿为原料直接制取。磷酸二钙料浆分离过程中使用连续真空过滤设备，它对过滤设备的要求是能适应大规模的连续生产，而且能对滤饼进行洗涤，效率要高，以保证得到高质量的产品以及浓度较高的母液和洗涤液。目前常用的设备有转鼓真空过滤机和带式真空过滤机。由于转鼓真空过滤机的滤饼洗涤效果和设备生产强度不如带式真空过滤机好，所以带式真空过滤机有逐步取代转鼓真空过滤机的趋势。经过滤机排出的磷酸二钙含水率一般在 30% 左右，其含水率的高低受所采用的工艺过程和中和槽的反应温度、pH 值和搅拌等因素的影响。

c 过滤在钾肥工业中的应用

用作钾肥的氯化钾、硫酸钾，其中以氯化钾为主。但是近年来，我国硫酸钾的使用和生产能力增加很快，它主要用于不宜与氯离子接触的植物，无论生产氯化钾还是硫酸钾，均离不开过滤设备，以下简述在氯化钾和硫酸钾生产中过滤设备的应用情况。

氯化钾生产在我国盐湖地区是以卤水为原料的。通常有 3 种方法：冷分解浮选法、反浮选冷结晶法和总卤冷结晶法。3 种生产方法在过程中均有固-液分离过程，初级产品的洗涤过程，氯化钾的脱水和干燥过程，均会用到真空过滤机和离心过滤机。其中水平真空带式过滤机由于对易过滤物料的过滤效率高，滤饼洗涤好，固体通过量高和设备按工艺要求对过滤、洗涤、吸干区调整方便而得到了广泛的应用，如青海某厂在精制氯化钾生产中，一期、二期就采用了单台过滤面积为 $72m^2$ 的橡胶带式真空过滤机 11 台。

目前硫酸钾生产方法有三大类：一类是以硫酸盐型湖盐卤水和地下卤水中提取，其产量约占 10%~15%；二是用天然硫酸钾矿石或复杂组分的固体钾矿石制取，其产量占 10% 左右；三是转化法，即用含硫酸根物料和氯化钾转化制取硫酸钾，其产量占 75%。目前我国由于在新疆罗布泊发现了大型的硫酸钾使卤水资源探明量为 25 亿吨，占中国钾盐探明量的一半，由于该矿为一新型钾盐矿，可在生产工艺上自主开发"硫酸镁亚型卤水制取硫酸钾工艺"，工艺过程主要由卤水采集、浮选机、带式过滤机、离心机和干燥机组成。新疆国控罗布泊钾肥有限公司已建成生产能力为 120 万吨/年的一期工程装置中采用橡胶带式真空过滤机 57 台，每台过滤机的过滤面积为 $72m^2$，而该公司计划于 2012 年建成的二期工程生产能力为 170 万吨/年，由此可见，橡胶带式真空过滤机在我国的硫酸钾生产装置中有非常良好的应用前景。

13.2.2.2 过滤在无机盐工业的应用

无机盐产品品种繁多，应用面广，是基本化工原料之一。无机盐工业的产品约有 1000 多种，在国民经济各部门和国防工业中都起到一定作用。我国通常把除了"三酸"（硫酸、盐酸、硝酸）、"两碱"（烧碱、纯碱）和食盐、部分无机肥料、无机颜料、无机农药以外的无机化学工业通称为无机盐工业。无机盐工业由于经常涉及从矿石中将所含的物质提纯、浸出、酸解、碱溶等过程，因此经常会遇到物料的液固两相分离，在生产过程中经常要采用过滤设备，所以在无机盐工业中过滤设备应用非常广泛，很多时候过滤设备是无机盐工业加工中的关键设备。下面介绍过滤设备在几种常用的无机盐产品生产中的应用。

A 过滤在碳酸钡生产中的应用

碳酸钡可作为制取其他钡盐的原料，它也用作陶瓷工业的助熔剂，并可用于光学玻璃、颜料、涂料、冶金、石油、橡胶和杀虫剂等工业。通常它由重晶石（$BaSO_4$）为原料进行加工，工业上常用的有纯碱法和碳化法两种。采用纯碱法的优点是产品纯度高，流程短，但成本较高。用碳化法生产成本较低，但纯度较差。现以纯碱法为例进行说明。将干燥的煤粉和重晶石粉按比例混合，焙烧得到硫化钡。然后用热水浸取焙烧物，得到硫化钡溶液。硫化钡在反应槽中与碳酸钠反应生成碳酸钡沉淀，硫化钡溶液和纯碱溶液在进入反应槽前均需进行过滤精制，除去固相杂质。常用的过滤设备有板框压滤机、加压管式过滤机或加压叶片过滤机。用板框压滤机则设备投资较少，但设备保温较困难，尤其是在过滤热水浸出的硫化钡溶液时，如工艺参数控制不当，则易出现硫化钡析出现象。而用加压管式过滤机或加压叶片过滤机时，虽然相对来说设备投资较大，但设备易于保温，工艺参数容易控制，硫化钡溶液过滤时不会存在析出的问题。反应后的碳酸钡料浆，经增稠后进入过滤机进行过滤和洗涤。目前常用板框压滤机，但为了制得高纯度的碳酸钡产品，需进行多次再化浆洗涤，工艺过程较复杂；也可采用带式真空过滤机来进行碳酸钡的过滤和洗涤，它具有操作连续，洗涤水用量少，经洗涤后的产品纯度高，工艺简单等优点，但滤饼的含水率一般较板框压滤机稍高。

B　过滤在硫酸钡生产中的应用

硫酸钡可作为钡盐的原料，用作橡胶、油墨、颜料、绝缘带的填充剂，还可用于搪瓷、玻璃工业和作为X射线的造影剂。以重晶石为原料，用碳粉还原后得硫化钡，硫化钡与硫酸钠溶液反应则得到硫酸钡沉淀，生产过程中原料溶液的精制和产品的过滤及洗涤，均离不开过滤设备。同碳酸钡生产过程一样，对原料溶液常用加压过滤设备来除去其中的固相杂质。常采用板框压滤机或加压管式过滤机及加压叶片过滤机，其优缺点前面已作了介绍。硫酸钡的过滤和洗涤如使用板框压滤机，则所用设备台数多，流程较长，也可以用带式真空过滤机来替代两台板框压滤机、打浆槽、增稠器等设备。它具有设备少，工艺简单，操作方便等优点。所以在很多无机盐产品生产中，尤其是对产品纯度要求高，要进行多次洗涤的过程，采用水平真空带滤机具有明显的优点，但它对物料过滤性能的变化适应性较差，故选用带式真空过滤机替代板框压滤机进行过滤和滤饼洗涤时，应先对物料进行过滤和洗涤性能测定，取得完整的技术经济比较数据后再行确定，这样更加可靠。

C　过滤在碳酸钙生产中的应用

碳酸钙是一种应用很广泛的无机盐，主要可用作橡胶、塑料、造纸、涂料、油墨等行业的填充剂，也可用于有机合成、冶金、玻璃等的生产中。通常轻质碳酸钙以石灰石为原料，经过煅烧，石灰石高温分解为氧化钙和二氧化碳，氧化钙加水消化成氢氧化钙，氢氧化钙与二氧化碳反应，生成碳酸钙沉淀，在碳化塔内生成的碳酸钙经沉降浓缩后，经高位槽被送入上悬式离心过滤机进行液固分离，而后固相产品碳酸钙由上悬式离心过滤机下部排出，进入回转式干燥器干燥后，经筛分、冷却成为成品。由于碳酸钙料浆浓度较高，颗粒细，生产规模大，故选用了生产能力大、滤饼含水率低、生产自动化程度高的上悬式离心过滤机。

D　过滤在重铬酸钠生产中的应用

重铬酸钠是制造各种铬化合物的原料，也是生产染料、医药等产品的氧化剂。它以铬矿、纯碱、石灰石和硫酸为原料进行生产。其过程为铬矿与纯碱、石灰石等进行混合氧化焙烧得到铬酸钠，然后对焙烧产物进行浸出得到铬酸钠溶液。铬酸钠溶液除去杂质后与硫酸进行酸化反应，生成重铬酸钠。为了除去铬酸钠浸出液中的含铝杂质，使用了板框压滤机，原因是料浆的过滤性能受原料、工艺参数等变化的影响较大，而其固体含量又不高，所以选用了对物料过滤性能适应性好，过滤压力可以较高而设备价格较低的板框压滤机。酸化过程中的部分副产品硫酸钠晶体可以使用三足式离心过滤机和圆盘过滤机过滤。这里使用三足式离心过滤机可以得到含水率低的硫酸钠晶体。经过蒸发浓缩和晶析已得到提纯的重铬酸钠溶液，经冷却结晶后，产品用三足式离心过滤机进行分离。这是因为一般重铬酸钠的生产规模远不如碳酸钙的大，而且重铬酸钠是晶体，使用三足式离心过滤机可以得到低含水率的滤饼，以节省干燥所需的能耗。三足式离心过滤机价格便宜，操作简单，虽然劳动强度较大，但在生产规模不大时，使用这种形式的离心过滤机也是合适的。

E　过滤机的选用

无机盐工业由于产品品种繁多，故不可能在这里作更多的介绍，但几乎所有的无机盐生产过程均包括原料的精制、浸出物和杂质的分离、产品或沉淀物的过滤洗涤和结晶物与母液的分离过程。原料的精制过滤常使用板框压滤机、加压管式过滤机或加压叶片过滤机，其理由是精制过程中固体含量一般较低，物料的过滤性能较差，使用对物料过滤性能适应性较好的加压过滤设备是比较合适的。对于精制过程中对温度变化较敏感的料浆，采用保温方便的加压管式过滤器或加压叶片过滤器可能更加合适。对浸出物杂质的去除，除了固体含量低时常使用板框压滤机外，一般均使用真空过滤设备，原因是连续操作的过滤设备生产效率高，生产规模大，固体处理量大，操作自动化程度高，尤其是带式真空过滤机使用较多。对生产过程中的产品沉淀物，为了提高产品纯度，以前常用多次再化浆洗涤的方法。随着我国水平真空过滤机的推广应用，现在这一方法常被带式真空过滤机所替代。对于蒸发浓缩冷却结晶的产品，为得到含水率低的滤饼，常用离心式过滤机；当生产规模大时可选用自动化程度高的上悬式离心过滤机或卧式刮刀卸料离心过滤机；对生产规模较小的产品，选用三足式离心过滤机可能更合算。

13.2.2.3　过滤在染料和颜料工业中的应用

通常过滤、干燥、粉碎和混合统称为染料及颜料工业生产中的后处理工序。由此可见过滤设备在染料和颜料工业中是非常重要的。现在以几种产品为例作简要介绍。

A　过滤在染料（有机颜料）工业中的应用

染料主要用于纺织工业和轻工业产品的着色，由于染料的使用部门多，而且人们对颜色的要求又多种多样，因此染料的品种非常多，通常可达数千种。然而每个品种的用量并不大，以下以两种产品为例，介绍过滤设备在染料工业中的应用情况。

第一种为还原棕 BR。还原棕 BR 是蒽醌型染料。由一分子 1,4-二氨基蒽醌和二分子 1-氯蒽醌进行缩合反应，再经闭环、氧化即得产品。缩合后的中间产品经水煮锅水煮，然后进入真空过滤机过滤，并进行滤饼洗涤。经闭环和稀释的中间产物用压滤机进行过滤与洗涤，压滤机由于对物料过滤性能的适应性好，滤饼含水率低，价格便宜，易于用耐腐蚀材料制造而在染料工业中大量使用。但是压滤机洗涤效率低，洗水用量大，洗涤后滤饼质量不均匀，所以对洗涤质量要求高的场合常采用再化浆洗涤。现在带隔膜的厢式压滤机由于可大幅度改善滤饼的洗涤效果，因而在染料工业中的使用日趋普遍。中间产物经氧化后再进入真空过滤机进行过滤和洗涤，此处可以使用带式真空过滤机或转鼓真空过滤机来完成。氧化产物再进入酸煮锅酸煮，产品进入压滤机进行过滤和洗涤直至中性。

第二种为阳离子艳红 5GN。它是一种主要用于腈纶纤维织物染色和印花的红色染料，它由 γ-N-甲基苯胺和丙烯腈在二甲基甲酰胺（溶剂）中反应生成对-[N-甲基-N-(β-氰乙基)氨基]苯甲醛，最后与 1,3,3-三甲基-2-亚甲基吲哚啉进行缩合制得的。

醛化产物经真空过滤器过滤洗涤后得到净对-[N-甲基-N(β-氰乙基)氨基]苯甲醛，而后再去缩合。真空过滤器可使用真空吸滤桶，但是为了提高产品质量，降低洗涤用水量和工人劳动强度，也可使用带式真空过滤机。缩合后产品也用真空过滤机过滤，过滤机的选用原则与前述相同。

总的来讲，染料工业中使用的过滤设备可分为两大类。一类是加压过滤设备，主要是板框压滤机。近年来为了提高产品质量和降低洗涤水用量及滤饼含水率，有挤压隔膜的压滤机用量也在逐年增加。第二类是真空过滤机，以前我国染料工业大量使用真空吸滤桶，但随着带式真空过滤机在我国的推广应用，在生产规模较大、产品质量要求高的场合，带式真空过滤机有逐步替代真空吸滤桶的趋势。

　　B　过滤在无机颜料生产中的应用

　　无机颜料常用作涂料工业的原料，也可用于造纸、合成纤维、塑料、印刷等工业。现以常见的氧化钛和氧化铁黄为例说明过滤设备在无机颜料工业中的应用情况。

　　二氧化钛是最主要的白色颜料，在涂料工业中用量最大，另外也用于合成纤维、造纸、塑料等工业领域。它的生产方法有硫酸法和氯化法，现以硫酸法为例加以说明。其生产过程是钛矿用硫酸酸解为可溶性钛盐，钛盐经钝化后进行水解得到偏钛酸，偏钛酸经洗涤、煅烧分解得二氧化钛。在二氧化钛生产过程中过滤设备不但使用较多，而且型式也多。由酸解、冷冻后析出的硫酸亚铁，可以使用转鼓真空过滤机进行分离。但为了获得低含水率的滤饼，也可以使用离心过滤机来分离。分离后的钛液中，仍含有少量固体杂质，使用板框压滤机进行精制较为方便，而且投资也小，维修和操作较方便。水解后得到的偏钛酸，以往主要用真空叶滤机进行过滤和滤饼洗涤，但使用带式真空过滤机来完成上述操作可能更合理。

　　总的来讲，无机颜料的生产过程，所用的过滤设备以板框压滤机和转鼓真空过滤机为主。对于难过滤的物料或者杂质含量低、滤饼洗涤要求不高的物料，以使用板框压滤机为主。而真空过滤机常用于较易过滤、固体处理量大的场合，常用的为转鼓真空过滤机。近年来为提高产品的纯度，降低工人的劳动强度，降低洗涤水的耗量，常用带式真空过滤机来替代转鼓真空过滤机或真空叶片过滤机。

　　C　过滤在涂料工业中的应用

　　涂料包括的种类非常多，常见的有树脂清漆、溶剂型漆、磷化底漆、色漆等。以上各种涂料的生产过程均要使用过滤器，其目的几乎都是在生产的最后环节除去可能带有的杂质。根据涂料工业的特点，一般产品的黏度较高，含杂质量低，故常用板框压滤机或加压袋式过滤机、吊袋式过滤器。这类设备的特点是采用加压操作，流体通过量大，设备清理或过滤材料更换方便，适应涂料工业的生产特点。

13.2.2.4　过滤在制碱和无机酸工业中的应用

　　通常制碱工业包括烧碱和纯碱的生产，无机酸工业产品主要包括硫酸、盐酸、硝酸和磷酸（磷酸盐）等。其中烧碱生产中过滤主要用于氯化钠溶液的精制过程，盐酸和硝酸生产中过滤设备应用不多，磷酸工业中（湿法）大量应用过滤设备，但这方面的内容已在前边作了介绍，这里不再赘述。硫酸工业中硫铁矿接触法制酸过程、沸腾焙烧排渣的冷却料浆脱水、烧碱工业中的盐泥脱水均需使用过滤设备，目前可采用带式真空过滤机，也可采用板框压滤机。本节只简单介绍联合制碱法生产纯碱和氯化铵的生产过程（联合制碱法）。联合制碱法流程如下：由盐析结晶器来的母液Ⅱ经冷却后吸氨制得氨母液Ⅱ，氨母液Ⅱ进入碳化塔，在塔内吸收二氧化碳，生成碳酸氢钠结晶。由出碱口出来的含有碳酸氢钠晶体的悬浮液，进入转鼓真空过滤机，母液与碳酸氢钠晶体分离。过滤所得母液即母液Ⅰ去氯化铵生产工段，碳酸氢钠晶体去煅烧得纯碱产品（碳酸钠）。

氧化铁黄可用于油漆、橡胶等行业，它的工业生产过程可分为两步进行。第一步为晶核的制备，使硫酸亚铁与烧碱作用生成氢氧化亚铁，再氧化成胶状晶核。第二步为在晶核上形成氧化铁黄，即在晶核悬浮液中加硫酸亚铁与铁屑，然后加热使之氧化成氧化铁黄。对氧化结束后的成品，先用粗滤器除去未反应的铁屑，再用转鼓真空过滤机进行过滤与洗涤。为了提高产品的纯度，氧化铁黄的洗涤要求较高，目前也有用真空过滤机来代替转鼓真空过滤机以提高洗涤效率和使产品质量更加均匀。

13.2.2.5 过滤在液体硫黄净化中的应用

过滤在液体硫黄净化中的应用编入本书第 3 版第 19 章。读者如有需要，请查阅 19.2.2.5 节。

13.2.2.6 过滤在其他化工生产中的应用

A 带式真空过滤机在促进剂 M 生产中的应用

中国有色工程（北京有色冶金）设计研究总院设计研制的 DZG9/1300 型水平带式真空过滤机曾在某公司有机厂用于替代刮刀离心机生产促进剂 M 钠盐液取得了良好的效果。该机所有与物料接触的部分都采用橡胶或 1Cr18Ni9Ti 不锈钢等防腐材料。

物料为 M 钠盐悬浮液，其中的液相为 M 钠盐液，固相为硫黄。固相质量分数约为 10%悬浮液温度为 35℃，pH = 11.5～12.0，硫黄颗粒度未测。

料浆由 pH 值调节釜送到带式真空过滤机的进料箱内，并流入移动的滤布上，在真空的作用下，滤液穿过滤布，橡胶滤带真空箱流入 M 钠盐储罐，留在滤布的物料形成滤饼，随着滤饼被脱水，在滤布转向处经刮刀卸掉，进入硫化钠溶硫釜中，当滤布和胶带通过驱动辊之后，二者分开，滤布经热水清洗再生后经张紧调偏装置重新回到进料端，清洗水送入氧化釜内。

现将 DZG9/1300 水平带式真空过滤机和 WG1200 刮刀离心机处理同一批 M 钠盐液的生产能力、功率消耗、设备投资的比较见表 13-11。

表 13-11　水平带式真空过滤机与刮刀离心机的比较

设 备	WG1200 刮刀离心机	DZG9/1300 水平带式真空过滤机
生产能力/m³·h⁻¹	3	16
处理每批料的时间/h	5	1
主机功率/kW	40	5.5
真空泵功率/kW		30×2 = 60
处理每批料功率消耗/kW	40×5 = 200	65.5
设备投资/万元	20×5 = 100	28+2×2 = 32

DZG9/1300 型带式真空过滤机通过生产使用，显示出它操作简单，维护方便，处理量大，耐腐蚀性能好等优点，深受操作工人的欢迎，与原 WG1200 刮刀离心机相比，减轻了劳动强度、改善了操作条件、节省了投资降低了能耗，有较大的经济效益和社会效益，是比较理想的精细化工生产的过滤设备。

B   离心机在化工生产中的应用

a   HR 双级活塞推料离心机在氯乙酸生产中的应用

（1）HR400-N 型：产量为 1t/h；滤饼含湿量不大于 2.5%；成品氯乙酸含量不小于 97.5%；二氯乙酸含量为 0.8%；乙酸含量小于 1%。

（2）HR500-N 型：产量为 1t/h；滤饼含湿量不大于 2.5%；成品氯乙酸含量不小于 97.5%；二氧乙酸含量为 0.8%；乙酸含量小于 1%。

b   HR 双级活塞推料离心机在化工行业中的应用

HR 双级活塞推料离心机用于盐碱混合液的分离，运行结果表明各项指标满足了工艺要求，并优于 WG 型离心机。该机处理量大，1 台 HR500-N 型每小时可出干滤渣 10～12t，相当于 1 台 WG-1800 的离心机。因此 RH 双级活塞推料离心机用于盐碱分离是刮刀离心机的理想替代产品。

c   卧式单级活塞推料离心机在化肥等行业中的应用

WH-800 型卧式单级活塞推料离心机用于分离碳酸氢铵，作业时间超过 14000h，一般正常情况下产量 300～400kg/min，按照一级指标：氮含量（N）不小于 17.1%，水分（H_2O）不大于 3.5% 的标准，所生产的碳酸氢铵合格率 100%，一级品率达 95% 以上。

d   三足式离心机在化工生产中的应用

SG1250-N 型三足式刮刀下部卸料离心机用于碳酸钡、碳酸氢钙、碳酸稀土和氧化铝赤泥的生产。

13.2.2.7   刚性高分子精密微孔过滤机在化工、冶金等生产上的主要应用

A   催化剂的过滤与洗涤

PG 型精密微孔过滤机已在催化剂的过滤与洗涤方面得到应用，如：颗粒很细的催化剂原料氢氧化铝的过滤与洗涤；一些石油催化剂的过滤与洗涤；钯催化剂的过滤与其他一些贵重催化剂的过滤；化肥催化剂的过滤与洗涤，草甘膦生产上的催化剂的过滤与洗涤。

B   微米与亚微米级超细颗粒产品的过滤与洗涤

PG 型精密微孔过滤机已成功用于一系列超细化工产品的过滤与洗涤，如硫酸钡、硫化钡、氢氧化钽、氢氧化铌、四氧化三铁、氢氧化铁、白钨、氢氧化锆、氢氧化亚镍、碳酸镍、草酸镍、氢氧化钛、氢氧化钴、碳酸钴、钛酸钾晶须等。

C   液体化工产品、液体原料与其他液体的精密过滤

PG 型精密微孔过滤机已大量用于液体化工产品，液体原料与其他液体过滤。硫酸、盐酸、磷酸、液体氢氧化钠（过滤结晶盐等）、液体碳酸钠、液体碳酸氢钠、乙醇、甲醇、丙酮、水玻璃、硫酸铝、氯仿、氨水、双氰胺、丙烯酰胺、氯化钡、聚合氯化铝、粘胶化纤生产上的硫酸浴、腈纶化纤生产上的硫腈酸钠液体的精密过滤，PG 型精密微孔过滤机可去除这一系列液体中极细的固体微粒，提高了液体的澄清度，因而明显提高了产品质量与收率，降低了成本。

D   水质的精密过滤

水是化工生产中应用最多的液体原料之一，水的质量是影响产品质量的重要因素。PG 型微孔过滤机已大量用于生产用水的精密过滤，它可使水的浊度降到 10^{-6} 以下，或直接用于生产，或作电渗析膜、离子交换、超滤、反渗透等深度净化装置前的精密预过滤。

由于高分子微孔管易于反吹再生，使用寿命长，过滤效率高，就可以大大延长电渗析、离子交换树脂、超滤纳滤反渗透等膜介质的寿命，使整个操作成本明显下降。它已成功用于许多工厂生产用水的大规模精密过滤。

PG 型精密微孔过滤机已成功取代炭素管过滤器，不使用纤维素作助滤剂，已在几个大型氯碱厂连续应用多年。

E　化工废水中回收化工产品的过滤

目前国内许多化工产品采用离心过滤机、真空转鼓过滤机、板框压滤机、叶片式压滤机、带式过滤机等，由于均采用滤布为过滤介质，过滤效率不高。

PG 型精密微孔过滤机已成功用于一些化工产品与药品的回收，如对硝基苯酚钠、五氧化二钒、炭黑、乙酸铅、硫酸锰及一些催化剂等，某些企业准备将其用于碳酸钠、聚氯乙烯、聚苯乙烯等化工产品的回收。

F　化工废水处理

PG 型精密微孔过滤技术已用于许多化工废水处理。

a　重金属离子的废水处理

PG 型精密微孔过滤技术已成功用于电镀废水、线路板废水、热镀锌废水、蓄电池废水、三盐基硫酸铅生产与草酸生产、荧光粉生产等各种含重金属离子废水的处理，铁矿山的酸性废水处理，还用于不少化工生产上含铜离子、含镉离子、含铬离子、含镍离子等废水处理。废水通过泵进入 PG 型精密微孔过滤机内，滤出来的水，就达到排放标准，水质清澈透明。PG 型精密微孔过滤机一次过滤就满足要求。

b　非金属有害元素废水的处理

许多化工生产上常排出有害非金属元素的废水，如氟、硫与砷等，目前许多厂采用化学沉淀法使这些可溶元素形成不溶性沉淀物。PG 型精密微孔过滤机可完全过滤这些化学反应后的极细沉淀物。

c　酸性废水处理

许多化工厂排出含稀硫酸或稀磷酸废水，通过 PG 型精密微孔过滤机，就可使废水成为清澈透明可回用的水，从微孔过滤机底部可排出较干的硫酸钙与磷酸钙的固体滤饼。

d　乳胶漆废水的处理

乳胶漆生产废水比较复杂，难以很好解决，可采用"电化学絮凝—微孔压滤"，此方法设备较简单，操作方便，滤后的水质清澈，COD 去除率大于 85%，从精密微孔过滤机内排出较干的滤饼。

e　染料或颜料生产废水的处理

一些染料或颜料厂由于产品粒度非常细，而生产上的过滤机采用板框压滤机。加絮凝剂（如微粒小于 $0.5\mu m$）或不加絮凝剂（大于 $1\mu m$），然后直接用 PG 型精密微孔过滤机进行过滤，过滤出水如自来水一般，可立即排放或回用。从微孔过滤机内可排出较干滤饼，不需另添污泥脱水设备。此技术已在一些厂成功应用。

f　除尘洗涤废水的过滤

目前许多厂采用庞大的自然沉淀池，占地面积大，许多细小颗粒来不及沉淀，以致水复用后易引起喷淋器堵塞。此外还另需污泥脱水设备。而采用 PG 型精密微孔过滤机，可将 $1\mu m$ 以上微粒全部滤掉，水质透明，又得到较干的滤饼，已成功用于硫酸厂的湿法含尘废水的过滤，也用于一些化工厂锅炉烟尘废水的过滤。

g 含油废水的处理

高分子微孔过滤管是一种高效的气体鼓泡器。国内一大型化工厂已将其用于大规模含油废水处理。每小时可处理 500m³。

h 烟道气等气体湿法脱硫脱碳工程中用于精密分离脱硫液与脱碳液中的超细烟尘

该技术已成功在铜冶炼厂、炼钢厂等企业用于循环脱硫液的烟尘过滤。每小时过滤量均是几十立方米，全天连续操作，系统都是全自控。从 PG 型精密过滤分离出来的烟尘浓浆又在一专门的刚性微孔过滤机内进行精密过滤，对烟尘滤饼进行洗涤与压干，最后将几乎无脱硫液的烟尘干滤饼自动卸除。

G 作其他化工分离装置的精密预过滤，提高这些化工装置的效率与寿命

PG 型精密微孔过滤机作精密预过滤，二级反渗透，用于含油含镍离子废水的处理。经过二级反渗透，可得到超纯水，反渗透的浓缩水可通过离子交换回收镍离子。一个生产量为每小时处理 30t 的镍废水工程在工业生产中连续应用多年。

13.2.2.8 煤化工中离心分离技术的应用

煤化工是以煤为原料，经过化学加工使煤转化为气体，液体，固体燃料以及化学品的过程。从煤的加工过程分，主要包括干馏（含炼焦和低温干馏）、气化、液化和合成化学品等。煤化工利用生产技术中，炼焦是应用最早的工艺，并且至今仍然是化学工业的重要组成部分。煤的气化在煤化工中占有重要地位，用于生产各种气体燃料，是洁净的能源，有利于提高人民生活水平和环境保护；煤气化生产的合成气是合成液体燃料等多种产品的原料，煤液化可以生产人造石油和化学产品。

在传统的煤化工行业，离心分离设备已经有了不少的应用，如炼焦脱硫、电石渣的分离、煤炭的洗选等。随着新型煤化工产业的科技、洁净煤技术以及环保处理要求发展，离心分离技术在煤的液化、气化以及烟道气中硫回收等得到应用。在煤制油中，通过对传统离心机的优化设计，高温离心机可以用于煤间接液化技术——费托合成法中合成石蜡和催化剂的分离，替代原有的叶片式过滤机；卧式螺旋卸料沉降离心机已成功应用在煤化工煤气水污泥的分离中；卧螺离心机和活塞推料离心机在氨法烟气脱硫工艺中得到普遍应用。

A 高温离心处理费托合成废蜡的试验研究

a 煤制油技术现状

煤制油是将煤炭液化以生产液体燃料和化工原料的简称。煤炭液化分为间接液化和直接液化。煤制油技术在德国、美国、法国、日本起步较早，在 20 世纪 20 年代相继进行该项技术研究，1955 年，SASOL 的第一家煤制油工厂投产，1980 年和 1982 年又分别兴建了两家同样的工厂，并不断完善煤间接制油技术在技术方面，南非 SASOL 是全球规模最大的煤制油企业；我国起步相对较晚，在 20 世纪 70 年代才进入该领域的试验研究，近年来，中国煤炭科学研究院、神华集团、中科合成油公司、兖矿集团成功开发出煤制油技术，催化剂开发也获得突破，国内已建成神华集团、山西潞安集团、内蒙古伊泰集团等煤制油项目。

b 费托合成法的技术关键

费托合成（Fischer-Tropsch synthesis）是煤间接液化关键技术之一，可简称为 FT 反

应，它以合成气（CO 和 H₂）为原料在催化剂（主要是铁系）和适当反应条件下合成以石蜡烃为主的液体燃料的工艺过程。费托合成法（Fischer-Tropsch synthesis）的技术关键是催化剂的开发和催化剂与液相石蜡的有效分离。目前南非 SASOL 公司的三相浆态床反应器（Slurry Phase Reactor）专利技术是催化剂生产较为成熟的技术，该技术可以使用铁催化剂生产蜡、燃料和溶剂。压力 2.0MPa，温度高于 200℃。反应器内装有正在鼓泡的液态反应产物（主要为费托产品蜡）和悬浮在其中的催化剂颗粒。SASOL 浆态床技术的核心和创新是其拥有专利的蜡产物和催化剂实现分离的工艺；此技术避免了传统反应器中昂贵的停车更换催化剂步骤；SASOL 浆态床技术的另一专利技术是把反应器出口气体中所夹带的"浆"有效地分离出来。典型的浆态床反应器为了将合成蜡与催化剂分离，一般内置 2~3 层的过滤器，每一层过滤器由若干过滤单元组成，每一组过滤单元又由 3~4 根过滤棒组成。正常操作下，合成蜡穿过过滤棒排出，而催化剂被过滤棒挡住留在反应器内。当过滤棒被细小的催化剂颗粒堵塞时可以采用反冲洗的方法进行清洗。

c　传统工艺中废蜡回收存在的主要问题

费托合成装置反应器内的催化剂需定期补充、更换，16 万吨/年规模的合成油装置每年需消耗催化剂 200t 左右，更换催化剂时每年需排出约 2000t 废蜡（其中蜡 1800t，催化剂 200t）。现有工艺采取叶片式过滤机对催化剂和废蜡进行过滤，一级过滤出来的废催化剂含蜡 50% 左右，如果不回收，一年夹带浪费的蜡约为 200t，对于 300 万吨/年的合成油装置就是 4000t 左右。

叶片式过滤机用于石蜡和催化剂分离存在的主要问题是处理能力较低，无法满足规模化生产的需要。对于 16 万吨/年规模的合成油装置一台 20m² 叶滤片式过滤机尚能勉强满足需要，对于每年几百万吨的合成油装置就需多台平行的过滤机才能满足系统的需要。另外，叶片式过滤机国内技术还不够成熟，目前主要依赖进口，导致投资费用高，工艺路线长。叶片式过滤机的结构也不是很适合处理废蜡，处理完后形成的滤饼厚度不均匀，下厚上薄，排渣不畅通，常有卡死现象。

d　高温离心机用于石蜡和催化剂的分离

针对叶片式过滤机存在的上述问题，重庆江北机械有限责任公司与中科合成油公司联合开发高温专用离心机用于石蜡和催化剂的分离。通过强大的离心力对石蜡和催化剂进行有效的分离，离心机能实现连续运行、自动卸料，其产能远远大于叶片式过滤机，能满足规模化生产的需要。用于废蜡和催化剂分离的工艺参数见表 13-12，离心和技术参数及性能参数见表 13-13。

表 13-12　用于废蜡和催化剂分离的工艺参数

名　称	参　数
物料名称	合成蜡与催化剂
物料温度/℃	150~180
蒸汽压力/MPa	1.5
蒸汽温度/℃	200
氮气压力/MPa	0.42
氮气温度/℃	40
现场防爆等级	Exd Ⅱ BT4

表 13-13 离心机技术参数及性能参数

名　称	参　数
转鼓直径/mm	800
转鼓长度/mm	450
转鼓转速/r·min^{-1}	≤1000
分离因数	≤500
分离物料	石油液化石蜡铁粉
主要成分	石蜡、铁粉
料浆温度/℃	180
固相颗粒平均粒度/μm	30~150
生产能力/m^3·h^{-1}	2~3
清液含固量/ppm	1500~2000
滤饼含湿量/%	≤10

高温离心机用于合成废蜡与催化剂分离的工艺流程图见图 13-12。

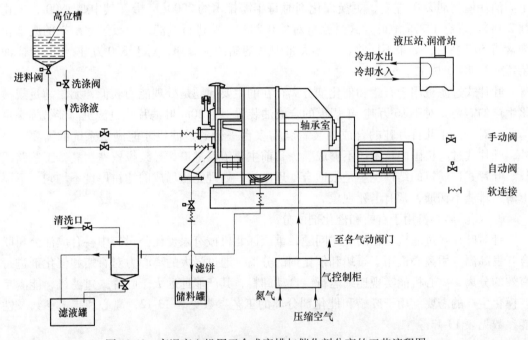

图 13-12　高温离心机用于合成废蜡与催化剂分离的工艺流程图

由反应器排出的废蜡与催化剂混合液在压力为 $0.3~0.5kg/cm^2$，温度为 150~180℃工况下经管道进入离心机内，经离心分离后液相（废蜡）穿过离心机的过滤介质由排液管排入滤液罐储存，为下一步精滤做准备，而固相（催化剂）残留在过滤介质内表面，然后由离心机的刮料装置经排渣口排出到储料罐，这样就实现废蜡和催化剂的有效分离。经分离后的催化剂含湿量在 10%左右，而石蜡中含催化剂在 1500~2000ppm。

e　高温离心机的技术关键及解决办法

高温高压问题：离心机的进料温度控制在 150~180℃，离心机必须具有保温功能，确保物料在机内的温度相对稳定。离心机的保温措施是通过向机壳内通饱和蒸汽，由于饱和蒸汽温度与压力成正比的，当饱和蒸汽压力在 1.6MPa 时，蒸汽温度为 200℃。因此，离心机必须在压力为 1.6MPa，温度为 150～180℃ 的环境下运行。为了满足离心机在一定压力下有效运行，离心机的机壳进行特殊设计，在壳体的外表面设计压力半管。

密闭防爆问题：离心机的工作环境为密闭防爆，因此离心机现场元件的选择必须满足防爆要求，并向离心机内通惰性气体，避免离心机内的介质与大气接触；离心机的密封结构形式和密封材料的选择必须满足工况要求。

f　高温离心处理费托合成废蜡的试验研究结论

现场应用结果表明，高温离心机可以用于费托合成法中合成石蜡和催化剂的分离，替代原有的叶片式过滤机，其投资成本仅仅相当于原来的五分之一，同时工艺路线可以大大简化，高温离心机的处理量大，能满足煤间接液化技术规模化生产的需要。

B　卧螺离心机在煤气水污泥分离中的试验研究

a　技术开发背景

煤气化技术是清洁利用煤炭资源的重要途径和手段，使用先进的煤气化技术，能够提高煤炭利用效率、减少煤直接燃烧带来的环境污染，呼伦贝尔金新化工有限公司 5080 项目利用内蒙古廉价的褐煤，使用德国 ZEMAG 的管式换热器干燥技术加工型煤/块煤，再采用 BGL 熔渣气化技术产生粗煤气，用于年产 50 万吨合成氨或年产 80 万吨尿素，另一边出来的煤气水污泥采用卧螺离心机进行分离。

该煤气水污泥温度达到 80℃ 左右，含有焦油等，同时因前短工序不稳定导致其物料的浓度波动较大，这些都给离心机的分离带来了较大的难度。

结合现场试车情况，发现由于物料难度较高，且物料含氨较多，故在分离过程中产生很多气体，在离心机内形成一个正压导致离心机的处理量一直无法提高，在离心机的出液管道上面开设了一个出气管道，使离心机排液更加通畅。

b　应用效果

在进料固含量为 23.6%～36% 时，离心机现场试验数据见表 13-14。

表 13-14　卧螺离心机现场应用数据

机器型号	转鼓直径 /mm	转速 /r·min⁻¹	进料浓度 /%	排渣能力 /t·h⁻¹	泥饼含固率 /%
LW520×2184-NB	520	3000	23.6	4.1	66.1
			32.5	5.2	67.8
			36	6.0	69.8

根据现场试验情况，在进料浓度为 23.6%～36% 时，离心机的排渣能力在 4～6t/h，泥饼含固率在 66%～70%，表明 LW520×2184-NB 高速卧螺离心机在呼伦贝尔金新化工现场使用状况良好，该设备可以很好地满足煤化工的煤气水污泥的分离，且污泥脱水机及其成套设备各方面性能先进、适应浓度变化大、耐负荷冲击能力强、脱水效果好。

C　钛材离心机在粉煤灰酸法制铝生产中的应用

a　技术开发背景

我国是个产煤大国，以煤炭为电力生产基本燃料。近年来，我国的能源工业稳步发展，电力工业的迅速发展，带来了粉煤灰排放量的急剧增加，燃煤热电厂每年所排放的粉煤灰总量逐年增加，2013 年我国燃煤电厂粉煤灰排放量高达约 4 亿吨。粉煤灰的大量堆放不但浪费土地资源而且污染环境。寻求合适的处理或利用粉煤灰的方法就显得十分重要。目前，粉煤灰主要用做建筑材料、合成氟石、制备吸附剂，也可以从中分选铝、铁、钾等有用物质。

神华准格尔能源有限责任公司也在大力开展粉煤灰综合再利用项目的研究，并于 2011 年开工建设了年产 4000t 粉煤灰提取氧化铝的中试厂，在其生产工艺过程中，中间产物氯化铝的生产过程中引进了 HR 系列双级活塞推料离心机。

b 研究开发试验情况

神华准格尔能源有限责任公司的粉煤灰综合再利用项目是利用粉煤灰与盐酸反应，获得的氯化铝溶液结晶，经离心机分离后的固体氯化铝再进行煅烧，获得氧化铝成品和氯化氢，氯化氢则循环实用。

神华准格尔能源有限公司氯化铝试验厂，在氯化铝固液分离工段采用了 HR400-Ⅰ离心机，离心机技术参数及性能参数见表 13-15。

表 13-15 HR400-Ⅰ离心机试验数据

机器型号	转鼓直径/mm	转速/r·min^{-1}	电机功率/kW	产量/t·h^{-1}	含湿量/%
HR400-Ⅰ	337/400	1600	11/4	1~2	7

在 HR400-Ⅰ试验成功的基础上，神华准格尔能源有限公司氯化铝试验厂进一步采用 HR630-Ⅰ进行中间试验。试验中根据现场条件，针对氯化铝的特性，对离心机的布料结构等进行了改进，并对进料管道提出改进。当物料结晶粒度大约 0.4mm，进料浓度 40%~50%时，HR630-NB 离心机的产能为 9~11t/h（见表 13-16）。如果增大进料浓度，筛网间隙加大到与晶体粒度匹配，改变进料方式，以及过滤区长度的增加，对机器结构进行专机设计，可以进一步提高分离效果和产量。

表 13-16 HR630-Ⅰ离心机试验数据

机器型号	转鼓直径/mm	转速/r·min^{-1}	进料浓度/%	产量/t·h^{-1}	含湿量/%
HR630-I	560/630	1400	41.5	9.2	5.4
			45.3	9.7	5.3
			48.2	10.5	5.5
			50.2	11.0	5.5

D 离心机在烟道气氨法脱硫中的应用研究

a 技术开发背景

氨法脱硫技术作为湿法脱硫技术的一种，具有脱硫效率高、无固废产生、能耗低等优点，是属于可资源化的脱硫技术之一。氨法工艺过程一般分成三大步骤：脱硫吸收、中间产品处理、副产品硫铵分离。国内较早从事氨法脱硫技术的环保公司主要由有江苏新世纪江南环保股份有限公司、河南洛阳天誉环保工程有限公司、江苏和亿昌环保工程科技有限公司等。烟道气氨法脱硫工艺流程见图 13-13。

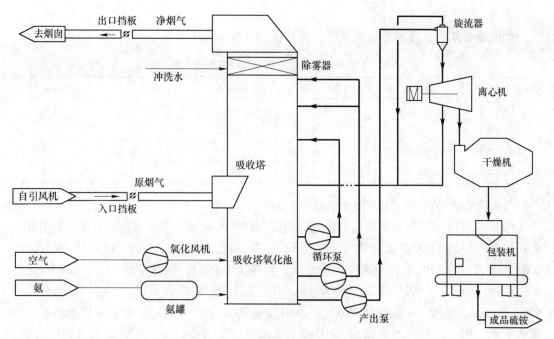

图 13-13 烟道气氨法脱硫工艺流程

b 氨法硫铵分离难点

早期的氨法脱硫工艺，由于烟气除尘不彻底，得到的硫铵悬浮液含有一定量的烟灰，硫铵晶体粒径偏小，脱水速度慢，一般采用间歇式刮刀离心机。随着工艺改进，其晶粒状况得到明显改善，可以采用连续自动的活塞离心机进行分离。由于烟道气硫铵的特殊性，直接采用普通活塞推料离心机存在以下问题：

（1）处理能力小、含湿量偏高：氨法硫铵晶体粒度较细，脱水难度大，产量、含湿量达不到设计要求；

（2）离心机与物料接触部分的零部件磨损严重。

c 技术方案

针对氨法硫铵分离难点，经过多次试验并结合公司数十年丰富的离心机应用经验，公司组织研发了双级活塞氨法烟气脱硫专机，技术方案包括采用 WH-4 双相钢筛网，提高耐磨性、刮刀镶嵌硬质合金刀片、在双头螺栓外增加材料为硬质合金的耐磨套，耐磨套采用大小头结构，大头沉入推料盘，表面与推料盘接触物料面平齐，耐磨套反冲的晶体仍然冲刷在硬质合金上，解决了对推料盘与双头螺栓接触面的冲刷磨损，避免了这种"桥墩效应"造成的破坏。

烟道硫铵专机产量提高，含湿量降低，布料机构等易损件寿命提高到一年以上，得到天誉环保、江南新世纪、江苏和亿昌、北京中大能环、凯迪电力、北京国电龙源、西安汉术化学、山东环冠科技、北京国信恒润能源、中国石化南京化学、凯能高科、江苏龙源除尘脱硫等十多家国内环保脱硫知名工程设计公司的广泛认可，市场反应良好。氨法烟气脱硫专机彻底解决了氨法烟气脱硫中分离工序的核心技术难点，为氨法烟气脱硫技术的大力推广创造了条件。

d　技术性能与应用实例

烟道硫铵离心机技术参数及应用数据见表 13-17。

表 13-17　HR 系列烟道硫铵离心机技术参数及应用数据

机器型号	转鼓直径/mm	转速/r·min⁻¹	电机功率/kW	产量/t·h⁻¹	含湿量/%
HR400-NB	357/420	1600	15/5.5	3	3.6
HR500-NA	410/500	1600	45/22	7	3.4
HR630-NB	560/630	1400	55/30	10	3.3
HR800-NA	720/800	1250	75/45	18	3.5

烟道硫铵离心机的应用案例介绍如下：

（1）双级活塞氨法烟气脱硫专机在广西田东电厂的应用。广西水利电力建设集团有限公司田东电厂 2×135MW 机组烟气脱硫改扩建工程，江苏新世纪江南环保股份有限公司于 2008 年 3 月签订 EPC 总承包合同。按照二炉一塔方式建设，脱硫塔径 14m，高 95m（其中烟囱高 53m），总烟气量为 1150000Nm³/h，设计燃煤含硫量 2%，SO_2 含量 4800～5000mg/Nm³，共用一个硫铵后续系统。该项目于 2009 年 8 月通过 168 小时性能测试，脱硫效率大于 95%，年副产硫铵约 10 万吨，使用 HR630-NB 双级活塞氨法烟气脱硫专机，大大节约了运行成本。

（2）卧螺离心机在乌石化热电厂的应用。为了去除脱硫系统内存在的积灰，提高硫铵产量，减少亚硫酸、亚硫铵逃逸量，在一些氨法烟气脱硫工程中增设了卧螺离心机。例如在乌石化热电厂 2×450t/h 锅炉烟气脱硫工程，江苏和亿昌环保工程科技有限公司于 2009 年 9 月签订 EPC 合同，并于次年 9 月正式投运。脱硫系统按照一炉一塔进行设计，两套脱硫系统共用一套硫铵后处理系统，同时使用 LW520 卧螺离心机 1 台，配套了在线除灰系统。单套脱硫系统的处理总烟气量为 513500Nm³/h，设计脱硫效率 95%，年减排二氧化硫 19700t，产硫铵 4 万余吨。

在进料固含量为 0.5%～2% 时，离心机技术参数及应用数据见表 13-18。

表 13-18　离心机技术参数及应用数据

机器型号	转鼓直径/mm	长径比	转速/r·min⁻¹	电机功率/kW	处理量/m³·h⁻¹
LW520	520	4.2	2800	55/18.5	30

综上所述，离心分离技术已广泛应用于煤化工领域中废气、废水、废渣的处理，例如煤制油项目中废蜡的回收与利用，电厂烟气脱硫中项目中除灰工段和硫铵的脱水工艺等。随着煤化工技术的发展，新的分离需求不断产生，离心分离技术必将在煤化工领域得到更多的应用。

13.3　过滤技术在医药及食品工业中的应用

13.3.1　过滤在医药工业中的应用

我国制药工业生产上的液固过滤是一类经常使用又非常重要的化工单元操作。无论是原料药、制药乃至辅料，液固过滤技术的效能都将直接影响产品的质量、收得率、成本及劳动生产率，甚至还关系到生产人员的劳动安全与企业的环境保护。

制药工业中过滤工序多，装置种类也多，过滤要求的差别很大。下面介绍具有普遍意义的典型过滤操作。

13.3.1.1 发酵液过滤

目前我国的发酵液过滤设备现状是：一般多采用板框压滤机、转鼓真空过滤机和折带真空过滤机。另外也有采用立式螺旋卸料离心机等。

转鼓真空过滤机具有连续过滤的优点，但要求料浆有一定浓度。

采用折带真空过滤机可省掉反吹鼓风系统，且折带卸料完全，滤布再生好。国内某制药厂青霉素发酵液过滤采用 $10m^2$ 和 $20m^2$ 的折带式真空过滤机，菌丝回收率较高。

A 用于抗生素发酵液过滤的高分子精密微孔过滤机

PGL-45 型高分子精密微孔过滤机，已成功用于柔红霉素发酵液的过滤与洗涤，也用于发酵液中和后去除蛋白质的复滤。

当发酵液含固量为 20%（体积分数）左右，滤液黏度为 $(1.6\sim2.0)\times10^{-3}Pa\cdot s$，如以中速滤纸过滤，其平均滤速为 $90\sim110L^3/(m^2\cdot h)$。若采用 PGL-45 型高分子精密微孔过滤机用于滤液中和后去除蛋白质的复滤，投加 0.5%~1% 的珍珠岩助滤剂作本体助滤用，则平均滤速可达 $500\sim800L^3/(m^2\cdot h)$。

PGK-Ⅱ-80 型精密微孔过滤机，过滤面积为 $80m^2$，底部有气动大排渣口，已成功应用于盐霉素发酵液的增稠过滤。当发酵液做加温预处理后，不加任何助滤剂，两台 PGK-Ⅱ-80 型精密微孔过滤机，6~8h 可过滤发酵液 $26\sim28m^3$，得滤液 $20\sim22m^3$，平均滤速为 $20\sim29L^3/(m^2\cdot h)$，菌丝收率达 90%~95%，比采用碟片式超速离心机提高 25%~35%。

B 发酵液的过滤与滤液的复滤

使用高分子精密微孔过滤机研究发酵液的过滤，已开发出以下几种新的发酵液过滤技术：

（1）对霉菌与某些易滤放线菌发酵液，采用"精密微孔过滤"；

（2）对某些难滤放线菌发酵液，采用"助滤-精密微孔过滤"；

（3）对非常难滤的细菌发酵液，采用"絮凝-助滤-精密微孔过滤"；

（4）对含有微量蛋白质的发酵液复滤，采用"助滤-精密微孔过滤"。

助滤：选择对发酵液中有效成分不吸附，在过滤压差下颗粒不变形，颗粒之间、颗粒与过滤介质之间无黏附性的粉末作为助滤剂，助滤方式有两种：

（1）表面预涂：将过滤介质表面预涂 1~2mm 的助滤层，主要防止过滤介质微孔不被蛋白质等细小颗粒堵塞，使黏性滤渣不直接黏附在过滤介质表面，卸渣完全，过滤介质清洗方便。

（2）本体助滤：在过滤料液中加进一定比例的助滤剂微粒，由于助滤剂是无压缩性又有一定多孔性的颗粒，在发酵液的滤渣层中由助滤剂形成骨架，滤渣的压缩性显著减少，过滤阻力也减少了许多，这样可使难滤的发酵液与澄明度低的初滤液的复滤能维持相当时间。如果没有本体助滤，滤速下降很快，过滤过程很快就无法继续进行。

絮凝：对于细菌发酵液，即使采用大量助滤剂做预涂与本体助滤，有些发酵液也难以进行有效过滤，主要是由于细菌发酵液中的菌体都是不超过 $0.5\mu m$ 的微粒，且压缩性大。

在过滤过程中大部分被过滤介质表面截留，形成一层比阻很大的滤渣层，使过滤速度极慢，过滤难以正常进行。对于这类发酵液，应先进行絮凝预处理，通过絮凝剂与菌丝体或其他胶体物质之间的正负电荷吸引以及吸附等机理产生絮凝作用，使发酵液中 $0.5\mu m$ 以下的微粒形成较大的絮胶团。经过絮凝处理后，再利用助滤剂助滤，就可以达到滤速快、滤液清的过滤目的。

上述发酵液过滤技术已成功地应用于柔红霉素、盐霉素、阿维菌素、葡萄糖酸钙发酵液等放线菌发酵液的过滤与滤液的复滤，也适应于维 C 发酵液、肌苷发酵液、杆菌肽等细菌发酵液的过滤。最近其用于酶法生产的丙烯酰胺液体和异亮氨酸发酵液的过滤均取得了较好效果。

13.3.1.2　粉末活性炭与脱色液的过滤

粉末活性炭很细，最细的粒度仅为 $1\sim2\mu m$。

立式多层过滤机和高分子精密微孔过滤在粉末活性炭脱色液中应用广泛，其中包括：

（1）葡萄糖液中活性炭过滤；

（2）咖啡因的活性炭过滤；

（3）氨基酸的活性炭过滤。

13.3.1.3　动植物浸取液的精密过滤

采用传统的分离方法虽然能够从提取液中获得澄清的中药药汁，但随着时间的推移，大多数药汁会不断析出胶体，使药汁变浑。为了提高后续处理操作（如萃取、浓缩、超滤、干燥等）的效率，必须除去药汁中胶体等成分。"絮凝-精密微孔过滤"是一种比较理想的中草药药汁的澄清净化技术。

中草药汁精密微孔过滤的一般流程如下（图 13-14）：

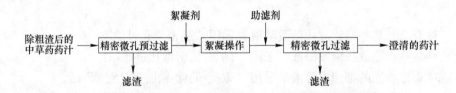

图 13-14　中草药汁的精密微孔过滤的流程

需要指出的是上述流程不是唯一的，要根据药汁特性及过滤目的进行取舍或增加酶解处理。

其应用范围包括：

（1）单味药药汁：有银杏提取液、大蒜酒精提取液、甜菊糖提取液、海蛇提取液、蚂蚁提取液等。

（2）复方药药汁：脑心舒口服液、舒喉口服液、复方感冒冲剂等。

（3）滋补口服液与药酒：丹参、海洋宝、人参木瓜酒等。

13.3.1.4　药液除菌过滤

在药物生产上，要求对液体进行无菌过滤。我国过去采用硅藻土陶瓷滤芯进行无菌过滤，由于滤芯砂粒易脱落，质地脆而易破裂，后来逐渐被石棉滤板取代。石棉含致癌物质，后被世界卫生组织明令禁止使用。20 世纪 80 年代，不少厂曾用微孔膜片或滤芯滤菌。微孔膜过滤介质的除菌效率很高，但只能一次性使用，成本很高。某些厂采用石棉滤板与微孔膜相重叠，料液的过滤路线为先石棉后膜，这样既能有效除菌，又可防止石棉微粒进入药液。由于石棉滤板的微粒易脱落飘浮在空气中，因此在安装滤板与滤膜时，难以防止石棉微粒不沾污在微孔膜的另一面。所以石棉板与微孔膜重叠的方法也不是一种好的方法。80 年代以来美国发明了一种可取代石棉的带正电荷的介质，商品名为"Zeit Plus"，能有效去除液体中的细菌，滤速较快，成本较微孔膜滤芯的低。Zeit Plus 也是一次性使用，但寿命较微孔膜滤芯长得多。

13.3.1.5　结晶体的过滤

在原料药的生产上，大部分产品是结晶体，结晶体必须先通过过滤机脱水，然后干燥，最后获得最终产品。由于结晶比较粗，因此采用离心式过滤机就可解决脱水问题。在我国，三足式离心过滤机被普遍采用。

国内某制药厂引进荷兰潘纳维斯 RT 型带式真空过滤机用于青霉素钾盐的生产。这种设备具有过滤、洗涤、干燥三合一功能，在氮气保护情况下操作，可避免溶剂爆炸的危险。过滤面积为 $3.4m^2$，滤带宽度为 0.48m，滤带有效长度为 7m（分离段长 0.7m，洗涤段 1.4m，干燥段 4.9m），带速为 1～6m/min，处理量为 750～1000kg/h，干粉产量为 330kg/d，晶粒含水率为 0.5%。

尽管三足式离心机是目前结晶体过滤的主要设备，但还存在结晶体易穿滤的问题。为了解决超细结晶穿滤所造成的损失，现已研究出 PE 精密微孔过滤机装在离心机装置后面直接过滤母液，回收这些母液所夹带的极细结晶。这种装置已在制药生产上获得成功应用，几乎可以全部回收穿滤的细结晶体。如某一生产利福平的药厂，每天排走的利福平粗结晶母液 120L，采用一台 $1m^2$ 的 PGW 型精密微孔过滤机每天可回收 1～2kg 利福平粗结晶，增产价值十分可观。

13.3.1.6　除去药液中的热原

热原（Pyrogen）又称内毒素（Endotoxin）产生于革兰氏阴性细胞的外壁，即细菌尸体的碎片，它是一种酯多糖物质，简称 LPS，其相对分子质量一般为 1 万～2.5 万，在水溶液中形成缔合体，相对分子质量可达到 50 万～100 万。由于 LPS 具有耐热性和化学稳定性，不易被灭除。加热可以使 LPS 失去活性，但需要较高的温度和较长的时间（180℃，120min 以上）。强酸和强碱也可以使热原失活。

根据国家药典的有关规定，为避免致热原反应注射用药剂需经热原测试合格后才能使用。目前除热原的方法主要有 3 种：蒸馏法、吸附法和膜过滤法。随着膜分离技术的迅速发展，应用超滤膜工艺去除（或降低）注射用药物（药液）中热原含量，使之符合国家药典规定之标准，正在制药工业中推广应用。

上海某研究所研制的超滤设备已在中药注射液除热原中获得了成功的应用。中药注射液除热原应用实例见表 13-19。

表 13-19　中药注射液除热原应用实例

单　位	中药名称	超滤器类型	膜面积 /m²	滤膜规格	产　量 /L·(m²·h)⁻¹	应用情况
上海福达药业有限公司	黄芪注射液	板框式超滤器	10	1万~2万	10~15	
上海浦江制药公司	卵磷脂	卷式超滤器	6	1万	14	有时采用二次超滤
上海禾丰制药公司	黄芪注射液	卷式超滤器	6	1万	16.5	
江西余江制药厂	穿心莲, 夏天无注射液	卷式超滤器	12	1万	12~18	

13.3.1.7　血液净化中的过滤

血液是人体中最重要的体液, 起着运载和输送人体中新陈代谢产物的作用。从生物、生理学角度来看, 人体是最完美的膜组合, 目前以高分子分离膜组合的各种血液净化医疗器械正以飞快的速度进入医学领域, 治疗人体各种与血液有关的疾病。血液净化分为血液过滤、血液透析等。

A　血液过滤

血液过滤装置即血滤器, 其基本结构和透析器相似, 有平板型和中空纤维型。过滤膜是用高分子聚合材料制成的非对称膜, 是一种由微孔基础支持的超滤膜。膜上的孔径大小和长度都相等, 中、小分子的溶质清除率相差不大。

B　血液透析

血液透析即人工肾, 目前主要为中空纤维膜形式的人工肾。

中空纤维透析器是在圆柱形有机玻璃壳内装有 5000~15000 根中空纤维半透膜, 中空纤维直径为 200μm, 膜厚为 5~30μm, 膜面积达 0.5~2.5m²。工作时血液从中空纤维内腔流过, 纤维外面充满了流动的透析液。因中空纤维透析器预充血量只有 50~100mL, 基本不受透析压力变化影响, 透析效率高, 体积小, 使用和重复使用方便。

13.3.1.8　膜技术在医药生产中的应用

目前膜技术日臻成熟, 已开始应用于医药领域。如临床用于血透、血液净化、亲和过滤、肾透等。在生物制药领域, 该技术可用于抗生素和氨基酸的生产, 发酵液和培养液的澄清, 生物制品的灭菌与除热原等; 也可用于多肽、蛋白质、酶、细胞、病毒等大分子的富集、浓缩和纯化。此外, 该技术还可用于制备医药生产过程中的工艺用水、洗瓶水、口服液、注射液用水、纯水、超纯水、中药注射剂等。国内膜技术的日益成熟, 为医药生产的提取、分离、浓缩、纯化一体化工程技术的解决提供了保证, 对于提高医药生产企业的整体水平奠定了基础。

A　微滤 (MF)

美国 Upjohn 公司对林可霉素结晶前的浓缩液、丙酮等均使用孔径为 0.45μm 的微滤膜过滤除菌。我国部分药厂在 20 世纪 80 年代初就开始在半合成青霉素和青霉素生产中, 对进入无菌室作业的料液, 如含有青霉素的乙酸丁酯萃取液及洗涤溶剂丁醇、乙酸乙酯等均使用微孔滤膜过滤, 作为除菌和除微粒的手段来提高产品质量。目前应用微滤技术生产的西药品种有葡萄糖大输液、右旋糖酐注射液、维生素类注射液、硫酸庆大霉素注射液等。

B　超滤（UF）

美国 Bio-Recovery 公司生产的 Permaflo 超滤系统，结构与板框压滤机相似，但体积比板框小，可取代传统的板框来进行发酵液的过滤，过滤收率达 97%～98%。凡体积大于膜孔的固体如菌体、培养基和蛋白质类大分子物质均被截留，滤液质量好。这种装置工业规模已应用于红霉素、青霉素、头孢菌素、四环素、林可霉素、庆大霉素、利福霉素等抗生素的过滤生产。美国 Merck 公司利用 MWCO 为 24000 的 Dorr-Oliver 平叶式超滤器来过滤头霉素发酵液，收率比原先采用铺有助滤剂层的鼓式真空过滤机高出 2%，达到 98%，材料费用降低 2/3，而设备投资费用也减少 20%。

C　纳滤（NF）

在制药行业中，纳滤膜可用于抗生素、维生素、氨基酸、酶等发酵液的澄清除菌过滤、蛋白剔除、分离与纯化；6-APA、7-ACA、7-ADCA 及其他半合成抗生素的脱盐浓缩；中成药、保健品口服液的澄清除菌过滤，从母液中回收有效成分。山东鲁抗、河北制药、石家庄药业、浙江海正药业、江苏江山制药等几十家制药企业已成功地把纳滤膜技术应用到制药工业下游工艺的母液浓缩、产品回收，不但延长了树脂吸附寿命 3～5 倍，而且产品收率也提高到 99% 以上，为企业创造了较大的经济效益。

D　反渗透（RO）

在医药方面主要用于药品的浓缩、脱盐、工艺用水、制剂用水、洗涤用水、注射用水、无菌水的制备，如匈牙利 Biogal 公司的新霉素、意大利 Pharmitalia 公司的头孢菌素、保加利亚 Pharmachim 公司和日本窒素公司的 6-APA 等均采用反渗透技术来浓缩。我国大连制药厂在 1989 年就引进丹麦 DDS 卫生型反渗透膜设备与技术，对硫酸链霉素的脱色液进行浓缩，多项技术指标均比过去的减压蒸发浓缩方法有较大提高。

E　膜滤技术的组合应用

美国 Millipore 公司早在 80 年代初就已经应用膜滤技术的组合，从发酵液中分离提取和精制头孢菌素 C 的试验研究，首先将头 C 的发酵液通过孔径为 $0.2\mu m$ 的 GVLP 微孔滤膜进行微滤，除去菌丝及培养基中的固形物，得到的滤液再经另一组 PTGC 膜的超滤系统，从滤液中除去一些相对分子质量在 10000 以上的蛋白质、多糖及部分深棕色色素，以获得色浅较纯正的头 C 超滤液，微滤与超滤的收率分别为 74% 和 80%。然后用聚酰胺反渗透膜进行浓缩，所得浓缩液再通过制备型高效液相色谱（HPLC）进一步纯化，最后可分离出纯度为 93% 的头 C 溶液。反渗透浓缩收率为 99%，头 C 浓度可提高 6 倍，HPLC 纯化的头 C 可全部回收。

综上所述，膜技术已成为药物分离中重要的新技术之一，在提高产品纯度、收率、减低能耗和处理时间、工艺改进等方面已表现出巨大的潜力和应用价值。膜技术在生物制药工业中的应用，将会使目前下游加工处理过程的面貌焕然一新。用微滤代替常规的发酵液过滤，超滤和纳滤代替提取，以反渗透代替蒸发，使传统的生产工艺变成系列的膜过滤工艺，然后再根据产物的性质和要求，进一步采用各种高效的分离手段来纯化，就可制得纯度很高的产品。

13.3.2 过滤在食品工业中的应用

13.3.2.1 过滤在乳品工业中的应用

A 膜滤在乳品处理中的应用

在现代乳品处理过程中，以膜滤技术，包括超滤、反渗透和电渗析，作为不同层次的分离手段已日益成熟，其中应用最广的是超滤技术，它在乳清分离和干酪制取中起着截留乳液中所有蛋白质，同时能将乳糖和盐类（灰分）透析出去的功能。全乳液中关键蛋白质有酪蛋白（α、β、γ 和 κ）、α 乳清蛋白和 β 乳球蛋白。酪蛋白在乳液中呈现为较大的微胶粒，它能随同脂肪一起夹带于凝乳中。因此，只有 α 乳清蛋白与 β 乳球蛋白留存于乳清液中，前者相对分子质量约为 14200，后者的则为 18300。为了使超滤膜能截留所有可溶性蛋白，在选用超滤膜时，其切割相对分子质量最好小于 10000。

B 纳米过滤在乳品工业中的应用

乳清是乳品工业中的副产物，生产乳糖的最佳初始原料为脱蛋白和脱矿物质的乳清。所以，不含矿物质的乳清渗透液适宜作为初始原料。纳滤（NF）是进行矿物质脱除操作的一种极有发展前途的方法。

13.3.2.2 过滤在食品和饮料生产中的应用

A 膜滤在苹果汁处理中的应用

超滤技术将生产纯净苹果汁的时间从大约 20h 减少到仅 2h，这是由于省去了存放过夜的步骤，由于超滤膜基本上截留了果汁中所有产生浑浊的成分，因此超滤膜果汁透过液具有较高的澄清度（浊度为 0.4~0.6NTU），而传统过滤所得果汁滤液的代表性澄清度为 1.5~3NTU。采用超滤技术果汁总产量较传统的多出 5%~8%，原因是采用前者免除了明胶沉淀和滤饼中所含产品的损失。

B 加压叶滤机在食用油过滤中的应用

采用 YLZ-50 型振动排渣立式叶滤机过滤脱色油的测试数据如下：

（1）过滤面积为 12m²，最大工作压力为 0.45MPa，工作温度为 150℃，滤网规格 0.542mm×0.112mm。

（2）原料：一级菜子油，符合 GB 1536 的各项指标。

（3）白土：山东莱阳助剂厂产，水分 12%，粒度：0.074mm 筛上物 20%。

（4）蒸汽压力：0.3MPa（干饱和蒸汽）。压缩空气压力：0.45~0.6MPa。

YLZ-50 型振动排渣立式叶滤机，最佳过滤温度在 80℃左右，过滤速率 203kg/（m²·h），比板框压滤机速率高出 1 倍以上，而且不消耗滤布，饼中残油降低，经济效益十分可观。通过更换不同规格的滤网，还可用于毛油、氢化油及啤酒行业的过滤。

C 陶瓷膜在食品和饮料工业中的应用

（1）热糖汁的过滤。过滤装置由瑞士 Unipektin AG，CH-Eschenz 设计完成。此装置可进行批操作深层过滤，操作参数如下：

陶瓷膜	65.8m²
滤液输出量	150000L/d（7500L/h）
浓缩因子（VCF）	10~12
糖汁温度	70~80℃

（2）苹果汁澄清。采用陶瓷膜过滤，苹果汁浓度为 16Brix，过滤通量可达到约 100L/（h·m²），使用聚合物膜仅为 50~70L/（h·m²）。

为了提高果汁的产量，还要对果汁浆液进行深层过滤。

通过采用陶瓷膜过滤，浓缩液中的不溶固体约占 80%，而聚合物膜仅为 40%~45%。这样在深层过滤中获得果汁的工作量就相对小了。

D 连续压榨过滤机在果汁过滤中的应用

用苹果做榨汁试验，出汁率达 81.4%，滤液含固量为 6.7%，经检测各项结果均能满足果品榨汁的要求。

该机适用各种水果如苹果、梨子、桃、草莓、柑橘及胡萝卜等榨汁，也可用于其他相关领域物料的浓缩与压榨脱水。

E 高分子精密微孔过滤机在食品工业中的应用

（1）在制糖生产上的应用。在葡萄糖、甜菊糖、低聚糖、果糖、蔗糖等生产中，必须对终端的糖液进行精密过滤。目前，高分子微孔过滤机已在制糖业获得大规模的应用。如某食品厂用于出口的液体葡萄糖采用精密过滤技术已长达近 20 年。

（2）在液体调味品生产上的应用。高分子精密微孔过滤机用于液体鱼露的生产已有 10 多年的历史。用于酱油过滤，将过滤后的酱油放在冰箱内存放一年，仍然清晰透明，未见任何沉淀。过滤食醋可以得到非常高的澄清度。

（3）在高级饮用水生产上的应用。在制取矿泉水、超纯水、太空水与矿化水等高级饮用水生产中，使用精密微孔过滤机作为电渗析、离子交换柱、微孔膜、超滤与反渗透等的预过滤。

（4）用于冬化油脂脱蜡的精密过滤。使用高分子精密微孔过滤机对冬化油脂进行脱蜡，冷保温简单，微孔孔径可以满足过滤的需要，脱蜡效率高。

（5）毛油与精制油的精密过滤。高分子精密微孔过滤机用于菜子油、花生油、大豆油、芝麻油等油品的毛油精滤和精制油的精密过滤已有长达 10 多年的历史，为国内首创。

（6）除去粗磷脂与溶剂混合物中的机械杂质。粗磷脂中含有的机械杂质较多。若将这种粗磷脂溶解在一定溶剂中，再用高分子精密微孔过滤机进行精密过滤。

（7）除去粉末活性炭或白土杂质。食品和植物油生产中经常使用粉末活性炭或白土进行脱色处理，脱色后将粉末活性炭或白土与液态食品或油品分离，高分子精密微孔过滤机则可保证分离完全。

13.3.2.3 过滤在柠檬酸生产中的应用

在以薯干为原料发酵提取柠檬酸的工艺中，产生的硫酸钙和钙盐，也需进行固液分离。江西某厂采用 DI 型 11.2m² 带式真空过滤机对硫酸钙和钙盐进行固液分离，取得了一组有价值的数据，其工业测定数据如表 13-20 所示。

表 13-20 用带式真空过滤机处理硫酸钙工业测定数据

参数	生产能力 /m³·(m²·h)⁻¹	液固比 /L·t⁻¹	带速 /m·min⁻¹	滤饼厚 /mm	干渣产率 /kg·(m²·h)⁻¹	洗水量 /m³·(m²·h)⁻¹	滤饼含水率 /%	滤饼残酸 /%
数值	1	2.771	4	9	258	0.254	15	0.5

13.3.2.4 过滤在酒类生产中的应用

A 过滤在啤酒生产中的应用

过滤在食品和酿造工业中得到广泛应用，现代啤酒生产中已有三大环节采用压滤机。

（1）麦汁制备过程中麦芽汁的过滤。糖化结束后应在最短的时间内，将糖化胶液与不溶性的麦糟过滤分开，以得到透明、清亮的麦汁。

（2）发酵后成熟啤酒的过滤。根据分离精度的高低，采用硅藻土压滤机的过滤称为粗滤，采用纸板压滤机过滤称为精滤。

（3）硅藻土过滤。硅藻土具有过滤效果好、过滤量大、过滤装置清洗简便、宜于采用自动化操作等优点。

适用于啤酒过滤的硅藻土颗粒为 $1\sim40\mu m$，具有一定的吸附能力，能滤除 $0.1\sim1.0\mu m$ 的粒子。

（4）纸板过滤。在硅藻土过滤之后，啤酒再经过纸板精滤以提高过滤精度，增强啤酒的稳定性，延长保质期。

（5）酵母浆的过滤与回收。利用带有压榨作用的板框压滤机可对酵母浆进行压榨过滤，滤液经回收管路可返回大罐发酵。压榨后的酵母经烘干制成酵母粉可供食品或医药工业使用。

B 无机膜超滤技术在白酒除浊中的应用

将无机超滤膜应用于白酒除浊，具有澄清效果好、能耗低、工艺简单、结构紧凑、安全可靠、管理方便、易于控制膜污染等特点。

C 用微滤法澄清红葡萄酒

采用膜过滤生产的葡萄酒清澈透明，化学成分稳定，不易变质。滞留物为由截流粒子、酵母菌、细菌和胶体悬浮液组成的半固态物质。当滞留物为原料的 $1\%\sim2\%$ 时，停止膜滤操作，则可以获得相当于原料液 $98\%\sim99\%$ 的无菌葡萄酒。

13.3.2.5 过滤在制糖工业中的应用

下面介绍粗甜菜汁的膜过滤应用。

A 膜的选择

美国爱达荷州一糖厂提供的粗甜菜汁样本的分析数据见表 13-21。比较其中的糖汁组分的分子和膜孔径的大小可知，采用微滤（MF）或孔径稍大的超滤（UF）就可以滤除糖汁中的大多数相对分子质量大的组分。由于膜的孔隙率较大，这一孔径范围的膜滤可以达到较高的流通量。若选用孔径较小的膜，流通量会显著降低，分离效果却得不到明显的提高。

表 13-21 粗甜菜汁的一般分析

成 分	干燥物质中的质量分数/%	非糖类物质中的质量分数/%	相对分子质量
蔗 糖	87.75		342
转化糖	1.03	8.59	180
棉籽糖	0.42	3.50	595

成 分	干燥物质中的质量分数/%	非糖类物质中的质量分数/%	相对分子质量
甜菜碱	0.31	2.58	117
柠檬酸	0.73	6.09	210
苹果酸	0.36	3.00	134
乳 酸	0.12	1.00	91
乙 酸	0.25	2.08	60
草 酸	0.29	2.38	126
其他有机酸	0.20	1.67	
钙、镁	0.35	2.92	24~41
钠、钾	2.01	16.76	23~40
无机阴离子（盐酸根、硫酸根、硝酸根等）		24.76	<100
蛋白质	N/A		15000~100000
着色剂	N/A		10000~1000000
葡萄聚糖	0.30	2.50	50000~2000000
果 胶			20000~400000
谷酰胺	0.70	5.84	146
其他氨基酸	0.70	10.50	100~300
未予说明的非糖类物质	1.26	100.00	
非蔗糖物质的总量	12.00		
干物质总量	100.00		

研究发现，孔径小于 0.2μm 的滤膜能够完全滤除悬浮固体颗粒、胶质粒子、微有机物和孢子。可以通过测定滤液的浊度、滤液中的悬浮固体颗粒加以验证。另外，膜滤会使粗甜菜汁的硬度降低 10%~20%。这很可能是由于各种有机盐或无机盐的沉淀造成的。

B 制糖工业中膜技术的典型特征

（1）预处理。预处理的好坏是膜滤是否成功的关键。粗甜菜汁中悬浮固体颗粒的质量分数可达到 1%~2%，其中 30%~50% 为有机物质，其余的为粉土和土壤颗粒。因此，粗甜菜汁须经预处理达到适宜的程度才可进行膜滤。在大规模试验的基础上，一种效率很高的预处理装置，能够去除 75%~80% 的悬浮固体颗粒。这一装置也是美国颁发给 ARI 专利的一部分。

悬浮固体颗粒的主要特性是颗粒的尺寸分布范围极大。对于粗甜菜汁，约有 50% 的颗粒小于 1~2μm，而大颗粒的直径可达几毫米。粗汁和澄清汁中还含有对某些滤膜有害的纤维物质。

（2）浓缩因子。为了尽量减小滞留液中的糖损失，浓缩因子要高。从制糖工业经济的角度考虑，要求膜滤操作的浓缩因子需在 50~100 之间，以利经浓缩的溶液进行深层过滤或其他脱糖加工过程。

通过螺旋形膜和管状膜组合来优化膜过滤面积，提供 50 倍的浓缩因子的示意图如图 13-15 所示。前者浓缩因子为 5，后者为 10，总的浓缩因子为 5×10=50。

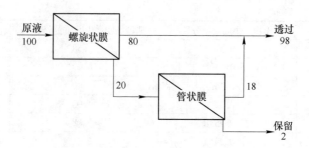

图 13-15　处理粗甜菜的混合膜组件

（3）通量率。甜菜糖厂的粗甜菜汁液流或称 Draft，约为甜菜切片额定生产率的 110%～130%，Brix 可达 14%～18%，因此，若一个糖厂切片生产率为 10000t/h，Draft 为 120，则其粗甜菜汁流量为 500t/h。很明显，要取得好的经济效益，就要求较高的流通量。流通量通常在 50～400L/（m² · h）之间。单看数值，流通量并不大，但是考虑到生产中要求的高浓缩因子，这样的数值已很难得。

13.3.2.6　过滤在食用纯净水制备中的应用

我国的第一条纯净水生产线是 1991 年在深圳市建成的，采用国产 CTA 中空纤维反渗透组件制备食用纯净水。10 多年来，纯净水的生产工艺技术有了很大改进和提高，瓶装纯净水和桶装纯净水已大量进入人们的生活、家庭和办公室，目前已在国内饮料市场占据龙头地位。

100 桶/h 纯净水生产工艺流程如图 13-16 所示。

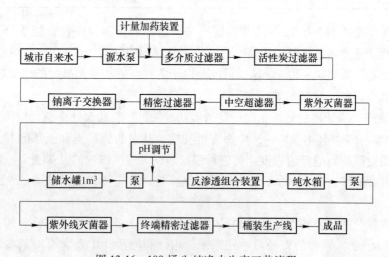

图 13-16　100 桶/h 纯净水生产工艺流程

13.3.2.7　超滤设备在饮用水生产中的应用

目前，在德国约有 100 台膜过滤设备在运行，其中 85% 是低压多孔微滤膜（MF）和超滤膜（UF），约有 90% 在运转的设备是用泉水或井水作为原水源，仅有 7% 的设备使用的是水库水。但是，在德国每天生产的 325000m³ 饮用水中大约 60% 来自水库水。

生产能力为 7000m³/h 的最大设备，自 2005 年 11 月起便在 Roetgen/Aachenaawt 工作着，该设备由工程咨询 IWP Wetzel&Partner 策划和设计，该单位得到 IWW 水中心和 Duis-burg-Essen 大学的能源环境工程（EUT）研究所的支持，设备由一个国际财团在 16 个月的时间内建造完成，由 Wabag Krüger 管理。

在设计之前，密集的中试由 WAG 和 IWW 完成，两者都受到了德国教育和研究部的 BMBF 资助，最初的研究是采用生产能力为 10m³/h 的不同半工业中试装置进行验证；每次研究是为了证实膜过滤的适用性和膜在饮用水处理流程中的最好位置。进一步的中试是为了证实大型设备技术单元的基本结构、膜系统的最佳化以及操作条件的最佳化。为达此目的，几个运转中的中试设备，其最大设备的膜面积分别达到了 1700m² 或 2000m²。而且，还有几种较小的中试设备用来处理反洗产生的水。所有的中试研究既用于饮用水阶段，也用于反洗水阶段，它们采用了压力-驱动膜以及浸没膜。

除了获得最佳化操作以外，下面对半工业试验的结果进行分析：

（1）如果膜过滤用来过滤絮凝原水的话，则膜过滤的优点就能够最好地利用。过滤阶段定位于现有常规过滤同样是可能的，但是效率较低。

（2）根据程序性评价，浸没膜技术和加压-驱动膜没有至关重要的优势，这两种膜非常适用于前面已建议过的用途。

（3）膜设备的最佳反洗处理 CEB（化学促进清洗），用压力驱动以及浸没膜技术，就能用苛性碱溶液和酸性溶液单独实现清洗，这样用氧化化学进行的反洗就能减少。

（4）对于压力驱动膜来说，絮团形成的时间约为 1min，而浸没膜约需 15min。

（5）饮用水生产线设备的反洗水可由二次膜处理。产生的透过液可添加到第一级的原水中，这使水的回收率超过了 99%。

（6）溶解的锰通过了膜，未截留，虽然过程本身无负面影响，但是必须有进一步的除锰阶段。

A 水库水的品质

原水的品质不同于水库水混合物的品质，相关的一些参数如图 13-17 所示。

B 处理设备的设计

Roetgenr 的处理设备（见图 13-18），包括以下程序：

用自动反洗过滤机进行预过滤，借以除掉能引起膜毛细管故障的大颗粒。

如果农场或其他污物进入原水，例如在供水区的车祸引起的进入原水，那么粉末活性炭便可用来预过滤。

在凝结步骤之前，最佳的 pH 值是需要调整的，调整时既可用氢氧化钠（NaOH），也可用 CO_2。

$Al_2(SO_4)_3$ 是在线添加的，停留时间在 1min 以上，视设备的全负荷如何而定。凝结剂的快速和均匀混合是利用可控能源消耗的动态搅拌器来实现的。

第二膜级的渗透液被加到膜级的供水中。过滤第一阶段（用于除掉颗粒和铁的成形设备）注入石灰石。在第一过滤阶段的入口，可加入 CO_2，旨在得到饮用水的明显硬化。进一步，剩余的溶解锰在石灰石过滤机中被去除。

在石灰石过滤之后，剩余的 CO_2 最后被 NaOH 的化学反应去除。

饮用水在加入储槽之前，用二氧化氯（ClO_2）杀菌，借以保护分配网。

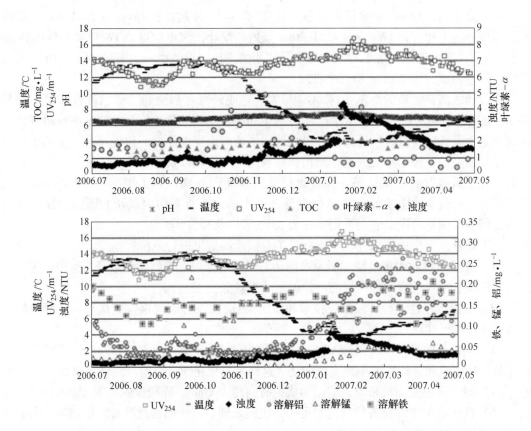

图 13-17 考虑了温度、浊度、TOC、UV_{254} 及叶绿素-α 时的水库水的品质

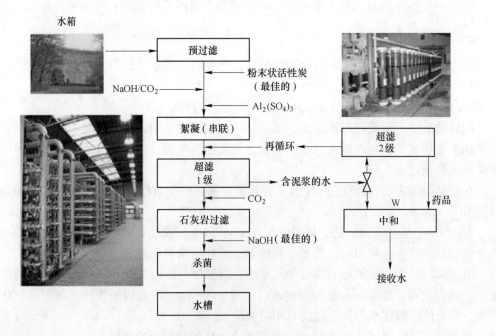

图 13-18 Roetgenr 的先进的饮用水处理技术流程

　　饮用水的超滤段被设计成水平结构，该结构具有 12 个独立的集团，每个集团有 36 个压力容器，每个容器带有 4 个 SXL 元件，每个元件从 X 端流入，每个集团的膜面积是 5760m²，总面积是 69120m²，元件配备有毛细管膜，膜的内直径是 1.5mm。

　　C　设备的性能

　　在一年期间的集团 1 的处理生产线在 20℃时的渗透率如图 13-19 所示。从图 13-19 可以看到调整过的参数,例如:平均流量 60L/(m²·h)、过滤时间持续 70min、每天用酸溶液和碱溶液进行 CEB（化学促进清洗）一次时，即使浊度升到了最高，在相当稳定的状态下 20℃时的渗透率也达到了 600L/(m²·MPa·h)。这些参数远远好于根据中试得到的设计数据。

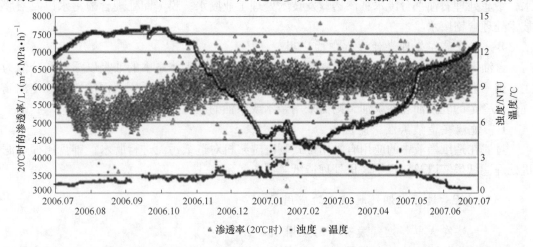

图 13-19　在一年期间集团 1 的处理生产线在 20℃时的渗透率、温度和浊度与时间的关系

　　集团 1 在一年期间反洗水处理线中在 20℃时的渗透率如图 13-20 所示，在这条曲线中，采用调整的参数（例如：平均流量 50L/(m²·h)、持续过滤 25min，用酸溶液和碱溶液进行化学促进清洗每周 3 次时），即使浊度最高达到了 100NTU，渗透率仍达到了 3500L/(m²·MPa·h)(20℃时)。

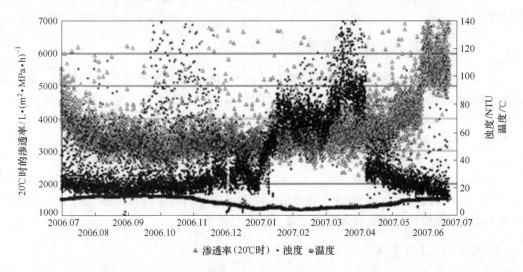

图 13-20　在一年期间反洗水处理线中在 20℃时的渗透率、温度和浊度与时间的关系

13.4 过滤技术在其他领域中的应用

13.4.1 过滤在环保及其他领域中的应用

13.4.1.1 过滤在废水处理中的应用

A 膜技术在工业废水处理中的应用

膜技术在工业废水处理中的应用有电渗析处理赤泥碱性废水；反渗透处理橡胶工业废水；纳滤处理石油平台废水；渗透蒸发技术处理工业废水；膜蒸馏处理含酚污水以及液膜技术处理含铬废水。

B 膜分离在处理含油废水中的应用

含油污水中油的存在状态是选择膜的首要依据，若油水体系中的油是以浮油和分散为主，则一般选择孔径在 $10\sim100\mu m$ 之间的微孔膜；若水体中的油是因表面活性剂等使油滴乳化成稳定的乳化油和溶解油，则需采用亲水或亲油的超滤膜分离。

C 过滤在造纸黑液中的应用

过滤在造纸黑液中的应用有采用带式真空洗浆机对造纸污泥进行脱水；锥盘压榨过滤机处理造纸黑液以及双辊挤浆机处理造纸黑泥。

13.4.1.2 过滤在烟气脱硫中的应用

A 过滤在火电厂烟气脱硫中的应用

火电厂烟气脱硫技术中湿式石灰石-石膏工艺在大型火电厂中应用最广泛，脱硫效率可达95%以上，其工艺是将一定量的吸收液从槽中抽出，经二级浓缩脱水后即得到副产品石膏。一般采用水力旋流器，可浓缩至含水50%；二级采用真空带式过滤机，可获得含水率小于10%的石膏产品。

B 过滤在冶炼厂低浓度烟气脱硫中的应用

冶炼厂烟气脱硫工艺与火电厂相同，其二级脱水采用三足式下部卸料离心机或带式真空过滤机。

13.4.1.3 反渗透在海水及苦咸水淡化中的应用

山东某市在渤海滩涂地区建成了一座日产淡水 $100m^3$ 的电渗析苦咸水淡化站，将含盐量为 3500mg/L 的苦咸水淡化到含盐量为 500mg/L 左右的可饮用水，单位产水耗电为 $2.4kW \cdot h/m^3$，制水成本为 1.1 元/t。

13.4.1.4 过滤在农业灌溉水中的应用

采用喷滴灌先进节水灌溉技术，经新疆生产建设兵团 27 万公顷棉田滴灌项目实施，目前已滴灌 10 万公顷，节水成效十分显著。微灌系统常用的过滤器有旋流式水沙分离器、筛网过滤器、叠片式过滤器和颗粒过滤器（沙石过滤器）。

13.4.1.5 过滤在锅炉给水中的应用

锅炉给水来自河流和湖泊时，水质中含悬浮物及胶体较多，为了除去该部分杂质必须进行沉淀和过滤处理，习惯上称为水的预处理。预处理的目的主要是去除水中悬浮物和胶体。

例如安徽某厂使用长江河水，其锅炉用水处理流程如图 13-21 所示。

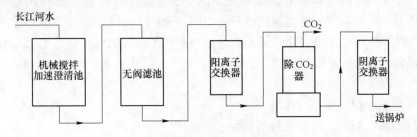

图 13-21 锅炉用水处理流程

13.4.1.6 过滤在氧气站循环水中的应用

氧气站使用的循环水来自全厂的工业用水，即天然水经过絮聚和澄清以后的生产用水，其悬浮物为 10~20mg/L。氧气站循环水常用的净化过滤设备压力过滤器有双流式过滤器和自清洗过滤器。

13.4.1.7 过滤在液压、润滑系统及油乳化液中的应用

过滤器广泛应用于石油、石化、电力、冶金、机械、矿山、化工、交通和建筑行业的液压、润滑设备以及其他各种油液系统中。主要包括：吸油管路过滤器、管路过滤器和回油过滤器，应用在加油过滤装置以及超滤膜分离油乳化液。

13.4.1.8 市政行业用水的自清洗过滤系统

自清洗过滤器应用在饮用水的过滤以及自来水厂水源的过滤。

13.4.2 新型滤芯和滤布

13.4.2.1 滤芯

东莞当令实业有限公司开发的滤芯采用一体化单一材料，是食品级。原材料至成品全生产工艺监管。

滤布具有以下特点：

（1）滤芯无支撑骨架；

（2）纳污量大；

（3）过滤面积大；

（4）特殊处理的过滤面，疏水性强；

（5）所有规格尺寸均可定制。

滤芯技术参数如下：

（1）过滤精度：$1\mu m$，$3\mu m$，$5\mu m$，$30\mu m$，$50\mu m$；

（2）滤芯尺寸：10″（25.4cm），20″（50.8cm），30″（76.2cm），40″（101.6cm）；

（3）温度：<160℃。

13.4.2.2　滤布

东莞当令实业有限公司开发的滤布是新的专利产品。该滤布装于厢式滤板的凹形槽内，呈八角形，中间与相装的滤板凹槽形状相同，两块八角滤布套接式附在厢式滤板两侧的过滤面。滤布采用食品级材质。该滤布目前与连恩舍厢式滤板配套，也可与其他压滤厂合作，根据需要为厢式滤板制作滤布。

滤布具有以下特点：

（1）安装：快捷、安全、简单；

（2）滤布表面处理，表面光滑不黏泥；

（3）剥离性能强；

（4）自然脱落。

技术参数如下：

（1）透气率：0~120CFM；

（2）温度：<160℃；

（3）pH 值：耐强酸；

（4）尺寸：470~2500mm。

13.4.3　烧结金属多孔材料的应用

以新乡市利尔过滤技术有限公司烧结金属多孔材料的应用为例进行介绍。

A　五层不锈钢烧结网

通用五层烧结网系列是目前应用最广泛的烧结多孔材料，它是由一层保护层、一层过滤层、一层分流层和两层支撑层组成，烧结后既有均匀稳定的过滤精度，又有较高的强度和刚度，耐温性能好（-200~480℃）、耐腐蚀，易于焊接和加工成型，可制成片状、筒状及各种异形过滤元件。五层烧结网的技术指标见表 13-22。

表 13-22　五层烧结网的技术指标

型　号	名义精度/μm	透气度(200Pa)/L · (dm² · min)⁻¹		冒泡压力/Pa	
		基本值	偏差	基本值	偏差
1.7SW1	1	73		6150	
1.7SW2	2	91		4930	
1.7SW5	5	96		4460	
1.7SW10	10	149		3530	
1.7SW15	15	153		3330	
1.7SW20	20	309		2330	
1.7SW25	25	343	±15%	2050	±5%
1.7SW30	30	393		1780	
1.7SW40	40	417		1260	
1.7SW50	50	420		1050	
1.7SW70	70	532		1030	
1.7SW100	100	497		880	

五层烧结网的过滤机理为非对称表面过滤，且具有梯度网孔，孔道光滑，因此具有优良的反洗再生性能，可长期反复使用，特别适合于连续生产的过滤系统和自动化流水生产线。对抗压强度及过滤粒度要求均一的场合，是一种理想的多孔过滤材料。在石油、化工、制药、天然气、水处理、冶金等行业有着广泛的应用。例如石油化工行业过滤装置：炼油装置中的贫液过滤器、富液过滤器、航空燃油过滤器、原料油过滤器等。

高温气体除尘：煤化工装置中的原料气过滤器。

石蜡净化：原料泵与产品泵出口普遍配置的过滤设备。

B　多层烧结网系列

多层金属烧结网是采用多层金属编织网，通过特殊的叠加压制与真空烧结等工艺制造而成，具有较高机械强度和整体刚性结构的一种新型过滤材料。其各层丝网的网孔相互交错，形成一种均匀而理想的过滤结构，不仅克服了普通金属丝网强度低、刚性差、网孔形状不稳定的缺点，而且能对材料空隙大小、渗透性能和强度特性进行合理的匹配与设计，从而使其具有优良的过滤精度、过滤阻抗、机械强度、耐磨性、耐热性和被加工性，综合性能明显优于烧结金属粉末、陶瓷、非金属纤维、滤布、滤纸等其他类型的过滤材料。

目前，利尔公司研制生产的多层金属烧结网系列产品已在过滤净化、气-固、液-固和气液分离、发散冷却、气体分布、气浮传输、流态化床、气体采集以及减震、消声、阻燃及防爆等方面被广泛应用，并且应用的主要行业有航空、航天、石油化工、冶金、机械、制药、食品、合成纤维、胶片、环保等工业领域。

主要应用场合：高温环境作分散冷却材料，气体分布、液态化床孔板材料，高精度、高可靠高温过滤材料，高压反冲洗油过滤器等。例如，六层烧结网应用于医药行业的过滤、洗涤、干燥三合一药用过滤板以及人畜药剂过滤行业；气体分布、流化床用多层烧结网应用：多层烧结网应用于氧化铝、炼铁高炉煤粉的喷吹以及煤化工充气锥中。

C　不锈钢纤维烧结毡

不锈钢纤维烧结毡是采用直径微米级的金属纤维经无纺铺制、叠配及高温烧结而成。多层金属纤维毡由不同孔径层形成孔梯度，可控制得到极高的过滤精度和单层毡更大的纳污量。能连续保持过滤网布的过滤作用，具有三维网状、多孔结构、孔隙率高、比表面积大、孔径大小分布均匀等特点。因此，不锈钢纤维烧结毡有效的克服了金属网易堵、易破损的缺陷，弥补了粉末过滤产品易碎、流通量小的不足，解决了滤纸、滤布不耐高温的问题，所以，不锈钢纤维烧结毡具有优异的过滤性能，是理想的耐高温、耐腐蚀、高精度的过滤材料。

主要用途：化工薄膜工业中各种聚合物熔体过滤，石油化工行业各种高温、腐蚀液体过滤，机械设备各种液压油、润滑油的精密过滤，医药、生物、饮料等工业中各种液体的澄清过滤。

性能特点：高孔隙率和渗透性，纳污容量大，流通量大，过滤精度高，压降上升慢，更换周期长；耐硝酸、碱、有机溶剂、药品的腐蚀，在480℃环境中长期工作；可折波，增大过滤面积，可以焊接加工；能够清洗再生，可多次使用。不锈钢纤维烧结毡性能参数见表13-23。

表 13-23　不锈钢纤维烧结毡性能参数

产品规格 /μm	绝对过滤度 /μm	冒泡压力 /Pa	平均透气度 /L·(dm²·min)⁻¹	厚度 H /mm	重量 /g·m⁻²	孔隙率 /%	纳污量 /mg·cm⁻²
5	4~6	6800	47	0.30	890	63	2.5
7	6~8	5200	63	0.30	890	63	3.8
10	8~13	3700	105	0.37	933	69	4.0
15	13~18	2450	205	0.40	713	78	6.8
20	18~23	1900	280	0.48	869	78	11.5
25	23~28	1550	355	0.62	869	82	18
30	28~35	1200	520	0.63	1131	78	22
40	34~45	950	670	0.68	1108	80	32

D　铁铬铝纤维烧结毡

铁铬铝纤维烧结毡是一种使用寿命长，环保节能，耐高温1200℃、抗变形、不积炭、冷热冲击能力强、不吸水、热惰性极小、燃烧完全、辐射韧性好、可做成圆筒、可折叠、孔径分布均匀的金属纤维烧结毡。具有非常高的孔隙率和纳污能力，广泛用于汽车尾气处理、燃烧器、锅炉改造、燃气空调、玻璃退火、食品烘培、烤炉、取暖器、涂装纸业、干燥行业等领域。其具体应用于：

（1）高温除尘：铁铬铝除尘滤筒是一种真正意义上的能耐高温，适用恶劣环境，过滤效果好的新型滤材。相比非金属除尘滤袋最高耐温不超过300℃，不锈钢除尘滤筒的适用温度不超过480℃，铁铬铝除尘滤筒具有较高的适用温度，最高可达900℃左右。铁铬铝除尘滤筒滤材由铁铬铝纤维经开松机开松后，经特殊工艺制作成棉，再由全新进口的德国真空烧结炉烧结而成，由于其本身为深层迷宫式结构，过滤效果极佳。适用于钢铁、电力、垃圾焚烧等恶劣的除尘高温环境。

（2）净化：铁铬铝纤维烧结毡作为过滤净化材料广泛应用于化工及欧四标准的柴油汽车尾气排放装置。Fe-Cr-Al合金多孔体位三维网状结构。孔径为0.1mm，孔隙率为85%，是用作整体型催化剂载体材料的最佳选择。

（3）金属纤维燃烧器：金属纤维燃气燃烧器所用的关键材料是特殊铁铬铝纤维，将这种纤维通过烧结或针织方式制成特殊的具有立体网状结构的通透性材料，就可以用于金属纤维燃烧器。部分特殊品种可长期在1000℃左右的环境下使用，最高可短时承受1300℃温度，有较小的热惯性，因此升温和冷却更快，达到红外时间极短，同时控温反应灵敏，具有更大的负荷调节范围，热强度达800kW/m²仍可实现高效红外模式燃烧，而陶瓷燃气燃烧器在热强度240kW/m²以上工作极易损坏，因为金属纤维具备柔软而抗冲击的特性，金属纤维燃烧器能够抵抗热负荷的剧烈变化，同时能够耐受一定的机械冲击，具有更好的环境适应能力，安全性高，使用寿命更长。

铁铬铝纤维烧结毡产品参数见表13-24。

表 13-24 铁铬铝纤维烧结毡产品参数

规　格	平方重量/g·m^{-2}	厚度/mm	材　质	说　明
22μm 拉拔纤维	450	0.3		用于高温除尘，汽车尾气处理等
	900	0.4		—
60μm 切削纤维	1000	1	铁铬铝（00Cr20Al6）	—
	1500	1.2		
	1800	1.5		
	2500	1.8		
	3000	2		
	4000	3		
	4500	3.5		
60μm 切削纤维（单护网）	600	1.3		用于燃烧器、炉头等高温工作部件
	1000	1		
	1500	1.2		
	1800	1.5		
	2500	1.8		
	3500	2.5		

E　微型阀滤芯

新乡市利尔过滤技术有限公司是国内最早系统研发和生产微型滤芯的厂家，建立了国内首条阀滤生产线，获得了多项国家发明和实用新型专利，产品涵盖了目前使用的第一代铜粉末烧结滤芯、第二代骨架包覆金属网滤芯、第三代烧结不锈钢丝网滤芯及第四代单丝缠绕滤芯，其中采用真空电子束焊接的烧结网和采用专用设备生产的单丝缠绕滤芯由于可靠性高、故障率低、流通量大、寿命长等特点，已得到广泛应用，并可替代进口，同时由于整体流通量的大大增加，延长了阀类及精密系统的单次使用寿命。

a　单丝缠绕滤芯

单丝缠绕滤芯是用不锈钢丝在专用设备和特制工装上按一定规律进行精密编绕，形成梯度微孔，再经真空烧结后加工等工艺制成。由于采用单根不锈钢丝不间断缠绕，并烧结成型，没有影响强度及装配精度的焊缝，无杂物脱落的风险，高压下滤孔不变形。可根据强度特性进行合理的匹配和设计，显示出优良的综合性能，是名副其实的微孔"无缝钢管"。

产品特性：缝隙均匀，网孔稳定，过滤精度 5~100μm；体积小、重量轻，外形美观；无焊缝，强度高，刚性好；流通量大，透过性好，纳污量大，过滤效率高。

b　真空电子束焊烧结网滤芯

此种滤芯采用不锈钢烧结网作为滤材，卷圆后经真空电子束焊接而成。焊缝宽度只有 1~1.5mm，焊缝宽深比是所有焊接工艺中最好的，焊接过程不氧化。

产品特性：网孔稳定，过滤精度准确，最高可达 1μm；尺寸精度高，可与端头焊接成各种尺寸与形状，外形美观；流通量大，可再生清洗反复使用，寿命长；强度高，可承受很高的压降。

F 成套过滤装置的设计与制造

新乡市利尔过滤技术有限公司可提供成套的炼油装置过滤系统的设计制造、化工装置聚丙烯及乙烯过滤系统的设计与制造、液压与润滑系统过滤器的设计制造。

13.4.4 凯虹管式微滤膜介绍

凯虹管式微滤膜是一种复合式的膜，本产品以采用气浮半熔融模压成型方式制备的微孔滤管为支撑骨架，经成膜过程，在支撑骨架的内表面及微孔内形成"锚式"结构的膜，从而使得本产品具有优良的过滤性能、足够的机械强度，良好的耐化学和耐温性能，"锚式"结构的 PVDF 膜层可以保证在使用过程中不会发生膜剥离，相比于其他微滤膜可以在更高的压力下运行及反冲洗，使用简单且寿命长，节约使用成本。支撑骨架 SEM 图管式微滤膜截面图见图 13-22。

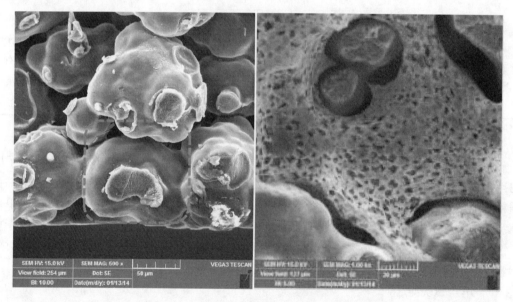

图 13-22　支撑骨架 SEM 图管式微滤膜截面图

13.4.4.1 凯虹管式微滤膜的特点

凯虹管式微滤膜的特点如下：

（1）亲水性好、通量高；

（2）可处理高固体含量废水；

（3）耐化学性好，可在 pH=1~14 条件下运行；

（4）强度高，可承受较高的运行压力，最高可运行压力 0.7MPa；

（5）可反冲洗，不剥离；

（6）寿命长；

（7）节约空间，安装维护便捷。

管式微滤膜的规格与型号如下:

(1) 按精度分为 0.05μm、0.1μm、0.5μm;

(2) 按管膜内径分为 1 英寸(约 25.4mm)、1/2 英寸(约 12.7mm);

(3) 按使用温度范围分为常温膜(1~55℃)、高温膜(1~80℃)。

管式微滤膜见图 13-23。

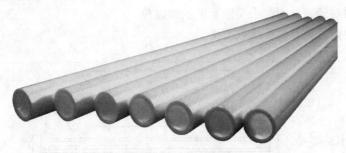

图 13-23　管式微滤膜

13.4.4.2　管式微滤膜组件(图 13-24)

不同规格的管式微滤膜按不同的排列组合,形成了多种规格的管式微滤膜组件,常见的组件规格有:

1 英寸(约 25.4mm)管膜形成的组件有:1 芯、4 芯、7 芯、10 芯、13 芯等;

1/2 英寸(约 12.7mm)管膜形成的组件有:15 芯、37 芯、61 芯。

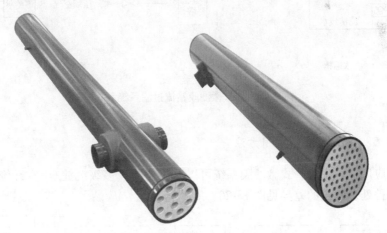

图 13-24　管式微滤膜组件

13.4.4.3　凯虹管式微滤膜运行方式

管式微滤膜组件采用内进外出、错流过滤的方式运行。在错流过滤中,原料液沿着切线方向流过膜表面,在压力差的作用下通过膜,料液中的颗粒则被膜截留在膜表面,由于流体剪切力的作用,沉积在膜表面的颗粒扩散返回主流体,被截留颗粒在膜表面上的积累可大大减少,膜通量可以长时间保持在比较稳定的状态。

微滤膜的主要功能是将大于过滤孔径的固体颗粒从水中分离,从而达到固液分离。

13.4.4.4 管式微滤膜的反冲洗

随着系统的运行，会在膜的内表面和管膜内部有固体物的沉淀或嵌入，从而造成膜通量的下降，可通过反冲洗的方式有效去除，恢复膜的通量。

反冲洗时，采用"气+水"的方式进行，即缓冲水罐中的水在压缩空气的作用下，由滤液侧的反向通过膜，从而除去膜壁上堆积的微粒。

管式微滤膜错流过滤系统示意图见图13-25。

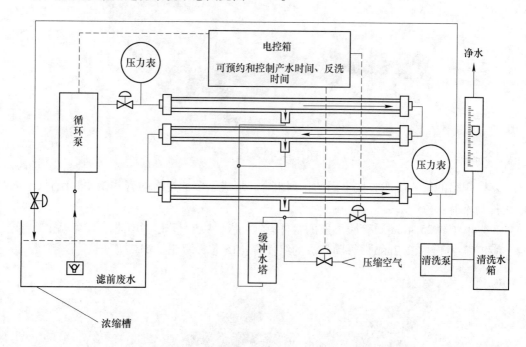

图 13-25　管式微滤膜错流过滤系统示意图

13.4.4.5 管式微滤膜应用方法

在实际应用过程中，管式微滤膜系统可以取代传统"多级沉淀+中空纤维膜"的水处理方式，两种处理工艺的差异见图13-26。

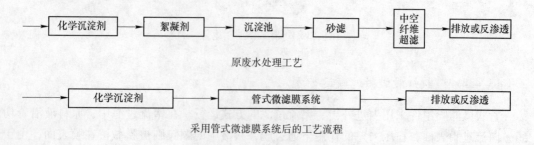

原废水处理工艺

采用管式微滤膜系统后的工艺流程

图 13-26　两种处理工艺的差异

用管式微滤膜代替絮凝、沉降、砂滤和中空纤维超滤，直接作为 RO 的前处理。

与原有的化学沉淀、絮凝、多级物理沉淀等过程相比，管式微滤膜系统处理过程中，管式微滤膜系统取代多级沉淀，减少占地面积，混凝剂可以不添加或较少量的添加，絮凝剂则不添加，从而污泥量大大减少。

13.4.4.6 管式微滤膜的应用领域

管式微滤膜的应用领域有：重金属废水处理，生活污水处理，海水淡化预处理，印染废水处理，高固含量废水处理，酸性废水处理，反渗透前置处理，含氟废水处理，化学、造纸等工业废水处理，垃圾渗透液处理，铅酸蓄电池废水处理，脱硫废水处理等。

13.4.5 真空带式滤碱机在纯碱行业重碱过滤的应用

近年来，真空带式滤碱机在纯碱行业开始推广，其运行平稳性、节能性能尤其突出，正在成为纯碱生产企业首选的技改装备，为纯碱行业降低成本起到关键性作用。但由于真空带式滤碱机在国内应用属于新装备，且投资额较大，推广阶段国内纯碱企业迫于技术风险压力，基本采用法国、意大利等进口产品，投资成本与维护服务成本巨大，在实际运行中达不到预期设计效果，普遍存在水分高、真空能耗高、橡胶带跑偏、橡胶带打滑、橡胶带裙边易脱落、摩擦带、过滤网更换频繁等难以解决的技术问题。截至2016年之前，没有一家国产带式滤碱机能够替代进口产品，整个市场为国外设备垄断，因此行业协会及各碱厂都在期待国产带式滤碱机的开发与成功应用。

2016年12月，由潍坊鑫山环保重工科技有限公司自主研发生产的WG80m² 大型真空带式滤碱机在山东海天生物纯碱厂正式投入运行，20多项技术指标均超过进口产品，成为首台成功运行的国产大型真空带式滤碱机，彻底打破了国外垄断。

潍坊鑫山环保重工科技有限公司是以真空带式过滤机及环保装备制造为主营业务的高新技术企业，是国内较早研发制造真空带式过滤机的企业之一。专业致力于固液分离技术的研发提高，公司技术团队经过多年的实践与探索，获得20多项国家专利，使得水平带式过滤机有了质的飞跃，在设备材料、过滤效果、真空密封、易损件使用寿命、运行平稳、自动化操作等许多关键技术上达到或超过国外同类进口产品，进口设备难以解决的技术问题全部得到解决。公司依靠优良的性价比、完善的售后服务体系，赢得广大国内外用户的信赖。

参 考 文 献

[1] 谢蓬根，刘广龙. 金川镍选厂精矿过滤现状及努力方向[J]. 过滤与分离，2001(2).
[2] 金成宽，王玲. 陶瓷盘式过滤机在东鞍山烧结厂的应用[J]. 金属矿山，2002(10).
[3] 徐新阳，姜立新，胡承凡，等. 圆盘真空过滤机的改造和实践[J]. 过滤与分离，2002(2).
[4] 姚辉煌. 氧化精矿压滤脱水实践[J]. 过滤与分离，2000(2).
[5] 姚辉煌. XYZ自动压滤机在铅锌矿废水处理中的应用[J]. 过滤与分离，2000(1).
[6] 刘同有. 充填采矿技术与应用[M]. 北京：冶金工业出版社，2001.
[7] 武福运. 带式过滤机在多品种氢氧化铝生产中的应用[J]. 过滤与分离，2002(4).
[8] 戴关锋. 氢氧化铝过滤方针的改进与实践[J]. 有色冶炼，2001(4).
[9] 罗庆文. 有色金属概论[M]. 北京：冶金工业出版社，1986.
[10] 杨志安，许敏强. 株洲冶炼厂氧化锌系统技术改造[J]. 有色冶炼，1993(4).

[11] 《重有色金属冶炼设计手册》编辑部. 重有色金属冶炼设计手册（铜镍卷）[M]. 北京：冶金工业出版社，1991.

[12] 丁刚. 加压、离心过滤技术在钴冶炼中的应用[J]. 过滤与分离，2002(2).

[13] 张焘，张玮琦. 过滤设备在污水处理中的应用研究与实践[J]. 过滤与分离，2003(1).

[14] 李来志，王鏊. 处理酸性重金属废水的实践[J]. 重有色冶炼，1995(5).

[15] Kurita T, Suwa S, Marata S. The First China-Japan Joint International Conference on Filtration & Separation, 1991.

[16] 承德钢铁厂. 关于带式真空过滤机应用炼钢转炉用于除尘污泥处理新工艺，1992.

[17] 贾唱龄. 分离机械科技情报网. 1989(2).

[18] 程宏志. 我国选煤厂煤泥水处理技术现状与发展方向[J]. 选煤技术，2003(6).

[19] 李文山. 加压过滤技术现状及发展方向[J]. 选煤技术，2003(1).

[20] 晋城煤业集团王台铺矿洗煤厂. 北京中水长固液分离技术有限公司 KM500/2000 型快速隔膜压滤机运行报告，2009，5.

[21] 兖州煤业股份有限公司东滩煤矿洗煤厂. 北京中水长固液分离技术有限公司. KM300 型快速隔膜压滤机运行报告，2009，3.

[22] 李教，曹俊玲，王红娟，等. 水平真空带式过滤机在氧化铝生产中的工业试验[J]. 有色设备，2003(4).

[23] 莫进超，王二星. 加压过滤机在赤泥快速分离上的应用研究[J]. 有色设备，2001(2).

[24] 林勇军，任晓亮，李峰，等. 大型圆盘真空过滤机的开发及应用[J]. 有色设备，2004(1).

[25] 徐斌，贺建华，刘树林，等. 精细微孔过滤机在氢氧化钴生产中应用[J]. 中国有色冶金，2009(3).

[26] 任新民，钟忠. 精细过滤设备在铜电解精炼中的应用及改进[J]. 中国有色冶金，2009(2).

[27] 杨晓松，邵立南. 第三届膜分离技术在冶金工业中的应用研讨会论文集，2009.

[28] 范琨，郑东晟，吉春江. 第三届膜分离技术在冶金工业中的应用研讨会论文集，2009.

[29] 金亚飊. 第三届膜分离技术在冶金工业中的应用研讨会论文集，2009.

[30] 郭兴宏，黄佩琴. NR 型自动压滤机及运行[J]. 炼油设计，1987(4).

[31] 尹先清，傅绍武，吴仲岢. 油田污泥处理的高效过滤设备[J]. 过滤与分离，1998(1).

[32] Abbasov J, Herdem S, Koksal M. 第八届世界过滤大会论文集，英国，2000.

[33] 姚公弼. 化工设备设计，1997(1)34，(3)25~30.

[34] 姚公弼. 过滤基本理论和主要设备概述[J]. 过滤与分离，1994(3)，(4).

[35] 任建新. 膜分离技术及其应用[M]. 北京：化学工业出版社，2003.

[36] Zemen L J, Zydney A L. Microfiltration and Ultrafiltration, 490~504.

[37] Helakorpi P, Mikkonen H, Mylykoski L, et al. 第八届世界过滤大会论文集，英国，2000.

[38] Zemen L J, Zydney A L. Microfiltration and Ultrafiltration, 525~535.

[39] Mr Bolduan. Atech Innovations GmbH. 第八届世界过滤大会论文集，德国，2000.

[40] 陈崔龙，卓培忠，张德友. LGLY 立式果汁连续压榨过滤机的设计及应用[J]. 过滤与分离，2003(3).

[41] 郗丽红，姚公弼. 第五届全国非均相分离学术会议论文集，1997.

[42] 林明辉. 第三届中日合作过滤与分离国际学术讨论会论文集，1997.

[43] 刘捷，郭志忠. 带滤机在柠檬酸生产中的应用[J]. 过滤机械研究与应用，1991(10).

[44] 史红文，李晓湘，等. 无机膜超过滤技术在白酒除浊中的应用[J]. 过滤与分离，2000(1).

[45] Urkiaga A, Delasfuentes L, Acilu M, Aldamiz—Echevarrl P. 第八届世界过滤大会论文集，英国，2000.

[46] K. Bunten, British Sugar PLC. 第八届世界过滤大会论文集，Peterborough，英国，2000.

［47］ V. Kochergin, Amalgamated Research Inc. , Twin Falls, Idaho, USA R. W, Howe, British Sugar PLC, Peterborough. 第八届世界过滤大会论文集，英国，2000.

［48］ 李正明，吴寒. 矿泉水和纯净水工业手册［M］. 北京：轻工业出版社，2000.

［49］ Stefan Pangtisch, Walter Oautzenberg, Rolf Gimbel. Two years experience with Germany's largest two stage ultrafiltration plant for orinking water production(7000m³/h). 第十届世界过滤大会论文集，德国，2008.

［50］ 戴军，袁惠新，俞建峰. 膜技术用于工业废水处理的现状及进展［J］. 过滤与分离，2001(3).

［51］ 李海波，胡莜敏，罗茜. 含油废水的膜处理技术［J］. 过滤与分离，2000(4).

［52］ 史忠标. 大气污染控制工程［M］. 北京：科学出版社，2002.

［53］ 杨飏. 二氧化硫减排技术与烟气脱硫工程［M］. 北京：冶金工业出版社，2004.

［54］ 董四禄. 低浓度烟气脱硫［J］. 有色冶炼，2002(5).

［55］ （美）Zanid Amjad. 反渗透——膜技术、水化学和工业应用［M］. 北京：化学工业出版社，1999.

［56］ 王广全，陈文梅，等. 内陆油气田高含盐污水处理技术综述［J］. 过滤与分离，2003(1).

［57］ Wanichkul B, Lonescu E, Joye A L, Julien E, Aurclle Y. 第八届世界过滤大会论文集，英国，2000.

［58］ 王维一，丁启圣. 过滤介质及其选用［M］. 北京：中国纺织工业出版社，2008.

气固分离部分

14 气体过滤概述

14.1 过滤式除尘器

过滤式除尘器是利用多孔隙的过滤材料从气固两相流中捕集粉尘，从而使气体得以净化或有价颗粒物得以回收的设备。过滤式除尘器是目前最高效的除尘设备，应用非常广泛。

与过滤式除尘器在实践中获得的长足发展和日益广泛的应用相比，关于其运行的两个主要环节——过滤与清灰，在准确的定量表达方面迄今仍未取得满意的进展。因此，可以说过滤式除尘器是一种科学和实践经验完美结合的产物。

14.1.1 过滤式除尘器的分类

过滤式除尘器有许多种，其过滤元件可以是干颗粒或纤维构成的固定层或运动层，也可以是织物、毡或纸做的软屏幕或滤袋，还可以是挠性的或刚性的多孔体。

过滤式除尘器的过滤材料有天然纤维、化学纤维、无机纤维、砂子、焦炭、渣棉、碎石，以及金属筛网、多孔金属和多孔陶瓷等。纤维可以在天然状态下应用，也可以在处理过的状态下应用。例如，为了赋予过滤材料以静电荷，可以用树脂处理；为了使过滤材料成为胶粘的，可以用黏性油处理。

按照过滤材料结构的不同，过滤式除尘器分为：

（1）在滤层框内填充过滤材料（颗粒、纤维或纤维制品等）、主要依靠填充层内部进行气固两相分离的填充层过滤器，例如颗粒层除尘器、空气过滤器等。

（2）利用织物制作的较薄的袋状过滤元件进行气固两相分离的袋式除尘器，或以刚性过滤元件实现气固两相分离的袋式除尘器。

按照被过滤气体特性和用途的不同，可将过滤式除尘器划分为：

（1）空气过滤器，用于空气过滤，例如，各种通风和空调系统、一般流体机械（空压机、压缩机、泵、风机等）、气动系统、内燃机进气、各种透平机进气等。

（2）除尘器，用于工业废气净化，例如袋式除尘器、颗粒层除尘器等。

（3）生产工艺气体除尘器。

按照工作温度的不同，过滤式除尘器可分为：常温（≤130℃）、高温（>130~300℃）、超高温（>300℃）三类。

14.1.2 过滤式除尘器的滤尘原理

粉尘颗粒经过滤元件时所受到的力在各种除尘技术中是最复杂的，目前尚不能对除尘效率、过滤阻力等过滤分离参数进行准确的定量表达。粉尘能从气流中分离出来，是粉尘穿过滤料时产生的多种滤尘效应联合作用的结果，主要包括筛滤、截留、惯性碰撞和扩散效应，其次还有重力和静电力效应（图14-1）。

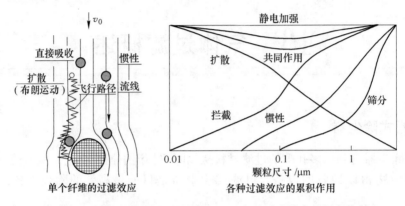

图 14-1 单根纤维对尘粒的捕集机理及各种过滤效应的累积作用

（1）筛滤。过滤式除尘器的多孔过滤元件是由无数个捕集单元集合而成的。当含尘气流通过多孔过滤元件时，如果粉尘粒径大于捕集单元的孔隙，或大于积附在捕集体表面的粉尘间空隙，粉尘即被阻留下来。由于气体中所含粉尘的粒径往往比捕集单元之间的孔隙要小得多，所以筛滤效应作用很小，当滤料表面沉积一层粉尘后，筛滤作用显著增强。

（2）惯性沉降（或称惯性碰撞）。当气流接近捕集单元时，流线围绕捕集单元迅速转弯。如果粒子的质量比较大，不能循着这样的流线前进，而是在惯性的作用下继续沿着曲率较小的途径向前运动，就会使粒子比沿流线前进更靠近捕集单元，因而可能发生碰撞而被捕集。粒子粒径越大，气流速度越大，则惯性碰撞效应越强。对于粒径小于 $1\mu m$ 的粉尘，就不可能通过惯性效应而被捕集。

（3）直接截留（或称流线截留）。如果具有一定尺寸的粒子质量可以忽略，则当流线围绕捕集单元转弯时，它不会偏离流线，仍随流线一起运动。这时，只要该粒子的中心处在距离捕集单元不超过粒子半径的流线上，就会与捕集单元碰撞而被截留。

（4）扩散沉降（或称布朗运动）。粒度在亚微米范围的粒子很少被惯性碰撞或直接截留捕集，这是因为它们不仅循着围绕捕集单元的气体流线运动，而且经过不规则的途径横穿气流运动。微粒的无规则曲折运动称为布朗运动，这是由于气体分子连续不规则地撞击它们而引起的。粒子越细，气体黏度越高，则通过扩散效应而被捕集的粒子越多。布朗运动是亚微米粒子被捕集的主要原因。这种作用在气流速度较慢时的效果更为显著，这是因为在运动的气体里，粒子必须有足够长的时间靠近捕集单元流过，才能在比较慢的扩散速度下与捕集单元碰撞。

（5）静电沉降。当气流通过时，由于摩擦作用，捕集单元会产生静电。粉尘随气流运动时也会因摩擦等原因而带电。因此，捕集单元与尘粒之间形成一个电位差。当粉尘随气流趋向捕集单元时，尘粒通过静电吸引而从气流中分离出来。

（6）重力沉降。当缓慢运动的气流通过过滤器时，气体逗留时间比较长，粒径和密度较大的粒子可能由于它的质量形成垂直的运动，从而沉降在捕集单元上。

上述机制通常并不是同时起作用，而是只有一种起作用，或者其中两三种联合起作用。由于实际应用的情况不同，各种机制的重要性也会有所不同，其影响因素有：粒子的粒径分布，捕集单元的尺寸和性质，气流的速度和形式，气体的性质，有无电场等。表14-1示出针刺毡滤料的捕集效率随有关因素的变化而变化。一般来说，扩散效应对于微细尘粒的捕集处于支配地位；而对较粗粒子的捕集，则惯性碰撞和直接截留起主导作用；对于粒径为 $0.4 \sim 0.6 \mu m$ 的尘粒，捕集效率最低。

表 14-1　针刺毡捕集效率随影响因素变化的趋势

参数值减少	重力	筛滤	碰撞	截留	扩散
过滤风速降低	增加	无变化	减少	无变化	增加
粉尘粒径缩小	减少	减少	减少	减少	增加
粉尘密度降低	减少	无变化	减少	无变化	增加
过滤纤维直径缩小	无变化	增加	增加	增加	增加

14.2　气体的特性

14.2.1　气体的温度

气体的温度是表示其冷热程度的物理量。常用单位为摄氏度，符号为℃；或为华氏度，符号为℉。国际单位制规定的温度单位是开尔文，符号为 K。

14.2.2　气体的湿度

气体的湿度是表示气体中含有水蒸气的多少，即含湿程度，可有多种表示方法。

14.2.2.1　绝对湿度

绝对湿度是指单位质量或单位体积气体中所含水蒸气的质量，有以下几种表述形式：
（1）每千克干气体中含有的水分量，单位为 kg/kg；
（2）在一定温度、压力下每立方米气体中含有的水分量，单位为 kg/m^3；
（3）在标准状态下每立方米干气体中含有的水分量，单位为 $kg/Nm^3(d)$；
（4）在标准状态下每立方米湿气体中含有的水分量，单位为 $kg/Nm^3(w)$。
湿气体中水蒸气的含量达到该温度下所能容纳的最大值时，称为饱和状态。

14.2.2.2　相对湿度

在一定条件下气体的含水量趋近于其饱和含水量的程度，称为相对湿度（φ）。换言之，相对湿度就是在相同温度下，$1m^3$ 湿气体中水分含量 d 与在饱和状态下 $1m^3$ 湿气体中的水分含量 d_H 的比值：

$$\varphi = \frac{d}{d_H} \times 100\% \qquad (14\text{-}1)$$

相对湿度还可以用湿气体中水蒸气分压力 P 与在饱和状态下水蒸气的分压力 P_H 的比值表示:

$$\varphi = \frac{P}{P_H} \times 100\% \qquad (14\text{-}2)$$

在《袋式除尘器性能测试方法》（GB 12138—89）中，采用水蒸气体积分数 X_w 表示气体的相对湿度，并实现干、湿气体的体积换算:

$$Q'_N = Q_N \left(1 - \frac{X_w}{100}\right) \qquad (14\text{-}3)$$

式中　Q'_N——干气体流量，m^3/h（d）;

Q_N——湿气体流量，m^3/h（w）;

X_w——体积百分比，%。

在通风除尘领域，含尘气体湿度通常用含尘气体中的水蒸气体积分数 X_w 或相对湿度 φ 表征。当 X_w 大于 8% 时，或者 φ 超过 80% 时，称为湿含尘气体。

14.2.2.3　露点温度

含有一定水分的气体的相对湿度随温度降低而增加，当降至某一温度值时，气体的相对湿度达到 100%（饱和状态），这时水分将开始冷凝，使水分开始冷凝的温度称为露点温度。

气体中仅含水分而不含酸性气体条件下的露点温度，称为水露点。湿空气的水露点与空气温度和湿度有关，可用干、湿球温度计分别测出干球温度和湿球温度，再查图求得。$0\sim100℃$ 的空气水露点与空气绝对湿度的关系如图 14-2 所示。

当气体中含有水蒸气和 SO_x、NO_2、HCl、HF 等酸性气体时，其露点温度将比水露点显著提升，往往超过 100℃。其提升的幅度与酸性气体的含量以及水蒸气的体积分数有关。由于是酸性气体影响而结露，所以称为酸露点。

烟气中的 SO_2 本身对酸露点影响不大，但由 SO_2 继续氧化产生的 SO_3 却显著影响气体的酸露点。含硫氧化物气体的酸露点随气体温度、水蒸气含量及 SO_3 含量而变化（图 14-3）。

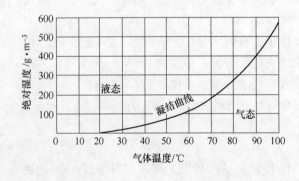

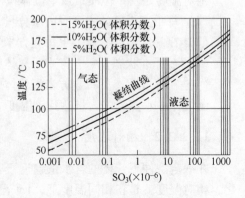

图 14-2　空气的水露点　　　　　　图 14-3　含硫化物气体的酸露点

SO$_2$变为SO$_3$的转化率与燃料类型、烟气温度、含氧量等因素有关。在正常燃烧工况条件下，燃煤锅炉烟气的SO$_3$转化率约为1%~2%，燃油锅炉烟气的SO$_3$转化率约为2%~4%，因而燃油烟气的酸露点高于燃煤烟气。

含有H$_2$O和SO$_2$气体的酸露点可通过查阅列线图（图14-4）而获得。

含有H$_2$O和HCl气体的酸露点可从图14-5中查得。

含有H$_2$O和HF气体的酸露点可从图14-6中查得。

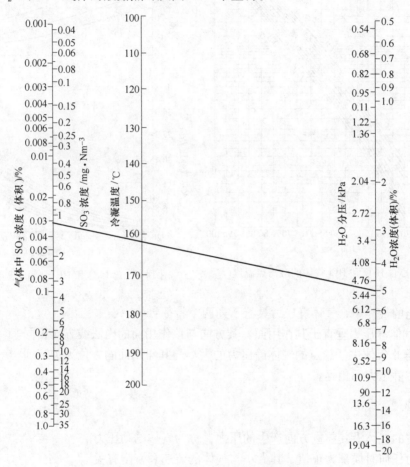

图 14-4　含 H$_2$O 和 SO$_3$ 气体的酸露点温度

14.2.3　气体的压力

流动状态下的气体压强（习惯上又称为"压力"）分为静压、动压和全压。

14.2.3.1　静压力

气体因自身的重力或其他外力的作用，在气体内部及气体与容器壁面之间存在着垂直于接触面的作用力，称为气体的静压力。

静压力通常以大气压力为基准进行计量，即以大气压力计量为零，静压力超过大气压力的值为正压，低于大气压力的值为负压。

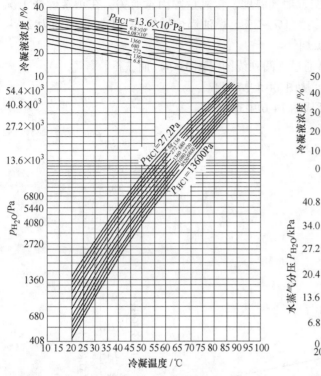

图 14-5 含 H_2O 和 HCl 气体的酸露点温度

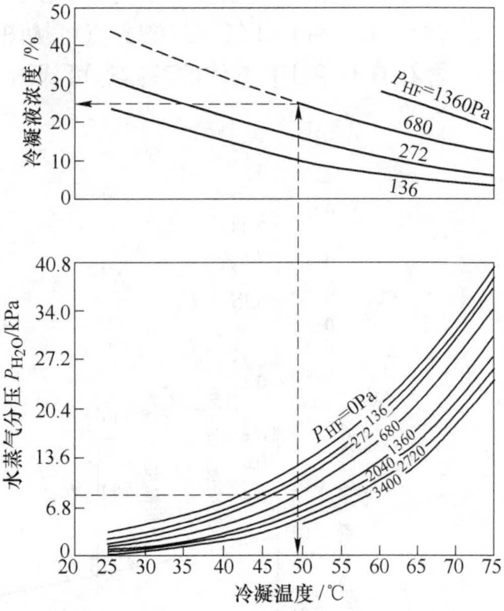

图 14-6 含 H_2O 和 HF 气体的酸露点温度

在静止的气体中，气体静压力具有下列两个特征：

（1）气体静压力垂直于其作用面，其方向与该作用面的内法线方向相同。

（2）静止气体中任意点的气体静压力的大小与其作用面的方位无关，即同一点上各个方向的气体静压力都相等。

14.2.3.2　动压力

流动着的气体沿其前进方向产生的压力，称为气体的动压力。

动压力任何时候都为正值，其大小与气体的流速和密度有关。

14.2.3.3　全压力

气体静压力与动压力的代数和称为气体的全压力。

压力的单位为帕斯卡，简称帕，符号为 Pa，即在 $1m^2$ 面积上的总压力为 1N。

在过去的很长时期，习惯以压差计的水柱高度作为压力的衡量单位，即毫米水柱（mmH_2O），$1mmH_2O = 9.8Pa$。

14.2.4　气体的体积与流量

14.2.4.1　气体的体积

气体的体积一般有标况体积和工况体积两种。

在绝对压力（一般为 101.325kPa）和绝对温度（一般为 273.15K）状态下气体的体积，称为标况体积，通常以 Nm^3 表示。

在实际压力和温度状态下气体的体积，称为工况体积，通常以 Am^3 表示。

气体的标况体积与工况体积可按下式进行转换：

$$\frac{V_N P_N}{T_N} = \frac{V_A P_A}{T_A}$$ （14-4）

式中　V_N——气体的标况体积，Nm^3；

　　　P_N——标准状态下气体的绝对压力，101.325kPa；

　　　T_N——标准状态下气体的绝对温度，273.15K；

　　　V_A——气体的工况体积，m^3；

　　　P_A——气体的工况体积，$P_A=(101.325\pm P)$kPa（P 为气体所处的实际压力，kPa）；

　　　T_A——气体的工况体积，$T_A=(273+t)$℃（t 为气体所处的实际温度，℃）。

14.2.4.2　气体的流量

气体的流量是指在单位时间内气体通过一定截面积的量。

用气体的体积的流量称为瞬时体积流量，简称体积流量；用气体的质量表示的流量称为瞬时质量流量，简称质量流量。

气体的体积流量有工况流量和标况流量两种。工况流量是指气体在实际所处状态下的体积流量，单位为 m^3/h；标况流量是指将工况流量换算成标准状态下的体积流量，单位为 Nm^3/h。

气体过滤工程中多采用气体的工况流量。气体的工况流量和标况流量可按下式换算：

$$Q_N = Q_A \times \frac{101.3 + P}{101.3} \times \frac{273}{273 + t}$$ （14-5）

式中　Q_N——气体的标况流量，Nm^3/h；

　　　Q_A——气体的工况流量，m^3/h；

　　　P——气体所处的实际压力，kPa；

　　　t——气体所处的实际温度，℃。

14.2.5　气体的含尘浓度

气体的含尘浓度通常分为工况浓度和标况浓度，前者为过滤设备应用场合气体实际条件下的含尘浓度，单位为 g/m^3 或 mg/m^3；后者为载体体积折算到标准工况（0℃，101.32kPa 的干气体状态）条件下的含尘浓度，单位为 g/Nm^3 或 mg/Nm^3。

标况浓度主要用于环境标准、环境监测。通常讲的各类国家标准的排放限值都是按标况浓度制定，气体过滤工程中的排放指标也是按标况浓度设定。工况浓度主要在系统设计和设备选型过程中应用。

气体的工况含尘浓度可用下式换算为标况含尘浓度：

$$C_0 = C \times \frac{101.3}{101.3 + P} \times \frac{273 + t}{273}$$ （14-6）

式中　C_0——标况含尘浓度，g/Nm^3 或 mg/Nm^3；

C——工况含尘浓度，g/m^3 或 mg/m^3；

P——烟气压力，kPa；

t——烟气温度，℃。

14.2.6 气体的可燃性和爆炸性

金属冶炼和化工生产过程的烟气中含有氢、一氧化碳、甲烷、丙烷和乙炔等可燃性气体。它们与氧、空气或其他助燃性气体形成的混合物在一定浓度范围内时，遇火源可产生爆炸。

在处理具有可燃性和爆炸性成分的含尘气体时，应采取防燃防爆的综合措施。

14.2.7 气体的腐蚀性

化工废气和各种工业炉窑烟气通常含有酸、碱、氧化剂、有机溶剂等多种化学成分。这主要影响滤料材质的选择，也影响系统和设备材质的选择和防腐措施。

14.3 粉尘

14.3.1 粉尘的概念

14.3.1.1 粉尘

粉尘或尘（Dust）是对能够较长时间悬浮于空气中的固体颗粒物的总称。严格而言，"粉尘"是指因自然力或机械过程（撞击、碾压、研磨等）而产生，并能在气体中分散（悬浮）一定时间的固体粒子。粉尘的粒径范围大都为 $0.25 \sim 20 \mu m$，其中绝大部分为 $0.5 \sim 5 \mu m$。

14.3.1.2 烟尘

因物理化学过程而产生的微细固体粒子，称为烟尘（Fume）。例如金属冶炼、燃烧、切割或焊接等过程中，由于高温分解而产生的氧化微粒或升华凝结产物。烟尘的粒度大都小于 $1 \mu m$，其中很多粒径为 $0.01 \sim 0.1 \mu m$。

14.3.1.3 烟雾

燃烧草料、木柴、油、煤等物料时生成的未充分燃烧的微粒，或残存的不燃灰的灰分，称为烟雾（Smoke）。烟雾粒径通常在 $0.5 \mu m$ 以下。

14.3.1.4 微粒

粒径小于 $3 \mu m$ 的固体粒子称为微粒（Fine Particulates）。

微粒可被人吸入肺部而引发多种疾病，也是导致雾霾的主要因素。去除微粒是气体过滤面临的重要任务之一。

14.3.1.5 粉末

工艺生产中的粉料，称为粉末。大多为各行业生产过程中的半成品或成品，粒径较大。

14.3.1.6　粉体

固体粒子的堆集状态，称为粉体。

14.3.2　粉尘的分类

按其性质一般将粉尘分为以下几类。

14.3.2.1　无机粉尘

无机粉尘包括：矿物性粉尘，如石英、石棉、滑石、煤等；金属性粉尘，如铁、锡、铝、锰、铅、锌等；人工无机粉尘，如金刚砂、水泥、玻璃纤维等。

14.3.2.2　有机粉尘

有机粉尘包括：动物性粉尘（毛、丝、骨质等）；植物性粉尘（棉、麻、草、甘蔗、谷物、木、茶等）；人工有机粉尘（有机农药、有机染料、合成树脂、合成橡胶、合成纤维等）。

14.3.2.3　混合性粉尘

混合性粉尘是上述各类粉尘中由两种以上物质混合形成的粉尘。在生产过程和大气中这种粉尘最多见。

14.3.3　粉尘的特性

14.3.3.1　密度

单位体积粉尘所具有的质量称为粉尘的密度，一般用 g/cm^3 或 kg/m^3 表示，并有真密度和堆积密度之分。

（1）真密度。粉尘的真密度是指不包括尘粒之间的间隙及尘粒本身的微孔所占体积在内的单位体积粉尘质量数。

真密度与粉尘的沉降、输送、捕集等特性直接相关。

（2）堆积密度。自然状态下单位体积粉尘的质量数称为粉尘的堆积密度。

在自然状态下，尘粒吸附有一定的空气，尘粒之间的空隙中也含有空气。堆积密度是设计粉尘储存和运输设备的重要依据。

两种密度的关系可用式（14-7）表示：

$$\rho_\varepsilon = (1 - \varepsilon)\rho \tag{14-7}$$

式中　ρ_ε——粉尘的堆积密度，kg/m^3；

ρ——粉尘的真密度，kg/m^3；

ε——粉尘的空隙率。

对于球形尘粒，$\varepsilon = 0.3 \sim 0.4$，非球形尘粒的 ε 值大于球形尘粒的 ε 值。粉尘越细，ρ_ε 越小，比值 ρ/ρ_ε 越大，袋式除尘器捕集粉尘以及清灰、卸灰和输灰越是困难。表 14-2 列出了部分工业粉尘的真密度和堆积密度值。

表 14-2 部分工业粉尘的密度 （g/cm³）

粉尘名称	真密度	堆积密度	粉尘名称	真密度	堆积密度
滑石粉	2.75	0.59~0.71	烟尘	2.15	1.2
石灰粉	2.7	1.1	锅炉炭末	2.1	0.6
白云石粉	2.8	0.9	氧化铜	6.4	2.64
硅砂粉（105μm）	2.63	1.55	铅精炼	6.0	—
硅砂粉（30μm）	2.63	1.45	铅再精炼	~6.0	~1.2
硅砂粉（8μm）	2.63	1.15	亚铅精炼	5.0	0.5
硅砂粉（0.5~72μm）	2.63	1.26	铅二次精炼	3.0	0.3
化铁炉	2.0	0.8	水泥干燥窑	3.0	0.6
炼钢电炉	4.5	0.6~1.5	硅酸盐水泥	3.12	1.5
黄铜熔解炉	4~8	0.25~1.2	铸物砂	2.7	1.0
转炉	5.0	0.7	造型用黏土	2.47	0.72~0.8
烧结炉	3~4	1.0	黑液回收	3.10	0.13
烧结矿粉	3.8~4.2	1.5~2.6	铜精炼	4~5	0.2
炭黑	1.85	0.04	烟灰	2.2	1.07
石墨	2	~0.3			

14.3.3.2 粒径及粒径分布

粉尘的粒径是表明单个尘粒大小的尺度。如是球形粒子，即指直径；如是多边形粒子，可用定向径或斯托克斯（Stokes）径表示。

粉尘的粒径分布是指粉尘中各种粒径尘粒所占的百分数，又称颗粒分散度。有按质量计的质量粒径分布，按粒数计的颗粒粒径分布，用表面积计的表面积粒径分布等多种表示方式。除尘技术中一般使用质量粒径分布。表 14-3 为铸造工艺设备的粉尘质量粒径分布，表 14-4 列出了钢铁企业主要生产过程的粉尘特性，表 14-5 为不同燃烧方式锅炉排出烟尘的特性。

表 14-3 铸造工艺设备粉尘质量粒径分布

工艺设备	粉尘类别	真密度 /g·cm⁻³	中位径 d_{50}/μm	粉尘质量粒径分布/%					
				<5μm	5~10μm	10~20μm	20~40μm	40~60μm	>60μm
混砂机（S114）	干型砂	2.14	8.6	44.8	6.7	7.0	6.8	3.7	31.0
混砂机（S116）	铸钢背砂	2.30	8.6	42.0	10.5	10.7	9.8	4.8	22.0
混砂机（SZ124，不鼓风）	湿型砂	2.13	17.0	33.0	9.8	9.5	10.1	5.2	32.4
落砂机（2×L128）	干型砂	2.55	4.0	54.0	15.8	15.6	11.9	2.3	0.4
落砂机（2×10t）	干型砂	2.64	6.1	46.2	17.4	20.9	11.5	2.5	1.5
落砂机（6×L128）	干型砂	2.64	7.3	39.8	19.1	17.8	12.3	4.6	6.4

续表 14-3

工艺设备	粉尘类别	真密度/g·cm⁻³	中位径 d_{50}/μm	粉尘质量粒径分布/%					
				<5μm	5~10μm	10~20μm	20~40μm	40~60μm	>60μm
落砂机 (6×L128)	流态砂	2.42	9.1	37.2	15.3	26.3	20.8	0.4	0
落砂机 (2×12.5t)	干型石灰石砂	2.39	19.0	24.2	13.0	14.2	14.5	7.1	27.0
Q118 清理滚筒	氧化皮，砂	2.40	>100	13.7	2.3	2.8	2.8	1.6	76.8
八角清理滚筒	氧化皮，砂	2.76	>100	0.9	1.5	3.1	5.5	4.5	84.5
323 半自动抛丸机	氧化皮，砂	2.63	>100	4.9	2.1	3.0	3.3	2.5	84.2
37206 抛头连续抛丸机	氧化皮，砂	2.85	>100	7.7	5.3	7.9	9.4	6.2	63.5
T 抛头强力抛丸室室体	氧化皮，砂	2.57	24.0	31.0	6.2	9.5	13.8	12.7	26.8
T 抛头强力抛丸室铁丸风选器	氧化皮，砂	2.77	>100	11.4	5.8	7.3	8.5	5.9	61.1
抛丸室提升机上部	氧化皮，砂	2.74	45.0	6.1	8.2	13.9	18.3	10.8	42.7
S4140 滚筒筛	干型石灰石旧砂	2.66	6.5	44.0	15.5	14.7	11.3	4.5	10.0
φ1500 多角筛	干型旧砂	2.68	9.6	37.7	13.3	13.1	11.9	5.5	18.5
80t/h 冷却提升机	湿型旧砂	2.35	>100	2.2	0.4	0.2	0.5	0.2	96.5
30t/h 沸腾冷却器	湿型旧砂	2.54	>100	26.0	3.0	3.0	4.0	2.2	61.8
45t/h 沸腾冷却器	湿型旧砂	1.90	>100	19.9	3.9	4.1	4.1	3.0	65.0
冷却除灰箱	湿型旧砂	2.28	>100	21.8	2.2	2.4	3.0	1.6	69.0
D350 斗式提升机上部	干型旧砂	2.67	17.0	29.9	11.1	12.0	11.9	6.1	29.0
B-600 皮带机调头	干型旧砂	2.64	24.0	35.3	6.6	6.2	6.5	3.4	42.0
电磁皮带轮及皮带	干型石灰石旧砂	2.82	>100	12.0	2.7	3.3	3.8	2.2	76.0
落砂机砂斗至给料处	干型石灰石旧砂	2.50	>100	18.5	3.3	3.7	4.4	2.5	67.5
低压输送分离器之后	黏土	2.06	<1.0	66.0	4.0	4.0	3.5	1.7	20.8
热风冲天炉	二氧化硅、焦炭粉			27.0	5.0	5.0	3.0	20.0	40.0
冷风冲天炉	二氧化硅、焦炭粉			0	3.0	1.5	7.5	8.0	80.0
喷砂室	排风速度大时			4.0	6.5	2.7	6.3	3.5	77.0
	排风速度小时			5.0	14.5	24.5	17.0	9.5	29.5
砂轮机产尘				1.8	1.5	2.7	8.0	13.0	73.0
抛丸滚筒产尘（含金属与砂）				6.5	5.0	4.0	14.5	20.0	50.0

表 14-4　钢铁企业主要生产过程的粉尘特性

工艺流程	生产工部	真密度/g·cm⁻³	质量分散度/%					游离 SO_2 含量/%
			<5μm	5~10μm	10~20μm	20~40μm	>40μm	
采矿	井下	3.12	4.9	0.8	0.6	4.9	88.7	43.4~89.56
	露天	2.85	2.2	2.8	14.3	21.8	58.9	12.09~30.52
选矿	粗碎	3.83	12.0	8.6	14.7	21.9	42.8	11.48~41.28
	中碎	4.12	13.6	3.6	13.5	43.8	25.5	24.49~32.69
	细碎	2.91	1.2	2.7	4.3	17.7	74.1	33.05~40.22

工艺流程	生产工部	真密度/g·cm⁻³	质量分散度/%					游离 SO₂ 含量/%
			<5μm	5~10μm	10~20μm	20~40μm	>40μm	
烧结	磁选机尾竖风道内	3.85	2.3	0.7	1.9	74.9	20.2	一般小于 10
	浮选机尾振动筛排风管内	3.8~4.2	2.56	21.39	17.86	47.77	10.42	
	一次返矿竖风道内	1.5~2.6（堆积密度）	1.8	0.7	1.7	81.7	14.1	
	装车罩竖风道内		0.9	2.0	0.8	86.3	10.0	
	返矿加水点	3.71	3.7	7.6	7.9	60.0	23.8	
	成品矿槽上抽风管内		5.73	7.14	24.71	39.92	22.5	
	返矿皮带排风管内		0.43	0.01	11.29	75.74	12.53	
	链板机头部排风管内	1.5~2.6（堆积密度）	0.28	2.66	4.86	35.27	56.93	
	富矿机尾汇合管内		0.99	0.35	11.6	14.9	72.16	
	原料准备（无烟煤粉）		16.8	5.9	12.9	22.8	42.0	
	石灰石粉		0.9	4.2	18.5	64.8	11.6	
	机头	3.83	10.1	1.7	4.8	17.2	66.2	

表 14-5　不同燃烧方式锅炉外排烟尘的分散度

燃烧方式	下列粒径（μm）的区间百分数/%									备　注
	>75	75~60	60~47	47~30	30~20	20~15	15~10	10~5	<5	
往复炉排	41.63	3.19	3.66	10.20	13.85	8.29	11.37	6.85	0.96	
往复炉排	37.14	8.38	9.01	13.35	7.55	5.00	6.55	10.79	2.20	自然引风
链条炉排	50.74	4.53	6.30	12.05	7.39	5.48	6.25	5.45	1.81	
振动炉排	60.14	3.04	4.06	6.94	6.36	2.15	5.08	9.55	2.64	
抛煤机	61.02	7.69	6.03	9.93	5.85	3.21	2.97	2.33	0.97	
煤粉炉	13.19	13.23	10.20	14.94	11.60	5.74	15.36	11.65	4.08	
沸腾炉	33.18	6.85	7.67	14.86	9.90	5.44	15.70	5.64	0.76	
手烧铸铁炉	10.92	7.20	21.58	12.11	9.16	6.17	12.53	14.33	5.99	自然引风
手烧旧式茶炉	11.03	11.24	9.86	14.10	12.28	9.81	6.17	12.84	12.25	自然引风
简易煤气	0	2.67	9.86	11.24	12.56	10.84	21.50	20.14	11.19	
半煤气茶炉	6.28	11.58	9.98	11.02	11.48	13.67	19.24	14.98	4.76	
反烧	0	13.62	20.43	23.67	10.74	7.75	7.75	3.47	12.57	
双层	15.95	5.16	2.99	2.83	3.17	1.20	45.96	6.37	16.34	引射
双层	0	11.45	8.58	9.05	8.71	11.82	10.67	31.14	8.58	自然引风
下饲式	66.97	2.37	6.49	6.21	5.34	2.98	3.81	4.58	1.25	
手烧机械引风	41.58	5.24	5.27	10.88	9.69	6.64	7.86	9.44	3.40	

14.3.3.3　比表面积

粉尘的比表面积为单位质量（或体积）粉尘具有的表面积，一般用 cm^2/g 或 cm^2/cm^3 表示。它反映颗粒群总体的细度及活性，对粉尘的润湿、凝聚、黏附、爆炸等性能有直接影响。大部分工业粉尘的比表面积为 $10^3 \sim 10^4 \, \mathrm{cm}^2/\mathrm{g}$。

14.3.3.4 含水率

粉尘的含水率为粉尘中所含水分的质量与粉尘总质量的比值：

$$W = \frac{M_w}{M_w + M_d} \times 100\% \tag{14-8}$$

式中　M_w——粉尘中所含水分质量，g；

　　　M_d——干粉质量，g；

　　　W——粉尘的含水率，%。

测定含水率的最基本方法是将一定量（约100g）的尘样放在105℃的烘箱中烘干，其烘干前后质量之差，即为粉尘中所含水分的质量，由此便可求得粉尘的含水率。

14.3.3.5 润湿性

尘粒与液体相互附着的性质称为粉尘的润湿性，可用润湿角来表征。

表14-6列出部分物质粉尘的润湿角。≤60°的粉尘易于被水润湿，属于润湿性好的粉尘，称为亲水性粉尘，如玻璃、石英、锅炉飞灰、黄铁砂粉等；≥90°的粉尘属于润湿性差的粉尘，称为憎水性粉尘，如石蜡、聚四氟乙烯、炭黑、煤粉等；吸水后能形成不溶于水的硬垢的粉尘称为水硬性粉尘，如水泥、熟石灰与白云石砂等。

亲水性粉尘与液体接触时，接触面扩大而相互附着，粉尘易被湿润；疏水性粉尘与液体接触时，接触面趋于缩小而不能附着，粉尘不易被湿润。粉尘粒径越小，润湿性越差，5μm以下的粉尘很难被水润湿。此外，粉尘的湿润性还与粉尘的形状、生成条件、温度、含水率、表面粗糙度及荷电性等性质有关。

表 14-6　部分物质粉尘的润湿角

物质	石英	石灰石	方解石	云母	石墨	焦炭	石蜡	煤及炭黑
润湿角/（°）	0~4	0~20	20	0	60	60~85	105	>90

14.3.3.6 黏附性

尘粒黏附于固体表面或颗粒之间互相凝聚的现象称为黏附。尘粒对固体表面的黏附易使除尘设备和管道堵塞，而颗粒之间的凝聚则有利于除尘效率的提高。

黏附现象因物体表面之间存在的黏附力而产生，其可以是分子力、毛细力或静电力。对于粒径 $d_c < 1 \mu m$ 的尘粒，主要靠分子间的作用而产生黏附；吸湿性、溶水性、含水率高的粉尘主要靠表面水分产生黏附；带电尘粒主要靠异性静电力产生黏附；纤维粉尘的黏附则主要与壁面状态有关。

14.3.3.7 堆积角、滑动角

粉尘通过小孔连续地下落到某一水平面上自然堆积成尘堆，尘堆锥体母线与水平面的夹角称为堆积角，它与物料的种类、粒径、形状和含水率等因素有关。对于同一粉尘，粒径愈小，堆积角愈大。粉尘堆积角的平均值一般为35°~40°。

滑动角是指光滑平面倾斜到一定角度时,粉尘开始滑动的角度,一般为40°~55°。因此,除尘设备灰斗的倾斜角一般不小于60°,最小不宜小于55°。

堆积角是设计储灰斗、下料管、风管等的主要依据。表14-7列出部分粉尘的堆积角及其他特性。

表 14-7　部分粉尘的特性

粉尘名称	堆积角/(°)	爆炸下限浓度/$g \cdot m^{-3}$（全部≤200目的粉尘）	粉尘名称	堆积角/(°)	爆炸下限浓度/$g \cdot m^{-3}$（全部≤200目的粉尘）
铝粉	35~45	35~45	滑石粉	约45	—
锌粉	25~55	500	飘尘	40~45	—
铁粉（还原）	约38	120	上等白砂糖	50~55	20~30
黏土	约35		淀粉	43~50	50~100
硅砂	28~41	—	硫黄粉末	35	35
水泥	53~57	—	合成树脂粉	40~55	20~70
氧化铝粉	35~45	40	小麦粉	55	20~50
重质碳酸钙	约45		煤粉	—	35
玻璃球	22~25	—			

14.3.3.8　磨啄性

粉尘的磨啄性是指粉尘在流动过程对磨损固体界壁的特性。粉尘的运动速度、硬度、密度、粒径等是影响粉尘的磨啄性的主要因素。磨啄性与粉尘运动速度的2~3.5次方以及粒径的1.5次方成正比。当气体含尘浓度高,粉尘粒径大、质地硬并且有棱角时,粉尘的磨啄性强。磨啄性还与冲刷面的材质、放置角度有关。

若粉尘的材质坚硬且形状不规则,则其磨啄性就会变强。如硅粉、烧结矿粉就属于材质坚硬的强磨啄性粉尘,而且其棱角不均匀且表面不光滑,这使其磨啄性比表面光滑圆润的粉尘约强10倍。研究表明,当粉尘粒径达到90μm时,其磨啄性最强,而当粉尘粒径为10μm时,其磨啄性便是微乎其微。

粉尘的磨啄性可用磨损系数K_a表征,由专用测量装置测量。各种飞灰的磨损系数通常为$(1~2) \times 10^{-11} m^2/kg$。铝粉、硅粉、碳粉、烧结矿粉等属于高磨损性粉尘。对于磨啄性粉尘,宜选用耐磨性强的滤料。

因此,在进行除尘设备和系统设计时,应特别重视控制气流的速度、方向和均匀性,对受气流冲刷的重点部件和部位,应选择耐磨材质或增加壁厚。

14.3.3.9　爆炸性

粉尘爆炸是指粉尘在爆炸极限范围内,遇到热源（明火或温度）,火焰瞬间传播于整个混合粉尘空间,化学反应速度极快,同时释放大量的热,形成很高的温度和很大的压力,系统的能量转化为机械功以及光和热的辐射,具有很强的破坏力。

通常将能燃烧和爆炸的粉尘称为可燃粉尘;浮在空气中的粉尘称为悬浮粉尘;沉降在固体壁面上的粉尘称为沉积粉尘。

具有爆炸性的粉尘有：金属（如镁粉、铝粉），煤炭粉尘，粮食（如小麦粉、淀粉），饲料（如血粉、鱼粉），农副产品（如棉花、烟草），林产品（如纸粉、木粉），合成材料（如塑料粉、染料粉）。此外，某些厂矿生产过程中产生的粉尘，特别是一些有机物加工中产生的粉尘，在某些特定条件下也会发生爆炸燃烧事故。

粉尘爆炸须具备必要条件：

（1）可燃性粉尘以适当的浓度在空气中悬浮，形成人们常说的粉尘云；

（2）有充足的空气或氧化剂；

（3）有火源或者强烈振动与摩擦。

粉尘的爆炸过程可视为包括以下三个步骤：

第一步是悬浮的粉尘在热源作用下迅速地干馏或气化而产生出可燃气体；

第二步是可燃气体与空气混合而燃烧；

第三步是粉尘燃烧放出的热量，以热传导和火焰辐射的方式传给附近悬浮的或被吹扬起来的粉尘，这些粉尘受热汽化后使燃烧循环地进行下去。

随着每个循环的逐次进行，其反应速度逐渐加快，通过剧烈的燃烧，最后形成爆炸。这种爆炸反应以及爆炸火焰速度、爆炸波速度、爆炸压力等将持续加快和升高，并呈跳跃式的发展。

粉尘爆炸的特点为：

（1）多次爆炸是粉尘爆炸的最大特点。第一次爆炸的气浪，会把沉积在设备或地面上的粉尘吹扬起来，在爆炸后短时间内爆炸中心区会形成负压，周围的新鲜空气便由外向内填补进来，与扬起的粉尘混合形成粉尘云，从而引发二次爆炸。二次爆炸时，粉尘浓度会更高。

（2）粉尘爆炸所需的最小点火能量较高，一般在几十毫焦耳以上。

（3）与可燃性气体爆炸相比，粉尘爆炸压力上升较缓慢，高压力持续时间长，释放的能量大，破坏力强。

影响粉尘爆炸的因素为：

（1）物质的物理化学性质。

1）物质的燃烧热越大，则其粉尘的爆炸危险性也越大，例如煤、碳、硫的粉尘等；

2）越易氧化的物质，其粉尘越易爆炸，例如镁、氧化亚铁、染料等；

3）越易带电的粉尘越易引起爆炸。粉尘在生产过程中，由于互相碰撞、摩擦等作用而产生静电，电荷不易散失，形成静电积累，当达到某一数值后，便出现静电放电。静电放电火花能引起火灾和爆炸事故。

4）粉尘爆炸还与其所含挥发物有关。如煤粉中当挥发物低于10%时，就不再发生爆炸，因而焦炭粉尘没有爆炸危险性。

（2）粉尘的浓度。粉尘爆炸有一定的浓度范围，有上限和下限，只当浓度处于范围之内时，粉尘爆炸才会发生。但多数资料中只列出粉尘的爆炸下限，因为粉尘的爆炸上限较高，通常很难达到。

（3）粉尘粒径。粉尘的表面吸附空气中的氧，粉尘粒径越小，比表面积就越大，吸附的氧就越多，因而越易发生爆炸。而且，粉尘越细，发火点就越低，爆炸下限也越低。

随着粉尘颗粒的直径的减小，不仅化学活性增加，而且还容易带上静电。

由上述可见，粉尘粒径越小的粉尘，其爆炸危险就越大。

一些可燃易爆粉尘的特性分别列于表 14-8 和表 14-9。

表 14-8 可燃易爆粉尘的特性（一）

粉尘种类	平均粒径/μm	爆炸浓度下限 /g·m⁻³	点燃温度/℃		危险性质
			粉尘层	粉尘云	
铝	10~15	37~50	320	590	易爆
镁	5~10	44~59	340	470	易爆
钛			290	375	可燃
锆	5~10	92~123	305	360	可燃
聚乙烯	30~50	26~35	熔	410	可燃
聚氨酯	50~100	46~63	熔	425	可燃
硬质橡胶	20~30	36~49	沸	360	可燃
软木粉	30~40	44~59	325	460	可燃
有烟煤粉	3~5		230	485	可燃
木炭粉	1~2	39~52	340	595	可燃
煤焦炭粉	4~5	37~50	430	750	可燃

表 14-9 可燃易爆粉尘的特性（二）

粉尘种类	最低着火温度 /℃	爆炸下限 /g·m⁻³	最小着火能量 /mJ	最大爆炸压力 /kN·m⁻²	压力上升速度 /kN·(m²·s)⁻¹
锆	室温	40	15	290	28000
镁	520	20	20	500	33300
铝	645	35	20	620	39900
铊	460	45	120	310	7700
铁	316	120	<100	250	3000
锌	680	500	900	90	2100
苯粉	460	35	10	430	22100
聚乙烯	450	25	80	580	8700
尿素	470	70	30	460	4600
乙烯树脂	550	40	160	340	3400
合成橡胶	320	30	30	410	13100
无水苯二（甲酸）	650	15	15	340	11900
树脂稳定剂	510	180	40	360	14000
酪朊	520	45	60	340	3500
棉植绒	470	50	25	470	20900
木粉	430	40	20	430	14600
纸浆	480	60	80	420	10200
玉米	470	45	40	500	15120

粉尘种类	最低着火温度 /℃	爆炸下限 /g·m⁻³	最小着火能量 /mJ	最大爆炸压力 /kN·m⁻²	压力上升速度 /kN·(m²·s)⁻¹
大豆	560	40	100	460	17200
小麦	470	60	160	410	—
花生	570	85	370	290	24500
砂糖	410	19	—	390	—
煤尘	610	35	40	320	5600
硬质橡胶	350	25	50	400	23500
肥皂	430	45	60	420	9100
硫	190	35	5	290	13700
硬脂酸铝	400	15	15	430	14700

14.3.3.10 比电阻

比电阻是某种物质粉尘在横断面积为 $1cm^2$、厚度为 1cm 时所具有的电阻。比电阻是工程中表示粉尘导电性的参数，对电除尘器的工作有很大的影响，一般通过实测求得。

参 考 文 献

[1] 严兴中. 工业防尘手册 [M]. 北京：中国劳动人事出版社，1989.
[2] 孙一坚. 简明通风设计手册 [M]. 北京：中国建筑工业出版社，1997.
[3] 中国环保产业协会袋式除尘委员会. 袋式除尘器滤料及配件手册 [M]. 沈阳：东北大学出版社，2007.
[4] 胡鉴仲，等. 袋式收尘器手册 [M]. 北京：中国建筑工业出版社，1984
[5] [美] 卡尔弗特，英格伦. 大气污染控制技术手册 [M]. 刘双进，毛文永，等译. 北京：海洋出版社，1987.
[6] 马广大. 大气污染控制工程 [M]. 北京：中国环境科学出版社，2003.
[7] 郭丰年，徐天平. 实用袋滤除尘技术 [M]. 北京：冶金工业出版社，2015.
[8] 冶金工业部建设协调司，中国冶金建设协会. 钢铁企业采暖通风设计手册 [M]. 北京：冶金工业出版社，1996.
[9] 唐敬麟，张禄虎. 除尘装置系统及设备设计选用手册 [M]. 北京：化学工业出版社，2004.
[10] 陈隆枢，陶晖. 袋式除尘技术手册 [M]. 北京：机械工业出版社，2010.
[11] 李广超. 大气污染控制技术 [M]. 北京：化学工业出版社，2001.
[12] 电子工业部第十设计研究院. 空气调节设计手册 [M]. 北京：中国建筑工业出版社，1994.
[13] 北京市环境保护科学研究所. 大气污染防治手册 [M]. 上海科学技术出版社，1987.
[14] 北京市劳动保护科学研究所，等. GB/T 6719—2009 袋式除尘器技术要求 [S]. 北京：中国标准出版社，2009.

15　大气环境中的细粒子与危害

霾污染已是我国十分突出和迫切需要解决的环境问题。研究已经发现，大气环境中成分复杂的气溶胶细粒子（fine particle）浓度较高是霾污染的主要原因。从环境和卫生学的角度上讲，细粒子现在指 PM2.5 粒子，是悬浮在大气中的、空气动力学直径小于 2.5μm 的颗粒物。很多研究认为，就我国的情况而言，大气气溶胶细粒子中含有多环芳烃和重金属等对人体有毒害作用的成分，由于这种尺度范围的粒子极易通过呼吸进入到肺部等器官，所以，长时间的暴露将对人体健康产生危害。由于 PM2.5 具有较长的大气滞留时间等特性，属于俗称的"飘尘"，所以对大气能见度、环境空气质量、人体健康甚至气候变化均有重要的影响。

工业领域对化石燃料的长时间、大规模持续使用，并因此向大气中排放大量气态和固态污染物，在过去的 100 年间已经在全球范围内造成了严重的环境公害问题，其中颗粒物污染即为最为严重的环境问题之一。经过近半个多世纪，特别是 1970 年代以来的污染控制与治理，在不断修订的环境空气质量标准的严格要求下，欧美等发达地区空气质量已经得到了显著改善。20 世纪 80 年代以后，我国国民经济快速增长，城市化进程逐渐加快，特别是 2000 年以来，发达国家经历了百余年的空气污染在我国经济发达地区又成了严峻的环境问题，特别是在京津冀、珠江三角洲和长江三角洲等地区，空气质量状况日趋恶化，其中 PM2.5 已成为我国目前首要的大气污染物，其污染程度、化学特性及其形成机制等不仅已是国内科学研究的重点问题，而且也成为影响广泛的热点社会问题。

15.1　大气颗粒物及 PM 的来源

15.1.1　大气颗粒物

气溶胶（aerosol）是指悬浮在大气（或其他气体）中的液体或固体粒子，这样的系统称为气溶胶系统。通常所说的颗粒物是指其中固态部分的粒子。地表大气系统即为一个大的气溶胶体系。大气中的气溶胶在表观和形式上以粉尘（dust）、烟（smoke）、烟炱（fume）、霾（haze）和烟雾（smog）等形式存在。科学上，大气气溶胶中的颗粒物通常是指动力学直径为 0.003~100 μm 的固态粒子。

不同尺度大气颗粒物的来源及其性质存在明显的差异。尺度较小的细粒子的主要组成包括燃烧过程排放的粒子（燃烧剩余的固体物质）及气-粒转化形成的物质等。而粒径较大的粗粒子（coarse particle）则通常由自然或机械破碎的过程形成，如风飏尘、物料破碎、道路和建筑扬尘等。颗粒物的许多重要性质（如体积、质量和沉降速率等）都与粒子大小有关。粗粒子相对于细粒子有较大的沉降速率，所以有时称为"降尘"（falling dust）；而细颗粒物的大气滞留时间则相对较长，故又称"飘尘"（floating dust）。

根据研究、应用目的和测量方法的不同，通常会使用以下 3 种粒子等效直径的定义：

（1）光学等效直径。若所考察的粒子与一个直径为 d_p 的同种材料（或同种成分）的球形粒子具有相同的光散射能力，则定义 d_p 为这个粒子的光学等效直径。

（2）体积等效直径或几何直径。如果所研究的不规则形状粒子与单位密度的、直径为 d_p 的球形粒子体积相同，则 d_p 定义为所研究粒子的体积等效直径。

（3）空气动力学等效直径。在气流中，若所研究的不规则形状粒子与单位密度、直径为 d_p 的球形粒子的空气动力学效应相同，则定义 d_p 为所考察的粒子的空气动力学等效直径。所谓相同的空气动力学效应，指的是二者的终端沉降速度（terminal velocity）相同。

在以上几个定义中，空气动力学直径是最常用的粒径表示法，原因是它反映了粒子大小与沉降速率的关系，所以可直接表达粒子的性质和行为。如粒子的空气滞留时间、各种粒子在呼吸道中沉积的不同部位等。因此，除非特别说明，粒子的直径通常是指其空气动力学等效直径。

此外，在讨论粒子的动力学输送行为时，如空气净化装置中的粒子捕集等，还有类似于空气动力学直径的另一个直径定义，即 Stokes 直径。

15.1.2　粒径分类和 PM 的化学组成

实际中，按照不同的研究或实际用途需要，大气颗粒物有以下常见归类：

（1）总悬浮颗粒物（Total suspended particulate，TSP），是指悬浮在空气中并停留一定时间的全部颗粒物，其粒径通常在 $100\,\mu m$ 以下。由于实际大气中较大的颗粒物会在很短的时间内降落至地面或其他固体表面，即"降尘"，故也有少数研究认为，TSP 指粒径为 $30\,\mu m$ 以下的颗粒。

（2）可吸入颗粒物（Inhalable particle or respiratory suspended particle，PM10），是指空气动力学等效直径小于等于 $10\,\mu m$ 的颗粒物。

（3）细颗粒物（Fine particle，PM2.5），是指空气动力学直径小于 $2.5\,\mu m$ 的颗粒物，或称可入肺颗粒物。

（4）超细颗粒物（Ultrafine particle），是指空气动力学等效直径小于等于 $0.1\,\mu m$ 的粒子。

（5）纳米颗粒物（Nano-particles），是指空气动力学等效直径在几纳米到数十纳米的固态粒子。

按照来源，可将 PM2.5 的产生源分为自然源和人为源。其中自然源主要指火山喷发、海浪泡沫、沙尘暴、地面扬尘、生物质燃烧（如森林大火）和植物排放等自然原因形成的源。人为源则主要指工业及人类生产生活中排放产生的，包括化石燃料燃烧、工业过程排放、道路扬尘、建筑扬尘、餐饮炊烟和机动车尾气排放等。

此外，根据粒子形成的方式，可将 PM2.5 的组成分为一次组分和二次组分。一次组分包括直接以颗粒态形式排出的组分以及在高温状态下以气态形式排出、在环境空气中稀释和冷却时凝结成颗粒态的组分，即原生粒子，如粉尘、飞灰、有机碳和炭黑粒子等。二次组分一般是指气态污染物与大气中其他组分通过均相或非均相化学反应形成的部分，如硫酸盐、硝酸盐、铵盐及二次有机碳等。现在认为，二次转化过程，即次生粒子，是 PM2.5 组成的另一个重要来源。

15.2　大气污染的一些典型案例

在人类历史上，空气污染问题自公元前起就伴随着木材、植被等燃烧过程而受到人们关注。文献指出，早在古罗马时期，罗马人就发现空气中存在令人讨厌的颗粒物。1273年，因为大气中颗粒物浓度较高，伦敦开始限制燃煤的使用。17世纪中叶，法国首次颁发了应对大气颗粒污染物的法令。实际上从16世纪开始，直到第二次世界大战以后的近400年，燃煤排放就一直是大气污染的主要来源。

20世纪以前，在西方社会，空气污染被认为是管理和法律问题，由于科技水平的限制，还没有办法作为单独的科学问题进行系统的研究。一战、甚至直到二战以后，西方国家的重建和快速工业化（如原联邦德国、原苏联和美国等）很快产生了严重的大气污染，连同其他如水污染、土壤污染等问题在内，才逐渐引起了一些主要工业国的政府和企业的重视。表15-1总结了过去100年间全球范围内的一些代表性空气污染事件。

表15-1　主要空气污染事件介绍

年　份	污染事件	事件原因及危害
1930 年	比利时马斯河谷烟雾事件	1930 年 12 月 1~5 日，比利时马斯河谷工业区内排放的大量烟雾弥漫在河谷上空，无法扩散，导致河谷工业区内上千人发生胸疼、咳嗽、流泪、咽痛、呼吸困难等症状。一周内死亡 60 多人，许多家畜也纷纷死去，这是 20 世纪最早记录的空气污染事件
1948 年	美国多诺拉烟雾事件	1948 年 10 月 26~31 日，美国宾夕法尼亚州多诺拉镇持续雾天，这里同时也是硫酸厂、钢铁厂和锌冶炼厂集中地，工厂排放的 SO_2 等气态污染物被封锁在山谷中，导致 6000 多人突然发生眼痛、咽喉痛、流鼻涕、头痛、胸闷等不适，其中 20 人很快死亡
1952 年	伦敦烟雾事件	1952 年 12 月 5~8 日，伦敦城市上空高压，大雾笼罩，连日无风，而当时正值冬季大量燃煤取暖期，煤烟粉尘和湿气积聚在大气中，使许多城市居民都感到呼吸困难、眼睛刺痛，仅 4 天时间内死亡了 4000 多人，在之后的两个月时间内，又有 8000 人陆续死亡。这是 20 世纪世界上最大的由燃煤污染引发的城市烟雾事件
20 世纪 40~50 年代	美国洛杉矶光化学烟雾事件	从 20 世纪 40 年代起，已拥有大量汽车的美国洛杉矶城市上空开始出现由光化学烟雾造成的黄色烟幕。它刺激人的眼睛、灼伤喉咙和肺部，引起胸闷等，还使植物大面积受害，松林枯死，柑橘减产。1955 年，洛杉矶因光化学烟雾引起的呼吸系统衰竭死亡的人数达到 400 多人，这是最早出现的由汽车尾气造成的空气污染事件
1961~1972 年	日本四日市哮喘病事件	1955 年日本四日市相继兴建了十多家石油化工厂，终日排放大量 SO_2 的气体和粉尘，使昔日晴朗的天空变得污浊不堪。1961 年，四日市哮喘病大发作；1964 年连续 3 天出现浓雾天气，严重的哮喘病患者开始死亡；1967 年，一些哮喘病患者不堪忍受痛苦选择自杀。据统计，1970 年患者达到 500 多人，实际患者超过 2000 人；1972 年全市哮喘病患者 817 人，死亡 11 人

年　份	污染事件	事件原因及危害
2013 年	中国华北重污染事件	2013 年初前后，中国中东部地区出现了多次大范围重度大气污染过程，多次形成覆盖整个华北地区污染程度空前严重的重大污染事件，严重时，多个地区能见度不足 500m，为 21 世纪以来中国最严重的持续空气污染事件。这次重污染事件具有覆盖面积大（可达 150 万平方千米）、持续时间长和污染程度强的特点，对城市环境空气质量、能见度和公众健康等造成了巨大影响和危害

英国伦敦和美国洛杉矶发生的两起代表性城市空气污染事件及其灾难性后果，引发了人们对空气污染的高度关注和对人类行为方式的反思。伦敦烟雾事件造成 4000 多人丧生，随后又先后有 8000 多人因空气污染而死亡。20 世纪 40 年代洛杉矶出现了光化学烟雾事件，并在此后 30 多年一直困扰该地区，仅 1955 年的烟雾事件就导致 400 多人死亡。这两类典型的空气污染中，大气颗粒物均扮演重要角色，由此可以看出颗粒物污染在整个空气污染发展历史中占有重要地位。

20 世纪 60 年代后期，美国、英国等开始高度重视空气污染的科学治理，先进的科学研究手段和工程控制技术开始被引入到空气污染治理中，空气污染科技工作开始蓬勃发展。20 世纪 80 年代，空气污染问题在全球范围内陆续出现，如酸雨、臭氧层破坏、温室效应和全球气候变化等，德国的"黑森林事件"即为其中典型代表。90 年代以后，世界各国在环境问题的认识上逐渐达成一致共识，认为全球性环境问题已在严重威胁着人类的生存和发展，各国政府开始在环境问题上广泛开展合作，不同国家的科学家也开始合作开展对环境问题的研究。其中空气污染和治理即为各国经济、社会发展面临的重要问题之一。

15.3　我国 PM2.5 污染现状

PM2.5 较高会导致大气能见度降低、建筑环境空气质量恶化，从而对正常的工作、生活和交通秩序产生影响，并对市政设施（如电线、照明设施等）等产生腐蚀破坏作用，也会对农作物、植物及整个地表生态系统产生不良影响。我国于 2012 年发布了新的《环境空气质量标准》（GB 3095—2012）中，已增加了对 PM2.5 的监测和限制性指标。自 2013 年起，首批 74 个城市开始监测并发布 PM2.5 浓度，环境保护部于 2013 年 8 月发布了上半年环境质量状况，发现 74 个监测 PM2.5 的城市中，仅舟山、惠州、海口和拉萨 4 个城市达标，仅占总监测数的 5.4%，其余 70 个城市均未达标，占总监测数的 94.6%，PM2.5 已经成为我国城市环境空气首要污染物。

我国大气污染已经从 20 世纪 50 年代开始的煤烟型污染演变成跨区域性、复合型大气污染，并已成为全球 PM2.5 污染最为严重的地区之一，其中以京津冀、长江三角洲、成渝、关中地区、中原地区等为我国 PM2.5 污染的重灾区。据曹军骥等在 2003 年对全国 14 个城市的同步观测结果，冬季、夏季 PM2.5 平均浓度分别为 161.7μg/m^3 和 68.6μg/m^3，年均浓度高达 116.9μg/m^3。2013 年在同样 14 个城市观测获得的 PM2.5 年均浓度为 90.8μg/m^3。经过 10 年环境治理，PM2.5 年平均浓度下降了 26.7μg/m^3，下降比例为 22.7%，但要达到国家 PM2.5 二级年均标准 35μg/m^3 仍有大量治理与控制工作。

1980 年前后开始，火电厂、钢铁冶金和建材等高能耗企业成已为我国大气污染的主要贡献者。众所周知，我国的能源生产和消费结构长期以煤炭为主，煤炭占能源生产和消费总量的 75%左右。据统计，1995 年，全国煤炭产量 13.6 亿吨，煤炭消费量达 13.5 亿吨。化石燃料燃烧，尤其是原煤的大量直接燃烧，加之燃烧设施基本未配套脱硫脱氮等排气净化装置，使二氧化硫、氮氧化物等酸性气体排放量不断增加。1995 年，全国二氧化硫排放量已达 2370 万吨；年均降水 pH 值低于 5.6 的地区已占全国面积的 65%左右。

在这种严峻的形势下，1998 年 1 月 12 日，经国务院批复，我国公布了"两控区"（即酸雨控制区和二氧化硫控制区）划分方案及相应的控制与治理的行动方案。"两控区"共涉及 27 个省、自治区和直辖市的 175 个地市，总面积占我国国土面积的 11.4%，其中"两控区"二氧化硫排放量占全国二氧化硫排放总量的 60%。

在"两控区"治理行动方案执行几年之后，自 2005 年开始，我国燃煤电厂颗粒物排放开始呈明显的下降趋势，如图 15-1 所示，但其中的 PM2.5 排放量反而由占总排放量的 34%上升到 2010 年前后的 51%，PM2.5/PM10 由 54.4%上升到 67.5%，即在总量减少的同时，排放气体中的细粒子比例逐渐升高。文献还表明，目前，我国煤炭产量已达 35 亿吨以上，而燃煤电厂所消耗的煤炭占全国煤炭消费总量的近 50%，而其锅炉尾气排放的颗粒物及 PM2.5 则占全国总排放量的 60%以上和 40%左右。此外，作为另两大燃煤和大气污染物排放行业，水泥工业和冶金（主要为钢铁和有色冶金）工业的颗粒物排放量分别占全国的 15%和 20%左右，与火电行业共同构成中国主要的大气污染物排放源。

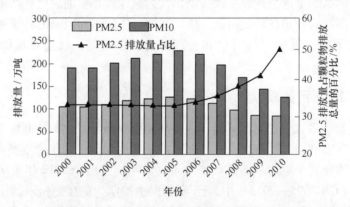

图 15-1 我国燃煤电站 PM10 和 PM2.5 排放变化趋势

以十年下降 26.7μg/m³的速率测算，我国城市 PM2.5 空气质量要达到新标准，约需到 2030 年前后。环保部近期起草的《城市环境空气质量管理办法》（草案）规定到 2015 年 90%的县级市和 80%的重点城市的空气环境质量要达到二级标准，到 2020 年所有城市都要达到二级标准。

因此，尽管 2000 年前后"两控区"行动计划实施起，我国大中型火电机组陆续增加了脱硫装置，同时，随着新的火电行业大气污染物排放标准的实施，燃煤尾气排放颗粒物允许浓度进一步降低，但图 15-1 及其他文献的数据都表明，细粒子排放已成为主要燃煤工业领域最为迫切的大气污染控制问题。

另一方面，随着城市化进程的加快，我国的机动车保有量也在急剧增加。数据显示，

2000 年以后，我国汽车保有量持续、快速增长，至 2015 年，已达到 1.6 亿辆，其中排放尾气中的颗粒物总量达 53.6 万吨，如图 15-2 所示。

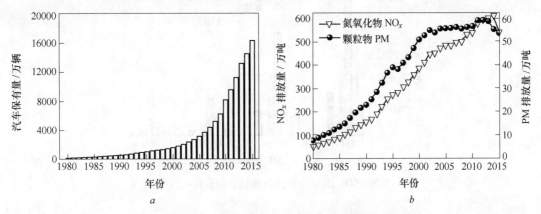

图 15-2　1980~2015 年我国汽车保有量及污染物排放量变化
a—汽车保有量变化趋势；b—污染物排放量变化趋势

受燃煤大气污染物排放和城市机动车尾气排放的双重影响，我国霾污染在最近几年频繁多地出现。因此，京津冀、长江三角洲、珠江三角洲等经济发达地区的城市区域空气环境质量不断下降。研究表明，除燃烧废气排放外，道路扬尘、机动车尾气、燃煤油排放等人为源也是大气颗粒物的重要来源。并且，尽管各地区颗粒物来源特点不同，但汽车尾气已成为我国城市区域的空气污染的重要贡献者，是造成灰霾、光化学烟雾污染的重要原因，城市空气污染已开始呈现出机动车尾气和煤烟复合污染的特点。

2011 年末以来，霾、PM2.5 污染及其危害成为全社会关注的热点问题，多次重污染事件（霾天气）引起民众和政府的高度关注。如 2013 年 1 月，灰霾覆盖了我国整个华北及华东大部分地区，涉及区域超过了 130 万平方公里，受影响人口达 8.5 亿，严重污染地区暴露人口达 2.5 亿，其持续时间之长、覆盖范围之广、污染程度之高、危害人群之多在世界空气污染发展史上均属罕见。

颗粒污染、特别是其中的 PM2.5 粒子对建筑物及其周围的空气环境是空气污染控制最为重要的内容。究其目的，良好的空气环境首先是人的正常生活和工作所必需的。虽然建筑环境内部本身的空气污染也已经受到了广泛的研究和关注，但室外空气环境必然会由于通风过程直接影响到室内，从而对人员健康构成同时来自室内外的耦合污染影响。

室内污染物的来源途径主要有：（1）建筑本身造成的污染，如建筑材料中的水泥、沙石，在浇灌的过程中，加入了某些添加剂，矿渣砖里含有某些放射性物质；（2）装饰装修过程带来的污染，如板材、油漆中的甲醛、苯等，尤其是低档材料更为严重，装饰用的石材、瓷砖等会带来放射性污染；（3）家具制造使用的胶合板、黏合剂等带来的污染；（4）人在室内的某些活动，如采暖、烹饪、吸烟、使用化学清洗剂、办公设备（如打印机、复印机等）等产生的污染；（5）由室外进入的各类污染物。图 15-3 给出了北京一些建筑物内代表性房间中的颗粒物浓度的比较。

可以看出，不同类型房间内的颗粒物浓度有很大的差异性，这是因为室内源的不同所导致的，因此，不但室外颗粒污染物会因通风或渗风而进入室内，室内本身因房间的用

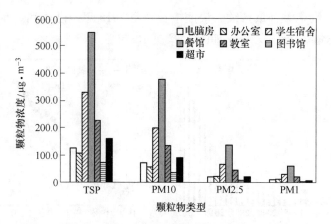

图 15-3 北京市房间内颗粒物指标的比较

途、人员密度及活动程度的不同，也会对颗粒物浓度产生不同的贡献。这就决定了，如果需要控制室内空气质量而设置机械通风系统，则这些系统即便是位于同一城市的同一区域，也会因建筑物和房间的功能不同而采用不同的净化系统。

15.4　PM2.5 对人体健康的影响

15.4.1　PM2.5 的浓度与危害

由于 PM2.5 比面积比较大，在环境中滞留的时间更长，吸附的有害物质和重金属更多，更易进入人体支气管和肺泡区，对人体的危害更大。PM2.5 不仅可以被人体直接呼吸或皮肤吸收致病，还可以随颗粒物的干、湿沉降进入环境介质中，对人体健康造成影响。世界卫生组织（World Health Organization，WHO）在 2005 年版《空气质量准则》中也指出当 PM2.5 年均质量浓度达到 $35\mu g/m^3$ 时，人的死亡风险比 PM2.5 年均质量浓度为 $10\mu g/m^3$ 时约增加 15%。PM2.5 的化学组成，特别是吸附在颗粒物表层的有害化学成分在很大程度上决定了颗粒物在体内参与干扰生化过程的程度和速度，直接决定沉积到人体器官中的颗粒物及对人体健康的伤害程度及致病类型。PM2.5 与人体健康关系已成为国际环境卫生学研究的热点之一。

人体对于颗粒物的暴露实际上是一个复杂的过程，不同来源和不同环境中的颗粒物具有不同的化学组成和物理特性，对人体健康的影响也有着显著影响。日常活动在颗粒物人体暴露中具有重要影响作用，当在室外活动时，特别是接近机动车尾气排放和燃煤排放等典型 PM2.5 污染源时，水平暴露较高；当在室内活动时，由于室内环境中 PM2.5 的来源包括因台风而联系起来的室外源和室内源，故也会存在 PM2.5 的暴露。

暴露水平取决于个体在所经历的不同环境中可进入呼吸系统的颗粒物质量浓度。当大气环境中的 PM2.5 质量浓度较高时，除厨房、商场、娱乐场所与地铁等人员活动干扰严重或相对封闭的环境之外，室内环境中的 PM2.5 质量浓度与室外 PM2.5 质量浓度之间存在显著的相关关系，说明当室外大气 PM2.5 污染严重时，PM2.5 室外源是这些环境中 PM2.5 的主要来源。当大气 PM2.5 浓度较低时，各建筑环境中 PM2.5 质量浓度呈现随机波动，与大气 PM2.5 浓度相关关系变得相对不显著。

不同环境下暴露时间的统计研究显示，研究对象大部分时间处于住宅或办公室等室内微环境暴露下，暴露分量均值达到总暴露量80%，其中住宅内的暴露分量约占一半左右，室外活动与交通暴露分量水平相当，均大致占暴露总量的10%。当室外PM2.5污染严重时，停留在室内可以相对降低个体日均暴露水平；而当室外PM2.5污染较轻时，交通与烹饪过程中PM2.5的排放则成为暴露的主要来源。

15.4.2 室内PM2.5暴露对健康的影响

WHO报告指出，城市人群PM2.5暴露会对健康产生有害效应，可以通过引起肺炎症反应以及氧化损伤，引起系统性炎症反应与神经调节改变，从而影响呼吸系统、心血管系统和中枢神经系统等。流行病学研究表明，心律失常、心肌梗死、心力衰竭、动脉粥样硬化、冠心病等都与PM2.5暴露有关。

近些年，研究PM2.5对人体健康的潜在影响主要是采用流行病学的方法去分析PM2.5浓度水平、发病率、死亡率以及入院率之间的关系。研究表明，颗粒物造成的健康危害取决于其浓度、化学特性、生物学特性、粒径大小和溶解性。10μm以下的颗粒物可进入鼻腔，7μm以下的颗粒物可进入咽喉，而小于2.5μm的颗粒物则可深达肺泡并沉积，甚至可以通过肺泡间质进入血液循环中，对人体的危害更加严重。不同粒径大小的颗粒物上吸附的有害物质也不尽相同，粗颗粒物主要含有Si、Fe、Al、Na、Ca、Mg等30余种元素，而细颗粒物主要含有硫酸盐、硝酸盐、铵盐、痕量金属和炭黑等物质。目前已经检测到的有机物主要包括烷烃、烯烃、芳烃和多环芳烃等烃类，还有少量的亚硝胺、酚类和有机酸，其中具有致癌作用的多环芳烃和亚硝胺类化合物对人体危害较大。有分析认为PM2.5的毒性大于PM10，部分原因可能是PM2.5含有更多的含碳粒子，这些碳粒可以吸附更多的无机和有机的有害物质。

PM2.5对人体健康危害较大，并与疾病的发病率和死亡率密切相关。Pope等从美国癌症协会收集的17年120万成年人的死亡原因资料中挑选出了50万名居住在大城市的成年人的完整资料，在排除了吸烟、饮食、饮酒、职业因素等风险因素后分析得出，空气中的PM2.5每升高$10\mu g/m^3$，全死因死亡率、肺心病死亡率、肺癌死亡率的危险性分别增加4%、6%和8%。钱孝琳对国内外1995~2003年公开发表的关于大气PM2.5污染与居民每日死亡关系的流行病学文献进行了Meta分析，结果显示大气PM2.5浓度每升高$100\mu g/m^3$，居民死亡率增加12.07%。戴海夏分析了上海市某城区PM2.5暴露与效应关系，结果发现PM2.5浓度上升$10\mu g/m^3$时，总死亡数上升0.85%。

已有的研究结果虽然还不能肯定对生活和工作在建筑环境中的人员健康危害的具体贡献程度，但已经可以肯定，室内外空气环境中的颗粒物，特别是细颗粒物已经成为室内空气质量控制和改善的首要和最为重要的问题之一。

15.5 国内外环境空气PM2.5标准概述

根据WHO（2005）对空气污染造成的疾病负担评价，每年有超过200万人的过早死亡归因于室内外环境污染，其中一半以上的疾病在发展中国家。所以制定合理的空气质量标准对于改善空气环境质量，降低空气污染对健康的影响具有重要的直接推动作用。

15.5.1 美国环境空气 PM2.5 标准

1971 年，美国政府率先建立颗粒物监测标准，第一次规定了 TSP 的一级标准和二级标准。随着对颗粒物污染控制及颗粒物对人体健康影响研究的不断深入，发现颗粒粒径越小对人体健康危害越大。1987 年 7 月 1 日，美国环境保护署（EPA）废除 1971 年 TPS 标准，监测颗粒物的粒径降低至 PM10。在 1997 年，又颁布了 PM2.5 标准。美国颗粒物质量浓度标准演变见表 15-2。

表 15-2　美国大气颗粒物质量浓度标准历史演变（USEPA，2011 年）

实行文件	指示物	平均时间	质量浓度 /μg·m⁻³	形　式
EPA, 1971	TSP	24h	260	一年不超过 3 次
EPA, 1971	TSP	1 年	75	年几何平均值
EPA, 1987	PM10	24h	150	三年平均，每年不超过 1 次
EPA, 1987	PM10	1 年	50	算术平均值（三年以上平均）
EPA, 1997b	PM2.5	24h	65	三年平均 98%
EPA, 1997b	PM2.5	1 年	15	算术平均值（三年以上平均）
EPA, 2006	PM2.5	24h	35	三年平均 98%
EPA, 2006	PM2.5	1 年	15	同 1997NAAQS
EPA, 2006	PM10	24h	150	同 1997NAAQS
EPA, 2012	PM2.5	24h	35	同 2006NAAQS
EPA, 2012	PM2.5	1 年	12	算术平均值（三年以上平均）
EPA, 2012	PM10	24h	150	同 1987NAAQS

美国 EPA 制定的 PM2.5 标准值、AQI、空气质量和健康警示之间的关系如表 15-3 所示。根据这个表中的描述米看，目前我国绝大多数大中型城市的空气质量都已处在对人体健康极为不利的水平。

表 15-3　美国 EPA 制定的 PM2.5 标准值、AQI、空气质量和健康警示（USEPA，2012 年）

PM2.5/μg·m⁻³	AQI	空气质量	健　康　警　示
≤15.4	0~50	良好	无
15.5~40.4	51~100	适度	体质异常敏感的人应考虑减少长时间户外活动或剧烈活动
40.5~65.4	101~150	不利于敏感人群	心脏疾病或肺病患者、老年人和儿童应减少长时间户外活动或剧烈活动
65.5~150.4	151~200	不健康	心脏疾病或肺病患者、老年人和儿童应避免长时间户外活动或剧烈活动；其他人应减少长时间户外活动或剧烈活动
150.5~250.4	201~300	非常不健康	心脏疾病或肺病患者、老年人和儿童应避免所有户外活动；其他人应避免长时间户外活动或剧烈活动
250.4~500.0	301~500	危害	心脏疾病或肺病患者、老年人和儿童应留在室内并降低活动水平；其他人应避免所有户外身体活动

15.5.2 欧洲环境空气 PM2.5 标准

20 世纪 80 年代以来，欧共体开始致力于颗粒物监测。2005 年，欧盟制定 PM10 标准；2010 年制定 PM2.5 标准。在欧盟空气质量法令实施的最初几年，欧盟允许各成员国自行决定空气质量标准的实施办法。2005 年，欧盟成员国中有 23 个国家出现了 PM10 浓度超标的情况。2008 年，欧盟通过了新的空气质量法令（2008/50/EC），开始严格监督执行空气质量标准，对超标行为进行严厉惩罚，超标城市面临每天高达 70 万欧元的罚款。2008 年 5 月，欧盟发布《关于欧洲空气质量及清洁空气法令》（*The Ambient Air Quality and Cleaner Air for Europe Oivective*），规定了 PM2.5 的目标浓度限值、暴露浓度限值和削减目标值（表 15-4）。

表 15-4 欧盟制定的 PM2.5 目标浓度限值、暴露浓度限值和削减目标值

项 目	质量浓度 /$\mu g \cdot m^{-3}$	统计方式	法律性质	每年允许超标天数
PM2.5 目标浓度限值	25	1 年	于 2010 年 1 月 1 日起施行，并将于 2015 年 1 月 1 日起强制施行	不允许超标
PM2.5 暴露浓度限值	20①	以 3 年为基准	2015 年生效	不允许超标
PM2.5 削减目标值	18②	以 3 年为基准	2020 年尽可能完成削减量	不允许超标

资料来源：European Commission Environment，2011。
①平均暴露指标（AEI）。②根据 2010 年的 AEI，在指令中设置百分比削减要求（0~20%），从而计算得到。

英国新空气质量目标将 PM2.5 年均值（25$\mu g/m^3$）作为 2020 年的 PM2.5 目标浓度限值，要求所有行政区在 2010~2020 年 PM2.5 暴露浓度削减 15%，而苏格兰到 2020 年则要达到 12$\mu g/m^3$ 的年均浓度限值。

15.5.3 WHO 关于环境空气 PM2.5 指导性标准

2005 年 WHO 发布的《空气质量准则》对 PM10 和 PM2.5 的年均浓度和日均浓度设定了准则值和三个分级的过渡时期目标值（表 15-5）。准则值的要求最为严格，是根据研究得出的较理想、健康危险较小的颗粒物限制标准。WHO 设定的准则值标准很严，即使是部分发达国家，也难以马上实现。因此，WHO 在设定准则值得同时，又对 PM2.5 和 PM10 确立了三个分级的过渡时期目标值，过渡时期目标值的要求比准则值相对宽松。WHO 认为，通过采取连续、持久的污染控制措施，这些过渡时期目标值是可以逐步实现的，过渡时期目标值有助于各国评估努力减少颗粒物浓度过程中所取得的进展。

表 15-5 WHO 制定的 PM2.5 准则值和目标值

项 目		统计方式	PM10 /$\mu g \cdot m^{-3}$	PM2.5 /$\mu g \cdot m^{-3}$	选择浓度的依据
目标值	IT-1	年均浓度	70	35	相对标准值而言，在这个水平的长期暴露会增加约 15% 的死亡风险
		日均浓度	150	75	以已发表的多项研究和 Meta 分析中得出的危险系数为基础（短期暴露会增加约 5% 的死亡率）

项　目		统计方式	PM10 /μg·m⁻³	PM2.5 /μg·m⁻³	选择浓度的依据
目标值	IT-2	年均浓度	50	25	与 IT-1 相比，除了其他健康利益外，这个水平的暴露会降低约 6%（2%~11%）的死亡风险
		日均浓度	100	50	以已发表的多项研究和 Meta 分析中得出的危险系数为基础（短期暴露会增加约 2.5% 的死亡率）
	IT-3	年均浓度	30	15	与 IT-2 相比，除了其他健康利益外，这个水平的暴露会降低约 6%（2%~11%）的死亡风险
		日均浓度	75	37.5	以已发表的多项研究和 Meta 分析中得出的危险系数为基础（短期暴露会增加约 1.2% 的死亡率）
准则值		年均浓度	20	10	对于 PM2.5 的长期暴露，这是一个最低安全水平，在这个水平内，总死亡率、心肺疾病死亡率和肺癌的死亡率会增加（95% 以上可信度）
		日均浓度	50	25	建立在 24h 和年均暴露安全的基础上

资料来源：WHO，2005。

15.5.4　我国环境空气 PM2.5 标准

2012 年 12 月，我国首次制定环境空气 PM2.5 浓度标准，将 PM2.5 浓度限度正式纳入国家环境空气质量标准。表 15-6 列出了我国《环境空气质量标准》（GB 3095—2012）中 PM2.5 限值及其与国外相关标准的对比。图 15-4 给出了主要经济区域与我国几个重要地区 PM2.5 年均值的比较。

表 15-6　我国与世界其他国家地区 PM2.5 浓度标准对比

国家或组织	颁布时间		年平均浓度 /μg·m⁻³	24 h 平均浓度 /μg·m⁻³	备　注
中国	2012 年 2 月		35	75	2016 年正式实施
世界卫生组织（WHO）	2006 年	过渡期目标 -1（IT-1）	35	75	相对于 AQG 水平而言，在这些水平的长期暴露会增加约 15% 的死亡风险
		过渡期目标 -2（IT-2）	25	50	除了其他健康利益外，与过渡时期目标-1 相比，在这个水平的暴露会降低约 6%（2%~11%）的死亡风险
		过渡期目标 -3（IT-3）	15	37.5	除了其他健康利益外，与过渡时期目标-2 相比，在这个水平的暴露会降低约 6%（2%~11%）的死亡风险
		空气质量准则值（AQG）	10	25	对于 PM2.5 的长期暴露，这是一个最低安全水平，在这个水平内，总死亡率、心肺疾病死亡率和肺癌的死亡率会增加（95% 以上可信度）

续表 15-6

国家或组织	颁布时间		年平均浓度 /$\mu g \cdot m^{-3}$	24 h 平均浓度 /$\mu g \cdot m^{-3}$	备 注
美国	2006 年和 2012 年		15 和 12	35	2012 起年平均浓度由 15$\mu g/m^3$ 降至 12$\mu g/m^3$
欧盟	2008 年 5 月	目标浓度限值	25		于 2010 年 1 月 1 日起施行，并将于 2015 年 1 月 1 日起强行施行
		暴露浓度限值	20		在 2015 年生效
		削减目标值	18		在 2020 年尽可能完成削减量
日本	2009 年 9 月 9 日		15	35	
澳大利亚	2003 年		8	25	
印度	2009 年		40	46	
墨西哥			15	65	

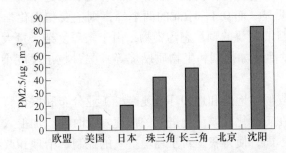

图 15-4　部分国家和地区与我国主要城市群环境空气中 PM2.5 污染水平的比较（吴兑，2012）

从图 15-4 看，迄今为止，国际上的发达国家和地区并没有达到 WHO 的空气质量准则值，欧盟 PM2.5 年均值大约是 12$\mu g/m^3$，美国是 13$\mu g/m^3$，日本是 20$\mu g/m^3$。我国主要经济区域的 PM2.5 水平远高于这些国家和地区，由于我国地区人为源排放种类差异大，地理环境及自然源情况复杂，所以，控制的难度也远大于其他国家。

中国的空气质量标准制修订是由当前的经济发展水平和技术条件决定的，《环境空气质量标准》（GB 3095—2012）中的 PM2.5 限值对于中国空气污染现状是合适的。但必须指出，要在建筑环境中有效控制 PM2.5 水平，目前还有很多问题需要解决。

前已述及，PM2.5 是光化学烟雾的重要产物，其来源主要包括 3 种二次气溶胶，即硫酸盐、硝酸盐、有机碳化合物和一次气溶胶中的炭黑粒子或成分。也包括一部分一次排放的其他细粒子。到目前为止，还不能说已经搞清楚了一次排放与二次污染的关系、大气中粒子的化学转化和光化学转化的关系，以及光化学烟雾前体物、标识物和产物的关系。

对于通风房间，特别是机械通风房间在引入室外新风时，不同的城市（甚至同一城市的不同区域），即便为相近的室外 PM2.5 水平，在空气过滤与净化时采取的方案一般也会有较大的差别。为说明这个问题，图 15-5 给出了气溶胶谱分布特征。

由图可知，工业和道路扬尘等产生的粉尘污染的峰值主要在 7~13μm 之间，即处在通常所说的粗粒子模态（Coarse mode）中，这个峰原本是典型的自然源的特征，但工业化以

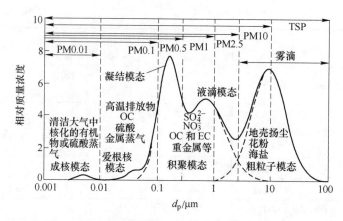

图 15-5　PM 尺度与实际大气气溶胶谱分布特征的关系

后，则主要来自燃煤、建材、冶金等行业的粉尘和烟尘排放。在经过 30 余年持续的消烟、除尘、工艺改进和升级等空气污染的控制和治理工作之后，这个峰在我国目前的大气颗粒物尺度分布中已经不明显。而 $0.1 \sim 1 \mu m$ 的两个峰，则主要与光化学过程和云中非均相反应过程密切相关，是目前主要的颗粒态污染物，由于来源复杂、量大面广、散放源移动性（如机动车等）和阵发性（如炊烟和生物质燃烧等）强，粒子尺度小等特点，所以，还很难有效地加以控制。

我国地域广阔，气候、地形和地理环境复杂，工业分布和城市特征各异，社会发展水平极不均匀，并且处在工业化和城市化进程的快速发展时期。加上人口众多、人民生活习惯和区域经济特征的不同，使得我国对于环境空气的控制、治理和改善必将会经过一段相当长的时期。显然，只有根据对上述这些特征、特点和差异进行实际观测、分析，才能寻找到适合不同区域或城市环境空气治理的合理措施与策略。

参 考 文 献

[1] Cao J J, Lee S C, Chow J C, et al. Spatial and seasonal distributions of carbonaceous aerosols over China [J]. Journal of geophysical research: atmospheres, 2007, 112 (D22).

[2] Diociaiuti M, Balduzzi M, Berardis B D, et al. The two PM2.5 (fine) and PM2.5-10 (coarse) fractions: evidence of different biological activity [J]. Environmental Research, 2001, 86 (3): 254~262.

[3] Hu Q Q, Fu H B, Wang Z Z, et al. The variation of characteristics of individual particles during the haze evolution in the urban Shanghai atmosphere [J]. Atmospheric Research, 2016, 181 (15): 95~105.

[4] Hua Y, Cheng Z, Wang S X, et al. Characteristics and source apportionment of PM2.5 during a fall heavy haze episode in the Yangtze River Delta of China [J]. Atmospheric Environment, 2015, 123: 380~391.

[5] Jacobson M Z. Atmospheric pollution: history, science, and regulation [M]. London: Cambridge University Press, 2002.

[6] Organization W H. WHO Air Quality Guidelines for Particulate Matter, Ozone, Nitrogen Dioxide and Sulfur Dioxide: Summary of Risk Assessment [R]. Geneva World Health Organization, 2006.

[7] Peters A. Particulate matter and heart disease: Evidence from epidemiological studies [J]. Toxicology and applied pharmacology, 2005, 207 (2): 477~482.

[8] Qiao T, Zhao M F, Xiu G L, et al. Simultaneous monitoring and compositions analysis of PM1 and PM2.5 in

Shanghai：Implications for characterization of haze pollution and source apportionment ［J］. Science of the Total Environment，2016，557~558（1）：386~394.

［9］ Wang T J，Jiang F，Deng J J，et al. Urban air quality and regional haze weather forecast for Yangtze River Delta region ［J］. Atmospheric Environment，2012，58（15）：70~83.

［10］ Zhang Y L，Huang R J，Haddad I E，et al. Fossil vs. non-fossil sources of fine carbonaceous aerosols in four Chinese cities during the extreme winter haze episode of 2013 ［J］. Atmospheric Chemistry and Physics，2015，15：1299~1312.

［11］ Zhao P S，Dong F，He D，et al. Characteristics of concentrations and chemical compositions for PM 2.5 in the region of Beijing，Tianjin，and Hebei，China ［J］. Atmospheric Chemistry and Physics，2013，13（9）：4631~4644.

［12］ Zhao Y，Wang S，Duan L，et al. Primary air pollutant emissions of coal-fired power plants in China：Current status and future prediction ［J］. Atmospheric Environment，2008，42（36）：8442~8452.

［13］ Zhu X L，Ma F L，Hui L，et al. Evaluation and comparison of measurement methods for personal exposure to fine particles in Beijing，China ［J］. Bulletin of Environmental Contamination and Toxicology，2010，84（1）：29~33.

［14］ 曹勤，刘砚华，魏复盛. 我国室内空气污染状况及防止建议 ［J］. 中国环境监测，2003，19（5）：67~72.

［15］ 戴海夏，宋伟民，高翔，等. 上海市 A 城区大气 PM10、PM2.5 污染与居民日死亡数的相关分析 ［J］. 卫生研究，2004，33（3）：293~297.

［16］ 贺晋瑜，燕丽，雷宇，等. 我国燃煤电厂颗粒物排放特征 ［J］. 环境科学研究，2015，28（6）：862~868.

［17］ 刘阳生，沈兴兴，毛小苓，等. 北京市冬季公共场所室内空气中 TSP，PM2.5 和 PM1 污染研究［J］. 环境科学学报，2004，24（2）：190~196.

［18］ 莫华，朱法华，王圣. 火电行业大气污染物排放对 PM2.5 的贡献及减排对策［J］. 中国电力，2013，46（8）：1~6.

［19］ 钱孝琳，阚海东，宋伟民，等. 大气细颗粒物污染与居民每日死亡关系的 Meta 分析 ［J］. 环境与健康杂志，2005，22（4）：246~248.

［20］ 史军，崔林丽. 长江三角洲城市群霾的演变特征及影响因素研究 ［J］. 中国环境科学，2013，33（12）：2113~2122.

［21］ 谭成好，赵天良，崔春光，等. 近 50 年华中地区霾污染的特征 ［J］. 中国环境科学，2015，35（8）：2272~2280.

［22］ 王媛，黄薇，汪彤，等. 患心血管病老年人夏季 PM2.5 和 CO 的暴露特征及评价 ［J］. 中国环境科学，2009，29（9）：1005~1008.

［23］ 吴兑. 新版《环境空气质量标准》热点污染物 PM2.5 监控策略的思考与建议 ［J］. 环境监控与预警，2012，4（4）：1~7.

［24］ 薛文博，许艳玲，王金南，等. 全国火电行业大气污染物排放对空气质量的影响 ［J］. 中国环境科学，2016，36（5）：1281~1288.

［25］ 闫伟奇，张潇尹，郎凤玲，等. 北京地区大气细颗粒物的个体暴露水平 ［J］. 中国环境科学，2014，34（3）：774~779.

［26］ 杨晓东，张玲，姜德旺，等. 钢铁工业废气及 PM2.5 排放特性与污染控制对策 ［J］. 工程研究-跨学科视野中的工程，2013，5（3）：240~251.

16 室内空气净化技术与设备

16.1 大气污染与室内污染

16.1.1 主要大气污染物

主要大气污染物包括：

（1）二氧化硫。二氧化硫是主要污染物，来自于化石燃料的燃烧，如电厂或冶金厂。在大自然中，火山喷发等地壳运动也会产生二氧化硫。二氧化硫在未被污染的地区二氧化硫的浓度范围在 20~50ppt（$1ppt = 10^{-12}$）。城镇中二氧化硫的浓度可达到几百 ppb（$1ppb = 10^{-9}$）[1]。

人类对于二氧化硫的暴露主要来自于吸入的二氧化硫，同时也来自皮肤上的直接接触。通过呼吸作用进入人体的二氧化硫可以快速地通过肺进入血液，进入人体后，它被分解为硫酸盐并通过尿液排出人体。

短期暴露在高浓度的二氧化硫环境下可能导致生命危险。一般认为 100ppm（$1ppm = 10^{-6}$）的二氧化硫浓度会迅速对生命和健康造成威胁。长期暴露在二氧化硫浓度相对较低的环境下也可能导致健康问题。长期暴露在 0.4~3ppm 二氧化硫 20 年后，可以明显观测到肺的永久性变化。OSHA（职业安全和健康协会）规定二氧化硫的浓度应低于 5ppm。

（2）臭氧。臭氧是一种活泼的氧化性气体，是在大气中自然形成的。平流层的臭氧能够阻挡太阳辐射的紫外线，而近地面的高浓度臭氧会导致人体呼吸问题。

臭氧会导致气道的肌肉收缩，把空气限制在肺泡里，进而导致呼吸不适。

（3）一氧化碳。一氧化碳是一种无色无味的气体。燃料或含碳物质燃烧会释放一氧化碳，甲烷的氧化是一氧化碳的主要来源。据估计大约三分之二的一氧化碳来自人为活动。一氧化碳的主要去除是通过与羟基反应，其次是土壤吸收或扩散到平流层。

所有人都有一氧化碳中毒的风险。美国职业健康和安全协会规定一氧化碳限值浓度为 50ppm，当一氧化碳浓度超过 100ppm 时，针对高浓度一氧化碳设计的传感器需要自动报警。

（4）氮氧化物。氮氧化物是一种酸性气体，来源于燃烧时空气中的氧原子和氮原子的反应，尤其是高温燃烧。在交通发达的地区，通过机动车排放进入大气的氮氧化物质量也相当可观。同时，自然光照也可能产生氮氧化物[1]。

最新的研究揭示了二氧化氮和肺部功能具有相关关系。除了对人体的直接影响，氮氧化物气体会反应形成酸雨、烟雾、颗粒物核以及低空的臭氧。这些反应对人体都有不利影响。在流行病学的研究中，二氧化氮浓度经常与其他来自相同或相似反应的室外常见污染物浓度有很强的相关关系。二氧化氮目前常用来做元素碳、有机碳以及一次排放的超细颗粒物等交通污染物的特征气体。另外，与臭氧类似，氮氧化物会反应形成二次颗粒物。二氧化氮就经常视为这类反应对二次颗粒物贡献率的标记气体。

（5）颗粒物（气溶胶）。大气中的颗粒物主要来源于两个方面：1）自然源，如风沙、火山；2）人为活动，如燃烧化学燃料。然而，气溶胶是指气体中悬浮的液体或固体细颗粒物，通常用来指特别的物质。这些物质可能来自于直接的排放或大气层中气体转化为固体的化学反应。大气气溶胶通常指直径在几纳米到几十微米的颗粒物。颗粒物的粒径和组分可以通过气态物质的冷凝或蒸发、和其他颗粒物凝并改变。正常情况下，粒径小于 $1\mu m$ 的颗粒物的浓度范围在几十至几千个每立方厘米，粒径大于 $1\mu m$ 的颗粒物浓度一般低于 $1cm^{3}$[1]。

颗粒物通过两种机制从大气中脱离：1）沉降在地球表面（干沉降）；2）在降水的过程中和水滴混合（湿沉降）。由于湿沉降和干沉降导致颗粒物在对流层中的驻留时间相对较短，同时由于颗粒物的几何分布很不均匀，对流层中的颗粒物的组分和粒径也不尽相同。然而，大气中气体的生命周期跨度从几秒到几个世纪甚至更多，对流层中的颗粒物生命周期只有几天或几周。

城镇大气中气溶胶是工业、交通、电力等行业排放的一次颗粒物、自然界中本身存在的一次颗粒物和反应产生的二次颗粒物的混合物，其数量浓度主要分布在粒径小于 $0.1\mu m$ 的范围内，但粒径分布在 $0.1\sim0.5\mu m$ 范围内的颗粒物面积占比较大。另一方面，颗粒物的质量分布通常存在两种模式，一种是次微米模式，另一种是大颗粒物模式。

大气颗粒物包含硫、氮、铝、有机材料、海盐、金属氧化物和水。在这些组分中，硫、铝、有机碳和元素碳，以及一些过渡元素主要在细颗粒物中。壳类材料（包括硅、钙、镁、铝和铁）和生物有机颗粒物（花粉、胚种、植物碎片）通常存在于粗颗粒物之中。氮元素在细颗粒物和粗颗粒物中都存在。含有氮的细颗粒物通常是硝酸和氨反应产生的硝酸铵，而含氮的粗颗粒物时粗颗粒物本身和硝酸反应的产物。

中国是室外 PM2.5 污染较为严重的国家之一，室外 PM2.5 是室内 PM2.5 的主要来源。当窗户的开启尺寸大于 10mm 时，室内的 PM2.5 浓度和室外基本一致。当室内 PM2.5 浓度处于较高水平时，室内室外的浓度比值大约在 $0.67\sim0.89$。较高的室外风速也会导致更高的 I/O 比。对于密封性良好的窗户，室内 PM2.5 会以 $0.002min^{-1}$ 的速度衰减。室内的 PM2.5 源主要是吸烟和做饭。吸烟可以导致室内 PM2.5 的瞬时浓度达到 $1280\mu g/m^{3}$，做饭可以导致厨房 PM2.5 浓度达到 $3000\mu g/m^{3}$，但是如果在做饭时开启抽油烟机，室内客厅等房间的 PM2.5 浓度升高很多。

（6）二次有机气溶胶。二次有机气溶胶是大气中氧化反应产生的物质，通过质量传递至低气化压力的颗粒物相而形成的。随着有机气体在气相中被某些物质氧化，如羟基、臭氧和硝酸根，反应产物也逐渐增加。一些反应产物气化压力低，为了建立颗粒相和气相的平衡压力，这些物质就会凝结在已有的颗粒物上[1]。

VOC 的氧化产生挥发性较低的产物。挥发性的减少主要是由于氧原子和氮原子的增加。在 VOC 中增加羧酸、乙醇、乙醛、酮等物质可以使 VOC 的挥发性降低几个量级。大气中所有 VOC 与臭氧、羟基和硝酸根反应后都会产生二次颗粒物。

大气中某种 VOC 在氧化过程中反应产生二次颗粒物的量由以下三个因素决定：1）氧化产物的挥发性；2）大气中该物质的含量；3）化学稳定性。气相化学反应会随着温度、光照强度的增加而增加，进而导致二次颗粒物的产生速率增加。氮氧化物会显著影响臭氧、羟基和硝酸盐与 VOC 反应的中间产物以及最终产物。相对湿度也会影响化学反应路径进而影响反应产物。同时，一些 VOC 的存在也有可能影响其他 VOC 反应产物的变化。

在所有 VOC 中，芳香烃被认为是最容易产生二次颗粒物的物质，并且是城镇中主要二次颗粒物的来源。Odum 表明汽油在光氧化形成二次颗粒物的过程中，主要由芳香成分决定二次颗粒物的产生情况。郊外森林中二次颗粒物被认为主要是来源于单萜烯、倍半萜烯和异戊二烯。

总而言之，二次颗粒物在大气中的产生可以总结为以下几个步骤：

1) 气相物质发生化学反应后产生二次颗粒物成分；

2) 二次颗粒物成分在气相和颗粒物相中分离；

3) 颗粒相上的化学反应将这些物质进一步转化为其他化学物质。

为保护人体健康，预防和控制室内空气污染，我国于 2002 年颁布了《室内空气质量标准》GB/T 18883—2002。标准规定的主要大气污染物在室内浓度的限制如表 16-1 所示。

表 16-1 室内空气质量标准

污染物	单位	标准值	备注
二氧化硫	mg/m^3	0.5	1h 均值
二氧化氮	mg/m^3	0.24	1h 均值
一氧化碳	mg/m^3	10	1h 均值
臭氧	mg/m^3	0.16	1h 均值
可吸入颗粒物 PM10	mg/m^3	0.15	日均值
甲醛	mg/m^3	0.1	1h 均值
总挥发有机物 TVOC	mg/m^3	0.6	8h 均值

16.1.2 室内污染物

16.1.2.1 甲醛

甲醛，作为一种最为普遍和广为人知的室内污染物，对人体健康有很大影响，它会导致哮喘或长期的支气管炎[2]。甲醛对人体有很大的致癌威胁，国际癌症研究中心已经把甲醛列为人体致癌物中的第一类[3]。

人体在室内吸入的甲醛远比在室外多得多，室内是主要甲醛暴露的来源。通常来说，木质材料、胶合板和地面材料是室内典型的甲醛源。同时，甲醛的散发可能持续数年之久。这导致人体在很长一段时间内甲醛的暴露量都处于较高水平。由于室内存在较强的室内甲醛源，很多国家或者组织都规定了室内允许的甲醛浓度，以指导人们避免甲醛的危害。世界卫生组织（WHO）建议室内 30 分钟的甲醛浓度平均值不得高于 $0.1mg/m^3$，否则人体就可能感觉到呼吸系统不适[4]。中国国家室内空气质量标准也对甲醛浓度做了规定，要求门窗关闭 12 小时后，室内甲醛浓度不得高于 $0.1mg/m^3$[5]。然而，这些的浓度要求可能只满足了居民最基本的健康要求，如果要追求令人满意的室内环境，甲醛浓度则不

得高于 $0.03mg/m^3$。

当室内窗户关闭的时候，渗透作用则成为了主要去除甲醛浓度的方法。然而，过多的渗透风量可能导致过多的建筑能耗以及人体的不适，因此必须在渗透风量和室内甲醛浓度中找到合适的平衡点。因此，了解室内甲醛在不同环境下的散发特性则变得尤为重要。目前，有很多研究者研究了室内甲醛的散发特性。有研究者研究了相对湿度对甲醛散发的影响，研究发现，当室内相对湿度在 25%~50% 范围内时，相对湿度基本对甲醛散发没有影响。另一方面，也有研究者研究了温度对甲醛散发的影响，他们发现温度是影响室内甲醛散发的一个主要因素。然而，这些实验都是在环境舱中进行，当评估真实建筑中室内甲醛的影响因素时，合适的方法是用回归分析的方法来进行影响因素的探究。

16.1.2.2 短期暴露

人体短时间暴露在甲醛浓度较高的环境下会导致不适，例如眼睛、鼻子和喉咙的刺激感、打喷嚏、咳嗽以及恶心。在 INDEX 研究报告中，人体暴露在一定甲醛浓度的环境下的结果如下：短期暴露在甲醛浓度在 $0.5~3.7mg/m^3$ 的环境下导致眼睛、鼻子和喉咙的刺激感，导致鼻灌洗液的成分发生变化，但是不会对大多数人造成肺功能的影响。NOALE 的研究指出 $0.03mg/m^3$ 的甲醛浓度是人体阈值下限。Paustenbach 等人总结了人体产生刺激感的原因，他们认为 1ppm 以上的甲醛浓度会导致的人体的刺激感。Lang 等人调查了人体暴露在工作环境常见的甲醛浓度下可能产生刺激感以及其他主观症状的可能性。他们认为甲醛最有可能导致眼睛的不适，并且认为感知下限是 0.5ppm。Wolkoff 等人也研究了人体对甲醛的嗅觉阈值和感知阈值，他们认为大多数对眼睛的刺激来自烯烃的氧化反应，该反应的主要产物是甲醛。最近，有很多研究是关于人体暴露在室内常见的甲醛浓度下的不适反应。研究发现现阶段还是无法说明甲醛与哮喘是否有直接关系。

16.1.2.3 致癌作用

IARC 将甲醛归为致癌物是基于大量关于甲醛导致鼻咽癌致死的研究。但是也有很多研究者质疑 IARC 关于甲醛的评估。Marsh 等人指出重新分析 IARC 的数据后发现，现有数据缺乏有力的证据证明甲醛暴露和死亡率的直接关系，他们最近也提供证据证明鼻咽癌患者可能与暴露在其他可能导致上呼吸道癌症的因素有关。而且，Marsh 等人指出 IARC 所依据的致癌模型存在明显缺陷。因此，他们认为 IARC 需要重新考虑是否将甲醛列为致癌物。德国联邦风险评估协会（BfR）和其他机构也认为甲醛暴露和鼻咽癌存在随机关系，因此需要重新考虑是否将甲醛视为致癌物。

16.1.2.4 室内甲醛浓度标准

香港室内空气品质协会在 1999 年发表了题为《办公建筑和公共建筑室内空气品质指导标准》。在这个标准中，将办公和公共建筑室内空气质量（8 小时均值）分为三类：第一类代表了非常好的空气品质；第二类代表了推荐的空气品质；第三类代表了室内人员可接受的最低品质。在这三类中，甲醛浓度分别是：$30\mu g/m^3$、$100\mu g/m^3$ 和 $370\mu g/m^3$。

在韩国，室内甲醛浓度的上限为 0.1ppm（8 小时均值）。在日本，卫生与福利部在 1997 年将室内甲醛浓度的限值设为 0.08ppm（半小时）。新加坡在 1996 年颁布了室内空气品质标准，根据这个标准室内甲醛浓度的上限为 0.1ppm。中国大陆，大约在 15 年前政府开始注重室内空气品质并颁布了室内空气品质标准，该标准要求室内甲醛浓度低于 $100\mu g$（1 小时均值）。

16.1.3 室内外污染物的相互影响

室内室外污染物的相互影响主要有两种表现形式：（1）直接传递，即通过通风作用进入或排出室内；（2）二次污染，氧化性较强的污染物，如臭氧、羟基等，进入室内后，与室内 VOC 发生反应，生成二次超细颗粒物。

16.1.3.1 通风作用

室内室外污染物主要通过建筑通风相互影响。对于任何室内污染物，都可以用以下物质平衡方程表示[6]：

$$\frac{\mathrm{d}C}{\mathrm{d}t} = S - LC$$

式中，C 为室内污染物浓度，$\mu g/m^3$；S 为室内污染物散发率，$\mu g/(m^3 \cdot h)$；L 为污染物去除率，h^{-1}。

由于通风作用在室内外进行直接交换的污染物主要分为以下几类：（1）室内产生的建筑材料和家具散发的挥发性有机物（VOC）；（2）室外大气中的 VOC；（3）人体产生的 VOC 和二氧化碳；（4）室外大气中的颗粒物，包括 PM2.5 和 PM10；（5）臭氧、二氧化硫等气态大气污染物；（6）人员活动产生的颗粒物；（7）日常生活产生的气态污染物以及一氧化碳、二氧化硫等；（8）室内滋生的细菌等。

这些污染物的去除速率主要是由建筑换气次数决定。对于采用空气净化器或过滤器的建筑，净化作用对相应污染物的去除率也有很大影响。

16.1.3.2 室内氧化反应

与大气产生二次气溶胶的机理一样，臭氧、羟基和一氧化氮进入室内后会与室内部分 VOC 发生反应，产生二次 VOC。当二次 VOC 的浓度高于饱和浓度时，VOC 就会凝结成二次颗粒物。

Waring 等人利用 AMF 模型，提出估算室内二次颗粒物浓度的模型[7]：

$$C_{\mathrm{SOA}} = \frac{C_{\mathrm{O_3}} \sum_j (\xi_{j(\mathrm{O_3})} k_{j(\mathrm{O_3})} C_j \Gamma_j) + C_{\mathrm{OH}} \sum_j (\xi_{j(\mathrm{OH})} k_{j(\mathrm{OH})} C_j \Gamma_j)}{\lambda + \beta_{\mathrm{PM}}}$$

式中，$C_{\mathrm{O_3}}$ 为室内臭氧浓度，ppb；C_{OH} 为室内羟基浓度，ppb；$\xi_{j(\mathrm{O_3})}$，$\xi_{j(\mathrm{OH})}$ 分别为 VOC 与臭氧和羟基反应产物中二次颗粒物的质量占比；$k_{j(\mathrm{O_3})}$，$k_{j(\mathrm{OH})}$ 分别为臭氧和羟基与 VOC 的反应速率，$ppb^{-1} \cdot h^{-1}$；Γ_j 为将 VOC 的单位由 ppb 转为 $\mu g/m^3$ 的转换因子；λ 为建筑换气次数；β_{PM} 为颗粒物在建筑内的沉降速率。

Ji 等人实测了北京 90 户住宅室内的 VOC，用该模型估算了室内二次颗粒物对室内 PM2.5 浓度的贡献率。结果表明，二次颗粒物对 PM2.5 的贡献率不足 3%[8]。

16.2　颗粒物分离过滤技术

大型发电机电力生产或者车辆行驶中会消耗大量的空气。这些空气中的颗粒物会影响燃料燃烧的效率和清洁性，并且在某些情况下会严重影响发动机或涡轮机部件的使用寿命。燃烧产生的含有大量颗粒物和其他危险物质的有毒气体，也会对区域环境甚至全球环境造成巨大的影响。

随着社会的发展，人们对空气中颗粒物污染问题日益关注。自从美国于 1997 年率先制定 PM2.5 的空气质量标准以来，许多国家都陆续跟进将 PM2.5 纳入监测指标。根据美国癌症协会[2]和哈佛大学[3]的研究结果，世界卫生组织（WHO）于 2005 年制定了 PM2.5 的准则值[9]。高于这个值，死亡风险就会显著上升。WHO 同时还设立了三个过渡期目标值，为目前还无法一步到位的地区提供了阶段性目标。我国也于 2012 年颁布了《环境空气质量标准》，并于 2016 年开始实施[10]。

在半导体和精密仪器加工领域，以及医药卫生行业，室内颗粒物的存在对于生产工艺产生很大的危害。在半导体芯片加工车间，空气中过大的颗粒物浓度会造成集成电路表面受到污染，大大增加集成电路短路的几率，影响产品的成品率。在精密光学仪器加工过程中，室内颗粒物的存在会加大光学器件表面粗糙度，降低产品质量。

由于微生物主要以附着在颗粒物上的方式进行传播，室内空气微生物浓度与颗粒物浓度存在着潜在的线性关系[11]。在医药卫生行业，药品的生产和罐装过程均会与室内空气发生接触，室内颗粒物的存在会造成药品的污染；在食品加工行业，室内颗粒物浓度过高也会造成污染，使得食品容易腐化变质。由于颗粒物对于微电子和精密光学仪器加工、医药卫生制品制造和食品加工行业的一系列危害，人们常常采用洁净室的方式创造低颗粒物浓度的环境，来满足工艺的需求。对于外界大气的过滤可以有效去除大气悬浮颗粒物，消除室内产生的颗粒物，维持室内环境达到工艺要求的洁净度等级，伴随着大量的能源消耗作为代价。

对于产生微生物颗粒物的建筑，室内颗粒物的排放会对外界大气及周围建筑产生不利影响，因此需要对排风进行处理，以消除生物室内颗粒物对室外空气的危害。在生物安全实验室中，实验过程会产生病源微生物颗粒物，排风系统必须能有效阻断生物颗粒物对大气环境的污染，确保实验对象不对操作人员产生生物危害，保证周围环境不受其污染。

可以看出，空气中颗粒物的存在会对人体健康和各种生产工艺产生危害。洁净空气的提供需要一定的颗粒物分离和过滤技术。其中，常用的大气颗粒物分离和过滤技术包括以下几种：机械力除尘、湿式除尘、过滤除尘和静电除尘。本章的主要内容分为三部分：第一部分介绍空气中常见颗粒物的粒径大小分布情况和室内颗粒物污染源强度；第二部分介绍颗粒物分离过滤机理及产品；第三部分介绍静电过滤技术及产品。室内颗粒物污染源强度如图 16-1 所示。

我们常说的 PM2.5 是指空气中空气动力学粒径小于或等于 2.5μm 的固体颗粒或液滴的总称，虽然自然过程也会产生 PM2.5，但其主要来源还是人为排放。人类既直接排放 PM2.5，也排放某些气体污染物，在空气中转变成 PM2.5。直接排放主要来自燃烧过程，如化石燃料（煤、汽油、柴油）的燃烧、生物质（秸秆、木柴）的燃烧、垃圾焚烧。在空气中转化成 PM2.5 的气体污染物主要有二氧化硫、氮氧化物、氨气、挥发性有机物。

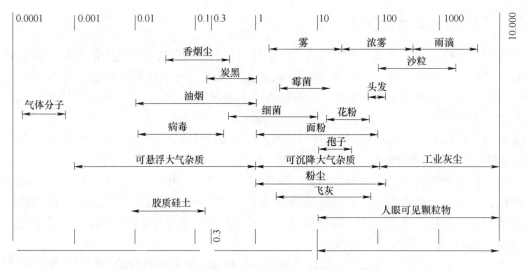

图 16-1　大气颗粒物粒径大小

其他的人为来源包括：道路扬尘、建筑施工扬尘、工业粉尘、厨房烟气。自然来源则包括：风扬尘土、火山灰、森林火灾、漂浮的海盐、花粉、真菌孢子、细菌。

PM2.5 的来源复杂，成分自然也很复杂。主要成分是元素碳、有机碳化合物、硫酸盐、硝酸盐、铵盐。其他的常见的成分包括各种金属元素，既有钠、镁、钙、铝、铁等地壳中含量丰富的元素，也有铅、锌、砷、镉、铜等主要源自人类污染的重金属元素。

16.2.1　颗粒物分离过滤机理及产品

16.2.1.1　颗粒物分离过滤机理

图 16-2 以纤维过滤器为例，给出了颗粒物在分离过滤过程中受力分析[12]。颗粒物分离过滤机理包括：

（1）重力沉降。重力是由颗粒与地球之间的万有引力形成的只与颗粒质量有关的竖直向下的力。对于材质一定的颗粒，它所受的重力就是与颗粒半径的 3 次方成正比。重力沉降对于粒径较大的颗粒物效果更为明显。

（2）拦截作用。在纤维层内部，纤维随机位置形成多个网格。当具有一定尺寸的颗粒接近纤维表面时，假设流线之间的距离（也是中心线颗粒）和

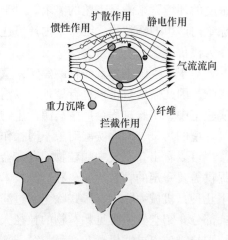

图 16-2　颗粒物受力分析

纤维表面等于或小于颗粒半径，颗粒将被截取，然后沉积在纤维上表面，这被称为拦截效应。

（3）惯性作用。由于纤维布置复杂，当空气流过纤维层时，经常突然发生流线会改变方向。当粒子质量大或其速度大时，由于其惯性，当空气流动时，颗粒不会遵循流线纤维。因此，当接近时，颗粒将偏离流线纤维，然后与纤维碰撞并沉积在其上。惯性作用是

纤维过滤器捕捉颗粒物，特别是较大颗粒物（粒径大于 0.5μm）的一个重要机理。

（4）扩散作用。小颗粒因为不断地与气体分子碰撞进行的运动叫布朗运动。在常温下，对于粒径为 0.1μm 的颗粒物，它的布朗运动的速度可以达到 17μm/s。这就意味着气流在穿过过滤器的过程中，颗粒物由布朗运动引起的位移是纤维间隙的几倍甚至数十倍。这就意味着小颗粒有很大的可能运动到纤维上，并被纤维捕获。对于这种无规则的布朗运动，人们在进行数学处理时，通常会借用传质学中的"扩散理论"，因此也把这种颗粒物捕获机理称为扩散作用[13]。对于 0.1μm 以下的颗粒物，扩散作用是主要的过滤机理，当颗粒物粒径大于 0.3μm 时，这种作用已经非常小了。

（5）静电作用。由于各种原因，电荷可能存在于纤维和颗粒上，这将导致静电效应和吸引颗粒。静电作用可以与其他分离过滤作用结合使用，也可以单独使用。静电过滤器就是利用高压静电场使微粒荷电，然后被集尘板捕集的空气过滤器。静电过滤器是在工业静电除尘器的基础上发展起来的室内空气净化设备，现已被大量应用。

在实际生产实践中，人们利用上述的颗粒物分离过滤机理，发展出了针对不同颗粒物粒径和颗粒物特性的分离过滤技术。有的分离过滤技术可能利用了上述的一种机理，有的技术可能是多种机理的综合运用。

16.2.1.2 颗粒物分离过滤产品

A 机械力除尘

机械力除尘是借助质量力的作用达到除尘目的的方法，相应的除尘装置称为机械式除尘器，质量力包括重力、惯性力和离心力，主要除尘器形式为重力沉降室、惯性除尘器和旋风除尘器等。重力沉降室（图 16-3）被用于从气流中分离较大的颗粒（直径通常大于100μm）。在沉降室中，颗粒受重力的作用从缓慢流动的气流中分离出来，并将沉积到仓底或集尘斗中，而气体继续流走。必须注意的是，气体离开沉降室时，出口气速要足够大，以确保残留在气流中的颗粒不再沉降，

图 16-3 重力沉降室

造成固体颗粒的堆积，从而堵塞管道的水平部分。重力沉降室具有结构简单、投资少、压力损失小的特点，维修管理较容易，而且可以处理高温气体。但是体积大，效率相对低，一般只作为高效除尘装置的预除尘装置，来除去较大和较重的粒子。例如一些电厂锅炉烟尘和耐火材料原料的粉尘处理，会选用重力沉降室。

惯性除尘器是使含尘气体与挡板撞击或者急剧改变气流方向，利用惯性力分离并捕集粉尘的除尘设备。由于运动气流中尘粒与气体具有不同的惯性力，含尘气体急转弯或者与某种障碍物碰撞时，尘粒的运动轨迹将分离出来使气体得以净化的设备称为惯性除尘器或惰性除尘器。

旋风除尘器（图 16-4）机理是使含尘气流作旋转运动，借助于离心力将尘粒从气流中分离并捕集于器壁，再借助重力作用使尘粒落入灰斗。

B 湿式除尘

湿式除尘也称为洗涤除尘。该方法是用液体洗涤含尘气流，使尘粒与液膜、液滴或气泡碰撞而被吸附，凝聚变大，尘粒随液体排出，气体得到净化。由于洗涤液对多种气态污染物具有吸收作用，因此它能净化气体中的固体颗粒物，又能同时脱除气体中的气态有害物质，某些洗涤器也可以单独充当吸收器使用。湿式除尘主要通过惯性碰撞、扩散、凝聚、黏附等作用来捕获尘粒。湿式除尘常用的有喷淋塔、填料塔、泡沫塔、卧式旋风水膜除尘器、中心喷雾旋风除尘器、水浴式除尘器、射流洗涤除尘器、文丘里洗涤除尘器（图16-5）等。湿式除尘器结构简单、造价低、除尘效率高，在处理高温、易燃、易爆气体时安全性好。不足是用水量大，易产生腐蚀性液体，产生的废液或泥浆进行处理，并可能造成二次污染。

与机械力除尘相同，湿式除尘主要也是针对含有大量大颗粒的工业废气的颗粒物分离过滤方法。但是现在也有一些空气净化器厂家把这一理念应用到室内颗粒物净化上，取得了很好的效果。

图 16-4　旋风除尘器　　　　　　　图 16-5　文丘里洗涤除尘器示意图

C 过滤除尘

过滤除尘是指综合利用纤维材料对颗粒物的拦截作用、惯性作用和扩散作用的除尘方法。这些纤维材质可以是纸质纤维、玻璃纤维、化学纤维以及活性炭材料等。根据过滤除尘器的形状，又可以分为筒式过滤器、卷绕式过滤器、袋式过滤器、板式过滤器几类。

人们在区分空气过滤器时，更多时候是按照它们的级别和过滤效率进行区分。在第16.5节中，我们会给出详细的空气过滤器分级和测试方法。

a 筒式过滤器

筒式过滤器（图16-6）主要用于汽车发动机进气过滤以及压缩空气系统中。筒式过滤器一般由外金属网层、内金属网层和滤芯组成。外金属网层和内金属网层组成了过滤筒骨架，在它们之间放置滤芯。筒式过滤器具有滤芯容易更换、过滤效率较高的优点。

最近天津大学利用筒式过滤器优点，开发出一种新型复叠壁挂式净化器（图16-7、图16-8)[14]。将过滤过程分为不同级别，针对不同污染物采用不同的滤速，将新风入口设计为光圈风阀，更好地进行无级调节，优化新回风比。

图 16-6　筒式过滤器

图 16-7　新型复叠壁挂式净化器外形

b　卷绕式过滤器

卷绕式过滤器通常是自动运行的。过滤介质可以是编织物或非织造合成布、玻璃纤维垫或类似材料，可能背后用网眼或加入稀松布用于额外的强度。过滤介质可以用特殊润湿液处理，以提高容尘量和过滤效率。布卷从上到下简单地卷绕，当全长已经运行时，用新的线轴替换。保持介质的卷绕过滤器框架的一部分被内置在分隔壁中，并且进入的空气被吸入介质中。卷绕式过滤器可以安装以垂直移动介质（图16-9）或水平移动（图16-10）。卷绕式空气过滤器同样适用于处理含有高浓度颗粒物污染物的工业气体。

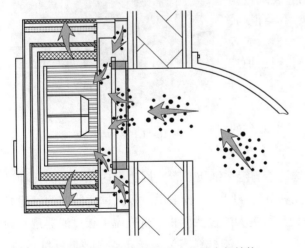

图 16-8　新型复叠壁挂式净化器内部结构

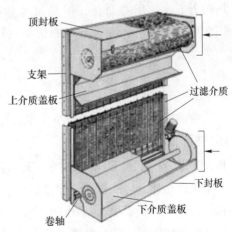

图 16-9　垂直式卷绕过滤器示意图

c　袋式过滤器

袋式过滤器是通风过滤净化系统中最常用的空气净化器种类之一。袋式过滤器的过滤

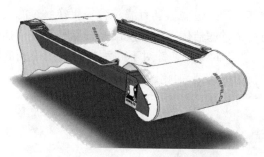

图 16-10　水平式卷绕过滤器示意图

介质呈圆筒形或者袋形，一端开口，一端封闭。从使用上讲，袋式过滤器在使用过程中气流方向可以是从袋内流出或者从外流入袋内，这样颗粒物可以在袋内部过滤或者袋外部过滤。虽然袋式过滤器可以单独使用，但是大多数情况下，是数十个袋式过滤器并排安装在前面板上，用于实现更大的容尘量（图 16-11）。

　　袋式过滤器的一个优点是由于并排使用多个袋式过滤器，它比普通的板式过滤器具有更大的过滤面积。袋式过滤器使用的过滤介质有浸渍纸、天然和合成无纺布以及玻璃纤维等。在工业应用中，为了提高过滤效率，袋式过滤器通常由合成纤维或者玻璃纤维制成。并且安装使其保持一定形状的间隔物（焊接网等）以防止袋式过滤器变形或被吹破。有时在袋式过滤器中也会使用多层过滤结构，最外层用于初步过滤以及保护内层过滤器；内层过滤器用于过滤更小颗粒物。

　　袋式过滤器的优点是过滤效率随着风量的变化不大，在风量是额定风量的 25%～150% 时，袋式过滤器都能保证一定的过滤效率[12]，这也就使得袋式过滤器非常适用于在变风量系统中使用。袋式过滤器阻力低、使用寿命长，但是过滤效率不会很高，因此可以作为空气过滤系统的初中效过滤器，或者作为预过滤器放置在高效过滤器之前，起到保护高效过滤器的作用。

图 16-11　多种袋式过滤器

　　d　板式过滤器

　　目前来说，在通风过滤净化系统中应用最多的还是板式过滤器。板式过滤器有标准尺寸的正方形和长方形，便于在工程实际中运用。过滤滤芯固定在纸质或者金属边框内。与上面几种过滤净化器相比，板式过滤器厚度较薄，能够节省空间。一般来说，板式过滤器内的过滤滤芯通常还会折叠成褶状（图 16-12），以便获得更大的过滤面积。低效率平板过滤器是一种常见的结构简单、价格低廉的空气过滤器品种。过滤材料多为无纺布或者玻璃纤维材料，外框多用比较廉价的硬纸板、镀锌钢板以及铝型材等。但是这种过滤器容尘量低、过滤效率低，多数情况下作为初效过滤器使用。

　　另外一种在通风净化过滤系统中常用的空气净化器是如图 16-13 所示的无隔板通风净

化器，它是介于袋式过滤器和板式过滤器之间的一种过滤器。同袋式过滤器相比，无隔板过滤器占用面积更小一些，在很多情况下，可以与袋式过滤器互换。

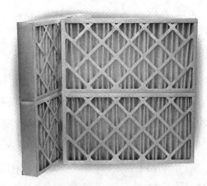

　　过滤效率更高级别的过滤器过滤滤芯会折叠成褶状或波纹状（图 16-14），以增大过滤面积，提高过滤器容尘量。在这些高效过滤器中，需要对褶皱或波纹进行支撑，以便其能够一层层分开。有一种过滤器是使用瓦楞状铝箔隔板分隔滤纸，

图 16-12　滤芯成褶状的低效率平板过滤器

这种过滤器叫做有隔板高效过滤器。另外一种是使用线装胶质物分隔滤纸，这种过滤器叫做无隔板高效过滤器。目前来看，无隔板高效过滤器有慢慢取代有隔板高效过滤器的趋势。

图 16-13　无隔板通风过滤器

图 16-14　滤芯成波纹状的高效过滤器

16.2.2　静电过滤技术及产品

　　静电过滤技术一般应用在工业气体净化中，在民用建筑中应用极少。20 世纪 30 年代后期，低臭氧型静电过滤器的研制成功使其在民用建筑中开始使用。直到 90 年代后期，随着人们对室内空气品质的逐渐重视，静电型空气净化器逐渐得以应用。随着静电过滤技术使用领域的不断扩大，静电过滤器的结构、性能和控制方式等也日臻完善。世界各国从事静电过滤技术的学者在静电过滤理论方面的研究也取得了很大进展，但仍滞后于实际应用。

　　静电过滤技术主要经历了三代发展：第一代是针式静电技术，主要应用在工业除尘领域，代表产品为蜂窝式静电除尘器；第二代是板式静电技术，主要应用在商用空气净化和厨房油烟净化领域，代表产品为电离丝式静电空气器和锯齿电离式静电空气净化器；第三代是微孔强电场静电技术，即 IFD 技术。2005 年美国的 Woodruff 等人首次提出强电场介质概念的静电集尘空气净化技术。后来，英国的 Darwin 公司发明了 IFD 技术，为目前已有除尘技术中最为先进、效率最高的一项技术，实用性极强。

　　静电过滤是使含尘气流中的粉尘微粒荷电，在电场力的作用下驱使带电尘粒沉降在收尘极板的表面上。与介质过滤不同，静电过滤的分离力直接作用于各粒子上，而不是通过

作用于整个气流上的力间接作用在粒子上。静电过滤器具有捕集效率高和能耗低两个重要的特点[15]。

它的工作原理如下：

（1）气体电离和电晕放电。由于辐射摩擦等原因，空气中含有少量的自由离子，单靠这些自由离子是不可能使含尘空气中的颗粒物充分荷电的。因此，静电过滤器内必须设置如图 16-15 所示的高压电场，放电极接高压直流电源的负极，集尘极接地为正极，在电场作用下，空气中自由离子要向两极移动，电压越高，离子的运动速度越快，由于离子的运动，板间形成电流。开始时，空气中的自由离子少，电流较小。电压升高到一定数值后，放电极附近的离子获得较高的能量和速度，当他们撞击空气中的中性原子时，中性原子会分解成正、负离子，这种现象称为空气电离。

空气电离后，由于连锁反应，在极间运动的离子数大大增加，表现为极间电流急剧增加，空气成了导体，这个电流称为电晕电流。放电极周围的空气全部电离后，放电极周围可以看见一圈淡蓝色的光环，这个光环称为电晕。

如果进一步提高电压，空气电离的范围逐渐扩大，最后极间空气全部电离，这种现象称为电场击穿。电场击穿后，发生火花放电，电路短路，静电过滤器停止工作。静电过滤器的电晕电流与电压的关系如图 16-16 所示，为了保证静电过滤器的正常运行，电晕的范围不宜过大，一般是局限于放电极附近。

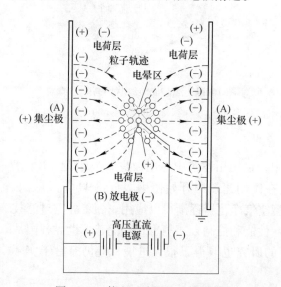

图 16-15　静电过滤器的工作原理

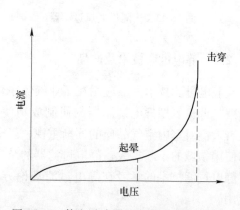

图 16-16　静电过滤器的电晕电流变化曲线

（2）颗粒物的荷电和收集。静电过滤器的空气电离范围称为电晕区，通常局限于放电极周围几毫米处，电晕区以外的空间称为电晕外区。电晕区内的空气电离后，正离子很快向放电极（阴极）移动，只有负离子才会进入电晕外区向集尘极（阳极）移动。含尘空气通过静电过滤器时，由于电晕区很小，只有少量的颗粒物在电晕区通过，获得正电荷，沉积在放电极上。大多数颗粒物在电晕外区通过，获得负电荷，最后沉积在集尘极上。

静电过滤器有不同的种类，按照不同的分类方法可分为[16]：

（1）按颗粒物荷电方式及分离区域，可分为单区和双区静电过滤器。

　　单区静电过滤器中，颗粒物的荷电和捕集是在同一区域中进行的，即放电极和集尘极都在一个区域，工业气体净化多用这种静电过滤器，通常采用稳定性强、可得到较高操作电压和电离的负电晕。双区静电过滤器具有前后两个区域，前区称电离区，颗粒物进入此区首先荷电，后区称为集尘区，荷电颗粒物在此区被捕集。双区静电过滤器主要用于空气调节系统的净化，通常采用产生的臭氧和氮氧化物较少的正电晕。

　　（2）按含尘空气在电场中的流动方向，可分为立式和卧式静电过滤器。

　　立式静电过滤器的气流是自下而上垂直运动的，一般用于流量较小，过滤效率要求不高的场合，立式静电过滤通常在正压下运行，占地面积小，现在应用较少。卧式静电过滤器内的气流是按照水平方向流动，与立式静电过滤器相比，它的优点是按照不同过滤效率的要求，可任意增加电场长度和电场个数，能分段供电，适合于负压操作，目前应用普遍。

　　（3）按集尘电极形式，可分为管式和板式静电过滤器。

　　管式静电过滤器一般多为立式布置，管的中心为放电极，管壁为集尘极，集尘电极的形状可做成圆形或六角形。板式静电过滤器一般多为卧式布置，集尘极为板式，放电极设置在一排排平行极板之间。

　　（4）按清灰方式，可分为干式和湿式静电过滤器。

　　干式静电过滤器通过振打清灰，方式简单但易引起二次扬尘。湿式静电过滤器通过喷雾或淋水等方法，将沉积在集尘极上的颗粒物清除下来，运行比较稳定，可避免二次扬尘，但产生二次污染。空调上通常使用干式静电过滤器。

　　为了使得静电过滤器有不同的过滤效果，人们设计出了针对静电过滤器的不同供电方式[17]：

　　（1）直流供电方式。静电过滤器使用的常规高压供电装置，一般都是由控制系统、变压器和整流器（T/R）装置组成，采用工频（50Hz/60Hz）交流电源。硅整流器被普遍应用，将交流电转换成高压直流电给静电过滤器供电。这种供电方式具有体积小、整流效率高、寿命长、机械性能好的优点，但电源效率低。

　　（2）间歇供电方式。间歇供电是在晶闸管控制电路上加了周期性的阻断电路。通过这个电路来控制晶闸管的关断，从而获得静电过滤器上的间歇电流。导通时间和关断时间可以通过调节器来手动调节或者通过自动控制电路来自动调节。电流值可以通过火花率控制或电流极限控制来自动调节。

　　间歇供电可降低极间平均电压，增强了清灰效果，减小极板平均积灰厚度，从而提高了电极放电性能，有效抑制反电晕的产生，故适于高比电阻粉尘和易产生反电晕的静电过滤器。间歇供电所消耗的平均功率远低于常规工频整流，能耗近似与占空比成正比，所以在高比电阻产生反电晕时，间歇供电表现出最好的减小能耗的效果。但间歇供电要求变压器的容量和瞬间输出功率提高且在低比电阻时，降低电场平均电压反而可能增大二次扬尘，故其应用有一定的局限性。

　　（3）脉冲供电方式。按照脉冲宽度的不同，脉冲供电可分为三类，Masuda 的微秒级以下的脉冲，Ion Physics 的 1~2μs 的脉冲和大量 50~500μs 的脉冲，其中最常见的是 50~

200μs 的脉冲；按照开关器件的不同，则可以分为晶闸管式，火花间隙和电力闸流管。按照脉冲波形的不同，可分为单脉冲，脉冲数目可达 8 个的衰减的脉冲组和震荡的窄脉冲；按静电过滤器的连接方式不同，则分为可直接将压脉冲连接至静电过滤器和通过脉冲变压器将低压脉冲调高后再连接至静电过滤器两种。脉冲供电的能耗只有直流供电时的 1/5～1/2，而且脉冲供电比直流供电能更好地抑制反电晕现象。

16.3 气态污染物净化技术

目前，室内空气的净化技术主要有过滤、吸附、低温等离子体、光催化、静电以及负离子等技术，另外一些新型空气净化技术如冷触媒、微生物技术等也有所报道。

16.3.1 室内气态污染物

气态污染物包括有机和无机污染物，主要指 SO_2、NO_x、O_3、NH_3、甲醛、挥发性有机物（VOCs）、氡气等[18]。它们使室内空气中各种有害物质的品种和浓度不断增加和提高，对人体造成严重危害。目前所谓的病态建筑综合征（SBS）、建筑物关联症（BRI）和化学物质过敏症（MCS）都与此有关。

（1）有机气态污染物。有机气态污染物主要由室内装饰材料、燃料燃烧过程、日用化学品、中央加热、制冷系统以及室外污染源等引起的[19]。室内装饰是有机气体污染物的主要来源。随着生活水平的提高，人们越来越重视室内装饰，但是绝大多数装饰材料，如绝缘材料、涂料以及各种家具的表面、墙壁、地板用油料等大多为化学物质，这些化学物质不断地向室内释放有机物气体，如 VOCs、甲醛、苯、二甲苯等，对人体健康造成危害。

（2）无机气态污染物。燃烧过程释放的 CO、SO_2、NO_x、O_3 等气体对人体也能造成严重危害[16]。CO 的毒性在于它与血红蛋白的亲和力，把血液中血红蛋白中的氧排放出来，引起中毒。SO_2 和 NO_x 主要通过氧化反应分别生成硫酸盐和硝酸盐二次颗粒物或者直接危害人体健康；CO_2 是评价室内和公共场所环境空气卫生质量的一项重要指标，严重时可导致 CO_2 中毒，甚至死亡；O_3 是由室内的各种电器如电视、复印机等使用过程产生的，主要刺激和损害深部呼吸道，甚至中枢神经系统。

（3）放射性气态污染物。氡作为放射性气体，也是室内空气污染物之一，主要来源于房屋的地基土壤和岩石、周围建筑、自来水、建筑材料、烹调和加热的气体等[19]。氡及其子体作为室内空气中的主要污染物是氡 222，其子代产物可以吸附于尘粒上而被吸入呼吸道，沉积在气管、支气管部位，部分深入到人体肺部引起肺癌等病症。有关研究表明即使是低浓度、长期暴露情况下，仍可导致肺癌发病率的上升。

室内污染物的类型是多种多样的，造成室内空气污染的原因也是多方面的，目前我国室内空气污染主要有：（1）建筑材料、装饰材料、家具和家用化学品释放的甲醛和挥发性有机污染物（VOCs）等有害气体。（2）各种燃料燃烧、烹调油烟及吸烟产生的 CO、NO_2、SO_2、甲醛、多环芳烃等污染物；室内淋浴和加湿空气产生的卤代烃等化学污染物。（3）家用电器和某些办公设备产生的臭氧。（4）室内环境是人们生活和活动的主要场所，人们每天有 80%～90% 的时间是在室内度过的，通过人体呼吸、汗液等排出氨类化合物、硫化氢、苯和甲苯等污染物。

16.3.2　吸附净化技术

16.3.2.1　吸附法净化室内空气的机理

按作用力的性质可分为物理吸附和化学吸附。物理吸附的产生基于分子间的范德华力，它相当于流体相分子在表面上的凝聚，不需要活化能且速度快，一般是可逆的；化学吸附的实质是一种发生在固体颗粒表面的化学反应，固体颗粒表面与吸附质之间产生化学键的结合，它反应需要活化能且速度慢，一般是不可逆的。

吸附热力学从热力学角度对吸附现象进行了研究[20]。设在定压下进行吸附的自由能变化为 ΔG，焓为 ΔH，熵变为 ΔS，则有下式：

$$\Delta G = \Delta H - T\Delta S \tag{16-1}$$

从吸附开始到吸附达到平衡状态，意味着系统的自由能减少，而表示系统杂乱程度的熵也减少。式（16-1）中 ΔH 常为负值。这说明吸附常常是一个放热过程。物理吸附时温度越低，吸附量越大。另一方面，在化学吸附中，吸附量与温度的关系，经常呈现极大值和极小值的关系。对气体来说，等量微分吸附热 q_{iso}：

$$q_{iso} = RT^2\left(\frac{\partial \ln p}{\partial T}\right) = -R\left[\frac{\partial \ln p}{\partial (1/T)}\right] \tag{16-2}$$

式中，q_{iso} 为等量微分吸附热；p 为蒸气压；T 为热力学温度。

微分吸附热 q_d：

$$q_d = q_{iso} - RT \tag{16-3}$$

反应热相当；与物理吸附热相比，化学吸附热是相当大的。这一理论不能解释微生物吸附。微生物吸附现象有以下几种：（1）细胞外富集；（2）细胞表面吸附或络合；（3）细胞内富集。其中细胞表面的吸附和络合对死活微生物都存在，而胞外和胞内的大量富集则往往要求微生物具有活性。在一个吸附体系中，可能会存在上述一种或几种机制。生物吸附机理的理解对于开发新型吸附材料、发展溶液浓缩、离子分离和回收都有很重要的意义，有待进一步研究。

16.3.2.2　吸附剂

吸附法是利用活性炭、分子筛、硅胶、活性氧化铝等具有吸附能力的物质吸附污染物，来达到净化室内空气的目的[21]。吸附法几乎适用于所有恶臭有害气体，且脱除效率高，是脱除有害气体常用的一种方法。用作吸附材料的物质主要为活性炭，它具有表面积大、吸脱速度快、吸附容量大等优点，但是活性炭纤维的应用仍处于探索阶段，性价比较低，影响了其应用范围。对于吸附方法而言，也存在着吸附饱和的问题，当吸附材料达到饱和状态时得注意及时对其进行更换，这也制约着该技术的广泛使用。

普通活性炭对室内气体的吸附多属于物理吸附，虽能够吸附几乎所有的气体，但是物理吸附的吸附能力极其微小，且活性炭是疏水性物质，缺乏对亲水性物质的吸附能力；另外，物理吸附稳定性很差，在温度压力等条件变化时容易脱附而造成二次污染。因此，研究开发高效的炭质吸附剂是室内空气净化剂的重要发展方向之一。目前活性炭技术与光催化技术联用是室内空气净化的一个新趋势。有研究分别选用活性炭纤维（ACF）和二氧化钛（TiO_2）作为吸附剂和光催化剂，对室内甲醛进行净化实验。结果表明 ACF、TiO_2 和

（ACF+TiO₂）混合材料均有一定的饱和净化量，并且（ACF+TiO₂）混合材料比 ACF 或 TiO₂ 单独作用的效果更好。究其原因，一方面借助 ACF 的强吸附作用，低浓度的甲醛在混合材料表面快速富集，加快了 TiO₂ 对甲醛的光催化降解速率；另一方面 TiO₂ 的光催化降解作用又促使 ACF 上所吸附的甲醛向 TiO₂ 表面迁移，使 ACF 的吸附能力得以恢复，实现了 ACF 的再生。此外，也有研究用活性炭纤维负载纳米 MnO₂ 进行了室内空气净化实验研究。实验以 KMnO₄ 和 NH₃·H₂O 为原料合成纳米 MnO₂，通过浸渍、高温焙烧处理将纳米 MnO₂ 颗粒负载于聚丙烯腈基（PAN）活性炭纤维表面，获得 ACF2MnO₂ 材料，结果表明该材料对甲苯具有良好的净化效果[5]。

16.3.2.3　吸附法的优点及主要存在问题

吸附法的优点为：

（1）应用范围广。不仅可以吸附空气中的多种污染成分，如固体颗粒、有害气体等，而且有些吸附剂（如 TiO₂、蛇纹石）本身具有抗菌、抑菌作用，可以消除空气中的致病微生物。应用场所不受限制，无论是在居室、厨房、厕所、办公室还是公共娱乐场所都适用。

（2）应用方便。吸附剂可以选择多种载体，操作起来方便可靠。只要同空气相接触就可以发挥作用。在油漆、涂料和布料中加入吸附型添加剂就可增加原有产品的功能。

（3）价格便宜。普通吸附剂价格不高又不需要专门设备，不消耗能量，应用起来比较经济[2]。

吸附法主要存在问题有：

（1）吸附机理的理论研究不足。各种吸附剂饱和吸附量不同，其估算模型也有区别，这方面的研究还不够深入。对近年来出现的仿生吸附，电石永久极体吸附等新的吸附方式，旧的吸附理论也不能做出令人满意的解释。

（2）单一吸附剂吸附效果差。应用于分离过程的吸附剂大多具有专一性，对某种或某类组分具有很好的吸附效果，但室内空气成分复杂，所需除去的物质种类不同、浓度差别大，这就需要开发具有较大吸附范围的新型吸附剂。

（3）吸附剂吸附能力补偿困难。物理吸附存在吸附饱和问题，吸附剂使用一段时间后吸附剂吸附能力达到饱和，就失去了吸附功能。化学吸附时，随着吸附剂的消耗，吸附剂的吸附能力也会变弱。因此，吸附剂吸附能力的补偿也是吸附法应用于空气净化所应解决的关键问题之一。

（4）二次污染问题。吸附剂吸附空气中的有机物后，如不能及时清理，在适当的条件下就会成为细菌病毒滋生的理想场所，从而造成更严重的二次污染[22]。

16.3.3　催化净化技术

催化净化法是在催化剂的作用下，将有害气体氧化分解成无害物质的一类方法的总称。催化净化法分为传统催化法、等离子体催化法和纳米材料光催化法等。室内空气污染物的浓度一般比较低，所以对于传统催化法而言，其运行费用比较高，因而应用范围有限。目前应用得比较好的有等离子体催化技术和纳米材料光催化技术。等离子体催化技术几乎对所有有害气体都有很高的净化效率，但是易产生 CO、O₃、NOₓ，需增加进一步氧化和碱吸收的后处理过程，且设备费用昂贵，因此在应用方面也有一定的局限性。纳米光催化技术是最新发展起来的技术，能耗低、操作简单、无二次污染，发展前景好。

16.3.3.1　光催化技术

光催化技术是指在紫外线的照射下，催化剂将气态污染物催化分解为二氧化碳和水的技术。典型的光催化装置包括两个最基本的部件：光催化材料与紫外灯光源。最常用到的催化剂是 TiO_2，ZnO 与 ZnO_2 也有应用。在室内空气净化领域，光催化技术是一种通用的空气净化技术，可以同时去除多种污染物，如醛类、芳烃、烷烃、烯烃、卤代烃、气味等。但是光催化氧化过程容易产生副产物，如甲醛、乙醛，这些副产物的危害甚至更大。因此，有研究认为光催化技术还不是可以真正应用于实际的成熟技术[23]。

16.3.3.2　热催化技术

热催化技术是指利用贵金属、过渡金属氧化物等催化材料，在加热条件下将 VOC 氧化为二氧化碳和水的技术[24]。Lahousse 等人对比了 $\gamma\text{-}MnO_2$ 与 Pt/TiO_2 两种分别代表过渡金属氧化物与贵金属的典型催化材料对 VOC（以正己烷、苯与乙酸乙酯三种不同性质的有机物为代表）的去除效果，在反应温度达到 200℃ 或更高时，两种材料对 VOC 的去除效率均能达到 90% 以上[25]。

通常条件下，反应温度需要达到 100℃ 或更高，对 VOC 的催化分解才会有明显效果[26]。因此，催化反应所需的高温环境严重限制了热催化技术在机舱环境的应用。目前热催化技术已有应用，美国某公司将 VOC 的催化分解与臭氧的催化分解相结合制备催化转化器，用于处理新风中的 VOC，但其主要作用是处理臭氧[27]。

16.3.4　低温等离子体技术

低温等离子净化法是在常温常压下利用高压放电来获得非平衡等离子体，大量高能电子的轰击会产生 ·O 和 ·OH 等活性粒子，一系列反应使有机物分子最终降解为 CO_2、H_2O。其催化净化机理包括两个方面：（1）在产生等离子体的过程中，高频放电产生的瞬时高能量破坏某些有害气体的化学键，使其分解成单原子或无害分子；（2）等离子体中包含了大量的高能电子、离子、激发态离子和具有强氧化性的自由基，这些活性粒子的平均能量高于气体分子的键能，它们和有害分子频繁碰撞，气体分子的化学键破裂生成单原子和固体颗粒，同时产生的 ·OH、·HO₂、·O 等自由基和 O_3 与有害气体分子反应生成无害产物。

16.3.4.1　等离子体净化气态污染物的原理

等离子体被称为物质的第四种形态，由电子、离子、自由基和中性粒子组成，是导电性流体，总体上保持电中性。按粒子温度，等离子体可分为热平衡等离子体和非平衡等离子体。热平衡等离子体中离子温度与电子温度相等，而非平衡等离子体中离子温度与电子温度不相等。一般电子温度高达数万度，而中性分子整个系统的温度仍不高，所以又称低温等离子体。按产生源，等离子体又可分为辐射等离子体和放电等离子体两类，其中放电法又有辉光放电、电晕放电、介质阻挡放电、射频放电、微波放电等方式。目前，脉冲电晕放电和介质阻挡放电在气态污染物净化方面的研究较为活跃。

有研究表明，等离子体对有害物质的脱除有以下两条途径：

（1）自由基作用于污染物分子。低温等离子体中含有大量的各种自由基，这些自由基化学性质非常活泼（如OH就是已知的活性最强的物质之一），极易与污染物分子发生反应，导致污染物分子的降解。

（2）高能电子直接作用于污染物分子。低温等离子中除了自由基外，还含有大量的自由电子。污染物分子的激发、离解的难易一方面取决于电子的能量，另一方面取决于分子内化学键的键能，键能最薄弱的地方最容易发生断裂。由于等离子体放电产生的高能电子具有较高的能量，足以使很多常见的污染物分子的某些位置的化学键断裂，直至最后降解：

$$e+ \text{污染物分子} \longrightarrow \text{各种碎片分子}$$

当污染物的浓度不高时，自由基对污染物的脱除起主要作用。但当污染物浓度较高时，由于高能电子与污染物分子直接碰撞的机会增多，途径（2）的作用也不可忽视。

等离子体中存在很多电子、离子、活性基和激发态分子等有极高化学活性的粒子，使很多需要很高活化能的化学反应能够发生，使常规方法难以去除的污染物得以转化或分解。研究表明，等离子体是一种效率高、能耗低、适用范围广的污染物净化手段[28]。

16.3.4.2 低温等离子体对挥发性有机物的去除

低温等离子体中含有大量的活性粒子，这些活性粒子与有机物气体分子碰撞，使其激发到更高的能级。激发的气体分子内能增加，可引起C—C、C＝C等化学键断裂并与其他物质发生化学反应，最终使有机物分子氧化降解为 CO_2、H_2O 等无害或毒性较小的小分子化合物。等离子体法处理挥发性有机物在世界范围内获得了广泛的研究和发展。T. Oda 等利用射频等离子体处理 CH_3Cl，采用线筒式反应器，反应器直径为 4.14cm，长 15cm，CH_3Cl 脱除率达到90%以上，主要反应产物为 H_2O、CO_2、CO、HCl 等小分子产物[29,30]。S. Masuda 等利用脉冲等离子体对三氯乙烯的降解进行了研究，发现三氯乙烯在较短的停留时间内（1~1.5s）即可达到完全降解，但对电源有较高的要求[31]。Young-Hoon Song 等将低温等离子体与吸附工艺相结合，在线筒式反应器中分别填充玻璃、微孔 γ-Al_2O_3 颗粒和混有 γ-Al_2O_3 颗粒的分子筛[32]，利用它们的吸附作用来改善低温等离子体对甲苯和丙烷的处理效果。研究结果表明，吸附作用提高了挥发性有机物的脱除效果，虽然随着温度的上升吸附能力有所下降，但脱除效果还是有所提高。

单一的等离子体对挥发性有机物的处理在能量利用等方面存在一定的局限性，为了更好地提高能量利用率和处理效果，有研究人员将等离子体技术与催化剂相结合，取得了很好的效果。浙江大学通过脉冲等离子体与催化剂相结合，在脉冲电压峰值 0~55kV、脉冲上升时间 300ns、脉冲重复频率75pps（脉冲次数/s）放电参数下，利用内径为 20mm、放电极均为直径 0.5mm 的 Ni-Cr 合金丝、反应器有效长度 500mm 的线筒式陶瓷管反应器和长度 120mm、宽度 85mm、放电极为直径 0.5mm 的 Ni-Cr 合金丝的线板式陶瓷板反应器，对苯、甲苯、三氯乙烯、二氯乙烷等的脱除进行了研究。结果表明，脉冲放电作用下催化剂对挥发性有机物的脱除有明显的促进作用，而且催化剂在陶瓷管中效果较好，其中，Mn、Fe 等的金属氧化物有较高的催化活性：在实验条件下可以使苯、甲苯、乙醇、二氯乙烷的去除率从 59%、41%、56%、25% 分别提高至 86%、65%、79%、34%，除二氯乙烷外，其余几种有机物的去除率提高量均可达 20% 以上[33,34]。

16.3.5　其他净化技术

（1）水洗净化技术。水洗净化通过水与空气的接触，使空气中的颗粒物以及水溶性物质溶入水中，水洗净化不仅能去除空气中的颗粒物和水溶性物质，还能加湿空气。主要方式有水箱、水幕、水帘净化；喷雾室内净化；水膜净化等。

（2）负离子技术。负离子技术是利用施加高电压产生负离子，借助凝结和吸附作用，附着在固相或液相污染物微粒上，形成大粒子并沉降下来。空气中的负离子不仅能使空气格外新鲜，还可以杀菌和消除异味。但空气中的负离子极易与空气中的尘埃结合，成为"重离子"，而悬浮的重离子在降落过程中，依然附着在室内家具、墙壁等物品上，不能清除污染物或将其排出室外。

（3）化学方法。利用生物工程技术，根据某些植物吸收甲醛的原理制成能主动捕捉游离甲醛并形成稳定的固态物质，包曳游离的甲醛分子，封闭污染物分子的释放。但甲醛等装修污染具有持续性，通常会持续 10~15 年，这种试剂只是在污染源外层形成一层保护膜，暂时封闭污染源。甲醛挥发的源头并没有得到解决，这层保护膜失效后，甲醛仍会大量释放出来。有些甲醛清除剂称能与甲醛发生化学反应，但如果甲醛清除剂与甲醛发生不完全反应，则有可能生成其他有害物质造成二次污染。

16.3.6　净化技术间的协同效应

利用净化技术间的协同效应能避免上述组合技术可能集中不同技术弱点的不利后果，所谓"协同效应"是指两种或多种技术联合使用的效果比每种技术单独作用的效果之和大的现象，净化技术间的耦合有利于将各自的性能优势更有效地发挥出来，或能克服各自在净化过程中的不利因素。协同效应下的净化技术如吸附-光催化技术、低温等离子体-光催化技术等。

16.3.6.1　吸附-光催化技术

通常情况下，室内污染物浓度较低，光催化反应速率较低。将多孔吸附剂与光催化剂联合使用，通过多孔吸附剂的吸附作用可以为光催化提供较高浓度的污染环境，提高催化反应速率，而光催化作用将吸附剂富集的污染物降解，实现吸附剂的原位再生。如被广泛关注和研究的 ACF（活性炭纤维）-TiO_2 光催化技术，活性炭吸附与光催化联合使用，可形成吸附-催化-吸附-催化的良性循环，从而实现对室内 VOCs 等污染物的高效净化。

16.3.6.2　低温等离子体-光催化技术

A　低温等离子体-光催化技术原理

等离子体中包含的离子、高能电子、激发态原子、分子及自由基都是高活性物质，它们可以加速通常条件下难以进行或速率很慢的降解反应，提高污染物的降解效果。同时，由于活性离子和自由基气体放电时，一些高能激发粒子向下跃迁产生紫外光，当光子或电子的能量大于半导体禁带宽度时，会激发半导体催化剂内的电子，使电子从价带跃迁至导带，形成具有很强活性的电子空穴对，并诱导一系列氧化还原反应的进行。光生空穴具有很强的捕获电子能力，可在催化剂表面形成羟基自由基，从而进一步氧化污染物。此外，催化剂可以选择性地与等离子体产生的中间副产物反应，得到理想的降解物质（如 CO_2 和 H_2O）。因此，低温等离子体与催化剂协同作用时比单一使用催化剂或等离子体具有更好的脱除效果，可以更加有效地减少副产物的产生，提高 CO_2 的选择性，进一步降低反应能耗。

  B 等离子体-光催化技术应用

  在处理难降解的 VOCs 气体方面，等离子体-光催化技术较传统方法具有适用浓度范围广、处理效率高、反应速率快、无二次污染等特点，且处理效果比单一的等离子体或催化氧化技术都有明显的提高。周飞等在自制的密闭容器内，采用纳米 TiO_2 与等离子体耦合降解甲醛，1h 后甲醛降解率达 60%。同时实验讨论了纳米 TiO_2、放电电极、电压对甲醛降解效率和出口臭氧浓度的影响，并验证了降解过程符合一级动力学规律。

  秦张峰等采用负载贵金属等活性成分的催化剂对甲苯气体进行等离子体催化脱除实验。实验表明，甲苯由于等离子体的作用，在室温条件下的转化率达到 93% 左右，明显低于催化剂单独作用时需要 250℃ 的要求；而未转化的部分在催化剂达到一定反应温度后还可以经催化氧化反应再次被脱除。梁亚红等采用 15% 莫来石、25% 石英和 50% 非晶相自制合成的陶瓷载体负载光催化剂处理苯气体，证明采用直径为 5mm 的陶瓷环负载纳米 TiO_2 催化剂时，处理浓度为 $1000mg/m^3$ 的含苯气体效率高达 94.9%。

16.4 微生物控制技术

16.4.1 室内微生物污染物

16.4.1.1 微生物对人的危害

  像 SARS、禽流感这些传染性疾病都是由致病菌引起的，致病菌通常包括细菌、病毒和真菌等[35]，通常都可以由呼吸使人群感染，使得空气生物颗粒污染称为空气污染的一个重要组成部分，与放射性污染、化学污染并称为三大污染[36]，造成各种呼吸道传染病、哮喘、病态建筑物综合征（Sick Building Syndrome，SBS）等[37]。研究表明，室内微生物污染对人体健康的影响比室外污染更为严重[38]，微生物污染所引发的安全问题日益受到广泛、高度的重视。

  造成人体呼吸系统微生物污染的污染源，是空气中含有的大量微生物气溶胶，就是悬浮于空气中的微生物所形成的胶体体系。微生物气溶胶的粒径谱也很宽，大约为 $0.002\sim30\mu m$[39]。空气中的生物颗粒主要有真菌、病毒、细菌、花粉和生物体有机成分等，主要来源有患有呼吸道传染病的病人、动物（啮齿动物、鸟、家畜等）、农业生产和环境等，在这些生物颗粒有的是造成人类呼吸道传染病的病原体，有的是过敏源。在这些致病微生物颗粒中，病毒有 200 多种，细菌有 25 种，放线菌有 10 种，真菌有 33 种[38]。

  被吸入的微生物颗粒由于大小不同而沉积于呼吸系统的不同位置。根据美国国家空气污染管理局（National Air Pollution Control Administration）制订的颗粒物空气品质标准，粒径大于 $10\mu m$ 的颗粒物几乎完全沉积于鼻咽部位，在 $2\sim5\mu m$ 范围内的颗粒物约 10% 沉积于支气管部位，粒径小于 2μm 的颗粒物主要沉积于肺泡组织中。当生物颗粒物粒径在 1～2μm 范围内时，大约有 50% 的颗粒物沉积在肺泡中，粒径越小沉积量越大[40]。这些生物颗粒污染物可造成人体免疫功能下降、过敏性哮喘，引发某些呼吸道传染病[38]。而由于人体的新陈代谢，一个成年人每年要掉 0.68kg 皮屑，这些粉屑在空气中飘浮并在居室内堆积，给室内环境造成污染[41]。在所有的室内微生物中（如细菌、真菌、霉菌等）对人体健康的影响最大的是细菌和真菌。细菌能破坏人体的一些重要功能如消化功能和免疫功能，真菌可引起人体感染，使人患上真菌皮肤病和内脏真菌病。人类活动会使室内空气中细菌粒子、真菌粒子的浓度和沉降量增加，尤其是在潮湿阴暗和通风不好的环境中，这种情况将更加严重。对于人体健康危害极大的病毒，其自身是不能生长与繁殖的，它一般需要寄生在细菌细胞内吸取养分和水分才能存活[42~46]。

16.4.1.2　微生物生存环境特征

由于微生物污染主要针对的是微生物气溶胶，对环境中微生物的特性初步的了解有助于研究微生物在空调系统中的过滤、繁殖。

微生物气溶胶广泛存在于大气中，从其形成到使人（群）体的感染是由其自身特性决定的，微生物与一般的颗粒物虽然在空气动力特性上比较相似，但是在其性状、形成方面具有很大的区别。

（1）来源的多相性。土壤（固体）不仅是微生物最大的繁殖场所，也是庞大的贮存体及发生源，风起，尘土飞扬将土壤中的无数微生物送入大气。水体（液体），不论是天然的雨、雪、露水，还是人为的自来水、洗涮水等各种各样的污水，都有无数微生物，在一定能量作用下，也可散发到环境及空气中。大气（气体），是微生物气溶胶的又一重要来源，时刻与室内进行着交换。

生物体，特别是人体，不仅是微生物极大的储存体、繁殖体，也是巨大的散发源。据测每人每分钟即使是静止状态下也可向空气散发 500～1500 个菌[47]。活动时散发的微生物就更多了。尤其是携带大量病原体的病人及带菌者，他们的体液形成的飞沫核向空气中散发的病原体就更大了。其次就是动物，例如直接接触污染物的各种昆虫播散出来的微生物气溶胶就更多了。另外，植物本身的表面可保存多种微生物，当其腐烂则可产生更多的微生物。

总之，土壤、水体、大气、人体、动物、植物是微生物气溶胶的六大来源，当然它们相互之间可以进行交换，再释放于空气中，这样使问题更加复杂。

（2）种类的多样性。大自然中的自然微生物主要是非病原性的腐生菌，据 Wright 在 1969 年报道，各种球菌占 66%，芽孢菌 25%，还有真菌、放线菌、病毒、蕨类孢子、花粉、微球藻类、原虫及少量厌氧芽孢菌[48]。甚至于笼统地讲：除了高度专性厌氧的繁殖体外，土地中有多少种微生物，空气中就有多少种微生物，因此由这几十万种微生物所形成的气溶胶种类自然不会少。

（3）活力的易变性。微生物气溶胶区别于物理气溶胶的一个重要特性就是其具有活性，从它形成的那一瞬间开始就处在不稳定的状态。影响微生物气溶胶存活的因素很多，主要有微生物的种类、气溶胶化前的悬浮基质、采样技术及在气溶胶老化过程中遇到的环境压力，包括气温、相对湿度、大气中的气体、照射等。

（4）活力微生物气溶胶播散的三维性。微生物气溶胶一旦发散后，就按它固有的三维空间播散规律运行。气溶胶的播散很复杂，受到的影响因素有很多，但在一些小环境中，主要受气流影响，其次是重力、静电、布朗运动及各种动量等。其结果是房间的污染和周围空气混合，并向上下左右前后三维空间运行，播散到邻近房间及一切空气可达到的环境。

（5）沉积的再生性。微生物气溶胶不像雨、雪水，一旦降下来就再也会不到大气中，而沉积在物体表面的粒子则不然，由于风吹、清扫、振动及各种器械作用，都可使其再扬起，产生再生气溶胶。

Hambraeus 指出[49]，再生气溶胶的扩散系数为 $3.5×10^3/m^2$。在一个相对稳定的室内，只要微生物气溶胶粒子保持活性，这种沉积—悬浮—再沉积—再悬浮的播散运动就不会停止，除非气溶胶中的微生物粒子与室外交换或失去活性。因此微生物气溶胶的传播与物表的接触传播有时是统一的，也是无法分开的。

（6）感染的广泛性。微生物气溶胶可以通过黏膜、皮肤损伤、消化道及呼吸道侵入机体，但主要是通过呼吸道感染机体。人类一刻也离不开空气，呼吸道的易感性、人类接触微生物气溶胶的密切性与频繁性都决定着感染的广泛性。

16.4.2　微生物控制方法及灭活技术

目前控制室内微生物污染的途径可分为如下几类：源头控制、通风稀释以及空气净化。

源头控制是最为有效和彻底的手段。针对微生物污染的各种源头，可以实施不同的手段。由于微生物寄生在尘粒上，Thad 建议从改善平时的卫生条件出发，对房间要经常性清扫，控制室内尘源以减少微生物载体[50]。对于由空调系统引起的微生物污染，我国已先后制订实施了空调通风系统清洗规范和公共场所集中空调通风系统卫生规范[51,52]，要求必须对空调通风系统的风道和其他设备进行定期检查清洗，对过滤器进行定期更换，控制材料的含湿量，并且使潮湿材料快速干燥可以有效地降低或防止建筑材料表面滋生霉菌的最为有效方法。有机杀灭剂或金属杀灭剂已被广泛地应用于防霉中。但这些产品的有效性持续时间短，且本身均有毒性，对人体健康造成危害。

通风稀释是最常用的方法，该方法在大多数条件下是有效的，但也存在一些问题：仅降低室内污染物的浓度，但并不能完全去除微生物颗粒，同时，建筑能耗以及室外新风质量使通风方式的应用备受限制。另外，若空调通风系统已被污染，增加系统通风量不但不能降低污染，反而会加重污染[53]。

目前去除微生物污染的空气净化技术种类繁多，如过滤、正压空气、紫外线杀菌、臭氧杀菌和其他化学方法技术[54,55]。过滤除菌方法能有效的滤下微生物颗粒但并不能将微生物杀灭，只是暂时将微生物颗粒从空气中转移到滤料等介质上。这需要合理的维护管理，否则当积尘量达到一定程度后，加之存在各种有机营养物质，微生物会大量繁殖，成为一个新的污染源；紫外光照射具有较强的杀灭作用，尤其是短波紫外 UVC。但紫外光对人体细胞有危害性，在应用中有所限制；而臭氧和其他化学杀菌方式利用自身的强氧化性对细菌、病毒、真菌等均有杀灭作用，但臭氧也对人体有害，标准中给出的室内允许值要求不大于 $0.16mg/m^3$（1h 平均值）[36]，一般的臭氧消毒设备的臭氧产量都远超过该值，因此，在使用过程中应严禁人机同室。

对于杀菌方法可分为物理法，化学法和生物法。物理法主要有过滤法、紫外线法、臭氧法、纳米光催化法、微波法等。化学方法主要是熏蒸消毒，如甲醛、戊二醛等。生物主要有溶酶菌杀菌、噬菌体杀菌。

16.4.2.1 物理法

A 过滤法

滤料对空气中颗粒物的过滤是一个十分复杂的过程，只有通过在最简单最初级的基础上分析此过滤过程，才能得到各个参数，如气溶胶颗粒粒径 d_p、滤料填充率 α、滤速 U_0 以及纤维直径 d_f，对过滤效率的影响情况，因此将对整张滤料过滤机理的研究简化到滤料内部垂直于气流方向的单根纤维对颗粒物过滤机理的研究，而且假定颗粒物为球形，纤维表面光滑，认为一旦粒子被纤维捕获，就不会脱离纤维再次随气流运动，以简化研究过程。

纤维对空气中颗粒物的过滤机理主要有五种[48]：拦截效应、惯性效应、扩散效应、重力效应和静电效应，由于最终研究的对象为空气中的微生物粒子，而且主要研究对象为玻璃纤维滤料，为非荷电过滤材料，因此忽略静电效应。其余拦截效应、惯性效应、扩散效应、重力效应见 16.2.1.1 节。

B 纳米光催化法

利用紫外线的照射 TiO_2 纳米材料，在纳米材料表面产生羟基自由基，羟基自由基与空气中的污染物发生氧化反应，实现对空气的消毒。该方法可以去除许多难以降阶的污染物，为广谱性消毒措施，可同时杀死细菌、真菌和病毒；但该方法受光催化材料活性限制，可产生臭氧和微量一氧化碳等有害物质。

光催化反应降解 VOCs 的本质是在光电转换中进行氧化还原反应。根据半导体的电子结构，当半导体（光催化剂）吸收一个能量大于其带隙能（E_g）的光子时，电子（e）会从充满的价带跃迁到空的导带，而在价带留下带正电的空穴（h^+）。价带空穴具有强氧化性，而导带电子具有强还原性，它们可以直接与反应物作用，还可以与吸附在光催化剂上的其他电子给体和受体反应。例如空穴可以使 H_2O 氧化，电子使空气中的 O_2 还原。这里以 TiO_2 催化剂为例，图 16-17 所示为其反应原理，TiO_2 的带隙能 E_g 为 3.2eV，只有波长小于 380nm 的紫外光才能激发 TiO_2：产生导带电子和价带空穴，导致有机物的氧化和分解。

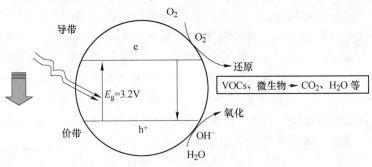

图 16-17 光催化反应示意图

已被实验验证的杀菌机理有以下几种：

辅酶 A（Coenzyme A，CoA）的氧化：研究认为，光催化过程中，细胞内参与细胞呼吸过程酶反应的辅酶 A 同时被氧化，从而抑制了生物细胞的呼吸作用，并最终造成了微生物的杀灭[56,57]。

细胞结构的破坏：研究认为杀灭过程是细胞壁和细胞质膜先后被氧化破坏致使各自的半渗透性丧失，且细胞质膜的破坏导致了细胞内大分子颗粒，如蛋白质和 RNA 等的泄漏，而 TiO_2 同时可以进入细胞内部，对内部蛋白质进行氧化破坏，最终致使细胞失活[58~62]。通过电镜观察（EM），可以逐次观测到上述破坏过程及相应部位的变化情况，在更长的氧化作用下，细胞能完全分解并从 TiO_2 表面消失[63,64]。Jacoby 等人研究结果证明失活微生物细胞最后分解成为 CO_2 和水蒸气[65]。

核酸的破坏：核酸是众多潜在降解物质中重要的一种。核酸破坏后，DNA 的复制和诸多代谢机能便受到抑制，以致细胞完全失活[56,66]。微生物代谢过程中产生的内毒素也在光催化降解过程中得以分解。

在光催化过程中，紫外光对微生物同样具有杀灭作用。UVC 的消毒特性已被广泛应用，而 Oguma 等人提出，长波紫外光（320~400nm）能在细胞内部激发感光分子产生活性氧化颗粒，如 O_2^-、H_2O_2 等，使基因组和其他细胞内部分子破坏抑制生长[67]。

C 微波杀菌

微波是一种电磁波。微波包括的波长范围一般指分米波、厘米波和毫米波三个波段，也就是波长从 1mm 到 1m 左右的电磁波。在 20 世纪 30 年代发现微波对微生物有杀灭作用。40 年代证明用 28MHz 的高频电场对啤酒进行巴斯德（Pasteurization）消毒获得成功，于是导致高频介质加热消毒方法的兴起。在 1945 年发现微波也有使介质温度升高的特性，由于微波加热比高频加热速度快，所以更引人关注。70 年代以来，微波消毒研究逐渐深入，经过数十年的研究和发展，目前微波消毒技术已逐渐成为一种新型的物理技术。关于微波加热和消毒，各国有专用波段（频率）。目前消毒中常用的频率为 915±25MHz 及 2450±50MHz，其波长均属于分米波。

微波消毒的机理有两种：热效应和非热效应。微波的热效应指的是物质分子特别是生物分子或水分子受到微波照射时，分子内部会产生激烈运动，使分子两端带不同电荷形成偶极子。这种偶极子在交变电场中高速运动引起相互摩擦从而使电磁能转变成热能，使被照射的物体迅速升温，致使生物体死亡。研究发现，微波杀菌作用是伴随温度升高而加强。若在微波场中阻止物体升温如在菌液中加冰块或加入其他冷却剂则微波即显不出杀菌作用。非热效应则是在研究发现，微波加热与普通加热在相同时间内所获得杀菌效果不同。试验时，微波照射 1.5min，升温至 92℃ 可以杀灭枯草芽孢杆菌；而普通加热升温至 100℃，作用 15min 方可达到相同效果。李荣芬等研究证明，用 650W 微波灭菌器照射 150s，升温至 71℃，可杀灭枯草杆菌黑色变种芽孢 99.9% 以上；而普通加热升温 71℃ 并持续 150s 对枯草杆菌黑色变种芽孢只能杀灭 24.9%。上述结果充分说明，微波照射与普通加热比较，在相同温度和时间内，前者杀菌能力明显强于后者。由此完全可以认为微波杀菌确实存在非热的生物学效应[68]。

D 等离子杀菌

利用波长为 0.077~1mm 的电磁波照射物体，产生热效应，来杀死物体表面的细菌病毒。该方法不需要空气传导，对空气加热小，但能耗相对大。等离子体是气、液、固三态以外，物质存在的第四态，它是在高压作用下电离形成的由原子、离子、电子、自由基粒子等组成的混合体。

其杀菌的主要机理是，等离子体中活性粒子与细胞膜或者病毒衣壳发生反应，使细菌或者病毒从器械的表面脱落下来，并将其杀死。但这种杀菌方式存在一定的问题，处理量小，会产生臭氧、氮氧化物对人体造成危害并且能耗较大。

E　其他杀菌方式

采用物理方式的微生物控制技术还有臭氧法、静电法、纳米银杀菌法等。

臭氧法是一种比较传统的微生物控制手段。其直接与病毒、细菌的结构组织发生反应，破坏其新陈代谢，从而达到杀菌消毒效果；另外，臭氧通过其较强的渗透能力，渗透到细胞膜组织，作用于细胞膜内的蛋白质、糖类，使细菌发生病变死亡。

静电作用于水，产生了超氧阴离子自由基 O_2^- 和 H_2O_2 等，能杀灭水中细菌。当电场长期作用时，使水中的具有强氧化作用的物质发挥作用，渐渐破坏了微生物的生物膜和细胞核，导致其破裂。

纳米银杀菌时会释放 Ag^+，产生活性氧；另外，其与细胞膜直接接触并破坏其细胞完整性，并且会使细胞膜通透性的改变；与蛋白质结合还会干扰其正常功能。

16.4.2.2　化学法

熏蒸法以表面消毒为主，分为醛类、酚类、醇类、碱、盐类等。醛类的杀菌机理是使蛋白变性或烷基化；杀菌特点是对细菌、芽孢、真菌、病毒均有效，但温度影响较大，如甲醛、戊二醛等。酚类的杀菌机理是使蛋白变性、沉淀或使酶系统失活；杀菌特点是对真菌和部分病毒有效。醇类的杀菌机理是使蛋白变性，干扰代谢；杀菌特点是对细菌有效，对芽孢、真菌、病毒无效，如乙醇、乙丙醇等。该类消毒剂为中效消毒剂，只能用于一般性消毒。碱、盐类的杀菌机理是使蛋白变性、沉淀或溶解；杀菌特点是能杀死细菌繁殖体，但不能杀死细菌芽孢、病毒和一些难杀死的微生物，杀菌作用弱，有强腐蚀性，只能作为一般性预防消毒液，如硝酸、火碱、食盐等。卤素类的杀菌机理是氧化菌体中的活性基因，与氨基结合使蛋白变性；杀菌特点是能杀死大部分微生物，以表面消毒为主，性质不稳定，杀菌效果受环境条件影响大；如次氯酸钠、"84"消毒液、优氯净等。该类消毒剂为中效消毒液，可以作为一般消毒剂使用。表面活性剂类的杀菌机理是改变细胞膜透性，使细胞质外漏，妨碍呼吸或使蛋白酶变性；杀菌特点是能杀死细菌繁殖体，但对芽孢、真菌、病毒、结核病菌作用差，碱性、中性条件下效果好，如新洁尔灭、百毒杀等。该类消毒剂为中低效消毒剂，可以作为一般消毒剂使用。

16.4.2.3　生物法

A　噬菌体杀菌

噬菌体是杀细菌的病毒，毒性噬菌体是细菌的天然"杀手"，噬菌体对细菌的破坏分两步进行：（1）吸附识别。不同的噬菌体吸附宿主菌的部位不同，有尾噬菌体多以尾丝吸附其宿主菌的外膜蛋白，大多数噬菌体如 λ 噬菌体和 P22（一种伤寒沙门氏菌噬菌体）等则吸附于细菌的细胞壁组分，例如革兰氏阳性菌细胞壁中的磷壁酸与多糖成分，革兰氏阴性菌细胞壁中的脂多糖或蛋白质成分；丝状噬菌体多吸附于细菌的性菌毛上。（2）溶菌。通过对噬菌体的溶菌基因及溶菌过程的研究，可以初步认为，噬菌体对其宿主菌的溶解是由专一溶解基因编码的特异性蛋白或噬菌体自身蛋白介导的溶解系统统一完成的，这一溶解系统具有完整、精密的调节机制和控制体系，而且其作用基质多集中在宿主菌细胞壁上，噬菌体蛋白通过不同的途径影响和破坏宿主胞壁质的生物合成及正常结构，从而导致噬菌体宿主菌细胞损伤死亡。

B　溶菌酶杀菌

溶菌酶是一种碱性球蛋白，分子中碱性氨基酸、酰胺残基和芳香族氨，酸的比例较高，酶的活动中心是天冬氨酸和谷氨酸。

溶菌酶是一种专门作用于微生物细胞壁的水解酶，称包胞壁质酶或 N-乙酰胞壁质聚糖水解酶，它专一地作用于肽多糖分子中 N-乙酰胞壁酸与 N-乙酰氨基葡萄糖之间的 β-1，4 键，从而破坏细菌的细胞壁，使之松弛而失去对细胞的保护作用，最终使细菌溶解死亡。也可以直接破坏革兰氏阳性菌的细胞壁，而达到杀菌的作用，这主要是因为革兰氏阳性细菌的细胞壁主要是由胞壁质和磷酸质组成，其中胞壁质是由杂多糖和多肽组成的糖蛋白，这种多糖正是由 N-乙酰胞壁酸与 N-乙酰氨基葡萄糖之间的 β-1，4 键联结的。对某些革兰氏阴性菌，如埃希氏大肠杆菌、伤寒沙门氏菌，也会受到溶菌酶的破坏。溶菌酶是母乳中能保护婴儿免遭病毒感染的一种有效成分，它能通过消化道而保持其活性状态，溶菌酶还可以使婴儿肠道中大肠杆菌减少，促进双歧杆菌的增加，还可以促进蛋白质的消化吸收。

清华大学通过溶菌酶合成了一种新的材料[69]，溶菌酶氢氧化物纳米复合材料（LYZeLDHs）。其通过首次在 LDH 中插入 LYZ 制备的。使用金黄色葡萄球菌作为靶标评价其抗菌活性。还研究了除菌机理。通过 X 射线衍射和傅里叶变换红外光谱分析 LYZeLDHs 的表征，表明 LYZ 成功插入 LDH，压缩变形，无二次结构变化。LYZeLDHs 对金黄色葡萄球菌表现出极好的杀菌效果。发现 LYZeLDHs 的抗菌性能受 LYZ/LDH 比和含细菌含水量的 pH 值影响。LYZ/LDH 质量比为 0.8 的 LYZeLDH 的细菌去除效率在 pH = 3~9 的范围内始终高于 94%。LYZeLDHs 通过 LDH 吸附细菌到其表面，然后用固定的 LYZ 杀死它们。这种新材料综合了 LYZ 的杀菌能力和 LDH 的吸附能力。此外，LYZeLDHs 的抗菌能力是持续性的，不受吸附能力的限制。

16.5　空气（颗粒物）过滤器分级及测试

对于空气过滤器的分级和测试方法，不同的国家或者行业有不同的规定标准。这些标准中通常会详细规定分级和测试中需要使用的仪器、尘源、使用条件、评价参数等。同一空气过滤器，用不同的国家或行业标准评价出来都不尽相同[12]。这样就会给大家评价和选择空气过滤器带来一定的困扰。本节将简要比较空气过滤器多个分级标准的异同，然后以国内行业主流标准为例，说明空气过滤器测试方法。

16.5.1　一般通风过滤器与高效空气过滤器

空气（颗粒物）过滤器一般可以分为一般通风过滤器与高效空气过滤器两大类。一般通风过滤器包括袋式过滤器、低效率板式过滤器等（图 16-18）。一般通风过滤器通常用于居住建筑、商业建筑等对空气洁净度要求不是特别高的场合或者在多级串联过滤器组合中用于高效空气过滤器的前端，起到保护高效空气过滤器的目的。而高效空气过滤器（图16-19）多用于药厂、食品加工厂的洁净室等对空气洁净度有严格要求的场合。关于一般通风过滤器与高效空气过滤器的更多特点详见第16.2节。

图 16-18　一般通风过滤器　　　　　　图 16-19　高效空气过滤器

16.5.2　空气（颗粒物）过滤器分级标准

我国现行的关于空气过滤器的标准有两个，分别是 GB/T 14295—2008《空气过滤器》标准[70]和 GB/T 13554—2008《高效空气过滤器》标准[71]。

其中 GB/T 14295—2008《空气过滤器》标准是针对一般的空气过滤器的，它把一般的空气过滤器按性能分为四类：粗效过滤器，中效过滤器，高中效过滤器和亚高效过滤器。按照标准要求，这四类空气过滤器在额定风量下的效率和阻力值见表16-2。标准中规定，过滤器效率测试的尘源为多分散固相氯化钾（KCl）粒子，测试使用的仪器为光学粒子计数器。

表 16-2　过滤器额定风量下的效率和阻力（GB/T 14295—2008）

性能	代号	迎面风速 /m·s⁻¹	额定风量下的效率 E /%		额定风量下的初阻力/Pa	额定风量下的终阻力/Pa
亚高效	YG	1.0	粒径≥0.5μm	99.9>E≥95	≤120	240
高中效	GZ	1.5	粒径≥0.5μm	95>E≥70	≤100	200
中效1	Z1	2.0	粒径≥0.5μm	70>E≥60	≤80	160
中效2	Z2	2.0	粒径≥0.5μm	60>E≥40	≤80	160
中效3	Z3	2.0	粒径≥0.5μm	40>E≥20	≤80	160
粗效1	C1	2.5	粒径≥2.0μm	E≥50	≤50	100
粗效2	C2	2.5	粒径≥2.0μm	50>E≥20	≤50	100
粗效3	C3	2.5	标准人工尘计重效率	E≥50	≤50	100
粗效4	C4	2.5	标准人工尘计重效率	50>E≥10	≤50	100

GB/T 13554—2008《高效空气过滤器》标准是针对高效过滤器的。它把高效过滤器细分为高效空气过滤器和超高效空气过滤器。这些过滤器按效率和阻力的高低又分为 A ~ F 六类。这六类空气过滤器在额定风量下的效率和阻力值见表 16-3 和表 16-4。

表 16-3　高效过滤器效率和阻力（GB/T 13554—2008）

类别	额定风量下的钠焰法 效率 E/%	20%额定风量下的 钠焰法效率 E/%	额定风量下的初阻力 /Pa
A	$99.99 > E \geqslant 99.9$	无要求	≤190
B	$99.999 > E \geqslant 99.99$	99.99	≤220
C	$E \geqslant 99.999$	99.999	≤250

表 16-4　超高效过滤器效率和阻力（GB/T 13554—2008）

类别	额定风量下的计数法效率 E/%	额定风量下的初阻力/Pa	备　注
D	99.999	≤250	扫描检漏
E	99.9999	≤250	扫描检漏
F	99.99999	≤250	扫描检漏

标准中规定，高效空气过滤器和超高效空气过滤器应在额定风量下检查过滤器是否有泄漏。在大多数情况下，宜选择扫描检漏来判断过滤器是否存在局部渗漏缺陷。而当过滤器的形状不便于进行扫描检漏试验时，可采用其他方法（如烟缕目测检漏试验等）进行检漏试验。过滤器渗漏的不合格判定标准见表 16-5。

表 16-5　过滤器渗漏的不合格判定标准（GB/T 13554—2008）

类别	额定风量下的效率 E /%	定性检漏试验下的局部渗漏 限值粒/采样周期	定量试验下的局部 透过率限值/%
A	99.9（钠焰法）	下游大于等于 0.5μm 的微粒采样计 数超过 3 粒/min（上游对应粒径范围 气溶胶浓度应不低于 3×10^4/L）	1
B	99.99（钠焰法）		0.1
C	99.999（钠焰法）		0.01
D	99.999（计数法）	下游大于等于 0.1μm 的微粒采样计 数超过 3 粒/min（上游对应粒径范围 气溶胶浓度应不低于 3×10^6/L）	0.01
E	99.9999（计数法）		0.001
F	99.99999（计数法）		0.0001

此外在国际上比较广泛使用的空气过滤器标准还包括：欧洲的 EN 779：2012[72] 和 EN 1822：2009[73] 标准，前者是针对一般通用过滤器的，后者是针对高效过滤器的；美国建筑技术协会的 ASHEAE 52.1：1992[74] 和 ASHRAE 52.2：2012[75] 标准；以及 ISO 29463：2011[76] 标准。包括中国国家标准 GB/T 14295—2008 和 GB/T 13554—2008 在内的这些标准，在过滤器分级测试所用尘源、测试仪器以及相应的效率等诸多方面都存在着不同。表 16-6 总结了不同标准中过滤器效率测试所规定用尘源种类；表 16-7 ~ 表 16-9 分别总结了欧洲标准、ASHRAE 标准和 ISO 标准对于过滤器分级效率的规定。

表 16-6　不同标准中过滤器效率测试中尘源种类

标 准 名 称	尘 源 种 类
GB/T 14295—2008	KCl
GB/T 13554—2008	DOP，DEHS，PSL 等
EN 779：2012	DEHS
EN 1822：2009	DEHS，PAO，石蜡油等
ASHRAE 52.2：2012	KCl
ISO 29463：2011	DOP，PAO，PSL 等

表 16-7　EN 779：2012 和 EN 1822：2009 标准额定风量下效率规定

标准	EN 779：2012		EN 1822：2009
分级	计重效率/%	对于 0.4μm 颗粒物计数效率/%	MPPS 效率/%
G1	$50 \leqslant A_m < 65$		
G2	$65 \leqslant A_m < 80$		
G3	$80 \leqslant A_m < 90$		
G4	$90 \leqslant A_m$		
M5		$40 \leqslant E_m < 60$	
M6		$60 \leqslant E_m < 80$	
F7		$80 \leqslant E_m < 90$	
F8		$90 \leqslant E_m < 95$	
F9		$95 \leqslant E_m$	
E10			$85 \leqslant E < 95$
E11			$95 \leqslant E < 99.5$
E12			$99.5 \leqslant E < 99.95$
H13			$99.95 \leqslant E < 99.995$
H14			$99.995 \leqslant E < 99.9995$
U15			$99.9995 \leqslant E < 99.99995$
U16			$99.99995 \leqslant E < 99.999995$
U17			$99.999995 \leqslant E$

表 16-8　ASHEAE 52.1：1992 和 ASHRAE 52.2：2012 标准额定风量下效率规定

标准	ASHRAE 52.2：2012			ASHEAE 52.1：1992
MERV 分级	0.3~1.0μm	1.0~3.0μm	3.0~10.0μm	计重效率/%
1			$E_3 < 20$	$A_m < 65$
2			$E_3 < 20$	$65 \leqslant A_m < 70$
3			$E_3 < 20$	$70 \leqslant A_m < 75$
4			$E_3 < 20$	$75 \leqslant A_m$
5			$20 \leqslant E_3 < 35$	

标准	ASHRAE 52.2：2012			ASHEAE 52.1：1992
MERV 分级	$0.3 \sim 1.0 \mu m$	$1.0 \sim 3.0 \mu m$	$3.0 \sim 10.0 \mu m$	计重效率/%
6			$35 \leqslant E_3 < 50$	
7			$50 \leqslant E_3 < 70$	
8			$70 \leqslant E_3$	
9		$E_2 < 50$	$85 \leqslant E_3$	
10		$50 \leqslant E_2 < 65$	$85 \leqslant E_3$	
11		$65 \leqslant E_2 < 80$	$85 \leqslant E_3$	
12		$80 \leqslant E_2$	$90 \leqslant E_3$	
13	$E_1 < 75$	$90 \leqslant E_2$	$90 \leqslant E_3$	
14	$75 \leqslant E_1 < 85$	$90 \leqslant E_2$	$90 \leqslant E_3$	
15	$85 \leqslant E_1 < 95$	$90 \leqslant E_2$	$90 \leqslant E_3$	
16	$95 \leqslant E_1$	$95 \leqslant E_2$	$95 \leqslant E_3$	
17	$\geqslant 99.97$（$0.3 \mu m$）			
18	$\geqslant 99.99$（$0.3 \mu m$）			
19	$\geqslant 99.999$（$0.3 \mu m$）			

表 16-9　ISO 29463：2011 标准额定风量下效率规定

效率/%	MPPS 法分级	
99.95	ISO 35（H）	
99.99	ISO 40（H）	ISO 40（U）
99.995	ISO 45（H）	ISO 45（U）
99.999		ISO 50（U）
99.9995		ISO 55（U）
99.9999		ISO 60（U）
99.99995		ISO 65（U）
99.99999		ISO 70（U）
99.999995		ISO 75（U）

注：H 指高效过滤器；U 指超高效过滤器。标准中同时规定，对于超高效过滤器还需要进行检漏测试。

　　由表可以看出，不同标准在进行空气过滤器分级评价时，所用的尘源、评价指标、评价数值等都均不相同。为了便于大家比较不同的标准，本书采用了许钟麟先生在其著作《空气洁净技术及其在洁净室中的应用》[77]中给出的不同标准中空气过滤器级别的大致对应图表，见表 16-10。

表 16-10　不同标准中空气过滤器级别对应关系

GB/T 14295 和 GB/T 13554	EN779 和 EN1822	ASHRAE MERV
初效 4	G1	1
初效 3	G1	2~4
初效 2	G2	5~6
初效 1	G3	7~8
中效 3	G4	9~10
中效 2	M5	11~12
中效 1	M6	13
中高效	F7	14
中高效	F8	15
中高效	F9	15
亚高效	H10	16
亚高效	H11	16
高效 A	H12	17
高效 A	H13	17
高效 B	H14	18~19
高效 C	U15	19
高效 D	U16	
高效 E/F	U17	

16.5.3　空气（颗粒物）过滤器分级测试方法

关于一般空气过滤器的分级方法，我国大多数过滤器生产厂家采用欧洲的 EN 779 标准进行测试分级。而关于高效过滤器的性能检测，欧洲标准 EN 1822 所推荐的 MPPS 法[73]在国际上逐渐占据主流[78]，我国大多过滤器生产厂家都采用这一方法对高效过滤器进行出厂检验[79]。因此，本书主要介绍 EN779 和 EN1822 中规定的空气过滤器分级测试方法。

EN 779：2012 标准由 CEN（欧洲标准化委员会）于 2012 年 4 月颁布实施。EN779 标准规定的试验过程由 EN 779：1993 和 Eurovent 4/9：1997 发展而来。保留了 EN 779：1993 中试验台的基本设计，但摒弃了测量大气气溶胶不透明度的"比色法"试验装置。标准采用 DEHS 气溶胶（或等效物质），气溶胶在被试过滤器上游风道均匀分散，利用光学粒子计数器（OPC）分析上、下游有代表性的气样，得出过滤器粒径效率数据。图 16-20 给出了过滤器实验台的示意图。气溶胶采样系统示意图如图 16-21 所示。

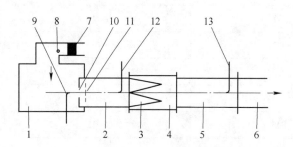

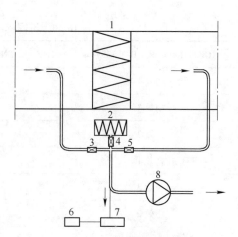

图 16-20　一般空气过滤器实验台简图

1，2，5，6—试验台管段；3—被试过滤器；

4—含被试过滤器的管段；7—HEPA 过滤器（至少 H13 级）；

8—DEHS 粒子注入点；9—负荷尘注入口；

10—混合孔板；11—筛板；12—上游采样头；

13—下游采样头

图 16-21　气溶胶采样系统示意图

1—过滤器；2—HEPA 过滤器（洁净空气）；

3—上游阀门；4—洁净空气阀门；

5—下游阀门；6—计算机；

7—粒子计数器；8—辅助泵

按照标准要求，需要分别测试过滤器在初始状态下和容尘状态下的效率以及相应的阻力值。

（1）初阻力。记录 50%、75%、100% 和 125% 额定风量下的初阻力值，绘制阻力依风量变化的曲线。按空气密度 1.20kg/m³ 的情况对阻力读数进行修正。

（2）初始效率。对于某给定粒径档（处于两个粒径界之间的所有粒子），按下式计算效率 E：

$$E = \left(1 - \frac{n_i}{N_i}\right) \times 100\% \qquad (16-4)$$

式中　n_i——过滤器下游粒径档"i"的粒子数，个；

　　　N_i——过滤器上游粒径档"i"的粒子数，个。

绘制对应各粒径档的初始效率曲线图，粒径档的代表粒径 d_i 取粒径档"i"的上、下界粒径的几何平均值：

$$d_i = \sqrt{d_l d_u} \qquad (16-5)$$

式中　d_l——粒径档下界粒子直径，m；

　　　d_u——粒径档上界粒子直径，m。

在试验风量下，调节气溶胶发生器的发生量至产生稳定浓度的气溶胶，其浓度低于计数器重叠误差水平限度，在可接受的时间内获得具有统计意义的下游计数结果，然后测定初始效率。

测量过滤效率时，在被试过滤器的上、下游切换采样，总共需要至少 13 次计数，每次最少 20s。每次计数前都要清吹，或放弃上、下游切换后的第一次周期的采样，待传输管中的粒子浓度稳定后再读数。粒径档"i"的切换计数循环见表 16-11。

表 16-11 粒径档"i"的计数循环

计数序号	1	2	3	4	5	6	7	8	9	10	11	12	13
上游	$N_{1,i}$		$N_{2,i}$		$N_{3,i}$		$N_{4,i}$		$N_{5,i}$		$N_{6,i}$		$N_{7,i}$
下游		$n_{1,i}$		$n_{2,i}$		$n_{3,i}$		$n_{4,i}$		$n_{5,i}$		$n_{6,i}$	

粒径档"i"的第一个子效率计算如下：

$$E_{1,j} = \left(1 - \frac{n_{1,j}}{\dfrac{N_{1,i} + N_{2,i}}{2}} \right) \times 100\% \tag{16-6}$$

13 次测量给出 6 个子效率（$E_{1,i}$，…，$E_{6,i}$），粒径档"i"的初始平均效率 E_i 的计算如下：

$$E_i = (E_{1,i} + \cdots + E_{6,i})/6 \tag{16-7}$$

式中 E_i——粒径档"i"的初始平均效率。

（3）容尘过程。伴随着标准粉尘在过滤器上逐渐积累，测量由此导致的阻力和效率变化。对每次粉尘增量称重，称重精确到 ±0.1g，然后置于粉尘盘中，粉尘以 70mg/m³ 的浓度释放给过滤器，直到过滤器阻力达到预定的阶段终阻力值。每次阶段发尘后都要测量计重效率和计数效率。对那些已知平均效率低于 40% 的过滤器，只需测量计重效率。

停止喂尘前，将喂尘器盘上的所有残留粉尘刷入吸尘管，吸尘管将粉尘送入风道气流。振荡或轻敲喂尘器管道 30s。若在喂尘器行走一半时停止发尘，通过对滞留粉尘称重，也可估计出向过滤器的喂尘量。当风机仍在运转时，使用压缩空气吹扫上游风道积存的人工尘，喷射气流不应正对被试过滤器。

停止试验，对末级过滤器重新称重（至少精确到 0.5g），以确定所收集的人工尘重量，计算计重效率。用细毛刷收集被试过滤器与末级过滤器之间风道中的所有积尘，将其计入末级过滤器的重量。

容尘试验前测定初始效率和初阻力，初次 30g 发尘后，以及而后直到终阻力的至少 4 次大致相等的发尘后，测定效率、阻力和计重效率。通过最初 30g 发尘计算初始计重效率，而后的发尘试验给出自初始至终阻力的平滑的计数效率和计重效率曲线。

在靠近 100Pa、150Pa、250Pa、450Pa 的阻力点测量效率和阻力数值，可以给出平滑曲线，但很难预估刚好达到那些点的发尘量。对于初阻力低或阻力随容尘增加缓慢的过滤器，容尘的初期阶段需要增加一个或多个测点，其他过滤器在容尘的最后阶段需要一个额外测点，以便使测点平均分布。

（4）计重效率。每次发尘阶段后都要测定计重效率。

达到下一阻力水平后，从试验台上拿出此前称过的末级过滤器，对过滤器重新称重。重量增量代表穿过被试过滤器的粉尘质量。容尘阶段"j"的计重效率 A_j 计算如下：

$$A_j = \left(1 - \frac{m_j}{M_j} \right) \times 100\% \tag{16-8}$$

式中 m_j——容尘阶段"j"期间穿过被试过滤器的粉尘质量；

M_j——容尘阶段"j"的发尘质量。

当出现计重效率低于计重效率峰值的 75% 时，或出现两个低于峰值的 85% 的计重效率值时，停止试验。在首次 30g 发尘后，计算初始计重效率。计算平均计重效率至少需要 5 个测点的计重效率值。绘制计重效率依发尘量变化的连续曲线时，发尘量的坐标值取重量增量的中点。

（5）计数效率。测定过滤效率的初始值，而后，尽可能在每个容尘阶段完成时立即测量效率值。试验前应消除粉尘不经过过滤器而走旁路的所有渗漏源。

每个容尘阶段结束后，用空气清吹过滤器 5min，以减少积尘过滤器和风道系统内粒子的"释放"。5min 之后的粉尘释放、松脱和脱尘计入测量值，这些现象影响效率的测定。

各次效率的测定方法与初始效率的测定方法相同，在被试过滤器的上、下游切换采样，总共需要至少 13 次计数，每次最少 20s。每次计数前都要清吹，或放弃上、下游切换后第一次周期的采样，待传输管中的粒子浓度稳定后再读数。

（6）平均效率。平均效率是整个逐步容尘过程的效率平均值。

对于"n"个容尘阶段的试验，利用下式计算平均效率：

$$E_{m,i} = \frac{1}{n} \sum_{j=1}^{n} \left(\frac{E_{i,j-1} + E_{i,j}}{2} \times M_j \right) \tag{16-9}$$

式中　$E_{m,i}$——所有容尘阶段粒径档"i"的平均效率；

　　　$E_{i,j}$——容尘阶段"j"之后粒径档"i"的平均效率；

　　　M_j——容尘阶段"j"的发尘量；

　　　n——发尘次数。

（7）容尘量。用发尘总质量（对过滤器上游的损失量进行校正）乘以平均计重效率，得出给定终阻力的容尘量。

16.5.4　高效过滤器分级测试方法

EN 1822：2009 标准由 CEN（欧洲标准化委员会）于 2009 年 11 月 1 日颁布实施。共由五部分组成，其中 EN 1822-5：2009（高效空气过滤器（HEPA 与 ULPA）—第 5 部分：过滤元件效率的测定）规定了高效过滤器效率测试方法。图 16-22 给出了高效过滤器实验台的示意图。在系统入口设置多级过滤，对空气进行处理。发尘口设置在静压箱处，经过足够长的混合段后，测试气溶胶通过被测过滤器，粒子计数器在上下游采样后计算过

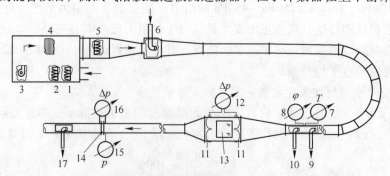

图 16-22　高效过滤器实验台简图

1—初效过滤器；2—中效过滤器；3—风机；4—空气加热器；5—高效过滤器；6—试验管道的气溶胶入口；
7—温度计；8—湿度计；9—粒径分析采样管；10—上游采样管；11—差压测量环形管；12—压力表；
13—被试过滤器安装台；14—流量测试装置；15—绝对压力测量仪；16—差压测量；17—下游采样管

滤效率，同时，使用压差传感器测量被试过滤器阻力。在经过被测过滤器一定直管段后，有流量计监测系统风量。

图 16-23 是系统流程图，与图 16-22 相比，在上游计数器之前设置一稀释器，这在高效过滤器测试中是非常必要的。高效过滤器测试是在过滤器本身额定风量下进行的，实验风量应当可以根据过滤器进行调整，并且整个测试过程中，系统风量应控制在额定风量的±3%的范围内。测试过程应保证过滤效率测量段的气溶胶均匀性，在测量断面上均匀选取 9 个点，其中任何一点的气溶胶浓度都不得偏离平均值的 10%。过滤器安装处应保证密封。在过滤器效率测量时，采样应满足给定风量下的等动力采样，采样点距粒子计数器之间的距离应尽量的短，采样探头前应有足够长的混合段。

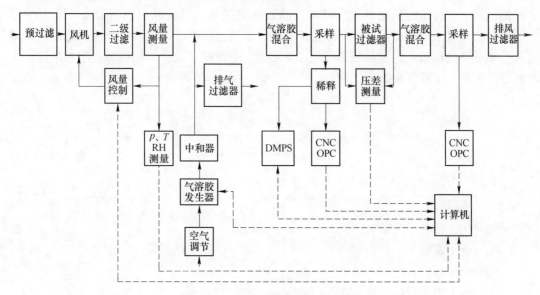

图 16-23　高效过滤器实验台流程图

气溶胶发生装置的运行参数应可调，发生得到的试验气溶胶的计数中径接近单张滤料试验得到的最易穿透粒径（MPPS），发生浓度应可以根据风量和效率进行调节，使上游浓度高于计数器伪计数率，又不超出重叠误差限度（最大重叠误差 5%）。气溶胶计数浓度的测量，可采用粒径分析系统，或类似的激光粒子计数器，在不超限的前提下，应使上下游的粒子浓度尽可能的高一些，若上游粒子浓度超过计数器的测量范围，应在采样点和计数器之间加入稀释系统。

测量时，可采用两台计数器同时测量，也可以用单台计数器交替测量上、下游浓度。单台测量应保证气溶胶相关性能不变，若采用两台计数器，两者应为同型号，同样标定的计数器。

目前，工业领域的高效过滤器实验台大多采用正压系统[80]，也就是风机在系统最上游向系统送风，入口需要安装过滤器以保证管道系统中空气的洁净度。正压系统可以保证实验台测试的准确性。发尘器的发尘浓度需要满足 5 个 9 以上过滤器的测试要求，计数测量部分一般使用激光粒子计数器的较多，测量粒径范围在 $0.1 \sim 1.0 \mu m$ 之间，这一粒径范围能评价工业领域用过滤器性能的检测。稀释器需要能将所需最高浓度的气溶胶稀释到计数器测量上限以下，如一个稀释器不足以满足上述要求，可以在高浓度时串联使用两个稀释器。系统流量测量一般使用喷嘴流量计，使用不同的喷嘴组合满足不同流量范围内流量测量要求；或是使用不同流量范围的孔板流量计组合，由不同的通风管道安装。喷嘴流量计相比于孔板流量计，更节约空间，但不同流量范围喷嘴的更换需要更多的人工操作，而孔板流量计更容易实现自动控制。控制实验台系统管道启闭的气动阀、过滤器夹持段的管道的开合都使用压缩空气控制，以减小人工操作的工作量。整个实验系统需要实现自动控制，一整套的控制程序、可编程控制器用来满足其要求。测试气溶胶现在一般使用 DEHS。原来国际上常用的 DOP，由于其中含有苯环，人们怀疑其致癌性，因此正用物理性质与其相似的物质代替它[80]。

测试时，先将系统风量调节到被试过滤器额定风量，然后开启气溶胶发生器开始发尘，同时监测过滤器上游浓度，待浓度值达到该级别过滤器所需气溶胶浓度并稳定后，即可开始测试。使用激光粒子计数器采集过滤器上、下游粒子数。根据所得气溶胶浓度计算过滤器效率 η，计算公式如下[73,80]：

$$\eta = 1 - \frac{c_{N,d}}{c_{N,u}} \tag{16-10}$$

$$c_{N,d} = \frac{N_d}{V_d \times t_d} \tag{16-11}$$

$$c_{N,u} = \frac{k_d \times N_u}{V_u \times t_u} \tag{16-12}$$

式中　N_u——上游粒子个数，个；

　　　N_d——下游粒子个数，个；

　　　k_d——稀释比；

　　　$c_{N,u}$——上游的计数浓度，个/cm^3；

　　　$c_{N,d}$——下游的计数浓度，个/cm^3；

　　　V_u——上游的采样流量，cm^3/s；

　　　V_d——下游的采样流量，cm^3/s；

　　　t_u——上游的采样时间，s；

　　　t_d——下游的采样时间，s。

计算最低效率 $\eta_{95\%min}$ 时，应该使用实际粒子计数值在 95% 置信区间内对计算结果更为不利的那个限值作为计算基础。计算时应考虑 EN 1822 第 7 章规定的粒子计数的统计特性[75]。在计算 95% 置信区间对应的数值时，只使用直接测量的计数值，不加入对稀释比的修正。计算公式如下：

$$\eta_{95\%min} = 1 - \frac{c_{N,d,95\%max}}{c_{N,d,95\%min}} \tag{16-13}$$

$$N_{u,95\%min} = N_u - 1.96 N_u^{1/2} \tag{16-14}$$

$$c_{N,u,95\%min} = \frac{N_{u,95\%min} \times k_d}{V_u \times t_u} \tag{16-15}$$

$$N_{d,95\%max} = N_d - 1.96 N_d^{1/2} \tag{16-16}$$

$$c_{N,d,95\%max} = \frac{N_{d,95\%max} \times k_d}{V_d \times t_d}$$ （16-17）

式中　$\eta_{95\%min}$——考虑粒子计数统计性的最低效率，%；

$N_{u,95\%min}$——上游 95% 置信区间的粒子计数下限，个；

$N_{d,95\%min}$——下游 95% 置信区间的粒子计数下限，个；

$c_{N,u,95\%min}$——上游最小粒子计数浓度，个/cm³；

$c_{N,d,95\%max}$——下游最大粒子计数浓度，个/cm³。

若粒子计数器制造商提供的说明书中有对测量浓度的重叠误差修正，评估时就应加入这些修正。计算最低效率时，只考虑计数率过低引起的测量不确定性。最低效率是按照 EN 1822-1 进行分级的基础，具体分级见表 16-7。上述标准和检测方法是欧洲标准化委员会针对普通高效过滤器制定的，其多应用于工业领域，如医院、药厂洁净室、电子厂房等需要保证室内空气洁净度的场合[80]。

16.6　化学过滤器及测试技术

对于空调不仅要求能够调节温度、湿度和进行颗粒物、PM2.5 的过滤，而且人们越来越认识到用气体净化过滤装置（Gas-Phase Air Cleaning Devices，GPACD）来解决污染的问题可行，化学过滤器过滤的污染物主要为无机、有机等气态污染物，在微电子行业中主要称为"气态分子污染物"，在舒适性空调中称为"挥发性有机化合物"，在汽车滤清器中称为化学污染物。化学过滤器能够去除气体污染物，有效改善空气品质，在半导体行业、博物馆、办公大楼乃至汽车空调中都有广泛的应用。

16.6.1　化学过滤器及其应用

化学过滤器与一般除尘过滤器不同，它是用来清除空气中的气体污染物的，如异味、腐蚀性气体、有毒气体。它有效地改善室内空气品质，保护人们健康和提高产品质量，广泛应用于各种集中通风系统，家用空气净化器中也常配置化学过滤元件[81~84]。化学过滤器的典型应用见表 16-12。

表 16-12　化学过滤器的应用及主要污染物

场　　所	主要污染物	备　　注
机场航站楼	汽油、异味	光谱吸附
核电站	放射性甲基黄体臭、烟臭	可靠
半导体行业	各种 AMC	可靠、可实现在线监测
博物馆	SO_2、NO_x、O_3	珍品保护
高档办公楼	氨气、臭氧、VOC	广谱吸附
污水处理厂	H_2S、SO_2 等恶臭、氯气	广谱吸附
新风机组	NO_x、O_3、SO_2、VOC	广谱吸附
家用空气净化器	甲醛、VOCs	广谱吸附
空气压缩机	H_2S、SO_2、NO_x 等腐蚀性气体	保护压缩机原件

16.6.2 化学过滤材料

化学过滤器的吸附材料（又称吸附剂）有多种，如活性炭、氧化铝、沸石、硅胶、离子交换树脂等，各种过滤效率性能特性见表 16-13。其中，活性炭具有巨大的比表面积（一般在 $700\sim1500m^2/g$）、广谱吸附性、来源丰富和经济等优点，在化学过滤器中被广泛应用，习惯上称之为活性炭过滤器。颗粒活性炭（GAC）、活性炭纤维（ACF）、蜂窝活性炭（HAC）、多孔体复合活性炭材料等均可作为活性炭过滤器的吸附剂。

活性炭对有机气体和臭味有较高的吸附能力，而对无机气体（如氨气、硫化氢）的吸附能力较差。将适当的化学品添加到吸附剂中，以提高其对特定污染气体的去除能力，俗称"改性"（或"浸渍"）。比如，5%氢氧化钾和10%氯化铁改性的活性炭可消除硫化氢和硫醇，核电站除放射性甲基碘的核级炭用2%碘化钾+2%三乙烯二胺改性。具有综合防毒能力的改性炭，可对 VOC、硫化氢、二氧化硫、氨气、氢化氰、臭氧和甲醛等有害气体具有广谱吸附能力。为提高过滤效果，除了利用活性炭外，还常将几种吸附剂按比例组合成混合过滤材料，如活性炭和 PLA（添加了高锰酸钾的三氧化二铝）的混合吸附剂[85]。

表 16-13　不同过滤介质性能对比

过滤介质	优 势	缺 点
颗粒活性炭（物理吸附）	比表面积高，对多种气体有较高的吸附容量；有机物处理能力高；成本较低	高湿度条件下效率明显较低；有颗粒物产生；适于细菌及真菌的生长；无法检测使用寿命；会有易燃风险
高锰酸钾改性吸附剂（化学吸附）	无毒、没有二次污染物；针对性强，可以高效去除目标污染物；真菌、霉菌较难生长	改性后接触某些物质容易失活；活性氧化铝基体有可能产生微粒；初期压力损失较高
组合型吸附剂（物理吸附+化学吸附）	多种媒介组合，能提高过滤器的性能；使用场合较为广泛，对复合污染物处理性能优于单一的媒介；压力损失较低	不同媒介之间会产生相互影响，导致效率降低；不同媒介之间可能相互发生作用从而产生新的污染物或降低效率
离子交换树脂（化学吸附）	对某一类污染的处理效率及容污量较好，使用寿命较长；可广泛使用与多种类型及结构的过滤器上；较低的压力损失	只能作用于单一类型的气体污染源；费用较高

16.6.3 化学过滤器结构

16.6.3.1 抽屉或圆筒式活性炭过滤器

抽屉式活性炭过滤器如图 16-24 所示。基本媒介为活性炭或活性炭氧化铝或硝酸盐等。

特点：结构可以重复使用，运行费用经济；结构坚固，适用于大风量或变风量场合如空调箱、新风机组进气口方向或用在排风系统中；使用寿命长，视待处理化学气体分子污染物浓度和及成分不同，一般寿命为 1~5 年左右；针对不同气体可以选用不同的处理介质，例如处理甲醛可以选用高锰酸钾、有机气体及臭氧可以选用氧化锰[86]。

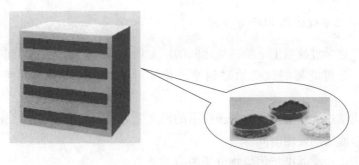

图 16-24　抽屉式活性炭过滤器

16.6.3.2　有隔板箱式过滤器

带隔板的箱式过滤器填充材料可以选用活性炭媒介、离子交换媒介或者两者混合的介质，图 16-25 为活性炭粒子的隔板箱式过滤器。

特点：结构坚固，适用于大风量或者变风量场合，如回风空调箱或回风管内；通过注入不同的媒介，可以实现多种气体的去除，如有机气体、酸性气体、碱性气体[87]。

16.6.3.3　密褶式活性炭媒介、离子交换媒介或混合媒介过滤器

图 16-26 为密褶式活性炭过滤器，填充材料还可以为离子交换媒介。

特点：采用密褶式结构，重量轻，结构紧凑；过滤容量大，初期阻力低，使用寿命长；主要用于洁净室回风 FFU 上或者汽车空调、空气净化器上[88]。

图 16-25　隔板箱式过滤器

图 16-26　密褶式活性炭过滤器

16.6.4　性能测试技术与仪器

不同场所对气态污染物净化后浓度要求不同。因此在选择化学过滤器时，需要了解化学过滤器的性能，国内目前还没有对于化学过滤器进行评价的标准，国外主要采用的 ISO 10121-2：2013 Test Methods for Assessing the Performance of Gas-phase Air Cleaning Media and Devices for General Ventilation Part 2：Gas-phase Air Cleaning Devices[89] 和 Proposed New Standard 145. 2 Laboratory Test Method for Assessing the Performance of Gas-Phase Air Cleaning Systems：Air Cleaning Devices[90] 进行评价。

16.6.4.1 化学过滤器的评价指标

压力损失：化学过滤器上下游两点之间的压力场，即气流通过过滤器的压力损耗。

初始效率：在过滤器测试初始时刻通过化学过滤器去除的测试污染物的比例或百分比。

容污量：化学过滤器对污染物分子吸附的最大能力，取决于滤材的吸附特性、填充密度，关系化学过滤器的使用时间。

保持力：衡量过滤器抵抗污染物分子脱附的能力。

这些指标参数是互相联系的。对不同气体处理初始效率是不同的，在不同浓度下，同一气体的初始效率、容污量也不相同，同时初始效率、容污量、保持力还受到气体、温度、湿度、空气流动以测试设备性能的影响。

16.6.4.2 测试管道要求

测试设备是进行化学过滤器检测的前提，设备的关键参数是影响测试数据准确性的重要因素，如果关键参数不准确，将严重影响测试数据或是基准测试不能够进行。

测试管道如图 16-27 所示，管道尺寸一般为 610mm×610mm，也有选用 300mm×300mm 的测试管道，对于小于 610mm×610mm 的化学过滤器采用平板适配器进行安装，管道测试段部分的长度应大于管道内部尺寸，理想状况下为（1~3）ID，在化学过滤器测试管道的前端和后边管道上均需设置有均流装置，保证通过过滤器横截面的风速均匀，同时管道的密封性也是必然要求之一，在 500Pa 压力小，漏风量小于 100L/min。

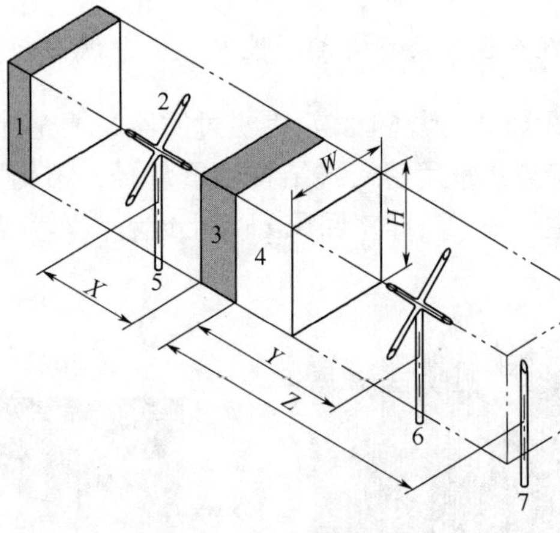

图 16-27　基础测试管道

1—散流器和 Δp 设备；2—取样点，应该是"叉"形的或类似形状，有多个入口点在整个截面进行复合采样；
3—被测 GPACD；4—测试管道中的 GPACD 管段；
5—GPACD 之前 Xmm 处上游 TU、RHU、PU 和 CU 取样位置；
6—GPACD 后 Ymm 处下游 TD、RHD、PD 和 CD 取样位置；
7—Q 在 GPACD 后 Zmm 处空气流量取样位置；
W—沿 GPACD 部分，测试管内部宽度，3 + 4；
H—沿 GPACD 部分，测试管内部高度，3 + 4

16.6.4.3 待测样品预处理

在任何性能测量之前，被测化学过滤器应使用合适的流量、温度、相对湿度并且不含测试气体的清洁空气进行预处理，直到温湿度稳定或者通过设备的温湿度梯度最小。以消除环境中的湿度和温度对测量产生的偏差。

16.6.4.4 阻力测试

当化学过滤器前处理完成，即过滤器上下游温湿度保持一致或者最小时，可以开始进行阻力测试，记录压降和流量之间的关系应在 50%、75%、100% 和 125% 的额定流量下测试。需要注意的是在测试过程中阻力损失 Δp 值可能受测试管道和任何除测试设备外其他限制流量的适配板的影响。为保证测试的准确性，应在对应风量下测量没有装过滤器的管道阻力，以纠正测量的化学过滤器压降（主要为过滤器夹具和管道阻力）。根据风量和阻力绘制风量-压降曲线，如图 16-28 所示。

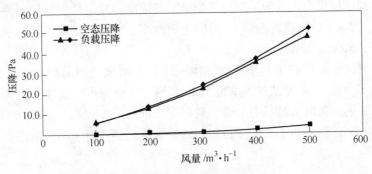

图 16-28　流量-阻力曲线

16.6.4.5　初始效率测试

一般通风设计中化学过滤器需要经过优化以达到最小压降。这种优化常常导致这些过滤器可能从一开始就达不到 100% 的效率。因此，需要对化学过滤器预估接近实际应用条件下的初始效率。这部分的测试应该在类似于实际应用条件下的低浓度执行，根据实际应用中的浓度水平和性质进行选择，如用气味阈值进行选择。

初始效率测试时，首先测试台达到所需的空气流量，测试上游污染物从 0 到达目标浓度 c_U 的时间 t_{RE} 以及下游从 c_D 到达 0 的时间 t_{DE}。在进行完上升时间 t_{RE} 和下降时间 t_{DE} 测试后，将化学过滤器安装到测试管道中，在测试过程中每 5min 监测上下游温度、湿度和流量，保证测试过程中环境参数稳定。通入气体并当时间达到 t_{RE} 时，开始记录数据。采用上下交替测量的方式进行测量，上下游稳定监测大于 10min 后可以进行交替，测试要求产生 4 组 c_D 值和 3 组 c_u 值。

在测试的过程中产生的数值，除去所有异常值，产生 7 组平均值。如果 4 组 c_D 的值和 3 组 c_u 值各自是一致的，则计算 c_D 和 c_U 的平均值然后计算 E_I。

$$E_I = \frac{c_U - c_D}{c_U} \times 100\%$$

实例：甲苯的测试浓度设置为 500ppb，流量为 1250m³/h。测试在 t_0 开始。c_U 和 c_D 的平均值分别是 495ppb 和 25ppb。因此，$E_I = \dfrac{495 - 25}{495} \times 100\% = 94.9\%$。

在进行初始效率测定时必将消耗一些化学过滤器的容污量。这个容污量必须测定。由于测试时间短，浓度低，可以直接使用平均浓度，不用积分：

$$m_{sEI}[\text{g}] = \left(c_U \left[\frac{\text{mL}}{\text{m}^3} \right] - c_D \left[\frac{\text{mL}}{\text{m}^3} \right] \right) Q_A \left[\frac{\text{m}^3}{\text{h}} \right] K \left[\frac{\text{mg}}{\text{mL}} \right] 1000 \frac{(t_{END}[\text{min}] - t_0[\text{min}])}{60}$$

式中，Q_A 为测量的流量时计算的平均值；K 为温度、绝对压力和气体常数，用以从 ppm 转换到 mg/m³。它相当于测试气体在某一温度和绝对压力下进行测试的气体密度。

16.6.4.6 容污量测试

容污量的测定将在一个更高的浓度进行，通常大约为 10ppm 但绝对低于 100ppm，在进行容污量的测试过程中，一般采用连续测量下游浓度，只定期的测量上游浓度来检查稳定性，如每测试 5h 下游浓度后测试 1h 时间上游浓度。测试终点或最终效率一般选择终去除效率为 90%、50% 或 30%。

容污量的测试步骤与初始效率测试基本一致，在测试开始前仍然需要进行上升时间 t_{RE} 和下降时间 t_{DE} 测试。在测试过程中每 5min 监测上下游温度、湿度和流量，保证测试过程中环境参数稳定。在测试过程中上游一般监测 30min 或 1h 后，交替下游监测 3.5h、5h 或 11h，连续进行交替测试直到达到目标浓度并稳定至少 10min。浓度曲线如图 16-29 所示。

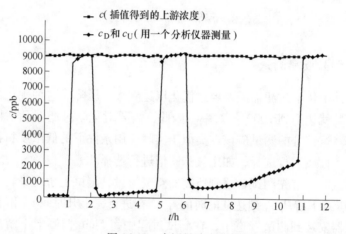

图 16-29　容污量浓度曲线

容污量 m_s：

$$m_s = m_{sE_I} + m_{sD(0<t<1)} + m_{sU(1<t<2)} + m_{sD(2<t<5)} + m_{sU(5<t<6)} + m_{sD(6<t<11)}$$

当测量 c_D 时 c_U 是线性插值得到，当测量 c_U 时 c_D 是线性插值得到，分别用 c_{kU} 和 c_{kD} 表示：

$$m_s = m_{sE_I} + \sum_0^1 \{[c_{kU} - c_D(t)]Q(t)k\}\Delta t + \sum_1^2 \{[c_U(t) - c_{kD}]Q(t)k\}\Delta t +$$
$$\sum_2^5 \{[c_{kU} - c_D(t)]Q(t)k\}\Delta t + \sum_5^6 \{[c_U(t) - c_{kD}]Q(t)k\}\Delta t +$$
$$\sum_6^{11} \{[c_{kU} - c_D(t)]Q(t)k\}\Delta t$$

16.6.4.7 保持力测试

保持力测试应该在容污量测试后直接执行，并为零浓度测试（即切断污染物源）。通过保持力的测试来判断脱附作用的可能性。一般测试应该持续到下游浓度小于 5% 的原始测试浓度或最大 6h，以先达到的那个为准。

在容污量测定中，容污量以在要求的测试浓度下所捕集的总量确定。保持力 m_r 的定义如下：

$$m_r = m_s - \int_0^{t_{END}} (c_D(t)Q(t)k)\,dt$$

16.6.4.8 上升时间和衰减时间的测定

如果只使用一个分析仪器，那么系统中改变浓度引起的滞后时间是必须确定的。每一种气体、每一个浓度和空气流量在没有过滤器的情况下完成滞后时间的测定。

在所需的空气流量条件下，不安装化学过滤器，打开气源和记录时间（t_{V0}），使用下游采样点达到设定浓度 c_U 并记录时间（t_0），当 c_U 看起来足够稳定，关闭源和记录 t_{VC} 使下游浓度 c_D 浓度达到零。浓度-时间如图 16-30 所示。

用于初始效率计算的数值公式：

计算上升时间 $\qquad\qquad t_{RE} = t_0 - t_{V0}$

计算延迟时间 $\qquad\qquad t_{DE} = t_{END} - t_{VC}$

用于容污量测试的数值公式：

计算上升时间 $\qquad\qquad t_{RC} = t_0 - t_{V0}$

计算衰减时间 $\qquad\qquad t_{DC} = t_{END} - t_{VC}$

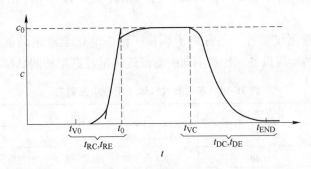

图 16-30 浓度-时间曲线

t_{V0} —测试气体阀门打开时的时刻；t_0 —开始时间-空管道内 c_U（上游污染浓度）达到
所选择测试气体浓度的时间；t_{VC} —气体阀门关闭时间；t_{END} —测试结束时间；
t_{RC}，t_{RE} —测试浓度上升时间（RC）或初始效率浓度上升时间（RE）；
t_{DC}，t_{DE} —测试气体浓度衰减时间（DC）或初始效率浓度衰减时间（DE）

16.6.4.9 检测仪器

没有任何单一的设备可以检测酸性、碱性、有机等全部气体。应针对测试污染物的特性谨慎挑选测试设备。同样，检测器的采样流量、测量精度和测量设备可能有很大的不同，对测试结果产生巨大的影响。

针对于有机物一般选用光离子化检测器，光离子化检测器（PID）是用紫外光照射被测气体，使分子发生光电作用来测定该气体含量的检测器，PID 通常使用一只 10.6eV 光离子能量的紫外灯作为光源，产生的紫外线辐射可使空气中几乎所有的有机物（芳香类、酮类、醛类、卤代烃类）与部分无机物（如氨气）电离，但保持空气中基本成分 N_2、O_2、CO_2、H_2O 以及 CO、CH_4 不被电离（这些物质的电位远高于 10.6eV），用取样泵将待测气体吸入电离室内，当气体流进紫外灯时，受紫外光的轰击而电离成正负电极的基团。带电基团受电极电压的吸引分别偏向相应的电极，形成微弱电流，检测该电流的大小，就可以知道物质的浓度，分裂的基团经过电极后重新复合流出测试腔。

针对氮氧化物和氨一般选用光化学传感器，光化学传感器利用 NO （一氧化氮）与 O_3 化学反应的发光现象检测 NO_x 的浓度，其检测原理如下：

$$NO+O_3 \longrightarrow NO_2^* +O_2$$
$$NO_2^* \longrightarrow NO_2 +h\nu$$

上述反应的发光强度与 NO 浓度成正比，通过测试发光强度，可以得到 NO 的浓度。

测量 NO_2 时 NO_2 在 NO_2-NO 转化器内还原为 NO，测得 NO 总量后，通过减去转化的 NO 后即可得到 NO_2 含量。

对于 SO_2、H_2S 等酸性气体，一般推荐使用紫外荧光法进行测量，由光源发出紫外光通过光源滤片进入反应室，SO_2 吸收紫外光成激发态 SO_2^*，当它回到基态时，放射出荧光，荧光强度与 SO_2 浓度成正比，而后将荧光转化为电信号，净放大器输出即得 SO_2 浓度。

采用带有硫化氢转化器的紫外荧光检测仪，将空气中的硫化氢气体进入硫化氢转化器中，在 200~400℃ 定量氧化成二氧化硫，利用紫外荧光检测 SO_2 浓度，可以得到 H_2S 浓度。

除了上述三总检测仪器外，还有离子迁移率谱、电化学检测设备、紫外吸收检测设备、便携式气相色谱检测设备，针对不同的测试气体推荐选用的测试仪器见表 16-14。

表 16-14 不同测试气体所用分析仪列表

气体特性	化合物	所 用 技 术
酸性气体	二氧化硫	UVL，（CPR）
	氮氧化物	CLS （为了检测可能出现的向另一个物质的转换，NO、NO_2 和 NO_x 应该一起监控），（CPR）
	二氧化氮	
	硫化氢	UVL，（CPR）
	醋酸	PAS，（FID）
碱性气体	氨	CLS，PAS，CPR
有机气体	甲苯	PAS，PID，FID，UV
	异丙醇	PAS，PID，FID
	异丁醇	PAS，PID，FID
	己烷	PAS，FID
	四氯乙烯	PAS，PID，（FID）
	甲醛	PAS，CPE
	硫醇	PAS，（UVL）
	乙醇	PAS，FID
	丁烷	PAS，FID

气体特性	化合物	所 用 技 术
其他气体	臭氧	UV，（CPR）
	氯	CPR，UV
	一氧化碳	CPR，PAS，NDIR
	二氧化碳	CPR，PAS，NDIR

注：CPR—比色检测，使用化学浸渍试纸类的仪器；IMS—离子迁移率谱；MGD—使用不同类型的压电谐振器的质量增加检测器（对于聚集的浓缩的有机物）；P-GC—便携式气相色谱仪设备；ECS—电化学传感器类设备；ICS—离子色谱法监测系统；CLS—光化学检测系统；CP—控制电位电解；PAS—声光发射；NDIR—非衍射红外吸收；UV—紫外光吸收；UVL—紫外线发光；PID—光离子化检测器；FID—火焰离子化检测器；FTIR—傅里叶变换红外光谱。

16.7 空气净化器性能测试技术及应用

室内空气净化器具备过滤颗粒物，去除气态污染物、消毒灭菌等功能，现在一些空气净化器甚至带有加湿、释放负离子等附加功能。空气净化器对于改善室内空气品质、创建舒适的工作和生活环境具有很大的意义。本节通过讨论其工作原理以及性能测试方法来指导消费者挑选空气净化器。

16.7.1 空气净化器的工作原理

从工作原理来看，空气净化器可以分为被动式、主动式、主动式与被动式相混合[91]。从净化技术上区分目前市场上，室内净化器的品种和规格型号很多，但归纳下来，其净化技术主要为以下几种，下面分别介绍其基本原理。

16.7.1.1 机械式过滤空气净化器

空气净化器主要是根据过滤原理来进行运作，其主要作用类型为三种：第一种就是拦截（或称接触、钩住）效应；第二种是利用惯性碰撞吸附原理；第三种是利用扩散吸附，由于热运动对于微粒的碰撞而产生的微粒。

机械式过滤空气净化器是用风机将空气抽入机器，通过内置的滤网过滤空气，主要能够起到过滤粉尘、异味、有毒气体的作用。市面上比较常见应用于空气净化器的滤网为粗效滤网加 HEPA 滤网和活性炭滤网。

A HEPA 滤网

高效微粒空气过滤器（HEPA）是空气净化中使用的最热门的技术之一。标准的 HEPA 过滤器能够吸纳 99.7% 大小为 $0.3\mu m$ 的悬浮微粒（$0.3\mu m$ 是最难过滤的大小），但是它的风阻也相对比较大[92]，实际空气净化器厂家宣称的 HEPA 其实是不是真正的 HEPA，它的过滤效率比 HEPA 稍低，风阻也相对较低。一般的设计思路是在 HEPA 滤网前加上一层粗效滤网，可以有效延长 HEPA 滤网的使用寿命。

B 活性炭滤网

活性炭被广泛用于汽车或者室内的空气净化。活性炭是一种多孔的含碳物质，其发达的空隙结构使它具有很大的表面积，所以很容易与空气中的有毒有害气体充分接触，活性炭孔周围强大的吸附力场会立即将有毒气体分子吸入孔内，所以活性炭具有极强的吸附能力也是去除气态污染物的主要技术。活性炭吸附技术主要分为两类：物理吸附和化学吸附。

物理吸附主要是针对大分子有机气体（例如苯类等 TVOC）通过活性炭自身的微孔结构吸附这些大分子污染物。化学吸附主要针对一些小分子气态污染物（例如甲醛、硫化氢、氮氧化物等），因为小分子气体被吸附后很容易再次脱开形成二次污染，所以要对活性炭进行化学处理，使得被吸附的气体与化学成分发生反应，从而达到吸附效果。

16.7.1.2　静电集尘式空气净化器

静电除尘空气净化器利用高压直流电场使空气中的气体分子电离，如果电场内各点的电场强度是不相等的，这个电场称为不均匀电场。电场内各点的电场强度都是相等的电场称为均匀电场。例如，用两块平板组成的电场就是均匀电场，在均匀电场内，只要某一点的空气被电离，极间空气便全部电离，电除尘器发生击穿。因此电除尘器内必须设置非均匀电场。所以在使用静电产品时极板材质需要做抛光磨平处理，使其表面更均匀平滑，达到均匀电场效应。

根据静电理论电场荷电主要对于 $1\mu m$ 以上的微粒起作用，$q = ne = \dfrac{kE_1 d_p^2}{4}$，$E_1$ 为电离极空间电场强度，n 为电荷数目，e 为单位电荷量，d_p 为微粒直径，k 为系数，可取 $1.5 \sim 1.8$。又因为 $F = QE$，可以看到对于 $1\mu m$ 以上的微粒所带电荷数与其粒径的平方成正比。而对于 $1\mu m$ 以下，主要是 $0.2\mu m$ 以下的微粒，以扩散荷电为主，但目前还没有简单计算最大扩散荷电量的公式[93]。在 $0.2 \sim 1\mu m$ 是扩散荷电与电场荷电共同作用，这部分的颗粒物粒径与效率的关系会成为一个"U"型[94]。

16.7.1.3　其他功能的空气净化器

A　光催化净化器

光催化净化技术主要是利用光催化剂二氧化钛吸收紫外线辐射的光能，使其直接转变为化学能[95]。当能量大于二氧化钛禁带宽度的光照射半导体时，光激发电子跃迁到导带，形成导带电子，同时在价带留下空穴阶。由于半导体能带的不连续性，电子和空穴的寿命较长，它们能够在电场作用下或通过扩散的方式运动，与吸附在半导体催化剂粒子表面上的物质发生氧化还原反应，或者被表面晶格缺陷俘获。空穴和电子在催化剂粒子内部或表面也能直接复合，空穴能够同吸附在催化剂粒子表面的 HO^- 或 H_2O 发生作用生成羟基自由基 $HO\cdot$，$HO\cdot$ 是一种活性很高的粒子，能够无选择的氧化多种有机物并使之矿化[96,97]。

B　负离子空气净化器

负离子空气净化器是目前使用广泛的一种净化器。其基本工作原理是直流高压在电极间发生电量放电，使空气中的气体分子受到能量激发，其外层电子可跃出轨道形成正离子，跃出的自由电子附着在另一气体分子上，就形成了负离子，负离子与颗粒污染物结合形成"重离子"，沉降或吸附在物体表面，并能杀灭细菌。但负离子空气净化器在产生负离子的同时容易产生大量臭氧，从而造成二次污染。负离子俗称空气中的"维生素"，空气中负离子的含量是空气质量好坏的关键[98]。负离子不仅可以吸附家居空气中的烟雾、灰尘使之沉降，还可以中和空气中的正离子，以此活化空气，并且可以使细菌蛋白质表层电性两极发生颠倒，促使细菌死亡，从而达到杀菌的效果[99]。这有助于改善肺功能和心肌功能，提高睡眠质量，促进新陈代谢，因此负离子是家居生活中不可缺少的健康卫士。

16.7.2　空气净化器性能测试技术

16.7.2.1　空气净化器评价现状

目前，中国的新风净化市场刚刚起步，空气净化器的销售量呈强劲的增长势头，据数据统计[100]，2015 年中国市场空气净化器的销售量已达 667 万台，比 2013 年增长了 178%，可见人们对于新风净化的意识随着雾霾天气的频发而逐渐增强。通过分析 2015 年中国市场空气净化器品牌占有率我们可以发现[101]，国产品牌如亚都、远大、美的、格力、艾美特等仅仅占据了中国市场的五分之一，而日韩、欧美品牌成为消费者追捧的对象。国外品牌的大量涌入，使得市场竞争愈发激烈，新概念、新技术屡见不鲜，但国内缺乏评价空气净化器的统一标准，使得国内市场鱼龙混杂。

对于空气净化器的研究发现，在实际使用中存在着一些问题。Waining 等人[102]通过调研发现，目前市场中 90%以上的空气净化器只能提供小于 200m³/h 的 CADR，如果采用美国家用电器制造商协会 AHAM 的评价标准，大部分空气净化器只适用于小于 12m² 的房间，远远达不到中国住宅的使用要求；Sultan 等人[103]发现，如果考虑空气净化器的使用能耗，绝大多数的空气净化器 CADR/功率小于 5m³/(W·h)，我们为净化室内空气付出了较大的能耗代价；Atila 等人[104,105]的研究表明，室内空气净化器的气流组织形式和摆放位置对于净化效果的影响很大，但是目前缺少系统的研究和科学计算方法，同时长期的净化效果和能耗表现缺少理论和实验研究。

目前国内对于空气净化产品的性能评价都是参考 GB/T 18801—2015《空气净化器》进行，但是经过实验、理论分析和实地运行效果评价发现，目前的测试评价指标存在着一些问题，实验舱的模拟测试发现，实验舱的体积、测点的位置和实验采用的尘源都会对空气净化器的性能测试存在影响，而不同气候区、不同环境下的实际运行效果也会与依照标准测试出的性能存在差异。

16.7.2.2　空气净化器各国标准

目前，通风系统用空气净化标准最早在发达国家流行起来，主要有美国《便携家用电动式空气清洁器的性能测试方法》（ANSI/AHAM AC-1—2006）、欧盟《一般通风用空气过滤器-过滤性能的测定》EN 779—2012、日本《家庭用空气清净机》（JEM 1467—2013）。我国，关于空气净化的标准大体有：中国《空气净化器》（GB/T 18801—2015）、《室内空气净化产品净化效果测定方法》（QB/T 2761—2006）、《空气净化器污染物净化性能测定》（JG/T 294—2010）、《环境标志产品技术要求-空气净化器》（HJ 2544—2016）等。本节选取国际上较为典型国家的标准，从适用范围、检测污染物种类、测试方法、评价指标、使用风量范围等方面进行了对比，详情见表 16-15。

表 16-15　国内外空气净化标准对比

标准号	适用范围	检测污染物种类	测试方法	评价指标	使用风量范围
美国 ANSI/AHAM AC-1—2006[106]	便携式家用电动室内空气净化器	颗粒物（粉尘、香烟尘、花粉）	实验舱密闭衰减法	洁净空气量；运行功率、适用面积	粉尘: 17~680m³/h；香烟尘: 17~765m³/h；花粉: 25~680m³/h
欧盟 EN 779—2012	一般通风用空气过滤器	DEHS 气溶胶	风道法	效率、阻力、容尘量	850~5400m³/h
日本 JEM 1467—2013	一般家用空气净化器	颗粒物、气态污染物、微生物	风道法、实验舱密闭衰减法	颗粒物去除性能、除臭性能、能耗、噪声、适用面积、寿命	—
中国 GB/T 18801—2015[107]	家用和类似用途的空气净化器	颗粒物、气态污染物、微生物	实验舱密闭衰减法	洁净空气量、累计净化量、能效、寿命、适用面积、噪声	30~800m³/h

从表中可以发现，不同国家因不同的国情所关注的污染物不尽相同，这也使得测试的流程、方法以及适用范围存在差异。另外，不同国家所关注的重点不同，使得对于空气净化器性能的评价存在着较大差异，如能耗、噪声指标在一些国家是评价一款空气净化器好坏的重要指标，而在一些国家这些指标并不会被重点关注。这也说明我们需要提出适合自身国情的空气净化器评价标准体系，在参考国外发达国家的评价标准、体系的同时，需要兼顾实际实施中存在的问题，这样才能使空气净化器在我国更好地使用和发展。

相对于国外成熟的标准体系来说，我国净化行业标准的发展才刚刚起步，目前现行的国家标准《空气净化器》（GB/T 18801—2015）在 2016 年 3 月 1 日起正式实施。GB/T 18801 作为净化器的核心性能标准，进行过两次改版，第一版为 2002 年版，该标准参考了国际上比较权威的美国 AHAM 标准，并结合当时的国情，增加了甲醛评价方法；之后，在 2008 年该标准进行了第一次修订，这次对测试细节进行了细化；2012 年随着雾霾的频繁爆发，极大地推动了空气净化行业的发展，之前的标准出现了一些不适用的地方，并在 2015 年进行了第二次修版，相比前一版本增加了许多新的术语，更是丰富了对于净化器的评价指标。空气净化器的修订说明人们对于新风净化越来越关注，对于空气净化器的评价指标体系在不断地完善和发展，但通过和国外标准的对比和对自身国情的分析，目前现行的标准中仍有一些问题需要解决，空气净化性能的评价需要更加具体专业的体系来完成。

16.7.2.3　空气净化器测试技术

A　测试环境舱

净化器性能的测试环境舱为 30m³ 体积（3.5m×3.4m×2.5m，允许±0.5m³ 偏差）的全密闭舱室，该舱温度控制在 20±2℃，湿度控制在 50%±10%。该实验舱的墙壁和天花板为不锈钢材料，以减少吸收、沉淀和污染物与腔室表面之间的化学反应。

B CADR

洁净空气量（CADR）是直接反映空气净化器净化能力大小的指标。便携式空气净化器的 CADR 测试，按照中国国家标准（GB/T 18801—2015）进行。在测试实验之前，在环境舱内产生 8~12 倍国标阈值浓度的气态污染物（甲苯）或颗粒物污染物（香烟尘），作为测试初始背景浓度。产生背景污染物时，要确保搅拌风扇和循环风扇同时开启，以保证舱内污染物均匀分布。当舱内污染物浓度达到最大时，关闭搅拌风扇，保证循环风扇实验中一直开启。由于自然重力沉降、舱体渗漏、壁面吸收等，会使得舱内污染物浓度下降，在测试 CADR 前需对舱内的自然衰减进行测试，保持空气净化器关闭，测试 30min 内室内的污染物浓度下降情况来给出自然衰减系数。之后，开启空气净化器，持续测试 60min 内舱内污染物浓度，并给出衰减系数。

测试中所用的测试仪器为在线监测测试仪，对于气态污染物测试一般测试甲醛和 TVOC 的 CADR 值，对应的使用甲醛在线测试仪和 PPbrea 3000 测试仪，对于颗粒污染物我们一般采用 Lighthouse 粒子计数器或 Dusttrack 颗粒物测试仪。采样仪器摆放在舱内相应的采样点上，该采样点要避开所有出风口，离墙距离应大于 0.5m，相对实验舱地面高度 0.5~1.5m。图 16-31 为舱内 CADR 测试示意图。

污染物浓度随时间变化符合指数函数变化趋势，用式（16-18）表示：

$$c_t = c_0 \mathrm{e}^{-kt} \tag{16-18}$$

式中，c_t 为 t 时刻污染物浓度；c_0 为初始污染物浓度；k 为衰减系数；t 为时间。

衰减系数 k 由式（16-19）计算：

$$k = \frac{\sum_i \left(t_i \cdot \dfrac{c_0}{c_{t_i}} \right)}{\sum_i t_i^2} \tag{16-19}$$

CADR 值由式（16-20）计算得：

$$\mathrm{CADR} = (k_t - k_n) \times V \tag{16-20}$$

式中，CADR 为洁净空气量，m^3/h；k_t 为总衰减速率常数，h^{-1}，这是开启空气净化器的衰减率；k_n 为自然衰减速率常数，h^{-1}，这是关闭空气净化器的衰减率；V 为环境舱体积，m^3。

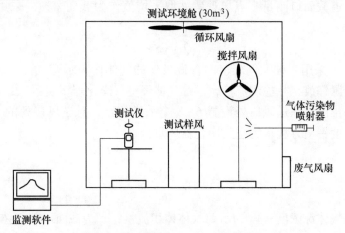

图 16-31 舱内 CADR 测试示意图

C CCM

净化器对于污染物的累积净化量（CCM）是在 $3m^3$ 和 $30m^3$ 环境舱交替测试完成，$3m^3$ 舱作为净化器加速实验环境舱，$30m^3$ 舱作为净化器 CADR 值检测舱。一个净化器对于某种污染物的累积净化量测试，首先需要在 $30m^3$ 舱的 CADR 测试方法进行净化器初始 CADR 值检测，该值作为衡量净化器累积净化量的初始值。随着净化器累积吸附量的增加，净化器的净化性能会下降，反应为 CADR 值的相应减小，当 CADR 值减少至初始值一半时证明净化器滤芯寿命已尽，此过程中净化器吸附的污染物为累积净化量。此值可以用来算净化器的实际使用寿命，为评价净化器给出参考。

D 单通效率

单通效率是另一个衡量净化器性能的重要指标，该值的大小表示净化器对于污染物的一次去除效率。该值的测定在 $30m^3$ 密闭环境舱中完成，以净化器对于颗粒物的单通效率测定举例说明：实验中选用香烟尘作为颗粒物尘源，并在 $30m^3$ 环境舱中通过燃烧香烟产生 8~12 倍高于环境颗粒物浓度的背景环境，开启搅拌风扇和循环风扇保证室内颗粒物浓度均匀。采用颗粒物检测在线仪器，分别在净化器上游（进风口）、下游（出风口）进行颗粒物浓度测试，交替测试 6 组上下游浓度值，并取平均值，记为 c_{up}、c_{down}。通过式（16-21）计算净化器单通效率：

$$\eta = 1 - \frac{c_{down}}{c_{up}} \tag{16-21}$$

E 风量

净化器的风量也是净化器发挥洁净性能的重要保障，在相同的单通过滤效率下，大风量的净化器能够使室内气流组织更佳，房间内的换气次数更大，更快的降低室内污染物浓度，但净化器的风量也并非越大越好，过大的风量会使得室内空气流速过高，造成很强的吹风感，带来不适。所以，净化器风量的测量也是衡量净化器性能的一项重要指标。目前，净化器风量的测试方法有如下几种：

（1）截面风速-风量法。测试时采用风道或管道将空气净化器出风口包裹，使出风经风道或管道牵引后流出，该风道或管段不宜过短，应使来流在管内整流，平稳送出。同时，在风道或管道截面口测量多点风速，并取平均值作为截面风速。采用式（16-22）计算风量：

$$Q = \bar{v}S \tag{16-22}$$

（2）恒源法。采用一种大气环境中含量极低的气体作为示踪气体（SF6），在净化器吸风口处作为点源释放，并检测流量，示踪气体经空气净化器风机吸入，搅匀，并迅速扩散掺混从送风口排出，在送风口处设置 6~8 个采样位点，对送风口处的 SF6 含量进行监测，根据质量浓度平衡方程求解空气净化器风量：

$$c_0 V_0 = c_1 V$$
$$V = \frac{c_0 V_0}{c_1} \tag{16-23}$$

式中，c_0 为示踪气体源浓度；V_0 为示踪气体体积流量；c_1 为截面示踪气体平均浓度；V 为空气净化器风量。

（3）阻力部件法。由于空气净化器出风口存在一定阻力，且该风口阻力系数为定值，所以可以根据流体力学知识给出风口压差与风量间的关系，在测出风口两侧压差和风口阻力系数下，根据式（16-24）计算净化器风量：

$$Q = \sqrt{\frac{P}{S}}$$ （16-24）

式中，Q 为净化器风量；P 为风口压差；S 为风口阻力系数。

采用三种方法对同一台空气净化器的不同档位风量进行测试比较，通过系数修正，都可以得到比较准确的风量。

F　噪声

空气净化器的噪声是影响使用效果不可忽略的一个性能参数。空气净化器噪声的测试是在环境舱中，采用声级计，距离出风口 1m 左右进行测试。分别测试背景噪声、各档位风量下的噪声并比较。

G　能效

空气净化器的实用功率在环境舱内采用能耗插座测得，连接净化器与能耗插座，接通电源，空气净化器在额定状态下至少稳定运行 30min 后，开始读取测量值。

在超过 30min 的时间内，测量的功率变化小于 1%，可以直接读取测量值作为额定功率；若变化大于 1%，则连续测量延续至 60min，用总耗电量除以测试时间来计算平均功率，即为输入功率。

空气净化器能效的比较，采用式（16-25）：

$$\eta = \frac{Q}{P}$$ （16-25）

式中，η 为净化能效，$m^3/(W \cdot h)$；Q 为洁净空气量，m^3/h；P 为输入功率，$W^{[107]}$。

16.7.3　空气净化器国家标准和技术要求

国家标准空气净化器（GB/T 18801—2015）2016 年 3 月 1 日开始实施。空气净化器的目标污染物（target pollutant）主要包括：颗粒物、气态污染物和微生物三大类。对于普通消费者来说需要重点关注的主要指标有：

（1）洁净空气量（clean air delivery rate，CADR），指空气净化器在额定状态和规定的试验条件下，针对目标污染物（颗粒和气态污染物）的净化能力；表示空气净化器提供洁净空气的速率。单位为立方米每小时（m^3/h）。净化器针对颗粒物和气态污染物的洁净空气量实测值不应小于标称值的 90%。

（2）累计净化量（cumulate clean mass，CCM），指空气净化器在额定状态和规定的试验条件下，针对目标污染物（颗粒和气态污染物）的累积净化能力；表示空气净化器的洁净空气量衰减至初始值的 50% 时，累积净化处理目标污染物的总质量。单位为毫克（mg）。通过该项指标可以直接计算出滤网在实际过程中的使用寿命。累积净化量的技术要求：1）颗粒物的累积净化量应不小于 3000mg，其分级标准如表 16-16 所示；2）甲醛的累积净化量不应小于 300mg，其分级标准如表 16-17 所示。

表 16-16　颗粒物累积净化量分级标准

等级	累积净化量 $M_{颗粒物}$（mg）分档区间
P1	$3000 \leqslant M_{颗粒物} < 5000$
P2	$5000 \leqslant M_{颗粒物} < 8000$
P3	$8000 \leqslant M_{颗粒物} < 12000$
P4	$12000 \leqslant M_{颗粒物}$

表 16-17　甲醛累积净化量分级标准

等级	累积净化量 $M_{甲醛}$（mg）分档区间
F1	$300 \leqslant M_{甲醛} < 600$
F2	$600 \leqslant M_{甲醛} < 1000$
F3	$1000 \leqslant M_{甲醛} < 1500$
F4	$M_{甲醛} \leqslant CCM$

（3）净化能效（cleaning energy efficiency），指空气净化器在额定状态下单位功耗所产生的洁净空气量。单位为立方米每瓦特小时［$m^3/(W \cdot h)$］。颗粒物的净化能效不应小于 $2.00 m^3/(W \cdot h)$。其分级标准如表 16-18 所示；气态污染物的净化能效不应小于 $0.5 m^3/(W \cdot h)$，其分级标准见表 16-19。

表 16-18　颗粒物净化能效分级标准

净化能效等级	净化能效 $\eta_{气颗粒物}/m^3 \cdot (W \cdot h)^{-1}$
高效级	$\eta_{气颗粒物} \geqslant 5.00$
合格级	$0.5 \leqslant \eta_{气颗粒物} < 5.00$

表 16-19　气态污染物净化能效分级标准

净化能效等级	净化能效 $\eta_{气态污染物}/m^3 \cdot (W \cdot h)^{-1}$
高效级	$\eta_{气态污染物} \geqslant 1.00$
合格级	$0.5 \leqslant \eta_{气态污染物} < 1.00$

（4）净化寿命（cleaning life span），指空气净化器标注的目标污染物的累积净化量与空气净化器对应的日均处理量（净化器每天运行 12h 所净化处理的特定目标污染物质量，具体值见国标附录）的比值，用天（d）表示。

（5）适用面积（effective room size），指空气净化器在规定的条件下，以净化目标值为依据推导出的，能够满足对污染物净化要求所适用的（最大）居室面积。单位为平方米（m^2）。

（6）待机功率（stand by power），指空气净化器在待机状态下的输入功率。单位为每瓦特小时（$W \cdot h$）。净化器待机功耗应不大于 $2.00 W \cdot h$。

（7）噪声，指净化器正常运行时功率声音的大小。其分级标准见表 16-20[107,108]。

表 16-20 噪声等级标准

洁净空气量/$m^3 \cdot h^{-1}$	噪声功率级/dB (A)
$Q \leqslant 150$	55
$150 < Q \leqslant 300$	61
$300 < Q \leqslant 450$	66
$Q > 450$	70

16.7.4 空气净化器的选用原则

16.7.4.1 考虑技术参数

目前空气净化器的技术参数比较多，对于大多数非专业人来说很难看懂，但其实只需要重点关注洁净空气量（CADR）和累计净化量（CCM）两个核心数据。

按 AHAM[108] 规定，一个房间每小时的换气率不应低于 5 次。由于换气次数的计算公式为换气次数=房间送风量/房间体积，单位是次/小时[109]。依据这个公式，购买时就可以看一下洁净空气量（CADR）的数值，用此数值除以需要净化房间的容积（长×宽×高），粗略的计算一下，如果大于或等于 5 就可以。还有另外一种计算方法，利用洁净空气量来估算空气净化器的适用面积。

适用面积是新版规范中新增加的内容，旨在更加直观地帮助消费者选购空气净化器，同时规范了空气净化器产品的适用面积算法。由于在旧版规范中没有给出适用面积算法，市场上许多商家便虚标产品的适用面积，误导消费者选择了净化效力不足的空气净化器。据央视报道，某检测机构在检测中发现，H 品牌空气净化器标称适用面积 $38 \sim 57 m^3$，实则适用面积为 $13 m^3$；F 品牌空气净化器标称适用面积 $37.5 m^3$，实测 $28 m^3$；A 品牌空气净化器标称 $130 m^3$，实测仅为 $24 m^3$。GB/T 18801—2015 新增加的空气净化器适用面积算法，有效遏制了生产企业的虚标、乱标适用面积的做法。

GB/T 18801—2015 中适用面积计算依据参考了美国 AHAM 与加拿大[110] 标准中根据室内污染物质量守恒的原理，如图 16-32 所示。

由于室内颗粒物污染的质量传递过程满足质量守恒，于是可以求出在稳态情况下，当使用空气净化器的情况下，室内稳态浓度 c 为：

$$c = \frac{发生量}{去除量} = \frac{室内发生量+室外发生量}{空气流通+空气净化+沉降}$$

$$c = \frac{P_p k_v c_{out} + \dfrac{E'}{S \times h}}{k_0 + k_v + \dfrac{Q}{S \times h}}$$

式中 c——室内颗粒物污染物浓度，mg/m^3；

P_p——颗粒物从室外进入室内的穿透系数；

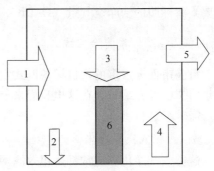

图 16-32 室内污染物质量传递过程示意图
1—由于通风作用由室外进入室内的污染物；
2—自然衰减的污染物；
3—由于空气净化器作用去除的污染物；
4—室内源带来的污染物；
5—由于通风作用由室内排放到室外的污染物；
6—空气净化器

c_{out}——室外颗粒物的质量浓度，mg/m³；

E'——室内污染源的产生速率，mg/h；

k_0——颗粒物的自然沉降率，h⁻¹；

k_v——建筑物的换气次数，h⁻¹；

Q——净化器去除颗粒物的洁净空气量，m³/h；

S——房间面积，m²；

h——房间高度，m。

当室内空气的最高颗粒物浓度应低于空气质量"优"对应的颗粒物上限值（即 $c \leqslant 35\mu g/m^3$）时：

$$S \leqslant \frac{35Q - E'}{[P_p k_v c_{out} - 35(k_0 + k_v)] \times h}$$

取颗粒物自然沉降率 $k_0 = 0.2h^{-1}$。房间高度为 2.4m。当主要污染源来自室外时（大气环境污染），用户会关闭门窗，使用净化器。在门窗紧闭的工况下，换气次数测试结果的范围为 $0.05 \sim 0.57h^{-1}$。由于气候原因，我国南方的换气次数应比北方高，设计标准为 $1.0h^{-1}$。因此，取 $k_v = 0.6 \sim 1.0h^{-1}$。

忽略室内颗粒物污染源，即 $E' = 0$。取建筑物对颗粒物的穿透系数 P_p 取 0.8。室外颗粒物浓度近似采用细颗粒物的质量浓度，针对重度污染的天气，取 $c_{out} = 300\mu g/m^3$。

把上述参数代入到公式中去，$k_v = 0.6h^{-1}$ 时，计算得到的适用面积为 $S = 0.12 \times Q$；$k_v = 1.0h^{-1}$ 时，计算得到的适用面积 $S = 0.07 \times Q$。又因为市面上大多数都是机械过滤式空气净化器，净化效率能够达到 99% 以上，根据 $CADR = Q \times \eta$，可以得出 $CADR \approx Q$。因此得到 $S = (0.07 \sim 0.12) \times CADR^{[96]}$。

为此在挑选空气净化器的时候，可以用：适用面积 = 洁净空气量（CADR）×0.1 来估算，这个洁净空气量（CADR）值是指净化器在最高风量档测得的数值。需要注意的是，洁净空气量（CADR）值不是一个恒等值，因为净化器对应不同的污染物会得到不同的洁净空气量值。所以，购买时要根据使用的实际面积和污染物种类有针对性的选购，并且一定要弄清标明的洁净空气量（CADR）值对应的污染物以及检测和认证机构。

16.7.4.2 考虑除尘方式

目前市面上最多的是机械滤网式空气净化器和静电集尘式空气净化器。这两者的工作原理前文已经介绍过，在这里我们来分析一下这两种空气净化器的优缺点，方便读者根据自身需求来进行挑选。

A 机械式空气净化器

这类空气净化器通常都是粗效滤网加上 HEPA 滤网，优点是：（1）对于颗粒物的净化效率很高，可以高达 99% 以上。（2）相比较于静电集尘式空气净化器，购买价格便宜。但是缺点也比较明显：（1）跟静电集尘式空气净化器相比，阻力比较大，这会导致噪声偏大，对于风机的要求会更高。因此对于低价位的空气净化器，虽然 CADR 并不逊色，但是也要注意最高档位的噪声是否能够接受。（2）需要定期更换滤芯，后期投资比较大。

B 静电集尘式空气净化器

这类空气净化器的优点是：（1）集尘板能够反复清洗，能够反复利用。（2）阻力小，对于风机的要求不高，噪声小。但是缺点同样也很明显：（1）与前者相比，容尘量小，随着使用时长 CADR 呈指数衰减，意味着需要及时清洗集尘板，这对于希望"一劳永逸"的人来说不是一个好的选择。（2）初投资昂贵。（3）净化效率没有前者那么高，基本上只能达到 85%。

16.7.4.3　考虑环境的适用性

购买时要根据居住环境污染物种类和污染程度以及使用面积来选择。若以粉尘和PM2.5 为主，则主要是颗粒物污染物，应该根据房间面积选择去除颗粒物的 CADR，去除颗粒物的 CADR 越大越好；若以化学污染为主，主要是甲醛、苯、二甲苯等在内的挥发性化合污染物和氨、氮氧化物、硫氧化物、碳氧化物等无机污染污物，则应该选择带有活性炭模块、光触媒模块；空气净化器的适用面积要与实际的使用面积相匹配，使效率和能耗都能达到最佳状态，做到物尽其用。如果所处地区室外污染比较严重抑或是房间刚刚装修完，存在大量挥发性化合物，可在此基础上适当提高配置。

16.7.4.4　考虑使用成本

空气净化器在使用中需要按规定更换滤芯或者清洗集尘板。滤芯的更换周期与累计净化量、使用寿命、使用时间、污染程度等相关，所以建议在购买的时候尽量选择累计净化量级别高的档位，选择使用寿命长的净化器。这里要注意，虽然静电类的空气净化器能够反复清洗集尘板，达到多次使用的目的，但是单次的使用寿命很短，一般在 1~2 个月之间就需要清洗一次集尘板，需要在购买前了解清楚。如果没有及时更换滤芯或者清洗集尘板，空气净化器的效果大幅下降，甚至会把滤芯或者集尘板上的灰尘吹出来，造成二次扬尘污染。所以在购买净化器时一定要弄清替换滤芯的价格和更换周期以及集尘板的使用时间，统筹考虑。

16.7.4.5　考虑净化器的声噪比

由于现在很多的噪声所标的参数存在水分，建议消费者在购买时一定要在比较安静的环境中对净化器进行噪声测听，每一个档位都要细听，尤其是睡眠档和平时常用档位最重要，噪声一定要在自己心理能够接受的范围以内。

16.7.4.6　考虑附加功能

一般附加功能有：加湿、除菌、负离子、自检、定时、遥控等，诚然，功能越多，实用性越强，但是鉴于我国规范尚且不够完善，对于此类附加功能没有明确的规定，所以消费者们也要警惕，这类附加功能存在"夸大其词"并且并不是功能越多越好，多一个功能就增加一份购买成本，所以，要根据自己的实际需要选择[111]。

16.7.4.7　空气净化器产品

韩国 LG 净化器产品型号及功能见表 16-21~表 16-24。

表 16-21　AM50GYWN1 型 Signature 空气净化器主要性能参数

运行模式	PM2.5 CADR/m³·h⁻¹	≥0.3μm CADR/m³·h⁻¹	甲醛 CADR/m³·h⁻¹
快速	376	320	15.78
强	322	293	36.99
中	182	180	7.92
弱	85	85	4.77
产品质量	17kg		
产品尺寸（宽×高×深）	408mm×725mm×408mm		
功能	甲醛、VOC 净化、加湿、负离子		
生产厂家	韩国 LG 电子有限公司		

表 16-22　AM50GYWN1 型 Signature 空气净化器主要运行参数

运行模式	干工况		湿工况	
	功率	噪声	功率	噪声
快速	87W	54.2dB	—	—
强	55.1W	49.1dB	56.4W	54.4dB
中	21.5W	36.1dB	23.6W	37.6dB
弱	13.9W	31.4dB	16W	34.7dB
待机	4.5W	30.3dB	4.5W	30.5dB

表 16-23　AS95GDWP2 型 Montblanc D 空气净化器主要性能参数

运行模式	PM2.5CADR/m³·h⁻¹	≥0.3μm CADR/m³·h⁻¹	甲醛 CADR/m³·h⁻¹	甲苯 CADR/m³·h⁻¹
飓风模式	743	715	302	109
双层模式	740	713	375	109
单层模式	441	423	274	102
产品质量	19kg			
产品尺寸（宽×高×深）	376mm×1073mm×376mm			
功能	甲醛、VOC 净化、婴儿呵护模式、360°净化、大范围覆盖			
生产厂家	韩国 LG 电子有限公司			

表 16-24　AS95GDWP2 型 Montblanc D 空气净化器主要运行参数

运行模式	风量档	功率/W	噪声/dB
飓风模式	I	19.1	36.1
	II	32.1	40.6
	III	49.3	46.4
	IV	86.5	53.1

续表 16-24

运行模式	风量档	功率/W	噪声/dB
360°净化模式	I	10.9	34.1
	II	19.3	36.3
	III	37.5	43.8
	IV	71.2	51.3
婴儿模式	I	10.6	34.1
	II	15.5	35.2
	III	28.5	42.7
	IV	51.2	50.3
待机	—	3.1	33.8

参 考 文 献

[1] Seinfeld J H, Pandis S N. Atmospheric chemistry and physics：From air pollution to climate change [M]. US：Wiley, 2012.

[2] Zhou Z, et al. Indoor PM2.5 concentrations in residential buildings during a severely polluted winter：A case study in Tianjin, China [J]. Renewable and Sustainable Energy Reviews, 2016, 64：372~381.

[3] Rumchev K B, et al., Domestic exposure to formaldehyde significantly increases the risk of asthma in young children [J]. European Respiratory Journal, 2002, 20 (2)：403~408.

[4] Cogliano V J, et al. Meeting report：Summary of IARC monographs on formaldehyde, 2-butoxyethanol, and 1-tert-butoxy-2-propanol [C]. Environmental health perspectives, 2005：1205~1208.

[5] Organization W H. WHO guidelines for indoor air quality：Selected pollutants [R]. 2010.

[6] Rackes A, Waring M S. Modeling impacts of dynamic ventilation strategies on indoor air quality of offices in six US cities [J]. Building & Environment, 2013, 60 (60)：243~253.

[7] Waring M S. Secondary organic aerosol in residences：Predicting its fraction of fine particle mass and determinants of formation strength [J]. Indoor Air, 2014, 24 (4)：376.

[8] Ji W, Zhao B. Contribution of outdoor-originating particles, indoor-emitted particles and indoor secondary organic aerosol (SOA) to residential indoor PM2.5 concentration：A model-based estimation [J]. Building & Environment, 2015, 90：196~205.

[9] Organization W H. Air quality guidelines：Global update 2005：Particulate matter, ozone, nitrogen dioxide, and sulfur dioxide [R]. 2006.

[10] 中华人民共和国国家技术监督局. GB 3095—2012 环境空气质量标准 [S]. 北京：中国环境科学出版社, 2012.

[11] Parat S, et al. Contribution of particle counting in assessment of exposure to airborne microorganisms [J]. Atmospheric Environment, 1999, 33 (6)：951~959.

[12] Sutherland K S, Chase G. Filters and filtration handbook [M]. Amsterdam：Elsevier, 2011.

[13] 蔡杰. 空气过滤 ABC [M]. 北京：中国建筑工业出版社, 2002.

[14] 刘俊杰, 赵磊. 一种复叠式组合空气过滤器：中国, 201610813826.9 [P]. 2016-9-10.

[15] 孙一坚, 沈恒根. 工业通风 [M]. 4 版. 北京：中国建筑工业出版社, 2010.

[16] 周兴求. 环保设备设计手册：大气污染控制设备 [M]. 北京：化学工业出版社，2004.

[17] 沈欣军. 电除尘器内细颗粒物的运动规律及其除尘效率研究 [D]. 杭州：浙江大学，2015.

[18] 周中平. 室内污染检测与控制 [M]. 北京：化学工业出版社，2002：98~99.

[19] 伊冰. 室内空气污染与健康 [J]. 环境卫生学杂志，2001，28（3）：167~169.

[20] Yang R T. 吸附法气体分离 [M]. 北京：化学工业出版社，1991.

[21] 丁照兵，李娟，李波. 室内空气净化技术研究综述 [J]. 微量元素与健康研究，2008，25（2）：63~65.

[22] 郭鹏，葛晓陵，张元. 吸附法在室内空气净化中的应用 [J]. 环境科学与技术，2003，26（s2）：60~61.

[23] Mo J, et al. Photocatalytic purification of volatile organic compounds in indoor air：A literature review [J]. Atmospheric Environment, 2009, 43（14）：2229~2246.

[24] 陆义，等. 客机座舱气态污染物及其净化技术现状 [J]. 暖通空调，2014（7）：1~8.

[25] Lahousse C, et al. Evaluation of γ-MnO$_2$ as a VOC removal catalyst：Comparison with a noble metal catalyst [J]. Journal of Catalysis, 1998, 178（1）：214~225.

[26] 徐秋健，等. 热催化蜂窝降解室内 VOCs 实验研究 [J]. 工程热物理学报，2011，32（8）：1406~1408.

[27] Anderson S L. Composite combustion catalyst and associated methods [P]. Google Patents, 2009.

[28] 康颖，吴祖成，李啸. 低温等离子体技术脱除有害气体污染物的研究进展及应用 [C]. 第 11 届长三角科技论坛环境保护分论坛暨上海市环境科学学会第 18 届学术年会论文集，2014.

[29] Oda T. Non-thermal plasma processing for environmental protection [C]. Proceedings of the fourth International Conference on Applied Electrostatics, 2001.

[30] Yamamoto T. VOC decomposition by nonthermal plasma processing—A new approach [J]. Journal of Electrostatics, 1997, 42（1~2）：227~238.

[31] Masuda S, et al. Novel plasma chemical technologies—PPCP and SPCP for control of gaseous pollutants and air toxics [J]. Journal of Electrostatics, 1995, 34（4）：415~438.

[32] Song Y H, et al. Effects of adsorption and temperature on a nonthermal plasma process for removing VOCs [J]. Journal of electrostatics, 2002, 55（2）：189~201.

[33] 晏乃强，等. 电晕-催化技术治理甲苯废气的实验研究 [J]. Environmental Science, 1999.

[34] 晏乃强，等. 催化剂强化脉冲放电治理有机废气 [J]. 中国环境科学，2000，20（2）：136~140.

[35] 周晓瑜，施玮，宋伟民. 室内生物源性污染物对健康影响的研究进展 [J]. 卫生研究，2005，34（3）：367~371.

[36] 中华人民共和国国家技术监督局. GB/T 18883—2002 室内空气质量标准 [S]. 北京：中国标准出版社，2002.

[37] 田伟，陈克军. 室内空气中颗粒物对人体健康的影响 [J]. 重庆环境科学，2002，24（5）：58~60.

[38] 李劲松. 试论室内空气生物污染 [J]. 中国预防医学杂志，2002，3（3）：174~177.

[39] 车凤翔. 空气生物学援救现状和进展 [J]. 环境科学，1986.

[40] 陈政旻. 咳嗽飞沫粒径分布之研究 [D]. 中国台湾：台湾大学，2004.

[41] 赵彬，等. 室内颗粒物的来源：健康效应及分布运动研究进展 [J]. 环境与健康杂志，2005，22（1）：65~68.

[42] 周益生. 室内空气污染对人体健康的影响 [J]. 华夏医学，1999（5）：161~162.

[43] 胡庆轩，蔡增林. 沈阳市室内空气真菌粒子的研究 [J]. 云南环境科学，1996，15（1）：16~19.

［44］张利伯. 公共场所卫生学［M］. 上海：上海医科大学出版社，1991：143.

［45］周扬胜. 病态建筑综合症的原因与解决方法［J］. 环境保护，1998. 5：36~37.

［46］李劲松. 室内空气生物污染危害评价和控制的研究［C］. 2005.

［47］于玺华. 现代空气微生物学［M］. 北京：人民军医出版社，2002：245.

［48］Ei-Swaify S. Library of Congress Cataloging in Publication Data［M］. 1982.

［49］Hambraeus A. Aerobiology in the operating room-A review［J］. Journal of Hospital Infection，1988，11：68~76.

［50］Godish T. Indoor air pollution control［M］. US：CRC Press，1989.

［51］国家质量监督检验检疫总局. GB 19210—2003 空调通风系统清洗规范［S］. 北京：中国标准出版社，2003.

［52］卫生部. WS/T 395—2012 公共场所集中空调通风系统卫生学评价规范［S］. 2006.

［53］Björkroth M，Seppänen O，Torkki A. Chemical and sensory emissions from HVAC components and ducts［C］. Design，Construction，and Operation of Healthy Buildings-Solutions to Global and Regional Concerns，Atlanta，1998：47~55.

［54］Pal A，et al. Photocatalytic inactivation of bioaerosols by TiO_2 coated membrane［J］. Int. J. Chem. Reactor Eng.，2005，3：A45.

［55］Mills A，Hunte S L. An overview of semiconductor photocatalysis［J］. Journal of photochemistry and photobiology A：Chemistry，1997，108（1）：1~35.

［56］Carp O，Huisman C L，Reller A. Photoinduced reactivity of titanium dioxide［J］. Progress in Solid State Chemistry，2004，32（1）：33~177.

［57］Matsunaga T，et al. Continuous-sterilization system that uses photosemiconductor powders［J］. Applied and Environmental Microbiology，1988，54（6）：1330~1333.

［58］Saito T，et al. Mode of photocatalytic bactericidal action of powdered semiconductor TiO_2 on mutans streptococci［J］. Journal of Photochemistry and Photobiology B：Biology，1992，14（4）：369~379.

［59］Huang Z，et al. Bactericidal mode of titanium dioxide photocatalysis［J］. Journal of Photochemistry and Photobiology A：Chemistry，2000，130（2）：163~170.

［60］Fujishima，A，Zhang X. Titanium dioxide photocatalysis：Present situation and future approaches［J］. Comptes Rendus Chimie，2006，9（5）：750~760.

［61］Pham H N，McDowell T，Wilkins E. Photocatalytically-mediated disinfection of water using TiO_2 as a catalyst and spore-forming Bacillus pumilus as a model［J］. Journal of Environmental Science & Health Part A，1995，30（3）：627~636.

［62］Blake D M，et al. Application of the photocatalytic chemistry of titanium dioxide to disinfection and the killing of cancer cells［J］. Separation and Purification Methods，1999，28（1）：1~50.

［63］Amezaga-Madrid P，et al. TEM evidence of ultrastructural alteration on Pseudomonas aeruginosa by photocatalytic TiO_2 thin films［J］. Journal of Photochemistry and Photobiology B：Biology，2003，70（1）：45~50.

［64］Sunada K，Watanabe T，Hashimoto K. Studies on photokilling of bacteria on TiO_2 thin film［J］. Journal of Photochemistry and Photobiology A：Chemistry，2003，156（1）：227~233.

［65］Jacoby W A，et al，Mineralization of bacterial cell mass on a photocatalytic surface in air［J］. Environmental Science & Technology，1998，32（17）：2650~2653.

［66］Yang X，Wang Y. Photocatalytic effect on plasmid DNA damage under different UV irradiation time［J］.

Building and Environment, 2008, 43 (3): 253~257.

[67] Oguma K, Katayama H, Ohgaki S. Photoreactivation of Escherichia coli after low-or medium-pressure UV disinfection determined by an endonuclease sensitive site assay [J]. Applied and Environmental Microbiology, 2002, 68 (12): 6029~6035.

[68] 卢振. 通风空调系统空气微生物传播与消毒控制方法 [D]. 哈尔滨: 哈尔滨工业大学, 2007.

[69] Yang Q Z, Chang Y Y, Zhao H Z. Preparation and antibacterial activity of lysozyme and layered double hydroxide nanocomposites [J]. Water Research, 2013, 47 (17): 6712~6718.

[70] 中国建筑科学研究院. GB/T 14295—2008 空气过滤器 [S]. 北京: 中国标准出版社, 2008.

[71] 中国建筑科学研究院. GB/T 13554—2008 高效空气过滤器 [S]. 北京: 中国标准出版社, 2008.

[72] EN779. Particulate air filters for general ventilation [S]. Determination of the Filtration Performance, 2012.

[73] 1822 E. High efficiency air filters (EPA, HEPA and ULPA) [S]. 2009.

[74] 52. 1 A. Gravimetric and Dust-Spot Procedures for Testing Air-Cleaning Devices Used in General Ventilation for Removing Particulate Matter [S]. 1992.

[75] 52. 2 A. Method of Testing General Ventilation Air-Cleaning Devices for Removal Efficiency by Particle Size [S]. 2012.

[76] 29463 I. High-efficiency filters and filter media for removing particles in air—Part 1: Classification, performance testing and marking [S]. 2011.

[77] Xu Z, Zhou B, Fundamentals of air cleaning technology and its application in cleanrooms [M]. Berlin: Springer, 2014.

[78] 曹国庆. 高效空气过滤器性能检测系统的研制与相关问题研究 [D]. 天津: 天津大学, 2006.

[79] 邹志胜. 高效空气过滤器最易穿透粒径效率测试台的研制 [D]. 天津: 天津大学, 2005.

[80] 任生雄. 航空高效过滤器性能研究和机舱净化效果分析 [D]. 天津: 天津大学, 2014.

[81] 许钟麟, 孙宁, 曹国庆. 空气洁净技术的新发展 [J]. 建筑科学, 2013, 29 (10): 34~40.

[82] 牛立科. 化学过滤器在微电子行业的应用研究 [D]. 北京: 北京建筑大学, 2012.

[83] 孙晟. 洁净室 AMC 浅析 [J]. 洁净与空调技术, 2015 (2): 106~107.

[84] 赵庆, 苏伟胜. 洁净室内化学气体污染物的分类及控制 [J]. 制冷与空调 (四川), 2009, 23 (4): 91~96.

[85] 田世爱, 等. 洁净室气态分子污染物的监测技术 [J]. 洁净与空调技术, 2006 (2): 12~17.

[86] 田世爱, 李启东. 空调用化学过滤器概述 [J]. 洁净与空调技术, 2003 (4): 30~34.

[87] 曹国新, 沈晋明. 气态分子污染物的控制研究 [J]. 洁净与空调技术, 2015 (4): 1~4.

[88] 赵厚银, 等. 室内空气污染物的种类及控制措施 [J]. 重庆环境科学, 2003, 25 (7): 3~6.

[89] ISO 10121-2 2013. Test methods for assessing the performance of gas-phase air cleaning media and devices for general ventilation—Part 2: Gas-phase air cleaning devices (GPACD). 2013.

[90] ASHRAE 145. 2 Laboratory Test Method for Assessing the Performance of Gas-Phase Air Cleaning Systems: Air Cleaning Devices. 2010.

[91] 史黎薇. 空气净化器的分类及其净化效率的比较 [J]. 中国卫生工程学, 2008, 7 (4): 240~241.

[92] 南野脩, 高山肇. 4227 高性能フィルタの補集性能について: その 1 HEPA フィルタの捕集性能試験方法と実測結果 [J]. 学術講演梗概集. D, 環境工学, 1986: 453~454.

[93] 许钟麟. 空气洁净技术应用 [M]. 北京: 中国建筑工业出版社, 2013.

[94] 赵海波, 郑楚光. 单区静电除尘器捕集烟尘过程的数值模拟 [J]. 中国电机工程学报, 2007, 27

（2）：31~35.

[95] 高立新，陆亚俊. 室内空气净化器的现状及改进措施 [J]. 哈尔滨工业大学学报，2004，36（2）：199~201.

[96] 古政荣，陈爱平，戴智铭. 活性炭-纳米二氧化钛复合光催化空气净化网的研制 [J]. 华东理工大学学报，2000，26（4）：367~371.

[97] 李一诺，陶冶. 微型空气净化器的创新技术 [J]. 医疗卫生装备，2006，27（1）：41~42.

[98] 赵雷，等. 室内空气净化器及其应用前景 [J]. 环境与持续性发展，2006（1）：4~7.

[99] 蔡来胜，刘春雁，刘刚. 活性炭纤维及其在空气净化器中的应用 [J]. 上海纺织科技，2003，31（4）：10~12.

[100] 姜军清，黄卫红，陆晓华. 活性炭纤维及其应用研究进展 [J]. 工业水处理，2001，21（6）：4~6.

[101] 王卫，于雷. 新型空气净化器的研制与应用 [J]. 医疗卫生装备，2000，21（3）：6~8.

[102] 程灯塔，刘刚. 空气净化器电场灭菌机理与效果分析 [J]. 医疗卫生装备，2005，26（5）：30~31.

[103] http：//www/weather. com. cn/news/181035.

[104] De Bellie L, Haghighat F, Zhang Y. Review of the effect of environmental parameters on material emissions [C]. Proceedings of the 2nd international conference on indoor air quality, ventilation, and energy conservation in buildings, 1995.

[105] El Fouih Y, et al. Adequacy of air-to-air heat recovery ventilation system applied in low energy buildings [J]. Energy and Buildings, 2012, 54: 29~39.

[106] AC-1-2006, A A A. Method for measuring performance of portable household electric room air cleaning devices [S]. Association of Home Appliance Manufacturers, 2006.

[107] 中国家用电器研究所，北京亚都科技股份有限公司，国家家用电器质量监督检验中心. GB/T 18801—2015 空气净化器 [S]. 北京：中国质检出版社，2015.

[108] 马良，等. 室内氨气污染的净化试验研究 [J]. 中国环境监测，2001，17（4）：63~65.

[109] 住房和城乡建设部. GB 50736—2012 民用建筑供暖通风与空气调节设计规范：[S]. 北京：中国建筑工业出版社，2012.

[110] NRCC. NRCC-54013—2011Method for Testing Portable Air Cleaners [S]. 2011.

[111] 林琳. 室内空气污染和空气净化器的选用 [J]. 天津科技，2017（1）：83~86, 89.

17 通风系统空气过滤

关于环境空气质量问题的讨论和研究，一般最终都会归结到对建筑物室内空气质量的控制和改善问题上来。这是因为人每天的工作和起居的大部分时间内都处在室内空间，而室内外空气污染物对室内空气质量的影响无时不在。在建筑物、特别是城市各类建筑中，通常都会设置通风系统，通过这些系统的运行，对室内各类污染物（空气污染物、余热和余湿等）进行有效的净化和排除，并补充新风或符合相关标准的空气，以满足对室内热环境和室内空气质量的要求。对于最为常见的如各类商业建筑和工厂建筑，其机械通风系统中均会对进入到房间的空气进行必要的净化处理，或满足《工业企业设计卫生标准》（GBZ 1—2010）的要求，或满足如《室内空气质量标准》（GB/T 18883—2002）或《采暖通风与空气调节设计规范》（GB 50019—2003）的相关要求，以保证工作场所和居住空间必要的空气质量。

机械通风系统中的空气净化装置通常采用空气过滤器。这是一些由各种织物构成的气体过滤结构，它们根据不同的净化等级设计制作，并安装在通风系统的不同部位或管路上。本章首先简要叙述空气过滤的基本机制，然后对空气过滤器的规格及其在室内空气净化中的应用的一般方法做必要介绍。

17.1 过滤器压降与效率

过滤可以定义为通过多孔结构体把分散在流体中的微粒分离出来的一种方法。使微粒悬浮（或称弥散、分散）的介质可以是气体（或气体混合物），也可以是液体。悬浮在前者中的粒子称为"气溶胶"（aerosol），而弥散在后者中的则称为"水溶胶"（hydrosol）。因此，微粒的过滤可以分为气体过滤（或称"气滤"）和液体过滤（或称"液滤"）两类。一般说来，粒子的过滤过程可以用以下几个参数来描述。

过滤器的压降 ΔP（通常也称"阻力"）由下式简单地确定：

$$\Delta P = P_1 - P_2 \tag{17-1}$$

式中，P_1，P_2 分别为过滤器入口和出口处的气体压力。

对于清洁的过滤器，ΔP 的值仅取决于流体的特性和过滤材料的特性。当过滤持续进行时，压降还与沉积在过滤器中或过滤介质上的粒子（或粒子堆积层结构）特性有关。

如果用 G_1 表示单位时间内流入过滤器的粒子量（通常可以是质量，也可以是数量），G_2 为单位时间内离开过滤器的粒子量，G_3 为单位时间内留在过滤器上的粒子量，则根据守恒定律：

$$G_1 = G_2 + G_3$$

对于单分散性气溶胶粒子，理论上可用下式来确定过滤器的效率 E：

$$E = \frac{G_3}{G_1} = \frac{G_1 - G_2}{G_1} = \frac{G_3}{G_3 + G_2} \tag{17-2}$$

式中的第一个等式以过滤器捕集的粒子和进入的粒子量（质量或粒子总数）来确定 E；第二个等式则以进入的粒子和离开的粒子量确定 E；第三个等式则以捕集的和逃逸（即穿透）的粒子量来确定过滤器效率 E。相关的参数是过滤器的穿透率 p，确定此值的公式为：

$$E + p = 1 \tag{17-3}$$

有时也用穿透率的倒数 $p^* = p^{-1} = (1 - E)^{-1}$ 来描述粒子通过过滤器后浓度的降低量。例如，$E = 0.99999$ 可代之以 $p = 10^{-5}$ 或 $p^* = 10^5$，表示通过该过滤器后，粒子浓度将下降到 10^{-5}。

过滤器的容尘量可以定义为：在达到某一压降之前，能够聚集沉积微粒的数量（通常以克或千克表示）。过滤器的容量大约等于两次连续更新过滤器之间聚集在过滤器上的微粒量。同一个过滤器，它对于小微粒的容量总是小于大颗粒的容量。因此，应该按照一定大小的微粒来确定过滤器的容量。

参与空气过滤全过程的体系由三个部分构成：分散的粒子、输送粒子的流体和产生过滤作用的多孔材料。描述体系中气溶胶粒子特征的基本参量为粒子直径 d_p、形状及尺度谱分布；粒子的质量 m 和密度 ρ_p；粒子的介电常数、带电量、化学成分及粒子浓度（数浓度、重量浓度、体积浓度或/和有效浓度）。涉及流体的相关参数则为速度 u_0、密度 ρ_g、绝对温度 T、压力 P、动力黏度 μ（运动黏度 $\nu = \mu / \rho_g$）和湿度。对于过滤用的多孔材料，表征其性能的主要参数为几何尺寸（有效过滤器表面积 A 和过滤器厚度 L）、过滤器各个结构单元的尺寸和这些结构元素在过滤器中的分布和排列方式，过滤器的孔隙度 ε 和比表面积、电荷量、介电常数和化学成分。因此，过滤器的压降 ΔP 和效率 E 通常取决于几乎所有的上述要素。

理论上，过滤器对粒子的净化过程可分为两个阶段。第一阶段，粒子的沉积出现在用某种模型描写的某种结构的"洁净"过滤结构上。由于粒子沉积所引起的过滤结构的变化可忽略不计，以至于可不考虑因此而对 ΔP 和 E 的影响。在清洁过滤阶段，ΔP 和 E 不随时间变化，所以这个阶段的过滤可视作稳态过滤。从实际的观点来看，在过滤的初期，对于低浓度气溶胶体系，可以把过滤过程近似视作"稳态过滤"过程。因此，这个阶段滤料对粒子的捕集可以简化处理，即粒子在过滤器结构元件上的捕集效率为一，粒子一旦与捕集表面碰撞，便黏附于捕集体，不再反弹或再悬浮。

然而，实际的过滤过程远较上述复杂得多，尤其是初期过滤后的阶段，即第二阶段。大量粒子的沉积，最终将导致过滤器产生结构变形。这时，过滤器基本参量 ΔP 和 E 随时间发生宏观上明显的变化。如果这一过程持续进行，则过滤器将终被阻塞。这个过滤阶段称作"非稳态过滤"。在实际使用中，一般不考虑各种原因导致的非稳态过滤过程。

17.2 组合过滤机理

如前所述，气溶胶粒子在纤维上的沉积过程，可能同时受所有机理的作用和影响，这些机理在不同的过滤条件下所起的作用亦将不同。空气过滤理论中一个基本的、也是最困难的问题，就是根据这些机理的组合作用求出纤维的总的捕集系数 E_f。通常由于数学上的种种困难，不可能精确地解决这个问题。下面介绍对于这个问题的各种处理方法。

Ranz 和 Wong 的方法最简单和最实用。他们认为通常只有一或两个沉积机理对粒子的捕集起主要作用。为了确定某一过滤条件下最重要的机理，通过各种量纲为 1 的参数描述各种机理是一个有效的途径。这样，起支配作用的机理是具有最大参数的机理，而其余的机理在一阶近似中是次要的，从而可以忽略不计。

另一种方法是，假定与各种机理相对应的各个捕集系数 E_i（$i=1$，2，3，$\cdots$，n）是简单相加的，这个方法得到广泛的应用，即

$$E_f = E_1 + E_2 + \cdots + E_n \tag{17-4}$$

显然，如果所有的机理都是独立地起作用，那就证明这个假设是正确的。但事实上这个假设会导致这样的结果：精确度成为未知数，并且一般地说，整个方法迄今为止尚未被证明是正确的。只有少数特殊情况，这个方法能够找到理论依据。例如，Robinson 证明：当 $N_G \ll 1$ 时，惯性和重力沉积的捕集系数可以直接相加，即 $E_f = E_I + E_G$。

有研究者认为，根据式（17-4）的定义，有 $p_f = 1 - E_f$，故总穿透率 p_f 可以表示为：

$$p_f = p_1 p_2 p_3 \cdots p_n \tag{17-5}$$

式中，各透过率 p_i（$i=1$，2，3，$\cdots$，n）由 $p_i = 1 - E_i$（$i=1$，2，3，$\cdots$，n）确定。例如，当扩散、拦截和惯性沉积同时作用时，令 $E_1 = E_D$，$E_2 = E_R$，$E_3 = E_I$，则由方程（17-5）可得：

$$E_f = 1 - (1 - E_D)(1 - E_R)(1 - E_I) \tag{17-6}$$

如果 n 个过滤器串联，式（17-6）也有效。应用方程（17-5）计算总捕集系数 E_f 以这样的假设为前提：各种沉积作用一个接一个地起作用，例如：先是扩散机理，继之直接拦截；接着是惯性沉积，但这种方法的正确性至今还缺乏严格、可靠的论证。

Chen 认为，对于小重力捕集系数和斯托克斯数，E_f（三种机理）可表达为：

$$E_f = E_{DR} + E_{IR} \tag{17-7}$$

式中，E_{DR} 为扩散和拦截的联合作用而产生的捕集系数；E_{IR} 为惯性和拦截联合作用而产生的捕集系数。显然，这也与式（17-6）一样，缺乏严格的证明。

Fuchs 宣称（为给予论证）：E_f 大于任何部分的捕集系数而小于它们的总和，即：

$$E_j \ll E_f \ll E_1 + E_2 + \cdots + E_n \ (j=1, 2, 3, \cdots, n) \tag{17-8}$$

然而这种说法与 Stechkina 和 Fuchs 的方程不一致，因为相互作用项始终是正的。

计算过滤器效率 E 或过滤器穿透率 p 的最后步骤是把过滤器中计算出的各纤维总捕集系数 E_f 转换到全过滤器。在引入另外一个参数 α，即过滤器对粒子的吸收系数后，它与过滤器宏观效率 E 的关系式为：

$$E = 1 - p = 1 - e^{-\alpha} \tag{17-9}$$

式中，α 与 p 的关系为 $\alpha = -\ln p$。

17.3 过滤器规格与应用

历史上，空气过滤器通常在有洁净或净化要求的通风系统中使用。随着城市化的发展和人们对于室内空气环境健康要求的提高，越来越多的建筑物的机械通风系统开始配备空气净化设备，于是，织物空气过滤器成为使用广泛的一种通风净化装置。自 1950 年代集成电路为代表的新兴电子工业开始出现起，空气过滤一般总与电子生产车间的空气洁净度

联系在一起。当然，医院和药品生产工厂对空气环境的要求也使得空气过滤器的使用范围向不同的领域扩展。根据当时仪器检测水平，国际上对空气过滤器的分级一直各行其是，美、苏联（俄）、英、日等主要工业国在这一问题上先后制定了自己的标准，并且一直常用最早定义的各种参量、度量方法等更新和升级与过滤器有关的各种标准、规定和技术要求。

17.3.1　国内外过滤器分级

17.3.1.1　中国过滤器及效率分级

我国民用领域大规模的空气过滤器生产、设计和使用实际上开始于 80 年代，由于市场需求巨大，对空气过滤器性能要求各异，所以在这一时期，各类相关标准陆续开始制定和颁布。但总体而言，借鉴和参考了许多国际上不同的标准制定原则和方法。以下简述之。

A　一般通风用过滤器分级

对于一般通风用过滤器，两项国家标准（即《一般通风用空气过滤器性能试验方法》（GB 12218—1989）和《空气过滤器》（GB/T 14295—2008））按新过滤器的计数法效率将过滤器分成五个和四个等级，见表 17-1。这两项标准曾对过滤器市场起了很好的规范作用，它们结束了部门间各自为战的局面，并在过去的"中效"范围增加了一级"高中效"，以适应当时人们对改善洁净室预过滤器性能的要求。

表 17-1　一般通风用过滤器分类——大气尘计数法

GB 12218—89 分级	I	II	III	IV	V
粒径/μm	≥5.0		≥1.0		≥0.5
计数效率/%	<40	40≤E<80	20≤E<70	70≤E<99	95≤E<99.9
GB/T 14295—2008 分级	粗效		中效	高中效	亚高效
粒径/μm	≥5.0		≥1.0		≥0.5
计数效率/%	20≤E<80		20≤E<70	70≤E<99	95≤E<99.9

表 17-1 中的分级是基于 20 世纪 80 年代末至 90 年代初的国内技术水平规定的，特别是考虑了当时能够测量过滤器计数效率的国产光学粒子计数器的水平，一方面是对照国际上的特性做法给出我国的规定，一方面也兼顾了应用者和制造者的测试或检测能够在一个可以共同达到的水平下进行。

中国现有标准的计数法与国外计数法的主要差别在于：（1）国内仅测量新过滤器效率，国外测量发尘试验全过程的过滤器效率；（2）国内测量大于某粒径全部粒子的过滤效率，国外测量某粒径段粒子的效率；（3）国外计数测量时使用标准粉尘，国内使用大气粉尘。

2000 年以来，上述两项国家标准已经修订并已颁布。此外，中国制冷空调工业协会也已公布了一个新的行业标准，即《空气过滤器》（CRAA430-433—2008）标准。客观地说，这一标准更多地统一、规范和推动了我国过滤器制造行业的水平提升和国际化进程。由于这一标准成分注意到了国际各相关标准的特点，自公布以来，得到了广泛的应用，其新的修订版本也已完成。

B 高效过滤器分类

国家标准《高效空气过滤器》（GB/T 13554—2008）的规定，高效过滤器应满足以下两个条件：（1）按国家标准《高效空气过滤器性能试验方法》（GB/T 6165—2008）规定的钠焰法测试，其效率 $E \geqslant 99.9\%$ 的过滤器；（2）对粒径 $d_p \geqslant 0.1\mu m$ 的粒子，其效率 $E \geqslant 99.999\%$ 的过滤器。

前者指一般高效过滤器，相比之下，国外一般定义高效过滤器的效率为 $E \geqslant 99.97\%$。后者指超高效过滤器。

17.3.1.2 欧洲过滤器分类与规格

作为对比，表 17-2 给出了欧洲现行过滤器分类的详细规定。

表 17-2 欧洲过滤器分类

标准	EN 779：1993		EN 1882-1：1998
规格	计重法/%	比色法或计数法[①]/%	最易穿透粒径法/%
G1	$E<65$		
G2	$65 \leqslant E<80$		
G3	$80 \leqslant E<90$		
G4	$90 \leqslant E$		
F5		$40 \leqslant E<60$	
F6		$60 \leqslant E<80$	
F7		$80 \leqslant E<90$	
F8		$90 \leqslant E<95$	
F9		$95 \leqslant E$	
H10			$85 \leqslant E<95$
H11			$95 \leqslant E<99.5$
H12			$99.5 \leqslant E<99.95$
H13			$99.95 \leqslant E<99.995$
H14			$99.995 \leqslant E<99.9995$
U15			$99.9995 \leqslant E<99.99995$
U16			$99.99995 \leqslant E<99.999995$
U17			$99.999995 \leqslant E$

①当试验终阻力为450Pa时，对0.4m处的平均计数效率值相当于比色法效率值；由于是发尘试验，平均计数效率值高于中国现行方法测出的初始效率值。

17.3.1.3 美国效率规格

表 17-3 给出了美国 ASHRAE 关于空气过滤器的分级方法。

表 17-3 美国供热、制冷与空调工程师协会规格（ANSI/ASHRAE 52.2—1999）

规 格	计数法/%			计重法/%	试验终阻力/Pa
	$0.30 \sim 1.0\mu m$	$1.0 \sim 3.0\mu m$	$3.0 \sim 10.0\mu m$		
MERV 1			$E_3<20$	$A_{avg}<65$	75
MERV 2			$E_3<20$	$65 \leqslant A_{avg}<70$	75
MERV 3			$E_3<20$	$70 \leqslant A_{avg}<75$	75
MERV 4			$E_3<20$	$75 \leqslant A_{avg}$	75

规　格	计数法/%			计重法/%	试验终阻力/Pa
	$0.30\sim1.0\mu m$	$1.0\sim3.0\mu m$	$3.0\sim10.0\mu m$		
MERV 5			$20\leqslant E_3<35$		150
MERV 6			$35\leqslant E_3<50$		150
MERV 7			$50\leqslant E_3<70$		150
MERV 8			$70\leqslant E_3<80$		150
MERV 9		$E_2<50$	$85\leqslant E_3$		250
MERV 10		$50\leqslant E_2<65$	$85\leqslant E_3$		250
MERV 11		$65\leqslant E_2<80$	$85\leqslant E_3$		250
MERV 12		$80\leqslant E_2<90$	$90\leqslant E_3$		250
MERV 13	$E_1<75$	$90\leqslant E_2$	$90\leqslant E_3$		350
MERV 14	$75\leqslant E_1<85$	$90\leqslant E_2$	$90\leqslant E_3$		350
MERV 15	$85\leqslant E_1<95$	$90\leqslant E_2$	$90\leqslant E_3$		350
MERV 16	$95\leqslant E_1$	$95\leqslant E_2$	$95\leqslant E_3$		350
MERV 17		对 0.3m 粒子	≥99.97%	IEST-A 类	HEPA 过滤器
MERV 18			≥99.99%	IEST-C 类	
MERV 19			≥99.999%	IEST-D 类	
MERV 20		对 0.1~0.2m 粒子	≥99.999%	IEST- F 类	ULPA 过滤器

注：E_1 为 $0.30\sim0.40\mu m$、$0.40\sim0.55\mu m$、$0.55\sim0.70\mu m$、$0.70\sim1.0\mu m$ 四个粒径区间、试验全过程中的最低平均值；

E_2 为 $1.0\sim1.3\mu m$、$1.3\sim1.6\mu m$、$1.6\sim2.2\mu m$、$2.2\sim3.0\mu m$ 四个粒径区间的最低平均值；

E_3 为 $3.0\sim4.0\mu m$、$4.0\sim5.5\mu m$、$5.5\sim7.0\mu m$、$7.0\sim10.0\mu m$、四个粒径区间的最低平均值。

17.3.2　空气过滤器尺寸

17.3.2.1　普通通风过滤器结构参数

A　袋式过滤器尺寸

袋式过滤器是集中式空调和集中通风系统中最常用过滤器品种。在发达国家，这种过滤器的名义尺寸为 610mm×610mm（24in×24in），对应的实际外框尺寸为 592mm×592mm。表 17-4 和图 17-1 给出了包括袋式过滤器在内的几种典型通风用过滤器相关参数和实物外形结构。

表 17-4　几种典型空气过滤器的规格

过滤器形式	过滤器等级	名义尺寸/mm	初阻力/Pa
板式过滤器	G3	610×610×51	65
	G4		85
袋式过滤器	M5	610×610×381	75
	M6		85
	F7		105
	F8		115
	F9		125
密褶式过滤器	H10	610×610×381	140

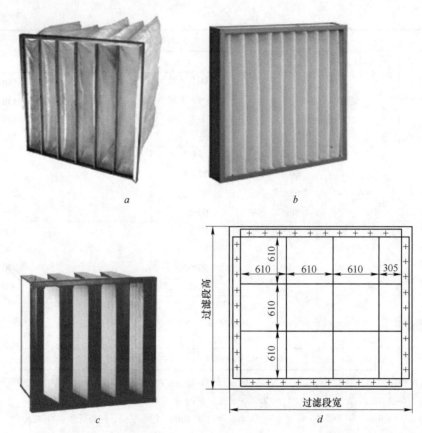

图 17-1 不同结构形式和空气过滤器外形结构和断面布置

a—袋式过滤器；*b*—板式过滤器；*c*—密褶式过滤器；*d*—过滤断面结构

以上几种过滤器作为简单实用的末端过滤装置，一般具有相对明显的性能特征。其中，板式过滤器（图 17-1*b*），采用聚酯合成纤维作为滤料，初阻力低，但容尘少，需要频繁清洗和更换；袋式过滤器（图 17-1*a*）则采用蓬松多层的合成纤维滤纸，袋式设计可以确保气流均匀地充满各个袋子，防止出现渗漏，提高了容尘量，但阻力明显高于前者；图 17-1*c* 所示的密褶式过滤器，通常采用玻璃纤维滤纸作为滤料，密褶式设计增大了过滤面积，过滤效率较前两种过滤器进一步提高，但阻力也相应增大。

以袋式过滤器为例，在过滤段由若干 610mm×610mm 的单元并联拼成。有时，为了排满过滤断面，在过滤段的边缘配有模数为 305mm×610mm 和 508mm×610mm 的过滤器。实际中袋式过滤器的常用尺寸和风量见表 17-5。

表 17-5 常用袋式过滤器尺寸与过滤风量

袋式过滤器名义尺寸 /mm（in）	实际边框尺寸/mm	额定风量 /m³·h⁻¹（cfm）	实际过滤风量 /m³·h⁻¹	占产品总数/%
610×610（24×24）	592×592	3400（2000）	2500~4500	75
305×610（12×24）	287×592	1700（1000）	1250~2500	15
508×610（20×24）	490×592	2830（1670）	2000~4000	5
其他尺寸				5

前已指出，我国空气过滤器的生产起步较晚，所以国产袋式过滤器早期并没有统一尺寸规定。这样一来，不同的制造厂和设计师各行其是，从而使得过滤器尺寸繁多。在进口集中式空调器开始涌入中国以后，24in（610mm）随之而来。由于是国际上早已默认了的表示方式，所以实际中很难改变过滤器的英制尺寸。因此，尽管从未有人规定过，但24in这个外来尺寸便成了国产过滤器的主流尺寸。

B　其他形式过滤器

在通风系统中，除袋式过滤器外，人们还陆续开发出了多种其他形式的过滤器。在确定尺寸时，只有少数厂家推行别出心裁的规格，多数厂家和用户固守着24in的习惯。于是，过滤器的安装方式也大同小异。

市场上有不少替代袋式过滤器的产品，如W型无隔板过滤器、带安装边框的箱形过滤器。为了夺取袋式过滤器的市场，它们中许多能与袋式过滤器互换，安装形式和边框尺寸也就要与袋式过滤器的相同。有些替代产品在尺寸上的微小差异，如595mm、593mm、597mm。

其他形式过滤器大都也是24in，实际尺寸因过滤器形式和生产厂家而异。如平板过滤器的边框尺寸多为595mm，箱形过滤器（有隔板或无隔板）的外框尺寸为592mm、595mm、或610mm。

17.3.2.2　高效过滤器尺寸与效率

A　中国最早的高效过滤器

国产高效过滤器最早出现于1965年，其外形尺寸为484mm×484mm×220mm，设计的安装模数为500mm×500mm。考虑到需预留周边吊杆的位置，故过滤器的断面为484mm×484mm。484mm尺寸过滤器的早期商品代号是GS-01和GB-01。其中S代表"石棉纤维"，B则代表"玻璃纤维"，G代表"过滤器"，01代表边框长484mm。这里的GB并非"国标"之意。

我国高效空气过滤器的另一典型尺寸为630mm×630mm×220mm，它的安装模数为650mm，减去安装间隙，其净断面尺寸为630mm×630mm。630过滤器的派生尺寸为315mm、945mm和1260mm，其早期商品代号为GS-03和GB-03，其中03代表边框长630mm。

在上述两种高效过滤器间还有一个商品代号GS-02和GB-02，即320，尺寸为320mm×320mm×260mm。这个规格的过滤器曾与484mm和630mm系列并存，但现在已经很少见了。偶尔遇到，其过滤器厚度也不再是260mm，而是220mm。

B　国际典型高效过滤器尺寸

自20世纪40年代高效过滤器问世以来，发达国家的高效过滤器外框宽度始终以610mm（24in）为主。80年代开始，进口610过滤器随成套设备逐渐进入中国。到90年代时，这一尺寸已是国内流行尺寸。610系列的派生尺寸为203mm、305mm、762mm、915mm、1219mm、1524mm和1829mm（即8in、12in、30in、36in、48in、60in和72in）。

610系列传统有隔板过滤器的厚度有292mm和150mm两种，后者主要用于洁净室末端过滤器。现在，平板式无隔板高效过滤器取代了传统有隔板过滤器在洁净室中的位置，平板式高效过滤器的厚度多在 65～100mm 之间。

空调器内使用的高效过滤器的厚度仍是 292mm。宽度尺寸为 610mm 和 305mm 两种，有些过滤器以 610mm 和 305mm 为安装模数，实际尺寸略小些。

C　高效过滤器的额定风量

习惯上，国产 484mm×484mm×220mm 过滤器的额定风量为 1000m³/h，630mm×630mm×220mm 过滤器的额定风量为 1500m³/h，320mm×320mm×260mm 过滤器额定风量为 500m³/h。这些额定风量其实是最大允许风量，因此，在实际使用中，人们经常需要对这些额定数据打折扣。但 610mm 系列过滤器的风量一般无需考虑安全系数。

17.3.2.3　各级过滤器效率的确定

一般情况下，最末一级过滤器决定空气净化的程度，上游的各级过滤器只起保护作用，它保护下风端过滤器以延长其使用寿命，或保护空调系统以确保其正常工作。

空调设计中，应首先根据用户的洁净要求确定最末一级过滤器的效率，然后，选择起保护作用的过滤器，如果这级过滤器需保护，就在它的上游增设过滤器。起保护作用的过滤器统称"预过滤器"。

应妥善匹配各级过滤器的效率。若相邻两级过滤器的效率规格相差太大，则前一级起不到保护后一级的作用；若两级相差不大，则后一级似乎又负担太小了。

洁净室末端高效过滤器的使用寿命应为 5～15 年，影响使用寿命的最主要因素是预过滤器的优劣。

当使用"G～F～H～U"效率规格分类时，可方便地估计所需各级过滤器的效率。在 G2～H12 中，每隔 2～4 档设置一级过滤器。例如：G4→F7→H10，其中，末端 H10（亚高效）过滤器决定送风的洁净水平，F7 保护 H10，G4 保护 F7。

洁净室末端高效（HEPA）过滤器前要有效率规格不低于 F8 的过滤器来保护；甚高效（ULPA）过滤器前可选用 F9～H11 的过滤器。中央空调本身应有效率规格不低于 F5 的过滤器来保护。

在无风沙和霾、低污染地区，F7 过滤器之前可不设预过滤器；在集中式空调系统中，G3～F6 是常见的初级过滤器。

究竟应设什么效率级别的预过滤器来保护后一级过滤器，这需要设计师和现场工程师将使用环境、备件费用、运行能耗、维护费用等因素综合考虑后决定。其要点为：（1）末级过滤器的性能要可靠；（2）预过滤器的效率规格要合理；（3）初级过滤器的维护要方便。

17.3.2.4　家用过滤装置

A　家用过滤器

空气过滤器已逐渐为家庭所重视，特别是自 2013 年以后，由于霾污染天气的影响，越来越多的家用空气过滤器出现在了超市。通常需求较多的空气过滤器主要有：家用空气净化器中的过滤器、吸尘器排风过滤器、家用中央空调过滤器和轿车空调过滤器。

这类过滤器的工作原理实际上和工业用过滤器的原理一样。但家用空气过滤器现在还没有完全统一的尺寸和结构，所以超市出售的过滤器规格和性能各异，如图 17-2 所示。

B　吸尘器中的过滤器

有人称老式吸尘器是"发尘器"，一端吸入碍眼的杂物，另一端排放细小的灰尘。国外家庭十年前开始使用带排风过滤的吸尘器，现在国内少量品牌的吸尘器也配了排风过滤器。吸尘器中过滤器的效率规格一般为 F7（对 0.4μm 的平均过滤效率为 80%~90%），这种排风过滤器能够阻挡住大部分可吸入颗粒物。现在也出现了些用 HEPA（对 0.3μm 颗粒物的过滤效率不小于 99.97%）滤纸制造的排风过滤器。

图 17-2　超市出售的各种家用空气过滤器芯体

C　空气净化器中的过滤器

随着人们对室内空气品质的关注，家用空气净化器卖火了，这些净化器中少不了清除粉尘的过滤元件。

如果仅从健康的角度来考虑，F7 效率的过滤器就足够了，但许多净化器中的过滤元件标上了洁净室高效过滤器的 HEPA 标签。家用 HEPA 与洁净室 HEPA 仅仅是使用了同一种 HEPA 滤纸。洁净室 HEPA 过滤器要经过逐台性能测试，安装时要严格密封，安装后还要用专门的手段检漏。为家庭生产过滤器时没那么多麻烦，HEPA 滤纸并不贵，只要免去检验，制造成本不会比普通过滤器高多少，可标上 HEPA 就卖好价钱，"何乐而不为"。

有的净化器能除味，这是因为里面有活性炭材料。活性炭的使用寿命取决于活性炭材料的多少，材料越多，能吸附的化学污染物就越多，精明的买主可以掂一下活性炭过滤元件的重量，以此来估计除味功能是否货真价实。光触媒使用了在紫外光照射下能分解某些有机化合物的纳米材料，虽然净化效果目前比不上活性炭，但它时髦。

活性炭和静电都能或多或少地杀菌，有些经过特殊处理的过滤材料也能杀菌。百姓大多只关心定性的道理，没多少顾客追究到底能杀多少菌、能管多长时间。

D　家用小型集中式空调过滤器

实际上，家庭中央空调用的过滤器所有过滤器中是最简易、最便宜的过滤器。常见的是平板式过滤器，硬纸板外框，化纤滤料，其尺寸可能比大型空调系统用的过滤器小一号，效率规格为 G3~F5（如果标有效率规格）。但很多家庭并无过滤器清洗、更换和定期维护的习惯和技术，因此，使用者应该注意到这个问题，特别是霾污染严重的时期，过滤器的维护是重要的和必须的。

17.3.3　典型场所过滤器的选取

表 17-6 给出了常见的过滤器形式、分级和使用特点。

表 17-6　典型场所过滤器

场　所	主过滤器 效率	常见过滤元件	特殊要求	说　明
普通中央空调中的主过滤器	F5~F7	袋式、无隔板过滤器	过滤效率合理	卫生，保护室内装潢，保护空调系统

场　所	主过滤器效率	常见过滤元件	特殊要求	说　明
普通中央空调中的预过滤器	G3～F5	各种便宜、使用方便的过滤器	容尘能力高，供货有保证	保护空调系统，保护下一级过滤器
高档公共场所中央空调	F7	袋式、无隔板过滤器		防止风口黑渍，防止室内装潢褪色
机场航站楼	F7	袋式、无隔板过滤器		旅客第一印象
学校、幼儿园	F7	袋式、无隔板过滤器	防火	特殊安全考虑
诊室与病房	F7～F8	袋式、无隔板过滤器		防止交叉传染
博物馆、图书馆	F7	袋式、无隔板过滤器		保护珍品
音像工作室	F7	袋式、无隔板过滤器		保护光学设备和制品
10万级、1万级非均匀流洁净室	HEPA	有隔板、无隔板高效过滤器	逐台测试，无易燃材料	过滤器装在高效送风口内
100级洁净室	HEPA或ULPA	有隔板、无隔板高效过滤器	出厂前经过逐台扫描检验	洁净室末端
一般洁净室预过滤	F8～H10	袋式、无隔板、有隔板过滤器		保证末端过滤器正常使用寿命
芯片厂10级、1级洁净厂房	ULPA	无隔板ULPA过滤器	扫描检验，流速均匀，无挥发物	当今对性能要求最高的过滤器
芯片厂10级、1级洁净厂房预过滤	HEPA	无隔板、有隔板过滤器	迎面风速高	保证末端过滤器的使用寿命为"一辈子"
制药行业30万级洁净厂房	F8～H10HEPA	袋式、无隔板、有隔板过滤器	无含营养物	末端过滤器可以设在中央空调器内
负压洁净室排风过滤	HEPA	无隔板、有隔板过滤器	可靠	禁止危险物品的排放
轿车涂装流水线主过滤器	G4～F7	袋式过滤器	不含硅酮，不掉毛，阻燃	满足面漆无疵点，保护均流材料
轿车烤漆流水线主过滤器	F6～F7	耐高温有隔板过滤器	不含硅酮	工艺要求
高要求静电喷涂生产车间	F7～F8	袋式、无隔板过滤器	不含硅酮，不掉毛	保证外观无疵点
核电站排风	HEPA	有隔板、无隔板过滤器	防火、耐冲击、专门机构认证	
采用中央空调的机房、交换台、中控室	F5～F7	袋式、无隔板过滤器		防止因灰尘引起的散热不良和电路故障
采用柜式空调的机房、交换台、中控室	G3～F5	简易的平板过滤器		因场地限制，柜式空调很难采用其他形式的过滤器
化纤抽丝工序	F8	袋式过滤器		防止断丝
纺纱车间	G4～F7	袋式过滤器，静电过滤器		防止"煤灰纱"

场　所	主过滤器效率	常见过滤元件	特殊要求	说　明
食品工业	F7	袋式、无隔板过滤器	无营养物	生产环境的卫生
洁净工作台，风淋室	HEPA	有隔板、无隔板高效过滤器		
轧钢主电机	F7	袋式过滤器	阻燃	防止因粉尘造成的电机故障
卷烟厂中央空调	F7	自洁式过滤装置，袋式过滤器		国内烟草行业目前流行自洁式过滤装置
家庭中央空调	G3~G4	平板过滤器	便宜、美观	摆在超市的商品
普通家用空调	—	尼龙网	可清洗	阻挡纤维和粗粉尘
风沙地区预过滤		惯性除尘装置，水浴除尘装置，卷帘过滤器		清除大颗粒粉尘，只在刮风时工作
燃气轮机与离心式空压机	F7~F8	无隔板、袋式、有隔板过滤器，自洁式过滤器	抗冲击，阻燃	防止设备内部结垢、磨损、腐蚀
轴流式空压机	F5~F7	无隔板、袋式过滤器	抗冲击，阻燃	防止叶片磨损
往复式空压机、内燃机	G3~F5	袋式过滤器，滤清器，平板过滤器	抗冲击，耐超阻	防止汽缸磨损
高级轿车空调	F7	无隔板过滤元件		防尘，防花粉
高档家用吸尘器	F7 HEPA	无隔板过滤元件	结实，抗水	防止排风二次污染
洁净室用吸尘器	HEPA	无隔板过滤元件	结实，抗水	防止排风二次污染
家用空气净化器	F7~F9 HEPA	形形色色小型无隔板过滤元件	便宜、美观	摆在超市的商品
防毒面具	HEPA	无隔板过滤元件	耐温，抗水	常与活性炭组合使用

注：1. 主过滤器指最末一级的过滤器，或指定部位的过滤器；
　　2. 有些行业不使用通风过滤器的效率规格，表中的规格大致相当于那些行业的效率规格；
　　3. 表中未列出压缩空气使用的过滤器（空气滤清器）。

17.4　通风系统的空气过滤与净化基本原理

　　房间通风是改善室内空气环境基本途径。对于普通民居或普通办公建筑，自然通风是过渡季节（在我国南方广大地区，甚至是全年）的主要通风方式。但当外部大气环境出现较重的空气污染，如霾污染时，自然通风将不能使用。对于设有集中式通风系统的建筑，在霾污染越来越频繁的情况下，系统中增加过滤器以净化进入建筑物内部的新风，正在成为越来越多的各类新建筑的必然选择。实际上，当公共建筑的分区越来越复杂，特别是功能上还存在内、外区的时候，可能全年都需要用机械通风的方式来保证室内空气环境质量（包括热环境与空气品质两方面），因为目前的《室内空气质量标准》（GB 18883—2002）已经对室内 PM2.5 有了明确的规定。所以，建筑物的全面通风已是越来越普遍的通风方案。

应当指出，无论是空调系统还是普通机械通风系统，全面通风的效果不仅与通风量有关，还与通风过程的气流组织有关。一般而言，好的气流组织应该是将清洁或符合室内空气质量标准（对于工业厂房，应符合《工业企业设计卫生标准》（GB Z1—2010））的空气直接送到人员工作位置或人员活动区，再经有害物源排至室外。若由于房间内部的家具或设备的原因，送入室内的空气先经过污染区或有害物散放源，再到达人员区，则人员所在区域的空气将比较污浊。由此可见，要使全面通风效果良好，不仅需要足够的通风量，而且要合理设置送风口位置，以形成有利于保证和改善室内空气环境的气流组织。

17.4.1 机械通风中的颗粒物输送

为分析室内空气中有害物浓度与通风量之间的关系，与工厂通风过程类似，先考察一种简单、理想的情况，以说明这一过程各主要物理参量间的关系。

对于一个机械通风系统，假定有害物在室内均匀散发，即室内空气中有害物浓度是均匀分布的；送入室内的新风与室内空气的混合在瞬间完成；室内散热量可以忽略，因而送、排风气流是等温的。下面以图 17-3 所示的房间来给出通风换气过程中的质量平衡关系。

图 17-3　房间全面通风示意图

设在体积为 V_f 的房间内，有害物源每秒钟散发的有害物量为 x，通风系统开启时室内空气中有害物浓度为 y_1，如果采用全面通风稀释室内空气中的有害物，则在任何一个微小的时间间隔 $d\tau$ 内，室内得到的有害物量（即有害物源散发的有害物量和送风空气带入的有害物量）与从室内排除的有害物量（排除空气带走的有害物量）之差应等于整个房间内增加（或减少）的有害物量，即

$$qy_0d\tau + xd\tau - qyd\tau = V_fdy \tag{17-10}$$

式中，q 为全面通风流率，m^3/s；y_0 为送风空气中有害物浓度，g/m^3；x 为有害物散发量（即源强），g/s；y 为在某一时刻室内空气中有害物浓度，g/m^3；dy 是在 $d\tau$ 时间内房间有害物浓度的增量，g/m^3。

式（17-10）一般称为全面通风换气微分方程。它直观地反映了通风过程中任一时刻室内空气中有害物浓度 y 与全面通风流率 q 之间的关系。

对式（17-10）稍作整理，可得：

$$\frac{d\tau}{V_f} = -\frac{1}{q} \cdot \frac{d(qy_0 + x - qy)}{qy_0 + x - qy} \tag{17-11}$$

如果在时间段 $0 \sim t$ 内，室内空气中的有害物浓度从 y_1 变化到 y_2，则方程（17-10）或（17-11）的定解条件为：

$$\tau = 0 \text{ 时，} \qquad\qquad y = y_1 \tag{17-12a}$$

$$\tau = t \text{ 时，} \qquad\qquad y = y_2 \tag{17-12b}$$

利用上面的时间条件，可以求得式（17-11）的解为：

$$\frac{qy_1 + x - qy_0}{qy_2 + x - qy_0} = \exp\left(\frac{tq}{V_f}\right) \tag{17-13}$$

上式给出了房间通风过程中的几个主要物理参量间的定量关系。为实用起见，可以将式（17-13）等号右端用级数展开的方法给出近似表达式。如果近似地取级数的前两项，则可得：

$$\frac{qy_1 + x - qy_0}{qy_2 + x - qy_0} = 1 + \frac{tq}{V_f}$$

于是可以求得通风量 q（m³/s）为

$$q = \frac{x}{y_2 - y_0} - \frac{V_f}{t} \cdot \frac{y_2 - y_1}{y_2 - y_0} \tag{17-14}$$

利用式（17-14），可以求出在规定时间 t 内，达到室内污染物浓度限制值 y_2 时，所需的全面通风量 q。式（17-14）称为不稳定状态下的全面通风量或瞬态过程通风量。

需要注意，若问题的背景为民用建筑通风，y_2 为相关的室内空气质量标准（如《室内空气质量标准》（GB 18883—2002））中的浓度规定值；如果是工厂车间通风，则 y_2 为《工业企业设计卫生标准》（GB Z1—2010）的相关有害物浓度要求值。

另一方面，对式（17-13）进行变换，则可以求得当系统的通风量（流率）q 一定时，在通风进行了时间 t 后，室内的有害物浓度 y_2：

$$y_2 = y_1 \exp\left(-\frac{tq}{V_f}\right) + \left(\frac{x}{q} + y_0\right)\left[1 - \exp\left(-\frac{tq}{V_f}\right)\right] \tag{17-15}$$

特别地，若室内空气中初始的有害物浓度 $y_1 = 0$，上式将变为：

$$y_2 = \left(\frac{x}{q} + y_0\right)\left[1 - \exp\left(-\frac{tq}{V_f}\right)\right] \tag{17-16}$$

上式直观地说明了，当一个通风系统的风量及所配备的空气净化设备（如果有的话）的效率一定时，室内污染物浓度 y 随通风时间 t 的变化情况。因此，对这样一个固定的通风系统，当 $t \to \infty$ 时，显然有 $\exp(-tq/V_f) \to 0$，即此时室内有害物浓度 y_2 趋于稳定，其值为

$$y_2 = y_0 + \frac{x}{q} \tag{17-17}$$

实际上，室内有害物浓度趋于稳定的时间并不需要严格意义上的无限长。例如，当式（17-15）中的 $tq/V_f > 3$ 时（即换气次数大于3），即有 $\exp(-3) = 0.05 \to 0$。这时，可近似认为 y_2 已趋于稳定。

由式（17-15）和式（17-16）可以画出室内有害物浓度 y_2 随通风时间 t 变化的曲线，见图17-4。注意图中3条曲线对应不同的室内污染物初始浓度：曲线1是 $y_1 = (y_0 + x/q)$；曲线2为 $0 < y_1 < (y_0 + x/q)$；曲线3则是 $y_1 = 0$，即室内无污染源或室内源的贡献可忽略不计。

图17-4给出了3种典型的室内浓度随时间变化情况。图中水平虚线代表室内允许浓度值，所以，每条曲线都代表了一个通风系统在运行过程中，室内污染物浓度随通风过程的进行所发生的变化情况。从上述分析可以看

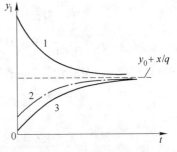

图 17-4　全面通风室内
有害物浓度的变化

出：室内有害物浓度随通风时间的增加按指数规律增加或减少，其增减速度取决于通风系统能达到的换气能力，即（q/V_f）的大小。

根据式（17-17），室内有害物浓度 y_2 处于稳定状态时所需的全面通风量按下式计算：

$$q = \frac{x}{y_2 - y_0} \tag{17-18}$$

实际上，室内有害物的空间分布及通风气流是不可能非常均匀的；进入室内的新鲜空气与室内空气的混合过程也不可能在瞬时完成，甚至不可能达到均匀。所以，即使室内有害物浓度平均值符合卫生或空气质量标准的要求，污染源附近空气中或房间内某些区域的浓度仍然会比室内平均值高得多。为了保证污染源附近人员呼吸区域内的浓度控制在容许值以下，实际所需的全面通风量要比式（17-18）的计算值大。如果再考虑净化器长期使用时的效率变化，则风量可能需要更多。因此，需引入一个安全系数 K，式（17-18）可改写成：

$$q = \frac{Kx}{y_2 - y_0} \tag{17-19}$$

安全系数 K 要考虑多方面的因素。如：有害物的毒性；有害物源的分布及其散发的不均匀性；室内气流组织及通风的有效性等；还应考虑有害物的反应特性和沉积特性（如粉尘和烟尘等）。对于一般通风房间，可根据经验在 3~10 范围内选用。

以上所说的污染物，既包括室内的各种气态污染物和颗粒物浓度变化过程的描述，也适合对排除房间内余热和余湿量的估计。以下给一个同时排除颗粒物和 CO_2 的例子。

例：某地下室的体积 $V_f = 200\text{m}^3$，设有机械全面通风系统。通风量 $q = 0.04\text{m}^3/\text{s}$，有 198 人进入室内，人员进入后立即开启通风机，送入室外空气，假定室内人员活动可视为轻作业，问经过多长时间该房间内的 CO_2 浓度达到 5.9g/m³（即 $y_2 = 5.9\text{g/m}^3$）？若室外 PM2.5 浓度为 $100\mu\text{g/m}^3$，室内为 $30\mu\text{g/m}^3$，源强为 2mg/s。需要多长时间可以将室内浓度控制到室内允许浓度 $35\mu\text{g/m}^3$？

解：由有关资料查得每人每小时呼出的 CO_2 约为 40g，因此，室内 CO_2 的产生速率为：$x = 40 \times 198 = 7902\text{g/h} = 2.2\text{g/s}$。

送入室内的空气中，CO_2 的体积含量为 0.05%（即 $y_0 = 0.98\text{g/m}^3$），风机启动前室内空气中 CO_2 浓度与室外相同，即 $y_1 = 0.98\text{g/m}^3$。

由式（17-13），可得排除多余 CO_2 所需的通风时间 t_{CO_2} 为：

$$t_{CO_2} = \frac{V_f}{q} \ln \frac{qy_1 + x - qy_0}{qy_2 + x - qy_0} = \frac{200}{0.04} \ln \frac{0.04 \times 0.98 - 2.2 - 0.04 \times 0.98}{0.04 \times 5.9 - 2.2 - 0.04 \times 0.98}$$

$$= \frac{200}{0.04} \times 0.0937 = 468.56(\text{s}) = 7.81(\text{min})$$

同理可得降低 PM2.5 所需的通风时间 $t_{PM2.5}$：

$$t_{PM2.5} = \frac{V_f}{q} \ln \frac{qy_1 + x - qy_0}{qy_2 + x - qy_0}$$

$$= \frac{200}{0.04} \ln \frac{0.04 \times 30 \times 10^{-6} - 2 \times 10^{-7} - 0.04 \times 100 \times 10^{-6}}{0.04 \times 35 \times 10^{-6} - 2 \times 10^{-7} - 0.04 \times 100 \times 10^{-6}} = \frac{200}{0.04} \times 0.080$$

$$= 400\text{s} = 6.7(\text{min})$$

17.4.2　通风过程污染物平衡关系式与室内外浓度的关系

17.4.2.1　良好混合反应器模式——室内污染源稳定

进入空调或通风房间内的污染物中，部分组分会发生某些形式的化学反应，从而被清除或由于气→粒转化作用产生沉积，因此，利用普通工业厂房全面通风中有关公式来估计民用或商用建筑室内有害物浓度显然是不合适的。对于气态污染物，Shair等人在 20 世纪 70 年代初给出了一个室内气态污染物浓度变化的模型，称为良好混合化学反应器模型。这个模型考虑了在室内发生某些形式化学反应的可能，图 17-5 为通风过程的典型流程。

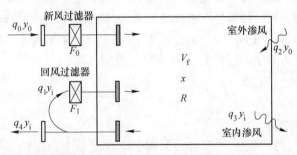

图 17-5　通风房间污染物平衡方程-良好混合反应器模型

对于这种系统，室内有害物质量守恒可用下述方程来描写：

$$V_f \frac{\mathrm{d}y_i}{\mathrm{d}t} = q_0 y_0 (1 - \eta_0) + q_1 y_i (1 - \eta_1) + q_2 y_0 - (q_0 + q_1 + q_2) y_i + x - R \qquad (17\text{-}20)$$

式中，q_0 为新风过滤器流率，$\mathrm{m^3/s}$；q_1 为循环风流率，$\mathrm{m^3/s}$；q_2 为室外渗入的空气流率，$\mathrm{m^3/s}$；q_3 为回风流率，$\mathrm{m^3/s}$；q_4 为排出室外的空气流率，$\mathrm{m^3/s}$；y_i，y_0 分别为室内及室外有害物浓度，$\mathrm{g/m^3}$；x 为室内污染物散发速度，$\mathrm{g/s}$；R 为内部污染物消失速率，$\mathrm{g/s}$；η_0 为新风过滤器总效率 $\eta_0 = (y_i - y_0)/y_i$，同理可定义划分过滤器效率 η_1。当循环风和新风共用同一个空气过滤器时，有 $\eta_0 = \eta_1 = F$。

式（17-20）右端前三项表示有害物进入室内的速度；第四项为有害物排出速度；消失项由均相或非均相反应决定。如对于臭氧或 VOCs，这种销毁将涉及一阶非均相反应，有 $R = \sum k_j A_j C$。这里 k_j 表示面积为 A_j 的第 j 阶表面上的分解速度。

引入下列量纲为 1 的变量：$\theta_i = y_i/y_{\mathrm{ref}}$，$\theta_0 = y_0/y_{\mathrm{ref}}$，$\tau = q_0 t/V_f$，$\alpha = q_1/q_0$，$\beta = q_2/q_0$，$\gamma = \sum k_j A_j/q_0$，$\delta = 1 + \alpha\eta_1 + \beta + \gamma$，$\varepsilon = 1 + \beta - \eta_0$ 和 $\sigma = x/q_0 y_{\mathrm{ref}}$，这里 y_{ref} 是方便求解的任一给定浓度，比如日平均浓度。于是，可求得方程（17-20）的通解为：

$$\theta_i = \varepsilon \mathrm{e}^{-\delta\tau} \int_0^\tau \mathrm{e}^{\delta\tau} \theta_0 \mathrm{d}\tau + \mathrm{e}^{-\delta\gamma} \int_0^\tau \mathrm{e}^{\delta\tau} \sigma \mathrm{d}\tau + \theta_{i0} \mathrm{e}^{-\delta\tau} \qquad (17\text{-}21)$$

式中，$\theta_{i0} = y_{i0}/y_{\mathrm{ref}}$，$y_{i0}$ 为 $t = 0$ 时的室内浓度。

确定式（17-21）表示的任何通风形式的特解时，都需要先定出两个积分项的值。对于稳定的室内有害物产生源，根据观测经验，一种简单的处理方法是，认为进入室内的有害物（颗粒相或气相）浓度在一天中按正弦函数变化。即假定 $\theta_0 = \sin(\omega\tau)$，其中 $\omega = 2\pi f V_f/q_0$，频率 f 与室外有害物的背景浓度有关。显然总有 $\theta_0 > 0$，注意此时 y_{ref} 为一天中室外有害物浓度最大值。有时采用 $\theta_0 = 1 - \cos(\omega\tau)$ 可能更符合实际，但此时的 y_{ref} 应为一天中室外有害物浓度最大值的 $1/2$。若 $t = 0$ 时，$y_i = 0$，则可以得到：

$$\theta_i = \sigma/\delta + \left(\frac{\varepsilon}{\delta^2 + \omega^2}\right)\left[\delta\sin(\omega\tau) - \omega\cos(\omega\tau)\right] + \left(\frac{\omega\varepsilon}{\delta^2 + \omega^2} - \frac{\sigma}{\delta}\right)e^{-\delta\tau} \quad (17-22)$$

上式右端第一项是室内源的贡献，第二项则说明了室内外有害物浓度的延迟效应，第三项是通风系统作用下的过渡部分，与工厂通风换气中的情形相似，它将很快衰减掉。因此，大多数情况下，室内有害物浓度可以用前两项方便地给出。

但是对于大型集中式通风系统，这个解可能会产生误差。为方便使用，有研究者认为，可以将室外有害物浓度表为线性函数：$y_o = y_{o0} + at$，其中 a 在室外有害物浓度增加期间为正，而下降时为负。若用 y_{o0} 和 y_{o1} 分别表示观察时段 t_1 开始和结束时室外有害物浓度，室内起始浓度为 y_{i0}，且内部源稳定，则：

$$\theta_i = \frac{\varepsilon\theta_{o0} + \sigma}{\delta} + \frac{b\varepsilon}{\delta^2}(\delta\tau - 1) + \left[\theta_{i0} + \varepsilon b/\delta^2 - (\varepsilon\theta_{o0} + \sigma)/\delta\right]e^{-\delta\tau} \quad (17-23)$$

式中，$\theta_{o0} = y_{o0}/y_{ref}$；$b = aV_f/(q_0 y_{ref})$；$a = (y_{o1} - y_{o0})/t_1$。

特别地，当室外污染物平均浓度基本为定值，室内污染源恒定时（对家用空调，有 $F_0 = F_1$），上式将退化为简单形式：

$$\theta_i = (1 + \beta - F + \sigma)/(1 + \alpha F + \beta) \quad (17-23a)$$

当环境有害物浓度既不能表示为三角函数，又不能写为线性函数时，求解仍然成问题。因此，改进这一方法的可能途径是利用实际观测所得的关联式来确定浓度的时间序列函数。

17.4.2.2　混合因子模型——室内污染源不稳定

一般通风系统中，总是假定进入空气与室内空气的混合是在瞬间完成的，令 E 为过滤器效率，系统不设机械排风，而是采用无组织排风，如图 17-6 所示。根据质量守恒原理，可以得到与工厂通风换气相似的方程：

$$V_f dy_i = xdt + y_0 q_0 dt - y_i q_0 dt - y_i q_1 Edt \quad (17-24)$$

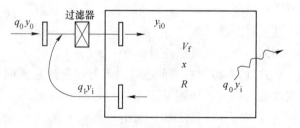

图 17-6　封闭式通风系统-混合因子模型

显然，大多数情况下，室内外空气的混合需要经过一段时间。因此，引入混合因子 m，故方程（17-24）变为：

$$V_f dy_i = xdt + y_0 m q_0 dt - y_i m q_0 dt - y_i m q_1 Edt \quad (17-24a)$$

考虑 $t = 0$ 时，$y_i = y_{i0}$，则可以求得

$$y_i = y_{i0}e^{-m(q_0 + Eq_1)t/V_f} + \frac{m y_0 q_0 + x}{m(q_0 + Eq_1)}(1 - e^{-m(q_0 + Eq_1)t/V_f}) \quad (17-25)$$

常见的情形是室内有害物的生成速率并非常数，所以上式的解适用性很差。若令 $x = x(t)$，则方程（17-24a）变为：

$$\frac{dy_i}{dt} + \frac{m(q_0 + Eq_1)}{V_f}y_i = \frac{x(t) + y_0 m q_0}{V_f} \quad (17-26)$$

上式的解可立刻写出：

$$y_i = e^{-\chi t}\left(\int_0^t Q(t) e^{\chi t} dt + y_{i0} \right)$$

式中, $\chi = m(q_0 + Eq_1)/V_f$; $Q(t) = \dfrac{x(t) + y_0 m q_0}{V_f}$ 。

为求得 y_i 的值, 仍然需要确定上式中被积函数的显式表达式。以下介绍两种做法:

第一种, 当将 $x(t)$ 表为级数形式时, 即 $x(t) = at^n$, 其中 a 为常数, $n = 1$, 2, 3, $\cdots$, 可以求得如下形式的级数解:

$$y_i = \frac{a}{V_f}\left[\frac{t^n}{\chi} - \frac{nt^{n-1}}{\chi^2} + \frac{n(n-1)t^{n-2}}{\chi^3} - \cdots + (-1)^{n-1}\frac{n!t}{\chi^n} \right] + \frac{y_0 m q_0}{V_f \chi} + \left(y_{i0} - \frac{a + y_0 m q_0}{V_f \chi} \right) e^{-\chi t}$$

(17-27)

第二种, 当 $x(t)$ 可表为正弦函数时, 即 $x(t) = b\sin(ct)$, 其中 b 和 c 为常数, 则可得:

$$y_i = e^{-\chi t}\left[\frac{b}{V_f} \cdot \frac{e^{Pt}[\chi\sin(ct) - c\cos(ct)] + c}{\chi^2 + c^2} + \frac{y_0 m q_0}{V_f} \cdot \frac{e^{\chi t} - 1}{\chi} + y_{i0} \right]$$

(17-28)

以上两式在估计室内污染源非稳定散放时, 都是良好的模型, 特别是对于产生各种烟雾的房间。但需要指出, 式 (17-28) 虽在形式上比式 (17-27) 来得简单, 却只在烟雾种类单一且时间相对较短的情况下适用; 所以, 从某种意义上说, 式 (17-27) 可能更具一般性。

混合因子模式克服了将室内有害物散发速度视作常数的缺陷, 但又放弃了对室外有害源特征的考虑, 特别是室外存在与室内源相近的污染源时, 它可能反映不了联合的叠加效应, 因而只在封闭式系统 (或正压系统) 中适用。

17.4.2.3　质量平衡模式——有害物具有颗粒性状

当室内有害物具有明显的颗粒物性状时, Dockery 等人给出了另一种预测模式, 即质量平衡模式。这个模型与全面通风过程模型的不同之处在于强调了室内有害物因沉积、转化和发生反应而表现出的浓度衰减特征。

设进入室内的有害物质量为 M, 换气次数为 ϕ, 衰减因子为 ζ, 系统流程与图 17-7 相似, 则通风过程的粒子质量守恒方程可写为:

$$dM = (1 - E)q_0 y_0 dt - q_0 y_i dt - \zeta M dt + x dt$$

(17-29)

在上式两边同除以房间容积 V_f, 并利用下列平均值定义:

$$\bar{y}_i = \frac{1}{t_s}\int_0^{t_s} y_i dt , \ \bar{y}_o = \frac{1}{t_s}\int_0^{t_s} C_o dt , \ \bar{x} = \frac{1}{t_s}\int_0^{t_s} x dt$$

式中, t_s 为观测时段长度。假定在时间 t_s 内 E、V_f 和 ζ 保持不变, 则有:

$$\frac{y_i(t_s) - y_i(0)}{t_s} = (1 - E)\phi\bar{y}_o - (\phi + \zeta)\bar{y}_i + \bar{x}/V_f$$

(17-30)

故室内有害物平均浓度为:

$$\bar{y}_i = \frac{(1 - E)\phi}{\phi + \zeta}\bar{y}_o + \frac{\bar{x}}{V_f(\phi + \zeta)} + \frac{y_i(0) - y_i(t_s)}{t_s(\phi + \zeta)}$$

(17-31)

若 t_s 内 (通常为 24h) 有 $y_i(0) - y_i(t_s) \ll \bar{y}_i$, 考虑自然通风的情形, 不妨设 $\phi < 1.5$, 则显然有:

$$\frac{y_i(0) - y_i(t_s)}{t_s(\phi + \zeta)} \ll \bar{y}_i$$

于是式（17-31）便可以简化为：

$$\bar{y}_i = \frac{(1 - E)\phi}{\phi + \zeta}\bar{y}_o + \frac{\bar{x}}{V_f(\phi + \zeta)} \qquad (17\text{-}32a)$$

在空气混合良好的房间，对于可吸入性颗粒物，因粒子沉降产生的 $\zeta < 0.5$，特别是，当粒子的空气动力学直径小于 $1\mu m$（即 PM1.0）时，$\zeta < 0.5$，这时，式（17-32a）可以得到进一步简化

$$\bar{y}_i \approx (1 - E)\bar{y}_o + \frac{\bar{x}}{\phi V_f} \qquad (17\text{-}32b)$$

质量平衡模式的提出背景主要是为了描述自然通风条件下，居住室内存在烟雾发生源和考虑到大气中细小的亚硫酸粒子（多为粒径小于 $0.1\mu m$ 的超细粒子）在室内发生凝并、转化和沉积等效应得到的，但是这一模式仍需要对有上述效应的房间做必要的观测，以确定方程中的经验性参数。

17.5 空气过滤器的使用与室内 PM2.5 控制

17.5.1 基本方程

在对集中典型的通风过程中室内污染物浓度的变化做了一般性讨论之后，考虑到实际，以下对实际中空调或带有过滤装置的普通室内通风过程进行必要的讨论，以说明上述各方程的应用方法。

考虑一个实际中的典型舒适性集中式空调系统，简单地考察空气净化器对 PM2.5 的控制，以此寻求各物理参量间的关系。如图 17-7 所示。不失一般性，采用前述良好混合反应器模型来描述通风过程。与图 17-4 相比，图 17-7 所示的通风过程有两个不同，一是增加了一个空气送入房间前的末端净化器；二是整个通风过程已经稳定，即室内颗粒物平均浓度不再发生变化。

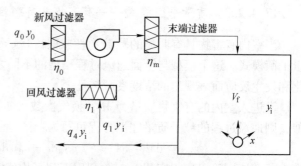

图 17-7　空调房间颗粒物的过滤与净化过程

这样，根据方程（17-20），颗粒物守恒方程可以简化为如下形式：

$$0 = [q_0 y_0(1 - \eta_0) + q_1 y_i(1 - \eta_1)](1 - \eta_m) - (q_0 + q_1)y_i + x \qquad (17\text{-}20a)$$

式中，η_m 为末端过滤器的效率。

由于实际中通常需要确定的是所需要的末端过滤器效率，以便进一步用这个过滤器降低室内 PM2.5 来满足用户或《室内空气质量标准》（GB 18883—2002）的要求，故对上式稍作变形即可得

$$\eta_m = 1 - \frac{y_i - x/(q_0 + q_1)}{y_o \dfrac{q_0}{q_0 + q_1}(1 - \eta_0) + y_i\left(1 - \dfrac{q_0}{q_0 + q_1}\right)(1 - \eta_1)} \qquad (17\text{-}33)$$

表 17-7 给出了我国《室内空气质量标准》（GB 18883—2002）与相关标准中对室内 PM2.5 限制规定的比较。

表 17-7 室内颗粒物控制标准比较　　　　　　　　　　　　　　（μg/m³）

污染因子	美国 NAAQS	加拿大（1995 年）	WHO/欧洲	中国（2002 年）
PM2.5	15　[1yr] 65　[24h]	100 [1yr] 40 [L]	10 [1yr] 25 [24h]	—
PM10	50 [1yr] 150 [24h]	—	20 [1yr] 50 [24h]	150 [24h]

注：表中方括号内的数字指 PM2.5 的时间平均值（h＝小时；yr＝年；L＝长期）；未指明时间的，则均指 8h 平均值。

另外，根据我国环保部颁发的《环境控制质量指数（AQI）技术规定（试行）》（HJ 633—2012）中关于空气质量指数分级，规定室外空气质量指数类别为优、良、轻度污染、中度污染、重度污染、严重污染，相应的 24h PM2.5 均值范围分别为：0~35μg/m³、35~75μg/m³、75~115μg/m³、115~150μg/m³、150~250μg/m³、250~500μg/m³。

因此，当室外空气环境出现的持续性霾污染时，我国室内空气质量现行标准对于 PM2.5 的限制和规定看来已经不能满足实际的需要。换言之，对于室内空气、特别是通风过程相对封闭和独立的空调系统而言，需要增加对 PM2.5 的进一步控制。

17.5.2 空气过滤器水平的确定

空调和通风系统中的空气过滤器水平，通常有初效过滤、中效过滤、高中效过滤和亚高效过滤器等型号之分，而各种型号下尚有不同性能参数要求。我国的几个相关标准，如《空气过滤器》（GB/T 14295—2008）和行业标准《空气过滤器》（CRAA 430~433）等都对不同水平的空气过滤器作了明确界定。如表 17-8 即为《空气过滤器》（GB/T 14295—2008）给出的部分空气过滤器等级分类。

表 17-8 《空气过滤器》（GB/T 14295—2008）对过滤器水平的分类

性能指标	额定风量下的效率 E/%	效率/%	等效欧盟标准过滤器级别
亚高效（YG）	粒径≥0.5μm，大气尘计数法	$95.0 \leqslant E < 99.9$	F9
高中效（GZ）		$70.0 \leqslant E < 95.0$	F8
中效Ⅰ（Z1）		$60.0 \leqslant E < 70.0$	F7
中效Ⅱ（Z2）		$40.0 \leqslant E < 60.0$	M6
中效Ⅲ（Z3）		$10.0 \leqslant E < 40.0$	M5
粗效Ⅰ（C1）	粒径≥2.0μm，大气尘计数法	$E \geqslant 50.0$	G4
粗效Ⅱ（C2）		$20.0 \leqslant E < 50.0$	G3
粗效Ⅲ（C3）	标准人工尘计重效率	$E \geqslant 50.0$	G2
粗效Ⅳ（C4）		$E < 50.0$	G1

从表 17-8 可以看出，《空气过滤器》（GB/T 14295—2008）中规定的一般空气过滤器效率的定义都有不同的界定，效率的测定方法也与过滤器等级有关。有关 PM2.5 过滤效率的测试方法目前尚未出台相关的标准、规定和要求，并且实际中 PM2.5 粒子是分布在粒径为 0~2.5μm 范围内的粒子群，不同城市、季节和时间段内，不同粒径段的粒子数目（或质量分数）也有很大的差异，这也是目前缺乏各级过滤器 PM2.5 过滤效率的统一实测方法和数据的关键原因。鉴于霾污染已对城市建筑环境、特别是封闭式通风环境的空气质量构成了验证威胁，为保证室内空气质量处在相对良好的水平，作为一种权宜之计，有人提出了一种用计重效率来衡量过滤器效率的估算方法。因此，中效及以上各级过滤器的 PM2.5 过滤效率可以近似按表 17-8 计数法效率进行估算，这样至少为工程设计人员在考虑何种过滤器可以用来控制 PM2.5 时作为选择依据。

17.5.3 过滤器效率两种测定方法间的关系

如前所述，作为普通舒适性空调系统用来进一步降低用的末端过滤器，自粗效的 G3 到高中效的 F9，过滤效率有两种定义方法——计数与计重效率。以下做简要说明。

根据《空气过滤器》（GB/T 14295—2008）和《高效空气过滤器》（GB 13554—2008）的要求，图 17-8 给出了一个空调机组过滤性能实验测试系统。系统采用正压送风，实测过滤器效率之前需要对系统内的空气进行彻底的自净。在发尘房间（图 17-8）内点燃檀香，打开风机，调整使风机的风量达到待测过滤器的额定风量，气流依次流经箱体。

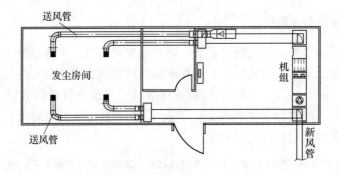

图 17-8　空调机组过滤性能实验系统

实验采用两种模式的颗粒物检测仪（如 GRAYWOLFPC3016 或 Grimm-1.108）等，这类自动在线仪器为多通道气溶胶浓度测试仪，既可以检测颗粒物的质量浓度，又能够进行粒子数浓度。仪器通常有多个粒径检测通道，通道宽度在一定范围内可自行设定和选择。实测时，在两种模式下（计重和计数）工作，检测结果都可以显示两种类型，即不同粒径段的值和累计值。

根据《空气过滤器》（GB/T 14295—2008）中关于空气过滤器性能测试方法，对过滤器前、后采用同一个计数器，按先下游，后上游的顺序，对不同粒径范围（$d_p \geq 0.5\mu m$、$d_p \geq 1.0\mu m$、$d_p \geq 2.5\mu m$ 和 $d_p \geq 5\mu m$）的粒子数和 PM2.5 的计重浓度进行测试。分别测试 5 次，取平均值后计算 1 次效率；在计数器从上游移向下游测试之前，必须使仪器充分自净；2 次计数效率值应满足表 17-9 的规定（《空气过滤器》（GB/T 14295—2008））。

表 17-9　过滤器效率检测时的两次计数效率规定

第一次效率值 E_1	第二次计数效率 E_2 和 E_1 之差
<40%	$\lvert E_2 - E_1 \rvert < 0.3E_1$
$40\% \leqslant E_1 < 60\%$	$\lvert E_2 - E_1 \rvert < 0.15E_1$
$60\% \leqslant E_1 < 80\%$	$\lvert E_2 - E_1 \rvert < 0.08E_1$
$80\% \leqslant E_1 < 90\%$	$\lvert E_2 - E_1 \rvert < 0.04E_1$
$90\% \leqslant E_1 < 99\%$	$\lvert E_2 - E_1 \rvert < 0.02E_1$
$\geqslant 99\%$	$\lvert E_2 - E_1 \rvert < 0.01E_1$

如前所述，迄今为止，相关基础研究中并无对 PM2.5 采用何种标准气溶胶源的规定和共识，因此，在讨论室内 PM2.5 污染问题的研究中，不同研究人员选择的尘源表现出了很大的差异性，如大气尘、香烟和蚊香等都曾被作为与实际相近的粒子源。这里用檀香燃烧产生的颗粒物为气溶胶源，测得的粒径分布如表 17-10 所示（测试方法见《空气净化器》（GB/T 18801—2015））。

表 17-10　檀香燃烧产生的粒子粒径分布统计

粒径范围/μm	数量占比/%	
	全部	仅考虑大于 0.5μm
$0.3 < d \leqslant 0.5$	67.35	
$0.5 < d \leqslant 1.0$	29.41	90.11
$1.0 < d \leqslant 2.5$	3.24	9.89

可以看出，就数浓度而言，檀香产生的粒子的粒径主要集中在 $0.3 \sim 0.5\mu m$ 范围内，占 67.35%，$0.5 \sim 1.0\mu m$ 的粒子占 29.41% 左右，$1.0 \sim 2.5\mu m$ 的粒子约占 3.24%。按照《空气过滤器》（GB/T 14295—2008）对不同等级过滤器的要求，亚高效及以下过滤器的计数效率，均不考虑小于 0.5μm 的粒子对其效率影响。因此，计数效率忽略小于 0.5μm 的粒子，将大于 0.5μm 的粒子总数作为 100%。可见其中 $0.5\mu m < d_p \leqslant 1.0\mu m$ 的粒子占 90.11%，$1.0\mu m < d_p \leqslant 2.5\mu m$ 的粒子约为 9.89%。

17.5.4　计数与计重效率的关系

根据含尘浓度计量方法的不同，过滤器的效率可分为计重和计数效率。实测时，假定系统无漏风，过滤器前后通道形状、尺寸相同，则通常效率 η 可表示为：

$$\eta = 1 - \frac{N_2}{N_1} \tag{17-34}$$

式中，N_1，N_2 分别为过滤器上游和下游的粒子质量或数浓度，$\mu g/m^3$ 或个/m^3。

根据表 17-10 的实验数据，利用式（17-34）即可计算出各过滤器的效率。表 17-11 给出了一些过滤器的实测效率。

表 17-11　过滤器额定风量下的效率（檀香粒子源）

过滤器等级[8]	计数效率/%	计重效率/%
G3	3.24	1.29
G4	14.21	20.53

过滤器等级[8]	计数效率/%	计重效率/%
M5	23.76	20.06
M6	49.22	45.22
F7	53.91	47.22
F8	67.75	59.29
F9	87.12	84.10
H10	93.63	91.82

可见，对同一种过滤器，在同样条件下得到的计重和计数效率是不同的。如 G3 过滤器在实验条件下，对 PM2.5 的计重和计数效率分别为 1.29% 和 3.24%，表明 G3 过滤器对 PM2.5 基本没有去除效果。但当过滤器等级变为较高等级时，两种效率看来有趋同的迹象。但没有理由认为这种规律具有一般性。从上述结果还可以判断，对于类似于檀香烟雾的粒径分布，H10 过滤器的计数和计重效率均超过了 90%，若实际中，霾污染使室外空气中气溶胶粒径分布与此相近，则使用 H10 过滤器显然对室内 PM2.5 浓度的降低会有重要的作用。

17.6　过滤器对室内 PM2.5 控制的估计

17.6.1　过滤器组合效率

在选择过滤器时，除了考虑过滤器的效率之外，寿命是决定后期运行维护成本的一个重要因素。在满足用户对室内空气质量要求的基础上，还应该选择预过滤器，使其能够有效地保护后一级过滤器，延长其寿命。在本研究中将洁净空调系统过滤器的设计方法应用于舒适性空调中。研究表明，过滤器每隔 2~4 档设置一级过滤器（欧洲标准 EN779），可以使二级过滤器的寿命明显增长。

对于类型相同的过滤器，其串联总效率 η_T 可用下式估计：

$$\eta_T = 1-(1-\eta_1)(1-\eta_2) \tag{17-35}$$

式中，η_1 为一级过滤器的效率；η_2 为二级过滤器的效率。

采用表 17-11 中单个过滤器分别进行一些组合，并实测其组合总效率，再用表 17-11 中的实测数据采用式（17-35）估计，即可得到过滤器组合运行的计算效率，二者结果的对比见表 17-12 和表 17-13。

表 17-12　不同过滤器组合的计数效率计算值与实测值对比

过滤器组合方式	实测效率/%	计算效率/%	差值/%
G3+M5	25.25	26.23	0.98
G3+M6	48.62	50.87	2.25
G3+F7	53.41	55.40	1.99
G4+M6	55.25	56.44	1.19
G4+F7	61.66	60.46	-1.20
G4+F8	71.73	72.33	0.60

表 17-13 不同过滤器组合的计重效率计算值与实测值对比

过滤器组合方式	实测效率/%	计算效率/%	差值/%
G3+M5	20.80	21.09	-0.29
G3+M6	38.33	45.93	-7.60
G3+F7	41.39	47.90	-6.51
G4+M6	55.81	56.47	-0.66
G4+F7	54.64	58.06	-3.42
G4+F8	64.84	67.65	-2.81

由以上两个表中的结果可知，对于计数效率（粒径大于等于 $0.5\mu m$）来说，除了 G4+F7 的计算效率略小于实测效率（相差 1.2 个百分点）外，其他各个过滤器组合的计算效率均大于实测效率，差值在 0.60~2.25 个百分点之间。各个组合对 PM2.5 的计重效率，实测值均小于计算值，差值从 0.29~7.60 个百分点不等。其中 G3+M5 的差值最小，为 0.29 个百分点；差值最大的是 G3+M6，相差 7.6 个百分点。

从表 17-12 和表 17-13 中的数据可以看出，G3+M5 对 PM2.5 的过滤效率较低，无论计数效率还是计重效率，都在 20% 左右。当预过滤器由 G3 换为效率稍高的 G4，并用 M6 作为二级过滤器时，计数效率增加了 6.63%，而计重效率增加了 17.48%。同样地，当预过滤器从 G3 到 G4，F7 作为二级过滤器时，计数效率增加了 8.25%，计重效率则提高了 13.25%。G4+F8 组合下的效率将进一步提高，计数效率为 70% 左右，计重效率为 65% 左右。

按照《建筑通风效果测试与评价标准》（JGJT 309—2013）中的规定，建筑中人员主要停留房间内的室内空气 PM2.5 的日均浓度宜小于 $75\mu g/m^3$。以此为标准，假设过滤器下游浓度即为室内 PM2.5 浓度（如室内有颗粒物污染源，则需在污染物平衡方程中考虑），室外空气质量指数不同时所需要的过滤器效率，可参考表 17-14 的数据。

表 17-14 不同空气质量条件下的过滤器要求

空气质量	空气质量指数	PM2.5 日平均浓度 /$\mu g \cdot m^{-3}$	室内限值 /$\mu g \cdot m^{-3}$	过滤器效率/%
轻度污染	150	115		34.8
中度污染	200	150		50.0
重度污染	300	250	75	70.0
严重污染	400	350		78.6
	500	500		85.0

根据表 17-13 和表 17-14，当室外空气质量为轻度污染（参考空气质量分级标准）时，可采用 G3+M6 对新风进行处理；当室外空气为中度污染时，可将 G4 与 M6 串联使用，在细粒子浓度较低（主要指 $d_p<2.5\mu m$ 的粒子的数浓度和质量浓度均很低，比如低于 40%），则这样的组合综合效率或许可以达到 50% 左右；当室外空气为重度污染时，可以进一步提高对过滤器的要求，采用 G4+F8，可以基本满足要求；当室外空气为严重污染时，二级过滤器串联无法满足控制要求，需要进一步研究三级过滤器串联对 PM2.5 的去除效果，使

室内空气质量尽可能满足标准的规定。考虑到同一地区的不同季节污染情况会有所差异，设计人员可以参考本实验结果，设计出一套针对本地区的、适用于不同季节的组合方案。在对空调机组进行维护时，可以根据所处的季节，选用对应的方案。

必须指出，上面的所有分析都是建立在表 17-10 的实测数据基础上的结论。实际中的情况，将因时、因地、因季节以及因其他重要的室内外空气环境中粒子污染特性而异，决不可直接套用上述结论来作为通风系统过滤器设计依据。

17.6.2　常见的空调系统过滤器组合方式

我国城市区域中的非居住建筑（公共建筑、商业建筑、学校及其宿舍建筑等）是使用集中式空调的主要场所，这些集中式空调通常主要是为了提供并维持典型季节（夏、冬季）的建筑室内热环境。由于最近若干年我国城市区域的室外大气环境污染（霾污染或通常的 PM2.5 污染）的加剧，对集中式空调系统的功能提出了新的要求，即往往需要具有或补充保证室内空气质量的功能，但这类建筑或建筑群的形式非常复杂多样，实际功能和空调系统的运行时间也多不相同。

因此，工程设计和研究人员在实践中，对公共建筑等通常使用集中式空调系统来净化空气的方案进行了大量的调查和统计归类。根据中国建筑科学研究院等单位的统计，总的说来，认为可以将公共建筑集中式空调系统常见的空气过滤器配置（组合）归为以下 6 种基本模式：

（1）模式一（η_0、η_i、$\eta_m > 0$）。这种方案为典型的一次回风集中空调系统的过滤器配置方法。特点是对新风、回风、送风均设置了空气过滤器，这种组合在大风量、设置双风机的集中空调系中比较常见，如大型剧院建筑、体育场馆建筑等。

（2）模式二（η_0、$\eta_m > 0$，$\eta_i = 0$）。这也是一种实际中常见的系统，与模式一的区别是不对回风系统单独设置过滤器。显然，这是目前国内大部分公共建筑集中式空调系统的过滤器配置方式，如多数既有的普通办公建筑和商业建筑等。

（3）模式三（$\eta_m > 0$，η_0、$\eta_i = 0$）。这种系统考虑的是公共建筑集中式空调系统没有安装有效的新风过滤器时的情况。这种情形在既有公共建筑使用的集中式空调系统中也比较常见，比如一些空调系统只在新风口加了尼龙网，而空调机组内则无新风过滤器，尼龙网可阻挡羽毛、柳絮、杨絮等物进入空调系统，其作用相当于新风口设有进风百叶。显然，这种系统实际上对 PM2.5 没有过滤作用。

（4）模式四（$\eta_0 > 0$，η_i、$\eta_m = 0$）。这种情况为典型的风机盘管（或多联机）加新风系统。风机盘管一般无余压，或虽有余压，但没有设置过滤器。

（5）模式五（η_0、$\eta_i > 0$，$\eta_m = 0$）。这是组合四的改进形式，即为风机盘管加装了空气过滤器，采用这种模式的前提，是风机盘管要有足够的余压。这是因为这一缘故，通常能加装的空气过滤器阻力必须很低，因而实际上其过滤效率也较低。

（6）模式六（$\eta_i > 0$，η_0、$\eta_m = 0$）。这是典型的封闭式循环系统，为多联机或风机盘管系统，室内无机械通风补充新风，即通过无组织进风补充新风，这种情况对于外区办公建筑（有外窗）空调系统是比较常见的，但显然室外污染也最容易进入室内。

以上对常见的集中式空调系统中的过滤器配置或设置情况做了基本归类。应该注意，实际中可能会有其他的设置形式，如气密性高的建筑在过渡季节需要保证室内空气质量时对系统结构的考虑等。还要指出，既有建筑与 2010 年以后新投用的建筑在通风、空调系统的设计上可能也有很多区别。由于目前高层和超高层建筑的气密性等与空气净化有密切关系的指标多有改进，因此，以上归类并不能代表全部实际情况。

17.6.3 室内空气净化中过滤器设计计算

容易发现，我国《室内空气质量标准》（GB 18883—2002）中，虽然对室内 PM10 水平做了限制（日平均 $150\mu g/m^3$），但还没有对 PM2.5 做严格规定。由于目前我国城市空气环境的细粒子污染已经成为突出的空气质量问题，这显然已不能适应目前的空气质量控制的实际需求。另一方面，我国《环境空气质量标准》（GB 3095—2012）中已经明确地对 PM2.5 水平做出了限制。因此，在空调系统设置过滤器时，需要综合考虑现行的多个标准中对 PM2.5 的限制要求，并根据当地大气中 PM2.5 的实际特征，合理选择空气过滤器及其组合方案。

WHO 标准中 PM2.5 与 PM10 的质量浓度比为 0.5，很多研究也表明，我国主要城市的大气中的 PM2.5 与 PM10 的质量浓度比在 0.5~0.7 之间。这就为空调系统过滤器效率选择提供了必要参考。如设计中，可将室内 PM2.5 水平设为 $35\mu g/m^3$ 或 $75\mu g/m^3$。以下以一个例子对设计加以说明。

17.6.3.1 实例计算与分析

设某办公建筑的集中式空调系统因霾污染严重、霾天数增多而需要增加空气过滤器，以降低室内 PM2.5 水平。系统过滤器的设置如图 17-7 所示。假定空调系统的新风比为 $s = 0.2$，$y_i = 75\mu g/m^3$，$y_o = 600\mu g/m^3$。由式（17-20），若不考虑室内粒子源的贡献，则式（17-33）可简化为：

$$\eta_m = 1 - \frac{y_i}{y_o \dfrac{q_0}{q_0 + q_1}(1 - \eta_0) + y_i\left(1 - \dfrac{q_0}{q_0 + q_1}\right)(1 - \eta_1)} \tag{17-36}$$

对不同 η_0 和 η_i，由式（17-36）计算所得 η_m 如图 17-9 所示。

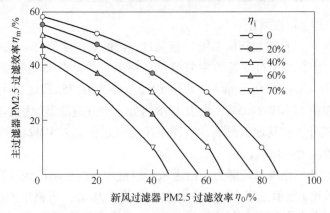

图 17-9 η_m 与 η_0 和 η_i 的关系计算结果

可对图 17-9 稍作分析和讨论。可以看出：

（1）选用效率较高的 η_0、η_i 均有利于降低对主过滤器 PM2.5 效率 η_m 的要求。由于公共建筑的集中空调系统新风量往往小于总送风量、回风量，与提高主过滤器或回风过滤器过滤效率相比，选用较高的 η_0 具有投资较小、运行费用较低及维护管理较方便的优点。

（2）η_0、η_i 和 η_m 均在 35% 左右时，即可确保室内 PM2.5 污染浓度在允许浓度范围内。

（3）$\eta_i = 0$，即不安装回风过滤器，这种情况在目前的集中空调通风系统上比较普遍，此时若使 $\eta_m = 0$，应有 $\eta_0 \geqslant 88\%$，若 $\eta_0 = 0$，即新风过滤器未安装或失效时，应有 $\eta_m \geqslant 58\%$。

对于公共建筑空调系统为全空气系统的工况，大部分情况仅设置了新风过滤器、主过滤器，没有回风过滤器，新风比 $s \leqslant 0.2$。此时若新风过滤器级别为 G4（PM2.5 过滤效率约为 10%~20%），则通过计算可确定主过滤器 PM2.5 过滤效率应不低于 50%~60%，查表 17-8，则过滤器级别不宜低于 F7。G4+F7 的过滤器组合可作为公共建筑集中空调系统设计选型时的最低配置。

17.6.3.2 工况统计分析

表 17-15 为不同新风比、不同工况条件下的空气过滤器 PM2.5 过滤效率匹配计算统计表，给出的是特定条件下（η_0、η_r 和 η_m，相等或为零）的过滤器最低限值仅供参考。

表 17-15 不同新风比、不同工况条件下的空气过滤器 PM2.5 过滤效率匹配计算统计表

η	新风比 s									备注
	0.05	0.1	0.2	0.3	0.4	0.5	0.6	0.8	1.0	
$\eta_0 = \eta_i = \eta_m$	14.0%	23.3%	35.5%	43.2%	48.7%	52.9%	56.2%	61.1%	—	模式一
$\eta_o = \eta_m$ $(\eta_i = 0)$	21.0%	31.1%	42.1%	48.4%	52.7%	55.9%	58.4%	62.0%	64.7%	模式二
η_m $(\eta_o = \eta_i = 0)$	25.9%	41.2%	58.3%	67.7%	73.7%	77.8%	80.8%	84.8%	87.5%	模式三
η_o $(\eta_i = \eta_m = 0)$	87.5%	87.5%	87.5%	87.5%	87.5%	87.5%	87.5%	87.5%	87.5%	模式四
$\eta_o = \eta_i$ $(\eta_m = 0)$	25.9%	41.2%	58.4%	67.8%	73.7%	77.8%	80.8%	84.8%	—	模式五
η_i $(\eta_o = \eta_m = 0)$	36.8%	77.8%	—	—	—	>100%	—	—	—	模式六

从表 17-15 的结果可以看出：

（1）工况四（风机盘管加新风系统）新风过滤器的效率限值与 s 无关，对式（17-33）进行推导也可以得出，新风过滤器效率限值仅与室内、外 PM2.5 计算浓度有关，为确保室外空气严重污染（ $y_0 = 600\mu g/m^3$ ），室内 PM2.5 浓度在 $75\mu g/m^3$ 以下，新风过滤器对 PM2.5 的过滤效率应不小于 87.5%，由表 17-8 可知，空气过滤器级别不宜低于 F8。

（2）除工况四外，在其他工况下，空调系统空气过滤器对 PM2.5 的过滤效率最小限值均随着新风比的增大而增加。

（3）工况六的新风比可以理解为自然通风新风量占室内空调机送风量加自然通风量的比值，显然该新风比 s 数值是很小的，一般会小于等于 0.05。表格中的计算值显示当 $s \geqslant 0.2$ 时，要求回风过滤器的过滤效率大于 100%，当然这是不可能的。该工况条件下若对室内空调机加装空气过滤器，其 PM2.5 过滤效率不宜小于 36.8%，由表 17-11 可知，空气过滤器级别不宜低于 M6。

参 考 文 献

[1] Aiba S, Yasuda T. A correlation between single fiber efficiencies of fibrous filters and operating variables [J]. AIChE Journal, 1962, 8 (5): 704~708.

[2] Alan F V, Anne W R, Philip A L, et al. Characterization of Indoor Outdoor Aerosol Concentration Relationships during the Fresno PM Exposure Studies [J]. Aerosol Science & Technology, 2001, 34 (1): 118~126.

[3] CEN. EN779: 2012 Particulate air filters for general ventilation-Determination of the filtration performance [S]. Europe: European Committee for Standardization, 2012: 11~12.

[4] Chao C Y H, Wan M P, Cheng E C K. Penetration coefficient and deposition rate as a function of particle size in non-smoking naturally ventilated residences [S]. Atmospheric Environment, 2003, 37 (30): 4233~4241.

[5] Chen C Y. Filtration of aerosols by fibrous media [S]. Chemical Reviews, 1955, 55 (3): 595~623.

[6] Congrong He, Lidia Morawska, Jane Hitchins, et al. Contribution from indoor sources to particle number and mass concentrations in residential houses [J]. Atmospheric Environment, 2004, 38 (21): 3405~3415.

[7] Davies C N. Diffusion of aerosols in filters [J]. Atmospheric Environment, 1969, 4 (5): 592.

[8] Dockery D W, Spengler J D. Indoor-outdoor relationships of respirable sulfates and particles [J]. Atmos. Environ., 1981, 15 (3): 335~343.

[9] Dyke M V. Perturbation methods in fluid mechanic-Applied mathematics and mechanics [M]. Academic Press, 1975.

[10] Esmen N A. Characterization of contaminant concentrations in enclosed spaces [J]. Environ. Sci. & Technol., 1978, 12 (3): 337~342.

[11] Farrow R M. The filtration characteristics of glass fiber media [M]. Filtration & Separation, Uplands Press Ltd., Parley, Surrey, England (November/December 1966), 1966.

[12] Faxen H. Exakte Lösungen der Oseenschen Dgl. einer zähen Flüssigkeit für den Fall der Translationsbewegung eines Zylinders [J]. Nova Acta Soc. Sci. Upsal, 1927, 4: 1~55.

[13] Friedlander S K. Theory of aerosol filtration [J]. Industrial & Engineering Chemistry, 1958, 50 (8): 1161~1164.

[14] Furtaw E J, et al. Modeling indoor air concentrations near emission sources in imperfectly mixed rooms [J]. J Air Waste Manage. Assoc., 1996, 46 (6): 861~868.

[15] Ishizu Y. Correction: General Equation for the Estimation of Indoor Pollution [J]. Environmental Science & Technology, 1980, 14 (10): 1254~1257.

[16] Koutrakis P, Briggs S L K, Leaderer B P. Source apportionment of indoor aerosols in Suffolk and Onondaga counties, New York [J]. Environmental Science & Technology, 1992, 26 (3): 521~527.

[17] Kuwabara S. The forces experienced by randomly distributed parallel circular cylinders or spheres in a viscous flow at small Reynolds numbers [J]. Journal of the physical society of Japan, 1959, 14 (4): 527~532.

[18] Lai C K, et al. Modeling indoor particle deposition from turbulent flow onto smooth surfaces [J]. J Aerosol Sci., 2000, 31 (4): 463~476.

[19] Long C M, Suh H H, Catalano P J, et al. Using time and size-resolved particulate data to quantify indoor penetration and deposition behavior [J]. Environment Science & Technology, 2001, 35 (10): 2089~2099.

[20] Lu W, Howarth A T. Numerical analysis of indoor aerosol particle deposition and distribution in two-zone

ventilation system [J]. Building & Environment, 1996, 31 (1): 41~50.

[21] Fuchs N A. The mechanics of Aerosols [M]. Pergamon, Odford, 1964.

[22] Namiesnik J, et al. Indoor air quality (IAQ), pollutants, their sources and concentration levels [J]. Building & Environment, 1992, 27 (3): 339~356.

[23] Pope III C A, Burnett R T, Thun M J, et al. Lung cancer, cardiopulmonary mortality, and long-term exposure to fine particulate air pollution [J]. American Medicine Association, 2002, 287 (9): 1132~1141.

[24] Tracy L T, Melissa M L, Kenneth L R, et al. A Concentration Rebound Method for Measuring Particle Penetration and Deposition in the Indoor Environment [J]. Aerosol Science & Technology, 2003, 37 (11): 847~864.

[25] Mindi Xu, et al. Deposition of Tobacco Smoke Particles in a Low Ventilation Room [J]. Aerosol Science and Technology, 1994, 20 (2): 194~206.

[26] Yeomans A H, Rogers E E, Ball W H. Deposition of Aerosol 221 Particles [J]. Journal of Economic Entomology, 1949, 42 (4): 591~596.

[27] Zhu Y, Hinds W C, Krudysz M, et al. Penetration of freeway ultrafine particles into indoor environments [J]. Journal of Aerosol Science, 2005, 36 (3): 303~322.

[28] 曹国庆, 谢慧, 赵申. 公共建筑室内 PM2.5 污染控制策略研究 [J]. 建筑科学, 2015, 31 (04): 40~44.

[29] 靳景旗. 如何选择空气过滤器 [J]. 洁净与空调技术, 2010, (3): 39~41.

[30] 李国柱, 王清勤, 赵力, 等. 建筑围护结构颗粒物穿透及其影响因素 [J]. 建筑科学, 2015, 31 (s1): 72~76.

[31] 陆耀庆. 实用供热空调设计手册 [M]. 2 版. 北京: 中国建筑工业出版社, 2008.

[32] 王清勤, 李国柱, 赵力, 等. 建筑室内 PM2.5 污染现状、控制技术与标准 [J]. 暖通空调, 2016, 46 (2): 1~7.

[33] 王清勤, 李国柱, 朱荣鑫, 等. 空气过滤器设计选型用 PM2.5 室外设计浓度确定方法 [J]. 建筑科学, 2015 (12): 77~83.

[34] 王清勤, 赵力, 李国柱, 等. 建筑室内细颗粒物污染控制设计方法研究 [J]. 暖通空调, 2016, 46 (4): 61~65.

[35] 王玮, 汤大钢, 刘红杰, 等. 中国 PM2.5 污染状况和污染特征的研究 [J]. 环境科学研究, 2000, 13 (1): 1~5.

[36] 王晓飞, 王清勤, 赵力, 等. 空气过滤器组合效率及选型研究 [J]. 建筑科学, 2016, 32 (6): 45~49.

[37] 谢慧, 赵申, 曹国庆. 国内外 PM2.5 控制标准及对比 [M]. 建筑科学, 2014, 30 (6): 37~43.

[38] 许健, 邬杰, 余跃进. 办公建筑通风系统的气流组织形式影响研究 [J]. 建筑技术, 2015, 31 (8): 140~144, 175.

[39] 许钟麟. 空气洁净技术原理 [M]. 4 版. 北京: 科学出版社, 2014.

[40] 张寅平. 室内空气质量控制: 新世纪的挑战和暖通空调人的责任 [J]. 暖通空调, 2013, 43 (12): 1~7.

[41] 赵力, 陈超, 王平, 等. 北京市某办公建筑夏冬季室内外 PM2.5 浓度变化特征 [J]. 建筑科学, 2015, 31 (4): 32~39.

[42] 赵力, 陈超, 王清勤, 等. 建筑室内 PM2.5 污染控制设计及计算方法 [J]. 建筑技术, 2016, 47 (9): 839~842.

[43] 赵力, 陈超, 王亚峰, 等. 北京室内外 PM2.5 污染状况及过滤器效率调研 [J]. 建筑科学, 2015, 31 (8): 140~144.

［44］中国环境监测总站．HJ 633—2012 环境控制质量指数（AQI）技术规定（试行）［S］．北京：中国标准出版社，2012.

［45］中国环境科学研究院．HJ 633—2012 环境空气质量指数（AQI）技术规定［M］．北京：中国环境科学出版社，2012.

［46］中国环境科学研究院．GB 3095—2012 环境空气质量标准［S］．北京：中国标准出版社，2012.

［47］中国家用电器研究院．GB/T 18801—2015 空气净化器［S］．北京：中国标准出版社，2015.

［48］中国建筑科学研究院．GB/T 13554—2008 高效空气过滤器［S］．北京：中国标准出版社，2009.

［49］中国建筑科学研究院．GB/T 14295—2008 空气过滤器［S］．北京：中国标准出版社，2009.

［50］中国建筑科学研究院．JGJ/T 309—2013 建筑通风效果测试与评价标准［S］．北京：中国建筑工业出版社，2014.

18 民用建筑室内空气净化与品质控制

空气净化（空气洁净）技术系指去除空气中的污染物质，控制房间或空间内空气达到洁净要求的技术。空气中悬浮污染物包括粉尘、烟雾、微生物及花粉等。现代科学与工业生产技术的发展，对空气的洁净度提出了严格要求，以保证生产过程和产品质量的高精度、高纯度及高成品率。现代生物医学的发展，提出了空气中细菌数量的控制要求，以保证医药、制剂、医疗及食品等不受感染和污染。民用建筑中的空气品质对人体健康有着重要影响。空气正常成分以外的一些气体和蒸汽，种类繁多，且多为微量。处理此类污染问题同样是空气净化的内容，和空气的洁净度控制有密切联系。

污染物的分类见表18-1，空气洁净技术中的大气尘包括固态和液态微粒，它与现代检测技术相适应，因为通过光电技术测得的大气尘的相对含量或个数，是同时包括固态和液态微粒子的。

表 18-1 空气中污染物的分类

分　类		特　征
常规	粉尘	固态微粒
	烟	固态微粒和液态微粒凝集而成的微粒（<0.5μm），如香烟的烟、木材的烟、油烟和煤烟等
	烟雾	包括液态和固态，大小从十分之几微米到几十微米，如大气中烟与雾的混合物、钢厂氧化铁的烟雾
	有毒气体	SO_2、NO_x 等
	微生物	指活性微粒，如细菌（>1μm）、病毒（<1μm）
按环境卫生学	总悬浮尘（TSP）	悬浮在空气中，空气动力学当量直径不大于100μm的颗粒
	可吸入尘（IP或PM10）	悬浮在空气中，空气动力学当量直径不大于10μm的颗粒
	可入肺尘或细颗粒物（PM2.5）	悬浮在空气中，空气动力学当量直径不大于2.5μm的颗粒
	沉降尘	一定时间内沉积在暴露平面上的落下尘埃
按存在状况	大气尘	空气中由自然现象（包括所在地区的生产和生活环境影响）形成的尘埃，城市与郊外不同
	人工尘	因生产需要对不同物料专门加工而成的颗粒物质，对洁净技术而言，是指人工生产的含不同成分（如包括纤维）的人工尘（用于空气过滤器试验）

民用建筑室内污染物来源主要有两方面：（1）室外环境的尘源，影响室内的室外尘源，实际上就是大气尘（经空调系统进入室内或经外围护结构渗透进入室内）；（2）室内环境的尘源和发尘量，室内发生量主要包括人和建筑表面、设备运转、烹饪等的发尘。

18.1　室内空气的净化要求

室内空气净化分为三类：

（1）一般净化：只要求一般净化处理，无确定的控制指标要求。

（2）中等净化：对空气中悬浮微粒的质量浓度有一定要求，例如在大型公共建筑物内，空气中悬浮微粒的质量浓度不大于 0.15mg/m³（推荐值），我国的室内空气质量要求为空气应无毒、无害、无异常嗅味，具体标准见表 18-2。

表 18-2　GB/T 18883—2002 室内空气质量标准

序号	参数类别	参数	单位	标准值	备注
1	物理性	温度	℃	22~28	夏季空调
				16~24	冬季采暖
2		相对湿度	%	40~80	夏季空调
				30~60	冬季采暖
3		空气流速	m/s	0.3	夏季空调
				0.2	冬季采暖
4		新风量	m³/(h·人)	30	
5	化学性	二氧化硫 SO_2	mg/m³	0.5	1 小时均值
6		二氧化氮 NO_2	mg/m³	0.24	1 小时均值
7		一氧化碳 CO	mg/m³	10	1 小时均值
8		二氧化碳 CO_2	%	0.1	日均值
9		氨 NH_3	mg/m³	0.2	1 小时均值
10		臭氧 O_3	mg/m³	0.16	1 小时均值
11		甲醛 HCHO	mg/m³	0.1	1 小时均值
12		苯 C_6H_6	mg/m³	0.11	1 小时均值
13		甲苯 C_7H_8	mg/m³	0.2	1 小时均值
14		二甲苯 C_8H_{10}	mg/m³	0.2	1 小时均值
15		苯并[a] 芘 B(a)P	mg/m³	1.0	日均值
16		可吸入颗粒物 PM10	mg/m³	0.15	日均值
17		总挥发性有机物 TVOC	mg/m³	0.6	8 小时均值
18	生物性	菌落总数	cfu/m³	2500	依据一起定
19	放射性	氡 ^{222}Rn	Bq/m³	400	年平均值（行动水平）

此外，我国的《环境空气质量标准》（GB 3095—2012），分别将 PM10、PM2.5 纳为环境空气评价指标，环境空气中颗粒物的规定见表 18-3。其中 PM10 指空气动力学当量直径不大于 10μm 的颗粒物，PM2.5 指空气动力学当量直径小于等于 2.5μm 的颗粒物。《健康建筑评价标准》（T/ASC 02—2016）规定的 PM2.5 限值对应 GB 3095—2012 的二级标准，即 75μg/m³。

表 18-3 GB 3095—2012 环境空气质量标准

污染物名称	取值时间	一级标准/$\mu g \cdot m^{-3}$	二级标准/$\mu g \cdot m^{-3}$
PM10	年平均	40	70
	24h 平均	50	150
PM2.5	年平均	15	35
	24h 平均	35	75

世界卫生组织 WHO 鼓励各国采用一系列日益严格的颗粒物标准，实现颗粒物浓度下降。为实现这一目标，WHO 在《世界卫生组织关于颗粒物、臭氧、二氧化氮和二氧化硫的空气质量准则》2005 年全球更新版中提出数字化的准则值和过渡时期的目标值。具体数值见表 18-4。

表 18-4 WHO 空气质量标准

标 准	污染物名称	取值时间	准则值/$\mu g \cdot m^{-3}$
空气质量准则值（AQG）	PM2.5	24h 均值	25
		年平均	10
	PM10	24h 均值	50
		年均值	20
过渡时期目标-1（IT-1）	PM2.5	24h 均值	75
		年平均	35
	PM10	24h 均值	150
		年均值	70
过渡时期目标-2（IT-2）	PM2.5	24h 均值	50
		年平均	25
	PM10	24h 均值	100
		年均值	50
过渡时期目标-3（IT-3）	PM2.5	24h 均值	37.5
		年平均	15
	PM10	24h 均值	75
		年均值	30

美国 The WELL Building Standard-V1 简称为 WELL，由美国绿色建筑协会（USGBC）发布。该标准从污染物种类、浓度限值和实时监测 3 个方面分别提出了要求，其中对 PM2.5 限值为 $15\mu g/m^3$。

（3）超净净化：对空气中悬浮微粒的大小和数量均有严格要求。我国现行的空气洁净度等级标准与国际标准相同，具体分级见表 18-5。

表 18-5 ISO 14644-1 国际标准中洁净室或洁净区选用的空气悬浮粒子洁净度等级

洁净度等级	等于或大于相应粒径的最大允许浓度/粒·m^{-3}					
	0.1μm	0.2μm	0.3μm	0.5μm	1μm	5μm
ISO 1	10	2				
ISO 2	100	24	10	4		

洁净度等级	等于或大于相应粒径的最大允许浓度/粒·m⁻³					
	0.1μm	0.2μm	0.3μm	0.5μm	1μm	5μm
ISO 3	1000	237	102	35	8	
ISO 4	10000	2365	1018	352	83	
ISO 5	100000	23651	10176	3517	832	29
ISO 6	1000000	236514	101763	35168	8318	293
ISO 7				351676	83176	2925
ISO 8				3516757	831764	29251
ISO 9				35167572	8317638	292511

18.2　空气悬浮颗粒的特性及捕集机理

18.2.1　空气悬浮微粒的特性

微粒分散于气态介质则形成气溶胶，人们通常处于或生活于气溶胶之中。组成气溶胶的微粒称为分散相，气态介质称为分散介质。

表征气溶胶粒子的性质包括微粒的形状、大小、密度、粒径分布及浓度等物理因素，有时也需了解其化学成分。除液体微粒外，固体微粒的形状一般不是球形，因此其大小的度量有多种方法。显微镜下统计粒子的大小可用一维投影长度来表示粒径，称为定向粒径。用光散射式粒子计数仪计量粒径时，则意味着该粒子当量于同样散射光强的某一直径的标准球形粒子。

空气介质中的粒子群如果具有相同的粒径，则可称为单分散气溶胶，如果粒径不同，则属于多分散气溶胶。

18.2.2　微粒的运动特性

研究空气悬浮微粒的运动特性和规律已形成一个专门学科——气溶胶力学。与空气净化关系较大的微粒运动特性可归结为：（1）球形粒子在空气介质中的直线运动；（2）粒子在流动空气中的曲线运动，气溶胶在流过某种障碍物（如圆球、圆柱、平板等）时，粒子在惯性力作用下，将产生与空气介质不同的运动轨迹；（3）粒子的布朗运动，对于粒径小于1μm 的粒子，即使在静止的空气介质中也是随机地作不规则运动，且粒径越小，不规则运动越甚；（4）带电粒子在电场中的运动。

18.2.3　空气悬浮微粒的捕集

利用纤维性过滤材料来捕集空气悬浮微粒是空气净化的主要手段。为了解微粒的捕集机理，一般的研究工作是从单根纤维开始的。

图 18-1 表示出集中捕集效应的效率及总效率。由总效率随粒径的变化可见，存在一个总效率最低的区间，即在某一粒径范围内（一般认为是 0.1~0.3μm）的粒子最难捕集。这个效率最低的粒径称为最易穿透粒径（MPPS，Most Penetratable Particle Size）。

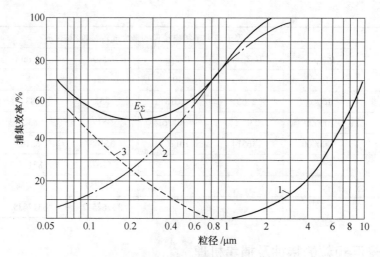

图 18-1　捕集效率与粒径的关系

1—惯性捕集；2—截留；3—扩散

18.3　空气过滤器

18.3.1　过滤器的特性指标

（1）过滤器的效率和穿透率。当被过滤空气中的含尘浓度以质量浓度来表示时，则效率为计重效率；以计数浓度来表示时，则为计数效率。以其他物理量作相对表示时，则有比色效率或浊度效率等。

最常用的表示方法是用过滤器进出口空气中的尘粒浓度表示的计数效率：

$$\eta = (N_1 - N_2)/N_1 = 1 - N_2/N_1 \tag{18-1}$$

式中，N_1、N_2 分别为过滤器进、出口气流中的尘粒浓度，颗/L 或 $\mu g/m^3$。

在过滤器的性能试验中，往往用效率的反义词穿透率 K 来表示：

$$K = (1-\eta) \times 100\% \tag{18-2}$$

对不同效率 η 的过滤器串联工作时，其总效率 η_z 表示为：

$$\eta_z = 1 - (1-\eta_1)(1-\eta_2)\cdots(1-\eta_n) \tag{18-3}$$

式中　η_1，η_2，$\cdots$，η_n——第 1 个、第 2 个、$\cdots$、第 n 个过滤器的效率。

（2）过滤效率和测试方法。在确定过滤效率时，粉尘"量"有各种度量方法。实用中，有粉尘质量、粒数、浓度；有单分散相粒子（粒径均一）的量、多分散相粒子的量；有被粉尘污染的滤纸的光通量；有计量瞬时量，有试验全过程的平均量等。也就是说，过滤器的效率值与测试方法紧密相关。对同一台过滤器，测试方法不同，其效率值就不同，且有时相差很大。

表 18-6 简单列举目前常用的不同过滤器效率的含义、应用场合和相关标准。除了表中列出的过滤器效率的不同测试方法，还有比色法（Dust spot）、大气尘径限计数法、钠焰法（Sodium Flame）、DOP 法、油雾法（Oilmist）等，但实际应用渐少。

表 18-6 空气过滤器过滤效率的检测方法

名　称	方法概要	适用性	相关标准
计重效率法 （Arestance）	采用高浓度的人工尘，粒径大于大气尘，其成分有尘土、炭黑和短纤维，按一定比例构成，在过滤器前、后测出其含尘重量后计算效率	粗效过滤器	美国 ANSI/ASHRAE 52.2—2012 欧洲 EN 779：2012 中国 GB/T 14295—2008
粒径计数法 （Particle Efficiency）	采用多分散相 KCl 气溶胶，仪器为激光粒子计数器，测量试件前后空气中微粒的粒径及数量	一般通风过滤器	美国 ASHRAE52.2—2012 中国 GB/T 14295—2008
计径效率法 （Particle size Efficiency）	采用单分散相 DEHS 气溶胶（0.40μm），仪器为激光粒子计数器，测量试件前后空气中微粒的粒径及数量	一般通风过滤器	欧洲 EN 779：2012
MPPS 法	采用多分散相气溶胶，仪器为激光粒子计数器，测量试件前后空气中微粒的粒径及数量，确定最易穿透粒径（MPPS）效率	高效及超高效空气过滤器	欧洲 EN 1822：2009 中国 GB/T 6165—2008

（3）最易穿透率粒径（MPPS）问题。过滤器的粒径计数效率对洁净室设计关系最重要，洁净室设计中的过滤器效率均指计数效率。由于过滤器的过滤作用是在多种物理机理下完成的，对于比较小的微粒，由扩散作用而在纤维上沉积，当粒径由小到大时，扩散效率逐渐减弱：比较大的微粒则在"拦截"和"惯性"作用下被捕集，所以当粒径由小变大时，拦截和惯性效率逐渐增加，因此，与粒径相关的总效率曲线就有个最低点，它所对应的粒径效率最低（最低效率粒径 d_p）故又称为最易穿透率粒径 MPPS，图 18-2 就是这种机理的表示，图 18-2 则是过滤器的实测例子。

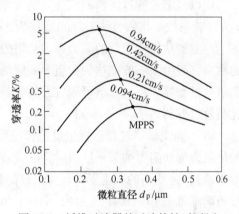

图 18-2 纤维过滤器的过滤特性-粒径和
穿透率的关系

d_p 值取决于微粒性质，纤维直径、过滤速度。计数效率和粒径有密切关系，美国等国均以 DOP 粒子（接近单分散相、粒径为 0.3μm）作为普通高效过滤器的试验尘。随着新型超高效过滤器的问世，试验尘的粒径也随之变更。例如测量超低穿透率过滤器（ULPA）时，国外用 0.1~0.2μm 粒子检验效率。其所得结果亦称为 MPPS 效率。欧洲标准 EN 1822—2009 对高效及超高效过滤器的测试均采用 MPPS 效率。

（4）效率的转换。为了掌握过滤器各效率之间的关系。可借图 18-3 作近似的转换。

例如：大气尘比色法效率为 50% 时，DOP 效率仅 20%，而人工尘计重法效率达 95%；当大气尘比色法效率为 80% 时，DOP 效率为 46%，而人工尘计重法效率达 98%。

（5）过滤器的面速和滤速（或比速）。面速 v_A 是过滤器迎风面上通过气流的速度：

$$v_A = \frac{\text{额定风量 } q_V}{\text{过滤器迎风面积}} \qquad (18-4)$$

滤速是单位面积过滤器滤料上通过的风量:

$$v = \frac{q_V}{\text{过滤面积}} \qquad (18-5)$$

滤速直接影响到过滤效率和阻力,通常粗过滤器的滤速量级为 m/s;中效、高中效过滤器为 dm/s,而高效过滤器为 2~3cm/s。

(6)过滤器的阻力。过滤器的阻力包括滤料阻力(与滤速有关)和结构阻力(与框架结构形式和迎风面的风速有关)。对已定结构和滤材的过滤器,阻力取决于通过风量的大小,高效过滤器的阻力随风量的增加是接近线性的。若以迎面风速 u_0 为变量,经过实验可得出新过滤器阻力的经验表达式为:

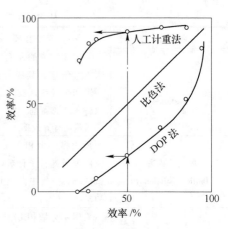

图 18-3　过滤器各效率之间的关系

$$\Delta P = Au_0 + Bu_0^m \qquad (18-6)$$

式中,A、B、m 为经验系数与指数。第一项 Au_0 代表滤料阻力,第二项 Bu_0^m 代表结构阻力。

在以气溶胶通过滤料的流速 u 为变量时,过滤器阻力的经验式为 $\Delta P = \alpha u^n$,式中,α、n 为经验系数与指数,一般过滤器 α 为 3~10,n 为 1~2。

过滤器初始使用时的阻力称为初阻力;因积尘而影响使用(风量不足)需更换时的阻力称为终阻力。一般把达到初阻力一定倍数时的阻力定为终阻力。高效过滤器的倍数为 2,而中效过滤器和粗过滤器可取较大的倍数,因为其初阻力较小,积尘后对系统风量的影响比高效过滤器为小。

(7)容尘量。过滤器容尘量是和使用期限有直接关系的指标。通常将运行中的过滤器的终阻力为初阻力的某一倍值时,或者效率下降到初始效率的 85% 以下时(对某些预过滤器来说),过滤器的积尘量,作为该过滤器的容尘量。滤材性质对容尘量影响较大。用超细玻璃纤维制作的额定风量为 1000m³/h 的高效过滤器,在终阻力达 400Pa(初阻力为 200Pa)时的容尘量约 400~500g。

(8)能效。节能减排使过滤器的能耗成为关注。欧洲通风协会于 2011 年颁布了一般通风空气过滤器的能效分级标准 EUROVENT 4/11—2011,并于 2014 年更新为 Eurovent 4/21—2014。空气过滤器的能耗是体积风量、风机效率、运行时间和平均阻力的函数。运行期间,过滤器的阻力随容尘而增加。利用确定时间段的阻力积分平均值,可以计算出该时段的能耗,从而将过滤器产品分为 A、B、C、D 等能效级别。

18.3.2　过滤器分类

最重要最本质的分类,应按过滤效率来分,而过滤效率又是在特定的测试方法下测定的。

按我国 GB/T 14295—2008 和 GB/T 13554—2008 两个标准,把过滤器分为粗效、中

效、高中效、亚高效、高效和超高效六类。从粗效到亚高效等级的过滤器，又称为一般通风空气过滤器。表18-7即一般通风空气过滤器按效率的分级，表18-8、表18-9分别为高效及超高效空气过滤器的分类。

表 18-7　一般通风空气过滤器分类（GB/T 14295—2008）

性能	代号	迎面风速 /m·s⁻¹	额定风量下的效率（E）/%		额定风量下的初阻力（ΔP_i）/Pa	额定风量下的终阻力（ΔP_i）/Pa
亚高效	YG	1.0	粒径≥0.5μm	99.9>E≥95	≤120	240
高中效	GZ	1.5		95>E≥70	≤100	200
中效1	Z1	2.0		70>E≥60	≤80	160
中效2	Z2			60>E≥40		
中效3	Z3			40>E≥20		
粗效1	C1	2.5	粒径≥2.0μm	E≥50	≤50	100
粗效2	C2			50>E≥20		
粗效3	C3		标准人工尘计重效率	E≥50		
粗效4	C4			50>E≥10		

注：当效率测量结果同时满足表中两个类别时，按较高类别评定。

表 18-8　高效空气过滤器分类（GB/T 13554—2008）

类别	额定风量下的钠焰法效率/%	20%额定风量下的钠焰法效率/%	额定风量下的初阻力/Pa
A	99.99>E≥99.9	无要求	≤190
B	99.999>E≥99.99	99.99	≤220
C	E≥99.999	99.999	≤250

表 18-9　超高效空气过滤器分类（GB/T 13554—2008）

类别	额定风量下的计数法效率/%	额定风量下的初阻力/Pa	备　注
D	99.999	≤250	扫描检漏
E	99.9999	≤250	扫描检漏
F	99.99999	≤250	扫描检漏

欧洲 EN 779：2012 及 EN 1822：2009 两个标准将过滤器进行如表18-10分类。美国 ASHRAE 52.2—2012 则采用最低效率（MERV）对过滤器进行分级。此外，国际标准化组织（ISO）也对空气过滤器进行了分级（ISO 29463-1：2011 与 ISO 16890：2016），见表18-11、表18-12。中国制冷空调工业协会（CRAA）于2008年颁布了空气过滤器的系列标准 CRAA 430~433，基本等同采用欧洲 EN 779 及 EN 1822 标准，目前该系列标准正在修订中，修订版对于过滤器的分级是一般通风过滤器采用 EN 779、高效/超高效空气过滤器采用 ISO 29463。

表 18-10 欧洲空气过滤器分类 (EN 779—2012 及 EN 1822—2009)

标准	EN 779：2012		EN 1822-1：2009
规格	计重法/%	计数法（0.4μm 平均）/%	最易透过粒径/%
G1	$50 \leqslant A_m < 65$		
G2	$65 \leqslant A_m < 80$		
G3	$80 \leqslant A_m < 90$		
G4	$90 \leqslant A_m$		
M5		$40 \leqslant E_m < 60$	
M6		$60 \leqslant E_m < 80$	
F7		$80 \leqslant E_m < 90$，消静电$\geqslant 35$	
F8		$90 \leqslant E_m < 95$，消静电$\geqslant 55$	
F9		$95 \leqslant E_m$，消静电$\geqslant 70$	
H10			$85 \leqslant E < 95$
H11			$95 \leqslant E < 99.5$
H12			$99.5 \leqslant E < 99.95$
H13			$99.95 \leqslant E < 99.995$
H14			$99.995 \leqslant E < 99.9995$
U15			$99.9995 \leqslant E < 99.99995$
U16			$99.99995 \leqslant E < 99.999995$
U17			$99.999995 \leqslant E$

表 18-11 国际标准化组织高效空气过滤器分类 (ISO 29463-1：2011)

过滤器分组 与分级	总值		局部值[1][2]	
	效率	穿透率	效率	穿透率
ISO 15E	$\geqslant 95$	$\leqslant 5$	[3]	[3]
ISO 20E	$\geqslant 99$	$\leqslant 1$		
ISO 25E	$\geqslant 99.5$	$\leqslant 0.5$		
ISO 30E	$\geqslant 99.9$	$\leqslant 0.1$		
ISO 35H[4]	$\geqslant 99.95$	$\leqslant 0.05$	$\geqslant 99.75$	$\leqslant 0.25$
ISO 40H[4]	$\geqslant 99.99$	$\leqslant 0.01$	$\geqslant 99.95$	$\leqslant 0.05$
ISO 45H[4]	$\geqslant 99.995$	$\leqslant 0.005$	$\geqslant 99.975$	$\leqslant 0.025$
ISO 50U	$\geqslant 99.999$	$\leqslant 0.001$	$\geqslant 99.995$	$\leqslant 0.005$
ISO 55U	$\geqslant 99.9995$	$\leqslant 0.0005$	$\geqslant 99.9975$	$\leqslant 0.0025$
ISO 60U	$\geqslant 99.9999$	$\leqslant 0.0001$	$\geqslant 99.9995$	$\leqslant 0.0005$
ISO 65U	$\geqslant 99.99995$	$\leqslant 0.00005$	$\geqslant 99.99975$	$\leqslant 0.00025$
ISO 70U	$\geqslant 99.99999$	$\leqslant 0.00001$	$\geqslant 99.9999$	$\leqslant 0.0001$
ISO 75U	$\geqslant 99.999995$	$\leqslant 0.000005$	$\geqslant 99.9999$	$\leqslant 0.0001$

①参见 ISO 29463-4；

②供货方与顾客的协议中，穿透率的局部值可能会低于表列数值；

③E 组过滤器无法也没有必要为了分级而进行检漏试验；

④H 组过滤器，局部穿透率由标准 MPPS 扫描检漏法获得；当采用浊度计法和烟缕观测检漏时，可能规定的是其他限值。

表 18-12　ISO 16890 过滤器分组

过滤器分组	要求			分级报告值
	ePM1/min	ePM2.5/min	ePM10/min	
ISO 粗效	—	—	<50%	初始计重效率
ISO ePM10	—	—	≥50%	ePM10
ISO ePM2.5	—	≥50%	—	ePM2.5
ISO ePM1	≥50%	—	—	ePM1

《一般通风过滤器》（ISO 16890：2016）规定使用粒子计数器，粒径为光学等效粒径，按计数浓度测量，再按质量浓度计算综合过滤效率。该标准分级见表 18-12。综合过滤效率对应粒径不大于 $10\mu m$、$2.5\mu m$、$1\mu m$ 的三种情况。该标准假定两种颗粒物粒径分布，一个代表城市，一个代表郊区。根据过滤器对颗粒物质量浓度过滤效率，将一般通风过滤器分为三个组：ePM10、ePM2.5 和 ePM1。

测量过滤器的初始效率后，对过滤器进行消静电处理，之后重复效率测量。取初始效率和消静电效率的平均值，得出一条沿粒径的平均效率曲线。然后，利用试验得到的平均效率曲线，用标准中假定的质量浓度分布来计算过滤器对上述三种粒径段的颗粒物质量过滤效率。计算 ePM2.5 和 ePM1 时使用标准中假定的城市分布，计算 ePM10 时使用郊区分布。根据计算出的 ePM10、ePM2.5 和 ePM1，将过滤器分组。

图 18-4 给出了各种空气过滤器效率规格和分级的对比情况。其中也反映了与效率相关的测试方法。

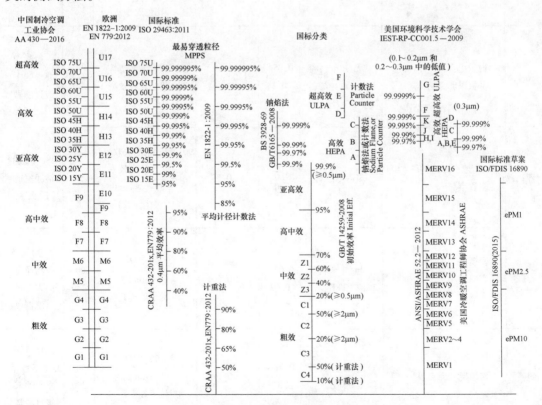

图 18-4　各种过滤器效率规格与分级比较

目前缺少 ISO 16890 分组和分级与其他标准分级的对应关系。粗略地讲，ePM10 大致对应粗效（G 组）过滤器，ePM2.5 为中效（M 组），ePM1 为高中效（F 组）。

18.3.3 空气过滤器的滤材和形式结构

过滤器的滤材、形式结构都与过滤器要求的效率有关。常用的各种过滤器滤材，形式及适用性等列于表 18-13，并参见图 18-5。不同过滤器的选用可参照表 18-14。表中所列的过滤器多属利用纤维过滤机理的过滤器。此外，还有利用静电作用净化空气的装置，称静电过滤器。

表 18-13　常用过滤器的形式、滤材及性能

分类	形　式	滤材	滤速 /m·s^{-1}	处理对象 粒径/μm	效率范围/%	初阻力 /Pa	备注
粗效	平板型 稀褶式（25~100mm） 卷绕式	锦纶尼龙编织，玻璃纤维，无纺布	1~2	>5 的尘粒作为预过滤器	50~90 （计重效率）	≤50	预过滤器保护中效
中效	扁袋组合式	玻璃纤维无纺布	0.2~0.5	>1.0 的尘粒	35~70 ≥1μm 尘粒的 （计数效率） 35~75 （比色效率）	30~50	保护末级过滤器
高中效	扁袋组合式 平板 V 形组合式	无纺布（涤纶）；丙纶滤材	0.05~ 0.1	>1.0 的尘粒	约 95（计数效率） 75~92（比色效率）	90~95	一般洁净要求的末级过滤器
亚高效	密褶型（有隔板） 多管型	聚丙烯滤材	0.02~ 0.03	>0.5	90~99（钠焰法效率） 75~92（比色效率） ≥80（≥1μm 大气尘计数）	<90	>ISO 8 级的洁净室的过滤器
高效	密褶型 有隔板 无隔板	超细玻璃纤维或 PTFE	0.02~ 0.03	>0.5	>99.97 （0.3μm 的粒子效率）	200~ 250	普通 ISO 5 级洁净室的末级过滤器
超高效	密褶型（无夹板）	超细玻璃纤维或 PTFE	0.01~ 0.015	>0.1	>99.9999 （0.1μm 的粒子效率）	150~ 200	ISO2.5 级或 3.5 级洁净室的末级过滤器

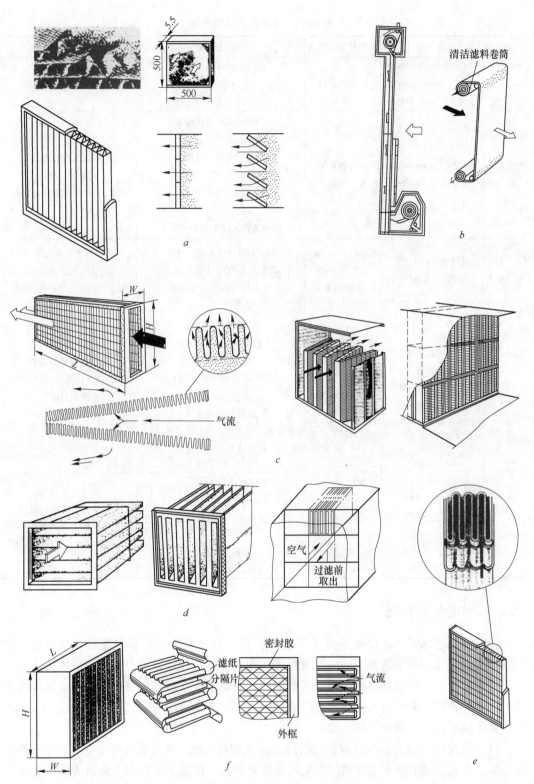

图 18-5 各种空气过滤器

a—平板型；*b*—卷绕型；*c*—平板 V 形组合式；*d*—袋式；*e*—无夹板型；*f*—有隔板型

表 18-14　常用过滤器的选用

效率等级	效率	典型控制污染物	应用实例	典型过滤器类型
ISO 75U	MPPS，≥99.999995%	所有颗粒物	ISO1~ISO4 级洁净室	无隔板式平板过滤器
ISO 65U	MPPS，≥99.99995%		微电子洁净室	
ISO 55U	MPPS，≥99.9995%		高洁净度要求洁净工作台	
ISO 45H	MPPS，≥99.995%	所有颗粒物 所有空气微生物	ISO5~ISO8 级洁净室 核级高效过滤器 国防工业高效过滤器 生物安全实验室送排风 洁净手术室 洁净工作台 永久性 ULPA 的预过滤	无隔板式平板过滤器 有隔板过滤器 风道内 W 形无隔板过滤器
ISO 35H	MPPS，≥99.95%			
ISO 25Y	MPPS，≥99.5%	粒径 0.1~1.0μm 空气微生物 香烟烟雾	ULPA 与 HEPA 的预过滤 中国 GMP30 万级厂房 要求很高的非洁净环境	无隔板式平板过滤器 有隔板过滤器 风道内 W 形无隔板过滤器
ISO 15Y	MPPS，≥95%			
F9	平均计数≥95%	粒径 0.1~10μm 一般粉尘 大多数微生物 大多数粉尘 焊接烟 花粉	较好的公共建筑 较好的住宅、车间 病房、诊疗室 HEPA 的预过滤（F8） 保护空调系统 油漆车间棚进风 燃气轮机与空压机入口空气过滤（F7） 化学过滤器的预过滤	袋式过滤器 W 形无隔板过滤器 有隔板耐高温过滤器 有隔板过滤器 自清洁式过滤器 静电过滤器
F8	平均计数 90%~95%			
F7	平均计数 80%~90%			
M6	平均计数 60%~80%			
M5	平均计数 40%~60%			
G4	计重法≥90%	粒径>5μm 清扫扬尘 花粉、螨虫 沙尘 喷漆 纤维尘，杨柳絮	F 组过滤器的预过滤 最低过滤要求 要求不高的公共建筑 住宅 保护空调系统 化学过滤器的预过滤	廉价可清洗袋式过滤器 一次性平板过滤器 自动卷绕式过滤器静电过滤器
G3	计重法≥80%			
G2	计重法≥65%			
G1	计重法≥50%			

18.3.4　静电空气过滤器

静电空气过滤器通常由电离极（正极）和集尘极（负极）两部分组成，电离极一般为针尖或者圆线，集尘极则为圆筒形或板式结构。静电空气过滤器通过电晕放电使含尘气流中的尘粒荷电，在电场力的作用下带电尘粒移向集尘极并被收集在集尘极上，从而实现悬浮粒子的分离。静电空气过滤器的过滤过程由五个基本阶段组成，即电晕放电、气体电离、悬浮粒子荷电、捕集沉积和清灰。

（1）静电空气过滤器工作时，在两极之间施加高电压，电离极附近将会形成极不均匀的电场，当电压超过临界电压值时发生电晕放电现象，即电子发射到电离极表面临近的气体层内。

（2）在该电场作用下，气体中的自由电子获得能量并被加速，中性分子被高速电子撞击后释放外层电子，从而产生更多的电子及正离子，即气体被电离。

（3）随后，电子和正离子分别移向正负两个电极，并在移动的过程中与气流中的悬浮粒子碰撞，附着在粒子上面使其荷电，荷电程度则取决于附着离子的数目。

（4）在高压电场中，粒子上的电荷形成一个指向集尘极的电场力，使粒子移向集尘极被捕集，并在电场力、机械力和分子力的共同作用下贴附在极板上。电场力的大小取决于电荷的多少和电场的强度。

（5）粒子被捕集后，可以通过擦拭、清洗及振打集尘极板等方式来去除灰尘，使其恢复清洁状态，实现静电空气过滤器的循环利用。

通常，根据静电空气过滤器的结构形式，可将静电空气过滤器分为以下几类：

（1）单区和双区静电空气过滤器。根据电离极和集尘极的布置方式，可将静电空气过滤器分为单区静电空气过滤器和双区静电空气过滤器。单区静电空气过滤器的电离极和集尘极放置在同一电场区域内，即粉尘的荷电和捕集分离在同一电场内进行。而双区静电空气过滤器的电离极和集尘极前后分开放置，电离极所在的第一区负责粒子荷电，集尘极所在的第二区主要捕集荷电后的粒子。双区静电空气过滤器可以有效防止反电晕现象的发生，并有效增加集尘面积，普遍应用于民用通风空调系统中。

（2）管式和板式静电空气过滤器。根据集尘极的形式，可将静电空气过滤器分为管式静电空气过滤器和板式静电空气过滤器。管式静电空气过滤器的集尘极为金属薄板制成圆形或正六边形筒，呈蜂窝状分布，筒中央放置针尖（如图 18-6 所示）或圆线状（如图 18-7 所示）的电极作为电离极，一般为单区布置。板式静电空气过滤器的集尘极为相互绝缘的平行金属薄板，电离极通常为圆线（如图 18-8 所示）或金属薄板的边沿（如图 18-9 所示），可以在集尘极前区域单独放置也可以置于各平行集尘极板之间。

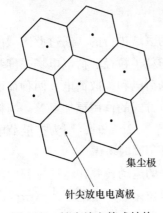

图 18-6　针尖放电管式结构

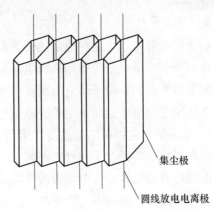

图 18-7　圆线放电管式结构

18.3.4.1　静电过滤原理

A　电晕放电

在一对电极间施加电压，就可以建立电场。当其中一个电极为曲率半径很小的物体如针尖或很细的圆线时，电场分布为不均匀的，小半径电极即电离极附近的电场强度很高，离开电离极表面后电场强度急剧下降。此时，当两极间电压升高到一定程度时，电离极附近的气体介质会被局部击穿产生放电现象，放电极附近出现光晕，即电晕放电现象发生。

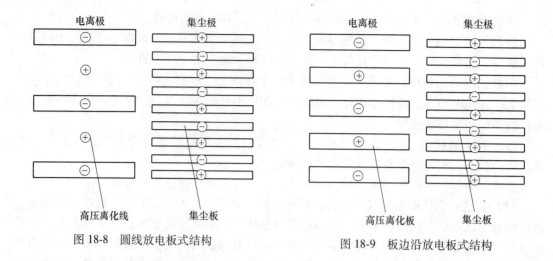

图 18-8　圆线放电板式结构　　　　图 18-9　板边沿放电板式结构

在电晕放电的过程中还伴随着电子雪崩现象，即气体分子受天然辐射电离所产生的电子在高强度电场的激发下获得能量，以极高的速度与中性气体分子发生碰撞使其释放外层电子，产生新的自由电子和正离子，而每一个新电子再次被电场加速碰撞中性气体分子，从而在电晕区内源源不断的产生电子和正离子。电子雪崩发生在电场强度最大的区域，即电离极附近，同时只有两电极附近的电场强度的比值足够大时，电子雪崩才会发生。

此外，负电晕放电的起晕电压低、击穿电压高，被工业电除尘器广泛采用，但负电晕放电会产生臭氧和氮氧化物等副产物，严重危害室内空气品质。因此在民用静电空气过滤器及静电空气净化器中多采用正电晕放电的形式，即电离极为正极。

B　粒子荷电

粒子荷电通常认为是在电晕区边界到集尘极之间的区域进行的，通过此区域的粒子受大量正离子和少量电子的作用而荷电，粒子的荷电量与粒子粒径、荷电电场强度和粒子停留时间等因素有关。粒子荷电有两种机理，分别为电场荷电和扩散荷电。两种荷电机理同时存在作用于粒子，但在一定粒径范围内，某一种荷电方式的作用更加显著。当粒子半径大于 $0.5\mu m$ 时，电场荷电起主要作用；当粒子半径小于 $0.2\mu m$ 时，则为扩散荷电起主导作用；而当粒子半径介于两者之间时，这两种荷电机理须同时考虑。

电场荷电是指离子在电场力的作用下作定向有秩序的运动，并在运动过程中与气流中的悬浮粒子碰撞，使其附上带电离子从而荷电。在不考虑碰撞的情况下，离子受电场力作用将大致沿着电力线运动，当粒子进入电场后，粒子附近的电力线将向自身偏转集中，即未荷电的粒子会通过电场力吸引正离子碰撞附着。而在粒子荷电以后，荷电粒子附近将出现阻止离子的排斥电场，并且该排斥电场随着粒子总荷电量的增加而逐渐增大，直到离子不再同粒子碰撞时，电场荷电停止，粒子达到饱和荷电状态。

扩散荷电是指离子作不规则的热运动时与气流中的悬浮粒子碰撞使其附上离子荷电。扩散荷电不依赖于外加电场，只与离子热运动速度和粒子附近的离子密度有关，因此只要粒子存在于离子场中扩散荷电便会持续进行，不存在饱和荷电。但随着总荷电量的增加，粒子对周围离子的斥力逐渐增大，扩散荷电速率越来越小。

在实际荷电过程中，两种荷电机理是共同作用的。此时计算总荷电量的最简单的方法是将饱和电场荷电量与扩散荷电量叠加。

C　粒子驱进速度

悬浮于气流中的粒子受电场力作用而被捕集，此力的方向取决于电荷的极性和电场的方向。当电场力起主导作用时，通常可以忽略重力的影响，粒子将向集尘极方向移动，移动的速度取决于电场力和黏滞阻力的大小。对于大多数粒子来说可以在其停留时间内达到稳定的最大速度 u_{max}，记作粒子驱进速度 ω。粒子驱进速度 ω 正比于荷电电场强度 E_0、集尘电场强度 E_p 和粒子直径 d，而与介质的动力黏度 μ 成反比。

18.3.4.2　理论过滤效率

静电空气过滤器对尘粒的捕集效率与其内部结构、电场强度、粉尘性质、气体性质、气流速度等多个因素有关。而且在实际运行中，通过静电空气过滤器的气流基本为紊流，粒子的运动状态是气体紊流和驱进速度共同作用的结果，运动轨迹十分复杂，无法进行严格的计算。因此在推导理论过滤效率的计算公式时，需要对某些条件进行必要的假设，简化其数学模型。这些假设为：粒子进入集尘区时已经完全荷电；紊流和扩散使粒子在任何断面上都均匀分布；粒子总是以驱进速度通过集尘区，且驱进速度不受气流速度的影响；进入电场的气流速度是均匀的；粒子充分分散，可以忽略粒子之间的排斥力；离子和气体分子之间的碰撞影响可以忽略；不考虑冲刷、二次扬尘、反电晕的干扰。

18.3.4.3　静电效率影响因素

通过以上的理论分析不难发现，静电空气过滤器的理论过滤效率受多个参数共同影响，并且在实际运行时，还存在多种理论计算公式之外的因素影响其实际过滤效率。

（1）粉尘比电阻。比电阻又称电阻率，是反映物质电阻特性的物理量，也是衡量导电性能的一项指标。物质的比电阻越低，其导电性能越好。对于静电空气过滤器来说，过滤粉尘的比电阻值对过滤效率的影响比较大，存在一个最适宜的比电阻区间 $10^4 \sim 10^{11} \Omega \cdot cm$ 使过滤效率最高。

当粉尘比电阻小于 $10^4 \Omega \cdot cm$ 时，其导电性能较好，荷正电粒子受电场力作用移动到集尘极，并在集尘极上迅速释放电荷被中和。但由于粒子的导电性能优异，粒子随后立即通过感应带上负电，被负极极板排斥从而脱离极板重返气流，不断重复荷电、中和、再荷电的过程。这样不仅消耗了无用电流，而且粒子最终难以被捕集，造成过滤效率低。

当粉尘比电阻高于 $10^{11} \Omega \cdot cm$ 时，到达集尘极的荷电粒子因导电性能差不能立即被中和，因而被牢牢吸附在极板上。当极板上的粒子逐渐被中和后，这层中性粉尘层便成为极板上的近似绝缘层，阻碍极板对其他荷电粒子的中和作用。并且随着极板上积聚的未中和的荷电粒子越来越多，粉尘层内将出现电位梯度形成微电场，减慢荷电粒子的沉积速度并使电晕电流减小。当累积电荷达到一定数量时，微电场将发生局部击穿，从而改变电场内电力线的分布，使过滤效率显著下降。

（2）气流温度、湿度。粉尘的比电阻、密度和动力黏度等性能参数与温度密切相关，因此含尘气流温度通过影响尘粒的比电阻、密度和动力黏度，造成对静电过滤效率的影响。

在高于含尘气流露点温度的前提下，适当提高气体相对湿度，可使其击穿电压相应增高，改善粉尘层的导电性能降低过高比电阻，提高过滤效率。但是一旦形成了凝结水，不仅会使粉尘结块黏结在电极表面难以去除，影响过滤效率，还有可能溶解气体中的酸性物质，造成金属极线和极板的腐蚀，缩短静电空气过滤器的使用寿命。

（3）气流含尘浓度。在静电空气过滤器的电场内，气体电离产生的大量正负离子（正电晕下正离子居多）向着电性相反的电极运动，形成电风。电风的速度可达 0.6~1.0m/s，与电风速度相比，荷电粒子在电场力作用下的运动速度很缓慢。当气流中的含尘浓度较低时，荷电尘粒的运动受到电风的影响，加速向集尘极移动，有效提高了过滤效率。而当含尘浓度比较高时，电场内的尘粒数量大，电离产生的正负离子几乎全部被附着，电风近乎停止，气体电离受到抑制，导致电晕封闭现象的发生，过滤效率显著下降。因此，当静电空气过滤器入口处含尘浓度过大时，可通过预过滤的方法降低入口处的含尘浓度，以保证其过滤效率。

（4）气流流量及流速。从理论上看，通过静电空气过滤器的气体流速越低，气体在电场内的停留时间越长，过滤效率越高。气体流量流速增大不仅减少了尘粒与电离离子接触的机会，而且高速气流可能将集尘板上已经沉积的粉尘冲刷带走，造成二次扬尘。因此当通过静电空气过滤器的气流流量超过其设计流量范围时，过滤效率将大大降低。

（5）气流分布均匀性。理论过滤效率的推导是根据气流均匀分布的假定条件进行的，但实际上气流的分布不可能做到完全均匀，这就改变了公式推导时集尘极板面积与气流流量之间的基本关系。有研究表明，当气流分布不均匀时，低流速处所增加的过滤效率不能将高流速处所减小的过滤效率抵消，因此总的过滤效率降低。

（6）二次扬尘。理想状态下，被集尘极捕集的尘粒在被人工清除之前应始终停留在极板表面上。然而在某些运行条件下，冲向集尘板的尘粒撞击到积灰的表面时，会使沉积的粒子脱离极板表面重返气流，造成二次扬尘。某些大粒子粉尘的惯性足以造成二次扬尘现象的发生。除此以外，集尘极板上的粉尘受到高速气流的直接冲刷以及火花放电的爆裂作用等都有可能引起二次扬尘。

（7）静电空气过滤器结构参数。静电空气过滤器电离极与集尘极之间的距离会对过滤效率产生较大的影响。在气流速度一定、粒子驱进速度一定的情况下，两极之间距离小则粒子到达集尘极的时间短，粒子相对更易被捕集。

此外，当其他条件一定时，适当增加集尘板的长度可以使粒子的停留时间增长，有效提高过滤效率。

18.3.5 活性炭过滤器

活性炭过滤器可用于除去空气中的异味和 SO_2、NH_3、放射性气体等污染物，故又称除臭过滤器，在医药、食品、工业、大型公共建筑、电子工业、核工业等类型建筑，均有此需求。

活性炭材料的表面有大量微孔，绝大部分孔径小于 5nm。单位重量活性炭材料微孔的总内表面（比表面积）高达 $700\sim2300\text{m}^2/\text{g}$。由于物理作用（分子间的引力），有害气体被活性炭所吸附。当活性炭被某种化学物质浸渍后，借化学吸附作用，可对某种特定的有害气体产生良好的吸附作用。

活性炭材料有颗粒类和纤维类两种。颗粒类原料为木炭、椰壳炭等。纤维类用含炭有机纤维为基材（酚醛树脂、植物纤维等）加工而成，其孔径细微，大多数孔直接开口于纤维表面。因此吸附速度快，吸附容量亦大。颗粒状活性炭过滤器可做成板（块）式和多筒式，而纤维活性炭过滤器可做成与多褶型过滤器相同的形式。对不同气体，活性炭吸附能力不同。一般对分子容量大或沸点高的气体易吸附，挥发性有机气体比无机小分子气体易吸附。化学吸附比物理吸附选择性强。选用活性炭过滤器时，应了解污染物种类、浓度（上游浓度和下游允许浓度）、处理风量等条件，来确定所需活性炭的种类和规格，同时也应考虑其阻力和安装空间。在使用过程中，活性炭过滤器的阻力变化不大，但重量会增加。当下游浓度超过规定数值时，应进行更换。活性炭过滤器的上、下游，均需装有效率良好的过滤器，前者可防止灰尘堵塞活性炭材料，后者过滤掉活性炭本身可能产生的发尘量。

18.3.6　空气净化器及新风净化机

空气净化器为对空气中的颗粒物、气态污染物、微生物等一种或多种污染物具有一定去除能力的家用和类似用途的电器。表征空气净化器对目标污染物（颗粒物和气态污染物）净化能力的参数主要有两个：（1）洁净空气量（CADR，m^3/h），表示空气净化器提供洁净空气的速率；（2）累积净化量（CCM，mg），表示空气净化器的洁净空气量衰减至初始值50%时，累积净化处理的目标污染物的总质量。需要注意的是，同一台空气净化器对不同污染物，其洁净空气量是不同的，应根据室内主要控制目标污染源（颗粒物还是气态污染物）选择相应的空气净化器。《空气净化器》（GB/T 18801—2015）对不同目标污染物的净化能力进行分级见表18-15和表18-16。其中净化能效为空气净化器在额定状态下单位功耗所产生的洁净空气量。

表 18-15　净化器对颗粒物的净化能效分级

净化能效等级	净化能效 $\eta_{颗粒物}/m^3 \cdot (W \cdot h)^{-1}$
高效级	$\eta_{颗粒物} \geqslant 5.0$
合格级	$2.0 \leqslant \eta_{颗粒物} < 5.0$

表 18-16　净化器对气态污染物的净化能效分级

净化能效等级	净化能效 $\eta_{颗粒物}/m^3 \cdot (W \cdot h)^{-1}$
高效级	$\eta_{颗粒物} \geqslant 1.0$
合格级	$0.5 \leqslant \eta_{颗粒物} < 1.0$

市场上空气净化器采用的技术各不相同，具体技术原理可见表18-17。

表 18-17　空气净化器净化原理简介

技　术	简　介	优　点	缺　点
活性炭吸附	这是一种应用范围最广、最基础的净化方式。吸附是由于吸附剂和吸附质分子间的作用力引起的	吸附能力强，能有效吸附空气中的有害物质，如粉尘、有害气体等	职能暂时吸附，随温度、风速升高，所吸附的污染物有可能重新游离出来，要常清洗或更换过滤材料

技 术	简 介	优 点	缺 点
高效过滤器（HEPA）过滤	利用高效过滤器对颗粒物进行捕集	对颗粒物过滤效率高	捕集颗粒物后过滤器阻力将增大，需常更换
负氧离子	负氧离子也叫负离子，是一种带负电荷的气体离子。它能还原来自大气的污染物质、氮氧化物、香烟等产生的活性氧；中和带正电的飘尘，使其无电荷后沉淀	对二手烟的净化效果理想，对除室内异味消除效果明显	寿命短，所以需要持续释放；对甲醛苯系物等污染物净化效果一般
HIMOP（海曼普）材料	绿豆大小的球形颗粒，其表面布满蜂窝状的磁极孔径	HIMOP 对甲醛有较强的去除效果，同时还可以去除空气中的挥发性有机物等有害气体	价格较高
静电集尘	利用高压静电吸附原理，过滤空气中的污染物，应用较普遍	高效去除空气中的微粒污染物，如灰尘、烟煤等	易产生臭氧，对于化学污染物无去除效果
臭氧技术	一种基础净化技术，应用于绝大部分空气净化器	对细菌的灭活反应迅速，合理使用时被认为是最环保的净化方式	超标的臭氧对人体有一定危害
低温非对称等离子体空气净化	基本原理是利用极不均匀电场，形成电晕放电，产生等离子体，其中包含大量电子和正负离子以及具有强氧化性的自由基，它们与空气中的污染物发生非弹性碰撞，附着在上面，并且打开有害物质的化学键，使其分解成单质原子或无害分子	节能、且免拆洗；具有快速消杀病毒、强净化能力、有效去除异味、消除静电功能等	尚未普及，价格不透明
光触媒催化分解	在光源照射下，利用特定波长光源的能量产生催化作用，使周围的氧气及水分子激发成具活性的自由基	净化效率高，能分解部分有害气体，价格相对较低	因必须在紫外线的照射下才能发挥作用，故需太阳光照，若无光照，则需额外加紫外灯，过多的紫外线将对人体有害
冷触媒	冷触媒在常温下就能对甲醛边吸附边分解，有效把空气中的甲醛和其他有毒气体分解成无污染的二氧化碳和水让室内空气更加绿色健康	与光触媒最大的区别在于不需要强光的照射下就可以发生反应。冷触媒的使用范围就比光触媒大大拓宽了	
分子络合	利用甲醛和氨的溶水特性，将室内空气引入净化器中，将其中的有毒气体通过分子络合剂（甲醛捕捉剂）与水组成的络合分解体系，将室内空气中的污染物转化为不可逆的中性的大分子链固态物质，再排除相对洁净的空气，最终达到净化作用	对室内装修所造成的甲醛、苯系物等污染作用效果明显	需定时更换含有络离子的溶液或类似组件，使用成本较高

　　上述原理中应用较为广泛的包括：活性炭吸附技术、HEPA 滤网过滤技术、静电集尘等技术。空气净化器的核心功能包括：除尘、除异味、除甲醛和杀菌等。此外部分空气净化器也有其他一些功能，如加湿、抽湿、香薰等。图 18-10 为一个典型的空气净化器净化空气过程。

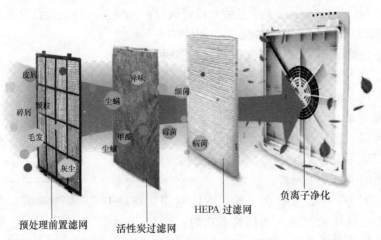

图 18-10　空气净化器净化空气过程

　　新风净化机是指将室外新鲜空气经过净化处理后送入室内的装置，包括单向流新风净化机（只含新风系统）和双向流新风净化机（含新风系统和排风系统）。《新风净化机》(T/CAQI 38522—2016) 对新风净化机的净化效率、洁净空气量、净化能效等净化性能作了规定，对启动与运转、风量、风压、输入功率、噪声、泄漏电流、绝缘电阻、电气强度、接地电阻、有害物质、有效换气率、交换效率提出了要求。图 18-11 为一个新风净化机净化室外空气的过程。

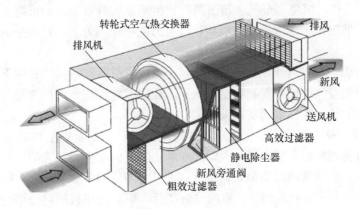

图 18-11　新风净化机净化室外空气的过程

　　显然，空气净化器与新风净化机就是将各种净化技术（模块）与风机组合成一体的装置，空气净化器主要对室内空气进行净化处理，新风净化机主要对室外空气进行处理，在空调、采暖季，对室外空气进行热湿处理能耗较高，因此有些新风净化器配置有全热交换器以回收排风的冷、热量。

18.4 室内颗粒物浓度的影响因素

由前可知，民用建筑室内污染物来源主要有两方面：（1）室外环境的尘源，影响室内的室外尘源，实际上就是大气尘（经空调系统进入室内或渗透进入室内）；（2）室内环境的尘源和发尘量，室内发生量主要包括人和建筑表面、设备运转、烹饪等的发尘。

一个建筑室内封闭空间可简化为如图 18-12 的小室。图中包含了影响室内空气颗粒物的各种因素，包括室内产尘量、室内各表面扬尘量、室内各表面降尘量、室外空气颗粒物浓度、空调系统新风过滤器过滤效率、回风过滤器过滤效率、新风量、回风量、围护结构渗透风量、围护结构渗透系数、门窗开口自然风量等。以下介绍影响室内空气品质的主要几个因素：

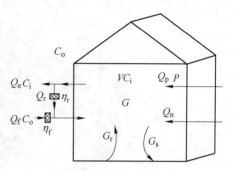

图 18-12　室内颗粒物质量浓度影响因素
（图中符号见式（18-7）符号说明）

（1）自然风 Q_n 和渗透风 Q_p。建筑室内空间与室外空间存在热压和风压。当门窗开启时，空气无阻挡地通过门窗开口进入室内，这一部分空气定义为自然风 Q_n。门窗开启频率、门窗大小、室内外压差等参数直接影响 Q_n 大小。建筑门窗关闭时，建筑并非完全封闭。在室内外的热压和风压作用下，空气可通过如门、窗等围护结构的缝隙进入室内，将这部分空气定义为渗透风 Q_p。围护结构缝隙大小、室内外压差将直接影响 Q_p 大小。

（2）颗粒物沉降量 G_s 及建筑表面扬尘量 G_r。室内空气中颗粒物在布朗运动、热迁移、重力沉降、静电作用、惯性作用等机制下沉积于室内各表面。室内空气中颗粒物沉降速率由颗粒物粒径、形状、密度，建筑内表面的面积、朝向和粗糙度，室内表面与空气的温差，室内气流组织及室内温度分布等因素决定。粒子的沉降率在 $10^{-5} \sim 10^{-3}/s$ 之间，其中 $0.05 \sim 0.5 \mu m$ 粒径档的沉降率最低，超细颗粒和粗颗粒均具有较大的沉降率。颗粒物在垂直表面只存在扩散沉积，在水平面的沉积则以重力沉积作用为主，且水平沉积量远大于垂直沉积量。

室内表面的积尘在室内通风空调系统送风、室内人员活动等因素影响下而扬起，重新进入空气中，增加空气中的颗粒物浓度。这一过程中的颗粒物浓度增加量与室内表面的积灰量、室内气流的扰动程度等密切相关。

（3）人员和设备运行的产尘量 G。人员和设备的产尘是室内空气的主要颗粒物源之一。许钟麟通过实测数据分析得到，人即使在静止时也会发尘，且人的活动幅度直接影响人体发尘量大小，激烈活动时与静止时的人体发尘量相差 10 倍，室内人员活动的平均发尘量为 5×10^5 粒/（人·min）。同时，室内设备如打印机、复印机的运行均会增加室内颗粒物浓度。

（4）空调系统的过滤。除了颗粒物的主动沉降，为降低室内颗粒物浓度，通常做法是在通风空调系统中设置空气过滤器，以获得洁净空气送入室内。空气过滤器对室内空气的净化效果与空气过滤器处理的风量、颗粒物过滤效率、过滤器设置方式直接相关。各种空调形式下，空调过滤器的设置不同。

上述室内颗粒物浓度的影响因素均为非稳态，如设备运行、人员活动、室外颗粒物浓度突变、室外风向、风力等变化等。为简化分析，假定室内颗粒物浓度影响过程均为稳态，且各类颗粒物污染源产生的颗粒物进入室内后即刻在室内空气中扩散，室内颗粒物均匀分布。根据质量守恒原理，可建立室内颗粒物质量浓度平衡方程式：

$$Q_fC_o(1 - \eta_f) + Q_rC_i(1 - \eta_r) + Q_nC_o + Q_pC_op + G_r + G = G_s + (Q_r + Q_e)C_i \quad (18\text{-}7)$$

式中，Q_f 为空调系统新风；C_o 为室外颗粒物浓度；η_f 为新风过滤效率；Q_r 为空调系统回风；C_i 为室内颗粒物浓度；η_r 为回风过滤效率；Q_n 为自然风；Q_p 为室内排风；p 为渗透系数；G_r 为室内表面颗粒物扬尘量；G 为室内人、物产尘量；G_s 为室内颗粒物沉降量；Q_e 为室内排风。

式（18-7）中的空调系统新风量、新风过滤效率、回风量、回风过滤效率及机械排风量可以通过一些方法人为控制。定义 $G_i = G_r + G - G_s$ 为室内颗粒物源颗粒物净发生量，则式（18-7）可简化为：

$$Q_fC_o(1 - \eta_f) + Q_rC_i(1 - \eta_r) + Q_nC_o + Q_pC_op + G_i = (Q_r + Q_e)C_i \quad (18\text{-}8)$$

由 $G_i = V \times M_i$（M_i 为室内单位体积产尘量）得：

$$n_fC_o(1 - \eta_f) + n_rC_i(1 - \eta_r) + n_nC_o + n_pC_op + M_i = (n_r + n_e)C_i \quad (18\text{-}9)$$

式（18-9）即为稳定状态时室内颗粒物浓度平衡模型。

18.5　室内空气质量控制

为控制室内颗粒物浓度在健康值（环境空气质量标准浓度限值）范围内，必须将室内外颗粒物污染源送入室内的颗粒物去除。民用建筑室内空气质量的控制主要通过空调系统及独立的空气净化系统实现。根据室内空气处理设备的集中程度，空调系统可分为以下几类：

（1）集中式系统——空气集中于机房内进行处理（冷却、去湿、加热、加湿等），而房间内只有空气分配装置。目前常用的全空气系统中大部分是属于集中式系统；机组式系统中，如果采用大型带制冷机的空调机，在机房内，集中对空气进行冷却去湿或加热，这也属于集中式系统。集中式系统需要在建筑物内占用一定机房面积，控制、管理比较方便。

（2）半集中式系统——对室内空气处理（加热或冷却、去湿）的设备分设在各个被调节和控制的房间内，而又集中部分处理设备，如冷却水或热水集中制备或新风进行集中处理等。全水系统、空气—水系统、水环热泵系统、变制冷剂流量系统都属于这类系统。半集中系统在建筑中占用的机房少，可以容易满足各个房间的温湿度控制要求，但房间内设置空气处理设备后，管理维修不方便，如设备中有风机，还会给室内带来噪声。

（3）分散式系统——对室内进行热湿处理的设备全部分散于各房间内，如家庭中常用的房间空调器、电采暖器等都属于此类系统。这种系统在建筑内不需要机房，不需要进行空气分配的管道，但维修管理不便，分散的小机组能量效率一般比较低，其中制冷压缩机、风机会给室内带来噪声。

以下对三种类型空调系统的室内空气质量控制进行阐述。

18.5.1　分散式空调系统室内空气质量控制

住宅多采用分体式空调实现冬季供热、夏季制冷，对于普通办公室，分体式空调也是常见的空调方式之一。分体式空调原理见图 18-13，分体式空调通过冷却或加热室内循环风，以实现室内温湿度控制。室内机回风口处设置尼龙网过滤器（图 18-14）用于滤除室内循环风中的纤维体，以保护空调器内的换热盘管。尼龙网过滤器过滤效率基本为零。

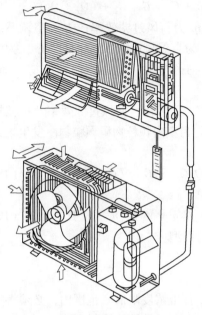

图 18-13　分体式空调原理

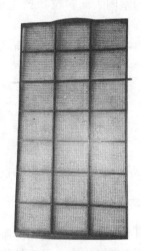

图 18-14　分体式空调尼龙网

分体式空调房间无新风处理和输送装置，室内新风由室内外压差作用下通过维护结构开孔和缝隙渗透进入室内。

对于设有分体式空调的房间，室内颗粒物浓度受渗透风换气次数、穿透系数、自然风换气次数、室外颗粒物浓度及室内产尘量等因素影响，其中室内产尘量、室外颗粒物浓度、渗透系数对室内颗粒物浓度的影响是线性。

由于室内空气品质控制的颗粒物主要为 PM2.5，故分别将中国《环境空气质量标准》（GB 3095—2012）中二级标准对 PM2.5 24h 均值 $75\mu g/m^3$、美国《环境空气质量标准》对 PM2.5 24h 均值（与台湾《室内空气质量管理法》中对室内 PM2.5 浓度限值规定一致）$35\mu g/m^3$、WHO《空气质量标准》的 PM2.5 空气质量准则值 24h 均值 $25\mu g/m^3$ 作为室内 PM2.5 浓度设计值。不同室内颗粒物浓度下的空气净化器选型如图 18-15 ~ 图 18-17 所示，图中，假定围护结构渗透风量为 $1h^{-1}$，颗粒物穿透系数 $p=1$。

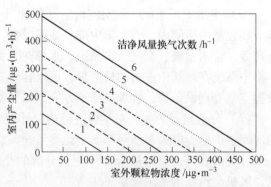

图 18-15　室内颗粒物浓度为 $75\mu g/m^3$ 时空气净化器选型图

对比图 18-15 ~ 图 18-17 可发现，要求室内颗粒物浓度越低，则空气净化器的洁净风量换气次数需越大。

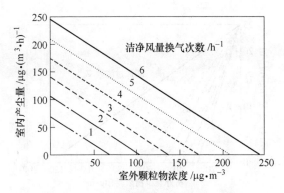

图 18-16 室内颗粒物浓度为 35μg/m³ 时
空气净化器选型图

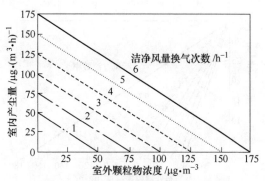

图 18-17 室内颗粒物浓度为 25μg/m³ 时
空气净化器选型图

18.5.2 半集中式空调系统室内空气质量控制

半集中式空调系统如多联机、风机盘管配置独立新风系统具有控制灵活，可灵活调节各房间的温度，根据房间需求启停室内机，且体型小，安装布置方便。半集中式空调系统与分体式空调的最大区别在于有组织新风经集中处理后送入各房间。与分体式空调相同之处在半集中式空调系统的室内机如风机盘管、多联机的回风口处所设置的空气过滤器与分体机空调室内机相同，仅为一张纤维过滤网，其对颗粒物的过滤效率为 0。

室内颗粒物浓度与室外颗粒物浓度、新风过滤效率、室内产尘量呈线性关系，与空调新风量呈反比例关系；随着室外颗粒物浓度、室内产尘量增加而增加，随着新风过滤效率、新风量增加而减小。

当室内颗粒物浓度设计值分别设置为 75μg/m³、35μg/m³、25μg/m³，相应室内颗粒物浓度下的新风空气过滤器的选型见图 18-18~图 18-20，其中设置新风换气次数为 1^(h-1)。

由图 18-18~图 18-20 可知，半集中式空调系统中仅设置新风空气过滤器，可以一定程度上解决室外颗粒物浓度对室内颗粒物浓度带来的影响。当室外颗粒物浓度污染严重时，例如室外 PM2.5 超过 500μg/m³ 时，即使室内不产尘，且使用对 PM2.5 过滤效率达到 80%（超过 F8）的过滤器，室内颗粒物浓度将超过 75μg/m³。若考虑室内颗粒物浓度不超过 75μg/m³，新风过滤器采用 G4+F7（过滤效率 65%），则室外颗粒物设计浓度不应超过 220μg/m³。

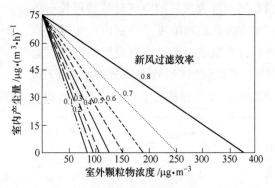

图 18-18 室内颗粒物浓度为 75μg/m³ 时，
新风过滤器选型图

18.5.3 集中式空调系统室内空气质量控制

对比分体式空调、半集中式空调系统，全空气一次回风系统有专门的过滤段、且送风经加湿减湿处理，具有送风量大，换气充分，室内空气污染小特点，是较高级办公场所以及公共空间如商场、影剧院、体育场馆等常见的空调形式。

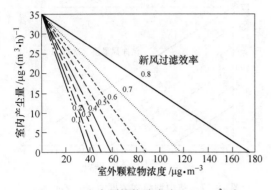

图 18-19 室内颗粒物浓度为 35μg/m³ 时,
新风过滤器选型图

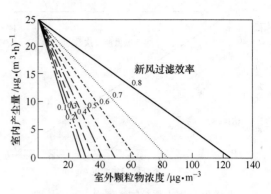

图 18-20 室内颗粒物浓度为 25μg/m³ 时,
新风过滤器选型图

　　全空气一次回风系统中,根据设置空气过滤器的位置,可将空气过滤器设置形式分为以下三种:(1)在空调箱内新回风混合段后设置空气过滤器;(2)在新风处理段设置空气过滤器,且在空调箱新回风混合段后设置空气过滤器;(3)新风、回风段设置空气净化器,并在空调箱新回风混合段后设置空气过滤器。三种空气过滤器设置方式中第一种为常见的空气过滤器设置方式,在此针对方式(1)进行分析。

　　一次风全空气系统室内的空气过滤器选型图见图 18-21 ~ 图 18-23。图中空调系统条件为:室内通风换气次数为 $10h^{-1}$,新风比为 0.1,室内设计空气颗粒物浓度分别为 $75μg/m^3$、$35μg/m^3$ 及 $25μg/m^3$。

　　由图 18-22 中可看出,设置于空调箱内新回风混合段后的空气过滤器可较有效控制室内颗粒物浓度。在室内产尘量、室外颗粒物浓度不大时,所设置的空气过滤器对 PM2.5 的过滤效率达到 60%(F7 过

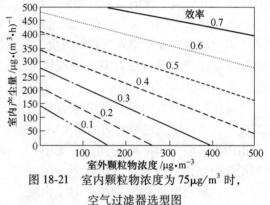

图 18-21 室内颗粒物浓度为 75μg/m³ 时,
空气过滤器选型图

滤器对 PM2.5 过滤效率在 0.6 左右)时,可保证室内颗粒物浓度低于 $35μg/m^3$。

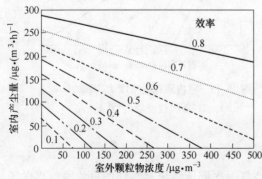

图 18-22 室内颗粒物浓度为 35μg/m³ 时,
空气过滤器选型图

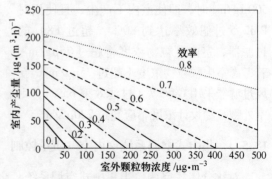

图 18-23 室内颗粒物浓度为 25μg/m³ 时,
空气过滤器选型图

参 考 文 献

[1] 赵荣义, 等. 空气调节. 4 版 [M]. 北京: 中国建筑工业出版社, 2009.

[2] GB/T 18883—2002 室内空气质量标准 [S]. 北京: 中国标准出版社, 2002.

[3] GB 3095—2012 环境空气质量标准 [S]. 北京: 中国环境科学出版社, 2012.

[4] WHO Air quality guidelines for particulate matter, ozone, nitrogen dioxide and sulfur dioxide [S]. 2005.

[5] T/ASC02—2016 健康建筑评价标准 [S]. 2016.

[6] The WELL Building Standard [S]. 2016.

[7] ISO 14644-1 2015 Cleanrooms and associated controlled environments: Classification of air cleanliness [S]. 2015.

[8] 中国建筑科学研究院. GB/T 14295—2008 空气过滤器 [S]. 北京: 中国标准出版社, 2008.

[9] 中国建筑科学研究院. GB/T 13554—2008 高效空气过滤器 [S]. 北京: 中国标准出版社, 2008.

[10] EN 1822—2009 High efficiency air filters (epa, hepa and ulpa) [S]. 2009.

[11] EN 779—2012 Particulate air filters for general ventilation —Determination of the filtration performances [S]. 2012.

[12] ISO 29463—2011 High-efficiency filters and filter media for removing particles in air [S]. 2011.

[13] ISO 16890—1 2016 Air filters for general ventilation —Part 1: Technical specifications, requirements and classification system based upon particulate matter efficiency (ePM) [S]. 2016.

[14] ISO 16890—2 2016 Air filters for general ventilation — Part 2: Measurement of fractional efficiency and air flow resistance [S]. 2016.

[15] ISO 16890—3 2016 Air filters for general ventilation —Part 3: Determination of the gravimetric efficiency and the air flow resistance versus the mass of test dust captured [S]. 2016.

[16] ISO 16890—4 2016 Air filters for general ventilation — Part 4: Conditioning method to determine the minimum fractional test efficiency [S]. 2016.

[17] 陈治清. 办公建筑室内颗粒物污染及控制措施研究 [D]. 上海: 同济大学, 2014.

[18] 陈则雨. 静电空气过滤器过滤效率及测试方法研究 [D]. 上海: 同济大学, 2016.

[19] 中国制冷空调工业协会标准 CRAA 430—201x 空气过滤器 分级与标识.

[20] 苏美先. 空气净化器的研究和设计 [D]. 广州: 广东工业大学, 2014.

[21] 住房和城乡建设部. GB 50736—2012 民用建筑供暖通风与空气调节设计规范: [S]. 北京: 中国建筑工业出版社, 2012.

[22] T/CAQI 38522—2016 新风净化机 [S]. 2016.

19 汽车尾气净化

19.1 进排气系统的功用

进排气系统的主要功用是把尽可能多而清洁的新鲜充量（空气与燃油的混合气或纯净的空气）或废气迅速地导入或导出汽缸，主要由空气滤清器、进气管、排气管、消声器、废气净化装置和增压装置、气道等组成。

进气系统的功用是尽可能多地和尽可能均匀地向各汽缸供给空气与燃油的混合气或纯净的空气。一般进气系统主要由空气滤清器和进气歧管组成（图 19-1），在燃油喷射式发动机中，进气系统还包括空气流量计或进气管压力传感器，以便对进入汽缸的空气量进行计量。

图 19-1　发动机进排气系统

1—空气滤清器；2—进排气歧管；3—排气管；4—前消声器；5—中间消声器；6—主消声器

进气系统主要包括空气滤清器和进气歧管，有的发动机上还装有进气预热装置、可变进气系统、空气计量装置（电喷式发动机）等。

19.1.1 空气滤清器

19.1.1.1 空气滤清器的功能

空气滤清器（图 19-2）外形较大，壳体呈盆形，装在汽油喷射装置的空气进口。

空气滤清器的作用是滤除空气中的硬质灰尘颗粒，减轻灰尘造成发动机缸套、活塞组件、气门组件、轴承副等主要零部件的磨损及发动机润滑油的污染，延长发动机的使用寿命。空气滤清器还能抑制内燃机的进气噪声。

实践证明，发动机如不带空气滤清器工作，在短期内，严重时甚至是几十小时就会把气缸、活塞、活塞环等零件磨坏，使发动机丧失工作能力。在这些灰尘中，尘粒大小为 $0\sim40\mu m$ 的点 $80\%\sim90\%$。而粒度为 $10\sim30\mu m$ 的尘粒对发动机磨损最为严重。

空气滤清器滤除杂质的能力以滤除杂质的百分数表示，即滤清效率，定义为空气滤清器进、出气流中杂质含量之差与空气滤清器进气流中杂质含量之比。目前，发动机空气滤清器的滤清效率在 $87.5\%\sim99.9\%$ 范围，并要求空气滤清器有足够的容尘能力。

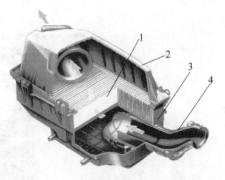

图 19-2　空气滤清器结构组成
1—纸质滤芯；2—上壳体；3—下壳体；
4—带粗滤进气管组件

空气滤清器在使用过程中，需要对滤芯进行定期维护保养。当滤芯被堵塞到不能满足发动工作所需的空气流量时，发动机工作状态即会出现异常，如轰鸣声发闷、加速迟缓、工作无力、水温相对升高以及加速时排气烟度变浓等。此时应拆下滤芯进行保养或更换。

19.1.1.2　空气滤清器的原理

空气滤清器过滤的原理分为以下三类：

（1）惯性式。利用灰尘密度比空气大的特点，在空气流过时使之急速旋转或改变方向，在离心力或惯性力的作用下将尘土与杂质甩到外围与空气分离，对滤清空气中较大的颗粒特别有效，其滤清效率为 $50\%\sim60\%$。常用作多尘土地区工作的内燃机上的空气粗滤器，但不能单独使用。此类空气滤清器多用于大型货车上。

（2）过滤式。引导气流通过带有细小孔隙的滤芯，把尘土与杂质挡在外面。纸滤芯空气滤清器有质量轻、成本低和滤清效果好等优点，广泛应用于汽车发动机上。

（3）油浴式。利用油浴把空气流在转折时甩出的尘土与杂质粘住。油浴式空气滤清器综合了惯性式和过滤式两种滤清原理，其滤清效率达 $95\%\sim97\%$。油浴式空气滤清器用于在多尘条件下工作发动机上，如越野车发动机。

根据使用环境或汽车用途的不同，上述三种基本的过滤方法可组成不同的滤清方式。标准空气含尘量条件下，如小轿车，仅用纸质空气滤清器；极端严重的空气含尘量条件下，则需采用粗滤器、油浴式空气滤清器和纸质（或金属丝网等）空气滤清器构成的三级空气滤清系统；其他使用条件则配用由粗滤器和油浴式空气滤清器（或纸质空气滤清器）组成的二级空气滤清系统。

空气滤清器（图 19-3）也可分为干式（不经油浴）和湿式两种。乘用车上主要采用干式空气滤清器（图 19-4）。

19.1.1.3　空气滤清器的结构

A　简单的干式纸质空气滤清器

图 19-5 是小轿车上普遍使用的干式滤清器，由空气滤清器外壳、滤芯、滤清器盖等组成。滤芯由经过树脂浸渍的、折叠成波褶状经防火处理的微孔滤纸做成，可以经受 $10kPa$ 的气压和 $140℃$ 的高温，滤清效率可达 99.5%。纸质干式空气滤清器特点是重量轻、

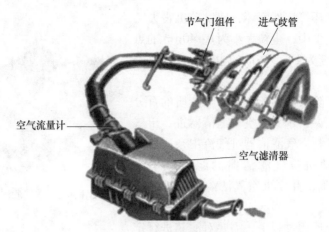

图 19-3　空气滤清器安装位置

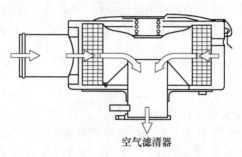

图 19-4　干式空气滤清器

高度小、成本低、使用方便、滤清效果好。其缺点是容尘能力小、寿命较短，一般每行驶6000～8000km 要清理滤芯一次，每行驶 24000km 必须更换滤芯。纸质干式空气滤清器对油类的污染十分敏感，一旦被油液浸润，滤清阻力急剧增大。因此，纸质空气滤清器使用、保养时，切忌接触油液。

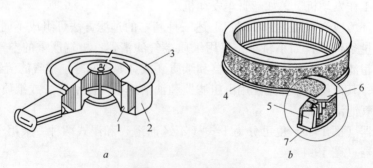

图 19-5　干式空气滤清器

a—滤清器总成；*b*—纸滤芯

1—滤芯；2—滤清器外壳；3—滤清器盖；4—金属网；5—打褶滤纸；6，7—滤芯上、下盖

B　惯性—纸质空气滤清器

为提高空气滤清效果与延长纸质空气滤清器的使用时间，常常采用复合式的空气滤清

器。图 19-6 是大客车和载重车上使用的惯性—纸质空气滤清器。滤清器由以下组件构成：

（1）旋流片（叶片环）。空气通过旋流片后产生旋转，在额定空气流量时 80%以上的灰尘在离心力作用下分离，沉积在积尘盘内，使达到滤纸上的较细尘土约为吸入量的 20%。

（2）集尘室。收集被旋流片甩出来的较粗尘土。集尘室内的尘土，可在车辆的振动下自动向排尘袋集中并排出，有时可由用户定期张开袋口，进行彻底清除。

（3）主滤芯和安全滤芯。主滤芯是空气滤清器的主要过滤组件，同时有些空气滤清器为了防止主滤芯发生堵塞或损坏，又增加了一道安全滤芯，以保护发动机不致受损。

（4）堵塞指示器。当空气滤清器需要保养，进气阻力达到设定压力时，驾驶室内的指示灯发亮，发出保养信号，提示驾驶员应立即对空气滤清器进行保养或更换。

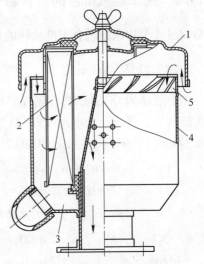

图 19-6　惯性—纸质空气滤清器
1—罩；2—滤芯；3—集尘室；
4—外壳；5—旋流环

（5）防雨帽。防止尘土、外来物、雨或雪直接进入进气管。

C　油浴式空气滤清器

油浴式空气滤清器由滤清器体、金属滤芯、油池、中心管和滤清器盖等组成（图 19-7 所示）。金属滤芯装在滤清器体的内壁和中心管之间，滤清器体的底部为油盘，内盛一定数量的机油。

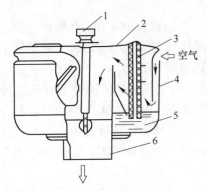

图 19-7　油浴式空气滤清器
1—碟形螺母；2—滤清器盖；3—滤芯；
4—滤清器体；5—油池；6—中心管

发动机进气时，空气沿滤清器体的内外壁之间的环形空间向下流动，到底部油池表面上方的空间又折转向上，使空气中较大的颗粒在惯性力的作用下掉入油池内。一部分气流掠过油面，将机油带（溅）到滤芯上，使整个气流在流过滤芯时，其中幼小的尘土被黏附和阻挡。滤芯上含有尘土的机油由于重力作用又流回油池内。从滤芯流出的过滤空气，汇集到滤清器体和盖组成的上部空间，再进入中心管，进入汽缸。

油浴式空气滤清器的滤清效率为 95%～97%，容尘能力比纸质空气滤清器大。为保证其滤清效果，必须保持油池中机油油面的高度。油面过低，滤清效果不好；油面过高，气流流通面积减小，进气量减少，同时油池中机油消耗太快。

19.1.2　进气歧管

进气歧管是指汽缸盖进气道口之前的进气管，只是将新鲜空气分配到各个汽缸的进气道，经过进气门流入汽缸。

19.2 汽车尾气排放的有害物的形成及其危害

19.2.1 车用汽油机有害排放物的形成

19.2.1.1 CO 的形成

一般认为 CO 是燃料在氧气不足情况下的燃烧产物，是汽油机排气中有害成分浓度最大的物质。美国、日本大气中 CO 的 95%~99% 来自汽车，我国车用汽油机汽车怠速也要求 CO 低于 5%。汽油机中 CO 的生成过程很复杂，大量研究表明主要分为以下三种情况：

（1）$C+O \xrightarrow{很快} CO$，$CO+O_2 \xrightarrow{较慢} CO_2$。

（2）混合气分配不均匀时有少量 CO 产生。

（3）高温条件下，CO_2 分解及 H_2、HC 使 CO_2 还原所致。

CO_2 高温分解 $\qquad CO_2 \xrightarrow{高温} CO+O_2$

CO_2 还原 $\qquad CO_2+H_2 \longrightarrow CO+H_2O$

$$HC+CO_2 \longrightarrow CO+H_2O$$

19.2.1.2 HC 的形成

汽油机中排出的 HC 种类很多，排气中的 HC 是由于燃料未燃烧完全或部分被高温分解而生成。HC 的形成机理包括以下几个方面：

（1）狭缝容积。空气和燃料的混合气在压缩过程中进入这些狭缝容积（如活塞环第一环以上环形容积、汽缸垫余隙容积等），由于这些狭缝都很小且由于强的热传递使火焰无法传播，这些容积内的混合气不能燃烧或燃烧不完全而在膨胀行程中逸出，除一部分氧化外，未燃 HC 部分随废气排出。

（2）燃料溶入润滑油及燃烧沉积物。在发动机的进气压缩过程中，有一些燃油会溶入缸壁表面的润滑油和沉积物中，溶解在其中的燃油在膨胀排气期间从中逸出，此时的氧化条件更加不利，因此逸出的燃料蒸气多数会随废气排出而形成 HC。

（3）火焰传播不充分。一方面，火焰传至缸壁附近，由于壁面的激冷效应在离壁面 0.05~0.37mm 处火焰即自动熄灭，紧靠壁面十几微米的激冷层内便会保存下未燃的混合气，在随后的膨胀排气阶段随废气排出 HC。另一方面，在发动机运转过程中，混合气分布是不均匀的，某些区域混合气过浓或过稀，会使火焰传至此处自动熄灭，混合气中的全部或部分燃料未燃或燃烧不完全以 HC 形式排出。

（4）点火系统不正常。当车用汽油机的点火系统不正常工作时会造成某一循环汽缸或某几个循环汽缸的混合气不燃烧或不完全燃烧而排出 HC。

（5）燃料的不良挥发。由于汽油良好的蒸发性，因此在油箱、化油器等元件密封不好的情况下，燃料蒸发将造成 HC 排放增加。

19.2.1.3 NO_x 的形成

NO_x 是氮氧化物的总称。汽油在发动机中燃烧时，混合气体中的 N_2 和 O_2 会生成 NO_x，在点火式发动机中排入大气的 NO_x 有 95% 是 NO，3%~4% NO_2，排入大气后 NO 会逐渐生

成 NO_2。

NO 生成的化学反应式为：

$$N_2 + O_2 \Longrightarrow 2NO$$

19.2.1.4　微粒的形成

微粒主要是燃料中的炭粒、杂质及灰分聚合而成。微粒的形成主要与燃料结构有关，含芳烃和烯烃多的汽油，产生微粒较多。汽油中的硫也易生成硫酸盐微粒，含铅汽油也易产生微粒。相对柴油机而言，汽油机排放的微粒很少，通常仅为柴油机的 1/80~1/30，有关微粒的形成及影响因素等目前对柴油机研究的较多，但随着人们环保意识的加强和对其认识的不断深入，有关汽油机微粒等方面已引起人们的重视。

19.2.2　柴油机有害排放物的形成

柴油机的有害排放物主要为 HC、CO、NO_x 和烟尘颗粒，其中 HC、CO 的排放量很少，一般只有汽油机的 1/10，而 NO_x 的排放量却与汽油机相当，烟尘颗粒的排放量相当高，约为汽油机的 30~80 倍。所以，减轻柴油机排放污染，需解决的是 NO_x 气体和烟尘颗粒的排放问题。

19.2.2.1　NO_x 的形成

NO_x 气体大多是在预燃混合燃烧期的稀薄火焰区生成的，某些减少 NO_x 气体的措施会使缓燃期剩油过多，增加烟尘颗粒的生成。

气体的生成与局部氧原子浓度和局部温度有关。因此，在柴油机中，控制 NO_x 气体的排放很困难，其原因如下：（1）柴油机循环的热效率高，故温度也高；（2）抑制 NO_x 气体的生成，就有增加烟尘颗粒的趋势；（3）废气中含氧量过大，妨碍了用理想配比的三元催化技术来减少 NO_x 气体。影响柴油机排放的因素可概括如下：（1）燃烧过程喷油泵初期的喷射量及喷油时间；（2）喷油泵的喷射射程及喷油规律；（3）压力；（4）燃烧系统。

19.2.2.2　烟尘颗粒的形成

一般认为，烟尘颗粒主要是在高温下，由于燃油和空气混合不均或混合不充分，由燃油分子脱氢裂解而成。它由未燃或部分燃烧的燃油和润滑油生成的有机物以及燃油中硫生成的硫酸盐组成。因速燃期火焰向燃油喷束中心传播过程中，开始时喷束中心的油滴大于喷束周边的油滴，且局部空燃比小，因而会产生不完全燃烧并生成炭粒；喷油结束时，一些燃油会从喷油器的喷孔滴漏出来，增加了烟尘颗粒的数量。柴油机净化系统中烟尘颗粒的影响因素有：（1）喷油时间、喷油速率和进气涡流；（2）在怠速和部分负荷过渡时，燃油喷束能否雾化；（3）在过渡工况时的喷油定时；（4）压力室的大小；（5）塞环与汽缸套之间的压力；（6）喷油器和燃烧室的规格；（7）暖机快慢等。为此，反复改善发动机喷射系统，提高燃料的喷射压力以促进燃料微粒化，组合喷射技术，才能减少柴油机烟尘颗粒的生成。近几年来减轻柴油机烟尘颗粒排放污染的净化技术已成为设计和研究的主要课题之一。

19.2.3　汽车排放物的危害

尾气中含有的多种有害物质（如铅）被吸入人体后，可以损害人骨骼造血系统和神经系统，损伤小脑和大脑皮质细胞，干扰代谢活动，尤其对儿童的危害极大。CO 吸入人体后很容易与血红素（Hb）及少量肌红蛋白结合并输送到体内。由于 CO 同血红素的结合能力是 O_2 的 210 多倍，空气中若有 0.1 的 CO，血红素的 75% 被结合并出现窒息，严重时会因体内缺氧而引起窒息。NO_x 和 HC 废气不仅有损人体健康，在阳光下还会发生光化学烟雾，刺激人的眼睛和呼吸器官，严重时会造成呼吸困难。地球变暖 60% 以上的原因是 CO_2 引起的，而汽车排气中 CO_2 约占 20%。硫与燃料在发动机高温燃烧时生成的硫酸盐颗粒物不仅腐蚀损坏发动机，而且会形成酸雨，污染环境，破坏生态平衡。近年来研究表明，颗粒物中含有大量与固态炭粒不同的可致癌的多环芳烃和氮化物。

HC 的主要危害是与氮氧化物发生光化学反应而形成化学烟雾。烷烃无味、无毒，烯烃略甜，有麻醉作用，对黏膜有刺激作用，经代谢转化为对基因有害的环氧衍生物。某些碳氢化合物（如硝基烯、3，4-苯并芘等多环芳香烃及其衍生物）是强的致癌物质，对人体危害极大，同时还能引起人的呼吸系统、肺、肝脏等疾病。

微粒对人体的健康危害与 PM 大小及组成有关。PM 越小，对人体的危害越大，其中 $0.1 \sim 0.5 \mu m$ 的 PM 对人体危害最大。

19.3　排放污染物的机内、机外净化技术

发动机排放污染控制技术可分为三类：以改进发动机燃烧过程为核心的机内净化技术；在排气系统中采用化学或物理的方法对已生成的有害排放物进行净化的排放后处理技术；控制曲轴箱和供油系统有害排放物的非排气污染控制技术。后两类也统称为机外净化技术。

19.3.1　汽油机的机内净化技术

汽油机主要有害排放物是 CO、HC 和 NO_x，柴油机主要有害排放物是 NO_x 和微粒，CO 是不完全燃烧产物，是在低温缺氧时形成的。

HC 是未燃和未完全燃烧的燃油和机油蒸气，来源于排气管废气、曲轴箱通风和燃料系统燃油蒸气；发动机在低温启动怠速运转时会产生大量的 CO 和 HC。

NO_x 是空气中的 N_2 在燃烧室内高温富氧条件下生成的，主要是 NO 和 NO_2。它与 HC 在日光照射下形成光化学烟雾。

微粒主要是柴油在燃烧室内高温裂解形成的炭烟，而汽油机的排气微粒很少。

安装在发动机外部的排气净化装置，主要有废气再循环系统（EGR）、二次空气喷射系统、三元催化转化器、燃油蒸发控制系统、柴油机微粒过滤器、恒温进气空气滤清器及曲轴箱通风等。

19.3.1.1　废气再循环

废气再循环（EGR）是将部分废气从排气管直接引入进气管，与新鲜混合气一道进入燃烧室，降低燃烧温度，抑制 NO_x 生成的一种方法（图 19-8）。但废气再循环使发动机有

效功率下降、经济性变差。所以，再循环的废气量应随工况而定。接近全负荷或高速运转时，为使发动机保持充足的动力，不进行废气再循环。暖机过程中，发动机温度较低，NO_x 排放不高，为保持发动机运转的稳定性，也不进行废气再循环。同理，在低转速、小负荷工况、怠速工况下也不进行废气再循环。

废气的回流量用废气再循环率（EGR率）表示，定义为：

EGR 率 = 废气的回流量/（新鲜进气量+废气的回流量）×100%

图 19-9 为现代汽车广泛采用的电控废气再循环控制系统。再循环的废气量由 EGR 阀控制，EGR 率最多不超过 25%。

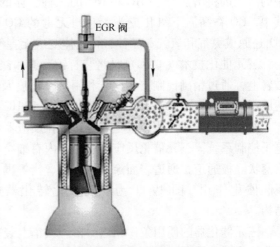

图 19-8 废气再循环系统

如图 19-10 所示，发动机运转时，发动机 ECU 根据转速、节气门位置、冷却液温度、点火开关、电源电压的信号，给电磁阀不同占空比的脉冲信号，使电磁阀开度改变，以调节进入真空控制阀的空气量，得到控制 EGR 阀不同开度所需各种真空度，从而使适量的废气循环稀释进入油气混合物，获得与发动机工况相匹配的 EGR。

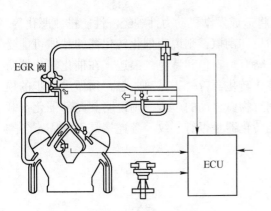

图 19-9 电子控制废气再循环系统

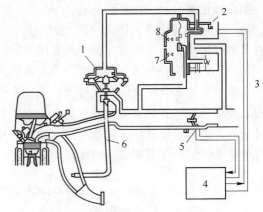

图 19-10 电控废气再循环控制系统组成
1—EGR 阀；2—电磁阀；3—控制信号；4—控制单元；
5—节气门；6—EGR 通道；7—定压阀；8—真空控制阀

使用中，EGR 阀易因严重积炭导致"常闭不开"或"常开不闭"。前者使发动机温度过高、NO_x 排量增加，易发生爆震；后者造成动力不足、怠速抖动甚至熄火。应注意检查、清洗或更换。

19.3.1.2 三元催化转化器

三元催化转化器的工作原理是：当高温的汽车尾气通过净化装置时，三元催化转化器中的净化剂将增强 CO、HC 和 NO_x 的三种气体的活性，促使其进行一定的氧化还原反应。其中，CO 在高温下氧化成为无色、无毒的 CO_2；HC 化合物在高温下氧化成水和 CO_2；NO_x 还原成氮气和氧气。三种有害气体变成无害气体，使汽车尾气得以净化。

三元催化技术（TWC）是将装有铂、钯和铑等催化剂的催化反应器装在发动机的排气歧管上，通过精确控制空燃比，利用排气温度及催化剂的作用，使排气中的 CO 和 HC 作还原剂，将 NO_x 还原成 N_2 和 O_2，同时 CO 和 HC 被氧化为 CO_2 和 H_2O。

发动机的三元催化装置主要包括催化反应器和电子控制系统。三元催化反应器的壳体内有细小的蜂窝状隔板通道，通道表面涂以铂、钯、锗等贵金属起催化作用。图 19-11 为三元催化转化器的结构。

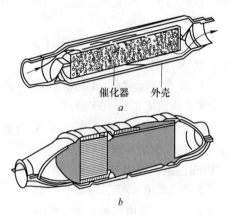

图 19-11 三元催化转化器结构
a—颗粒状态催化器；b—裂体蜂窝状催化器

三元催化器的使用条件相当严格。汽车上装有催化转化器的发动机只能使用无铅汽油，否则催化剂将失效。因为使用含铅汽油，废气中的铅会覆盖住催化剂，使净化器停止工作而不起任何作用，俗称"铅中毒"。另外还必须安装氧传感器，对供油实现自动调节。国内外新型轿车上已普遍采用闭环电子控制燃油喷射加装三元催化净化器，作为主要的排放控制手段。采用闭环电子控制方式使空燃比控制在理论混合比，保证高的转换率。

三元催化转化器（图 19-12）发生故障，将造成发动机动力性、经济性、排放恶化等。在日常维护中，若发现催化转化器有明显的凹痕和刮擦，则说明催化转化器的载体可能受到损伤；若催化转化器外壳上有严重的褪色或略有呈青色和紫色的痕迹，在催化转化器防护罩的中央有非常明显的暗灰斑点，则说明催化转化器曾处于过热状态，须做进一步的检查；用拳头敲击并晃动催化转化器，如果听到有物体移动的声音，则说明其内部催化剂载体破碎，需要更换催化转化器。注意检查催化转化器是否有裂纹，各连接是否牢固，各类导管是否泄漏，如有则应及时加以处理。

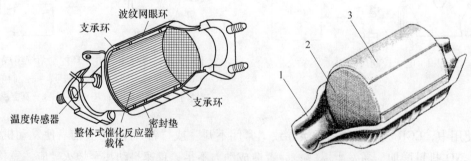

图 19-12 三元催化转化器载体及其安装位置
1—壳体；2—陶瓷催化反应体；3—隔热软垫

在维修时用真空表检查进气管真空度，或用压力表检查排气背压，若真空度明显下降或排气背压超过规定值，说明催化转化器可能有阻塞。

19.3.1.3 燃油蒸发控制系统

经油箱和化油器蒸发的 HC 占 HC 排放总量的 20%。燃油蒸发控制系统将汽油蒸气收集和储存在炭罐内，在发动机工作工作时再将其送入汽缸燃烧。

图 19-13 为典型的燃油蒸发控制系统。活性炭罐上的两个入口与燃油箱和化油器浮子室相通，排气口用一个软管接到节气门后的进气管内，在中间管道上有一限流阀。发动机工作时，进气管真空度经真空管送到限流阀，使限流阀膜片上移打开限流阀。与此同时，新鲜空气自炭罐底部经滤网流过炭罐，将吸附在活性炭上的油蒸气送入燃烧室燃烧掉。

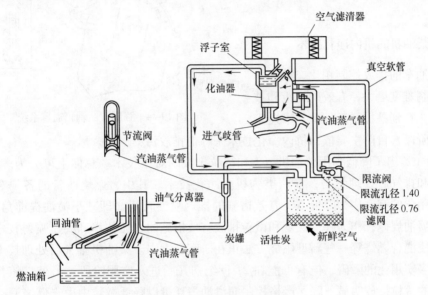

图 19-13　燃油蒸发控制系统

限流阀动作失灵和汽油、蒸气泄漏是蒸发污染控制装置的主要故障，这将引起发动机的怠速运转不稳，维护时应注意检修。

19.3.1.4 燃烧系统优化设计

由于电控燃油喷射加三元催化剂技术使汽油机的排放大大降低，因而从排放控制角度对汽油机燃烧室设计的要求明显低于柴油机，但并不能忽视合理的燃烧室设计对控制汽油机排放的效果。紧凑的燃烧室形状可以使燃烧快速充分地进行，并削除淬熄效应，由此可降低 CO 和 HC 的排放；改善缸内气流运动，有助于加强油气混合，同样使燃烧快速充分地进行；还可以改善燃烧时的循环波动，而循环波动也是 HC 排放以及动力性、经济性恶化的重要原因。

19.3.1.5 强制式曲轴箱通风系统

强制式曲轴箱通风系统又称 PCV 系统（图 19-14）。在发动机工作时，会有部分可燃混合气和燃烧产物经活塞环由汽缸窜入曲轴箱内。当发动机在低温下运行时，还可能有液态燃油漏入曲轴箱。这些物质如不及时清除，将加速润滑油变质并使机件受到腐蚀或锈蚀。又因为窜入曲轴箱内的气体中含有 HC 及其他污染物，所以不允许把这种气体排放到大气中。现代汽车发动机所采用的强制式曲轴箱通风系统，就是防止曲轴箱气体排放到大气中的净化装置。在 PCV 系统中最重要的控制元件是 PCV 阀，其功用是根据发动机工况的变化自动调节进入汽缸的曲轴箱气体的数量。

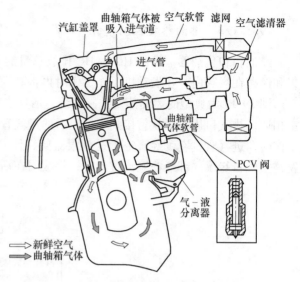

图 19-14　强制式曲轴箱通风系统

19.3.2　柴油机的机内净化技术

与汽油车的排放控制相比，柴油车的排放控制难度更大，有效的对策和技术还不多，特别是排气后处理技术还未达到实用阶段，目前主要依靠机内净化技术来降低排放污染。

表 19-1 给出了降低车用柴油机 NO_x 和微粒排放的对策技术。总体上可分为燃烧改善、燃料改善和排气后处理三类，前两类为机内净化技术。其中，燃烧改善的各项对策技术中，已实用化的有：作为降低 NO_x 有效措施的推迟喷油时间（即减小喷油提前角）、EGR以及改善喷油规律；作为降低炭烟和微粒排放有效措施的增压技术和高压喷射技术。像柴油机的均质混合燃烧等一些新型燃烧方法正在研究探索中。柴油机排气后处理技术，尽管还存在许多实用化的障碍，但有可能在 21 世纪初开始进入应用阶段。另外，随着改善燃烧所造成的微粒排放明显下降，严格控制润滑油消耗量以降低微粒中由未燃烧润滑油的成分已变得非常重要。

表 19-1　降低车用柴油机排放的技术措施

分类	对策技术	实 施 方 法	控制对象
燃烧	推迟喷油时间		NO_x
	EGR	EGR、中冷 EGR、内部 EGR	NO_x
	加水燃烧	进气喷水（水蒸气）、缸内喷水、乳化油	NO_x
	燃烧室设计	各种燃烧室、设计参数优化、新型燃烧方式	NO_x、PM
	喷油规律改进	喷油规律曲线形状、预喷射、多段喷射	NO_x
	高压喷射	电控高压油泵、共轨系统、泵喷嘴	PM
	进排气系统	进排气动态效应、可变进气涡流、多气门	PM
	增压	增压、增压中冷、可变涡轮喷嘴截面系统（VGS）	PM
燃料	降低含硫量	含硫量小于 0.05%	PM
	含氧燃料	醇类燃料、二甲醚（DME）、酯类燃料	
	合成燃料		
后处理	后处理装置	氧化催化器、微粒捕集器、NO_x还原催化器	PM、NO_x
其他	降低机油消耗率		PM

需要指出的是，每一种技术措施在降低某种排放成分时，往往效果有限，过度使用则会带来另一种排放成分增加或发动机动力性或经济性的恶化，因而实际中常常是几种措施同时采用。

19.4 排放污染物的机外净化技术

20世纪70年代中期以前，内燃机的排放控制主要采用以改善发动机燃烧过程为主的各种机内净化技术，随着排放法规的日益严格，人们开始考虑包括催化转化器在内的各种排气后处理技术。三效催化剂（Three Way Catalyst，TWC）的研制成功使汽车排放控制技术发生了突破性的进展，它使汽油车排放的CO、HC和NO_x同时降低90%以上。同时，各种柴油机排气后处理技术也在加紧研究开发中。

机外净化技术的分类及应用现状见表19-2。其中，排气后处理技术的应用现状因国别、法规和车型等差别较大，非排气污染处理技术已被国内外法规要求作为汽油车的必备装置。

表 19-2　机外净化技术的分类及应用

分　类			处理对象	国内外应用现状
排气后处理	汽油机	热反应器	CO、HC	汽车已经不用，主要用于摩托车
		氧化催化器	CO、HC	轿车较少使用，重型汽车上有应用
		还原催化器	NO_x	已经很少使用
		三效催化器	CO、HC、NO_x	轿车和轻型车必备装置，应用最为广泛
		稀燃催化器	稀燃条件下的CO、HC、NO_x	少量开始应用，处于继续研究开发中
	柴油机	氧化催化器	SOF、CO、HC	少量开始应用
		还原催化器	NO_x	研究开发中
		微粒捕集器	PM	研究开发及试制阶段
		碳纤维吸附净化	NO_x	基础研究阶段
非排气污染处理	汽、柴油机	曲轴箱强制通风装置	HC	法规要求必备装置
	汽油机	燃油蒸发控制系统	HC	法规要求必备装置

19.4.1 汽油机排气后处理技术

汽油机排气后处理技术主要包括热反应器、催化转化器，而催化转化器又可以分为氧化性、还原性、氧化还原（三效）型以及稀燃型。

催化转化器简称为催化器，如图19-15所示，由壳体、减震垫、载体及催化剂涂层组成。而所谓催化剂是指涂层部分或载体和涂层的合称。催化剂是整个催化转化器的核心部分，决定了催化转化器的主要性能指标。因此，在许多文献上并不严格区分催化剂和催化转化器的定义。

起催化作用的活性材料一般为铂、铑和钯三种贵金属（每升催化剂中贵金属含量为0.5~3g），同时还有作为助催化剂的铈、镧、镨和钕等稀土材料。贵金属材料以极细的颗粒状态散布在 $\gamma\text{-}Al_2O_3$ 为主的疏松的催化剂和氧化剂涂层表面。而涂层则涂在作为催化剂骨架的蜂窝状陶瓷载体或金属载体上，如图 19-16 所示。目前，90% 的车用催化剂使用陶瓷载体。

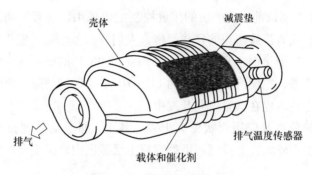

图 19-15　催化转化器结构

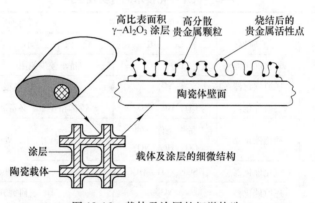

图 19-16　载体及涂层的细微构造

19.4.2　柴油机排气后处理技术

与汽油机一样，柴油机单靠改进燃烧等机内净化技术很难满足越来越严格的排放法规要求，排气后处理技术已日益显现其重要作用。目前尽管有多种方案正在研究开发中，但有希望达到实用化的有以下几种：氧化催化转化器，用于降低 SOF、HC 和 CO；微粒捕集器，用于过滤和除去排气微粒；NO_x 还原催化转化器，用于降低 NO_x 排放。

19.4.2.1　氧化催化转化器

采用氧化催化剂的目的主要是降低微粒中的可溶性有机组分 SOF 中的大部分碳氢化合物，以及使本来已不成问题的 HC 和 CO 进一步降低。同时对目前法规尚未限制的一些有害成分（如 PAH、乙醛等）以及减轻柴油机排气臭味也有净化效果。

柴油机氧化催化转化器（Diesel Oxidation Converter，DOC）主要通过催化氧化的方法，其主要反应如下：

$$2CO + O_2 = 2CO_2 \tag{19-1}$$

$$4HC + 5O_2 = 4CO_2 + 2H_2O \tag{19-2}$$

$$2H_2 + O_2 = 2H_2O \tag{19-3}$$

三效催化剂（Three Way Catalyst，TWC）的主要反应如下：

$$2CO + 2NO = 2CO_2 + N_2 \tag{19-4}$$

$$4HC + 10NO = 4CO_2 + 2H_2O + 5N_2 \tag{19-5}$$

$$2H_2 + 2NO = 2H_2O + N_2 \tag{19-6}$$

在氧化型催化剂中，CO 和 HC 与氧气进行氧化反应，生成无害的 CO_2 和 H_2O，但对 NO_x 基本无净化效果。而在三效催化剂中，当混合气浓度正好为化学计量比时，CO 和 HC 与 NO_x 互为氧化剂和还原剂，生成无害的 CO_2、H_2O 及 N_2，剩余的 CO 和 HC 则进行式（19-1）~式（19-3）的反应。三效催化剂这种巧妙的构思和显著的效果，使它成为当前以及未来汽油机最主要排气净化技术

19.4.2.2　颗粒物捕集器

尾气后处理技术可以比较成功地减少细颗粒物的排放量，以弥补机内控制技术的不足。因此，为了满足更高的排放法规的要求，尤其是在欧Ⅳ排放法规颁布后，尾气后处理技术已成为一项必需的颗粒物减排技术。

在排气尾部增设颗粒物捕集器（Diesel Particulate Filter，DPF，图 19-17）对颗粒物进行捕集是最可行的一种后处理技术，通过拦截、碰撞、扩散等机理，过滤体可以将尾气中的颗粒物捕集起来。

图 19-17　颗粒物捕集器实物照片

从本质上讲，颗粒物捕集器 DPF 就是一种颗粒物过滤器，但在汽车尾气处理技术中，习惯称之为颗粒物捕集器。

目前，商品化的表面过滤式颗粒物捕集器可以达到 90% 以上的捕集效率。此外，也可使用等离子体净化技术和静电分离技术等对颗粒物进行脱除。

A　过滤材料

按照捕集器所用过滤体类型的不同，可以将捕集器分为壁流式蜂窝陶瓷过滤体、泡沫陶瓷过滤体、金属丝网过滤体和编织陶瓷纤维过滤体（图 19-18）等几种。

（1）壁流式蜂窝陶瓷过滤体。壁流式蜂窝陶瓷过滤体主要以表面过滤方式捕集柴油机颗粒物。如图 19-19 所示。柴油机尾气进入多孔蜂窝孔道后，由相邻的孔道流出，颗粒物

被拦截在孔道的内表面，堆积成颗粒层，形成滤饼过滤，实现对颗粒物的过滤捕集。

该过滤方式具有较高的过滤效率，可达95%以上，同时过滤体的结构强度高，且易于涂覆催化剂实现过滤体的催化再生，是目前研究的颗粒物捕集器中最为常用的过滤体。

壁流式蜂窝陶瓷捕集器过滤体的实物图如图19-20所示。由于壁流式蜂窝陶瓷过滤体的过滤压降高，因此，如何优化来流参数和结构参数以实现较高的过滤体捕集性能是目前研究的重点。

（2）泡沫陶瓷过滤体。泡沫陶瓷过滤体主要以深床过滤方式捕集柴油机颗粒物。如图19-21所示，

图 19-18 陶瓷纤维编织物（Al_2O_3-B_2O_3-SiO_2）过滤体

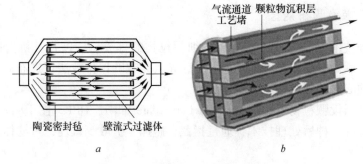

图 19-19 壁流式蜂窝陶瓷过滤体

a—二维结构；*b*—三维结构

颗粒物进入过滤体内部后，通过拦截、碰撞、扩散等机理被过滤体捕集起来。

该过滤方式的过滤效率较低，通常小于50%，这成为限制泡沫陶瓷过滤体用于柴油机排气颗粒物减排的瓶颈问题，其优势是过滤压降小，且便于涂覆催化剂实现催化再生。

（3）金属丝网过滤体。多孔金属丝网过滤体的强度高，抗热冲击和机械冲击的能力强，并可根据需要制成各种形式，如图19-22a所示。利用不锈钢丝网作为过滤体，采用电晕荷电技术（图19-22b）提高过滤效率，颗粒物捕集效率可达50%~75%。

图 19-20 壁流式蜂窝陶瓷过滤体实物图

但多孔金属过滤体在高温环境下易被氧化和腐蚀，且不易涂覆催化剂进行连续再生，需采用主动再生方式外加装置，导致其结构复杂且需要耗费外加能量。

从机械强度、过滤性能等方面考虑，在上述几种类型的过滤体中，壁流式蜂窝陶瓷过滤体具有最好的综合性能，更适合作为车用柴油机 DPF 系统的过滤体，是目前应用最为

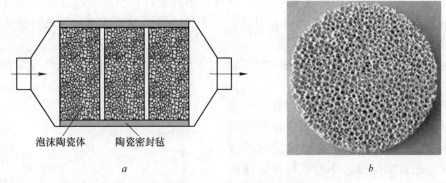

图 19-21　泡沫陶瓷过滤体

a—结构示意图；*b*—泡沫陶瓷实物图

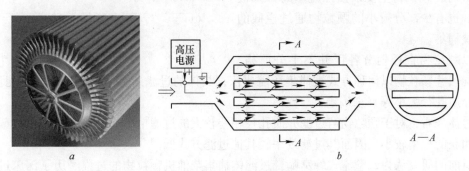

图 19-22　金属丝网捕集器

a—金属丝网捕集器实物图；*b*—静电金属丝网捕集器原理图

广泛的过滤体形式。

B　过滤机理

如前所述，壁流式蜂窝陶瓷过滤体主要以物理过滤的方式对柴油机颗粒物进行捕集。对于过滤机理而言，过滤介质对颗粒物的捕集通常是通过惯性碰撞、拦截、扩散和静电捕集等机理进行的，如图 19-23 所示。

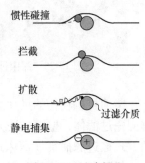

图 19-23　过滤机理

对于直径较大的颗粒物，当其随气流通过过滤介质时，气体的流向发生改变，但由于颗粒物质量较大来不及改变原有的运动轨迹，会以惯性碰撞的方式碰撞到过滤介质上而被捕集，这种捕集方式称为惯性碰撞捕集。

对于直径较小的颗粒物，其与气体流动具有较好的跟随性，气体流量改变时，颗粒物的运动轨迹也随之改变，但颗粒物在流动过程中会接触到过滤介质而被捕集，这种捕集方式称为拦截。

对于非常细小的颗粒物（<100nm），由于气固两相流与过滤介质壁面间存在颗粒物浓度差，颗粒物会以扩散的方式扩散到过滤介质表面而被捕集，这种捕集方式称为扩散捕集。

对于带有一定静电的颗粒（柴油机颗粒物在燃烧过程中会产生一定量的静电，相应颗粒物带正电荷或负电荷，但整体呈中性），随着捕集的进行，相应的过滤介质也带正电或负电（或过滤介质自身带电），因此，可以通过正负电吸引的方式对颗粒进行捕集，这种捕集方式称为静电捕集。

如前所述，不同直径大小的颗粒物通常通过不同的捕集方式被捕获，其过滤效率也不同，如图 19-24 所示。

当颗粒物直径小于 $0.1\mu m$ 时，颗粒物主要以扩散捕集的方式被捕获；当颗粒物直径为 $0.1 \sim 1.0\mu m$ 时，颗粒物主要以拦截的方式被捕获，也有少部分较小的颗粒可以通过扩散的方式被捕集；当颗粒物直径大于 $1.0\mu m$ 时，颗粒物主要以惯性碰撞的方式被捕获，也有少部分较小的颗粒物通过拦截的方式被捕集。

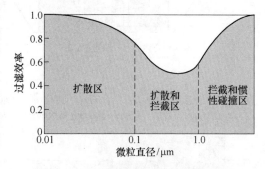

图 19-24 颗粒物直径对过滤效率的影响

以颗粒物直径划分各区并不十分严格，对不同尺寸颗粒物以何种方式被捕集还需要依据具体的过滤条件（过滤速度、过滤温度、过滤介质孔径大小等）来确定。

总体来看，对于颗粒物与过滤介质孔径相差较大的过滤情况而言，颗粒物以拦截的方式被捕获的概率较小，因而其过滤效率较其他过滤方式低。

目前的研究认为，壁流式蜂窝陶瓷过滤体捕集柴油机颗粒物的过程经历了深床过滤和颗粒层过滤两个阶段，分别如图 19-25 和图 19-26 所示。

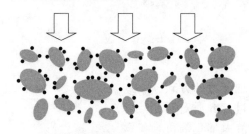

图 19-25 深床过滤

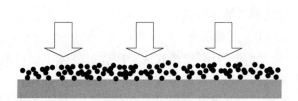

图 19-26 颗粒层过滤

柴油机颗粒物的尺寸主要集中在 $0.1 \sim 0.3\mu m$ 的范围内，因此，对于洁净的壁流式蜂窝陶瓷过滤体，壁面过滤介质的孔径较大（通常为 $10 \sim 30\mu m$），颗粒物主要以扩散和拦截的方式被过滤捕集（深床过滤），过滤效率较低，约为 60% 左右。

但随着颗粒物的沉积，当颗粒堆积在通道壁面形成颗粒层后，过滤介质的孔径变小（与柴油机颗粒物的尺寸相当），以颗粒层过滤的方式捕集柴油机颗粒物，颗粒物被拦截的概率提高，因而其过滤效率也提高（可以达到 90% 以上）。

壁流式蜂窝陶瓷过滤体过滤压降的变化趋势为：在深床过滤期，由于颗粒物在多孔介质孔道内沉积，逐渐堵塞孔道，气体的流通面积减少，微孔内流速增加。

因此，过滤压降逐渐增加，且以非线性方式增长；在颗粒层过滤期，颗粒物沉积在过滤介质表面形成颗粒层后，颗粒层高度随时间近似呈线性增长，其过滤压降也呈现线性增长趋势（图 19-27）。

C 颗粒物捕集器的技术参数

目前，在柴油机后处理技术中，常用的颗粒物捕集器有堇青石和碳化硅两种材质。堇青石类颗粒物捕集器的物理性能见表 19-3，一般成分组成见表 19-4，技术参数见表 19-5 和表 19-6，碳化硅类颗粒物捕集器外形尺寸偏差及外观要求见表 19-7，100~200 孔/in² 的典型产品规格见表 19-8，常用的颗粒物捕集器规格系列见表 19-9。

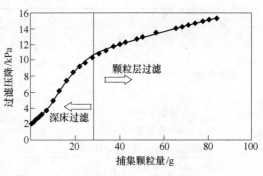

图 19-27　过滤压降

表 19-3　堇青石类颗粒物捕集器物理性能

序号	指标	单位	数值
1	青石毛比重	g/cm³	1.9~2.0
2	平均线膨胀系数（20~1000℃）	K⁻¹	<2×10⁻⁶
3	比热	kJ/kg	830~900
4	抗循环温度	K	300
5	最大操作温度	℃	1300
6	耐热性	℃	800
7	耐酸性	%	>99
8	耐碱性	%	>85
9	吸水性	%（质量）	22±5

表 19-4　堇青石类颗粒物捕集器的成分组成

成分	SiO_2	Al_2O_3	MgO	Fe_2O_3	Na_2O	K_2O
质量分数/%	48~51	31~34	14~16	<0.5	<0.5	<0.5

表 19-5　堇青石类颗粒物捕集器技术参数

化学成分	$SiO_2$50.9±1%	$Al_2O_3$35.2±1%	MgO13.9±1%
常温抗压强度	≥10MPa		
壁厚（100）	0.38~0.45mm		
孔隙率	45%~50%		
平均颗粒物直径	8~13μm（最大不超过 30μm）		
最高工作温度	1000℃		
炭烟颗粒过滤率	≥85%		
孔密度	100 孔/in²（CPS）		
使用寿命	50000km		

表 19-6　典型堇青石类颗粒物捕集器技术参数

项　目		指标	检测手段
堇青石含量/%		≥90	X 射线衍射分析法
化学成分/%	Al_2O	35.4±1.5	化学分析法
	MgO	13.5±1.5	
	SiO_2	50.9±1.5	
容重/g·cm^{-3}		0.58~0.6	电子天平/游标卡尺
颗粒物过滤率/%		≥95%	—
常温耐压强度（正压）/MPa		≥10.0	材料强度试验机
热膨胀系数（室温~800℃）/℃$^{-1}$		≤1.2×10^{-6}	膨胀系数测定仪
最高使用温度/℃		1400	高温电炉
气孔率/%		≥50	—
平均微孔孔径/μm		10~15	—

表 19-7　碳化硅类颗粒物捕集器外形尺寸偏差及外观要求

项　目		指标	测试手段
外形尺寸允许偏差 /mm	外径 <120	±1.0	游标卡尺
	外径 ≥120	±1%	游标卡尺
	高度 <150	±1.0	游标卡尺
	高度 ≥150	±1%	游标卡尺
孔壁厚 /mm	100 孔	0.46±0.04	游标卡尺
	200 孔	0.36±0.04	游标卡尺
孔密度/孔数·in^{-2}	100 孔	100±10	游标卡尺
	200 孔	200±10	游标卡尺
封孔完好性		100%完好	强光透视法
内部裂纹		不允许	强光透视法

表 19-8　100~200 孔/in^2 典型产品规格

孔密度	规格/mm	孔密度	规格/mm
100 孔/in^2	ϕ144×150	200 孔/in^2	ϕ144×150
	ϕ144×152.4		ϕ144×152.4
	ϕ150×150		ϕ190×200
	ϕ190×200		ϕ228×305
	ϕ190×203		ϕ260×305
	ϕ240×240		ϕ267×305
	ϕ240×305		
	ϕ260×305		
	ϕ267×305		
	ϕ286×305		
	ϕ286×355		
	组合式跑道型 ϕ374×270×317		

表 19-9 常用规格系列

2 系列	3 系列	4 系列	4 系列（组合式跑道型）
DPF-2144×152.4	CH-3 150×100	CH-4 101.6×123.4	CH-4 80×57×85
DPF-2 267×305	CH-3 170×100	CH-4 93×101.6	CH-4 99.5×68.1×120
DPF-2 190×203	CH-3 190×100	CH-4 93×152.4	CH-4 120.6×80×152.4
DPF-2 286×305	CH-3 190×127	CH-4 101.6×152.4	CH-4 144.8×81.3×152.4
DPF-2 286×355	CH-3 240×76.2	CH-4 118.4×136	CH-4 147×95×152.4
DPF-2 190×200	CH-3 267×152.4	CH-4 118.4×101.6	CH-4 148×84×152.4
	CH-3 240×76.2	CH-4 144×152.4	CH-4 169.7×80.8×152.4

D 捕集器再生技术

随着颗粒物在捕集器内部沉积量的增加，过滤体的压降逐渐增大，导致排气阻力增大，使缸内燃烧恶化，影响了柴油机的动力输出和经济性。因此，当过滤体的压降达到一定程度后（通常限定柴油机的排气背压小于 16kPa），需要将过滤体进行再生，降低其过滤压降，实现连续捕集的目的。

柴油机颗粒物的主要成分是炭烟，其燃烧温度约为 $550\sim700℃$，而柴油机的排气温度为 $180\sim450℃$，颗粒物无法在柴油机正常工况下的排气中完全燃烧。因此，需要采用辅助技术实现过滤体的再生。再生技术可分为被动再生和主动再生两类。

被动再生包括燃油添加剂催化再生、连续再生、NO_2 辅助再生等。被动再生的原理是利用催化剂降低颗粒物的氧化温度，使其能在较低的温度下氧化，从而可以达到降低外加热源的功率，甚至取消外加热源的目的，被动再生具有明显的技术优势。

主动再生包括喷油助燃再生、电加热再生、微波再生、红外再生，反吹再生等。除反吹再生外，其他几种方法的原理都是通过外加热源将尾气温度提高至颗粒物的燃烧温度，使颗粒物与尾气中的氧气等反应以清除颗粒物，实现再生的目的。

（1）被动再生。被动再生也称为催化再生或连续再生。其催化剂需要与颗粒物及氧化剂接触才能发挥作用，一般有两种主要的催化剂加载方式：在燃油中加入催化剂和将催化剂涂覆在过滤体上。

1）通过在燃油中加入有机盐添加剂的方式加入催化剂。这些有机盐的阳离子主要有 Ce、Cu、Pt、Ba、Li、Fe 等，如果同时加入两种金属，如 Cu-Fe，则可以取得更好的催化效果。其中，Ce 作为一种燃油添加剂已经在柴油轿车的商用滤清器中得到应用。添加的催化剂一方面由于分散性好，可以较好地催化颗粒物氧化，降低氧化温度；另一方面可以补充催化剂由于硫中毒或挥发引起的损失。但是，催化剂会在过滤体或柴油发动机的内部积累，前者会堵塞过滤体，后者会引起阀门、活塞的磨损。

2）将催化剂涂覆在过滤体上，可以避免上述问题的出现。目前使用的过滤体的比表面积都相对较小（如 SiC 过滤体的比表面积约为 $0.13m^2/g$）。为了增大催化剂与颗粒物及空气的接触面积，可以在过滤体表面涂覆一层载体，如 γ-Al_2O_3，这样可以使其比表面积扩大到 $100m^2/g$ 以上，然后采用浸渍或喷涂等方式将催化剂涂覆到过滤体上，就可以制得催化捕集器。目前主要研究的催化剂有贵金属催化剂（如 Pt 等）、低熔点催化剂（包括

Cs_2O、V_2O_5、MoO_3、Cs_2SO_4及其混合物等）、碱金属催化剂（如 K、Cs 等的氧化物和盐）及过渡金属复合型催化剂（包括钙钛矿 ABO_3 及尖晶石 AB_2O_4 等类型的催化剂）等。

相比较而言，贵金属催化剂具有很好的催化活性，但其价格昂贵，催化剂成本最高；低熔点催化剂的活性较强，但是高温下易损失且会造成二次污染；碱金属催化剂虽然活性很好，但容易发生硫中毒。和其他类型的催化剂相比，钙钛矿型催化剂具有以下优势：

①较好的催化活性。

②稳定性好。钙钛矿型催化剂具有稳定的晶格结构，热稳定性好。

③价格低。普遍使用的钙钛矿型催化剂多由 Mn 和 Co 等过渡元素及稀土金属构成，其成本远远低于贵金属催化剂。

④可同时脱除炭烟和 NO_x。钙钛矿型催化剂在氧化颗粒物的同时可以还原 NO_x，具有同时脱除炭烟和 NO_x 的效果。

综合考虑催化剂的活性、稳定性、抗中毒性和成本，钙钛矿型催化剂是可选的再生用催化剂。

（2）主动再生：

1）喷油助燃再生。该技术发展得较早，20 世纪 80 年代即在国外的大型客车上被采用。它通过一套专门的系统，适时地向过滤体上游空间喷入一定量的燃油或燃气，再将其点燃，使排气温度和过滤体的温度上升，实现颗粒物在过滤体内的燃烧，从而实现过滤体再生的目的，如图 19-28 所示。但该措施对燃烧器的可靠性要求高，如果点火不成功，则会使燃料沉积在过滤体上，引起二次沉积，使后面的再生变得困难，并且会引起二次污染。该技术需要的燃料喷射和点火系统使整个捕集系统变得复杂和昂贵，能源的消耗也会额外增加。

此外，基于柴油机高压多次喷射技术，可以通过缸体内燃油的后喷射技术提高排气温度，实现过滤体的再生。该技术需要与柴油机的燃油喷射系统进行匹配，同时需要采取优化后喷射的控制策略，是目前的一个重点研究方向。

2）电加热再生。该技术与燃烧器再生相似，不同的是用电能替代了燃料能，如图 19-29 所示。在过滤体上游安装一个电加热装置，需要再生时，启动电加热装置，提高排气

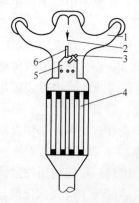

图 19-28　喷油助燃再生技术

1—排气歧管；2—燃油；3—电热塞；

4—滤芯；5—燃烧器；6—喷油器

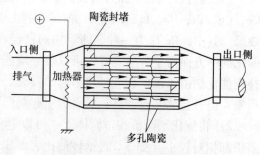

图 19-29　电加热再生技术

和过滤体表面温度，使颗粒物燃烧以实现再生。该技术比较简单，可控性好。但由于是表面加热，电热丝的加热效率不高，加上陶瓷的导热性一般，需要一定量的气流配合进行，才能保证再生完全。另外，该技术造成加热的不均匀性，当颗粒物沉积过多且不均匀性较大时，会加剧过滤体内部再生的不均匀性，导致局部过热而引起损坏。

3）微波再生。微波具有选择加热和空间加热的特点。就选择加热而言，陶瓷材料过滤体对微波的吸收能力较差，但颗粒物对微波的吸收能力很强，是陶瓷的100倍以上。因此，在微波加热过程中，颗粒物是主要的被加热对象。这种选择加热对于提高能量利用率、延长过滤体寿命、提高再生效率十分有利。微波具有良好的空间加热特性，由于微波能量在过滤体中是空间分布的，再生时是对整个过滤体进行体积加热，可以使沉积在过滤体内部的颗粒物在当地吸热、着火和燃烧。因此，过滤体内的温度梯度小，减少了热应力损坏过滤体的可能性。该技术的主要问题是要合理设计微波场及再生装置，以适应汽车的正常使用情况，保证微波再生的有效性、安全性和可靠性。

4）红外再生。该技术是基于碳对辐射能的吸收能力较强，以及陶瓷的导热性较差的特性。利用加热装置加热某些具有较强辐射能力的红外材料，然后由其通过辐射的方式加热过滤体中的沉积颗粒物，来实现过滤体的再生。该技术的能量利用率低，加热速度慢，也不属于空间加热，同样有加热不均等问题。

5）反吹再生。该技术的最大特点是将颗粒物的燃烧过程和捕集过程分离，从而提高了滤清器和再生系统的寿命及可靠性。当需要再生时，具有一定压力的压缩空气从过滤体出口高速喷入，其方向与排气方向相反。沉积的颗粒物从过滤体表面清除，进入专门的收集器，再通过电加热或者其他燃烧装置将颗粒物烧掉。该技术不存在过滤体烧熔或破裂问题，从而提高了系统的使用寿命。但该技术的高压气源是一个最大的问题，并且反吹有时会不彻底，从而使排气背压上升过多，将直接导致柴油机动力性和经济性的恶化。

综合各种再生技术，催化再生技术依靠催化剂降低颗粒物的燃烧温度，在正常的柴油机排气温度范围内实现过滤体的再生，其技术优势明显。但寻求稳定、高效、低成本、耐硫的催化剂一直是再生技术的研究方向，该技术的开发是目前的一个研究重点。相比较而言，外加热源的主动再生技术的缺点是需要外加装置，以及消耗能源、结构复杂且经济性差；但主动再生技术可以不受柴油硫含量、颗粒物堆积量及柴油机排气温度的影响，具有较好的可靠性和可控性，也是目前的一个重点研究方向。

19.4.2.3 四效催化转化器

上述各种污染物减排技术主要是针对单一的柴油机排放污染物（CO、HC、NO$_x$和PM）进行减排的后处理净化技术。为了达到保护环境的目的，目前世界各国的排放量法规都对这四种污染物的排放量进行了限制，能否采用一种后处理装置实现对这四种污染物的同时脱除，如同三效催化转化器对汽油机排放的CO、HC和NO$_x$同时脱除一样，这就是柴油机四效催化转化器的由来。

A 原理简介

如前所述，柴油机四效催化技术是从汽油机的三效催化技术演变而来的。汽油机的三效催化技术已经非常成熟，目前已得到了广泛的应用，但却无法直接应用于柴油机，其主要原因如下：

（1）柴油机排气中氧的含量很高，而在氧化氛围中实现 NO_x 的还原，对催化剂的还原选择性要求极高。

（2）柴油机的排气温度低于汽油机的排气温度，要求催化剂具有较低的催化活性温度。

（3）柴油车排气中含有大量的 PM 和一定的 SO_x，容易导致催化剂中毒。

因此，在柴油机的排气条件下，开发像汽油机三效催化剂那样有效的四效催化体系是一个难点。

四效催化转化器的基本原理是使颗粒物和 NO_x 互为氧化剂和还原剂，并在同一催化剂床上除去 CO、HC、NO_x 和 PM，实现柴油车尾气的净化，达到严格的排放法规的要求，这将是柴油机后处理系统的研究方向。目前的研究主要集中在催化转化器的优化组合和四效催化剂的开发上。

目前，国内外已经开发了许多类型的车用柴油机四效催化转化系统，这些系统以 PM 催化氧化技术和 NO_x 催化还原技术相结合的复合技术为主。具体来讲，即将贫燃 NO_x 催化剂（LNT）和颗粒物捕集器两种技术，或者将 LNT 和柴油氧化催化剂两种技术综合为一体的单一装置。近年来，欧洲和日本的许多大公司比较注重对同时催化脱除上述四种污染物的单一技术的研究，但是还没有取得实质性的进展，因而他们先后推出了以复合技术为主的四效催化转化器，从而推动了四效催化转化器技术逐渐向实用化方向发展。

对于四效催化剂的开发，目前研究的主要有两类催化剂：贵金属（Pt）四效催化剂和非贵金属（钙钛矿型复合氧化物催化剂）四效催化剂。目前开发的贵金属四效催化剂确实能够同时去除 CO、HC、NO_x 和 PM，但是效果并不十分理想，而且不能长期满足排放法规的要求，耐久性低。同时，贵金属四效催化剂的应用还受贵金属资源匮乏及价格昂贵的限制。钙钛矿型四效催化剂的价格廉价，资源丰富，目前受到了广泛的关注。但该类催化剂的催化转化性能还有待进一步提高，尤其是对于 NO 选择还原为 N_2 的催化性能还有待进一步开发。

B　各类四效催化净化系统

美国 Ceryx 公司的柴油车排气净化采用了 QuadCAT 四效催化转化器。该转化器由四个部分组成：热交换器，用来吸收 DPF 尾部高温气体的热量以加热系统进气，提高催化性能；柴油 DPF 或 DOC；稀燃 NO_x 催化剂；燃料喷射系统和控制系统。将 QuadCAT 转化器装载于 12L 排气量、300kW 的重型柴油车上，使用 2 号柴油（含硫量（体积分数，下同）大于 0.035%）时，可以使柴油车 CO 和 HC 的排放量减少 95% 以上，PM 的排放量减少 90%，NO_x 的排放量减少 44%。该转化器已经投产，供重型柴油车和柴油小轿车使用。但是 QuadCAT 转化器还有待改进，需提高 NO_x 的转化率和 NO_x 转化为 N_2 的选择性。

日本三菱汽车公司开发出了新一代柴油轿车尾气四效催化转化器。该转化器由前后两段蜂窝陶瓷负载催化剂构成：前段是添加 HC 吸附剂的 Pt 基选择还原催化剂（HC-SCR），能够高效净化 NO_x；后段是将 HC、CO 和炭烟中的可溶有机组分 SOF 氧化的 Pt 基氧化催化剂。将前段和后段催化剂中 Pt 的含量调至平衡，即可抑制前段的 HC 由于氧化而造成的氧气损失，从而确保前段的 NO_x 转化率和后段的 SOF 氧化效果；改进后段催化剂涂层材料的组分，可以增强其氧化选择性，抑制 SO_2 氧化成 SO_3。该公司使用含硫 0.05% 的 2 号柴油，在发动机排气量为 2.8L、总质量为 2410kg 的汽车上进行了 8 万公里的寿命试验。结果表明，这种具有优良氧化还原催化性能的四效催化剂和 EGR 共同组成的四效催化系统，使排气中 NO$_x$ 的排放量小于 0.14g/km，PM 的排放量小于 0.08g/km。这种四效催化转化器已装在该公司的柴油轿车上使用，同时向欧洲推广使用。

2000 年，英国 Johnson Matthey 公司公开了一种新的 SCRT 四效催化转化器技术，它由连续再生颗粒物滤清器（CRT-DPF）和选择性催化还原技术（SCR）结合而成。该转化器适用于重型柴油卡车和公共汽车发动机排气中 CO、HC、NO$_x$ 和 PM 的净化，已在欧洲广泛使用。SCRT 四效催化转化器可降低 PM 和 NO$_x$ 排放量的 75%～90%，对 CO 和 HC 也有较好的净化效果，SCRT 技术与无硫燃料配合使用，可满足美国 2007 年的排放标准。

2000 年，日本丰田（Toyota）汽车公司推出了车用柴油机新一代催化转化器（DPNR）技术。该装置以多孔陶瓷颗粒物过滤体和稀薄混合汽油机所使用的 NO$_x$ 储存还原三效催化技术为基础。在稀燃条件下，NO$_x$ 被催化剂吸附储藏，然后在富燃条件下被释放出来并得以还原净化；PM 在稀燃条件下被排气中的氧气氧化，在富燃条件下，被储存的 NO$_x$ 脱附后还原时放出的活性氧氧化。在操作的初始阶段，DPNR 对 PM 和 NO$_x$ 的转化率大于 80%。但是，DPNR 系统必须用于采用共轨式燃油喷射装置、涡轮增压器、中冷器、EGR 装置的直喷式柴油机，且须使用低硫柴油（含量小于 0.003%），才能长期保持高转化率。

大量研究表明，柴油机四效催化技术能够有效降低其排气中的 CO、HC、NO$_x$ 和 PM，但要想达到商业化的要求，还有大量工作要做：

（1）柴油较汽油的含硫量高，硫的存在容易使催化剂中毒。因此，开发柴油机四效催化剂在追求高活性、高选择性的同时，还要注重催化剂抗硫性能的提高。

（2）低温冷起动时催化剂的活性低，污染物的排放量较高，因此，冷起动时对排放污染物的有效转化或吸附也是必须解决的关键问题之一。

（3）目前所研发的四效催化剂的效果不是很理想，如何科学地利用各种材料的特性来合理地设计制备出高活性的多组分四效催化剂，是亟待解决的核心问题之一。

（4）柴油机四效催化净化体系远非一种催化剂所能实现的，其中包括各种催化剂的科学制备流程、催化剂性能及表征、整个催化剂体系的构建以及各催化剂反应的耦合等。

这些也是成功开发四效催化剂的关键问题，有待于进一步研究和发展。柴油机四效催化技术被认为是一种最理想的柴油车尾气排放控制技术，具有很好的应用前景。目前，柴油车尾气四效催化净化技术的研究已经取得了一定的进展，尽管其净化效果还不够理想，但是经过不懈的技术开发和组合创新，柴油车尾气四效催化净化技术将会逐渐成熟并被普及，并最终成为解决柴油车尾气排放控制问题的一项主要措施。

除此之外，为减少和避免汽油车和柴油车尾气的危害，可采用代用燃料，如液化石油气、天然气、醇类燃料、二甲醚、合成柴油、氢、电等。电动汽车正在推广中。

参 考 文 献

[1] 张西振，李晗. 发动机原理与汽车理论 [M].3 版. 北京：人民交通出版社，2013.

[2] 姜安玺. 空气污染控制 [M]. 北京：化学工业出版社，2010.

[3] 赵福堂. 汽车发动机原理构造及电控 [M]. 北京：北京理工大学出版社，2010.

[4] 陈旭. 汽车发动机原理与实用技术 [M]. 北京：机械工业出版社，2014.

[5] 龚金科. 汽车排放及控制技术 [M].2 版. 北京：人民交通出版社，2011.

20 高温气体过滤技术

20.1 高温气体过滤技术的应用背景

20.1.1 洁净煤联合循环发电工艺中的应用

20.1.1.1 增压流化床燃烧联合循环发电技术

增压流化床燃煤联合循环技术（Pressurized Fluidize Bed Combustion）发展于 20 世纪 70 年代初，40 多年来历经理论研究、实验室规模试验、中间机组试验、商业示范阶段试验和燃煤发电商业市场阶段。有第一代和第二代 PFBC 两种形式[1]。其中，第一代 PFBC 实现了商业化，最大容量达到 360MW[2]。为了解决第一代 PFBC 循环动力装置中燃气轮机入口温度低的问题，人们又提出了第二代 PFBC 技术。第一代 PFBC 的工艺流程如图 20-1 所示，将煤和脱硫剂一起送入压力为 1.0~1.6MPa 的增压流化床锅炉中，在其中完成燃烧和脱硫过程，流化床锅炉生成的高温烟气经高温除尘后直接送入燃气轮机做功发电，并驱动压气机。由于增压流化床燃烧属于低温燃烧方式，在第一代 PFBC 中，其燃气轮机入口温度偏低，不会超过 900℃，因此循环的整体效率受到限制，一般为 41%~43%。

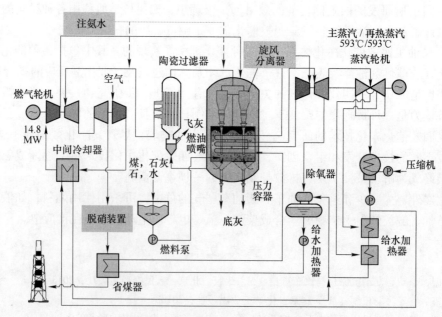

图 20-1　第一代 PFBC 工艺流程图

第二代 PFBC 工艺流程如图 20-2 所示，增加了以气化炉为中心的煤气制备系统和以高温煤气净化装置及前置燃烧室为中心的煤气燃烧系统。煤在气化炉内发生部分气化生成低热值煤气和焦炭，其中焦炭送入增压流化床锅炉中燃烧，生成主燃气以及蒸汽动力循环所需的主蒸汽；低热值煤气经除尘后送到顶置燃烧室，与从锅炉中出来的同样经过除尘的主燃气混合燃烧，使进入燃气轮机时的燃气温度提高到 1100~1300℃，从而可将循环的总体效率提高到 45%~50%。

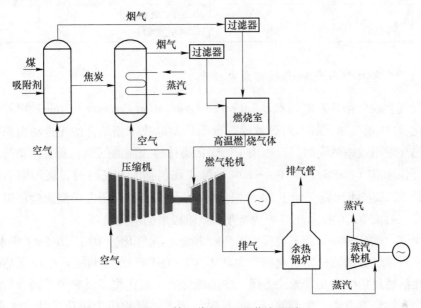

图 20-2　第二代 PFBC 工艺流程图

PFBC 电站中多数采用两级旋风分离器串联形式实现高温除尘[3]。日本的 Wakamatsu 电站和 Tomatoatsuma 电站采用了一级旋风与一级高温陶瓷过滤器相配合的除尘方式，颗粒物排放值约在 3.5~76mg/m³ 之间。PFBC 电站烟气的实际排放浓度既取决于燃气轮机前的高温除尘装置，也取决于排放烟囱前的静电除尘器或布袋过滤器[4]。例如 Osaki 电厂为两级旋风作为高温除尘，用布袋过滤器作为末级除尘装置，使得排放烟气浓度低于 3.5mg/m³。Vartan 和 Tidd 电厂的前置旋风分离器操作温度约为 850℃。Tidd 电站高温陶瓷过滤器安装在第一级旋风分离器之后，所遇到的主要问题是过滤管间的粉尘架桥以及过滤管清灰困难，架桥不但减少了有效过滤面积，而且使得过滤管在拉应力作用下断裂失效。而在 Es-catron 电站，试验的高温陶瓷过滤器工作温度为 750~820℃。Wakamatsu 电站的陶瓷管过滤器累计运行 11500 小时，过滤管最长运行寿命达到 8000 小时，但是更为关注的是由于热膨胀引起的过滤管端部连接位置的垫片泄漏问题。表 20-1 为不同 PFBC 电站的一些关键性技术数据。

表 20-1　PFBC 电站技术数据

电站名称	Vartan	Tidd	Escatron	Osaki	Wakamatsu	Tomatoatsuma
运行时间	1989	1991	1991	1999	1994	1998
装机容量/MWe	135	70	79.5	250	71	85
除尘系统	二级旋风	二级旋风	二级旋风	二级旋风	旋风+陶瓷过滤管	旋风+陶瓷过滤管

电站名称	Vartan	Tidd	Escatron	Osaki	Wakamatsu	Tomatoatsuma
蒸汽温度/℃	530	496	513	571/596	593/593	566/538
蒸汽压力/10^5Pa	137	90	94	167	103	166
SO_2排放值/ppm	5~9		350	7.1		
颗粒物排放值/mg·m^{-3}	<30	18	76	≤3.5（二级旋风+布袋过滤器）	<76	<76

20.1.1.2 整体煤气化联合循环发电技术

整体煤气化联合循环发电技术（Integrated Gasification Combined Cycle）电站系统是一种将煤气化技术/煤气净化技术与高效的联合循环发电技术相结合的先进动力系统[5]，它在获得高循环发电效率的同时，又解决了燃煤污染排放控制的问题，所有污染排放物只有美国国家环保标准（NSPS）的 10%~50%，可实现包括 CO_2 在内的燃烧污染物的近零排放[6]，国外 IGCC 技术研发开始于 20 世纪 70 年代，历经技术研发，概念验证以及商业示范三个阶段，目前 IGCC 技术正逐步从商业示范阶段走向应用阶段。

整体煤气化联合循环的工艺流程如图 20-3 所示，向气化炉中喷入煤粉（或水煤浆）/水蒸气和来自空气分离器的富氧化剂，在高压（2~3MPa）的条件下产生中低热值的合成粗煤气，然后经过粉尘净化装置除去煤气中的硫化物、氮化物以及粉尘等污染物，净化煤气作为燃料在燃烧室点燃，生产的高温高压燃气进入燃气轮机中做功发电并驱动压气机。压气机输出的压缩空气一部分进入燃气轮机燃烧室作为燃烧所需空气，一部分经空气分离器制得富氧气体。燃气轮机的排气进入低循环，在余热锅炉内将水加热成蒸汽，并送入蒸汽轮机内做功发电。在 IGCC 工艺中，高温过滤器工作在还原气氛中，压力范围为 1.14~2.52MPa，过滤器工作温度取决于所采用的脱硫方法（气化器内脱硫、外部高温脱硫、传统的冷却后气体脱硫）[7]。气化器内脱硫温度范围一般低于 899℃，外部高温脱硫温度范围为 480~665℃，而冷却后气体脱硫则为 230~450℃。

目前 IGCC 系统中的气体净化工艺分为两种，一种是常温湿法除尘脱硫工艺，一种是高温干法除尘脱硫工艺。常温湿法脱硫工艺是较为成熟的净化技术，从气化炉出来的高温粗煤气经冷却器冷却，再经过换热器换热后冷却至约 200℃ 以下，经旋风分离器或陶瓷过滤器以及文氏水洗除尘器，除去粉尘颗粒，进入低温脱硫装置进行脱硫处理，意大利的 Sarlux IGCC 电站[8] 采用水射流湿洗除尘和常温湿法脱硫的工艺；美国的 Wabash River IGCC 电站[9] 采用高温干法除尘和常温湿法脱硫的工艺；荷兰的 Buggenum 和西班牙的 Puertollano IGCC 电站[32] 则采用常温水射流湿洗除尘加常温湿法脱硫工艺组合。高温干法除尘脱硫的煤气净化工艺，可有效避免显热损失，具体工艺过程如图 20-4 所示。粗煤气在冷却器中冷却到 550℃ 左右，进行除尘、脱硫操作，然后将洁净的煤气直接送入燃气轮机燃烧室中燃烧。美国的 Tampa IGCC 电站和 Pinon Pine IGCC 电站采用了这种工艺。Pinon Pine 电站的工艺与 Tampa 电站基本相同，不同之处是其脱硫工艺采用固定床，以锌的氧基盐为脱硫剂。

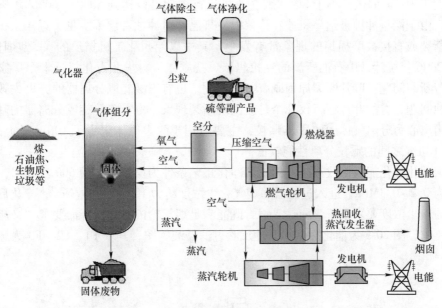

图 20-3 典型 IGCC 系统

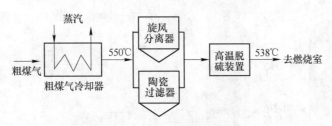

图 20-4 IGCC 高温干法粗煤气净化工艺

20.1.2 石油化工工艺中的应用

20.1.2.1 催化裂化

催化裂化技术是炼油工业中最重要的二次加工工艺，随着催化裂化技术的不断发展，特别是原料中掺炼重油、渣油比例的提高，再生烟气的温度、压力越来越高，主风机功耗也相应越来越大。烟气含有大量可回收的能量，约为 800MJ/t 原料油。为了降低装置能耗，节约运行费用，近年来对于大、中型催化裂化装置均采用烟气轮机回收再生烟气的能量，烟气轮机正常运行必须保证烟气中催化剂粉尘含量严格控制在烟气轮机标准要求之下。烟气中催化剂粉尘含量的控制在烟气轮机正常运行中处于首要地位。除总量控制外，催化粉尘粒度的大小也十分关键。烟气轮机技术标准中要求催化剂粉尘含量不能大于 $200mg/Nm^3$，其中大于 $10\mu m$ 的不能超过 3%。高速含尘气流引起烟机叶片因冲蚀而失效是应用该技术面临的关键问题之一，特别是当第三级旋风分离器运行不正常时流入的催化剂粒度和流量均大大增加，冲蚀更加严重。

目前国内外一般采用多管旋风分离器（简称催化三旋）除去烟气中的催化剂颗粒，当多管旋风分离器效率较高时，进入烟气轮机的烟气含尘浓度可以降低到 $200mg/Nm^3$ 以下，烟气中大于 10μm 的微粒小于 8%，烟气轮机运行周期可以达到 8000~16000h。国内运行的烟机，由于严重冲蚀被迫停机或在检修时发现已严重冲蚀者已不少见。近年来，烟机叶片疲劳断裂或直接被磨损掉的现象常有发生，其中以兰州化工机械厂的 YL 型烟机居多。例如据 2006 年统计，中石油所属的克拉玛依、抚顺二厂、华北石化等近十个厂家均出现叶片疲劳断裂问题。叶片断裂原因既有材料问题，也有三级旋风分离器的分离失效对叶片产生冲蚀问题，有的叶片运行仅几个月就出现断裂现象。由于多管旋风分离器的基本原理就是利用离心力分离气体中的固体颗粒，主要适用于除去气体中大于 10μm 以上的颗粒，对于 5~10μm 之间的颗粒分离性能较低。

我国催化裂化能量回收系统高温气体净化工艺条件为操作温度为 600~650℃，气体操作压力为 0.2~0.3MPa，进入过滤器的烟气含尘浓度约为 100~180mg/Nm³，净化后进入烟气轮机的粉尘浓度要求小于 30mg/Nm³，既能满足烟气轮机的叶片寿命要求，又能满足环保排放要求，图 20-5 为催化裂化和脉冲反吹过滤器装置图，其中 F1、F2、F3 为脉冲反吹过滤器。

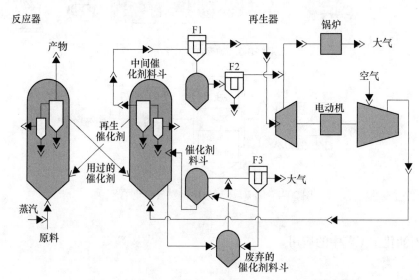

图 20-5 典型的催化裂化与脉冲反吹过滤器装置图

目前我国中石油、中石化约有催化裂化装置近 100 套，此外在各种石油化工催化剂生产工艺中也存在高温气体回收贵重催化剂的要求，因此高温陶瓷过滤器在石油化工等行业具有广泛的应用潜力。

20.1.2.2 国 IV 气相脱硫工艺

国 IV 气相脱硫（S-Zorb）工艺是目前生产超低含硫汽油的关键技术之一，该技术脱硫后的催化汽油可达 10μg/g 以下，满足国 V 标准，且具有辛烷值损失小、氢耗低和能耗低等特点，已经成为国内汽油质量升级的主要技术手段。截止到 2015 年底我国已投产运行了 24 套，我国总加工能力达到 30Mt/a[10]。反应物料自反应器下部进入反应器床层与吸附剂接触发生反应，到达反应器扩径段后气速降低，大部分被夹带的吸附剂降落到下部床层中，但仍有部分吸附剂颗粒被夹带到反应油气中[11]，因此在反应器顶部设置高温气固过滤器，用于实现反应产物与吸附剂颗粒的高效分离，如图20-6所示。作为S-Zorb工艺的关键设备，反应系统的高温气固过滤器，用于分离高温工艺气中的吸附剂，气体温度260~440℃，过滤精度为1.3μm，过滤效率要求不小于99.97%，高温气固过滤器的核心过滤元件为烧结金属多孔过滤管[12]，采用脉冲反吹技术实现过滤管的循环再生。

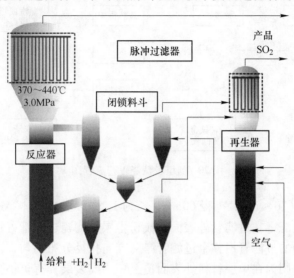

图20-6　S-Zorb工艺流程图

20.1.3　垃圾焚烧工艺中的应用

固体废物主要包括工业固体废物、医疗垃圾、生活垃圾和城市污泥等。回转炉床垃圾气化焚烧是目前广泛采用的固体废物处理技术，垃圾焚烧后体积比原来可缩小50%~80%，分类收集的可燃性垃圾经焚烧处理后甚至可缩小90%。每吨垃圾焚烧后会产生大约5000m³废气，还会留下原有体积50%左右的灰渣，焚烧工况为200~350℃，热解工况为350~500℃。垃圾焚烧和热解后，采用过滤方式除净固体颗粒物，再经水洗和吸附方式除去有毒气体。同时，垃圾燃烧过程产生的热量被锅炉中的水吸收并汽化为高压蒸汽，驱动汽轮机高速转动，达到发电的目的，垃圾焚烧的工艺流程如图20-7所示。由于操作压力较低，要求过滤器的阻力必须小，因此低密度陶瓷管过滤元件具有综合优势。日本最大垃圾焚烧厂于2002年调试运行，高温气体过滤器中装有600根硅酸铝陶瓷过滤管，过滤面积840m²，过滤速度为1.2~1.5m/min，目前约30套的固体废物气化热解装置使用的是这种高温气体过滤器[13]。

20.2　高温过滤元件的分类及主要性能参数

20.2.1　高温过滤元件的结构形式

高温过滤元件按照结构形式可以分为：试管式过滤元件、通管式过滤元件、错流式过滤元件以及蜂窝式过滤元件。

（1）试管式过滤元件。试管式过滤元件的结构为一端封闭、一端开口的圆柱形结构，

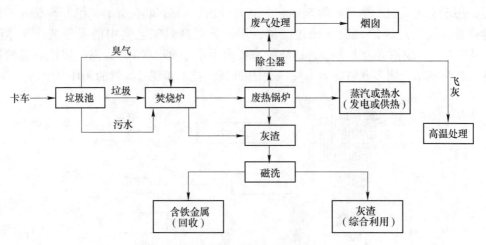

图 20-7 垃圾焚烧工艺流程图

典型尺寸为内径 40（30）mm，外径 60mm，长为 1.5m。过滤气体穿过过滤管的微孔壁由外向内流动而实现过滤，在过滤管外表面形成粉尘层。陶瓷过滤管可划分为对称结构和非对称结构，对称结构的过滤管沿整个过滤管厚度方向孔径分布均匀，或称为单层结构；而非对称结构的过滤管则为在单层材料外表面覆上一层或多层具有更小孔径的膜层。早期的陶瓷过滤管为单层结构，不能实现表面过滤，固体粉尘易穿透进入过滤管基体内部，使得阻力快速增加，且脉冲清灰不彻底。目前过滤管多为双层结构，内层为平均孔径较大的支撑体以保证滤管的强度，而在支撑体的外表面加一层平均孔径较小的陶瓷膜，以实现表面过滤。支撑体需要具有强度高、透气性能好和阻力低等特性，同时要求支撑体外表面光滑以适合覆膜层均匀。对于过滤膜层，除了孔隙结构方面的要求外，膜厚度的均匀性非常重要，一般约为 100~150μm，实际测定结果表明，膜厚度的差别可达 2~3 倍[14]。陶瓷粉末过滤元件的孔隙率约为 40%。

（2）通管式过滤元件。通管式过滤管的特点是两端都为开口端，过滤管的内表面是过滤面。过滤管内的含尘气体在由上向下流动过程中，同时穿过滤管壁由内向外流动而实现过滤。过滤管外为净化气体，粉尘在过滤管内壁面沉积形成粉尘层，脉冲喷吹气体由管外向管内反吹而实现过滤管的循环再生。日本的 Asahi 玻璃公司生产通管式过滤管，其结构形式为双层结构，外层为平均孔径 40~65μm 的支撑体，内表面为陶瓷过滤膜层。支撑体由 β-董青石粉末加少量烧结助剂直接烧结而成，无玻璃相存在。过滤管内径 140mm，外径约为 168mm，长 3.06m，孔隙率为 39%。此外 Mitsubishi Heavy Industries 公司也生产通管式过滤管。1993 年 10 月在日本 Wakamatsu 建成的 71MW PFBC 电站[15]，两台过滤器共装有 486 根通管式过滤管，温度为 810~870℃，压力为 1.0MPa，处理气量为 247200Nm³/h，气体含尘浓度约 3g/Nm³，过滤速度为 2.88m/min，过滤器总压降为 30kPa，过滤器出口浓度 1mg/Nm³。

（3）错流式过滤元件。错流式过滤元件含尘气体通道与净化气体通道相垂直，当含尘气体通道壁面的粉尘层达到一定厚度时，脉冲气体通过净化气体通道首先吹落粉尘层，然后再将其从含尘通道内吹出。错流式过滤元件的特点是面体比大，结构紧凑。由于对脉冲反吹技术要求高，一般选择较低的过滤气速[16]。生产厂家主要为美国的 Blasch 精密陶瓷公司和 Oak Ridge 国家实验室。Blasch 精密陶瓷公司生产的过滤器元件外形尺寸为 305mm×305mm×102mm。含尘通道的尺寸为 7.5mm×50(23)mm×96.5mm，净化气体通道的尺寸为 3.5mm×38mm×295mm，壁厚为 2.8mm。Oak Ridge 国家实验室开发的错流式过滤元件的尺寸为 100mm×100mm×150mm，其材料为莫来石。

（4）蜂窝式过滤元件

蜂窝式过滤元件的结构与错流式的区别在于其净化气体通道和含尘气体通道平行，组装方便。蜂窝式过滤元件的结构最为紧凑，其材料为氧化铝/莫来石，与试管式相比清灰过程比较复杂。

美国 CeraMem 公司和 Cerafilter Systems 公司研制的圆柱形蜂窝式陶瓷过滤元件，直径为 305mm，长度 381mm，通道为 4mm×4mm，单个元件的有效过滤面积为 6.8m²，基体材料为 β-堇青石，孔隙率 30%~50%，平均孔径为 4~50μm，具有良好的热稳定性、抗热冲击和耐腐蚀性，工作温度可达 1000℃[17]。为了提高脉冲反吹性能，通过在过滤元件内部通道表面覆膜实现表面过滤，膜孔径 0.2~0.5μm。荷兰 Delft 工业大学的 1.5MW·t 实验装置上，安装了三个 CeraMem 公司生产的蜂窝式过滤元件。在 800℃下，250 小时的运行结果表明，过滤器脉冲反吹性能好，没有出现粉尘阻塞通道现象。运行数据表明，在入口浓度为 1.83g/Nm³ 时，出口浓度降低到 2.5mg/Nm³ 以下。

表 20-2 为四种过滤元件的结构比较。

表 20-2　四种过滤元件的结构比较

生产厂家	过滤元件类型	典型规格	过滤面积/m²	过滤元件体积/m³	面积与体积比/m²·m⁻³
CeraMem	蜂窝式	φ305mm 圆形截面 长度 381mm	7.1	0.028	254
NGK	蜂窝式	150mm×150mm 长度 500mm	1.63	0.01125	145
Asahi	通管式	140mm×168mm 圆形截面 长度 3060mm	1.61	0.068	24
Blasch	错流式	300mm×300mm 正方形截面 长度 100mm	0.77	0.009	86
Schumalith	试管式	φ60mm 圆形截面 长度 1500mm	0.26	0.004	65

20.2.2　高温过滤元件的主要性能参数

高温过滤元件的机械性能要求包括：

（1）高温工况下性能稳定性。IGGC 的还原氛围下工作温度为 370~595℃，PFBC 的氧化氛围下工作温度为 760~870℃，高温过滤元件需要在高温下连续工作数千小时期间，不应出现断裂或性能失效等问题。

（2）抗热冲击和机械冲击的性能。反吹气体温度较低，或者过滤管外表面粉尘层内残碳燃烧引起的局部温度升高，都会导致过滤管承受热冲击。此外，在过滤管的运输、现场安装到过滤器管板上以及停工更换过程中，都可能造成过滤管的损坏，因此过滤管需要具有一定的强度和断裂韧性等力学性能。

（3）抗振动性能。大型工业装置内压缩机等装备在操作运行时，不可避免会产生振动，因此过滤管在数千小时的运行周期内需能抵抗各种不同振动源的影响。

（4）抗腐蚀性能。在高温过滤器运行过程中，氧化会导致过滤管变脆和性能失效。而在过滤器处于停运状态时，内部的潮湿环境则存在金属硫腐蚀，尤其是对于金属过滤元件更为重要。

（5）抗蠕变性能。在进行过滤管的结构设计时，需要避免发生材料的高温蠕变现象，例如当过滤管悬挂在管板上，此时过滤管则受到自身重力作用下处于拉伸状态，经常会发生轴向延伸。

（6）足够的法兰强度。试管式过滤元件为下段封闭和上端开口结构形式，开口段法兰与过滤管分布板连接处易发生含尘气体泄漏现象，由于在脉冲反吹时会引起过滤管的振动，需要过滤管具有足够的法兰强度，保证过滤管与分布管板连接处的密封。

（7）抗冲刷性能。当含尘气体进入过滤器内部空间后，由于存在气流分布不均匀，过滤管不可避免地受到固体颗粒的冲刷，严重时导致过滤管膜层脱落，因此在进行过滤器内结构设计时需要尽可能地降低冲刷。

过滤元件的过滤性能包括：

（1）过滤效率。需要依据气体环境排放标准和下游设备保护要求确定净化后气体内的颗粒浓度和粒径要求。对于高温过滤情况下，一般要求净化后气体中的颗粒物浓度低于 $1mg/Nm^3$。

（2）过滤阻力。过滤器的阻力包括过滤器进出口阻力、过滤管阻力和粉尘层阻力三个部分。为了降低过滤器的阻力，要求过滤管具有高的孔隙率和渗透性，但应以避免细颗粒穿嵌到过滤管内壁为前提。

（3）在线清灰性能。高效的过滤管在线脉冲循环再生，会降低过滤器本身的运行阻力和反吹气体用量，保证过滤元件运行周期达到 1 年或 2 年以上。

技术经济性要求包括：

（1）停工率低。由于大型过滤装置涉及整个工艺生产流程，因此过滤管损坏引起的开停车损失大，应尽量减少停工次数和每次维修时间，保证尽快完成过滤器拆卸和过滤管更换。

（2）避免过滤器内粉尘架桥现象。由于粉尘物性和过滤器操作参数改变，粉尘可能会在滤管间形成灰尘架桥现象发生，粉尘架桥易引起过滤管断裂。

（3）降低过滤管生产费用和运行费用。由于 PFBC 和 IGCC 等洁净煤技术的目的就是提高能源利用率和降低环保排放，因此应尽量降低过滤管的生产成本和运行维护费用，且要保证连续运行周期超过 2 年。

20.2.3 陶瓷过滤元件

20.2.3.1 陶瓷粉末过滤元件

高温陶瓷过滤管通常具有双层或多层结构，双层结构的陶瓷过滤管的管体由微孔孔径较大的支撑体层和孔径相对较小的过滤膜层组成，克服了传统陶瓷过滤管过滤效率低、压降上升快等问题，实现了表面过滤，是近些年来开发应用最为典型的一种结构形式。双层结构的陶瓷过滤管以 Pall 公司的 Dia-Schumalith 系列产品为代表。如图 20-8 所示，这种过滤管的过滤膜平均孔径约 10μm，过滤膜厚度 150~200μm，管体壁厚 10~15mm，过滤管长度 1~1.5m，耐温达 1000℃，目前 Pall 公司已开发了长度达 3m 的陶瓷过滤管产品[13]。

由于碳化硅材料具有高温强度好、热膨胀系数低以及良好的抗腐蚀性能等特点，一般作为支撑体的原料，由于纯碳化硅陶瓷的烧结温度高达 2100℃ 以上，因此为了便于降低能耗和成本，都选用黏土烧结方法实现低温烧结制备碳化硅多孔陶瓷支撑体[18]。此外，为了提高支撑体的渗透率，降低过滤管阻力，应选用平均孔径约为 200μm 的碳化硅颗粒并加入合适的造孔剂形成平均孔径约为 40~50μm 的通孔[19]。

过滤膜层可选用粒径为 20~50μm 的碳化硅颗粒作为膜层原料，同样需要加入陶瓷黏结剂。过滤膜层与支撑体选用同样的材料体系有利于降低二者界面处的热应力。陶瓷过滤膜层应选用细的碳化硅颗粒，颗粒平均直径约为 40~50μm，同时加入陶瓷黏结剂，以形成约为 100~200μm 厚度的过滤膜。

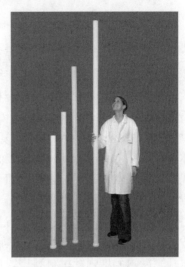

图 20-8 Dia-Schumalith 陶瓷过滤管

陶瓷黏结剂常选用高岭土。高岭土是一种陶瓷工业应用广泛的矿物原料，其在高温煅烧后会生成莫来石、方石英及玻璃相，陶瓷黏结剂主要依靠莫来石和玻璃相，应抑制方石英相的生成，进而避免方石英相变后体积变化产生局部裂纹现象发生。莫来石具有良好的高温强度、抗热震性以及化学稳定性，莫来石与碳化硅热膨胀系数相近。实际烧结过程中可采用高岭土中加入少量钾盐方式来控制陶瓷黏结剂中氧化钾、氧化硅和氧化铝的比例组成。

20.2.3.2 陶瓷纤维过滤元件

陶瓷纤维过滤元件可分为两类：柔性陶瓷纤维纺织过滤袋和刚性陶瓷纤维过滤管。陶瓷纤维材料主要由碳化硅、氧化铝和铝硅酸盐等。与陶瓷粉末过滤管相比，陶瓷纤维过滤管具有质量轻、不易断裂和制造成本低等优点，目前多数应用于工作压力不高、温度低于 500℃ 的场合[20]。

陶瓷纤维过滤管多数采用真空抽滤法成型制备工艺，它是将陶瓷纤维短切均化后与黏结溶液混合均匀注入模具中，通过真空设备抽滤成型得到陶瓷纤维过滤管，再将定型后的陶瓷纤维过滤管脱模并干燥，高温烧结即得到陶瓷纤维过滤管。

德国 BWF 公司的 Pyrotex KE 85 型过滤管孔隙率可以达到 90% 以上，耐温可达 800℃ 以上。材料成分中 SiO_2 约为 60%~70%，CaO/MgO 约占 40%~30%，纤维平均直径约为 3.2μm。

美国 3M 公司研制的 Nextel™ 系列陶瓷纤维过滤袋在高温烟气净化方面得到了广泛应用。其中 Netel™312 高温过滤材料在高温下具有机械强度大和化学稳定性好等特点，其纤维成分为：Al_2O_3 约占 62%，SiO_2 约占 24%，B_2O_3 约占 14%，Nextel™312 高温过滤袋净化后气体含尘浓度低于 $5mg/Nm^3$，过滤效率可达到 99.9% 以上。

英国 TENMAT 公司生产的陶瓷纤维过滤管是由黏结粒状无机物和纤维制成，过滤管孔隙率为 85%~95%，过滤效率大于 99.99%，净化后颗粒物浓度小于 $1mg/m^3$。

此外美国 Unifrax 公司、英国 Caldo 工程公司以及 Clear Edge 都生产纤维过滤管。

20.2.3.3 复合材料过滤元件

为了克服均质陶瓷过滤管存在的裂纹扩展、热疲劳以及断裂损坏等问题，美国能源部于 20 世纪 90 年代中期开展了连续纤维增强陶瓷基复合材料过滤管的研发工作，目的是有效改善陶瓷过滤管的韧性，复合材料过滤管的增强材料多数为氧化铝纤维，其强度约为均质氧化铝材料的 10 倍以上，重量仅为其三分之一。复合材料过滤管主要有以下几种：

(1) 3M 公司的 CVI-SIC 的复合材料过滤管。采用化学气相渗透方法选择碳化硅为基体材料，以 Nextel™ 312 连续纤维作为增强材料。该复合材料过滤管分为三层：外层为开孔结构的网状限制层，中间是氧化铝纤维过滤膜层，内层为由 Nextel™ 312 长纤维编织而成的三维编织结构支撑体。

(2) McDerment 复合材料过滤管。增强材料为 Nextel™ 610，其氧化铝含量大于 99.9%。在将增强纤维缠绕在棒轴外表面制备过滤管过程中，需采用真空抽吸方法将 Saffil 短纤维浸入到增强纤维材料中，同时要加入化学粘结剂到支撑体中，然后制备出过滤管，过滤管厚度约为 5mm。

(3) DuPont Lanxide 公司的 SiC-SiC 复合材料过滤管。基体材料和纤维增强材料均为 SiC，纤维增强材料为由日本碳公司 Nicalon™ 系列中直径约为 $15\mu m$ 的碳化硅纤维。支撑体是由两层 Nicalon™ 纤维毡组成，采用化学气相渗透方法在两层纤维结构内沉积碳化硅颗粒，同时采用高分子树脂浆料将细碳化硅颗粒涂覆在支撑体外表面，形成过滤膜层。

(4) DuPont Lanxide 公司的 PRD-66 纤维缠绕过滤管。其支撑体是由直径约为 $200\mu m$ 的氧化基陶瓷纤维按交错缠绕方式制成支撑基体，在纤维缠绕过程中通过浸入含有粒径为 $5~7\mu m$ 的氧化铝浆料，经烧结过程将纤维结合在一起。然后再在支撑体基体外面缠绕一层作为过滤膜层。最后在外表面涂覆粒径为 $75~100\mu m$ 的粗陶瓷粉浆料，其作用是保证表面过滤膜层同支撑体基体结合在一起。

上述几种复合材料过滤管，在 PFBC 环境下进行了长周期试验[21]，结果表明，在高温工况下使用一段时间后，由于纤维氧化导致脆性增加，导致膜层脱落和外表面被冲刷问题。此外，由于各种材料组分的热膨胀系数不同，导致过滤管法兰和下部封堵段出现气体泄漏和开裂现象。

20.2.3.4 过滤与催化复合过滤元件

针对烟气中颗粒物分离和降低 NO_x 排放的要求，利用氨法选择性催化还原（NH_3-SCR）技术，以粉末烧结陶瓷过滤管为载体，研制出了具有催化与过滤双重功能的过滤管，可以同时去除高温气体的氮氧化物和颗粒物。Pall 公司在试管式过滤管支撑体外表面覆上一层 TiO_2-V_2O_5-WO_3 催化剂，然后再在催化剂层外面覆上过滤膜层，以避免气体中颗粒在催化剂内的沉积，其过滤管如图 20-9 所示，实现了 250~350℃ 范围内气体中颗粒物分离和脱硝一体化装置，在烟气处理和生物质气化等领域具有重要的应用前景[22,23]。

20.2.4 金属过滤元件

由金属多孔材料制成的试管式过滤元件也可分为烧结金属粉末过滤管、金属纤维毡过滤管和金属烧结丝网过滤管三大类。

目前常用的金属过滤材料分为 310S、Inconel 600、Monel 和 Hastelloy X 等，最高可耐 650℃。由 Fe_3Al、FeCrAl 等制成的过滤管可耐 1000℃。美国 Pall、Mott 公司为烧结金属粉末和金属纤维毡过滤管的主要生产厂家，已在石油化工和煤化工行业得到了广泛应用[24]。我国安泰科技股份公司、西北有色金属研究院等单位也相继研制出了烧结金属粉末过滤管、金属纤维烧结毡和烧结丝网过滤管，并相继在干粉煤气化和炼油厂气相吸附（S-Zorb）工艺中得到了应用。

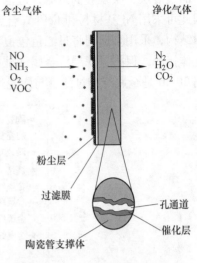

图 20-9 催化与过滤复合管结构

20.2.4.1 金属粉末过滤元件

金属粉末多孔材料制备工艺包括原始粉末制备和处理、模压成形与高温烧结。配料时应选择适当粒度的粉末并加入适量的添加剂。添加剂包括润滑剂、黏结剂、造孔剂和增塑剂。采用先进的离心铸造方法生产金属烧结粉末过滤管，过滤精度的范围为 $0.04 \sim 20\mu m$，气固过滤效率达到 99.9%以上。

用于高温气体过滤用的烧结金属粉末多孔材料包括不锈钢（316L、304L、310）、Hastelloy 系列（B、C-22、C276、N、X）、Inconel 合金（600、625 和 690）、Monel400、Alloy 20、FeCr 合金以及金属间化合物 Fe_3Al 等。烧结金属粉末所承受的温度范围为 $400 \sim 950℃$。烧结金属粉末在氧化环境下的温度限制并不是因为材料本身的强度，而是由于温度升高时氧化现象所致，产生的氧化物会占据多孔通道的体积，增加过滤管阻力，甚至会堵塞孔隙通道。在还原环境或中性环境下，温度限制则是因为材料本身在高温时的强度降低。金属间氧化物作为一种新型的无机多孔材料在高温气体过滤领域得到了应用，主要包括 Fe-Al 系（Fe_3Al 和 FeAl）和 Ni-Al（NiAl 和 NiAl）。以 Fe_3Al 多孔材料制备的过滤管与陶瓷材料相比，在 850℃ 的 PFBC 环境下的强度和抗热冲击性能得到了改善，可在 800℃ 以下的环境下操作使用。

20.2.4.2 金属烧结纤维毡过滤元件

金属纤维烧结毡过滤管是由直径 $2 \sim 40\mu m$ 的金属短纤维烧结而成，其孔隙率可达 95%，可在 600℃ 下长期使用，还可以采用折叠型式，增加单根滤管的过滤面积。烧结金属纤维过滤管是由金属板网、粗金属纤维和细金属纤维三层复合组成，经高温真空烧结成一体的过滤元件，具有易于脉冲反吹清灰、过滤阻力低和过滤精度高等特点。

金属纤维采用拉制工艺，一般由直径为 0.5mm 的金属丝外加铜套，经过冷拔拉制成直径约 $1.5 \sim 40\mu m$。由纤维铺成面密度为 $75 \sim 900g/m^2$ 的毡，经过真空烧结制成。烧结温度约为 1000℃ 左右。其孔隙率可达 85%。对于脉冲反吹过滤管，过滤元件外表面为孔径小的过滤层，实现表面过滤，过滤管内层为粗孔层。由于 316L 不锈钢纤维腐蚀性一般，因此可采用 Ni 基材料和 FeCrAl 合金。在加工成过滤管时，将纤维层缠绕在多孔管作为支撑结构，采用金属网将过滤毡包覆，使得内部与丝网与多孔支撑件连接，外部直接与含尘气体接触，保护过滤层。金属纤维材料的阻力远低于陶瓷粉末和金属烧结粉末过滤元件。图 20-10 是金属纤维过滤管与陶瓷过滤管、烧结金属粉末过滤管的初始压降对比图。

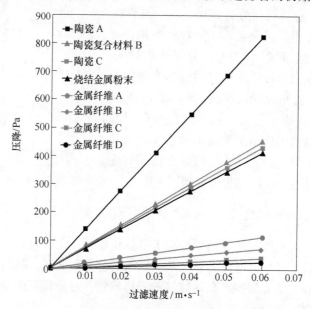

图 20-10　不同过滤管初始压降对比图

20.2.4.3　金属烧结丝网过滤元件

金属烧结丝网过滤管则由不同孔径的金属网复合制成。金属丝网具有很高的整体强度和刚性，空隙分布均匀，再生性好，过滤元件寿命长。

金属烧结丝网过滤元件通常采用 3～6 层结构。第一层为安全保护层，由直径较粗的金属丝形成较大网孔，仅起表面保护作用；第二层为实现孔隙控制作用的精细过滤网，达到拦截颗粒的目的；第三层为流体分布层，使得较小颗粒能够迅速通过进入下游；第四层和第五层为直径较大的金属丝网形成的支撑层，以使滤材达到较高的整体机械强度。因此金属丝网过滤元件的五层可分别称之为保护层、过滤控制层、流体分布层和支撑层，过滤控制层则是保证过滤元件的最终过滤精度。表 20-3 为金属烧结多孔过滤管的性能表[25]。

表 20-3　金属烧结多孔过滤管性能对比

特　性	烧结金属粉末过滤管	金属烧结丝网过滤管	金属纤维烧结毡过滤管
孔隙率	40%～60%	35%～55%	80%～90%
渗透性	低	高，取决于编织方式	高
单位过滤面积质量	高	低	高于丝网
阻力	5～10.0 kPa	2～3.5 kPa	<3.0 kPa
气体过滤效率	高	中	高

20.3　脉冲反吹系统特性

20.3.1　脉冲反吹系统的组成

20.3.1.1　典型脉冲反吹系统的基本组成

脉冲反吹系统是高温气体过滤器的重要组成部分，通常由压缩机、储气罐、脉冲电磁阀、喷嘴、引射器、连接管线及附属部件构成，其性能的优劣对整个过滤器能否长周期稳定运行起着至关重要的作用。

储气罐和连接管线：储气罐拥有足够的容积是保证脉冲反吹强度的一个重要保障。通常储气罐容积要满足反吹后压降小于原始值30%的要求。同时，储气罐、电磁阀、喷嘴之间连接管线的长度、尺寸和结构对反吹效果也有重要影响，在设计过程中，应尽量减少弯头、变径等管件的数量以及缩短连接管线的长度，现在多将反吹气体储气罐直接放在过滤器的上方，以缩短脉冲阀同喷嘴间的距离[26,27]。

脉冲电磁阀：脉冲反吹阀是高温过滤器脉冲反吹系统的重要部分，其性能的优劣将直接影响着脉冲反吹系统的清灰效率。典型的脉冲电磁阀主要由气动执行机构、控制电磁阀、极限限位开关、波纹管组件、阀座组件、导向套、阀体等组成，采用的是角式端法兰连接结构，整体采用全通径、角式结构，有利于高压脉冲气流的产生，其结构如图20-11所示。目前国内对脉冲阀性能的评价标准主要有脉冲阀反吹压力峰值、脉冲阀反吹压力上升速率、脉冲阀阀体阻力、耗气量、气脉冲时间、流量系数等[28,29]。高原公司设计了一套脉冲阀性能检测装置，由一个压力气包、脉冲阀、喷管以及压力传感器组成，传感器分别安装在压力气包和脉冲阀出口，实验可测得压力气包和脉冲阀出口的压力随时间变化曲线，并将脉冲阀出口压力峰值、开关灵敏度以及耗气量作为脉冲阀性能的重要指标。

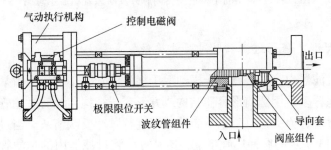

图 20-11　典型的脉冲电磁阀结构示意图

喷嘴：常用的喷嘴结构通常有直管式、渐缩式、缩放式三种，国内外许多学者对喷嘴的结构进行了研究。Choi[30]等研究表明在喷吹气体耗量相同的前提下，渐缩式喷嘴结构更有利于提高过滤管的脉冲反吹清灰效果，并分别在常温和高温下对渐缩式喷嘴的性能进行了研究，比较了喷嘴直径和形状对脉冲反吹效果的影响。Laux[31]等研究认为，脉冲反吹系统可以采用大喷嘴直径和低喷吹压力，小直径喷嘴则需要采用高的喷吹压力，尤其是在高压气体过滤情况下，改进脉冲反吹系统的结构对于降低喷吹气体耗量显得尤为重要。

引射器：引射器的主要作用不仅可以提高引射比，增加给定反吹压力下的清灰效率，而且可以改善反吹气流在过滤管内的分布，防止在过滤管开口端形成负压区，从而避免了由此引发的过滤管损坏，同时，作为过滤管夹紧装置的一部分，引射器可以减缓对过滤管的冲击，增加开口端法兰的强度[32,33]。引射器的最佳结构是能确保喷嘴反吹的所有高压反吹气体和更多的引射气体能进入过滤管内，同时又不会造成过滤管外已剥离粉尘的再吸附。对于引射器的性能，国内外许多学者进行了大量的研究，发现文丘里结构的引射器性能较好[34~36]，实际工业应用中也多为此类结构。

20.3.1.2 小型过滤器内脉冲反吹系统

小型过滤器内一般装有数根至数十根过滤管，通常选用圆形筒体结构，可以采用单根或多根一组进行循环脉冲反吹。其脉冲反吹系统组成如图 20-12 所示，主要由压缩机、大型储气罐、小型储气罐、脉冲阀、喷嘴以及引射器组成。其中小型储气罐一般安装于过滤器上部位置，电磁阀多为小尺寸脉冲阀，引射器可以采用图中所示的拉瓦尔结构，使得过滤管沿长度方向各个位置处的脉冲反吹气流分布均匀。

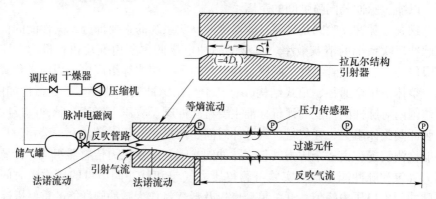

图 20-12　典型的小型过滤器内脉冲反吹系统组成示意图

20.3.1.3 大型工程用过滤器脉冲反吹系统

大型工程用过滤器内一般装有数十根到上千根过滤管，工作压力由常压到数十个大气压。例如常压过滤器多采用圆筒形容器结构或方形容器结构，此时过滤管采用行列式反吹形式，即每一行过滤管为一组，采用一套脉冲阀进行脉冲反吹清灰。当过滤器工作压力较高时则采用图 20-13 所示的脉冲反吹系统，该种方式将过滤器内的过滤管分为若干组，每组过滤管共用一套由脉冲阀、喷嘴和引射器组成的系统，每根过滤管上部可单独安装引射器。整个过滤器由多套脉冲反吹系统组成，且共用一个脉冲气体储罐和压缩机。例如 Shell 煤气化工艺用的大型高温高压过滤器全采用分组脉冲反吹方式。

20.3.2 脉冲反吹系统的清灰特性

20.3.2.1 脉冲反吹清灰时的动态特性

脉冲反吹清灰时的动态特性主要包括反吹过程中过滤管内外的瞬态压力、瞬态速度以及粉尘层厚度的动态变化。其中，以脉冲反吹过程中过滤管内的动态压力作为脉冲反吹清

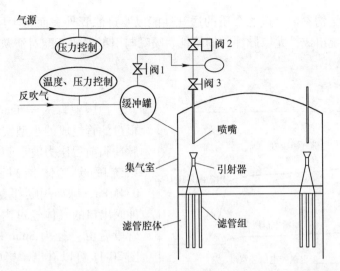

图 20-13　典型的大型工程用过滤器内脉冲反吹系统组成示意图

灰时动态特性的表征较为普遍。通常，过滤管内典型的动态压力波形有三种：（1）准稳态的压力波形，如图 20-14 所示，Laux[37]测量发现过滤管中下部不同位置处的压力波形都是准稳态的形状；（2）强振荡的压力波形，该波形存在明显较低的、甚至负值的压力谷值，如图 20-15 所示，Berbner[38]证实该类波形主要出现在过滤管开口端位置；（3）具有显著峰值的压力波形，如图 20-16 所示，Berbner[38]和Ito[34]均通过实验测定得到此类波形。

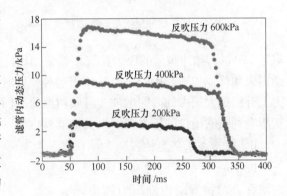

图 20-14　反吹过程中典型的准稳态的压力波形

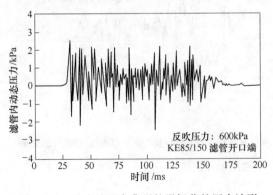

图 20-15　反吹过程中典型的强振荡的压力波形

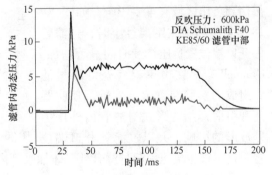

图 20-16　反吹过程中典型的具有显著峰值的压力波形

20.3.2.2　脉冲反吹系统组成对清灰特性的影响

脉冲反吹系统的清灰特性主要取决于系统的结构和尺寸、反吹压力和脉冲宽度等操作参数、过滤管的结构参数、过滤介质的透气性能以及过滤管外表面粉尘层的特性参数等。针对脉冲反吹系统组成，尤以脉冲阀的特性、喷嘴与引射器的匹配对清灰性能的影响最为关键。

A 脉冲阀的特性

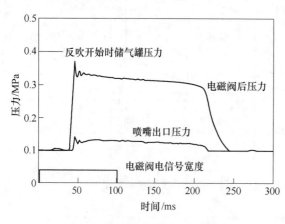

图 20-17　脉冲反吹系统压力特性

德国亚琛大学 Laux[37] 等人在由多根过滤管组成的小型实验装置上测定了脉冲阀前后压力波形随时间的变化。该系统喷吹气体储罐的初始压力为 0.4MPa，脉冲阀喉部直径为 20mm，脉冲阀出口的气体经过内径为 20mm 的直管段后由直径为 8mm 的喷嘴喷吹。由图 20-17 可以看出，当电信号脉冲宽度为 100ms 时，脉冲阀开启时间大约 40ms。脉冲阀出口压力在 10ms 内达到最大值，然后持续稳定约 200ms，脉冲阀完全关闭的时间比电信号结束时间延迟了 120ms，脉冲阀后的压力比气体储罐初始压力降低了 0.07MPa，主要是由于阀门内流动损失和气体加速产生的。当脉冲阀通径变大时，压力波形变化基本类似，只是由初始压力上升到最大压力的时间增加，且阀门通流时间延长。因此阀门的开启和关闭响应特性直接影响到喷吹出口的压力波形以及过滤管内的动态压力特性。

B 喷嘴与引射器的匹配

Berbner[39] 等人通过测定陶瓷纤维过滤管上部位置的内外压力波形，认为喷吹距离（脉冲反吹喷嘴与过滤管开口端面之间的距离）对压力波形的振荡和负压区域有重要影响。如图 20-18 所示，当喷吹距离过小时，过滤管内开口端位置负压持续时间显著增加。Grannell[40] 等在由单根陶瓷纤维过滤管组成的实验装置上，分析了喷吹距离和引射器结构形式对滤管内外压力差波形的影响，并以过滤管开口端位

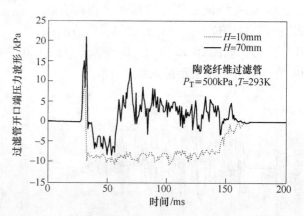

图 20-18　不同喷吹距离对过滤管开口端压力波形的影响

置附近不产生负压引起过滤管外气体抽吸到内部为判断准则，确定最佳喷吹距离。

C 新型压力脉冲集成装置

当安装失效保护滤芯时会削弱脉冲气流强度，尤其在过滤细粉或黏性粉尘时，脉冲反吹系统可能会存在问题。颗粒会堵塞，引起压降增加。Pall 公司设计了一种新型的压力脉冲集成装置[41]（Couple pressure pulse，CPP），该方法将脉冲反吹系统与过滤管耦合在一起。其特点是喷吹压力仅高于系统操作压力 0.05~0.1MPa，而常规的脉冲反吹压力一般

需要操作压力的 2 倍左右。图 20-19 为常规脉冲反吹系统与 CPP 的结构对比示意图，CPP 中喷吹管直径变大，喷嘴与过滤管断面之间的连接段为多孔管，其作用类似一个常用的失效安保滤芯。显然，在过滤管开口端位置附近，CPP 比常规脉冲反吹系统的反吹强度明显增加，沿过滤管长度方向反吹强度的均匀性更好。

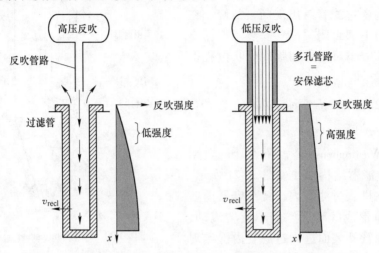

图 20-19 常规反吹系统与 CPP 的对比

20.4 高温过滤器的结构形式

高温过滤器依据承压情况，可分为高温高压过滤器和高温常压过滤器。高温过滤器早期主要针对高温高压的 PFBC 和 IGCC 工艺等需求，因此其外壳为圆筒形承压容器，内部装有过滤元件分布板。后来高温过滤器逐渐应用于垃圾焚烧、热解以及环境排放控制领域，操作压力通常为常压，其设备结构多为矩形容器。

20.4.1 高温高压过滤器

常见的高温高压过滤器结构包括 Pall-Schumacher 公司的 Shell 煤气化用单层结构过滤器、Siemens-Westinghouse 公司的多层多束结构过滤器、Lurgi Lentjes Babcock（LLB）公司的倒置过滤管过滤器等。此外，由于过滤管类型不同而导致过滤器内部结构不同的通管式过滤器及错流式过滤器也大多属于高温高压过滤器。

20.4.1.1 Pall-Schumacher 公司单层结构过滤器

图 20-20 是典型的 Pall-Schumacher 公司单层排列方式的高温多管过滤器[42]。过滤器内只有一层管板，过滤管在过滤器内分组布置，通常设置 12、15 或 24 组进行循环脉冲反吹，每组 48 根过滤管共用一个引射器，且每组过滤管之间的距离为 100mm，按照三角间距排列，相应的过滤管总根数分别为 576、720、1152 根，内装 1152 根过滤管的过滤器直径为 6.525m，高 25m。运行时合成气由过滤器底部进气管进入，经气体分布器进入 4 根上升管，将含尘气体引到靠近管板下侧位置，使含尘气流由上向下流动过程中逐渐分配到各个过滤管，这样既可以保证气流分布均匀，也可以减少脉冲反吹过程中粉尘的二次夹

带。含尘气体从过滤管滤膜的外面向里进入，气体携带的飞灰颗粒被截留在过滤管的膜层外表面。由于该类过滤器的过滤管悬挂在管板上，使得过滤管处于受拉状态，因此对于脆性较大的陶瓷过滤管易出现断裂故障，在每组过滤管的下部封闭端位置安装了格栅支撑结构，起到减小拉应力和脉冲反吹过程引起的径向位移。

20.4.1.2 Siemens-Westinghouse 公司多层多束结构过滤器

Siemens-Westinghouse 公司所设计的典型的多层多束过滤器结构形式如图 20-21 所示，含尘气体切向进入过滤器内，且在容器内壁与过滤管外罩形成的环形空间中旋转流动，然后再由过滤管外表面进入过滤管内部实现过滤。每组管束中安装数十根过滤管，过滤

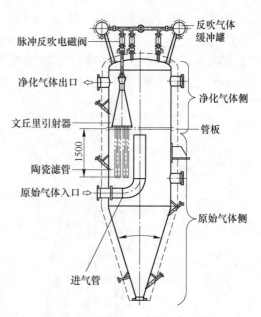

图 20-20　Pall-Schumacher 公司单层结构过滤器结构示意图

器内以多束并联形式布置，每束的多层管板固定在上下一体的支撑总管上，每层管板上的多根过滤管则由独立的单个脉冲反吹喷嘴进行清灰，这种结构可以有效增加过滤器单位体积内的过滤面积，但不足之处在于排列方式较为复杂，下层管束影响粉尘的沉降，导致剥离粉尘在管束腔体外壁沉积，容易引起粉尘架桥而导致过滤管断裂。总体来说，整个过滤器分为过滤管（图中①）、每层多根过滤管组成的滤管束组（图中②）、多层组成的过滤气室（图中③）以及多束共用的过滤器上部管板（图中④）等四个层次[43]。由于每束为

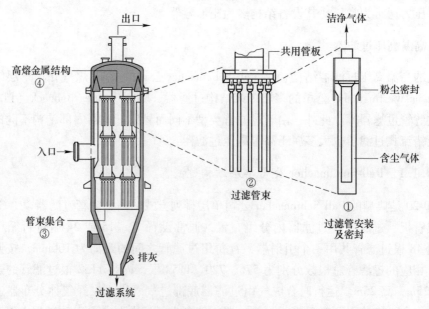

图 20-21　Siemens-Westinghouse 公司多束多层结构过滤器结构示意图

悬挂结构，可向下自由膨胀。每层滤管束组将该层净化后的气体汇合后，通过安装在支撑总管内的独立排气管，由上部引射器出口排到过滤器共用管板上部，引射器上部位置安装相应的脉冲反吹喷嘴，实现每层多束过滤管的脉冲反吹清灰。

20.4.1.3　LLB 公司倒置过滤管过滤器

倒置式排列方式过滤器以德国 LLB 公司为代表[44]，典型的结构如图 20-22 所示，含尘气体由上部进入过滤器后自上向下流动，逐渐分配到各层，经过滤管净化后的气体由过滤管下部的水平集气汇管引到过滤器内壁附近的垂直集气总管排出，该集气总管同时又作为每组过滤管脉冲反吹管路，实现脉冲反吹清灰。所谓倒置式过滤管过滤器，即将过滤管开口端朝下，采用两端夹紧方式固定，上端采用平衡块。这种排列方式的优点是过滤管在自身重量和上部平衡块的作用下处于自由压缩状态，不产生拉应力和弯曲应力作用，不容易发生断裂，并且该结构设置有可人工关闭的阀门，当过滤管出现损坏时，可以关闭所在组。同时，能够实现多层排列方式，结构紧凑，有效增加了过滤面积，含尘气体被均匀分布到过滤器内，避免了过滤器直径过大导致的管板和容器壁厚过大，

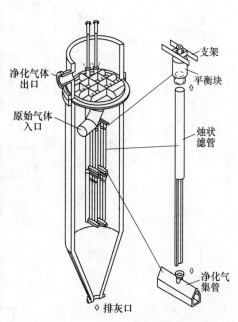

图 20-22　LLB 公司倒置过滤管过滤器
结构示意图

因此商业化应用过程中既经济又容易工程放大。净化气体总汇管可依据设计要求设置在过滤器顶部、底部或侧面。

20.4.1.4　Asahi Glass 公司通管式过滤器

图 20-23 是由日本 Asahi Glass 公司设计的新型过滤器，内部过滤管结构为通管式[45]。含尘气体从过滤器顶部进入过滤管内部，粉尘被捕获在过滤管内表面形成粉尘层，脉冲反吹气体从过滤管外表面进入内部，使得粉尘层剥离，最后从过滤管底部排出。过滤管通过管板固定，并将过滤器分成几个洁净气室。该类过滤器的主要优点是不会产生粉尘架桥现象，从而降低了过滤管的断裂风险，但目前在应用中还存在一些问题，即滤管因热膨胀断裂以及滤管密封问题导致气体泄漏。

20.4.2　高温常压过滤器

高温常压过滤器过滤元件的排列方式简单，过滤器的管板通常为方形结构，过滤管在管板上按行列等间距方式排布，因此也称为行列式高温气体过滤器，常见的行列式高温常压过滤器结构如图 20-24 所示。该种结构形式的过滤器能够有效增加被剥离粉尘的沉降空间，降低粉尘架桥的可能性，但在高温工况下管板的热膨胀以及喷管与滤管中心的对中则是必须解决的问题。与圆形排布的高温高压过滤器相比，此类过滤器结构紧凑，占地空间

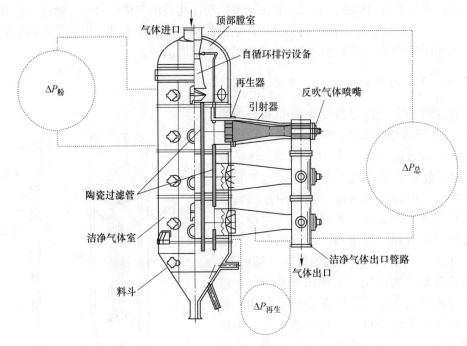

图 20-23　Asahi Glass 公司通管式过滤器结构示意图

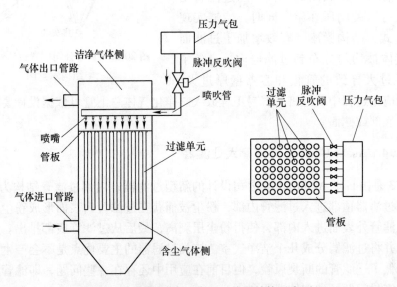

图 20-24　行列式高温常压过滤器结构示意图

较小，过滤器内部能够安装更多的过滤管，对含尘气体的处理能力较高，常用于工艺气量大、含尘浓度高的高温气体除尘领域。

高温常压过滤器脉冲反吹系统由脉冲阀、喷吹管、压力气包及相应的连接管线组成，其中一根喷吹管设有多个喷嘴，每个喷嘴对应一过滤管，如图 20-25 所示。当反吹气流快速进入喷吹管瞬间，经过每个喷嘴的反吹气量大小不同，靠近反吹阀喷嘴的反吹气量小于喷吹管末端的同等孔径喷嘴的反吹气量。此外，由于喷管各处动压不均匀，动压大的喷嘴出口处将会产生射流偏斜现象。一般来说，喷吹管前端的喷嘴出口速度较小，气量较小，轴向气流速度大，偏斜较严重，末端喷嘴具有相反的性质。这种不均匀性导致每一喷吹单元的喷吹管前端和末端的喷嘴清灰性能存在较大的差异。

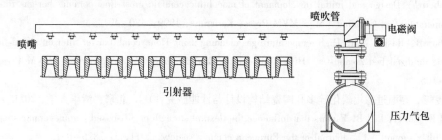

图 20-25　典型高温常压过滤器脉冲反吹系统结构示意图

参 考 文 献

[1] Stubington J F, Wang A L T, Cui Y. Understanding the behavior of Australian black coals in pressurized fluidized bed combustion [C]. Proceedings of 15th international conference on fluidized bed combustion, May 16-19, 1999, Savannah, Georigia, USA.

[2] Wu Z F. Developments in fluidized bed combustion technology [M]. London, 2006.

[3] Saxena S C, Henry R F, Podolski W F. Particulate removal from high-temperature, high-pressure combustion gases [J]. Progress in Energy & Combustion Science, 1985, 11 (3): 193~251.

[4] Jansson S A, Anderson J. Progress of ABB′s PFBC projects [C]. Proceedings of 15th international conference on fluidized bed combustion, 1999, Savannah, Georigia, USA.

[5] Sun B. Integrated Gasification Combined Cycle Technology and Its Application [R]. Petroleum Planning & Engineering, 2004.

[6] Perovic J. Combined Cycle Systems for Near-Zero Emission Power Generation [R]. Combined Cycle Systems for Near-Zero Emission Power Generation, 2012: 329~338.

[7] Prabhansu, Karmakar M K, Chandra P, et al. A review on the fuel gas cleaning technologies in gasification process [J]. Journal of Environmental Chemical Engineering, 2015, 3 (2): 689~702.

[8] Colloid G. Operation of ISAB energy and Sarlux IGCC project [C]. Proceedings of Gasification Technologies Conference, San Francisco, USA, 2000.

[9] Hickey M J, Lynch T A. Particulate filters at theWabash River coal gasification repowering project [C]. Proceedings of advanced Coal-Based Power and Environmental Systems 98 Conference. Morgantown, West Virginia, USA, 1998.

[10] 吴德飞, 孙丽丽, 黄泽川, 等. S-Zorb 技术进展与工程应用 [J]. 炼油技术与工程, 2014, 44 (10): 1~4.

[11] 冯小艳, 徐西娥, 魏涛. S-Zorb 装置反应器过滤器滤饼的建立 [J]. 炼油技术与工程, 2015, 45 (8): 33~35.

[12] 李辉, 杨军军. 国产反应器过滤器在 S-Zorb 装置上的应用 [J]. 炼油技术与工程, 2013, 43 (10): 18~21.

[13] Steffen H. Hot gas filtration-A review [J]. Fuel, 2013: 83~94.

[14] Alvin M A. Advanced ceramic materials for use in high-temperature particulate removal systems [J]. industrial & engineering chemistry research, 1996, 35 (10): 3384~3398.

[15] Oda N, Hanada T. Performance of the advanced ceramic tube filter (ACTF) for the Wakamatsu 71MW PF-BC and further improvement for commercial plants. High Temperature Gas Cleaning [M]. MVM Press, Karlsruhe, 1996: 818~832.

[16] Vaubert V. Design and initial development of monolithic ceramic cross-flow ceramic hot-gas filters. High Temperature Gas Cleaning [M]. MVM Press, Karlsruhe, 1999: 480~491.

[17] Bishop B, Raskin N R. High temperature gas cleaning using Honeycomb barrier filter on a coal-fired circulating fluidized bed combuster. High Temperature Gas Cleaning [M]. Karlsruhe: MVM Press, 1996: 95~105.

[18] 李俊峰. 高温过滤用碳化硅多孔陶瓷结构设计与性能研究 [D]. 北京: 清华大学, 2011.

[19] Li J F, Lin H, Li J B. Factors that influence the flexural strength of SiC-based porous ceramics used for hot gas filter support [J]. Journal of the European ceramic society, 2011, 31: 825~831.

[20] Gennrich T J. Evaluation of ceramic fiber filter bags in commercial hot gas environments [J]. Fuel & Energy Abstracts, 1999, 40 (4): 286.

[21] Heidenreich S, Nacken M, Hackel M, et al. Catalytic filter elements for combined particle separation and nitrogen oxides removal from gas streams [J]. Powder Technology, 2008, 180: 86~90.

[22] Nacken M, Heidenreich S, Hackel M, et al. Catalytic activation of ceramic filter elements for combined particle separation, NO$_x$ removal and VOC total oxidation [J]. Applice catalysis: B environmental. 2007, 70: 370~376.

[23] 张健, 汤慧萍, 奚正平, 等. 高温气体净化用金属多孔材料的发展现状 [J]. 稀有金属材料与工程, 2006, 35 (S2): 438~441.

[24] Jha S, Sekellick R S, Rubow K L. Sintered metal hot gas filters. High Temperature Gas Cleaning [M]. Karlsruhe, 1999: 492~501.

[25] Burnard G K, Leitch A J, Stringer J, et al. Operation and performance of the EPRI hot gas filter at Grimethorpe PFBC establishment: 1987-1992 [C]. In: Clift R, Seville J P K, eds. Proceedings of the 2nd International Symposium on Gas Cleaning at High Temperatures. Guildford, UK. New York: Blackie Academic & Professional, 1993: 88~110.

[26] Ji Z L, Shi M X, Ding F X. Transient flow analysis of pulse-jet generating system in ceramic filter [J]. Powder Technology, 2004, 139: 200~207.

[27] 瞿晓燕, 沈恒根. 袋式除尘器清灰气源设计与脉冲阀性能探讨 [J]. 环境工程, 2008, 26 (2): 23~26.

[28] 陈志炜, 王泽生, 姚群, 等. 袋式除尘器脉冲阀性能评价方法及选型计算 [J]. 环境工程, 2005, 23 (6): 6~8.

[29] Simon X, Chazelet S, Thomas D, et al. Experimental study of pulse-jet cleaning of bag filters supported by rigid rings [J]. Powder technology, 2007, 172 (2): 67~81.

[30] Choi J H, Seo Y G, Chung J W. Experimental study on the nozzle effect of the pulse cleaning for the ceramic filter candle [J]. Powder Technology, 2001, 114: 129~135.

[31] Ito S, Tanaka T K, et al. Changes in pressure loss and face velocity of ceramic candle filters caused by reverse cleaning in hot coal gas filtration [J]. Powder Technology, 1998, 100: 32~40.

[32] Schildermans I, Baeyens J. Pulse jet cleaning of rigid filters: A literature review and introduction to process modeling [J]. Filtration & Separation, 2004, 41 (5): 26~33.

[33] Granell S K, Seville J P K. Effect of venturi inserts on pulse cleaning of rigid ceramic filters [C]. Dittler A, Kasper G, eds. Proceedings of the 4th International Symposium on Gas Cleaning at High Temperatures. Karlsruhe, Germany, 1999: 96~110.

[34] Ito S. Pulse cleaning and internal flow in a large ceramic tube filter [C]. Clift R, Seville J P K, eds. Proceedings of the 2nd International Symposium on Gas Cleaning at High Temperatures. the University of Surrey, Guildford, UK. Glasgow: Blackie Academic & Professional, 1993: 266~279.

[35] 姬忠礼, 郑卫平, 刘隽人. 陶瓷过滤器用脉冲式气体引射器的静态和动态特性研究 [J]. 流体机械, 1996, 24 (6): 12~15.

[36] 姬忠礼, 刘隽人. 陶瓷过滤管用扩压管式引射器脉冲喷吹系统的研究 [J]. 化工机械, 1997, 24 (1): 6~9.

[37] Laux S, Giernoth B, Bulak H, et al. Aspects of pulse-jet cleaning of ceramic filter elements [C]. R. Clift, J. P. K. Seville (Eds.), Gas Cleaning at High Temperatures, Blackie Academic & Professional, Glasgow, 1993: 203~224.

[38] Berbner S. Zur Drukstobregenerierung keramischer filterelemente bei der Heibgasreinigung [D]. Dissertation, Fakultät für Chemieingenieurwesen der Universität Fridericiana zu Karlsruhe, Germany, 1995.

[39] Berbner S., Löffler F. Pulse jet cleaning of rigid filter elements at high temperatures [C]. R. Clift, J. P. K. Seville (Eds.), Gas Cleaning at High Temperatures, Blackie Academic & Professional, Glasgow, 1993: 225~243.

[40] Grannell S K, Seville J P K. Effect of venturi inserts on pulse cleaning of rigid ceramic filters [C]. A. Dittler, G. Hemmer, G. Kasper (Eds.), High Temperature Gas Cleaning, MVM Press, Karlsruhe, 1999: 96~110.

[41] Heidenreich S, Haag W, Walch A, et al. Ceramic Hot Gas Filter with Integrated Failsafe System [J]. Office of Scientific & Technical Information Technical Reports, 2002 (108): 11.

[42] Scheibner B, Wolters C. Schumacher hot gas filter long-term operating experience in the NUON power Buggenum IGCC power plant [C]. Proceedings of the 5th International Symposium on Gas Cleaning at High Temperature, Morgantown, West Virginia, USA, 2002.

[43] Lippert T E, Newby R A, Alvin MA, et al. Hot gas filter development for advanced power systems [C]. In: Dittler A, Hemmer A, Kasper, G. (Eds.). High Temperature Gas Cleaning. Karlsruhe: MVM Press, 1999: 291~302.

[44] Okamoto M, Sawada I, Krein J, et al. LLB hot gas filter and its operational experiences in Ebara PICFB pilot palnt [C]. In: Dittler A, Kasper G, eds. Proceedings of the 4th International Symposium on Gas Cleaning at High Temperatures. Karlsruhe, Germany, 1999: 335~347.

[45] Nisjioka T, Abe R, Ogura Y, et al. Operation results of Wakamatsu PFBC plant [C]. In: Preto F D S, ed. Proceedings of the 14th International conference on fluidized bed combustion, 1995: 1193~1200.

21 袋式除尘器

21.1 袋式除尘器的工作原理

21.1.1 袋式除尘器捕集粉尘机理

21.1.1.1 一次粉尘层的作用

袋式除尘器是利用多孔介质制作的袋状织物制作的袋状过滤元件而实现气固两相分离的目的。该袋状过滤元件可以是柔性，也可以是刚性的。同其他过滤式除尘器一样，其捕集粉尘的机理是由于粉尘穿过滤料时产生的六种滤尘效应联合作用的结果，包括筛滤、截留、惯性碰撞、扩散、重力和静电力效应（见图14-1）。

实际上，袋式除尘器并非完全依靠滤料的作用而捕集粉尘。织物滤料的孔隙直径一般为 $20 \sim 50 \mu m$，远大于粉尘的粒径，所以在新滤料滤尘的初始阶段，筛滤效应作用很小，主要的除尘机理是惯性碰撞、扩散和截留，其次为重力和静电效应。此时的除尘效率往往很低，织物滤料的除尘效率仅为 50% ~ 80%。

随着滤尘过程的进行，先前被捕集的粉尘沉积在滤料表面，并产生"架桥"现象而逐渐形成粉尘层（称为一次粉尘层或初尘），其厚度约为 0.3 ~ 0.5mm。一次粉尘层的孔径比滤料大幅缩小，筛滤作用显著增强，粉尘层随之成为主要的过滤介质（图21-1）。

一般织物滤料的孔隙直径为 $20 \sim 50 \mu m$，毡滤料的孔隙直径为 $5 \sim 20 \mu m$，与滤料相比，一次粉尘层的孔径非常细小，且孔道弯曲、孔隙层次多，使得筛滤、惯性、拦截、扩散等效应都显著增加，从而使除尘效率相应提高。

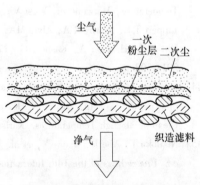

图 21-1 织物滤料的滤尘作用

初期建立的粉尘层是不稳固的，清灰后容易松动脱落，经过多次过滤和清灰的更替，逐步形成不易被清灰破坏的一次粉尘层。

由此可见，袋式除尘器对粉尘的捕集作用可以描述为：以滤料作为支撑，利用其形成的一次粉尘层捕集含尘气体中的粉尘，亦即用粉尘本身捕集粉尘。

21.1.1.2 深层过滤

毡滤料（针刺毡、水刺毡、压缩毡等）具有更细小、分布均匀而且有一定纵深的孔隙结构。毡滤料厚度通常为 1.5 ~ 2mm，而其纤维层的纤维直径为 $10 \sim 20 \mu m$，亦即在滤料厚度范围内具有数十层孔隙，而且孔道曲折。

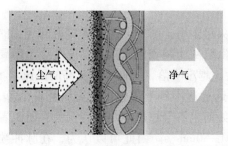

图 21-2　毡滤料的深层过滤作用

含尘气流穿过毡滤料时，部分尘粒被表面的纤维捕获，部分尘粒渗入纤维层内部孔隙，逐渐形成具有一定纵深的过滤层（图 21-2）；同时，进入纤维层内部的粉尘较为稳定，不易受清灰的影响。毡滤料的这种深层过滤，比织物滤料具有更高的除尘效率，而且效果稳定。因此，毡滤料除尘效果对一次粉尘层的依赖程度低于织物滤料。

深层过滤的缺点是，随着过滤的延续，进入滤料深层的粉尘逐渐增多，导致阻力持续上升，除尘器的处理能力持续下降，直接影响滤袋的使用寿命。

21.1.1.3　表面过滤

表面过滤是在常规滤料的表面涂覆一层微孔薄膜，薄膜的孔径为 $0.2\sim2.0\mu m$，微孔密度为每平方英寸数亿个孔隙，主要依靠筛滤效应能将大部分尘粒阻留在薄膜表面（图 21-3），起到一次粉尘层的作用。

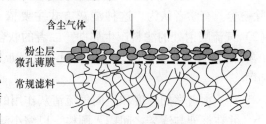

图 21-3　表面过滤的捕尘作用

目前世界上所用的薄膜都是 ePTFE（膨化聚四氟乙烯）膜，除了优良的过滤性能之外，该膜还有其他材料所不具备的不粘性，因而粉尘剥离性能突出，易于清灰。这种表面过滤材料既不特别依靠粉尘层的作用，又能阻止尘粒进入滤料深层，在获得更高除尘效率的同时，也使清灰变得容易，从而保持低的压力损失。

需要注意的是，尽管表面过滤可以将大部分粉尘阻留在滤料表面，但其捕集粉尘仍然不能说绝对没有一次粉尘层的作用。在一项覆膜滤料动态滤尘试验中，分别测定覆膜滤料试样在未容尘时，以及经过老化和稳定化处理后的除尘效率。结果表明，容尘前的效率低于容尘后，差别虽然不大，但还是证明在表面过滤中一次粉尘层的作用仍然存在。对于其他类型的膜过滤材料，表面的孔径稍大于 ePTFE 薄膜，应当认为也属表面过滤，其容尘前后除尘效率的差别也不同程度地大一些，亦即一次粉尘层的作用相应地高一些。

21.1.2　袋式除尘器的清灰机理

袋式除尘器在运行过程中，尘粒之间、尘粒与滤料纤维之间因受范德华力和静电力的作用而黏附一起，在滤袋表面形成粉尘层，具有一定的黏附力。滤袋清灰是在振动、逆气流或脉冲喷吹等外力作用下，使黏附于滤袋表面的粉尘层受冲击形变、剪切应力等的作用而破碎，在法向应力作用下崩落。

21.1.2.1　脉冲喷吹清灰机理

A　清灰机理

脉冲喷吹清灰是利用压缩气体为清灰介质，通过喷吹机构将压缩气体瞬间释放产生高速气流，同时诱导数倍于己的二次气流一同喷入滤袋，从而使滤袋得以清灰。

目前，绝大多数脉冲袋式除尘器采用以纤维滤料制作的柔性滤袋，对于此种除尘器的清灰机理长期存在着不同的认识。

有些学者认为喷吹时逆向穿过滤袋的气流对清灰起作用。国外一些学者对逆向气流的清灰作用进行试验研究，结果表明，逆向气流要将尘粒从滤袋表面吹落，其速度至少需要 10~20m/s；粒子越小，其黏附力对拉力的比值越大，越难吹落，因而需要更高的风速。

实际情况下，脉冲袋式除尘器清灰时逆向气流远远达不到上述速度：有研究者估算，脉冲喷吹时的逆向气流平均速度为 150mm/s，无论如何也不会超过 610mm/s；另有研究者在实验室测得喷吹时逆向穿过滤袋的气流速度仅 30~50mm/s。由此可以认为，在脉冲喷吹时，逆向气流对粉尘剥离所起作用非常小，粉尘脱离滤袋主要是滤袋壁面受到冲击振动的结果。

气环反吹袋式除尘器将速度为 31~41m/s 的气流直接吹向滤袋的净气侧（外侧）而清除粉尘。有学者认为，这种清灰方式主要依靠两个因素：（1）速度足够高的逆向气流；（2）气流喷射处的滤料产生屈曲。二者的联合作用使粉尘得以清除。而包括脉冲喷吹在内的所有清灰装置，逆向气流速度只有气环反吹的百分之一，因而靠逆向气流清除的粉尘很少。

有一项考察加速度和逆向气流清灰作用的对比试验。试验者将滤袋框架的直径稍微缩小，并在框架与滤袋之间楔入圆棒，以缩小滤袋与框架之间的空隙，从而限制滤袋壁面的运动。同时尽量保持脉冲喷吹气流的恒定，以使逆向气流不发生大的变化。结果表明，清灰后的剩余压差显著增加了。现场应用的脉冲袋式除尘器，也曾发现类似情况：运行一段时间后，由于滤袋尺寸收缩超出正常范围，使滤袋在框架上绷得过紧而影响了滤袋的变形，导致清灰不良，阻力随之上升。此时，脉冲喷吹时的逆向气流的流量和速度并未降低，只是由于滤袋壁面的运动受到限制，滤袋膨胀到极限位置时经受的冲击振动大为减弱，阻力便显著升高。

综上所述，在脉冲喷吹清灰中，逆向气流对粉尘的剥离所起的作用很小，气体脉冲施加于滤袋上的冲击振动对清灰起着主要作用。

试取一个粉尘滤袋单元体，利用达朗伯原理对该单元体作动力学分析（图 21-4）。脉冲喷吹开始时，滤袋单元体在压气的作用下向外作加速运动（$a_b > 0$），粉尘也随之向外作加速运动，粉尘施加给滤袋单元体一个惯性力 $m_d a_d$。在粉尘层从滤袋上脱落之前，两者的运动完全同步，其加速度相等，即 $a_d = a_b$。在此过程中，滤袋单元体由于拉伸而受到的张力 F_T 很小。随着滤袋向外膨胀，它受到的张力急速增加，当张力与静压差平衡时，粉尘-滤袋体系的加速度为零（$a_b = 0$），而向外运动的速度最大；此后滤袋单元体在张力作用下产生反向加速度（$a_b < 0$），从而减速向外膨胀；随着滤袋单元体的继续拉伸，它受到的张力 F_T 越来越大，阻碍滤袋的膨胀，粉尘层的惯性力 $m_d a_d$ 则将滤袋向外拉，当滤袋膨

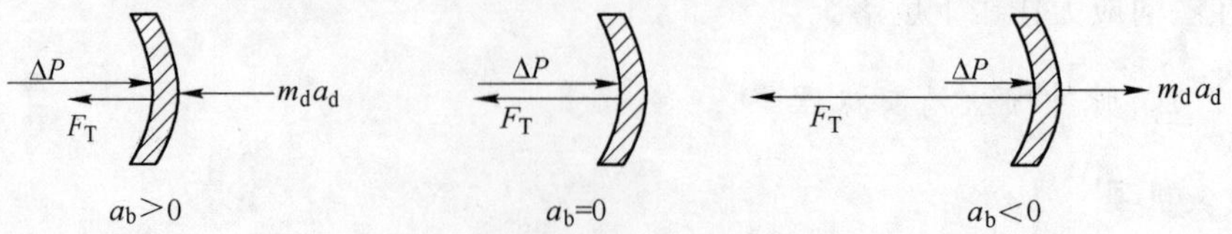

图 21-4　滤袋单元体在喷吹过程中的受力分析

ΔP—滤料上的静压差；F_T—滤料的合成张力；m_d—单位面积粉尘质量；

a_d—粉尘的加速度；a_b—滤料的加速度；F_A—粉尘与滤料之间的黏附力

胀到极限位置时，它受到的张力最大，产生一个最大反向加速度 a_p。在滤袋减速向外膨胀的过程中，粉尘并不受到张力作用，而是在黏附力（F_A）的作用下与滤袋作同步运动，它所能获得的最大反向加速度为 F_A/m_d。当滤袋的反向加速度 a_b 增加到使得 $a_b > F_A/m_d$（即 $F_A < m_d a_b$）时，粉尘从滤袋上脱落。因此 $m_d a_b$ 反映了粉尘-滤袋体系的粉尘分离力的大小，而 $m_d a_p$ 则是最大的粉尘分离力。

脉冲喷吹清灰的过程可以描述为：在脉冲喷吹时，喷入滤袋的高压气团使滤袋内的压力急速上升，滤袋迅速向外膨胀，滤袋的张力也随之增大。当滤袋膨胀到极限位置时，袋壁的张力达到最大而获得最大反向加速度，袋壁受到强烈的冲击振动。附着在滤袋表面的粉尘层不受张力作用，由于惯性力的作用而脱离滤袋。

B　脉冲袋式除尘器清灰能力的评价指标

以纤维滤料制作滤袋的脉冲袋式除尘器清灰能力，可用两种指标进行评价：

（1）最大反向加速度 a_p。如上所述，粉尘分离力 $F_s = m_d a_p$。可见，对某一特定的脉冲喷吹清灰系统，以及特定的粉尘-滤袋体系，应该有一个合适的 a_p 值范围，以保证获得满意的清灰效果。对于脉冲袋式除尘器，既然最大反向加速度是压气脉冲作用于滤袋所产生冲击的一个直观反映，因而用它来表征脉冲喷吹清灰能力是恰当的。

（2）压力峰值 P_p 和最大压力上升速率 v_{PP}。除了最大反向加速度外，清灰时滤袋内的压力峰值和压力上升速度，也是衡量脉冲喷吹清灰效果的重要指标。

一些学者曾推导过滤袋膨胀到极限位置时获得的最大反向加速度 a_p 的计算公式。将脉冲喷吹过程中的滤袋视为一个质块，挂在弹簧上向外作径向运动，并假定滤料作线性弹性拉伸，且忽略摩擦能量损失，推导得 a_p 正比于 v_{PP}：

$$a_P = \frac{G}{\sqrt{\rho M}} v_{PP} \tag{21-1}$$

式中　a_P——滤袋膨胀到极限位置的最大反向加速度；

　　　G——滤料的屈曲参数；

　　　M——滤料的弹性参数；

　　　ρ——单位面积的粉尘和滤料质量；

　　　v_{PP}——滤袋上压力波形中由零值上升至压力峰值过程中的最大压力上升速率。

由上式可见，最大反向加速度取决于滤袋内最大压力上升速率和滤料的屈曲性、拉伸性及其他性质。

国内一些研究者也提出以滤袋内的压力峰值和压力上升速率作为评价清灰性能的主要指标，并指出，"脉冲袋式除尘器的清灰效果主要取决于滤袋内压力峰值和压力增长的速度，而不是反向通过滤袋的气体流量"。实际上，脉冲喷吹清灰与爆破在原理上有相似之处，都是利用空气动力破坏某个目标。因此，衡量清灰效果的指标可以从爆破得到借鉴。

C　滤袋的清灰过程

以前人们曾认为，清灰时脉冲喷吹气流从袋口冲向滤袋底部，在由底部被反射回来的过程中，滤袋内的压力进一步增高，使袋壁受到冲击振动，从而将滤袋表面的粉尘清落。

试验证明，实际的脉冲清灰过程并非如此。在脉冲喷吹试验台上设置了三种脉冲喷吹系统：MC 型中心脉冲喷吹系统、Ⅰ型环隙脉冲喷吹系统、Ⅱ型环隙脉冲喷吹系统，分别在滤袋的袋口、袋中、袋底安装加速度传感器，以测定清灰时三个测点出现最大反向加速度的时刻。试验结果列于表21-1，从中可见，尽管三种喷吹系统的结构不同，清灰气流的速度也有差异，但最大反向加速度出现的顺序却有共同的规律：袋口最早，而袋底最晚。

表 21-1 脉冲袋式除尘器滤袋各点清灰顺序

测点位置		袋口	袋中	袋底
最大反向加速度出现时刻/ms	MC 型中心喷吹装置	—	53.76	63.17
	I 环隙脉冲喷吹装置	36.29	40.32	44.35
	II 型环隙脉冲喷吹装置	35.62	38.98	43.01

图 21-5 所示为环隙脉冲袋式除尘器清灰时滤袋内的压力波形和加速度波形。在压力波形中，T_p 表示峰值压力 P_p 出现的时刻；而在加速度波形中 T_p 表示最大反向加速度 a_p 出现的时刻。可以看出，第一个压力波峰 P_p 出现的时刻为 $T_p = 36.288$ms，而最大反向加速度 a_p 出现的时刻为 $T_p = 38.976$ms，亦即 a_p 与 P_p 几乎同时出现；其后出现的压力峰值虽然高于第一个波峰 P_p，但其所对应的反向加速度却很小，而与最大反向加速度的出现时间相距较远。在最大加速度之后，加速度随着时间的推移而趋于零。这一事实说明，脉冲喷吹气流在滤袋内的清灰作用是一次性的，清灰气流在从袋口喷向袋底的过程中，依次将滤袋表面的粉尘清落。清灰气流对滤袋的第一次冲击对于清灰来说起决定性作用。

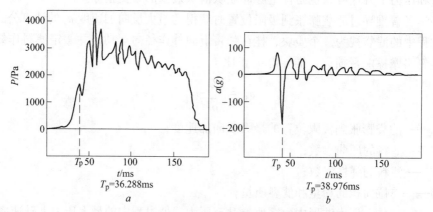

图 21-5 脉冲袋式除尘器清灰压力波形和加速度波形
a—压力波形；b—加速度波形

对于滤袋的清灰过程，一些资料描述为：清灰气流进入滤袋后，滤袋整体膨胀，附着于滤袋表面的粉尘被清落，如图 21-6b 所示。但试验结果和工程经验表明，滤袋清灰的实际形态如图 21-7 所示，图中 a、b、c 反映一条滤袋在清灰过程中三个连续时刻的形态。喷吹气流和诱导的二次气流形成的高压气团，由袋口冲向袋底，所经之处的滤袋急速膨胀，其表面的粉尘即被依次清落。当高压气团到达袋底并清除底部粉尘后，该滤袋清灰过程结束。

21.1.2.2 机械振动清灰机理

机械振动清灰是利用机械装置（手动、电动、气动）通过传动机构使滤袋整体按某一固有频率产生简谐振动，依附于滤袋表面的尘饼在同步振动过程中崩落。机械振动清灰机理主要有加速度、剪切、屈曲—拉伸、扭曲等协同作用。其中，加速度对清灰起着主要作用。

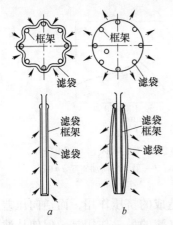

图 21-6 滤袋清灰过程的示意性描述

a—过滤状态；*b*—清灰状态

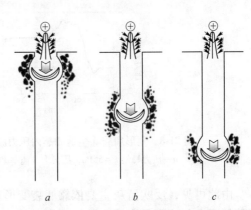

图 21-7 清灰时滤袋在不同时刻的形态

试验证明，振动清灰时，滤袋壁面的加速度必须达到一个临界值，才能获得良好的效果。这一临界值为 $5g$。更高的加速度可以增进清灰效果，而当 a_p 高于 $10g$ 后则增益很小。

振动清灰工作制度由"过滤"和"振动"两个状态组成。为改善清灰时的粉尘剥离效果，振动清灰大多在离线状态下进行，有的在每次振动后延迟一段时间后才恢复过滤状态。

机械振动清灰往往与反吹清灰联合进行，在滤袋被置于振动状态的同时，截止过滤气流并将干净气体（大气或净化后的气体）反向送往仓室，使滤料变形，以增进振动清灰的效果。

21.1.2.3 反吹风清灰机理

反吹清灰又称逆气流清灰，是利用切换装置（手动、电动、气动阀门或其他机构）截止过滤气流，并借助除尘器本身持有的资用压力或外加动力形成具有足够动量的逆向气流，使滤袋一次或多次鼓胀、缩瘪，在胀、缩形变过程中，滤袋积附的粉尘层破碎、剥离而脱落，滤袋获得再生。反吹清灰也可借助回转移动或往复移动的喷嘴中止含尘气流，并将大气或净化后的气体逆向输入滤袋，使滤袋产生变形从而清除积附的粉尘。

逆气流清灰的一种形式为分室反吹清灰，清灰制度有二状态与三状态之分：二状态由"过滤—反吹"组成；三状态由"过滤—反吹—沉降"组成。增加"沉降"状态，旨在促进被剥离粉尘的沉降，希望增加对轻质、细粒、黏性粉尘的清灰效果。

反吹风袋式除尘器清灰时，逆向穿过滤袋壁的气流速度不大于过滤风速的 $2 \sim 3$ 倍，通常不大于 30mm/s，比脉冲喷吹的逆向气流速度小得多，更加难以借助气流的作用清落粉尘。

对采用反吹清灰的菱形扁袋除尘器进行了清灰能力的试验，图 21-8 所示为其反吹清灰时滤袋内的压力波形和袋壁的加速度波形。由图可见，在反吹风速为 2m/min 条件下，其压力峰值很低（仅 55Pa），而且压力上升速度特别小（0.85Pa/ms），只有脉冲喷吹压力上升速度（294.9Pa/ms）的 2.88‰。其最大反向加速度基本为零。这说明，反吹清灰气流对滤袋冲击振动相当微弱。

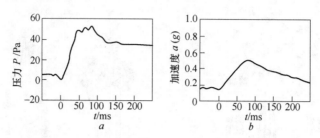

图 21-8　菱形扁袋除尘器滤袋内压力波形和加速度波形（反吹风速 $v=2m/min$）
a—压力峰值 $P=55Pa$，压力上升速率 $P/t=0.85Pa/ms$；b—最大反向加速度 $a=0g$

由此可见，反吹清灰主要依靠滤袋变形对粉尘层造成的挤压作用，而逆向压差及穿过滤袋的反向气流则是形成这种挤压作用的动力。反向气流的另一作用是，促使从滤袋剥离的粉尘落入灰斗。

21.1.3　袋式除尘器的清灰装置

21.1.3.1　脉冲喷吹清灰装置

脉冲喷吹清灰是以压缩气体（空气或其他气体）为动力，以瞬间释放的方式，将压缩气体喷入滤袋中，使滤袋受到冲击振动，从而将滤袋上的粉尘清落。

A　固定管高压脉冲喷吹装置

固定管高压脉冲喷吹装置主要包括气包、脉冲阀、电磁阀、喷吹管、引射器（图21-9）。

当电磁阀接到电信号而开启时，脉冲阀随之开启，将气包内的压缩气体瞬间释放并流向喷吹管。喷吹管上有与滤袋数量相同的喷孔（或喷嘴）。压缩气体从喷孔（或喷嘴）高速喷出，同时借助文丘里的作用引射数倍于己的周围气体，并使两部分气体的能量进行传递，混合气体喷入滤袋从而实现清灰。喷吹压力为 0.6~0.7MPa。

B　固定管低压脉冲喷吹装置

固定管低压脉冲喷吹装置如图 21-10 所示。其组成和工作原理与高压喷吹类型大致相同，区别在于其脉冲阀不是直角形式，而是淹没式。这种脉冲阀省去了直角式脉冲阀的阀体，将膜片和阀盖等部分与气包结合在一起，大大简化的脉冲阀的结构，使这种喷吹装置所需的喷吹压力降低至 0.2~0.3MPa，脉冲时间可小于 100ms，甚至更短。

另外，这种喷吹装置通常不设引射器，直接通过袋口的引射作用使喷吹气流同被诱导气流实现能量传递。

C　环隙脉冲喷吹装置

环隙脉冲喷吹装置因采用环隙引射器而命名，与中心脉冲喷吹装置不同，压缩气体由环隙引射器内壁的一圈缝隙喷出，而被引射的二次气流则由引射器的中心进入，比中心喷吹具有更好的引射效果。

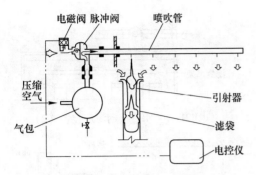

图 21-9 固定管高压脉冲喷吹装置

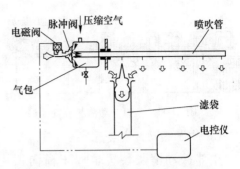

图 21-10 固定管低压脉冲喷吹装置

D 气箱脉冲喷吹装置

与其他喷吹装置不同，气箱脉冲喷吹装置不设喷吹管，也不设引射器，而是直接将脉冲阀释放的压缩气体输入除尘器的上箱体，使上箱体在瞬间形成正压，并传递到滤袋内，从而实现清灰。

由于上述特点，需要将除尘器分隔成多个独立的仓室，并在仓室出口设停风阀。在脉冲阀喷吹之前，必须将停风阀关闭。

E 回转喷吹装置

回转喷吹装置由储气罐、脉冲阀、喷吹管、旋转立管、电机和变速机构组成。一套喷吹装置仅设一个大规格脉冲阀，为一个滤袋束清灰。每个滤袋束有多达数百条至上千条滤袋。根据滤袋数量的多少，脉冲阀口径可为 $\phi200mm$、$300mm$ 或 $400mm$，喷吹管数量可为 $2\sim4$ 根不等。喷吹管上设矩形喷嘴，分别对准某个同心圆的圆周，滤袋即沿这些圆周布置。喷吹装置工作时，旋转机构带动喷吹管连续回转，脉冲阀则按照设定的间隔进行喷吹。

回转喷吹装置的喷吹压力不大于 $0.085MPa$，采用罗茨风机作为供气动力。

21.1.3.2 机械振动清灰装置

A 垂直振动清灰装置

垂直振动清灰装置（图 21-11）要求除尘器设计成若干个独立的仓室，由电动机和减速机构带动的传动轴上，设有与仓室数相同的凸轮，每一凸轮控制一个拨叉。当某仓室清灰时，凸轮带动拨叉将吊挂滤袋的吊架向上提起，随后突然落下，滤袋受振动而使表面的粉尘脱落。同时，振动机构使该仓室的排气阀关闭，切断含尘气流通道，反吹气流进口开启，干净气体借助负压（或反吹风机）从反方向吹入滤袋内，以增强滤袋清灰效果。

各仓室对应的凸轮相差一定角度，因而每次只有一个仓室清灰。每次清灰时，滤袋振动 3 次，耗时 $1\sim2min$。滤袋吊架被提起的高度为 $30\sim50mm$。清灰周期为 $8\sim10min$。

垂直振动清灰的另外一种形式如图 21-12 所示，由凸轮机构通过杠杆驱动吊架而实现振动清灰。

B 横向振动清灰装置

横向振动清灰装置的结构如图 21-13 所示。滤袋安装在顶部的框架上，框架通过连杆、曲柄与电机相连。电机运转时，带动吊架横向振动，使滤袋上的粉尘清落。

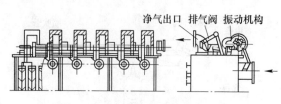

图 21-11　垂直振动清灰装置（1）

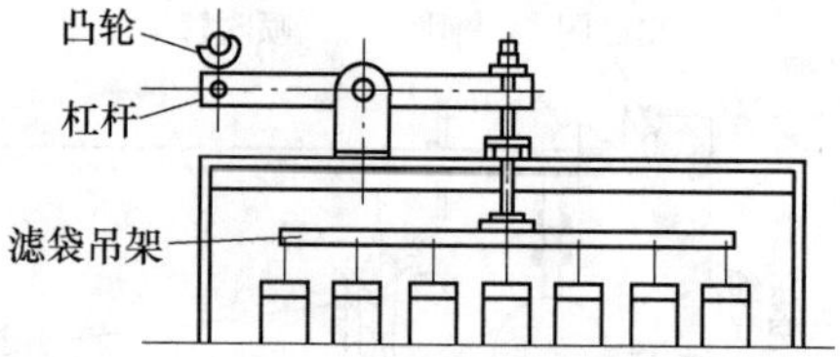

图 21-12　垂直振动清灰装置（2）

C　中部振动清灰装置

中部振动清灰装置也属于横向振动，由电机、曲柄和连杆等组成（图 21-14），同样要求袋式除尘器设计成若干个独立的仓室，清灰逐室进行，通常与反吹清灰方式结合使用。清灰时，电机通过摇杆和打击棒使框架横向振动，滤袋也随之振动，滤袋上的粉尘随之脱落；同时，仓室的排气阀和回气阀切换，干净气流从回气阀门反向进入滤

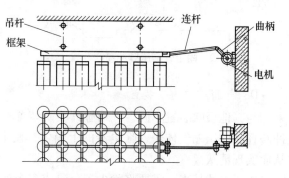

图 21-13　横向振动清灰装置

袋，促进滤袋清灰。有的清灰装置还装有电加热器对清灰气流加热，在含尘气体湿度较高的条件下，避免温度较低的清灰气流导致除尘器内结露。

D　高频振动清灰装置

高频振动清灰装置以带有偏心轮的电机为动力，电机安装在滤袋吊架的顶部，而吊架支撑在弹簧上（图 21-15）。电机开动时带动吊架振动，其频率很高，而振幅很小，滤袋随之振动，将滤袋表面的粉尘清落。同时，净气出口阀和反吹阀相互切换，室外空气或净化后的气体反向通过滤袋，增强清灰效果。该方式要求除尘器取分室结构，逐室轮流清灰。

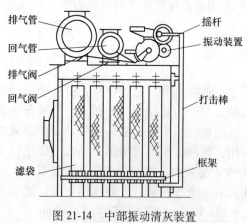

图 21-14　中部振动清灰装置

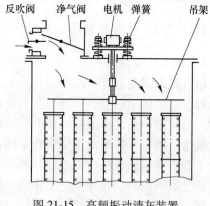

图 21-15　高频振动清灰装置

21.1.3.3　反吹清灰装置

A　分室反吹清灰装置

分室反吹清灰装置有负压式和正压式之分，其共同特点是要求将除尘器分隔为若干个

相对独立的仓室，清灰过程是逐室进行的。

负压式分室反吹清灰装置在每个仓室的出口处设有净气阀门和反吹阀门，通过两个阀门的互相切换，在仓室内、外差压的驱动下，沿着与过滤气流相反的方向穿过滤袋，使滤袋缩瘪变形，附着在滤袋内表面的粉尘因而脱落。

反吹气流吸入口可以与大气相通，也可以与除尘系统的引风机的出口相接。当除尘器入口负压不足以克服滤袋和反吹管路阻力以保证足够清灰气量时，需要增设反吹风机。

现在多以三通切换阀替代净气和反吹两个阀门。三通切换阀有三个通道：仓室通道、净气通道和反吹通道。仓室通道与除尘器的箱体相连。借助阀板位置的变换，轮流开启净气通道或反吹通道，使仓室处于过滤状态（图21-16a）或反吹状态（图21-16b）。

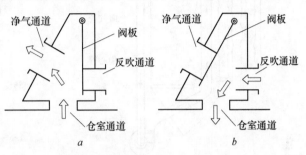

图21-16 负压分室反吹三通阀
a—过滤状态；b—反吹状态

正压式分室反吹袋式除尘器的清灰装置设于每个仓室的尘气入口处，常用的清灰机构是盘式三通切换阀（图21-17）。圆筒形的阀体上，设有含尘气流通道和反吹气流通道，并有两个阀座，由气缸带动的阀板在两个阀座间上下移动。当阀板关闭上阀座时，来自尘气总管的含尘气流从下阀座进入，并流向袋式除尘器的仓室，除尘器处于过滤状态（图21-17a）。当该仓室需要清灰时，阀板关闭下阀座，含尘气流被阻断，反吹气流从袋式除尘器的仓室进入三通阀（图21-17b），并经上阀座和反吹气流通道流向反吹气体总管。

正压分室反吹清灰装置也可采用设两个阀的形式，即一个仓室各设一个过滤阀和一个反吹阀，互相切换，实现清灰。

B 回转反吹清灰装置

具有代表性的回转反吹清灰装置包括反吹

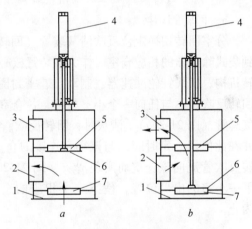

图21-17 正压分室反吹用三通切换阀
a—过滤状态；b—清灰状态
1—含尘气流通道（来自尘气总管）；
2—含尘气流通道（通向仓室的灰斗）；
3—反吹气流通道；4—气缸；
5—上阀座；6—阀板；7—下阀座

风机、中心管、回转反吹臂、回转机构等部分（图21-18）。由高压风机产生的反吹气流通过中心管送到回转反吹臂。反吹臂上有反吹风口，与按照同心圆布置的滤袋相对应，反吹气流通过反吹风口连续吹向滤袋内部。在反吹过程中，反吹臂围绕中心管连续回转，将清灰气流送至全部滤袋而使之得以清灰。

一种改进的回转反吹装置省去了贯通除尘器整个箱体的中心管，将风机置于袋式除尘器的顶部，直接从净气室吸取干净气体而送往回转反吹臂（图21-19）。

回转反吹清灰装置还推出其他改进的形式：在反吹风机出口管增设脉动阀，形成脉动反吹；在回转臂的反吹风口增设滑动拖板，以减少反吹气流的漏失；采用步进式回转机构，实现定位反吹，延长滤袋清灰的持续时间。以上的改进措施都不同程度地增强了清灰效果。

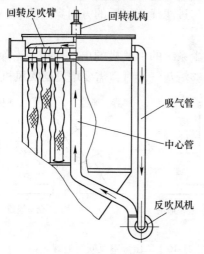

图 21-18　回转反吹清灰装置（1）

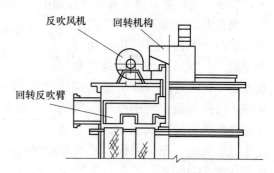

图 21-19　回转反吹清灰装置（2）

C　分室回转切换定位反吹清灰装置

a　回转阀切换型

分室回转切换定位反吹清灰装置（回转阀切换型）内部分隔成若干个小室，分别连接到袋式除尘器的相应仓室。作为该装置核心机构的回转切换阀，由阀体、回转反吹管、回转机构、摆线针轮减速器、制动器、密封圈及行程开关等组成。除尘器处于过滤状态时，回转反吹管不与任何一个小室相接，各仓室过滤后的干净气流经回转切换阀汇集后流向净气总管（图 21-20a）。清灰时，回转反吹管转动到与某一小室净气通道出口相接的位置，并在此停留一定时间，与该小室连接的仓室被阻断，该仓室的过滤停止，反吹气流从回转反吹管流向该仓室而实现清灰（图 21-20b）；该仓室清灰结束后，回转反吹管转动到下一小室的出口位置，使下一个相应的仓室清灰。该过程持续到全部仓室都实现清灰为止。

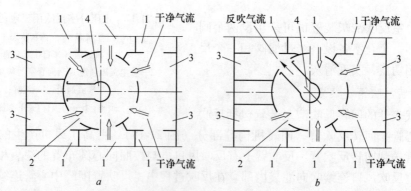

图 21-20　分室回转定位反吹装置（回转阀切换型）
a—过滤状态；b—仓室清灰状态
1—小室；2—回转切换阀；3—净气通道；4—回转反吹管

　　b　回转臂切换型

　　分室回转切换定位反吹清灰装置（回转臂切换型）用于一种特定的反吹清灰袋式除尘器。该装置分成若干个小格，分别与该种除尘器一个单元中相应的袋室相接。每个小格各有一个净气出口，这些净气出口沿一个圆周布置，圆周的中心是垂直布置并带有弯管和反吹风口的反吹风管。全部袋室过滤时，回转反吹管的反吹风口处于空闲位；某个袋室清灰时，反吹风管旋转，使反吹风口移动并短暂停留在该袋室的出口上方，清灰气流由此进入袋室，持续时间为 13~15s，该袋室便在停止过滤的状态下实现清灰。各袋室的清灰逐个依次进行。

21.1.4　袋式除尘器主要特点

　　（1）在各类除尘技术中袋式除尘的效率最高，面对各种工业粉尘和烟尘，目前唯有袋式除尘技术能够稳定地实现颗粒物排放浓度低于 $30mg/Nm^3$。在一些特殊领域，袋式除尘技术满足更加严格的要求：高炉煤气和水煤气净化的出口粉尘浓度低于 $5~10mg/Nm^3$；而在垃圾焚烧发电厂，颗粒物排放浓度更低至 $2~4mg/Nm^3$。

　　（2）能最有效地控制 PM2.5。目前，袋式除尘器对粒径 $1\mu m$ 的粒子的捕集效率可以达到 98%~99%。可以说，目前只有袋式除尘技术能够有效控制微细粒子。

　　（3）能高效去除有害气体。电解铝含氟烟气的净化是依靠袋式除尘系统而实现。含沥青烟气的最有效净化方法是以粉尘吸附并以袋式除尘器分离。

　　试验结果表明，在半干法脱硫中，采用袋式除尘器可比电除尘器提高脱硫效率约 10 个百分点。滤袋表面的粉尘层含有未反应的脱硫剂，相当于一个"固定床"的作用。若滤袋表面粉尘层厚 20mm，过滤风速为 $0.8~1m/min$，则含尘气流通过粉尘层的时间为 1.5~1.2s，显著延长了脱硫反应的时间。

　　在垃圾焚烧烟气净化中，袋式除尘器起着无可替代的作用。垃圾焚烧烟气含有多种有害气体，袋式除尘器的"固定床"特性对垃圾焚烧烟气净化具有重要的价值。去除垃圾焚烧烟气中的二噁英的方法之一是以活性炭吸附再以袋式除尘器实现气固分离。目前国外一种去除二噁英的新技术，是在袋式除尘器的滤料上加催化剂，促使二噁英分解。

　　（4）适应性强，对各种性质的烟（粉）尘都有很好的除尘效果，不受粉尘成分及比电阻等性质的影响，能抵御各种不利因素的干扰。

　　袋式除尘器对入口含尘浓度不敏感，在含尘浓度很高或很低的条件下，都能实现很低的粉尘排放。

　　以往袋式除尘器的应用受到诸多不利因素的制约，近年来袋式除尘技术的发展使情况有了很大的改观，袋式除尘器在以下各种不利环境中都能成功应用和稳定运行：

　　1）烟气高温：在 ≤280℃ 下广泛应用；在 300~500℃ 范围内也有应用，国外已有用于更高温度的实例。

　　2）烟气高湿，如烘干机、喷雾干燥机等尾气净化。

　　3）高含尘浓度：可直接处理含尘浓度 $1400g/Nm^3$ 的气体，并达标排放；还可直接处理含尘浓度 $30kg/Nm^3$ 的气体（如仓式泵输粉），并达标排放。

　　4）高腐蚀性，如垃圾焚烧发电厂的烟气净化，烟气中含 HCl、HF 等腐蚀性气体。

　　5）烟气含易燃、易爆粉尘或气体，如高炉煤气、炭黑生产烟气、煤粉磨机尾气、褐煤提质尾气等。

6）除尘系统具有高负压或高正压：一些大型煤磨收尘系统的负压为 14000～16000Pa；大型高炉煤气袋滤净化系统的正压可达到 0.3MPa；而某些水煤气袋滤净化系统的正压更高达 0.6～4.0MPa。

（5）是新能源开发和节能工程的重要设备。在一些新能源开发和节能工程中，袋式除尘器提供了有力的技术支撑，是不可或缺的重要设备。我国一项新能源开发项目是"煤制油"。作为该工艺中煤粉的收集设备，袋式除尘器是必备的一环。占我国煤炭保有资源量 12.69% 的褐煤，需经提质处理后方可使用，而袋式除尘器是该提质工艺中不可替代的设备。

高炉煤气余压发电具有重大的节能效益。采用袋式除尘器净化高炉煤气，比湿式净化可增加发电 30%～40%，并且每吨铁节约用水 200kg，煤气的热值大幅度提高。而与电除尘净化相比，净煤气的含尘量低，可显著延长热风炉的使用寿命。

（6）是粉体成品和半成品的收集设备。在冶金、动力、能源、化工等多个领域中，袋式除尘器不但是环保设备，更是生产设备，用于收集成品或半成品。有的成为生产工艺中不可或缺的环节。

从某种程度上来说，社会越进步，以粉体形式存在的产品就越多。当今社会，五花八门的行业生产着各种各样的粉体产品。一些行业虽然不直接生产粉体成品，但在生产过程中的中间产品也往往以粉体形式存在。在上述企业中，袋式除尘器被广泛用于粉体产品和半成品的收集，袋式除尘设备是保障这些企业正常生产和提高效益不可或缺的环节。

（7）规格多样，应用灵活。单台除尘器的最大处理风量超过 500 万 m^3/h，最小处理风量低于 $200m^3/h$。

（8）在捕集黏性强及吸湿性强的粉尘，或处理露点很高的烟气时，滤袋易被堵塞，需要采取保温或加热等防范措施。

（9）能方便地回收干物料，不存在污泥处理、废水污染以及腐蚀等问题。

（10）主要缺点是某些类型的袋式除尘器存在着压力损失大、设备庞大、滤袋易损坏、换袋困难而且劳动条件差等问题。

21.1.5 袋式除尘器主要技术参数

21.1.5.1 除尘效率

袋式除尘器的除尘效率主要受以下因素的影响：粉尘特性、滤料特性、滤袋表面的粉尘堆积负荷、过滤风速等。

（1）粉尘粒径直接影响袋式除尘器的除尘效率。对于 $1\mu m$ 以上的尘粒、除尘效率一般都可达到 99.9%。小于 $1\mu m$ 的尘粒中，以 $0.2～0.4\mu m$ 尘粒的除尘效率最低（图 21-21）。无论对清洁滤料或积尘滤料都有类似情况。这是因为对这一粒径范围内的尘粒而言，几种捕集粉尘的效应都处于低值区域。

尘粒携带静电荷对除尘效率产生积极影响。利用这一特性，可以预先使粉尘荷电，从而对微细粉尘也能获得很高的除尘效率。

（2）滤料的结构类型和表面处理的状况对袋式除尘器的除尘效率有显著影响。在一般情况下，机织布滤料的除尘效率较低，特别当滤料表面粉尘层尚未建立或遭到破坏的条件下，更是如此；针刺毡滤料有较高的除尘效率；而最新推出的各种表面过滤材料，则可以获得接近"零排放"的理想效果。

（3）滤料表面堆积粉尘负荷的影响在使用机织布滤料的条件下最为显著。此时，滤料更多的是起着支撑结构的作用，而起主要滤尘作用的则是滤料表面的粉尘层（图21-22）。在使用新滤料和清灰之后的某段时间内，由于滤料表面堆积粉尘负荷低，除尘效率都较低。但对于针刺毡滤料，这一影响则较小。对表面过滤材料而言，这种影响不显著。

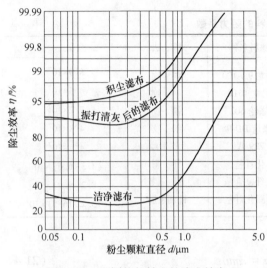

图 21-21 不同粒径粉尘的除尘效率

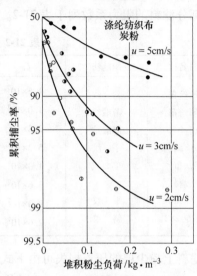

图 21-22 除尘效率与堆积粉尘负荷的关系

（4）过滤风速对除尘效率的影响也更多表现在机织布条件下。较低的过滤风速有助于建立孔径小而孔隙率高的粉尘层，从而提高除尘效率。即使如此，当使用表面起绒的机织布滤料时，也可使这种影响变得不显著。当使用针刺毡滤料或表面过滤材料时，过滤风速的影响主要表现在除尘器的压力损失而非除尘效率方面。

需要说明，在评价袋式除尘器的除尘效果时，通常不采用"除尘效率"这一指标。这是因为"除尘效率"不能真实反映袋式除尘器的除尘效果，例如，在入口含尘浓度特别低的条件下（大型制氧机进气净化等），除尘效率无法达到99.9%以上，但出口含尘浓度却稳定低于 $2mg/Nm^3$。因此，以"粉尘排放浓度"替代"除尘效率"作为评价指标更为合理，也与根据环保法规考核的指标相符。

21.1.5.2 压力损失（设备阻力）

袋式除尘器的压力损失可表达为如下形式：

$$\Delta P = \Delta P_c + \Delta P_0 + \Delta P_d \qquad (21\text{-}2)$$

式中　ΔP——袋式除尘器的压力损失，Pa；

　　ΔP_c——除尘器结构的压力损失，Pa；

　　ΔP_0——清洁滤料的压力损失，Pa；

　　ΔP_d——滤料上粉尘层的压力损失，Pa。

除尘器结构的压力损失系指气体通过除尘器入口、出口及其他构件时，由于方向或速度发生变化而导致的压力损失，通常为 200～500Pa。

清洁滤料的压力损失同过滤风速成正比：

$$\Delta P_0 = \zeta_o \mu v \qquad (21\text{-}3)$$

式中　ζ_o——滤料的阻力系数，m^{-1}；

　　　μ——气体的动力黏性系数，$Pa \cdot s$；

　　　v——过滤风速，m/s。

部分滤料的阻力系数列于表 21-2。

表 21-2　部分滤料的阻力系数

滤料名称	织　法	ζ_o	滤料名称	织　法	ζ_o
玻璃丝布	斜　纹	1.5×10^7	尼龙 9A-100	斜　纹	8.9×10^7
玻璃丝布	薄缎纹	1.0×10^7	尼龙 161B	平　纹	4.6×10^7
玻璃丝布	厚缎纹	2.8×10^7	涤纶 602	斜　纹	7.2×10^7
平　绸	平　纹	5.2×10^7	涤纶 DD-9	斜　纹	4.8×10^7
棉　布	单面绒	1.0×10^7	729-Ⅳ	2/5 缎纹	4.6×10^7
呢　料		3.6×10^7	化纤毡	针　刺	$(3.3 \sim 6.6) \times 10^7$
棉帆布 No11	平　纹	9.0×10^7	玻纤复合毡	针　刺	$(8.2 \sim 9.9) \times 10^7$
维尼纶 282	斜　纹	2.6×10^7	覆膜化纤毡	针刺覆膜	$(13.2 \sim 16.5) \times 10^7$

滤料上粉尘层的压力损失可由下式表述：

$$\Delta P_d = \zeta_d \mu v = \alpha m \mu v \qquad (21\text{-}4)$$

式中　ζ_d——粉尘层的阻力系数，m^{-1}；

　　　α——粉尘层的比阻力，m/kg；

　　　m——滤料上堆积粉尘负荷，kg/m^2。

于是，积尘滤料的压力损失为：

$$\Delta P = \Delta P_0 + \Delta P_d = (\zeta_o + \zeta_d) \mu v = (\zeta_o + \alpha m) \mu v \qquad (21\text{-}5)$$

粉尘层比阻力 α 一般不是常数，它与粉尘粒径、粉尘层孔隙率、粉尘负荷以及滤料特性有关，一般为 $10^9 \sim 10^{12} m/kg$。图 21-23 所示为过滤风速为 $0.6 \sim 6m/min$ 时的平均 α 值。

一般情况下，$\Delta P_0 = 50 \sim 200Pa$，而 $\Delta P_d = 500 \sim 2500Pa$。可见，粉尘层的压力损失占除尘器压力损失的绝大部分，亦即滤料上堆积粉尘负荷对除尘器压力损失有决定性的影响。

袋式除尘器的压力损失在很大程度上取决于过滤风速。除尘器结构、清洁滤料、粉

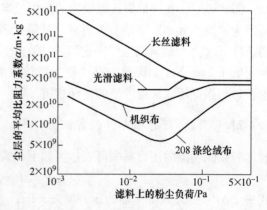

图 21-23　粉尘层的平均 α 值

尘层的压力损失都随过滤风速的提高而增加。由图 21-24 可见，总压力损失随过滤风速而以几何级数增加。

滤料的结构和表面处理的情况对除尘器的压力损失也有一定影响：使用机织布滤料时

阻力最高；毡类滤料次之；表面过滤材料可实现最低的压力损失。

过滤时间也是影响压力损失的重要因素。该影响体现在两方面：（1）压力损失随着过滤—清灰这两个工作阶段的交替而不断地上升和下降（图21-25）；（2）当新滤袋投入使用时，除尘器压力损失较低，在一段时间内增长较快，经1~2个月后趋于稳定，转为以缓慢的速度增长（图21-26）。

清灰方式也在很大程度上影响着除尘器的压力损失。采用强力清灰方式（如脉冲喷吹）时压力损失较低，而采用弱力清灰方式（机械振动、气流反吹等）的压力损失则较高。

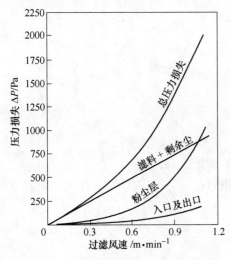

图 21-24　压力损失与过滤风速的关系

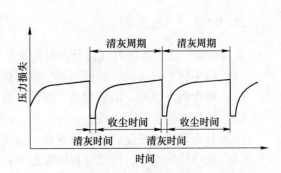

图 21-25　压力损失周期性变化

21.1.5.3　过滤风速

袋式除尘器允许的过滤风速是衡量其性能的重要指标之一，可按下式计算：

$$v = \frac{Q}{60A} \tag{21-6}$$

式中　v——过滤风速，m/min；

　　　Q——处理风量，m³/h；

　　　A——过滤面积，m²。

过滤风速的大小与清灰方式、清灰

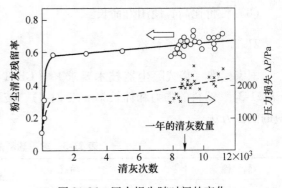

图 21-26　压力损失随时间的变化

制度、粉尘特性、入口含尘浓度等因素有密切的关系。在下列条件下可采用较高过滤风速；采用强力清灰方式；清灰周期较短；粉尘颗粒较大、黏性小；入口含尘浓较低；处理常温烟气；采用针刺毡滤料或表面过滤材料。在不符合上述条件的情况下，则只能采用较低的过滤风速。

21.1.5.4　经济性

袋式除尘器的经济性包括一次投资和运行费用。前者包括设备投资、滤料费用、占地面积等；后者包括过滤能耗（风机克服设备阻力的电耗）、清灰能耗、滤袋及备品备件更换费用。

决定袋式除尘器经济性的主要因素是过滤风速、清灰方式、滤袋材质及其使用寿命、备品备件类型及其使用年限。

在高温条件下，滤袋使用寿命对袋式除尘器的经济性有较大的影响。滤袋寿命一般为破损滤袋数量达到滤袋总数5%时的累计工作时间，或滤袋残余阻力超过预定限度时的累计时间。它与滤料的材质、烟气的温度、湿度、成分、酸露点、粉尘物化性质，以及除尘器的结构和清灰方式等有关，同时也受维护管理、清灰周期、过滤风速和粉尘浓度的影响。

21.2 袋式除尘器用滤料

21.2.1 对袋式除尘器用滤料的要求

21.2.1.1 一般要求

滤料是袋式除尘器进行气固分离的关键材料，应满足如下要求：
（1）粉尘捕集效率高，对微细粉尘也有很好的捕集效果；
（2）粉尘剥离性好，清灰容易，以保持低的阻力；
（3）透气性适宜，阻力低；
（4）具有足够的强度，抗拉、耐磨、抗皱折；
（5）尺寸稳定性好，使用过程中变形小；
（6）具有良好的耐温、耐化学腐蚀和耐水解性能；
（7）原料来源广泛，性能稳定可靠；
（8）性价比高，使用寿命长。

21.2.1.2 国家标准

国家标准《袋式除尘器技术要求》（GB/T 6719—2009）规定了对滤料的技术要求（表21-3）、滤料的强力和伸长率（表21-4）、玻璃纤维滤料强力要求（表21-5），以及相应的测试方法。

表 21-3 常用滤料的技术要求

特 性	考 核 项 目	非织造滤料	织造滤料
形态特性	单位面积质量偏差/%	±5	±3
	厚度偏差/%	±10	±7
	幅宽偏差/%	+1	+1
透气率	透气率偏差/%	±20	±15
阻力特性	洁净滤料阻力系数	≤20	≤30
	残余阻力/Pa	≤300	≤400
滤尘性能	静态除尘效率/%	≥99.5	≥99.3
	动态除尘效率/%	≥99.9	≥99.9

特 性	考核 项目	非织造滤料	织造滤料
静电特性	摩擦荷电电荷密度/$\mu C \cdot m^{-2}$		<7
	摩擦电位/V		<500
	半衰期/s		<1
	表面电阻/Ω		$<10^{10}$
	体积电阻/Ω		$<10^{9}$

表 21-4 滤料的强力和伸长率

项 目		滤料类型			
		普通型		高强低伸型	
		非织造	织造	非织造	织造
断裂强力/N	经向	≥900	≥2200	≥1500	≥3000
	纬向	≥1200	≥1800	≥1800	≥2000
断裂伸长率/%	经向	≤35	≤27	≤30	≤23
	纬向	≤50	≤25	≤45	≤21
经向定负荷伸长率/%		—			≤1

注：样条尺寸为 5cm×20cm。

表 21-5 玻璃纤维滤料的技术要求

项 目		滤料类型	
		非织造滤料	织造滤料
断裂强力/N	经向	≥2300	≥3400
	纬向	≥2300	≥2400

注：样条尺寸为 5cm×20cm，织造滤料单位面积质量为 500g/m^2。

21.2.2 滤料用纤维的特性

21.2.2.1 纤维长度和断面形状

纤维在不受外力影响下伸直时两端的距离，称为纤维长度，单位为 mm。

通常将合成纤维切成三种长度：棉型（33~38mm）、中长型（51~76mm）和毛型（76~102mm）。

纤维的断面形状以圆形居多，此外还有扁平形（如 PTFE）、三叶形（如聚酰亚胺）、异形等。纤维断面形状对滤料的过滤效率和阻力有一定影响，如三叶形纤维滤料过滤效率更高。

21.2.2.2 纤维细度

在我国的法定计量单位中将细度称为"线密度"，单位名称为"特［克斯］"，记为"tex"。是指 1000m 长的纤维在公定回潮率下的重量克数，即：

$$tex = \frac{G}{L} \times 1000 \qquad (21-7)$$

式中，G 为纤维的重量，g；L 为纤维的长度，m。

特克斯数值较小，不便使用，所以常用分特克斯（dtex），简称分特，1dtex = 0.1tex。

纤维细度的定长制单位还有旦数（Denier）；定重制单位有公制支数（Nm）、英制支数（Ne）。

旦数（den）是指 9000m 长的纤维在公定回潮率时的重量克数，den =（G/L）× 9000，其中，G 为纤维的重量（g）；L 为纤维的长度（m）。

对于定长制细度单位而言，克重越大表示纤维越粗。而对于定重制细度单位而言，支数越高，表示纤维越细。不同制式的细度单位之间可以换算，见表 21-6。

细度是影响滤料成品质量的重要因素。纤维越细，则纤维在成纱、成网、进而成织物或针刺毡会更均匀，成品的变形小、尺寸稳定性好。

表 21-6 纤维细度换算

细度名称	公制支数（Nm）	特（tex）	旦尼尔（D）	分特（dtex）
公制支数（Nm）	1	1000	9000	1000
特（tex）	0.001	1	9	10
旦尼尔（D）	0.00011	0.11	1	1.11
分特（dtex）	0.0001	0.1	0.9	1

21.2.2.3 断裂强度和断裂伸长率

断裂强度是衡量纤维品质的主要指标之一，常用绝对强力和断裂伸长率表示。

（1）绝对强力（P）：纤维在连续加负荷条件下拉伸，直至断裂时所能承受的最大负荷称为绝对强力，单位为 N。

（2）断裂伸长率：纤维在连续增加负荷作用下产生伸长变形并直至断裂时所具有的长度，称为断裂伸长；断裂伸长率是指纤维受拉伸负荷至断裂时，长度增加量同原来长度之比。

纤维在被外力拉伸时，拉伸应力 σ 和其伸长率 ε（%）组成应力应变曲线，如图 21-27 所示。图中 a 为断裂点，对应的拉伸应力 σ_a 即断裂应力，对应的伸长率 ε_a 即断裂伸长率；b 点为屈服点，对应的拉伸应力称为屈服应力。

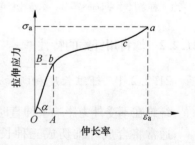

图 21-27 纤维应力应变曲线

21.2.2.4 初始模量

纤维受外力被拉伸时，应力和其应变同时发生。应力与相对应的应变之比称为模量（模数）。纤维的初始模量，是指纤维伸长为原长的 1% 时所需的应力，单位为 mN/tex。

在纤维应力应变曲线上，初始模量是指起始一段直线部分的应力应变值，即曲线起始部分的斜率（图 21-27）。其大小表示纤维在小负荷作用下变形的难易程度，反映纤维的刚性。初始模量大，表示纤维在小负荷作用下不容易变形，刚性比较好，其制品就比较挺括。

21.2.2.5 耐折性

耐折性是指在一定应力作用下，处于一定温度的纤维承受反复弯曲或折叠时的耐久性。它是检验纤维在交变应力和应变作用下抵抗局部结构变化和内部缺陷发展的能力，具有很强的实用性。耐折性可用纤维断裂时的弯曲半径 r 来衡量，弯曲半径越小，耐折性越好。

对玻璃纤维耐折性测试表明，纤维越细、断裂弯曲半径越小，耐折性越好。

一般说来，合成纤维质地柔软，耐折性好；无机纤维材质较脆，耐折性能较差。

21.2.2.6 纤维弹性

纤维弹性是指其抵抗外力作用，要求回复到原来状态的能力。常用指标是弹性回复率（回弹率），它是纤维急弹性变形和一定时间的缓弹性变形占总变形量的百分率。其计算公式为：

弹性回复率是在指定的条件（负荷、负荷作用时间、去负荷后变形回复时间等）下测定并计算而得的。我国对化纤常用5%定伸长弹性回复率，其指定条件是使纤维产生5%伸长后保持一定时间（如 1min）测得 L_1，去负荷休息一定时间（如 30s）测得 L_2，计算而得。

纤维的弹性回复率高，表明弹性好、变形恢复能力强，其制成的滤料尺寸稳定性好，较为耐磨。回弹性好的纤维，其耐疲劳性能一般也较高；纤维愈细，其耐疲劳性也愈好。

21.2.2.7 耐热程度

纤维的耐热程度是指在较长时间经受高温（例如 200℃ 以上）尚能基本保持其原有的物理机械特性的能力。高温下不软化、仍能维持一般力学性质的特种纤维，又称耐热纤维。纤维材料的耐热程度，主要由耐热性和热稳定性表示。

A 耐热性

耐热性是指在负荷下，纤维材料失去原有机械强度发生变形时的温度，其参数有熔化温度、软化温度、玻璃化温度等。

绝大多数聚合物材料通常可处于以下四种物理状态（或称力学状态）：玻璃态、黏弹态、高弹态和黏流态。温度低时材料为刚性固体状，与玻璃相似，在外力作用下的形变很小，此状态即为玻璃态；当温度升高到一定范围后，材料的形变明显增加，并在随后的一定温度区间内形变相对稳定，此状态即为高弹态；温度继续升高形变量又逐渐增大，材料逐渐变成黏性的流体，此时形变不可能恢复，此状态即为黏流态。通常把玻璃态与高弹态之间的转变，称为玻璃化转变，该转变所对应的温度称为玻璃化转变温度，或称玻璃化温度。

软化点是指物质软化的温度。主要指的是无定形聚合物开始变软时的温度。

熔点是固体将其聚合物由固态转变（熔化）为液态的温度，一般可用 T_m 表示。物质有晶体和非晶体之分：晶体有熔点，晶体开始熔化时的温度叫做熔点；而非晶体则没有熔点。

B 热稳定性

热稳定性是指纤维分子结构在惰性气体中开始分解时的温度，在空气中开始分解的温度称为热氧稳定性。一般合成纤维的耐热性低于热稳定性。常用纤维的耐热程度见表21-7。

表 21-7 常用纤维的耐热程度

纤维名称	软化点/℃	熔点/℃	分解点/℃	玻璃化温度/℃	强度保持率/%（100℃，80天）	强度保持率/%（130℃，80天）
涤纶	235~240	256		67, 80, 90	96	75
腈纶	190~240		280~300	90	100	55
丙纶	145~150	163~175				
芳纶		400	370		100	100
芳砜纶	367~370		400	251	100	100
PPS		285			100	100

C 连续工作温度和瞬时工作温度

在袋式除尘工程中，通常关注滤料"连续工作温度"和"瞬时工作温度"两个指标。

根据 GB/T 6719—2009《袋式除尘器技术要求》，滤料在连续工作温度下持续 24 小时应满足：热收缩率：经向≤1.5%，纬向≤1%；断裂强力保持率：经向≥100%，纬向≥100%。

瞬时工作温度是指滤料在此温度下加热 10min，接着在室温下冷却 10min，然后再加热和冷却，如此往复循环 10 次后，其断裂强力保持率：经向≥95%；纬向≥95%。

21.2.2.8 吸湿性

吸湿性是指纤维材料从气态环境中吸收水分的能力，它与材料的化学组成和结构有关。化纤行业一般用回潮率来表示纤维的吸湿性的强弱，它指纤维所含水分质量与干燥纤维质量的百分比。将纤维在标准大气环境（温度为20℃、相对湿度为65%）中放置一定时间使其充分吸湿，达到稳定时的回值潮率即为该纤维的回潮率，亦即标准状态下的回潮率。

纤维的吸湿性决定各种纤维的应用范围，纤维良好的吸湿性有利于防止在其加工或其制成品使用过程中产生静电。常用纤维原料的回潮率列于表21-8。

表 21-8 常用纤维原料的回潮率

纤维名称	原棉	羊毛	丝	亚麻	涤纶	锦纶	腈纶	丙纶	Nomex	芳砜纶
回潮率/%	11.1	15	11	12	0.4	4.5	2	0	7.5	6.28

21.2.2.9 阻燃性

纤维的阻燃性是指其所具有的减慢、终止或防止有焰燃烧的特性。将织物样品与火焰接触一段时间，然后移去火焰，测定织物发生的有焰（续燃）和无焰（阴燃）燃烧的时间及被损坏的程度，以此衡量纤维材料的阻燃性。续燃时间和阴燃时间越短，织物的阻燃性能越好。

纤维的燃烧性能与其耐热性有密切关系。一般可分为易燃、可燃、难燃和不燃性4类。

表述纤维燃烧特性的重要指标是极限氧指数（LOI），意为纤维在氧气和氮气的混合气氛中，维持完全燃烧状态所需的氧气最低体积分数。一般认为：LOI<20%为易燃；20%<LOI<26%为可燃；26%<LOI<34%为难燃；LOI>35%为不燃。在空气中，氧的体积分数为21%，故若纤维的LOI<21%，就意味着能在空气中继续燃烧。表21-9为常用纤维的极限氧指数。

表21-9 纤维的极限氧指数

纤维名称	腈纶	丙纶	涤纶	改性腈纶	Nomex	芳砜纶	PPS
LOI/%	18.20	18.60	20.60	26.70	28.20	33	34

21.2.2.10 耐腐蚀性

一般来说，酸、碱和有机溶剂对纤维及其制品均会发生腐蚀作用，使其强度降低，腐蚀程度要视酸碱种类、浓度、温度和接触时间长短而变化。表21-10部分纤维耐腐蚀程度。

表21-10 纤维对酸、碱和溶剂等的耐腐蚀程度

纤维名称	酸					碱					溶剂				
	A	B	C	D	E	A	B	C	D	E	A	B	C	D	E
涤　纶		√	√				√	√			√				
腈　纶		√							√		√				
丙　纶	√	√				√					√				
改性腈纶	√										√				
Nomex	√	√				√					√	√			
芳砜纶	√	√				√						√			
PPS	√					√	√				√				
玻璃纤维	√					√					√				
P84	√	√				√	√				√				

注：A代表耐腐蚀优良；B代表耐腐蚀良好；C代表耐腐蚀中等；D代表耐腐蚀较差；E代表耐腐蚀很差。

21.2.2.11 水解性

高分子与水反应引起的分解，称为高分子水解。水分子的加入使聚合物分子分裂为二：

$$\boxed{1}\boxed{2}+H_2O \underset{缩合}{\overset{水解}{\rightleftharpoons}} \boxed{1}H^+ + \boxed{2}HO^- \tag{21-8}$$

式中，母分子的一部分（①）从水分子中获得氢离子（H⁺），另一部分（②）则从水分子中获得剩下的羟基（OH⁻）。

下列条件将使水解反应加速：

（1）温度上升。根据瑞典化学家 Arrhenius 发现的规律，每升高 10℃，反应速度加倍。

（2）水蒸气含量增加。

（3）存在碱或酸的催化作用（来自烟气中的酸及低于露点时溶解的粉尘组分）。

水解是缩合的逆反应。缩合是两个分子互相反应而失去水的化学作用。有许多聚合物是利用缩合反应制造的，例如合成纤维中的涤纶、诺梅克斯、P84 等，这些聚合物都容易水解。

水解可以发生在高分子的主链上，也可以发生在侧链上。前者使聚合度下降（例如涤纶、诺梅克斯水解）；后者聚合度不变，但聚合物链结构单元组成发生了变化（例如聚丙烯腈水解）。

涤纶的水解式：

诺梅克斯的水解式：

从以上两式可见，水解对这两种纤维的作用是水分子将纤维聚合物的分子链分割成较小的两段，从而使分子量减小，聚合度降低，抗拉强度减弱。

聚丙烯腈纤维与水的反应发生在氰基上，分子链不受影响，也就是不破坏主干而只影响分子结构（见反应式），聚合物分子的内聚力减小，机械强度也会下降。

对于容易水解的纤维聚合物，如果能控制温度和湿度可以减慢其水解反应速度。

21.2.2.12 氧化性

氧化是在特定条件下化合物与氧发生反应而引起的分解作用。氧分子或侵蚀性氧化剂的加入引发高分子链的连锁反应，最后导致降解或交联反应，使原化合物分子结构被破坏。

光、热和在聚合过程中残留的一些金属催化剂，或在加工时和金属表面接触而混入的微量金属离子铁、锰、铜等，都会加速高分子的氧化作用。在高温条件下，某些纤维的氧化分解作用随温度的升高而迅速增强。温度每升高 10℃，氧化反应速度将增加 1 倍。聚苯硫醚（PPS）即属此类高温下易氧化的纤维，其耐温性能和 O_2 浓度的关系如图 21-28 所示。

料燃烧产生的烟气中含有 NO_x，其中 NO_2 约占 5%。NO_2 属于侵蚀性氧化剂，对 PPS 等易氧化纤维体分子具有破坏作用。其氧化反应式如下：

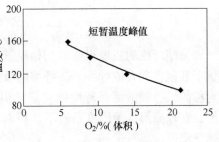

图 21-28　PPS 纤维的氧化性

$$\left[\!\!\begin{array}{c}\bigcirc\end{array}\!\!-S\right]_n +O\!-\!N\!-\!O \Longleftrightarrow \left[\!\!\begin{array}{c}\bigcirc\end{array}\!\!-\overset{O}{\underset{}{S}}\right]_n +NO$$

21.2.2.13　电学性能

纤维受摩擦时，静电边产生、边散失。两摩擦体分离后，若电荷散失与产生的速度相等，则没有电荷积累；若电荷散失速度低于产生速度，则会有电荷积累。静电现象严重时，将产生高达数千伏的静电压，并因放电而产生火花，甚至引起火灾。对用于爆炸性危险场所的袋式除尘器而言，当滤袋产生电荷积累严重时，将可能导致爆炸。

纤维所带静电的"强度"，用单位质量（或单位面积）材料的带电量（库仑或静电单位）表示。各种纤维的最大带电量比较相近，而静电荷散逸速度却差异很大。决定静电荷散逸速度的主要因素是纤维材料的导电性，用比电阻（ρ）表示。

比电阻即电阻率，单位长度、单位横截面积的某种材料在常温（20℃）下的电阻，称为该种材料的比电阻或电阻率。常用单位是 $\Omega \cdot cm$。

静电荷的散逸速度还可用半衰期衡量。它是指物料的静电荷衰减到原始值一半的时间。

增加纤维的导电性能，即减小纤维的电阻，是防止发生静电的有效措施。一般说来，当纤维制品比电阻降低到 $10^9 \sim 10^{11}\Omega \cdot cm$ 时，静电现象就可以防止。

为使纤维制品具有耐久的消静电性能，可在被加工纤维中掺入消静电纤维或导电纤维。

消静电纤维是不易积聚静电荷的合成纤维，在标准状态下其体积电阻率小于 $10^{10}\Omega \cdot cm$，或静电荷逸散半衰期小于 60s；导电纤维是电阻率不大于 $10^7\Omega \cdot cm$ 的纤维。

导电纤维的种类主要有金属纤维、碳纤维、复合导电纤维和高分子导电纤维 4 种。其中，碳纤维和金属纤维中的不锈钢纤维是现今使用最多和最成熟的消静电纤维。

21.2.3　袋式除尘器滤料用纤维

21.2.3.1　聚酯纤维

聚酯纤维（涤纶，Polyester）是袋式除尘滤料所用多种合成纤维中的一种。合成纤维是以石油、煤、天然气以及农产品等为原料，经化学反应制得线型成纤高分子物后，再经纺丝和后处理等生产工艺制成的一类有机纤维的总称。

聚酯纤维是一类合成纤维的总称。在其成纤高分子的结构中含有酯基（—COO—），故统称为聚酯纤维。其中以聚对苯二甲酸乙二醇酯纤维（PET，涤纶）的产量为最大。其结构式为：

$$\text{\Large{⟨}} \text{C}-\underset{O}{\overset{O}{\parallel}}-\text{C}-\text{C}-\text{O}-\text{CH}_2-\text{CH}_2-\text{O} \text{\Large{⟩}}_n$$

聚酯纤维的强度很好，初始模量也很高，故制品的尺寸稳定性良好，不缩水，耐热性优于其他普通合成纤维。该纤维的吸湿较差，在加工和使用中容易积聚静电荷。在室温下对稀的酸、碱液可保持性能稳定，但其稳定性随温度的升高而趋于下降。该纤维不耐水解，在较高湿度及温度条件下，特别是在有一定酸、碱时，会发生水解，致使滤料强力快速下降。

聚酯纤维有棉型纤维、中长纤维、工业长丝等品种。其中，工业长丝的断裂强度高（$\geqslant 5.50\text{N/dtex}$）、断裂伸长低（$\leqslant 17\%$），主要用作织造滤布、针刺毡基布和滤袋缝纫线等。

聚酯纤维是常温滤料的最主要材质，长期工作温度为130℃，瞬间温度上限为150℃。

21.2.3.2 聚丙烯纤维

聚丙烯纤维（丙纶，polypropylene，简称PP）是一种半结晶的热塑性塑料。具有较高的耐冲击性，机械性质强韧，在工业界有广泛的应用。聚丙烯纤维在我国的商品名为丙纶。其结构式为：

$$\text{\Large{⟨}} \underset{\displaystyle \overset{\textstyle |}{\text{CH}}}{\overset{\displaystyle \text{CH}_3}{\text{CH}}} - \text{CH}_2 \text{\Large{⟩}}_n$$

聚丙烯纤维的强度与聚酯纤维相近，耐无机酸及碱腐蚀的性能良好，其耐磨性也很好，该纤维制成的滤料有良好的尺寸稳定性和弹性。在所有的合成纤维中，聚丙烯纤维的密度最小。该纤维的吸湿性很差，在加工和使用过程中容易积聚静电荷。

21.2.3.3 聚丙烯腈系纤维

聚丙烯腈系纤维（Polyacrylonitrile，P.A.N，acrylic fiber，亚克力，腈纶）是一类合成纤维的总称。其结构式为：

$$\text{\Large{⟨}} \text{CH}_2 - \underset{\displaystyle \overset{\textstyle |}{\text{CN}}}{\text{CH}} \text{\Large{⟩}}_n$$

聚丙烯腈有两种聚合体：均聚体和共聚体。亚克力纤维属于丙烯腈均聚体。加热至其熔点（约240℃）时容易变质，因而不能采用熔融纺丝法制造纤维，通常都采用溶液纺丝法。

聚丙烯腈纤维强度为 $22.1 \sim 48.5\text{cN/dtex}$，耐晒性能优良，露天曝晒一年，强度仅下降20%。耐热性优良，于150℃下经过两日，强度仍不改变；至200℃时颜色变黄；温度继续升高，颜色由黄而黑，但强度损失并不是很严重。纤维软化温度为 $190 \sim 230℃$，工作温度与涤纶相同。能耐酸、耐氧化剂和一般有机溶剂，耐水解性良好，但耐碱性较差。价格稍贵于涤纶。聚丙烯腈纤维主要性能参数列于表21-11。

表 21-11 聚丙烯腈纤维主要性能参数

外观	熔点 /℃	密度 /kg·m⁻³	纤维直径 /μm	抗拉强度 /MPa	断裂伸长率 /%
淡黄色单丝	240	0.91~1.18	15（±5）	≥1000	≥15

我国目前多将聚丙烯腈纤维滤料用于沥青混凝土、喷雾干燥、煤磨。亚克力纤维滤料的一项应用实例是用于 $500m^2$ 烧结机烟气除尘，烟气参数列于表 21-12。

表 21-12 亚克力纤维滤料用于 $500m^2$ 烧结机的烟气参数

项　目	参　数
除尘器烟气处理量	300 万 m^3/h
入口含尘浓度	$600 \sim 1000g/Nm^3$
入口烟气温度	连续：130℃；瞬间：≤150℃
入口烟气成分	NO_x：$400mg/Nm^3$；CO_2：8%；O_2：18%；H_2O：13%；SO_2：$300mg/Nm^3$
使用结果	粉尘排放浓度≤$20mg/Nm^3$。投运 9 个月后未见异常，继续运行

21.2.3.4 芳香族聚酰胺纤维

芳香族聚酰胺纤维（芳纶，m-Aramid）是一种由芳香族聚酰胺大分子构成的纤维，按聚合物主链的差异分为对位型和间位型，除尘滤料大都采用聚间苯二甲酰间苯二胺纤维（别名间位芳酰胺纤维、间位芳纶、芳纶1313）。其结构式为：

美国杜邦公司生产的该种纤维商品名为 Nomex®，纤维细度多为 2.2dtex，也有 1.1dtex 的纤维，使纤维的比表面积增加了 40%，可获得比传统细度纤维更高的过滤精度。

Nomex® 纤维具有良好的耐热性，在 177～200℃ 的条件下持续 20000h 仍可保持约 90% 的强度。实际使用中，其连续运行温度为 204℃，瞬时最高温度为 240℃。Nomex® 纤维的热收缩率，在连续运行温度 204℃ 下小于 1%；在 285℃（靠近玻璃化温度）时，小于 2.5%。

Nomex® 能耐大多数酸的腐蚀，对弱酸、弱碱及大部分的有机物的抵抗性非常好，对漂白剂、还原剂、有机溶剂等的稳定性也良好。它还有很好的阻燃性，在空气中不延燃。

对于高温烟气中的硫氧化物，Nomex® 也有较强的耐受能力。克重为 $500g/m^2$ 的 Nomex® 针刺毡，在如下两种条件下使用将至少有两年的预期寿命：（1）100ppm SO_2，6%H_2O，温度低于 200℃；（2）200ppm SO_2，3%H_2O，温度低于 200℃。

Nomex® 纤维耐水解性能较差，在含湿量（体积）10% 的弱酸或中性环境下，芳纶滤料适用于不高于 190℃ 的操作温度，使用寿命可达 2 年。❶

Nomex® 滤料广泛用于沥青、钢铁、水泥、有色冶金等行业，几项应用实例列于表 21-13。

表 21-13 Nomex® 纤维滤料应用实例

项　目	二次炼铅	水泥窑	沥青混凝土（1000t/d）
工作温度	平均 160℃，最高 180℃	平均 160℃，最高 220℃	平均 150℃，最高 220℃
气体含量	水：4%；氧：22%；氮：74%：SO_x：200ppm	水：5%；氧：16%；氮：79%	

---

❶ 取自杜邦公司资料。

续表 21-13

项 目	二次炼铅	水泥窑	沥青混凝土（1000t/d）
处理烟气量	20000Nm³/h	4400Am³/min	90000Am³/h
入口烟尘浓度	10g/Am³	48g/Am³（实际）	160g/Am³
烟尘排放浓度	10mg/Nm³	60mg/Nm³（标准）	75mg/Am³
设备阻力	192mm H₂O	150mm H₂O	

21.2.3.5 芳香族聚砜酰胺纤维

芳香族聚砜酰胺纤维（芳砜纶，PSA）是一种在高分子主链上含有砜基（—SO₂—）的芳香族聚酰胺纤维，由我国自行研制。其结构式为：

$$\left[-N-\overset{}{\underset{H}{\bigcirc}}-SO_2-\bigcirc-\overset{H}{N}OC-\bigcirc-CO-\right]_n$$

国产芳砜纶纤维耐温性能优良，长期使用温度为 250℃，瞬间（2h 以内）使用温度为300℃。该纤维具有良好的高温尺寸稳定性，在 250℃、30min 的干热收缩率<0.2%，与国外芳纶纤维相当。而 PI 纤维接近 0.8%，PPS 在 160℃、30min 条件下为 1.4%（图 21-29）。

PSA 纤维具有良好的耐酸腐蚀性能。在 85℃、pH=0 强酸条件下，PSA 纤维与 PI 纤维的强力保持率基本一致，二者的耐酸能力相当（图 21-30）。该纤维耐碱腐蚀性能也很好，在 85℃、pH=14（碱性）环境下长期处理，PSA 纤维的耐碱性能明显优于 PI 纤维。

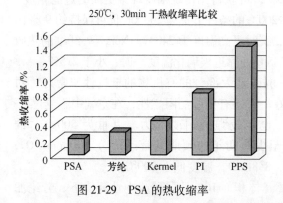

图 21-29　PSA 的热收缩率

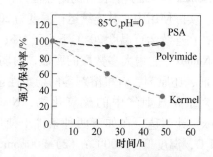

图 21-30　PSA 的抗酸腐蚀性能

芳砜纶纤维耐水解和耐辐射、阻燃性能稍优于芳纶。该纤维与 PI 纤维在 100℃、1%酸催化条件下测试耐水解性能，30h 后强力保持率均大于 60%，PSA 纤维稍低。

现已批量生产包括细旦芳砜纶纤维在内的纤维和滤料产品，并用于水泥窑尾烟气除尘和钢铁行业，获得良好效果。表 21-14 为 PSA 复合滤料用于水泥窑烟气除尘的情况。

表 21-14　PSA 滤料在水泥行业应用实例

项 目	单位	河南 5000t/d 窑尾除尘	湖南某水泥厂	湖南某水泥厂
处理风量	m³/h	980000	900000	780000
滤料材质		P84/PSA，PTFE 基布	玻纤+PSA，玻纤基布	玻纤+PSA，玻纤基布

项 目	单位	河南 5000t/d 窑尾除尘	湖南某水泥厂	湖南某水泥厂
过滤风速	m/min	0.97	0.8	0.8
滤袋规格	mm	160×6000	160×6000	160×7500
滤袋数量	条	5184	5530	5590
入口粉尘浓度	g/Nm³	<130	80	60
粉尘排放浓度	mg/Nm³	<30	<30m	<30
使用温度	℃	≤260	200~240	200~240
运行时间		2010 年 5 月投运，至 2014 年 5 月仍在用	2011 年 4 月投运，至 2014 年 5 月仍在用	2012 年 1 月投运，至 2014 年 5 月仍在用

21.2.3.6　聚苯硫醚纤维

聚苯硫醚纤维（PPS, Polyphenylene Sulphide）的分子结构是以苯环在对位上连接硫原子而形成的大分子主链，是一种线性高分子，其结构式为：

$$\left[\!\!\left\langle\!\!\bigcirc\!\!\right\rangle\!\!-S\right]_n$$

PPS 纤维具有优良的热稳定性耐热性，图 21-31 所示为 PPS 纤维在不同温度下的强度和伸长率，图 21-32 所示为其耐干热性能，图 21-33 所示为耐湿热性能。当 PPS 用作燃煤锅炉烟气除尘时，在湿态酸性环境中，长期使用温度为 150~170℃，最高使用温度 190℃，其使用寿命可达 3 年左右。阻燃性优良，在空气中不会燃烧，将它置于火焰中时虽会点燃，但一旦移去火焰，燃烧便立即停止。该种纤维也有良好的纺纱和织造加工性能。

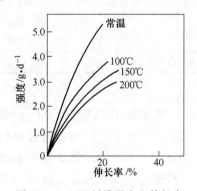

图 21-31　PPS 纤维强度和伸长率

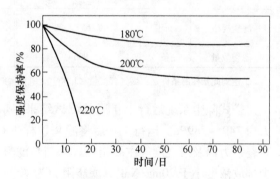

图 21-32　PPS 纤维耐干热性

PPS 纤维化学稳定性好，对酸、碱及多种无机和有机试剂的腐蚀均有很强的耐受能力。其耐化学腐蚀性能仅次于 PTFE 纤维。

PPS 的缺点是耐氧化性能差，可因 O_2 和 NO_2 而氧化降解、强度下降和变色发脆，甚至滤料纤维层破碎而脱离基布。PPS 的耐热性随 O_2 和 NO_2 浓度的增加而降低（图 21-34）。

在除尘系统中，PPS 滤料用于以下环境可预期使用寿命大于 24 个月：烟气温度不高于 150℃、$O_2 \leqslant 8\%$、$NO_2 \leqslant 15mg/Nm^3$；烟气温度达 170℃ 的时间少于 1h/次，累计不得超过

400h/年；达 190℃ 的时间少于 10min/次，累计不得超过 50h/次。❶

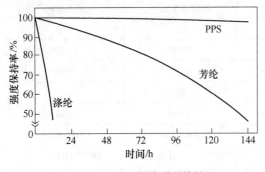

图 21-33　PPS 纤维耐湿热性
（条件：蒸压器 160℃，6.5kg/m²）

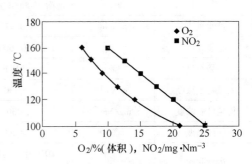

图 21-34　PPS 滤料的耐氧化性

　　PPS 纤维滤料最主要的用途是燃煤锅炉烟气除尘，是该领域首选的滤料。某企业自备电厂 350MW 机组"电改袋"采用了 PPS 滤料，袋式除尘器主要规格和参数列于表 21-15。

表 21-15　350MW 机组袋式除尘器主要规格和参数

项　目	单位	参　数	项　目	单位	参　数
处理烟气量	m³/h	2700000	总过滤面积	m²	44116
烟气温度	℃	正常运行：110~160	过滤风速	m/min	0.994
		短时波动（持续半小时）：80~110℃ 或 160~200℃	入口烟尘浓度	g/Nm³	≤30
			烟尘排放浓度	mg/Nm³	≤20
滤袋材质		PPS/PTFE 超细面层针刺毡，单重为 600g/m²，厚度为 2.1mm	清灰方式		低压脉冲喷吹
			喷吹压力	MPa	0.2~0.3
滤袋规格	mm	φ165×8550	滤袋阻力	Pa	≤900Pa（连续运行 18 个月）①
滤袋数量	条	9954	设备阻力	Pa	≤1200

　　①达到此指标的条件是：烟气含湿量≤11%，含氧量≤8%。

　　袋式除尘系统运行半年后的测试结果：烟尘排放浓度为 11.0~11.8mg/Nm³；设备阻力为 749~789Pa。运行 1 年后将滤袋取样进行检测，超细 PPS 面层针刺毡的经向和纬向断裂强力以及透气度等主要指标，都与新滤料相当；袋式除尘器连续运行 2 年时检测，烟尘排放浓度小于 20mg/Nm³，滤袋阻力为 700~900Pa。根据检测结果预计滤袋使用寿命可达 4 年。

21.2.3.7　聚酰亚胺纤维（P84，Polyimide，PI）

　　聚酰亚胺聚酰亚胺纤维（P84，Polyimide，PI）是指一类主链含酰亚胺环重复单元的耐高温芳杂环聚合物，其中以含酞酰亚胺结构的聚合物最为重要。聚酰亚胺纤维商品名称为 P84。其结构式为：

---

❶ 摘自东丽公司资料。

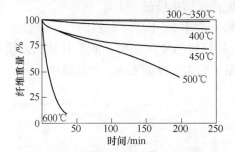

P84 具有优良的耐高、低温性，可在-195~260℃长期使用，并可在-269℃或400℃短期使用。其耐热性能突出，没有明显的二次转变温度和熔点，不能熔融，分解温度高达470℃，分解时只放出非常少的有害气体，是迄今热稳定性最高的聚合物品种之一。它在275℃下尺寸稳定；在250℃热空气中10min，收缩率小于1%；在300℃下100h，强度保持率为50%，伸长率降低5%~10%。以等温热重分析法（TGA）分析 P84 纤维，得出温度和时间对纤维重量损失的影响（图 21-35），结果表明，在350℃下经3小时后纤维重量损失约为5%。

P84 纤维很细且断面形状不规则（图 21-36），比表面积大，纤维之间抱合性能好，因而制成的滤料孔隙小，其过滤效率更高且阻力更低。84 纤维耐氧化性优于 PPS 纤维。

图 21-35 P84 纤维重量随时间延长而损失　　　　图 21-36　P84 纤维的异型断面

P84 纤维的主要缺点是耐水解性能较差，但优于聚酯纤维和芳纶纤维。

P84 纤维滤料广泛用于水泥窑烟气净化、高炉煤气净化等场合，获得很好的效果。

21.2.3.8　聚酰亚胺纤维

聚酰亚胺纤维（PI-轶纶，YILUN®）是我国自主研发的，它与 P84 同属于聚酰亚胺的同构异体聚合物。PI-轶纶聚合物结构特点是以 xx 二酐和 xx 二胺为主要原料单体，再辅助以第三单体，是性能比较全面的纤维品种。轶纶纤维结构式为：

PI-轶纶纤维是以聚酰胺酸溶液为纺丝液，以湿纺工艺的全程一步法连续化过程而制得（图 21-37）。技术特征、生产工艺和产品结构均不同于 P84，具有完全的自主知识产权。

PI-轶纶纤维与 P84 纤维的化学结构有较多不同，因而性能存在差异。PI-轶纶纤维的高强、高模和耐高温、耐水解、可纺性等多项性能都优于 P84，在高温下能保持长期的性能稳定，本身无明显的玻璃化转变温度，热分解温度达570℃。以轶纶纤维制作的滤料，

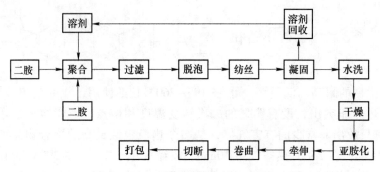

图 21-37　PI-轶纶® 纤维生产工艺流程

可在 280℃ 的高温中长期连续工作，并保持长期的尺寸稳定性，还能承受 360℃ 瞬间高温的冲击。

轶纶纤维由不含卤素的芳香族主链单元组成，极限氧指数大于 38%，因而具有永久阻燃性。同时具有不熔的特性，不熔滴，且离火自熄；发烟率极低，无毒。

图 21-38 所示为几种纤维的 TGA 试验，即检验在失重 5% 状态下材料的热分解温度。

图 21-39 所示为几种纤维的 DMA 试验，是检验材料随使用温度不断上升其储能模量的变化。结果表明，与其他纤维相比，轶纶在高温下的力学性能更优，变化最小。

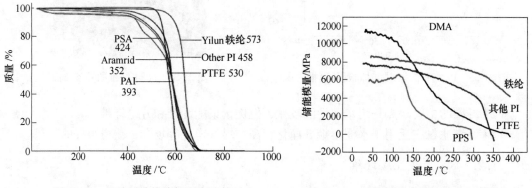

图 21-38　几种纤维热分解温度比较　　图 21-39　几种纤维力学性能随温度的变化

目前已经生产 0.89dtex 轶纶® 细旦纤维，三叶形断面的轶纶纤维也开发成功并稳定生产，其参数列于表 21-16。

表 21-16　圆形 0.89dtex 和 1.67dtex 轶纶® 和三叶形轶纶性能参数

检验项目	单位	圆形 0.89dtex	圆形 1.67dtex	三叶形 2.07dtex
纤度	dTex	0.88	1.64	3.91
断裂强度	cN/dTex	4.34	4.16	16.58
断裂伸长率	%	27.73	33.5	40
卷曲数	个/10cm	52	44	0.17
回潮率	%	0.14	0.99	2.07

轶纶纤维滤料已应用于水泥等行业的烟气除尘，获得良好效果。表 21-17 为轶纶细旦

纤维滤料应用于水泥窑尾烟气除尘实例，以及与其他滤料对比的结果。

表 21-17 PI-轶纶细旦纤维滤料与 P84 滤料、玻纤覆膜滤料应用对比

项 目			PI-轶纶	进口聚酰亚胺	玻纤覆膜
使用场合			水泥窑	水泥窑	水泥窑
入口废气温度		℃	240（最高 280）	140（最高 240）	160（最高 240）
设计风速		m/min	1.00	1.00	0.93
设备阻力	设计	Pa	1500	1200	1500
	实际		819	800~1000	800~1100
粉尘排放浓度	设计	mg/Nm^3	≤30	≤30	≤30
	实际		≤15	≤38	≤32.8
烟气中 SO$_2$ 含量		mg/m^3	589~731	156	191
滤袋使用寿命		年	4	3+1	2

2011 年，在一条 10000t/d 生产线的水泥窑尾袋式除尘器相邻的两个箱体中，分别安装 PI-轶纶® 滤袋及进口 P84 滤袋。运行一年后将两种滤袋抽样送专业检测机构检验，结果表明，PI-轶纶滤料在耐热性能、清灰性能、使用寿命等方面优于进口 P84 纤维滤料（表21-18）。

表 21-18 PI-轶纶纤维滤料与 P84 滤料用于 10000t/d 水泥窑尾结果

项 目			单位	PI-轶纶滤料	P84 滤料
形态特征	滤料单重		g/m^2	742	759
	滤料单重偏差		%	-3.6，+2.3	-2.2，+3.7
	厚度		mm	3.08	3.42
	厚度偏差		%	-2.7，+3.4	-6.1，+10.5
强力特征	断裂强力	经向	N（5cm×20cm）	1018	1102
		纬向		1915	1587
	断裂伸长率	经向	%	8.5	12
		纬向		36.8	18.4
透气性	透气度		m^3/（m^2·min）	1.37	1.19
	透气度偏差		%	-7.9，+11.8	-6.6，+5.2
阻力特性	初始阻力		Pa	227.6	232.7
	残余阻力			198.6	210.8
除尘特性	除尘效率		%	99.998	99.996
清灰特性	初始清灰周期			14 分 14 秒	9 分 15 秒
	一年后清灰周期			6 分 36 秒	5 分 32 秒

21.2.3.9 聚四氟乙烯纤维

聚四氟乙烯（特氟纶，PTFE，polytetrafluoro ethylene）的结构式为：

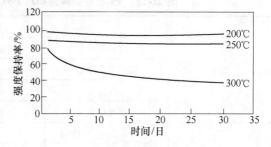

聚四氟乙烯（又称 F4）外表为似蜡状白色粉末，无毒、无味、无嗅，不燃烧、不黏结、不吸水。其大分子两侧全部为 C—F 键，它是很稳定的化学键，并把主链上的碳原子屏蔽保护起来，使分子链难以破坏，因而具有最好的耐腐蚀性和耐热性。聚四氟乙烯可耐各种强极性溶剂如氢氟酸、王水、发烟硫酸、浓碱、过氧化氢等强腐蚀性试剂的作用。目前只发现高温下熔融的碱金属如钠、氟元素、三氟氯乙烯等少数物质在高温下才可对其有一定影响。PTFE 的耐候性优良：在室外 6 年性能基本不变，15 年力学性能无明显变化。PTFE 大分子表面的自由能很低，因此具有极强的不黏附性和最低的摩擦系数。其摩擦系数在现有的高分子化合物中最小（0.01～0.06），而且在广泛的温度和载荷范围内保持不变。

制造 PTFE 材料的实用方法有乳液载体生产法和膜裂法。乳液载体法是在 PTFE 乳液中加入粘胶纤维素之类的载体物，喷丝后通过烧结碳化去除载体物后得到 PTFE 纤维。因含载体碳化去除的残留物，纤维呈棕褐色，称为"棕色纤维"。现已基本停止使用这种工艺。

近年来国内市场大量供应的 PTFE 短切纤维，基本上是采用膜裂法制造。该法是将 PTFE 粉末树脂原料（PTFE 分散树脂）制成膜带，再将膜带进行机械分裂，并经梳理、机械卷曲、定长切断而得到短切纤维。因为纤维呈现树脂的本白色，被称为"白色纤维"。

PTFE 耐热和耐寒性能优良，使用温度为 -195～260℃，其耐温性能如图 21-40 所示。PTFE 是最难燃烧的有机纤维之一，还具有良好的电气绝缘和自润滑性能。其缺点是力学性能一般，拉伸强度、弯曲强度、冲击强度、刚性、硬度、耐蠕变、耐疲劳性能都较差。

图 21-40　PTFF 纤维的耐温性能

聚四氟乙烯纤维无任何毒性，但在 200℃ 以上使用时，可能有氟化氢产生，需采取必要的防护措施。

应用实例：我国一个最早投运的城市生活垃圾焚烧厂，拥有 3 台垃圾焚烧炉，处理烟气量为 $3 \times 30000 m^3/h$。烟气中含 SO_2 约 630ppm、HCl 约 130ppm，水蒸气含量也高。100% PTFE 滤袋（1848 条）在该厂成功使用 4 年半时尚未更换。其工程主要技术参数列于表 21-19。

表 21-19　PTFE 滤料净化垃圾焚烧烟气主要技术参数

项　目	参　数	项　目	参　数
处理风量/$m^3 \cdot h^{-1}$	3×30000	过滤面积/m^2	3×620
入口烟气温度/℃	250	过滤风速/$m \cdot min^{-1}$	0.81
滤袋材质	100%PTFE 针刺毡	滤袋阻力（除尘器花板两侧阻力）/Pa	≤400
滤袋规格/mm×mm	$\phi160 \times 6000$	滤袋使用寿命/年	4.5（仍在使用）
滤袋数量/条	3×616		

21.2.3.10 克麦尔纤维

20世纪60年代开始研发的本质阻燃和耐热纤维中，以芳香族聚酰胺类纤维最著名、商业化最成功、应用最广泛。这组纤维的特征是在主链上具有芳香族重复单元，有三种类型。

(1) 以酰胺基键结合的是芳族聚酰胺纤维，包括以 Nomex®、Conex®、Apyeil 和 Fenilon 为代表的间位芳族聚酰胺纤维；以及以 Kevlar® 和 Twaron® 为代表的对位芳族聚酰胺纤维。

(2) 以酰亚胺基键合的是芳族聚酰亚胺纤维，其主要代表是 PRD-14、聚苯四甲酰亚胺纤维、Arimid T、P84 等。

(3) 以酰胺基和酰亚胺基交替键合的是聚酰胺-酰亚胺纤维。迄今为止，克麦尔 (Kermel®) 纤维是唯一商品化的聚酰胺-酰亚胺纤维。

Kermel® 纤维的化学结构为：

Kermel® 分子链段不很对称，所以结晶能力不高，并由此造成相对密度较低。Kermel® 纤维的生产工艺主要包括 ATM (三甲基铝) 和 MDI (4, 4 二苯基甲烷二异氰酸酯) 的缩聚、纺丝、干燥、拉伸、切断等工序。Kermel® 纤维的合成过程是对环境友好的，唯一的副产品 CO_2 也可以非常容易地从反应系统中除去。

Kermel® 纤维本身具有阻燃性，不熔滴，高温尺寸稳定性好，可在200℃高温下长期使用；并且可纺性良好，可与胶黏纤维、羊毛或芳纶混纺。Kermel® 纤维包括两个商品牌号 234AGF 和 235AGF。其中，属后者的 Kermel® Tech 纤维是由甲代亚苯基二异氰酸酯和三羧酸酐缩聚而成的聚酰亚胺—酰亚胺纤维，主要用作高温气体过滤材料，在多欧洲广泛用于冶金、化工、水泥、发电、垃圾焚烧等行业的高温烟气除尘。其主要性能列于表21-20。

表 21-20 Kermel® Tech 纤维的性能指标

项 目	参 数	项 目	参 数
强度/$cN \cdot dtex^{-1}$	2.5~3.5	最高使用温度/℃	240
断裂伸长/%	30~35	玻璃化温度/℃	340
初始模量/$cN \cdot dtex^{-1}$	200~300	降解温度/℃	>450
连续使用温度/℃	200	极限氧指数/%	32

21.2.3.11 玻璃纤维

玻璃纤维 (Spun glass) 是将氧化硅和氧化铝等金属氧化物组成的无机盐类混合物熔融后，经过喷丝孔拉制而成。玻璃纤维的主要成分是 SiO_2，其次还有 Al_2O_3、MgO、CaO、

Na_2O、B_2O_3和TiO_2等（见表21-21）。按其化学组成分为无碱玻纤、中碱玻纤、高碱玻纤和特种玻纤，制造过滤材料基本上使用无碱玻璃纤维或中碱玻璃纤维。玻璃纤维真密度为 $2.5 \sim 2.7 g/cm^3$。

表 21-21　玻璃纤维成分　（%）

成分	SiO_2	Al_2O_3	MgO	B_2O_3	CaO	Na_2O	Fe_2O_3	TiO_2
E 玻纤	54.4	14.9	4.6	8.5	16.6	<0.5	<0.5	微量
C 玻纤	64.3	7	4.2	—	9.5	12	<0.5	—

无碱玻纤是指碱金属氧化物含量为 0~1% 的铝硼硅酸盐的玻纤（E 玻纤）。其熔化温度为 1580℃，软化点为 840℃；耐水性良好（属一级）；单丝强度达 3.5GPa，弹性模量为 72GPa。

中碱玻纤是指碱金属氧化物含量为 8%~12% 的钠钙硅酸盐的玻纤（C 玻纤）。熔化温度为 1530℃，软化点为 770℃，属二级水解级，耐酸性好。单丝强度为 2.7GPa，弹性模量为 66GPa。

制作滤料常用无碱 12.5tex 或中碱 22tex 玻纤。无碱玻纤的耐温、耐湿性更具优势。

玻纤耐热性为 280℃，在高温条件下只会软化和熔化，不会燃烧或冒烟；其吸湿性小于合成纤维，而且在湿润情况下也不会膨胀或收缩。玻纤不受油类、大部分酸类和腐蚀性蒸气的影响，只有氢氟酸、热氟磷酸以及弱碱的热溶液和强碱的冷溶液对玻纤有腐蚀作用。

玻璃纤维拉伸强度很高，直径越细的纤维，强度越高。纤维弹性模量约为 7×10^4 MPa（275.6cN/dtex），拉伸断裂伸长率约为 2.6%，断裂前没有塑性形变，属于具有脆性特征的弹性材料。玻纤耐磨性和耐扭折性均很差，摩擦和扭折易使纤维受伤断裂。降低单丝纤维细度，可有效提高其耐折性、耐磨性和拉力强度。常用玻纤的直径多为 5.5、7.5、8、9、11μm。

超细连续玻纤是指单丝直径为 3.5μm 的连续玻璃纤维，按 ASTM 标准又称 B 级玻纤，其成分属于 E 玻纤。除了具备 E 玻纤共有的特性外，突出性能在于优良的耐折性、柔软性和较高的拉伸强度。B 级玻纤与常用的 D 级玻纤（直径 5.5μm）的性能比较列于表 21-22。

表 21-22　两种玻璃纤维性能比较（以 B 级玻璃纤维指标为 1）

项　目	B 级玻纤	D 级玻纤
耐折性	1	60%
柔软性	1	6%
拉伸强度	1	68%

玻纤产品的一个重要类型是玻纤膨体纱，它是将玻纤经空气变形喷嘴膨化而成。玻纤在膨化作业中，受高压气流的猛烈冲击，纤维与气流之间，纤维与纤维之间会产生强烈的摩擦，必须使用专用浸润剂对其进行保护。其次，玻纤纱的抱合性、耐曲挠性大大小于天然纤维和有机合成纤维，因此不能使用普通的空气变形机和合成纤维的膨化工艺。

玻纤膨体纱既具有连续长纤维的高强度，又具有短纤维的蓬松性。它容重小，导热系数低（0.041W/（m·K）），可纺性很好，与常规玻纤相比，容易加捻、编织，增加了膨松度和抗折耐磨性能，从而弥补了常规玻纤不耐磨、不抗折的缺陷。

21.2.3.12 高硅氧玻璃纤维

高硅氧玻璃纤维（U-Silica）是高纯氧化硅非晶体连续纤维的简称，其氧化硅含量为96%~98%。

高硅氧玻璃纤维以三组分的钠硼硅酸盐玻璃为原料而制成。该种玻璃在冷却或再加热时会分离成两相：一相几乎全是 SiO_2；另一相则富有 B_2O_3 和 Na_2O。当 SiO_2 含量较高，而分子比 $Na_2O : B_2O_3 < 1$ 时，玻璃结构中会同时存在着［SiO_4］四面体、［BO_4］四面体和［BO_3］三角体，其中一部分［BO_4］四面体与［SiO_4］四面体组成均匀、统一和连续的网络结构，而另一部分则形成独立的层状结构网络，因此在玻璃中存在一定的分相。在酸溶液中，SiO_2 很稳定，而 B_2O_3-Na_2O 则很容易被酸溶出。

利用上述原理，以相应玻璃成分的原料，按普通玻纤的生产工艺拉丝成型，并制成纱、布等各种制品，在一定条件下进行酸沥滤，使 B_2O_3-Na_2O 相转入溶液中，留下 SiO_2 含量超过96%的微孔硅氧骨架，然后再经600~800℃高温烧结定型，使微孔闭合，骨架结构趋于紧密，从而获得高稳定性的纤维材料，三组分的钠硼硅酸盐玻纤便转化为高硅氧玻纤。

高硅氧玻璃纤维为银白色，密度为 2.1g/cm³，单丝直径为 2~11μm。

我国根据高硅氧纤维的特性，通过提高 SiO_2 的含量，利用玻璃纤维的生产工艺，研发了一种高硅氧改性纤维，并用于制作滤料。由于高纯度高硅氧纤维难以达到袋除尘用滤料对强度等性能的要求，因而降低高硅氧改性纤维中 SiO_2 的含量，耐热性能也远不及高纯度的高硅氧纤维。但与普通玻纤比较，高硅氧改性纤维的耐酸耐碱性能仍明显优越（表21-23）。

表 21-23　高硅氧改性纤维与普通玻纤主要性能比较

项　目	无碱纤维	中碱纤维	高硅氧改性纤维
拉伸强度/cN·dtex⁻¹	3.5（GPa）	2.7（GPa）	3.5（GPa）
耐酸性能	一般	良好	优异
耐碱性能	良好	一般	优异
耐温性能/℃	260	240	280

高硅氧改性纤维及其滤料已在我国批量生产，用于电厂和工业锅炉燃煤烟气净化等领域。

21.2.3.13 碳纤维

碳纤维（Carbon fibre）是指纤维化学组成中碳元素占总质量90%以上的纤维。目前，长丝型碳纤维的制造都是通过高分子有机纤维的固相碳化而得到。制造工艺：首先制备高纯度、高强度、高取向的聚丙烯腈原丝，然后对原丝进行预氧化，使线形分子链转化为耐热的梯形结构，将预氧化丝置于惰性气体保护下，在800~1500℃范围内进行碳化或进一步在2500~3000℃进行石墨化处理，就得到聚丙烯腈基碳纤维。

碳纤维按原料来源分为：纤维素基碳纤维、聚丙烯腈基碳纤维、沥青基碳纤维。

聚丙烯腈基碳纤维呈黑色，含碳量 95%~99%，密度 1.75~1.78g/cm³，含碳量大于 98%者称石墨纤维，又称高模量碳纤维。

沥青基碳纤维性能随纺丝方法不同而异，熔融纺丝制得的碳纤维拉伸强度为 800~950MPa，拉伸模量为 35~45GPa，断裂伸长率为 2.0%~2.1%。

碳纤维是高强度、高模量纤维，具有良好的耐化学腐蚀、耐疲劳、导电性能，在无氧条件下具有极好的耐温性，主要用于制造消静电滤料。我国碳纤维的性能参数列于表 21-24。

表 21-24　碳纤维性能参数

指标名称	通用型	标准型			高强中模型		高模型	标准型
	硫氰酸钠原丝	硝酸法原丝			硝酸法原丝	DMF 法原丝	DMSO 法原丝	DSMO 法原丝
	兰州金利	山工大	吉化	上碳	北京化工大学			
纤维直径/μm	8~9	6	—	—	约 6.2	5.5	约 6.5	—
纤维根数/K	3	1	6	3	3	1		1
碳含量/%	≥90	92~94	95.64	≥96				
拉伸强度/GPa	1.96~2.16	≥3.5	3.25	3.75	4.0~4.2	4.0~4.2	2.85	3.98
CV/%	—	5~10	4.3	7.0				3.0~4.6
拉伸模量/GPa	—	220~240	208	230	260~265	270~280	382	
CV/%		3	3.2	4.0				
断裂伸长率/%	—	1.6~1.9	1.64	1.7	1.5~1.6	1.45~1.55	—	—
CV/%		≤5	3.0	7.0				
密度/g·cm⁻³	1.75	1.77	1.75	1.78	1.76	1.76	—	—
线密度/g·cm⁻³		0.172	0.0572	0.166	0.13~0.15	0.035~0.036	—	—
CV/%			2.7	6.0				
剪切强度/GPa	—	—	—	98~104			68	

注：纤维根数 1K 等于 1000 根纤维。CV（%）为均方差不均率，表示离散程度的一种指标。

21.2.3.14　玄武岩纤维

玄武岩纤维（basalt fibre）是将玄武岩磨碎，与辉绿岩和角闪岩类火成岩一起在 1750~1900℃温度下熔融后，经过喷丝孔拉制而成。玄武岩纤维成分列于表 21-25。

表 21-25　玄武岩纤维成分　　　　　　　　　　　　　　（%）

成分	SiO_2	Al_2O_3	Fe_2O_3	CaO	MgO	Na_2O	K_2O	TiO_2	FeO
含量	51.3	15.16	6.19	8.97	5.42	2.22	0.91	2.75	7.67

玄武岩纤维成纤温度为 1300~1450℃。玄武岩玻璃化速度快于玻璃，因此质量控制较难。

玄武岩纤维的使用温度范围为 -269~700℃，具有突出的耐热性能，长期工作温度可达 600~700℃，弹性模量达 78~90GPa，在耐温、弹性模量方面优于玻璃纤维，织造性能良好。玄武岩纤维耐化学性能良好，其耐酸与抗水解稳定性优于玻璃纤维，属一级水解。在一项试验中，将玄武岩纤维在 2mol/L 的 HCl 中煮沸 3h，纤维质量损失率为 2.2%；在 2mol/L 的 NaOH 中煮沸 3h，纤维质量损失率为 5.0%；玄武岩纤维的耐酸性优于耐碱性。

我国已试制成功 5.5~6.5μm 细旦玄武岩纤维，并开发出玄武岩短切原丝、玄武岩基布、玄武岩缝纫线，以及玄武岩针刺毡滤料和玄武岩织造滤料。用于燃煤锅炉、有色金属冶炼以及垃圾焚烧炉烟气净化，还用于中型高炉煤气净化。

21.2.3.15　陶瓷纤维

陶瓷纤维（ceramic fibre）主要有氧化铝纤维、莫来石纤维、堇青石纤维、碳化硅纤维等。

陶瓷纤维制造方法有两条技术路线：（1）将陶瓷材料在玻璃态高温熔融、纺丝、冷却固化而成；以此路线制备陶瓷纤维的有熔融拉丝法、超细微粉挤出纺丝法和基体纤维溶液浸渍法；或通过纺丝助剂的作用纺成纤维经高温烧结而成。（2）利用含有目标元素裂解可得到目标陶瓷的先驱体，经干法或湿法纺得纤维高温裂解而成；采用此路线制备陶瓷纤维的有溶胶-凝胶法和有机聚合物转化法。两条技术路线的工艺流程如图 21-41 所示。

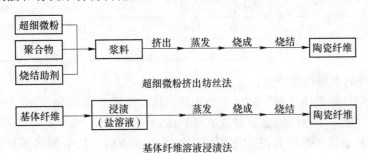

图 21-41　陶瓷纤维制造工艺流程

21.2.3.16　金属纤维

A　金属纤维种类及加工方法

金属纤维（Metal fiber）又称金属微丝，是一种极细的金属丝，是由金属经高科技拉伸方法、或采用专用设备以切削方法加工而成。我国生产的金属纤维主要有不锈钢纤维、铁铬铝纤维、镍纤维、哈氏合金纤维（图 21-42），

铁铬铝纤维　　不锈钢纤维　　镍纤维　　哈氏合金纤维

图 21-42　主要的金属纤维

还有纯钛及钛合金纤维、纯铜及铜合金纤维和铸铁纤维等。

根据用途的不同，可将金属纤维制成长丝或短纤维。金属长丝的生产方法有单丝拉伸法、集束拉伸法、切削法、熔抽法和生长法五种，其中普遍采用的是集束拉丝法。

集束拉丝法是以细金属丝（如 φ0.5mm）作坯料，在坯料的表面涂敷一层隔离剂（如铜），将多根（如 1000 根）涂敷隔离剂的金属丝集成一束，装入包覆材料（如低碳钢管）

中组成复合金属体，然后借助孔模反复拉伸，并进行热处理。热处理温度为 $500 \sim 750 \, ^\circ\!C$ 并保温 $10 \sim 60 \, \mathrm{min}$。待金属复合体拉伸到预定的纤维规格后，采用化学分离法去除隔离层和包覆层，得到所需细度的金属纤维束。图 21-43 所示为 400 芯铁铬铝纤维束。

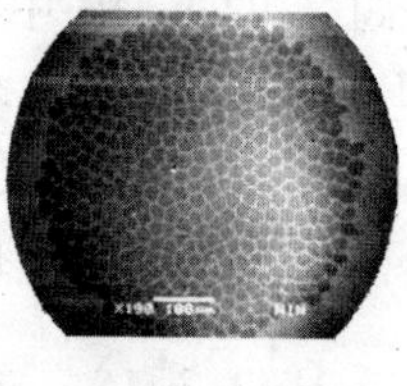

图 21-43　400 芯铁铬铝纤维束

此法生产的纤维直径可达 $1 \sim 2 \, \mu m$，强度高达 $1200 \sim 1800 \mathrm{MPa}$，伸长率不小于 1%，纤维直径均匀、连续性好、成本低。滤料用金属纤维基本由此法生产。

B　不锈钢纤维

不锈钢纤维（Stainless steel fibre）一般是指以 304、304L 或 316、316L 等钢号的不锈钢丝为基材，采用集束拉伸法加工而成的直径小于 $10 \, \mu m$ 的软态工业用材料，有长丝和短纤维两类产品。

306L 和 304 不锈钢纤维的主要成分列于表 21-26。

表 21-26　两种不锈钢纤维的主要成分　（%）

钢号	元　素							
	C	Si	Mn	S	Ni	Cr	Mo	Fe
316L	≤0.03	≤1.00	≤2.00	≤0.03	10~14	16.5~18.5	2~3	余量
304	≤0.08	≤1.00	≤2.00	≤0.03	8~10.5	17.5~19	2~3	余量

不锈钢纤维的主要性能特点：

（1）不锈钢纤维是纯金属，密度相当于普通纺织纤维的 5~8 倍。

（2）导电性能好，电阻很低，是电的良导体。

（3）完全耐硝酸、碱及有机的溶剂的腐蚀，但在硫酸、盐酸等还原性酸中耐腐蚀性较差。

（4）在 $600 \, ^\circ\!C$、氧化氛围中可连续使用，耐高温性能好。也是热的良导体，可作散热材料。

（5）长度和线密度都能达到纺纱的要求，$8 \, \mu m$ 纤维强度为 $2.94 \sim 5.88 \mathrm{cN}$，与棉纤维相近；柔软性相当于 $13 \, \mu m$ 麻纤维。其刚度大、无卷曲、弹性差，韧性弱于普通的涤棉等纺织纤维。

（6）黏合性好，在表面处理时同其他材料的接合性非常好，适用于任何一种复合素材。

不锈钢纤维在除尘领域主要用于制造高温和消静电滤料，其主要性能列于表 21-27。

表 21-27　不锈钢纤维和铁铬铝纤维的主要性能参数

规格/μm	316L 不锈钢纤维			规格/μm	铁铬铝纤维		
	断裂强力/cN	伸长率/%	芯数		断裂强力/cN	伸长率/%	芯数
4	0.5	0.3	2000	—	—	—	—
6	2.3	0.3	2000	6	1.4	0.4	1000
8	4.8	0.9	2000	8	2.3	0.5	1000
12	12	1	2000	12	8.3	0.8	1000
22	38	1	2000	22	38	1	1000

C 铁铬铝纤维

铁铬铝纤维（Iron chromium aluminum fiber）由 0Cr20Al5 合金钢丝制成，化学成分见表 21-28。

表 21-28　0Cr20Al5 铁铬铝合金的化学成分 （%）

成分	Al	Cr	Cu	Mn	Si	Ti	La	Ce	C	S	P	N
含量	5.4	20.35	0.04	0.17	0.26	0.03	0.01	0.01	0.03	0.001	0.015	0.022

图 21-44 为经过 600℃ 保温 1h 热处理的铁铬铝纤维（$\phi22\mu m$）单丝断裂强力与变形量的关系。由图可见，纤维断裂强力随着变形量的增加而增加，二者近似于线性关系。

图 21-45 为 1000 芯铁铬铝多金属复合体断面金相照片。铁铬铝钢丝在钢管中紧密排列，铜隔离层约为 $1\mu m$，钢丝已经不是圆形。这种不均匀性是造成性能偏差的主要原因。

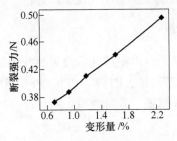

图 21-44　铁铬铝纤维强力与变形量的关系

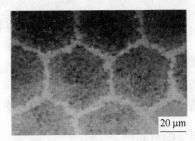

图 21-45　铁铬铝复合体断面金相照片

D 镍纤维

镍纤维（Nickel fiber）是以镍金属丝为原料制成，单丝直径为 $6\sim40\mu m$。该纤维已被广泛应用于石油化工领域，其主要性能参数列于表 21-29。

E 哈氏合金纤维

哈氏合金纤维（Ha's alloy fiber）是以 59 合金的金属丝为原料制成，其主要性能参数列于表 21-29。

表 21-29　镍纤维和哈氏合金纤维主要性能参数

材　料	规格/μm	断裂强力/cN	伸长率/%	芯数
镍纤维	6	≥2.1	0.6	10000
	8	≥3.1	0.7	
哈氏合金纤维	12	≥20	1.1	200
	22	≥60	1.4	200
	25	≥70	1.5	200

21.2.4　袋式除尘器滤料的类型

21.2.4.1　按滤料制作方法分类

织造滤料：用织机将经纱和纬纱按一定的组织规律织成的滤料。

非织造滤料：采用非织造技术直接将纤维制成的滤料。针刺毡、水刺毡等都属此类。

烧结滤料：将金属纤维或粉末、陶瓷纤维或粉末、塑料粉末制成一定形状，并通过高温烧结而制成的滤料。

覆膜滤料：将上述三种滤料的表面再覆以一层透气的薄膜而制成的滤料。

21.2.4.2　按滤料的材质分类

合成纤维滤料：以合成纤维为原料加工制造的滤料。

玻璃纤维滤料：以玻璃纤维为原料加工制造的滤料。

复合滤料：采用两种或两种以上纤维复合而成的滤料。基布与面层材料不同的针刺毡，以及玻璃纤维与合成纤维混纺的织造滤料或非织造滤料，都属此类。

其他材质滤料：采用除合成纤维、玻璃纤维以外的材料（如：天然纤维、陶瓷纤维或粉末、金属纤维或粉末、塑料粉末、碳纤维、矿岩纤维等类材料）制造的滤料。

21.2.4.3　按滤料连续使用的温度（干态）分类

常温滤料：耐温限度低于130℃，主要以尼龙、涤纶、丙纶等化纤及天然纤维制作。

中温滤料：耐温限度为130~300℃，玻纤、芳纶、芳砜纶、PTFE、PPS、P84、轶纶等。

高温滤料：耐温限度高于300℃的滤料，有金属、陶瓷、碳纤维等。

21.2.5　织造滤料

21.2.5.1　织造滤料的特点

织造滤料是用织机将合股加捻的经、纬线或单丝按一定的组织规律交织而成。机织滤料有平纹、斜纹和锻纹三种基本结构，以及加以变化的纬二重或双层结构。机织滤料的孔隙率约为60%。其孔隙有两种：纱线之间的孔隙；组成纱线的纤维之间的孔隙。其中，只有纱线间的孔隙起过滤作用，其占比为30%~40%，孔隙呈直通型，孔径一般为20~50μm。

与非织造滤料（如普通针刺毡）相比，常用的织造滤料具有如下特点：

（1）可制成具有较大强度和耐磨性、能承受较大压力、过滤磨啄性粉尘的滤料；

（2）尺寸稳定性较好，适于制成直径和长度大的滤袋；

（3）易制成表面平整、较光滑或薄形柔软的滤料，有利于滤袋清灰；

（4）便于调整织物的紧密程度，既可制成较疏松的滤料，也能制成高度紧密的滤料；

（5）孔隙率低，只有针刺毡滤料的一半左右，在同等过滤风速下，过滤阻力较高；

（6）捕集粉尘的效果主要依靠一次粉尘层，清洁滤袋或清灰后的瞬间，除尘效率较低。

织造滤料适用于机械振动、分室反吹、回转反吹，以及振动和反吹复合等低能清灰方式。

21.2.5.2　典型的织造滤料

A　208涤纶绒布

208涤纶绒布是以涤纶短纤维为原料制成并单面起绒的斜纹织物，在短纤维交织而成的经纱和纬纱表面具有短绒，形成织物后又在表面拉毛起绒。起绒面为迎尘面。

208 涤纶绒布的绒毛可避免部分粉尘径直穿透滤料，并有助于粉尘层的形成，因而可提高滤料的粉尘捕集率，并可提高滤料的耐磨和透气性能。但清灰时易导致一次粉尘层破坏，使得清灰后的粉尘捕集率显著降低。208 涤纶绒布的特性参数列于表 21-30。

B 729 滤料

729 滤料是筒形聚酯织造滤料，属缎纹织物。这种滤料的织物组织结构具有强度高、伸长率低、粉尘剥离性好等特点，广泛用于反吹风等低能清灰的袋式除尘器。

在原 729 滤料的基础上，采用超细不锈钢纤维和高强低伸型涤纶纤维混纺纱为经纱，以长丝纱线为纬纱，开发了消静电滤料 MP922，用于焦粉、煤粉类导电性粉尘的除尘系统，收到了降低阻力和延长滤料使用寿命的效果。729 滤料的特性参数列于表 21-30。

表 21-30　典型织造滤料的规格和参数

特性	项　目		208 绒布	729-ⅣB	729-Ⅰ
	材质		涤纶	涤纶	涤纶
	纤维规格（细度×长度）/mm		1.5d×38	2.0d×51	1.4d×38
形态特性	织物组织	尘面	3/7 斜纹起绒	五枚二飞缎纹	五枚三飞缎纹
		净面	7/3 斜纹	五枚三飞缎纹	五枚三飞缎纹
	厚度/mm		1.5	0.72	0.65
	单重/$g \cdot m^{-2}$		400~450	310	320
	密度/根·$10cm^{-1}$	经向	250	308	300
		纬向	230	203	200
强力特性	断裂强力（N/5×20cm）	经向	1000	3150	2000~2700
		纬向	1000	2100	1700~2000
伸长特性	断裂伸长率/%	经向	31	26	29
		纬向	34	23	26
	静负荷伸长率/%		—	0.8	—
透气性	透气度	$dm^3/(m^2 \cdot s)$	200~300	110	120
		$m^3/(m^2 \cdot min)$	12~25	7.1	7.2
	透气率偏差/%		±10	±2	±5
除尘效率	静态除尘率/%		99.5	99.5	99.0
	动态除尘率/%		99.7	99.9	99.8
阻力	洁净滤料阻力系数		1.7	14.1	2.6
	动态阻力/Pa			237	
使用条件	使用温度/℃	连续	<130	<130	<130
		瞬间	<150	<150	<150
	耐酸性		良	良	良
	耐碱性		良	良	良

C 玻璃纤维滤布与玻璃纤维膨体纱滤布

玻璃纤维织造滤料的生产工艺流程是，由熔融玻璃液经喷丝孔板拉制而成的玻璃纤维原丝，经合股加捻成为玻璃纤维有捻纱，再经织机交织成为玻纤滤布。与化纤织造滤料一样，玻纤织造滤料也有斜纹、破斜纹、纬二重等不同组织。

将玻璃纤维织成素布后，先要以热清洗方法除去玻纤拉丝过程中涂覆在原丝上的浸润剂，以免这种浸润剂影响表面处理剂浸入玻璃纤维布。热清洗是保证玻纤滤料质量的关键工序。

对织成的玻纤素布进行浸渍处理的目的在于改善其耐温、耐磨、抗折、抗腐蚀和粉尘剥离性能。处理方法主要有浸纱处理（前处理）和浸布处理（后处理）两种。浸纱处理时浸渍液能顺间隙渗到合股纱的各股之间，涂覆均匀，但成本较高。玻纤织布表面处理剂的主要成分为有机硅、PTFE、石墨、特殊树脂等。

玻璃纤维织造滤布有以下特点：（1）机械强度高，断裂强度一般在2300N以上；（2）伸长率低，断裂伸长率仅3%；（3）尺寸稳定性好；（4）长期使用温度为≤280℃，耐温性好；（5）抗酸、碱腐蚀能力强；（6）表面光滑，透气性好；（7）玻璃纤维质脆，不耐折，不耐磨。

玻璃纤维膨体纱滤布是在传统玻璃纤维滤布的纬纱中加入玻璃纤维膨体纱织造而成的织物滤料。这种滤料同时具有连续纤维的高强度和短纤维的蓬松性，与普通的玻璃纤维滤布相比，纤维覆盖能力增强，透气性和容尘量加大，粉尘捕集效率提高。在相同的容尘量下，过滤风速可提高1/3，阻力可降低1/4。目前玻纤膨体纱滤布用量的占比约70%。

典型玻纤膨体纱滤布的主要规格和性能列于表21-31。

表 21-31　玻璃纤维膨体纱滤布的规格和特性

型　号		无碱玻璃纤维膨体纱滤布				中碱玻璃纤维膨体纱滤布			
		EWTF450	EWTF550	EWTF800	EWTF900	EWTF450	EWTF550	EWTF850	EWTF900
滤料单重 /$g \cdot m^{-2}$		450	550	800	900	450	550	850	900
断裂强力 （N/25mm）	经向	>1750	>2200	>2400	>2800	>1700	>1700	>2250	>2500
	纬向	>1000	>1500	>2100	>2100	>900	>1200	>1400	>1500
透气率 /$cm^3 \cdot (cm^2 \cdot s)^{-1}$		20~55	15~35	10~30	5~25	20~40	20~40	15~35	15~35
使用温度/℃		≤280				≤260			
推荐过滤风速 /$m \cdot min^{-1}$		>0.5	>0.7	>0.8		>0.5		>0.8	

D　高硅氧改性玻璃纤维覆膜滤布

用于制作滤料的高硅氧纤维，应具有足够高的强力，以保证使用寿命长。而高硅氧纤维的强力随SiO_2含量的增高而降低，因此，在加工时须适当降低SiO_2的含量。其结果，纤维制品的耐温性能虽远不及一般高硅氧纤维，但强力却能满足机织滤料的要求。

针对高硅氧改性纤维耐折性和耐磨性较差的弱点，采用直径5μm的细旦纤维，以提升滤料耐折性；通过专门开发的表面处理技术，以浸润剂在纤维表面形成致密的保护膜。测试结果表明：经过热烧结并重新涂以浸润剂后，高硅氧纤维强力可提高一倍以上，制品的耐磨性和耐热性、耐腐蚀性能也得以改善。表面处理剂可选用氧化铬或蛭石添加偶联剂等。

对高硅氧改性纤维素布须作 PTFE 覆膜处理。采用美国杜邦公司的 PTFE 树脂，或美国 TTG 生产的 PTFE 膜。经 VDI 检测，该薄膜孔径为 $0.1 \sim 2\mu m$，厚度约为 $15\mu m$；孔隙率大于 85%，密度为 $10^9/cm^2$；覆膜牢度好，可承受 $8kg/cm^2$ 的喷吹压力；工程应用的脱膜率小于 5%。

该类高硅氧改性纤维机织覆膜滤料具有以下优点：

（1）过滤效果好。其过滤后净气的含尘浓度（mg/Nm^3）：全尘为 0.016，PM2.5 为 0.01。同一条件下，PPS 针刺毡过滤后净气的全尘浓度为 $0.216mg/Nm^3$。

（2）强力高，耐温性能好（见表 21-32）。

表 21-32 高硅氧滤料主要规格和性能及与其他滤料比较

性能指标		高硅氧改性纤维滤料	玻纤滤料	PPS 滤料
滤料组成（面层/基布）		PTFE 膜/高硅氧改性纤维	PTFE 膜玻纤滤料	PPS 面层 PTFE 基布
克重/g·m^{-2}		754	778	580
厚度/mm		0.72	0.92	1.22
透气量/cm^3·(cm^2·min)$^{-1}$		1.5	3.5	4.92
工作温度/℃	连续	260	260	≤160
	瞬间	280	280	<190
强力（N/5cm）（N/2.5cm）	经向	2943	2854	983
	纬向	3406	3350	1074
伸长率/%	经向	<7	<3	9.6
	纬向	<4.2	<3	21.1
后整理方式		浸渍、覆膜	浸渍、覆膜	热定型、覆膜

（3）阻力低。对高硅氧改性纤维覆膜滤料进行了容尘-清灰试验，定压差（1000Pa）喷吹清灰，持续 6 小时。同条件下测试 PPS 针刺毡覆膜滤料，对比结果列于表 21-33。

表 21-33 高硅氧滤料阻力特性及与其他滤料比较

样品特征	高硅氧改性纤维覆膜	PPS 针刺毡覆膜
克重/g·m^{-2}	764	604
透气量/L·(dm^2·min)$^{-1}$（200Pa）	29.83	44.92
滤料厚度/mm	0.97	1.74
PTFE 膜/μm	厚度 15~20；孔径 0.2~0.5	厚度 5~10；孔径 3~5
初始压差/Pa	140.39	128
清灰次数/次	53	119
最终残余压差/Pa	402.34	537
平均清灰周期/s	400	180

（4）耐酸腐蚀性好。同等条件下测试，高硅氧纤维滤料耐酸性能优于普通玻纤滤料。

（5）容易回收，避免二次污染。回收利用废旧滤袋有两条途径：1）清洗后粉碎并加入偶联剂，作为外墙保温剂乳胶漆的添加剂，其耐水性、耐碱性、耐洗刷性 2 倍于普通乳胶漆。2）通过焚烧使该纤维制品又变成 SiO_2 的状态，可以用作水泥或者塑胶跑道的增强剂。

应用实例　高硅氧改性纤维覆膜滤料自 2010 年起用于燃煤锅炉烟气净化，数年中已推广至数十家企业。表 21-34 列出三个不同工况条件下应用实例的主要参数。

表 21-34　高硅氧滤料用于三个企业燃煤锅炉烟气净化的主要参数

项　目		单位	浙江某热电公司	辽宁某热电公司 330MW 机组	沂水某能源公司
应用场合			煤+污泥焚烧	热电	生物质发电
处理烟气量		m³/h	2×400000	1955257	270000
进口烟气温度		℃	70~80（8 号）；135~145（9 号）	120~150	135
进口烟尘浓度		g/Nm³	≤1000	49.078	—
出口烟尘浓度		mg/Nm³	3.5	7.6	2.3
袋式除尘器清灰方式			长袋低压脉冲喷吹清灰		
过滤风速	全过滤	m/min	0.99	0.87	0.79
	1 个单元检修		1.09	1.0	0.86
滤袋材质			高硅氧纤维改性覆膜滤料		
滤袋规格（直径×长度）		mm	160×6400	160×8050	160×8000
滤袋数量		条	2×2640	8064	1280
过滤面积		m²	2×8489	32613	5145
设备阻力		Pa	1100（8 号）650~850（9 号）	≤1300	1000
除尘器漏风率		%	<2%	≤2	<2%
滤袋使用寿命		年	质保 3 年	质保 4 年	质保 3 年

21.2.6　针刺毡滤料

21.2.6.1　针刺毡滤料的生产工艺

针刺毡是在基布的两面铺以纤维（有基布）或完全采用纤维而不加基布（无基布），经针刺方法成型，再经后处理而制成的滤料，属于非织造滤料。其生产工艺流程如图 21-46 所示。

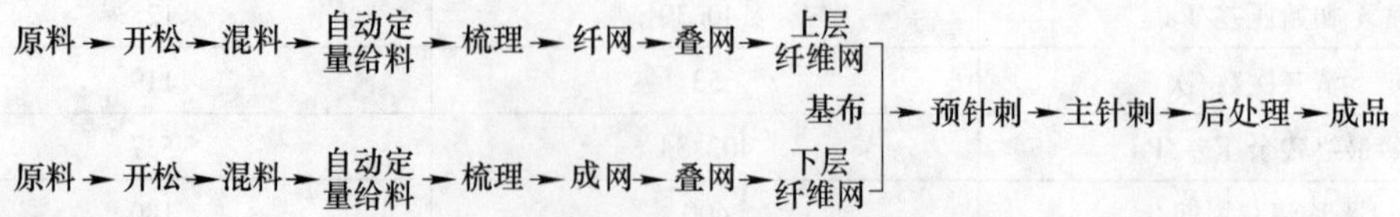

原料 → 开松 → 混料 → 自动定量给料 → 梳理 → 纤网 → 叠网 → 上层纤维网
基布 → 预针刺 → 主针刺 → 后处理 → 成品
原料 → 开松 → 混料 → 自动定量给料 → 梳理 → 成网 → 叠网 → 下层纤维网

图 21-46　针刺毡滤料生产工艺流程

预针刺是使高度蓬松而无强力的纤网初步成形和变薄。针刺机主轴通过曲柄-连杆机构驱动针梁、针板和刺针上下往复运动，令蓬松的纤网具备一定强力和密度，送往主针刺。

主针刺是使纤网增加密度。有单向刺（上刺或下刺）和对刺；对刺又有异位对刺和同位对刺、交替刺和同时刺。针刺工艺主要参数为针刺深度、针刺密度和铺网层数。

刺针是针刺机最重要的零件，其规格和质量对针刺滤料的性能和质量有直接的影响。因此要求：刺针的几何尺寸正确，针杆平直度好；刺尖对纤网具有良好的穿刺能力；表面光洁；钩刺切口边缘平滑无毛刺；有良好的刚性、韧性和弹性，没有"宁弯不断"现象。

21.2.6.2　针刺毡滤料的特点

（1）针刺毡滤料中的纤维呈立体交错分布，滤料厚度方向形成数十层交错的孔隙，具有深层过滤的功能，容易建立一次粉尘层，清灰后也无直通的孔隙，减少了粉尘穿透，除尘效果好而稳定。其静态粉尘捕集率可达 99.5%~99.99%，比常规织物滤料提高一个数量级。

（2）除少量加捻的经、纬纱线之外，针刺毡完全由纤维构成，孔隙率高达 70%~80%，为常规织造滤料的 1.6~2.0 倍，而且孔隙分布均匀，因而透气性好、阻力低。

（3）针刺毡滤料三维结构的负面作用是粉尘进入深层不易清出，增加了清灰的难度。

早期的针刺毡滤料主要用于脉冲喷吹类袋式除尘器，现已普及各类袋式除尘器。

21.2.6.3　常用的针刺毡产品

常用的针刺毡中，属常温的有涤纶毡，其规格和特性列于表 21-35；属耐高温的有芳纶、PPS、P84、轶纶、特氟纶等化纤毡，典型耐高温针刺毡规格和特性列于表 21-36。

表 21-35　涤纶针刺毡滤料主要规格和特性

项 目			ZLN-D500	ZLN-D550	ZLN-D600	ZLN-D650
	材质		涤纶			
	加工方法		针刺成型，热定型，热辊压光（或深度表面压光）			
形态特性	单位面积质量/g·m^{-2}		500	550	600	650
	厚度/mm		1.95	2.1	2.3	2.45
	体积密度/g·m^{-3}		0.256	0.262	0.261	0.265
	孔隙率/%		81	81	81	81
强力特性	断裂强力（N/5×20cm）	经向	1020	1070	1120	1170
		纬向	1350	1500	1700	2000
伸长特性	断裂伸长率/%	经向	23	22	23	23
		纬向	30	27	26	26
透气性	透气率	dm^3/(m^2·s)	330	300	260	240
		m^3/(m^2·min)	19.8	18	15.6	14.4
	透气率偏差/%		±5	±5	±5	±5
阻力特性	洁净滤料阻力系数		15			
	再生滤料阻力系数		32			
	动态阻力/Pa		216			

项　目		ZLN-D500	ZLN-D550	ZLN-D600	ZLN-D650
滤尘特性	静态粉尘捕集率/%	99.8			
	动态粉尘捕集率/%	99.9			
	粉尘剥离率/%	93.2			
使用特性	使用温度/℃	连续<130；瞬间<150			
	耐酸性	良（浸泡在浓度为35%盐酸、70%硫酸或60%硝酸中强度几乎无变化）			
	耐碱性	一般（浸泡在浓度为10%氢氧化钠，或28%氨水中强度几乎不下降）			

表 21-36　典型耐高温针刺毡滤料特性参数

项　目			芳砜纶针刺毡		PPS 针刺毡		P84 针刺毡		美塔斯针刺毡
			ZLN-F500	ZLN-F550	ZLN-R500	ZLN-R550	ZLN-P500	ZLN-550	ZLN-F-01
形态特性	材质		芳香族聚酰胺		聚苯硫醚		聚亚酰胺		亚酰胺
	真比重		1.38		1.37		1.41		
	加工方法		针刺成形，热烘燥，热辊压光（根据需要可烧毛）						
	单重/g·m^{-2}		500	550	500	550	500	550	500
	厚度/mm		2.3	2.2	2.0	2.1	2.6	2.7	2.9
	体积密度/g·m^{-3}		0.217	0.25	0.25	0.26	0.19	0.20	
	孔隙率/%		84.2	81.9	81.8	80.9	86	86	88
强力特性	断裂强力	经向	950	935	700	750	720	700	618
	（N/5×20cm）	纬向	1000	1300	1010	1000	680	700	1068
伸长特性	断裂伸长率	经向	27	27.4	24.8	25.0	25	25	18
	/%	纬向	38	40.4	38.6	27.0	34	34	24
透气性	透气率	dm^3/(m^2·s)	222		275		186		300
		m^3/(m^2·min)	13.3		16.5		11.17		13.8
	透气率偏差/%		±10		+16 -8		+4 -5		
阻力特性	洁净滤料阻力系数		5.3		10.5		9.4		
	再生滤料阻力系数		22.0		17.4		19.1		
	动态阻力/Pa		347		132		75		
滤尘特性	静态粉尘捕集率/%		99.5		99.6		99.9		
	动态粉尘捕集率/%		99.9		99.9		99.9		
	粉尘剥离率/%		96.3		95.2		93.9		
使用特性	使用温度/℃	连续	170~200		170~190		160~240		170~200
		瞬间	250		200		260		230
	耐酸性		一般		优		优		一般
	耐碱性		良		优		差		一般

属于高温针刺滤料的还有玻璃纤维针刺毡。与天然纤维和合成纤维不同，玻璃纤维表面光滑，无卷曲度，纤维相互间的抱合力小，导致梳理、成网、针刺加工较为困难。制毡时需首先以专用浸润剂来改善玻璃纤维的柔软性和耐磨性，提高纤维的抗静电性。

玻璃纤维针刺毡必须进行表面处理，以加强毡层与基布的结合牢度，提高耐磨损和腐蚀性能，改善粉尘剥离性。两种玻璃纤维针刺毡的主要规格和特性列于表21-37。

表 21-37　两种玻纤针刺毡的主要规格和特性

项　目		玻纤针刺毡1	玻纤针刺毡2	项　目	玻纤针刺毡1	玻纤针刺毡2
纤维组成			玻纤	连续工作温度/℃	240~260	260
基布组成			玻纤	耐酸性	优	优
克重/g·m^{-2}		1050±20	950	耐碱性	一般	
厚度/mm		2.6~2.8	2.3	耐磨性	良	
透气度 /m^3·(m^2·min)$^{-1}$		8~20	9	水解稳定性	优	
断裂强度 （N/5× 20cm）	经向	>2300	2100N/5cm	后处理方式	PTFE处理	PTFE乳液浸渍
	纬向	>2400	1900	260℃经向干热收缩率		<1%
断裂伸长率/%	经向	<10	10	260℃纬向干热收缩率		<1%
	纬向		10			

21.2.7　水刺毡滤料

水刺工艺的原理与针刺相似，不同的是将钢针改为极细的高压水流（"水针"）。水刺工艺使高压水经过喷水板的喷孔，形成的微细高速水射流连续向纤维网喷射（图21-47a），在水射流直接冲击力和下方托网帘反射力的双重作用下，纤维网中的纤维发生不同方向的移位、穿插、抱合、缠结（图21-47b）。在纤维网整个宽度上有大量水柱同时垂直地向纤维网喷射，而被金属网帘托持的纤维网连

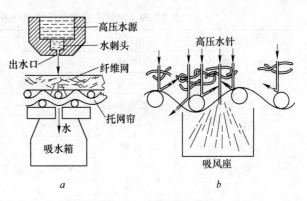

图 21-47　水刺工艺原理
a—水刺工艺原理；b—水刺过程中纤维缠结

续向前移动，纤维网便得到机械加固而形成水刺毡。

水刺工艺流程：纤维经开松、混合、梳理、铺网、牵引，然后通过双网夹持方式喂入水刺缠结加固系统，先后进行预水刺和第二道水刺，再经后处理而制得成品。

与针刺工艺相比，水刺工艺的主要优点是：滤料在加工过程中纤维受到的机械损伤显著降低，所以同等克重下其强力高于针刺滤料；水针为极细的高压水柱，其直径显著细于针刺工艺的刺针，所以水刺毡几乎无针孔，表面更光洁、平整、过滤性能更好；水刺工艺较简单；产品中无黏合剂，不存在环境污染；水刺毡柔软、不起毛、不掉毛、不含其他

杂质。

对PPS水刺毡与针刺毡进行对比的结果：前者厚度和透气率明显小于后者，说明毡层密实度更高；水刺毡的耐磨性能提高20%；在动态滤尘测试中，水刺毡的总粉尘穿透率较针刺毡降低67%，PM2.5的穿透率降低50%，清灰周期较针刺毡平均延长约30%。

对单重同为500g/m²的涤纶水刺毡和针刺毡进行对比测试，前者的厚度偏薄，断裂强力较后者提高约20%，耐磨性能也显著增强。几种水刺毡的规格和性能列于表21-38。

表21-38　几种水刺毡的规格和性能

<table>
<tr><td colspan="3">项　目</td><td>SPPS
101J</td><td>SPPS
102J</td><td>SPPS
102J×1</td><td>SPPS
103J×1</td><td>SPPS
104J×1</td><td>SPPS
106J×1</td><td>SPPS
107J×1</td></tr>
<tr><td colspan="3">加工方法</td><td colspan="7">水刺成型，热定型</td></tr>
<tr><td rowspan="4">形态
特性</td><td rowspan="2">单重</td><td>g/m²</td><td>450</td><td>480</td><td>510</td><td>540</td><td>550</td><td>530</td><td>510</td></tr>
<tr><td>偏差/%</td><td>±5</td><td>±5</td><td>±5</td><td>±5</td><td>±5</td><td>±5</td><td>±5</td></tr>
<tr><td rowspan="2">厚度</td><td>mm</td><td>1.4</td><td>1.5</td><td>1.5</td><td>1.6</td><td>1.6</td><td>1.6</td><td>1.6</td></tr>
<tr><td>偏差/%</td><td>±10</td><td>±10</td><td>±10</td><td>±10</td><td>±10</td><td>±10</td><td>±10</td></tr>
<tr><td rowspan="2">强力
特性</td><td rowspan="2">断裂强力
（N/5×20cm）</td><td>经向</td><td>≥900</td><td>≥900</td><td>≥900</td><td>≥800</td><td>≥700</td><td>≥800</td><td>≥900</td></tr>
<tr><td>纬向</td><td>≥1400</td><td>≥1400</td><td>≥1400</td><td>≥1200</td><td>≥1200</td><td>≥1200</td><td>≥1300</td></tr>
<tr><td rowspan="2">透气性</td><td rowspan="2">透气率</td><td>dm³/(m²·s)</td><td>80</td><td>80</td><td>80</td><td>80</td><td>100</td><td>110</td><td>100</td></tr>
<tr><td>偏差/%</td><td>±20</td><td>±20</td><td>±20</td><td>±20</td><td>±20</td><td>±20</td><td>±20</td></tr>
<tr><td colspan="3">热收缩率/%（190℃，24h）</td><td>≤1.0</td><td>≤1.0</td><td>≤1.0</td><td>≤1.0</td><td>≤1.0</td><td>≤1.0</td><td>≤1.0</td></tr>
</table>

应用实例：水刺毡已大量用于燃煤锅炉烟气净化。表21-39列出部分应用结果。

表21-39　水刺毡在燃煤锅炉烟气净化系统的应用结果

应用地点	河南某电厂	山东某自备电厂	河北某自备电厂	大连某自备电厂
机组容量	660MW	410T/h	410T/h	130t/h×2
脱硝方式	SNCR	SCR	SCR	SNCR
除尘器形式	电袋，2个电场	电袋，2个电场	电袋，1个电场	电袋，1个电场
水刺毡类型	PPS/PTFE	PPS/PTFE	PPS	PPS/PTFE
过滤风速/m·min⁻¹	0.95	1.25	1.0	0.88
清灰方式	行喷吹、定压差	行喷吹、定压差	行喷吹、定压差	行喷吹、定压差或定时
入口粉尘浓度/g·m⁻³	35	26	30	32~40
粉尘排放浓度/mg·Nm⁻³	8~10	10~12	8~10	8~10
喷吹压力/MPa	0.4	0.35	0.4	0.4
过滤阻力/Pa	600~700	800~900	600~700	500~700
投运时间	2015年11月	2014年10月15日	2014年12月	2015年11月

21.2.8　覆膜滤料及其性能

覆膜滤料是在常规滤料（称为底料）表面覆以一层经膨化拉伸而成的微孔薄膜而形成。支撑薄膜的常规滤料有多种，可以是合成纤维或玻璃纤维织造滤料、针刺毡或水刺毡。

典型的微孔薄膜是聚四氟乙烯（PTFE）薄膜，其孔径细小（0.05~3μm），孔隙率为85%~93%，其电镜下的微孔结构如图21-48所示。对粒径0.1μm粉尘的捕集率超过99.9%（图21-49）。覆膜滤料主要依赖PTFE薄膜滤尘，粉尘难以深入滤料内部，称为表面过滤。

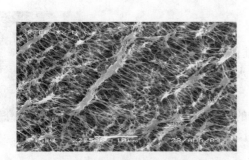

图 21-48 PTFE 薄膜表面的微孔结构

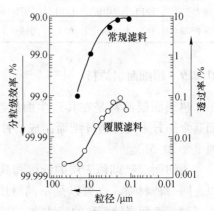

图 21-49 覆膜滤料的分级效率

PTFE薄膜表面非常光滑，没有纤维毛绒，具有憎水性，因而容易清灰。覆膜滤料的透气率较一般滤料低，在滤尘初期，阻力增加较快；进入正常使用期后，覆膜滤料的阻力趋于恒定，而常规滤料的阻力则以缓慢的速度持续上升增（图21-50）。

聚四氟乙烯薄膜具有良好的耐热和耐化学腐蚀性能，与不同的底料组合，可提高滤料的过滤和清灰性能。典型覆膜滤料特性参数列于表21-40。

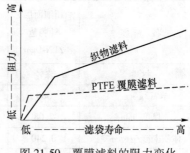

图 21-50 覆膜滤料的阻力变化

表 21-40 典型覆膜滤料特性参数

滤料型号	覆膜针刺毡 M/ENW		覆膜织物滤料 729M/EWS		滤料型号		覆膜针刺毡 M/ENW		覆膜织物滤料 729M/EWS	
材质	涤纶毡覆膜		涤纶织物覆膜		孔隙率/%		83.6	83.4	66.4	64.3
真比重	1.38		1.38		断裂伸长率/%	经向	19.3	23	27.0	25
加工方法	针刺毡、热烘、热压后覆膜		机织覆膜			纬向	48.9	30	28.3	23
					洁净滤料阻力系数		47.9	49.9	91.5	56.1
单重/g·m⁻²	500	505	231.5	320	再生滤料阻力系数			73.6	123.5	80.7
厚度/mm	2.21	2.2	0.5	0.65	动态阻力/Pa		181	187	174.0	191.0
堆积密度/g·m⁻³	0.226	0.229	0.463	0.492	静态粉尘捕集率/%		99.99	99.965	99.95	99.98
透气率 dm³/(m²·s)	40.2	35.0	33	21.4	动态粉尘捕集率/%		>99.999	>99.999	99.999	99.999
透气率 m³/(m²·min)	2.41	2.10	1.98	1.281	粉尘剥离率/%			96.67		96.85

滤料型号	覆膜针刺毡 M/ENW		覆膜织物滤料 729M/EWS		滤料型号		覆膜针刺毡 M/ENW		覆膜织物滤料 729M/EWS	
透气率偏差/%	+14.5	+16.9	+28.4	+6.8	使用温度 /℃	连续	130	130	130	130
	−19.8	−22.1	−26.4	−5.2		瞬间	150	150	150	150
断裂强力 （N/5×20cm）	经向	1010	1350	2975	3210.5	耐酸性	良	良	良	良
	纬向	1280	900	2165	2083.5	耐碱性	良	良	良	良

21.2.9 超细面层滤料

超细面层滤料是在其迎尘面以超细纤维作表层，而其余部分采用普通纤维而制成的针刺毡或水刺毡滤料（图 21-51）。

超细面层针刺毡表层的纤维和其余部分的纤维可以是同一种材质，也可以是不同材质。表 21-41 所列为两种超细面层针刺毡的特性。

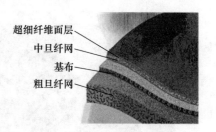

图 21-51 超细面层滤料结构

（图中标注：超细纤维面层、中旦纤网、基布、粗旦纤网）

表 21-41 典型超细面层针刺毡的特性参数

名 称		超细面层针刺毡 ZLN-Dgm	聚酰亚胺超细面层针刺毡	名 称		超细面层针刺毡 ZLN-Dgm	聚酰亚胺超细面层针刺毡
材质		涤纶	轶纶	真比重		1.38	
单重/g·m⁻²		500	570	透气率	dm³/(m²·s)	185	138
厚度/mm		2.08	1.9		m³/(m²·min)	11.1	8.28
体积密度/g·cm⁻³		0.240	0.30	透气度偏差/%		+3.5	
孔隙率/%		82.5				−5.2	
断裂强力 （N/5×20cm）	经向	900	965	使用温度 /℃	连续	130	260
	纬向	1156	1679		瞬间	150	280
断裂伸长率/%	经向	27.4	6.9	耐酸性		良	良
	纬向	30	31.8	耐碱性		良	良

一种名为"改性超细玻璃纤维复合过滤材料"的针刺毡，是以玻璃纤维为主要原料开发的超细面层滤料。它是将 $3.5\mu m$ 的超细玻璃纤维和耐高温化学纤维按工艺配比称重，并经过充分地开松、均匀混合；再将纤维喂入梳理机，梳理整齐的纤维经铺网后形成毛网，毛网的单重约为 $500g/m^2$；将毛网铺设于超细玻璃纤维基布上，在迎尘侧的面层采用单丝纤维直径 $3.5\mu m$ 的超细玻璃纤维短切纱。基布另一面的毛网则采用普通的 $5.5\mu m$ 玻璃纤维。将基布和毛网一同引入后续的五台针刺机加工成素毡；最后进行 PTFE 浸渍及压光处理。

以单丝直径只有 $3.5\mu m$ 超细玻纤作面层的该种滤料，耐热性好、强度高、过滤效果好，而且由于超细玻纤的加入使柔韧性显著增强、抗折性能改善，有利于延长使用寿命。

该超细玻纤面层针刺毡与普通玻纤针刺毡的性能比较列于表21-42。

表21-42　超细玻纤面层复合针刺毡与普通玻纤针刺毡性能对比

滤料名称		改性超细玻纤针刺毡	普通玻纤针刺毡	滤料名称	改性超细玻纤针刺毡	普通玻纤针刺毡
克重/g·m⁻²		850±20	1050±20	连续工作温度/℃	240~280	240~260
厚度/mm		2.8±0.1	2.6~2.8	耐酸性	优	优
透气度/m³·(m²·min)⁻¹		15±3	8~20	耐碱性	优	一般
断裂强度（N/5×20cm）	经向	>3000	>2300	耐磨性	优	良
	纬向	>3000	>2400	水解稳定性	优	优
断裂伸长率/%	经向	<10	<10	后处理方式	PTFE处理	PTFE处理
	纬向	<10	<10			

21.2.10　海岛纤维滤料

海岛纤维全称为海岛型超细纤维，是采用"海岛"工艺生产的超细化纤的总称。该工艺是将一种聚合物以极细的形式分散于另一种混合物中，在纤维截面中分散相呈"岛"状态，而母体则相当于"海"状态，形成"海岛"复合纤维（图21-52）。海岛复合纤维具有常规纤维的纤度，用溶剂把"海"的成分溶去，就获得藕状或者束状的超细纤维（图21-53）。

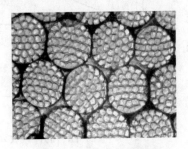

图21-52　海岛纤维截面

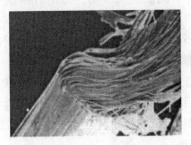

图21-53　去"海"后的超细纤维束

涤纶海岛纤维的生产工艺流程如图21-54所示。

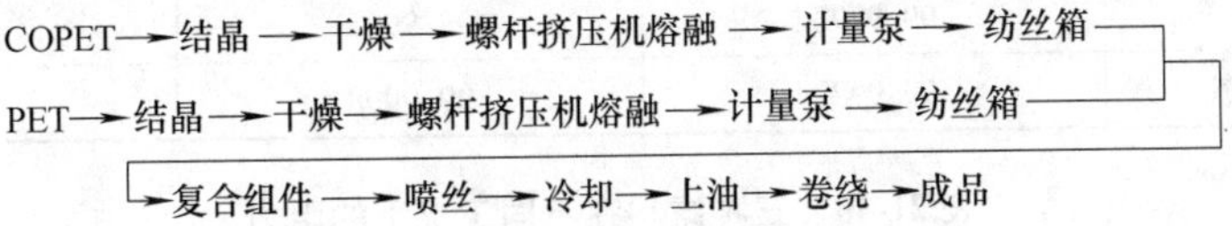

COPET→结晶→干燥→螺杆挤压机熔融→计量泵→纺丝箱
PET→结晶→干燥→螺杆挤压机熔融→计量泵→纺丝箱
→复合组件→喷丝→冷却→上油→卷绕→成品

图21-54　涤纶海岛纤维生产工艺流程

生产涤纶海岛纤维所需的原料为碱溶性聚酯切片（COPET）和半消光聚酯切片PET。

海岛纤维单丝线密度小（直径约1μm），纤维比表面积大（常规纤维直径为5~20μm）；可直接通过水刺或针刺工艺制作滤料。该滤料的孔隙率高且孔径大小排列均匀，捕集细颗粒的精度和效率都显著提高。滤料致密的表层能阻止粉尘进入滤料内部，减少滤料内部的粉尘集聚，从而保持低阻力和延长滤袋寿命。海岛纤维面层还具有很强的拒水防油性能。与覆膜滤料的薄膜容易脱落、破损相比，海岛纤维滤料的面层牢固得多，有很好的机械性能和可靠性。

有学者研究了海岛纤维滤料与常规针刺毡、覆膜滤料的性能，主要参数列于表 21-43。

表 21-43　三种滤料试验样品参数特性

样　品	单位面积质量 /g·m⁻²	厚度/mm	透气性 /m³·(m²·min)⁻¹	平均纤维直径 /μm
涤纶针刺毡滤料	503.04	1.97	12.31	34.68
涤纶覆膜滤料	501.11	1.62	2.42	—
涤纶海岛纤维滤料	478.28	1.54	2.27	1.51（单根纤维）

在静态过滤试验中，测试三种滤料样品对粒径为 0.3μm、0.5μm、1.0μm、3.0μm、5.0μm 细颗粒物的分粒径计数效率，结果示于表 21-44 和图 21-55。测试时过滤风速为 2.0m/min。

表 21-44　三种滤料分粒径计数效率　　　　（%）

粒径/μm	0.3	0.5	1	3	5
针刺毡滤料	17.749	21.703	34.949	70.124	70.736
覆膜滤料	93.199	95.713	98.019	99.227	99.479
海岛纤维滤料	57.537	67.588	80.472	98.629	98.766

静态测试结果表明，海岛纤维滤料对 0.3~5μm 微粒的过滤效率比针刺毡有很大优势；海岛纤维滤料 3~5μm 粒子的过滤效率与覆膜滤料相差不大，但对更细小的粒子则差距明显。

通过动态过滤试验，测试洁净状态和容尘（老化）后稳定状态的三种滤料全尘除尘效率，结果列于表 21-45；三种滤料在不同过滤风速下的阻力列于表 21-46。

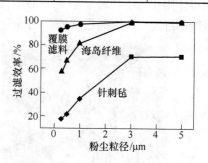

图 21-55　三种滤料的计数效率

表 21-45　三种滤料的全尘除尘效率　　　　（%）

样　品	针刺毡滤料	覆膜滤料	海岛纤维滤料
洁净滤料	99.9797	99.9995	99.9992
容尘后稳定状态	99.9977	99.9998	99.9998

表 21-46　三种滤料在不同工况下的阻力　　　　（Pa）

过滤风速/m·min⁻¹		1	1.5	2	2.5	3
针刺毡滤料	容尘前	11.3	18.1	25.4	31.3	37.3
	容尘后	267.4	481.5	666.3	843.8	1009
覆膜滤料	容尘前	53.2	79.6	106.5	142.8	169.6
	容尘后	116	135.9	183.3	200.1	251.5
海岛纤维滤料	容尘前	53.4	78.3	102.8	128.3	155.5
	容尘后	255.2	381.2	525.4	656.1	794.5

从表21-46可见，容尘后各滤料的阻力，针刺毡滤料>海岛纤维滤料>覆膜滤料。

21.2.11 微孔涂层滤料

将涂层工作液和空气输入发泡器，发泡器内转子和定子的叶片交错，转子的转动使工作液和空气充分混合而成泡沫。发泡的工作液涂于滤料表面后进行焙烘，气体受热膨胀导致气泡破裂，浆料中的成膜物质在滤料表面形成连续薄膜，从而得到微孔涂层滤料。涂层工艺的目标是微孔细小且分布均匀、孔隙率高。为此，须控制发泡率和气泡直径两个参数：

（1）发泡率表征泡沫密度。发泡率越大，泡沫密度就越小，施加于织物的工作液就越少。发泡率主要影响滤料的透气性，进而影响阻力。实践表明，发泡率宜为1:1~1:6。

（2）工作液中的气泡直径越大，最终形成的微孔直径也越大，除尘效率将降低。泡沫直径增大还表明发泡率下降，气泡的稳定性随之变差（气泡易破裂）。须控制直径浆料中气泡直径为$0.5~2\mu m$，所得产品涂层的微孔直径为$2~8\mu m$。

泡沫涂层滤料与常规针刺毡及覆膜滤料表面SEM照片如图21-56所示，可以看出，涂层滤料表面微孔直径明显小于针刺毡（图21-56b），但大于覆膜滤料（图21-56c）。

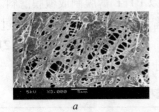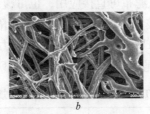

图21-56 微孔涂层滤料与两种滤料表面对比

a—微孔涂层滤料表面；b—常规针刺毡；c—覆膜滤料

经检验，涂层滤料进行的疏水性为4~6级，表明经涂层处理改善了滤料的疏水性。分别以平均粒径为$15\mu m$和$2\mu m$粉尘测试微孔涂层滤料捕集效果，结果与覆膜滤料相当。

涂层滤料的透气量小于与普通针刺滤料，但大于覆膜滤料。对常规针刺毡、覆膜滤料、微孔涂层滤料进行连续容尘和清灰对比试验，微孔涂层滤料的压力损失稍高于覆膜滤料，但远低于常规针刺毡（图21-57）。

自2009年起的两年中，泡沫涂层滤料用于3200t/d以上规模水泥窑已100多座，其中已经投运100%P84或者P84/PTFE滤料的水泥回转窑32座。用于燃煤锅炉烟气净化也有良好效果。

应用实例：山西某电厂燃煤锅炉烟气净化的主要参数列于表21-47。

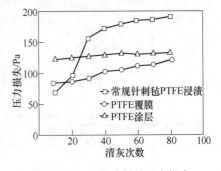

图21-57 三种滤料的压力损失

该工程的滤料材质为PTFE+PPS针刺毡加泡沫涂层处理。随后，该厂又有4台300MW机组采用泡沫涂层滤料。该滤料已推广至数十台燃煤锅炉机组，最大机组为660MW。

表 21-47　微孔涂层滤料净化燃煤锅炉烟气的主要参数

项　目	参　数	项　目	参　数
燃烧方式	循环流化床	烟气成分	SO_2：5672mg/Nm^3；NO_x：398mg/Nm^3
机组容量/MW	300		氧含量：6.12%；含湿量：7.1%
主要煤种	无烟煤	入口粉尘浓度/g·Nm^{-3}	27.48
烟气量/$m^3·h^{-1}$	2000000	除尘器类型	电袋除尘器
烟气温度/℃	135～165	过滤风速/m·min^{-1}	≤1.2

21.2.12　混合纤维滤料

混合纤维滤料是将两种或多种纤维混合加工制作而成，有织造和非织造混合纤维滤料。

21.2.12.1　混合纤维织造滤料

织造滤料中，PTFE 纤维和玻纤并捻织造的滤布是混合纤维滤料的一例。在克服 PTFE 纤维与玻纤张力不同导致混纺困难这一障碍的基础上，采用 PTFE 纤维与玻纤膨体纱混纺作纬纱，成功制成混合纤维滤布。该滤布可直接应用，也可覆以 PTFE 薄膜制成覆膜滤料。

与 PTFE 纤维混纺，弥补了玻纤不耐折、不耐磨的缺陷，使该产品具有良好的过滤性能，又有很高强度，并增强了 PTFE 薄膜与滤布的粘合力。其规格和性能列于表 21-48，已用于垃圾焚烧和水泥窑头、窑尾烟气净化，表 21-49 所列为两个应用实例的参数。

表 21-48　PTFE 与玻纤混纺覆膜滤布的规格和性能

特性	检测项目		标准要求	实测值
形态特征	结构		—	机织物
	滤料单重/g·m^{-2}			722
	滤料单重偏差/%		3，+10	−0.9，+0.7
	厚度/mm		—	0.92
	厚度偏差/%		±10	−5.8，+9.3
强力特征	断裂强力（N/5×20cm）	经向	2800	3357
		纬向	2200	2640
	断裂伸长/%	经向	<10	5.6
		纬向		6.5
透气性	透气度/$m^3·(m^2·min)^{-1}$		—	12.97
	透气度偏差/%		±15	−7.9，+5.2
耐热特性（260℃，持续24h）	断裂强力（N/5×20cm）	经向	—	3450
		纬向	—	2467
	断裂伸长率/%	经向	—	5.7
		纬向	—	5.8
	热收缩率/%	经向		0.3
		纬向		0.2

表 21-49 PTFE 与玻纤混纺覆膜滤布净化垃圾焚烧烟气的参数

项 目	参 数	
	垃圾焚烧厂（1）	垃圾焚烧厂（2）
滤袋材质	PTFE 与玻纤混纺滤布	PTFE 与玻纤混纺滤布
滤袋规格/mm	$\phi150\times6000$	$\phi125\times4430$
滤袋条数/条	1008	
过滤面积/m²	2850	
过滤风速/m·min⁻¹	0.73	
喷吹压力/MPa	0.25	0.30
排放浓度/mg·Nm⁻³	11.55	12.5
清灰前除尘器阻力/Pa	1700	1700
清灰后除尘器阻力/Pa	1300	1400
投运时间	2010 年 2 月	2010 年 4 月
滤袋使用情况		使用一年后，强度保持率为 80%

21.2.12.2 混合纤维非织造滤料

混合纤维滤料中应用较多的，是以玻纤混合耐高温化纤制成的非织造滤料，即复合针刺毡或水刺毡。主要有玻纤+涤纶、玻纤+Nomex（或芳纶）、玻纤+PPS、玻纤+P84、玻纤+PTFE 等。其中，玻纤+芳纶纤维、玻纤+P84 纤维两种毡料是高炉煤气净化的主要滤料。

玻纤与化纤混合加工弥补了纯玻纤毡不耐折的缺点，而成本则显著低于纯化纤毡。以 PTFE 为基布、PPS 作面层的复合毡滤料，可弥补 PPS 易氧化的不足，延长滤袋的使用寿命，并较纯 PPS 针刺毡成本有所降低。典型混合纤维针刺毡的规格及性能列于表 21-50。

表 21-50 典型混合纤维针刺滤料产品（普耐 R）及性能参数

型号	成分		克重 /g·m⁻²	厚度 /mm	密度 /g·cm⁻³	透气率 /L·(dm²·min)⁻¹	断裂强力 （N/5cm）		伸长率 （200N/5cm） /%		使用温度 /℃		应用领域
	纤维	基布					纵向	横向	纵向	横向	连续	瞬间	
TF/TF 1750-B-12	PTFE	PTFE	750	1.1	0.68	100	≥600	≥600	<5	<5	240~260	160	垃圾焚烧 燃煤锅炉
PUNATE CPD001	P84/PTFE /GL	PTFE	530	2.0	0.265	200	>600	>600	>3	>3	240	280	高炉煤气、垃圾焚烧、旋窑窑尾
PUNATE CPD002	P84/GL	GL	800	2.5	0.32	200	>1500	>1500	<2	<2	240	280	高炉煤气、铁合金、旋窑窑尾
PUNATE CPD003	P84/PPS /GL	PTFE	530	2.0	0.265	200	>600	>600	<3	<3	180	230	燃煤锅炉 垃圾焚烧
PUNATE CPD004	PPS/GL	PPS	530	2.2	0.264	150	>800	>800	<3	<3	180	200	燃煤锅炉、垃圾焚烧

| 型号 | 成分 | | 克重 /g·m⁻² | 厚度 /mm | 密度 /g·cm⁻³ | 透气率 /L·(dm²·min)⁻¹ | 断裂强力（N/5cm） | | 伸长率（200N/5cm）/% | | 使用温度/℃ | | 应用领域 |
	纤维	基布					纵向	横向	纵向	横向	连续	瞬间	
PUNATE CPD005	PPS/GL	GL	800	2.5	0.32	200	>1500	>1500	<2	<2	180	230	燃煤锅炉
PUNATE CPD006	PPS/GL	P84+ PPS	530	2.0	0.265	150	>600	>600	<3	<3	180	220	燃煤锅炉、垃圾焚烧
PUNATE CPD007	PTFE/GL	PTFE	700	1.5	0.167	120	>600	>600	<3	<3	240	280	垃圾焚烧、铜冶炼、钛白粉
PIUNATE CPD008	Aramid/GL	Aramid	480	2.2	0.218	220	>600	>600	<3	<3	200	250	沥青、石灰窑、窑头篦冷机、白炭黑

注：摘自厦门三维丝环保工业有限公司产品资料。

21. 2. 13　消静电滤料

一些纤维（特别是合成纤维）电阻高，极易荷电。如常规丙纶毡表面电阻可达 1×10^{14} Ω，摩擦 1min 可产生 200V 静电，半衰期为 1600s。静电放电产生的火花可引燃袋式除尘器中的可燃粉尘（或气体），当可燃粉尘（或气体）浓度达爆炸界限时还可能导致爆炸。易荷电的粉尘积聚在滤料表面会削弱清灰效果，导致除尘器阻力持续上升（有时超过 3000Pa）。

为避免静电的危害，应采用具有导电性的滤料，并通过接地措施释放滤料表面的电荷。使滤料具有导电性的常用方法有以下几种：在织造滤料的经纱中间加入导电纱线；在毡类滤料基布的经纱中间加入导电纱线；在毡类滤料的纤维中混入导电纤维。

导电纤维可以是不锈钢纤维，或具有导电性的改性化纤。

影响滤料消静电性能的因素是：导电纤维或纱线的导电性；导电纤维或纱线在滤料中的密度。机织消静电滤料通常每隔 20~25mm 置入一根不锈钢导电经纱。消静电毡类滤料在基布中每隔 8~10mm 设一根合纤导电经纱，或在面层纤维中掺入适当比例的导电纤维。

几种消静电滤料的特性参数见表 21-51。

表 21-51　几种消静电滤料的特性

| 滤料型号 | | | 针刺毡滤料 | | 织造滤料 |
			ZLN-DFJ	ENW（E）	MP922
形态特性		材质	涤纶	涤纶	
		加工方法	针刺成型后处理	针刺成型后处理	
		导电纱（或纤维）加入方法	基布间隔 8~12mm 加一根导电经纱	面层纤维网中混有导电纤维	经向间隔 25mm 布一根不锈钢导电纱
		单位面积质量/g·m⁻²	500		325.1
		厚度/mm	1.95		0.68

滤料型号			针刺毡滤料		织造滤料
			ZLN-DFJ	ENW（E）	MP922
强力特性	断裂强力（N/5×20cm）	经向	1200	1149.5	3136
		纬向	1658	1756.2	3848
伸长特性	断裂伸长率/%	经向	23	15.0	26
		纬向	30	20.0	15.2
透气性	透气率/$m^3 \cdot (m^2 \cdot min)^{-1}$		9.04		8.9
	透气率偏差/%		+7~-12		
阻力特性	洁净滤料阻力系数		11		
	再生滤料阻力系数		170		
	动态阻力/Pa		245		
滤尘特性	静态粉尘捕集率/%		99.9		
	动态粉尘捕集率/%		99.99		
清灰特性	粉尘剥离率/%		94.7		
静电特性	摩擦荷电电荷密度/$\mu C \cdot cm^{-2}$		2.8	0.32	0.399
	摩擦电位/V		150	19	132
	半衰期/s		<0.5	<0.5	<0.5
	表面电阻/Ω		9.0×10^3	2.4×10^3	3.26×10^4
	体积电阻/Ω		4.4×10^3	1.8×10^3	3.81×10^4

21.2.14 金属过滤材料

21.2.14.1 金属纤维烧结毡

金属纤维烧结毡是将直径为微米级的金属纤维经剪切、无纺铺制、叠配及高温烧结而成。它由不同孔径纤维层形成三维多孔结构，具有孔隙率高、比表面积大、孔径大小分布均匀、纳污量高、过滤精度高等特点。该烧结毡克服了金属网易堵、易损的缺点；可弥补陶瓷滤管易碎、流量小的不足；具有普通滤纸、滤布所不及的耐温、耐压、耐腐蚀的特点。

A 金属纤维烧结毡的类型

金属纤维烧结毡主要有不锈钢纤维毡、铁铬铝纤维毡、哈氏合金纤维毡（图 21-58）。

不锈钢纤维毡　　　　　　铁铬铝纤维毡　　　　　　哈氏合金纤维毡

图 21-58　金属纤维烧结毡

铁铬铝和哈氏合金纤维毡主要用于高温烟气除尘等，一个实例是河南某企业煤制油工艺过程中的煤气净化。工作温度为 550~600℃，煤气 H_2S 含量 1%~1.8%，过滤精度为 20~30μm。

金属纤维烧结毡有多种规格的产品，其过滤精度多为 3~30μm；孔隙率为 70%~80%；透气度多为 100~300L/(min·dm^2)。该纤维毡最大尺寸为 1200mm×1500mm。

B 不锈钢纤维毡

不锈钢纤维毡电镜下的表面形貌特征如图 21-59 所示。

不锈钢纤维毡有以下特点：

（1）孔隙率高，孔隙率达 80% 以上，而且开孔率高。

（2）耐高温可在 600℃ 以下长期使用，瞬间使用温度达 650℃。其抗拉强度随温度变化的情况：常温下为 15.27MPa；300℃ 为 15.64MPa；400℃ 为 14.30MPa；500℃ 为 13.83MPa。

图 21-59 不锈钢纤维毡表面形貌

（3）在硝酸、碱和有机溶剂中完全不腐蚀，但在盐酸、硫酸等酸类中耐蚀性较差。

（4）耐折性好。经折叠后过滤精度不会改变，但有效过滤面积增大。

（5）不掉渣。不锈钢纤维毡无论使用多长时间，都不会出现"掉渣"现象。

（6）过滤精度高。孔径分布范围可调，过滤精度 10~100μm 范围内可选（见表 21-52）。

表 21-52 几种不锈钢纤维毡过滤性能

滤毡型号	厚度/mm	孔隙率/%	透气率/dm^3·(dm^2·min)$^{-1}$	过滤精度/μm	纳污容量/mg·cm^{-2}
BZ10D	0.37	80	90	10.37	5.28
BZ20D	0.62	85	207	20.02	15.5
BZ40D	0.72	80	522	40.00	25.9
BZ60D	0.73	87	1080	58.50	35.7

注：透气率是 200Pa 压力下的测定值，介质为空气。

（7）易清灰。独特的纤维层组合更易于气流清灰，也可采用灼烧法清灰。

（8）不产生静电。具有良好的电导性和永久的消静电能力。

（9）具有抗磁性。用 316L 不锈钢纤维绕结而成的毡没有磁性。

（10）过滤性能优良，纳污容量大（见表 21-52）。

缺点是，由于不锈钢纤维采用拉拔技术生产，成本高，价格昂贵。

烧结不锈钢纤维毡主要用于高温气体除尘及高分子聚合、炼油等行业。

应用实例：某企业大型炼钢电炉炉内烟气除尘。烟气温度 550℃，采用不锈钢纤维毡滤芯，规格为 φ130mm×2400mm，过滤风速为 0.8~1.3m/min，粉尘排放浓度为 5.5~11.8mg/Nm^3。

21.2.14.2 烧结金属丝网

烧结金属丝网多孔材料是采用不同直径和目数的金属丝或金属编织网为原料，通过特殊的叠层复合设计，在保护性气氛或者真空条件下采用扩散烧结技术烧结而成。

烧结金属丝网的层数为 1~900 层，其中，三层和五层网为常规产品，最大尺寸为 1m×1m。图 21-60 所示为五层金属丝网的断面，可见各层所用金属丝的直径及构成的孔径是从一侧向另一侧递减，直径和孔径最小侧为迎尘面。在迎尘层的表面再加稍粗的金属丝保护网。

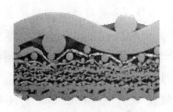

烧结金属丝网比不锈钢纤维毡强度高、比金属粉末制品渗透性能好，具有孔径分布均匀、耐高温、可焊接、可再生、寿命长等特点。烧结金属丝网易于成型和焊接，可加工成圆形、筒状、锥状等各种形式的过滤元件，主要用于高温气体除尘、高压流体过滤、医用过滤等。

图 21-60　五层烧结金属丝网断面

21.2.14.3　金属纤维过滤筒（滤芯）

金属纤维烧结毡和烧结金属丝网需加工成滤筒（或称滤芯）以方便应用。

A　金属纤维折叠滤筒

金属纤维折叠滤筒是将金属纤维烧结毡或金属丝网，经过特殊的折叠和高精度焊接而制得的一种过滤元件。成型的滤筒为多褶式结构，金属纤维烧结毡或金属丝网在滤筒的外圆和内圆之间反复折叠。在筒体的外部和内部均设有金属保护网。折叠滤筒的过滤面积比同尺寸的圆筒增大数倍。一种意见认为，折叠滤筒有更强的纳污能力，可延长清洗及更换周期。

金属折叠滤筒的再生性好，经化学清洗、高温煅烧及超声波清洗后可反复使用。

一种以不锈钢（SS304、SS316、SS316L）纤维毡制成的折叠滤筒（图 21-61），其外径为 $35 \sim 80 \text{mm}$，长度为 $100 \sim 1500 \text{mm}$，过滤精度不小于 $5 \mu \text{m}$。适用于高温气体等场合。

B　多层金属烧结网滤筒

多层金属烧结网滤筒如图 21-62 所示，它是将多层金属烧结网经过卷管、焊接而成的一种过滤元件，材质多为不锈钢 SS304、SS316、SS316L。其外径为 $100 \sim 160 \text{mm}$，长度为 $500 \sim 1200 \text{mm}$，过滤精度不小于 $1 \mu \text{m}$。其特点是耐压强度高、渗透性能好、耐腐蚀与耐热性强、易清洗、过滤精度高、丝网不易脱落。适用于高温气体过滤、食品、制药、化工等行业。

图 21-61　金属纤维折叠滤筒及折叠后的毡（网）

图 21-62　多层金属烧结网滤筒

C　金属纤维滤袋

金属纤维滤袋（图 21-63）是将金属纤维烧结毡经过高精度焊接而制得的圆筒状过滤元件，材质多为不锈钢、铁铬铝、哈氏合金，外径为 $100 \text{mm} \sim 160 \text{mm}$，长度为 $500 \text{mm} \sim 6000 \text{mm}$，颗粒物排放浓度不大于 5mg/m^3，过滤精度为不小于 $0.5 \mu \text{m}$。

图 21-63　金属纤维滤袋

D 金属纤维烧结毡滤筒

金属纤维毡滤筒由不锈钢板网、金属粗纤维毡以及金属细纤维毡三层复合组成，经高温真空烧结成一体而成网状立体结构（图21-64），细纤维毡作为迎尘面的表层。纤维毡的材质主要为316L、310S、0Cr21Al6 等，根据使用温度而定。

表面网状结构

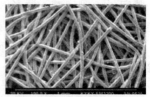
迎尘面的细纤维层(放大)

图 21-64　金属纤维毡滤筒

该滤料的优点：耐高温、耐腐蚀、耐磨损、寿命长、过滤精度高、透气性好、孔隙率高、抗渗碳、抗气流冲击、抗机械振动。其性能参数列于表21-53。

表 21-53　金属纤维毡滤筒性能参数

项　目		单　位	参　数		
			316L	310S	0Cr21Al6
材料密度		g/cm² (20℃)	7.98	7.98	7.16
熔点		℃	1400~1450		1500
工作温度	氧化性气氛	℃	400	600	800
	还原性惰性气氛	℃	550	800	1000
烧结毡规格			SSF-1500/0.65		
厚度		mm	0.65		
孔隙率		%	71	71	68
透气系数		L/(m²·s) (200Pa)	450~550		
过滤前粉尘浓度		g/Nm³	10		
过滤后粉尘浓度		mg/Nm³	≤5		
除尘效率		%	>99.9%[①]		
抗拉强度		N/mm²	≥20		

①测试粉尘为氧化铝粉，粒径分布：$x_{16} = 0.3\mu m$；$x_{50} = 1.71\mu m$；$x_{90} = 6.77\mu m$。测试时过滤风速为 1.75m/min~3m/min，入口粉尘浓度为 10g/Nm³。

金属纤维毡滤筒的结构如图 21-65 所示，外形尺寸示于图 21-66。

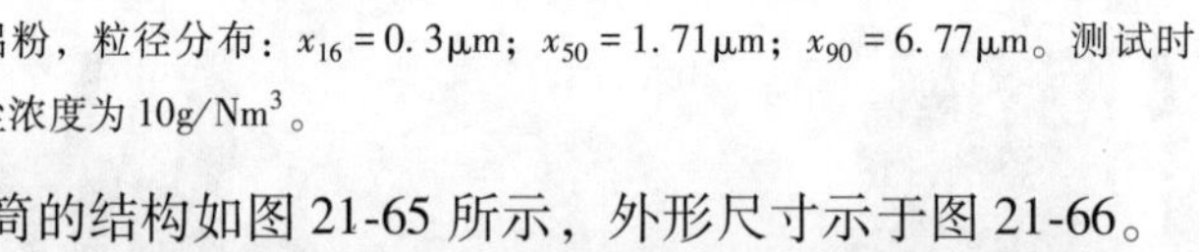

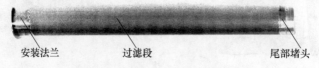
安装法兰　　　过滤段　　　尾部堵头

图 21-65　金属纤维毡滤筒的结构

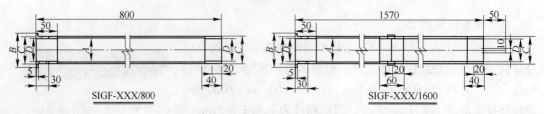
SIGF-XXX/800　　　　　　　SIGF-XXX/1600

图 21-66　金属纤维毡滤筒外形

21.2.14.4　金属间化合物非对称膜过滤材料

所谓金属间化合物，是指金属和金属、类金属和金属原子之间以共价键形式结合生成的化合物。我国专家以 Fe、Al、Ti 元素粉末为原料，利用元素间的偏扩散即 Kirkendall 效应，采用偏扩散合成-烧结法成孔，实现了孔结构和孔径的自主调控，并大幅度提升了材料的耐腐蚀性，成功研制出 TiAl、FeAl、NiAl 系列金属间化合物非对称膜过滤材料。其中，FeAl 多孔材料适于高温烟气过滤，其制造过程：将高纯度的电解 Fe 粉和高纯度的雾化 Al 粉按一定比例在 V 型混料机中混合均匀，于 250MPa 压力下模压成型。压坯在真空度为 10^{-3}Pa 的真空炉中于 1050℃进行偏扩散反应合成-烧结，从而制得成品。

通过扫描电镜（SEM）观察 FeAl 多孔材料的形貌可见，压坯中 Fe/Al 粉末分布均匀，颗粒为不规则形状，且颗粒间存在少量空隙；而烧结后的成品则呈现多孔形貌（图 21-67）。

图 21-67　FeAl 多孔材料压坯（a）和烧结成品（b）的微观形貌

FeAl 金属间化合物非对称膜过滤材料兼顾了金属和陶瓷过滤材料的优点。其特点为：
（1）孔径为 0.5～14μm，并根据需要在 0.5～50μm 范围可以自主调节，对微细粉尘能获得理想的捕集效果；（2）有很强的耐热性能，高温强度达到 50MPa（600℃）和 10MPa（850℃）；（3）抗热震性好，在 850℃至室温之间急冷急热 250 次以上无开裂现象；（4）抗氧化和抗腐蚀性能优异，在 800℃氧化和含硫环境下长时期使用时无明显腐蚀；（5）机加工和焊接性能好。

为考察 FeAl 多孔材料高温下的抗硫化腐蚀能力，将其置于 600℃和 S_2+N_2 的混合气氛中进行高温循环硫化实验。经过 152h 后质量增加率：多孔 FeAl 为 1.1%；多孔 Ni 为 52.2%；多孔 316L 为 10.24%，说明 FeAl 多孔材料的高温抗硫化腐蚀性能远优于另两种不锈钢。此外，经 152h 后多孔 FeAl 的最大孔径由 13.9μm 变为 12.9μm，说明其孔径稳定性良好。

FeAl 膜过滤材料（滤芯）直径最大为 φ60mm，滤芯长度（mm）为 750、1000、1250、1500、1750、2000、2250，组合滤芯长度不小于 3000mm，壁厚为 3mm；单支滤筒过滤面积（m^2）有 0.14、0.23、0.28；使用温度不高于 800℃。净化后含尘量小于 10mg/Nm^3。外形如图 21-68 所示。

图 21-68　FeAl 滤芯外形

除了滤芯这种刚性产品外，FeAl 过滤材料还推出了柔性产品，称为"金属间化合物（YT）柔性膜过滤材料"，其主要规格和参数列于表 21-54，其外形如图 21-69 所示。

表 21-54　金属间化合物（YT）柔性膜过滤材料主要规格和参数

最高工作温度/℃	400
透气量/m³·(m²·min)⁻¹	20
空气阻力（过滤风速≥1.6m/min）/Pa	<200
滤料单重/g·m⁻²	1000
规格	可制成袋状过滤元件，直径 φ130、φ160mm，长度 3m、6m、7m 等

金属间化合物柔性膜过滤材料长期工作温度为 400℃，对 H_2S、SO_2、SO_3 等具有很强的耐腐蚀性能，过滤精度高（0.1μm）。反应工作温度合成方法与滤芯基本相同，曲折因子小，壁薄，具备一定柔性，清灰更容易。导电性好，过滤过程中不会产生静电。可用于各工业领域的高温烟气净化、物料回收以及生产工艺的气体净化。

图 21-69　金属间化合物柔性膜滤料

21.2.15　塑烧板滤料

塑烧板由几种高分子化合物粉体经严格地组配、混匀、铸型，再烧结成多向微孔的母体，其外形类似于平板形扁袋（图21-70），断面为中空双面波纹形状（图 21-71），壁厚约为 4~5mm，孔径为 40~80μm。母体表面借助特殊工艺覆以 PTFE 涂层，表面孔径为 2~4μm。

图 21-70　塑烧板滤料

塑烧板的外表面呈波纹形状，可增加过滤面积，相当于同等尺寸平板扁袋面积的 3 倍。塑烧板内部有 8~18 个空腔，用作净气及清灰气流的通道，并保持其刚性，因此内部无需框架支撑。断面空腔的形状有菱形和梯形两种，如图 21-72 所示。

图 21-71　塑烧板断面形状

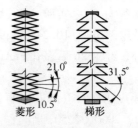

图 21-72　塑烧板空腔形式

根据母体材质的不同，国产塑烧板滤料有 SL70、SL110、SL160 标准型产品，其耐温限度分别为 70℃、110℃ 及 160℃。另外，还有在高分子化合物粉体中加入易导电物质而制成的消静电型塑烧板。塑烧板滤料有以下特点：

（1）塑烧板借助表面的 PTFE 微孔结构实现表面过滤，对粒径不大于 2μm 的微细粉尘的过滤效率不低于 99.99%，净气含尘浓度不大于 1mg/Nm³。

（2）波纹结构使塑烧板过滤面积增大 2 倍，有利于缩小除尘器的体积。

（3）刚性结构和光滑表面具有自落灰功能，粉尘片状剥落，清灰效果好，可降低阻力。

（4）表面覆以 PTFE 涂层，耐湿防腐性能优良，适宜用于高湿、潮解、高腐蚀性烟尘治理。

（5）塑烧板有较好的刚性，无需框架支撑，制作、安装及维护、检修方便。

（6）使用寿命长，正常情况下最长可达 10 年以上。

塑烧板除尘器适应含湿量高、腐蚀性含尘气体，或粉尘吸湿性强、易潮解条件。某钢铁公司热轧机组原采用湿式除尘器，随着产量的提高，粉尘排放浓度严重超标。在除尘改造中换用塑烧板除尘器，获得很好的效果（见表 21-55），塑烧板滤料的使用寿命为 3 ~ 8 年。

表 21-55 塑烧板除尘器净化热轧废气的效果

名　称	单位	塑烧板除尘器	湿式除尘器	名　称	单位	塑烧板除尘器	湿式除尘器
处理风量	m^3/h	1425×4	5700	粉尘含水	%	3 ~ 5	3 ~ 5
含尘气体温度	℃	60	60	进口含尘浓度	g/Nm^3	3	3
粉尘平均粒径	μm	5	5	粉尘排放浓度	mg/Nm^3	≤20	400 ~ 500
粉尘含油	%	3 ~ 4	3 ~ 4				

21.2.16　玄武岩纤维滤料

表 21-56 和表 21-57 分别列出国产玄武岩纤维针刺毡和织造滤料的规格参数。

表 21-56　玄武岩针刺毡滤料主要规格和参数

名　称		参数（实测值）
毡层材质		玄武岩纤维短切纱 5.5μm，长度 65cm
基布材质		玄武岩纤维长丝织布，经纬密 5×5，克重 570g/m²
透气率/$cm^3 \cdot (cm^2 \cdot s)^{-1}$		50.93
成品毡单重/$g \cdot m^{-2}$		1050
厚度/mm		3.7
针刺密度/针·cm^{-2}		600
抗拉强度（N/5cm）	经向	2893
	纬向	3462
毡层剥离强度（N/5cm）	正向	31.80
	反向	36.40

表 21-57　玄武岩织造滤料规格和参数

型号	织纹	经纬密度/根·cm^{-1}	单重/$g \cdot m^{-2}$	破裂强度/$N \cdot cm^{-2}$	断裂强力（N/5cm）	
					经向	纬向
EWTF550/B	1/3 斜纹	18×12	≥510	≥350	≥2200	≥1200
EWTF650	纬二重	20×20	≥600	≥400	≥2400	≥1700

应用实例：我国玄武岩纤维针刺毡净化 300m³ 高炉煤气，主要参数列于表 21-58。

表 21-58　某钢铁公司 300m³ 高炉煤气除尘主要技术参数

处理煤气量/m³·h⁻¹	9700	荒煤气含尘浓度/g·m⁻³	≤70
工作温度/℃	正常 260；瞬间 350	净煤气含尘浓度/mg·Nm⁻³	≤30
滤袋材质	100%玄武岩纤维针刺毡	清灰方式	脉冲喷吹
滤袋规格/mm	φ130×6000	清灰压力/MPa	0.5
总过滤面积/m²	3996	设备阻力/Pa	<1700
过滤风速/m·min⁻¹	≤1.1	滤袋使用寿命	1 年多无破损，继续使用

21.2.17　陶瓷多孔过滤材料

陶瓷多孔过滤材料具有优良的热稳定性和化学稳定性，它的工作温度可达 1000℃，在氧化、还原环境下具有很好的抗腐蚀性。根据其材质的不同分为氧化物陶瓷和 SiC 陶瓷过滤材料。通常制成刚性蜡烛状的微孔陶瓷过滤管，其一端封闭，另一端开口并带有法兰。

图 21-73 所示为"高温非对称陶瓷膜过滤管"，是在多孔碳化硅支撑体的表面均匀涂覆多层精细过滤膜，并经烧结而成。它的断面由支撑层、过渡层、膜层组成，呈不对称分布。

图 21-73　陶瓷膜过滤管及表面电镜照片

膜层有两种：（1）纤维膜，主要材料为 SiC/Al_2O_3；（2）微粒膜，主要材料为 $3Al_2O_3 \cdot 2SiO_2$。高温非对称陶瓷膜过滤管的规格参数见表 21-59。

表 21-59　高温非对称陶瓷膜过滤管规格和参数

材料		工作温度/℃			孔隙率/%	阻力/kPa	过滤精度/μm	滤管尺寸外径/内径/mm	材料密度/g·m⁻³
载体	薄膜	最高	氧化气氛下	还原气氛下					
SiC	莫来石	1000	750	600	≥35	3.5	0.3~0.5	60/40	2.0±1

注：阻力测试在过滤风速为 360m/h（即 6m/min）条件下进行。折算为过滤风速 1m/min 时的阻力为 583Pa。

用于某厂煤化工装置的高温陶瓷膜过滤管，投运后对其连续跟踪 300 多天。在正常负荷 10.4~10.5kg/s 下，每 20 天记取阻力数据一次，结果表明：运行初期陶瓷膜管过滤器的阻力为 4kPa，150 天后升至 10kPa，300 天时达到 16kPa，并仍有增长的趋势。这说明陶瓷膜过滤管的清灰存在较大的困难。这与其刚性的形态有关，在清灰时过滤管几乎没有变形，因而影响清灰效果。其阻力不断增长的事实还说明，尽管其表面具有微孔膜层，但并未阻挡微细颗粒进入过滤管深层。原因在于膜层的孔隙较大，有资料称，某种过滤管表面孔径为 5 ~80μm；此外，微粒一旦进入深层比柔性滤料更不容易被清除出来。

陶瓷多孔过滤管的另一主要弱点是性脆、抗热冲击性能差，在温度急剧变化时易断裂，当受热不均而使两侧膨胀量存在差异时，陶瓷过滤管也容易断裂。

陶瓷多孔过滤管的另一种产品称为"高性能莫来石微孔陶瓷纤维复合膜过滤管"，其表面膜层材质为陶瓷纤维（图21-74）。该种过滤管的支撑体主要性能列于表21-60。

陶瓷纤维膜电镜照片

图 21-74　莫来石微孔陶瓷
纤维复合膜过滤管

表 21-60　莫来石多孔陶瓷支撑体的理化性能和热性能

产品编号	抗压强度/MPa	密度/g·cm⁻³	阻力①/kPa	孔隙率/%	耐酸性/%	耐碱性/%	抗折强度/MPa	急冷②急热	荷重软化点/℃	900℃下抗弯强度/MPa
HTQ-1	40.5	1.7±1	1.6	≥38	97.5	98	≥12	十次不裂	1048	≥8

①阻力测试在过滤风速 360m/h 条件下进行，折算成过滤风速为 1m/min 条件，阻力为 267Pa。
②急冷急热性能测试条件为 1000℃至室温。

21.2.18　太棉高温滤筒

太棉高温滤筒是一种刚性表面过滤材料，专为超过现有过滤材料所能承受的工作温度而开发。太棉产品由黏结粒状无机物与纤维制成的低密度多孔介质组成，具有良好的耐高温特性，可在 1200℃ 下长期运行，最高可承受 1600℃ 高温，远远超过一般滤料耐温极限。它还具有优秀的耐腐蚀性和过滤效果，太棉滤筒过滤后的气体中颗粒物浓度可降至 1mg/Nm³ 以下。太棉滤筒的强度比同类型的陶瓷纤维产品高 3 倍以上，可承受较大的内外压差。

太棉滤筒（图 21-75）有大管式和蜡烛式两种形式，均有足够刚性，不需要框架支撑。

太棉高温滤筒的安装需加装密封圈（图 21-76）。太棉滤筒及配套密封圈的主要规格分别列于表 21-61 及表 21-62。

图 21-75　太棉高温气体滤筒

图 21-76　太棉滤筒密封圈

表 21-61　太棉高温滤筒标准规格

名　称	蜡烛式				大管式					
内径/mm	40	40	40	40	95	95	100	110	110	110
外径/mm	60	60	60	60	125	125	125	150	150	150
长度/mm	650	1000	1250	1500	1800	2400	1500	1800	2400	3000

续表 21-61

名　称	蜡烛式				大管式					
凸缘直径/mm	80	80	80	80	155	155	160	190	190	190
凸缘厚度/mm	20	20	20	20	20	20	15	30	30	30
表面积/mm²	0.12	0.19	0.23	0.28	0.69	0.93	0.55	0.83	1.11	1.40

表 21-62　太棉滤筒配套密封圈规格

内径/mm	60	60	60	60	125	125	150	150
外径/mm	80	80	100	100	155	155	190	230
厚度/mm	10	15	10	18	10	20	10	20

21.2.19　褶叠滤筒

21.2.19.1　褶叠滤筒的结构

褶叠滤筒（简称滤筒）是由一定长度挺括的滤料折叠成褶，首尾黏合而成的圆筒形过滤元件。主要由褶叠滤料、内护网、袋口安装座、底盘以及褶纹加固圈等组成，有的还设有外护网而取消褶纹加固圈（图 21-77）。滤料在内、外护网间反复折叠，形成星形断面（图 21-78）。

图 21-77　褶叠滤筒

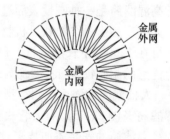

图 21-78　滤筒的断面形状

滤筒的滤料宜选用由纺粘聚酯细旦长纤维或短纤维经分层络合、高温延压制成的三维结构毡，也可以选用经硬挺化处理的常规针刺毡，表面予以覆膜。清灰方式宜为脉冲喷吹。

滤筒的品种和规格较多，有粗而短与细而长之分。与同尺寸滤袋面积相比，短粗滤筒大 14~35 倍，细长滤筒则大 2~5 倍。因此，除尘器的造价和占地面积大幅度缩减，这是折褶滤筒的突出优点。但其突出缺点也因折褶而产生，滤筒的褶数多，褶角和褶间距离过小，积附于褶缝中的粉尘难以清除，许多过滤面积被阻塞而失去透气性，严重时将导致滤筒失效。

有资料认为褶数少于 45、过滤面积比同尺寸的滤袋大 2~5 倍的细长滤筒"清灰容易而效果好，适用于粉尘浓度不大于 15g/Nm³ 的过滤除尘"。但众多工程实践表明，该类滤筒用于工业废气的除尘仍嫌褶数过多、清灰困难。只有过滤面积 2~3 倍于同尺寸滤袋的滤筒，其清灰效果可基本满足工业废气除尘的要求。选用时，过滤风速宜确定为 0.6~1.2m/min。

21.2.19.2 滤筒的特点

（1）褶叠滤筒可显著缩小除尘器体积，适用于移动式污染源除尘以及除尘器改造。

（2）滤筒结构近似刚体，无需框架支撑，过滤与清灰时变形极小，有利于延长使用寿命。

（3）可通过防油防水、消静电整理，使滤筒具有相应的特种功能。

（4）根据滤料材质及胶粘剂的不同，滤筒工作温度分别为≤130℃及≤190℃。

（5）过滤效率一般为99.95%，覆膜滤筒可达99.99%。

（6）滤筒的褶缝容易积尘，而且清灰困难，不适用于高含尘浓度和黏性、微细粉尘。

21.2.19.3 常用的除尘滤筒产品

（1）MTA标准结构滤筒

MTA标准结构滤筒用100%连续长丝纺粘聚酯滤料制作，耐温130℃。可增加表面防油防水、消静电及覆膜等处理。该标准滤筒的结构尺寸列于表21-63。

表21-63 MTA滤筒结构尺寸

型　号	花板孔径/mm	1m长滤筒过滤面积/m²	顶部外径/mm	底部外径/mm	法兰高度/mm
MTA500	127	1.1	146	114	14
MTA525	133	1.5	152	121	15.9
MTA625	159	2.1	178	144	17.3
MTA637	162	2.3	178	146	17.3

注：摘自GE能源集团样本资料。

（2）LC滤筒

LC滤筒的滤料为硬挺化处理的化纤针刺毡覆膜，可多节串联。尺寸见表21-64。

表21-64 LC滤筒结构尺寸

型　号	外径/mm	长度/mm	过滤面积/m²
LC40×100/10	400	1000	10
LC35×66/10.9	350	660	10.9
LC35×66/5	3502	660	5
LC32×66/9.9	320	660	9.9
LC32×66/4.5	320	660	4.5

注：摘自上海凌桥环保设备厂有限公司样本资料。

21.2.20 滤料后整理

21.2.20.1 烧毛整理

烧毛是将滤料在一定张紧状态下迅速通过火焰或在炽热的金属表面擦过，烧去表面绒毛的工艺过程。有气体烧毛和金属板烧毛两类，滤料烧毛多采用前者。纤维经过纺织或非织造加工会在成品表面产生很多绒毛，烧毛可使表面光洁平整、粉尘容易剥离。烧毛的火焰温度通常为 900~1000℃，高于各种纤维的分解温度或着火点。滤料高速通过火焰时，突出表面的绒毛相对受热面积大，瞬时升温至着火点而燃烧；滤料本体则升温较慢，受影响很小。

21.2.20.2 轧光整理

轧光是将滤料以一定速度通过具有一定压力和一定温度的光洁轧辊的工艺过程。利用轧光机轧辊的压力和纤维在一定的温度下的可塑性，使滤料突出的毛羽及弯曲的纤维倒伏于滤料表面，从而提高滤料表面的光滑平整度，改善粉尘剥离性，同时使滤料厚度更加均匀。

轧光机主要由重叠排列的辊筒所组成。辊筒分棉辊筒和钢辊筒。钢辊筒表面光滑，中空，以蒸汽、电或煤气加热。轧光时，织物环绕经过各支辊筒，加压装置使辊筒间彼此紧压，滤料便被烫平并获得光泽。

21.2.20.3 涂层整理

涂层整理是在滤料表面均匀涂以能形成薄膜的高分子化合物，以增加滤料的功能。涂层整理可改善滤料的外观和内在质量，也可使其满足某些特定的要求（如防油、耐磨、硬挺等）。与传统的轧、烘、焙、树脂整理相比，涂层整理最显著的特点是多功能性。例如使滤料表面形成一层透气疏水膜，增强捕集微细粒子的能力、改善粉尘剥离性，具有表面过滤功能。

涂层整理有直接涂层、热熔涂层、黏合涂层、转移涂层等方式。涂层整理的特点：

（1）涂层整理的溶液仅部分透入或完全不透入织物内部，比传统的定型浸轧节省原料。

（2）主要采用轧光、涂布、烘燥和焙烘工艺，一般不用水洗，节约能源和水，较为环保。

（3）对基布要求低，可以不受纤维品种的限制。

（4）涂层剂品种多样，如硅酮弹性体、聚四氟乙烯、聚己内酯、聚碳酸酯、有机硅等。

21.2.20.4 浸渍整理

将滤料在浸渍槽中用含有特定性能的浸渍液浸渍后，再将其干燥，这一工艺过程称浸渍整理。通过浸渍整理可以使滤料具有疏水、疏油、阻燃等性能；或改善滤料的其他某些性能，例如：玻纤滤料浸渍处理后可增强柔性，提高耐折性；PPS 滤料经 PTFE 浸渍，可提高抗氧化能力，延长使用寿命。

浸渍整理工艺流程：滤料经输送装置送入并穿过装有浸渍液的浸渍槽，通过一对轧辊或吸液装置除去多余的浸渍液，再经烘燥系统使浸渍剂受热固化并干燥。

21.2.20.5 疏水整理

疏水整理是采用浸渍或涂层法使滤料具有疏水功能，增强粉尘剥离性。疏水剂有以下几种：（1）石蜡乳液或蜡乳液，只能用在洗涤牢度要求不高时；（2）有机硅，疏水效果显著，但不耐水压，不宜用于湿式承压过滤；（3）烷基吡啶盐；（4）带长链脂肪酸铝盐；（5）氟烷基类。

滤料加工中使用较多的疏水剂，是长链氟烷基丙烯酸酯类聚合物的乳液或溶液产品。

21.2.20.6 热定型整理

热定型整理是用热处理方法稳定织物的外观、形态和尺寸的处理过程。

热定型的具体做法是将滤料在张力下置于特定的高温环境中，并保持一定的尺寸和形态，持续一段时间后迅速冷却降温，使纤维结构固定下来，在宏观上赋予了滤料稳定的尺寸和平整的表面。

滤料尺寸稳定性关系到袋式除尘器能否正常运行。内滤式滤袋的纵向伸长可导致滤袋下部弯曲、积尘，甚至堵塞袋口。外滤式滤袋的纬向伸长使滤袋直径增加，滤袋与框架的磨损加剧而缩短使用寿命；滤料经向收缩可使框架被顶起高出花板，影响某些类型袋式除尘器的清灰；纬向收缩使框架难以从滤袋中抽出，拆换滤袋变得困难。

滤料热定型借助烘燥机而实现，有对流式、接触式、辐射式和高频式四种烘燥方式，都是以空气为热载体，通过对流将热能传递给纤网。滤料热定型通常是在经、纬向施加一定张力下进行的，称为拉幅定型。

确定热定型温度的要点：（1）应高于所用纤维的玻璃化温度，但低于软化点温度；（2）略高于针刺毡所用纤维瞬间耐温上限。例如涤纶，其玻璃化温度为 $69\sim91℃$，软化点为 $230℃$，瞬间耐温上限不超过 $150\sim160℃$，所以涤纶针刺毡的热定型温度取 $180\sim190℃$ 为宜。

21.3 典型袋式除尘器

21.3.1 MC 系列中心喷吹脉冲袋式除尘器

MC 系列脉冲袋式除尘器是中心喷吹脉冲袋式除尘器的典型产品，其结构如图 21-79 所示，主要由上箱体、中箱体、下箱体、喷吹装置几部分组成。上箱体为净气室，喷吹装置也安装在上箱体中。中箱体为尘气箱，其中装有滤袋和滤袋框架。上箱体和中箱体之间设有花板，其作用为分隔含尘气体与净化后气体，并用于悬吊滤袋和框架。下箱体为灰斗，卸灰阀装于灰斗下方。在上箱体内每排滤袋的上方各设一根喷吹管，管上有若干喷嘴（孔）分别正对数量相同滤袋的中心。各喷吹管经由脉冲阀与气包相连。

含尘气流由灰斗（或中箱体）进入，粉尘阻留在滤袋外表面，干净气体穿过滤袋壁进入袋内，然后在上箱体汇集排出。清灰时，脉冲阀受控制器的

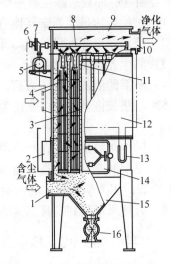

图 21-79　中心喷吹脉冲袋式除尘器

1—进气口；2—控制仪；3—滤袋；4—滤袋框架；
5—气包；6—控制阀；7—脉冲阀；8—喷吹管；
9—净气箱；10—净气出口；11—文氏管；
12—中箱体；13—压力计；14—检查门；
15—集尘斗；16—卸灰装置

指令而开启，储存于分气箱中的压缩气体被释放，经喷吹管上的喷嘴（孔）喷出，并借助位于袋口的文氏管引射器诱导 5~7 倍的周围气体一同进入滤袋，袋内压力急剧上升而使袋壁获得向外的加速度，积附于滤袋外表面的粉尘层受到冲击而被清离滤袋，落入灰斗由卸灰装置排出。脉冲阀喷吹持续时间（脉冲宽度）为 0.1~0.2s。各脉冲阀按照一定的时间间隔依次喷吹，使全部滤袋都得以清灰。

脉冲袋式除尘器清灰时仅有少部分滤袋停止工作，而且持续时间不超过 0.2s，所以不需隔断含尘气流，可以连续过滤。因此，该种除尘器通常不采用分室结构。

脉冲阀结构和工作原理如图 21-80 所示。来自气包的压缩气体进入脉冲阀膜片的正面气室，并通过节流孔与膜片背面的气室相通。电磁阀未得开启信号而处于关闭状态，使膜片两侧的压力一致。由于膜片背面的受压面积大于正面，加上弹簧的作用，膜片将输出管口压紧封闭，气体不能释放。当脉冲阀得到开启信号时，电磁阀首先开启，膜片背面气室的气体被释放，由于泄压气体流量

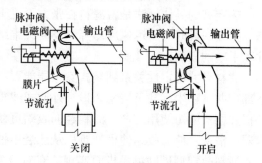

图 21-80　脉冲阀结构和工作原理

大于由节流孔输入的流量，膜片背面气室的压力低于正面气室，膜片被顶起离开输出管口，压缩气体迅速释放而实现喷吹。

该种除尘器早期的滤袋固定采取绑扎方式，更换滤袋的操作人员须进入中箱体将含尘滤袋拆除，安装新滤袋也须在中箱体内进行。后来推出"上揭盖"结构，可在花板上将含尘滤袋连同框架从袋孔抽出，条件稍改善，操作稍方便，但粉尘污染仍严重。

中心喷吹脉冲袋式除尘器主要特点如下：

（1）过滤风速显著高于其他清灰方式的袋式除尘器，因而设备紧凑，造价低。

（2）清灰效果好，设备阻力低，过滤能耗小。

（3）除尘器内活动部件少，故障率低，维修工作量小。

（4）所需的清灰气源压力高，为 0.5~0.6MPa，因而清灰能耗高。

（5）滤袋长度为 2m，最长为 2.6m，处理风量大时，除尘单体数量众多，占地面积大。

（6）脉冲阀数量多，在产品质量较差、膜片寿命不够长的条件下，维修工作量较大。

（7）早期的产品需人进入箱体换袋，操作条件差。后改为推出上揭盖结构，虽有所改善，但换袋时工人受到粉尘的污染仍然较重。

（8）处理风量受到自身结构的限制，仅适于处理风量较小的条件下使用。

21.3.2　环隙喷吹脉冲袋式除尘器

环隙喷吹脉冲袋式除尘器（图 21-81）以其采用环隙引射器而命名。含尘气体进口位于中箱体下部，借助导流板在箱体内形成缓冲区，粗粒粉尘在此沉降并落入灰斗，更主要的是引导含尘气流体的主流向上，进入袋区时再水平或向下流动，与含尘气流全部自下而上地进入袋区相比，减少了气流对粉尘沉降的阻碍和粉尘再附着，增强清灰效果。

滤袋靠缝在袋口的钢圈悬吊在花板上，滤袋框架嵌接在环隙引射器下部的凹槽中，滤

袋与框架之间不需绑扎。安装时先将滤袋在花板的袋孔中就位，再将与引射器连接一体的框架插入，引射器的翼缘压住袋口，并以压条、螺栓压紧（图21-82）。换袋操作是开启上箱体顶盖后在花板上进行，依次卸下螺栓和压条，将引射器连同滤袋框架抽出，含尘滤袋则从花板的袋孔投入灰斗，最后集中取出。上盖不设压紧装置。靠负压和自重压紧并保持密封。除尘器停止运行后，箱体内的负压卸除，上盖可以方便地开启。

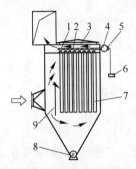

图 21-81　环隙喷吹脉冲袋式除尘器

1—环隙引射器；2—插接管；3—上盖；4—分气箱；

5—脉冲阀；6—电控仪；7—滤袋；

8—卸灰装置；9—导流板

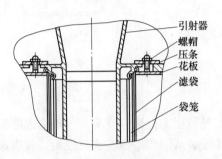

图 21-82　滤袋和框架同引射器的装配

环隙引射器由带有连接套管及环形通道的上体和起喷射作用的下体组成，上、下体之间有一圈缝隙，位于下体的内壁面。各引射器之间以及引射器与脉冲阀之间通过插接管而连接。脉冲阀喷吹时，从气包释放的压缩气体经插接管切向进入引射器的环形通道，并由环形缝隙喷出，同时引射二次气流（图21-83）。环隙引射器比文氏管引射器具有更好的引射效果，二者的引射比分别为 6~8 倍和 5~7 倍。另外，文氏管引射器的喉口直径过小，净气通过时阻力达 140Pa，而环隙引射器的通道大，阻力显著降低。

脉冲阀为直角双膜片形式（图21-84），当电磁阀开启时，控制膜片先开启，主膜片因背面的气压迅速降低而很快开启，气包内的压缩气体得以释放并被输送至滤袋内。

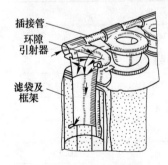

图 21-83　环隙引射器

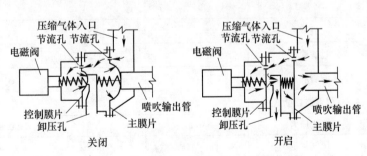

图 21-84　直角式双膜片脉冲阀结构和原理

对于该直角式双膜片脉冲阀，我国将其改进为淹没式，省去了原有的阀体，将阀盖、膜片等直接同气包联为一体，结构大为简化（图21-85）。喷吹时压缩气体的流程短，压力损失显著降低，喷吹压力得以降低；而且清灰效果增强，使设备阻力降低。

早期滤袋清灰采用定时控制方式，不能随生产工况自动调节清灰周期，除尘往往清灰

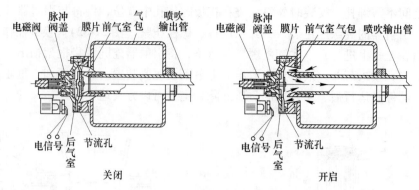

图 21-85　淹没式双膜片脉冲阀结构和原理

不足导致阻力过高，或清灰过量造成能源和脉冲阀膜片的浪费。环隙脉冲除尘器在国内首次实现袋式除尘定压差清灰控制，仅当设备阻力到达预先设定值时，脉冲阀方才喷吹。定压差控制方式可随生产设备工况的波动而调节清灰周期，保证除尘器的阻力不致过高或过低。

环隙脉冲袋式除尘器有以下特点：

（1）淹没式脉冲阀结构简单，喷吹压力降至 0.33MPa，能耗降低，可采用压气管网的气源。

（2）环隙式引射器引射效果好，增强了清灰效果。过滤风速最高曾达 5.8m/min。

（3）采用定压差清灰控制，避免了喷吹不足和喷吹过度。

（4）换袋时人与含尘滤袋接触少，操作条件改善。

（5）采用单元组合式结构，便于组织生产。

有 HD-Ⅱ 和 HZ-Ⅱ 两种型号的产品，前者为单机，后者为多单元组合形式。单机除尘器的主要规格见表 21-65。组合形式以 35 袋为一个单元，最多可组合 12 个单元。

表 21-65　HD-Ⅱ型环隙喷吹脉冲袋式除尘器主要规格

项　目		单位	参　数		
滤袋数量		个	35	24	15
过滤面积		m²	39.6	24.1	11.3
滤袋规格		mm	$\phi160\times2250$	$\phi160\times2000$	$\phi160\times1500$
引射器数量		个	7×5	6×4	5×3
喷吹压力		MPa	0.33~0.6		
压气耗量		m³/min	0.35	0.24	0.15
入口含尘浓度		g/m³	<20		
设备阻力		Pa	<1200		
外形尺寸	长	mm	1700	1490	1260
	宽	mm	1130	925	740
	高	mm	4368	4118	3618

21.3.3　DSM 型低压喷吹脉冲袋式除尘器

DSM 型低压喷吹脉冲袋式除尘器的主要构造与 MC 型除尘器大致相同（图 21-86），但是对喷吹装置作了重要的改进，从而在清灰效果相同的前提下大幅度降低喷吹压力：

（1）将 MC 型除尘器口径 25mm 的单膜片直角式脉冲阀改进为同规格的淹没式脉冲阀；

（2）增大喷吹管直径，从原来的 $\phi25mm$ 增加为 $\phi32mm$；

（3）以喷嘴取代传统的喷孔，并将喷嘴的直径适当扩大，从而使清灰效果进一步改善。

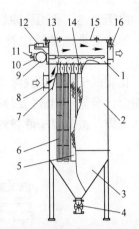

图 21-86　低压喷吹脉冲袋式
除尘器结构

1—上箱体；2—中箱体；3—灰斗；
4—卸灰阀；5—滤袋；6—滤袋框架；
7—导流板；8—进风口；9—分气箱；
10—淹没式脉冲阀；11—电磁阀；
12—脉冲控制仪；13—喷吹管；
14—文丘里引射器；15—顶盖；
16—排风口

滤袋与花板之间用软质填料保持密封，并用楔销压紧。上盖也用楔销压紧，可以方便地揭开。此前一些除尘器采用螺栓紧固，往往因螺栓生锈导致拆卸困难，楔销紧固方式有效地克服了这一缺点。喷吹管与分气箱之间以软管连接，换袋时，上盖揭开后可将软管弯曲而使喷吹管竖起，然后将滤袋连同引射器和框架向上抽出，在除尘器外面使滤袋和框架脱离。

采用上进风方式，含尘气体由中箱体上部进入，沿挡板流向顶部再自上而下去往滤袋。含尘气体的流向与粉尘沉降方向一致。试验证明，上进风比下进风可降低设备阻力 30%。

这种除尘器的主要特点：

（1）喷吹压力低，为 0.2~0.3MPa，相当于高压喷吹的 1/2~1/3。

（2）箱体内含尘气体流向与粉尘沉降方向一致，粉尘再附着现象减轻，因而压力损失低。

（3）拆换滤袋较为方便。

21.3.4　CD 系列长袋低压大型脉冲袋式除尘器

CD 系列长袋低压大型脉冲袋式除尘器，是全面克服 MC 型等传统产品的各项缺点而推出的新一代脉冲袋式除尘设备。此前的各型脉冲袋式除尘器存在以下共同的缺点：

（1）脉冲喷吹所需气源压力较高，虽然低压环隙、低压中心喷吹等除尘器比早期 MC 型产品的喷吹压力已大幅下降，但清灰能耗仍嫌过高；另外，喷吹压力高导致不能采用压气管网的气源，配套的小型空压机因不耐连续运转而遭损坏的现象经常发生。

（2）此前我国脉冲阀最大口径为 $\phi40mm$，喷吹能力有限，处理气量稍大时，脉冲阀数量便显得过多，为安装和维修造成的工作量较大。

（3）滤袋长度最长仅 2~2.6m，难以大型化，处理气量稍大时，只得拼凑众多的小型除尘器，占地面积和维修工作量大，不能适应工业迅速发展带来处理气量越来越大的局面。

（4）滤袋固定较为复杂，无论绑扎，或将袋口置于花板上压紧的方式，都不同程度地存在换袋不便、粉尘污染的问题；同时，滤袋接口不易密封，粉尘泄漏的现象难以杜绝。

由于上述，我国脉冲袋式除尘器在20世纪80年代从其应用的高峰下滑，变得不受欢迎，形势要求该类除尘技术更新换代。长袋低压脉冲袋式除尘器就是在此情况下应运而生。

长袋低压脉冲袋式除尘器结构如图21-87所示。含尘气体由中箱体下部引入，部分粗粒粉尘在导流板构成的缓冲区沉降至灰斗，其余粉尘随气体流向中箱体上部，绕过导流板到达滤袋并被阻留于滤袋外表面，干净气体则穿过袋壁进入袋内，依次经由袋口和上箱体排出。

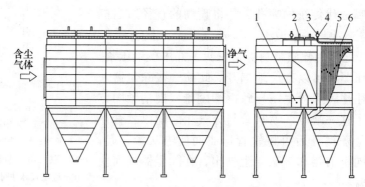

图 21-87　长袋低压大型脉冲袋式除尘器结构
1—进气阀；2—停风阀；3—脉冲阀；4—分气箱；5—喷吹管；6—滤袋及滤袋框架

配合长袋低压脉冲袋式除尘器的研制，在国内首次开发出 $\phi80mm$ 淹没式快速脉冲阀，其结构和尺寸经大量试验优选，具有合理设计的节流通道和卸压通道，自身阻力比以往的淹没式阀更低，在压力为0.2MPa时，自身阻力不大于0.05MPa。同时，该阀具有快速启闭的性能，脉冲阀喷吹的气脉冲宽度为65~85ms，比传统脉冲阀缩短50%，称为"短促脉冲"，能以最短的时间向滤袋输入最大的清灰气量，滤袋受到更强的冲击力，清灰效果进一步增强。

袋口不设引射器，避免了净体流经该处的阻力；更重要的是，引射器会严重阻滞清灰气流并延长其通过的时间，削减滤袋内的压力峰值和清灰效果。不设引射器将强化清灰能力。

袋式除尘器清灰控制以往多采用集成电路、单片机等，长袋低压脉冲袋式除尘器在国内首次成功采用PLC系统于清灰控制。有定压差和定时两种清灰控制方式供转换；同时显示和调节除尘系统各参数，并监视附属设备和关键部件的工况，发现异常立即声光报警。

脉冲阀与喷吹管的连接取插接方式，无需法兰连接或任何密封元件（图21-88），安装方便。喷吹管通常有15~20个喷嘴，对准相同数量滤袋的中心。各喷嘴的直径不相等，随着与脉冲阀距离的缩小，喷嘴的直径逐渐增大，从而使各喷嘴的喷吹气量接近均匀。

滤袋直径一般为 $\phi120~130mm$，长度为6m。大量试验表明，传统高压脉冲除尘器的喷吹压力虽很高，但压

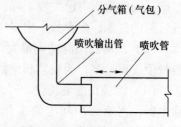

图 21-88　喷吹管固定方式

力 0.6MPa 时，长度 2m 滤袋的袋底压力峰值仅为 172mmH$_2$O（1686Pa）。通过试验优选 ϕ80mm 脉冲阀及喷吹装置的结构和尺寸，实现了喷吹压力为 0.15MPa 时，长度 6m 滤袋的袋底压力峰值不低于 1700Pa。随着技术的进步，长袋低压脉冲袋式除尘器的滤袋直径可在 130~160mm 之间任选，滤袋长度延至 8m，最新的实例滤袋长达 12m，运行正常。

长袋低压脉冲袋式除尘器在国内首先告别了依靠绑扎或紧固件安装滤袋的传统方式，其滤袋依靠缝在袋口的弹性胀圈而嵌入花板的袋孔内（图 21-89）。袋口的周边制作成凹槽形状（图 21-90），弹性胀圈置于凹槽内部，严格控制其尺寸和花板袋孔的尺寸，使二者配合严密，避免粉尘泄漏。装袋（图 21-91）时先将袋底和袋身向下放入花板孔中，然后捏扁袋口成弯月牙形，使凹槽嵌入花板孔，再将双手逐渐放松使袋口扩张，直至袋口恢复圆形并完全与

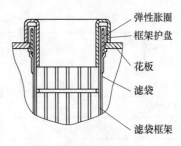

图 21-89　滤袋固定方式

花板孔周边贴合。随后将框架插入滤袋中，装好喷吹管，关闭上盖，换袋即告完成。换袋时反射操作，卸去喷吹管并抽出框架，将滤袋拆离花板并由袋孔投入灰斗中，最后由灰斗的检查门集中取出。滤袋框架借助其顶部的护盘直接支承于花板上。滤袋的这种固定方式杜绝了滤袋接口泄漏粉尘的现象，而且拆卸和安装方便，操作时人与含尘滤袋接触短暂，大幅度减少了粉尘对人和环境的污染。

图 21-90　滤袋的凹槽形接口

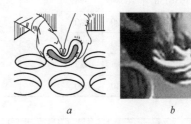

a　　　　　*b*

图 21-91　安装滤袋

为减少脉冲喷吹后粉尘对滤袋的短时穿透，及被清离粉尘的再次附着，开发了一种停风（即离线）清灰的长袋低压大型脉冲袋式除尘器（图 21-92）。它将上箱体分隔成若干仓室，分别在小室出口设有停风阀。当脉冲阀喷吹时，预先关闭该室停风阀，中断含尘气流，清灰结束后，停风阀重新开启。该除尘器广泛用于粉尘细、轻、黏的场合。

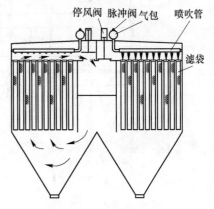

CD 系列袋低压大型脉冲袋式除尘器特点如下：

（1）喷吹压力低至 0.15~0.2MPa，脉冲阀启闭迅速，喷吹时间短促，清灰效果好。

（2）滤袋长度较以往成倍延长，占地面积大幅度减少，可实现大型化。

图 21-92　停风清灰长袋低压大型脉冲袋式除尘器

（3）设备阻力低，且清灰能耗大幅度下降，因而运行能耗低于反吹清灰袋式除尘器。

（4）滤袋拆换方便，人与含尘滤袋接触短暂，操作条件好。

（5）同等条件下，脉冲阀数量只有传统脉冲清灰的 1/7 或更少，维修工作量小。

长袋低压大型脉冲袋式除尘器有单机、单排结构、双排结构三种系列。表 21-66 列出部分产品的主要规格和参数，其中最大过滤面积为 25740m²。现在已发展到最大过滤面积为 63165m²，处理气量为 3360000m³/h。CDⅡ-C 型脉冲除尘器外形如图 21-93 所示。

表 21-66　部分长袋低压大型脉冲袋式除尘器主要规格和性能

型号	滤袋数量/条	过滤面积/m²	脉冲阀数量/个	喷吹压力/MPa	喷吹时间/ms	清灰周期/min	设备阻力/Pa	压气耗量/m³·min⁻¹	外形规格（L×B×H）/mm
CDⅡ-A-1	204	460	12					≤0.6	3050×3750×13550
CDⅡ-A-3	612	1380	36					≤1.2	9150×3750×13550
CDⅡ-A-5	1020	2300	60					≤1.6	15250×3750×13550
CDⅡ-A-7	1428	3220	84					≤2.0	21350×3750×13550
CDⅡ-C-8	1632	3680	96					≤2.0	12200×10300×13550
CDⅡ-C-12	2448	5520	144					≤3.0	18300×10300×13550
CDⅡ-C-16	3264	7360	192	0.15~0.2	65~85	20~70	1200	≤4.0	24400×10700×13550
CDⅡ-C-20	4080	9200	240					≤5.0	30500×10700×13550
CDⅡ-D-27	6156	16089	324					≤7.0	27900×18540×13650
CDⅡ-D-40	8160	20000	480					≤10.0	30500×21400×16100
CDL-117	5184	11700	288					≤6.0	
CDL-159	7020	15865	432					≤9.0	
CDL-260	9000	25740	600					≤12.0	

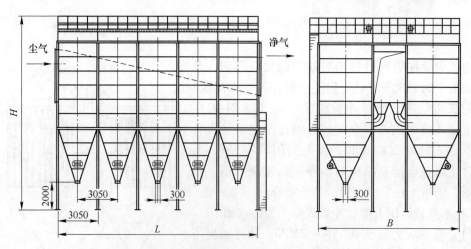

图 21-93　CDⅡ-C 型长袋低压脉冲袋式除尘器外形

21.3.5　防爆、节能、高浓度煤粉袋式收集器

许多工业部门存在煤磨系统。原煤在磨机中一边烘干，一边磨细，成品煤粉由尾气带

出磨机，并借助气固分离设备予以收集，尾气在除尘后排往大气。磨机尾气含尘浓度最高可达 $1400g/Nm^3$，传统的收尘工艺设有旋风、多管、袋式除尘三级收尘设备，或旋风、袋式除尘两级设备。由于阻力高，有的系统设两级风机。收尘流程复杂，普遍污染严重、能耗高、故障多、运转率低；更重要的是，对于易燃、易爆的粉尘而言，每一台收尘设备及附属的卸灰、输灰设备都是可能引发粉尘爆炸的危险源，煤磨收尘设备爆炸的事故时有发生。令煤磨系统安全化的最主要措施在于简化煤磨收尘系统。"防爆、节能、高浓度煤粉袋式收集器"将煤粉收集和气体净化两项功能集于一身，该一级设备可直接处理磨粉机高含尘浓度尾气并达标排放，使收尘流程简化为一级收尘、一级风机的系统，革除了传统流程的弊病。

"防爆、节能、高浓度煤粉袋式收集器"是以长袋低压脉冲袋式除尘器的核心技术为基础，强化过滤能力，强化清灰能力，强化安全防爆功能而形成。其结构如图 21-94 所示。

高浓度袋式收集器具备以下安全防爆技术措施：

（1）采用圆袋外滤形式，配备脉冲喷吹这种强力清灰方式，避免滤袋积灰导致粉尘自燃。

（2）脉冲喷吹清灰可提高过滤风速，过滤面积和箱体容积较小，可降低爆炸时的危害。

（3）箱体内不存在任何可能积灰的平台和死角，对箱体和灰斗的侧板或隔板形成的直角，都采取圆弧化措施（图 21-95）；对不可避免的平台均以斜面覆盖（图 21-96a）；装于内部的加强筋以斜面出现（图 21-96b）。

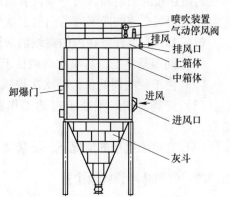

图 21-94 高浓度煤粉袋式收集器结构

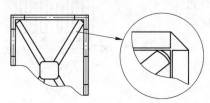

图 21-95 箱板的直角圆弧化

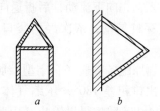

图 21-96 箱体内平台处理为斜面

（4）箱体有良好的气密性，额定工作压力下的漏风率≤2%，以避免氧含量过高。

（5）合理组织含尘气流，避免进风口处流速降低导致的粉尘沉降。

（6）滤袋的材质采用消静电针刺毡，该针刺毡应同时具有阻燃功能。

（7）除尘器在现场安装就位后应静电接地，避免静电积累引发的放电现象。

（8）设置可靠的自动控制系统，对清灰程序监测以下参数：1）进、出风口压差；2）进、出风口和灰斗的温度；3）清灰参数（清灰周期、清灰间隔等）；4）喷吹压力。

同时，控制系统还严密监视收集器清灰装置（脉冲阀等）和卸灰装置等重要部件的工况。当除尘器出现下列故障时立控制系统即声、光报警：1）进、出风口压差过高；2）温度异常升高；3）脉冲喷吹装置的压力过低；4）卸灰和输灰装置停止工作。

（9）设置有自动闭合的功能泄爆装置。每次泄爆后迅速关闭泄爆口，防止空气进入收集器。

21.3.6　LDML 型离线清灰脉冲袋式除尘器

离线清灰脉冲袋式除尘器是分室清灰除尘器的一种形式。离线清灰本意是削弱清灰过程中的粉尘再附着现象。为此，将除尘器分隔成若干室，各室在停止过滤的状态下清灰。

LDML 离线清灰脉冲除尘器分隔箱体的形式有完全分隔或仅分隔上箱体两种，每室出口设停风阀。清灰时停风阀关闭使含尘气流中断，各脉冲阀依次喷吹，便实现"离线"清灰。上箱体的各净气通道由"互补腔"连接。"互补腔"为中空的箱形结构，一端设有与净气通道连接的引射器，另一端设有与脉冲阀连接的喷吹出口。一个仓室清灰时，能通过互补腔从相邻仓室的净气通道引射二次气流，以增强清灰效果。

包括 LDML 型设备在内的离线清灰脉冲袋式除尘器的共同特点是：

（1）同等条件下，其喷吹周期长于在线清灰，所以可降低压缩气体耗量；

（2）由于喷吹周期长，喷吹次数减少，滤袋和脉冲阀膜片的使用寿命得以延长；

（3）滤袋清灰时不处于过滤工作状态，因而减缓了脉冲喷吹后存在的粉尘再附着现象；

（4）在喷吹过量的情况下，滤袋清灰后除尘效率瞬间下降，离线可防止粉尘泄漏。

21.3.7　气箱脉冲袋式除尘器

气箱脉冲袋式除尘器包括上箱体、袋室、灰斗、进出风口和气路系统等（图 21-97）。上箱体分隔成若干小室，每室的出口处设有停风阀（提升阀）。含尘气体由灰斗进入，先向下流动，后折返向上流向滤袋进行过滤，净气穿过袋壁，依次经由袋口、上箱体、停风阀排出。

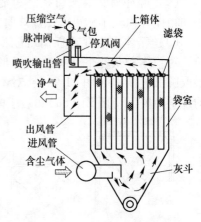

图 21-97　气箱脉冲除尘器结构

除尘器原配备直通（一字型）脉冲阀（图 21-98），气流进、出口相差 180°，压缩气体在该脉冲阀中的流向须转折 4×90° 后才得以输出，因此，这种"直通式"脉冲阀的自身阻力高于其他形式，喷吹所需的气源压力需 0.5～0.7MPa。现在该脉冲阀已很少见，我国的气箱喷吹装置已普遍采用淹没式脉冲阀（图 21-99 改进型）。

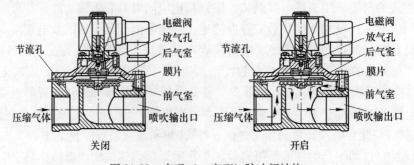

图 21-98　直通（一字型）脉冲阀结构

气箱脉冲装置不设喷吹管，滤袋袋口也不设引射器，脉冲阀输出口设于每个仓室一端。清灰时仓室的停风阀关闭，停止过滤，由脉冲阀喷出的清灰气流直接进入上箱体，使一个仓室的上箱体和滤袋内部形成瞬间正压（图 21-99），滤袋受到冲击振动而使积附其上的粉尘清落，脉冲喷吹时间为 0.1~0.15s。一个仓室的喷吹结束后，该室的停风阀开启，重新恢复过滤，另一室的停风阀随即关闭并开始清灰。清灰控制方式有定时和定压差两种。

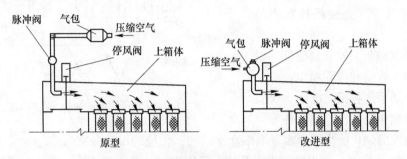

图 21-99 气箱脉冲袋式除尘器喷吹装置

滤袋的布置为交错排列，因而两列之间的中心距较小。滤袋依靠缝在袋口的弹性胀圈嵌在花板的袋孔内，滤袋框架在滤袋就位后再插入袋内，并靠花板支承。框架顶部有护盘，用以支撑框架并防止袋口被踩坏。滤袋的检查和更换都是开启上盖板后在花板以上操作。

原设计每个仓室配备一个脉冲阀，不同位置滤袋获得的清灰能量差别很大。现在的产品在仓室两端各装 1 个脉冲阀，相对喷吹。气箱脉冲袋式除尘器的主要特点如下：

（1）清灰装置不设喷吹管和引射器，结构较简单，便于换袋。

（2）滤袋的拆换和安装不用绑扎，操作方便。

（3）滤袋交错排列，平面布置较紧凑。

（4）脉冲阀数量较少，在膜片使用寿命相等条件下，维修工作量小。

（5）脉冲喷吹所需的气源压力高。

（6）仓室内袋的清灰强度随其距脉冲阀的远近而差别甚大，清灰效果不均。为了克服这一缺点，现在我国生产的气箱喷吹袋式除尘器，大多每仓室配备两个脉冲阀，从仓室的两端向内对喷，对于解决不同位置滤袋清灰效果不均的问题，收到一定效果。

（7）清灰能量不能充分利用，设备阻力高于其他脉冲袋式除尘器，为 1470~1770Pa。

（8）滤袋长度较短（2450~3100mm），占地面积较大，不适用于处理风量大的场合。

气箱脉冲袋式除尘器的定型产品有 4 个系列：PPC32、PPC64 为单列，PPC96、PPC128 为双列。最大过滤面积为 155m×28m，脉冲阀口径为 DN62mm。

气箱脉冲袋式除尘器有高浓度型，入口含尘浓度可高达 $1300g/Nm^3$，主要用于水泥磨物料回收和尾气净化。其中一些型号设有防爆措施，用于煤磨系统的物料回收和尾气净化。

21.3.8 直通均流脉冲袋式除尘器

直通均流脉冲袋式除尘器结构如图 21-100 所示，由上箱体、喷吹装置、中箱体、灰斗和支架、自控系统组成。

上箱体包括花板、滤袋、滤袋框架、净化烟气出口及阀门等。

喷吹装置安于上箱体，包括分气箱、脉冲阀、喷吹管等。

中箱体包括尘气进口、变径管、气流分布装置等。滤袋吊挂在中箱体内。

灰斗设有卸灰装置、料位计、振动器等，用于收集和排除粉尘。

自动控制系统包括配电柜、仪表柜、自动控制柜及一次检测元件等。

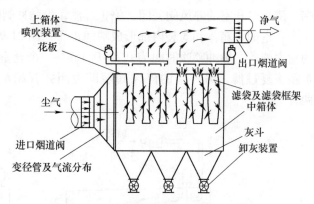

图 21-100　直通均流脉冲袋式除尘器结构

规模较大的袋式除尘器要求采取多仓室结构，传统的设计分室过多，少的有 6~8 个，多则有 20~40 个仓室。含尘气流进入箱体需经历尘气总管—变径管—支管—弯管—阀门等多个环节，而净气排出也需经历箱体—变径管—阀门—支管—总管等多个环节，而且气流通过这些环节的速度相当高，以致除尘器的结构阻力难以降低。同时，仓室数量众多易导致各仓室气流分布不均，远端仓室的处理风量与近端仓室往往差别很大，不利于阻力的降低。

随着袋式除尘器规模的大型化，对含尘气流的分布与组织提出了新的更高要求。与常规的袋式除尘器不同，直通均流脉冲袋式除尘器仓室数量大幅度减少，不设尘气总管和支管，而是在每个仓室进口的变径管内设气流分布装置，将含尘气流从正面、侧面和下面送往不同位置的滤袋。其要点是：

（1）严格控制含尘气流的速度，避免对滤袋的冲刷；

（2）严格控制含尘气流的方向，最大限度地引导含尘气体自下而上地进入袋束，促进粉尘沉降，从而减少粉尘的再次附着；

（3）缩短含尘气体的流程，并使之流动顺畅、平缓，降低结构阻力；

（4）设置导流板和流动通道，使含尘气体均匀输送和分配至各处的滤袋；

（5）降低各部位的气流速度：通道内、滤袋下部空间、滤袋之间（水平和上升流速）；

（6）尽量保持各灰斗存灰量均匀，避免灰斗空间产生涡流，消除粉尘二次飞扬。

为了实现含尘气流合理分布的目标，首先进行计算气流分布模拟试验（图 21-101），再经过实验室模型试验（图 21-102），在此两个步骤的基础上设计工程应用的气流分布装置，并在除尘器安装完成后对整机的气流分布装置作实测和调整，直至获得预期的气流均布效果。

与不设含尘烟气总管和支管相对应，直通均流袋式除尘器也不设净气总管和支管，而是将上箱体高度适当增加，并使整个上箱体贯通，用以兼作净气总管。净化后的气体在上箱体内汇集，并以很低的速度流动，通过上箱体尾部的出口排出。

上箱体高度的增加，使滤袋的拆、装得以在上箱体内部进行。上箱体设人孔门和通风窗，便于人员进出和改善操作条件。这种结构的另一好处是，大大降低了设备的漏风率。

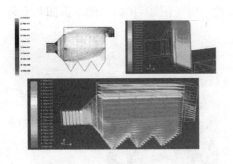

图 21-101 袋式除尘器气流分布计算机模拟试验　　图 21-102 袋式除尘器气流分布实验室模型试验

上述含尘气流和净气的分布和组织，构成了"直进直出"的流动方式，显著地降低了除尘器的结构阻力。其结构阻力与电除尘器相当（≤300Pa），在脉冲喷吹清灰条件下，滤袋阻力不会超过 900Pa，因而除尘器阻力很容易控制在 1200Pa 以下。

直通均流脉冲袋式除尘器的滤袋和清灰装置基本采用长袋低压脉冲袋式除尘器的结构和规格。滤袋清灰借助低压脉冲喷吹装置进行，采用固定喷式喷吹。喷吹管上喷嘴的直径呈不均匀分布，随着与脉冲阀距离的增加而减小，以使各条滤袋的清灰效果大致相同。

清灰程序的设计中采取"跳跃"加"离散"的喷吹排序方式，使清灰周期显著延长。传统的方式按脉冲阀的自然编号顺序进行喷吹，其结果是，刚刚结束清灰的滤袋与即将清灰的滤袋紧邻，加剧了粉尘再附着，使脉冲喷吹原本可以获得的清灰效果大打折扣。"跳跃"的排序则是将清灰时间紧邻的两排滤袋在空间上隔开，避免或减缓清灰效果被削弱。

"离散"的排序方式是针对仓室而言，对于多仓室的大、中型脉冲袋式除尘器，以往基本按照自然顺序而安排仓室的清灰，在第 1 仓清灰结束后，按照 2-3-…-n 仓（n 为仓室总数）的顺序进行。结果往往是阻力低（刚完成清灰或清灰后不久）的仓室集中于除尘器的一端（或一侧），而另一端（或另一侧）则集中了阻力高（即将开始清灰）的仓室。这种阻力不均匀分布的格局随着运行时间的推移而不断变化，也就意味仓室间处理风量不均匀的格局在不断变化，这种情况不利于保持袋式除尘器工况稳定，也将改变含尘气流分布的状态，并进而影响除尘器的正常运行。"离散"的排序则是将清灰时间紧邻的两个仓室在空间上隔开，尽量缩小除尘器的两端（或两侧）仓室之间处理风量的差异，将负面影响降至最小。

21.3.9　回转喷吹脉冲袋式除尘器

回转喷吹脉冲袋式除尘器由灰斗、中箱体（尘气室）、上箱体（净气室）以及喷吹清灰装置组成（图 21-103a）。一台除尘器包含若干个过滤单元，含尘气流的进入采用扩散器加侧向进气的方式。扩散器内设有气流均布装置，使气流速度降低并均匀进入各个过滤单元。采取外滤形式，含尘气体由外向内进入滤袋，粉尘被阻留在滤袋外表面，净气经上箱体排往出口烟道。上箱体高度为 3m，兼作净气通道之用，检查和更换滤袋也在上箱体内进行，侧壁设有检修门以及配备照明的密封观察窗。净气以很低流速通过上箱体，以降低设备阻力。

滤袋断面呈扁圆形（图 21-103b），其等效圆直径 127mm，长度 8m，袋口借助弹性圈和密封垫固定于花板。滤袋框架分为三节，采用承插式结构（图 21-104），便于拆卸和安装。

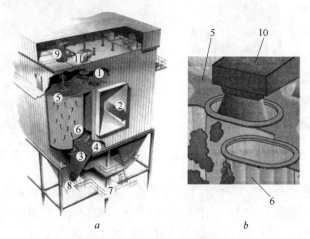

图 21-103 回转喷吹脉冲袋式除尘器

a—除尘器组成；b—扁圆形滤袋断面

1—提升式挡板门；2—净气出口；3—尘气进口；4—进口挡板门；5—花板；

6—滤袋和框架；7—检修平台；8—灰斗；9—清灰装置；10—喷吹管；11—净气室

滤袋沿着多个同心圆的圆周布置（图 21-105），组成过滤单元。一个单元的同心圆最多可有 26 圈，布置滤袋 1156 条。通常预留 5% 的袋孔，以备处理气量增加之需。由于各同心圆直径的差异，内圈和外圈的滤袋数量差别很大：第 1 圈滤袋数仅 4 条，而第 26 圈则为 84 条，二者之比为 1∶21。这导致内、外圈滤袋的清灰频率相差悬殊。

一个过滤单元有 2~4 根喷吹管，管上的楔形喷嘴对应同心圆的圆周，但每根喷吹管的喷嘴数少于同心圆数（图 21-105），各喷吹管的喷嘴分布均不相同。对最小的圆周仅 1 根喷吹管有喷嘴，而对最大的圆周则全部喷吹管都设喷嘴，以弥补内、外圈滤袋清灰频率的差距。

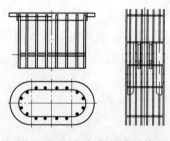

图 21-104 框架插接式结构

图 21-105 滤袋和回转喷吹管喷嘴的分布

滤袋清灰采用低压脉冲喷吹方式。清灰装置由气包、脉冲阀、旋转立管、喷吹管、旋转机构等组成（图 21-106a）。气包的容积约为 1m³，脉冲阀为淹没式，口径多为 φ200~300mm，更大口径（φ350mm）的脉冲阀也有应用。旋转立管的上端与脉冲阀的输出管相连，其下端则同喷吹管连接。一个过滤单元只设一个脉冲阀，清灰范围最多达 3700m² 过滤面积。

清灰时旋转机构通过旋转立管带动喷吹管连续转动，脉冲阀则按照设定的间隔进行喷吹。喷吹气源由罗茨鼓风机提供，喷吹压力不大于 0.085MPa。

除尘器清灰由 PLC 控制，通常采用定压差控制方式，也定时控制。设置快、中、慢三种模式，除尘器阻力高时 PLC 启动快速清灰；阻力低时则启动慢速清灰（表 21-67）。

表 21-67　回转喷吹的几种模式

清灰模式	阻力设定值 ΔP/kPa	电脉冲宽度/ms	脉冲间隔/s
停止清灰	<0.7	200	
慢速清灰	$0.7<\Delta P<0.9$	200	50
中速清灰	$1.0<\Delta P<1.4$	200	5
快速清灰	>1.5	200	3

回转喷吹脉冲袋式除尘器的特点：

（1）脉冲喷吹所需的气源压力低，通常不大于 0.09MPa；因此，供气系统不需设除水等装置。

（2）脉冲阀数量少，处理风量为 160 万 m³/h 的设备仅需 8～12 个脉冲阀，维护工作量小。

（3）滤袋长度可达 8m 以上，且采用扁圆形断面，占地面积小。

（4）与其他脉冲袋式除尘器相比，增加了机械活动部件，有一定维修工作量。

（5）由于按同心圆布置滤袋，喷吹管覆盖的滤袋基本不在一条直线上（图 21-106b），喷吹气流不能完全送入滤袋，喷嘴对应的位置有的在滤袋中心，也有的在滤袋的边缘，甚至有一些在花板上，部分清灰能量做无用功，难以获得最佳的清灰效果。

（6）最小圆周的滤袋数量与最大圆周相差 21 倍，虽然与之对应的喷嘴数量为 1：4，但最大圆周的滤袋仍然清灰频率很低，只及最小圆周滤袋的 1/5，意味着部分滤袋清灰不充分。

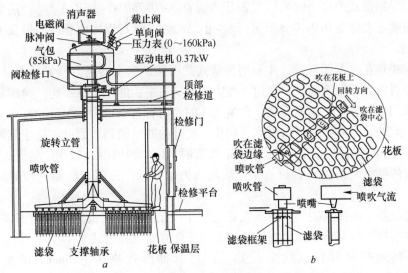

图 21-106　回转喷吹脉冲袋式除尘器的清灰装置
a—清灰装置；b—滤袋布置

21.3.10 顺喷脉冲袋式除尘器

顺喷脉冲袋式除尘器如图 21-107 所示，其结构主要由上箱体、中箱体、下箱体和喷吹装置等几部分组成。含尘气体由中箱体上部进入，在箱体内从上向下流动的同时，穿过袋壁而进入袋内，粉尘则被阻留于滤袋外表面。与一般脉冲袋式除尘器不同，在滤袋内的净气不是向上经过文氏管引射器到净气室，而是向下流动至净气联箱汇集后从出风口排出。气流流动方向与脉冲喷吹方向以及粉尘沉降的方向一致，故名顺喷。

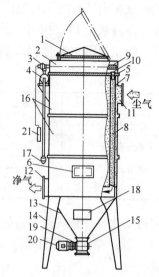

图 21-107　顺喷脉冲袋式除尘器

1—顶盖；2—上箱体；3—脉冲阀；4—气包；
5—花板；6—检查门；7—滤袋；8—弹簧式
框架；9—喷吹管；10—文氏管；11—进风口；
12—出风口；13—灰斗；14—支架；
15—卸灰装置；16—中箱体；17—分水滤气器；
18—小检查门；19—减速机；20—电机；
21—控制仪

滤袋直径为 $\phi120mm$，长度为 2500mm，滤袋上、下两端都开口。上端悬吊在花板上，下端有一短管，管内有一横撑，可借助专用工具使其与净气联箱上的接管插接或脱开。滤袋内部支撑依靠弹簧式框架，而且喷吹管与花板间留有足够的距离，当更换滤袋时，可以不用拆卸喷吹管，只需将弹簧式框架下端脱开，弹簧回缩，滤袋便可向上从喷吹管和花板之间的空当取出。除尘器设有顶盖，检查和拆换滤袋时揭开上盖，在花板以上的外部空间进行操作，比起需要进入狭窄箱体才能换袋的除尘器，劳动条件大有改善。

滤袋清灰依靠脉冲喷吹装置而实现，喷吹装置与 MC 型除尘器基本相同，但引射器的喉口直径扩大为 $\phi70mm$（MC 型为 $\phi46mm$），经试验证明，有利于增加清灰效果。顺喷脉冲除尘器的早期形式为高压喷吹，气源压力需 0.5~0.7MPa（LSB-Ⅰ型）；后采用淹没式脉冲阀，喷吹压力降至 0.2~0.3MPa（LSB-Ⅱ/A 型）。清灰程序由脉冲控制仪实行定压差或定时控制。

更换滤袋在花板上部进行，并采用弹簧式的框架，除尘器上方所需的安装高度较小。另外，顶盖可以方便地掀起，与之前一些需用卷扬机揭盖的除尘器相比，操作显著简化。

由于采用上进风、下排风方式，含尘气体的流向有利于粉尘的沉降，减少了粉尘再附着的现象；此外，净体不经过引射器，避免了此处的能量消耗。因此，除尘器阻力得以降低。LSB 型与 MC 型除尘器的对比试验结果表明，LSB 型的阻力较 MC 型低 350~600Pa；同时，前者的喷吹周期较后者长一倍，喷吹压力也较低。说明过滤能耗和清灰能耗显著下降。

不足之处是，连接滤袋出口的净气联箱位于中箱体内部，滤袋出口的安装仍有不便，同时，箱体结构变得复杂，而且在增加滤袋的长度方面没有突破。

LSB 系列顺喷脉冲袋式除尘器共采用的脉冲阀规格为 $\phi25mm$，除尘器宽度为 1400mm，高度为 4550mm。产品有 9 种规格。

顺喷脉冲袋式除尘器的一种改进型采取箱体单元组合式结构，以 35 条滤袋为一个过滤单元，每个单元滤袋分设 5 排，每排 7 条。中箱体与上箱体及灰斗之间采用钢板翻边、螺栓连接。可根据处理气量灵活地选择单元数量加以组合，制造、运输和安装都较为方便。

21.3.11 对喷脉冲袋式除尘器

对喷脉冲袋式除尘器是由顺喷除尘器发展而来，前者的结构和工作原理（图 21-108）与后者多有相同之处：含尘气体由中箱体上部进入，在从上向下流动的同时，穿过袋壁而进入袋内，粉尘则被阻留于滤袋外表面；净气在袋内向下流动至净气联箱，从出风口排出；箱体内气流方向与喷吹方向以及粉尘沉降的方向一致，减少了粉尘再次附着现象，使阻力降低。

滤袋规格为 φ120mm×5000mm。滤袋上、下两端都开口，上口固定于花板，下袋口设有短管，可与中箱体下部净气联箱的短管插接。滤袋框架为弹簧式结构，当袋口的短管与净气联箱脱开后，弹簧框架回缩，滤袋可从上喷吹管与花板之间的空当取出，换袋时无须卸下喷吹管。除尘器顶部设对开的盖板，揭开上盖可站在花板上拆换滤袋，劳动条件较好。

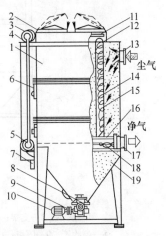

图 21-108　对喷脉冲袋式除尘器

1—上箱体；2—顶盖；3—上气包；
4—脉冲阀；5—下气包；6—检查门；
7—电控仪；8—卸灰阀；9—减速器；
10—小电机；11—上喷吹管；12—花板；
13—进风口；14—弹簧式框架；
15—滤袋；16—净气联箱；
17—出风口；18—下喷吹管；
19—灰斗

在滤袋上、下两端各设有一套喷吹装置，喷吹管的喷孔对准各滤袋的中心。滤袋清灰时，其上、下两端的脉冲阀同时喷吹（"对喷"），因此滤袋长度可达5m。长袋脉冲袋式除尘器推出之前，这是脉冲除尘器滤袋的最大长度。在占地面积相等时，过滤面积可增加50%。

配置了以淹没式脉冲阀为核心的低压喷吹装置，使喷吹压力由脉冲除尘器的 0.5～0.7MPa 降到 0.2～0.4MPa，适应一般工厂压缩空气管网的供气压力。

除尘器箱体结构采用单元组合形式，一个过滤单元有 35 条滤袋，分设 5 排，每排 7 条。可灵活地确定所需数量的过滤单元加以组合，制造、运输和安装都较为方便。

21.3.12 扁袋脉冲袋式除尘器

扁袋脉冲袋式除尘器同尘气室、净气室、灰斗及喷吹装置等部分组成（图 21-109a），含尘气体从除尘器顶部进入，在导流板的作用下，自上而下流向滤袋。净化后的气体在内沿水平方向流动，并经袋口处的扁长形引射器进入位于除尘器另一侧的净气室，从位于顶部另一侧的出风口排出。粉尘积附于扁形滤袋的外表面。

滤袋为"信封"形，其长、宽、高分别为1200mm、480mm、26mm，以垂直布置2～4层滤袋为一组。整机采取单元式结构，每单元设 10 组滤袋。滤袋清灰采用脉冲喷吹方式，清灰装置如图 21-109b 所示。每组滤袋共用一根直立布置的喷吹管，喷孔正对滤袋的中心。清灰时，气包内的压缩气体被脉冲阀释放，从喷孔喷入对应组的滤袋实现清灰。早期的清灰采用气动控制仪，后来也有采用电控仪。各组滤袋逐次清灰，直至全部滤袋都得到喷吹为止。被清离滤袋的粉尘落入灰斗，通过螺旋输灰器和卸灰阀排出。

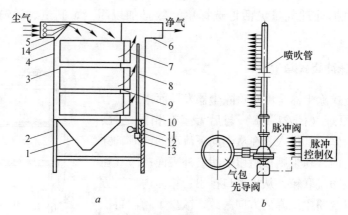

图 21-109　扁袋脉冲袋式除尘器

a—除尘器组成；b—清灰装置

1—灰斗；2—支架；3—滤袋；4—尘气室；5—进风口；6—出风口；7—引射器；
8—喷吹管；9—隔板；10—净气室；11—脉冲阀；12—气包；13—先导阀；14—导流板

滤袋连同用作支撑的扁形框架固定在尘气室与净气室之间的花板上，以压条和螺栓压紧，保持接口密封。净气室的端部有盖板，滤袋的安装的拆卸都在除尘器的净气侧进行。操作时揭开盖板，卸下喷吹管，松开压紧装置，从花板的扁长形袋孔中放入或抽出滤袋和框架即可。

早期的扁袋脉冲袋式除尘器采用直角式脉冲阀，喷吹压力需要 0.6MPa。后来推出低压的形式，采用淹没式脉冲阀，喷吹压力降至 0.2~0.3MPa。扁袋脉冲袋式除尘器有以下特点：

（1）同圆形滤袋相比，扁袋可充分利用箱体空间，在同样尺寸的箱体内可布置更大的过滤面积，因而除尘器占地面积小。

（2）箱体内气体自上向下流动，有利于粉尘的沉降，减少再次附着的现象。

（3）滤袋由侧面抽出，拆换滤袋在除尘器外侧进行，环境改善，使用不受厂房高度限制。

（4）除尘器采用单元组合结构，便于组织生产。

（5）滤袋间距过小，清灰时滤袋鼓胀的幅度与滤袋的净距相同，既阻碍粉尘从滤袋表面剥离，又堵塞上层粉尘的沉降通道，最后不能运行。这是很多扁袋除尘器失效的主要原因。

（6）不能用于处理含尘浓度较高的气体。

21.3.13　高炉煤气脉冲袋式除尘器

高炉煤气脉冲袋式除尘器以长袋低压脉冲袋式除尘器的核心技术为基础。高炉炉顶压力最高为 0.3MPa，因而除尘器箱体呈圆筒形，并设计成耐压和防爆结构（图 21-110），以适应煤气的正压条件。荒煤气由中箱体下部（或灰斗）进入，经气流分布装置均布后由滤袋除去粉尘，净煤气由上箱体排出。上箱体有足够的高度，可在其中拆换滤袋。

滤袋呈行列布置，因而各列的滤袋数量互有差别。清灰方式为低压脉冲喷吹，清灰压

力比除尘器工作压力（通常等于高炉炉顶压力）高
0.15~0.2MPa，清灰气源宜采用氮气，在缺乏氮气
的场合，可将净煤气加压后作为清灰气源。脉冲喷
吹装置与长袋低压脉冲袋式除尘器基本一致，不同
之处是在每一脉冲阀的输出管设有手动截止阀，在
脉冲阀拆开检修前，须关闭手动截止阀，隔断除尘
器箱体与气包之间的通道，防止煤气从气包的敞开
部位泄漏。

　　高炉煤气脉冲袋式除尘器设计的基本要求是防
燃、防爆、防泄漏。采取以下防爆措施：除尘器筒
体按照 GB 150—2011《钢制压力容器》设计和制
作；筒体顶部椭圆形封头压制成形；圆锥形灰斗倾
角不小于 65°；选用消静电滤料；箱体上部设防爆
阀；箱体静电接地；箱体内消除任何可能积灰的平
台和死角；清灰气源采用氮气或加压的净煤气；监
控煤气温度和含氧量。现代高炉煤气系统设有煤气
余压发电设备，净煤气含尘量应不大于 5 ~ 10mg/
Nm³，因此，每一除尘筒体出口配设粉尘浓度在线
检测仪，检测信号传送值班室仪表盘显示，并设有
袋故障报警。此外，除尘器外敷保温层，灰斗还加
设蒸汽伴热管，确保不出现结露和卸灰不畅。

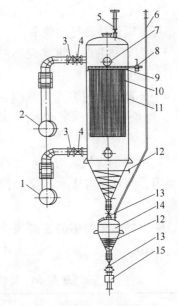

图 21-110　高炉煤气脉冲袋式除尘器
筒体结构及装置

1—荒煤气进口总管；2—净煤气出口总管；
3—煤气蝶阀；4—盲板阀；5—箱体放散系统；
6—中间灰仓放散系统；7—泄爆阀；
8—脉冲喷吹装置；9—花板；10—滤袋组件；
11—箱体；12—蒸汽加热装置；13—卸灰阀组；
14—中间灰仓；15—输灰装置

　　滤料多采用 P84 与超细玻纤复合针刺毡，或芳
纶针刺毡。滤袋长度为 6000~ 8000mm。滤袋框架为 2~3 节结构，每节长度与上箱体的高
度相适应。随着脉冲袋式除尘器推广至大型高炉，除尘器走向大型化，筒体直径由
φ2600mm 增加至最大为 φ6000mm。

　　除尘器卸灰采用"三阀加中间仓"的装置，包括上球阀、星形阀（或偏置式钟形
阀）、中间灰仓、下球阀（图 21-110），还有破拱装置、料位计，以及中间灰仓放散系统
等。卸灰时，连接筒体灰斗与中间灰仓的上球阀和星形阀依次开启，粉尘进入中间灰仓，
其中的煤气由放散系统排往大气。待中间灰仓充满后上述阀门关闭，下球阀开启使粉尘卸
出，实现煤气无泄漏卸灰。卸灰操作为自动控制。卸灰装置排出的粉尘由输灰装置转运到
贮灰仓，集中外排。通常采用正压气力输送，或密闭输灰罐车。

　　高炉生产不允许中断，因此高炉煤气净化系统须拥有多个并联的除尘筒体（图 21-
111），每个筒体进口和出口装设煤气蝶阀和盲板阀。当任何一个筒体需离线检修时，须全
部关闭进口和出口的四个阀门，并以氮气置换筒体内的煤气。置换过程是对筒体内充入氮
气，将煤气通过放散系统排往大气；再以空气置换氮气，将氮气排出。然后方可进入筒体
检修。

　　高炉煤气脉冲袋式除尘器有以下特点：

　　（1）除尘效果好，净煤气含尘浓度可低于 5~10mg/Nm³，显著延长热风炉寿命；

（2）运行稳定可靠，无论过滤或者清灰都可长期保持良好的效果；

（3）多筒体并联，可实现不停机检修，不会影响生产；

（4）不降低煤气温度和热值，并可提高煤气余压发电约 40%，节能效果好；

（5）收集的煤气灰为干灰，有利于综合利用，而且没有废水污染和污泥处理问题。

该除尘器单个筒体的主要规格和参数见表 21-68。

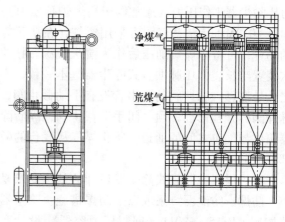

图 21-111　高炉煤气脉冲袋式除尘器

表 21-68　高炉煤气脉冲袋式除尘器筒体规格和参数

筒体内径 /mm	脉冲阀		滤袋		过滤面积 /m²	处理煤气量 /m³·h⁻¹
	口径 /mm	数量 /个	规格（直径×高度）/mm	数量 /条		
φ2600		9		99	234	11664
φ2700		10		112	275	13200
φ2800		10		120	294	14112
φ2900		11		131	321	15408
φ3000		11		139	341	16368
φ3100	φ80	11	φ130×6000	148	363	47424
φ3200		12		160	392	18816
φ3300		12		170	417	20016
φ3400		13		186	456	21888
φ3800				212	580	16000~22000
φ4000				296	850	28000
φ5000		21	φ130×7000	356	1018	30000~34000
φ5200		36	φ130×7500	396	1210	38000~42000
φ6000		38	φ130×7000	498	1420	44000~48000

21.3.14　双层袋内外滤袋式除尘器

21.3.14.1　双层袋脉冲袋式除尘器

双层袋脉冲袋式除尘器由上箱体、中箱体、灰斗、卸灰装置和喷吹装置等几部分组成。含尘气体由灰斗上部进入，净气由上箱体排出。图 21-112 所示为 SMC-Ⅰ系列双层袋脉冲袋式除尘器，其结构和工作原理与 MC 型除尘器大致相同，采用淹没式脉冲阀、脉冲喷吹清灰，喷吹压力为 0.3~0.4MPa，压缩气体通过喷吹管输送至每条滤袋而使其清灰。

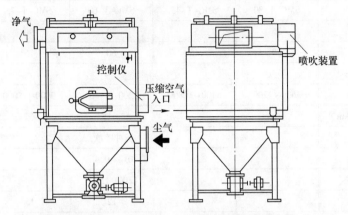

图 21-112 SMC- I 系列双层袋脉冲袋式除尘器

　　双层袋除尘器独特之处在于，滤袋由套在一起的内袋和外袋两部分组成（图 21-113），外袋上端开口，并固定于花板上；而内袋则下端开口，并与外袋底部的周边缝在一起，上端悬吊于外袋袋口附近。外袋内装有框架，框架用 φ6mm 圆钢制成，外面以 φ2mm 铁丝环绕，形成网式框架，可防止滤袋直接和框架的焊点接触，保护滤袋。过滤时，外袋被吸附在滤袋框架上，内袋胀起，粉尘被阻留在外袋的外表面和内袋的内表面上，亦即外袋为外滤方式，内袋为内滤方式（图 21-114）。净化后的气体由外、内袋之间的夹层流向外袋的袋口，最后由上箱体的出风口排出。清灰时，喷吹气流从外袋的袋口进入滤袋，外袋和内袋的袋壁分别向外和向内急速变形，粉尘受强烈的冲击振动而从滤袋表面剥离。

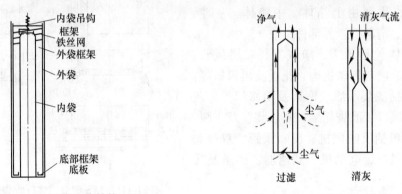

图 21-113 双层滤袋结构　　　　　　　　图 21-114 双层滤袋工作原理

　　双层滤袋固定在分隔上箱体和中箱体的花板上，每个袋孔焊有短管，安装时先将已经装有框架的滤通过袋孔插入花板，再将滤袋上口翻边，并绑扎在短管外边即可。安装新滤袋以及检查和更换已用滤袋都可揭开顶盖后在花板以上的净气空间进行，人与污袋接触较少。

　　SMC 系列除尘器最主要的特点是，除尘器兼有内滤和外滤两种形式，滤袋采取双层结构，在同样尺寸的箱体内，比其他类型的除尘器增加过滤面积，投资较低，占地较少。

　　SMC 系列双层袋脉冲袋式除尘器的主要规格和性能列于表 21-69。

表 21-69　SMC- I 系列双层袋脉冲袋式除尘器主要规格和性能

型　号	SMC- I -30	SMC- I -45	SMC- I -60	SMC- I -75	SMC- I -90
滤袋数量/条	36	54	72	90	108
过滤面积/m²	30	45	60	75	90
过滤风速/m·min⁻¹			2~4		
处理风量/m³·h⁻¹	3600~7200	5400~10800	7200~14400	9000~18000	10800~21600
入口含尘浓度/g·Nm⁻³			3~15		
清灰方式			脉冲喷吹		
喷吹压力/MPa			0.3~0.4		
设备阻力/Pa			1200~1500		
脉冲阀数/位	6	9	12	15	18
脉冲宽度/s			0.1~0.2		
压缩空气耗量/m³·min⁻¹	0.09~0.26	0.13~0.39	0.17~0.51	0.23~0.65	0.26~0.78
外形尺寸 /mm	长度	1610	2387	3067	3797	4527
	宽度	1683	2120	2120	2120	2120
	高度			3150		
设备质量/kg	~1000	~1500	~1900	~2200	~2500

21.3.14.2　双层袋反吹风袋式除尘器

双层袋反吹风袋式除尘器的结构如图 21-115 所示，主要由上箱体、中箱体、灰斗、卸灰装置、清灰装置等部件组成。

上箱体包括顶盖、净气室、双层风管、双层阀门、清灰传动机构、花板及出风口等。中箱体包括滤袋、滤袋框架及检修门等。灰斗包括进风口、滤袋托架、卸灰装置及支腿。清灰装置包括反吹风机、反吹风管、双层阀门、反吹风口、电动机、减速器、链条及拨叉等。

上箱体分隔成若干仓室，每室出口设置排风阀和反吹风阀门，以满足反吹清灰的需求。

含尘气体由进风口进入灰斗，较大的尘粒沉降下来，细尘粒由气流带至中箱体被滤

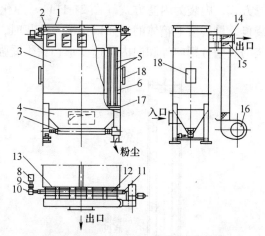

图 21-115　LFS 型双层袋反吹袋式除尘器

1—上盖；2—上箱体；3—中箱体；4—灰斗；5—滤袋；6—框架；7—螺旋输送机；8—电动机；9—头部传动；10—减速机；11—尾部传动；12—阀体拨叉；13—链条；14—排风管；15—反吹风管；16—反吹风机；17—滤袋托架；18—检修门

袋阻留，净气进入上箱体经排风阀排出。清灰时电动机和减速器带动链条，令双层阀门的拨叉将排风阀门关闭、反吹阀门开启，反吹风机产生的清灰气流从外袋的袋口进入内袋和外袋之间的夹层，使两层滤袋变形而将粉尘清离并落入灰斗。清灰是逐室进行。

LFS 双层袋反吹袋式除尘器有以下特点：

（1）滤袋采用内袋和外袋结合的结构，在除尘器体积相同条件下，可以布置的过滤面积增加60%，使造价降低，占地面积和安装空间缩小。

（2）滤袋框架采用网式结构，避免了框架上的焊点对滤袋的磨损，有利于延长滤袋寿命。

（3）与脉冲喷吹相比，反吹清灰方式能耗较省，但清灰能力明显变弱，影响清灰效果。

（4）清灰装置活动件过多，容易出现故障；排风和反吹阀门开启和关闭往往不到位。

21.3.15　菱形扁袋除尘器

菱形扁袋除尘器如图21-116所示，主要组成包括：上箱体（清洁室）、中箱体（袋滤室）、防爆阀、导流板、进风口、排风口、灰斗、卸灰阀以及反吹风箱体、反吹风机、脉动阀等。

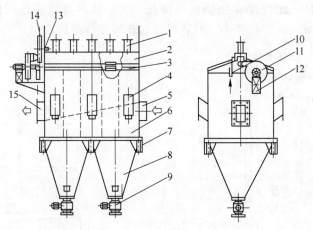

图 21-116　LBS 系列菱形扁袋除尘器

1—停风阀；2—反吹风箱体；3—上箱体；4—防爆阀；5—进风口；6—中箱体；7—支架；8—灰斗；
9—卸灰阀；10—压气管路；11—反吹风机；12—风机平台；13—脉动阀电机；14—脉动阀；15—排风口

菱形扁袋除尘器采用外滤方式。滤袋为扁长形，沿其垂直方向缝成多个通道，并以叉形框架撑开，其断面形成多个相连的菱形。每条滤袋的过滤面积达 $11m^2$，数倍于其他形状（如圆形、扁形、梯形）滤袋，箱体空间利用率高。滤袋借助密封条、压板而固定在花板上。

进风口和排风口都位于中箱体的下部，含尘气体经导流板向下引入灰斗再折返向上，粗粒粉尘因惯性力作用而沉降，细粒粉尘随气流进入袋滤室，附着于滤袋外表面，净化的气体透过袋壁进入菱形滤袋内部，经袋口至净气室、排风口，由收尘系统主风机排往大气。

滤袋清灰采用风机反吹方式。除尘器设计成若干个独立的仓室，借助仓室三通阀门的切换，实现停风状态下逐室反吹清灰。设有脉动阀，以使反吹气流产生波动，增强清灰效果。当全部仓室完成清灰，或当设备阻力下降到一定值（如800Pa）时，清灰停止。

菱形扁袋除尘器的主要特点：（1）滤袋断面为菱形，占地面积小，设备紧凑；（2）每条滤袋的过滤面积很大，滤袋数量较少；（3）采用脉动反吹清灰，以反吹风机驱动；（4）清灰能力弱。主要用于铝电解烟气净化，氧化铝流动性好，可弥补其清灰能力的不足。

该产品有 LBL 和 LPL 两种形式。其中，LBL 型除尘器为防爆型，设有泄爆阀，采用消静电滤料、箱体内设吹扫管、静电接地等措施。

21.3.16 机械回转反吹袋式除尘器

21.3.16.1 SⅡ型机械回转反吹袋式除尘器

机械回转反吹袋式除尘器的箱体呈圆筒形，可分成清洁仓、中筒体和集尘斗三部分（图 21-117）。含尘气体由中筒体的下部或上部沿切线方向进入，滤袋的外表面将粉尘阻留，净气进入滤袋内，经由滤袋上口至清洁仓排出。滤袋断面为梯形（或椭圆形），图 21-118 所示为支撑滤袋的梯形框架。滤袋沿着若干个同心圆的圆周布置（图 21-119），可有 4~5 圈或更多。滤袋框架底部设有定位销，除尘器中筒体下部设定位支承架。安装时，滤袋与框架先装成一体，定位销穿出袋底并绑扎严密，然后将滤袋连同框架放入花板的袋孔，定位销插入支承架的定位孔中，并将袋口与花板保持密封。

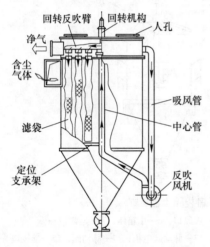

图 21-117　机械回转反吹袋式除尘器

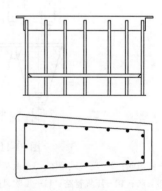

图 21-118　梯形断面框架

反吹风机吸取清洁仓的净气以提供反吹气源，避免低温气体进入除尘器导致结露。清灰气流通过中心管送到回转臂，回转臂的反吹风口与布置滤袋的同心圆周对应。回转臂围绕中心管匀速回转，反吹气流则连续吹向滤袋并使其变形（图 21-120），从而清落粉尘。

换袋操作在花板上进行。为方便换袋操作，推出了多种结构及相应的换袋方式：一种是靠专用机械将上盖揭起并移开，操作人员在花板上作业；另一种是顶盖可以回转，使顶盖上的人孔对准需拆换的滤袋，操作人员置身于人孔内作业；第三种是将框架制成分段结构，并增加清洁仓的高度，直接在清洁仓内进行换袋作业；还有将上箱体顶部分成若干个区域，每个区域分别设盖板。

机械回转反吹袋式除尘器的主要特点：

（1）采用扁袋可充分利用筒体的圆形断面，占地面积较小；

（2）自身配备反吹风机，不需另配清灰动力，便于使用；

（3）在线清灰，任一时刻只有很少滤袋清灰，不影响整机的过滤，有利于工况的稳定；

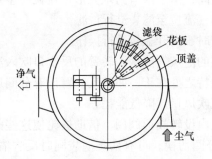

图 21-119 机械回转反吹除尘器滤袋布置

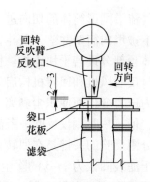

图 21-120 机械回转反吹清灰

（4）箱体为圆筒形，刚性较好；

（5）反吹清灰能力较弱，效果欠佳，处理能力往往大幅下降，严重时导致除尘器整体失效；

（6）清灰装置活动部件较多，故障率也相应较高，维修工作量大；

（7）袋口密封较为麻烦，容易导致粉尘泄漏。

回转反吹袋式除尘器另一主要缺点在于，清灰时，外圈反吹风口的线速度是内圈反吹口的数倍，因而外圈滤袋清灰不充分。其次，回转臂在运动中吹扫，相当部分的清灰气流吹在花板上，滤袋的清灰效果被削弱。针对上述缺点推出了多种改进型除尘器。

21.3.16.2 分圈机械回转反吹袋式除尘器

ZC 系列分圈机械回转反吹袋式除尘器结构和工作原理如图 21-121 所示。

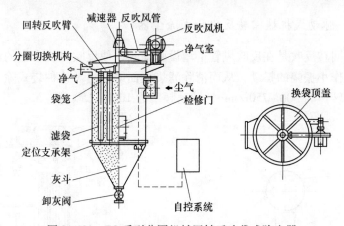

图 21-121 ZC 系列分圈机械回转反吹袋式除尘器

该除尘器主要由以下四部分组成：

上箱体：包括顶盖、旋转揭盖装置、清洁室、换袋人孔、观察孔、排气口；

中箱体：包括花板、滤袋、滤袋框架、滤袋导口、筒体、进气口、检查门；

下箱体：包括定位支承架、灰斗、星型卸灰阀、支座；

反吹风清灰装置：包括回转反吹臂、反吹口、分圈切换机构、循环风管、反吹风管、反吹风机、减速器。

含尘气流沿圆形筒体的切向进入中筒体上部空间，由于入口为蜗壳形，粗粒粉尘在离心力作用下被甩向筒壁并落入灰斗，较细的粉尘由气流携至滤袋进行过滤。

上箱体顶部分设若干块盖板。检查或更换滤袋时，揭开盖板进行操作。

清灰时反吹风机和回转机构启动，来自净气室的清灰气流从回转臂的反吹口吹入滤袋导口，袋内压力变化而使积尘剥离。该种除尘器独特之处在于，回转反吹臂设有分圈反吹切换机构，使每一时刻仅反吹一条滤袋，以减少反吹风量，降低能耗。

实现分圈反吹的关键是在回转臂的每个反吹口内设转鼓形阀门，借助拨轮使这些阀门切换。对于滤袋圈数为 1~3 的除尘器，采用单臂分圈切换，可有两条滤袋同时反吹清灰；对于滤袋圈数为 4~5 的除尘器，采用双臂分圈切换，每个回转臂各有一条滤袋反吹清灰。

此前，无论除尘器有几圈滤袋，全部反吹口都同时工作，外圈滤袋清灰不足，导致除尘器阻力升高；另外，所需的反吹风机功率较大。分圈反吹技术较好地克服了上述缺点。

该装置的缺点是鼓形阀门和拨轮装置易损坏，而失去分圈作用后需大幅增加反吹风量。

21.3.16.3 拖板式机械回转反吹袋式除尘器

拖板式机械回转反吹装置可以克服反吹过程中清灰气体从花板上流失的缺点，并减少因在线清灰导致的粉尘再附着现象。其结构如图 21-122 所示。

该反吹装置的特点是套一块盖板在反吹口外，由回转臂拖动。当某条滤袋清灰时，相邻滤袋被拖板封盖而停止过滤。拖板还可沿反吹口上下滑动，不会因花板表面不平之处而受阻。

曾出现同时封盖清灰滤袋相邻两侧滤袋的拖板，希望进一步减少粉尘的再附着。但在应用中发现该装置过于笨重，反吹清灰装置必须加大功率才能拖动，因而被废止。

21.3.16.4 脉动式机械回转反吹袋式除尘器

脉动式机械回转反吹是在反吹风管上增设脉动阀，使反吹风机产生的清灰气流产生脉动，滤袋也随之作小振幅的抖动，从而清除滤袋表面的积尘。该种袋式除尘器如图 21-123 所示。脉动阀的转速为 500~750r/min，脉动频率为 1000~1500Hz。

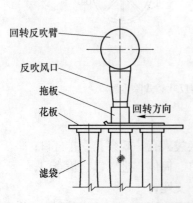

图 21-122　拖板式机械回转反吹装置

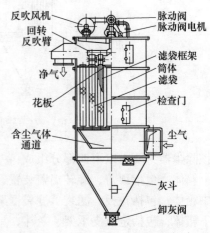

图 21-123　脉动式回转反吹袋式除尘器

21.3.17 气环反吹袋式除尘器

气环反吹袋式除尘器结构包括上箱体、中箱体和下箱体（图 21-124）。上箱体设有进气口、上花板；中箱体设有滤袋、气环箱、反吹气管、气环管、钢绳；下箱体设有下花板、灰斗、卸灰阀、排气口、支腿。另外，驱动反吹气环箱的变速装置及链轮、链条等装在除尘器的外侧。圆形滤袋的上、下两端都开口，分别固定上花板和下花板的卡环里。

气环反吹袋式除尘器采取内滤形式，含尘气体经进气口进入上箱体，并从上端袋口进入滤袋内。粗颗粒经由下端袋口直接沉降到灰斗，细微尘粒被阻留在滤袋内表面，净气穿过滤袋侧壁，进入中箱体下部，由下花板两侧的空间进至下箱体，经排气口排出。

气环反吹袋式除尘器采取内滤形式，含尘气体经进气口进入上箱体，并从上端袋口进入滤袋内。粗颗粒经由下端袋口直接沉降到灰斗，细微尘粒被阻留在滤袋内表面，净气穿过滤袋侧壁，进入中箱体下部，由下花板两侧的空间进至下箱体，经排气口排出。

滤袋清灰依靠气环反吹装置进行。该装置的核心是气环箱，箱内为每条滤袋配置一个铝合金气环，套在滤袋外面。气环内侧有一圈缝隙，其宽度为 0.5~0.6mm。反吹气管将气环箱与气源接通。清灰时，受电机和传动机构驱动，气环以 7.8m/min 的速度沿着滤袋上下往复移动，由清灰气源提供的高压空气通过气环的环形缝隙形成高速气流吹向滤袋（图 21-125），并穿过袋壁进入滤袋，将附于滤袋内壁面的粉尘清离并使之落入灰斗。同时，气环的内径略小于滤袋的外径，当气环上下移动时可使滤袋稍有变形，较厚的粉尘层也容易脱落。

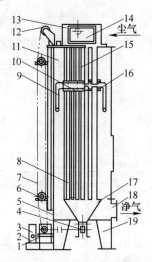

图 21-124 气环反吹袋式除尘器

1—齿轮组；2—减速机；3—传动装置；4—卸灰阀；5—下箱体；
6—链轮；7—链条；8—滤袋；9—反吹气管；10—气环箱；
11—中箱体；12—滑轮组；13—上箱体；14—进气口；15—钢绳；
16—气环管；17—灰斗；18—排气口；19—支腿

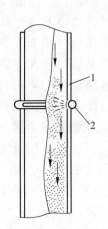

图 21-125 气环反吹清灰

1—滤袋；2—反吹环

清灰气源一般采用罗茨风机，或专门配套的 12-10 型双级高压离心鼓风机。高压离心鼓风机风量为 600~1600m³/h，全压为 8232~5880Pa。

气环反吹清灰的机理主要依靠穿过滤袋壁面的高速气流不同脉冲喷吹清灰，也不同于一般的反吹风清灰。它将全压足够高、流量足够大的反吹气流集中于面积很小的反吹环缝中，其穿透滤袋的速度超过 10m/s，因而透过滤袋的反吹气流对清灰起了主要作用，能获得良好的清灰效果，可以允许较高的过滤风速。

为了确定气环反吹袋式除尘器的技术参数，有人进行了一项小型试验，在设备阻力保持 1200Pa 不变条件下考察过滤风速、反吹压力、允许的入口含尘浓度、除尘效率之间的关系。

通过试验确定：气环反吹袋式除尘器过滤风速可取 4~6m/min；宜采用毡类滤料；反吹压力取 3500~4500Pa；反吹气量为处理风量的 8%~10%。

气环反吹袋式除尘器最大的缺点是滤袋很容易因气环的移动而磨损，但磨损的情况比想象的少。实际上，反吹时约有 10% 的空气流到袋外，在滤袋与气环之间形成一层空气膜，起到了保护滤袋的作用。应当注意的是：气环内侧的环缝一定要加工成光面，并保持平滑；缝制滤袋应保证上、下尺寸均匀而准确。该除尘器另一主要缺点是气环移动机构故障多。

21.3.18 分室反吹袋式除尘器

21.3.18.1 概述

A 结构

分室反吹袋式除尘器主要由箱体、滤袋、灰斗、反吹风切换阀门和管道以及进气和排气管道组成（图 21-126）。典型的分室反吹袋式除尘器多取内滤形式。滤袋下部开口，固定在灰斗上端的花板上。含尘气体由灰斗进入，经导流板均布，并自下而上从袋口进入滤袋，粉尘被阻留在滤袋内表面，过滤后的气体由内向外穿过滤袋至箱体，从排风管道排出。

分室反吹袋式除尘器分隔成若干仓室，各仓室逐个清灰。仓室设有烟气阀和反吹阀，或者兼具两个阀门功能的三通阀。某仓室清灰时，该室的烟气阀关闭，而反吹阀开启，反吹气体便由外向内通过滤袋，令滤袋缩瘪、变形，使积附于滤袋内表面的粉尘剥离并落入灰斗。

反吹气体可引自大气；或引自除尘后的净气（循环气体）。当除尘系统在高温条件下运行时，

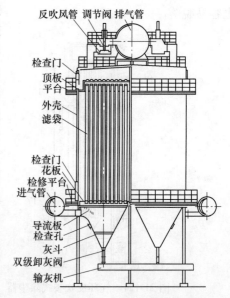

图 21-126 分室反吹袋式除尘器结构

必须采用后一种方式，以防止结露，以及次生的糊袋、堵塞等弊端。反吹动力可利用除尘器前后的压差；但当系统总风机全压低于 4000~4500Pa 时，或除尘器之前的负压不足以克服滤袋和反吹管路的阻力（例如不大于 2000Pa）时，则应在反吹管路中增设反吹风机。

B 滤袋

滤袋通常由机织滤料制作，也可采用较薄而软的针刺毡。用于此场合的针刺毡滤料须

具有表面过滤功能，以防止粉尘进入滤料深层。对于弱力清灰方式而言，此点更显重要。

滤袋下端开口套在花板的短管上，并以卡箍捆扎牢固和严密（图21-127）。滤袋上端套在袋帽外沿，也用卡箍固定。袋帽顶部利用带弹簧的连接件吊挂在顶梁或支承架上（图21-127），称为"弹簧拉紧式"。此外还有"弹簧压紧式"，即通过螺母压紧弹簧而调节滤袋长度。

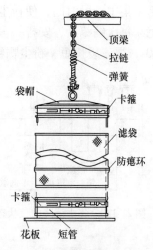

图21-127　滤袋固定方式

滤袋还有以弹性胀圈嵌接的方式。袋帽和花板的短管内面各设有凸缘，滤袋上、下端开口都装弹性胀圈。将弹性胀圈捏扁塞入短管或盖帽内并使其胀圆，即完成安装。此方法安装简便，但须保持滤袋垂直，否则滤袋容易脱落。

滤袋直径在 $\phi180\sim\phi300mm$ 范围内。滤袋长度须根据滤袋的长径比 L/D 确定。长径比多为15～25，最大40，因此滤袋最长为10～12m。内滤式除尘器的特点之一是含尘气体经过袋口。经验表明，滤袋入口风速超过2m/s时，袋口受含尘气体的冲刷明显，滤袋将过早破损。滤袋入口风速宜取1～1.5m/s。因此，在确定滤袋长度时，还应按下式校核：

$$v_r = 4\left(\frac{L}{D}\right)v \tag{21-9}$$

式中　v_r——滤袋入口风速，m/s；

　　　　v——过滤风速，m/min；

　　　　L——滤袋长度，m；

　　　　D——滤袋直径，m。

滤袋内无需框架支撑，为防止滤袋过分缩瘪而影响粉尘剥离和沉降，须沿滤袋长度方向设防瘪环，环间距可以是不等的，通常为1～1.5m，靠近滤袋上部大些，靠近下部小些。

滤袋安装就位后，应当调节顶部的吊挂装置，使滤袋绷紧。滤袋张紧力量的大小直接关系到滤袋的使用寿命：张力过小，滤袋底部容易出现曲折而致破损；张力过大，滤袋在清灰处于缩瘪状态时，可能因拉力过强而断裂。滤袋张力的合理区间为25～40kg。通常在除尘器运行一段时间后还应对滤袋的松紧程度进行检查和调整并使之符合规定。

C　分室反吹清灰制度

反吹清灰有"二状态"（过滤—清灰）或"三状态"（过滤—清灰—沉降）两种制度。两状态清灰是使滤袋交替地缩瘪和鼓胀（图21-128），通常重复进行两个缩瘪和鼓胀过程。当含尘浓度高时，可重复进行3～4次。缩瘪时间为10～20s，鼓胀时间为10～20s。

三状态清灰制度是在两状态清灰的基础

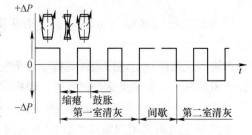

图21-128　两状态清灰制度

上增加一个沉降状态，此时烟气阀门和反吹阀门都被关闭，滤袋处于静止状态，使清离滤袋的粉尘有较多的时间沉降到灰斗内。

三状态清灰又有集中沉降和分散沉降两种形式。集中沉降是在完成数个两状态清灰后，集中一段时间，使粉尘沉降（图 21-129），持续时间一般为 60~90s；分散沉降则是在滤袋每次缩瘪后，安排一段静止时间，使粉尘沉降（图 21-130），持续时间一般为 30~60s，视滤袋长短、粉尘颗粒和密度大小而定。

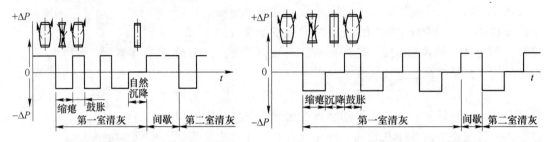

图 21-129　集中沉降的三状态清灰制度　　　　图 21-130　分散沉降的三状态清灰制度

　　D　清灰阀门

　　直通阀：早期的除尘器采用各自独立的两个直通阀，结构有活塞、钟摆、翻板、蝶阀等形式，动力装置有气缸、电动缸等。其中，钟摆式、翻板式、蝶阀式阀门容易出现积灰、卡塞、磨损、密封不严、动作失灵等弊端，活塞式结构的阀门则故障较少，适应性较强。

　　盘式阀：盘式阀采用圆盘阀板，立式安装，大多依靠气缸驱动。除用于分室反吹外，也用于其他需要离线清灰或离线检修的除尘器。其缺点是：阀板与阀座间的接触面不易密封；阀板的定位有一定困难，易导致漏气；当压缩空气压力不足时，阀盘下落自闭，影响除尘器正常运行，甚至产生连锁反应使各仓室的停风阀全部关闭，除尘器箱体因负压过高而被吸瘪。为此开发了柔性阀板和双座阀板的产品，并采用电动气缸作为驱动装置。

　　柔性阀板型是将阀板的边缘以薄钢板制作，利用柔性阀板的弹性提高阀板与阀座接触面的严密程度。双座阀板型是设置两个阀板，串在一根轴上，其尺寸一大一小；设两个相应的阀座。阀门关闭时，两个阀板各自封闭一个阀座，从而提高阀门的严密性。

　　三通阀：直通阀导致除尘器结构繁琐，故障率高。现在分室反吹多采用三通切换阀。

　　三通阀在运行中每天需切换 100~400 次，每年 3 万~13 万次，加上粉尘的冲刷，部件容易磨损，须采用耐磨、耐温材料制作。从可靠性可言，三通阀各种形式中，活塞式较优。

　　活塞式三通阀多以气缸驱动。气动活塞式三通阀有两种形式：水平安装和垂直安装型。

　　改进型三通阀：上述三通阀的特征是单室结构，以平板形单阀板回转 90° 对两个阀座实现开、闭切换。主要缺点是：过滤时，阀板应关闭上方的反吹风通道，但阀板受反向和自重的作用往往自行开启而漏气，致使袋室的反吹风量不足，严重削弱清灰效果（图 21-131）。

　　改进型三通阀采用双室结构，配备双阀板，并将阀板与阀座的接触面制成球面形状。切换时两个阀板同步回转 90°，分别开启或关闭两个阀座。阀座两侧的压差转变为增加阀板严密性的动力（图 21-131），有效地克服了该三通阀原有的缺点。

　　回转切换定位反吹阀：总体而言，分室结构类袋式除尘器存在着切换阀门多、故障率高、可靠性差等缺点。针对这种情况，开发了回转切换定位反吹阀（图 21-132），可取代

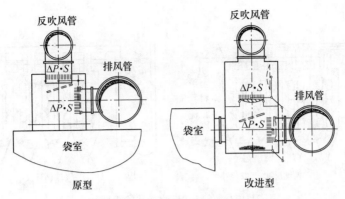

图 21-131　翻板双座三通阀的结构

多个三通阀，实现分室切换定位反吹清灰，简化了除尘器结构，布置紧凑、控制方便、运行可靠。

三状态阀：为满足分室反吹袋式除尘器实现三状态清灰制度的需要，专门开发了三状态阀。该阀为双筒结构体，内筒开一窗口作步进旋转，按设定周期与外筒体的过滤或清灰接口重合，实现三状态切换。宜与回转切换阀配合使用。

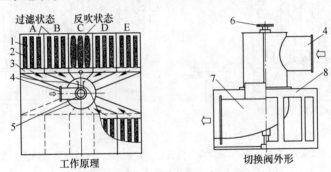

图 21-132　回转切换定位反吹阀

1—袋室；2—滤袋；3—清洁室；4—反吹气流进口；5—回转切换阀；6—传动机构；7—反吹风口；8—阀体

21.3.18.2　负压分室反吹袋式除尘器

负压分室反吹袋式除尘器的结构如图 21-133 所示。吸入大气反吹和循环气体反吹两种形式都未设置反吹风机。

该除尘器的切换阀门位于袋室的出口处，反吹气流进入清灰的袋室后，反向穿过袋壁使滤袋变形，净气携带其余粉尘从位于灰斗的进气口流出，与含尘气体汇合前往其他袋室。

21.3.18.3　正压分室反吹袋式除尘器

正压分室反吹袋式除尘器在系统主风机正压段工作，其结构如图 21-134 所示。

该类袋式除尘器的袋室不需严密的围挡结构，各袋室之间也不设隔板。只有袋室的灰斗需要严密的结构，各灰斗之间须完全分隔。袋室的外壁设百叶窗，从滤袋内穿的净气直接经百叶窗排往大气，省去了净气总管。因此，该除尘器结构较轻，钢耗较低。

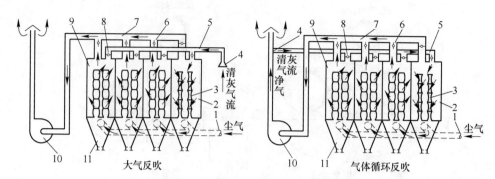

图 21-133　负压式反吹袋式除尘器结构

1—尘气管道；2—清灰状态的袋室；3—滤袋；4—反吹风吸入口；

5—反吹风管；6—净气阀；7—净气管；8—反吹阀；9—过滤状态的袋室；

10—引风机；11—灰斗

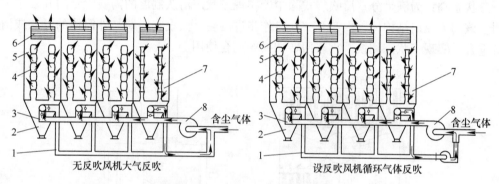

图 21-134　正压式反吹袋式除尘器

1—反吹风管；2—灰斗；3—含尘气体管道；4—滤袋；5—过滤状态的袋滤室；

6—百叶窗；7—清灰状态的袋滤室；8—主风机

清灰切换阀门位于袋室的入口处。某室清灰时，清灰气体部分来自邻近袋室的净气，部分来自从百叶窗进入的室外空气。对于设有反吹风机的正压反吹袋式除尘器，某室清灰时，其反吹气体基本上来自邻近袋室的净气。

21.3.18.4　分室反吹袋式除尘器特点及设备规格

分室反吹袋式除尘器有以下主要特点：

（1）滤袋在工作过程中不受强烈的摩擦和皱折，因而使用寿命较长。

（2）分室结构便于在不停机状态下检修某一仓室。

（3）过滤风速低，设备庞大，造价高，占地多。

（4）清灰强度低，设备阻力高，因而运行能耗高。

（5）正压式除尘器的含尘气体流过风机，会磨损风机叶轮或在叶轮上黏结，只能用于含尘浓度不高于 $3g/Nm^3$、粉尘磨啄性和黏性不强的条件下。

（6）工人换袋需进入箱体，劳动条件差。

21.3.19　旁插扁袋除尘器

21.3.19.1　PBC 型旁插扁袋除尘器

PBC 型旁插扁袋除尘器主要由袋滤室、净气室、反吹阀、灰斗等部件组成。

与多数除尘器不同，其花板是垂直布置，过滤室和净气室位于花板的两侧（图 21-135）。花板的袋孔与扁平形（信封形）滤袋断面相匹配。一条袋的过滤面积为 3.86m^2。滤袋沿水平方向插入花板的袋孔，并以压条等装置压紧。滤袋内以框架支撑。含尘气体由箱体顶部的进气口经气流分布网进入袋滤室，并自外向内通过滤袋，粉尘被阻留在滤袋的外表面。

除尘器划分为若干独立的仓室。清灰机构设有链条，通过链条上的拨块使袋室的净气阀门和反吹阀门切换，从而实现逐室轮流清灰。某室清灰时，该室的净气阀关闭、反吹阀开启，稍后切换，如此往复动作数次，滤袋反复膨胀、缩瘪，将其外表面的粉尘清落。

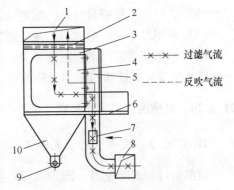

图 21-135　PBC 型旁插扁袋除尘器
1—尘气入口；2—气体分布网；3—袋滤室；
4—扁形滤袋；5—净气室；6—检修平台；
7—反吹阀；8—净气总管；
9—卸灰螺旋；10—灰斗

旁插扁袋除尘器具有以下特点：

（1）采用信封形扁袋旁插安装，在相同容积箱体内可布置比圆袋更多的滤袋，占地面积小。

（2）采用过滤单元组合结构，可组成单层、双层乃至多层不同规格，便于选型及运输安装。

（3）采用上进风、下排风方式，含尘气体自上而下流动，有利于粉尘沉降。

（4）更换滤袋在滤袋室外的侧面进行，改善了劳动条件，减少了粉尘对换袋人员的危害。

（5）滤袋间距过小，而信封形扁袋的变形幅度却很大，清灰时滤袋膨胀导致与邻近滤袋表面相贴，阻碍粉尘剥离和沉降，增加阻力，并容易堵塞。不能用于含尘浓度稍高的条件下。

（6）清灰装置的阀门容易漏气，影响清灰效果；链条机构容易卡塞，故障率高。

（7）检查门过多，使拆换滤袋的工作量增加，并提高设备漏风率。

在工程应用中，因清灰受阻和粉尘堵塞等缺陷，旁插扁袋除尘器整体失效的现象较多。

21.3.19.2　回转切换定位反吹旁插扁袋除尘器

传统旁插扁袋除尘器的清灰效果欠佳，主要由于阀门切换不到位、阀座密封性差、反吹动力不足，以致设备阻力有时高达 $2000\sim3000\text{Pa}$。此外，滤袋框架组件重达 $13\sim15\text{kg}$，拆装滤袋费力；滤袋下沿易磨损；漏风率高（$10\%\sim20\%$），也是该类除尘器的主要缺点。

FEF 型回转切换定位反吹旁插扁袋除尘器有以下技术进步：

（1）以回转切换定位脉动反吹装置取代切换阀。该装置主要有电动回转切换阀和放射型气流分配箱，可实现多种清灰制度：循环气体两态定位反吹；在回转切换阀入口加设三通脉动阀，实现三态定位脉动反吹。当除尘器室内负压不高于 2500Pa 时，宜增设反吹风机。

（2）袋口采用软密封材料，耐老化，耐高温，大幅减少尘气室与净气室之间的漏风。

（3）采用尺寸较小的滤袋，减轻滤袋重量，便于拆卸和安装。

（4）相邻滤袋之间增设隔离弹簧，防止清灰时袋壁贴附，确保清灰效果。

FEF 型除尘器结构如图 21-136 所示。

21.3.20　机械振打袋式除尘器

21.3.20.1　顶部振打袋式除尘器

顶部振打袋式除尘器（图 21-137）主要由箱体、灰斗和振打机构等组成。由于清灰的需要，除尘器分设若干仓室。滤袋置于仓室内，其下端开口，固定于仓室下部的底板上，以帽盖封闭的上端吊挂在振打机构的吊架上。在箱体的顶部装有阀门及振打机构。

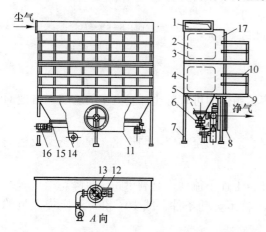

图 21-136　FEF 型回转切换定位反吹旁插扁袋除尘器

1—进气口；2—滤袋；3—上箱体；4—中箱体；5—灰斗；
6—卸灰阀；7—支架；8—排气口；9—平台；10—扶手；
11—切换阀总成；12—减速器；13—回转切换阀；
14—反吹风机；15—螺旋输送机；
16—减速器；17—净气室

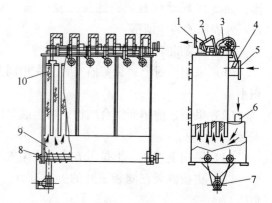

图 21-137　顶部振打袋式除尘器结构

1—净气出口；2—排气阀；3—振打机构；
4—反吹阀；5—反吹气流进口；6—尘气进口；
7—卸灰阀；8—螺旋输灰机；
9—灰斗；10—滤袋

含尘气流由进气口进入灰斗，自下而上进入滤袋内部，净化后气体穿出袋外，从位于箱体顶部的净气出口排出，粉尘被阻留于滤袋的内表面。

滤袋清灰依靠顶部的振打机构实现。在电机的驱动下，通过凸轮的作用，按一定的时间间隔逐个带动各仓室的吊架，使滤袋垂直振动，同时驱使清灰仓室的排气阀关闭、反吹阀开启，切断含尘气流通道，室外空气（或净化后的气体）借助压差的作用从反方向进入滤袋，辅助振打机构，增强清灰效果。辅助清灰的气体从袋口流出，并与含尘气流汇合前往处于过滤状的仓室再次除尘。清灰结束后，阀门复位，滤袋恢复过滤，而下一仓室进入清灰状态。

21.3.20.2　中部振打袋式除尘器

中部振打袋式除尘器的结构如图 21-138 所示。含尘气体由进口进入中箱体，净化后经由排气阀和排气管排出。清灰时，振打装置将排气阀关闭，回气阀开启，并驱使位于滤袋中部的框架振动。由于振动和回气的作用，附着在滤袋内表面的粉尘被清落。除尘器分隔成若干个仓室，清灰是逐室进行的。除尘器内装有电热器，可在低温或含湿量较大的条件下使用。

与顶部振打式相比，中部振打式对滤袋的损伤较小。

ZX 型中部振打除尘器可有 2~9 个仓室，每仓室 14 条滤袋。

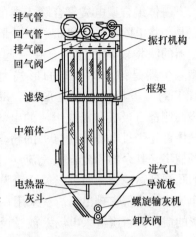

图 21-138　中部振打袋式除尘器

21.3.21　整体框架振打式玻璃纤维扁袋除尘器

整体框架振打式玻璃纤维扁袋除尘器利用玻璃纤维抗拉强度高的特点，将玻璃纤维布紧绷在预制的框架上，形成多个"V"字形的扁滤袋，并组合成滤袋单体箱。除尘器以滤袋单体箱为基本单元，采用积木式组合，可以形成多种规格。

除尘器的箱体分隔成若干独立的仓室，每个仓室都有能够切断含尘气流的阀门。含尘气体由除尘器顶部进入，经由箱体一侧的尘端进入滤袋单体箱而被过滤。粉尘被阻留于滤袋外表面，净气在袋内经袋口到达位于箱体另一侧的净端，并从下部的出口排出。

滤袋单体箱沿着滑道横向整体装入除尘器箱体中，换袋时也沿着滑道卸出。滤袋的清灰采用机械振打方式，清灰机构设有振打锤，敲击滤袋单体箱的框架，紧绷在框架上成"V"字形的扁袋受到振动而使表面的粉尘被清落。清灰是在中断过滤条例上逐室进行。

整体框架振打式玻纤扁袋除尘器的最主要特点是，滤袋处于绷紧状态，在过滤和清灰时滤袋不发生皱折，从而避开了玻纤滤料不抗折的弱点，滤袋的使用寿命长。

21.3.22　电袋复合袋式除尘器

将电除尘和袋除尘的机理有机组合，是除尘设备的一项技术进步。粉尘荷电后在滤袋表面形成的粉尘层质地变得疏松，使滤袋的阻力显著降低，并易于从滤袋上剥离。同时，预荷电可以强化对微细粒子的控制。对此，国内外已进行了多年的研究开发，但在长时间里商业化进展不是很快。其主要原因是：设备变得复杂，其造价和维护检修工作量都相应增加；电场会产生臭氧，当用于燃煤锅炉烟气除尘且采用 PPS 滤料时，会加剧对 PPS 滤料的腐蚀。

电袋复合主要有两种形式：一体组合型电袋复合除尘器；分区组合型电袋复合除尘器。

21.3.22.1 一体组合型电袋复合除尘器

一体组合型电袋复合除尘器的显著特点是，将电除尘器的极板、极线同袋式除尘器的滤袋较紧密地组合在一起，AHPC型除尘器是该种除尘器的形式之一（图21-139）。极板做成多孔形式，每一排滤袋两侧都有极板和极线组成的电场。含尘气体首先经过电场，约90%的粉尘被静电场捕集，其余的粉尘随同气流穿过极板上

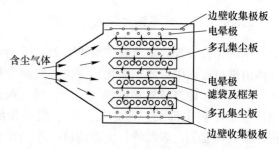

图 21-139　AHPC 型电袋复合除尘器结构

的孔洞到达滤袋。滤袋以玻纤覆膜滤料制作，取外滤形式，粉尘被阻留在滤袋外表面，干净气体从净气室排出。清灰采用在线脉冲喷吹方式。清灰时，那些未落入灰斗的粉尘因清灰的惯性而再次进入电场，被极板捕获。

AHPC 型除尘器在国外 45MW 燃煤锅炉应用，还应用于水泥厂。其主要参数如下：

过滤风速：3.2~3.7m/min　设备阻力：1500~1900Pa

清灰周期：20~70min　喷吹压力：0.5~0.7MPa

从以上参数可见，AHPC 型除尘器的过滤风速 3 倍纯袋除尘器。袋式除尘器的设备阻力至少与其过滤风速的平方成正比。按此计算，该除尘器的阻力应为纯袋除尘器的 9 倍以上，但其实际阻力仅为纯袋除尘器的 1.6 倍，主要原因在于粉尘荷电确实发挥了作用。

这种除尘器的缺点是结构比较复杂，拆换滤袋和维护检修十分麻烦。

21.3.22.2 分区组合型电袋复合除尘器

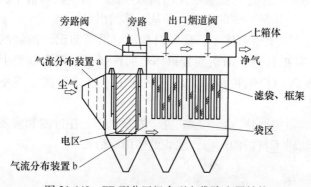

图 21-140　FE 型分区组合型电袋除尘器结构

分区组合型电袋复合除尘器由电区和袋区两部分组成，相当于电除尘器与袋式除尘器串联布置在一个箱体内，FE 型电袋除尘器属这类除尘器的一种（图 21-140）。电区有 1~2 个电场，使粉尘荷电，同时捕集约 80% 的粉尘。未被捕集的粉尘进入袋区由滤袋捕集。

该除尘器为电场配用了一种有利于粉尘荷电的富能式高频供电电源。该电源能向电场提供近似直流波形的电流，使粉尘在电场中充分荷电。

该除尘器沿气流方向将电场分为 2~4 个小分区。沿气流垂直方向，按通道数量又有 4~8 个分区。例如 300MW 机组的除尘器可有 8 个供电区，使电场故障显著降低，提高了可靠性。

袋区滤袋尺寸为 $\phi160mm \times 8000mm$，采用低压脉冲喷吹清灰方式，喷吹压力 0.2~0.25MPa。

为避免油烟烟污染滤袋，设有旁路装置，在锅炉点火期间，或系统出现高温时，让大部分烟气从旁路通过。特别加强了旁路阀的严密性，实现低泄漏。

该种除尘器用于水泥窑以及燃煤锅炉烟气净化。根据 10 个实例的记录，粉尘排放浓度为 5~36.8mg/Nm³，滤袋阻力（花板两侧的压差）为 600~800Pa。袋区清灰周期为 2500~6000s。

这种"前电后袋"除尘器的过滤风速、设备阻力、粉尘排放浓度等指标，比纯袋除尘器并无明显的优势，与一体组合型相比则有较大差距。究其原因，应当是粉尘荷电未能发挥作用。在一体组合型中，滤袋与极板相距不大于 100mm，在粉尘携带的电荷未及丢失之时，滤袋已经将粉尘捕获。而分区组合型中，大多数粉尘荷电后需运动很长的距离方能到达滤袋，在此过程中，其携带的电荷不同程度地丢失，因而难以获得粉尘荷电带来的效益。

21.3.22.3　预荷电袋式除尘器

预荷电袋式除尘器的设计理念是使粉尘充分荷电，并利用荷电粉尘在滤袋表面出现的变化而提高对 PM2.5 的捕集效率，并降低袋式除尘器的阻力。其结构如图 21-141 所示。

预荷电袋式除尘器主要由预荷电装置和袋滤除尘装置两大部分组成。含尘气体进口位于除尘器端部的进气

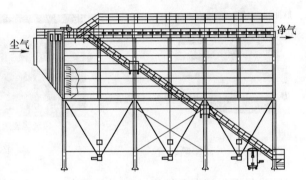

图 21-141　预荷电袋式除尘器

喇叭管内，预荷电装置使粉尘充分荷电。在荷电装置与袋滤除尘装置之间设有百叶窗式气流分布板，以合理分布含尘气流，控制滤袋迎风面的风速不大于 1.2m/s，确保滤袋不受冲刷。含尘气体经滤袋除去粉尘后，净气向上前往净气通道，并从尾端排出。

对粉尘预荷电的基础试验表明：在阳极宽度为 200mm 条件下，粉尘荷电时间（电场停留时间）仅需 0.1s，荷电饱和度为 90%；粉尘荷电后滤袋的压力损失比不预荷电时降低 20%~40% 不等，粉尘负荷越大，阻力降低越明显；粉尘预荷电后，无论气体相对湿度高低，粉尘对滤料的穿透率均比不荷电时要低，预荷电后粉尘捕集效率提高 15%~20% 不等。

赋予荷电装置的功能很单纯：仅仅使粉尘荷电，不要求除尘效率。因而结构简单，体积很小，与分区组合电袋除尘器设 1~2 个电场相比，钢耗和占地面积显著减少（图 21-142）。

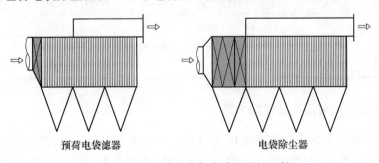

预荷电袋滤器　　　　　　　　　　　　电袋除尘器

图 21-142　两种电袋复合除尘器的比较

滤袋清灰采用了"自适应智能控制"。该技术关键是开发新的自动控制软件，对传统的喷吹清灰制度进行创新，从常规的脉冲阀"顺序清灰"转变为"跳跃清灰"，从常规的

"一阀单喷"转变为"一阀多喷"和"多阀联喷"。图 21-143 所示为一阀多喷装置，此项技术的优点是避免了滤袋过度清灰而导致的 PM2.5 穿透；减少滤饼破碎，减少粉尘对滤袋再附着；袋式除尘器运行工况平稳、阻力更低，能耗减少。

滤袋接口往往严密性不足，致使微细粒子泄漏；有的袋口不易安牢固，造成滤袋脱落。该预荷电袋式除尘器采用一种高严密性滤袋接口（图 21-144），在消化国外技术基础上，强化了迷宫式密封，显著提高了滤袋接口的严密性和牢固性，已成功应用于除尘工程。

图 21-143 一阀多喷装置

传统滤袋接口　　　　高严密性滤袋接口

图 21-144 滤袋接口比较

滤袋材质采用海岛纤维滤料，以提高 PM2.5 的捕集率。

测试结果表明，滤料对 $3\mu m$ 粒子的捕集效率大于 98%，对 $2.5\mu m$ 粒子的捕集效率为 96.9%。

应用实例：预荷电袋式除尘器已成功用于处理 2 台 180T 转炉二次烟尘，2015 年 2 月投运。处理风量为 2×60 万 m^3/h，预期目标为：粉尘排放浓度低于 $10mg/m^3$；PM2.5 微细粒子捕集率不低于 99.2%；设备阻力不高于 $800\sim1000Pa$。实测所得两台除尘器运行参数列于表 21-70。

表 21-70 预荷电袋式除尘器实际运行结果

名称	单位	除尘器 1		除尘器 2	
		实测	在线连续监测	实测	在线连续监测
处理烟气量	m^3/h	530818~610281	—	531721~582010	—
粉尘排放浓度	mg/Nm^3	8~9	7~9	9~10	8~9
设备阻力	Pa	750~1090	700~950	900~1050	800~1000
漏风率	%	1.37		0.96	

21.3.23 分室定位回转反吹袋式除尘器

分室定位回转反吹袋式除尘器采用多单元组合结构。一台除尘器有几个独立的单体，每个单体又有一定数量的过滤单元。每个单元分隔成若干个袋室，其数量为 10~18 个不等，视处理风量大小而定。袋室内布置多条滤袋。袋室顶部有净气出口（图 21-145）。

尘气进口位于除尘器单体的一端，设有进口挡板阀和导流装置。含尘气体由此进入袋室，滤袋将粉尘阻留在其外表面，干净气体去往净气室，由单体尾端的挡板阀排出。净气

室有足够的高度和空间，可在内部检查和
更换滤袋，同时兼作净气通道，不另设净
气总管。

滤袋为矩形断面（信封形），上端开
口，取外滤形式。安装时将滤袋连同框架
从花板的袋孔向下插入，袋口固定在花板
上，并以压条和螺栓压紧（图 21-146）。靠
滤袋框架的自重，以及框架与滤袋之间的
紧配合将滤袋拉直和张紧。运行过程中滤
袋的变形较小。

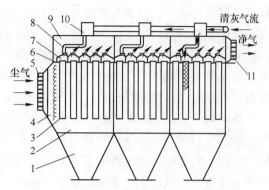

图 21-145　分室定位反吹袋式除尘器结构

1—灰斗；2—袋室；3—滤袋及框架；4—导流装置；
5—进口挡板阀；6—花板；7—袋室的净气出口；
8—回转反吹管；9—净气室；10—分室定位
反吹机构；11—出口挡板阀

先后推出两种滤袋框架的结构形式：
宽体型和窄体型。前者如图 21-147 所示，
每条滤袋内放入一个；后者的宽度不足前
者的一半，一条滤袋内放入两个框架。为
此，将滤袋沿长度方向缝合，使其适应窄体框架（图 21-146）。滤袋安装就位后，还需用
绳索将滤袋底部相互连接。

图 21-146　滤袋固定方式

图 21-147　宽体型扁滤袋框架

窄体框架的好处是：单个框架的重量减轻，便于安装；框架的刚性提高，不易损坏；
框架与滤袋之间的配合紧凑，清灰时相互摩擦减少，有利于延长滤袋使用寿命。

清灰依靠分室回转定位反吹
装置（回转臂切换型）而实现。
图 21-148 所示为每单元有 18 个
袋室的回转定位反吹装置。清灰
采用定压差控制方式。清灰时，
第 1 单体第 1 单元的反吹机构启
动，回转反吹管的风口移动到 1

图 21-148　过滤单元的袋室出口及回转反吹管

号袋室的净气出口上方，中止该袋室的过滤，清灰气流则反向穿过滤袋实现清灰，此过程
持续 13～15s。此后 2 号袋室开始清灰。

当 1 号单体的单元全部清灰后，2 号体便开始清灰。如此类推，直至每个袋室均完成
清灰，或设备阻力降至下限值为止。清灰动力依靠主风机进出口压差，通常不设反吹
风机。

该类袋式除尘器在方形箱体内布置扁形滤袋，实现分室回转切换定位反吹清灰，占地
面积和体积较小；以主风机为清灰动力，且反吹风量仅为风机风量的 1.5%，因而清灰能

耗低；运行过程中，滤袋与框架之间的摩擦和碰撞较小，有利于延长滤袋使用寿命。

除尘器单体进口和出口的设置独创的单板柔缘蝶形截止阀。该阀采用单片阀板结构，门框装有弧形的弹簧钢板，阀板关闭时，弧形弹簧钢板产生变形而实现接触密封，还可以补偿钢结构在高温下产生的变形，使该阀门关闭严密、开启通畅。该阀门的良好性能使除尘器可在运行过程中离线检修，不因除尘器可能出现的故障而影响生产。

该类除尘器最大的缺点在于，其清灰设计本着"静态清灰"的理念，追求低动力、小风量清灰的目标，因而其清灰能力很弱，往往因清灰不良而导致设备阻力居高不下，影响机组发电。对于袋式除尘器而言，设备阻力控制是要害，在这一点上应留有足够的余量。另外，净气出口阀门位于滤袋的上方，换袋时，该阀需拆下移开，增加了换袋的困难。

另一缺点是清灰装置机械故障率高，维修频繁。一旦出现故障，即导致整个过滤单元失效。滤袋与滤袋框架配合过紧，致使滤袋容易破损，也是该类除尘器的重要缺点。

21.3.24　滤筒式除尘器

滤筒式除尘器的突出特点是不采用常规滤袋，而是褶叠滤筒。在除尘器外形尺寸相同的前提下使过滤面积大幅度增加，从而显著缩小除尘器的体积，降低钢耗。褶叠滤筒属表面过滤材料，可阻留大部分微细尘粒于滤料表面，可提高粉尘捕集效率，并降低设备阻力。

一台除尘器设有多个滤筒，水平或垂直布置在箱体内（图21-149）。滤筒采取外滤形式，粉尘阻留在滤筒的外表面，干净气体从滤筒内部排至净气室。滤筒按标准尺寸制作，采用快速拼装连接，使滤筒的安装、更换大为简化。因而劳动强度减轻，劳动条件改善。

依靠脉冲喷吹实现滤筒的清灰，采用定压差控制。当设备阻力达到设定值时，脉冲阀开启，压缩气体喷入滤筒中心，将滤筒表面的粉尘清落（图21-150）。

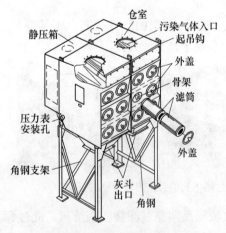

图 21-149　滤筒式除尘器结构

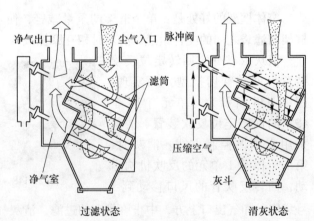

图 21-150　滤筒式除尘器工作原理

滤筒式除尘器存在以下主要缺点：

（1）进入滤筒折缝中的粉尘往往不容易被清除，从而使部分过滤面积失效。虽然采用覆膜滤料，但该种除尘器的过滤风速却没有显著提高，其原因即在于此。

（2）滤筒横向放置、多层叠加时，上层筒清离的粉尘落在下层筒上，进一步损失过滤面积。

一种代号为 MLT 型的脉冲滤筒除尘器，有 7 个规格，过滤面积为 1728~6912m²，采用脉冲喷吹清灰方式，喷吹压力为 0.3MPa，设备阻力为 600~800Pa。

应用实例：某水泥厂一台型号为 φ4m×11m 双仓管式磨，以褶式滤筒改造原有气箱脉冲袋式除尘器，主要规格和参数列于表 21-71。

表 21-71 改造前后水泥磨除尘器主要规格和参数

名 称	单 位	参 数		名 称	单 位	参 数	
		改造前	改造后			改造前	改造后
处理风量	m³/h	125000		总过滤面积	m²	1874	4148
粉尘类型		成品水泥		过滤风速	m/min	1.22	0.50
过滤元件种类		滤袋	褶式滤筒	入口粉尘浓度	g/Nm³	780	1400
过滤元件数量	条/个	1536	2000	出口粉尘浓度	mg/Nm³	≤50	
过滤元件直径	mm	127	127	设备阻力	Pa	1700	1200
过滤元件长度	mm	3048	2000				

21.3.25 陶瓷质微孔管过滤式除尘器

陶瓷质微孔管过滤式除尘器的过滤元件为微孔陶瓷管，其工作原理与袋式除尘器基本相同。该类除尘器的一种产品采取内滤结构，气流上进下出。清灰采用高压气流反吹方式。

微孔陶瓷管是刚性滤料，除尘器的结构、密封、安装和制造等方面均与其他袋式除尘器有所不同。壳体和结构件均用耐热钢制作，关键部件用不锈钢制作，密封件为陶瓷纤维制品。

该除尘器具有耐高温、耐腐蚀、耐磨损、除尘效率高、使用寿命长、运行和维护简单等优点。其主要技术参数如下：耐温范围小于 550℃；过滤风速 1~1.5m/min；设备阻力 2800~4700Pa；入口含尘浓度小于 20g/Nm³。

应用实例：陶瓷质微孔管过滤式除尘器净化冲天炉烟气。TWLF 型陶瓷质微孔管过滤式除尘器是针对高温烟气的特点而研制，采用陶瓷过滤材料，能直接过滤高温含尘气体，而不需降温设备；此外还具有耐腐蚀、耐磨损、效率高等优点。

某机械厂两台冲天炉，烟尘治理共用一个除尘系统，采用 TWLF 型陶瓷质微孔管过滤式除尘器。其主要规格和参数列于表 21-72 中。

表 21-72 陶瓷质微孔管过滤式除尘器的主要规格和参数

项 目	单 位	参 数	项 目	单 位	参 数
处理烟气量	Nm³/h	10000	过滤风速	m/min	1.39
烟气温度	℃	50~400	设备阻力	Pa	2800~4000
含尘浓度	g/Nm³	2~6	总 重	t	12
滤袋材质		陶瓷质微孔管	粉尘排放浓度	mg/Nm³	16.8
过滤面积	m²	120	收尘量	kg/h	20

21.3.26 塑烧波纹板除尘器

塑烧波纹板除尘器的过滤元件是塑烧波纹过滤板。其外形和结构与一般的袋式除尘器大致相同（图 21-151）。清灰采用高压脉冲喷吹方式，喷吹压力为 0.5~0.6MPa。

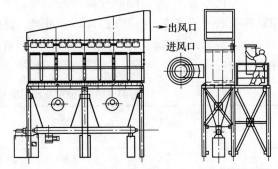

图 21-151　塑烧板除尘器

这种除尘器具有以下特点：

（1）塑烧板属表面过滤材料，粉尘排放浓度不大于 $10mg/Nm^3$，捕集细微尘粒效果也很好。

（2）设备阻力稳定。在使用的初期，阻力增长较快，但很快趋于稳定。

（3）粉尘不深入塑烧板内部，也不易附着其氟树脂的表面，容易清灰，阻力稳定。

（4）在吸湿性粉尘或高湿度含尘气体环境中可以正常工作，优于一般袋式除尘器。

（5）使用寿命长，一般可达数年。

（6）设备结构紧凑，占地面积小。

（7）更换塑烧板方便，操作条件好。

（8）缺点是塑烧板价格贵，自身的阻力高（过滤风速为 1m/min 时，阻力为 500~600Pa）。

HSL 型塑烧板除尘器的主要规格和参数见表 21-73。

表 21-73　HSL 型塑烧板除尘器主要规格和参数

型　号	过滤面积 /m^2	过滤风速 /$m \cdot min^{-1}$	处理风量 /$m^3 \cdot h^{-1}$	设备阻力 /Pa	脉冲阀数量 /位	喷吹压力 /Pa
H1500-10/18	76.4		3667~5959		5	
H1500-20/18	152.6		7334~11918		10	
H1500-40/18	305.6		14668~23836		20	
H1500-60/18	458.4		22000~35755		30	
H1500-80/18	611.2	0.8~1.3	29337~47673	1300~2200	40	0.45~0.50
H1500-100/18	764.0		36672~59592		50	
H1500-120/18	916.8		44006~71510		60	
H1500-140/18	1969.6		51340~83428		70	

21.3.27　易态除尘器

易态除尘器是以铁铝（FeAl）金属间化合物非对称膜过滤材料作为过滤元件捕集粉尘的袋式除尘器。其过滤材料有刚性的铁铝滤芯和铁铝柔性膜滤料两种类型，与之配套的除尘设备可分别称之为"易态铁铝滤芯除尘器"和"易态铁铝柔性膜滤管除尘器"。

21.3.27.1　易态铁铝滤芯除尘器

图 21-152 所示为采用 FeAl 滤芯的易态除尘器，其应用场合多为高温环境，有的还具有较高的压力，或者有防爆要求，因此箱体多为圆形筒，上箱体顶部设计为椭圆形封头。含尘气体进入中箱体，被布气管引向中箱体的上部（图 21-152a），然后自上而下流过滤芯所在空间，与此同时穿过滤芯的壁面进入其内部，粉尘被滤芯的外表面阻留，气体得以净化。

FeAl 滤芯直径最大为 φ60mm，滤芯最长为 3000mm。通常将 48 根滤芯组成一个单元，一个筒体配置若干单元，目前最大的单个筒体可布置 24 个单元。布气管数量根据过滤单元的多少而定，可有多根（图 21-153），以保证气流分布有较好的均匀性。

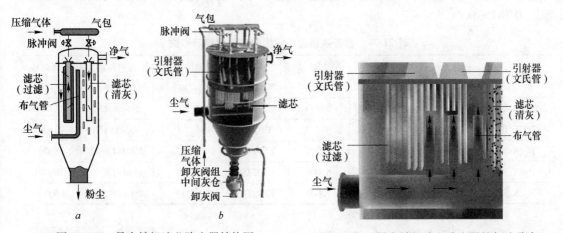

图 21-152　易态铁铝滤芯除尘器结构图　　　　图 21-153　易态铁铝滤芯除尘器的气流分布

滤芯的安装和拆换在除尘器上部进行，操作时上箱体须拆下移开，位于滤芯上方的引射器也须移开，组装成过滤单元的滤芯装入中箱体。上、中箱体之间多用法兰和螺栓连接。

滤芯清灰依靠冲喷吹装置而实现。其喷吹装置如图 21-152b 和图 21-153 所示。每个单元的顶部设一个文氏管引射器，为 48 根滤芯共用。引射器的入口与一个脉冲阀的输出管相对应，二者的中心重合但保持适当距离。过滤时，净气从引射器的进口流出到达净气室；清灰时，压缩气体从输出管喷出，携带部分净气一同进入引射器并喷向各滤芯。脉冲阀为直角形式，其入口端通过管道与气包接通（图 21-152b）。气包位于上箱体顶部，喷吹压力为 0.6~0.7MPa，采用在线清灰方式。

对于压力较高，或有防爆要求的除尘器，灰斗的卸灰宜采用"两级卸灰阀+中间灰仓+卸灰阀"的卸灰装置，以保证卸灰顺畅，并防泄漏。此点与高炉煤气净化类似。

易态铁铝滤芯除尘器有以下特点：

（1）过滤精度高，最小粉尘拦截粒径可达 0.1μm，颗粒物排放浓度为 5~10mg/Nm³；

（2）耐高温，最高可达 800℃；

（3）配备自动检测和控制系统，具有高温在线喷吹清灰和高温排灰功能；

（4）具有高温和低温进气保护、防结露、防焦油糊膜功能；

（5）滤芯具有高温抗氧化、抗硫化，耐热振性、耐磨损等优点；

（6）含尘气体在滤芯区域自上而下流动，与粉尘沉降方向一致，可减少粉尘再附着。

该类除尘器的主要缺点是阻力高，设备阻力一般为2000～3000Pa，运行时间延长至最后可达5000Pa，导致电耗增加；而且说明过滤膜的微孔结构还需改进，以阻止微尘进入滤芯的深层。另一缺点是造价较高，主要是由于铁铝金属间化合物膜过滤材料成本高所致。

易态铁铝滤芯尘器主要适用领域：高温含硫气体的净化；铁合金高温炉气净化回收；高炉、转炉煤气回收利用（如TRT）；煤化工（如褐煤气化、煤制油、煤制气、IGCC、合成氨、甲醇）气体净化；电石冶炼、生物质制气、油页岩、贵重金属（金、银、钼、铂、钯、铑、铟、铼等）、玻璃（水泥）窑炉烟气余热回收利用；炉气净化回收制酸。

易态铁铝滤芯除尘器主要规格与参数列于表21-74。该除尘器的结构阻力为1kPa，过滤阻力为1～3kPa。

表 21-74　易态铁铝滤芯除尘器主要规格与参数

型　号	过滤面积 /m²	外形规格 φ×L/mm	设备质量 /kg	型　号	过滤面积 /m²	外形规格 φ×L/mm	设备质量 /kg
YTQZK-50	50	3500×9150	23000	YTQZD-35	35	2850×9150	18750
YTQZK-100	100	5000×11200	37000	YTQZD-70	70	4000×9150	26500
YTQZK-200	200	7000×12000	52000	YTQZD-135	135	5500×12000	38500
YTQZK-300	300	8500×12500	63000	YTQZD-200	200	6850×12000	48000
YTQZK-500	500	10500×13000	78000	YTQZD-350	350	8850×12500	65000

21.3.27.2　易态铁铝柔性膜滤管除尘器

易态柔性膜滤管除尘器的外形和结构与常规的袋式除尘器大致相同（图21-154），箱体分成上、中、下三部分。中箱体呈细长形态，与其内部设置的滤管尺寸相适应；尘气进口位于中箱体下部，净气出口在上箱体侧面。清灰采用脉冲喷吹方式，喷吹装置位于上箱体，从图中可见为固定管喷吹，直角型脉冲阀与气包的连接紧凑，优于滤芯除尘器脉冲阀的布置。

柔性膜滤管除尘器的设备阻力不大于1200Pa，比滤芯除尘器的阻力低得多。这是由于柔性膜滤料本身的阻力小，在过滤风速1.6m/min条件下，其阻力为200Pa；其次，在脉冲阀喷吹时柔性膜滤管会产生一定变形，因而清灰效果优于刚性的滤芯。

图 21-154　易态柔性膜除尘器

21.3.27.3　易态铁铝滤芯除尘器的应用

易态铁铝滤芯除尘器已经成功应用于：铁合金密闭矿热炉550℃煤气净化回收；煤制油600℃煤气高精度净化除尘；钼焙烧300℃尾气净化和贵重粉尘回收；铅冶炼500℃炉气砷锑分离和砷富集回收等。

应用实例：易态铁铝柔性膜滤管除尘器净化燃煤锅炉烟气。燃煤电厂锅炉烟气净化原流程如图21-155所示，袋式除尘器（或电除尘器）置于锅炉空预器之后。缺点是脱硝

（SCR）装置受粉尘的冲刷和干扰，催化剂使用寿命较短，脱硝效率也受影响。利用铁铝柔性膜滤管除尘器良好的耐高温性能改进流程，可将除尘设备置于脱硝装置之前，烟气在400℃条件下除尘，干净烟气依次进入 SCR 脱硝和空预器回收余热。

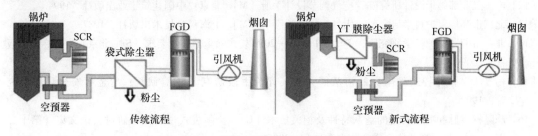

图 21-155　燃煤电厂锅炉烟气除尘工艺流程

该项技术已在某电厂进行了现场中试，其主要参数列于表 21-75。

表 21-75　易态铁铝柔性膜滤管除尘器净化锅炉烟气主要参数

	项　目	参数		项　目	参数
滤材	类型	铁铝柔性膜滤料	易态除尘器	处理烟气量/m³·h⁻¹	5000
	工作温度/℃	≤400		烟气温度/℃	350~400
	厚度/mm	0.4~0.6		气布比/m³·(m²·h)⁻¹	50~120
	单重/g·m⁻²	350~800		过滤风速/m·min⁻¹	0.8~2.0
	孔隙率/%	40		入口含尘浓度/g·Nm⁻³	20~30
	耐酸、耐碱性能	强		出口含尘浓度/mg·Nm⁻³	≤5
				设备阻力/Pa	≤1200

易态铁铝柔性膜滤管除尘器净化燃煤锅炉烟气技术具有以下特点：

（1）脱硝装置的工作环境洁净，催化剂寿命延长至原来的 3 倍，成本大幅度降低；

（2）氮氧化物转化彻底，排放达标（更低）；

（3）减少故障停机频度，增加发电量；

（4）增加空预器换热效率，提升锅炉热效率，增加发电量。

参 考 文 献

［1］严兴中．工业防尘手册 [M]．北京：中国劳动人事出版社，1989.

［2］孙一坚．简明通风设计手册 [M]．北京：中国建筑工业出版社，1997.

［3］中国环保产业协会袋式除尘委员会．袋式除尘器滤料及配件手册 [M]．沈阳：东北大学出版社，2007.

［4］胡鉴仲，等．袋式收尘器手册 [M]．北京：中国建筑工业出版社，1984.

［5］［美］卡尔弗特，英格伦．大气污染控制技术手册 [M]．刘双进，毛文永，等译．北京：海洋出版社，1987.

［6］马广大．大气污染控制工程 [M]．北京：中国环境科学出版社，2003.

［7］郭丰年，徐天平．实用袋滤除尘技术 [M]．北京：冶金工业出版社，2015.

［8］冶金工业部建设协调司，中国冶金建设协会．钢铁企业采暖通风设计手册 [M]．北京：冶金工业出版社，1996.

[9] 唐敬麟，张禄虎. 除尘装置系统及设备设计选用手册 [M]. 北京：化学工业出版社，2004.

[10] 陈隆枢，陶晖. 袋式除尘技术手册 [M]. 北京：机械工业出版社，2010.

[11] 李广超. 大气污染控制技术 [M]. 北京：化学工业出版社，2001.

[12] 电子工业部第十设计研究院. 空气调节设计手册 [M]. 北京：中国建筑工业出版社，1994.

[13] 北京市环境保护科学研究所. 大气污染防治手册 [M]. 上海科学技术出版社，1987.

[14] 北京市劳动保护科学研究所，等. GBT 6719—2009 袋式除尘器技术要求 [S]. 北京：中国标准出版社，2009.

[15] 杨复沫. 脉冲袋式除尘器的清灰能力及其评价手段研究 [D]. 武汉：冶金部安全环保研究院，1992.

[16] 陈隆枢. 脉冲喷吹装置的清灰特性及相关技术 [C]. 全国袋式过滤技术研讨会论文集（第十二期），中国环保产业协会袋式除尘委员会，2005.

[17] Benitez J. Process engineering and design for air pollution control [C]. Englewood Cliffs, N. J.：Prentice Hall, 1993.

[18] 杨复沫. 脉冲袋式除尘器清灰机制浅析 [C]. 袋式除尘技术论文集第六期，中国环保产业协会袋式除尘委员会，1994.

[19] 武汉安全环保研究院袋式除尘组. 大型脉冲袋式除尘器的研制 [C]. 袋式除尘器技术论文集（第一期），中国环保产业协会袋式除尘委员会，1987.

[20] 陈隆枢，陈建中，等. 长袋低压大型脉冲袋式除尘器的应用与发展 [C]. 袋式除尘器技术论文集（第六期），中国环保产业协会袋式除尘委员会，1994.

[21] 陈隆枢. 防爆、节能、高浓度煤粉袋式收集技术及其应用 [C]. 全国袋式过滤技术研讨会论文集（第八期），中国环保产业协会袋式除尘委员会，1997.

[22] 彭劲松，陈隆枢. 强力清灰菱形扁袋除尘器的研究 [C]. 全国袋式除尘论文选编，中国环保产业协会袋式除尘委员会，2001.

[23] 熊振湖，费学宁，池勇志. 大气污染防治技术及工程应用 [M]. 北京：机械工业出版社，2003.

[24] 袋式除尘器专题论文集 [C]. 中国环保产业袋式除尘委员会，1992.

[25] 全国袋式过滤技术研讨会文集（第七期）[C]. 中国环保产业协会袋式除尘委员会，1996.

[26] 富明梅，陈秀娟，柳静献，等. 超细面层针刺滤料和结构性及其性能分析 [C]. 全国袋式除尘论文选编，中国环保产业协会袋式除尘委员会，2001.

[27] 何新平. 德国 Lurgi 公司低压脉冲除尘器技术 [J]. 中国环保产业，2002（8）：36~39.

[28] 周兴求. 环保设备设计手册——大气污染控制设备 [M]. 北京：化学工业出版社，2004.

[29] 段亚峰，吴惠英，潘葵. 不锈钢纤维及其应用 [J]. 产业用纺织品 2008（12）：1~7.

[30] 黄斌香，等. 纯 PTFE 覆膜滤袋在垃圾焚烧烟气净化中 PM2.5 的近零排放 [C]. 全国袋式除尘技术研讨会论文集，2015.

[31] 蔡伟龙，罗祥波，方国阳，等. 微细粉尘（PM2.5）控制用 PPS 水刺毡滤料的性能研究 [C]. 全国袋式除尘技术研讨会论文集，2013.

[32] 柳静献，等. 新型海岛纤维滤料实验研究 [C]. 全国袋式除尘技术研讨会论文集，2015.

[33] 沈培智，高麟，等. FeAl 金属间化合物多孔材料高温硫化性能及应用 [J]. 粉末冶金材料科学与工程，2010，15（1）：38~43.

22　颗粒层除尘器

22.1　概述

颗粒层除尘器是利用具有一定粒径范围的固体颗粒物作为过滤介质，从含尘气体中分离粉尘的设备。颗粒层除尘器随高温气体除尘的需要而出现，其耐高温的性能优于袋式除尘器和电除尘器，应用于化工、冶金和建材等行业的高温烟气除尘。德国、日本、美国等许多国家都对颗粒层除尘器研究开发。

我国于20世纪70年代初期开始，相继研制出塔式旋风颗粒层除尘器和沸腾颗粒层除尘器，先后在耐火、烧结、水泥等行业试用，并用于燃煤锅炉烟气除尘。20世纪90年代还完成了逆流式颗粒层除尘器的研究开发和设计。

颗粒层除尘器目前很少采用的主要原因，一方面在于袋滤和静电等高效除尘技术的快速进步；另一方面是在应用中暴露出其固有缺点，难以适应现代环保的要求。

在燃煤联合循环发电技术中，高温气体净化是不可或缺的环节。为满足此项需求，颗粒层除尘器重新受到重视。目前颗粒层除尘被认为是最有前途的高温燃气除尘方法之一。

早期推出的颗粒层除尘器，其颗粒层滤料的清灰方式不外反吹风、机械松动、机械振动等。目前国内研究较多的是移动床和流化床颗粒层除尘技术，包括无筛逆流式颗粒层除尘器、内置过滤元件流化床除尘器、磁稳流化床除尘器等。

一项新的研究热点是，通过对颗粒层除尘器滤料的改进，使其与烟气脱硫相结合，拓展技术性能。

22.2　颗粒层除尘器的结构和特点

22.2.1　颗粒层除尘器的结构

颗粒层除尘器主要由过滤介质（滤料）、除尘器本体和清灰装置等组成。

过滤介质：颗粒层除尘器的过滤介质（滤料），是由一定数量而且粒径在一定范围的颗粒堆积形成的颗粒床层。滤料的物化特性决定着颗粒层除尘器的性能，例如，颗粒材质的特性决定了颗粒层除尘器的耐温限度；颗粒的粒径和颗粒层厚度影响除尘效率：同一条件下，滤料粒径越小或者颗粒层越厚，则除尘效率越高，料层阻力越大。

从理论角度而言，任何固体颗粒都可以作为颗粒层除尘器的滤料。但考虑到含尘气体的物化特性，要求滤料材质具有耐磨、耐腐蚀、耐高温的特性，同时具有一定的机械强度，并且价廉、易得。根据实验和应用结果来看，表面粗糙、形状不规则的滤料有利于提高颗粒层的效率。目前应用最为广泛的是石英砂，在某些场合也采用无烟煤、矿渣、焦炭、河砂、卵石、金属屑、陶粒、塑料、镁砂、石灰石和水泥熟料等作滤料。

除尘器本体：颗粒层除尘器的本体是颗粒滤料、清灰装置、阀门、管道、灰斗、卸灰装置等部件和附属设备的承载装置，用以保证除尘器正常运行。

清灰装置：清除滤料中沉积的粉尘而使滤料恢复过滤能力的装置，称为清灰装置。颗粒层除尘器的清灰装置有多种方式，清灰方式的选择在很大程度上影响着除尘器的结构、性能和运行状况。

22.2.2 颗粒层除尘机理

当含尘气体流经颗粒层除尘器时，流线将发生偏移，此时，较大的尘粒（≥1μm）由于惯性的作用而偏离流线撞到过滤介质颗粒上，称为"惯性碰撞"效应；更细微的尘粒（如≤1μm，特别是≤0.2μm的亚微米粒子）虽远离过滤介质颗粒，但在布朗扩散效应的作用下可能撞到过滤介质颗粒；外加电场或尘粒与过滤介质颗粒摩擦产生的静电作用会促使尘粒与过滤颗粒接触；重力作用会使粒径较大的尘粒发生沉降。此外，还有热迁移、伦敦—范德华力的作用，但这两种作用力较小，可忽略。

颗粒层捕集粉尘时，在滤料清灰后的初始时刻，颗粒层滤料呈洁净状态，惯性碰撞、直接拦截和扩散沉积是最重要的捕集机制。随着过滤时间的推移，粉尘在颗粒层表面逐渐沉积，粉尘层形成，介质颗粒层的除尘效率逐渐提高，此时筛滤作用就成了主要捕集机制。可以看出，颗粒层除尘的工况是周期性变化的，亦即具有非稳态特性。

22.2.3 颗粒层除尘器的性能参数

颗粒层除尘器的性能参数包括除尘效率、颗粒层压力损失、过滤风速、临界流化速度和反吹阻力。

（1）除尘效率。影响颗粒层除尘器除尘效率的因素较多，如滤料的粒径、颗粒层厚度、过滤速度及粉尘的粒径分布等；同时，滤料和粉尘的性质、表面状态，气体温度、压力等也影响除尘效率。另外，颗粒层的过滤状态对除尘效率产生重要的影响。例如，粉尘在颗粒层中的沉积会提高除尘效率；而已经沉积的粉尘可能产生二次扬起而降低除尘效率。

（2）压力损失。颗粒层的压力损失是指气流通过颗粒层时所消耗的能量。压力损失与颗粒的粒径、床层厚度、过滤风速和颗粒层内粉尘沉积状态有关。减少压力损失能够降低颗粒层除尘器的动力消耗；但颗粒层压力损失过低，除尘效率往往也较低。

在一项对石英砂颗粒层进行的阻力试验中，所用石英砂的物理特性列于表22-1。

表22-1 试验用石英砂物理特性

砂型		Ⅰ型砂	Ⅱ型砂	Ⅲ型砂
粒径/mm	范围	0.63~0.9	0.63~1.25	0.9~1.25
	平均	0.765	0.940	1.075
真密度/g·cm⁻³		2.66	2.66	2.66
堆积密度/g·cm⁻³		1.354	1.391	1.376
空隙率/%		49.10	47.71	48.27

对颗粒层除尘器进行的阻力试验结果表明：

1）洁净颗粒层的阻力与过滤风速、颗粒层厚度成正比：与砂粒直径的负 1.8 次方成正比；

2）颗粒层的阻力与容尘量的 1.3~1.7 次方成正比。

试验测得洁净颗粒层阻力与砂粒粒径、床层厚度及过滤风速的关系，如图 22-1 所示。

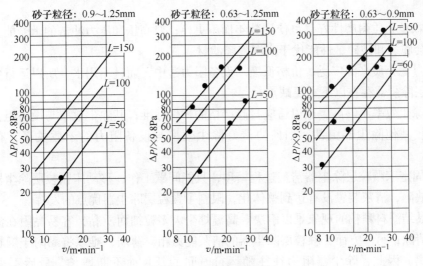

图 22-1　洁净颗粒层阻力

（3）过滤风速。过滤风速也是颗粒层除尘器的重要参数，反映除尘器处理能力的大小。过滤风速对颗粒层的各种除尘机理的影响不完全一致，例如，过滤风速较高时，扩散、重力、拦截等效应将下降，而惯性效应提高；同时，过滤风速较高时，二次携带加剧，除尘效率随之下降。

过滤风速通常取 0.3~0.8m/s。

（4）临界流化速度和最大反吹风速。颗粒层的反吹清灰是借助自下而上的气流使颗粒层浮动、疏松、膨胀，导致粉尘剥离并被带出颗粒层。反吹风速较低时，颗粒保持静止，颗粒层为固定床；随着风速的增加，颗粒开始浮动，此时的颗粒层称为初始液体床；当风速足够大时，颗粒层将产生气泡和剧烈沸腾现象，被称为鼓泡沸腾床。固定床转变为沸腾床时的最小风速，称为临界流化速度。

反吹气流须使最大的滤料颗粒能够浮动，最大的尘粒能被吹出颗粒层；又须保证最小的颗粒不被吹走。因此，颗粒层的反吹风速有一个最大限度，称为最大反吹风速。

临界流化速度和最大反吹风速主要与下列因素有关：颗粒当量直径；颗粒密度（真密度和堆积密度）；颗粒层空隙率；气体密度。

（5）反吹阻力。固定床颗粒层在沸腾状态下，反吹阻力接近于单位面积上颗粒层的质量。

22.2.4　颗粒层除尘器的特点

颗粒层除尘器有以下突出优点：

（1）除尘效率较高，总除尘效率一般可达 98%~99.9%；可通过调节床层厚度、介质粒径、床层移动速度等条件来控制除尘效果。

（2）对粉尘的适应性广，几乎可以捕集所有种类的粉尘，粉尘的比电阻等特性以及含尘浓度对除尘效率的影响不大。

（3）耐高温性能好，过滤介质在400~900℃条件下化学性质稳定，可承受急冷急热的冲击。

（4）颗粒介质耐磨性好，可使用数年而不更换；对高压和压力冲击的承受能力强，过滤介质不会脆裂和破碎，性能优于高温陶瓷滤材。

（5）过滤介质来源广泛，价格低廉，设备阻力适中，而且不用水，所以运行费用低。

颗粒层除尘器存在以下主要缺点：

（1）除尘效率不够高，难以适应日趋严格的环保标准；其除尘效率与设备阻力的相互制约关系较其他除尘器更甚，如何协调好除尘效率与设备阻力的矛盾关系，有待深入研究。

（2）固定床颗粒层除尘器清灰过程繁琐，只能间歇工作；移动床颗粒层除尘器的过滤过程存在缺陷，清灰装置没有达到整体化，限制了颗粒层除尘器优点的发挥。

粉尘黏结滤料颗粒的现象难以解决。高温烟尘大多粒细而质黏，容易黏附在滤料颗粒表面不易清除；另一方面，颗粒层除尘器的清灰能力相对薄弱，难以将黏附于颗粒上的粉尘高效清离。因此，除尘器阻力往往随运行时间的延长而不断增长，最后不得不停机清理。

（3）过滤风速较低，一般为0.4~0.8m/s，处理大流量气体时设备庞大，钢耗高，占地多。

（4）活动部件多，故障率高，维修频繁。

22.3　颗粒层除尘器的分类

22.3.1　颗粒层除尘器分类

22.3.1.1　按颗粒层床层的位置分类

按照颗粒层的床层位置划分，可以将颗粒层除尘器分为水平床和垂直床两类。

水平床颗粒层除尘器是将颗粒物料平铺在筛网或筛板上，筛网（板）用以支撑颗粒层滤料，并使含尘气流均布。含尘气流和清灰气流沿垂直方向通过颗粒层。

垂直床颗粒层除尘器是将滤网或百叶窗竖直布置，颗粒滤料装在两块滤网或百叶窗之间并被其夹持，含尘气流沿水平方向通过颗粒层。

22.3.1.2　按过滤时床层的流态分类

按照颗粒层除尘过滤时其床层流态划分，可分为固定床、移动床和流化床三类。

固定床颗粒层除尘器在过滤过程中，颗粒层固定不动。大部分颗粒层采用此方式。

移动床是在过滤过程中床层不断移动并将黏附了粉尘的滤料排出，代之以干净滤料。

流化床颗粒层除尘器在过滤过程中，其过滤介质处于流化状态。

固定床除尘效率较高，但只能间歇运行，而且处理气量较小。目前已投入运行的颗粒层除尘器多采用固定床过滤，但应用范围有限，需要解决不能连续运行的问题。

移动床可连续运行，但过滤效率低于固定床。其结构和工作特点决定了其孔隙率较大、对细微粒子捕集率较低的缺点，而且目前尚未取得突破性进展。

22.3.1.3 按清灰方式分类

按照颗粒层除尘器的清灰方式划分，可分为振动反吹、梳耙反吹、沸腾反吹三类。

机械振动清灰方式目前已很少采用。

22.3.2 固定床颗粒层除尘器

固定床颗粒层大多水平布置，由筛网或多孔的金属板支撑。

固定床过滤过程是一个非稳态过程。含尘烟气进入洁净状态的固定床颗粒层时，颗粒滤料的过滤作用将粉尘阻留在颗粒层中，随着过滤时间的增加，沉积在颗粒层表面及内部的粉尘越来越多，使得颗粒层空隙变小，压力损失增大；与此同时，除尘效率逐渐提高。

当压力损失增大到一定值时，为保证颗粒层滤料能够持续工作，以及动力系统安全稳定运行，需要停止过滤开始清灰，将滤料再生。一般是通入反向气流将颗粒层中的粉尘吹出。

固定床颗粒层除尘器的结构如图 22-2 所示。

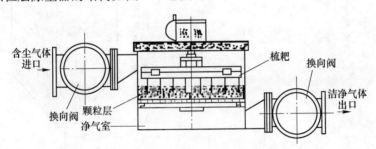

图 22-2 固定床颗粒层除尘器的结构

该种除尘器不易实现连续运行，过滤和清灰效果欠佳，设备复杂，因此被逐渐淘汰。

使颗粒层除尘器实现连续运行的一种方法是，使含尘的过滤介质连续地离开除尘器，在床体外循环清灰。根据这一思路，移动床颗粒层除尘器应运而生。

22.3.3 移动床颗粒层除尘器

根据气流方向与过滤介质颗粒移动方向的相对关系，移动床颗粒层除尘器可分为交叉流式、平行流式、逆流式三种型式。运行时其除尘效率和阻力保持稳定，是稳态过程。

22.3.3.1 交叉流式移动床颗粒层除尘器

交叉流移动床颗粒层除尘器的过滤介质靠自重垂直向下移动，含尘气流则横向穿过颗粒层；颗粒层被两侧的筛网或百叶窗夹持，保持其固有的形状和尺寸，并防止滤料泄漏。

交叉流式移动床颗粒层除尘器工作原理如图 22-3 所示。在颗粒层滤料与含尘气体交叉移动的过程中，滤料捕集并携带粉尘一起移出除尘器箱体，在配套的清灰装置中使滤料与粉尘脱离，干净滤料送往颗粒层除尘器顶部重新注入除尘器，粉尘则被废弃或回收利用。

该类除尘器的不足之处是，颗粒层在过滤过程中靠自重力向下移动的整体性较差，出现颗粒的间隙增大和颗粒分布不均匀的现象，使粉尘穿透率增加；同时，部分沉积的粉尘从过滤介质表面脱落，被过滤气流再次携带，导致颗粒层的除尘效率下降。

22.3.3.2 平行流式移动床颗粒层除尘器

平行流式移动床颗粒层除尘器中，含尘气流方向与颗粒层的移动方向一致，都是向下。

图 22-4 所示为美国 Westinghouse 公司研究开发的立管式移动床颗粒层除尘器的工作原理。过滤介质通过直管送入除尘器，在管下端，以介质颗粒的休止角形成一个自由颗粒面，含尘气流经由进气管沿壳体切向进入自由颗粒层，与过滤介质颗粒一道平行通过立管，清洁气体通过立管下端的另一个过滤介质自由面流出，经由净气区的出口流向下部工序；粉尘则随同滤料颗粒从过滤介质出口送至清灰机构（或系统）。

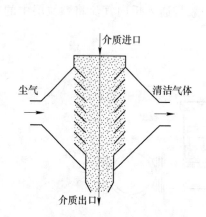
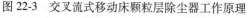
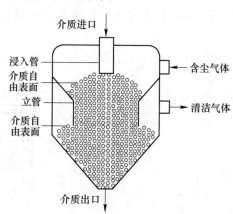

图 22-3　交叉流式移动床颗粒层除尘器工作原理　　　　图 22-4　平行流式颗粒层除尘器

滤料颗粒与含尘气体平行流动可促进含尘气流与过滤介质的接触，提高除尘效率。平行流可使气体通过自由面流出立管时的过滤风速提高到 0.91~1.82m/s，不会引起下端自由面颗粒流化，从而避免了沉积在颗粒层中的粉尘再次被气流携带；过滤介质与粉尘质量比降低到 10 时，除尘器的除尘效率大于 99.95%（入口含尘浓度为 6600ppm）。过滤风速提高使除尘器可以设计得更加紧凑，在处理风量大的条件下，设备不致过于庞大。

与交叉流颗粒层相比，平行流颗粒层除尘器在防止粉尘二次扬起方面有较大的改进。

22.3.3.3 逆流式移动床颗粒层除尘器

逆流式移动床颗粒层除尘器是指在过滤阶段，含尘气流在颗粒层中的运动方向和颗粒层的移动方向相反，如图 22-5 所示。含尘气体通过插管进入颗粒层，在插管的下端形成了过滤介质与气体接触区域，在含尘气体穿过颗粒层的过程中，粉尘被颗粒层捕集。干净气体折反方向从颗粒层上端的自由面穿出，并经由设在净气区域的出口送往下部工序；粉尘则随滤料颗粒继续向下移动，然后从灰斗排出，运往清灰装置（或系统）。

颗粒层移动可以是间歇式，也可是连续式。间歇式的过滤介质不出现颗粒间隙增大和颗粒错位，过滤效率较高，但除尘效率和设备阻力会产生波动，此点与固定床的情况相似。

图 22-6 所示为美国 Westinghouse 公司为燃烧动力公司设计的逆流式移动床颗粒层除尘器，用于 100MW 的 KRW 气化炉除尘。除尘器筒体内径为 4.27m，颗粒层正常深度为 1.52m。由于除尘器直径较大，除尘器还设有过滤介质分配装置，保证滤料在除尘器内均匀分布，并不断更新介质分离表面的颗粒，减少粉尘的二次夹带。

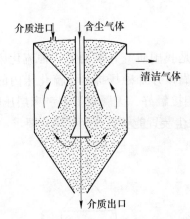 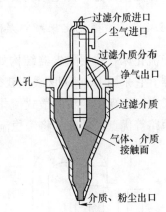

图 22-5　逆流式移动床颗粒层除尘器　　　　图 22-6　CPC 公司逆流式颗粒层除尘器

移动床颗粒层除尘器的三种型式中，平行流式颗粒层除尘器处理气量最大；而逆流式的粉尘二次夹带量最少，获得评价最高。但颗粒层移动过程中颗粒间隙增大、颗粒错位的现象不可避免，导致微细粉尘的捕集效率下降，已沉积的粉尘也可能因为过滤介质错位而脱离颗粒表面，再次被过滤气流夹带，因此，移动床颗粒层除尘器对微细粉尘的除尘效率不高。

22.3.4　流化床颗粒层除尘器

流化床颗粒层除尘器特点，是过滤介质在过滤过程中处于流化状态。

美国能源部摩根城能源技术中心对采用方柱形过滤元件的二维流化床颗粒层除尘器的研究表明，经流化床颗粒层除尘器过滤后的净气中，微细尘粒的平均粒径约为 1.5μm。

我国在实验室进行了三维流化床颗粒层除尘器冷态试验，发现流化床颗粒层除尘器不同于常规流化床的流化特性和阻力特性。

流化床颗粒层除尘器的缺点在于，气固聚式流态化中的气泡为粉尘提供了穿透通道，使除尘效率下降，对微细粉尘的捕集效果更差。现已推出一些新型的流化床颗粒层除尘器。

22.3.4.1　内置过滤元件流化床颗粒层除尘器

内置过滤元件流化床颗粒层除尘器由我国开发。该除尘器中起过滤作用的是浸没在流化床中的烛状过滤元件（图 22-7）。过滤元件依靠其表面由气流携带形成的颗粒层而将微细粉尘从气流中捕集下来。过滤元件由耐高温合金材料制成的多孔支撑管和包覆在表面的金属筛网组成。当气流通过流化床料层时，较细颗粒被气流带走，部分较粗的颗粒会被过滤元件阻截，并在过滤元件表面沉积下来，逐渐形成对细微颗粒都能有效捕集的过滤层。

粉尘过滤层是因气流的携带而形成，流化床中气固两相流的湍动对过滤元件有清洁作用，因而不易堵塞，无需反吹。过滤元件表面的粉尘起了保护作用，延长了其使用寿命。

要维持除尘器的连续稳定运行，必须将过滤下来的细粉尘及时排出床外，以维持床内有稳定的细灰浓度。在流化床浓、稀相交界的稀相侧，将床料与细灰的混合物引出进行滤料再生，但除尘器滤料再生系统较为复杂。

22.3.4.2　磁稳流化床颗粒层除尘器

磁稳流化床颗粒层除尘器结构如图 22-8 所示，是我国研究开发的另一种流化床颗粒层除尘器。它采用 Helmholtz 线圈获得外加磁场，依靠该外加磁场抑制了流化床内的气泡生成、长大，实现了颗粒的散式流化，具有气固两相接触好、无颗粒返混、床层压降小、无气体短路等优点，因此，将磁稳流化床用作过滤除尘装置能够符合烟气净化要求。

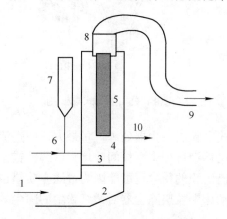

图 22-7　内置过滤元件颗粒层除尘器

1—尘气进口；2—尘气室；3—气流分布板；
4—流化床；5—过滤元件；6—三通阀；
7—颗粒料仓；8—螺纹连接管；9—净气出口；
10—卸料口

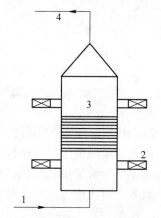

图 22-8　磁稳流化床颗粒层除尘器

1—尘气管道；2—电磁线圈；
3—流化床；4—净气管道

磁稳流化床除尘器的最大缺点是滤料的可选择性差。磁性颗粒一般可以分为磁性载体和磁性胶体。就目前常用的磁性颗粒介质而言，铁磁性颗粒介质所占的比例较高，与固定床颗粒层相比，其滤料来源范围狭窄、价格较高。此外，运行能耗也较大。

22.3.5　颗粒层除尘器滤料再生系统

为使颗粒层除尘器安全稳定运行，必须对其过滤介质颗粒进行再生。固定床滤料的再生是将粉尘从过滤介质颗粒中反吹出来并加以收集，滤料不必移出除尘器。移动床和流化床的滤料须在除尘器外部进行清灰，然后还要再次送回床体中，相对来说复杂很多。

移动床和流化床滤料再生系统有以下几种型式：（1）振动筛分清灰，辅以机械提升机输送；（2）振动筛分清灰，辅以气力输送；（3）气力清灰，气力输送。

筛分机械的筛孔应适中，过大会增加滤料的损失；过小则使颗粒与粉尘的分离效率降低。从实际应用来看，振动筛分清灰总是伴有滤料的损失，而且由于振动筛的振动，粉尘飞扬，不能完全沉降至筛下，很多粉尘随滤料再次进入床体。若用于高温气体净化，则筛分机械须采用耐高温材料制成，成本高昂，且易堵易损，故障率较高。此外，由于滤料要经过机械提升或气力输送阶段，滤料散热，温度降低，从而使动力系统热效率下降。

滤料一般是密度大、硬度高的颗粒，气力输送滤料或含尘滤料的能耗较高，而且对管道的磨损也很严重。总之，对移动床和流化床除尘器来说，其滤料再生系统并不完美。

22.4　几种典型的颗粒层除尘器

22.4.1　机械振动颗粒层除尘器（MB 型）

机械振动颗粒层除尘器由多个并联的除尘单元组成，颗粒层设于弹簧支架上，侧面装有逆向转动的振动电机（图 22-9）。颗粒层与箱体之间采用织物密封。

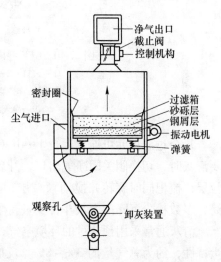

图 22-9　MB 型振动颗粒层除尘器

颗粒层滤料由钢丝网支撑的上、下两层组成，下层采用钢屑，上层采用石英砂颗粒。

含尘气体进入除尘器后，首先向下流动，在灰斗内折返向上，粗粒粉尘借助惯性力而被分离出去落入灰斗，其余粉尘随同气流自下而上通过颗粒层而被捕集，干净气体进入上部的净气室，继而从顶部的截止阀和净气出口排出。

清灰时，振动电机启动，弹簧支架随之作高频振动，同时阀门切换，使干净气体自上而下通过颗粒层，将其中的粉尘清离并携出颗粒层，粉尘部分落入灰斗，部分粉尘随气流反向通过尘气进口到达尘气管道，再进到其他颗粒层除尘单元净化。

该类机械振动颗粒层除尘器系联邦德国于 1957 年发明，是首先实现工业应用的颗粒层除尘器。但在使用过程中出现以下问题而被淘汰：

（1）含尘气体自下而上通过颗粒层，只能选取较低的过滤风速，导致设备过于庞大；

（2）颗粒层与箱体之间的密封件由硅树脂石棉或玻璃布制成，易于损坏，难以解决。

22.4.2　梳耙式颗粒层除尘器

22.4.2.1　GFE 型梳耙式颗粒层除尘器

GFE 型梳耙式颗粒层除尘器由并联的 3~20 个过滤单元组成，排列成单行或双行。

过滤单元呈圆筒形结构，其直径有多种规格。一个单元的结构和原理如图 22-10 所示。含尘气体由入口切向进入除尘器下部旋风筒，在离心力的作用下，将粗颗粒粉尘分离出去，较细的粉尘被气流经由内管携带至上箱体，并自上而下地穿过颗粒层。粉尘被阻留在颗粒层表面及颗粒之间的空隙中，净气经由出口和净气总管排出。

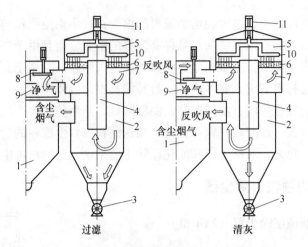

图 22-10　GFE 型梳耙式颗粒层除尘器结构和工作原理

1—入口；2—旋风筒；3—卸灰阀；4—内管；

5—上箱体；6—颗粒层；7—净气室；8—圆盘换向阀；

9—净气出口；10—梳耙；11—电机

每个过滤单元可连续运行 1~4h（视含尘浓度而定）。颗粒层内积尘达到一定数量而需要清灰时，切换阀关闭净气出口，开启反吹气流入口，反吹气流从净气室自下而上穿过颗粒层，梳耙同时旋转并搅动颗粒层，粉尘被反吹气流携带至内管上口，再向下进到旋风筒，多数粉尘沉降落入灰斗，少量粉尘随清灰气体从尘气入口流出去往其他单元。

清灰通常采用预热过的环境空气，由小型风机提供。反吹气量取决于过滤器大小和粉尘特性，约为总气量的 3%~8%。反吹清灰时只有约 50%~70% 的粉尘从颗粒层中分离出来。

GFE 型除尘器由原西德于 1966 年发明，与 MG 型除尘器相比，该除尘器有以下优点：

（1）含尘气体是自上而下流经颗粒层，颗粒不易松动，有利于提高除尘效率；

（2）反吹气流自下而上穿过颗粒层使之流化，加上梳耙的搅动，清灰效果得以改善；

（3）没有易损坏的软质密封部件；梳耙可用 1~2 年，维修工作量在可承受的限度之内。

该除尘器存在以下缺点：数量众多的过滤单元平面布置，占地面积大；梳耙、阀门、电机、减速机等机电设备数量多，故障率高，维修工作量大，运行能耗和费用高。

22.4.2.2　塔式梳耙反吹颗粒层除尘器

塔式梳耙反吹颗粒层除尘器系我国于 20 世纪 70 年代研制。该除尘器有 8 个过滤单元，分别沿竖向布置在两座塔架上。颗粒层皆为水平布置，烟气的除尘过程以及滤料的清灰过程与 GFE 型除尘器大致相同。不同之处在于，塔式颗粒层除尘器清灰时，携带少量的粉尘的反吹气流经过专设的多管旋风除尘器再次净化后，才汇入含尘气体总管。

塔式梳耙反吹颗粒层除尘器一个单元的结构如图 22-11 所示。

除尘器箱体顶部和底部各设空气铝箔隔热层，厚度为 30mm，以保护梳耙的轴承。箱体内金属筛网上方为尘气室，设有进气口和检修门；下方为净气室，设有排气口和清扫孔。

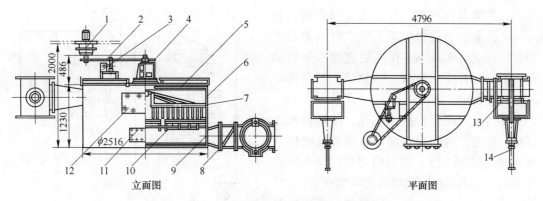

图 22-11 塔式梳耙反吹颗粒层除尘器结构

1—少齿差减速机；2—链条；3—压紧装置；4—轴承座；5—空气铝箔隔热层；
6—箱体；7—梳耙；8—调节阀；9—气流分布板；10—筛网；
11—检修门（Ⅱ）；12—检修门（Ⅰ）；13—圆盘切换阀；14—油缸

每单元用作支撑颗粒层的筛网由三块分片组成，相互间留有缝隙，避免热变形。

梳耙的耙齿以 φ10mm 圆钢制作，齿距为 75mm。为加强梳耙的效果，将左右两条耙臂的耙齿交错排列，同一耙臂的相邻两耙齿分属两列布置。

圆盘切换阀门采用液压驱动，由配套的小型液压站提供动力，油泵的压力为 7MPa。

塔式梳耙反吹颗粒层除尘器的过滤介质为石英砂，颗粒层厚度为 100mm，其粒径分布和密度列于表 22-2。

表 22-2 石英砂粒直径分布

石英砂粒直径分布				平均当量直径/mm	堆积密度/g·cm^{-3}
粒径/mm	≤2.5	2.5~3.2	3.2~4	>4	2.73	1.582
重量占比/%	28.5	56.1	13.3	2.1		

塔式梳耙反吹颗粒层除尘器主要规格和参数列于表 22-3。

表 22-3 塔式梳耙颗粒层除尘器主要规格和参数

项目	过滤风速/m·min^{-1}	反吹风速/m·min^{-1}	反吹时间/min	反吹周期/min	除尘器阻力/Pa	运行温度/℃
参数	30~40	45~50	1.5	30~40	882~1078	300~370

22.4.3 沸腾颗粒层除尘器

22.4.3.1 沸腾颗粒层除尘器工作原理

沸腾颗粒层除尘器工作原理如图 22-12 所示。含尘气体从除尘器顶部进入，在沉降室使粗粒粉尘分离而落入灰斗，细粒粉尘随同气流经尘气侧自上而下穿过颗粒层，粉尘被捕集，净气由出口排往大气。清灰时，电动推杆将净气出口关闭、反吹风口开启，清灰气流由反吹风口进入，沿着与含尘气流相反的路径穿过颗粒层，颗粒在向上气流的作用下均匀沸腾，粉尘得以剥离，并被气流携带落入灰斗中。其余的细粒粉尘汇入含尘气流至其他颗粒层净化。图中 A、B 两层之间以隔板隔开，可以交替反吹清灰。颗粒层的数量随处理烟气量而定。

沸腾反吹使颗粒层流态化，使颗粒相互搓动、摩擦，将粉尘剥离。对沸腾反吹清灰装置的要求是：（1）清灰时颗粒层整个断面鼓泡均匀，不存在死角或局部吹空现象；（2）反吹停止后，料层表面保持平整，没有空洞或高低不平的现象；（3）结构简单，维修方便，使用寿命长，故障率低。

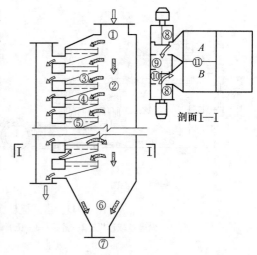

图 22-12　沸腾颗粒层除尘器工作原理
1—进气口；2—沉降室；3—尘气侧；4—颗粒层；
5—下筛网；6—灰斗；7—卸灰口；8—反吹风口；
9—净气出口；10—电动推杆阀门；11—隔板；
A，B—过滤断面

22.4.3.2　沸腾颗粒层除尘器技术参数

沸腾颗粒层除尘器的除尘效率和反吹清灰效果，与滤料颗粒的粒径、颗粒密度、反吹风速、沸腾反吹阻力、清灰周期等因素有关。

滤料颗粒直径应在合适的范围内，太大影响除尘和反吹清灰效果；过小则容易流失。

对于颗粒直径，通常采用颗粒平均当量直径表述：

$$\frac{1}{d_p} = \sum \frac{x_i}{d_i} \tag{22-1}$$

式中　d_p——颗粒平均当量直径，mm；

d_i——颗粒直径，mm；

x_i——直径为 d_i 颗粒的重量比率。

由于颗粒形状不规则，需将 d_p 换算为相当于球表面积的颗粒直径：

$$d_0 = \phi_s d_p \tag{22-2}$$

式中　d_0——颗粒平均当量直径，mm；

ϕ_s——颗粒形状系数。

形状系数为颗粒球形面积 S_s 与不规则颗粒表面积 S_i 比值的平方根，即：

$$\phi_s = \sqrt{\frac{S_s}{S_t}} \tag{22-3}$$

除尘器选用的石英砂颗粒的形状系数约为 0.5，平均当量直径为 1.3~2.2mm。

沸腾颗粒层除尘器主要规格和参数列于表 22-4。

表 22-4　沸腾颗粒层除尘器主要规格和参数

名称	颗粒当量直径/mm	颗粒层厚度/mm	过滤风速/m·min⁻¹	反吹风速/m·min⁻¹	反吹时间/s	反吹周期/min	反吹阻力/Pa	除尘器阻力/Pa	除尘效率/%	运行温度/℃
参数	1.3~2.2	130~150	15~20	0.68~1.19	5~15	4~48	1400~2600	800~1200	≥96	Q235 钢 370 锅炉钢 540

沸腾颗粒层除尘器的临界流化速度为 0.68~1.19m/s，最大反吹风速为 5.4~8.76m/s。

22.4.3.3 沸腾颗粒层除尘器结构和型号

沸腾颗粒层除尘器本体由二层或四层颗粒层组成一个单元，每层过滤面积为 1m²。除尘器顶部设进气口，底部为灰斗，每层外侧设有检查门。颗粒层过滤和反吹清灰两种状态的切换，依靠电动推杆阀门分别开启或关闭含尘气流通道或反吹气流通道而实现。

我国沸腾颗粒层除尘器产品为 DC-Ⅱ 系列，分为单排和双排两种结构。

单排 DC-Ⅱ 系列沸腾颗粒层除尘器有七个规格，其主要规格和参数列于表 22-5。

双排 DC-Ⅱ 系列产品有两个规格，主要参数列于表 22-6。

表 22-5　单排 DC-Ⅱ 系列沸腾颗粒层除尘器主要规格和参数

型号	DC-Ⅱ-6	DC-Ⅱ-10	DC-Ⅱ-14	DC-Ⅱ-18	DC-Ⅱ-22	DC-Ⅱ-26	DC-Ⅱ-30
过滤面积/m²	6	10	14	18	22	26	30
处理风量 /m³·h⁻¹	5400~7200	9000~12000	12600~16800	16200~21600	19800~26400	23400~31200	27000~36000
设备高度/mm	5958	7208	8458	9708	10958	12208	13458
设备质量/kg	5.799	7.380	8.961	10.542	12.123	13.704	15.285
反吹风机型号	9-26-4.5, N=7.5kW						9-26-4.5, N=10kW

表 22-6　双排 DC-Ⅱ 系列沸腾颗粒层除尘器主要规格和参数

型号	DC-Ⅱ-44	DC-Ⅱ-88
过滤面积/m²	44	88
处理风量/m³·h⁻¹	39600~52800	79200~105600
设备质量/kg	22.24	42.79
配置反吹风机型号	9-26-4.5, N=10kW	9-19-9D, N=22kW

22.4.4　逆流式移动床颗粒层除尘器

我国研究开发了一种逆流式移动床颗粒层除尘器，其结构如图 22-13 所示。含尘烟气沿除尘器圆形筒体的切向进入，在筒体下部旋风筒式的预除尘室内，约有 20%~40% 的粗粒粉尘被分离下来。其余粉尘随同含尘气流自下而上进入除尘器中部的尘气室，沿径向进入位于滤料支撑环上的滤料颗粒层，粉尘被捕集而积附滤料颗粒表面或颗粒之间的间隙内；干净气体穿过颗粒层到达净气室，由除尘器侧面的出口排出。

积附了粉尘的滤料由刮板刮入回料管中，落入下部的灰斗，与此前沉降的粉尘汇集并由卸灰阀排出除尘器。滤料与粉尘混合体通过振动筛进行分离，洁净的滤料由斗式提升机等设备重新送入除尘器内，粉尘则装车运走。

进入除尘器的洁净滤料经过滤料分配室注入滤料输送管，依靠分配环和滤料自重的作用，重新堆积在滤料支撑环上，形成新的颗粒层。

由于滤料是间歇地补充到滤料支撑环上，其方向是自上而下，而含尘气体是自下而上连续不断地通过颗粒层，形成逆向流动，符合逆流式移动床颗粒层除尘器的主要特征。

滤料刮板由间断旋转的刮板驱动轴带动。其运行及停顿的时间，可根据气体的含尘浓度及净化要求而调节。驱动轴的转速很慢，仅为 2~2.5r/h，因而故障率低，维修工作量很小。

该除尘器的滤料置于支撑环上，不存在堵塞筛网孔的危险；刮板周期性地旋转，使得滤料表不易出现板结。滤料的清灰依靠振动筛、提升机而实现，与采用反吹风机、切换阀门的清灰方式相比，设备维修较为简单。

逆流式移动床颗粒层除尘器要点如下：

（1）滤料材质为石英砂；石英砂粒径为 1.3~2.8mm；床层厚度取 170~200mm；过滤风速为 30m/min。

（2）中心回转轴带动滤料刮板转动，其转速的快慢关系到滤料在颗粒层内停留的时间，亦即起过滤作用的时间，从而影响除尘效率和设备阻力。该除尘器取其转速为 0.23r/min。

（3）逆流式颗粒层除尘器的滤料依靠自重向下移动，会在支撑环上形成斜锥形滤层，因此在设计中须充分考虑滤料的材质、堆积密度、休止角等物理特性。根据试验结果，对于粒径为 1.3~2.8mm 的石英砂，分配环下部出口至支撑环内径边缘的夹角宜取 34°~35°，而滤料分配室溜槽的角度宜大一些，可取 40°。

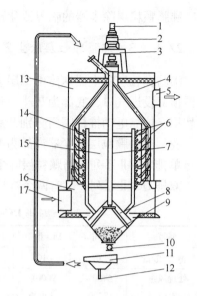

图 22-13　逆流式移动床颗粒层除尘器

1—电动机；2—减速机；3—上支座；

4—滤料分配室；5—净气出口；

6—滤料刮板；7—刮板驱动轴；

8—下支座；9—灰斗；10—卸灰阀；

11—振动筛；12—粉尘排出口；

13—净气室；14—滤料输送管；

15—中部尘气室；16—下部净气室；

17—尘气入口

22.4.5　垂直移动床颗粒层除尘器

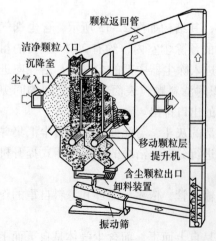

颗粒返回管

洁净颗粒入口

沉降室

尘气入口

移动颗粒层提升机

含尘颗粒出口

卸料装置

振动筛

图 22-14　垂直移动床颗粒层除尘器

图 22-14 所示为日本川崎公司研制的垂直移动床颗粒层除尘器。

垂直移动床颗粒层除尘器工作时，含尘气体从尘气入口进入沉降室除去粗粉尘，继而穿过垂直移动的颗粒层使其携带的细粉尘被捕集。一定粒径的滤料颗粒从颗粒层顶部加入，在直立安装的百叶窗和筛网之间组成垂直移动的颗粒层。捕集了粉尘的颗粒物料从卸料装置送至振动筛，将粉尘与颗粒分离，再生的滤料颗粒由提升机送至返回管道重新加入除尘器。

该除尘器经试验，获得以下结果：石英砂颗粒粒径为 0.8~1.2mm，颗粒层厚度为 100~200mm，共设两层，过滤风速为 0.2~0.3m/s，入口含尘浓度为 4.44g/Nm³，出口含尘浓度为 10mg/Nm³，除尘效率为 99.8%。

该类型除尘器曾在日本煤气化炉、高炉煤气干法净化、沸腾炉烟气除尘等场合应用。在日本神户制钢厂的工业试验中，发现颗粒层移动不均匀、局部存在死角、阻力升高等问题。此外，颗粒滤料再生设备众多，垂直移动床在处理风量较大时断面布置较为困难。因此，该类除尘器未获得广泛应用和新的发展。

22.4.6 预荷电沸腾颗粒层除尘器

为了提高颗粒层除尘器的除尘效率，我国科技人员将预荷电装置安装在沸腾颗粒层除尘器的沉降室内，研制成预荷电沸腾颗粒层除尘器，其结构如图 22-15 所示。

当含尘气流进入沉降室后，粉尘将在电晕场内与离子发生碰撞或者由于扩散而荷电。与电除尘器类似，多数粉尘获得负电荷，在电场力的作用下向侧壁阳极运动，并被阳极捕获。同时，带相反电荷的粉尘粒子将相互凝并而形成较大颗粒，或直接沉降而落入灰斗；或进入颗粒层后易于被捕集。另外，带负电荷的粉尘进入颗粒层后，将与滤料颗粒产生吸引力，使得原本可能穿透颗粒层的粉尘靠近滤料颗粒而被捕获。凡此种种，预荷电的采用都将提高颗粒层的除尘效率。

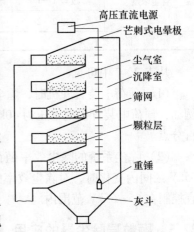

图 22-15 预荷电沸腾颗粒层
除尘器结构

为验证预荷电是否能够提高颗粒层的除尘效率以及提高的幅度，在某钢铁厂烧结机尾的除尘系统进行了现场试验。该厂共有 6 台烧结机，试验时有 4 台烧结机在运行中。试验选在 5 号沸腾颗粒层除尘器进行，将其改造为预荷电沸腾颗粒层除尘器。在该除尘器的沉降室内增设芒刺电晕线，与箱体的外壁构成静电场，由高压直流电源供电。其滤料颗粒的粒径为 3~5mm，床层厚度为 100mm。预荷电沸腾颗粒层除尘系统如图 22-16 所示。

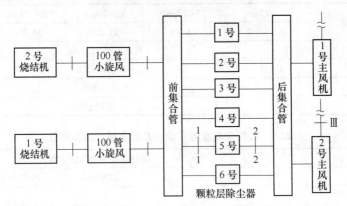

图 22-16 预荷电沸腾颗粒层除尘器净化烧结烟气试验系统

试验在烧结机正常生产工况下进行。在供电电压分别为 40kV、55kV、65kV、75kV 和 85kV 五种条件下，分别测试预荷电沸腾颗粒层除尘器进口（1—1 断面）和出口（2—2 断面）的烟气流量、含尘浓度，及除尘器阻力等参数。

为避免在各电压条件下粉尘初始带电情况影响测试结果，试验按电压由低到高的顺序进行，而且相邻两次试验的间隔时间不少于 4h。试验结果列于表 22-7。

表 22-7 预荷电沸腾颗粒层除尘器净化烧结烟气试验结果

测试项目		预荷电装置供电电压/kV					
		0	40	55	65	75	85
除尘器处理烟气量 /Nm³·h⁻¹	进口 1—1	25343	24535	24884	25370	25804	26357
	出口 2—2	25437	24637	25002	25525	25994	26551
含尘浓度 /g·Nm⁻³	进口 1—1	2.54	2.56	2.49	2.61	2.37	2.71
	出口 2—2	0.134	0.102	0.067	0.044	0.033	0.035
除尘效率/%		94.7	96	97.4	98.3	98.6	98.7

从表 22-7 中可见：

（1）预荷电装置开机时，除尘器的除尘效率比不开机（供电电压为 0）时显著提高。例如，预荷电装置供电电压为 40kV 时的除尘效率为 96%，比预荷电不工作时提高 1.3 个百分点。

（2）除尘系统的除尘效率随预荷电装置供电电压的上升而提高；当供电电压在 40~65kV 区间内变化时，对除尘效率的影响最显著。根据试验结果，预荷电装置的供电电压宜控制在 55~65kV 范围内。

22.5 颗粒层除尘器的应用

22.5.1 塔式梳耙反吹颗粒层除尘器净化白云石竖窑烟气

白云石竖窑烟气参数列于表 22-8。塔式颗粒层除尘系统规格和参数列于表 22-9。

表 22-8 白云石竖窑烟气参数

粉尘粉径分布	≤5μm	5~10μm	10~20μm	20~40μm	>40μm
	26.0%	15.7%	21.2%	18.0%	19.1%
粉尘密度	真密度 2.86g/cm³				
烟气量	30000Nm³/h				
烟气温度	370~650℃				
含尘量	1.33~3.65g/Nm³				

表 22-9 梳耙反吹颗粒层除尘系统主要规格和参数

形式	梳耙反吹颗粒层除尘器
直径	$\phi2500mm$
层数	8 层
过滤风量	31705~30206Nm³/h
引风机	$W_{9-35-11} NO_{15\frac{1}{2}}$, $Q=85000m^3/h$, $P=3000~4900Pa$, $t=450℃$
反吹风机	$FW_{9-27-11} NO_{9\frac{1}{2}}$, $Q=24000~28000m^3/h$, $P=1800Pa$, $t=450℃$
清灰吹尘旋风	CLT/A×6

塔式梳耙反吹颗粒层除尘系统的运行效果列于表22-10。

表 22-10　梳耙反吹颗粒层除尘系统运行效果

过滤风速 /m·min^{-1}	粉尘浓度/g·Nm^{-3}		旋风-颗粒层总效率 /%	旋风阻力 /Pa	颗粒层阻力 /Pa
	旋风入口	颗粒层出口			
37.2~42.5	1.6780	0.0779	95.1	441~539	1666~1911
	2.7283	0.1210	95.3		
	3.0377	0.0725	97.5		
	2.4711	0.1010	95.6		
	3.6547	0.0519	99.0		
	1.3368	0.2906	92.8		

22.5.2　沸腾颗粒层除尘器净化燃煤沸腾锅炉烟气

沸腾锅炉燃用劣质燃料，诸如煤矸石、石煤、褐煤和油页岩等。沸腾颗粒层除尘器用于净化沸腾锅炉燃煤烟气，取得良好效果。

沸腾锅炉出口烟尘颗粒分散度，以及经一级旋风除尘器后（即沸腾颗粒层除尘器入口）的烟尘参数列于表22-11。

表 22-11　沸腾颗粒层除尘器入口烟尘特性

烟尘粒径分布	<10μm	10~50μm	>50μm	中位径	直密度/g·cm^{-3}
沸腾炉出口	10.46%	33.48%	56.06%	54.6μm	2.222
进颗粒层	53.00%	43.20%	3.80%	9.6μm	2.256
燃煤发热值	12.55MJ/kg				
含尘量	20~40g/Nm^3				

采用沸腾颗粒层除尘器净化烟气的锅炉容量（t/h）有：2、4、4.8、10、25。个别规格的除尘系统设置旋风除尘器和沸腾颗粒层除尘器两级除尘器（图22-17），大多除尘系统采用沸腾颗粒层除尘器一级除尘。

4.8t/h锅炉沸腾颗粒层除尘系统如图22-17所示。

沸腾锅炉烟气含尘浓度较高，一般为20~40g/Nm^3，沸腾颗粒层除尘器的过滤风速不宜过高，取15~17m/min较为合适。此外，须对除尘器加强保温，在高寒地区还应采用净化后的烟气作为反吹气源，并为反吹气流设置加热器，以避免除尘系统结露。

与各型锅炉配套的沸腾颗粒层除尘器主要规格和参数列于表22-12。

表 22-12　各型锅炉配套的沸腾颗粒层除尘器主要规格和参数

沸腾锅炉型号/t	2	4	6	10	15	25
沸腾颗粒层除尘器过滤面积/m^2	14	16	22	28~30	44	88
处理烟气量/m^2·h^{-1}	12600	14400	19800	27000	39600	79200
反吹风机型号	9-26-4.5 N=7.5kW	9-26-4.5 N=7.5kW	9-26-4.5 N=7.5kW	9-26-4.5 N=10kW	9-26-4.5 N=10kW	9-26-5 N=17kW

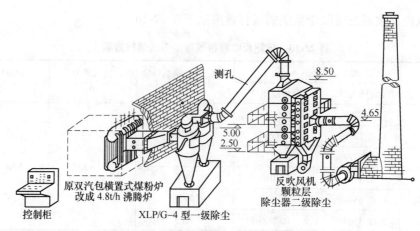

图 22-17　4.8t/h 锅炉沸腾颗粒层除尘系统

表 22-13 所列为不同容量的 4 台锅炉采用沸腾颗粒层除尘系统的运行结果。

表 22-13　不同容量锅炉烟气颗粒层除尘系统运行结果

炉型	旋风除尘器			沸腾颗粒层除尘器		
	进口/g·m⁻³	出口/g·m⁻³	效率/%	进口/g·m⁻³	出口/g·m⁻³	效率/%
4t	28.5720	2.7388	90.42	2.7368	0.2392	91.26
4.8t	22.20	5.894	73.45	5.894	0.130	97.79
4t	无旋风除尘器	无旋风除尘器	无旋风除尘器	22.90	0.306	98.13
10t	无旋风除尘器	无旋风除尘器	无旋风除尘器	20.80	0.720	99.5

22.5.3　沸腾颗粒层除尘器净化水泥厂原料烘干机尾气

某水泥厂处理黏土、水渣的烘干机，其尾气特性列于表 22-14。

表 22-14　黏土及水渣烘干机尾气特性

烟尘粒径分布/μm	≤5	>5~10	>10~20	>20~30	>30~40	>40~50	>50
水渣烘干机/%	26.0	25.0	25.0	10.0	5.5	2.5	2.0
黏土烘干机/%	30.0	22.1	12.9	10.0	5.0	3.0	7.0
粉尘真密度/g·cm⁻³	水渣为 2.26，黏土为 2.70						
粉尘初浓度/g·m⁻³	水渣为 20~46.43，黏土 10~21.19						
烟气温度/℃	水渣 240~160，黏土 160 左右						
烟气量（热态）/m³·h⁻¹	18000~22000						

根据尾气温度高、含尘浓度大的特点，除尘设备采用沸腾颗粒层除尘器。视烘干机尾气含尘浓度的高低而采用不同的系统，在含尘浓度高于 20g/Nm³ 的条件下，需采用旋风除尘器加沸腾颗粒层除尘器的两级除尘系统；否则可采用沸腾颗粒层除尘器一级除尘系统。图 22-18 所示为采用一级除尘和二级除尘的烘干机尾气沸腾颗粒层除尘系统。

沸腾颗粒层除尘器净化烘干机尾气的效果列于表 22-15。

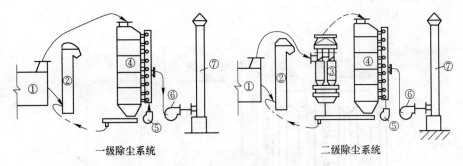

一级除尘系统　　　　　　　　二级除尘系统

图 22-18　烘干机尾气沸腾颗粒层除尘系统

1—黏土、水渣烘干机；2—提升机；3—8×φ600 旋风除尘器；
4—沸腾颗粒层除尘器；5—反吹风机；6—主风机；7—烟囱

表 22-15　黏土及水渣烘干机尾气除尘效果

项目	旋风除尘器			沸腾颗粒层除尘器			总效率/%
	进口/g·m⁻³	出口/g·m⁻³	效率/%	进口/g·m⁻³	出口/g·m⁻³	效率/%	
水渣	46.43	4.97	89.29	4.97	0.175	97.47	99.61
黏土	无旋风除尘器			10.286		96.3	平均97.15
				2.508		97.0	
				17.084		97.7	
				21.193		97.6	

22.5.4　沸腾颗粒层除尘器净化轧钢厂煤粉加热炉烟气

某轧钢厂煤粉加热炉烟气净化，采用沸腾颗粒层除尘器。烟尘特性列于表 22-16。

表 22-16　轧钢厂煤粉加热炉烟尘特性

烟尘粉径分布	≤5μm	5~10μm	10~20μm	20~30μm	30~40μm	40~50μm	>50μm
	19.5%	28.0%	30.0%	11.0%	5.0%	2.5%	4.0%
烟气温度	278~330℃						
烟气含湿量	7.5%~10.4%（体积）						
烟尘初浓度	1.107~11.670g/Nm³						

煤粉加热炉烟气除尘系统如图 22-19 所示。煤粉加热炉产生烟尘的部位是炉尾钢坯加入口，此处设置排烟罩，吸入罩内的烟气由两台并联的沸腾颗粒层除尘器净化。除尘器型号为 DC-10-22。除尘系统主要设备的配置见表 22-17。

表 22-17　煤粉加热炉烟气净化系统主要设备配置

煤粉加热炉规格	长 19.21m，宽为 2.5m 侧出料连续式
主要扬尘点	（1）炉尾进钢坯处；（2）推钢口及出钢口；（3）排烟道
烟气量	工况为 47425m³/h，标准为 23466mN³/h（烟气温度 278℃）
沸腾颗粒层除尘器过滤面积	DC-Ⅱ-22，二台；或 DC-Ⅱ-44，一台
反吹风机型号	8-18-101，No. 10D

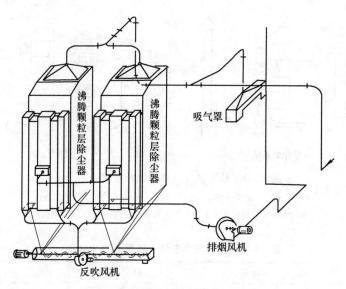

图 22-19 煤粉加热炉烟气除尘系统

煤粉加热炉沸腾颗粒层除尘系统的运行效果列于表 22-18。

表 22-18 煤粉加热炉烟气净化系统运行效果

粉尘浓度/g·Nm⁻³		净化效率/%	粉尘浓度/g·Nm⁻³		净化效率/%
进口	出口		进口	出口	
2.813	0.0341	98.75	8.223	0.256	96.6
1.083	0.0290	97.85	11.670	0.342	96.8
1.107	0.0150	98.61	5.262	0.128	97.3

22.5.5 沸腾颗粒层除尘器净化烧结机尾烟气

某钢铁厂烧结机的规格为 24m²，机尾各扬尘点产生的粉尘量为 1.4t/h，污染严重，并导致含铁物料的流失。该烧结机尾烟尘特性列于表 22-19。

该烧结机尾烟尘治理系统的尘源包括烧结机尾卸料、单辊破碎、热料筛、返矿圆盘和冷却机等，对各尘源点分别设置吸尘罩，并通过管道连接到沸腾颗粒层除尘器。有的烧结机除尘系统在沸腾颗粒层除尘器之前还设有多管旋风除尘器。处理烟气量为 35000～75000m³/h，选用的沸腾颗粒层除尘器型号为 DC-Ⅱ-30 型。

除尘器捕集的粉尘卸至下方的水封拉链，并返回至混料皮带机加以利用。

表 22-19 24m²烧结机尾烟尘特性

烟尘粒径分布	≤5μm	5～10μm	10～20μm	20～40μm	>40μm
	13.3%	16.1%	21.6%	21.8%	27.2%
粉尘真密度	3.87g/cm³				
粉尘初浓度	7.3932～21.9461g/Nm³				
烟尘含湿量	5.02%～8.1%（体积）				
烟气温度	150～170℃				
烟气量（热态）	35000～75000m³/h				

沸腾颗粒层除尘系统的运行效果列于表 22-20。

表 22-20　24m² 烧结机尾烟尘治理系统运行效果

多管旋风除尘器			沸腾颗粒层除尘器		
浓度/g·Nm⁻³		效率/%	浓度/g·Nm⁻³		效率/%
进口	出口		进口	出口	
23.9490	3.0900	86.56	3.0900	0.0776	97.48

22.5.6　农药厂回转干燥筒烟气净化

某农药厂回转干燥筒规格为 φ1.5m×15m，其烟尘特性列于表 22-21。

表 22-21　农药厂回转干燥筒烟尘特性

粉尘粒径分布	≤5μm	5~10μm	10~20μm	20~30μm	30~40μm	40~50μm	>50μm
	50.0%	13.8%	11.2%	5.5%	4.0%	2.5%	13.0%
粉尘真密度	2.24g/cm³						
粉尘初浓度	6.836~12.840g/m³						
烟气温度	120℃						
烟气含湿量	6.69%（体积）						
烟气量	14761Nm³/h						

回转干燥筒是农药生产工艺中主要粉尘源，原采用旋风除尘系统，其粉尘排放浓度往往超过国家标准的限值上百倍。本项除尘系统在旋风除尘器之后串联沸腾颗粒层除尘器，其型号为 DC-Ⅱ-22 型，处理烟气量为 18000~22000m³/h。其运行效果列于表 22-22。

表 22-22　回转干燥筒烟气除尘系统运行效果

含尘浓度/g·Nm⁻³		净化效率/%	平均效率/%
进口	出口		
12.8400	0.1489	98.80	
8.0380	0.1326	98.35	98.79
6.8360	0.0362	99.24	

沸腾颗粒层除尘器的应用，实现了回转干燥筒尾气达标排放，回收的物料综合利用。同时，农药产品细度提高至 96%~99%，产品一次合格率由 70.21% 上升至 93.24%。

22.5.7　沸腾颗粒层除尘器净化冲天炉烟气净化

冲天炉用于熔化生铁以供铸造，生产过程中产生含有焦炭、SiO_2、Fe_2O_3 等成分的粉尘及气态污染物，其烟尘特性列于表 22-23。

表 22-23 冲天炉烟尘特性

烟气温度/℃	50~400				
含尘浓度/g·Nm⁻³	2~6				
烟尘成分/%	CO	CO$_2$	SO$_2$	O$_2$	H$_2$
	5~21	8~17	0.04~0.1	1.8	1~3
烟尘分散度	<5μm	5~10μm	10~40μm	40~60μm	>60μm
	0.6%	3.6%	9.5%	6.3%	80%
烟尘堆积密度/kg·m⁻³	800				

对冲天炉烟气的净化, 采用了旋风除尘器与沸腾颗粒层除尘器串联的两级除尘系统。运行结果, 粉尘排放浓度为 45mg/Nm³, 除尘效率不低于 99.1%。

参 考 文 献

[1] 中国劳动保护学会工业防尘专业委员会编. 工业防尘手册 [M]. 北京: 中国劳动出版社, 1989.
[2] 冶金部安全技术研究所等. 塔式旋风-颗粒层除尘器工业性试验报告 [R]. 冶金安全, 1980.
[3] 王能勤, 等. 沸腾颗粒层除尘器研究 [J]. 冶金安全, 1980 (5): 5~9.
[4] 王助良, 钟泰, 等. 新型固定床颗粒层除尘器的研究 [J]. 洁净煤技术, 2006, 12 (6): 85~88.
[5] 王助良. 颗粒层除尘器过滤和清灰方式的优化 [J]. 热能动力工程, 2007 (3): 270~273.
[6] 钱明伟. 逆流式颗粒层除尘的除尘机理、结构和开发应用 [J]. 劳动保护科学技术, 1994, 14 (5): 42~44.
[7] 张世红, 陆继东, 等. 新型流化床颗粒层过滤器过滤性能的研究 [J]. 中国电机工程学报, 1999, 19 (7): 53~56.
[8] 张世红, 陆继东, 等. 新型流化床颗粒层过滤器流化特性的研究 [J]. 中国电机工程学报, 1997, 17 (4): 282~285.
[9] 贾胜辉. 新型颗粒层除尘器清灰过程研究 [D]. 镇江: 江苏大学, 2006.
[10] 孙志辉. 新型颗粒层除尘器过滤性能的研究 [D]. 江苏大学. 2007.
[11] 邹声华, 刘建仁. 沸腾颗粒层除尘器内应用预荷电技术的研究 [J]. 环境工程, 2002, 20 (2): 39~41.

23 过滤式除尘器的应用

23.1 袋式除尘器在不利条件下的应用

袋式除尘器以其除尘效率最高、捕集微细粒子效果最好、适应性最强、运行能耗最低等优点，成为各行业首选的除尘设备，还是许多行业收集成品或半成品粉料不可或缺的设备；对于一些气态污染物，必须以袋式除尘器配合吸附工艺予以去除。工业烟尘的某些因素不利于袋式除尘器的应用，经过长期的努力，现已找到有效对策，使袋式除尘器得以正常运行并获得良好效果。袋式除尘技术正是在克服不利因素的过程中不断进步和发展，应用日益广泛，成为控制大气污染的主要除尘设备，为日益严格的环保标准提供强有力的技术支撑。

23.1.1 高温气体

在袋式除尘领域，把温度高于130℃的含尘气体称为高温气体。袋式除尘器用于高温气体可有两种途径：采取冷却降温措施，变高温为常温，采用常温滤料；在滤料允许的范围内进行高温过滤。常温条件下运行的优点：处理风量较小，除尘设施的规模也小，设备投资省；常温滤料较为便宜；风机和附属的阀门及构件费用较少。缺点是：冷却设备增加投资和运行电耗；受粉尘的干扰，不能充分回收和利用高温烟气的余热。而在高温下运行时，其优点和缺点则正相反。因此，需要通过技术经济比较确定采取哪种技术方案。

高温气体冷却有直接空冷、间接空冷、直接水冷、间接水冷等四种方式。

23.1.1.1 直接空冷

直接空冷是在除尘器前设置混风阀，烟气温度超过设定值时，混风阀迅速开启，吸入常温空气直接掺入高温烟气而降温。较少采用，通常用于事故性高温的补充降温措施。

23.1.1.2 间接空冷

间接空冷是以空气作为冷源，通过金属烟管管壁传热和表面对流散热而使高温气体降温的一种冷却方式。间接空冷分为自然空冷和机力空冷两种形式。

A 自然空气冷却器

自然空气冷却器的外形如图23-1所示。其烟管内流通烟气，管外靠自然风对流换热冷却。该冷却器结构简单，但换热效率低，钢耗大。其结构要点：管径一般取 $\phi200\sim900mm$，管壁厚度为 $5\sim8mm$，管道长度通常取管径的 $30\sim40$ 倍。

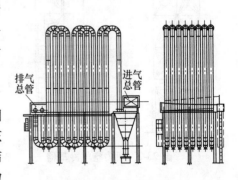

图23-1 自然空冷器

管道材质随烟气温度而定：若温度高于 450℃，应采用耐热合金钢（20g）；反之则用碳素钢、低合金结构钢。

烟管内平均流速为 16~20m/s，出口流速应不小于 14m/s。

管束排列采用棋盘格方式，以利于布置支架的梁柱。

冷却管间净距宜为 500~800mm，以方便安装和维修。

冷却管的固定支架应接近中部，在固定点上下各设一处导向支架。

冷却管可以纵向加筋，以加大传热面积。

冷却管宜设机械振打装置，振打频率宜为 2~3 次/min，以免损伤冷却器结构。

避免采用仓壁振动器等电磁振动装置，宜采用空气锤力度和频率可调的振动器；对振动装置应配套控制系统，当出口温度低于设计值 10℃时，振动停止。

B 机力空气冷却器

机力空气冷却器是以强力迫使冷空气以较高流速通过管束外表面，与管束内的高温烟气进行热交换而使之冷却的设备（图 23-2）。

机力空气冷却器在壳体内设管束，冷却管直径较小（通常为 ϕ89~140mm），管内流通烟气，管外以多台并联的轴流风机将冷空气强制高速横掠管束，促使管内的高温烟气降温。冷却器的顶部设检查门，上部设烟气进口和出口，下部为灰斗。

机力空气冷却器的管束有顺序排列和交叉排列两种形式。管内烟气流速可取16~22m/s，为确保管道内不积附粉尘，该流速宜大于 18m/s。管外空气通过管束的流速为 10m/s。可改变轴流风扇投运的数量，以保持冷却器出口烟气温度的稳定。

机力空气冷却器的传热系数为 16~25W/（m² · ℃），比自然空冷提高 50%~75%，设备耗钢量因而降低 20%~25%，占地面积和空间缩小。但因管径较小，管内容易被粉尘堵塞，清理工作量大。另一缺点是投资较高。

C 扁管式带清灰型机力空气冷却器

扁管式带清灰型机力空气冷却器的结构如图 23-3 所示。它利用自身清灰装置连续清除积附在管壁表面粉尘。可以显著提高冷却器的传热效率。该型冷却器采用扁管，高温烟气在管道外面流动，而起冷却作用的空气则由风机送入管道内高速流动。

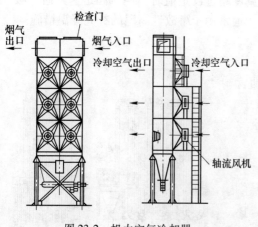

图 23-2 机力空气冷却器

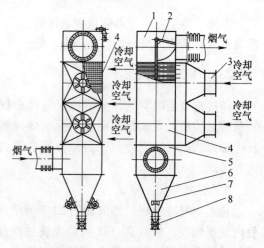

图 23-3 清灰型机力空气冷却器
1—上联箱；2—清灰装置；3—冷却风机；4—换热扁管；
5—接管；6—灰斗；7—振动电机；8—卸灰阀

ZQQCL系列机力空气冷却器主要规格和参数列于表23-1。

表23-1 清灰型机力空气冷却器规格和参数

型 号	换热面积/m²	处理烟气量/Nm³·h⁻¹	空冷器阻力/Pa
ZQQCL-250A-1	365	20000~22000	800
ZQQCL-250A-2	435	23000~25000	850
ZQQCL-250A-3	460	25000~27000	900
ZQQCL-250A-4	555	28000~32000	950
ZQQCL-250A-5	710	38000~42000	950
ZQQCL-250A-6	850	43000~48000	1000
ZQQCL-250A-7	1300	90000	1000
ZQQCL-250A-8	1500	100000	1100
ZQQCL-250A-9	1600	110000	1100
ZQQCL-250A-10	1800	120000	1150
ZQQCL-250A-11	2000	130000	1200

23.1.1.3 直接水冷

直接水冷是向高温气体中喷入水雾，利用雾滴蒸发吸热的原理使高温气体冷却的方式。一般分为饱和冷却和蒸发冷却两种形式。

饱和冷却采用大水量喷雾（液气比高达 $1\sim 4kg/Nm^3$），高温气体在瞬间（约1s）冷却到相应的饱和温度，使干气体变成湿饱和气体，在冷却降温的同时，也起到除尘作用。大量粉尘被液滴捕集变成泥浆。此形式适用于湿法除尘流程。

蒸发冷却采用适量水喷雾，借助特种喷嘴使水雾化为细小的雾滴，在与高温烟气接触的短暂时间（$3\sim 5s$）内全部汽化，并被烟气再加热形成不饱和的过热蒸汽，烟气因此被降温。

烟气在喷雾冷却过程中，水雾与尘粒产生凝并效应，粉尘粒径增大，利于捕集。

蒸发冷却用于除尘系统时，必须严格控制冷却水的喷入量，保证冷却器出口气体温度高于烟气露点 15～20℃，应设置自动控制系统对喷水量适时调节，确保冷却后的烟气不会在袋式除尘器内结露。

蒸发冷却通常在蒸发冷却塔内进行，其结构如图23-4所示。高温气体从塔顶进入，下部流出，雾化水的流向与烟气流相同，称为顺喷。塔内烟气流速一般取 1.5～2.0m/s，若流速增大，则蒸发塔的高度也必须增加，以使烟气在塔内有足够的时间（≥5s）与水雾接触。

蒸发冷却塔设计的关键之一是喷嘴的结构形式及其雾化性能，包括以下参数：

（1）喷水量。

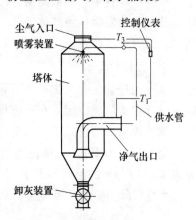

图23-4 蒸发冷却塔

（2）雾滴直径。要求雾滴细小，以增强冷却效果，并保证进入除尘器之前雾滴全部蒸发。

（3）喷洒角。喷洒角是指喷出水锥的外夹角大小，这是布置喷嘴必须依据的参数。

（4）雾滴分布均匀度。这是指水锥横断面上雾滴分布的均匀程度，应避免出现偏心现象。

（5）水锥射程。这是指喷嘴水平喷洒时水锥的水平有效直径长度。

23.1.1.4　间接水冷

间接水冷是以水作为冷源，通过金属界壁传热而使气体降温的一种冷却方式。水冷装置既是换热设备及材料的保护体，又是热介质的冷却器。间接水冷有水冷夹套（或密排管）和水冷烟气冷却器两种形式。与空冷装置相比，水冷装置的换热性能良好，布置紧凑，耗钢量少，结构形式多种多样，应用领域十分广泛。

A　水冷夹套

水冷夹套又称水冷套管（图 23-5）。气体流速为 20～30m/s，水流速度为 0.5～1.0m/s。

夹套的厚度因冷却水的水质而异：使用软化水时通常取 40～60mm；使用非软化水且硬度较大时，通常取 60～120mm。夹套不宜太薄，否则将因水循环不良产生死角而过热。当烟管直径较大时，宜在夹套内设导流环，使水路加长，增强传热，并可起到加固作用。

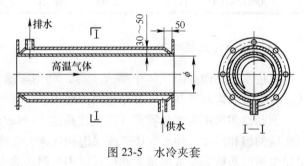

图 23-5　水冷夹套

水冷夹套分节设置，每节 3～5m。其供水进口在下方，出水管在上方，冷却水温升宜为 15℃，回水温度不大于 45℃（水质好时可取 50℃），以防结垢。

B　水膜冷却管

水膜冷却管是一种最简易的冷却装置，将水直接喷淋在烟管外壁形成水膜，靠管壁传热和部分水蒸发吸热使气体冷却。水膜冷却管传热性能较好，但均匀性较差，传热面容易结垢，烟管容易腐蚀。

C　密排管式水冷管

水冷密排管是专为弥补夹套管的缺陷而开发的一种水冷装置（图 23-6），在高温气体降温设计中被广泛应用。水冷密排管通常以 $\phi60mm×5mm$ 的无缝钢管制成密排管屏，作为高温烟管界壁，大量减少了水套焊缝，改善了水流分布及传热性能。

钢管材质为 20g。气体流速为 25～40m/s，管内冷却水流速为 1.2～1.8m/s，入口水温为 30℃，冷却水的温升不大于 15℃。

水冷管降温幅度：烟气温度为 600℃时为 5～6℃/m；烟气温度为 1000℃时为 8～9℃/m。

D　水冷烟气冷却器

水冷烟气冷却器是在一个密闭壳体内平行布置多排管束，烟气从管内通过，冷却水从壳体内烟管外侧通过，依靠烟管外壁使水和烟气产生热交换，从而冷却烟气。

水冷烟气冷却器的结构如图23-7所示。

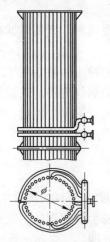

图23-6 密排管式水冷管

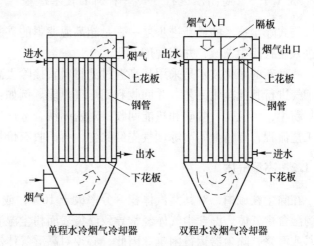

图23-7 水冷烟气冷却器

水冷烟气冷却器有单程和双程两种形式，当传热面积小、烟管较短时采用单程形式；传热面积大时采用双程形式。烟气进口和出口宜布置在两个不同的侧面。顶部设检查门。

烟管直径多为 φ60~140mm，管中心距为 1.3~1.5 倍管径。管内烟气流速取 10~15m/s（标况条件下），水流速为 0.5~1.0m/s。冷却水与烟气流向相反，成逆向流动态势。

冷却水入口温度通常为30℃，进口与出口水的温差宜不大于15℃。为增大传热面积，烟管常用螺旋管、螺旋翅片、管壁壳缘等形式。

水冷烟气冷却器结构紧凑，占地和空间小，应用十分广泛，但焊缝开裂渗水，烟管堵塞的问题也同样存在，不宜用于高含尘浓度气体的冷却。

E 热管换热

热管是一种新颖的高效换热元件，如图23-8所示。它将一束封闭管束抽成真空，内灌入传热工质，利用蒸发段（热端）的吸热蒸发效应，冷却高温气体，同时利用冷凝段（冷端）的放热冷凝效应，加热软水汽化蒸发。热管换热具有以下特点：

（1）利用相变换热原理，导热系数是金属银的数百倍，有热超导体之称，加上热管表面翅片化，因此传热效率高，启动速度快。

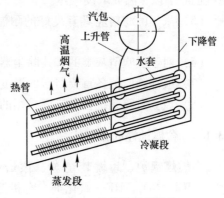

图23-8 热管换热器结构

（2）热管换热由二次间壁换热构成，可有效控制壁面温度，防止低温结露、腐蚀、泄漏。

（3）借助软水蒸发冷却，大大节省了循环冷却水，降低了运行能耗，高温气体余热直接变成蒸汽被回收利用。

（4）热管换热器结构紧凑、占地小、重量轻、寿命长。

热管换热装置成功用于我国烧结烟气除尘、余热回收、炼钢电炉内排烟除尘等工程。

23.1.1.5 超高温运行——一种新的技术途径

袋式除尘技术的最新进步之一，是超高温滤料的兴起。多种金属和非金属过滤材料已经进入袋式除尘领域，并实现产业化。

一种新的净化技术是采用超高温过滤材料直接除去高温烟气的粉尘，然后对干净的高温烟气进行其他净化工艺，并回收利用烟气热能。例如：燃煤锅炉烟气先经超高温除尘器捕集粉尘，再脱硝、脱硫和热能回收；对密闭铁合金煤气，也是采取先除尘然后回收煤气的工艺流程；有色金属冶炼烟气先经除尘，再回收有价物质和利用热能。

23.1.2 高湿气体

在除尘领域中，对其蒸汽体积百分率大于10%，或者相对湿度大于80%的含尘气体，称为湿含尘气体。湿含尘气体经常导致滤袋表面粉尘湿润黏结、粉尘潮解糊袋，灰斗出口淌水或泥浆，除尘器运行困难。因此，必须对高湿气体进行调质处理。

高湿烟气袋式除尘的对策：

（1）尽量准确地了解烟气露点温度，以确定袋式除尘器的工作温度（高于露点 $15 \sim 20℃$）。

（2）当高湿烟气温度与露点温度较为接近时，需采取加热措施，以提高进入袋式除尘器的烟气温度。可采用混入热气体的方法，或使含尘烟气通过加热器。

（3）高湿烟气降温应采用自然或机力空冷等间接冷却设施，避免直接混入冷风或喷水。

（4）对除尘器以及尘气管道应予以保温，必要时对净气管道也应保温。除尘器灰斗、卸灰装置、箱体是保温的重点，有时还须采用伴热措施。脉冲袋式除尘器喷吹装置的供气系统也应予以保温或增设伴热。

（5）采用的滤料应具有良好的耐温和耐水解性能，其表面应光滑、致密，粉尘剥离性好。

（6）对于反吹清灰类的袋式除尘器，应采取净气循环反吹。

（7）应准确监测各重要节点的温度，若接近结露点时，应及时解决，并声光报警。

（8）设立旁路系统曾是广泛采用的应对措施，因严重污染，已被环保管理部门叫停。

23.1.3 含腐蚀性成分气体

在燃煤锅炉、垃圾焚烧炉、预焙电解槽以及有色冶金和化工炉窑的烟气中含有 SO_x、HCl、NO_x、HF、氧化剂、有机溶剂等气体，往往严重腐蚀袋式除尘设备、滤料和管路。

可采取的防范措施有以下几点：

（1）严格控制袋式除尘系统的运行温度，确保其处于露点以上 $15 \sim 20℃$ 的范围之内。

（2）滤料的选择应有针对性。采用对气体所含腐蚀性成分具有良好耐受能力的滤料材质。

（3）对腐蚀严重或要求严格的净化系统，除尘器的箱体、灰斗及阀门等须以不锈钢制作。

（4）对于重油、煤炭等燃料生成的硫氧化物、氮氧化物，袋式除尘器可用普通钢材制作，但须涂以硅树脂系或环氧树脂系的耐高温、耐腐蚀的涂料，如氯磺化聚乙烯等。

（5）保护袋式除尘器箱体不受腐蚀的另一种方法，是在箱体内衬以塑料、橡胶、玻璃钢等耐腐蚀材料，但内衬材料必须能够耐受烟气的温度。

（6）外滤式除尘器的滤袋框架可采用静电喷涂硅树脂，或者以不锈钢制作。

（7）袋式除尘器的箱体、灰斗以及含尘气体管道，都应加以保温，有的还须设置伴热装置。脉冲袋式除尘器的喷吹气体管路也须设伴热，并辅以保温。

（8）增设旁路通道曾是经常采用的措施，因严重污染而被环境管理部门叫停。即使允许使用，其旁路阀门因粉尘堵塞而启闭失灵甚至失效现象仍难避免。

23.1.4　高含尘浓度气体

高炉喷煤系统的煤磨，以及许多工业的粉碎机和分级机等制粉工艺的尾气中，含尘浓度达数百 g/Nm^3，带选粉机的水泥磨尾气含尘浓度为 $1400g/Nm^3$，仓式泵气力输粉系统的粉尘浓度更高达 $36000g/Nm^3$，用于上述系统的袋式除尘器粉尘负荷特别大，需采取相应对策。

23.1.4.1　关于预除尘器

面对高粉尘浓度，设置预除尘器往往是首选的措施。采用重力沉降、惯性、旋风等除尘器将粗粒粉尘除去，还有采用电除尘器的方案。从含尘浓度的数量而言，固然达到了减轻袋式除尘器粉尘负荷的目的，但预除尘器只能去除粒径 $\geqslant 10\sim20\mu m$ 的粗颗粒物，将微细粉尘留给袋式除尘器处理，滤袋表面形成致密的粉尘层，其阻力系数和黏性远高于粗细颗粒混杂的粉尘层，导致滤袋阻力过高，而且粉尘剥离困难，清灰效果变差。

袋式除尘主机、滤料和滤袋、自动控制、应用等技术有了长足进步，利用预除尘器减轻粉尘负荷已无必要，新的观念是袋式除尘器直接处理高含尘浓度的气体，并达标排放。这已被大量工程实践所证明。以某钢铁企业仓式泵输送煤粉系统尾气收尘为例，煤粉浓度最高达 $36000g/Nm^3$，原采用两级旋风除尘器加多管除尘器再加袋除尘器四级收尘流程，并采用两台风机串联运行，弊端多多。后经改造，采用防爆型高浓度煤粉袋式收集器，简化为一级收尘、一级风机的工艺流程，煤粉排放浓度低于 $50mg/Nm^3$。

袋式除尘器直接处理高含尘浓度气体，使除尘工艺流程大为简化，意味着投资、运行费用的减少和能耗的降低，还意味着故障率降低、运转率提高、维修费用减少、安全性提高。对于袋式除尘器而言，粗细混杂的全尘使粉尘层剥离性增强，容易获得良好的清灰效果。

23.1.4.2　高粉尘浓度袋式除尘器要点

（1）除尘器入口设缓冲区，通常采用导流板结构（图 23-9a），防止粉尘冲刷滤袋，并使粗粒粉尘在惯性力作用下沉降至灰斗。缓冲区主要作用是使含尘气流均布，因此不要求具有高的粉尘捕集效率。图 23-9b 所示的进口形式也为高浓度含尘气体除尘器经常采用，适于双排布置的规模较大的除尘器。

（2）除尘器内含尘气流宜自上而下，与粉尘沉降方向一致，以减少粉尘再附着现象。

（3）采用圆袋外滤类型的袋式除尘器，滤袋间距适当加大，使清灰粉尘顺利沉降。

（4）清灰取低压脉冲喷吹方式，以保证较低的设备阻力，并有较长的清灰周期。

（5）过滤风速一般不超过 0.9m/min。

（6）采用超细面层滤料，并进行 PTFE 浸渍，以确保排放达标，并利于粉尘层剥离。

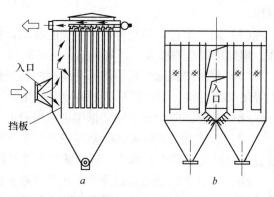

图 23-9　高粉尘浓度袋式除尘器的进风口结构

（7）尘气进口处的变径管、导流板等构件以耐磨材料制作，并控制风速，不能过高。

（8）自控系统可密切监视喷吹装置的工况和供气压力，发现异常尽快检查并声光报警。

（9）灰斗容积及卸灰装置的能力应适当加大。卸灰与收尘器同步运行，密切监视卸灰装置的工况；运行过程中发现卸灰装置停机，须立即报警；若故障短时间内不能排除，收尘器应尽快停机，否则将导致灰斗积灰，甚至滤袋被粉尘淹没，或者进风通道被堵塞。

23.1.5　气态污染物的处理

燃煤锅炉及垃圾焚烧炉烟气中分别含有 SO_x、NO_x、HCl、HF 等酸性气体。在该类烟气的净化中，干法或半干法脱硫（或脱酸）也被广泛采用，它是将消石灰或氨水等碱性物质喷入反应器，使烟气降温、脱硫。反应后的烟气不带水，采用袋式除尘器将锅炉的飞灰连同脱酸生成物一并高效捕集，并借助滤袋表面的粉尘层进行二次脱酸，综合脱酸效率可达99%。

对于垃圾焚烧炉产生的 HCl、HF 等酸性气体，也广泛采用干法或半干法脱酸工艺。半干法工艺是将消石灰乳液喷入烟气，在反应器中与酸性气体反应生成 $CaCl_2$ 和 CaF_2 等颗粒物，再以袋式除尘器捕集并进行二次脱酸。干法工艺与燃煤烟气半干法脱硫大致相同。

在垃圾焚烧炉、有色冶金炉、废钢电弧炉、铝电解槽、燃煤锅炉以及医药和生物工程废气中，除 HCl、HF、SO_x、NO_x 等酸性气体之外，往往还含有苯并芘、二噁英以及 Hg、Cd、Pd 等有毒痕量物质。袋式除尘器是处理和去除这些有害物质不可缺少的设备。

一种有效处理气态有害物的方法是以活性颗粒物质作为吸附剂将有害气体吸附，再以袋式除尘器捕集吸附了有害气体的吸附剂，从而达到消除污染的目的。

固体吸附剂的选择依有害气体的种类而异，最常用的是活性炭。活性炭对包括二噁英、苯并芘等在内的多种有害物质具有良好的吸附作用。这种通过活性炭吸附而去除烟气中二噁英等物质的方法为许多垃圾焚烧炉所采用。

对铝电解烟气中的 HF 气体，采用的吸附剂则是作为电解铝原料的三氧化二铝，完成吸附作用的氧化铝由袋式除尘器捕集后进入电解槽。

在耐火材料生产中产生沥青烟，解决的办法是以耐火粉料作为吸附剂喷入含沥青的烟气中，完成吸附作用后的耐火粉料同样由袋式除尘器捕集，作为生产耐火制品的原料。

23.1.6 可燃和爆炸性粉尘（或气体）

23.1.6.1 含可燃易爆粉尘的除尘系统防爆

（1）从理论上讲，可将粉尘浓度控制于爆炸限度之外以防爆炸。但粉尘在除尘系统和除尘器内的分布不均匀，某些局部含尘浓度往往高于爆炸下限。因此，该措施实际上行不通。

（2）控制含氧量。在具有爆炸危险的环境中，氧含量若低于5%~8%，便免除了爆炸的可能。为此，除尘系统必须降低漏风率；清灰气源避免选择空气。

在采用空气作为介质的工艺和设备中，以氮气等惰性气体取代空气，是有效的防爆途径。

连续自动监测除尘系统的氧含量，超过限值时迅速报警，查明原因，尽快恢复常态。

（3）杜绝火源。袋式除尘器的壳体、滤袋和管道，在运行中会因摩擦而产生静电，可能放电而引发爆炸。滤袋材质应为掺混不锈钢纤维的消静电滤料，滤料还须具备阻燃性能。

同滤袋相连接的花板或短管应涂以导电涂料，或以不锈钢制作，脉冲喷吹类袋式除尘器的滤袋框架也应照此处理。除尘器和管道采取静电直接接地，接地电阻不应大于100Ω。

除尘器与进、出风管及卸灰装置的连接宜采用焊接；如采用法兰连接，应用导线跨接，其电阻不应大于0.03Ω。

袋式除尘器内部应杜绝一切可能积灰的平台和死角，对于箱体和灰斗侧板或隔板形成的直角应采取圆弧化措施；对不可避免的平面须进行斜面处理；含尘气体进口应避免因风速降低而导致粉尘沉积。灰斗内壁应光滑，下料壁面与水平面夹角应大于65°~70°；灰斗的卸灰装置应有良好的锁气功能。

袋式除尘器应取脉冲喷吹清灰方式，以使滤袋表面的粉尘层不会过厚。

设置可靠的清灰自控系统，严密监视清灰装置的工况，发现清灰无力时，立即声光报警。当喷吹供气压力低于额定值时，也须立即报警。查清故障原因后尽快排除。

卸灰装置与除尘系统同步运行，将收集的粉尘及时卸出，灰斗内不存积粉尘，以免粉尘堆积引发自燃。当出现卸灰装置故障或灰斗积灰增多时，应尽快查清原因并排除故障。

自控系统对除尘器清灰实行程序控制，将除尘器阻力保持在规定值以下；此外还应监控除尘系统各重要节点的温度，过高的温度可能引发粉尘着火。

除尘内避免或减少活动部件，并防止收尘器内零件相互碰撞和摩擦，以免局部过热。

除尘器控制系统的一次元件及电气设备应为防爆类型，性能须符合GB 12476.1的规定。

（4）对具有可燃可爆危险的除尘系统，应采用高浓度袋除尘技术而避免多级除尘，以减少爆炸危险源。除尘器宜安装于室外，并在负压下工作，避免可燃物质扩散至厂区环境。

除尘器设充氮接口，当系统温度达到危险值时，立即充氮惰化。也可用CO_2气体代替。

除尘器箱体的强度应能承受最大泄爆压力，并能承受系统最大负压。

在进、出风口处宜设置隔离阀，并安装温度监控装置。

除尘器应按照相关标准设置泄爆装置。泄爆装置应在每次泄爆后立即关闭卸爆孔口。

23.1.6.2 含可燃易爆气体的除尘系统防爆

许多工业炉窑烟气中含有可燃性气体，如 H_2、CO、CH_4 等，处理这类烟气的袋式除尘系统，必须采用防燃防爆措施。

可燃性气体爆炸需要同时具备三个要素，这与粉尘爆炸的情况相同。对于袋式除尘器而言，防止可燃气体爆炸的措施与防止粉尘爆炸的措施大体相同。

23.1.7 吸湿性、潮解性粉尘

用于捕集吸湿性、潮解性粉尘的袋式除尘器应采取以下措施：

（1）选用低吸水率、耐水解性纤维滤料，表面应光滑，宜采取超细面层毡类滤料，并作浸渍或覆膜处理，以增强粉尘剥离性。

（2）控制袋式除尘器入口烟气温度，使其高于露点 15~20℃；对于强吸湿性粉尘，还应再将烟气温度提高 10℃ 以上。

对除尘管道、除尘器及卸灰设备进行保温，必要时采取伴热设施。

当除尘系统停机时，滤袋须彻底清灰，灰斗内粉尘全部卸出。停机期间，伴热设施应继续运行，并关闭袋式除尘器进口和出口阀门。

（3）采用脉冲喷吹清灰方式，强化清灰能力。

（4）在生产工艺允许其他物料介入的前提下，可采取对滤袋预喷粉的措施，利用流动性好的粉尘将滤袋与吸湿性粉尘隔离。

（5）卸灰装置的规格应大于常规条件下，防止粉尘的黏结和堵塞，定期检查和清理。卸灰装置与除尘器同步连续运行，使灰斗不积存粉尘。灰斗壁与水平面的夹角应不小于 70°。

（6）除尘器箱体、灰斗等部位由板件构成的直角，应予以圆弧化。

23.1.8 磨啄性粉尘

在除尘器设计选型时，宜采取相应措施。对于磨啄性粉尘，宜选用耐磨性强的滤料。

因此，在进行除尘设备和系统设计时，应特别重视控制气流的速度、方向和均匀性，对受气流冲刷的重点部件和部位，应选择耐磨材质或增加壁厚。

（1）在袋式除尘器前设置预除尘器，将粉尘中较粗的颗粒先除掉。预除尘器应着眼于简易低阻，不追求除尘效率，大多采用沉降室、重力除尘器、惯性除尘器等形式。

（2）优先选用外滤式除尘器。对于内滤式除尘器，过滤时的含尘气流以及清灰时剥离的粉尘都经过袋口，导致粉尘对滤袋的摩擦，须控制袋口的气流速度在 1.5m/s 以下。

（3）捕集磨啄性粉尘的袋式除尘器，应选用较低的过滤速度，一般不宜超过 1.0m/min。

（4）加强对含尘气流的分布和组织，严格防止含尘气流对滤袋的任何冲刷。工程实践

证明，在中箱体进口处以导流板设置缓冲区是较合理的进口形式。在捕集磨啄性粉尘时，应增加导流板的面积及其与箱壁的距离，以扩大缓冲区的范围，使含尘气流分布更为均匀。

（5）严格控制袋式除尘器入口处的含尘气流速度，以不大于 12m/s 为宜。

（6）除尘器易受冲刷和磨损的部位及零、部件，采用耐磨材料制造，或进行耐磨处理。

23.1.9　含黏结性成分气体

在许多行业在生产过程中产生的尾气中含有沥青、焦油雾烟气，当温度下降后会形成黏性很强的液体，若进入袋式除尘系统，将黏结在滤袋表面且不易清除，导致过滤能力下降甚至失效；还会在附属设备和管道上附着、黏结并使之堵塞。沥青混凝土拌合机、碳素制品生产、铝厂阳极焙烧炉以及炼焦炉等都有这类气体产生。防止黏结性气体危害的有效方法是以粉状物料对其进行吸附，由袋式除尘器捕集。

由于生产工艺的差异，不同行业对黏性气体的吸附方式也有所不同。

23.1.9.1　内部消化

沥青混凝土拌合机烟尘治理系统的烟（粉）尘控制点包括原料准备、回转干燥筒、热振筛、热料提升机、拌缸、卸料等全部相关工位。除尘设备采用旋风除尘器和袋式除尘器。

沥青混凝土拌合机烟尘的特点是温度高、含湿量大、含尘浓度高、含有一定沥青烟气，曾被认为是袋式除尘器应用难以逾越的障碍，其中沥青烟气最令人担心。但大量工程实践表明，沥青烟气对除尘系统没有不利影响，无须采取防范措施。其原因在于以下几点：

（1）含尘浓度高。经测试，沥青混凝土拌合机除尘系统烟尘初始浓度为 26～64g/Nm³。

（2）粉尘粒度较细。袋除尘器入口粉尘粒径：≤2μm 占比 62.7%；≤4μm 占比 91.5%。

（3）烟气温度高。袋除尘器运行温度一般为 120～160℃，最高 240℃，沥青烟气不会凝结。

在高温条件下，粒度细而浓度高的粉尘将同一工艺线产生的沥青烟气吸附，然后被除尘器捕集，从而保证了袋式除尘系统正常运行。因此可称为"内部消化"方式。

23.1.9.2　喷入吸附剂

铝厂阳极焙烧炉烟气中含有带黏性的沥青焦油及氟化氢等有害成分，采取的对策是将电解铝原料 Al_2O_3 作为吸附剂直接喷入反应器，完成吸附的 Al_2O_3 随烟气进入袋式除尘器加以捕集，然后送往铝电解车间作原料。吸附反应器有文丘里管、垂直径向喷射以及沸腾床等类型。大多采用脉冲袋式除尘器作为最终分离设备。沥青焦油的净化效率可达95%。

碳素成型工艺产生石油沥青烟气和焦油，烟尘颗粒细（0.1～1μm）、黏性强、易燃易爆，且含少量苯并芘有害物，通常采用石油焦炭粉作为吸附剂进行吸附处理。

石油焦炭粉具有良好的静态亲油、憎水和多孔毛细特性，是沥青烟气和焦油的最佳吸附剂，在 130~180℃ 温度工况下具有稳定而可靠的吸附效果。

23.1.9.3 预喷涂吸附剂

焦炉炉顶装煤车捕集的烟气中含有焦油雾及苯并芘等有害物，采用未燃干法袋式除尘净化技术予以净化，利用除尘器收下的焦粉作为预涂尘，用气力输灰装置喷入除尘器进口管路，吸附部分焦油，并均匀分布在滤袋表面，形成厚度约为 1.2~2.0mm 的预涂粉尘层。预涂尘作业与除尘器清灰周期密切配合，并与装煤车工作制度协调一致。在除尘器每次清灰后先启动预涂尘，再吸入装煤车焦油雾，工作一段时间后对滤袋清灰；此作业往复进行，避免焦油雾与滤袋直接接触。焦油雾、苯并芘等有害气体被干焦粉吸附，在每次清灰后一起从滤袋表面剥离、落入灰斗。

23.2 袋式除尘器的应用

23.2.1 袋式除尘器在钢铁行业的应用

钢铁工业生产过程中从原料场到钢材成品的各道工序都可以采用袋式除尘器，目前我国钢铁行业产生粉尘或烟尘作业的 95% 以上均采用袋式除尘技术。

23.2.1.1 石灰回转窑窑尾烟气净化

某钢厂用于炼钢生产辅助原料的活性石灰，通过带竖式冷却器的短回转窑生产。回转窑产量为 600t/d。活性石灰回转窑窑尾的烟尘特性列于表 23-2。

表 23-2 活性石灰回转窑窑尾烟尘特性

项 目	单位	参 数					
烟气量	Nm³/h	75000					
预热器出口烟气温度	℃	300~400					
含尘浓度	g/Nm³	≤15					
含湿量（体积比）	%	8					
烟气成分（体积比）	成分	CO_2		O_2		N_2	H_2O
	%	20		2.9		62	2.3
烟尘成分（质量比）	成分	SiO_2	Fe_2O_3	Al_2O_3	CaO	MgO	Loss
	%	0.62	0.5	0.5	89.76	0.44	8.85
烟尘粒度	μm	<5	5~10	10~20	20~40	>40	
	%	23.4	10.5	12.0	12.4	41.7	

烟气净化系统如图 23-10 所示。采用机力冷却器将烟气冷却至 200℃ 以下。通过控制机力冷却器和冷却风机的运行，使进入袋式除尘器的烟气温度在预期范围内。袋式除尘器采用低压脉冲喷吹形式。滤袋材质为诺梅克斯针刺毡。

系统中设有旁路，当烟气温度特别高时开通旁路。除尘器卸灰装车借助粉尘装车机进行，以避免卸料时粉尘二次飞扬。

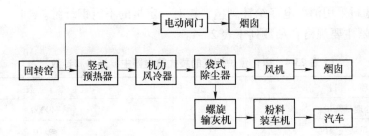

图 23-10　石灰回转窑窑尾烟气净化工艺流程

袋式除尘器系统主要规格和参数列于表 23-3。

表 23-3　袋式除尘系统主要规格和参数

项　目	单位	参数	项　目	单位	参数
处理烟气量	m³/h	135000	出口含尘浓度	mg/Nm³	≤50
入口气体温度	℃	≤200	清灰方式		低压脉冲喷吹
滤袋材质		诺梅克斯针刺毡	喷吹压力	MPa	0.15~0.2
滤袋规格（直径×长度）	mm	φ130×6000	设备阻力	Pa	≤1500
过滤面积	m²	2116	仓室数	室	28
过滤风速	m/min	1.06	箱体耐压	Pa	-12000
入口含尘浓度	g/Nm³	≤50	设备质量	t	约67

运行效果：经实测，除尘器出口粉尘浓度为 30~40mg/Nm³；除尘器及灰斗未设保温，当室外温度为-4℃时，未发现结露现象，卸灰顺畅；设备阻力在设计范围之内。

23.2.1.2　炼焦炉烟气净化

焦炉出焦时由推焦机将烧成的焦炭从焦炉中推出。在出焦侧，炽热的焦炭经由拦焦车被导入熄焦车的同时，产生大量的烟尘。这一过程持续约 2~3min。进入烟尘捕集装置的烟气温度可达 150℃，瞬间 180℃。两次出焦首尾间隔时间约 10min，在此时间段内基本为常温。

烟气经冷却后进入袋式除尘器。根据烟气温度波动的特点，采用蓄热式换热器。换热器内部装有多片钢板作为换热片，厚度 6mm。在短时高温期间，换热片吸收烟气的热量，使烟气温度降低；在两次出焦间隔中，换热板将热量传递给低温烟气。

蓄热式换热器还可捕集烟气中的炽热颗粒，避免对滤袋的危害。

冷却后的烟气温度低于 110℃，袋式除尘器可采用常温滤料。为防止偶然出现的超温，在除尘器前设有冷风阀。除尘系统框图如图 23-11 所示。

采用长袋低压脉冲袋式除尘器。鉴于烟气

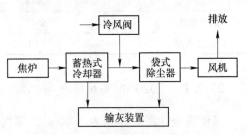

图 23-11　焦炉烟气净化系统流程

中含有 CO，滤料采用消静电涤纶针刺毡，掺有一定量的不锈钢纤维。

袋式除尘器主要规格和参数列于表 23-4。

表 23-4　净化焦炉烟气的袋式除尘器主要规格和参数

项　目	单　位	参　数
处理烟气量	m^3/h	240000
入口烟气温度	℃	≤110
滤袋规格（直径×长度）	mm	$\phi130×6000$
滤袋材质		防静电涤纶针刺毡
总过滤面积	m^2	3770
过滤风速	m/min	1.18
清灰方式		低压脉冲喷吹（离线）
清灰气源		压缩空气
除尘器仓室数量	个	10
出口含尘浓度	mg/Nm^3	≤30
设备阻力	Pa	≤1500

23.2.1.3　烧结机尾烟气除尘——电除尘器改造为袋式除尘器

某钢铁公司烧结厂共有三台 $64m^2$ 烧结机，机尾各配备一台 $90m^2$ 三电场电除尘器。由于烧结生产线扩容，年产量提高近 30%，各生产设备烟尘量随之增加，加上除尘设备老化，排放不能达标，因而将其改造为袋式除尘器。

改造后，三个系统的烟气量由原来 $216000\sim235000m^3/h$ 增加为 $412800\sim440300m^3/h$，因而原有风机不能应用，更换为处理能力更大的风机。

改造后袋式除尘器主要规格和运行参数列于表 23-5。

表 23-5　烧结机尾袋式除尘器主要规格和运行参数

项　目	单位	参数	项　目	单位	参数
处理烟气量	m^3/h	412800~440300	清灰方式		低压脉冲喷吹
入口温度	℃	≤120	清灰气源		氮气
滤袋规格（直径×长度）	mm	$\phi130×6500$	喷吹气源压力	MPa	0.2
滤袋材质		涤纶针刺毡	入口含尘浓度	g/Nm^3	15
滤袋数量	条	2484	出口含尘浓度	mg/Nm^3	11~17
总过滤面积	m^2	6582	设备阻力	Pa	1300~1400
过滤风速	m/min	1.05~1.12	压气耗量	m^3/min	平均2.5，最大3.5

23.2.1.4　$3200m^3$ 高炉煤气净化

某钢铁企业高炉容积为 $3200m^3$，煤气净化采用袋式除尘器，工艺流程如图 23-12 所示。高炉煤气依次经重力除尘器和旋风除尘器除去大颗粒，然后进入袋式除尘器精除尘，净化后的煤气经煤气主管、TRT（余压透平发电）或调压阀组调节稳压后，送往厂区净煤气总管。

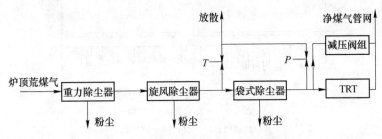

图 23-12　3200m³高炉煤气净化工艺流程

高炉煤气经重力除尘后，由荒煤气主管分配到袋式除尘器各筒体的荒煤气室，颗粒较大的粉尘由于重力作用自然沉降而进入灰斗，颗粒较小的粉尘由煤气携带至滤袋区域经过滤袋时，粉尘被阻留在滤袋的外表面，煤气得到净化。

净煤气出口装有净煤气含尘量在线连续检测仪表，及时发现破损滤袋所在箱体。

除尘器的清灰采用脉冲喷吹方式，清灰气体为氮气。灰斗中积灰到一定量（由料位计控制或时间控制）时，启动卸输灰系统。灰尘经卸灰阀卸入输灰管道，将灰尘输送至大灰仓，再由汽车运出厂区。卸输灰系统采用气力输灰，输灰介质可采用净煤气，也可采用氮气。

除尘系统设有 15 个并联而各自独立的除尘器筒体，筒体的直径为 ϕ6032mm，分两排布置。荒煤气和净煤气总管布置在两排箱体中间。每个筒体都装有荒煤气进口蝶阀、净煤气出口蝶阀，以及荒煤气放散阀组。为避免滤袋因高温而烧坏或因低温而糊袋，当荒煤气温度高于 260℃或低于 100℃时，系统将自动关闭所有箱体进口蝶阀，同时打开荒煤气放散阀组，将荒煤气放散，该切换过程不影响高炉工况，还可以有效控制高炉炉顶压力。

箱体上设有超压泄放装置，由泄爆阀和接管组成，以保证箱体的安全运行。每个筒体设有放散装置两套，分别位于除尘筒体花板下方和净煤气支管，各为荒煤气和净煤气放散系统。

大型高炉煤气袋式除尘器具有以下特点：

（1）筒体直径大：ϕ5200~6500mm。单箱体过滤面积由原来筒体直径 ϕ4000mm 的约 600m²，增加到 1100~1650m²，使容积为 3000~5500m³高炉的除尘器箱体数量维持在 10~16 个范围内，既具有一定的备用率，又不致于数量太多而增加故障点和降低可靠性，还减少占地面积，降低工程总投资。

（2）为解决大直径筒体除尘器的清灰问题，清灰装置采用了双向电磁脉冲喷吹技术。在圆形筒体的两侧各安装一套脉冲喷吹装置（图 23-13），两套装置相互独立又相互关联。位于箱体中间的滤袋分别由两端的脉冲阀喷吹清灰；而位于箱体边缘的滤袋，由于滤袋数量较少，仅由某一端的脉冲阀喷吹清灰即可（图 23-14）。这种装置有利于节省投资和清灰消耗。

（3）除尘器输灰依靠"压力可调式正压气力输送装置"而实现。分别采用氮气和高压净煤气（袋式除尘器净化后的煤气）作为输送介质。正常工况下采用高炉煤气，检修工

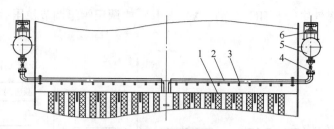

图 23-13　双向脉冲喷吹装置

1—滤袋；2—喷吹管；3—喷嘴；

4—截止阀；5—气包；6—脉冲阀

况下采用氮气，两者之间可以灵活切换。与全部用氮气输灰相比，能节省大量能源，降低生产成本。

输灰装置设有压力流量调节系统，输灰介质的压力可随被输送粉尘的多少而动态变化，在设定的上下限内自动调整。其优点是输灰的料气比高，输送能力大，动力消耗低。

输灰管道弯头和卸灰三通在结构和耐磨方面做特殊处理，增加其输灰能力和耐磨性能，使输灰管道的使用寿命由原来 2~3 个月延长至 1 年以上，提高了输灰系统的可靠性。

3200m³ 高炉煤气净化系统主要规格和参数列于表 23-6。

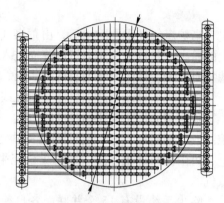

图 23-14　双向脉冲喷吹装置

条件下的滤袋分配

表 23-6　3200m³ 高炉煤气净化系统主要规格和参数

项　　目	单位	性　能　指　标
高炉容积	m³	3200
炉顶煤气压力	MPa	最大压力：0.28；正常压力：0.2~0.22；常压：0.04
煤气流量	Nm³/h	最大：60×10⁴；正常：55×10⁴；常压：35×10⁴
煤气温度	℃	正常：约200；瞬间：约320
荒煤气含尘量	g/Nm³	10
净煤气含尘量	mg/Nm³	≤8
滤料材质		P84/PTFE 复合针刺毡
滤袋规格	mm	Φ130×7000
滤袋数量	条	7020
过滤面积	m²	20070
过滤风速（正常 0.2MPa，200℃，煤气量 60×10⁴Nm³/h）	m/min	15 箱体运行全风速：0.287 一个箱体检修一个喷吹：0.331 三个箱体检修一个喷吹：0.392
过滤风速（0.04MPa，温度 200℃，煤气量 35×10⁴Nm³/h）	m/min	15 箱体运行全风速：0.359 一个箱体检修一个喷吹：0.415 三个箱体检修一个喷吹：0.490
脉冲阀数量	个	630

23.2.1.5　高炉喷煤系统煤磨收尘

许多工业部门存在煤磨系统。原煤在磨机中一边磨细，一边烘干，成品煤粉由气体带出磨机，并以气固分离设备收集。磨机尾气含尘浓度很高，传统的收尘工艺设有三级（或两级）收尘设备，有的系统由于阻力高，还须设置两级风机。收尘流程因此变得复杂，普遍存在着污染严重、安全性差、能耗高、故障多、运转率低等弊病。"防爆、节能、高浓度煤粉袋式收集器"将煤粉收集和气体净化两项功能集于一身，能够直接处理从磨机排出的高含尘浓度气体，从而以"一级收尘、一级风机"的新流程取代"三级收尘、两级风机"的传统流程，煤磨系统的流程得以简化，革除了传统流程的诸多弊端。

高浓度煤粉袋式收集器的清灰气源，应优先采用氮气。若无氮气气源，也可采用压缩空气。但应充分脱除压气中的水和油，并防止脉冲喷吹装置漏气。

煤磨系统流程的变化如图 23-15 所示。

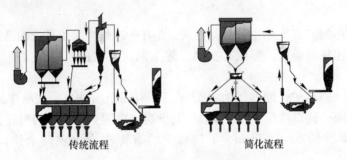

传统流程　　　　　　　　简化流程

图 23-15　煤磨系统流程的简化

煤磨系统简化的最重要意义在于大幅度提高了系统的安全性。原有多级除尘器，每台除尘器都有若干卸灰阀；为连接多台卸灰阀，又需水平输灰设备。而每台卸、输灰设备都是潜在的煤粉爆炸源。国内外的统计资料表明，多数粉尘爆炸事故发生在粉尘收集、分离、转运、储存等设备。煤磨系统所属设备大幅度减少，无疑使整个系统的安全性相应提高。

新技术的应用使煤磨系统的运转率大幅度提高。此前煤磨系统众多设备中的任何一台出现故障都迫使煤磨系统停机。流程简化、设备减少使运转率显著提高，生产成本下降。

某炼铁厂煤磨系统的高浓度袋式收集器主要规格和参数列于表 23-7。

表 23-7　高浓度煤粉袋式收集器主要规格和参数

项　目	单位	参数	项　目	单位	参数
处理风量	m³/h	45000	过滤风速	m/min	0.86
入口温度	℃	≤120	清灰方式		低压脉冲喷吹
滤袋尺寸（直径×长度）	mm	φ120×6000	清灰气源		压缩空气（或氮气）
滤袋材质		消静电涤纶针刺毡	喷吹气源压力	MPa	0.2
仓室数	个	8	入口煤粉浓度	g/Nm³	695~879
每仓滤袋数	条/仓	48	出口煤粉浓度	mg/Nm³	0.59~12.2
滤袋总数	条	384	设备阻力	Pa	1200
总过滤面积	m²	868	滤袋使用寿命	年	≥3

23.2.1.6 高炉出铁场烟气除尘

高炉在出铁期间散发大量烟尘，数量约为 2.5kg/t 铁水，是炼铁厂主要污染源。出铁场烟尘包括"一次烟尘"和"二次烟尘"，前者是指出铁口、撇渣器、铁水沟、渣沟、摆动流槽（或铁水罐）等产生的烟尘，约为 2.15kg/t 铁水，占比 86%；后者是指在开、堵铁口时产生的烟尘，约为 0.35kg/t 铁水，占比 14%。

出铁口是出铁场内主要烟尘源，散发的烟尘量占比 30%，加上撇渣器、摆动流嘴，合计烟尘量占比 70%。出铁口开启的瞬间，烟尘在热压与炉压的作用下喷射而出，范围可达 15~20m 以上，并迅速上升扩散，弥漫在整个出铁场内；出铁终了用泥炮堵铁口时也会产生大量阵发性烟尘散入厂房。

目前国内高炉出铁口烟尘捕集的多种方式中，铁口双侧吸烟罩和铁口顶吸烟罩简单易行，应用普遍，对铁口"一次烟尘"的捕集效果较理想，而对"二次烟尘"的捕集效果不佳。

应用较为普遍的"二次烟尘"捕集方式，是在一次烟尘除尘系统的基础上增设屋顶大罩，并适当围封出铁场周边，形成二次烟尘除尘系统。这种装置烟尘捕集效果好，但投资大。

某钢铁公司一座高炉，原容积为 4063m³，共有四个出铁口，按顺序依次出铁，一个铁口出铁时，有两个铁口待机、一个维修。每天会出现两个出铁口同时开、堵作业搭接的状况约 13 次，累计约 65~130min。平均每天约有 1 次会出现两个铁口同时出铁，约 60~75min。

该高炉出铁场原设有一次烟气和二次烟气两套除尘系统。一次除尘系统主要捕集出铁口、主沟撇渣器、铁沟、渣沟、摆动溜嘴和泥炮口等部位的烟尘；二次除尘系统主要捕集开铁口和堵铁口时小垂幕烟罩烟尘，以及炉顶和炉前原料中间漏斗烟尘。

因高炉扩容至 4706m³，两套除尘系统也相应改造。一次除尘系统基本维持现状，各产尘点的粉尘经吸尘罩捕集，通过分支管路汇总至除尘总管。除尘设备为大气正压反吹袋式除尘器，三台设备并联。增设 VVVF 变频调速，一台变频器协控三台风机，实现系统变负荷节能运行。节电约 480 万千瓦时/年，折合费用约 360 万元/年。

二次除尘系统属改造后基本维持现状，仅改造出铁口小垂幕罩及其管路。除尘设备为一台大气负压反吹袋式除尘器。

改造中增设三次除尘系统，其工艺流程如图 23-16 所示，前述两套系统未能捕集的出铁场烟尘经屋顶烟罩捕集，汇总后进入脉冲袋式除尘器净化，最后由钢制烟囱排放。

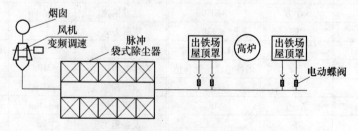

图 23-16　出铁场三次除尘系统工艺流程

三次除尘系统选用长袋低压大型脉冲袋式除尘器一台，双列布置，分 8 个单元室，其主要性能参数见表 23-8。

表 23-8　脉冲袋式除尘器主要性能参数

项　目	单位	参数	项　目	单位	参数
处理烟气量	m^3/min	17000	滤袋规格	mm	$\phi150\times7500$
烟气温度	℃	30~40	滤袋数量	条	4032
入口含尘浓度	g/Nm^3	1~2	过滤面积	m^2	14250
出口含尘浓度	mg/Nm^3	≤20	过滤风速	m/min	≤1.2
过滤单元	室	2×4	除尘器阻力	Pa	≤1500
滤料材质		聚酯针刺毡			

23.2.1.7　100t 炼钢电弧炉烟气净化

袋式除尘器净化炼钢电弧炉烟气在钢铁行业较有代表性。其烟尘的黏性强、粒度细，绝大部分尘粒小于 5μm。表 23-9 为氧化期烟尘的平均粒度。

表 23-9　电弧炉氧化期烟尘的平均粒度

粒径/μm	0~2	2~4	4~6	6~8	8~10	>10
含量/%	52.2	22.5	6.2	7.3	2.5	9.3
累计含量/%	52.2	74.7	80.9	88.2	90.7	100

烟气的初始温度为 1200~1400℃。每熔炼 1t 钢产生 12~14kg 烟尘，在吹氧时含尘浓度可达 10~22g/Nm³。袋式除尘器处理的烟气分为两部分。第一部分烟气直接从电弧炉炉盖的预留孔抽出，通过水冷管道、燃烧室，并经气体冷却器冷却到 250℃ 以下。第二部分烟气来自密闭罩、屋顶罩和其他尘源，属常温烟气。炼钢电弧炉烟气净化系统如图 23-17 所示。

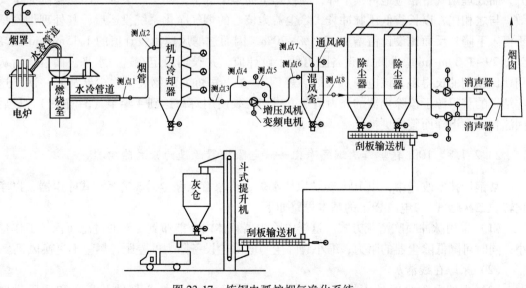

图 23-17　炼钢电弧炉烟气净化系统

炼钢电弧炉烟气的净化，早期曾用电除尘器，现在全部采用袋式除尘器。

某钢铁企业100t炼钢电弧炉，采取炉内排烟、大型密闭罩和屋顶密闭罩相结合的烟气捕集装置，根据冶炼阶段的不同，三项排烟罩相互切换。烟气净化设备为长袋低压脉冲袋式除尘器，采用分室结构，每次允许两个仓室离线清灰，并允许一个仓室离线检修。其主要规格和参数列于表23-10。

表23-10 100吨电弧炉袋式除尘器主要规格和参数

项　　目		单位	设计值	实测值
处理风量（进口）		m³/h	800000	900000~967000
滤袋材质				涤纶针刺毡
滤袋规格（直径×长度）		mm		φ120×6000
滤袋数量		条		5184
有效过滤面积		m²		11580
仓室数		室		24
过滤风速	全过滤	m/min	1.15	1.29~1.39
	二室停风清灰	m/min	1.25	1.41~1.52
	二室清灰、一室检修	m/min	1.31	1.48~1.59
排气含尘浓度		mg/Nm³	45	8~12
清灰方式				停风（离线）脉冲喷吹
喷吹压力		MPa	≤0.25	≤0.20
设备阻力		Pa	≤1800	900~1500
清灰周期		min	10~20	75

本实例是国内长袋低压脉冲袋式除尘器首次用于超高功率电弧炉烟气净化。此前，炼钢电弧炉烟气净化多采用弱力清灰方式的袋式除尘器，由于清灰不良，设备阻力持续上升，而处理烟气量相应地持续下降，导致烟尘捕集率低下，甚至整个烟气净化系统完全失效。与之相比，以长袋低压脉冲袋式除尘器为核心的烟气净化系统投运后，其处理烟气量不但未下降，反而比设计值增加12.5%~20%，因而过滤风速由设计值的1.15m/min提高到1.29~1.39m/min。同时，设备阻力低于设计值，并长期稳定在这一水平。而且，清灰周期比预期的长得多，该电炉每天最多炼钢17炉，每炼一炉钢袋式除尘器清灰一次。这些结果的获得源于该除尘器的强力清灰方式。滤袋使用寿命达到4年半（54个月），最后因滤料强度下降而整体更换。

23.2.1.8 100t转炉二次烟气净化——电除尘器改造为袋式除尘器

某钢厂技术改造中，以100t转炉取代平炉，将原有电除尘器改造为袋式除尘器，以净化转炉二次烟气。"电改袋"的基本思路如下：

（1）采用脉冲喷吹清灰方式。这样电除尘器箱体内才能布置足够的过滤面积，工作量小；同时可降低除尘器的阻力，缩小袋除尘与电除尘设备阻力的差距，尽量不更换风机。

（2）采取在线清灰。

（3）保留电除尘器外围结构及进风和出风总管；拆除核心部件及高压和低压供电

装置。

（4）改造为长袋低压脉冲袋式除尘器，设 8 个过滤单元；每单元设一套脉冲喷吹装置。

（5）利用电除尘器箱体内部空间布置进风和出风通道。

（6）灰斗的上沿加装金属挡网；原有人孔门保留一个供检修之用，其余都予以封焊。

（7）增设 PLC 控制系统；增设压缩空气供应系统，包括压缩空气除尘油除水装置。

袋式除尘器设计的主要规格和参数列于表 23-11。

表 23-11　转炉二次烟气净化袋式除尘器主要规格和设计参数

项　目	单位	参数	项　目	单位	参数
烟气处理量	m^3/h	400000~440000	滤袋数量	条	2160
运行温度	℃	≤120	过滤面积	m^2	4882
入口含尘浓度	g/Nm^3	3~5	过滤风速	m/min	1.36~1.50
原有电除尘器规格		$100m^2$，4 电场	脉冲喷吹压力	MPa	0.2
袋式除尘器形式		长袋低压脉冲袋式除尘器	出口含尘浓度	mg/Nm^3	≤50
滤料类型		涤纶针刺毡	设备阻力	Pa	≤1800
滤袋规格（直径×长度）	mm	$\phi120×6000$	压气耗量	m^3/min	≤5

同时改造的有两台除尘器，均取得满意的效果：

（1）经环保部门的测试，排气含尘浓度平均为 $26mg/Nm^3$，最高含尘浓度为 $45mg/Nm^3$。

（2）原电除尘主体部分平面面积仅占用 75.9%，而体积只占用 38%。设备质量减轻 130t。

（3）用一台 PLC 控制柜取代原有 16 台控制柜，操作简化。

（4）电改袋费用只有电除尘器大修费的 75%~80%。维修量大幅降低，操作人员减少 75%。

（5）滤袋使用寿命 3 年以上。

23.2.1.9　210t 转炉钢包热修作业烟尘治理

钢包热修通常采用煤气与氧气混合高温火焰吹烧透气砖，以去除透气砖部位的杂物，保证钢包正常使用。热修过程产生大量烟尘，从钢包口上方弥漫到整个车间，污染严重。

某钢厂 210t 转炉钢包热修，设置了烟气捕集净化系统（图 23-18），主要由可移动式吸尘罩、脉冲袋式除尘器、风机（调频电机）、烟囱等组成。

钢包翻罐热修瞬间产生大量烟气，在钢包口前方挡板阻挡作用下，烟气上升被吸进移动吸尘罩，经管道进入袋式除尘器，净化后的烟气通过风机经烟囱排放。

移动吸尘罩设置在热修工位钢包口前方的轨道上。当钢包翻罐后，吸尘罩前移，罩住整个钢包口，较好地实现了钢包翻罐时烟尘的有效捕集。钢包修好后，吸尘罩后移，钢水包回位起吊。

当袋式除尘器入口烟气温度超过 180℃ 时，管道上的混风阀迅速开启，冷空气的混入使烟气降温，保证袋式除尘器的正常运行。

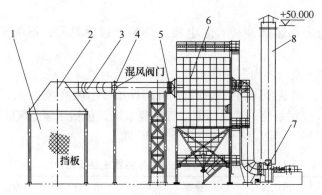

图 23-18　钢包热修改除尘系统

1—挡板；2—可移动吸尘罩；3—吸尘管道；
4—混风阀；5—波纹膨胀节；6—脉冲袋式除尘器；
7—风机电机消音器；8—烟囱

除尘设备为长袋低压脉冲袋式除尘器，其主要规格和参数列于表 23-12。

表 23-12　袋式除尘器主要规格和参数

项　目	单位	参数	项　目	单位	参数
处理风量	m³/h	80000	滤袋数量	条	442
过滤面积	m²	1440	滤袋材质		覆膜玻纤膨体纱滤布
设备阻力	Pa	<1500	清灰方式		脉冲喷吹
过滤风速	m/min	0.9	脉冲阀规格	mm	淹没式，DN80
滤袋规格（直径×长度）	mm	φ130×8000	脉冲阀数量	个	36

清灰采用在线脉冲喷吹方式。根据钢包热修烟气间歇作业的特点，钢包热修时风机高速运行；作业间歇时风机低速运行，PLC 指令开始清灰，全部脉冲阀都喷吹一次。

钢包热修作业间断进行，除尘系统的主风机设置了调频器，将风机的转速与可移动吸尘罩联动：吸尘罩前移到位时，风机高速运行；其余时间风机低速运行。

采用西门子公司 S7-200PLC 自动控制系统，由钢包热修控制室集中监控，同时设置了手动开关，以便人工控制进行检修。

效果：该除尘系统运行三年后观察，仍运行正常，钢包热修作业环境显著改善。经检测，钢包热修岗位粉尘浓度小于 8mg/m³，烟囱排放粉尘浓度小于 20mg/m³。

23.2.1.10　12500kVA 密闭铁合金电炉煤气净化

密闭铁合金电炉煤气中 CO 含量约占 60%~80%。煤气中粉尘成分以 MnO、SiO_2、CaO、MgO 为主，含 Mn 量为 30%。粉尘粒径细而黏，小于 $2\mu m$ 的尘粒超过 90%。

粉尘真密度为 2.67~2.69g/cm³，堆积密度为 0.47~0.49g/cm³。荒煤气含尘浓度约 60~80g/Nm³。12500kVA 密闭铁合金电炉的煤气的工况流量约为 3600~4000m³/h。煤气温度波动幅度大，正常时约 150℃，炉况异常时可达 500~700℃。

此外，铁合金煤气系统还具有负压操作、易燃易爆、黏性大和焦油析出等特点。

我国铁合金炉煤气普遍以湿法洗涤净化和回收工艺为主，普遍存在以下缺点：净化效率低；净煤气含水分多，热值低；耗水量大；污水处理投资和运行费用高，运行能耗高；洗涤水管路和设备堵塞严重，检修频繁，影响正常生产。

一项新技术是以袋式除尘器为核心的铁合金炉煤气干法回收，该干法净化有诸多优点：

（1）净化效果好，净煤气含尘浓度≤5~10mg/Nm³。

（2）煤气含水量低、热值高。

（3）大量减少水资源消耗，杜绝污水的产生和处理，消除系统管道结垢和腐蚀等问题。

（4）回收的粉尘不含水，方便后续的处理利用。

（5）运行能耗和检修费用大幅度降低。

某企业12500kVA密闭铁合金电炉煤气干法净化工艺流程如图23-19所示。

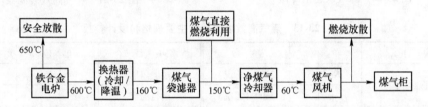

图 23-19 12500kVA 密闭铁合金炉煤气袋滤净化与回收工艺

荒煤气降温装置采用三级冷却的形式。第一级为自然冷却降温，第二级为旋风预分离和降温，第三级为煤气快速空冷器。高温含尘荒煤气经多级冷却后，煤气温度降至160℃左右，满足袋式除尘器工作温度的要求。

煤气快速空冷器主要由冷却管束组、蛇形高温煤气通道和喷吹清灰装置构成。设有水冷喷淋装置、强制冷却风机及管束封堵装置。荒煤气从空冷器上部进入，经蛇形冷却通道自上而下绕流冷却管束（图23-20）；冷却管束内部由下而上流通自然风，设计降温能力300℃左右。根据煤气温度的高低，可开启喷淋装置加速降温，或封堵部分管束以减少换热面积。为了应对管壁或烟（煤）气通道积灰，设有喷吹清灰装置。换热器阻力约1200Pa。

净化设备选用煤气高效袋滤器（图23-21）。采用脉冲喷吹清灰，由PLC系统自动控制。清灰气源为纯净的氮气。净化后煤气含尘浓度为5mg/m³，高效袋滤器的阻力小于1000Pa。

净煤气中含有大量的水分和焦油，需要深度脱除，此项处理由净煤气冷却装置实现。冷却器的阻力小于300Pa；脱水器阻力小于500Pa，脱水率约为80%。

该煤气袋滤净化系统实现了与生产100%同步运行。经3次检测表明：净煤气含尘浓度不高于5mg/Nm³；袋滤器阻力为1000Pa；系统阻力为3000Pa；比湿法净化节水90%，节能40%。

12500kVA密闭铁合金炉煤气袋滤器的主要规格和设计参数列于表23-13。

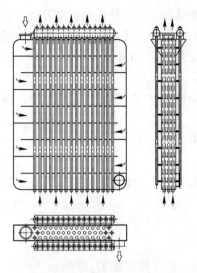

图 23-20 煤气快速空冷器

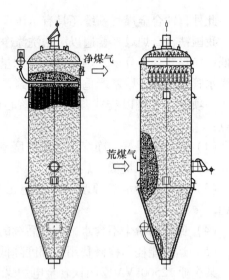

图 23-21 煤气高效袋滤器

表 23-13 煤气高效袋滤器的主要规格和设计参数

项 目	单 位	参 数	项 目	单 位	参 数
处理煤气量	Nm^3/h	2500（标况）	过滤风速	m/min	约 0.36
	m^3/h	3600（工况）	运行温度	℃	100~120
入口粉尘浓度	g/Nm^3	约 60	清灰方式		脉冲喷吹
筒体内径	m	约 2.6	清灰用氮气压力	MPa	约 0.2
脉冲阀规格型号		CD-80	清灰用压缩氮气量	m^3/min	0.5~1.0
脉冲阀数量	个	9	出口粉尘浓度保证值	mg/Nm^3	≤10
滤袋规格（直径×长度）	mm	$\phi130\times4000$	设备阻力	Pa	1500~2000
滤袋条数	条	103	滤袋寿命	年	≥2
过滤面积	m^3	168	泄爆压力	MPa	0.1+15%
滤袋材质		氟美斯等高温滤料			

23.2.1.11 25000kVA 密闭电石炉煤气净化

密闭电石炉生产工艺的主要原料为石灰和焦炭。原料准备工序产生大量粉尘，而矿热电炉则产生富含 CO 和烟尘的煤气。

现代的矿热电炉为全密闭形式，生产中产生大量煤气，回收利用价值很高。25500kVA 密闭电石炉煤气的主要参数列于表 23-14。

表 23-14 25500kVA 密闭电石炉煤气参数

项 目	单 位	参 数
煤气量	Nm^3/h	2800
矿热炉出口煤气温度	℃	正常工况：600~650；异常工况：≥800
含尘浓度	g/Nm^3	120~150

项　目	单位	参　数						
煤气成分（体积比）	名称	CO	H$_2$	CH$_4$	CO$_2$	O$_2$	N$_2$	焦油
	%	75~85	5~12	0~5	2~5	0.2~1	1~8	1~2
粉尘成分（质量比）	名称	C		CaO	MgO	Fe$_2$O$_3$		SiO$_2$
	%	10~25		30~35	1~5	0~7		—
粉尘粒度	μm	<3.5		3.5~5		5~10		>10
	%	42		20		21		17

　　密闭电石炉生产煤气净化工艺流程如图 23-22 所示。一般流程是：荒煤气先经水冷管道冷却，再经粉尘、焦油沉降器，约 50% 的粉尘在此除去；再依次通达空气冷却器、捕集焦油冷却器将烟气温度降至 220~250℃，然后进入袋式除尘器。需要注意的是，由于原料、操作条件不同，各企业电石炉煤气参数存在差异，煤气降温和焦油捕集流程也有所不同。

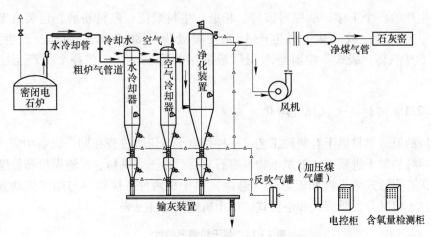

图 23-22　密闭电石炉煤气净化工艺流程

　　在袋式除尘器之前进行冷却和捕集焦油的目的是：防止焦油在低于 200℃ 条件下析出和堵塞滤袋和管道；防止温度过高而损坏袋式除尘器。

　　湖南某企业有 25000kVA 密闭电石炉三座，每座电石炉煤气量为 2800Nm³/h。工况煤气量约 5600m³/h。除尘器入口烟气温度约 200℃，夏季稍高，冬季则稍低。

　　一座电石炉配备两个袋式除尘器筒体，用一备一。该圆形筒体按压力容器设计和制造（图 23-23）。顶盖上设有带外盖可自动复原的泄爆阀。滤袋规格为 φ130mm×6000mm，每个筒体有滤袋 130 条，过滤面积为 319m²。滤料材质为"氟美斯"。过滤风速为 0.3m/min。

　　滤袋清灰采用脉冲喷吹方式，以氮气作为清灰气源。脉冲阀口径为 DN100mm，数量为 6 位，每位脉冲阀为两排滤袋清灰，通过与输出弯管相连的三通管而接至喷吹管（图 23-24）。脉冲阀出口设手动球阀。

　　密闭电石炉煤气经过袋式除尘器净化后，净煤气含尘浓度不高于 10mg/Nm³。

图 23-23　袋式除尘器筒体顶部外形

图 23-24　脉冲阀出口弯管及三通管

23.2.2　袋式除尘器在水泥行业的应用

水泥生产的各个工序，从原料破碎、粉磨、生料煅烧、熟料粉磨、包装直至成品出厂，均产生大量粉尘或烟尘，每生产 1t 水泥要处理 2.8~3.0t 的物料，产生 13000~15000Nm³ 含尘气体。袋式除尘器是水泥厂最常用的除尘设备，在各个生产工序均广泛应用。

23.2.2.1　回转烘干机烟气净化

水泥厂的原、燃料烘干有两种工艺：一种是烘干与研磨过程在同一设备中完成；另一种是设置单独的烘干机系统。被烘干物料有石灰石、黏土、铁粉、矿渣煤粉和粉煤灰。

烘干机有回转式烘干机和流态化（悬浮）烘干机两种。按物料与烟气流动方向的不同，回转烘干机又分为顺流式和逆流式。烘干机烟气特性见表 23-15。

表 23-15　烘干机烟气特性

物料	烘干机形式	烟气量 /m³·kg⁻¹	含尘浓度 /g·Nm⁻³	粉尘的化学成分（质量分数）/%						
				SiO₂	Al₂O₃	Fe₂O₃	CaO	MgO	SO₃	Na₂O+K₂O
石灰石	回转式	0.4	10~30	6.3	2.0	1.3	49.5	0.8	0.7	0.28
黏土	回转式	1.2	10~40	60.9	10.8	11.0	2.5	2.4	1.9	
煤	回转筒	1.4	6~15	挥发分 36.6%，固定碳 46.6%，灰分析 5.0%						
矿渣	悬浮式	1.5	40~60							

烘干机烟气含尘浓度波动很大，一般小于 40g/Nm³，个别条件下可高达 50~150g/Nm³。烟气温度一般为 150~200℃。烟气含湿量可达 20%~25%，露点高于 60℃。烟尘粒度通常小于 60μm。

采用袋式除尘器时，需防止烟气温度波动而影响袋式除尘器的正常运行。对于偶尔出现的高温，通常采用混冷风的方法加以控制；而对于低温，往往办法不多。一种有效方法是，从热风炉引部分高温烟气到烘干机尾部，与烘干机尾气混合进入袋式除尘器（图 23-25）。

在烘干机出口、热风管道、袋式除尘器入口和出口都设有测温点，PLC 控制系统根据各点温度值调节有关阀门的开度，从而将进入袋式除尘器的烟气温度控制在合理的范围内。

当烘干机尾气温度适中时，冷风阀 F2、热风阀 F1、冷风阀 F3 全部关闭；

当烘干机尾气温度过高时，冷风阀 F3 开启，混入冷风降温；此时若烟气温度继续升高，可能危及烘干机和袋式除尘器时，PLC 将发出警报，提请操作人员停机处理；

当烘干机尾气温度过低时，热风阀 F1 开启，使尾气升温；此时若热风温度过高，则冷风阀 F2 开启，以保护热风管道和热风阀。

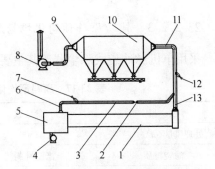

图 23-25　回转烘干机烟气净化系统
1—回转烘干机；2—热风阀 F1；3—测温点 1；
4—鼓风机；5—热风炉；6—热风管道；
7—冷风阀 F2；8—引风机；9—测温点 4；
10—袋式除尘器；11—测温点 3；
12—冷风阀 F3；13—测温点 2

某水泥厂一台用于干燥粉煤灰的烘干机，原采用电除尘器净化，结露现象严重，粉尘排放严重超标。决定对原除尘器系统进行改造，采用上述控温措施，并将电除尘器改造为长袋低压脉冲袋式除尘器。烘干机烟气参数以及袋式除尘器主要规格和参数列于表23-16。

表 23-16　回转烘干机袋式除尘系统主要规格和参数

项　目	单位	参　数	项　目	单位	参　数
烘干机形式和规格		回转式 $\phi 3m \times 20m$	滤袋规格（直径×长度）	mm	$\phi 120 \times 6000$
被烘干物料		粉煤灰（含湿量≥20%）	过滤面积	m^2	922
台时产量	t/h	40	过滤风速	m/min	1.45
烟气温度	℃	50~250	入口含尘浓度	g/Nm^3	≤150
烟气露点温度	℃	≤60	出口含尘浓度	mg/Nm^3	≤30
处理烟气量	m^3/h	80000	设备阻力	Pa	≤1200
滤袋材质		诺梅克斯防油防水针刺毡			

运行效果：改造后，除尘系统杜绝了以往浓烟滚滚的状况，粉尘排放浓度稳定在 $30mg/Nm^3$ 以下，烟气温度控制达到预期目标，未出现温度过高或过低的现象。

23.2.2.2　生料磨尾气除尘

生料磨尾气除尘一直是水泥厂粉尘控制的难点，主要在于生料磨尾气同时具有较高的湿度和较高的粉尘浓度。许多厂没有烘干设备，雨季时原材料中的水分较高，生料磨尾气的露点与尾气温度相差无几，极易出现结露现象。无论采用何种除尘设备都必须严格防止结露。

某企业生料磨尾气除尘采用脉冲喷吹袋式除尘器，处理风量为 $30000m^3/h$；过滤面积为 $480m^2$；入口粉尘浓度小于 $200g/Nm^3$；实际粉尘排放浓度小于 $30mg/Nm^3$。

23. 2. 2. 3 辅助原料预均化堆场及输送系统除尘

采用单机脉冲袋式除尘器，其主要规格和参数见表 23-17。

表 23-17 原料预均化及输送系统袋式除尘器规格和参数

项　目	参　数	项　目	参　数
处理风量/$m^3 \cdot h^{-1}$	3500	清灰方式	脉冲喷吹
滤袋材质	涤纶针刺毡	喷吹压力/MPa	<0.5
滤袋规格/mm×mm	$\phi120×1500$	压气耗气/$m^3 \cdot min^{-1}$	0.3
滤袋数量/条	54	设备阻力/Pa	1500
过滤面积/m^2	33	滤袋使用寿命/月	24
过滤风速/$m \cdot min^{-1}$	<1.5	设备质量/t	1
入口粉尘浓度/$g \cdot Nm^{-3}$	200	外形尺寸/mm	1000×1500×3800
出口粉尘浓度/$mg \cdot Nm^{-3}$	30		

23. 2. 2. 4 10000t/d 水泥回转窑窑头烟气除尘

某厂 10000t/d 新型干法水泥生产线，回转窑规格为 $\phi6.2×98m$，带有立筒五级旋风预热器。窑头的烟尘特性如表 23-18 所列。

表 23-18 10000t/d 水泥窑头烟尘特性

项　目	单位	参　数						
烟气量	m^3/h	1050000						
烟气温度	℃	≤220						
含尘浓度	g/Nm^3	≤150						
烟气成分		CO_2，N_2，O_2，SO_2，NO_x，CO						
粉尘成分	成分	SiO_2	Fe_2O_3	Al_2O_3	CaO	MgO	SO_3	Loss
	%	22.17	4.57	4.96	65.41	1.28	1.3	0.19
烟尘粒度	μm	<20 占95%						
烟尘堆积密度	t/m^3	0.8~0.9						

窑头烟气除尘系统如图 23-26 所示。采用长袋低压脉冲袋式除尘器，滤料为诺梅克斯（NOMEX）针刺毡加特氟隆浸渍处理。在袋式除尘器之前设有机力风冷器。

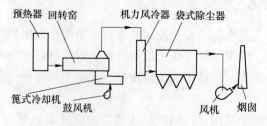

图 23-26　回转窑头烟气净化系统

长袋低压脉冲袋式除尘器主要规格和参数列于表 23-19。

表 23-19 回转窑头烟气净化袋式除尘器主要规格和参数

项 目		单位	参数	项 目	单位	参数
处理烟气量	标况	Nm³/h	610000	仓室数	室	40
	工况	m³/h	1050000	入口含尘浓度	g/Nm³	≤150
烟气温度		℃	≤220	出口含尘浓度	mg/Nm³	≤10
滤袋材质			诺梅克斯针刺毡加特氟隆处理	清灰方式		低压脉冲喷吹
滤袋规格（直径×长度）		mm×mm	φ160×6000	喷吹压力	MPa	0.2~0.3
过滤面积		m²	19200	设备阻力	Pa	≤1500
过滤风速		m/min	0.91	漏风率	%	<3

23.2.2.5 5300t/d 水泥窑窑尾烟气除尘

水泥窑是烧成系统的主要设备，其粉尘排放量占总量的 50%以上，且烟气温度波动大、含湿量高、含尘浓度高。水泥窑的种类较多，新型干法窑是重点推广的新技术装备。

新型生产线多将 350~400℃的窑尾烟气用作生料磨烘干热源，生料磨排出的烟气（温度为 120℃，露点温度为 50℃）再返回合并进入除尘器。新型干法生产线的工艺流程如图 23-27 所示。

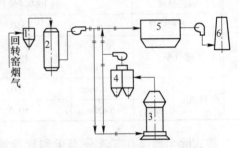

图 23-27 现代新型干法水泥窑工艺流程
1—预热器；2—增湿塔；3—生料磨；
4—旋风除尘器；5—袋式除尘器；6—烟囱

进入除尘器的联合作业烟气带着生料磨的粉尘，粉尘浓度高达 600~1000g/m³，设计选用的袋式除尘器必须充分适应这一条件。磨机停运时，依靠增湿塔对烟气进行调质和降温。

该回转窑烟尘特性见表 23-20，窑尾烟尘与生料化学成分及烟尘粒径见表 23-21。

表 23-20 新型干法回转窑烟尘的基本特性

项 目	单位	参数	项 目	单位	参数
烟气温度	℃	320~400	含尘浓度	g/m³	30~120
含湿量	%	4~6	粉尘粒径		<10μm 占比 90%~97%
露点	℃	40	粉尘比电阻	Ω·cm	≥10¹²

表 23-21 窑尾烟尘与生料化学成分及烟尘粒径分布

化学成分		SiO	Al₂O₃	Fe₂O₃	CaO	MgO	K₂O	Na₂O	烧失量
窑尾烟尘		15.9	3.78	2.58	34.4	0.78	11.06	0.1	23.95
生料		11.4	5.31	1.81	43.5	0.98	1.25	0.09	35.43
烟尘粒径分布	粒径/μm	<15	15~20	20~30	30~40	40~88	>88		
	比例/%	94	2	2	1	1	0		

某企业 5300t/d 水泥回转窑窑尾原采用引进的电除尘器，处理风量为 970000m³/h。为满足严格的环保标准，2004 年决定将电除尘器改造为 LPPM504-2×5 型长袋低压脉冲袋式除尘器，设计要求的除尘系统主要规格和参数列于表 23-22。

表 23-22　5300t/d 回转窑窑尾烟尘袋式除尘器主要规格和参数

项　目		单位	参　数	项　目		单位	参　数
清灰方式			低压脉冲喷吹		规格	mm×mm	φ160×6000
处理烟气量		m³/h	要求：960000；实际：1000000	滤袋	使用温度　连续	℃	160
烟气	入口温度	℃	50~260		使用温度　瞬间	℃	260，持续≤10min
	入口湿度	%	<25		热收缩率	%	<1
	入口含尘浓度	g/Nm³	<100		过滤面积	m²	15200
	要求粉尘排放浓度	mg/Nm³	<10		过滤风速	m/min	<1.2
滤料	滤袋材质		纯 P84 纤维针刺毡		设备阻力	Pa	1200
	单位面积质量	g/m²	550		保证使用寿命	年	3+1
	透气率	m³/(m²·min)	1500		占地	m×m×m	28.75×17.3×15.8
	断裂强度　纵向	N/5×20mm	750		设备漏风率	%	<2
	断裂强度　横向	N/5×20mm	1000		设备漏风率	%	<2

袋式除尘器设有气流分布板和导流阀，使含尘气流均布。同时，适当扩大灰斗的容积，以降低箱体内含尘气流的速度，促进大颗粒粉尘的沉降。滤袋材质为 100%P84 纤维针刺毡，表面采用渗膜处理。滤袋清灰采用低压脉冲喷吹方式。实行在线清灰、离线检修制度。

袋式除尘器入口前设有两个混风阀，当进气温度达 230℃时开启一个混风阀，混入大气降温；当进气温度达 250℃时，两个混风阀同时开启，以保护滤袋。

该窑尾袋式除尘系统于 2005 年 4 月投运；窑产量达到 5400t/d；除尘器阻力不大于 1100Pa；滤袋内外阻力不大于 600Pa；随主机运转率为 100%。环保部门测定烟尘排放浓度，三次数据分别为 6.1mg/Nm³、7.9mg/Nm³、9.8mg/Nm³。跟踪观察结果表明，滤袋使用寿命超过 6 年。

这是国内水泥行业回转窑尾烟气净化首次采用脉冲喷吹清灰的袋式除尘器，也是当时水泥行业排放浓度和运行阻力最低的袋式除尘系统。

23.2.2.6　水泥磨尾气除尘

新型的干法水泥生产线，基本上都采用 O-sepa 或类似的高效选粉机。它有以下特点：尾气含尘浓度高，可达 900~1300g/Nm³；粉尘细，比表面积一般为 280~650m²/kg；尾气流量大，这是由于它完全依靠气流进行选粉。

用于尾气净化的袋式除尘器已不仅是环保设备，而是主机设备不可或缺的一部分。因此，水泥磨尾气净化必须采用高浓度粉尘袋式除尘器，全部粉料产品都由该一级除尘器回收，滤袋清灰采用低压脉冲喷吹方式。水泥磨尾气除尘系统变得很紧凑（图23-28）。袋式除尘器主要规格和参数列于表23-23。

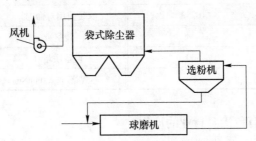

图 23-28 带高效选粉机水泥磨工艺流程

表 23-23 带高效选粉机的水泥磨袋式除尘器主要规格和参数

项 目	参 数	项 目	参 数
除尘器类型	高浓度粉尘袋式除尘器	粉尘排放浓度/mg·Nm^{-3}	<8.3（实测值）
处理风量/m^3·h^{-1}	213000	清灰方式	脉冲喷吹
滤袋材质	涤纶针刺毡覆膜	设备阻力/Pa	1100
滤袋规格/mm×mm	ϕ160×6000	投运时间	2005年6月
过滤风速/m·min^{-1}	1.0	滤袋使用寿命/年	4
入口粉尘浓度/g·Nm^{-3}	1320		

23.2.2.7 矿渣微粉粉磨站收尘

矿渣微粉是生产矿渣水泥的主要原料之一，但其细度小到一定程度才能发挥效能。比表面积为420~450m^2/kg的微粉，可生产高标号矿渣水泥。因此磨粉工艺发展迅速。

矿渣粉磨工艺产生的尾气具有如下特点：（1）粉尘颗粒细，粒径小于10μm的颗粒占50%以上；（2）含尘浓度高，一般为400~1000g/Nm^3；（3）含湿量高，水淬矿渣的含水量可高达15%~20%，磨粉过程中，水分蒸发进入尾气；（4）系统负压大，可达14000Pa。

矿渣微粉粉磨站采用大型立磨。大多沿用一级袋式收尘器的短流程，配套的袋式收尘器不仅是环保设备，更是生产设备。设计时应特别注意清灰装置的效果和可靠性。

某企业两条年产90万吨矿渣微粉生产线，立式磨为引进设备。台时产量为140t/h，采用气箱脉冲袋式收尘器并对结构优化设计。主要规格和参数列于表23-24。

表 23-24 矿渣微粉粉磨站袋式收尘器规格和参数

项 目	参 数	项 目	参 数
处理风量/m^3·h^{-1}	600000	清灰方式	气箱脉冲喷吹
运行温度/℃	85~130	喷吹压力/MPa	<0.23
滤袋材质	涤纶针刺毡覆膜	脉冲间隔/s	15
滤袋规格/mm×mm	ϕ133×3050	压气耗量/m^3·min^{-1}	10.0
滤袋数量/条	8192	设备阻力/Pa	≤800

项　目	参　数	项　目	参　数
过滤面积/m²	10232	滤袋使用寿命/月	36
过滤风速/m·min⁻¹	0.98	袋室数	64
入口粉尘浓度/g·Nm⁻³	500	设备质量/t	180
出口粉尘浓度/mg·Nm⁻³	25	外形规格/mm×mm×mm	17380×13300×9183

23.2.3　袋式除尘器在有色冶金行业的应用

23.2.3.1　铝电解槽烟气净化

铝冶炼生产是以氧化铝为原料、氟化盐为熔剂、炭素材料作导体、采用电解法制取金属铝的生产过程。主要设备是电解槽。预焙阳极铝电解槽在生产过程中主要产生氟化氢等有害物。其烟气干法净化工艺流程（图23-29）：各电解槽的烟气汇集在一起进入反应器，同时定量加入新鲜氧化铝，然后进入袋式除尘器。在反应器内及在滤袋表面的氧化铝滤层均可吸附氟化氢气体。吸附后的氧化铝被袋式除尘器收集，经风动溜槽、提升机等输送设备，一部分送到贮仓供电解槽生产使用，其余再返回到袋式除尘器前的烟道。

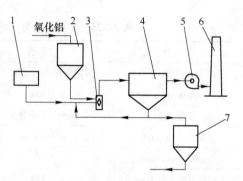

图 23-29　铝电解槽烟气干法净化工艺流程
1—电解槽；2—新氧化铝仓；3—反应器；
4—袋式除尘器；5—风机；6—烟囱；
7—吸附后氧化铝仓

国内铝净化设备，大型铝厂均采用长袋低压脉冲电解烟气袋式除尘器，有的企业采用菱形滤袋反吹风除尘器。净化系统主要参数列于表 23-25。

表 23-25　铝电解槽烟气干法净化系统主要参数

项　目	单位	参　数	项　目	单位	参　数
单槽排烟量	m³/h	7500（闭槽）	烟气中固气比	g/m³	30~50
		15000（开槽）	氧化铝循环次数	次	0~4
总排烟量	m³/h	564000	天窗排氟量	kg/t(Al)	0.356
电解槽排氟量	kg/h	17.8	烟囱排氟量	mg/m³	6
烟气捕集效率	%	98	烟囱排尘浓度	mg/m³	<10
氟化氢净化效率	%	>98.5	总排氟量	kg/t(Al)	<1.0

23.2.3.2　熔铝炉烟气除尘

熔铝炉熔炼一炉铝液约8小时，大致分为装料期、升温期、熔化期、精炼保温期。熔铝炉烟尘具有阵发性，主要产生在加料期和精炼期。正常工况条件下，烟气含尘浓度为 $300 \sim 600 mg/Nm^3$，最高可达 $3 \sim 5 g/Nm^3$。

熔铝炉烟尘粒度：≤1μm 占比 72.5%；1~30μm 占比 15%；≥30μm 占比 12~13%。

熔铝炉烟气主要成分有 CO_2、CO、N_2、H_2O、HCl、Cl_2、HF 等。有检测报告显示，熔铝炉（或保温炉）精炼时，烟气中 HCl 含量为 $280mg/Nm^3$；Cl_2 含量为 $161mg/Nm^3$。

由于熔炼的周期性，间歇式工作制度，以及开、停炉频繁的特点，熔铝炉烟气温度波动大，加上酸性气体的作用，易发生结露并导致除尘器和管路系统腐蚀。

上述情况对袋式除尘器的应用带来一定难度，在设计选型时应予以足够的重视。

大多数熔铝炉的烟尘治理系统能实现烟气达标排放，但对于改善操作环境则效果较差。难点是"搓灰"作业，是从炉内扒出的高温灰渣中迅速掏出有用物质，粉尘污染严重。

某企业新建 2 台×25t 熔铝炉，配套一套卧式搓灰机，熔炼炉原料为铝锭和铝材边角余料；燃料为天然气。熔铝炉除尘系统由烟尘捕集罩、输气管道及阀门、火星捕集器、袋式除尘器、风机、自动控制系统等部件组成（图 23-30）。

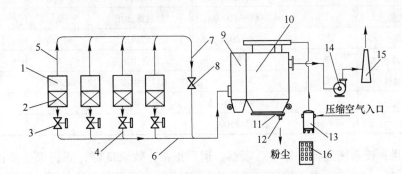

图 23-30　熔铝炉烟气除尘系统

1—熔铝炉；2—烟尘捕集罩；3—炉门罩蝶阀；4—炉门烟气支管；5—炉内排烟支管；
6—烟气总管；7—炉内排烟总管；8—高温调节阀；9—火星捕集器；10—袋式除尘器；
11—螺旋输灰机；12—卸灰阀；13—压缩空气储罐；14—风机；15—烟囱；16—控制系统

烟尘捕集罩专为控制"搓灰"等操作散发的烟尘而设，炽热颗粒的捕集采用惯性除尘器。净化设备采用长袋低压脉冲袋式除尘器。

下列设备或部件以 316L 不锈钢制作：上箱体；除尘器内壁衬板；风机机壳、叶轮、进风口。另外，风机主轴材质为 2Cr13，轴承为 NSK 进口产品。火星捕集器内壁、除尘器以后的烟气总管内表面涂耐酸性涂料；对袋式除尘器以岩棉保温，厚度为 100mm。

运行效果：熔铝炉除尘系统投运后，烟尘排放浓度达标，系统阻力在预期范围内。投运一年后观察，系统运行正常。

根据搓灰机不同的工况，分别设置了立式搓灰机加料口排烟罩、出料槽排烟罩、迴转分级筛排烟罩。粉尘控制效果良好，工作环境大为改善，铝渣和粉尘的分离效果显著提高，也大大减轻了工人的劳动强度，获得业主好评。

23.2.3.3　铅鼓风炉烟气收尘

某厂铅鼓风炉收尘系统包括电热前床进渣口、放渣口、排放口，以及烟化炉进料口等 7 个吸尘点。原有两台反吹风袋式除尘器，由于清灰装置损坏，只能靠人工拉动人孔门借助箱体内的负压而清灰，清灰效果差，滤袋损坏严重，有价金属大量流失，环境严重污染。于是对原收尘系统进行改造。

将原有两台反吹风袋式除尘器改造为长袋低压脉冲袋式除尘器，采用覆膜针刺毡滤袋。对管道系统也作了改选，但风机和电机不变。

改造后的收尘系统框图示于图 23-31。

袋式除尘器主要规格和设计参数列于表 23-26。

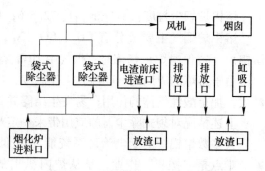

图 23-31　铅鼓风炉收尘工艺流程

表 23-26　铅鼓风炉袋式收尘器主要规格和参数

项 目	单位	参 数	项 目	单位	参 数
处理烟气量	m³/h	120000~150000	总过滤面积	m²	2088
入口温度	℃	≤120	过滤风速	m/min	1.04~1.20
烟气含湿量（体积比）	%	~8	入口含尘浓度	g/Nm³	≤50
烟气露点温度	℃	~40	出口含尘浓度	mg/Nm³	≤30
滤袋材质		覆膜涤纶针刺毡	设备阻力	Pa	≤1500
滤袋规格（直径×长度）	mm×mm	φ120×5500			

运行效果：该系统运行一年半后观察，运行正常，效果良好，滤袋未更换；出口粉尘排放浓度 8~15mg/Nm³；袋式除尘器采用定压差清灰，当设备阻力达到 1200Pa 时开始喷吹，清灰后阻力降至 600~800Pa；有价金属的回收量显著增加。

23.2.3.4　含锌炉渣烟化炉烟气收尘

某厂冶炼产生的含锌炉渣，采用烟化炉吹炼回收金属锌。生产过程中，锌与其他金属从炉渣中挥发出来，遇空气氧化为次氧化锌，随同烟气进入收尘器。烟化炉收尘设备兼有生产和环保双重功能。烟化炉粉尘成分和烟气特性列于表 23-27。

表 23-27　含锌炉渣烟化炉粉尘成分和烟气特性

粉尘成分	元素	Pb	Zn	Cu	Fe	Cd	S
	含量/%	40.6	58.07	0.35	0.60	0.14	0.24
烟气特性	烟气温度/℃		露点/℃	烟气成分/%		
	烟化炉出口	袋式除尘器入口		CO_2	CO	O_2
	1200~1300	180~210	35	13.9	11.2	0.3

烟气先经过余热锅炉，以回收热量并降低温度，然后进入长袋低压脉冲袋式除尘器收尘。采用诺梅克斯（NOMEX）针刺毡滤袋。收尘系统框图如图 23-32 所示。袋式除尘器主要规格和参数列于表 23-28。

收尘系统运行五年时，尚未出现过事故性停机。除事故性破损外，诺梅克斯滤袋寿命超过两年。设备阻力始终平稳，证明清灰效果良好。

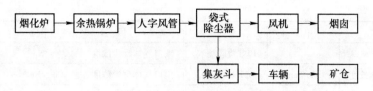

图 23-32　含锌炉渣烟化炉收尘系统示意

表 23-28　含锌炉渣烟化炉袋式收尘器主要规格和参数

项　目	单位	参　数	项　目	单位	参　数
处理烟气量	m³/h	96000~180000	过滤风速	m/min	0.8~1.5
滤袋材质		诺梅克斯针刺毡	入口含尘浓度	g/Nm³	14~16
滤袋规格（直径×长度）	mm×mm	φ120×6000	出口含尘浓度	mg/Nm³	≤60
总过滤面积	m²	2000	设备阻力	Pa	≤1200

23.2.3.5　炼铜鼓风竖炉烟尘治理

鼓风竖炉由炉顶、炉身和炉缸组成。炉顶设有加料口和排烟口。炉料从炉顶加入，形成料柱。空气由下部风口鼓入，作为燃料的焦炭在风口区燃烧，形成高温熔炼区。

鼓风竖炉熔炼有两种操作方式：（1）高料柱（3.6~5.5m），冷炉顶（100~200℃），多用于还原熔炼；（2）低料柱（2.5~3.5m），热炉顶（300~500℃），多用于造锍熔炼。

在铜冶炼的原料制备和火法冶炼各项作业中，产生大量烟尘。其中主要含有 SO_2、SO_3、CO 和 CO_2 等气体，含有铜以及硒、碲、金、银等稀贵金属，综合利用价值很高。

某炼铜鼓风竖炉直径为 φ4.1m，日产冰铜约 726t/d，采用富氧鼓风方式。熔炼采取低料柱方式，烟气温度为 300~500℃。鼓风竖炉烟气成分列于表 23-29。

表 23-29　炼铜鼓风竖炉烟气成分　　　　　　　　　　（%）

成分	SO_2	SO_3	CO_2	CO	N_2	O_2	H_2O
含量	5.12	0.002	9.67	0.7	65.608	1.5	17.4

该鼓风竖炉烟气生成量共计 36356Nm³/h，包括干烟气、水蒸气（含量 17.4%）及炉门漏风量（15%）之和。烟气温度为 450℃，采取混冷风直接降温方式将烟气温度降至 150℃，需混入冷风量 102480Nm³/h。因此，除尘系统烟气处理量为 215120m³/h。

采用长袋低压脉冲袋式除尘器，滤袋材质选用 PPS 针刺毡覆膜滤料。采取离线清灰方式。自动控制由 PLC 系统实现，集中控制、机旁控制两种方式可选。

炼铜鼓风竖炉烟气含酸性气体和水蒸气，已经采取措施防止袋式除尘系统结露。

炼铜鼓风竖炉烟气袋式除尘器主要规格和参数列于表 23-30。

表 23-30　袋式除尘器主要规格和参数

项　目	单位	参数	项　目	单位	参数
处理风量	m³/h	215120	清灰方式		低压脉冲喷吹
除尘器仓室数	室	8	喷吹压力	MPa	2.5~4.0

项　目	单位	参数	项　目	单位	参数
滤袋材质		PPS 覆膜滤料	入口气体含尘浓度	g/Nm³	12~55
滤袋规格（直径×长度）	mm×mm	φ160×6500	出口气体含尘浓度	mg/Nm³	<30
滤袋总数	条	1280	设备阻力	Pa	<1200
总过滤面积	m²	4176	压缩空气消耗量	m³/min	3.0
脉冲阀规格	in	3	设备耐压	Pa	±6000
脉冲阀数量	位	80	漏风率	%	≤2.5

23.2.3.6　易态铁铝滤材用于铅冶炼反射炉高温烟气砷锑分离及砷富集回收

"铅冶炼反射炉高温烟气砷锑分离及砷富集回收节能减排技术"是采用先进的易态铁铝滤芯分离技术和设备，将炼铅反射炉的含砷锑高温烟气（600~900℃）通过三级膜分离装置进行精确分离回收，分别得到低砷锑氧粉（含砷小于 1%，占粉尘总量约 85%）、混合粉（含砷氧化物小于 50%，占粉尘总量约 10%）和纯砷氧粉（含量大于 98%，占粉尘总量约 5%）。实现锑氧粉高纯回收，砷的富集、回收及完全达标排放（粉尘排放浓度不大于 5mg/Nm³、砷排放浓度不大于 0.5mg/Nm³）。

该技术充分利用了砷和锑的温度敏感性差异和不同的物理性质，进行高效分离。高温烟气中，As_2O_3 沸点为 457℃，温度不低于 457℃时呈气态，温度低于 457℃时呈固态。工艺流程如下：

反射炉→1 级分离（快冷+易态铁铝滤芯高温除尘器）→2 级分离（快冷+易态滤芯铁铝高温除尘器）→3 级分离（快冷+易态铁铝滤芯精密除尘器）→风机→烟囱（达标排放）。

（1）一级高温分离是将烟气从 600~900℃ 急速冷却至 400~500℃，使其中约 85% 的气态锑氧化物通过急冷固化，再经高温除尘器进行拦截回收，得到含砷小于 1% 的锑氧粉；而大量的砷保持气态穿过滤芯被送至下一道工序。

（2）二级高温分离是对一级分离后的烟气（400~500℃）进行再次冷却，至 300~400℃，使所含气态锑彻底固化，少量砷也被固化，并通过易态铁铝滤芯高温除尘器进行拦截回收，得到少量（约 10%）砷锑混合粉（含 As_2O_3<50%，含 Sb_2O_3<45%）；其余烟气穿过滤芯继续运往下一道工序，其中几乎不含锑和其他粉尘。

（3）三级精密分离回收是将二级分离后的烟气再次冷却，使其温度降至 120℃ 以下，气态砷氧化物（As_2O_3）完全冷却固化为颗粒物，借助易态铁铝滤芯精密除尘器拦截回收；烟气中的砷含量降至 0.5mg/Nm³ 之下，粉尘降至 10mg/Nm³ 以下（甚至 5mg/Nm³ 以下），再通过引风机送至排放烟道，实现达标排放。

主要技术指标如下：

（1）反射炉出口：气体温度为 600~900℃，气体富含砷和锑；

（2）一级铁铝滤芯分离出口：膜分离温度为 400~500℃，气体富含砷，粉尘含砷不大于 1%、含锑氧化物大于 90%，本级收集固态物约为总量的 85%；

（3）二级高温膜分离出口：膜分离温度为 300~400℃，气体富含砷，粉尘含砷氧化物不大于50%，本级收集固态物约为总量的10%；

（4）三级膜分离出口：膜分离温度低于120℃，气体含砷量小于5mg/Nm³，粉尘含砷氧化物大于98%，本级收集固态物约为总量的5%；

（5）系统出口：气体含砷量小于0.5mg/Nm³、含尘量小于5mg/Nm³。

23.2.4　袋式除尘器在炭黑行业的应用

炭黑生产是由炭黑的生成系统、收集系统、炭黑的造粒和炭黑储运四大部分组成。

炭黑烟气具有高温、高湿、高粉尘含量、高露点的特性。反应炉烟气经空气预热器、油预热器、余热锅炉冷却，二次急冷，其温度仍为280℃，这是以袋式除尘器玻纤滤袋能承受的最高使用温度。若继续降温，则需耗费大量的水和电，经济上不合理。

烟气中炭黑浓度为100~250g/Nm³。炭黑原生体的粒径为0.01~5μm，绝大多数小于1μm，因而黏性很强。烟气中水蒸气含量随水急冷程度的不同而异，一般为136~360g/Nm³；烟气中还含有SO_2，因而露点温度高，有的高达180℃，容易结露而引起设备腐蚀。

炭黑烟气有可燃可爆性，其中含H_2为7%~24%；含CO为9%~16%；含CH_4为1%~3%。

炭黑行业的袋式除尘器按其在生产线中的功能分别称谓。主袋滤器、排气袋滤器、再处理袋滤器、吸尘袋滤器组成了炭黑收集系统。另外还有烘炉袋滤器、收集袋滤器。

（1）来自反应工序的炭黑烟气进入主袋滤器以捕集粉状炭黑。该烟气特性为：高温；高湿（水蒸气含量：≥40%，绝对含湿量：≥320g/Nm³）；高含尘浓度（100g/Nm³）；高露点（可达150℃）。采用大型脉冲袋式除尘器，或反吹风袋式除尘器。

（2）造粒机中粉状炭黑与造粒水生成的湿法造粒炭黑进入干燥机滚筒，以炭黑尾气燃烧生成的燃烧炉烟加热干燥，尾气带走水分以及部分炭黑粉尘经风机送入排气袋滤器捕集炭黑。尾气含湿量高（水蒸气含量：≥50%，绝对含湿量：≥400g/Nm³）；露点温度高（180~200℃）；含尘浓度高（100mg/Nm³）。采用大型脉冲袋式除尘器，或反吹风袋式除尘器。

（3）烘炉袋滤器和收集袋滤器在高温下运行，采用脉冲袋式除尘器。

（4）中间品炭黑由中间产品罐送入再处理袋滤器捕集炭黑，采用常温脉冲袋式除尘器。

生产线各扬尘点和包装吸尘，采用常温脉冲袋式除尘器。

5万吨/年炭黑生产线袋式除尘器主要规格和参数分别列于表23-31和表23-32。

表23-31　5万吨/年炭黑生产线袋式除尘器（一）

项　目	单位	主袋滤器	排气袋滤器	烘炉袋滤器
箱体数	个	10	5	28
每个箱体袋数	条	432	432	8
滤袋总数	条	4320	2160	224
滤袋材质		玻纤滤布	玻纤滤布	玻纤针刺毡
滤袋规格	mm×mm	φ127×5000	φ127×5000	φ200×3200
1条滤袋面积	m²	1.99	1.99	2.01

续表 23-31

项　目	单位	主袋滤器	排气袋滤器	烘炉袋滤器
总过滤面积	m²	9479.84	4739.92	495.42
工艺介质		炭黑反应过程产生的炭黑气溶胶（炭黑+烟气）	干燥机中产生的含炭黑粉尘的排气	烘炉过程产生的开始阶段含炭黑粉尘的完全燃烧气体
毒性危险程度		中度危害（CO，H_2S）	中度危害（CO，H_2S）	无
爆炸危险性		易燃易爆 （22.2%~92.7%）	易燃易爆 （27.2%~92.7%）	
操作温度	℃	270	240	260
过滤阻力	kPa	2	2	2
操作压力	kPa	2~2.5	2	2

表 23-32　5 万吨/年炭黑生产线袋式除尘器（二）

项　目	单位	再处理袋滤器	吸尘袋滤器	收集袋滤器
电磁阀个数	位	58	18	58
滤袋总数	条	464	144	464
滤袋规格	mm×mm	φ200×3200	φ200×3200	φ200×3200
滤材		玻纤针刺毡	玻纤针刺毡	玻纤针刺毡
1 条滤袋面积	m²	2.01	2.01	2.01
总过滤面积	m²	1025.22	318.48	1025.22
工艺介质		常温 炭黑烟气	包装机和 运转设备吸尘	（1）热烟气风送袋滤器收集下来的炭黑气体或（2）常温空气输送的袋滤器收集下来的炭黑气体
工作温度	℃	约 40	常温	（1）220~260℃ 或（2）100~120℃
工作压力	kPa	1.5~3.5	1.5~3.5	1.5~3.5
过滤阻力	kPa	0.5~1.5	0.5~1.5	0.5~1.5
入口气体含尘量	g/m³	<20	<20	<60
出口气体含尘量	mg/m³	<18	<18	<18

炭黑行业早期多采用反吹风袋式除尘器，现在更多采用脉冲袋式除尘器。年产 5 万吨炭黑生产线主袋滤器所用长袋低压脉冲袋滤器，其主要规格和参数列于表 23-33。

表 23-33　长袋低压脉冲袋式除尘器主要规格和参数（5 万吨生产线主袋滤器）

项　目	单位	参　数	项　目	单位	参　数
处理风量	m³/h	100000	脉冲阀数量	位	96
烟气温度	℃	260	喷吹压力	MPa	0.2~0.3
滤袋材质		550g/m² 抗酸玻纤针刺毡	耗气量	m³/min	2
滤袋规格	mm×mm	φ130×6000	入口浓度	g/m³	≤150
过滤面积	m²	3700	出口浓度	g/m³	≤18
滤袋数量	条	12×16×8（1536）	设备阻力	Pa	<1500

项　目	单位	参　数	项　目	单位	参　数
过滤风速	m/min	0.45	设备耐压	Pa	-6000
室数	个	8	漏风率	%	<1
清灰方式		脉冲喷吹离线清灰	外形尺寸	mm×mm×mm	9240×8310×7050
脉冲阀规格		淹没式　DN80mm			

23.2.5　袋式除尘器在机械行业的应用

冲天炉熔炼烟尘是铸造行业的主要污染源之一，其主要成分为 SO_2（80~500mg/Nm^3）、HF（50~680mg/Nm^3）、CO（10000~120000mg/Nm^3）、CO_2、NO_x、水蒸气及微量的 O_2。

冲天炉烟气中的粉尘主要是冶金粉尘、炭素粉尘和灰尘。其中：冶金粉尘主要是 FeO、PbO、ZnO 等，呈链球状态存在，粒径约 $1\mu m$；碳素烟尘是由炉料中有机物不完全燃烧的产物和焦炭挥发物、碳氢化合物的分解产物所组成，呈球状、链球状和不规则状，粒径约 $1\mu m$；灰尘是粒径大于前两种烟尘的固体颗粒物的总称，主要成分为 SiO_2、CaO 等。

冲天炉烟气温度高，波动幅度大。正常炉况时，混入加料口吸入的野风后，烟气温度不高于 120℃。当出现空炉、棚料时，烟气温度可瞬间上升至 600~800℃。冲天炉原始烟气含尘浓度为 10~14g/Nm^3，140 目标准筛的通过率为 36%。含酸性气体 SO_x、NO_x、CO_2。

上海某机床厂冲天炉规格为 10t/h，其烟尘治理采用袋式除尘器。

对袋式除尘系统的主要要求：（1）冲天炉上方吸排烟罩和顶板补风阀微负压控制阀的泄漏率为零；（2）袋式除尘器滤袋的正常使用寿命大于 3 年；（3）除尘器阻力低于 1200Pa；（4）烟尘排放浓度低于 30mg/Nm^3，林格曼黑度为 Ⅰ 级；（5）除尘器漏风率小于 3%；（6）高温烟气通过冷却装置降温至 100℃ 以下进入除尘器，余热回收利用率大于 75%。

冲天炉烟气除尘工艺流程如图 23-33 所示。

冲天炉高温烟气进入火星捕集器，防止炽热颗粒进入袋式除尘器，随后进入扰流式冷却器，将烟气温度由 600℃ 降至 150℃，再由多管冷却器降温至 100℃，由常温袋式除尘器净化。

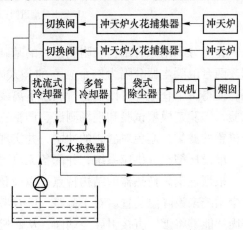

图 23-33　冲天炉烟气除尘工艺流程

对投入运行的冲天炉除尘系统跟踪检测，结果如下：

第一级冷却器平均吸收热量为 9763.40MJ/h，平均效率为 58.01%，阻力为 895Pa。

第二级冷却器平均吸收热量为 2886.22MJ/h，平均效率为 17.15%，阻力为 845Pa。

袋式除尘器烟尘排放浓度实测为 12.52mg/Nm^3，折算烟尘平均排放浓度为 16.67mg/Nm^3；除尘效率为 99.52%，设备阻力为 1090Pa，漏风率为 2.24%。

23.2.6 袋式除尘器在电力行业的应用

23.2.6.1 某电厂 220MW 锅炉电除尘器改造为袋式除尘器

某电厂 220MW 锅炉机组，配备两台 165m² 三电场卧式电除尘器。为控制烟尘污染，将电除尘器改造为袋式除尘器。除尘系统如图 23-34 所示。

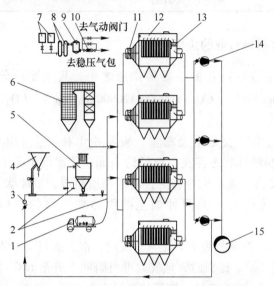

图 23-34 "电改袋"后的袋式除尘系统

1—灰罐车；2—灰罐车接口；3—高压风机；4—除尘器灰斗；5—预涂灰粉仓；6—锅炉；
7—空压机；8—无热再生干燥机；9—储气罐；10—调压阀；11—进口烟道阀；12—袋除尘仓室；
13—出口烟道阀；14—引风机；15—烟囱

在充分利用原有结构和附属设施的基础上，将电除尘器改造为直通均流脉冲袋式除尘器。两台电除尘器分隔为四个独立的袋式除尘器仓室，每个仓室的进口和出口各设烟道阀，使得每个仓室都可以在运行状态下离线检修。袋式除尘器的气流分布经过计算机模拟试验、实验室模型试验和现场测试、调整三个步骤，使含尘气体经多个途径流向仓室中各个位置的滤袋，避免对滤袋的冲刷，并实现均匀分布。

增设压缩空气供应系统，并配备无热再生空气干燥机。

根据该锅炉换热器的结构特点，以及该锅炉投产以来从未出现烟气温度超高的情况，除尘系统未设降温装置。对于旁路，综合考虑了其利弊。在出现对滤袋不利的条件时，旁路固然能够将烟气直接引导至烟囱，从而避免对滤袋的损害。但是，含尘烟气直接排放到大气中，将严重污染环境；其次，旁路阀门的泄漏难以完全避免，容易引发烟气排放超标；再次，旁路阀阀门开闭次数很少，在高温和粉尘条件下，很难保证不出现卡塞，当需要旁路阀开启时，往往不能开启。因此，本系统决定不设旁路。

设有预涂灰系统。可以通过灰罐车直接向袋式除尘器的入口烟道喷入粉煤灰，或者将粉煤灰加入粉仓，通过高压风机送入袋式除尘器入口烟道。在锅炉点火之前，先进行预涂灰。

袋式除尘器主要规格和设计参数列于表 23-34。

表 23-34　直通均流脉冲袋式除尘器主要规格和设计参数

项　目	单位	参数	项　目	单位	参数
处理烟气量（165℃）	m³/h	1622000	滤袋数量	条	9000
进口烟尘浓度	g/Nm³	25±2	过滤面积	m²	25730
出口烟尘浓度	mg/Nm³	≤30	过滤风速　全过滤	m/min	1.04（165℃）
烟气温度	℃	145	过滤风速　1个单元检修	m/min	1.38（165℃）
工作温度	℃	115~165	清灰空气压力	MPa	0.2
仓室数	个	4	压缩空气耗气量	m³/min	12
脉冲阀数量	个	600	设备阻力	Pa	≤1200
滤袋材质		PPS 针刺毡	除尘器漏风率	%	≤1
滤袋规格（直径×长度）	mm	130×7000			

在袋式除尘器投运后，经数次测试，排尘浓度为 16~18mg/Nm³，设备阻力≤1100Pa，除尘器各主要部件运行正常。由于锅炉两个通道烟气参数的差异，滤袋使用寿命有一定差别：两个仓室的滤袋寿命为 54 个月，而另两个仓室的滤袋寿命则为 3 年多。

23.2.6.2　某电厂 200MW 锅炉烟气净化

某电厂 200MW 锅炉机组，采用回转管式喷吹脉冲袋式除尘器。8 个过滤单元分布在 4 个仓室中，每个仓室进口和出口各设多叶烟道挡板阀，从而可在运行中关闭任意一个仓室进行检修（图 23-35）。换袋和检修时，先关闭本室的进、出口挡板阀，开启专门的通风孔，自然通风换气降温后人再进入工作。

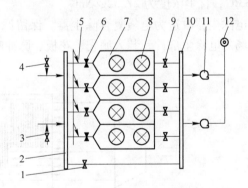

图 23-35　200MW 锅炉烟气袋式除尘系统
1—旁路烟道阀；2—烟气进口联箱；3—紧急喷雾装置 A；
4—紧急喷雾装置 B；5—预涂灰管；6—进口烟气挡板阀；
7—袋除尘仓室；8—过滤单元；9—出口烟气挡板阀；
10—烟气出口联箱；11—引风机；12—烟囱

设有紧急喷雾降温系统。袋式除尘器允许的烟气温度范围 120~170℃。允许烟气瞬间最高温度 180℃，但每年在瞬时温度下运行的次数和累计时间不能超过规定的限度。当烟气温度超高时，紧急喷雾系统启动，将温度控制在允许范围之内。

袋式除尘器设有旁路，按 50%烟气量设计，并设零泄漏的关断门。设有预涂灰系统。

袋式除尘器主要规格和设计参数如表 23-35 所列。

表 23-35　回转管式喷吹脉冲袋式除尘器主要规格和设计参数

项　目	单位	参数	项　目	单位	参数
处理烟气量	m³/h	1738000	滤袋规格（直径×长度）	mm×mm	127×8000
进口烟尘浓度	g/Nm³	25~30	滤袋数量	条	8000
出口烟尘浓度	mg/Nm³	≤50	过滤面积	m²	25630
烟气温度	℃	140	过滤风速	m/min	1.13
仓室数	个	4	清灰空气压力	MPa	0.085
过滤单元数	个	8	设备阻力	Pa	≤2100
脉冲阀数量	个	8	除尘器漏风率	%	1.5
滤袋类型		PPS+P84 针刺毡			

注：滤袋直径为滤袋周长的折合值。

运行结果：经测试，粉尘排放浓度不大于 $30mg/Nm^3$；滤袋阻力不大于 900Pa；滤袋使用寿命超过 25000h。除运行初期外，紧急喷雾系统未曾使用，旁路系统也被废止。

23.2.6.3　电袋复合除尘器净化 660MW 燃煤锅炉烟气

河南某电厂 2 号机组容量为 660MW，原设计配置四电场电除尘器。由于燃煤特性改变等因素，投运以来烟尘排放一直超标，厂方决定进行改造，采用电袋复合除尘器。这是电袋复合除尘技术首次应用于 660MW 大型机组。

锅炉型式最大连续蒸发量为 2102t/h。除尘器入口最大烟气量为 $4090049m^3/h$，烟气温度为 133℃，含尘浓度为 $27.32g/Nm^3$。

将原电除尘器改造为电袋复合除尘器。保留原电除尘第一电场作为电区；拆除第二、三、四电场的电除尘部件，装入滤袋、花板、脉冲喷吹装置等，将其作为袋滤除尘区（图 23-36）。

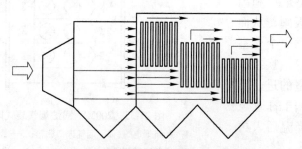

图 23-36　660MW 机组电袋除尘器结构

在原除尘器双室中间设置隔板，分成四个独立的通道，各通道进口和出口设置风门。在运行过程中，任何一个通道都可以单独隔离进行在线检修。

袋区划分为 24 个仓室，每个仓室配备一套喷吹装置，并在仓室出口设提升阀，可实现"在线检修"和"离线清灰"等功能。净气室采用大断面结构，滤袋的安装和更换工作可以在净气室内部完成。每个净气室仅在侧面设置一个人孔门。另外，大断面的净气室取代了一般袋式除尘器的净气总管，而且保持很低的烟气流速，有利于袋区的气流分布，降低除尘器的结构阻力和漏风率，也降低除尘器的钢耗和造价。

除尘器设有内置旁路，配备双层零泄漏旁路阀。在锅炉燃油点炉阶段或烟气工况异常（超高温或超低温）时，旁路阀自动开启，烟气通过旁路阀由旁路烟道通至出口烟箱，不经过袋区，从而保护滤袋。由于旁路设在电除尘区，当烟气走旁路时，电除尘区仍可起到一定的除尘作用，可以减少对除尘器后部设备（引风机、脱硫设备等）的影响。

袋区采用长袋低压脉冲清灰技术，滤袋规格为 $\phi168\times8250$mm。脉冲阀为 DN100mm 淹没式，每个脉冲阀喷吹 25 条滤袋。喷吹压力取 0.2~0.3MPa，清灰周期可长达 2~3h，因而压缩空气的用量和能耗低，同时也减少了清灰对滤袋的损伤。

高度重视袋区的气流分布：通过 CFD 气流模拟分布实验指导除尘器设计，袋区沿气流走向成阶梯布置、适当增大净气提升阀尺寸、合理布置滤袋，借此促使袋区的气流实现均布。

电袋复合除尘器应当达到的主要指标，以及电区和袋区主要参数列于表 23-36。

表 23-36 电袋除尘器应达到的主要指标及电区和袋区主要参数

项　目		单位	参数
主要指标	保证效率	%	99.8
	除尘器出口烟尘排放保证值	mg/Nm³	≤50
	本体总阻力	Pa	≤1200
电区规格和参数	总集尘面积	m²	18240
	电场风速	m/s	1.25
	比积尘面积 SCA	m²/m³/s	16.05
	除尘效率	%	80
袋区主要规格和参数	总过滤面积	m²/台	57476
	过滤速度	m/min	1.19
	滤袋材质	PPS+PTFE	浸渍
	清灰压力	MPa	0.2~0.3
	布袋清灰方式	在线/离线	优先在线，可离线
	清灰耗气量	Nm³/min	10

该项改造工程于 2009 年 4 月成功投运。设备运行稳定，阻力低，清灰周期长。专业单位于 2009 年 5 月和 2010 年 7 月分别进行了测试，结果列于表 23-37。

表 23-37 电袋复合除尘器运行参数实测结果

时　间	编号	除尘器阻力 /Pa	入口浓度 /g·Nm⁻³	排放浓度 /mg·Nm⁻³	除尘效率 /%
2009 年 5 月	A	719	25.74	24.06	99.91
	B	775	25.82	21.98	99.91
2010 年 7 月	A	820	23.68	28.30	99.88
	B	850	23.59	29.97	99.87

23.2.6.4 长袋脉冲袋式除尘器在燃煤电厂高含尘浓度烟气净化中的应用

某热电厂两台1025t/h亚临界自然循环汽包煤粉锅炉于2007年投产，与之配套的烟气脱硫装置采用炉后烟气高效干法脱硫工艺，锅炉烟气经一级电除尘器处理后进入脱硫塔，脱硫后高含尘浓度烟气的净化则依靠长袋脉冲袋式除尘器。脱硫除尘系统如图23-37所示。此系统曾为国内配套袋式除尘器的最大干法脱硫系统。

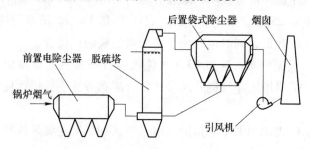

图23-37 燃煤锅炉烟气干法脱硫除尘系统

该燃煤锅炉烟尘特性（脱硫装置不运行时）和脱硫灰尘特性（脱硫装置运行时）分别列于表23-38和表23-39。

表23-38 燃煤锅炉烟尘特性

项目	单位	设计煤种	校核煤种	项目	单位	设计煤种	校核煤种
SiO_2	%	49.36	45.51	K_2O	%	1.27	0.59
Al_2O_3	%	35.49	37.7	Na_2O	%	0.38	0.49
Fe_2O_3	%	4.02	3.53	MgO	%	0.85	0.41
CaO	%	3.43	7.12	SO_3	%	2.08	1.3
TiO_2	%	1.12	1.34				

表23-39 燃煤锅炉烟气脱硫灰尘特性

成 分	占比	成 分	占比
$CaSO_3 \cdot 1/2H_2O$	35±10%	$CaSO_4 \cdot 2H_2O$	12±10%
$Ca(OH)_2$	5±4%	$CaCO_3$	16±10%
$CaCl_2 \cdot 6H_2O$	2±3%	H_2O	2±1%

锅炉剩余飞灰（ESP98%）和脱硫剂Ca（OH）$_2$杂质（纯度80%）可按重量计入上述成分。平均粒径为10±8μm 密度为600~900kg/m³。

脱硫装置运行时除尘器入口烟气参数见表23-40（一台炉100%烟气量+5%裕量）。

表23-40 脱硫装置运行和不运行时袋式除尘器入口烟气参数

		脱硫运行	脱硫不运行
最大标准烟气量（湿）（NTP）	Nm³/h	1320600	1270000
最大实际烟气量（湿）	m³/h	1710000	1920000
烟气温度	℃	80±10	122

运行压力	Pa	−1000~−5000	300~−5000
O_2 含量	V%（体积）	4.6~9.2	4.6~9.2
H_2O 含量	V%（体积）	15	10
SO_2 浓度（NTP），（干）6%O_2	mg/Nm³	≤204	≤2044
SO_3 浓度（NTP），（干）6%O_2	mg/Nm³	≤1.35	≤135
HCl 浓度（NTP），（干）6%O_2	mg/Nm³	≤8	≤80
HF 浓度（NTP），（干）6%O_2	ppm	≤10	≤100
NH_3 浓度（NTP），（干）6%O_2	mg/Nm³	<2.0	<2.0
NO_x 含量（NTP），（干）6%O_2	mg/Nm³	<650	<650
粉尘浓度（NTP），（干）6%O_2	g/Nm³	800~1000	≤412
袋式除尘器出口粉尘浓度（NTP），（干）6%O_2	mg/Nm³	≤50	≤50

袋式除尘器由三个独立的过滤单元组成，有三个进风口、三个出风口，采取侧向进风形式（图 23-38），设有粉尘预沉降及气流均布装置。滤袋清灰方式为低压脉冲喷吹，采用大流量淹没式脉冲阀，按跳跃式顺序进行喷吹。清灰控制有定压差和定时两种方式。

灰斗及输灰装置采用空气斜槽输灰，较拉链机或螺旋输送机故障率低。

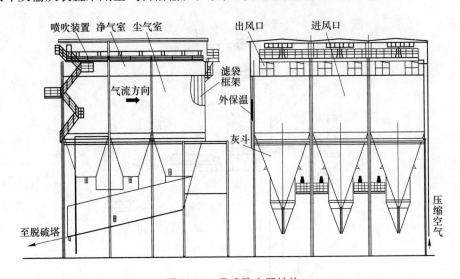

图 23-38 袋式除尘器结构

袋式除尘器主要规格和参数列于表 23-41。

表 23-41 袋式除尘器主要规格和参数

运行温度	℃	连续 120~170
运行温度	℃	瞬时最高温度 180（年累计运行小时≤100h）
滤袋材质		PPS+PTFE 针刺毡，PTFE 浸渍

续表 23-41

滤袋规格	mm	φ150×7300
过滤风速	m/min	≤0.8（脱硫工况下）
要求出口粉尘浓度	mg/Nm³	≤50（6%干态）
设备阻力	Pa	≤1500
箱体耐压	Pa	−8000~+6000
本体漏风率	%	≤2.0
年设备利用时间	h	8000

该烟气脱硫及袋式除尘系统于 2007 年竣工投产。脱硫系统运行稳定，脱硫效率 >90%；系统自动投入率为 100%；热工保护投入率 100%；粉尘排放浓度小于 20mg/Nm³，运行 3 年后实测的粉尘排放浓度为 7mg/Nm³；袋式除尘器阻力小于 1500Pa。

不足之处是，因除尘器大型化，很多部件散发到现场，安装工作量大且质量不易保证。

23.2.7　袋式除尘器在筑路行业的应用（沥青混凝土拌和机的烟尘治理）

沥青混凝土拌和机的产尘式位有干燥筒、热振动筛、搅拌机和热料提升机（图 23-39）。

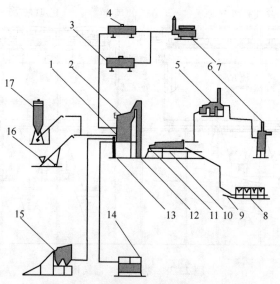

图 23-39　沥青搅拌混凝土搅拌装置工艺流程

1—桨式搅拌器；2—热振动筛；3—沥青罐 a；4—沥青罐 b；5—多管旋风除尘器；
6—除尘器；7—油加热器；8—配料器；9—倾斜皮带输送机；10—干燥筒；
11—主喷燃器；12—热料提升机；13—楼梯；14—中心控制室；
15—成品料储存仓；16—粉料供给系统；17—筒仓式粉料供给系统

该拌和机烟尘特性：（1）烟气温度高。（2）烟气含湿量高，露点温度达 70℃。（3）含尘浓度高。（4）工况波动大易结露，应加强保温和伴热。这是因为其间歇运行，而且其供料有时中断。(5) 烟气中含有硫氧化物、沥青烟等成分。

沥青混凝土烟尘参数见表23-42。

表 23-42 沥青混凝土拌和机烟尘参数

名　称	单位	某搅拌站			某沥青拌和厂
拌和机型号		LB-30 型			LB-1000 型
烟气量	Nm³/h	19000			40200
含尘浓度	g/Nm³	17.39（袋式除尘器入口）			35.6（干燥筒出口）
烟气温度	℃	正常：130~140；最高：250			140~160
烟气露点温度	℃	≤70			
烟尘成分		碎石颗粒、黏土、石粉、少量焦油和沥青等			
烟尘真比重	g/cm³	约 2.72			
烟尘分散度	粒径 μm	<5	5~10	10~20	>20
	百分比 %	50.9	38.9	9.6	0.6
	累计 %	50.9	89.8	99.4	100

烟气除尘系统主要由惯性沉降室（或旋风除尘器）和长袋低压脉冲袋式除尘器组成。配套 PLC 控制系统，对袋式除尘器清灰实行程序控制，并监控除尘系统各主要节点的温度，发现异常须及时报警，并同时采取混冷风降温等调节措施。

袋式除尘器的主要规格和参数列于表23-43。

表 23-43 袋式除尘器主要规格和参数

项　目	单位	参　数	
		某搅拌站	某沥青拌和厂
拌和机型号		LB-30 型	LB-1000 型
袋式除尘器型号		CDD-254	CDY-508
处理烟气量	Nm³/h	19000	40200
过滤面积	m²	254	508
过滤风速	m/min	1.25	1.32
滤袋规格	mm	φ120×4500	
滤袋数量	条	150	300
滤袋材质		美塔斯针刺毡	芳砜纶针刺毡
设备阻力	Pa	≤1500	
设备质量	t	约 11	约 23

23.2.8　袋式除尘器在固废处理行业的应用

23.2.8.1　生活垃圾焚烧烟尘的特点

（1）烟尘危害大，污染严重，治理要求高。生活垃圾焚烧烟气中的污染物有四大类，包括颗粒物（粉尘）、酸性气体（HCl、HF、SO_x、NO_x 等）、重金属（Hg、Pb、Cr 等）、有机剧毒性污染物（二噁英、呋喃等）。为了控制垃圾焚烧烟气的污染，各国都制定了严格的环保标准。

（2）烟气含湿量高，露点温度高。我国垃圾焚烧烟气的含湿量较之发达国家更高，可达 27%～35%。由于含水量大，又同时含有酸性气体，导致烟气的露点高，可达 140℃以上。

（3）烟气高温和低温交替存在。正常温度为 160℃，最高时超过 230℃；而低时可能低于 140℃。袋式除尘器须防范烧袋，又须防范低温结露，对于系统、滤料、自控有较高要求。

（4）烟尘具有较强的吸湿性。脱酸生成物主要是 $CaCl_2$ 和 $CaSO_3$ 等，均属易吸湿的物质，而 $CaCl_2$ 的吸湿性尤其强。吸湿潮解后，颗粒物发黏，很容易附着在滤袋表面、设备和管道的壁面上，导致清灰困难、卸灰不畅和管道堵塞。

（5）烟尘颗粒细，密度小。小于 30μm 的粉尘占 50%～60%。粉尘真密度为 2.2～2.3g/cm³，堆积密度为 0.3～0.5g/cm³。这是增加清灰困难的又一因素。

（6）腐蚀性强。

23.2.8.2 垃圾焚烧烟气净化工艺

半干法工艺：半干法工艺即"制浆+反应塔+袋式除尘器"的烟气净化工艺。一定浓度的石灰浆喷入反应塔，烟气所含 HCl、NO_x 和 SO_2 等酸性成分在反应塔内被除去。与此同时，烟气温度得以降低。若石灰浆的降温幅度不够，将引进部分冷却水，离开反应塔时烟气中的水分完全蒸发。在反应塔出口喷入活性炭，并在袋式除尘器内完成对二噁英的吸附。垃圾焚烧产生的烟尘、脱酸的生成物、吸附二噁英后的活性炭均由袋式除尘器收集。

干法工艺：干法工艺即"急冷反应塔+干式尾气处理装置+袋式除尘器"的烟气净化工艺。焚烧炉烟气先进入冷却反应塔，将温度严格冷却至 170℃左右，再与消石灰、反应助剂一起进入袋式除尘器。药剂附着在滤袋表面，烟气中的酸性物质与之充分接触和反应，从而被去除。反应助剂的作用是去除烟气中的二噁英和重金属等。

湿法工艺：湿法工艺即"洗涤+石灰水吸收"烟气净化工艺。粉尘和 HCl、NO_x 和 SO_2 等酸性气体在洗涤塔内与喷淋的水接触，去除部分粉尘和酸性气体，烟气温度降至约 75℃。洗涤后的烟气进入碱洗涤塔进一步除酸、除尘，温度降至 50℃左右，从烟囱排出。

23.2.8.3 400t/d 生活垃圾焚烧炉烟气半干法净化

某厂两台垃圾焚烧炉，日处理量 400t/d，每台炉烟气参数列于表 23-44，其工艺流程如图 23-40 所示。

表 23-44 400t/d 生活垃圾焚烧炉烟气参数

项目		单位	参数
设计烟气量	标况	Nm³/h	82927
	工况（150℃、-4000Pa）	m³/h	133774

项　目		单位	参数
烟气成分	H_2O	%	27.37%
	HCl	mg/Nm^3	19~1000
	SO_2	mg/Nm^3	214~820
	SO_3	mg/Nm^3	1~30
	HF	mg/Nm^3	0.2~12
	NO_x	mg/Nm^3	320~400
	粉尘	g/Nm^3	6~12
	二噁英/呋喃	ng/Nm^3	5~5

　　袋式除尘器分设四个仓室（图 23-41），每个仓室的进口和出口设有阀门，以便单仓室离线检修。仓室的进口设有缓冲区，防止含尘气流冲刷滤袋，并合理组织气流，利于清灰和降低阻力。

　　上箱体设计成小室形式，以降低除尘器的漏风率。每个上箱体设有检修门和通风孔，保证在上箱体内操作具有较好的环境。顶部设排水坡。

　　根据以下要求选择滤料：耐高温，耐温上限需达到 230℃；耐水解，适应高含湿量的烟气条件；耐腐蚀能力强；滤尘效果好；使用寿命长。考虑到烟气中含水分较高，而且要求排放浓度很低，采用以 PTFE 为基布、P84 为面层的针刺毡。

　　袋滤框架采用不锈钢 316L 制作，以防止框架腐蚀而损害滤袋。将滤袋框架设计成两节结构，便于在上箱体内拆卸和安装。两节之间通过连接环相接，以专用夹钳可以方便地拆卸或组装。

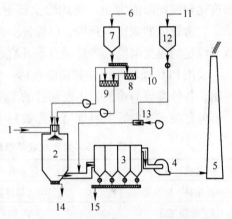

图 23-40　垃圾焚烧烟气半干法处理流程

1—烟气；2—喷雾干燥吸收塔；3—袋式除尘器；4—引风机；5—烟囱；6—石灰；7—石灰仓；8—石灰熟化箱；9—石灰浆液制备箱；10—水；11—活性炭；12—活性炭仓；13—文丘里喷射器；14—塔底灰渣排出；15—飞灰排出

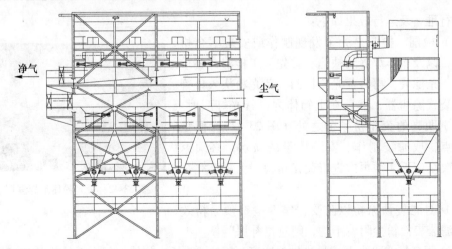

净气　　　　　尘气

图 23-41　净化垃圾焚烧烟气的袋式除尘器

采用强力清灰的长袋低压脉冲喷吹技术。脉冲阀为淹没式结构，具有快速启闭的功能。脉冲喷吹系统具有喷吹量大、阻力小的特点，从而保证对黏性粉尘的良好清灰效果。

采取在线清灰控制方式，避免因离线而导致锅炉工况的过度波动。清灰控制采取定压差方式，并采取措施将清灰前后的压力差控制在较小的范围之内，以保持焚烧炉的工况稳定。清灰顺序采用"离散"加"跳跃"的编排，避免相邻两滤袋之间清灰的干扰，以增强清灰效果。

在袋式除尘器范围内设有热风循环系统。焚烧炉启动之前，热风循环系统开始工作，将袋式除尘器箱体加热到设定的温度。在焚烧炉运行中，若烟气温度低于设定的温度限值，除尘器的旁路自动开启，热风循环系统也开始工作。

在焚烧炉点火阶段旁路阀开启，袋式除尘器处于加热保温状态，直到烟气温度和箱体温度达到设定限值为止。袋式除尘器进入正常运行状态时，旁路阀门关闭，气密风机启动，气密管道的截止阀开启，以保证旁路阀不泄漏。在焚烧炉运行中，若烟气温度高于或低于设定的温度限值，旁路阀自动开启，直到烟气温度和箱体温度恢复正常。

采用 PLC 控制系统，其功能包括：袋式除尘器的程控、热风循环的控制、气密系统的控制、各种参数的检测、主要部件的工况监视及故障报警，并能实现各种连锁要求。

单台袋式除尘器主要规格和参数列于表 23-45。

表 23-45 生活垃圾焚烧烟气处理袋式除尘器主要规格和参数

项　目	单位	参数	项　目		单位	参数
除尘器入口温度	℃	160（最高230）	喷吹压力		MPa	≤0.25
滤袋材质		P84/PTFE	清灰控制方式			差压控制
滤袋数量	条	816	过滤风速	全过滤	m/min	0.96
滤袋规格（直径×长度）	m×m	φ0.15×6		一个室检修	m/min	1.29
过滤面积	m²	2309	设备阻力		Pa	1300~1800
仓室数	室	4	滤袋寿命		h	≥24000
清灰方式		低压喷吹、在线	外形尺寸		mm×mm×mm	11910×6540×18400

运行准备及运行效果如下：

（1）检漏。检漏是为了发现制作或安装不合格的滤袋，以及箱体焊缝的缺陷。首先人工检漏，要求检查每一条滤袋；再行荧光粉检漏，荧光粉从入口管道送入袋式除尘器，然后在上箱体内以紫光灯照射。显现特别明亮的荧光粉颜色之处（图 23-42），便是焊缝漏点，或滤袋制作、安装质量的缺点，必须返工，整改结束后，须再次进行荧光粉检漏，直至完全合格。

图 23-42 荧光粉显示焊缝漏点

（2）对滤袋预涂粉以防受侵害。检查预涂粉效果，若滤袋表面粉尘附着不均，则应"补课"。

（3）两套袋式除尘系统粉尘排放浓度列于表 23-46。此外，每个系统排放口都装有在线检测装置，测得的粉尘排放浓度均不超过 4mg/Nm³。

两套袋式除尘系统二噁英排放浓度列于表 23-47。

表 23-46　垃圾焚烧烟气净化系统粉尘排放浓度

项目	单位	保证值	期望值	1 号除尘器实测值	2 号除尘器实测值
粉尘	mg/Nm³	10	5	4.0	2.3
烟气黑度	林格曼级	1	<1	0.26	0.32

表 23-47　垃圾焚烧烟气净化系统二噁英排放浓度

生产设备	1 号垃圾焚烧炉			2 号垃圾焚烧炉		
测试数据 （I-TEQng/Nm³）	数据 1	数据 2	数据 3	数据 1	数据 2	数据 3
	0.013	0.021	0.019	0.091	0.017	0.014
平均浓度（I-TEQng/Nm³）	0.018			0.041		

袋式除尘器的设备阻力设计值为 1300～1800Pa，实际运行中，设备阻力上限确定为 1800Pa，清灰后阻力为 1200Pa。清灰周期约 30min。

袋式除尘系统运行两年零三个月后，滤袋框架无锈蚀，少数滤袋出现破损。在一个滤袋使用周期后，全部滤袋的材质更换为 100%PTFE 纤维针刺毡。

23.2.8.4　生活垃圾焚烧炉烟气干法净化

生活垃圾焚烧烟气干法净化工艺流程如图 23-43 所示。

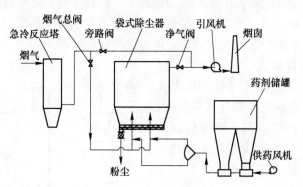

图 23-43　垃圾焚烧烟气干法处理流程

垃圾焚烧炉的烟气进入急冷反应塔，通过喷雾使烟气急冷，从而减少二噁英的生成，同时将烟气温度严格控制在 170℃左右，避免因温度过高导致二噁英再次聚合，也避免温度过低而出现结露。

急冷塔内的喷雾设有自动控制，使进入袋式除尘器的烟气温度和湿度保持在最佳状态。同时设有电加热装置，当烟气温度过低时自动投入运行。

在干法净化工艺中，袋式除尘器既捕集颗粒物，又去除有害气体和重金属。消石灰和反应助剂与经过急冷的烟气在烟道内混合而开始脱酸；该混合气体进入袋式除尘器后，在滤袋表面形成药剂层，脱酸反应继续并充分进行，将烟气中包括二噁英在内的各有害物除去。

反应助剂是一种颗粒状的化学矿物质，其颗粒呈蜂窝状，可增加接触表面积，还有较强的吸附功能。反应助剂与消石灰结合并在反应过程中起吸附作用，而且使滤袋表面形成的药剂层具有较好的透气性。

袋式除尘器的滤料采用进口的"焚烧王"，系玻纤覆膜滤料。

袋式除尘器主要参数及技术指标见表 23-48。

表 23-48　袋式除尘器主要参数和预期的技术指标

项　　目	单　　位	参　　数
入口烟气量	Nm^3/h	69989
入口烟气温度	℃	170
滤袋材质		玻纤覆膜滤料（焚烧王）
粉尘排放浓度	mg/Nm^3	≤10
二噁英/呋喃	I-TEQng/Nm^3	≤0.1

净化系统运行效果：颗粒物排放浓度为 5.23～7.82mg/Nm^3；袋式除尘器进、出口压差为 1700Pa。

23.2.9　袋式除尘器在化工行业的应用

23.2.9.1　袋式除尘系统在褐煤提质中的应用

A　褐煤干燥提质成型工艺

褐煤是煤化程度最低的矿产煤，是一种易燃的化石燃料，分硬褐煤和软褐煤（俗称土状褐煤）两大类。褐煤由于水分高、热值低，长距离运输时额外费用高，用作燃料时热量损失大、用量高，浪费严重，因此需要对褐煤进行提质处理。

褐煤提质是指褐煤在 250～400℃下经受脱水和热分解作用后转化成具有烟煤性质的提质煤。提质作业使煤的含水量降低，氧化速度降低，发热量提高，燃烧后温室气体排放量减少。褐煤提质工艺主要有干燥和干馏两大类，袋式除尘系统主要用于褐煤干燥提质工艺中。

褐煤干燥提质成型生产工艺流程为：褐煤原煤被破碎并经筛分，粒度 3mm 以下的煤粉由定量螺旋给料机送入管式气流干燥器，与 650℃ 的高温烟气直接接触而烘干，使原煤含水率由 30%～40%降至 8%～10%，干煤粉由旋风除尘器和袋式除尘器两级收集，送入成型机挤压制成型煤，再经过皮带机和网链机输送至型煤堆场（图23-44）。

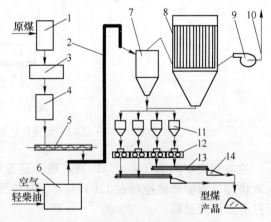

图 23-44　褐煤干燥提质辊压成型的工艺流程
1—破碎机；2—管式气流干燥器；3—料仓；4—振动筛；
5—定量螺旋给料机；6—烟气炉；7—旋风分离器；
8—袋式除尘器；9—风机；10—烟囱；11—料仓；
12—成型机；13—皮带输送机；14—振动筛

内蒙古某企业采用如图 23-44 所示工艺进行褐煤干燥提质成型，袋式除尘器主要用于备煤段和型煤输送段的煤粉收集和尾气净化。

B   型煤输送段袋式除尘系统

干煤粉经成型机辊压成型后，分别落入成型机下方的两条皮带输送机（长约 40m、宽度为 1000m），成品型煤被送至车间端部的两台振动筛，型煤块料通过网链输送机送出车间，粉料通过斗提机返回压型工艺。输送段存在以下污染问题：

（1）干煤粉的成型率不足 70%，大量粉料落入输送设备，扬尘严重。

（2）型煤强度不足，在输送、转运和振动筛分过程中，型煤易破碎，粉尘大量逸散。

（3）干煤粉粒径较小（中位径约 200 目），二次扬尘严重。

袋式除尘系统的设计要点：

（1）褐煤极易自燃。干燥后的褐煤在空气环境中堆积厚度达到 5mm 以上、时间超过 2 小时就会自燃。为此，严格控制水平管道风速为 20~28m/s；设 ϕ40mm 脉冲阀以氮气喷吹管道易积灰的弯头和三通等处；袋式除尘器内部严禁留有死角，防止煤粉堆积和自燃。

（2）含尘气体温度低，实际运行中约为 70~90℃，与露点相差不大，容易结露和腐蚀。因此，风管制成夹套形式；袋式除尘器外面敷以无缝钢。风管夹层和无缝管内充入温度为 90~100℃ 的热水进行伴热，外加厚度为 200mm 的保温层。

（3）皮带输送机采用整体密闭罩形式，同时在密闭罩两端、距成型机落料口 3m 处和振动筛尾部设置多层条状橡胶挡帘，借鉴"迷宫式"密封机理以有效减少煤粉外逸；同时，在满足尘源控制投资前提下减少吸入的空气量，以控制氧含量。

（4）尘源控制措施：在型煤机、振动筛等产尘设备采取局部密闭与整体密闭相结合的尘源控制装置，对物料转运点、卸料点和受料点设置整体密闭罩，罩口断面风速约 1m/s。

褐煤干燥提质型煤输送系统袋式除尘器的主要规格和参数列于表 23-49。

表 23-49   型煤输送段袋式除尘器主要规格和参数

项　目	单位	参　数	项　目	单位	参　数
设备型号		DMC-500	滤袋材质	—	PPS 消静电针刺毡
处理风量	m³/h	30000	滤袋规格	mm	ϕ130×4500
运行温度	℃	<100	滤袋数量	条	270
入口含尘浓度	g/m³	5	脉冲阀数量	个	15
过滤面积	m²	500	壳体设计耐压	KPa	-4.5
过滤风速	m/min	1			

C   除尘系统运行情况

煤粉热风干燥段袋式除尘器运行运行初期曾因顶盖漏风，使得设备结露及氧含量超标，发生一次烧袋事故；脉冲阀膜片冻坏，电磁阀冻住，滤袋无法清灰，少量滤袋烧损。采取以下措施得以解决：（1）更换顶盖密封条和压紧装置，同时在袋式除尘系统增加氧含量测试仪，实时监测设备含氧量；（2）对分气箱和脉冲阀采取电伴热，并加强保温；（3）脉冲阀改用耐低温性能良好的类型，以适应高寒气候条件（最低温度-50℃）。

型煤输送段袋式除尘系统投产两年后，仍安全、稳定运行，未出现煤粉堆积、自燃、结露、破袋、烧袋、糊袋等现象。袋式除尘系统运行温度在 85℃ 左右，设备无结露现象；

水平风管风速约 25m/s，管道内无煤粉沉积；系统氧含量小于 8%；袋式除尘阻力为 800 ~ 1000Pa；粉尘排放浓度小于 30mg/Nm³。

23.2.9.2 袋式除尘器净化恩德炉煤气

某企业采用恩德炉进行煤的气化生产，规模为 20000Nm³/h，煤气采用袋式除尘器净化。

恩德炉工艺流程如图 23-45 所示。粒度为 0 ~ 10mm 的粉煤送至氮气加压密封气化炉煤仓，再送入发生炉底部锥体段。空气或氧气由风机加压至 0.04MPa，和过热蒸汽混合，分别从一次喷嘴和二次喷嘴进入气化炉。粉煤和气化剂直接接触反应，反应温度为 950 ~ 1000℃，使煤中的焦油、酚和轻油被高温裂解。

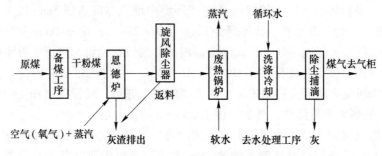

图 23-45　恩德炉工艺流程

一次喷嘴使入炉原料煤较好流化，并发生燃烧反应和水煤气反应。入炉细粉和受热裂解而由大颗粒产生的小颗粒在炉的上部与二次喷嘴喷入的二次风进一步发生反应。未经过反应完全的细粉颗粒由煤气带出炉外，经旋风除尘器将其中较粗部分收下，靠重力经回流管返回气化炉底部，再次气化，从而使飞灰含碳降低。

出炉煤气温度为 900 ~ 950℃之间，通过旋风除尘器使飞灰沉降再进入废热锅炉回收余热，产生过热蒸汽。废热锅炉出口煤气温度约为 240℃，进入洗涤冷却塔除尘冷却，出口温度降至 35℃，压力为 2kPa。之后进入湿式电除尘器进一步除尘，作为合成气还需深度净化和加压。

一段时间以来，袋式除尘技术越来越多地用于水煤气的净化，用以替代湿法洗涤冷却设备。这项效率最高的除尘设备的引入，使煤气净化的技术和经济指标提高了一大步。

煤气主要参数列于表 23-50。

表 23-50　恩德炉煤气主要参数

煤气量	Nm³/h	25000（干气）
二级余热锅炉出口煤气温度	℃	150 ~ 240
压 力	kPa	8 ~ 10
煤气成分	%	CO: 32.97; CO₂: 23.38; H₂: 37.96; N₂: 2.1; CH₄: 3.3; O₂: 0.2; H₂S: ≤2000mg/Nm³
煤气含尘量	g/Nm³	40 ~ 60
粒度分布	%	5 ~ 100μm: ≥60; 100 ~ 550μm: ≥40

续表 23-50

粉尘堆密度	t/m³	约 0.5
要求除尘器的主要指标	净煤气含尘浓度 mg/Nm³	≤10
	设备阻力 kPa	≤2

恩德炉煤气干法净化系统主要由荒净煤气切换系统、袋式除尘系统、防爆安保系统、气力输灰系统及自动化控制系统等组成。

荒、净煤气切换系统主要是三通切换阀组，包括气动蝶阀和气动盲板阀，安装于二级余热锅炉出口及洗涤降温塔入口。作用是切换煤气净化系统（湿法净化与干法净化）。使用温度为 80~300℃，工作压力为 10kPa。

袋式除尘系统采用脉冲袋式除尘器，滤袋清灰采用脉冲喷吹方式，清灰气源为氮气。输灰系统采用浓相气力输灰，输灰气源介质为氮气。

袋式除尘器处理煤气量的确定：二级余热锅炉出口煤气量为 25000Nm³/h（干气），产生水煤气需要蒸汽量为 10000Nm³/h，混合后煤气温度为 200~240℃。240℃条件下的工况煤气量约为 60000m³/h，此即袋式除尘器的处理气量。

袋式除尘器由 4 个独立的圆形除尘筒体并联组成，正常工况下，两个筒体运行，一个离线清灰，一个离线检修。除尘器单个筒体的规格列于表 23-51。

表 23-51　单个筒体的规格

名　　称	单　位	参　　数
筒体直径	mm	φ3624
滤袋数量	条	166
滤袋规格	mm	φ160×7000
滤袋过滤面积	m²	5.82
总过滤面积	m²	584

除尘器筒体按钢制压力容器标准设计、制造、安装及验收使用。整体结构、技术要点、卸灰输灰流程以及防爆措施，与高炉煤气袋滤器大致相同。电磁阀采用Ⅱ区防爆产品，防爆等级 Exde Ⅱ CT6。滤袋材质为 100% PTFE 针刺毡，单重 750g/m²，厚度为 1.1mm。

灰斗底部设充氮管，用于除尘器投产前和停机后对除尘器充氮置换。灰斗设蒸汽盘管伴热，伴热高度为灰斗高度的 2/3，并以厚度 100mm 岩棉保温。除尘器筒体保温厚度为 100mm。

袋式除尘系统的运行及参数检测由 PLC 控制系统承担，其主要功能：除尘器各管路煤气压力、温度检测；各分系统连锁及保护；除尘器脉冲喷吹清灰程序控制及清灰参数测控；卸灰、输灰程序控制；各系统的故障显示及报警。

除尘系统主要规格和技术参数列于表 23-52。

表 23-52　恩德炉煤气袋式除尘系统主要规格和参数

项　目		参　数	项　目	参　数
工作介质		发生炉煤气	过滤面积	2336m²
处理煤气量	标况	35000Nm³/h	过滤风速（两个筒体过滤）	0.85m/min
	工况	60000m³/h	滤袋框架	三节结构，有机硅喷涂处理
工作温度		200~240℃	入口含尘浓度	40~60g/Nm³
除尘器筒体规格		φ3600×12×17800mm	出口含尘浓度	5~10mg/Nm³
筒体数量		4	清灰方式	离线脉冲喷吹
滤袋材质		100%PTFE 针刺毡	清灰介质	氮气
滤袋规格		φ160mm×7000mm	喷吹压力	0.2~0.3MPa
滤袋数量		664 条	设备阻力	1200~1800Pa

23.2.9.3　三聚磷酸钠生产线除尘

我国三聚磷酸钠（简称五钠粉）某大型生产基地，一期工程为全套引进，二期工程自行设计和建设。除尘系统投运不久全部失效，运行时间最短者仅数日。经全面改造，仍未有改善。该企业决定再次改造五钠粉除尘系统。

五钠粉生产工艺包括湿法和干法两部分，湿法部分制成三聚磷酸钠溶液，干法部分则将此溶液喷入干燥塔制成五钠粉，并依次经过转鼓冷却机、对辊破碎机降温和碎化，五钠粉再经筛分和转运进入成品库，包装出厂。图 23-46 所示为五钠粉生产工艺流程干法部分。

三聚磷酸钠的分子式为 $Na_5P_3O_{10}$，其粉尘呈白色，真密度为 2000kg/m³，堆积密度为 0.75g/m³。其粒径分布列于表 23-53。颗粒较疏松，受挤压后颗粒易碎并变得密实。在

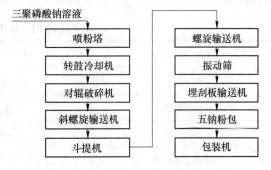

图 23-46　五钠粉生产工艺流程（干法部分）

生产系统中，五钠粉流动性很好，但其吸湿性很强，一旦接触空气，很短时间内便失去流动性而现出很强的黏性，进而结块并附着在被接触的物体上。五钠粉质轻和易吸湿的性质不利于除尘系统的运行，是以往除尘系统失效的最主要原因。

表 23-53　三聚磷酸钠粉尘粒径分布

堆积密度/g·cm⁻³	分散度（质量）/%						
	<5μm	5~10μm	20~30μm	30~40μm	40~50μm	50~60μm	>60μm
0.75	0.3	1.2	2.0	3.5	3	8	82

在除尘系统中，五钠粉与空气的接触充分而迅速失去流动性，滤袋表面的粉尘层难以剥离，需要强力清灰。此前采用的 MC 型脉冲袋式除尘器要求气源压力为 0.6MPa，车间压气管网难以达到，因而清灰效果欠佳；而回转反吹袋式除尘器为弱力清灰，效果更差。

改造中选用低压环隙脉冲袋式除尘器，喷吹压力为 0.35MPa，清灰强度却更高。

五钠粉的较强吸湿性质在两方面对袋式除尘器产生影响，其一是残留在滤袋上的五钠粉吸湿和黏结，导致阻力增加、清灰更难，如此恶性循环，直至除尘器完全失效。其二，卸灰装置内残留的五钠粉也会吸湿、黏结，最后阻塞卸灰通道。对策是为除尘器敷设蒸汽散热器，并加保温层，以保证在冬季停机期间除尘器内温度也足够高，防止五钠粉吸湿。

改造工程的其他要点：在除尘器近旁设压缩空气储罐和脱水除油器，并定时放水，避免压气带水入除尘器；采用 PLC 控制系统。对五钠粉干法工艺生产线分设两个除尘系统。

系统 I：处理风量为 24800m³/h，选用 HZ-5 型低压环隙脉冲袋式除尘器，过滤面积为 198m²，过滤风速为 2.1m/min，设备阻力为 1200Pa。

系统 II：处理风量为 22000m³/h，选用 HZ-4 型低压环隙脉冲袋式除尘器，过滤面积为 158.4m²，过滤风速为 2.3m/min，设备阻力为 1200Pa。

业主对两套除尘系统组织了测试，结果表明：操作区粉尘浓度达到标，排放浓度远低于国家标准的限值（表 23-54），车间内外见不到粉尘逸出和排放，也嗅不到五钠粉的气味。

表 23-54　三聚磷酸钠除尘系统粉尘浓度测试结果

项　目	操作区粉尘浓度/mg·Nm⁻³	除尘系统粉尘排放浓度/mg·Nm⁻³
除尘系统 I	0.6~1.1	5.84
	1.1~1.4	8.66
除尘系统 II	0.4~1.0	13.73
	0.6~1.0	5.33

两台除尘器的运行温度保持在 30~40℃ 之间，在喷吹压力为 0.3~0.45MPa、清灰周期为 17min 条件下，设备阻力仅为 200~300Pa，远低于设计值，出人意料，反复验证无误。究其原因，五钠粉的粒度粗，质地疏松，干燥状态下流动性好，滤袋上粉尘层阻力系数小且易于剥离。为避免五钠粉积附滤袋表面过久，改为定时清灰控制，清灰周期设定为 20min。

23.2.10　袋式除尘器在轻工行业的应用

23.2.10.1　陶瓷喷雾干燥塔尾气净化

陶瓷生产工艺中设有喷雾塔，以干燥陶瓷原料。主要燃料为水煤气，陶瓷喷雾干燥塔运行时产生大量的烟尘（主要为 SiO_2、Al_2O_3、SO_2 和水蒸气）。早期采用旋风除尘器加麻石脱硫塔净化工艺，污染物排放浓度大幅超标，许多企业进行改造，在脱硫前设袋式除尘器。

陶瓷喷雾干燥塔尾气烟尘特性列于表 23-55。

表 23-55　陶瓷喷雾干燥塔尾气烟尘特性

项　目	单位	参数	项　目	单位	参数
喷雾干燥塔容量	L	6000	烟气温度	℃	75~100
烟气量	m³/h	80000~110000	烟气含湿量	%	≤8

项　目	单位	参数	项　目	单位	参数
烟（粉）尘浓度	g/Nm³	24.3	烟气露点温度	℃	70
SO₂ 浓度	mg/Nm³	2601	粉尘粒径分散度	%	≤2μm 占 1.6； 2~5μm 占 32.3； 5~10μm 占 46.7
旋风除尘后含尘浓度	mg/Nm³	<3000~4000	年运行时间	h	8000

　　某陶瓷企业主要生产瓷片产品，拥有两座 6000 型喷雾塔。在喷雾塔尾气除尘脱硫系统改造中，增设袋式除尘器，改变了原系统排放超标的状况。

　　陶瓷喷雾干燥塔除尘脱硫系统如图 23-47 所示。喷雾干燥塔排出的烟尘先进入旋风除尘器预处理，然后进入袋式除尘器捕集粉尘，洁净气体依次经过提升阀、引风机进至麻石脱硫塔，最后由烟囱排出。滤袋清灰采用脉冲喷吹方式，通过 PLC 控制系统实行离线定时清灰。清离滤袋的粉尘收集于灰斗并排至搅拌筒，通过料浆泵重新打入料浆池内。

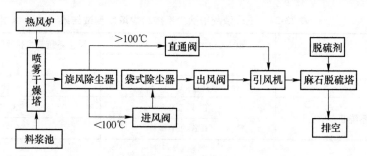

图 23-47　喷雾塔尾气除尘脱硫工艺流程

　　喷入喷雾干燥塔的陶瓷料浆不均匀，导致塔内烟气温度不稳定。为防止突发高温烧毁滤袋，在除尘管道上设有旁路气动蝶阀（直通阀），由 PLC 控制系统控制。当温度高于 100℃时，进、出风口阀关闭，直通阀开启，烟尘不通过袋式除尘器，直接进入风机和脱硫塔排放。

　　除尘设备为 CDY-12 型长袋低压脉冲袋式除尘器，其主要规格和参数列于表 23-56。

表 23-56　袋式除尘器主要规格和参数

项　目	单位	数值	项　目	单位	数值
处理风量	m³/h	100000	清灰方式		低压脉冲喷吹
烟气温度	℃	75~100	喷吹压力	MPa	0.2~0.3
仓室数量	间	12	电磁脉冲阀规格		DMF-Y-76S
滤袋材质		涤纶针刺毡覆膜	电磁脉冲阀数量	个	72
滤袋规格	mm	φ130×5100	粉尘排放浓度	mg/Nm³	<30
滤袋数量	条	1152	设备阻力	Pa	<1500
总过滤面积	m²	2400	气动调风阀	台	3
净过滤面积	m²	2200	风机功率	kW	220
过滤风速	m/min	0.8			

喷雾干燥塔尾气除尘脱硫系统改造竣工后，运行正常。实测的排放指标列于表23-57。

表 23-57 6000 型喷雾干燥塔尾气净化效果

监测项目	单位	初始浓度	排放浓度	设计要求指标
粉尘排浓度	mg/m³	24295	16	30
SO2 浓度	mg/m³	2601	45	100

23.2.10.2 茶叶生产线除尘

茶叶生产线由筛选、切料、除磁、烘炒、包装等工序组成，在原料筛选、切料、除磁、成品包装过程中产生茶末粉尘。粉尘属破碎型，形状不规则，密度较小，中位径为 $10\mu m$。

某企业茶叶生产除尘系统（图23-48）采用脉冲袋式除尘器，主要规格见表23-58。

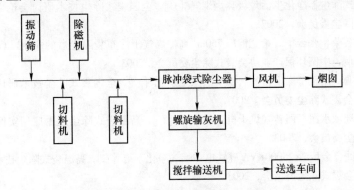

图 23-48 茶叶生产线除尘工艺流程

表 23-58 茶叶生产线袋式除尘器主要规格和参数

名称	单位	参数	名称	单位	参数
处理风量	m³/h	12800	滤袋数量	条	122
湿度	%（体积）	0.5	过滤面积	m²	122
含尘浓度	g/Nm³	≤20	过滤风速	m/min	1.75
除尘器类型		DMC 脉冲喷吹袋式除尘器	粉尘排放浓度	mg/Nm³	19.5
滤袋材质		聚酯针刺毡，防油拒水处理	设备阻力	Pa	1450
滤袋规格	mm×mm	φ130×2500			

参 考 文 献

[1] 陈隆枢，姚群，等. 超高功率电弧炉烟气净化设备的开发 [C]. 全国袋式过滤技术研讨会论文集（第九期），中国环保产业协会袋式除尘委员会，1999.

[2] 韦鸣瑞，陈志伟，刘晨，等. 燃煤电厂锅炉袋式除尘技术与工程应用 [C]. 袋式除尘器技术论文集第十二期，中国环保产业协会袋式除尘委员会，2005.

[3] 吴曙良，蒋鸿诚. 沥青混凝土搅拌装置的烟气除尘 [C]. 袋式除尘器技术论文集第六期，中国环保产业协会袋式除尘委员会，1994.

［4］吴善淦，沈玉强，等．中山市中心组团垃圾焚烧发电厂干法尾气处理系统［C］.全国袋式除尘技术研讨会论文集，中国环保产业协会袋式除尘委员会，2007.

［5］黄斌香，邝子强，等．某钢铁集团电炉除尘改造［C］.全国袋式过滤技术研讨会论文集（第十期），中国环保产业协会袋式除尘委员会，2001.

［6］杨盛林，刘忠东．利用BHA脉冲褶式滤筒改造水泥磨除尘系统［C］.全国袋式过滤技术研讨会论文集（第十期），中国环保产业协会袋式除尘委员会，2001.

［7］白文峰，杨延安，张健．烧结不锈钢纤维毡在除尘中的应用［C］.全国袋式过滤技术研讨会论文集（第十期），中国环保产业协会袋式除尘委员会，2001.

［8］何争光．大气污染控制工程及应用实例［M］.北京：化学工业出版社，2004.

［9］王跃波．济钢焦炉烟气净化［C］.高温袋式除尘技术应用实例，中国环保产业协会袋式除尘委员会，2003.

［10］王泽生，陈志伟，等，低压脉冲覆膜袋滤收尘器在铅鼓风炉收尘系统中的应用［C］.高温袋式除尘技术应用实例，中国环保产业协会袋式除尘委员会，2003.

［11］陈隆枢．袋式除尘器净化生活垃圾焚烧烟气［C］.全国袋式除尘技术研讨会论文集，中国环保产业协会袋式除尘委员会，2007.

［12］徐天平，周各荣，张云华．莱芜钢厂750m³高炉煤气干法布袋除尘器的应用［C］.高温袋式除尘技术应用实例，中国环保产业协会袋式除尘委员会，2003.

［13］陈强利，王聪．用于干燥设备的新型干法除尘系统［C］.全国袋式除尘技术研讨会论文集，中国环保产业协会袋式除尘委员会，2007.

［14］徐晓燕．葛洲坝水泥厂回转式烘干机烟气治理［C］.高温袋式除尘技术应用实例，中国环保产业协会袋式除尘委员会，2003.

［15］樊智．西北铁合金厂2×25000KVA硅铁电炉烟气净化系统［C］.高温袋式除尘技术应用实例，中国环保产业协会袋式除尘委员会，2003.

［16］王北平，贝玉娟，葛伟浩．耐高温长袋脉冲除尘器在10000t/d水泥头的应用［C］.袋式除尘应用百例，中国环保产业协会袋式除尘委员会，2007.

［17］王泽生，明平洋，等．长袋低压脉冲袋式除尘器净化回转石灰窑窑尾烟气［C］.高温袋式除尘技术应用实例，中国环保产业协会袋式除尘委员会，2003.

［18］洪源玻纤科技有限公司样本资料.

［19］陆卫宏，等．LPMG型脉冲除尘器在熔铝炉烟气净化系统中的应用［C］.全国袋式除尘技术研讨会论文集，中国环保产业协会袋式除尘委员会，2011.

［20］赵永存．长袋脉冲袋式除尘器在燃煤电厂净化高浓度粉尘的应用［C］.全国袋式除尘技术研讨会论文集，中国环保产业协会袋式除尘委员会，2011.

［21］黄敬彬．炭黑工业袋式除尘发展综述［C］.全国袋式除尘技术研讨会论文集.中国环保产业协会袋式除尘委员会，2013.

［22］董召，等．袋式除尘系统在褐煤提质中的应用［C］.全国袋式除尘技术研讨会论文集（2013-2015）.

［23］屈青春，等．袋式除尘设备在陶瓷行业喷雾干燥塔上的应用［C］.全国袋式除尘技术研讨会论文集，中国环保产业协会袋式除尘委员会，2015.

［24］吴媛媛，等．三聚磷酸钠生产过程的粉尘治理［C］.袋式除尘技术论文集第六期，中国环保产业协会袋式除尘委员会，1994.

［25］段亚峰，吴惠英，潘葵．不锈钢纤维及其应用［J］.产业用纺织品，2008（12）：1～7.

［26］邹振高，王西亭，施棚梧．芳香族聚酰胺-酰亚胺纤维技术现状与发展［J］.纺织导报，2006（12）：50～52.

[27] 黄斌香，等.纯 PTFE 覆膜滤袋在垃圾焚烧烟气净化中 PM2.5 的近零排放 [C].全国袋式除尘技术研讨会论文集，中国环保产业协会袋式除尘委员会，2015.

[28] 蔡伟龙，罗祥波，方国阳，等.微细粉尘（PM2.5）控制用 PPS 水刺毡滤料的性能研究 [C].全国袋式除尘技术研讨会论文集，中国环保产业协会袋式除尘委员会，2013.

[29] 陈隆枢，吴媛媛，徐晓燕，等.将电除尘改造成为袋式除尘器的实践 [C].全国袋式过滤技术研讨会论文集（第十期），中国环保产业协会袋式除尘委员会，2001.

[30] 王玉华，齐贵山，等.高温烟气除尘用玄武岩针刺毡滤料的开发及应用 [C].全国袋式除尘技术研讨会论文集，中国环保产业协会袋式除尘委员会，2011.

24 气固分离在其他领域的应用

24.1 膜技术在大气污染中的应用

24.1.1 膜技术应用概述

石油化工、制药、印刷、胶黏剂、喷漆等行业使用的有机溶剂，通常以废气的形式排入到大气中，大多具有毒性，有些溶剂则因其稳定性，能长期稳定地存在于大气中而不分解。在挥发性有机化合物（VOCs）的储存、运输和使用过程中以及在石油、化工、喷涂等行业的生产过程中，每天都在释放出大量的有机废气。这不仅对我们的生存环境造成严重的破坏，更是一种严重的资源浪费。因此，随着全球环境保护问题的突出和传统资源的枯竭，工业气体中排放的有机废气的回收正日益受到人们的重视。针对挥发性有机物的处理，目前国内外采用的主流方法有两类：一类是破坏性方法，如燃烧法，将有机废气通过燃烧转化为二氧化碳和水；另一类是回收法，如碳吸附法、冷凝法和膜分离法。其中，膜分离法是一种新的高效分离方法，它与传统的吸附法和冷凝法相比，具有高效、节能、操作简单和不产生二次污染并能回收有机溶剂等优点。膜分离法的运转费用与物流流速成正比，与浓度关系不大，最适合于处理 VOCs 浓度较高的废气。由于大多数间歇过程的温度、压力、流量和 VOCs 浓度都会随时间的变化发生变化，所以要求回收设备有较强的适应性，膜分离系统正能满足这一要求。

在某种推动力的作用下，利用某种隔膜特定的透过性能，使溶质或溶剂分离的方法称为膜分离。膜是具有选择性分离功能的材料。利用膜的选择性分离实现料液的不同组分的分离、纯化、浓缩的过程称作膜分离。它与传统过滤的不同在于膜可以在分子范围内进行分离，并且该过程是一种物理过程，不需发生相的变化和添加助剂。

因此，膜技术在日常生活中也日益显示出它的重要作用和光明前景。膜技术作为新型分离技术已广泛应用于气体分离、物料分离和水处理。其中，水处理领域对膜产品的需求量最大。以饮用水为例，自从人们发现自来水含有三卤甲烷、农药、洗涤剂以及自来水管、水塔的二次污染后，就开始用反渗透膜制备纯净水。但是由于纯净水制作成本较高，而且在去除水中有害物质的同时，也把对人体有益的无机盐剔除掉了。于是，人们又用纯膜装置生产出具有矿泉水和纯净水两者优点的、具有生物活性的、可直接生饮的过滤水。膜技术正在把我们的生活带入一个更新的时代。膜分离具有以下四种特点：（1）可在一般温度下操作，没有相变；（2）浓缩分离同时进行；（3）不需投加其他物质，不改变分离物质的性质；（4）适应性强，运行稳定。

经过 50 多年的发展，我国膜产业已经步入快速成长期。超滤、微滤、反渗透等膜技术在能源电力、有色冶金、海水淡化、给水处理、污水回用及医药食品等领域的工程应用规模迅速扩大，多个具有标志性意义的大型膜法给水工程、污水回用工程及海水淡化工程已经相继建成。

此外，"十一五"以来，我国不断加大分离膜的研发和产业化推进力度，在开发分离膜新膜种和膜制造技术创新以及膜技术的工程应用方面走在了世界前列。2010年以来，国家发改委、科技部和工信部等部委将膜技术列入"十二五"重大产业技术予以专项支持。

以下为几种已问世的膜：

（1）低污染膜。膜污染是反渗透膜技术应用中的最大危害。目前已有几种抗污染性能强、使用寿命长、清洗频度低且易清洗的低污染膜在膜技术领域问世。

（2）超低压膜。由于节省电耗和降低相关机械部件的压力等级引起材料费下降等优点，自1999年以来超低压膜在膜技术领域应用比重日益增大，这在以使用4英寸膜为主的小型装置中应用最为突出，大型装置中应用超低压膜也呈上升趋势。

（3）带正电荷的反渗透膜。现在广泛应用的低压、超低压复合膜的材质均为芳香族聚酸胺，其膜表面均带有负电荷，膜技术的发展带来了表面带正电荷的低压复合膜，这种膜目前主要应用于制备高电阻率的高纯水系统中。

（4）耐高温、食品级、卫生级反渗透膜。普通水处理膜技术采用反渗透膜的使用温度均为0~45℃，但在需要耐90℃高温杀菌的特殊场合，可使用耐高温、耐化学药品的反渗透膜。此外，各种有特殊膜元件结构的食品级或卫生级的反渗透膜技术也开始在国内应用。

24.1.2　膜的分类

膜是膜技术的核心，膜材料的性质和化学结构对膜分离性能起着决定性的影响。

膜的孔径一般为微米级，依据其孔径的不同（或称为截留分子量），可将膜分为微滤膜、超滤膜、纳滤膜和反渗透膜。根据材料的不同，膜可分为无机膜和有机膜。无机膜主要还只有微滤级别的膜，主要是陶瓷膜和金属膜。有机膜是由高分子材料做成的，如醋酸纤维素、芳香族聚酰胺、聚醚砜、聚氟聚合物等。

按结构分，膜有七类：

（1）均质膜或致密膜，为结构均匀的致密膜。

（2）对称微孔膜，平均孔径为 $0.02~10\mu m$。按成膜方法不同，有三种类型的微孔膜，即核孔膜、控制拉伸膜和海绵状结构膜。

（3）非对称膜。膜断面为不对称结构，是工业上应用最多的膜。

（4）复合膜。在多孔膜表面加涂另一种材料的致密复合层。

（5）离子交换膜。

（6）荷电膜。

（7）液膜。包括支撑液膜和乳状液膜。

按照膜的形状，膜可分为平板膜、管式膜、中空纤维膜和卷式膜。

24.1.3　膜分离工艺原理

膜分离的基本工艺原理是较为简单的。在过滤过程中料液通过泵的加压，料液以一定流速沿着滤膜的表面流过，大于膜截留分子量的物质分子不透过膜流回料罐，小于膜截留分子量的物质或分子透过膜，形成透析液。因此，膜系统都有两个出口，一个是回流液（浓缩液）出口，另一个是透析液出口。在单位时间（h）单位膜面积（m²）透析液流出的量（L）称为膜通量（LMH），即过滤速度。影响膜通量的因素有：温度、压力、固含量（TDS）、离子浓度、黏度等。

膜可以被定义为一个在两个空间段之间的选择性的屏障。近年来，膜技术广泛应用在工业净化过程。相对于其他成熟的气体分离过程，如低温精馏、变压吸附和吸湿液体，气体膜分离技术具有以下特点：

（1）气体膜分离不涉及相变。

（2）气体膜分离技术具有高效批量分离特性。气体渗透的动力是部分跨膜压差。

（3）膜技术属于模块化设计，易于扩展，经济性显著，适于中小企业，特别在中低浓度气氛过滤方面，膜技术比传统的分离技术更有竞争力。

（4）膜分离技术可以很容易地与其他分离技术组合，混合使用过程将比单独使用技术更有效。

（5）气体膜分离是非常环保的，不产生二次废物（如蒸汽、溶剂和固体颗粒）。

（6）膜材料具有结构紧凑、重量轻、易于操作和维护的特点。

24.1.4　膜分离工艺流程

由于膜分离过程是一种纯物理过程，具有无相变、节能、体积小、可拆分等特点，使膜广泛应用在发酵、制药、植物提取、化工、水处理工艺过程及环保行业中。对不同组成的有机物，根据有机物的分子量，选择不同的膜，选择合适的膜工艺，从而达到最好的膜通量和截留率，进而提高生产收率、减少投资规模和运行成本。

膜过滤过程的发展有三个关键因素：膜效率、膜的选择性和稳定性。膜效率与渗透率有关，由聚合物膜固有的属性决定，如渗透通量、有效膜厚度和膜包装密度（即每单元模块体积的膜面积）的数量。高渗透通量可以通过使用非对称或薄膜，液体优先透过薄层，并使用中空纤维膜增大面积。膜的选择性不仅取决于聚合物固有选择性，还有选择性层的完整性，而这也会反过来影响浓差极化和运输阻力等工艺条件。膜的稳定性是能够保持膜通透性和选择性的基础。因此，一个成功的气体膜分离过程是由膜材料、膜的形成与结构、膜组件以及流体体系等因素组成的。

气体膜运输的机制取决于是否为多孔膜或无孔膜。通常无孔聚合物膜是用来作为选择性的气体渗透功能层，而多孔膜是用来作为支撑材料。膜分离原理主要有溶解扩散机制和孔隙流模型。

无孔膜中的气体输运的溶解扩散机制被大多数研究者广泛接受，根据这一机制，通过膜的气体渗透过程包括三个连续步骤：

（1）在高压侧气体溶解进入膜中；

（2）通过膜渗透气体分子扩散在浓度差异下跨膜；

（3）在低压侧膜的气体分子解离出来。

气体渗透是由渗透膜基质中的气体分子扩散控制，而吸附/解吸附平衡被认为是气体和膜之间的过渡基础，气体混合物的分离是由于在膜基质中的溶解度和流动性的差异。

如果膜孔尺寸远大于气体分子的平均自由路径，从 $0.1 \sim 10 \mu m$，黏性流动发生。渗透率与气体黏度成反比，与穿过孔的平均压力成正比，几乎没有分离可以通过黏性流动来实现；当孔隙大小类似于或小于气体分子的平均自由路径（通常小于 $0.1\mu m$），努森扩散控制气体流量，并且气体传输率与其分子量的平方根成反比。虽然努森扩散可以提供一个根据相对分子质量的小的选择性，但基本上努森扩散高分子膜的非经济性是没有商业应用的。如果膜孔非常小，在大约 $0.5 \sim 2nm$，气体分子属于筛分离。这种类型的分离目前只适用于有限的气体分离，如使用陶瓷、玻璃、沸石或其他无机膜。在某些特殊情况下，基于曲面的气体渗透，也可能会出现扩散或毛细凝聚。在强烈吸附气体或蒸气弥漫时，通过孔隙的气体穿透时可以吸附在膜孔的壁上。这样形成的多层吸附质由压力导致气体向低压侧的表面流动。当孔隙吸附质的量足够大，毛细凝聚则会发生。如果表面扩散和毛细凝聚机制允许容易冷凝组件从多孔网络组件有效地排除不凝性，可以实现很高的选择性。

为了捕获和重用有机挥发性（VOC）物质，分离过程需要恢复和减轻其排放到空气中。目前 VOC 处理技术包括碳吸附、缩合、焚烧。然而，这些进程在分离性能和能耗方面至今也不总是令人满意的。近年来，膜分离技术已引起人们的关注，利用膜从废气中去除或恢复 VOC 因成本低、设备简单、空间占用小、操作简单、无需再生步骤，成为一个有潜力的 VOC 处理替代技术。用于从空气或氮气流中进行 VOC 分离的膜材料，硅橡胶通常被认为是最有吸引力的膜材料，原因在于其渗透率高、选择性好，高的 VOC 渗透选择性。然而，对于实际上 VOC/N_2 或 VOC/空气混合物的分离，膜选择性往往是远低于理想的基于纯气体渗透选择性，原因在于吸附膜中 VOCs 往往导致膜膨胀，使 N_2 或空气混合物更容易渗透。此外，基于蒸气/气体分离膜是一个压力驱动的过程，由于膜选择性直接影响分离效率，所以具有高选择性的 VOC 的分离膜设计是非常有必要的。

24.1.5 膜技术与健康防护

在大气污染新常态下，健康防护问题最值得关注，特别是敏感人群的防护问题。不同人群特点有不同的原则，做好健康防护首先要自我健康管理、预测和预警。有慢性病包括呼吸道、心血管系统疾病人群在雾霾天应尽量避免出门，有过敏体质的人群则需出门前备好药物，外出返回后要尽快清洗脸部等裸露部位。健康防护除了要做好自我健康管理外，还应尽量使用外置的防护措施，如防霾口罩。然而目前市面上专门针对防霾设计而又实实在在具有防霾、特别是防 VOC 功能的口罩产品还是空缺，呼吸阻力小又能有效防 PM2.5 和 VOC 的防护材料的研发目前正是火热。以 $1000\mu g/m^3$ 的 PM2.5 浓度为例，防护材料的过滤效率要高于 95% 才能达到小于 $35\mu g/m^3$，做到吸入人体的空气质量为优。

除了口罩这样的生活用防护外，工业上职业人员的健康防护更应重视，因此防护材料的研发工作意义十分巨大。

总之，采用膜制口罩防止 PM2.5 可保证出行健康、安全。在生活、工作、学习等固定场所，采用膜分离技术可使小范围空间的空气达到优级状态。另外，在工业生产污染源头，采用膜分离技术净化系统吸入污染气体，呼出干净空气，使净化后的气体含污指标达到质量要求。因此，用膜技术去解决 PM2.5 问题，是很有价值和意义的，有很大的市场空间。膜技术将对工业生产发展和节能环保做出新的贡献。

24.2 废气、粉尘治理新技术的应用

佛山市人居环保工程有限公司是一家粉尘治理专业公司，主要业务有：（1）洁净车间的空气过滤；（2）冷（暖）气内循环车间的粉尘一体化治理；（3）室内集尘和环保除尘一体化优化治理；（4）环保除尘治理。该公司拥有十项国际—中国发明—实用新型专利和一项软件著作权，努力对传统袋式除尘器的研究、创新，开发出更好的粉尘治理技术。

24.2.1 介布二元袋式除尘器（以尘除尘或以霾制霾除尘器）

24.2.1.1 传统外滤袋式除尘器的一元除尘结构特征和缺点

A 传统滤袋除尘器的基本特征

传统的滤袋除尘器（包括布袋和滤筒）通常采用"多台并联+在线脉冲喷吹清灰"的组合工艺模式，这种组合工艺模式之下，单台除尘设备一般都设计得比较大，一台不够用才选择两台或多台并联组合，并联组合时每台独立除尘设备的进、出风口一般不配置阀门。

在线清灰是指在过滤室处于负压工作状态下的气流流动的开放空间里进行的高压气脉冲喷吹清灰，"局部性+负压工作状态"是其最大特征，喷吹清灰的顺序组合是：每次喷吹一个或一组滤袋，直至将该台除尘器的所有滤袋全部喷吹一遍，才完成该台除尘器的喷吹周期，此时，PLC控制系统会自动转入下一台除尘器进行喷吹清灰，如此循环，直至将并联组合的所有除尘器都喷吹一遍，完成一个大喷吹周期。

B 传统滤袋除尘技术的"搭桥""留附""天窗"三大缺陷效应

粉尘在脉冲高压气作用下脱离滤袋表面之后，在重力和负压吸附力双重作用之下分为三个去向：

（1）直接落入灰斗，主要是滤袋下部的粉尘或者滤袋中上部已结块、板结的粉尘；

（2）沉降一定距离 L_1 之后，随气流附集到相邻滤袋表面，主要是滤袋中上部的粉尘，这种现象就是常说的"搭桥"效应；

（3）沉降一定距离 L_2 之后，待喷吹高压气流消失转为负压之后，再次附集到原滤袋表面，这种现象称为"留附"效应。

需要特别指出的是，在高压气脉冲喷吹清灰瞬间（该瞬间时间 $t \le 0.2s$，下同），滤布的微孔必然出现扩张现象，当高压气流消失转为负压的微孔闭合瞬间，会有许多微粒-超微细粉尘从扩张的微孔通过，从而降低了滤布自身的过滤精度和效率。由于脉冲喷吹清灰的频率高，因此，这种瞬间渗漏就会积少成多，最终严重影响滤布自身的过滤精度和效率。这种现象有如紧闭的天窗突然开启之后，又突然关闭，因此，称之为"天窗"效应。

因此，传统的滤袋除尘器存在"留附"效应、"搭桥"效应、"天窗"效应三大缺陷。

C 传统滤袋除尘器的滤布一元除尘结构特征

如上所述，由"留附"和"搭桥"效应产生的"留附"和"搭桥"积架层，即传统认知的"二次粉尘层"。显然，"二次粉尘层"不具有均衡性、厚度可控性、分选性、连续性四大特征，因此，不可以作为独立的过滤介质层，最多只是局部的过滤介质层，所以，"二次粉尘层"+滤布不构成"介布二元除尘结构"。

传统的滤袋除尘器，虽然"留附"积架层厚且阻力大，但是却不能提升除尘效率，处于无用和有害状态，除尘效率仍然取决于"滤布机械场一元除尘结构"。

多年以来，传统认知的二次粉尘层可以有效提高除尘效率只不过是被假象所欺骗，因此，传统的滤袋除尘器仍然是一种滤布一元除尘技术。

D　传统滤袋一元除尘结构存在的显著缺点

（1）由于"滤布一元过滤模式"和"天窗"效应，因此，除尘器过滤效率低，一般不超过98.0%~99.8%；

（2）由于在线喷吹清灰的局部性特征和"留附"+"搭桥"效应，决定了在线喷吹清灰的不彻底性，因此，除尘器阻力值大，一般为1200~1600Pa；

（3）由于滤布缺乏粉末介质场的保护和喷吹清灰的高频特性，因此，滤袋耗材使用寿命短，一般为1~2年。

24.2.1.2　介布二元袋式除尘器的二元除尘结构特征和优点

A　构成二元除尘结构的基本条件

首先，将多台（≥2台）独立滤袋除尘器，通过管路连接成并联组合模式。

其次，在每台独立除尘器进气分支管路的特定位置（进气阀门与除尘器进气口距离ΔL，必须依据粉尘特征来决定）和/或出气支管路上配置阀门。

当多台并联组合的某台独立除尘器需要清灰时，关闭该台独立除尘器的进气支管路和/或出气支管路阀门，阻断除尘器本体内部空间与管路外部空间之间的联系，实现离线清灰模式。此时，多台并联组合的其他独立除尘器处于正常的工作状态。

第三，通过全智能PLC数字化控制与管理系统控制充分与合理的粉尘重力沉降分选时间T，实现粉尘的可分选性，从而获得轻质微细-超微细颗粒粉尘组分。

第四，通过$\Delta L + \Delta L'$（除尘器进气口与布袋之间）距离和存在的时间差$\Delta T + \Delta T'$，获得由轻质微细-超微细颗粒粉尘组分构成的粉末介质场，并且确保该粉末介质场的可持续性、可均衡性、厚度可控性。

B　实施方案和二元除尘结构特征

介布二元除尘器经过一段时间的运行后，当设备阻力值上升达到需要进行清灰的设定值时，实施离线高压气脉冲喷吹清灰。其过程如下：首先从并联组合除尘器组中的某台独立除尘器开始，当该台独立除尘器处于离线清灰状态时，其过滤室处于气流不流动的静态空间状态。喷吹清灰的顺序组合是：每次喷吹一个或一组滤袋，直至将该台独立除尘器的所有滤袋全部喷吹一遍，才完成该台独立除尘器的喷吹周期。此时，全智能PLC数字化控制与管理系统会控制该台独立除尘器充分与合理的粉尘重力沉降分选时间T，再恢复该台独立除尘器的工作，之后才转入下一台独立除尘器进行喷吹清灰。如此循环，直至将并联组合的所有独立除尘器都喷吹一遍，完成一个大喷吹周期。

粉尘在脉冲高压气作用下脱离布袋表面之后，只有重力沉降分选作用，而没有负压吸附力作用。粉尘在充分与合理的重力沉降分选时间T作用下，最终分化为两部分：绝大部分粗-中-细颗粒及重质粉尘直接落入灰斗；少部分微细-超微细颗粒及轻质粉尘继续悬浮于过滤室中。因此，离线清灰模式下，没有在线清灰的"塔桥"效应、"留附"效应、"天窗"效应，而且，粉尘与滤袋剥离得很彻底。

当该台独立除尘器结束离线清灰+充分与合理的重力沉降分选时间 T 之后，转入除尘工作时，过滤室的气流不流动的静态空间状态立刻被破坏，所有布袋表面立刻处于负压状态。由于废气进气管的阀门到过滤室的布袋表面之间存在空间距离 $\Delta L+\Delta L'$，因此，新旧粉尘到达布袋表面就存在短暂的时间差 $\Delta T+\Delta T'$。就在该短暂的时间差 $\Delta T+\Delta T'$ 之内，经过过滤室充分与合理的重力沉降分选作用时间 T 之后，还悬浮于布袋表面附近的轻质微细-超微细旧粉尘颗粒立刻被负压吸附于布袋的所有表面，并且均衡分布，形成粉末介质层，之后，新粉尘才到达。

这种由轻质微细-超微细颗粒粉尘组分构成的粉末介质层，总会被离线清灰破坏掉，但是，又总能在新粉尘到达布袋表面之前的时间差（$\Delta T+\Delta T'$）内提前形成。形断实续的粉末介质层被定义为介质场。因此，介质场完全不同于传统意义上所说的二次粉尘层。

由于介质场具有可分选性、可持续性、厚度可控性、均衡性，因此，可以和滤布构成"粉末介质场+滤布机械场的二元过滤模式"，即介布二元除尘结构。

介：指粉末介质场，由轻质微细-超微细颗粒粉尘构成，均衡分布于滤布表面。

布：指构成布袋或者滤筒的滤布，是一种机械场。

介布二元除尘结构：新粉尘首先到达到粉末介质场，由介质场中轻质微细-超微细粉尘颗粒构成的微细间隙、间隙静电场、间隙吸附场等首先过滤和吸附过滤新粉尘，其次，才达到滤布，由滤布机械场再次过滤新粉尘。

C　介布二元袋式除尘器的显著优点

（1）除尘效率由"传统除尘器"的 98.0%～99.8%提高到 99.99%以上。

（2）设备能耗值由"传统除尘器"的 1200～1600Pa 降低到≤600～800Pa，节能率不小于 50%。

（3）滤袋耗材的使用寿命由"传统除尘器"的 1～2 年延长到 3～6 年以上，即延长 2 倍以上。

（4）除尘设备 20 年寿命，总费用比"传统除尘器"节省 30%～60%的经济指标。

24.2.1.3　介布二元袋式除尘器的特色和创新之处

特色：变废为宝，"以尘制尘"或者"以霾制霾"。

创新之处：介布二元除尘结构。

介布二元袋式除尘器的应用范围与外滤袋式除尘器基本一致。

24.2.2　黑油烟静电除尘器

24.2.2.1　低比电阻微细粉尘特征

低比电阻微细粉尘指比电阻值 $\rho \leqslant 10^3 \Omega \cdot cm$ 的微细粒径烟炱、炭黑尘为代表的粉尘。

A　低比电阻烟尘产生的原因

据研究，碳氢化合物燃烧时，由于脱氢、裂化等过程的同时，叠合和芳香族环的生成等作用而产生含碳量多的物质（即烟炱或炭黑），这种现象叫做凝缩。脱氢和凝缩是产生烟炱（或炭黑）的原因。

在现实生活中低比电阻烟尘主要指燃油用品和塑料、橡胶、棉毛制品等燃烧时产生的黑烟尘。

B 低比电阻烟尘的特征

(1) 粉尘成分以烟炱、炭黑为主,其比电阻值$\rho \leqslant 10^3 \Omega \cdot cm$。

(2) 粉尘颗粒微细,一般粒径在$0.01 \sim 1.0 \mu m$范围,部分大于$1.0 \mu m$或小于$0.01 \mu m$,属于微细-超微细粒径粉尘;并且粉尘堆积密度小,其堆积密度在$0.025 \sim 0.25 g/cm^3$范围。表现为粉尘易飘游于气体中,很难靠重力、离心力、库仑力或其他外力将其从气体中分离并有效捕捉、搜集。

(3) 由于烟尘中通常含有较多残留油的成分,因此烟尘具有含油特性和憎水特性。

(4) 烟气中通常伴生有较高浓度的SO_2、NO_x等腐蚀性气体。

(5) 烟气温度通常较高,一般不低于$223℃$,有时高达$500℃$以上。

24.2.2.2 低比电阻烟尘在常规除尘器中效率低下的原因

对于常规电除尘器:以烟炱、炭黑为代表的低比电阻烟尘,由于其比电阻值$\rho \leqslant 10^3 \Omega \cdot cm$,在电场中该种烟尘易反复繁密,产生荷电—释电—再荷电—再释电现象,难以有效附着在集尘板上被有效捕获,而是飘游于气体中被带走。因此,常规静电除尘器是无法达到高效捕获低比电阻烟尘的目的。

对于旋风除尘器和水膜除尘器:由于粉尘颗粒的微细特性、堆积密度小特性和含油憎水特性等因素,确定了旋风除尘器和水膜除尘器在捕获低比电阻微细粉尘应用中的低效率特性。

对于布袋除尘器:由于烟气温度高、含油特性、含SO_2和NO_x等腐蚀性气体及颗粒微细等综合因素,一方面造成布袋除尘器造价高昂,另一方面,尤其对于一些含油性高、温度高、颗粒超微细的黑油烟尘,布袋除尘器根本无法使用。因此,布袋除尘器只适用于含油性少或不含油性、中低烟气温度、颗粒粗大($d \geqslant 0.5 \mu m$)的这一部分的低比电阻微细粉尘的高效除尘。

综上所述,由于低比电阻烟尘的特殊特征,决定了除少部分有条件的低比电阻微细粉尘可以利用布袋除尘器高效除尘之外,在传统的除尘器中还没有哪一种除尘器可以全面高效地捕获低比电阻微细粉尘。

因此,低比电阻微细粉尘对于传统除尘器而言仍然是一道难题。

24.2.2.3 黑油烟静电除尘器技术简介

A 除尘器结构

前置喷淋筛网的静电式烟炱净化器如图24-1所示。该烟炱净化器由湿法除尘脱硫装置3、静电除尘本体15、水池10三部分组成。其中水池10的中间有隔板7将其分为清水池和污水池两部分,隔板7下部装有过滤网9,使污水池的水可经过过滤网9流到清水池,在水池10的一侧水界面6下方有人工清灰口12,水池10的下部有排污口11,水池10的另一侧水界面6上方有加药口5。湿法除尘脱硫装置3和静电除尘本体15在水池10的上方与水池10相连接,二者有一定距离,并与水池10的水界面6形成一封闭的整体,在水池 10 的水界面 6 上方有烟尘通道 13。在湿法除尘脱硫装置 3 内装有层数不等的筛网 4，并使筛网 4 与烟气流向相切 10°~90°，同时将进风口 1 设在湿法除尘脱硫装置 3 的上部，水喷淋装置 2 装在其顶部，使烟气流向为自上而下，同水喷淋方向一致。在静电除尘本体 15 的下部有一烟尘导流板 14，使烟尘能均匀地进入静电除尘本体 15，在静电除尘本体 15 上部有自动清洗电场喷淋装置 16，其顶部有均流板 17 和出风口 18。在水池 10 的清水池内有水管通过水泵 8 连接到湿法除尘脱硫装置 3 内的水喷淋装置 2 和静电除尘本体 15 内的自动清洗电场喷淋装置 16。

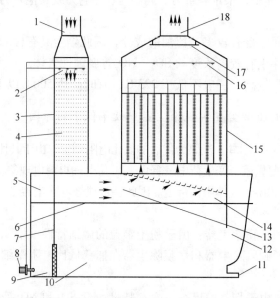

图 24-1　前置喷淋筛网的静电式烟炱净化器

1—进风口；2—水喷淋装置；3—湿法除尘脱硫装置；4—筛网；5—加药口；6—水界面；
7—隔板；8—水泵；9—过滤网；10—水池；11—排污口；12—人工清灰口；13—烟尘通道；
14—烟尘导流板；15—静电除尘本体；16—自动清洗电场喷淋装置；17—均流板；18—出风口

B　基本原理分析

当烟气进入湿法除尘脱硫装置 3 内，在水重力和风机引力的作用下，烟尘（烟炱、炭黑和水雾必须共同穿过筛网 4 的细小网孔，烟尘（烟炱、炭黑）和水雾共同穿过筛网的网孔时受到了水的包围和挤压，多层筛网使这种包围和挤压反复多次并伴随着强烈的碰撞。如此一方面烟炱、炭黑和水被强制充分接触，直至被水分子浸湿（亲和）或部分被水分子浸湿（亲和）或被水分子包围（亲和）；另一方面烟炱、炭黑自我挤压、碰撞使颗粒变大变粗。当烟炱、炭黑和水亲和后，由于水的比电阻和密度都大，因此，水就成了增阻剂、增重剂和黏合剂，从而克服了烟炱和炭黑的低比电阻性、憎水性、颗粒微细性、密度小等缺陷，使烟炱和炭黑进入静电除尘器高效除尘的比电阻值范围（$10^4 \sim 5 \times 10^{10} \Omega \cdot cm$）。这样当和水亲和了的烟炱和炭黑通过烟尘通道 13 进入静电除尘本体 15 中就可以轻易地被静电库仑力从烟气中分离出来，并且不再重返气流了，然后通过自动喷淋清洗装置 16 将烟炱、炭黑清洗到水池 10 中，达到高效清除烟炱、炭黑的目的。

如上所述，当烟气进入湿法除尘脱硫装置 3 内，在水重力和风机引力的作用下，烟气和水必须共同穿过筛网 4 的细小网孔，烟气和水共同穿过筛网的网孔时，得到了充分的混合接触，多层筛网使这种混合接触反复多次而更加充分。如此，水介质中脱硫剂 NaOH 就可以和烟气中 SO_2 发生充分的吸收反应，从而达到同步高效脱硫的目的。其反应式如下：

$$2NaOH+SO_2 \Longrightarrow Na_2SO_3+H_2O$$

$$Na_2SO_3+SO_2+H_2O \Longrightarrow 2NaHSO_3$$

$$NaHSO_3+NaOH \Longrightarrow Na_2SO_3+H_2O$$

$$Na_2SO_3+1/2O_2 \Longrightarrow Na_2SO_4$$

上述 4 个反应式中正盐 Na_2SO_3 具有吸收 SO_2 的能力，而 $NaHSO_3$ 和 Na_2SO_4 不再具有吸收 SO_2 的能力，在循环过程中，可视 Na_2SO_3 为实际的吸收剂。

传统的湿式烧碱吸收法脱硫技术，其脱硫效率可达到不低于 90%，是一种高效的脱硫方法。

水介质的降温作用，可以提高脱硫效率。

C　筛网的作用

（1）强迫烟炱、炭黑尘和水介质亲和，即实现水包尘——烟炱、炭黑尘外表由水分子包围。水包尘使烟炱和炭黑尘的比电阻值由原来的容积低比电阻值起决定作用改变为由表面比电阻值起决定作用，为后续的静电高效除尘做好必要的准备。

（2）强迫烟气中 SO_2 气体和水介质中脱硫剂 NaOH 充分混合接触并发生吸收反应。

D　水介质的作用

（1）在筛网的帮助下成功与烟炱、炭黑尘亲和，成为烟炱、炭黑尘的增阻剂、增重剂和黏合剂，从而比较彻底地将烟炱和炭黑尘的比电阻值由原来容积低比电阻值起决定作用改变为表面水分即表面比电阻值起决定作用，实现静电场高效捕获低比电阻值微细粉尘的目的。

（2）烟炱、炭黑尘外表面上水分子成为静电场电极板上烟炱、炭黑尘的黏合剂，从而比较彻底地克服烟炱、炭黑尘重返气流问题，巩固静电场高效除尘效率。

（3）在筛网的帮助下，在脱硫剂 NaOH 药剂的作用下，完成脱硫吸收反应，达到同步高效脱硫的目的。

（4）作为烟气的有效降温剂，从而有效克服烟气温度高的问题。

（5）作为电极板上清除炭黑尘的介质，在 NaOH 药剂的帮助下，可以克服烟气中含油性高引起的烟尘与极板黏结的油污结垢问题，从而可以将静电场中电极和极板清洗干净。

（6）作为一种可循环使用的介质，有效降低运行的经济成本。

E　静电场的作用

（1）高效捕获已被水介质改变了表面比电阻值的低比电阻微细粉尘。

（2）静电场中高浓度臭氧（O_3）可有效帮助消除烟气中异味气体，从而达到除异味（臭味）的目的。

F　产生的污水治理办法

（1）充分利用设备自身的水过滤系统，循环使用水是减少污水产生量的有效办法。

（2）当设备自身水介质过滤系统不再有效并且影响到除尘效果时，即污水浓度达到一定程度时，必须更换新水。这时排放的污水有三条出路：

1）小型设备由于污水量少，直接由罐车拉到污水治理厂治理。

2）中型设备由于污水量多，可配置一套简易压滤过滤设备，对排出的污水进一步过滤，过滤后的干净废水可再循环使用。

3）大型设备由于污水量很多，可配置一套简易污水物化治理系统，对污水进行简易的物化治理，物化治理后的干净废水可再循环使用。

24.2.2.4　黑油烟静电除尘器的特色和创新之处

（1）发明了一种改变低比电阻微细粉尘表面比电阻值的新方法，从而突破传统的静电除尘比电阻值下限，拓展了静电除尘器高效除尘的比电阻值下限范围，拓展了静电除尘器高效除尘的使用范围。

（2）将静电除尘器与脱硫技术有机地结合起来，在静电除尘的同时达到同步高效脱硫，从而拓展了静电除尘器设备与脱硫设备的有机结合。

（3）采用简易的水喷淋+NaOH 药剂清灰，比较彻底地解决了传统静电除尘器振打清灰产生的二次扬尘问题和传统静电除尘器怕油污结垢的问题。

因此，烟炱净化器技术从以上三个方面革新传统的静电除尘技术，使其焕发出新的强大的生命力。

24.2.2.5　黑油烟静电除尘器的应用范围

（1）柴油和重油燃烧不完全产生的烟黑，如柴油和重油厨房炉灶、供热锅炉、发电机组等设施，由于设备自身或柴油和重油质量等问题造成燃烧不完全而产生的高浓度黑烟尘和 SO_2 烟气治理。

（2）橡胶、沥青和塑料等材料燃烧时产生的黑烟，如医疗垃圾焚烧炉、废旧电路板金属回收焚烧炉、橡胶和沥青燃烧加工场所等所产生的高浓度黑烟尘和 SO_2 烟气治理。

（3）木头、木屑、木糠等燃烧时产生的黑烟尘，如木材加工厂使用木屑、木糠等作为锅炉燃料、佛家胜地焚香烧纸炉等产生的黑烟尘烟气治理。

（4）布匹、棉丝等有机织物燃烧时产生的黑烟，如火葬场焚尸炉、为纪念逝者将逝者的衣物用品等焚烧时产生的高浓度黑烟尘和 SO_2 烟气治理。

（5）工业上一些特殊工段产生黑烟，如以油为介质的淬火工艺产生大量油烟和黑烟；模具浇铸时模具油燃烧产生的黑烟；模具清渣燃烧时产生的黑烟；过滤网残留物燃烧处理时产生大量的黑烟；含焦油物质如烟丝等烘烤时产生的黑烟等等各种黑烟尘和 SO_2 烟气治理。

（6）炭烧烤炉烧烤时产生大量的高浓度黑油烟尘和烧烤异味治理。

随着该技术应用的深入拓展，相信还会有更多的新的应用领域被发现和开拓出来。

附　　录

附录 1　分离机械行业现行标准目录

序号	标　准　名　称	标　准　代　号
1	分离机械名词术语	GB/T 4774—2004
2	离心机型号编制方法	GB/T 7779—2005
3	过滤机型号编制方法	GB/T 7780—2016
4	分离机型号编制方法	GB/T 7781—2005
5	分离机械噪声测试方法	GB/T 10894—2004
6	离心机分离机机械振动测试方法	GB/T 10895—2004
7	离心机性能测试方法	GB/T 10901—2005
8	分离机安全要求	GB 19814—2005
9	离心机安全要求	GB 19815—2005
10	喷气燃料过滤分离器相似性技术规范	GB/T 21357—2008
11	喷气燃料过滤分离器通用技术规范	GB/T 21358—2008
12	液体过滤用过滤器通用技术规范	GB/T 26114—2010
13	活塞推料离心机	JB/T 447—2004
14	螺旋卸料沉降离心机	JB/T 502—2004
15	外滤面转鼓真空过滤机	JB/T 3200—2008
16	上悬式离心机	JB/T 4064—2005
17	厢式板框压滤机和板框压滤机 1 型式与参数	JB/T 4333.1—2005
18	厢式板框压滤机和板框压滤机 2 技术条件	JB/T 4333.2—2005
19	厢式板框压滤机和板框压滤机 3 滤板	JB/T 4333.3—2005
20	厢式板框压滤机和板框压滤机 4 隔膜滤板	JB/T 4333.4—2005
21	板框式加压滤油机	JB/T 5153—2006
22	翻盘真空过滤机	JB/T 5282—2010
23	防爆型刮刀卸料离心机	JB/T 5284—2010
24	真空净油机	JB/T 5285—2008
25	船用碟式分离机	GB/T 5745—2010
26	分离机械清洁度测定方法	JB/T 6418—2010
27	分离机械涂装通用技术条件	JB/T 7217—2008

序号	标 准 名 称	标 准 代 号
28	筒式加压液体过滤滤芯	JB/T 7218—2004
29	筒式加压液体过滤滤芯性能试验方法	JB/T 7219—2006
30	刮刀卸料离心机	JB/T 7220—2006
31	进动卸料离心机	JB/T 7241—2010
32	离心萃取机型号编制方法	JB/T 7243—2010
33	离心卸料离心机	JB/T 8101—2010
34	带式压榨过滤机	JB/T 8102—2008
35	碟式分离机第 1 部分通用技术条件	JB/T 8103.1—2008
36	碟式分离机第 2 部分啤酒分离机	JB/T 8103.2—2005
37	碟式分离机第 3 部分乳品分离机	JB/T 8103.3—2005
38	碟式分离机第 4 部分胶乳分离机	JB/T 8103.4—2005
39	碟式分离机第 5 部分淀粉分离机	JB/T 8103.5—2005
40	碟式分离机第 6 部分植物油分离机	JB/T 8103.6—2005
41	碟式分离机第 7 部分酵母分离机	JB/T 8103.7—2008
42	螺旋卸料过滤离心机	JB/T 8652—2008
43	水平带式真空过滤机	JB/T 8653—2006
44	活塞推料离心机用滤网	JB/T 8865—2010
45	筒式加压过滤机	JB/T 8866—2010
46	固定室带式真空过滤机用橡胶滤带	JB/T 8947—2008
47	加压叶滤机	JB/T 9097—2011
48	离心机、分离机锻焊件常规无损检测	JB/T 9095—2008
49	管式分离机	JB/T 9098—2005
50	圆盘加压过滤机	JB/T 10409—2004
51	工业用水自动反冲洗过滤器	JB/T 10410—2014
52	离心机、分离机奥氏体钢锻件超声检测及质量评级	JB/T 10411—2014
53	浓缩带式压榨过滤机	JB/T 10502—2015
54	三足式及平板式离心机第 1 部分型式和基本参数	JB/T 10769.1—2007
55	三足式及平板式离心机第 2 部分技术条件	JB/T 10769.2—2007
56	含油污水真空分离净化机	JB/T 10870—2008
57	真空叶滤机	JB/T 10887—2008
58	PT 型圆盘真空过滤机	JB/T 10966—2010
59	带式过滤机织造滤带	JB/T 10967—2010
60	离心机分离机用振动监视控制仪和电子振动保护开关	JB/T 10968—2010
61	NC 型气体离心机通用技术条件	EJ/T 854—1994
62	搅拌罐式过滤机	JB/T 11091—2011
63	固液分离用织造滤布机械物理性能测试方法	JB/T 11092—2011
64	固液分离用织造滤布过滤性能测试方法	JB/T 11093—2011
65	固液分离用织造滤布技术条件	JB/T 11094—2011
66	离心萃取机技术条件	JB/T 11095—2011
67	转台真空过滤机	JB/T 11096—2011
68	立式全自动隔膜压滤机	JB/T 11097—2011

序号	标 准 名 称	标 准 代 号
69	圆盘真空过滤机用陶瓷滤板	JB/T 11098—2011
70	螺旋卸料离心机用差速器摆线针轮差速器	JB/T 11099—2011
71	螺旋卸料离心机用差速器渐开线行星齿轮差速器	JB/T 11100—2011
72	液体过滤用袋式过滤器	JB/T 11713—2013
73	可控排渣型碟式分离机	JB/T 11714—2013
74	螺旋卸料离心机	JB/T 11715—2013
75	带式真空过滤机无纺布滤带	JB/T 11873—2014
76	分离机械用离心铸造不锈钢筒体	JB/T 11874—2014
77	液体过滤用过滤器性能测试方法	JB/T 26176—2013
78	离心机转鼓强度计算	JB/T 28695—2012
79	离心机分离机转鼓平衡	JB/T 28696—2012
80	中空纤维帘式膜组件	GB/T 25279—2010
81	过滤机性能测试方法第 1 部分加压过滤机	GB/T 30177.1—2013
82	压缩空气过滤器试验方法第 1 部分悬浮油	GB/T 30475.1—2013
83	压缩空气过滤器试验方法第 2 部分油蒸气	GB/T 30475.2—2013

附录 2 空气净化过滤及除尘行业现行标准目录

序号	标 准 名 称	标 准 代 号
1	空气净化器	GB/T 18801—2015
2	空气净化器污染物净化性能测定	JG/T 294—2010
3	室内空气净化产品净化效果测定方法	QB/T 2761—2006
4	环境标志产品技术要求空气净化器	HJ 2544—2016
5	室内空气质量标准	GB/T 18883—2002
6	空气净化用非织造粘合纤维层滤料	JB/T 10535—2006
7	民用建筑工程室内环境污染控制规范	GB 50325—2010
8	洁净厂房设计规范	GB 50073—2001
9	医药工业洁净厂房设计规范	GB 50457—2008
10	医药工业洁净室（区）悬浮粒子的测试方法	GB/T 16292—2010
11	医药工业洁净室（区）浮游菌的测试方法	GB/T 16293—2010
12	医药工业洁净室（区）沉降菌的测试方法	GB/T 16294—2010
13	医院洁净手术部建筑技术规范	GB 50333—2002
14	工业企业设计卫生标准	GB Z1—2002
15	电子工业洁净厂房设计规范	GB 50472—2008
16	空气过滤器	GB/T 14295—2008
17	高效空气过滤器	GB/T 13554—2008
18	一般通风用空气过滤器性能试验方法	GB/T 12218—1989
19	气动空气过滤器技术条件	JB/T 7374—2015
20	空气过滤器分级与标识	CRAA 430—2008
21	空气过滤器用滤料	JG/T 404—2013
22	空调用机织空气过滤网	JB/T 10718—2007
23	环境空气质量标准	GB 3095—2012
24	除尘器术语	GB/T 16845—2008
25	袋式除尘器安装技术要求与验收规范	JB/T 8471—2010
26	袋式除尘器用滤袋框架	JB/T 5917—2013
27	燃煤锅炉袋式除尘器	GB/T 29154—2012
28	回转反吹类袋式除尘器	JB/T 8534—2010
29	袋式除尘器用滤料及滤袋	GB/T 6719—2009

序号	标 准 名 称	标 准 代 号
30	袋式除尘器滤袋	HJ/T 327—2006
31	袋式除尘器用滤料	HJ/T 324—2006
32	滤筒式除尘器	JB/T 10341—2014
33	袋式除尘系统装置通用技术条件	GB/T 32155—2015
34	袋式除尘器性能测试方法	GB/T 12138—1989
35	脉冲喷吹类袋式除尘器	JB/T 8532—2008
36	机械振动类袋式除尘器	JB/T 9055—1999
37	药用脉冲式布袋除尘器	JB/T 20108—2007
38	煤气用湿式电除尘器	JB/T 6409—2008
39	矿用除尘器通用技术条件	MT 159—2005
40	分室反吹风清灰袋式除尘器	JC/T 837—2013
41	水泥工业用 CXBC 系列袋式除尘器	JC/T 819—2007
42	袋式除尘器用电磁脉冲阀	JB/T 5916—2013
43	袋式除尘器用压差式清灰控制仪	JB/T 10340—2014
44	袋式除尘器用时序式脉冲喷吹控制仪	JB/T 5915—2013
45	燃煤电厂用电袋复合除尘器	JB/T 11829—2014
46	生物质燃烧发电锅炉烟气袋式除尘器	JB/T 11886—2014
47	电袋复合除尘器设计、调试、运行、维护安全技术规范	JB/T 11644—2014
48	粉尘爆炸危险场所用收尘器防爆导则	GB/T 17919—2008
49	粉尘爆炸危险场所用除尘系统安全技术规范	AQ 4273—2016

附录3 过滤机及过滤介质生产厂商名录

景津环保股份有限公司

产　　品：厢式和自动厢式压滤机，板框压滤机

联系人：姜桂廷

电　　话：0534-2753066，2753099，13803182008

传　　真：0534-2753695

地　　址：山东省德州市经济开发区晶华路

邮政编码：253034

电子邮件/网址：jjylj@263.net.cn/www.jjylj.com

奥图泰（上海）冶金设备技术有限公司

产　　品：全自动立式压滤机 PF（原芬兰 LAROX），卧式压滤机 MFP（原德国 Hoesch），快开卧式压滤机 PPF（原德国 Hoesch），真空带式过滤机 RT（原荷兰 Pannevis），密闭式真空过滤机 GT（原荷兰 Pannevis），胶带式过滤机 RBSV（原荷兰 Pannevis），净化过滤机 LSF（原英国 Scheilber），双重介质精密过滤器 DM，陶瓷过滤机 CC，真空圆盘过滤机（原 Scanmee），夹管阀，胶管泵

联系人：苏许贵

电　　话：010-85253316

传　　真：010-85253318

地　　址：北京市朝阳区朝阳门外大街 16 号中国人寿大厦 808A 室

邮政编码：100020

电子邮件/网址：sales.china@outotec.com/www.outotec.cn

温州市东瓯微孔过滤有限公司

产　　品：微孔精密过滤介质及过滤机

联系人：饶显瑞

电　　话：0577-88130119，88130813，13806540505，18967098765

传　　真：0577-88138523

地　　址：浙江省丽水市水阁工业园区石牛路 85-2 号

邮政编码：323000

电子邮件/网址：chinadongou@sina.com/www.chinadongou.com

杭州防腐设备有限公司/浙江金鸟压滤机有限公司

产　品：全自动厢式压滤机，全自动隔膜压滤机，全自动水平密闭压滤机，板框压滤
　　　　机，快开式压滤机，不锈钢压滤机，棉滤机，立式压滤机，PP 滤板滤框/叶
　　　　滤板

联系人：贺仲宪

电　话：0571-88193621，13958050999

传　真：0571-88193621

地　址：浙江省杭州市莫干山路花岗 1161 弄 11 号（汽车北站对面）

邮政编码：310011

网址：www. chinagoldenbird. com

杭州化工机械有限公司

产　品：转盘真空过滤机，转台真空过滤机

联系人：陈方健

电　话：0571-83581716，13656714502

传　真：0571-83581713

地　址：浙江省杭州市萧山区坎山工业园坎山路 228 号

邮政编码：311243

电子邮件：hhjcfj100408@ 163. com

杭州兴源过滤环保设备有限公司

产　品：板框压滤机、全自动厢式压滤机、全自动隔膜压滤机嵌入式压滤机、快开式
　　　　压滤机、悬梁式压滤机、污泥干化一体机、PP 滤板/隔膜滤板/滤框、滤布。

联系人：周立武

电　话：0571-88776713，13732226762

传　真：0571-88778255

地　址：浙江省杭州市余杭经济开发区望梅路 1588 号

邮政编码：311100

电子邮件/网址：xyhi2014@ 163. com/www. xingyuan. com

开封铁塔橡胶（集团）有限公司

产　品：橡胶过滤带

联系人：杨汴军

电　话：13603780906，03712-23978552

传　真：03712-23978552

地　址：河南省开封市周天路 109 号

邮政编码：475000

电子邮件：kftzjd@ 126. com

海门依科过滤设备有限公司，海门依科过滤设备有限公司上海分公司

产　品：DU 系列带式真空纸带过滤机，QLGZC 系列动式纸带过滤机（QLGC 系列磁性分离器），LXL 系列滤芯式过滤机，ZB 系列磁棒过滤机，FZ 系列滚筒过滤机十磁力刮屑机，HLLC 系列卧式磁分离机，真空负压过滤机配循环过滤带或纸带，吸附层过滤机配硅藻土或纤维素粉末，废屑干燥机，隔膜过滤

联系人：张正坤，李慧芳

电　话：0513-82682025，82747188，021-36321632，13506282016

传　真：0513-82682009，021-36321630

地　址：江苏省海门市三厂镇西郊工业园中华西路 561 号，上海市闸北区江场西路 299 弄 4 号楼

邮政编码：226142

电子邮件/网址：zhang. zhengkun@ ecofluide. cn，li. hui fang@ ecofluide. cn/www. ecofluide. cn

鞍山顶鑫自动净化设备有限公司

产　品：润滑油净化机

联系人：龚圣春

电　话：0412-8560015，13309802148

传　真：0412-8516567

地　址：辽宁省鞍山市铁西区南一道街 24 号

邮政编码：114013

电子邮件/网址：yscziseyu@ 126. com/www. asdingxin. com

合肥世杰膜工程有限责任公司

产　品：陶瓷（复合）膜，陶瓷（复合）膜组件，中小陶瓷（复合）膜设备，小、中式多功能膜设备，工业化微滤、超滤、纳滤、反渗透膜及成套设备

联系人：王　姝

电　话：0551-5845330，5845328，5845329，5845327，5845326

传　真：0551-5845299

地　址：安徽省合肥国家高新区科学大道 69 号

邮政编码：230088

电子邮件/网址：sjm@ sjm-filter. com. cn/www. sjm-filter. com. cn

厦门厦迪亚斯环保过滤技术有限公司

产　品：过滤网带

联系人：关太平

电　话：0592-7132282，13906011282

传　真：0592-7132251

地　　址：福建省厦门市火炬高新区（瑞安）产业区东风春路 16-22 号

邮政编码：361101

网址：www. yiyang-filter. com

上海化工机械厂有限公司

产　　品：各式离心机、过滤机

联系人：郑　斌

电　　话：021-33655535

传　　真：021-33655570

地　　址：上海市奉贤区肖南路 368 号

邮政编码：210401

电子邮件/网址：hshard zheng @ scmp. cn/www. scmp. net. cn

重庆江北机械有限责任公司

产　　品：离心机，过滤机，GMP 对应机，淀粉加工设备，污水处理成套设备等

联系人：何安勇

电　　话：023-68230493，18926298716

传　　真：023-68230242

地　　址：重庆市江北区鱼嘴镇康明路 8 号

邮政编码：401133

电子邮件/网址：jiangiia. jiangbemach. com/www. jiangbeimach. com

北京中机康元粮油装备（北京）有限公司

产　　品：YLZ 系列立式叶滤机，YWZ 系列卧式叶滤机

联系人：周龙长

电　　话：010-64882522，64882085，13701140282

传　　真：010-64855280

地　　址：北京市朝阳区北沙滩 1 号 60 号信箱

邮政编码：100083

电子邮件/网址：sales@ kangyuanoil. com/www. kangyuanoil. com. cn

瑞登梅尔（JRS）纤维素助滤剂有限公司

产　　品：各类纤维素助滤剂

联系人：黄颖奇，李　伟

电　　话：021-52341188

传　　真：021-62673005

地　　址：上海市威海路 567 号晶采世纪大厦

邮政编码：200041

电子邮件/网址：jack@ jrs-china. com/www. jrs. cn

唐山市丰南区连成过滤设备厂

产　品：微孔膜精滤机，微孔膜滤板

联系人：计连成

电　话：0315-8185635，13931477752

传　真：0315-8122323

地　址：河北省唐山市丰南区

邮政编码：063300

湖州核华环保科技有限公司

产　品：DI 型（PBF 型）移动室带式真空过滤机，DU 型橡胶带式真空过滤机，带式
　　　　压榨过滤机，DNY 型浓缩压滤机

联系人：周志诚

电　话：0572-2189785，15088338681

传　真：0572-2102146

地　址：浙江省湖州市湖织大道 1389 号-1

邮政编码：313000

电子邮件：zzclylzln@126.com

马鞍山市格林矿冶环保设备有限公司

产　品：GLPG 型盘式真空过滤机

联系人：姜立新

电　话：13955531067

传　真：0555-3507971

地　址：安徽省马鞍山市陶甸路 799 号

邮政编码：243000

电子邮件/网址：jlx-66@163.com/www.mas-gl.com

西安伟建制药石化设备厂

产　品：MBG 型叶板式过滤器

联系人：王建伟

电　话：029-84948926，13720763091

传　真：029-88851832

地　址：陕西省西安市户县秦渡镇乔家庄

邮政编码：710311

电子邮件：wjmade@yanoo.cn

北京利飞尔特过滤技术有限公司

产　品：油液过滤，气体过滤，水过滤设备及配套设备

联系人：曾凡辉

电　话：13601179924

传　真：010-62172379

地　址：北京市大兴区旧宫镇旧桥路 25 号院东亚五环国际 8 号楼 1607

邮政编码：100076

网址：www.l-filtration.com.cn

东莞当令实业有限公司

产　品：滤芯，滤布

联系人：吴莹旭

电　话：0769-83933982，13826960189

传　真：0769-83931086

地　址：广东省东莞市石排镇石崇工业园工业二路 37 号

邮政编码：523500

网址：www.ftfilration.com

苏州凯虹高分子科技有限公司

产　品：管式微滤膜及组件、净水滤芯、活性炭滤芯、高分子微孔滤片、消声器、油
　　　　水分离滤芯

联系人：陈　凯，王　进

电　话：0512-63271160，63277858

传　真：0512-53276978

地　址：江苏省苏州市吴江区汾湖经济开发区越秀路 1006 号

邮政编码：215211

电子邮件：wangjin@ kaho. cc

新乡市利尔过滤技术有限公司

产　品：不锈钢烧结网（毡），铁铬铝纤维毡，微型阀体滤芯，各种工业过滤器
　　　　（芯），专业设计成套过滤装置

联系人：梁际欣

电　话：0373-2513883，13503807632

传　真：0373-3512383

地　址：河南省新乡市环宇大道周村工业园区 89 号

邮政编码：453000

电子邮件/网址：ljx540@ 163. com/www. henanfilter. com

石家庄科石机械设备有限公司

产　品：真空转鼓过滤机、真空胶带过滤机、压滤机、离心机

联系人：梁为民

电　话：0311-80699562，80699563，13930126840

传　真：0311-83833252

地　址：河北省石家庄市桥西区槐安西路 100 号

邮　编：050091

电子邮件：299457744@ qq. com

安平县华兴金属丝网有限公司

产　品：金属过滤网，不锈钢网、铜网、黑丝布环氧树脂涂层网

联系人：张　松

电　话：0318-7524018，7511408

传　真：0318-7523505

地　址：河北省安平县工业园东区纬二路 20 号

邮政编码：053600

网　址：www. wirecloth. com. cn

江西核威环保科技有限公司

产　品：DU 系列橡胶带式真空过滤机、PI 系列连续水平带式真空过滤机、TM 型系
列精密陶瓷真空过滤机、DY 型带式压滤机、ZPG 系列盘式真空过滤机。

联系人：王志伟

电　话：13367911888，0791-83706587，83676289

传　真：0791-88676269

地　址：江西省南昌市望城新区创业北路 108 号

邮　编：330100

电子邮件/网址：heweijx@ 126. com/www：heweijx. com

LG 电子有限公司

产　品：Signature 空气净化器、Montblanc D 空气净化器、PS-W309WI 空气净化器

联系人：刘建新

电　话：18920560559

传　真：0086-010-64317455

地　址：韩国首尔市永登浦区汝矣岛洞 20 号 LG 双子座大厦/中国总部：北京市朝阳
区酒仙桥北路 5 号京物大厦 3 层

电子邮件/网址：jianxin. liu@ lge. com/www. lg. com. cn

必宜（天津）科技有限公司

产　品：窗式新风净化器、必宜大风量新风净化器

联系人：王志强

电　话：13512830852

传　真：022-87454180

地　　址：天津市西青区慧谷科技园东区 19 栋
电子邮件/网址：wangzhiqiang@ builtenv. com/www. builtenv. com

潍坊鑫山环保重工科技有限公司
产　　品：真空带式滤碱机
联系人：于月光
电　　话：18753689001
电话/传真：0536-8166066
地　　址：山东省潍坊市寒亭区北海工业园海林西路 000299 号
电子邮件/网址：wfxinshan@ 163. com/www. xinshanzb. com

新乡正源净化科技有限公司
产　　品：不锈钢烧结网，烧结毡，烧结滤芯等
联系人：袁凯良，靳　肖
电　　话：0373-5071696，15903095796，13523731217
传　　真：0373-5071636
地　　址：河南省新乡市黄河大道 263 号
邮政编码：453700
电子邮件/网址：xxzyi9@ 163. com/www. xxzyi. com

浙江贝格勒环保设备有限公司
产　　品：厢式压滤机/隔膜式压滤机及配套设备，膜处理系统，生态污染修复集成系
　　　　　统，环境应急处理系统
联系人：李　正
电　　话：0571-63373212
传　　真：0571-63373212
地　　址：浙江省杭州市富阳区恩波大道 1278 号
邮政编码：311400
电子邮件：liz@ bestmecha. com

吉林省硅宝科技有限公司
产　　品：硅藻土微滤、超滤膜过滤元件及设备
联系人：邱连旺
电　　话：13944075237
传　　真：0431-87924900
地　　址：吉林省长春市长德开发区长德大街 18 号
邮政编码：130000
电子邮件/网址：gbly@ sina. com/www. jlgbkj. com

浙江汇佳石化装备有限公司

产　品：石油化工过滤系统设备，环保除尘装备，油水油气分离装置，各类滤芯、滤
　　　　网、过滤袋

联系人：贾观江

电　话：0576-89357525，89351526，13905860955

传　真：0576-89357528

地　址：浙江省台州市天台工业园区永盛路 6 号

邮政编码：317200

电了邮件：13905860955@163.com

250 型隔膜实验机
照片由景津环保股份有限公司提供

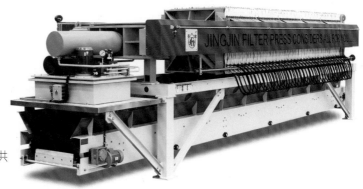

1000 型程控压滤机输送一体机
照片由景津环保股份有限公司提供

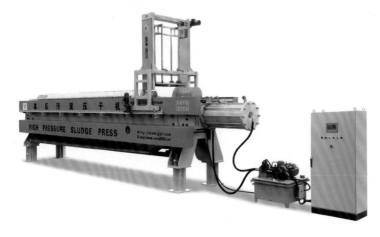

1250 型高压污泥压干机
照片由景津环保股份有限公司提供

1250 型移动式整体压滤机
照片由景津环保股份有限公司提供

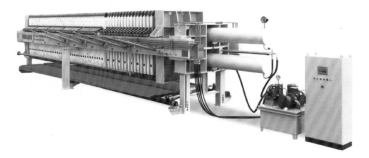

1500 型快速自动压滤机
照片由景津环保股份有限公司提供

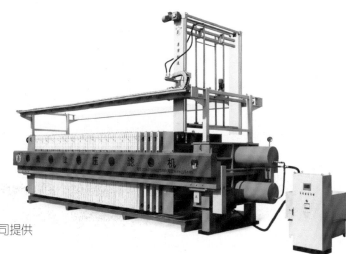

2000 型节能高效压滤机
照片由景津环保股份有限公司提供

XZZ2000 全自动隔膜压滤机
照片由杭州兴源环保设备有限公司提供

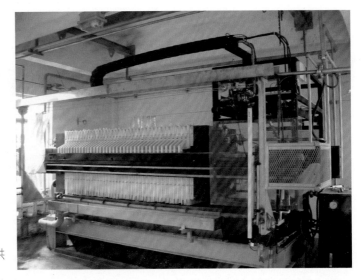

厢式全自动压滤机
照片由浙江金鸟压滤机有限公司提供

悬梁式水洗自动压滤机
照片由浙江金鸟压滤机有限公司提供

叶滤板
照片由浙江金鸟压滤机有限公司提供

DU 型胶带式真空过滤机

照片由石家庄科石机械有限公司提供

平板式离心机

照片由石家庄科石机械有限公司提供

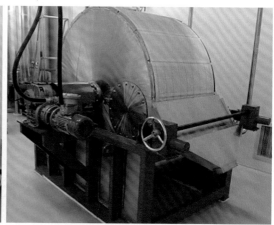

刮刀式转鼓真空过滤机

照片由石家庄科石机械有限公司提供

车载自动隔膜压滤机

照片由石家庄科石机械有限公司提供

密闭转鼓真空过滤机

照片由石家庄科石机械有限公司提供

奥图泰 LAROX PF 立式压滤机
照片由奥图泰（苏州）冶金工艺设备有限公司提供

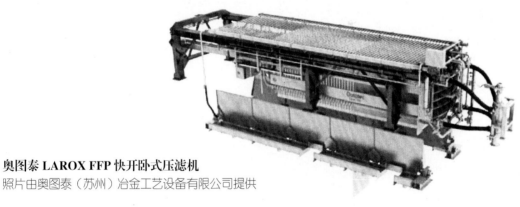

奥图泰 LAROX FFP 快开卧式压滤机
照片由奥图泰（苏州）冶金工艺设备有限公司提供

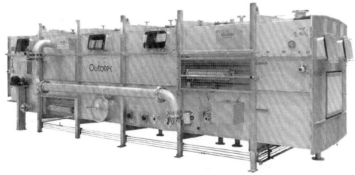

奥图泰 LAROX RT–GT 密闭式三合一过滤设备
照片由奥图泰（苏州）冶金工艺设备有限公司提供

DU 系列橡胶带式真空过滤机
照片由江西核威环保科技有限
公司提供

DI 移动水平真空过滤机
照片由江西核威环保科技有限公司提供

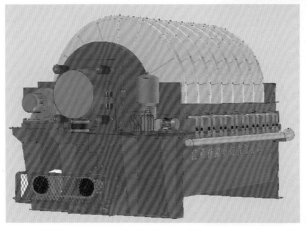

ZPG 系列盘式真空过滤机
照片由江西核威环保科技有限公司提供

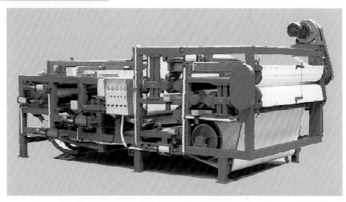

带式压榨脱水机
照片由江西核威环保科技有限公司
提供

WG80m^2/316L 大型真空带式滤碱机

照片由山东潍坊鑫山环保重工科技有限公司提供

PF 型转盘真空过滤机
照片由杭州化工机械有限
公司提供

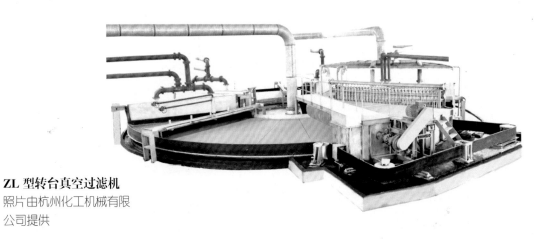

ZL 型转台真空过滤机
照片由杭州化工机械有限
公司提供

DU 型橡胶带式真空过滤机
照片由湖州核华环保科技有限公司提供

DI（PBF）连续水平带式真空过滤机
照片由湖州核华环保科技有限公司提供

可以打褶的滤袋

高效滤芯

大流量百褶滤袋

滤芯
照片由东莞当令实业有限公司提供

滤布
照片由东莞当令实业有限公司提供

PGP 系列微滤机

照片由温州市东瓯微孔过滤有限公司提供

PXG 系列微滤机

照片由温州市东瓯微孔过滤有限公司提供

PGR 系列微滤机

照片由温州市东瓯微孔过滤有限公司提供

PXK 系列微滤机

照片由温州市东瓯微孔过滤有限公司提供

PGH 系列微滤机

照片由温州市东瓯微孔过滤有限公司提供

薄层精密过滤系统

照片由温州市东瓯微孔过滤有限公司提供

橡胶滤带

照片由开封市铁塔橡胶集团有限公司提供

陶瓷（复合）膜过滤系统

照片由合肥世杰工程有限责任公司提供

管式微滤膜组件

照片由苏州凯虹高分子科技有限公司提供

中国重汽 MAN 项目发动机缸体缸盖集中过滤系统
照片由海门依科过滤设备有限公司提供

武汉钢铁三冷轧 1550 五连轧工艺润滑过滤系统
照片由海门依科过滤设备有限公司提供

通用型净化机
照片由鞍山顶鑫自动净化设备有限公司提供

隔爆型润滑油净化机
照片由鞍山顶鑫自动净化设备有限公司提供

GXZ-100 型高压厢式全自动压滤机
照片由中国有色工程设计研究总院提供

DU30/1800 型固定室带式真空过滤机
照片由中国有色工程设计研究总院、金川有色金属
公司提供

GD 型折带卸料转鼓真空过滤机

照片由上海化工机械厂有限公司提供

WG 型卧式刮刀卸料离心机

照片由上海化工机械厂有限公司提供

SKH1600 型虹吸刮刀卸料离心机

照片由重庆江北机械有限公司提供

SG 型三足式下部卸料离心机

照片由重庆江北机械有限公司提供

YWZ 系列卧式叶滤机

照片由北京中机康元粮油装置有限公司提供

YLZ 系列振动排渣立式叶滤机

照片由北京中机康元粮油装置有限公司提供

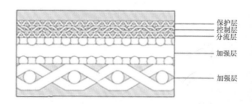

保护层
控制层
分流层
加强层
加强层

五层网产品
照片由新乡市利尔过滤技术有限公司提供

三合一滤盘
照片由新乡市利尔过滤技术有限公司提供

不锈钢纤维烧结毡
照片由新乡市利尔过滤技术有限公司提供

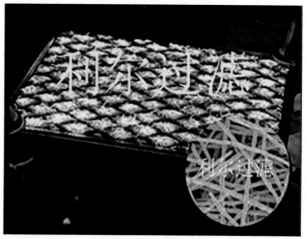

铁铬铝纤维烧结毡
照片由新乡市利尔过滤技术有限公司提供

微型阀体滤体
照片由新乡市利尔过滤技术有限公司提供

精密过滤器
照片由新乡市利尔过滤技术有限公司提供

AM50GYWN1 型 Signature 空气净化器
照片由韩国 LG 公司提供

AS95GDWP2 型 Montblanc D 空气净化器
照片由韩国 LG 公司提供

介布二元袋式除尘器
照片由广东佛山人居环保工程有限公司提供

黑油烟静电除尘器安装前后效果对比
照片由广东佛山人居环保工程有限公司提供